游戏设计的236个技巧

游戏机制、关卡设计和镜头窍门

TURING
图灵程序设计丛书

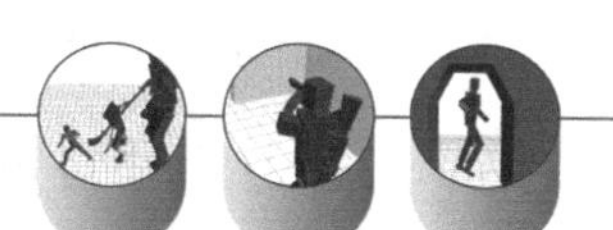

[日] 大野功二/著　支鹏浩/译

人民邮电出版社
北京

图书在版编目（CIP）数据

游戏设计的236个技巧：游戏机制、关卡设计和镜头窍门 /（日）大野功二著；支鹏浩译. -- 北京：人民邮电出版社，2015.11

（图灵程序设计丛书）

ISBN 978-7-115-40608-8

Ⅰ. ①游… Ⅱ. ①大… ②支… Ⅲ. ①游戏－软件设计 Ⅳ. ①TP311.5

中国版本图书馆CIP数据核字（2015）第241802号

内 容 提 要

本书从游戏设计者和玩家的双重角度出发，以大量游戏为例，并结合丰富的配图，从“玩家角色”“敌人角色”“关卡设计”“碰撞检测”“镜头”这五个角度来探讨如何让3D游戏更加有趣，解明其中暗藏的技巧，为各位读者揭开游戏的“本质”。

本书既适合游戏开发者阅读，也适合重度游戏玩家阅读。

◆ 著　[日] 大野功二
译　支鹏浩
责任编辑　乐　馨
执行编辑　杜晓静
责任印制　杨林杰

◆ 人民邮电出版社出版发行　北京市丰台区成寿寺路11号
邮编　100164　电子邮件　315@ptpress.com.cn
网址　https://www.ptpress.com.cn
涿州市般润文化传播有限公司印刷

◆ 开本：800×1000　1/16
印张：39.5　2015年11月第1版
字数：927千字　2025年3月河北第41次印刷
著作权合同登记号　图字：01-2015-3676号

定价：129.80元

读者服务热线：(010)84084456-6009　印装质量热线：(010)81055316

反盗版热线：(010)81055315

推荐序

最近看到一个很有意思的问题，大致意思是说“为什么很多精英，都说自己的领域在达到一定的高度之后，就像是一门艺术”。相信对此问题本身的看法，必然会是仁者见仁智者见智。但其中打动我的一个回答是这样说的：“因为他们只是熟练工，而不是真正的精英。他们不具备深刻理解其所从事的工作的原理，不能将之归纳为简单的规则并加以推广和复制。真正的大师会告诉你，那些工作都是科学，不是艺术。”

在游戏设计的过程中，我们也或多或少地听说过这样的“艺术论”，有些时候我们内心也认同这样的“艺术论”。因为在游戏设计和制作的过程中，总有很多我们无法理解其运作本质的问题。

很多时候，我们会用感性的体验去描述一款游戏产品以及其中的机制，但其实我们并不能准确地阐述到底是什么让这些产品给人们带来有趣、爽快、意外、紧张、期待等感觉，不过如果你愿意花一些时间进入这本书所描述的世界，相信你会和我一样，在很多章节都会有“原来如此”的惊喜。不少原本只有感性认知的问题，都能在这里找到本质性的答案，例如动作游戏的爽快感从何而来、战斗过程的乐趣和多样性源于什么、什么样的关卡设计让我们不断有探索的冲动、什么样的镜头运用自然而不突兀等。

《游戏设计的236个技巧：游戏机制、关卡设计和镜头窍门》一书通过对北美和日本市场的一些知名主机产品，尤其是动作类游戏产品的分析，对游戏的核心游戏机制、关卡设计以及镜头运用等方面的一些关键技巧进行了深入的解读。和其他很多图书不同，本书每一点的分析都有具体的连续图例与之对应，形象直观，深入浅出，易于理解和掌握。

当前，我们所接触到的多数游戏设计类图书都来自北美，本书所不太一样的是，作者大野功二是来自日本的知名游戏制作人。在阅读本书的过程中，我也能不断地感受到日本民族文化中所闪耀的“匠人精神”。这也是向各位读者推荐本书的重要原因之一。

日本是一个崇尚道的国家，各行各业做到极致都可入道，比如花道、茶道，道就是把事情做到极致的精神。而崇尚道的理念也使这个民族形成了对待工作不懈不怠、严谨和认真的匠人精神，用这样的理念去做游戏产品，自然也会让用户从中有深刻的感知和体验。从理论上来说，匠人精神其实并无太多高深之处，它来源于始终坚持的用户立场、追求实质的调查分析和耐得住寂寞的钻研，但难的是长期的坚持和实践，这或许也是所有卓越的游戏产品背后所蕴含的精神。在我看来，本书恰好是匠人精神在游戏设计领域的一片投影，而阅读本书的过程也是接触这一理念的过程。

开卷有益，愿各位读者和我一样，跟随作者的文字开始一场思考的旅程，有所收获，有所共鸣，并用这些理念和收获做出更好的游戏产品。

墨麟集团 CEO
陈默

译者序

对于大多数人而言，电子游戏在人生中都占据着不可忽视的地位。作为一个 80 后，伴随我成长的是红白机、街机、PC 以及如今的家用机游戏。相信每一个喜欢游戏的人都和我一样，曾经梦想过亲手开发游戏。然而，我国的游戏业起步较晚，加上许多游戏开发商不愿甚至不敢投入太多经费来开发单机游戏，二十年来国产优秀单机游戏作品屈指可数。热爱游戏的中国玩家玩的却尽是海外游戏，这不得不说是一件憾事。

不过，新的机遇正向我们走来。随着家用游戏主机的不断发展，其加密技术已经十分成熟，能够相当程度上保护开发者的权益。而且就在不久之前，次世代主机 Xbox One 和 PS4 都相继进入我国，填补了我国在家用游戏主机上的空白。

3D 游戏是如今电子游戏界的主流，家用游戏主机上更是如此。本书将讨论重点放在 3D 游戏上，正好符合当今的大潮流。这不是说 3D 游戏就一定强于 2D 游戏，只是 3D 游戏细节更多更复杂，稍不注意就会出现各种问题。如今市面上很多游戏用的都是同样一款 3D 引擎，成品质量却千差万别。造成这一问题的原因往往不是在于开发者对引擎的驾驭能力，而是游戏设计的“细节”。秉承着日系图书一贯的细致入微及图文并茂的特点，这本书能有效帮助各位克服细节上的疏忽。

抛开社会上的一些外因不谈，一款游戏能否卖出好成绩，关键就在于其是否有趣。而一款游戏有趣与否并不是开发者说了算，只有玩家才有权评价一款游戏有趣还是无聊。本书的作者从玩家与开发者的双重角度着眼，按照“玩家角色”“敌人角色”“关卡设计”“碰撞检测”“镜头”五个部分为我们讲解了如何才能让游戏更加有趣。如果你有意成为一名游戏策划人或设计师，这本书能够让你赢在起跑线上。如果你已经是一名游戏开发人员，这本书能帮你注意到许多平日里忽视的细节。即便你只是一名玩家，只要耐心读完这本书，你的游戏水平也能突飞猛进。

主机游戏开发是如今的大势所趋，而我国游戏界欠缺的正是这方面的人才。本书用作示例的《战神》《塞尔达传说：天空之剑》《神秘海域》《黑暗之魂》《使命召唤》《猎天使魔女》《终极地带》《生化危机》等全都是家用游戏主机上的大作，看完对它们的讲解后，相信能为你的主机游戏开发带来不少助力。

游戏既是一种产业也是一种文化，希望在不远的将来能玩到各位读者制作的优秀的国产游戏。

最后，借此机会对图灵公司的各位编辑以及为本书出版付出辛劳的所有人致以衷心感谢，正是有了各位的共同努力，本书才得以出版。同时感谢正在阅读本书的你，有了你的支持，本书才能发挥其价值。

支鹏浩

2015 年 7 月 于北京

读前须知

本书以多款已上市的 3D 游戏为例，用直观易懂的方式向读者介绍如何让游戏更有趣。

书中对游戏内容的解说主要源于笔者在玩游戏时亲自进行的考察与调查。有访谈资料或设定资料的部分都是严格按照资料内容进行考察的，然而某些部分难免要依靠推测，所以可能与原开发者的构思有些许出入。请各位读者在知晓这一可能性的基础上阅读本书。

另外，本书中将频繁出现“2D 游戏”“3D 游戏”之类的词汇。在 Nintendo 3DS 问世后，应用裸眼 3D 技术的游戏也被列为“3D 游戏”。为防止混淆，本书的相关用语定义如下。

- **2D 游戏**

  设计上仅能在 2D 空间内进行活动的游戏记作“2D 游戏”。因此，贴图为 3D 但只能在 2D 空间内活动的游戏在本书中归属于 2D 游戏。

- **3D 游戏**

  贴图为 3D，并且能够在 3D 空间内活动的游戏记作“3D 游戏”。

- **3D 立体影像（S3D 影像 · S3D 游戏）**

  Nintendo 3DS 等应用了裸眼 3D 技术的影像。

其他专业用语将在正文及脚注中进行说明。

此外，书中介绍的游戏及书籍的相关著作权声明将在书末提供。

前言

不知各位在玩游戏时是否曾情不自禁地喊出“有意思！真棒!”

一款优秀的游戏能够让玩家在某个瞬间感到无比有趣、极度畅快。那么，这些游戏是如何创造出这一瞬间的呢？本书将带着各位共同探讨这一问题。

本书旨在引领读者发现“让游戏更有趣的设计技巧”。如果你喜欢游戏并且渴望对游戏内容及技术（机制）了解更多，或者有意创造一款有趣的游戏，那么本书一定适合你。

但是，让游戏更有趣的技巧寻找起来并不容易。

“上帝存在于细节之中。”（God is in the details.）

这是20世纪前期的伟大建筑家、哲学家、艺术家、教育者路德维希·密斯·凡·德·罗（Ludwig Mies Van der Rohe，1886—1969）的口头禅。他在建筑设计方面崇尚“少就是多”，擅长简洁明快的设计风格，讲究骨架露明及窗框接合部等细节的设计。他这句话正说明了细节的意义。

游戏也是同样。如果没有专业知识，仅凭浮于表面的简单信息，很难把握一款游戏为何有趣。所以需要一边玩着游戏，一边通过探究其中的游戏技巧来解明埋藏在游戏深层（核心）的东西。本书将以部分已上市的游戏为例，借助笔者的经验及知识对其进行考察，解明其中暗藏的技术，为各位读者揭开游戏的本质。

各位拿到本书时或许会惊讶于其厚度，这也正说明让游戏更有趣的技巧数量庞大。不过各位不必却步。本书将内容分为“玩家角色”“敌人角色”“关卡设计”“碰撞检测”“镜头”五个部分，同时为讲解提供了丰富的配图。相信各位只要看到配图，马上就能理解其中一部分技术。另外，虽然建议各位按照顺序从头至尾阅读本书，不过你仍可以像查字典一样选取自己最想了解的部分单独查阅。

读完本书后，相信各位能一定程度上掌握游戏开发所需的基础知识。另外，正在从事游戏开发的读者也可以借助本书回想起一些已经遗忘的技巧。如果你喜欢游戏并且希望对游戏了解更多，或者正在制作游戏并且想吸收更多知识，更上一层楼，本书定是你的不二之选。

要注意的是，本书所介绍的归根结底也只是一些知识。如果不亲自动手实践，知识永远不会成为自己的技能。各位读完本书之后，请务必在一款游戏中亲自动手实现至少一项技巧，亲眼见证效果。知识转化为技能并且顺利发挥作用时所带来的乐趣绝不亚于玩游戏。另外，本书中介绍的技巧并不仅适用于电子游戏，在桌游或现实娱乐活动中同样适用。希望各位能通过这些技巧感受到游戏世界与现实世界的连贯性。

那么，请各位做好准备，让我们一同踏上探求游戏本质的旅程。

大野功二
2014年7月

目录

第1章

让3D游戏更有趣的 玩家角色技术

1.1

能够吸引 2D 游戏玩家的 3D 游戏设计技巧

(《超级马里奥兄弟》《超级马里奥 3D 大陆》)

事不宜迟，我们这就来聊聊如何让 3D 游戏更有趣！

但是在进入这个话题之前，我们还需要先了解游戏趣味性的本质。所以在探讨 3D 游戏之前，我们先从如何让 2D 游戏更有趣讲起。

如何给玩家带来游戏体验

1985 年任天堂在红白机上发行的《超级马里奥兄弟》① 在全球大热，成为横版卷轴游戏 ② 的一代名作。距该作品诞生至今 25 年间，依旧有《新超级马里奥兄弟 U》等系列作品陆续问世。时至今日，仍有大批玩家在马里奥的世界中找到了属于自己的乐趣（图 1.1.1）。

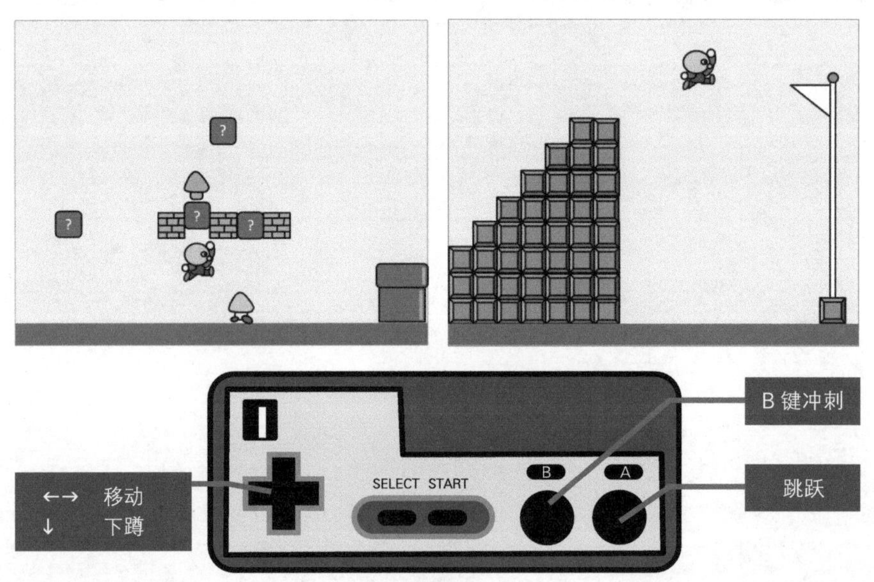

图 1.1.1 《超级马里奥兄弟》的画面概念图及基本操作

《超级马里奥兄弟》的操作十分简单，用十字键控制移动，用 A 键跳跃，用 B 键冲刺。就是这三项简单的操作，让所有玩家都能跟随马里奥一起感受全力奔跑与纵情跳跃的畅快感。同时，该系列游戏在每个关卡中都设置了五花八门的障碍，玩家挑战障碍时的紧张感以及成功瞬间的成就感，正是马里奥系列游戏独有的魅力。当被这种魅力深深吸引以至身临其境时，身体会不自觉地跟随马

① スーパーマリオブラザーズ © 1985-2005 Nintendo

② 某些国家也将这种通过奔跑、跳跃克服障碍的游戏称为“跳跃型动作游戏”。

里奥的跳跃倒向一边，相信各位玩过的朋友或多或少都有体会。

那么，这款吸引了无数玩家的《超级马里奥兄弟》中，究竟隐藏了哪些让游戏更有趣的设计技巧呢？我们先从玩家角色的移动进行分析。

玩家在通过手柄实际操纵马里奥时，会发现马里奥飞奔的感觉让人很舒服。现在我们将马里奥的移动动作分解，以揭开其中的秘密（图 1.1.2）。

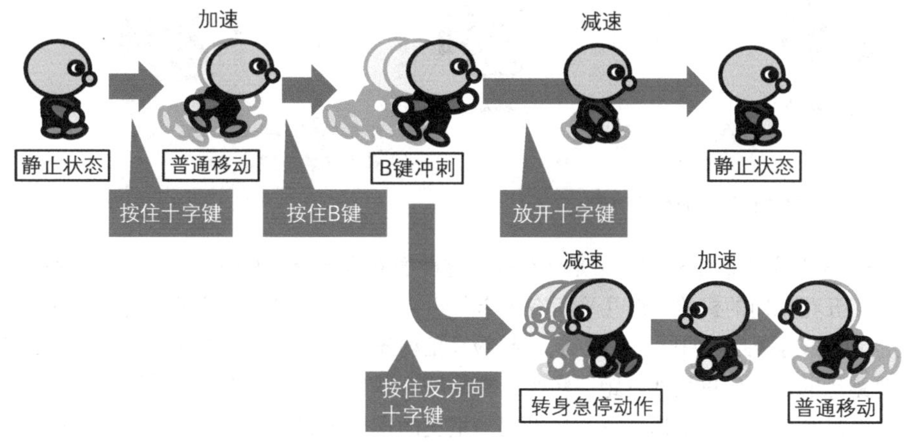

图 1.1.2　马里奥的移动动作与惯性

玩家按住十字键后，马里奥会通过一个流畅的加速开始奔跑。但是当玩家想停住时，即便放开十字键马里奥也不会立刻停止，而是有一段减速过程。没错，开发方在设计马里奥的移动时，将我们在物理课上学过的**惯性**巧妙地融入了进去。

再来看看在马里奥 B 键冲刺的过程中按反方向键时的表现。一旦我们突然按住反方向键，马里奥就会出现一个“脚撑地面急刹车转换方向”的动作，并向前滑行一段距离。这一动作生动地表现出了“太快了停不住”这种我们在现实中能体验到的惯性。游戏中加入这种移动动作之后，玩家会由于刹不住车而掉进坑中或者撞到敌人，不禁惊呼“啊呀！”

说到这里，各位会不会觉得奇怪？经过上面的分析我们会发现，拥有极大受众的 2D 游戏名作《超级马里奥兄弟》，其实是一个操作别扭到甚至无法正确停止移动的游戏。可能有人会认为，要想让游戏更易于上手更有趣，不应该让玩家想停就停吗？

那么其他游戏又是怎样的呢？任天堂在发售《超级马里奥兄弟》后的第二年又发售了另一款游戏——《塞尔达传说》。这款游戏中玩家角色林克的移动就没有惯性，玩家可以准确地停在想停的位置（图 1.1.3）。

单独拿出移动动作进行比较的话，《塞尔达传说》要比《超级马里奥兄弟》更能准确反映出玩家的意图。按这个道理，《塞尔达传说》应该更简单一些。但实际玩过之后会发现，《塞尔达传说》玩起来有一种独到的“紧迫感”（能让玩家觉得有趣却又没有挫败感的难度）。

那么，《超级马里奥兄弟》和《塞尔达传说》究竟不一样在哪里呢？**答案很简单，游戏想要带给玩家的游戏体验（game experience）不同。**

我们先来看看《塞尔达传说》的游戏体验。这款游戏让玩家去拯救被掳走的塞尔达公主，一路上在探索（寻找）必要道具的同时还要使用武器消灭敌人。世界地图与地下城被设计为迷宫，玩家想通关必须找到关键物品并且消灭敌人。**因此，《塞尔达传说》的游戏体验是探索（寻找）与战斗。**

用心探索可疑场景、与敌人斗智斗勇是这款游戏的核心乐趣。

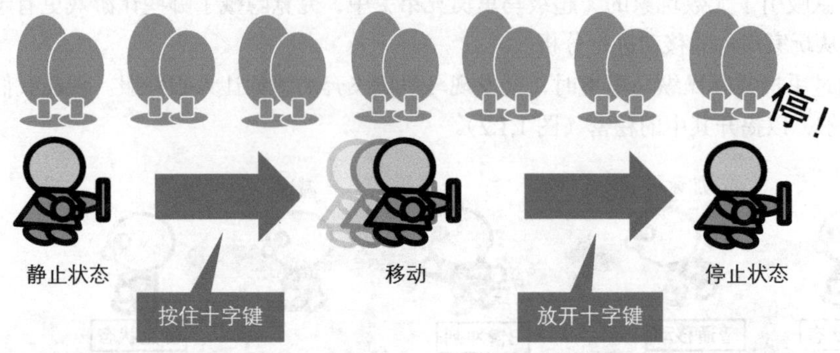

图 1.1.3 《塞尔达传说》的移动动作

《超级马里奥兄弟》的游戏体验又是什么呢？这款游戏有评分、时限以及终点。另外，虽然每个关卡都设置了五花八门的机关，但几乎所有关卡都可以不消灭任何敌人就抵达终点。这与我们儿时在运动会上玩的障碍赛跑异曲同工。**没错，《超级马里奥兄弟》的游戏体验就是单人挑战障碍赛跑。**

障碍赛跑比的是如何更快地奔跑、转弯、准确停止并且穿越障碍物。这种游戏的乐趣在于能否顺利抵达终点以及如何更快抵达终点。如果把马里奥的操作改成简单地奔跑、转弯、准确停止，那么任何人随便练一练就能穿越障碍物然后快速抵达终点。**这样一来，玩家享受自身成长的趣味性会骤减**。大坑就在眼前时那种“我跳得过去吗？”的紧张感也会大打折扣。将“无法简单停止”（不能准确停在某个位置）作为一种操纵上的风险加入游戏，除了能给游戏带来紧张感之外，还能让玩家在熟悉操作后获得成就感，这种像儿时第一次学会骑自行车般的愉悦想必各位都感受过吧。可以说，正是这一游戏体验让马里奥给玩家带来了真实的成就感与爽快感。

每一款优秀的游戏都会将这种让游戏更有趣的设计技巧（游戏机制[①]）装入玩家角色的动作之中，以求更好地实现该游戏想带给玩家的游戏体验。

然后，这些机制相互组合，形成一个游戏的机制核心[②]，让玩家从心底里觉得这个游戏有趣。

 B 键冲刺带来的感官刺激以及风险与回报的趣味性

接下来我们聊一聊马里奥的招牌动作——B 键冲刺。

玩家在马里奥的移动过程中按住 B 键，马里奥就会进入冲刺状态，并逐渐提升到一个更高的速度；放开 B 键后，马里奥又会逐渐减至正常的移动速度（图 1.1.4）。

① 游戏机制（game mechanics）是让游戏得以正常运作的设计及系统的统称。《游戏机制：高级游戏设计技术》（Ernest Adams、Joris Dormans 著，石曦译，人民邮电出版社，2014 年）一书中写道：“在游戏设计中，游戏机制居于核心地位。”

② 核心机制（core mechanics）是指让玩家觉得一款游戏有趣的游戏系统其核心部分的机制。《游戏机制：高级游戏设计技术》（Ernest Adams、Joris Dormans 著，石曦译，人民邮电出版社，2014 年）一书中写道：“核心机制这个术语经常用于指代那些具有影响力的机制。这些机制能够影响游戏的许多方面，并与其他重要性较低的机制（比如控制某一个游戏元素的机制）相互作用。”

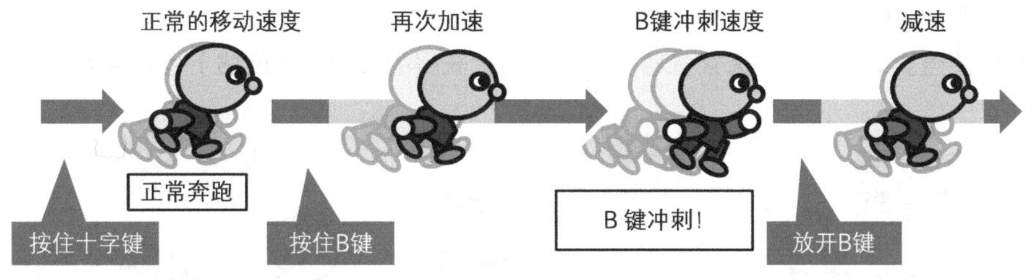

图 1.1.4　B 键冲刺的机制

为什么《超级马里奥兄弟》中要采用这种让玩家可以自由控制加减速的设计呢？让我们带着这个疑问从下面两个角度进行分析，相信能够找到答案。

首先我们从感官刺激出发。《超级马里奥兄弟》第一关 1-1 完全不使用 B 键冲刺也可以轻松抵达终点，但是玩家往往会不由自主地按住 B 键。这是因为操纵冲刺中的马里奥能给玩家带来畅快感。

这种通过运动或动作获得感官上的舒畅体验的过程称为“感官刺激”。吉卜力是创造了大量电影名作的著名动画工作室。导演宫崎骏及出品人铃木敏夫在接受采访时曾多次用“感官刺激”这一词汇来形容吉卜力作品的特征。

> 宫崎骏说：“至于我们概念中的感官刺激，就比如在描绘一个奔跑的少年时，我们会趴在桌上绞尽脑汁，努力体现出他脚底被石头硌到时的疼痛以及服装下摆缠在身上的感觉等。”
>
> ※ 摘自新潮文库《小虫的角度与动画人的角度》[①]

在宫崎骏导演的《鲁邦三世：卡里奥斯特罗之城》中有一个经典镜头，鲁邦为救出被困的公主在塔顶疾走跳跃。玩家在操纵马里奥时，只要能熟练运用 B 键冲刺与跳跃，也能够获得与上述镜头相仿的畅快感受。

这样一来，游戏也能像电影一样给玩家带来感官刺激。《超级马里奥兄弟》就是利用 B 键冲刺让玩家可以随心所欲地通过操作来获取这种感官刺激的。因此，将 B 键冲刺称为“感官刺激开关”也并不为过。

然后我们再来谈谈第二点——风险与回报[②]。不单是电子游戏，凡是跟“游戏”两个字沾边的东西，它们有趣的秘密都在于挑战[③]中蕴含的风险与回报。

在 GDC 2004 世界游戏开发者大会中，曾制作了《新・帕尔提娜之镜》的樱井政博单刀直入地做了一场名为“Risk & Return”的演讲[④]。从这件事我们也可以看出风险与回报在游戏中的重要性。

比如我们在现实中挑战在木桩子上面行走，玩家会因跌下木桩痛摔在地的风险而产生紧张感。木桩之间的间隔越大，对跳跃时机的要求就越严格，风险伴随的紧张感也就越高。但是经过多次失败后，一旦掌握到诀窍成功完成挑战，便会获得巨大的成就感。等到顺利跨越所有木桩，玩家势必

---

① 原书名为『虫眼とアニ眼』，为宫崎骏和养老孟司的对谈集。——译者注

② 日本游戏界比较习惯使用“风险与回报”的说法，在英语圈一般称为“Risk & Reword”。另外，专精于风险与回报的机制称为“回报系统”。

③ 游戏设计术语中，将玩家在游戏中必须克服的障碍称为“挑战”。这一用法在全世界范围的游戏设计中都很常见。

④ 详情可参考 Game Watch 网站中刊载的关于 Game Developers Conference 2004 的报告——“《星之卡比》的设计者樱井政博就游戏的趣味性发表演讲”。

会因为体验到自身的成长而觉得有趣。

这里我们关键要记住风险越大紧张感就越强，同时获得的回报（成就感）也就越大（图 1.1.5）。

图 1.1.5 《超级马里奥兄弟》中的风险与回报

《超级马里奥兄弟》通过加速的移动动作实现了上述风险与回报（即紧张感与成就感）。尤其是在使用 B 键冲刺的过程中，由于马里奥移动速度很快，玩家需要在接近坑时迅速判断是停止还是跳跃，这就让紧张感伴随着风险的提高而进一步提升。马里奥的 B 键冲刺用得越久，跳跃成功的时机越难掌握，这会直接增加失败的风险，同时也相当于加大了回报的筹码（图 1.1.6）。

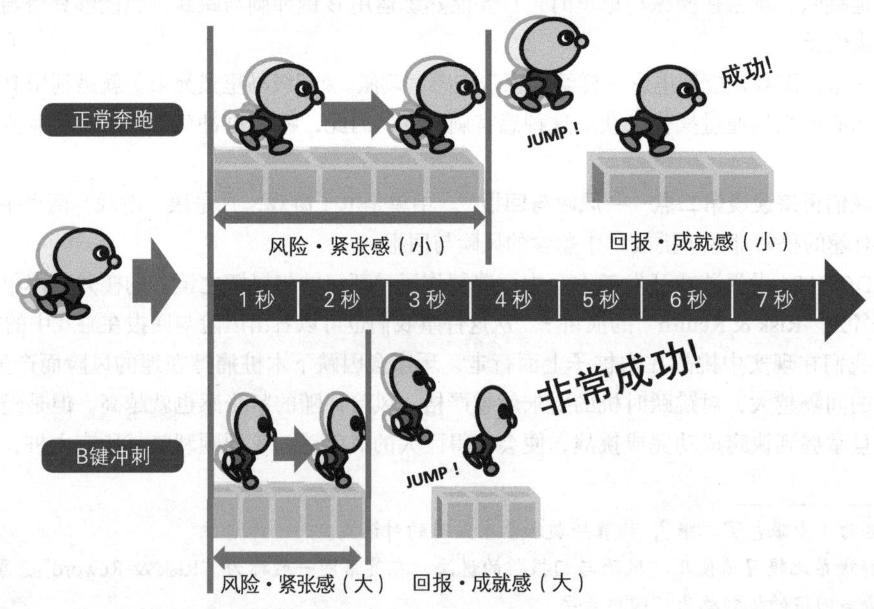

图 1.1.6 B 键冲刺中风险与回报的关系

也就是说，玩家面对挑战时按住 B 键是一种主动提高风险与回报的行为，就像玩牌时加大赌注一样。

因此，即便是同一个障碍物（挑战），玩家也可以有“刚才用冲刺失败了，这次谨慎一点，用正常移动试试”以及“冲刺越用越熟练了，再挑战一回”等选择，让每一次挑战都有新鲜感。

也就是让玩家为自己创造新的挑战。

综上所述，如果能将感官刺激和风险与回报巧妙地运用到游戏当中，游戏的有趣程度将成倍增长。

B 键冲刺让玩家不由自主地想“太快了停不下来！啊！要掉下去了！”这种紧张感是货真价实的。**货真价实的趣味性能够激发玩家的自然感情，进而在玩家心中成为一种真实体验。**

让跳跃更好用的技巧

在《超级马里奥兄弟》问世之前，动作类游戏的跳跃一直是“按下按键后角色跳跃至固定高度”的符号化动作。

但是，《超级马里奥兄弟》破天荒地采用了“按住 A 键的时间长度与 B 键冲刺的速度共同决定跳跃高度”的机制（图 1.1.7）。

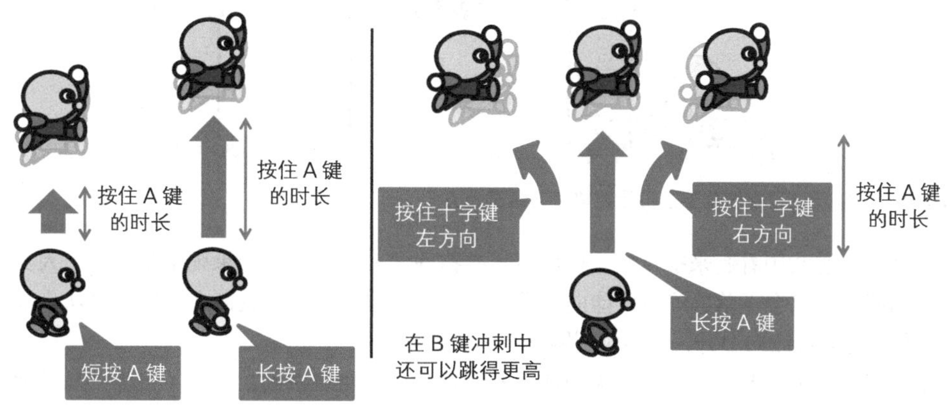

图 1.1.7 《超级马里奥兄弟》的跳跃机制

这样一来，操作方面就有了从小幅跳跃到尽全力向高处跳跃的选择空间，让跳跃这一动作变得更丰富，给整个游戏带来了更多可玩之处。

另外，在跳跃的过程中按方向键可以控制马里奥在空中左右移动。有了这一机制，玩家即便从砖块的下方或一侧垂直起跳，也仍然能够轻松地站到砖块上方（图 1.1.8）。

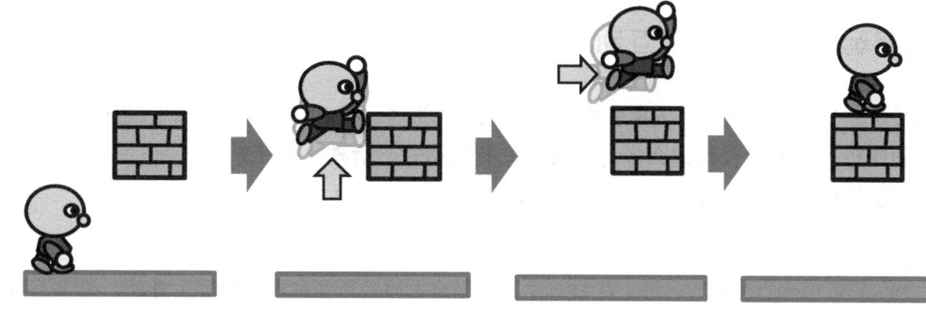

图 1.1.8 垂直起跳后向右移动登上砖块

试想一下，如果在跳跃过程中无法左右移动，《超级马里奥兄弟》将会变成什么样子？由于速度和起跳时间决定落地点，因此玩家要想玩好这款游戏，就必须像高尔夫高手那般进行精准操作。玩家为登上一个砖块会连续失败数次，每次都要重新调整助跑距离。结果就是玩家为跳上一个障碍物往往要在同一个画面中来回跑很久。一旦长时间接触这种繁琐的操作，即便有 B 键冲刺带来的感官刺激撑腰，玩家依旧会觉得这款游戏太麻烦。因此，对马里奥这款游戏而言，空中移动机制不可或缺。

马里奥的跳跃动作中还藏着另一个秘密。我们在玩游戏时不难发现，马里奥在跳跃过程中碰到墙壁等障碍物时并不会下落，反而会沿着障碍物向上升。比如马里奥的前方有一个管道，只要我们不放开跳跃键，马里奥在跳跃过程中即使撞到管道也能上升到最大高度。然后我们继续输入前进命令，马里奥就能顺利站到管道上方（图 1.1.9）。

图 1.1.9　跳跃过程中撞到管道仍然能够顺利跳至上方

这个现象在游戏中看起来很自然，但用实际的物理学来分析的话结果则不是这样。人类在跳跃过程中撞到墙壁应该会下落，绝不可能向上升。打个很简单的比方，我们在跳鞍马时从来没见过有谁能撞到鞍马之后继续向上升，最终顺利跳过鞍马的。

但是马里奥系列游戏中，设计者大胆地抛开了现实中的物理法则，创建了一个“马里奥的物理世界”，将这种让人玩着舒心的“好用的跳跃动作”成功地呈现给了玩家。

有了这一设计，游戏便成功剔除了现实中跳鞍马时的挫败感等烦人因素。在这独特的“马里奥的物理世界”中，玩家可以凭借这种特殊的跳跃动作一路冲刺完成简单关卡，享受游戏带来的畅快感。让玩家能够在想跳的时候无视重力一跃而起，这正是《超级马里奥》系列作品中跳跃动作的本质（精华），“马里奥的物理世界”则是专为实现这一动作而打造的机制。可以说，该系列作品中跳跃动作之所以好用，秘密都蕴藏在“马里奥的物理世界”之中。

 勾起玩家跳跃冲动的互动式玩法

在玩《超级马里奥兄弟》时，几乎所有人都会随时随地、不由自主地想要按下跳跃键（图 1.1.10）。

只是随便想一想就能找到这么多与跳跃有关的**互动式**[①] **玩法**。关于这一方面，马里奥之父宫本茂先生曾在广播节目《汗流浃背的吉卜力》的播客中说过下面的话。

---

① 本书中的互动（interactive）一词，是相互作用（影响）的对话型机制的统称。另外，关于互动，推荐参考以下两部书籍：*Chris Crawford on Interactive Storytelling*（中文版名为《游戏大师 Chris Crawford 谈互动叙事》，人民邮电出版社 2015 年 5 月出版，方舟译）和 *Rules of Play*。

“我认为互动的乐趣之一在于：一个人对自己的某种想法付诸实践之后，能够获得相应的反馈。”

《超级马里奥兄弟》正好印证了这句话，游戏中为跳跃这一动作（实践）准备了大量“反应”（反馈）[①]。我们将“操作”“动作”“反应”制成了下面这张直观的图表（图 1.1.11）。

图 1.1.10 随时随地、不由自主地想要按跳跃键

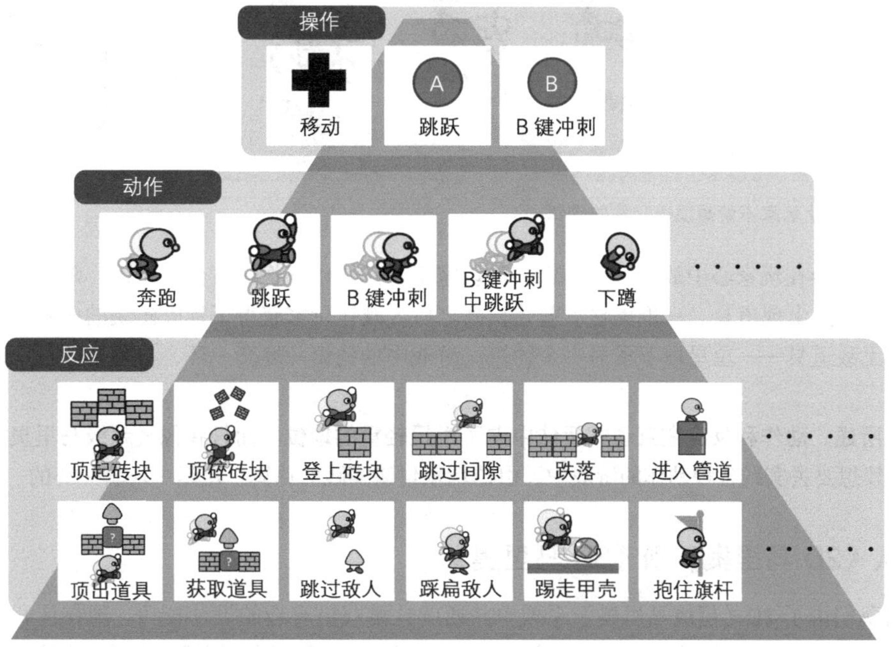

图 1.1.11 操作、动作与反应的关系图

① 本书中将角色的行动称为“动作”，将游戏接受动作后自动返还的行动称为“反应”（反馈）。这些动作和反应都是为向玩家传达“运动”服务的一连串动画。

图中越靠近下端游戏要素越多。**该图表明了一个公式：操作复杂度（输入指令的组合）<动作数（可实践的事件数）<反应数（反馈种类数）**。也就是说，自由度高、互动性强的游戏，大多符合这一规律。**如果能用较少的动作（可实践的事件）获得较多反应（反馈），玩家就会在游戏中主动去尝试各种行为**。反之，像《节奏天国》这种考验时机掌握的音乐类游戏，操作、动作和反应都很单一，并不符合上述公式。这类游戏虽然互动方面的自由度偏低，但游戏中的“最佳答案”（目的）则变得简单清晰，让玩家可以单纯地通过反射神经和节奏感获取乐趣。

但是，如果没有一个让人想去实践的机制，不论设计者准备了多少动作及反应，玩家也是无动于衷。那么《超级马里奥兄弟》凭什么能让人不由自主地想要按下跳跃键呢？

这是因为在游戏中存在让玩家不由自主想要去实践的机制，我们可以称其为“游戏的钓饵”[①]。比如玩家用没有长高的小马里奥顶砖块，获得的反应是砖块被向上拱了一下这一动画（图1.1.12）。

图 1.1.12　让玩家不禁想顶碎砖块的钓饵

这一动画会在玩家心中放下一个钓饵，让玩家觉得砖块中好像藏着什么东西。随后玩家会发现顶“？方块”能出现道具。马里奥吃下蘑菇长高之后，既让玩家获得了顶碎砖块的乐趣，又为寻找砖块中的无敌道具——星星埋下了另一个钓饵。游戏中的钓饵一环套一环，自然会让玩家对顶方块乐此不疲。

综上所述，动作和反应在互动式玩法中占了举足轻重的地位。而且在像《超级马里奥兄弟》这类让人不禁想要去实践各种动作的游戏中，引诱玩家付诸实践的钓饵一定是一环套一环的。

 从《2D马里奥》到《3D马里奥》

前面我们讲了2D《超级马里奥》系列中共通的让游戏更有趣的设计技巧。现在让我们更进一步，来看一下3D游戏的情况。不过在此之前，先让我们来介绍一下《超级马里奥》系列中几款称得上是转折点的作品。

---

① 这里的“游戏的钓饵”是指能勾起玩家兴趣的让人不禁去咬的“鱼钩”。

图 1.1.13 《超级马里奥》系列中转型作品的画面

- **《超级马里奥兄弟》**[①]

  FC 平台上发售的《超级马里奥兄弟》第一部作品。发售之后很快在全球大热，成为卷轴过关游戏的一代名作。终点固定在画面右方。感官刺激和风险与回报所带来的大量乐趣，在这一款马里奥中就已经成型。

- **《超级马里奥 64》**[②]

  在 Nintendo 64 平台上发售的首款 3D 马里奥游戏。游戏中通过 3D 贴图将马里奥的世界像盆景一样展现给玩家。本作品中不再有 2D 马里奥里的终点旗杆，将终点改为消灭 BOSS 或完成固定项目等丰富多彩的通关条件。在本作品中，玩家可以踏遍广阔地图的每一个角落来感受探索的乐趣。值得一提的是，伴随着系列的 3D 化，马里奥的下蹲动作从原来的十字键的下方向键改为了下蹲键（本作品中是 Z 键）。

- **《超级马里奥银河》**[③]

  Wii 平台上发售的 3D 马里奥游戏。关卡从《超级马里奥 64》的盆景型改为星球造型。本作品不再像前作一样可以自由探索广阔的游戏地图，而是要在数个固定的场景中逐个寻找小星星。这样做避免了玩家在 3D 游戏地图中迷失方向，让玩家能够以一个畅快的节奏完成小星星关卡，体验其中的乐趣。

可以看出，《超级马里奥》系列在从 2D 向 3D 进化的同时对游戏的易上手性做了充分的研究。不过，大量玩家反应 3D 游戏比 2D 游戏难玩。在这点上超级马里奥系列也不例外。任天堂董事长岩田聪在“社长讯《超级马里奥 3D 大陆》”[④]中提到了下面的话。

> “确实有些人会毫不犹豫地说‘我会去玩 2D 的马里奥，但不会去玩 3D 的马里奥’。我之所以在《银河 2》上市的时候提议附赠‘导玩 DVD’，也是因为习惯 3D 马里奥的人与不习惯的人之间有很大差距，很多顾客还没接触游戏就觉得‘3D 马里奥我玩不来’，所以打了退堂鼓。”

同时，这篇报道中明确表示 3D 马里奥最新作《超级马里奥 3D 大陆》的开发关键字为“3D 马里奥的重置”。

无论《超级马里奥 64》还是《超级马里奥银河》，都是 3D 马里奥中难度恰到好处的上乘之作。但任天堂为追求游戏的易上手性毅然选择了重置，旨在拓展游戏受众，于是我们接下来要介绍的

---

① スーパーマリオブラザーズ © 1985-2005 Nintendo

② スーパーマリオ 64 © 1996 Nintendo

③ スーパーマリオギャラクシー © 2007 Nintendo

④ 引自任天堂官方主页：“社长讯《超级马里奥 3D 大陆》开发团队篇 1. 关键词‘重置’”。

《超级马里奥 3D 大陆》便应运而生了。由于有着这种背景，这款游戏包含了大量让 3D 游戏更易上手的设计技巧以及让 3D 游戏更有趣的设计技巧，使一贯玩 2D 马里奥的人也能迅速上手并融入 3D 马里奥的世界。

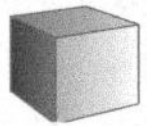

2D 马里奥与 3D 马里奥的区别

到了这里，我们终于可以将话题带入 3D 世界，讲一讲如何让 3D 游戏更有趣。

《超级马里奥 3D 大陆》[①] 将马里奥系列独有的奔跑、跳跃、踩踏的乐趣带进了 3D 马里奥世界（图 1.1.14）。这款在 Nintendo 3DS 平台上发售的游戏在全球热销，创造了超 900 万套的销售成绩[②]。

《超级马里奥 3D 大陆》中重新引入了终点旗杆，可以说又回到了 2D《超级马里奥兄弟》的出发点。但是，设计者将 3D 马里奥独有的探索要素巧妙地融入了游戏，使这款游戏能够让玩家通过玩 2D 马里奥时的感觉体验 3D 马里奥的乐趣。

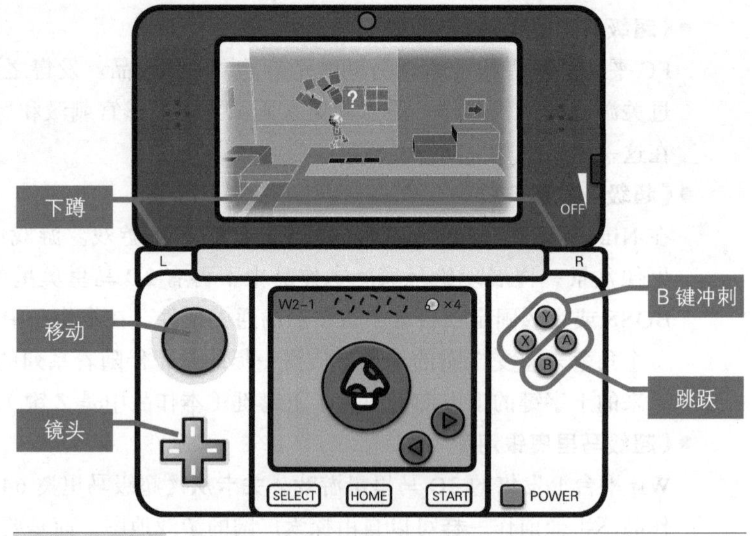

图 1.1.14　《超级马里奥 3D 大陆》的画面与基本操作

《超级马里奥 3D 大陆》延续了 3D 超级马里奥系列一贯的简单操作，使用滑垫控制移动，用 A、B 键控制跳跃，用 X、Y 键控制冲刺，用 L、R 键控制下蹲。

我们在讲解 2D 的《超级马里奥兄弟》时提到了移动中的惯性，它给玩家带来了如竞速赛般的乐趣以及能自如控制马里奥的成就感。那么这款与 2D 马里奥一样让玩家向着终点风驰电掣的《超级马里奥 3D 大陆》是否也同样加入了惯性呢？

答案是 NO。《超级马里奥 3D 大陆》出人意料地取消了移动动作的惯性。马里奥会在玩家放开滑垫的瞬间原地立定（图 1.1.15）。

其实马里奥系列早在第一次 3D 化的《超级马里奥 64》时就取消了移动动作的惯性。

那么究竟为何要取消呢？根据笔者推测，3D 视角的距离感相比于 2D 要难以掌握，加入惯性可能会导致操作难度上升。各位可以看图 1.1.16 中的 A、B 两个间隙，两个间隙原本差距很大，但换个镜头角度之后，看起来却相差不多。

---

① スーパーマリオ 3D ランド © 2011 Nintendo

② 引自任天堂官方主页："主要软件销售成绩"。

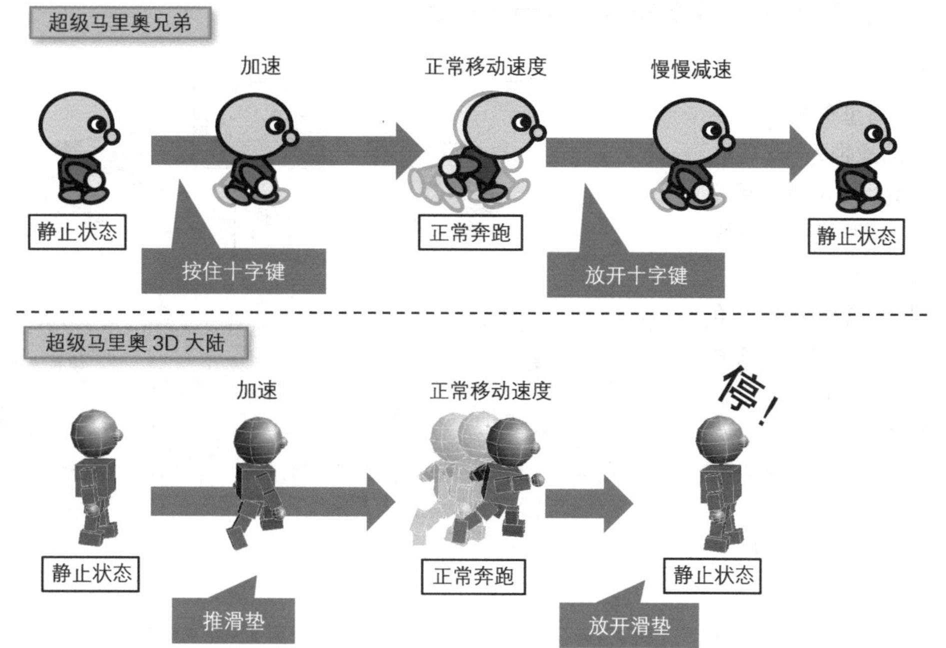

图 1.1.15　《超级马里奥兄弟》与《超级马里奥 3D 大陆》移动动作的区别

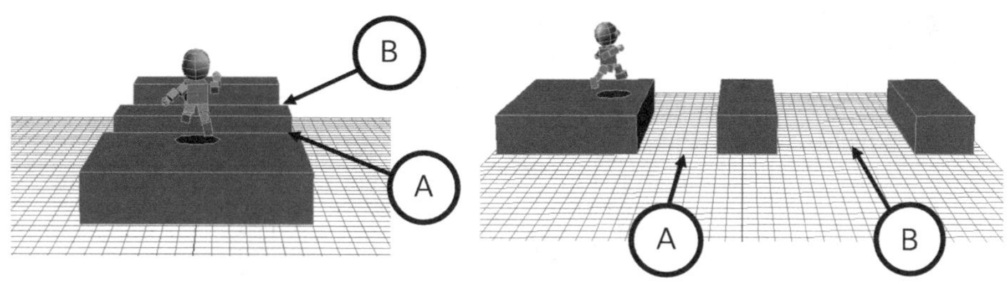

图 1.1.16　镜头角度带来的距离感问题

如上所示，在 3D 游戏中玩家很难掌握距离感。在某些镜头角度下，玩家甚至无法直观地在画面上选取起跳点和急停点。

因此，如果在 3D 马里奥中保留 2D 马里奥移动动作的惯性，那么 2D 马里奥中惯性带来的难度将与 3D 马里奥中镜头角度带来的难度产生相乘效果。3D 马里奥之所以取消惯性，大概就是为了防止操作难度提升。不过细心的玩家可能会发现，3D 马里奥仍然保留着冲刺中按反方向键时的转身撑地急停动画。失去惯性后这一动画本应失去了意义，设计者对其加以保留想必是为了让马里奥保持原汁原味吧。

这种问题并不仅存在于马里奥系列当中。相较于 2D 游戏，3D 游戏在难度提升上更难以把握，稍有不慎便会变得太难，所以往往不能照搬 2D 游戏中的一些机制。制作 3D 游戏时，要选用最适合该游戏的设计技巧，才能让 3D 游戏更有趣。

用 2D 马里奥的感觉玩 3D 马里奥的机制

《超级马里奥 3D 大陆》为了将 2D 马里奥的易上手性原封不动地带入 3D 马里奥当中，毅然决然地选择了另一项让 3D 游戏更有趣的设计技巧——镜头角度。

一般 3D 游戏的镜头角度都会交由玩家控制，或者由游戏软件自动选取最便于观察的角度。但是在这款游戏中，设计者大胆地将镜头角度局限在了“侧面”“上方”“倾斜”三种固定模式中（图 1.1.17）。

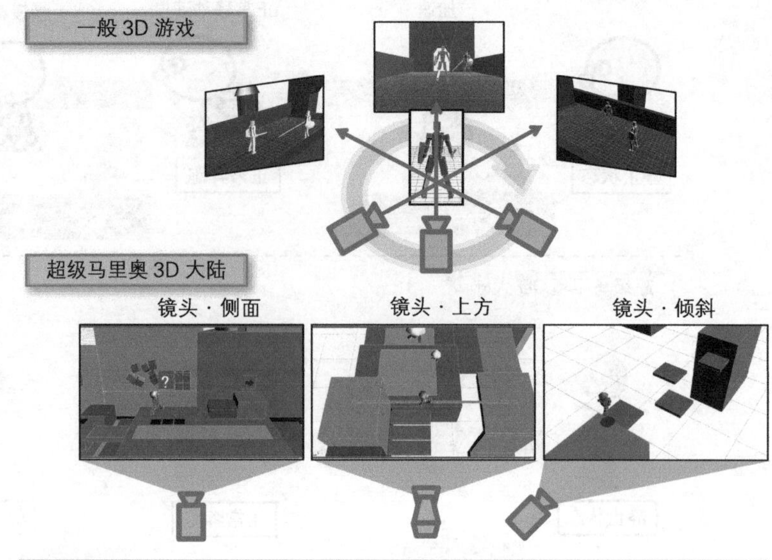

图 1.1.17　一般 3D 游戏与《超级马里奥 3D 大陆》镜头角度的区别

另外，一般 3D 游戏中，玩家可以使用摇杆控制角色 360 度自由变换方向，但在《超级马里奥 3D 大陆》中，玩家虽然要用滑垫进行类似摇杆的操作，但是马里奥的移动却被限制在 16 个方向之内（图 1.1.18）。

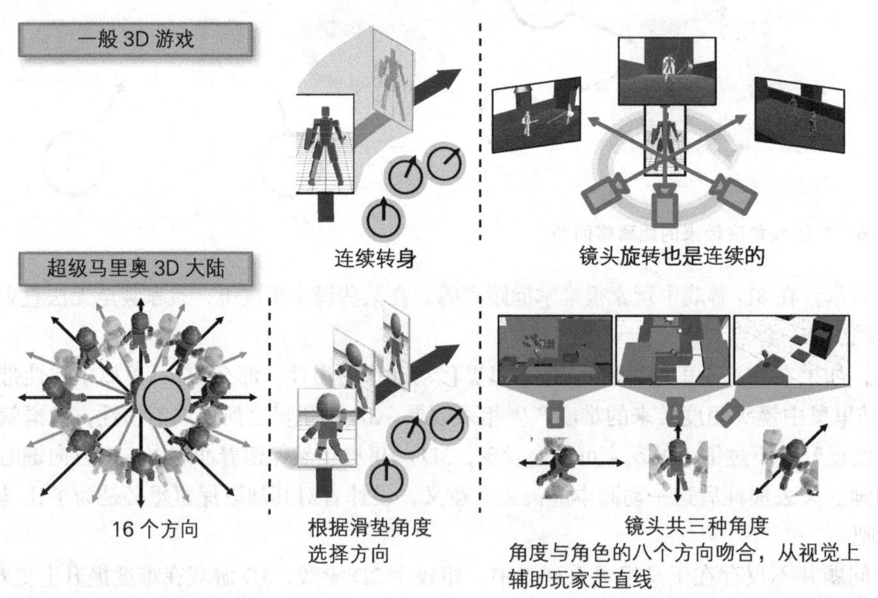

图 1.1.18　移动动作与移动方向

游戏通过这种方式让镜头角度和移动角度保持一致，帮助玩家找回操纵 2D 游戏的感觉。如果各位手边有《超级马里奥 3D 大陆》，不妨打开游戏缓慢环行拖动滑垫，应该能很清晰地看到马里奥行进角度切换的瞬间。利用这一机制，游戏有效地避免了玩家因斜向移动而导致误判跳跃距离的情况发生（图 1.1.19）。

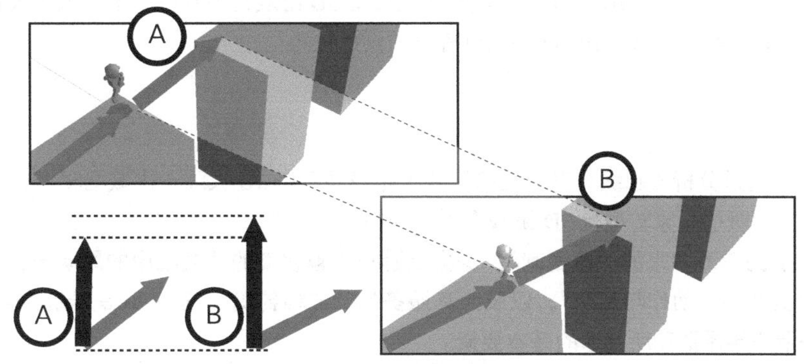

如果角色可以通过摇杆连续改变移动方向，
玩家将很难控制跳跃距离及起跳时机

图 1.1.19　移动方向不同导致跳跃距离变化

为方便玩家掌握马里奥的跳跃高度，游戏在所有场景中都明确做出了马里奥的影子（图 1.1.20）。

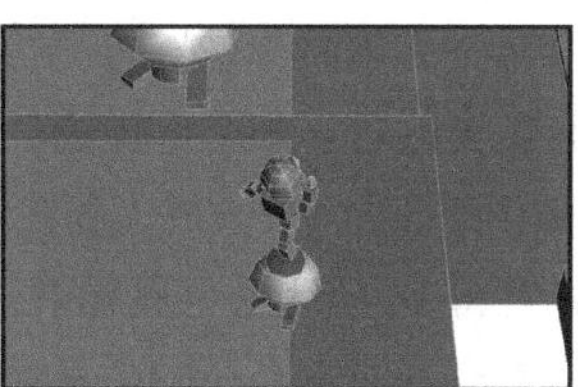

地面上的影子　　绳索上的影子　　敌人身上的影子

图 1.1.20　时刻伴随玩家的影子

此外，如果打开 Nintendo 3DS 的裸眼 3D 功能，玩家便可以通过立体影像准确把握距离感。

还有，这一作品中首次加入了在跳跃过程中改变方向的机制，让玩家能更轻松地完成某些动作，更准确地踩扁敌方角色（图 1.1.21）。

有了这些机制的帮助，即使是过去没有接触过 3D 游戏的玩家，在玩《超级马里奥 3D 大陆》时也能像玩 2D 游戏一样拥有良好的"触感（操作性）"①。

值得一提的是，本作品为照顾初级玩家特地加入了变身道具"狸猫装"，

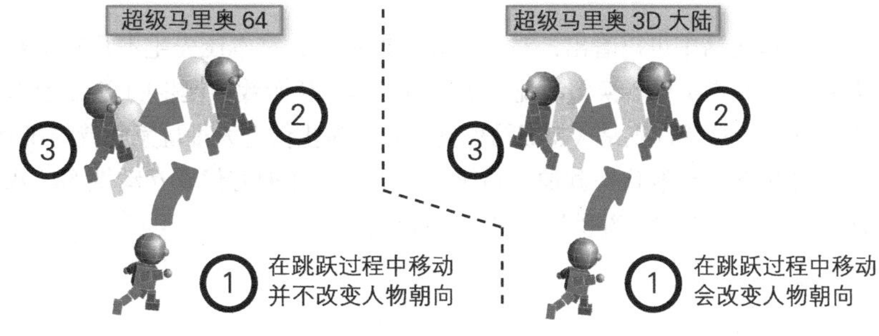

图 1.1.21　《超级马里奥 64》与《超级马里奥 3D 大陆》在跳跃方面的区别

① "触感"（操作性）这个词在游戏开发中经常被用到。与其类似，提到界面的触感时经常会用到"look & feel"这个词。近年来游戏界诞生了"游戏感"（game feel）一词，用来专指游戏的触感。

让玩家可以减速下落以及用尾巴消灭敌人。同时也设计了“翻滚”“远跳”“翻滚跳”等高难度动作，吸引高端玩家重复挑战关卡。

简而言之，《超级马里奥 3D 大陆》为让更多人接受 3D 游戏，在其内容中加入了大量“让 3D 游戏更易上手的设计技巧”以及“让 3D 游戏更有趣的设计技巧”。

小结

本节中我们通过分析《超级马里奥兄弟》和《超级马里奥 3D 大陆》内藏的秘密，对 2D 游戏的趣味机制以及如何吸引玩家转型玩 3D 游戏有了一个初步的了解。

将玩家吸引到游戏中来的“感官刺激”、决定游戏有趣程度的“挑战中的风险与回报”、让玩家不由自主付诸实践的“动作与反应”，以及为其服务的“连环钓饵”，这些既是给玩家带来愉快体验的关键，也是所有娱乐活动所共通的基本要素。

但是，给玩家带来快乐并不能仅仅依靠概念和技术，开发者在游戏作品中倾注的**与玩家一同分享快乐**的这份**心**也至关重要。

比如，假设想让玩家感受忘我奔跑的畅快感，首先就要创造出奔跑的感官刺激来激发玩家相应的感觉及感情。“感官刺激”这个词虽然很容易让人往歪处想，但它确实能够刺激人体及运动中潜藏的“生命的喜悦”。

相信每个人小时候都有过一边跑一边笑，这碰一下那撞一下的经历，并且没少被父母训斥。但是等我们长大以后，却会奇怪为什么这些孩子只是疯跑就能开心成这个样子。大概是因为奔跑的快乐只有孩子们能懂，长大成人的我们早已将其忘记了吧。

笔者觉得，《超级马里奥兄弟》正是让这种儿时奔跑的快乐在游戏中得到了重现。由于《超级马里奥兄弟》有着非常真实的高互动性游戏体验，因此能够使得玩家在实际玩游戏时像孩子一样奔跑跳跃，尽享乐趣。

也就是说，游戏体验的真实性并不仅取决于贴图和声效等外观因素，通过游戏内部机制表现出的“互动的乐趣”也对其有着巨大影响。

关于互动的乐趣，宫本茂先生在《汗流浃背的吉卜力》的播客中说过下面的话。

> “还有一点就是，看到周围出现以此为中心的交流是件很让人开心的事，比如玩到有趣的地方立刻给朋友打电话，这种向游戏外的扩展让人很开心。”

从这句话中可以看出，对于游戏的趣味性，宫本茂先生不只在游戏内部做文章，还尽力让其向游戏外的世界扩展。换句话说，就是**为创造**“从游戏中诞生的交流及团体”，在让游戏更有趣的设计上下功夫。这或许正是《超级马里奥》至今为止仍有大批玩家支持的秘密所在。

如果各位想制作一款像《超级马里奥》一样拥有优秀互动性的游戏，不妨在考虑游戏内部要素之余，将“游戏的外部世界”也纳入考量。

1.2

让游戏更具临场感的玩家角色动作设计技巧

（《战神Ⅲ》）

《战神Ⅲ》[1] 是一款在全球销量达 300 万套，系列累计销量达 2100 万套的超级大作 [2]。游戏中玩家要化身一腔怒火的主人公奎托斯，起身对抗神明，迎击不断袭来的一批又一批敌人，与如山般高大的众神决一死战。

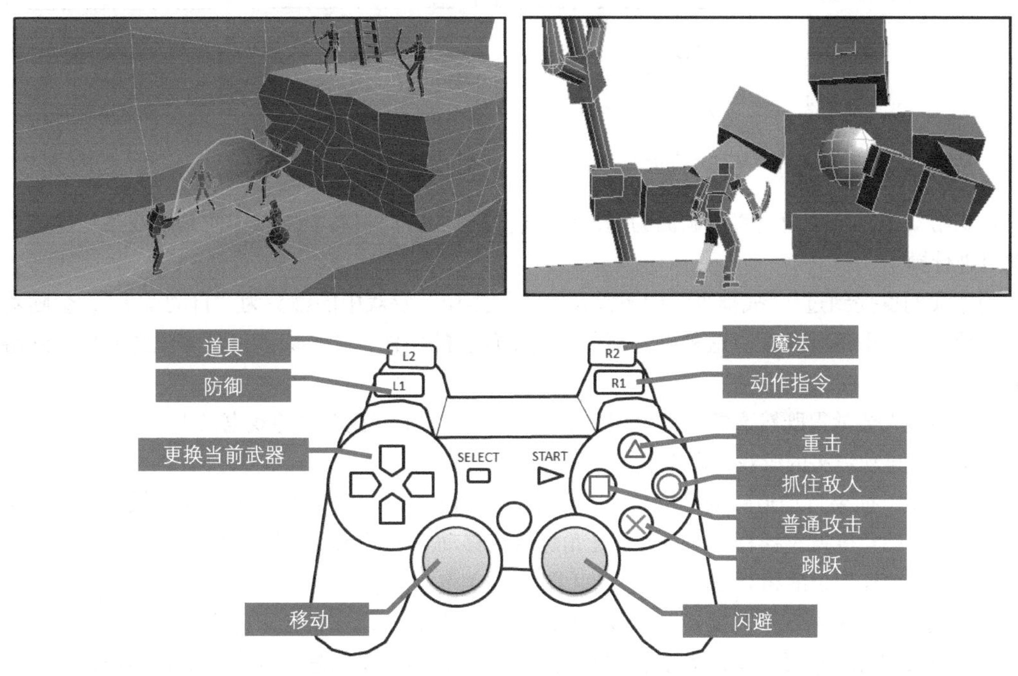

图 1.2.1 《战神 Ⅲ》的画面构成及基本操作

基本操作方面，用左摇杆控制移动，用□△○键控制攻击，用 × 键控制跳跃。由于系统允许玩家在攻击动作中使用方向键实时切换武器，主人公在获得新武器之后能施展出华丽多彩的连击。用 L1 键控制防御，用右摇杆控制闪避，遇到危机时还可以用 R2 键对周围敌人发动强大的魔法攻击。

另外，这款游戏采用了自动追随玩家角色的“自动镜头”，所以不涉及镜头的操作。

《战神Ⅲ》深受连击动作类名作《鬼泣》系列等日本动作游戏的影响，可谓 3D 动作游戏的集大成之作。因此其中必然蕴藏着许多让连击战斗为主的 3D 动作类游戏（此后本书中将此类游戏记为

---

① GOD OF WAR Ⅲ © 2010 Sony Computer Entertainment America Inc.

② 来自 E3 2012 SONY 展会上公布的数据。

"割草游戏"①）更有趣的机制。

接下来就让我们对这款割草游戏的机制一探究竟。

不需控制镜头的移动操作机制

《战神Ⅲ》是一款 TPS② 视角的游戏，玩家角色的移动方向与摇杆倾斜的方向一致。

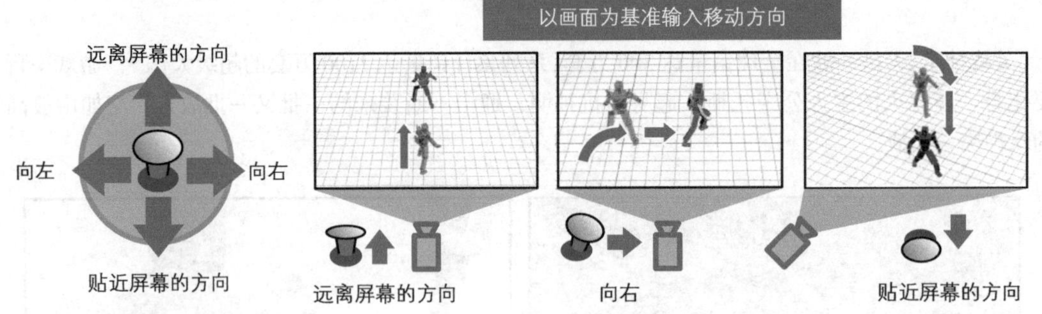

图 1.2.2　《战神Ⅲ》的移动操作方法

这款游戏中，玩家角色将以画面为基准向摇杆倾斜的方向移动，所以即便是游戏菜鸟也能十分直观地进行操作。

刚才我们也提到过，《战神Ⅲ》中不涉及镜头的操作。游戏中的镜头为"自动镜头"，会随着玩家的移动自动选取最佳角度。这种设计简化了玩家角色的操作，让玩家能将更多注意力投入到游戏中去。

或许很多人会觉得既然这样能让 3D 游戏更容易上手，不如让其他游戏也采用这种操作方法。其实要制作一款自动镜头的游戏，需要很多方面的考量及调整。

举个例子，如果自动追踪的镜头与玩家角色的移动速度不一致，那么即便是直线路径，玩家也必须配合镜头的角度调整摇杆方向，才能让角色直线移动。因为玩家角色与镜头之间的距离改变时，镜头角度以及摇杆指令的相对方向都会变化（图 1.2.3）③。

一般说来，这种情况下只要镜头角度变化不大且不频繁，玩家都会下意识地操纵摇杆调整移动方向。但如果在直线路径上多次大幅度改变镜头角度，便需要玩家进行复杂的摇杆操作，给玩家带来多余的压力。

反之，即便是在曲折的路径上，只要镜头与玩家角色的距离和角度保持一致，玩家都能像在直线路径上一样流畅地控制角色移动。因为镜头与角色保持同一个角度，所以玩家不必另行调整摇杆的方向（图 1.2.4）。

① 在动作类游戏中，诸如《鬼泣》和《战神Ⅲ》等以连击为中心的游戏并没有一个专用名称，因此本书中将其称为"割草游戏"。另外，我们将《塞尔达传说》这类以探索和战斗为主的游戏称为"砍杀游戏"（Hack & Slash，简称 HS），将以拳脚类近身肉搏战为主的游戏称为"格斗游戏"。在某些国家，《鬼泣》和《战神Ⅲ》被归类为砍杀游戏或格斗游戏，但本书中将这两类游戏区别对待。

② TPS 是第三人称射击的缩写。某些国家将"Third Person Shooting"称为"Third Person Shooter"。

③ 在跳跃过程中若镜头角度发生大幅改变，则尤其容易引起操作混乱。

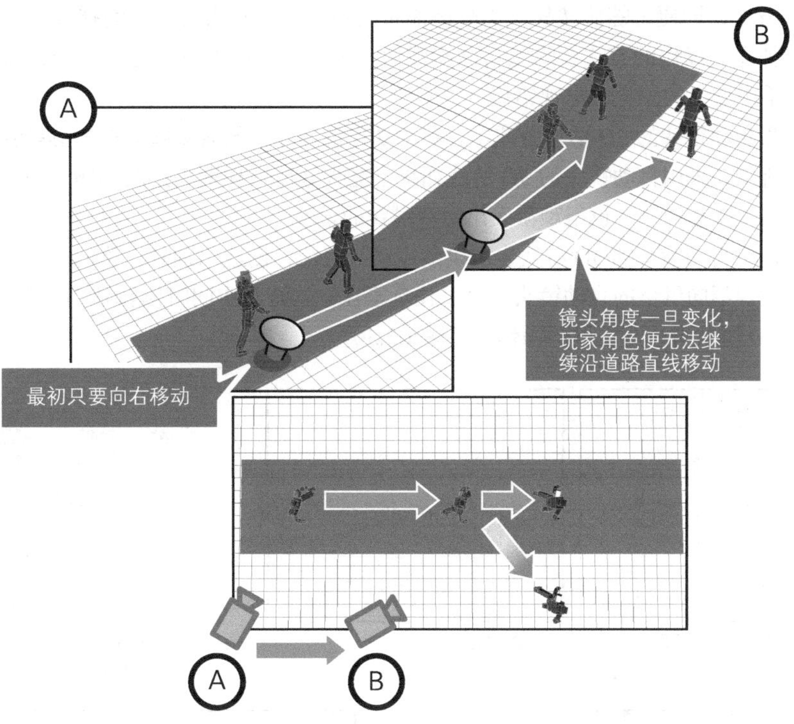

图 1.2.3 直线路径上玩家角色与镜头的关系

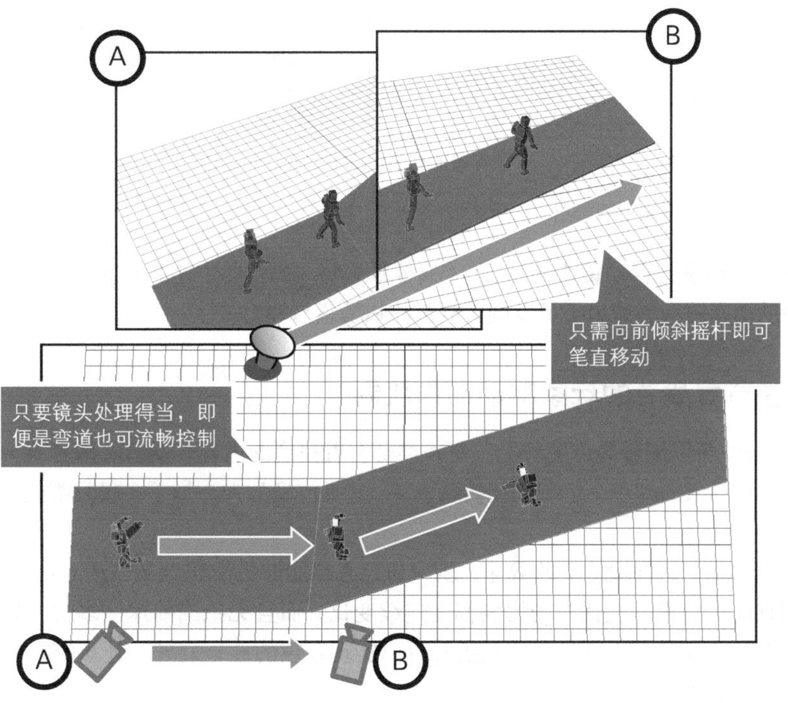

图 1.2.4 曲折路径上玩家角色与镜头的关系

应用这一方法，即便是螺旋楼梯这类蜿蜒曲折的道路，也只需向前倾斜摇杆便能顺利沿路线前进。不过，这种简化操作的方式会降低弯曲路线给玩家带来的操作感及感官刺激，画面上看到的角色移动和玩家手中操纵的感觉会出现错位。

因此，采用自动镜头的3D动作游戏中，移动动作的操作性及游戏整体的触感都会受到镜头移动的大幅影响。所以，采用自动镜头的3D游戏如果不能很好地处理镜头角度问题，那么即便拥有操作性优秀的玩家角色移动动作，也很难激发出游戏潜在的乐趣。

另外，采用了自动镜头的3D游戏也可以活用镜头特征，创造出别具一格的玩法及画面表现。通过给每个场景设置不同风格的自动镜头，可以让玩家在一款游戏中同时体验到2D游戏简单又直观的操作感，以及3D游戏身临其境般的操作感（图1.2.5）。

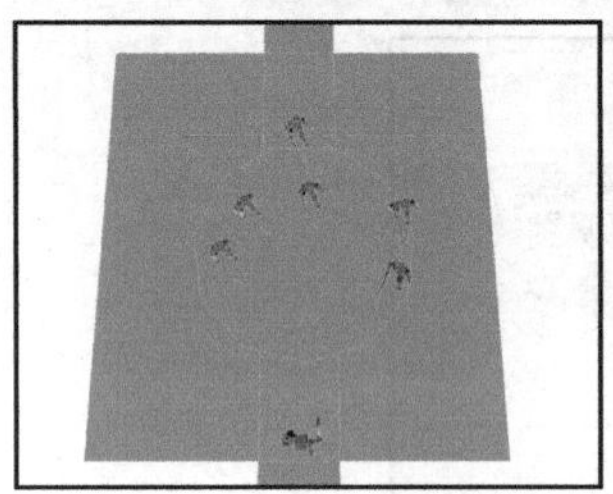

从场景上方或侧面摄影可以带来2D游戏的操作感

从玩家角色背后摄影可以带来3D游戏的操作感

电影般的动态镜头下依旧可以操作

图1.2.5 不同镜头角度下的游戏

通过最大限度地发挥自动镜头的特征，《战神Ⅲ》将3D游戏打造得十分易于上手，同时在游戏体验方面又借助动态镜头创造出了足以媲美电影的临场感与魄力。

实现快节奏战斗的玩家移动动作机制

3D动作类游戏可以细分为许多种类，每一类都有着独到的内容。既有《战神Ⅲ》这种在快节奏的激烈战斗中消灭敌人的游戏，也有《怪物猎人4》这类巨型敌人一举手一投足都攸关性命的、有张有弛的游戏。

要实现《战神Ⅲ》这种快节奏的战斗，玩家角色必须能够灵活转身及迅速静止。在这款游戏中，玩家角色的移动速度会根据左摇杆的倾斜幅度连续变化，而且无论当前速度多快，只要玩家放开摇杆，角色就立刻停止移动。另外，旋转左摇杆可以实现角色的原地旋转，让玩家在战斗中能迅速转向敌人所在的方向（图1.2.6）。

在这种让玩家冲入敌群逐个消灭敌人的游戏中，玩家的操作必须能迅速且正确地反映到玩家角色身上。

另一方面,《怪物猎人 4》中玩家角色的移动速度分为“行走(or 静音行走)”、“奔跑”、“冲刺”3 个阶段，而且在奔跑过程中玩家角色的转身半径要大于《战神Ⅲ》，原地回头的时间也略长一些(图 1.2.7)。

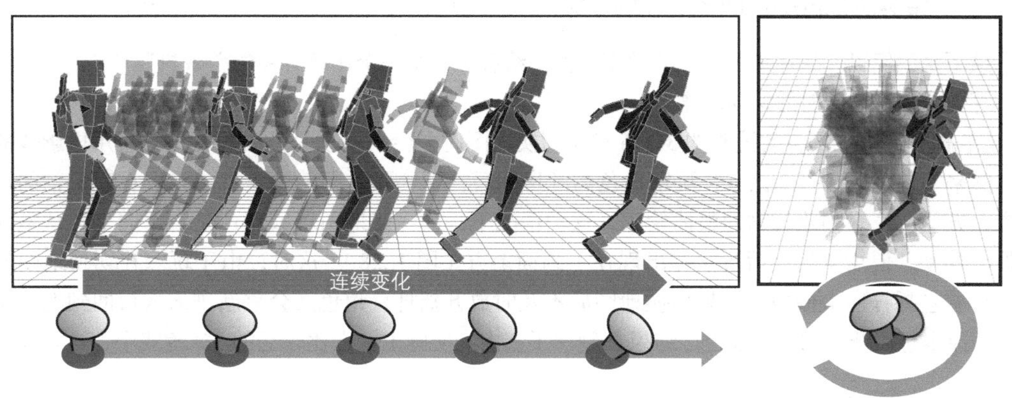

图 1.2.6 《战神Ⅲ》中玩家角色的移动及转身

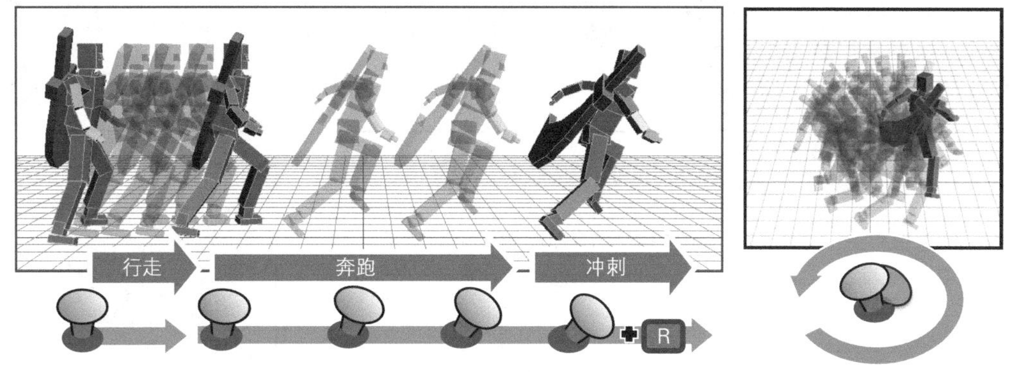

图 1.2.7 《怪物猎人 4》中玩家角色的移动及转身

手边有《战神Ⅲ》和《怪物猎人 4》的读者请务必在游戏中试着进行上面的比较，你会发现这两款游戏移动操作的触感完全不同。

据笔者推测,《怪物猎人 4》之所以如此设计移动动作，就是为了将每个动作的操作感真实地传递给玩家，以创造出“狩猎”的感觉。

设想一下，如果将《战神Ⅲ》和《怪物猎人 4》的移动动作互换，将会是怎样一个结果呢？玩家常常被大规模敌人包围的《战神Ⅲ》配以《怪物猎人 4》大转身半径的移动动作，恐怕玩家在消灭一个敌人后要花不少力气才能跑到下一个敌人面前。

反过来，如果把《战神Ⅲ》的移动动作给了《怪物猎人 4》，快速灵活的转身或许能让玩家更有效地闪避敌人的攻击，但反应速度过快的符号化转身动作会弱化狩猎的感觉(感官刺激)及体验。再者，如果开发方配合玩家角色的反应速度设计怪物，那么怪物必然相当敏捷，这又会进一步丧失

“真实狩猎”的感觉。

简单说来，每个游戏都有一套能让玩家觉得舒服的“速度”“节奏”以及“触感”（手感）。根据速度、节奏与触感找出合适的玩家角色动作机制并加以实现，是现代游戏开发的重点之一。

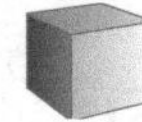

不带来烦躁感的地图切换机制

接下来我们以《战神Ⅲ》的移动动作为例，给各位介绍一个比较有趣的游戏机制。

那就是切换地图时的移动动作。

《战神Ⅲ》等采用自动镜头的 3D 游戏在切换地图时多会大幅改变镜头角度，并且用电影般的动态构图来实现过场。打个比方，玩家角色离开房间后，下一张地图的镜头视角设置在建筑物的远景位置，方便玩家看到建筑物的整体轮廓。这种情况下，前一张地图玩家角色是自下向上（从室内到室外）移动，但场景切换后玩家却出现在了画面上方（图 1.2.8）。这时，由于玩家在切换地图前一直保持着左摇杆向上倾斜，如果切换地图后不及时放开摇杆，角色又会重新进入入口回到上一张地图。即原本想离开房间继续前进，结果却倒回了室内。实际上，在比较老的 3D 游戏中，这种现象十分常见。

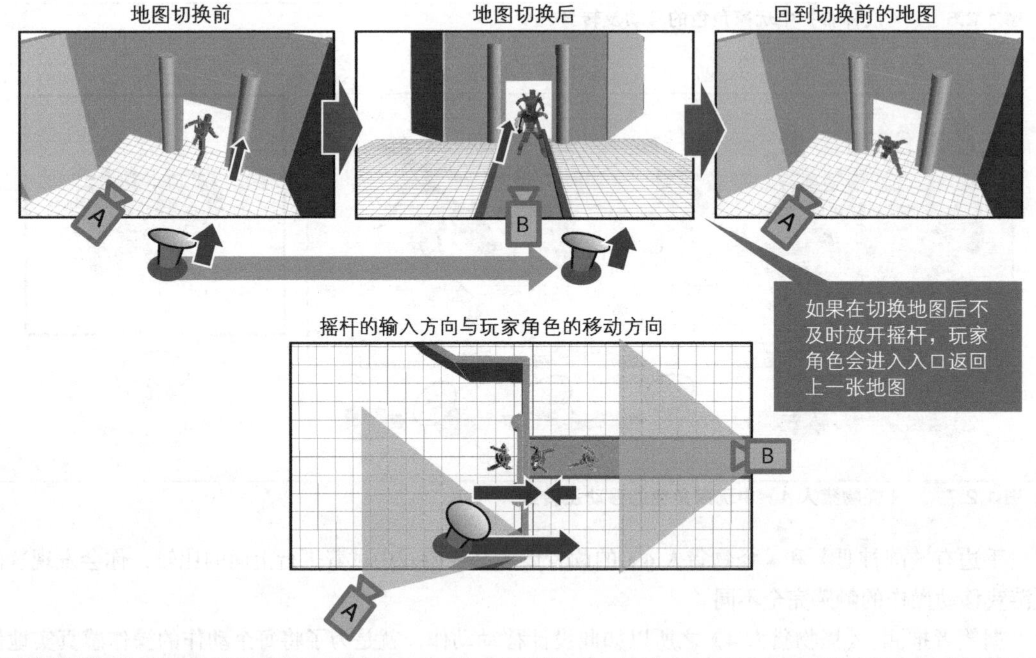

图 1.2.8 地图切换与镜头

为应对这一问题，一般来说最简单的方法就是避免这种地图和镜头的组合。但《战神Ⅲ》等近年来推出的 3D 游戏却用一种巧妙的机制解决了这一操作问题，让玩家在遇到上述情况时依旧能顺利操作。

说来很简单，就是在切换地图后玩家角色仍然继承之前的移动方向（图 1.2.9）。

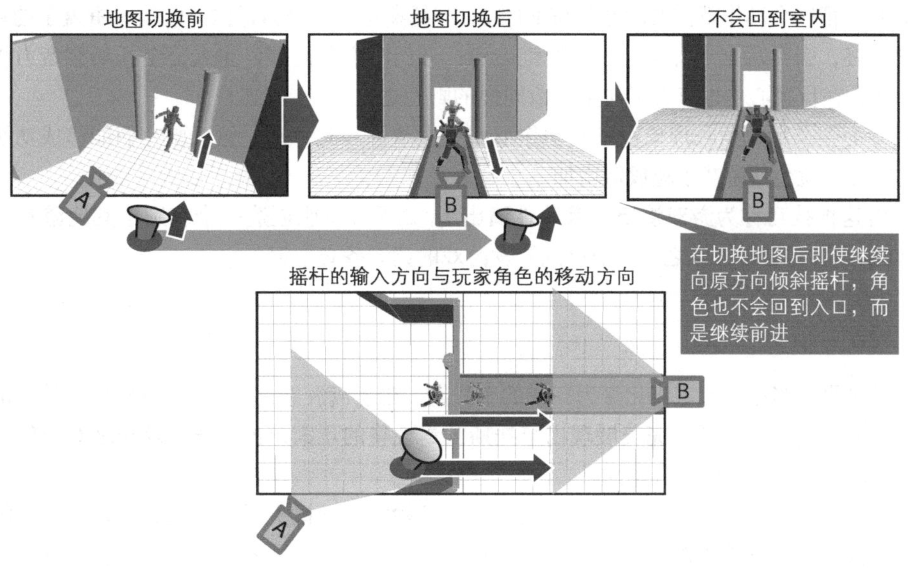

图 1.2.9　地图切换与镜头（继承移动方向）

应用这一方式后，只要玩家不放开左摇杆或者改变左摇杆的倾斜方向，玩家角色就会无视当前摇杆输入方向，继续沿切换地图前的方向（向室外移动）行进。因此就算是如图 1.2.9 所示的那种关卡设计[①]，即便玩家倾斜摇杆的方向与画面方向相反，仍会有一种自己向着正确指令方向前进的错觉。

由于 3D 游戏中的游戏机制远比 2D 游戏复杂，所以能否让玩家角色的动作准确地反映出玩家意图显得至关重要。

上面为各位介绍的地图切换机制可以应用到多种 3D 游戏当中，如果您正在挑战 3D 游戏的制作，请务必将其记下来。

 让人不由得手指发力的玩家角色动作机制

《战神Ⅲ》的玩家角色奎托斯可以说是愤怒的化身，看到他以充满野性的肉体施展出残暴的招式动作时，玩家握着控制器的双手也常常下意识地跟着一起发力。

单纯依靠动画并不能实现这种**为烘托角色服务的动作**，它是由图 1.2.10 中那些互动动作积累而成的。

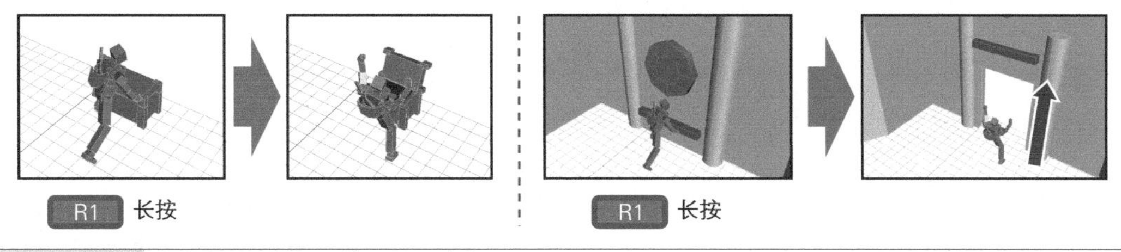

图 1.2.10　充满力量感的开宝箱、开门动作

① 关卡设计指游戏中为玩家提供的可玩场景、阶段、流程的设计及成品。详细内容请参照第 3 章“让 3D 游戏更有趣的关卡设计技巧”。

比如开宝箱这个动作就需要玩家长按 R1 键。奎托斯运足全身力量掀开宝箱厚重盖子的动画贯彻玩家按键始终，引得玩家下意识地加大按键力道。开门时也是同理，主人公奎托斯靠蛮力将门强行掀开的动作，在玩家心中也点燃了与奎托斯同样的野性之火。

这些专为塑造玩家角色形象服务的动作乍看上去或许多此一举，但只要它们能够成功烘托出玩家角色的特点，就会使游戏乐趣成倍增加。

笔者将这种技巧称为**游戏演出（互动性演出）**。如果各位想创造一个有别于其他游戏的独特角色，“游戏演出”将会是关键之一，请有意开发游戏的读者务必牢记。

小结

在《战神Ⅲ》当中，玩家将化身为狂暴的奎托斯，带着满腔怒火，在以 3D 贴图描绘出的壮美的希腊神话世界中为复仇而战。完美展现出奎托斯凶暴性格的玩家角色动作以及与之对应的大量互动机关，都让游戏体验变得更具真实性。

废除了镜头操作的简洁角色操作，与之互补的巧妙的自动镜头系统，能灵活转身急停的高节奏性，以及切换地图等细节中准确反映玩家操作意图的设计……设计者为了让玩家能充分沉浸到游戏的乐趣中，有意使用了这些机制，帮助玩家排除了多余因素的影响。

反之，如果操作上不够协调，则很容易将玩家的感觉拉回现实中来。**只有在通过控制器和画面展现出的玩家角色动作的触感上多下功夫，才能有效地将玩家从现实中解放出来，创造玩家与玩家角色融为一体的真实游戏体验。**

1.3

让割草游戏更有趣的攻击动作设计技巧

（《战神Ⅲ》）

在《战神Ⅲ》的战斗系统中，玩家能用华丽的连击荡平一波波来犯之敌，享受割草游戏独有的畅快感。

游戏继承了《鬼泣》系列的“连续攻击”和“浮空（挑空）攻击”“切换武器”等基本流程，在此基础上还添加了通过残暴攻击重创敌人的“CS 攻击”等原创动作。另外，《战神Ⅲ》还有意将这些战斗系统设计得易于上手，让动作游戏菜鸟玩家也能畅快地进行游戏。这可谓其一大特色。

若能解明《战神Ⅲ》的战斗系统机制，我们或许就能找出 3D 动作游戏中攻击动作的秘密，特别是让割草游戏更易于上手且有趣的设计技巧。那么事不宜迟，让我们赶快来看一看。

让攻击准确命中目标敌人的机制

在《战神Ⅲ》中，面对四面八方来袭的敌人，玩家必须瞬间做出反应，选择先消灭哪个敌人。

这里的关键之处在于，让玩家的攻击能确实命中目标敌人的“锁定”机制。但是《战神Ⅲ》中并没有锁定操作。实际上，游戏一直自动进行着锁定和解除锁定，只是玩家在玩游戏时没有察觉到罢了。这一机制的结构如下。

1. 玩家倾斜左摇杆时，玩家角色会锁定移动方向上最近的敌人（图 1.3.1）。
2. 锁定过程中，玩家角色的面部会一直朝向敌人。锁定中按下攻击键，玩家角色会如图 1.3.2 所示自动追踪至敌方角色所在角度并发动攻击。
3. 即使已经锁定了某个敌方角色，玩家仍能通过操纵左摇杆来锁定其他敌人。同时，如果玩家角色与敌方角色之间超出一定角度或距离，锁定会自动解除。这一机制实现了操作的简化，让玩家只要面朝敌人，攻击就能命中（图 1.3.3 的 A 及 B）
4. 消灭已锁定的敌方角色后，锁定会自动解除。但是，如果玩家面朝的方向（侧面和背后除外）还有其他敌人，玩家角色则会自动锁定此敌人。只要武器和连击组合运用得当，玩家只需连按攻击键便可痛击眼前的大批敌人（图 1.3.4）。

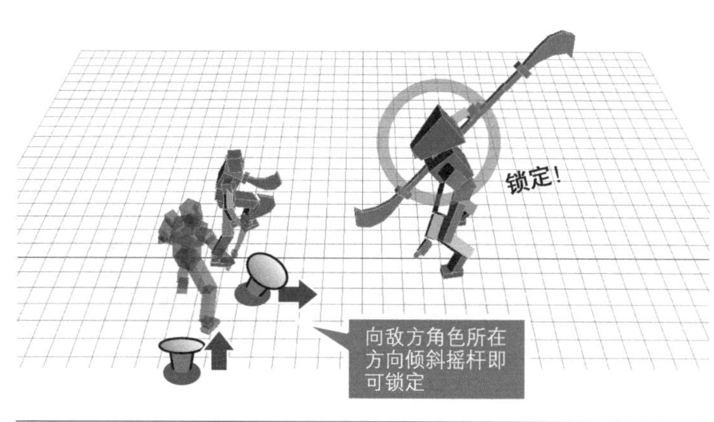

图 1.3.1 锁定开始

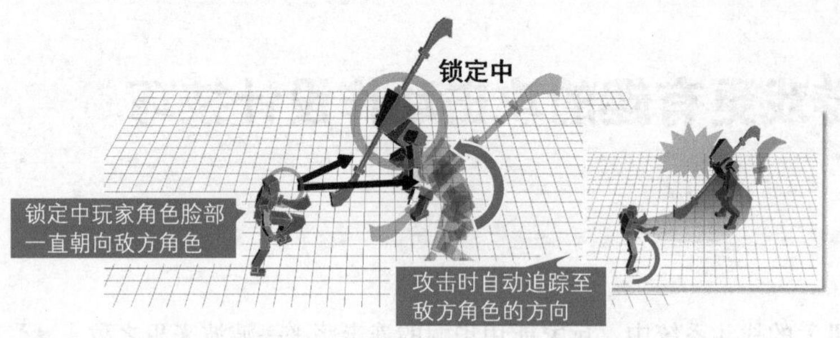

图 1.3.2 锁定中

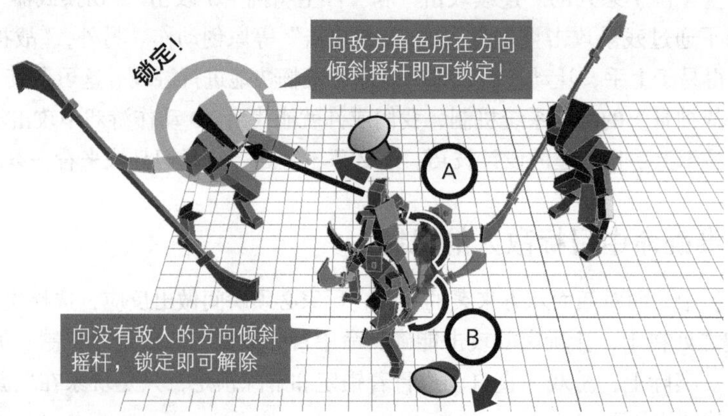

图 1.3.3 锁定下一名敌人

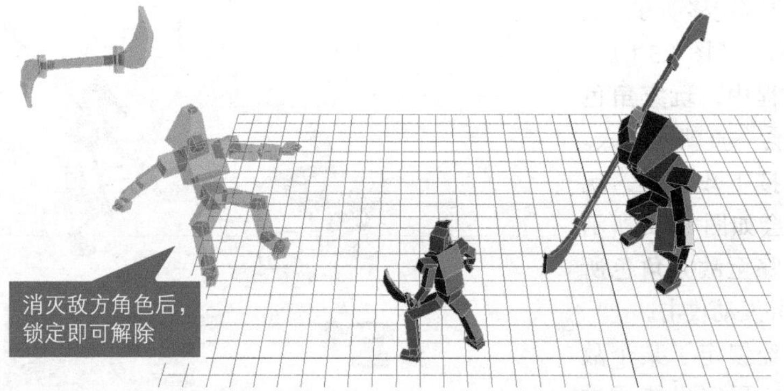

图 1.3.4 解除锁定

这种自动锁定机制在其他很多动作游戏中也被采用，如今已是影响玩家攻击动作触感的一个重要机制。割草游戏让玩家通过连击获取持续打击敌人的快感，因此自动锁定机制成了必不可少的功能。

 让连击畅快淋漓的机制

在《战神 Ⅲ》中攻击分为两种，一种是按□键发动的“普通攻击”，另一种是按△键发动的

“重击”。

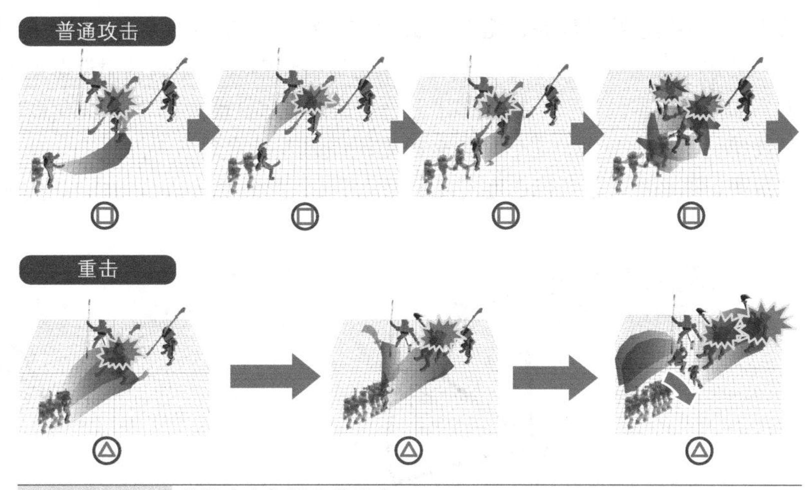

图 1.3.5 普通攻击与重击的连击

普通攻击的连击招式以灵活为主，一般在第三击时会转换成大范围（横向）攻击。相对地，重击虽然攻击力更强，但普遍出招速度慢且破绽多。此外，重击的招式以纵向为主，无法像普通攻击一样进行大范围攻击（图 1.3.5）。

玩家在面对大量敌人时，需要先使用破绽较少的普通攻击连击震慑周围敌人，再接以重击给单个敌人以重创并将其消灭。敌人较少时，玩家可以在掌握每个敌人行动规律的基础上，直接使用重击连击消灭敌人。

可以看出，《战神Ⅲ》在设计攻击种类和连击招式时，为每一个攻击动作都分配了固定的用途。这让玩家在面对各关卡中充满个性的敌方角色时，主动去思考怎样使用连击才能消灭敌人，享受制定战术的乐趣。而这正是《战神Ⅲ》等割草类游戏独到的乐趣所在。

然而，连击虽然能让动作游戏的乐趣成倍增长，但单纯地将多个攻击动作连接在一起并不能创造出畅快淋漓的连击。对加入连击元素的 3D 动作游戏而言，一定要在攻击动作的制定上多花心思。

分析 3D 游戏中的攻击动作，每一个招式都是由“攻击动画”、“攻击力”（伤害）、“攻击方向”、“追踪性能”等要素组合而成的。“连击”则又要以充满个性的方式将这些“招式”组合到一起。

在这些攻击动作的组成要素中，**追踪性能**对攻击命中的难易度影响最大。所谓追踪性能，是指玩家角色发动攻击招式时，根据已锁定的敌人所在的位置自动进行追踪的功能（图 1.3.6）。

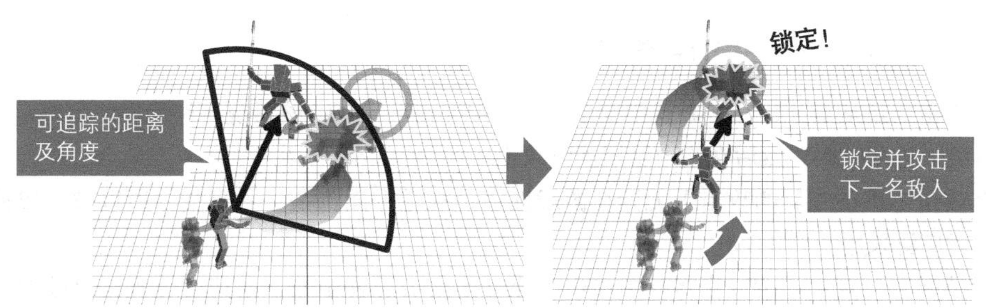

图 1.3.6 攻击时的追踪

设计追踪性能时通常要设置“追踪距离”、“追踪角度”、“追踪速度”（转向敌人所在方向的速度）三个要素，各位可以将其想象成一个扇形范围[①]。只要敌人在这个范围之内，玩家角色就会自动对其进行追踪攻击。

另外，追踪性能为每一个攻击招式都设置了系数。这些系数为每个招式赋予了个性，使得普通

① 在某些游戏中，“追踪时间”（攻击动作中追击敌方角色的时长）也是追踪性能的要素之一。

攻击威力小但追踪性能高，能更轻松地命中敌人；重击威力大但追踪性能低，不容易打中敌人。

如果一款游戏的连击系统能让玩家觉得畅快淋漓，那么其对追踪的调整一定十分到位。打个比方，如果让连击的每一个招式都比上一个招式追踪性能更强（追踪角度更广、追踪速度更快），那么只要第一招命中敌人，之后便能轻松施展强力连击将其消灭。反之，如果每一招都比上一招追踪性能更弱，那么敌人很可能在连击途中躲开攻击，导致连击最后的强力招式扑空（图 1.3.7）。

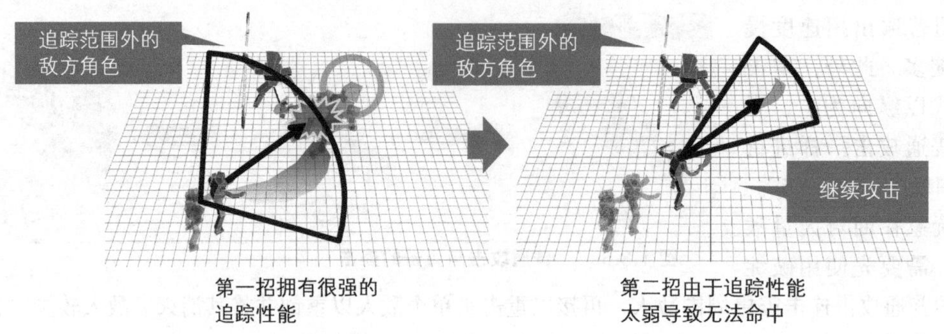

图 1.3.7　追踪与连击的攻击性能

但是如果一味提升连击性能，那么玩家将失去成长空间，使得顺利完成连击的成就感变弱。因此追踪性能需要根据游戏的主旨及难易度进行调整。

比如《战神Ⅲ》中有一种类似于大型拳击手套的近距离格斗武器——涅墨亚的拳套。由于这件武器以拳头攻击为主并且速度很慢，追踪性能太弱的话很难命中敌人，所以游戏中连击追踪性能就设定得比较强。但是如果将其他武器的追踪性能也提升到同样高度，那么它们过高的命中率将让涅墨亚的拳套失去存在意义。

追踪性能在游戏中往往属于隐藏要素，即使是攻略书中也很少提及，所以如果各位觉得哪款游戏连击时让人感觉畅快淋漓，那么不妨根据上面我们提到的要点仔细观察一下。

 菜鸟也能轻松上手的畅快的浮空连击机制

浮空连击[①]是从对战格斗类游戏中诞生的“空中连击”系统。该系统允许玩家使用特定的“挑空攻击”将敌人打至空中，然后在空中施展连续攻击。

浮空攻击（挑空之后的攻击）无论在游戏性还是视觉方面都是一种享受，所以被《战神Ⅲ》等割草类游戏广泛采用（图 1.3.8）。

一般情况下，割草类游戏都将空中连击（浮空连击）过程中的下落速度设置得比较慢，以方便玩家对被挑至空中的敌人进行连续攻击。

不过，发动浮空攻击首先需要看准敌人的攻击间隙，再利用挑空攻击将敌人打至空中，这就势必要求玩家有一定的操作技术，对菜鸟玩家而言难度略高。但是《战神Ⅲ》却打破了这一定律，让

① 浮空连击（aerial rave）即在空中进行的连击。这个系统拥有许多相关名词。“挑空攻击”又称为“浮空连击起始技”“浮空攻击”。“空中阶段的连击”又称为“浮空攻击”“浮空连击”。强制结束空中连击的招式称为“浮空终结技”。本书中将各种游戏中所使用的 aerial rave 统称为“浮空连击”，起始招式称为“挑空攻击”，空中阶段的连击称为“浮空攻击”。

玩家只需长按△键即可发动挑空攻击，使得菜鸟玩家也能轻松体验浮空攻击的畅快感。

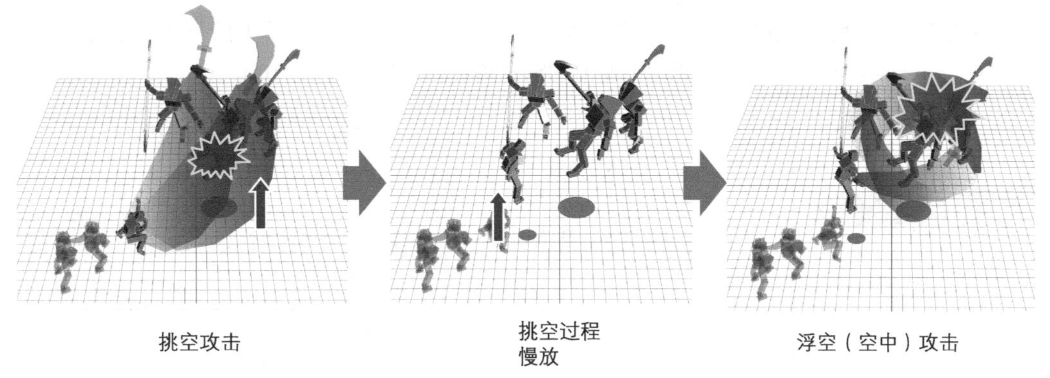

图 1.3.8 浮空攻击的机制

另外，这款作品在玩家角色随挑空攻击腾空后插入了短暂的慢放。这段慢放相当于空中攻击一定会命中的信号，帮助玩家准确把握发动空中连击的时机。

总的来说，《战神Ⅲ》就是通过以上这些机制，成功地让菜鸟玩家也能轻松享受割草类游戏的精华——浮空攻击。

用简单操作发动复杂连击的机制

在《战神Ⅲ》中，玩家只需使用□键和△键相互组合，就能完成普通攻击与重击的“连击”。另外，除“连按”□键与△键之外，还加入了“长按”，长按攻击键时连击会有所变化。

比如连按△键是重击的连击，而长按△键则是可追加浮空攻击的挑空连击（图 1.3.9）。

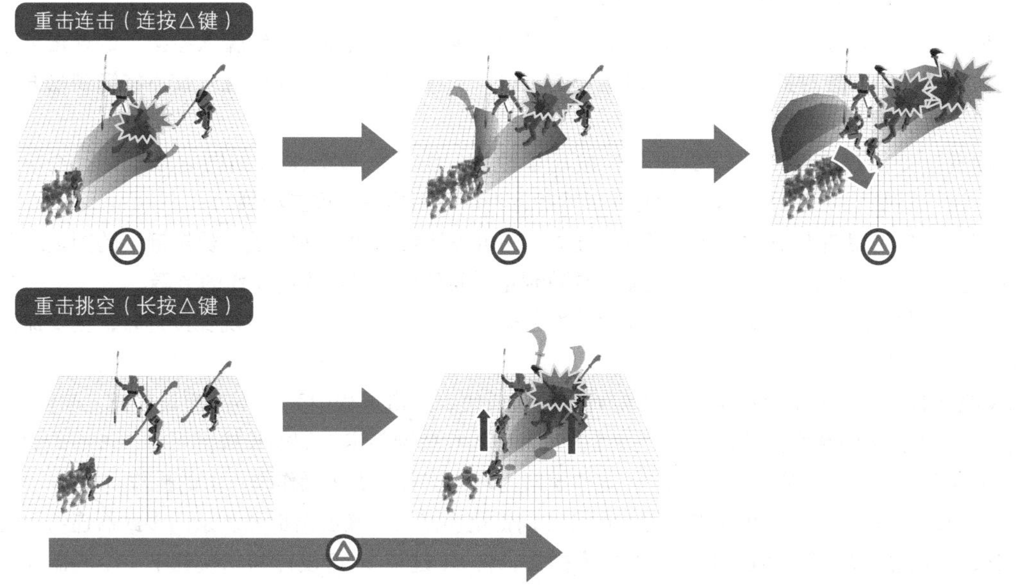

图 1.3.9 重击的连击及挑空

这一系统让不擅长快速复杂按键的玩家也能顺利施展连击，十分人性化。但是，要想真正在游戏中实现这一机制，需要游戏设计者、游戏开发者以及 3D 美工具备高超的专业技术。

一般情况下，动作类游戏都会为连击设置一个指令清单，同时为清单上的每个指令设置相应的攻击招式。连击的种类越多，指令清单中靠前的招式越容易重复（图 1.3.10）。

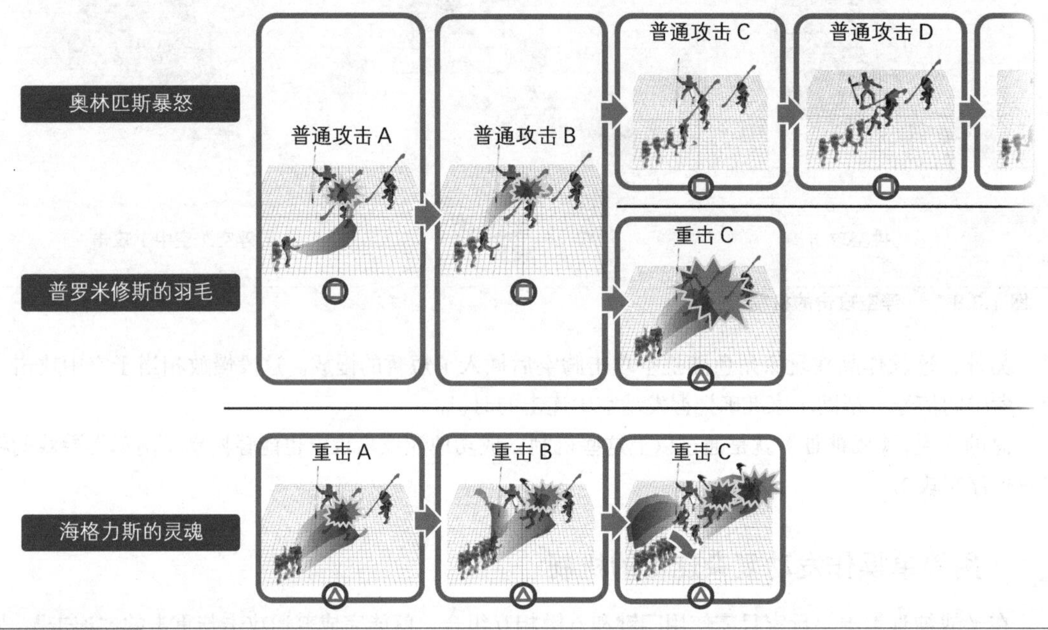

图 1.3.10 连击指令清单

如果所有连击都只需玩家“连续输入按键”，那么这一机制本身并没有什么复杂的地方。因为系统只需识别输入按键即可判定不同的攻击招式。

但是加入“长按键”后，攻击招式的判定将会出现问题。**因为“连续输入按键”的连击可以在按键被按下的瞬间核对指令列表进行出招判定，但“长按键”则需要先测量从按下按键到松开按键的时长，然后再进行核对。**

因此，如果连击第一招需要判断长按还是短按，游戏一般会采取如图 1.3.11 所示的处理方式——在“长按”判定结束之前，所有受影响的连击都应用同一个攻击动画。

如果不想采用图 1.3.11 中统一动画的方法，还可以让玩家角色在完成“长按键”的判定之前不发动攻击（什么都不做）。但是这一机制会导致判定时间延长，影响攻击动作的节奏。

这一问题会随着长按键连击的增加而越发复杂，尤其是在连击途中出现长按键时，更要保证所有连击动画之间不产生矛盾。

《战神Ⅲ》中的连击只有第一招需要判定按键长短，连击过程中完全不需要长按键。顺便一提，《鬼泣》和《猎天使魔女》的系统就支持连击过程中的长按键判定，例如长按键可将连击的最后一招换为更强力的招式。相对于《战神Ⅲ》，这些游戏为玩家准备了更多操作技巧上的挑战。

另外，《战神Ⅲ》可以在连击过程中配合方向键更换武器，施展出更加复杂的多武器连击。这一机制虽然听起来很繁琐，但游戏为方便玩家操作，将 L1 键 + × 键设计为切换到下一个武器并发动攻击，让玩家只用一个组合键便能施展出复杂的多武器连击。

通过上述机制，《战神Ⅲ》打造出了一款任何人都能随时随地轻松打出连击的游戏，让不论游戏菜鸟还是骨灰级玩家都能乐在其中，使得更多的人体验到割草类游戏酣畅淋漓的打击感。

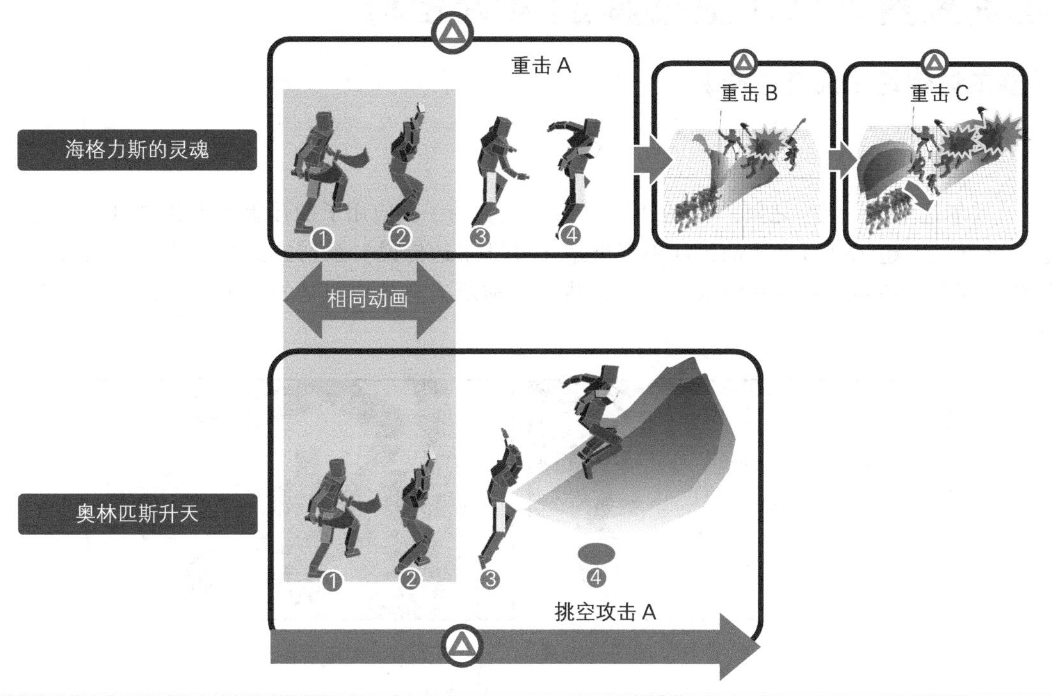

图 1.3.11 实现根据按键长短来判定不同连击的方法

小结

通过《战神Ⅲ》的玩家角色攻击动作我们可以看出，这款游戏通过“自动锁定”和“长按键连击”等机制让许多繁琐的操作流程自动化，使游戏菜鸟也能轻松享受动作类游戏的乐趣。

相信玩家从手握住控制器的那一秒开始就能体会到整个游戏的主旨——如何成为（扮演）奎托斯。面对一波又一波扑上前来的敌人，玩家通过简单的操作控制奎托斯将其残忍地消灭，在这一过程中玩家会渐渐融入游戏，与主人公奎托斯融为一体。

另外，这种“化身为奎托斯”的感觉能够激发出玩家内心中潜藏的暴力性与残虐性①。让现实社会中不允许发挥的暴力性与残虐性在游戏世界中得以发泄，使玩家透过游戏体验不但能获得乐趣，还可以发现自己内心深处潜藏的“某物”。

综上所述，一款有趣的游戏，拥有激发出玩家内心深处的“某物”的魅力。

① Chris Crawford 撰写的 *The Art of Interactive Design* 一书中指出，通过游戏互动激发玩家感情的过程其实是一种感情的反射。相反的，游戏内的大量虐杀行为反而会使玩家感情变得迟钝，如果想激发人类更深层的感情，则需要“具有互动性的故事”（narrative）。

1.4

让玩家角色动作更细腻的设计技巧

(《塞尔达传说：天空之剑》)

《塞尔达传说：天空之剑》[①]是在Wii平台上发售的一款应用了加强版遥控器的3D动作游戏。这款全球销量超350万套[②]的游戏不但继承了《塞尔达传说》系列独到的乐趣，还融入了增强版Wii遥控器所带来的动作游戏新体验，将一款前所未有的“细腻的塞尔达传说”呈现给玩家（图1.4.1）。

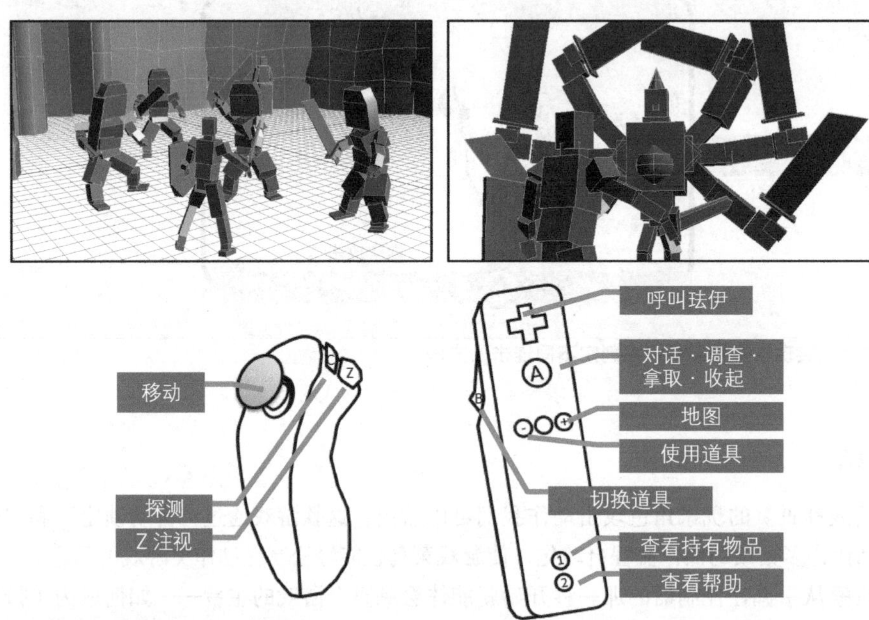

图1.4.1 《塞尔达传说：天空之剑》的画面构成及基本操作

在这款游戏中，玩家需要挥动加强版Wii遥控器来控制角色发动多彩的剑技或用盾牌防御，仿佛自己就是主人公林克在游戏中摸爬滚打，享受真实的游戏体验。

可以说《塞尔达传说：天空之剑》是一款将玩家动作与玩家角色动作融为一体的新概念动作游戏。

下面就让我们一起来看看这款作品在实现玩家与玩家角色一体化方面所应用的技巧及机制。

 支撑海量解谜内容的玩家角色移动动作

《塞尔达传说：天空之剑》与《战神Ⅲ》虽然同属TPS视角的游戏，但操作感略有不同。在这款

① ゼルダの伝説 スカイウォードソード ©2011 Nintendo

② 引自任天堂株式会社2011年度第72期（2012年3月期）决算说明会资料。

游戏中，玩家倾斜摇杆时，镜头会随着玩家角色一同移动及旋转。另外，在游戏中按下 Z 键，镜头会自动调整至主人公林克面朝的方向（图 1.4.2）。

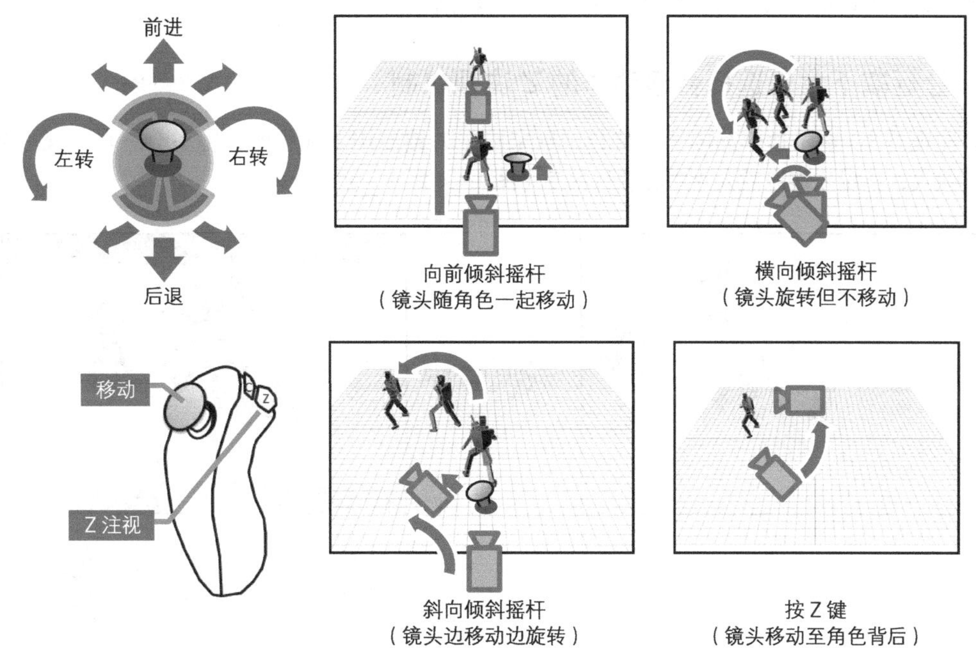

图 1.4.2　移动动作与镜头

这一机制在该系列第一款 3D 化作品《塞尔达传说：时之笛》中就已经被采用，目的是在玩家角色操作中最大幅度地简化镜头操作。

另外，由于 3D 场景中存在高低差，玩家角色容易因为操作失误而跌落悬崖，因此这款游戏中特地加入了“在悬崖边行走不会跌落”的机制，让菜鸟玩家也能免除后顾之忧。

游戏中，主人公林克的移动速度根据双截棍摇杆的倾斜幅度分为三档，三档速度分别为“行走”“快速行走”“奔跑”。在这种情况下，只要移动方向与悬崖边的夹角小于某个角度，林克就能够沿悬崖边行走而不跌落（图 1.4.3）。反之，如果移动方向与悬崖边的夹角接近 90°，林克则会跳下悬崖。通过这一机制，玩家无论行走还是奔跑，只要沿着悬崖边移动就不必担心掉下悬崖。

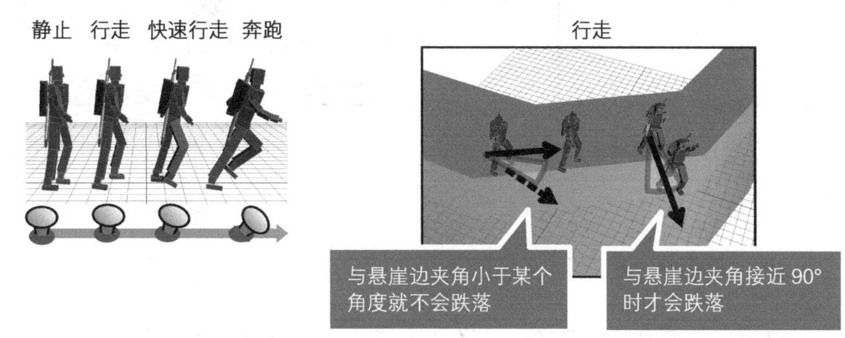

图 1.4.3　沿悬崖边行走时不会跌落的机制

这一机制在《塞尔达传说：天空之剑》这类以解谜为主的游戏中显得十分重要。因为如果操作上稍有失误就会导致从高处跌下的话，往往会使玩家玩游戏的动力大减。由此我们也可以看出，塞尔达系列很重视让玩家能够集中精力探索和解谜的操作性。

让玩家下意识选择合适动作的 Z 注视机制

Z 注视是 3D 塞尔达作品的一大特色。玩家按住 Z 键使用 Z 注视时，镜头会一直注视（锁定）着目标敌人，让玩家能以敌人为中心进行移动（图 1.4.4）。

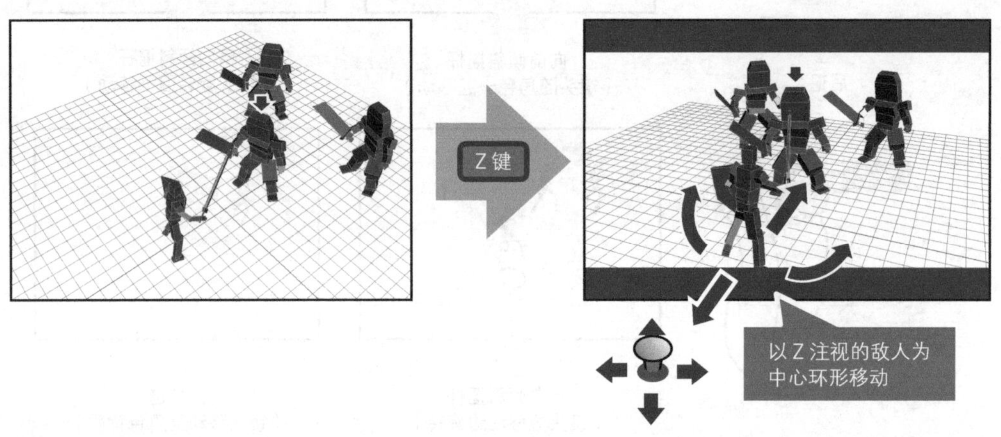
Z 键
以 Z 注视的敌人为
中心环形移动

图 1.4.4　有敌人时的 Z 注视

但是如果眼前没有敌人，林克启动 Z 注视后并不会锁定某个目标，而是保持方向不变与镜头一起前后左右移动（图 1.4.5）。这一机制也是在《塞尔达传说：时之笛》中就已经被采用，帮助玩家角色直线行走或者在解除地下城机关时进行位置微调。

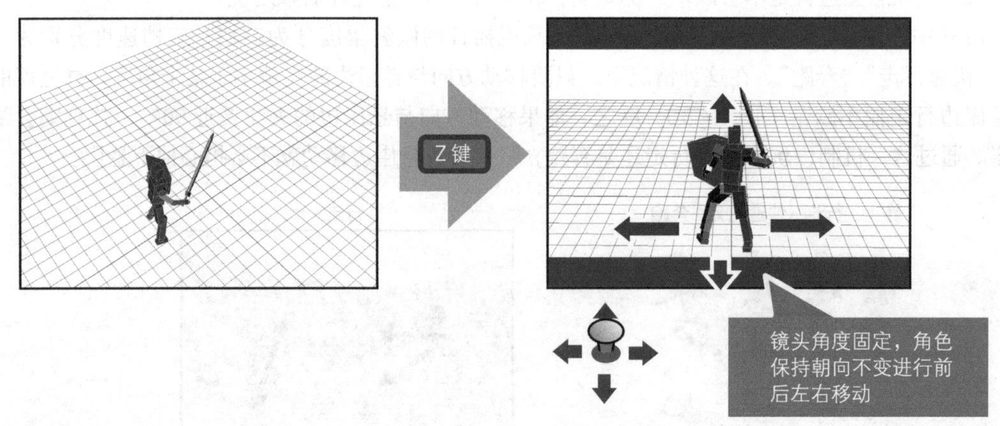
Z 键
镜头角度固定，角色
保持朝向不变进行前
后左右移动

图 1.4.5　没有敌人时的 Z 注视

也就是说，3D 塞尔达拥有“普通移动”“Z 注视移动”“Z 注视锁定敌人移动”三种移动模式。但是在实际玩游戏时，玩家大多能够根据当前场景的需要下意识地使用相应模式，很少有意识地去考虑模式切换问题。这是因为不同状况下的不同移动系统已经与 Z 注视的操作一体化了。

让玩家下意识地选择最合适的移动动作，自然而然地进行操作的机制也是让游戏更有趣的重要技术之一。

能单独当游戏玩的移动动作——奋力冲刺

《塞尔达传说：天空之剑》中加入了一种新的移动动作——奋力冲刺。玩家按住 A 键进行移动，可以让主人公林克进一步加快速度达到冲刺状态（图 1.4.6）。

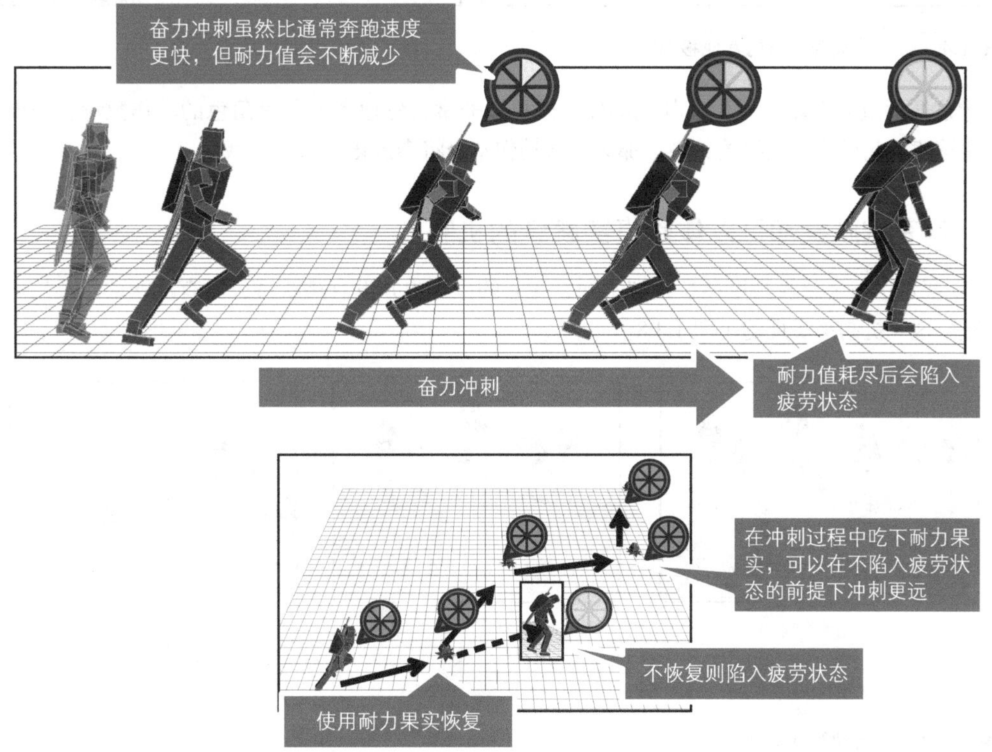

图 1.4.6 奋力冲刺

奋力冲刺在长距离移动时十分快捷，但主人公林克冲刺时需要消耗“耐力值”。耐力值在冲刺过程中会不断减少，归零后林克会进入疲劳状态，在耐力值恢复之前无法奔跑。说白了，这个耐力值就是我们平常所说的体力值。

不过，游戏的许多场景中都会掉落“耐力果实”，玩家可以在移动过程中吃下它们以恢复耐力值。这样一来，奋力冲刺机制本身就产生了风险与回报的关系，让玩家可以**自发地（自然地）尝试**最多可以持续冲刺多远。

另外，很多场景中设置了只有奋力冲刺才能通过的斜坡，这自身也构成了一项小游戏。加之游戏中有名为“寂静领域”的事件供玩家们挑战，使其享受边跑边收集道具且不被敌人抓到的乐趣。

奋力冲刺本身也拥有许多相关动作，比如在冲刺过程中向前挥动双截棍可以发动“前滚翻冲撞”，向着高墙冲刺时可以沿墙面向上跑等（图 1.4.7）。

冲撞

跑上墙壁

图 1.4.7　消耗耐力值的其他移动动作

像这样通过一个动作派生出其他动作，就可以非常自然地增加玩家角色的动作数量。如果某些动作能够建立起风险与回报的关系，那么这些动作本身将会进化成新的游戏。

没有跳跃键却可以体验真实跳跃的机制

3D 塞尔达与《超级马里奥》系列不同，在它的操作中并没有跳跃键，所有跳跃动作都是由“自动跳跃”这一机制来实现的（图 1.4.8）。

助跑一段距离后将
触发自动跳跃

静止状态下可以通过
“奋力冲刺”的按键
直接触发自动跳跃

行走状态下会
直接跳下

图 1.4.8　自动跳跃机制

加入自动跳跃后，玩家只需大幅度倾斜双截棍控制器的摇杆让林克奔跑到悬崖边缘，系统便会自动触发跳跃。但是如果摇杆倾斜幅度较小，林克行走到悬崖边时并不会向上起跳，而是会跳下崖壁。因此，触发自动跳跃需要一段“助跑距离”。不过，只要玩家先按住 A 键再推摇杆进入冲刺模式，那么即便没有助跑也可以直接触发跳跃。另外，这款作品与马里奥不同，助跑距离和跳跃距离并不成比例。即使面对更大距离的间隙，玩家也不必添加更多助跑。

自动跳跃最大的特点是抛弃了跳跃键，让玩家不必像玩《超级马里奥》系列时那样考虑“起跳时机”的问题。

但是，跳跃变得简单并不意味着游戏失去了跳跃动作的乐趣。“我能跳到那块地板上吗？”“我能掌握好时机跳到那个移动的台子上吗？”这类跳跃动作的乐趣仍然原汁原味地保留了下来（图 1.4.9）。

此外，自动跳跃让跳跃动作变得更自然。举个例子，在普通地形上角色会采用自然的跳跃动画，而从空之楼阁乘坐阁楼鸟跳下栈桥时，林克则是张开四肢跃入空中的（图 1.4.10）。

由于自动跳跃可以根据地形等情况选用不同的跳跃动画，因此跳跃时刺激的感觉也能够更真实地传递给玩家。

带有跳跃机制的动作游戏经常出现一个现象，那就是玩家角色撞到“空中看不到的墙壁”。在这方面自动跳跃也显得更有优势。由于自动跳跃的触发点在关卡（场景地图）设计时就已经设定完毕，因此能完全避免上述情况。比如在会出现上述情况的地方设置栅栏，直接禁止自动跳跃即可。可以说，这是自动跳跃机制特有的真实的表现手法。

距离带来的不同

移动的平台

图 1.4.9 跳跃动作的乐趣

通常的自动跳跃

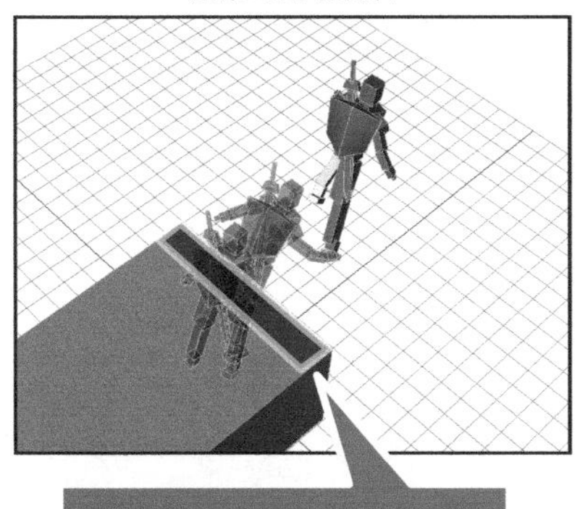

在能够跳跃的地方设置了跳跃指示变量，这个变量可以指定跳跃方法

阁楼鸟上的自动跳跃

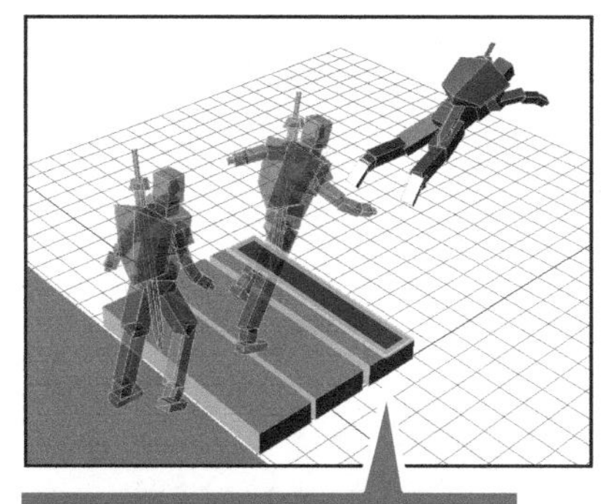

这里设置了跳跃指示变量，如果变量显示是阁楼鸟，则选用张开四肢的跳跃动作

图 1.4.10 自动跳跃与跳跃时的动作①

① 自动跳跃的指示变量（也可以称为“触发器”）的形状因游戏而异。图中的指示变量只是笔者的推测。除了这种踩踏式的指示变量外，还有将任意空间设置为跳跃空间的指示变量，但3D塞尔达中应用的类型笔者并不了解。

宫本茂先生说过："一个好的想法可以同时解决多个问题"[①]。自动跳跃通过简单的操作同时实现了"跳跃动作的乐趣"和"真实体验"两大目标，正是一个很好的例子。

 小结

以细腻为卖点的《塞尔达传说：天空之剑》为了将"细腻的动作""细腻的解谜""细腻的塞尔达世界观"呈献给玩家，从玩家角色移动到自动跳跃，在每个动作上都做足了文章。

正是由于这款作品追求"动作中伴随风险与回报，让简单操作也不失紧张感"，因此每一个动作拿出来都是一款游戏。

比如我们一开始介绍的在悬崖边行走不会跌落的机制，只要开发者愿意，完全可以做成绝对不会从悬崖边跌落的系统，让游戏菜鸟也能安心玩耍。但是这种绝对不会跌落的系统会让移动动作丧失可能会跌落的紧张感，同时剥夺了玩家在"从这里跳下去可能会死掉"和"或许下面藏着什么道具"之间抉择的乐趣。要知道，有风险才会有紧张感。

游戏世界观壮美如画的《塞尔达传说：天空之剑》乍看上去像是一款充满和谐氛围的轻松休闲游戏，但实际玩的时候会发现，设计者细致入微的调整让这款作品时常充满了动作游戏的紧张感。比如在拥有崎岖道路的场景中，玩家想借助奋力冲刺快速通过时，很可能因某个弯来不及转而跌落悬崖。

不论一款游戏多么细腻，如果玩家在游戏过程中长时间缺乏紧张感，就难免产生一种流水作业般的感觉。在维持适度紧张感的同时为玩家提供易于上手的动作，这才是支撑细腻的玩家角色动作的秘密所在。

① 引自任天堂官方主页："社长讯《New 超级马里奥兄弟 Wii》之 31 用肥皂泡解决多个问题"。

1.5

头脑与身体一同享受的剑战动作设计技巧

（《塞尔达传说：天空之剑》）

《塞尔达传说：天空之剑》的战斗要求玩家将加强版 Wii 遥控器像剑一样挥动来发动攻击，同时将双截棍控制器像盾牌一样举起来进行防御。

这一操作方法并不是单纯地将按键操作替换成了“加强版 Wii 遥控器的动作”。这其中其实隐藏着让大脑和身体一同享受动作游戏的技巧。

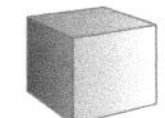

能帅气挥剑的机制

使用加强版 Wii 遥控器进行战斗时，要将遥控器当成真剑来操作，这一创新给玩家带来了前所未有的战斗动作享受。但是要想将加强版 Wii 遥控器模拟成真剑来操作，其机制的复杂程度要比按键操作高出许多。

首先，按键操作控制攻击时只需要给**“按键”这一电子信号**分配一个玩家角色动作即可，但是将控制器换成加强版 Wii 遥控器之后，则需要给**“挥剑”这一模拟信号**分配动作。因此即使是挥剑这一简单动作，也需要分成“向上挥剑”和“向下劈砍”等多个步骤，如图 1.5.1 所示。

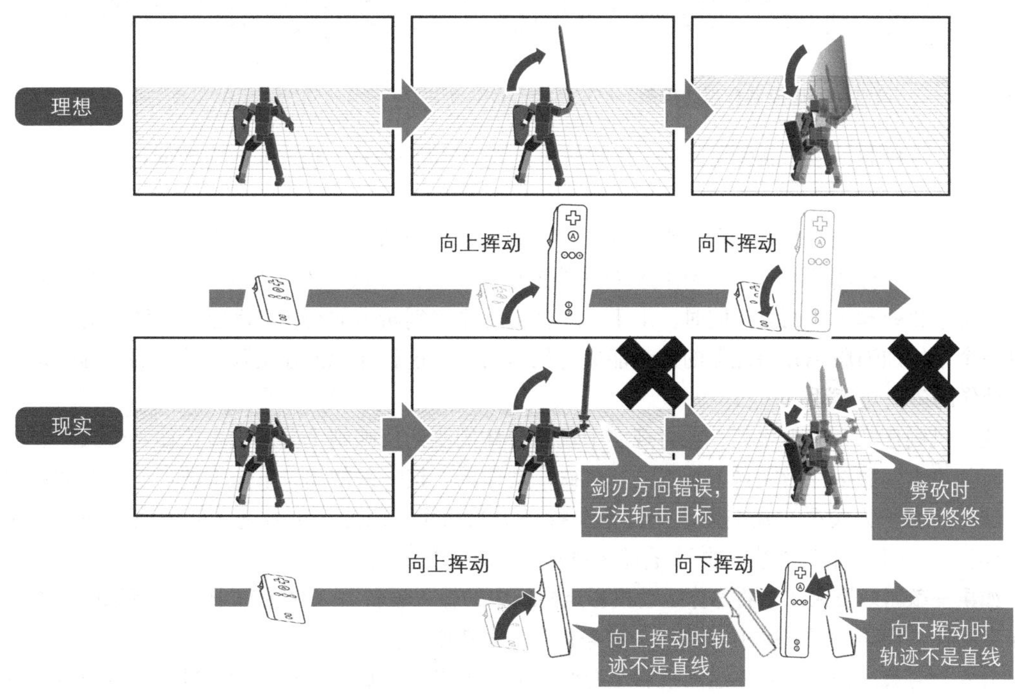

图 1.5.1　挥剑动作与 Wii 遥控器的实际运动

这个运作方式乍一看很简单，但在实际应用时，如果单纯地将“玩家右臂的运动”与“玩家角色的剑的运动”通过程序联动，那么剑并不会如我们想象的那样好用。如果在挥剑过程中不小心转动了手腕，很可能出现用剑背敲击敌人的尴尬动作。普通人如果想用现实的身体正确挥剑，需要接受剑道等专门的身体训练。

人体运动的精度要比我们想象中低得多。

自己觉得是在“斜向挥剑”时，实际上很可能是在横向挥剑，或者那个动作根本称不上是挥剑。有体育运动经验的读者不妨回想一下相关经历。将我们模仿网球或高尔夫球职业运动员帅气姿势的过程录影下来，重放时常常会发现动作和我们想象中并不完全相符。

因此在《塞尔达传说：天空之剑》中，系统将玩家向上挥动 Wii 遥控器的动作按照原样如实反映在玩家角色身上，但向下挥动 Wii 遥控器的动作则自动替换为“纵向劈砍”（图 1.5.2）。

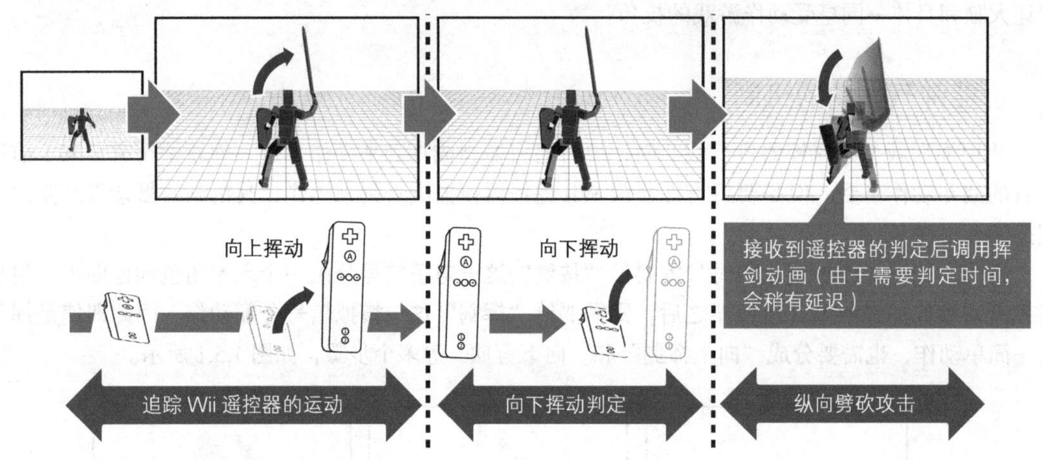

图 1.5.2　通过 Wii 遥控器挥剑的机制

通过这一机制，该作品成功地将“用剑斩击敌人”（纵向劈砍、横向斩击、斜向挥砍）符号化了（图 1.5.3）。

将动作符号化之后，能让玩家更直观地了解到每种攻击的特性（比如敌人纵向持剑时用纵向劈砍可以命中）。模拟信号特有的“纵向劈砍 · 横向斩击 · 斜向挥砍”的自由度，与电子信号特有的游戏要素符号化处理得以两立。同时，由于系统会将玩家挥剑斩击的动作自动替换成潇洒的动画，所以每一个手持加强版 Wii 遥控器的人都能成为剑术高手。这就让玩家在实际做动作的过程中体验到挥砍动作的痛快与潇洒。

这一机制还有个有趣之处，它将现实中玩家身体的制约反映到了游戏中。比如一个人想要连续快速挥剑攻击，那么当做完自上至下的“劈砍”动作后，接下来使用自下至上的“上挑”动作才是最佳选择。由于人类受运动能力所限，无法省略上挑动作，因此无法做到其他游戏中普遍存在的“自上至下、自上至下的连续劈砍”（省略上挑动作的高速化攻击）。

如果一款游戏要采用“将身体运动投影至游戏中的输入设备”，那么就需要在“玩家的哪些动作要如实反映”“玩家的哪些动作要省略、符号化”上多花心思。

另外，游戏采用“将身体运动投影至游戏中的输入设备”后，将拥有手柄操作型游戏所不具备的特征。

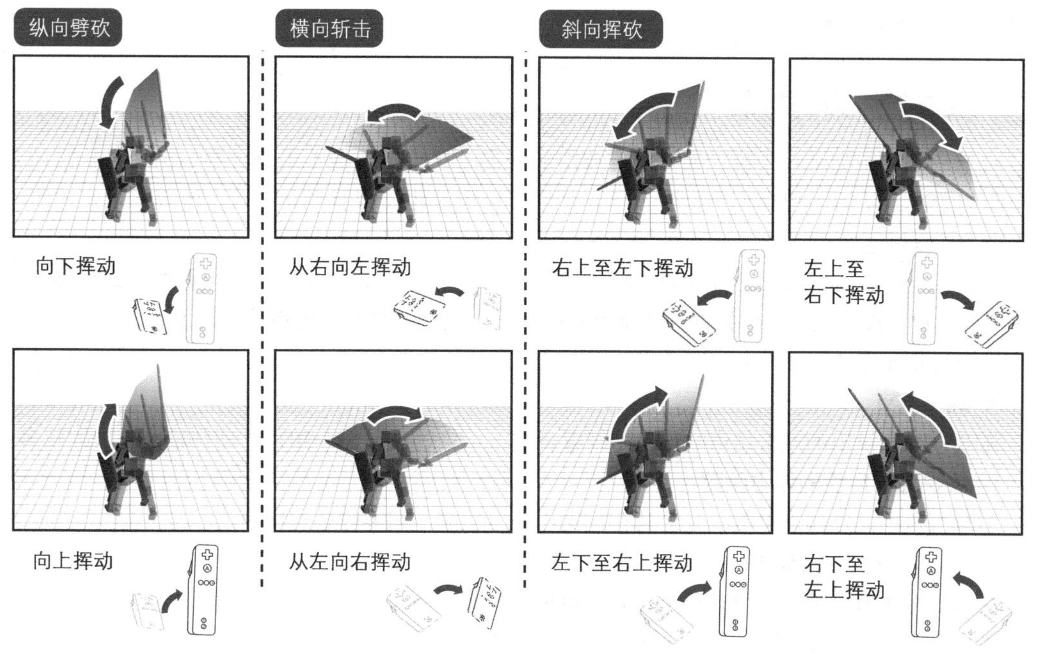

图 1.5.3 纵向劈砍·横向斩击·斜向挥砍

在以按键为主体的手柄操作型游戏中，玩家需要先将脑内描绘的运动转换为手指的动作，然后再传达给游戏系统[①]**。这一过程虽然简单，但游戏体验，尤其是互动性体验会随着时间推移逐渐淡化。**重新接触多年前玩过的一款游戏时，发现已经不会操作了，想必各位都有过这种经历。

但是采用加强版 Wii 遥控器这类“将身体运动投影至游戏中的输入设备”后，由于玩家的游戏体验会伴随着身体运动一同被记忆，所以即便时间相隔很久，游戏体验也很难淡化。这就像我们学会骑自行车后，就算多年不骑也不会忘记。**这就是人类基于运动体验的“长期运动记忆”。**《塞尔达传说：天空之剑》也是同样的道理，玩家在时隔很久后再次接触游戏时，身体会无意识地通过“挥动加强版 Wii 遥控器控制角色剑斩敌人”这一“运动记忆”回想起操作方法。

与此相对，笔者认为在以按键为主体的手柄操作型游戏中，运动都已经被符号化（比如“按 A 键是挥剑”）了，所以人脑需要将其意义信息化之后进行**意义记忆**。意义记忆与我们背英语单词的原理相同，要强化这方面记忆，需要我们在脑中时常反复背诵。

简单说来，加强版 Wii 遥控器等“将身体运动投影至游戏中的输入设备”所带来的游戏体验有质的不同。

以影像为主体的电子电视游戏，就是一个为将玩家投影到游戏画面中而设计的系统。“将身体运动投影至游戏中的输入设备”则能够将玩家的运动准确投影到玩家角色身上。但是，我们并不能单纯将现实玩家原封不动地投影进去，而是要在投影过程中把“玩家的动作”转换为“理想的动作”，才能更好地让玩家与玩家角色一体化。同时，这一游戏体验会成为“长期运动记忆”留在玩家身体里。

相信在不久的将来，这种“伴随着运动的玩家与玩家角色的一体化”一定能够在游戏体验的世

① 游戏设计界也将这一过程称为“用手柄翻译玩家的意图”。如果一款游戏玩家无法自如操作，就可以认为“手柄没能准确翻译出玩家的意图”。

界中开辟出一片新天地。

攻击与体力的机制

对于一款动作类游戏来说，如何制定攻击的流程（速度与节奏）十分重要。比如一款采用了连击机制的游戏，从第一招到连击最后一招算是一个攻击流程。只有具备了攻击流程，玩家才能够享受与敌人攻守进退的乐趣。

因此，我们需要重视攻击流程的“起点”和“终点”。一般情况下，攻击流程的起始条件都十分直观明确，比如按下按钮或者挥动加强版 Wii 遥控器。但是“终点”就稍显复杂了。

下面是几种常见的“攻击的终点”。

A. 连击结束

游戏系统中设定的连击结束时攻击即结束。连击结束时的最后一招往往动作较大、破绽较多。

B. 反映玩家角色的体力参数

为玩家角色设置体力参数，并让其在每次攻击后递减，归零时攻击结束。

C. 反映玩家自身的体力

玩家没有体力继续按键或挥动 Wii 遥控器时，攻击即结束。

通常的动作类游戏或格斗游戏会选择 A 与 B 的组合。

但是通过实际的身体运动进行操作的《塞尔达传说：天空之剑》，则是 B 与 C 的组合（图 1.5.4）。

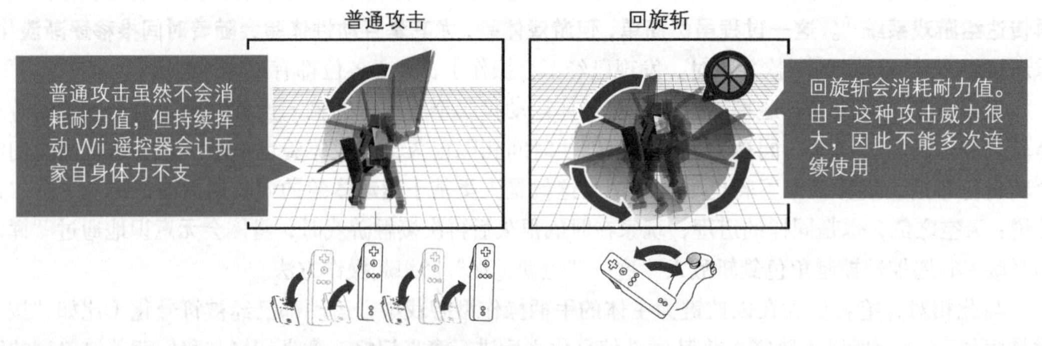

图 1.5.4　不消耗耐力值的攻击与消耗耐力值的攻击

或许有读者会觉得，在这款用实际的身体运动操作的游戏中没必要加入 B 的体力参数。但是，一旦少了这个机制，整款游戏的攻防体系都会崩溃。

首先，通过挥剑动作发动的普通攻击虽然威力不大，但可以连续无数次使用。不过，连续快速挥动加强版 Wii 遥控器会让玩家自身感到疲劳。这时玩家自身的体力就成了玩家角色的体力。

但是回旋斩等特殊攻击的情况就不同了。回旋斩是通过将双截棍控制器和加强版 Wii 遥控器快速交叉来发动攻击的（图 1.5.5）。

这一操作给玩家带来的运动量并不大，所以如果在游戏中没有特殊限制，玩家将能像普通攻击一样多次连续使用。但是回旋斩攻击范围大且攻击力强，连续使用会带来过多便利以致普通攻击失去意义。这最终会导致攻击流程失去终点，让游戏成为单方面的碾压操作。因此设计者让回旋斩消耗耐力值，利用这一“攻击的终点”保证了游戏平衡性[①]。

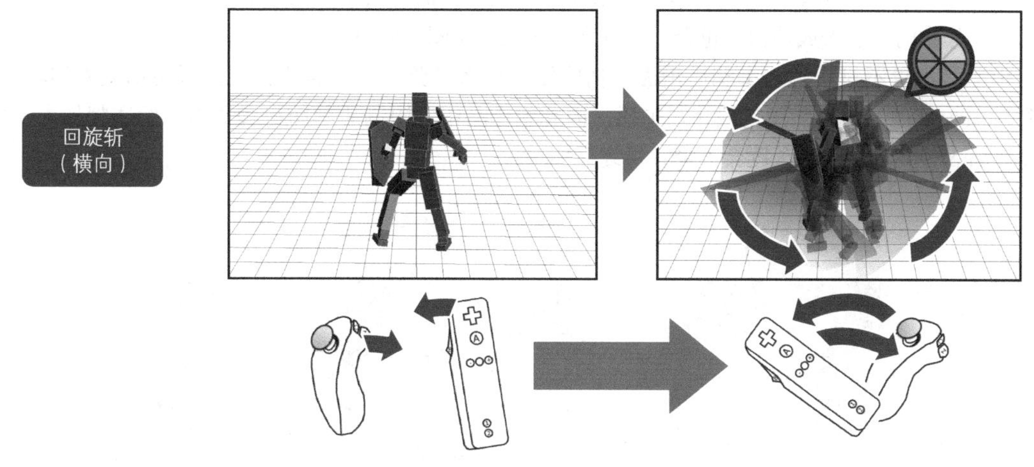
回旋斩
（横向）

图 1.5.5 回旋斩的操作方法

总的来说，加强版 Wii 遥控器这类“将身体运动投影至游戏中的输入设备”在限制攻击流程时，需要巧妙地区分使用“玩家真实身体的体力”与“玩家角色参数化的体力”。

让玩家痛快反击的盾击机制

《塞尔达传说：天空之剑》中，玩家除用双截棍控制器举盾防御外，还能配合敌人攻击的时机将盾牌向前顶出进行“盾击”（图 1.5.6）。

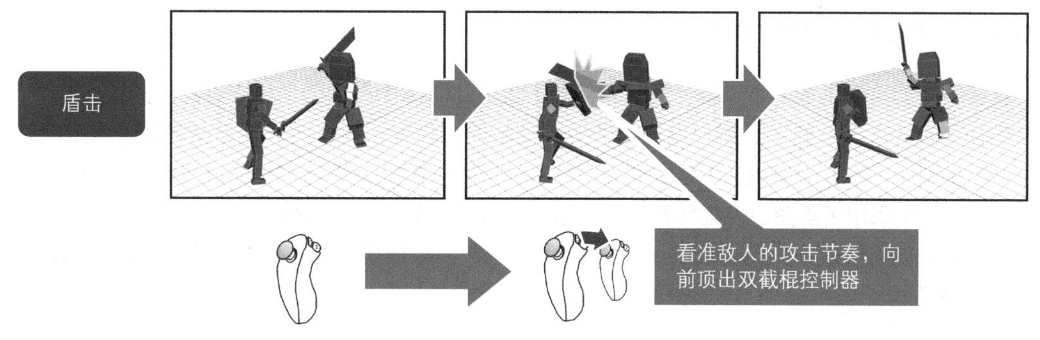
盾击
看准敌人的攻击节奏，向
前顶出双截棍控制器

图 1.5.6 盾击

① 游戏平衡型一词拥有许多解释。多摩风编写的《电脑游戏设计教本》（原书名为『コンピュータゲームデザイン教本』）一书中，将让玩家与对战者愉快竞争的平衡性（包括桌游和卡牌游戏）称为“游戏平衡性”，将能给玩家带来对战乐趣的 AI 的平衡性称为“娱乐平衡性”。另外，本书以当代开发现场的常用说法为基准，将每个单独游戏机制的平衡性称为“游戏平衡性”，将游戏整体体现出的平衡性称为“娱乐平衡性”（游戏整体的游戏平衡性）。

如果在敌人攻击过程中盾击成功，敌人会暂时失去平衡，给玩家创造反击的机会①。据笔者推测，盾击是通过“玩家盾击动作”与“敌人攻击动作”中设置的“盾击成功判定帧”进行判定的。如果这两个动作中的“盾击成功帧”重合，则判定盾击成功（图 1.5.7）。

但是，如果不对盾牌防御和盾击做任何限制，那么只要一直举着盾就能无限防御敌人的攻击，导致玩家角色过于强大，淡化战斗紧迫感。因此本作品中为限制盾牌防御和盾击，给盾牌加入了耐久度。盾牌受到攻击时耐久度会下降，最终损坏。

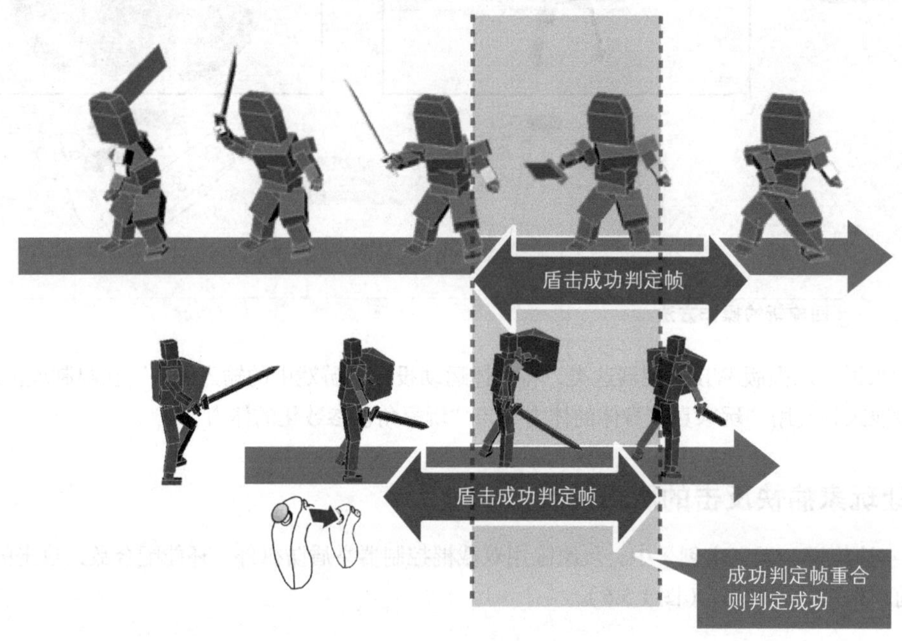

图 1.5.7 盾击成功的判定机制

这样一来就给盾击加入了风险，为玩家保留了攻击与防御中产生的“攻守进退的紧张感”。

顺便一提，所谓“帧”是指构成连贯的游戏动画的一张张图片。游戏在显示设备上输出时，通常 1 秒钟刷新 30 或 60 次画面。1 秒刷新 60 次画面称为“60 帧”，刷新 30 次画面称为“30 帧”。另外，某些游戏中采用了随角色及物体数量自动选择最合适帧数的“可变帧”。

因此，我们将游戏中角色动画的图片数称为“帧数”。碰撞检测指定的帧称为“碰撞检测帧”或“攻击判定帧”。

实现剑战动作的机制

《塞尔达传说：天空之剑》的最大特征，是让玩家体验古装剧中剑战的剑战动作。剑战也就是古装剧中的打戏，我们常常能看到一名剑术高手抬手放倒大批恶徒的情节。在敌人重重围困中，剑术

① 化解攻击后进行反击的动作称为“格挡”或“招架”，使用盾牌时也可以称为“盾击”。同样，在格斗技中，将从防御状态转为攻击状态的防御招式称为“攻击性防御”。另外，虽然有些场合会将这些招式称为“逆转技”，但这一名称主要指格斗游戏中倒地状态下或防御硬直解除瞬间发动的反击。本书中，将防御状态下的反击统称为“逆转技”。

高手只身一人消灭大批敌人的爽快感是剑战情节所独有的。3D 塞尔达正是通过剑战动作实现了这种爽快感。

但是，在需要玩家一次迎战大批敌人的游戏中，如果将现实的感觉百分之百还原，那么往往会因为敌人太多而导致玩家双拳难敌四手，让游戏变得无法进行。这时，塞尔达的开发团队注意到了“剑战的规则”①。

所谓剑战的规则其实很简单，那就是当面对复数敌人时，只集中精力与一名敌人战斗。基本上就是一对一战斗。

实际上，如果各位仔细观察古装剧会发现，剑术高手往往只与自己注视着的敌人积极交锋。至于其他敌人，最多不过是偶尔凑过来捣捣乱。

在 3D 塞尔达中，开发团队通过 Z 注视机制实现了剑战（图 1.5.8）。Z 注视的效果并不只是让玩家与敌人一对一互相对视。由于游戏 AI 机制中规定了受到 Z 注视的敌人会先积极攻击，因此无论玩家周围有多少敌人，它们也只会像剑战那样一个个冲上来攻击玩家。另外，如果在 Z 注视的状态下消灭敌人，那么 Z 注视会立刻切换到附近的敌人身上。玩家接二连三消灭敌人的场景，完全是剑战电影情节的生动再现。

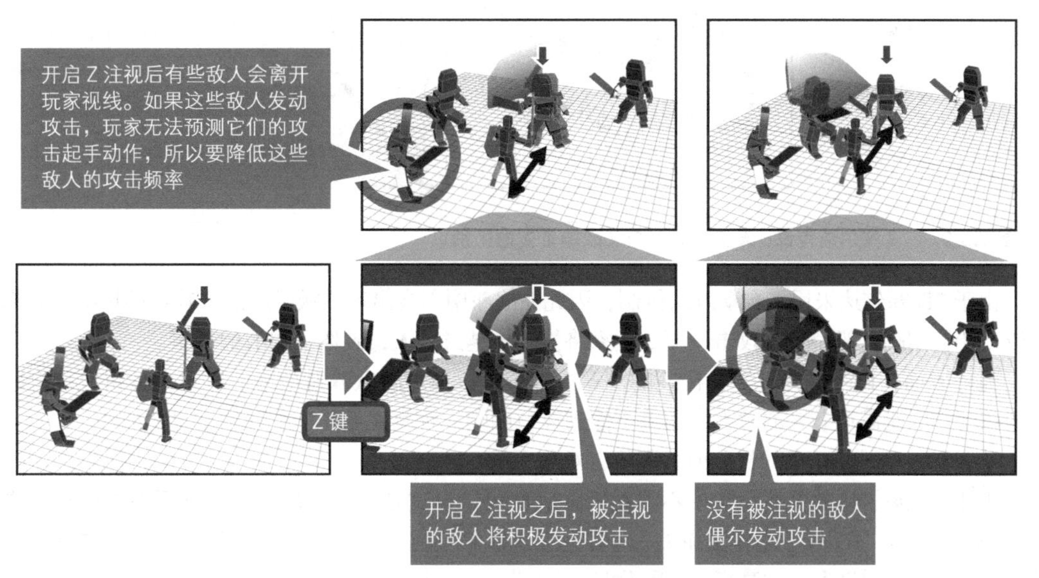

图 1.5.8 Z 注视的机制

即便同是以战斗为主旨的动作，只要战斗方法的概念不同，玩家动作和机制也会有很大区别。只有牢牢抓住“概念”这一核心，才能创造出 Z 注视这类崭新的游戏机制。

 剑战动作与割草游戏的区别

如果把剑战动作和割草游戏放在一起比较，我们会发现在迎战复数敌人这一点上，两者的“外

① 关于剑战的规则，在“社长讯《塞尔达传说：时之笛 3D》原创团队篇之 13 前往太秦电影村”（参考任天堂官方主页）中有详细解说。

观”和“玩法”都十分相似。但是实际玩过《塞尔达传说：天空之剑》和《战神Ⅲ》之后，能明显感觉到两者在许多方面都大不相同。

这些不同之中最值得各位注意的，是战斗中的跳跃（图 1.5.9）。

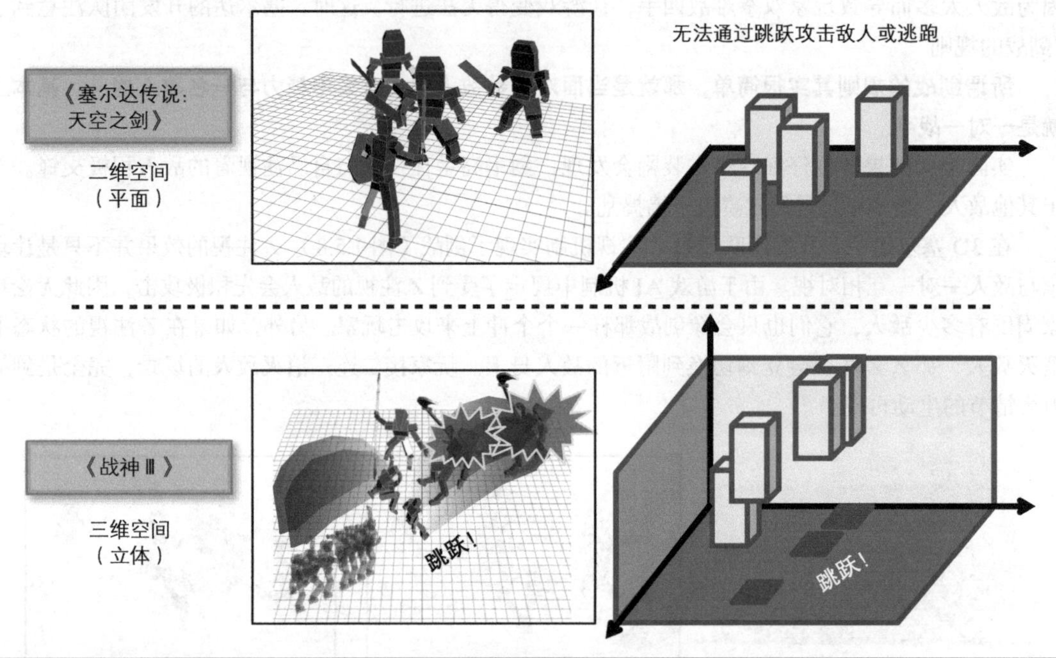

图 1.5.9 《塞尔达传说：天空之剑》与《战神Ⅲ》的区别

由于 3D 塞尔达采用了自动跳跃机制，因此在战斗中不会出现跳跃躲避敌人攻击的情况。如果这款游戏能够用跳跃躲避敌人攻击，那么玩家将能轻松越过敌人，破坏了剑战的气氛。

另一方面，以《战神Ⅲ》为代表的割草游戏则可以通过跳跃躲避敌人。割草游戏讲究用舞蹈般华丽的动作闪避高速袭来的敌人，如果不能逃离包围圈，玩家就无法享受动感十足的战斗。

让我们根据跳跃带来的机制的不同给游戏分个类。

由于 3D 塞尔达的剑战动作中不能跳跃，因此可以说这是一款让玩家使用前后左右的空间进行“平面战斗”的“2D 战斗动作类游戏”。而《战神Ⅲ》等割草游戏中，玩家除了前后左右的平面之外，还可以通过跳跃利用“高度”，所以可以归类为“3D 战斗动作类游戏”。

还有，割草游戏中虽然也有迎战复数敌人的设计，但玩家在游戏中要应对一对多的局面，而不是一对一的局面。因此割草游戏会为玩家准备大量可一次性攻击多个敌人的攻击动作。然而在 3D 塞尔达之中，能攻击多个敌人的动作只有“回旋斩”（图 1.5.10）。

战斗的趣味性的区别在很大程度上受游戏机制组合的影响。这具体要看开发团队想表现“如剑战一般将不断涌来的敌人各个击破”还是“如舞蹈一般华丽地闪避并对敌人发动攻击”。“概念”、“主旨”、“体验”（希望玩家获得的体验）不同，则游戏也大不相同[①]。

① 概念是创作游戏时的核心，或者称为游戏的“种子”，其中某些能影响游戏整体的概念称为“高概念”。主旨包含在一款游戏的题材与动机之中。通过机制向玩家表达出概念和主旨的过程称为“体验”。另外，通过体验带给玩家的游戏核心内容称为“主题”。

《战神Ⅲ》

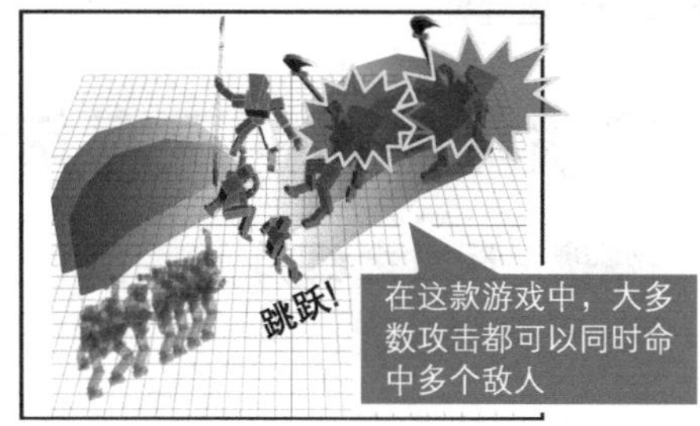

跳跃!
在这款游戏中，大多数攻击都可以同时命中多个敌人

《塞尔达传说：天空之剑》

虽然也有全体攻击，但需要消耗耐力值

图 1.5.10　割草游戏与剑战动作类游戏中攻击动作的区别

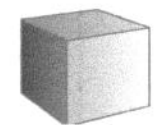

小结

《塞尔达传说：天空之剑》的剑战动作建立在 Z 注视和“从动作中删除跳跃”两个大胆的创新之上。**要制作一款有趣的游戏，在游戏机制上不能只用“加法”，还要适当使用“减法”。**

同时，3D 塞尔达比 2D 塞尔达更追求游戏体验的真实度。

举个例子，3D 塞尔达从《塞尔达传说：时之笛》开始，只要主人公林克附近有敌人，就会自动触发拔剑备战的动作。这一无比自然的反应或许很多玩家都没有注意到。当然，《塞尔达传说：天空之剑》中也采用了这个动画。林克拔剑备战的动画和从备战动作恢复到普通状态的动画其实只是为了让游戏表现得更自然。这么做是**将玩家发现敌人时的紧张感通过玩家角色的反应生动地再现出来，以提高游戏体验的真实度**[①]。

另外，采用了加强版 Wii 遥控器的战斗让玩家体验到一种“**身体的延伸**”，这是以往 2D 塞尔达甚至 3D 塞尔达作品所不具备的。我们前面也提到过，这一创新让玩家投影至玩家角色身上，与此同时，玩家的意识也会集中到玩家角色一侧。非常有趣的是，这时玩家对自己身体的注意力会大幅下降，也就是说仿佛玩家附身到了玩家角色身上。相信很多读者在使用 Wii 遥控器或 Kinect 进行游戏时，都有手脚碰到墙壁或其他玩家的经历。这一状态就是我们所说的**玩家身体延伸到了 TV 中玩家角色的身上（身体延伸）**。同样道理，我们使用木棒从狭窄缝隙中捡东西，或使用球拍打网球等，这种道具成为身体一部分的状态都属于“身体延伸”。

在《塞尔达传说：天空之剑》中，玩家通过使用加强版 Wii 遥控器实现身体的延伸，从而增强了自身与玩家角色的一体感。

所以，要想强化玩家与玩家角色一体化的程度，不但要将游戏做得有趣，还要重视“游戏体验的真实度”以及“运动中身体延伸带来的一体化”。

---

① 动画导演宫崎骏先生在采访和纪实片中曾说过：“气氛由细节决定。”这于游戏也是同理。

1.6

完美演绎英雄的玩家角色动作设计技巧

（《蝙蝠侠：阿甘之城》）

《蝙蝠侠：阿甘之城》[①] 取材自美国漫画英雄蝙蝠侠。这款游戏在全世界销售超 600 万套，为广大蝙蝠侠粉丝所喜爱 [②]。

在这款游戏中，玩家要化身为蝙蝠侠，为拯救充斥着犯罪行为的阿甘城而战。正如这一作品的标题，游戏以开放世界 [③] 的形式再现了原作中的阿甘城，供玩家们自由穿梭。另外，除原创剧情的主线任务外，这款游戏还准备了许多支线任务，在这些支线任务中玩家能够看到许多原作中出场的熟悉面孔，让玩家随着游戏进程逐渐融入并享受这个高自由度的蝙蝠侠世界。

图 1.6.1　《蝙蝠侠：阿甘之城》的画面构成及基本操作

---

① BATMAN:ARKHAM CITY © 2011 Warner Bros. Entertainment Inc. Developed by Rocksteady Studios Ltd. All rights reserved. DC LOGO, BATMAN and all characters, their distinctive likenesses, and related elements are trademarks of DC Comics © 2011. All Rights Reserved. WB GAMES LOGO. WB SHIELD: ™ & © Warner Bros. Entertainment Inc.

② 数据来自“Game*Spark《蝙蝠侠：阿甘之城》全世界累计出货量超 600 万套”。

③ 也称为“开放场景”，但近年来“开放世界”一词比较普遍。

玩家要扮演蝙蝠侠，用左摇杆控制移动，右摇杆控制镜头。左摇杆的移动操作与《塞尔达传说：天空之剑》相同，玩家角色会在移动的同时调整朝向。另外，移动中使用右摇杆旋转镜头时，玩家角色也会一起旋转（图 1.6.1）。

这款游戏中采用了大量让玩家化身为蝙蝠侠的设计技巧，现在就让我们一起来分析。

能像蝙蝠一样在三维空间自如穿梭的机制

在《蝙蝠侠：阿甘之城》中，除“行走”和“奔跑”等基本移动动作之外，还加入了使用斗篷的“滑翔”以及借助绳索攀登建筑物的“抓钩”等颇具蝙蝠侠特色的移动动作（图 1.6.2）。

图 1.6.2　蝙蝠侠的移动动作

相对于行走和奔跑这种平面上的移动手段，滑翔与抓钩就是“平面 + 高度”的移动手段。另外，这些特殊的移动手段还有其他作用，比如通过滑翔可以从高空索敌，使用抓钩可以向高处移动以及躲避敌人。

游戏在滑翔与抓钩的操作方法上也下了一番功夫。比如在大楼与大楼之间移动时，玩家只需按住 × 键操作左摇杆，就能根据间隔距离及高度进行跳跃（自动跳跃）或自动切换至滑翔状态（图 1.6.3）。

有了这一机制，玩家就不会再由于跳跃失误而导致原作中无法想象的尴尬失败，让任何玩家都能通过简单的操作化身为在阿甘城夜色下飒爽穿梭的蝙蝠侠。

另外，在抓钩的操作方面，为了既能实现攀登高处时的“精确操作”（需要细致调节精度的操作），又能实现被敌人围困后快速逃跑时的“粗略操作”，游戏设计者也花了不少心思（图 1.6.4）。

举个例子，玩家平时可以通过右摇杆操作镜头，用 R1 键在建筑物的边缘选择绳索钩住的位置。而在被大群敌人逼至角落时，玩家可以直接面向墙壁按 R1 键，利用抓钩爬上眼前的建筑物。

《蝙蝠侠：阿甘之城》通过这一机制，让任何玩家都能通过简单的操作像蝙蝠（蝙蝠侠的象征）一样在夜空滑翔，像超级英雄一样英勇奋战。

图 1.6.3 跳跃与滑翔

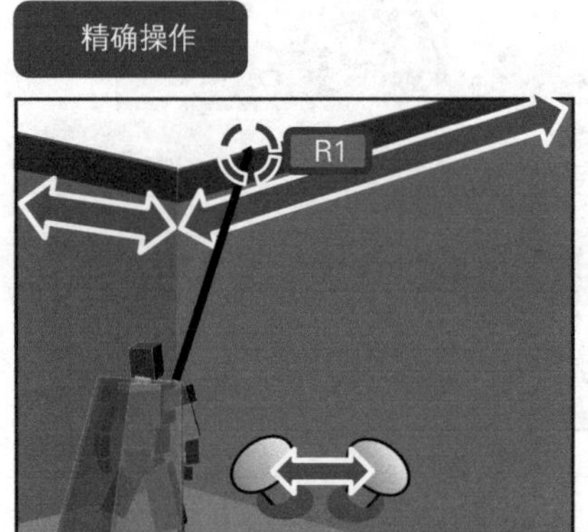

调整镜头角度指定固定绳索的位置

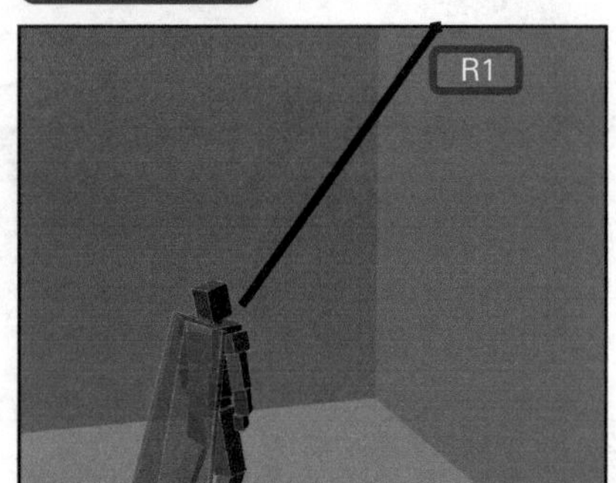

按下 R1 键，系统会自动选择镜头方向的一处可攀爬场所释放抓钩

图 1.6.4 抓钩的操作方法

 通过简单操作实现高自由度的玩家角色动作的机制

高自由度的玩家角色动作是《蝙蝠侠：阿甘之城》的另一大特征。单是玩家角色的移动动作，就有如图 1.6.5 所示的诸多种类。

如此多彩的移动动作只需要玩家使用手柄的左摇杆（移动）、× 键（滑翔）、R1 键（抓钩）即可完成。要想通过简单的操作实现多彩的动作，需要我们从功能可供性①的角度进行思考。

① 功能可供性是知觉心理学家 James Jerome Gibson 创造的词汇，Donald Arthur Norman 在 *The Psychology of Everyday Things* 一书中也有讲解。该书中讲到："（中略）功能可供性（affordance）这一词汇是指事物被知觉的特征或现实的特征，尤其是决定该事物可以被怎样使用的最基础的特征。"但是 Gibson 所提倡的"功能可供性"与其意义略有不同，所以为表区分，这里称为"被知觉的功能可供性"。

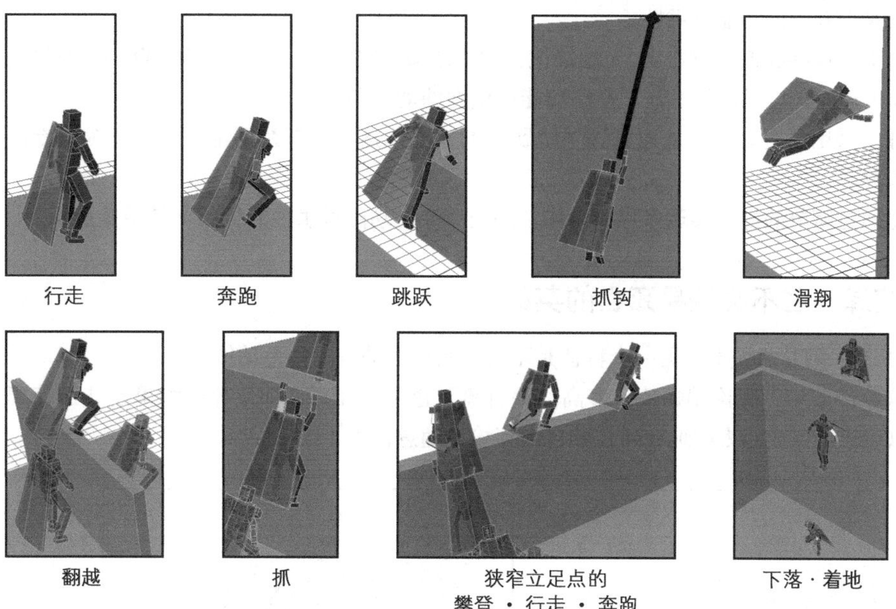

图 1.6.5　蝙蝠侠的各种玩家角色移动动作

功能可供性是指"关于动物与物体之间存在的行为的关系性"。将其引申至游戏设计（游戏的设计·规格的设计）中，则是"关于游戏角色与游戏内物体（或游戏世界）之间存在的行为的关系性"。

在超级马里奥中，"在什么地方冲刺""在什么地方跳跃"等操作都由玩家主导。但是在《蝙蝠侠：阿甘之城》里，移动动作并不由玩家的手柄操作决定，而是由玩家角色碰触的物体（关卡设计）决定。比如"遇到栅栏则向上跑然后翻越""遇到狭窄间隙则跨越""遇到建筑物边缘则抓住"等（图 1.6.6）。

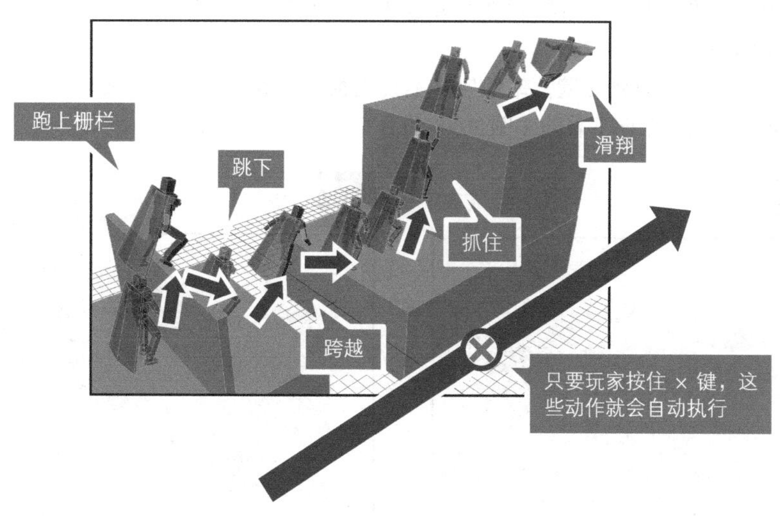

图 1.6.6　玩家移动动作与功能可供性

这就是游戏中的功能可供性。

综合上面这些我们不难看出，《蝙蝠侠：阿甘之城》将移动动作特有的难点——时机把握从基本移动操作中剔除，可以说是一款“专注功能可供性的动作游戏”。

另外，采用了自动跳跃从而删除了跳跃键的《塞尔达传说》系列也可以归类为“专注功能可供性的动作游戏”。

要想通过简单的操作实现多彩的动作，采用“专注功能可供性的机制”是最佳选择。

演绎一名不会轻易死亡的英雄

《蝙蝠侠：阿甘之城》的另一个特征是不会轻易死亡的玩家角色动作。

在这款游戏中，无论蝙蝠侠从多高的地方落下也不会死亡，即使掉进海里也能迅速爬回安全场所。所以玩家可以放心大胆地在阿甘城自由穿梭，随意探索（图 1.6.7）。

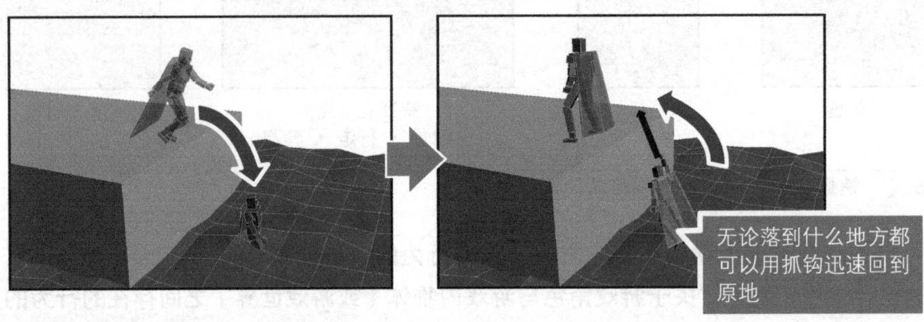
无论落到什么地方都
可以用抓钩迅速回到
原地

图 1.6.7 不会死的蝙蝠侠

这就彻底剔除了对蝙蝠侠而言不够酷的动作及反应。

举个例子，如果蝙蝠侠在奔跑过程中碰到墙壁，此时即使玩家继续倾斜摇杆，移动动画也会终止，不会出现一般游戏中角色顶着墙奔跑的滑稽动作。在这款游戏中，滑稽和不真实的动作都已被尽力避免（图 1.6.8 的 A）。

还有，在滑翔时如果碰到墙壁，蝙蝠侠并不会尴尬地跌落下去，而是就地抓住墙壁，由玩家选择向反方向滑翔或者沿墙壁向下着陆（图 1.6.8 的 B）。

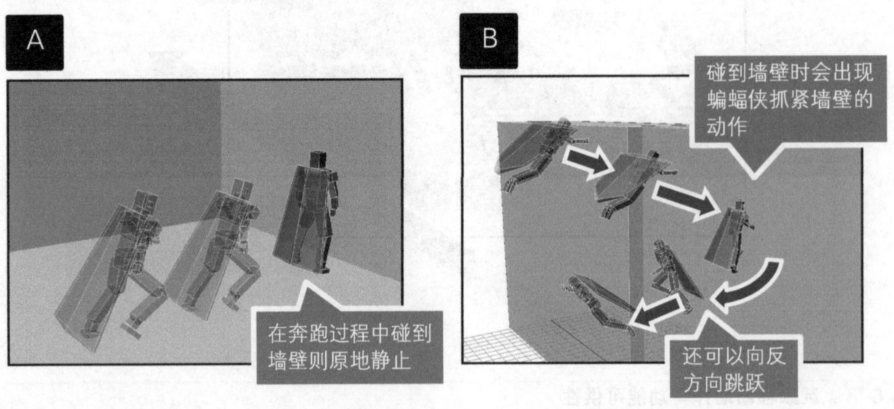
A
在奔跑过程中碰到
墙壁则原地静止
B
碰到墙壁时会出现
蝙蝠侠抓紧墙壁的
动作
还可以向反
方向跳跃

图 1.6.8 不存在不够酷的（尴尬的）动作及反应

综上所述，为了创造这款让所有玩家都能像蝙蝠侠一样飞檐走壁的游戏[①]，设计者有意地将游戏中每一个动作都做得具有英雄风范。通过积极采用这种画面显示机制，游戏中的玩家角色无论在任何状态下都能保持硬汉的帅气形象。

小结

《蝙蝠侠：阿甘之城》以家喻户晓的蝙蝠侠为游戏主角，通过我们之前介绍的功能可供性机制，为玩家们奉上了一款有趣又易上手的动作类游戏。

另外，这款游戏最值得称赞的一点，是其采用的玩家角色动作和游戏机制完美地符合了让玩家化身为蝙蝠侠的要求。

作为一款以漫画角色为主角的游戏，本作品在设计上不单注意了哪些动作像蝙蝠侠，还对哪些动作不像蝙蝠侠做了研究，使得游戏在维持高品质的同时还保证了趣味性。

电影《蝙蝠侠：侠影之谜》[②]中登场的蝙蝠侠的恋人瑞秋曾对布鲁斯·韦恩（蝙蝠侠）说过这样一句话："表面不重要，重要的是你表现出来的"。这句话换到游戏中同样适用。

---

① 在某些国家，让玩家通过游戏与某些已存在的英雄角色一体化的过程称为"完全扮演"。

② 电影《蝙蝠侠：侠影之谜》中还有另一句笔者很喜欢的台词——"我们为什么摔跤？是为了学会自己爬起来"。

1.7 让玩家化身为英雄的设计技巧

（《蝙蝠侠：阿甘之城》）

在《蝙蝠侠：阿甘之城》中，游戏通过“潜行动作”忠实再现了原作中蝙蝠侠从暗影中悄然接近敌人，将他们击溃在恐惧之中[①]的形象。为实现这一潜行动作，游戏在道具方面采用了能扰乱敌人、辅助偷袭的“工具”，在动作方面采用了从阴影中现身击溃敌人的“捕食者动作”，在战斗方面采用了“自由流程战斗”这一崭新的战斗系统。

另外，与原作相同，这款游戏中的蝙蝠侠也严格遵守“不杀”的原则。因此，游戏中战斗的胜利条件是让在场的所有敌人失去行动能力（陷入无法再参加战斗的深度昏厥状态）。

那么，这款活用了原作的主旨，让玩家能像蝙蝠侠一样痛快战斗的动作游戏，究竟在战斗系统中隐藏了怎样的设计技巧呢？

让战术自由度更高的机制

以《合金装备 V》为代表的潜行动作是《蝙蝠侠：阿甘之城》战斗系统的基础。另外，玩家在这款游戏中不仅能通过潜行动作击溃所有敌人，还可以选择如割草游戏一般通过快节奏的激烈格斗解决敌人。

下面我们分析一下这款游戏的战斗流程。首先使用“侦查模式”对敌人所在的区域进行侦查，确认敌人的数量、武装以及有利于玩家发起攻击的位置。接下来玩家需要思考何种战术有利于战斗，然后再向敌人发起攻击。因此，潜行动作在游戏中的流程分为“侦查”（观察）、“制定战术”、“捕食战斗”、“格斗战斗”四个阶段（图 1.7.1）。

另外，蝙蝠侠能让敌人丧失行动力的手段只有“捕食战斗”和“格斗战斗”中的格斗攻击两种。工具一般无法击溃敌人。因此在捕食战斗阶段能削减多少敌人就成了战斗取胜的关键。

在捕食战斗中，玩家可以从敌人背后使用“无声压制”悄无声息地击倒敌人，或者利用蝙蝠飞镖等工具让远处的敌人暂时昏厥，来为接下来的格斗战创造有利条件。

此外，“侦查”（观察）、“制定战术”、“捕食战斗”、“格斗战斗”四个阶段中玩家的动作数如下。

- **侦查（观察）：** 目测与侦查模式两种
- **制定战术：** 无
- **捕食战斗：** 14 种捕食动作 +10 种工具动作以上（在潜行状态下击溃敌人的动作）
- **格斗战斗：** 20 种格斗动作 +10 种工具动作以上（格斗战中可以使用的攻击动作）

---

① 蝙蝠侠为防止邪恶蔓延，会将恶人击溃在恐惧之中。这一切都来源于他少年时代的心理阴影、恐怖的象征——黑暗中的蝙蝠。他心中坚信正义，即便对手是恶人也绝不取其性命。因为杀人之后他也会堕落成恶人。蝙蝠侠的这个信念在游戏中也得到了活用。

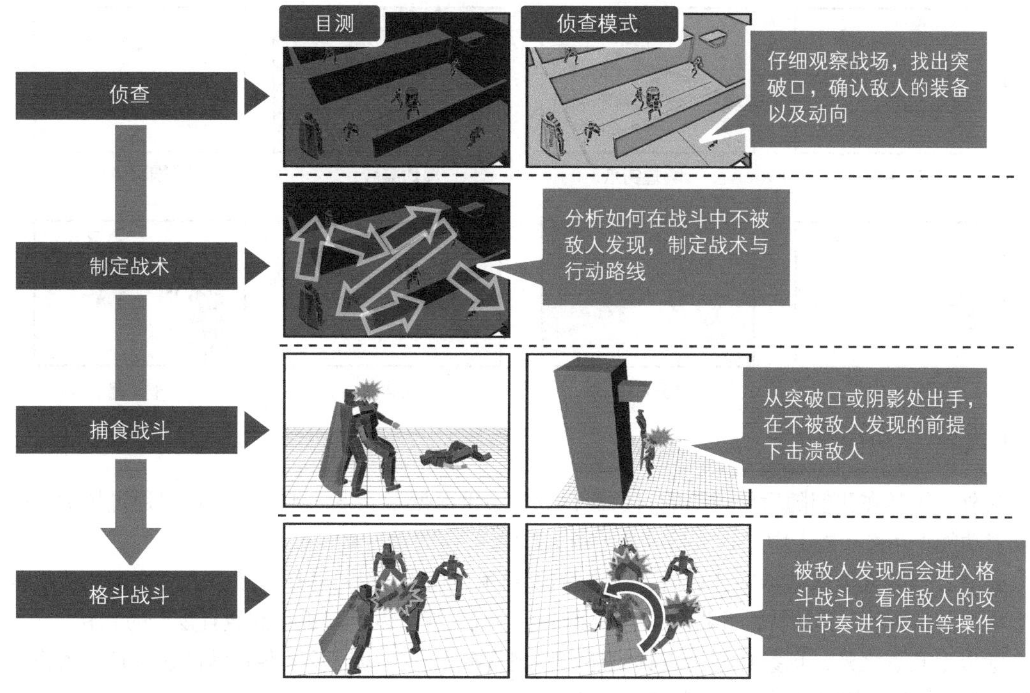

图 1.7.1 战斗流程

对于游戏中功能可供性带来的乐趣而言，"观察"、"思考"、"尝试"（执行）、"享受反馈"这四种行为十分重要[①]。这款游戏的战斗流程阶段正好对应了这些要素。尤其是在"尝试"（执行）所对应的捕食战斗和格斗战斗中，单是动作数量就超过 50 个之多。可见这款游戏拥有极高自由度的功能可供性以及游戏体验。

综上所述，《蝙蝠侠：阿甘之城》在尊重原作中蝙蝠侠形象及行动原理的基础上，很好地把握了功能可供性为游戏带来乐趣的根源所在。

 让人忍不住要尝试的工具机制

在《蝙蝠侠：阿甘之城》的捕食战斗与格斗战斗中，使用工具能让玩家在战斗中获得主动地位。

战斗中可以使用的工具主要有"蝙蝠镖""蝙蝠钩爪""爆炸凝胶""烟雾弹""遥控电击器""绳索发射器""冻结器""干扰器"8 种（图 1.7.2）。

除此之外，随着在战斗中不断积累经验值，玩家最多能使用 20 种工具。**这些工具最大的特点是不会直接击溃敌人，只会造成敌人昏厥、混乱或者缴械，让敌人陷入不利形势。**

比如在游戏后半获得的冰冻系列最强武器"大范围冻结炸弹"可以一次性冻结大范围的敌人，暂时剥夺其行动能力。但是要想击溃这些敌人，还必须走近他们进行格斗攻击。因为在工具的设计上，这款游戏保证了任何工具都不会打破战斗方面的游戏平衡型。

① Chris Crawford 在 *The Art of Interaltive Design* 一书中说过，在相互作用（互动的过程）中，"思考"的步骤才是其本质。

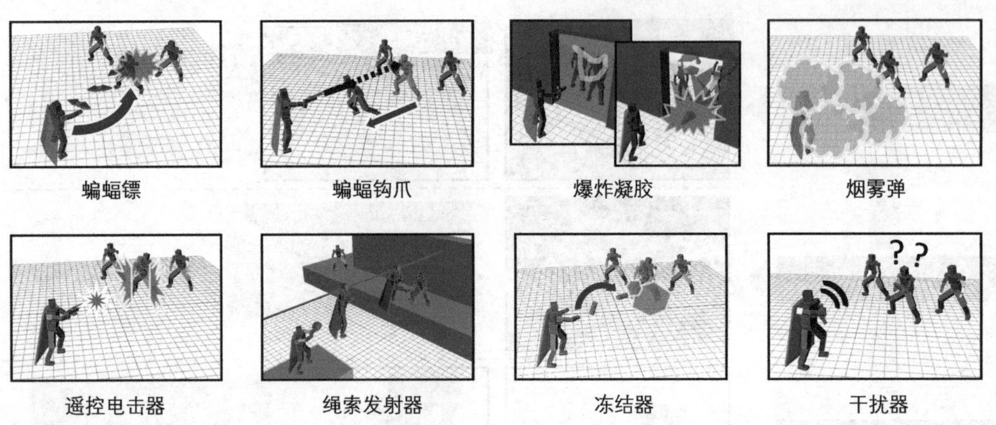

图 1.7.2 工具的种类

另外，工具在我们随后要说明的自由流程战斗中也占据了一席之地。玩家可以通过按键触发快速发射功能，在格斗连击中加入工具攻击（图 1.7.3）。

还有，当敌人被冻结器冻住之后，玩家可以使用“碎冰压制”动作击溃敌人，这要比使用普通攻击快很多。熟悉工具的特性并将其组合到战斗中，玩家就可以获得更加高效且炫酷的胜利。

除以上几点之外，玩家在使用工具时还可以观赏敌人的反应以及某些特殊的玩家角色动作。比如使用烟雾弹后，周围的敌人会在烟雾中陷入慌乱。

综上所述，工具在游戏中的作用并不只是创造有利条件。由于其在使用时能触发“有趣的反应”以及“新动作”，因此会让玩家情不自禁地去尝试这项机制。

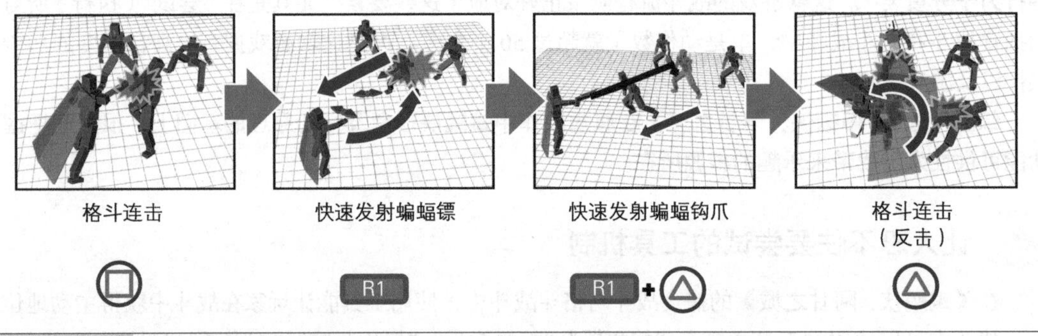

图 1.7.3 工具的快速发射功能

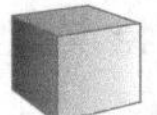

让玩家完美演绎蝙蝠侠的捕食者动作的机制

《蝙蝠侠：阿甘之城》的潜行动作之中，在敌人未察觉的情况下发动攻击的“捕食者动作”占有重要地位（图 1.7.4）。

捕食者动作中，每个动作都有不同的意义。

“无声压制”和“转角隐蔽压制”可以无声无息地击溃敌人，所以玩家能够立刻开始下一步行动而不被敌人发现。而“粉碎重击”和“边缘压制”虽然在攻击当前敌人时不会被察觉，但由于这些动作带有很大的声响，因此击溃目标后会立刻被周围敌人发现。

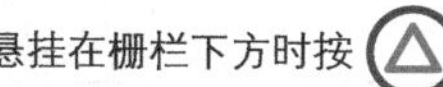

图 1.7.4　部分捕食者动作

另外，无声压制等没有响动的捕食者动作需要较长时间才能让敌人丧失行动力，而粉碎重击之类的带有声响的动作却可以瞬间击溃敌人。由于这些特征的存在，游戏扩展了“战术的范围”，诱导玩家去考虑使用何种技能来消灭眼前的敌人。随着玩家不断击溃敌人累积经验值升级，玩家角色拥有的捕食者动作会进一步增多，战术的范围也就随着游戏进程不断扩大。

还有一点，在有利位置将敌人吊起来剥夺其行动力的“倒吊压制”源自原作漫画以及电影中的情节。所以每个蝙蝠侠粉丝都会忍不住去尝试一次（图 1.7.5）。

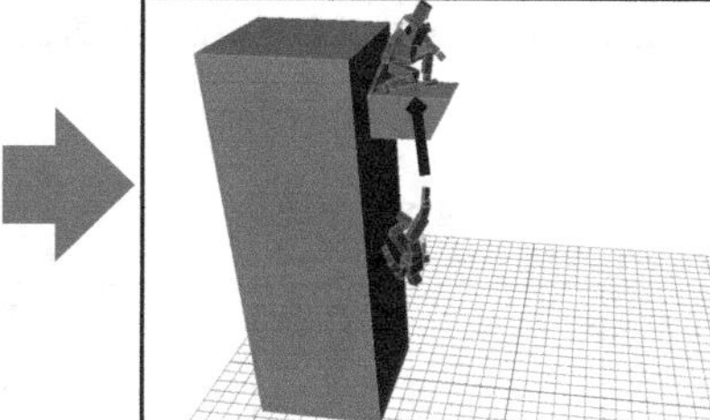

图 1.7.5　在有利位置将敌人吊起来剥夺其行动力的倒吊压制

采用了以上这些机制之后，只要玩家在游戏中使用捕食者动作争取有利局面，就会自然而然地像蝙蝠侠一样行动。反之，如果玩家撇开蝙蝠侠的风格一味横冲直撞，那么战斗将变得极其困难。

在这种以漫画角色为主人公的游戏中，要掌握玩家“蝙蝠侠一定会这么做”的心理，将这些动作准确还原，并且保证其有效（正确）。

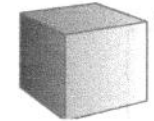

改变动作游戏定式的自由流程格斗机制

《蝙蝠侠：阿甘之城》中所谓的自由流程格斗，是一个在格斗战斗中让玩家仅使用简单操作就能发动无缝连击的系统。具体操作为：用□键攻击，用△键反击，用○键进行斗篷攻击，以及用 × 键和右摇杆闪避（图 1.7.6）。在连击时并不需要像割草类游戏或格斗游戏那样输入复杂的按键指令。

自由流程格斗最大的特点是让动作游戏菜鸟也能像蝙蝠侠一样战斗。

在一般的动作游戏中，玩家需要根据周围敌人的情况选择固定的攻击动作或连击，然后输入指令来发动。即先考虑“与敌人的距离”“招式的速度”“招式的追踪性能”“招式的属性”，然后再由“有没有准确输入（选择）合适的攻击招式”决定本次攻击是否成功。

与此相对，在自由流程格斗中，玩家输入的并不是攻击招式，而是适合周围状况的攻击动作。

玩家不需要了解攻击招式的速度或属性，只需根据周围敌人的状况指定“攻击”“反击”“斗篷攻击”和“回避”即可，玩家角色会自动选择最合适的攻击及回避动作（图 1.7.7）。

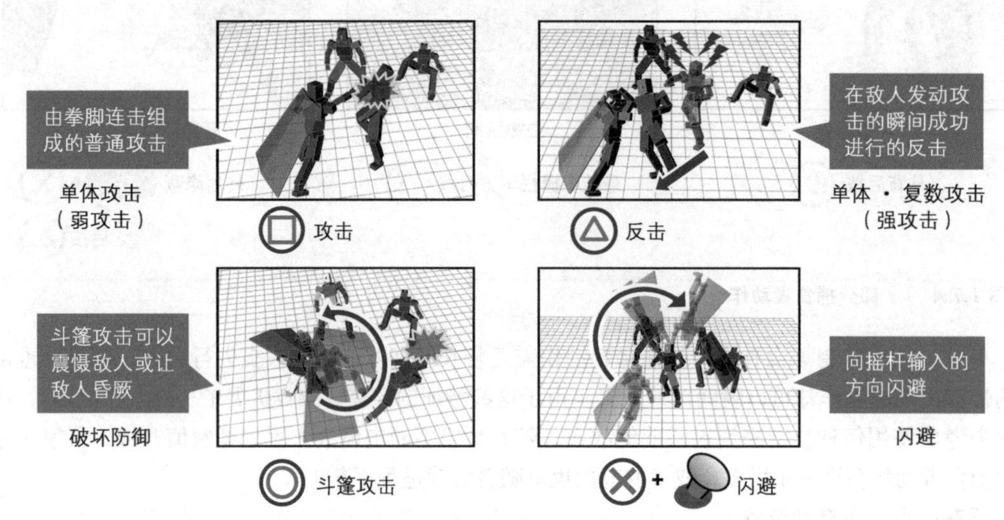

图 1.7.6　**自由流程格斗的操作方法**

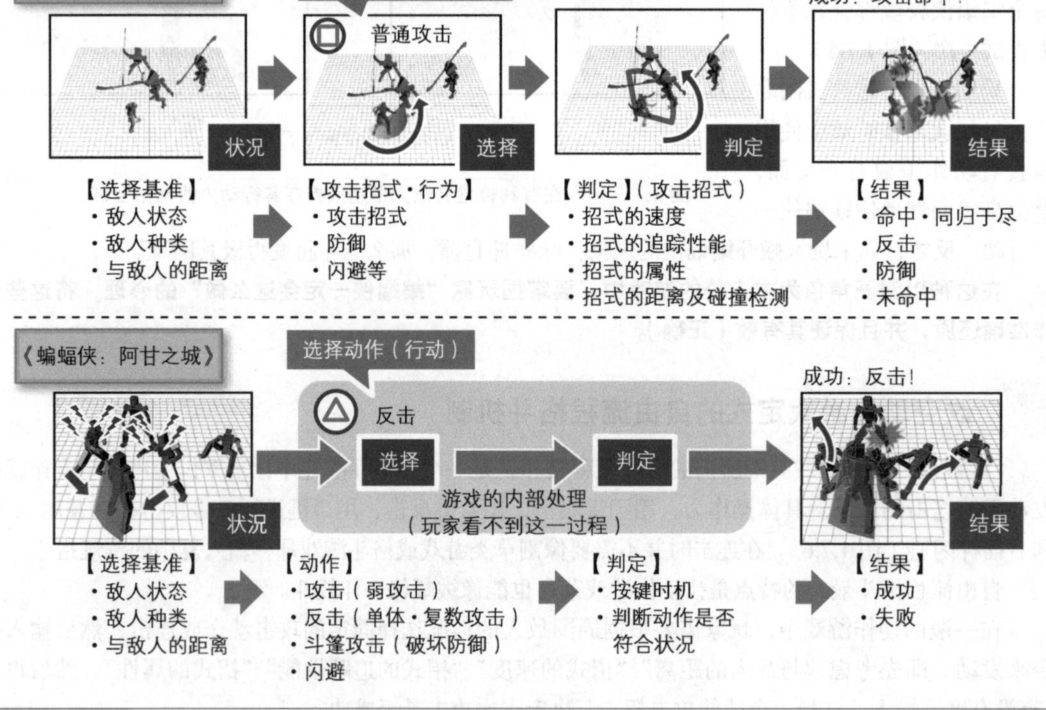

图 1.7.7　**一般动作类游戏与自由流程格斗在攻击上的区别**

玩家连续3次命中敌人后会进入自由流程状态，随后系统会根据玩家的按键自动选择动作来执行（在自由流程状态下攻击距离也会延伸），直至动作失败或者远离敌人。在这一状态下，玩家只需根据周围敌人的状态执行“攻击”“反击”“斗篷攻击”“闪避”4个按键操作，即可持续发动连击（图1.7.8）。

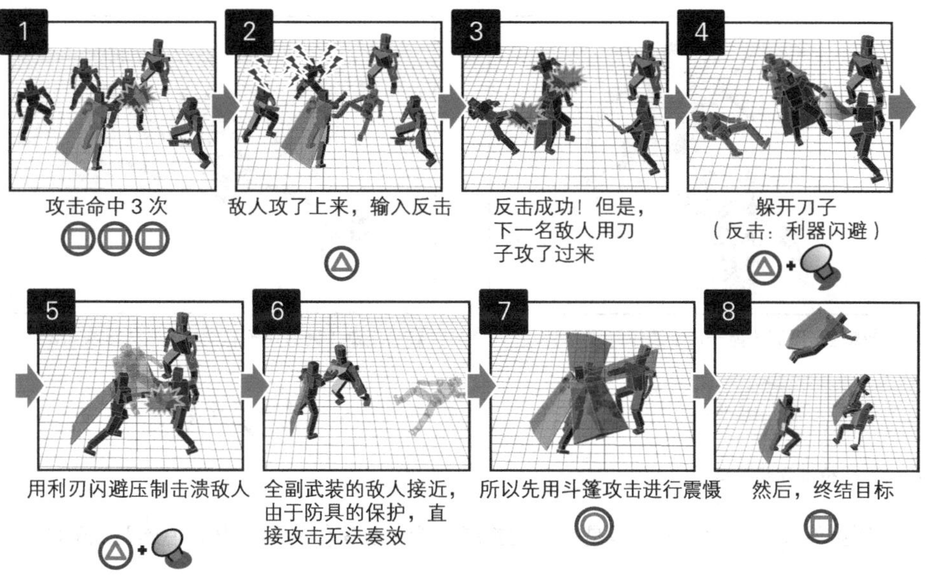

图 1.7.8 自由流程战斗

另外，根据功能可供性，这款游戏中一个攻击按键对应着多个攻击招式以及敌人反应。比如在打击或反击成功时，攻击动作会随着敌人位置以及周围物体变化（图1.7.9）。

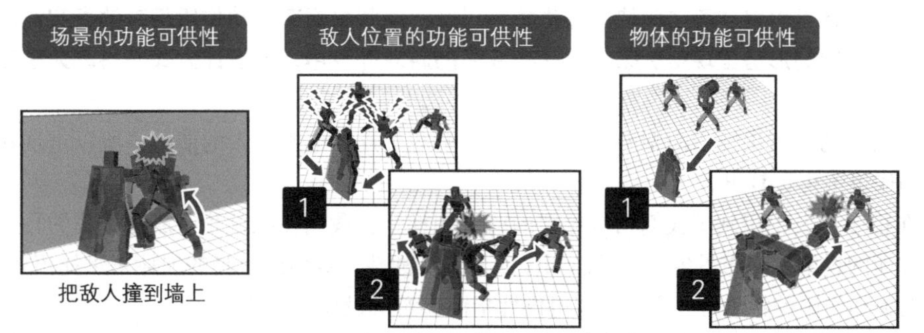

图 1.7.9 功能可供性下的攻击

从战斗方面看，《蝙蝠侠：阿甘之城》仍然是一款根据环境（根据功能可供性）自动选择动作的游戏。本书中将这种游戏设计称为“功能可供性指向型游戏设计”。

在功能可供性指向型游戏设计中，玩家无需记忆复杂的指令，同样可以享受多彩的攻击动作。同时，只有在蝙蝠侠可能出现的情况下，这些相应的攻击动作才会成功。这样一来，随着攻击成功次数的增多，玩家与蝙蝠侠一体化的程度也将加深。

自动流程格斗是一种新型游戏系统，其应用了功能可供性指向型游戏设计，大幅改变了动作游戏定式。

另外，随着蝙蝠侠等级的升高，玩家将可以使用名为“特殊连击招式”的必杀技。这些特殊连击招式需要在打倒敌人且连击数达到一定值时才可以发动（图 1.7.10）。

特殊连击压制（能一击击溃任何敌人）

霸者压制（同时让多名倒地的敌人丧失行动力）

图 1.7.10 特殊连击招式

霸者压制虽然发动难度很高，但是在成功施展后能让玩家体验到比电影中还要炫酷的动作。

小结

在《蝙蝠侠：阿甘之城》中，战斗动作与玩家角色动作一样运用了功能可供性指向型游戏设计。近年来，功能可供性指向型游戏设计已经被许多游戏所采用，不再是《蝙蝠侠：阿甘之城》的独家技术。

由于这种设计可以将“简洁明快的操作性”以及“视状况而变的动作所带来的真实炫酷的游戏体验”以更加浓缩的形势呈现给玩家，因此在今后的游戏开发中，该设计方式必将成为主流的游戏设计手法之一。

另外，由于功能可供性指向型游戏设计具有在游戏中还原电影场景的能力，所以重现功夫电影中的功夫动作也不再是梦想。

成龙在很多功夫中用到了我们司空见惯的椅子和梯子，我们在纪录片《成龙：我的特技》中可以看到这方面的讲解。将布景内的日用品当作武器进行战斗，或借助家具的损坏来烘托招式的强劲，这些成龙功夫动作中的特色可以说是功能可供性指向型游戏设计的原型。

此外，游戏中的蝙蝠侠随着等级的提升可以解锁新的功能可供性战斗动作。这一升级机制与功能可供性指向型游戏设计相得益彰，能够让玩家在玩游戏的过程中越发觉得自己变成（接近）了蝙蝠侠。

在《蝙蝠侠：阿甘之城》中，只通关主线剧情并不需要升到太高的等级。这让游戏菜鸟也能轻松享受游戏。然而，玩家完成支线剧情获得更多动作和招式后，将能体验到连蝙蝠侠电影中都无法企及的炫酷战斗。各位感兴趣的读者请务必一试。

1.8

还原机器人动画的玩家角色动作设计技巧

（《终极地带：引导亡灵之神》）

《终极地带：引导亡灵之神》① 是一款高速机器人动作类游戏，能够让玩家通过游戏中的动作体验机器人动画的热血沸腾（图 1.8.1）。

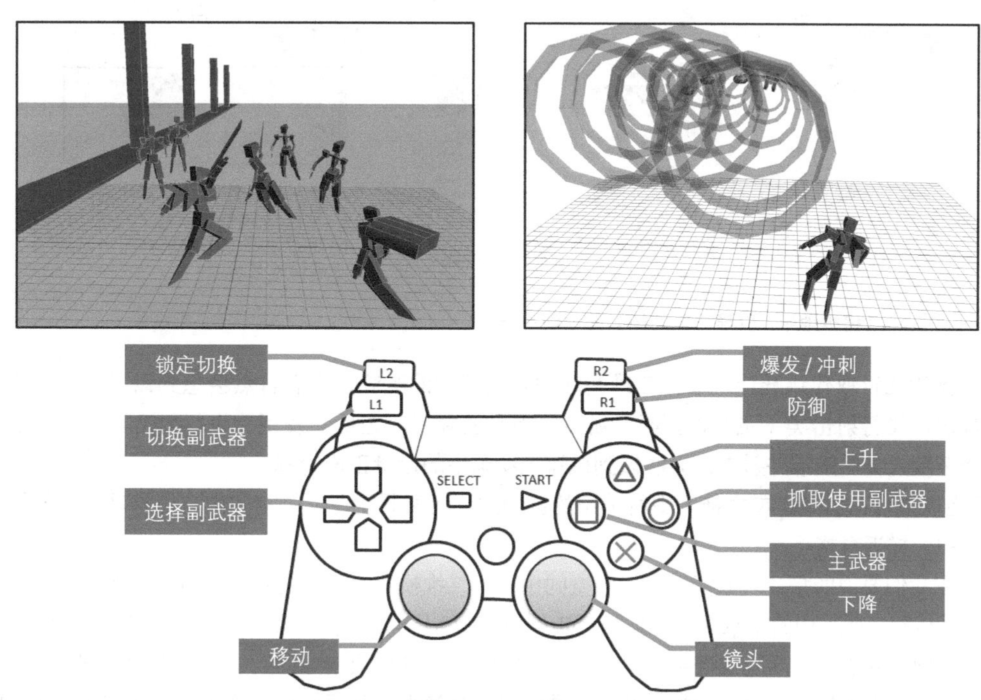

图 1.8.1　《终极地带：引导亡灵之神》的画面构成及基本操作

这款游戏的操作方法比较独特，除了一般的左摇杆控制移动、右摇杆控制镜头之外，还添加了△键上升和 × 键下降。攻击方面，□键是主武器，○键是副武器。另外，单是主武器就拥有射击、冲刺激光（追踪激光）、爆发射击、光束军刀、粉碎连击、冲刺光刀、爆发光刀等多彩的攻击动作。

这款拥有多彩的动作、让所有玩家都能像机器人动画的主人公一样潇洒作战的游戏中，隐藏着独特的让机器人动作更有趣的设计技巧。现在，就让我们一探究竟。

 在三维空间自由战斗的移动动作及锁定机制

在我们之前介绍的动作类游戏中，玩家角色基本都是以“地面”这个二维平面为基准进行移动

① ANUBIS ZONE OF THE ENDERS ©2001-2005 KONAMI

的[①]。然而在《终极地带：引导亡灵之神》中，玩家角色将脱离重力的束缚，在三维空间中自由驰骋（图 1.8.2）。

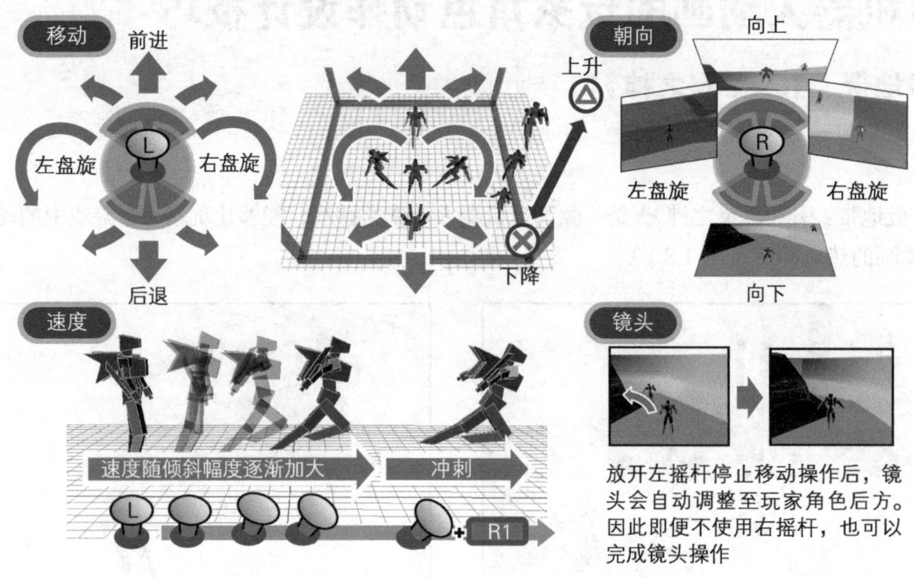

图 1.8.2　《终极地带：引导亡灵之神》的移动动作

说到用飞行取代跳跃让玩家在三维空间中自由移动的游戏，人们自然会想到以《皇牌空战》系列为代表的飞行射击类（飞行模拟类）游戏。但是实际玩过之后会发现，飞行射击类游戏的核心是如何绕至敌人身后瞄准并射击，无法做到机器人动画中的近身正面交锋。

《终极地带：引导亡灵之神》中所采用的机制则让玩家既能在三维空间内自由移动，也能像机器人动画中一样近身格斗。

首先我们要说的是让玩家能够在三维空间中进行二维模式的移动的操作机制。一般飞行射击类游戏的移动机制中所采用的是 yaw（偏航）、roll（机体旋转）、pitch（上下调整机头）等现实飞机的动作。但是这些操作越是真实，玩家越容易陷入航空学中所说的“空间定向障碍”[②]。**空间定向障碍是指飞行员在驾驶飞机时由于失去了天与地的参照物，导致无法分辨当前飞行空间上下左右的状态（图 1.8.3）。**

不过在《终极地带：引导亡灵之神》中，设计者以一般动作类游戏的平面移动操作为基础，附加了△和 × 键控制上升和下降，让游戏菜鸟也能直观地在三维空间中自由移动。

这款游戏虽然可以在三维空间内自由移动，但所有移动都以“天地不会颠倒的平面”为基准进行，所以玩家不会发生空间定向障碍。这种介于二维和三维之间的移动方式可以称为“2.5 维移动”（图 1.8.4）。

---

① 有重力影响的游戏虽然也可以借助跳跃在三维空间中移动，但这只是暂时的，玩家角色仍无法脱离二维平面的“基准面”。所以在分类时，有无地面等“基准面”是重点。

② 在游戏中为应对空间定向障碍，可以将“足迹”“雨雪”“烟”“自己的残像”“太阳或照明灯的光”等空间中存在的物体作为参照物，或者在屏幕中纳入利于分辨速度及方向的元素。但是，在天地位置可以颠倒的游戏中，采取上述对策仍很难避免空间定向障碍。所以最根本的解决方法是加入能瞬间分辨天地位置的机制。

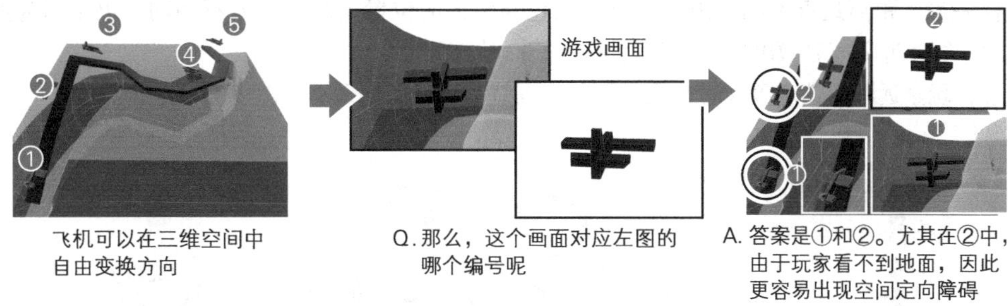

游戏画面
飞机可以在三维空间中
自由变换方向
Q. 那么，这个画面对应左图的
哪个编号呢
A. 答案是①和②。尤其在②中，
由于玩家看不到地面，因此
更容易出现空间定向障碍

图 1.8.3　飞机操纵中的空间定向障碍

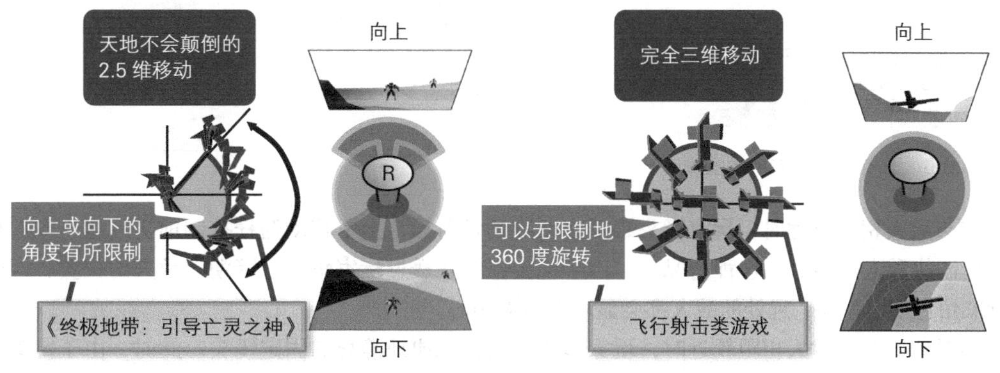

图 1.8.4　《终极地带：引导亡灵之神》与飞行射击类游戏在操作方面的区别

第二个机制是“锁定”。在这款游戏中，玩家镜头的移动和玩家角色的操作方法会根据和被锁定敌人之间的距离发生变化（图 1.8.5）。在远距离的情况下，系统会应用 3D 飞行射击类游戏中的镜头角度进行枪战，而在近距离时，则会应用机器人动画中的镜头角度进行格斗战。

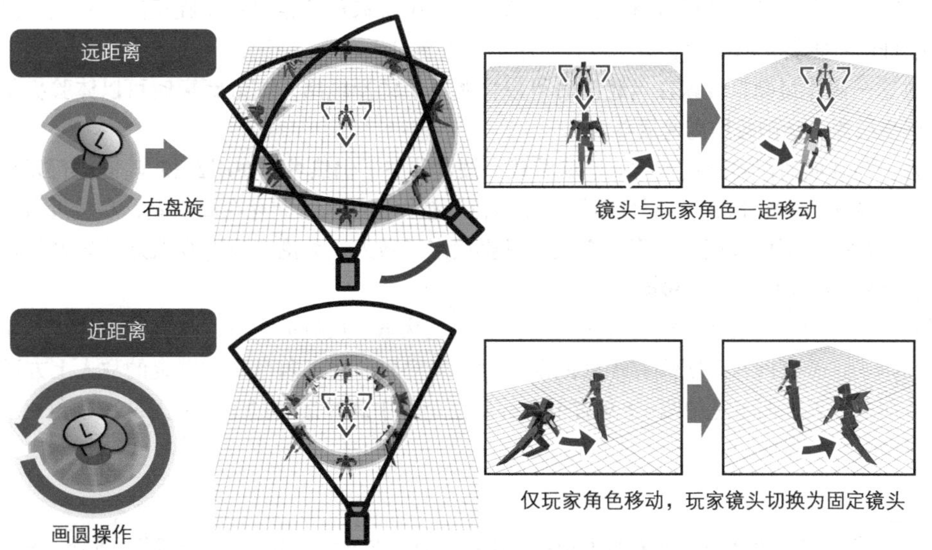

图 1.8.5　锁定状态下距离远近导致的玩家角色移动和镜头的区别

这样一来，距离远近不同，画面上玩家角色与敌人的位置关系也就大不相同。也正因为如此，这款游戏才能在近距离时做出机器人动画一般的动态场面[①]。

另外，玩家远距离锁定敌人时，玩家角色将围绕敌人做圆周运动（图 1.8.6）。

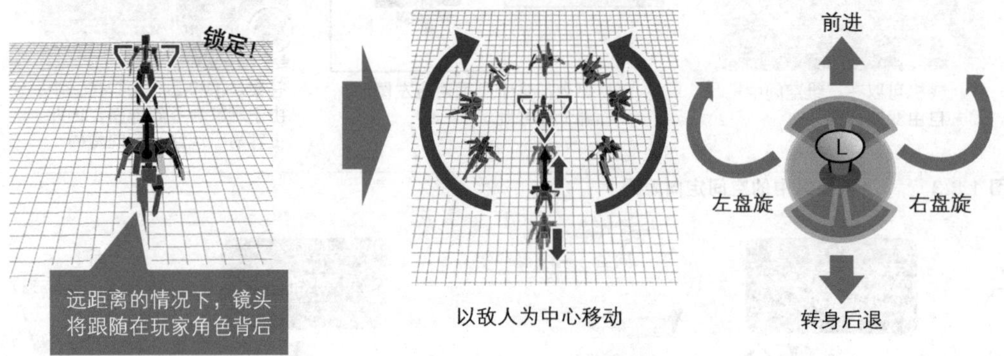

图 1.8.6 远距离锁定时的操作

在与敌人相距较远时，玩家镜头跟随在玩家角色背后，上下移动摇杆控制前进后退，左右移动摇杆控制绕敌人盘旋。在这种情况下，由于镜头保持在透过玩家角色肩膀朝向敌人的位置，因此无论玩家角色如何移动，远处的敌人都会显示在画面中心。

相对地，在与敌人相距较近时，玩家镜头将切换成原地静止的固定镜头。此时，由于镜头固定后操作方式发生了改变，因此玩家可以通过旋转左摇杆控制玩家角色像机器人动画中一样围绕敌人高速旋转（图 1.8.7）。

左摇杆的“前进”“后退”及“左右盘旋”操作会根据玩家角色与敌人的角度而改变，在不同角度下摇杆倾斜方向不同。

仍然没有理解的读者可以在游戏中尝试如图 1.8.8 所示的操作。首先向前推摇杆接近敌人，在抵达近距离范围后向右倾斜摇杆进行右盘旋。这一过程中玩家角色会向右盘旋至敌人右侧。但如果继续保持摇杆向右倾斜，那么玩家角色将开始后退，直至进入远距离范围。

通过这一操作机制，玩家在远距离时可以体验飞机的操纵感，在近距离时可以体验机器人的操纵感，享受机器人动画般的高速战斗。

另外，与其他动作类游戏不同，这款游戏在锁定状态下仍然可以使用△和 × 键进行以敌人为基准的上升下降移动（图 1.8.9）。而且即便玩家角色与被锁定敌人之间存在高低差，在接近敌人的过程中也会自动进行上下位置调节。简而言之，只要锁定了敌人，无论有没有高低差，玩家都能以平面移动的感觉在三维空间中上下移动。

说到这里，细心的读者可能会有个疑问：在锁定状态下从目标上方通过会怎么样呢？如果您很自然地产生了这个疑问，证明您有很好的游戏设计者潜质。玩家角色从被锁定的敌人上方通过时会快速转身面向敌人，而不是像图 1.8.9 右上角的反面示例中那样倒立过来。敌人从玩家角色下方通过时也是同理。

① 本书中，将角色的位置关系及布局（构图）所组成的动态游戏画面称为“场面”。另外，将其各个的设计称为“绘图”。

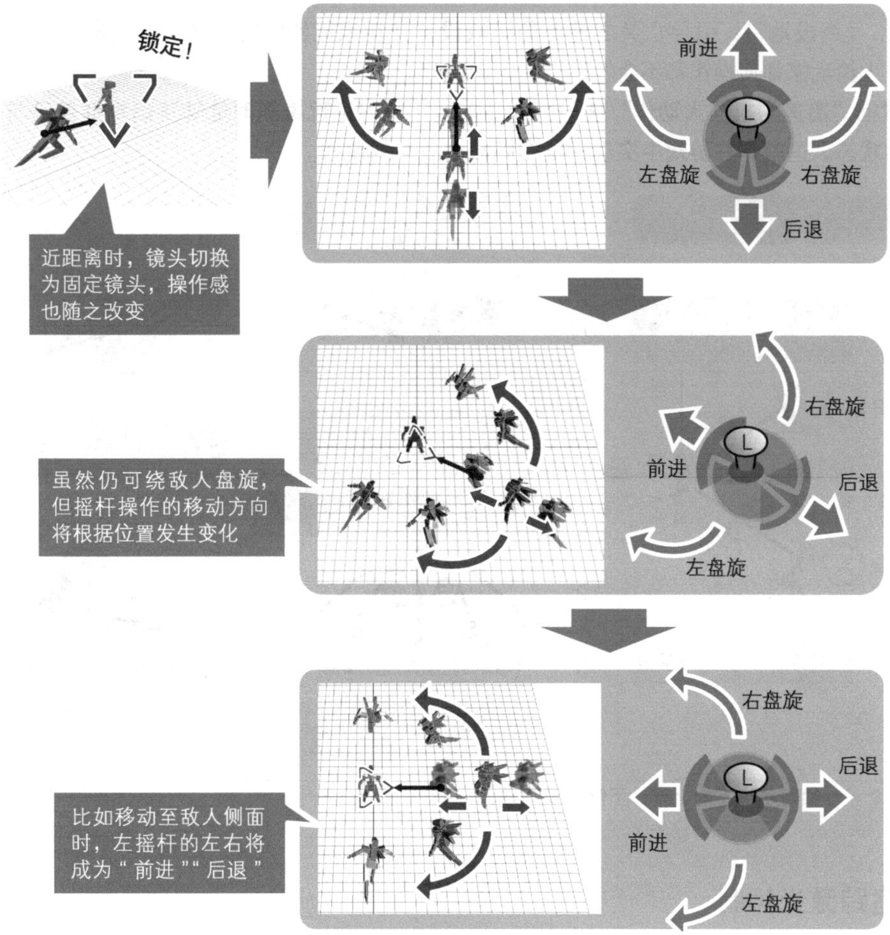

锁定！
近距离时，镜头切换为固定镜头，操作感也随之改变
前进
左盘旋
右盘旋
后退
虽然仍可绕敌人盘旋，但摇杆操作的移动方向将根据位置发生变化
右盘旋
前进
后退
左盘旋
比如移动至敌人侧面时，左摇杆的左右将成为"前进""后退"
右盘旋
后退
前进
左盘旋

图 1.8.7　近距离锁定时的操作

接近至近距离范围
左摇杆保持向右倾斜进行右盘旋
右盘旋后开始后退
前进
右盘旋
后退

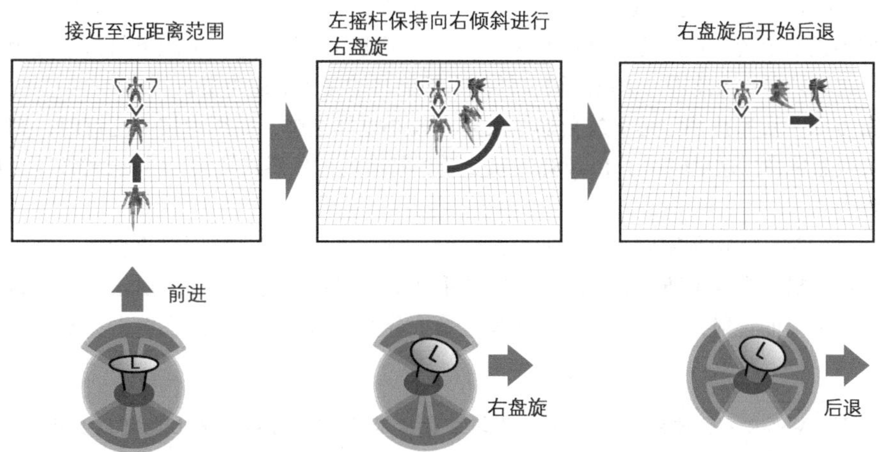

图 1.8.8　左摇杆的移动操作示例

因此，《终极地带：引导亡灵之神》的游戏设计让玩家能够随时随地正确判断三维空间的上与下，保证无论玩家如何操作都不会发生空间定向障碍。

在贯彻“高速的机器人动作”这一概念的前提下，保证玩家随时能够正确把握自己与敌人的位置关系和状态。这就是在游戏中实现三维空间自由战斗的诀窍。

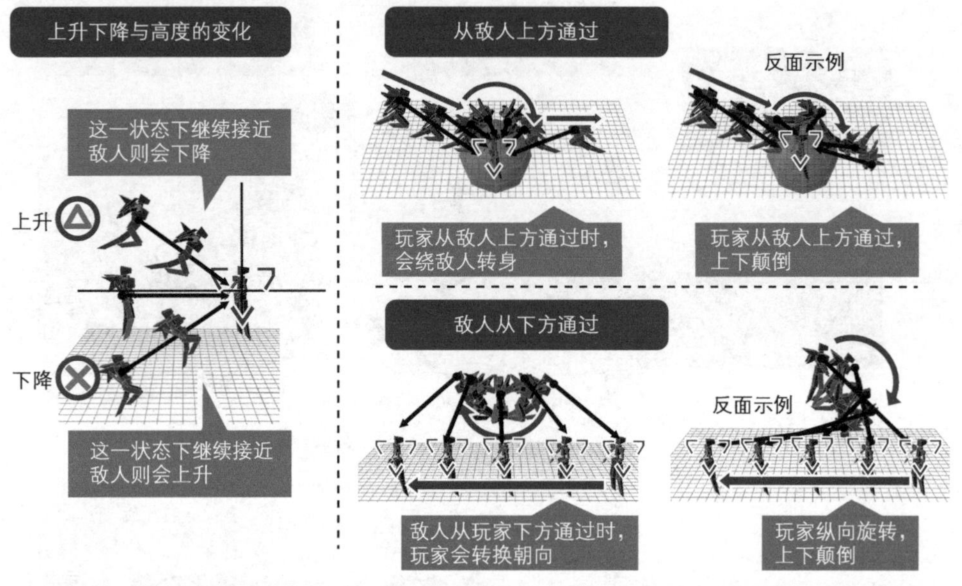

图 1.8.9 **锁定状态下的上升、下降以及与敌人交错**

 追踪激光机制

说到机器人动画，最吸引人的就是那些让人捏一把汗的眼花缭乱的战斗场景。在《终极地带：引导亡灵之神》中，玩家将使用“主武器”“副武器”以及“防御”进行战斗。其中，主武器拥有诸如“射击”、“冲刺激光”（追踪激光）、“爆发射击”等机器人动作独有的攻击模式（图 1.8.10）。

主武器不论远近统一使用□键进行操作，所以玩家能够很自然地将远距离射击与近距离格斗连击衔接在一起。只要一边前进一边按□键，任何人都能自动完成上述连击。

在射击方面，玩家按住□键不放会连续发射三枚小型能量弹，而用力按下□键时，则会发射一枚强力的大型能量弹。这里应用了 PlayStation 2 手柄特有的“压感式按键”（可分辨按压力度强弱的按键）功能①。

值得一提的是，无论玩家以多快的速度按□键，玩家角色的射击速度总不会超过一个上限。据笔者推测，这一机制是为了防止具有连发功能的手柄破坏游戏平衡性。因为射击虽然威力较弱，但如果以一个非常高的连射速度命中敌人，伤害也是十分惊人的。这一机制在射击类游戏中也被广泛采用。

① 这种“□・△・×・○键的压感功能”在部分竞速游戏的油门和刹车上也可以见到。但很可惜，PlayStation 4 的手柄中不再包含这一功能（另外，PlayStation 3、PlayStation 4 的 L2 和 R2 键能够以模拟信号的形式获取按键深度，所以现代竞速游戏的油门和刹车一般都分配在 L2 和 R2 键上）。

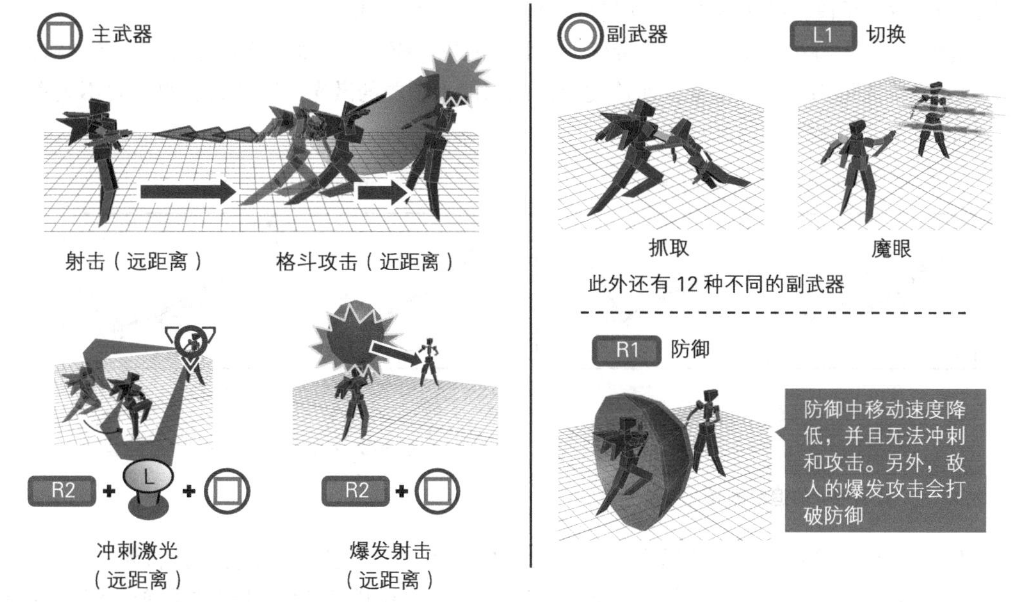

图 1.8.10　主武器与副武器

接下来我们来看一看“冲刺激光”（追踪激光）。冲刺激光要求玩家先在移动过程中按住 R2 进入冲刺状态，然后再按住□键逐个锁定敌人。放开□键的瞬间，玩家角色将会用激光攻击所有被锁定目标（图 1.8.11）①。

图 1.8.11　冲刺激光的锁定

与射击不同，冲刺激光会对敌人穷追不舍，所以可以从远距离一次性消灭大量敌人。冲刺激光一般情况下称为“追踪激光”。追踪激光早在 2D 射击类游戏 *RAYFORCE*② 时代就已经成为了经典的

① 在《终极地带：引导亡灵之神》中，玩家按住 R2 将进入爆发状态，此时再按○和□键将以爆发状态释放能量进行攻击。这种像键盘上的 Shift 键一样“按住按键后功能会发生变化的输入”称为“转换输入”。同理，像键盘上的 Insert 键一样“每按一次按键功能就会发生变化的输入”称为“开关输入”。

② *RAYFORCE* 十分讲究用追踪激光消灭敌人时的爽快感，即便现在拿起来玩仍然十分有趣。另外，其续作 *RAYSTORM* 也非常值得一玩。这款游戏已经发售了 HD 版，各位不妨去试一试。

大规模远距离攻击手段，后来被各种 2D 甚至 3D 射击游戏所采用。

追踪激光的一大特点是便于创造有特征（形象）的攻击模式。比如缓慢但跟踪能力（追踪性能）较强的激光会给人穷追不舍的感觉，而速度快但跟踪能力较弱的激光，则让人觉得只要不大意就能躲开，所以显得“和缓”（图 1.8.12）。

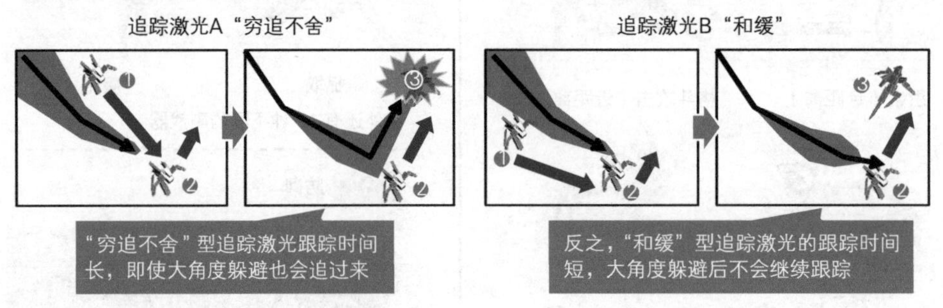

图 1.8.12 赋予特征的追踪激光

所以，只要给子弹或激光等“远程武器”的攻击添加“子弹速度”“子弹碰撞检测”“子弹生存时间”“子弹初始方向”“子弹初速度 · 加速度 · 最大速度的限制”“追踪角度”“子弹伤害”等参数，就能为其赋予特征（形象）①。

图 1.8.13 远程武器参数示例（补充：本例仅供参考。上图并非实际游戏中所使用的参数）

将子弹类型定为“激光”，再加一个大于 0 度的追踪角度，即可创造出追踪激光。同理，将子弹类型定为“导弹”或者“能量弹”，就能创造出追踪型子弹。反过来，只要将追踪角度设置为 0 度，那么我们得到的就是不追踪的直线型激光（图 1.8.14）。

接下来，让我们来分别看一看远程武器各个参数的用处（注意，下面讲解的参数为笔者根据经验推测而来，并非《终极地带：引导亡灵之神》实际采用的参数）。

首先，远程武器通过“子弹类型”设置外观，同时选择与其形状大小相对应的“子弹碰撞检测”（图 1.8.15）。

① 除此之外还可以加入“追踪开始时间”“追踪结束时间”等参数，创造出“发射 2 秒后开始追踪的激光”等。

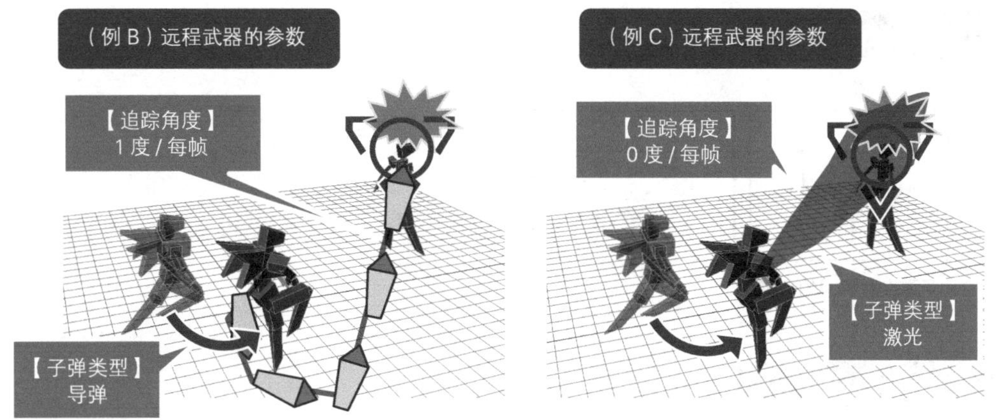

图 1.8.14　远程武器在不同参数下的运动

※ 本例仅供参考。上图并非实际游戏中所使用的参数。

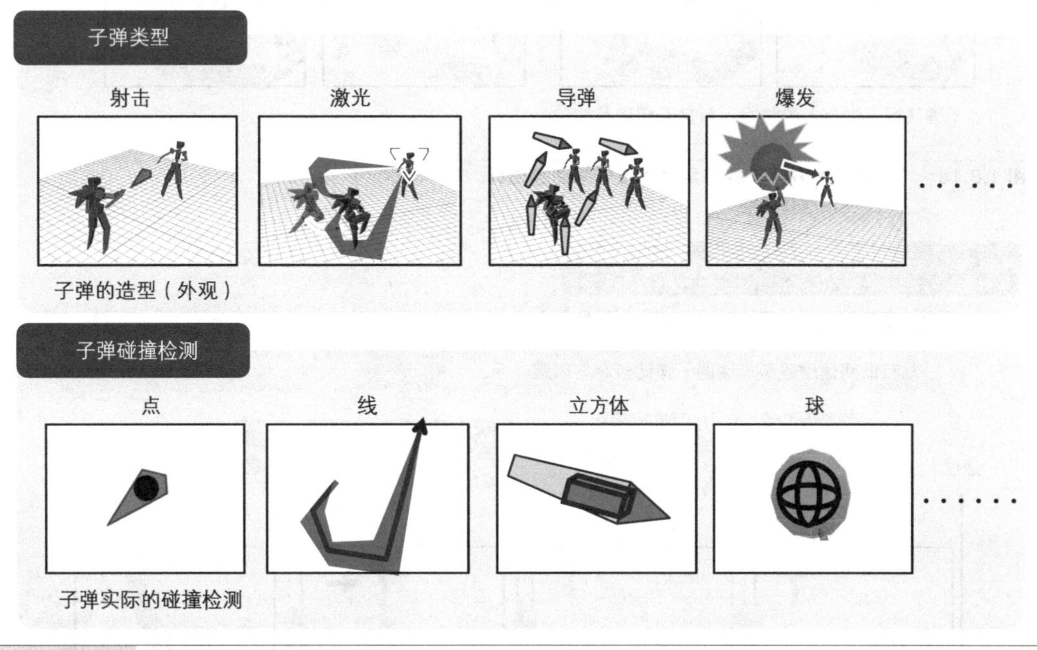

图 1.8.15　子弹类型与子弹碰撞检测

然后确定“子弹初始方向”。本作品中玩家角色是从背后发动激光，所以方向（发射角度）设置在后方。“子弹生存时间”是指子弹从发射到消失所需时间或相关条件。生存时间越长，子弹射程越远，追踪也越难以躲避（图 1.8.16）。

“子弹初速度 · 加速度 · 最大速度的限制”影响激光或子弹命中目标的难易程度，同时也影响闪避的难度（图 1.8.17）。

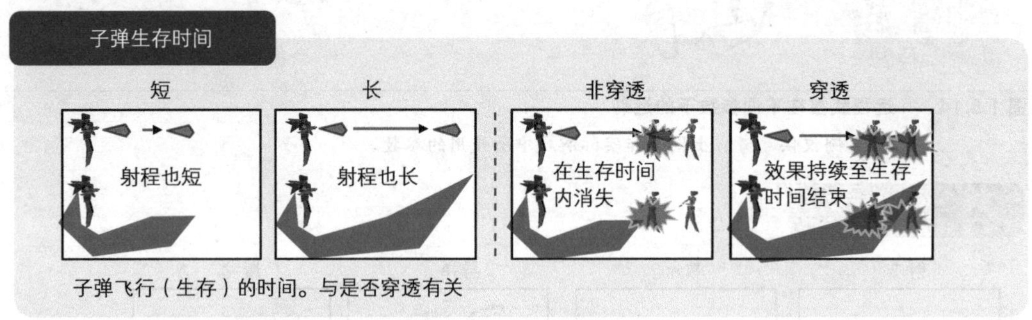

图 1.8.16 子弹初始方向、跟踪角度以及子弹生存时间

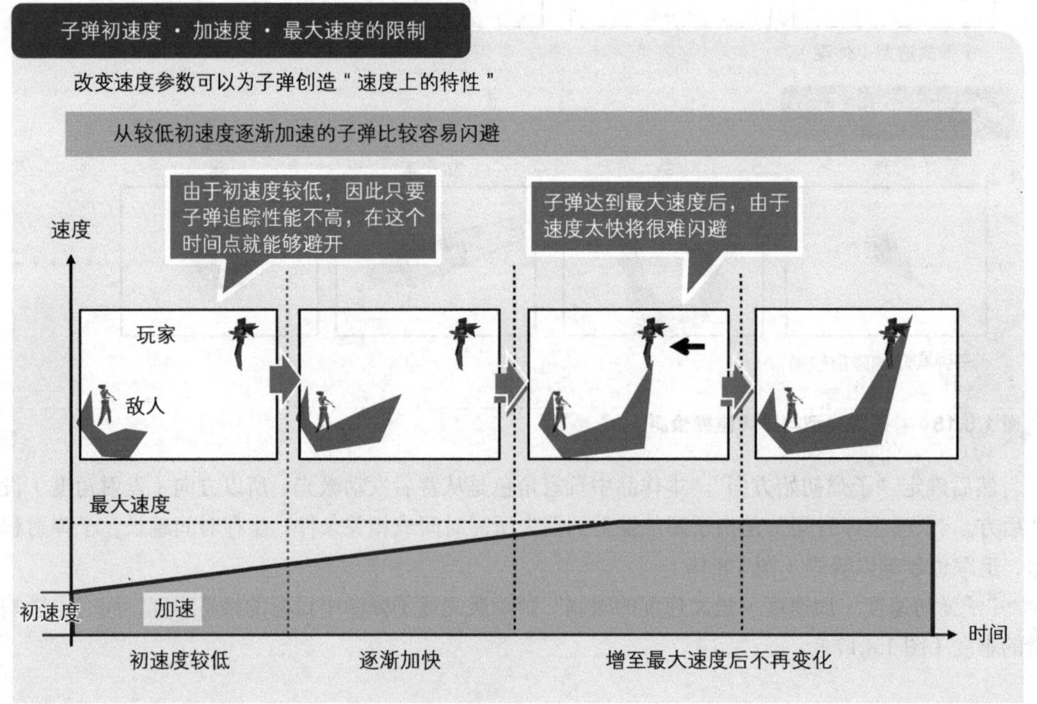

图 1.8.17 子弹初速度 · 加速度 · 最大速度的限制

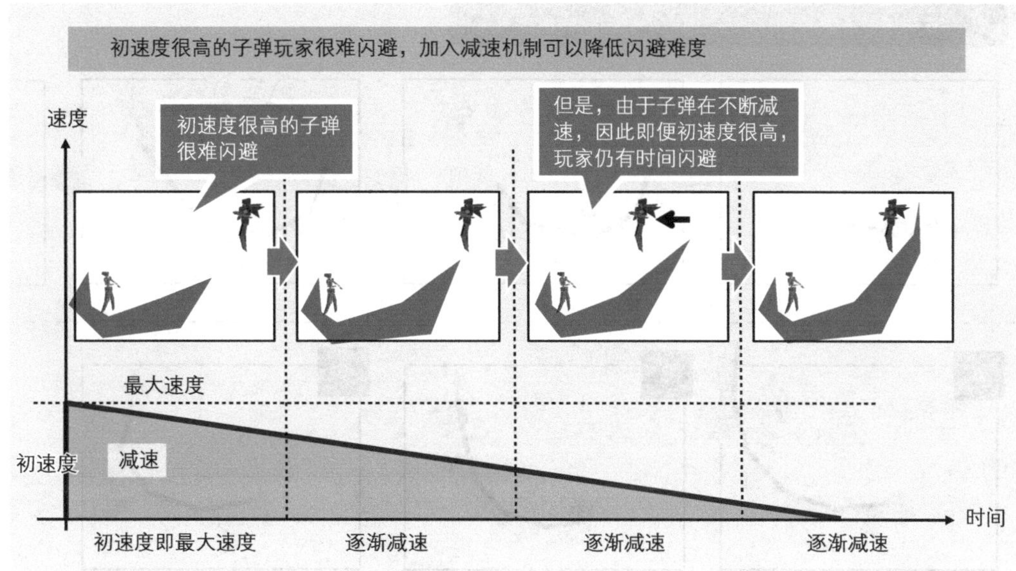

图 1.8.17　子弹初速度・加速度・最大速度的限制（续）

子弹追踪能力的强弱通过“追踪角度”来调整，可以“犀利”（偏直线）也可以“和缓”（偏曲线）（图 1.8.18）。

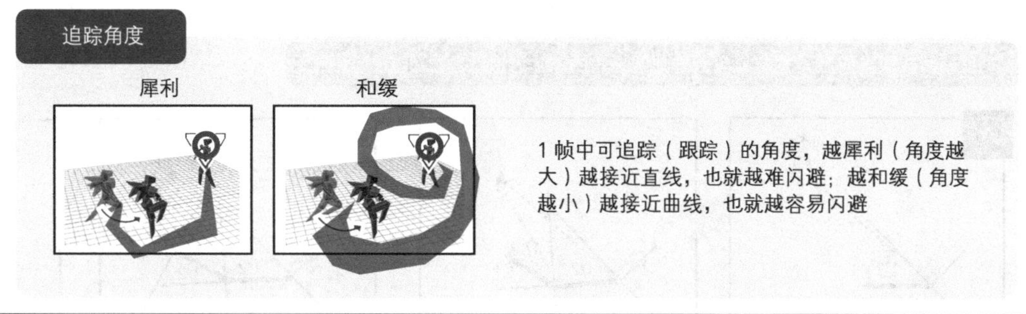

图 1.8.18　追踪角度

追踪角度是指 1 帧内子弹向敌人方向偏转的最大角度，具体的计算方法多种多样。只要参数设定得当，完全可以创造出百发百中的追踪激光。不过，敌人对玩家发射追踪激光时，如果想做出叫人手心冒汗的擦着汗毛躲开的效果，那就要看游戏设计者和程序员们的实力了。

下面我们来讲解追踪激光中普遍使用的“指定角度”机制。所谓指定角度机制，是指子弹每帧在固定角度范围内向着敌人方向进行偏转的追踪方法（图 1.8.19）。追踪角度越大，激光就越难闪避。

另外，还有一种机制是每一帧的追踪角度等于当前夹角的 1/n。图 1.8.20 是选取“与敌人方向夹角的 1/2”为追踪角度的追踪示例。

最后是“子弹伤害”。通常情况下每一发子弹计算一次伤害，不过某些游戏中也存在 BOMB 等具有多次伤害的“多段命中型子弹”（图 1.8.21）。

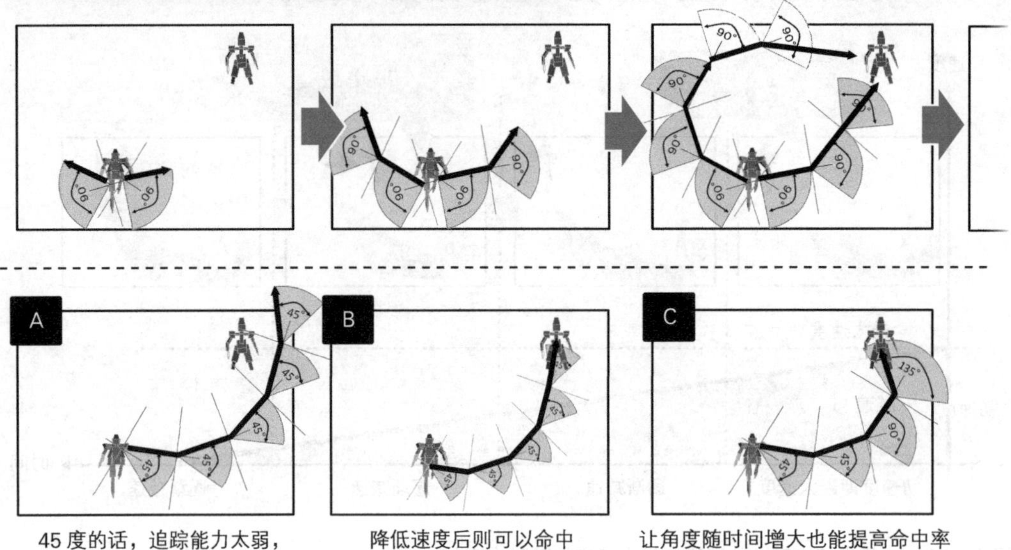

在每帧最多偏转 90 度的范围内进行追踪的激光
A
B
C
45 度的话，追踪能力太弱，无法命中目标
降低速度后则可以命中
让角度随时间增大也能提高命中率

图 1.8.19　追踪角度的计算示例其一

※ 为了便于理解，这里将每一帧的最大偏转角度设置为 90 度，这样一来仅用数帧就能命中目标。实际游戏中应用的数值往往更小。

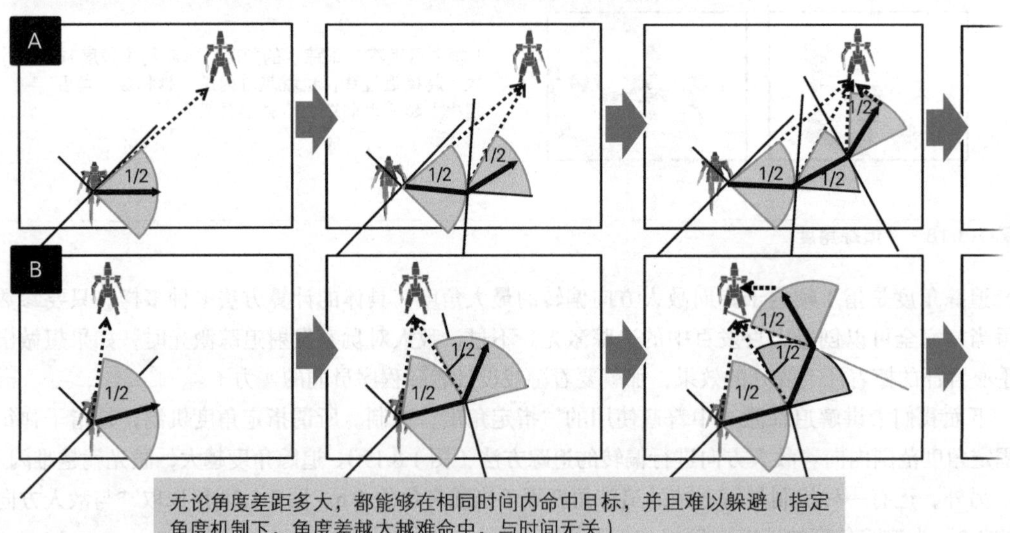

无论角度差距多大，都能够在相同时间内命中目标，并且难以躲避（指定角度机制下，角度差越大越难命中，与时间无关）

图 1.8.20　追踪角度的计算示例其二

※ 为了便于理解，这里将每一帧的最大偏转角度设置为夹角的 1/2，这样一来仅用数帧就能命中目标。实际游戏中应用的数值往往更小。

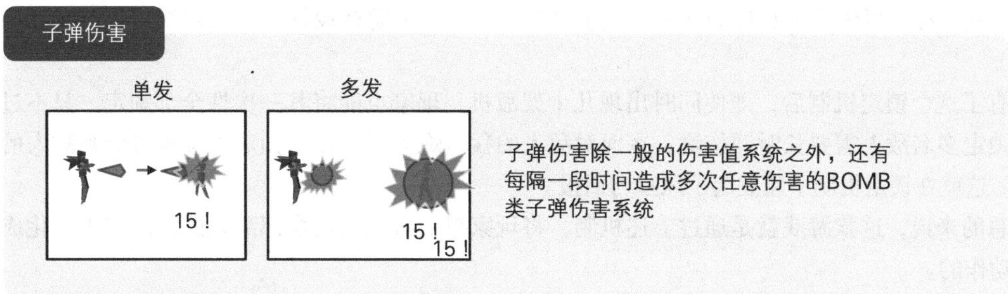

子弹伤害
单发
多发
15！
15！
15！
子弹伤害除一般的伤害值系统之外，还有
每隔一段时间造成多次任意伤害的BOMB
类子弹伤害系统

图 1.8.21　子弹伤害

细心的读者可能已经发现，不管是弹幕游戏还是使用追踪激光的射击类游戏，只要学会应用这些基本的参数，就能再现任何射击系统中的任何子弹（实际做起来还要稍微复杂一些……①）。

因此，追踪激光的设计方法可以大幅左右玩家的“远距离攻击命中率”以及“远距离攻击带来的触感”。

 随心所欲的锁定机制

最后我们来讲解“锁定”机制。锁定单个敌人的机制分为许多种类，在《终极地带：引导亡灵之神》中，如果玩家仅锁定一名敌人，那么只需按 L2 键激活锁定功能，再通过右摇杆瞄准目标所处方向，该方向上距离最近的敌人就会被锁定。这一锁定机制直观又便捷。

除此之外，还可以先为每个敌人编号，然后让系统每接到一次按键指令就按编号顺序（或逆序）切换被锁定目标。这一机制虽然比较简单，但缺点是按键次数会随着敌人增多而增加。

另外，一般情况下锁定都只针对一名敌人，但是在这款游戏中，玩家可以通过冲刺激光的锁定操作，同时锁定当前目标及其周围的所有敌人（图 1.8.22）。

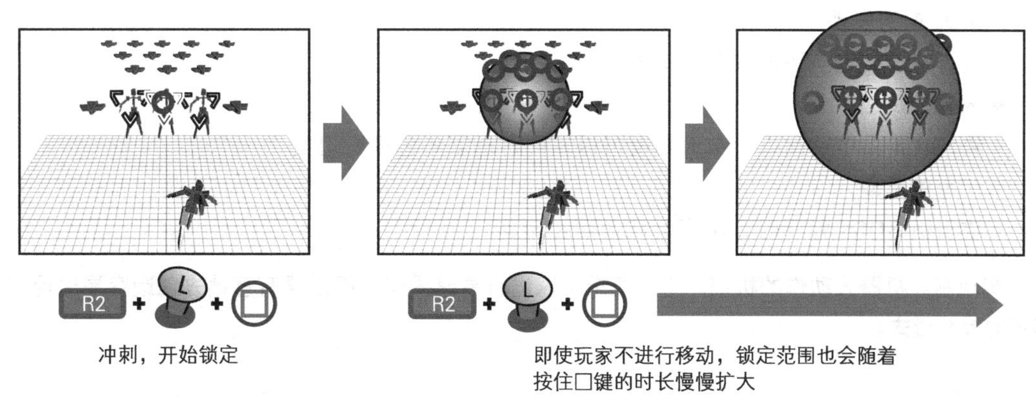

图 1.8.22　用冲刺激光同时锁定多名敌人

实际玩游戏时会发现，按住 R2 和□键后，会以最初锁定的敌人为中心，以圆形范围逐个锁定敌

---

① 对弹幕类游戏的编写方法有兴趣的读者，不妨阅读一下《弹幕：创作最棒的射击类游戏》（原书名为『弾幕最強のシューティングゲームを作る！』）这部面向程序员的书籍。

人（顺便一提，可锁定的目标数要多于发射的激光数，因为游戏设计中一条射线可以连续命中多名敌人）。

有了这个锁定机制后，即使同时出现几十架敌机，玩家也能将其一次性全部锁定。只不过，一次性锁定多名敌人需要长时间按键，在面对敌人的猛烈炮火时，复数锁定过程很可能被敌人的攻击打断。这就在锁定机制中建立起了风险与回报。

总的来说，这款游戏就是通过上述机制，将玩家想一口气锁定全部敌人的意图完美转化成玩家角色动作的。

实现高速机器人动作的格斗战机制

近距离格斗战可以说是《终极地带：引导亡灵之神》最大的特色，它能为玩家带来魄力十足的高速机器人动作体验。

在格斗战中，玩家可以通过□键使用“光束军刀”做出“粉碎连击”“冲刺光刀”“爆发光刀”等攻击动作（图 1.8.23）。

这些近距离攻击不但攻击速度快，还拥有将敌人击飞的功能，使得玩家和敌人在游戏中的位置关系能更频繁地发生变化（敌人的攻击也同样能击飞玩家）。有了这一机制，即便是游戏菜鸟也能通过连按□键来体验机器人动画中双方高速冲突的热血场景。

另外，玩家角色消灭敌人后会自动锁定附近目标进行快速追击，这在实现高速动作场景方面起到了相当可观的效果（图 1.8.24）。

除此之外，游戏中还采用了以下这些频繁改变玩家和敌人位置关系的机制，方便玩家体验充满速度感的机器人动作。

- **摄影技巧**
  玩家的每次攻击都有机器人动画一般的分镜（参考 5.5 节）
- **敌人 AI的表现**
  进行快速接近与快速脱离（参考 2.5 节）
- **敌人的反应**
  致命攻击命中后敌人会被大幅度击退，同时玩家角色进行追击
- **玩家的反应**
  攻击被 BOSS 弹开时，玩家会被大幅度击退

实现高速机器人动作的机制，不是要求玩家进行高速操作，而是要有意地去创造容易出现高速场景的战斗形式。

粉碎连击

光束军刀的连击可以连续命中 4 次，第 4 击会触发“粉碎连击”将敌人击飞。另外，此时改用△和 × 键能够将敌人向上方或下方击飞

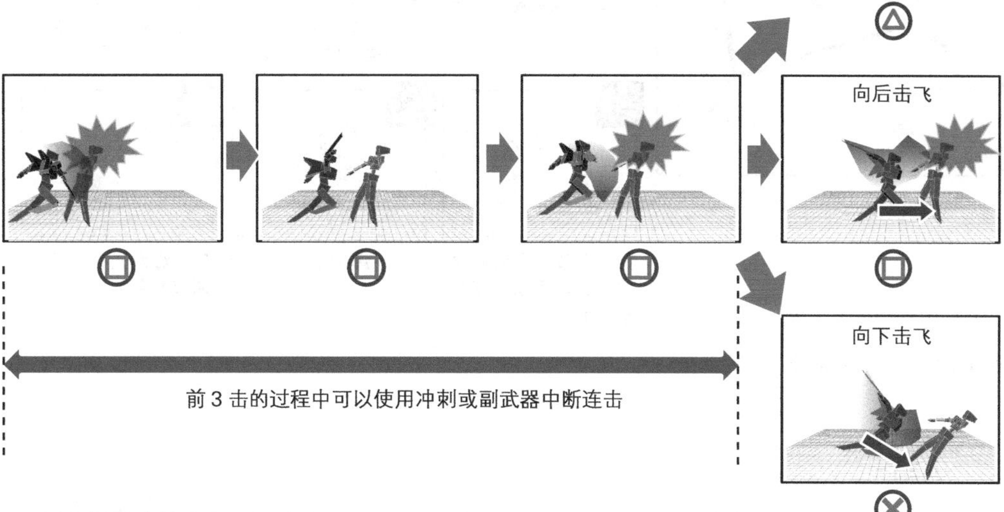

冲刺光刀

在近距离情况下，冲刺过程中的□键攻击将变成“冲刺光刀”。这个招式不但能在冲刺中攻击敌人，还能在命中后将敌人弹飞（远距离的情况下则是冲刺激光）

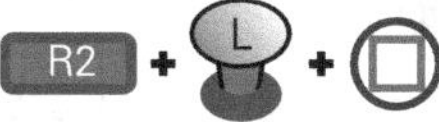

爆发光刀

在近距离情况下，爆发状态的□键将变成“爆发光刀”，可同时攻击以玩家角色为中心的360度范围内的多个敌人（远距离的情况下则是爆发射击）

R2 + □

图 1.8.23　主武器的近距离攻击

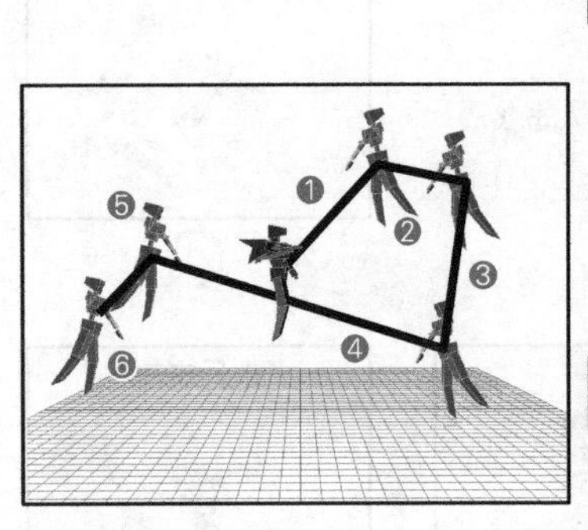

接近后发动格斗攻击

消灭一名敌人后，下一个格斗攻击招式将自动追踪第二名敌人

第三名敌人在下方，所以高度自动下调

第四名敌人在反方向的上方，所以高度自动上调

爆发蓄力

使用爆发光刃，同时消灭两名敌人

图 1.8.24 格斗攻击与高速动作

小结

《终极地带：引导亡灵之神》与我们之前介绍的游戏不同，在**挣脱了重力束缚的操作感**上下了很大功夫。

特别是我们在讲解玩家移动动作时提到的锁定状态下的移动方法，以及消灭敌人后自动锁定并追击下一名敌人的机制，都是以往游戏中从未出现过的机制。除此之外，本作品中还装载了许多机器人游戏动作要素，各位读者如果有机会的话不妨尝试一下这款游戏的高清重制版《终极地带 HD COLLECTION》。

另外，这款游戏除了剧情模式外，还为玩家准备了专门体验动作快感的任务模式。各位可以在任务模式下体验本书中所说明的那些游戏机制，感受其中的乐趣。

此外，《终极地带：引导亡灵之神》为让所有玩家都能上手而采用了 2.5 维设计，在初代 PlayStation 上还有一款更接近三维空间操作的游戏——《终极推进》。这款游戏虽然年代久远，却拥有以被锁定敌人为中心进行 360 度三维空间自由操作的机制，各位有兴趣的读者请务必一试。

1.9

残暴到让人上瘾的玩家角色动作设计技巧

（《猎天使魔女》）

《猎天使魔女》[①] 是一款著名的割草类游戏，其高潮迭起的“极限动作”贯彻游戏始终，为玩家所津津乐道。其中华丽的战斗动作更是让玩家在迎战杂兵时也能体验到手心冒汗的紧张感。

除割草类游戏一贯具备的连击、浮空等基本动作外，这款游戏还加入了连击中的强力攻击——“邪恶编织”，闪避敌人攻击后降低时间流速的“魔女时间”，以及让玩家轻松保持连击的“闪避抵消”等崭新系统（图 1.9.1）。

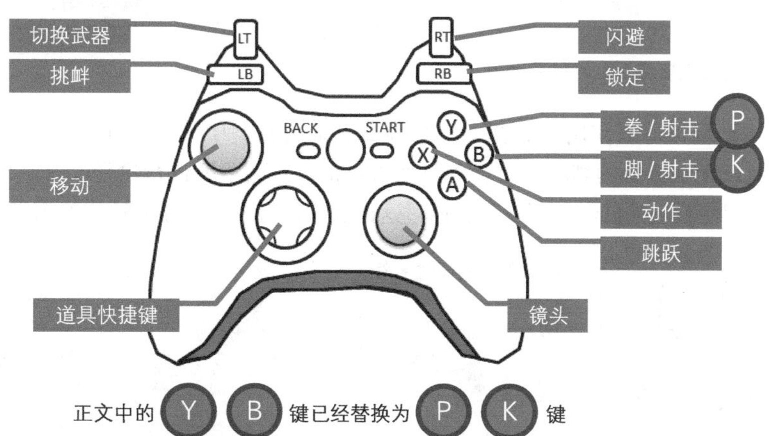

图 1.9.1　《猎天使魔女》的画面构成及基本操作

操作方面，左摇杆控制移动，右摇杆控制镜头，A 键控制跳跃，X · P · K 键控制射击 · 拳 · 脚攻击，RT 键控制闪避。

《猎天使魔女》不但在“动作的触感”上做足了文章，而且对割草类游戏“轻松打出连击痛快消灭敌人”的独到乐趣有着更深层次的追求。让我们一起来分析这款游戏考究的设计技巧。

---

① BAYONETTA © SEGA

高速、流畅且不带来压力的玩家角色动作

高速且流畅的玩家角色动作是割草类游戏的独到之处，当然《猎天使魔女》在这方面也很讲究。

首先，玩家角色的移动由左摇杆控制，分为“行走”及“奔跑”两个速度档位。移动过程中镜头会自动追随玩家角色，不过游戏仍然允许玩家通过右摇杆调整镜头位置（图 1.9.2）。

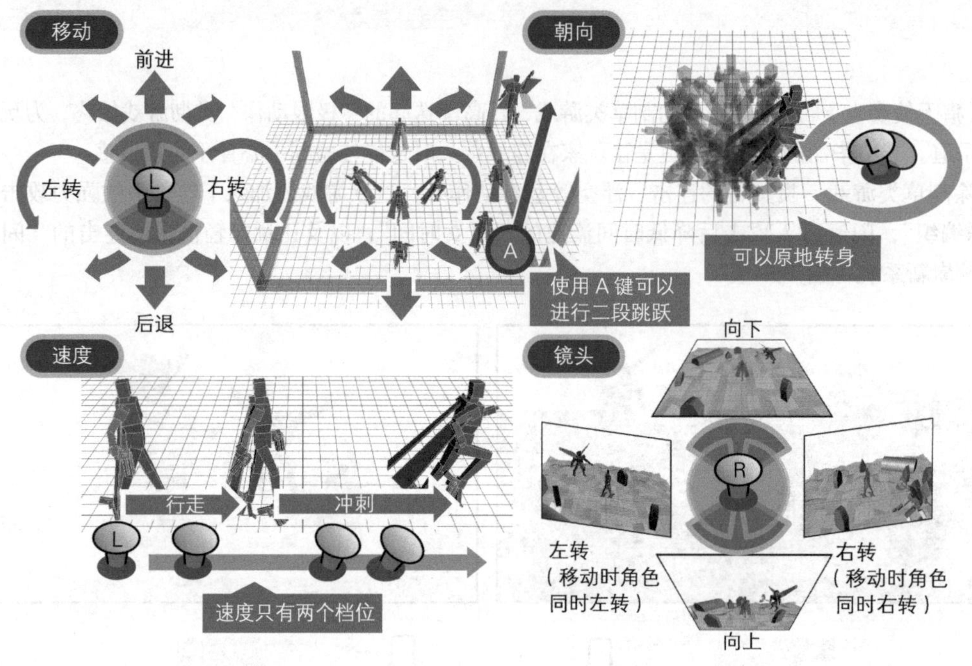

图 1.9.2　《猎天使魔女》的移动动作

在游戏中，玩家可以使用 A 键进行二段跳跃，而且在空中按 X 键射击能够延长滞空时间。此外，通常的跳跃无法登上的高墙或看台等场所可以借助踢墙跳跃进行攀登。这一动作在崩落的岩石上同样适用，即便看上去已经来不及了，通过这最后的奋力一跃往往能够化险为夷（图 1.9.3）。

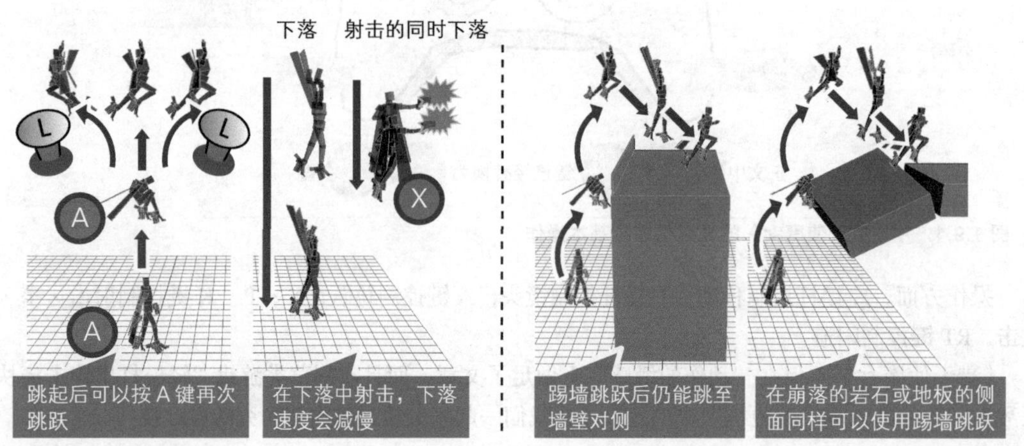

图 1.9.3　跳跃动作 其一

利用这一跳跃机制，玩家可以借助墙壁进行三角跳跃。按照普通跳跃、三角跳跃、二段跳跃的顺序，还可以跳得更高。玩家角色使用三段跳跃从最高点落地时，产生的冲击波会直接对敌人造成伤害（只要下落高度超过三段跳跃高度，落地时就会产生冲击波）。除此之外，游戏还为玩家准备了以敌人为跳板的攻击型跳跃——“魔女漂浮”动作，让跳跃不再只是向高处移动的手段，而成为了攻击流程中的一个重要动作。

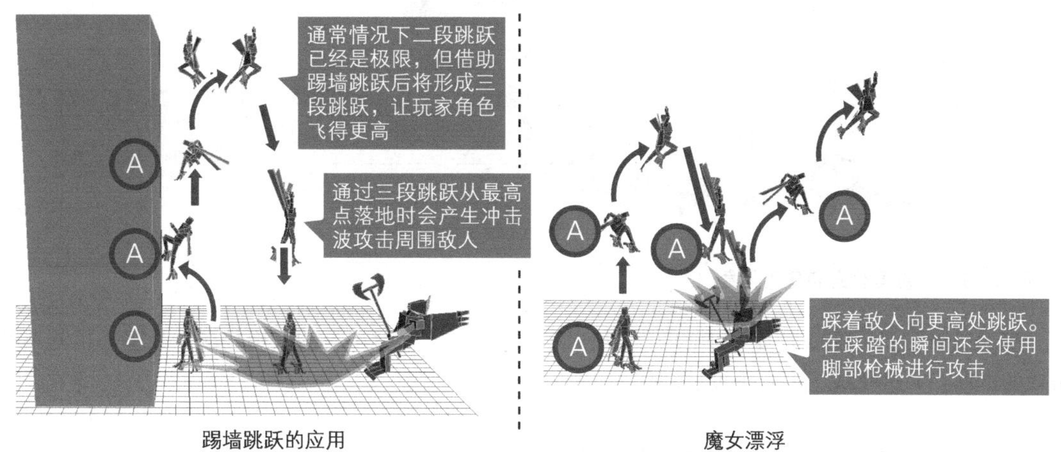

图 1.9.4 跳跃动作 其二

《猎天使魔女》还有一个独具特色的动作，那就是可以在特定场合下使用的“魔女漫步”（图 1.9.5）。

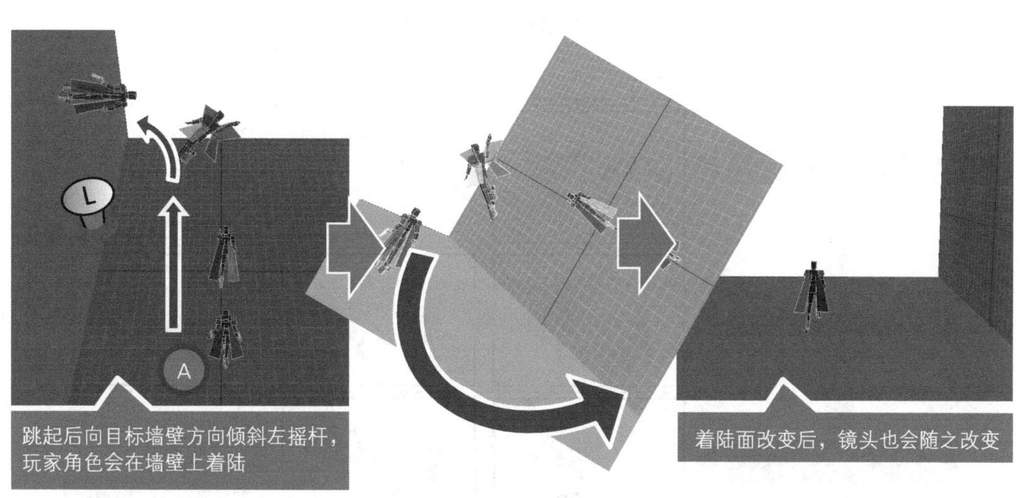

图 1.9.5 魔女漫步

魔女漫步是一种能在墙壁或天花板上行走的动作。只要在跳跃过程中向墙壁方向倾斜左摇杆，玩家就能将该墙壁当作地面，在上面进行移动。

除此之外，游戏中还有在地面上快速奔跑的“野兽化身”以及在空中飞行的“乌鸦化身”等动作。这些动作在战斗中可以当作闪避招式来使用。

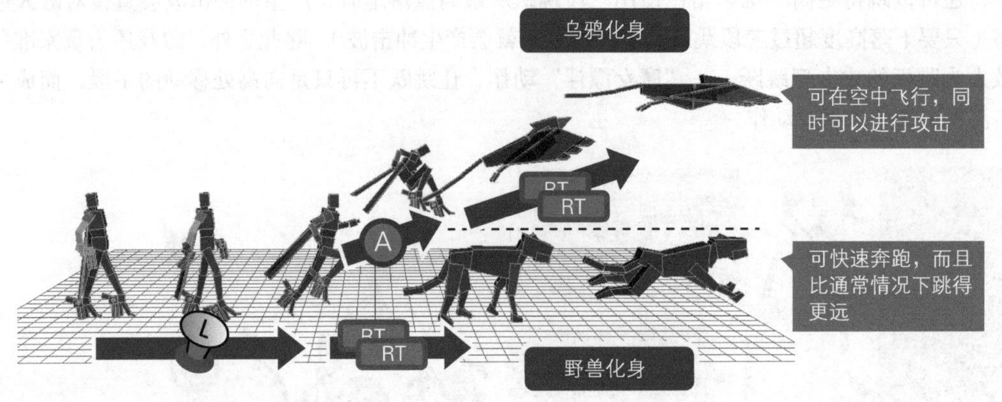

图 1.9.6 野兽化身和乌鸦化身

通过这些设计，猎天使魔女中的玩家动作既保持了成年女性特有的妖艳气场，又坚守了割草类游戏的本质，并进化成了高自由度的动作。

残暴到让人上瘾的玩家角色动作机制

割草类游戏的卖点，是让玩家在游戏中通过流畅的连击感受屠戮敌人的爽快感。《猎天使魔女》将割草类游戏的这种乐趣进一步进化成玩家能够在下述流程中享受战斗（图 1.9.7）。

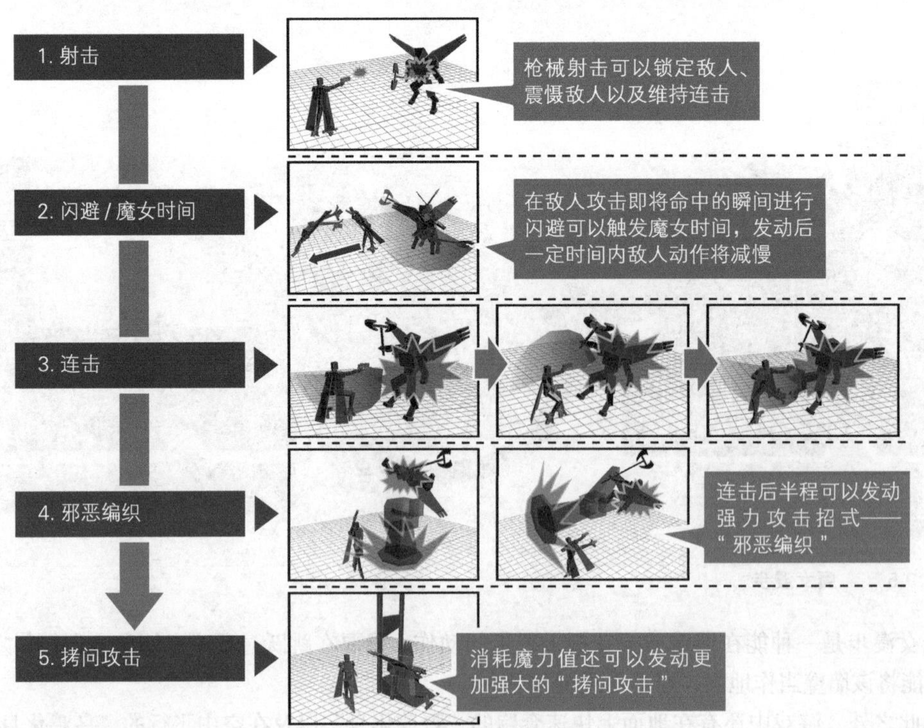

图 1.9.7 战斗动作的流程

1. **射击**

   按 X 键开枪射击可以震慑敌人，让其停止行动。该动作的伤害力虽然微弱，但可以作为连击的“接续招式”使用。另外，可以用来锁定敌人。

2. **闪避・魔女时间**

   按 RT 键可以闪避敌方攻击。敌人攻击即将命中的瞬间进行闪避可以触发魔女时间，发动后时间流速以及敌方动作都会减慢，只有玩家角色贝优妮塔能以正常速度行动。这一动作能够将致命的危机转化为胜机。

3. **连击**

   拳脚的组合连击，P 键控制拳击，K 键控制踢腿。

4. **邪恶编织**

   连击最后可以发动“邪恶编织”召唤魔女的巨型手脚进行强力攻击。另外，邪恶编织能够击飞大型敌人，可以作为空中（浮空）连击的起始招式使用。

5. **拷问攻击**

   成功闪避以及消灭敌人时都会获得魔力。魔力积攒到一定程度后，可以同时按下 P・K 两个键召唤出刑具，发动名为“拷问攻击”的必杀技。拷问攻击威力巨大，还具有当敌人生命值低于一半时使其即死的效果。

在实际游戏中，上述 1～5 的动作并没有固定的执行时机（顺序），可以随意使用。但是如果玩家按照 1～5 的顺序施展，不但能更快消灭复数敌人，游戏内的 VERSE 评价（战斗评价）也会大幅上升。尤其是拷问攻击，用来终结剩余体力较少的敌人时，得到的 VERSE 评价会更高。**这款游戏中，玩家越能表现出贝优妮塔冷血残暴的一面，获得的 VERSE 评价也就越高。**

对残暴题材有所抵触的玩家可能会对本作品敬而远之。不过，这种游戏系统选择玩家的方式更能促进玩家与玩家角色的一体化，从而让部分玩家心中那份现实社会所不允许的残虐性以健全的形式宣泄出来。

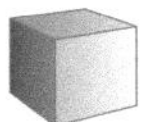

让菜鸟玩家也能轻松发动（维持）的连击机制

《猎天使魔女》中，为了让菜鸟玩家也能享受割草类游戏的乐趣，加入了不少人性化设计。其中最值得一提的是连击系统。

在这款游戏中，玩家只需要通过 P・K 两键的组合就能施展出多彩的连击。另外，连击过程中按住攻击键不放可以切换至“枪械射击”，并且连击判定不会中断。比如 P・K・P 的连击，即便第一个 P 按住很长时间，接下来的 K 攻击也仍然以连击处理（图 1.9.8）。

有了这项机制，即便缓慢输入 P・K・P 也能判定为连击，让玩家能用最后的 P 键成功放出邪恶编织。另外，这种攻击动作机制不但降低了连击的难度，还将连击节奏的控制权交给了玩家，让玩家可以在连击过程中观察敌人动作，控制下一个招式的时机，以提高命中率。这就是我们通常所说的“延长连击”。

这款游戏在连击方面还有一个特征，那就是“通用化的连击指令”。

在本作品中，玩家可以将各种武器分别装备在手和脚上。一般说来，割草类游戏中的连击指令会随着武器一起切换。虽然学习新连击指令是件令人兴奋的事，但连击指令过多的话往往难以记忆。但是在《猎天使魔女》中，游戏事先为玩家准备了通用的连击指令，只要将其熟练掌握，使用任何武器都能顺利施展地面上及跳跃中（浮空攻击中）的连击（图 1.9.9（a）～（c））。

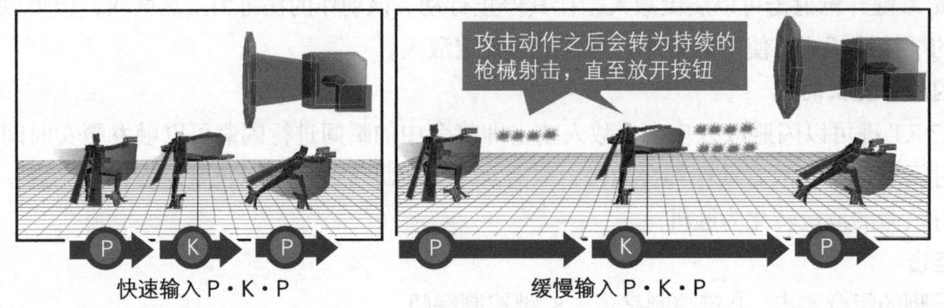

图 1.9.8 连击的输入方法

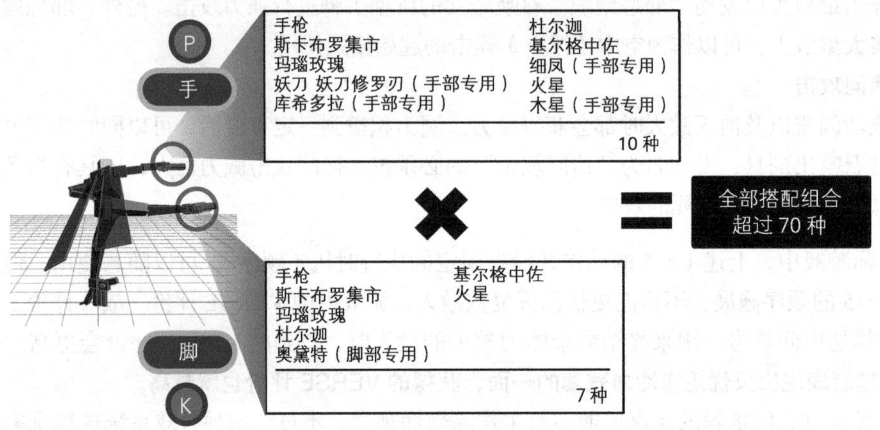

图 1.9.9（a） 武器与连击的关系——可装备在手和脚上的武器

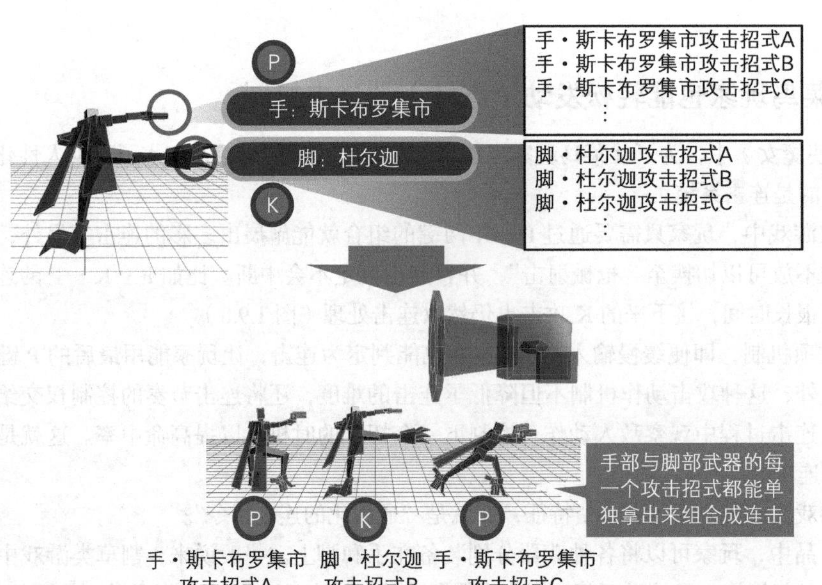

图 1.9.9（b） 武器与连击的关系——手和脚上装备的武器与连击的关系

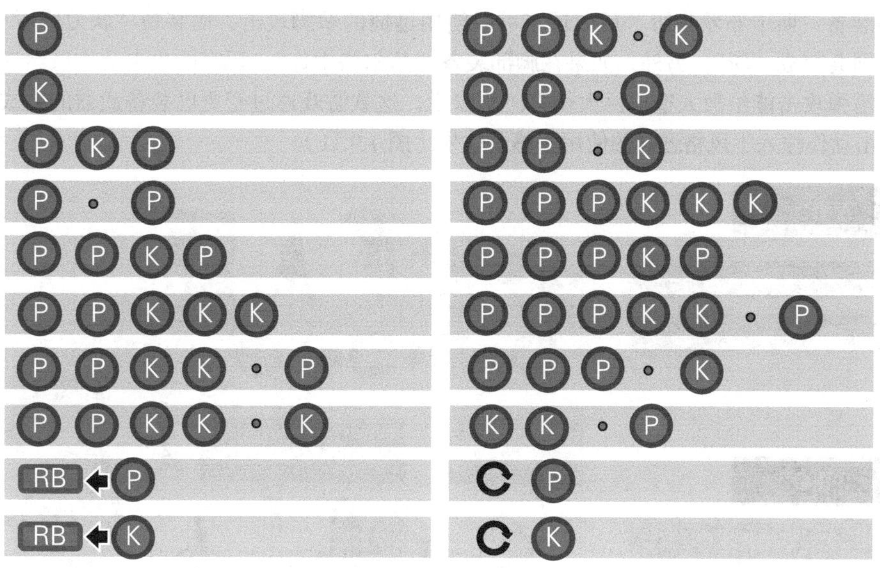

图 1.9.9（c）　武器与连击的关系——任何武器都适用的通用连击

另外，手和脚上的装备分为 A、B 两种形式。因此装备武器所带来的攻击组合数十分惊人（图 1.9.10）。

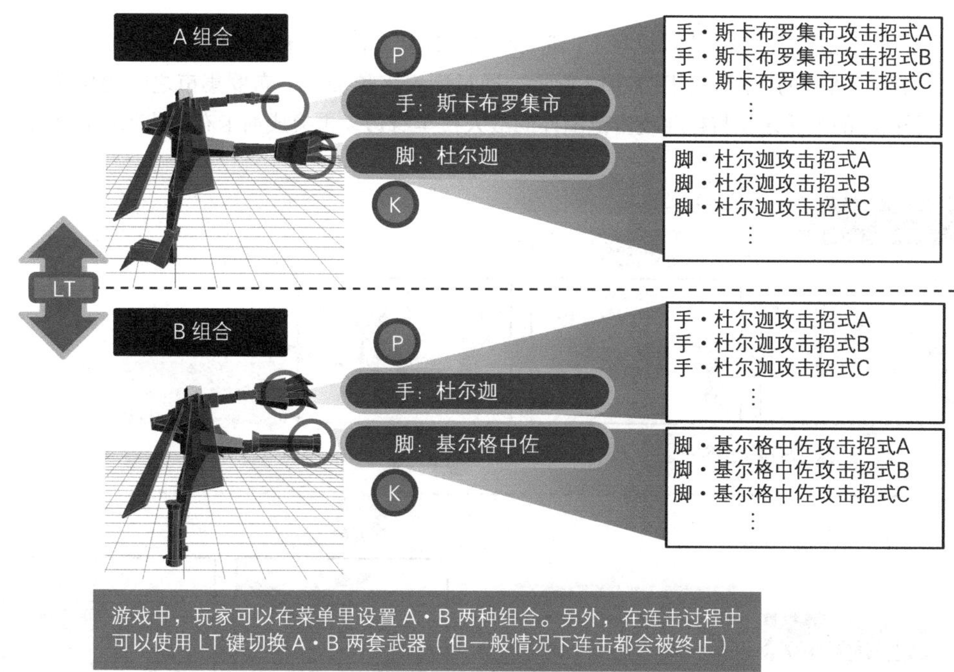

图 1.9.10　A、B 武器组合及切换

如果单看图 1.9.9 中的连击清单，各位可能会觉得这款游戏的连击变化比较贫乏。但实际上手后会发现，由于不同武器有着不同的攻击动作，所以相同指令的连击也会产生风格各异的效果。

比如装备“斯卡布罗集市”后，玩家可以使用迅捷的拳脚攻击，而装备“妖刀修罗刃”之后，攻击动作则会变成“斩”。另外，如果在脚部装备“基尔格中佐”，玩家的攻击动作虽然迟缓，但其强力的火箭弹攻击能给敌人造成巨大伤害。所以说，这款游戏通过变更已装备武器的方式，为相同指令的连击动作注入了风格迥异的使用手感及效果（图 1.9.11）。

图 1.9.11 武器的性能差距

另外，玩家在连击过程中也可以按 LT 键切换 A、B 两套武器。借助这一武器切换功能，玩家能够同时活用两套武器的性能。如图 1.9.12 所示，通过库希多拉和斯卡布罗集市之间的切换，玩家可以先用鞭子造型的库希多拉将格斗攻击范围外的敌人拉至身边，再换成斯卡布罗集市施展连击。

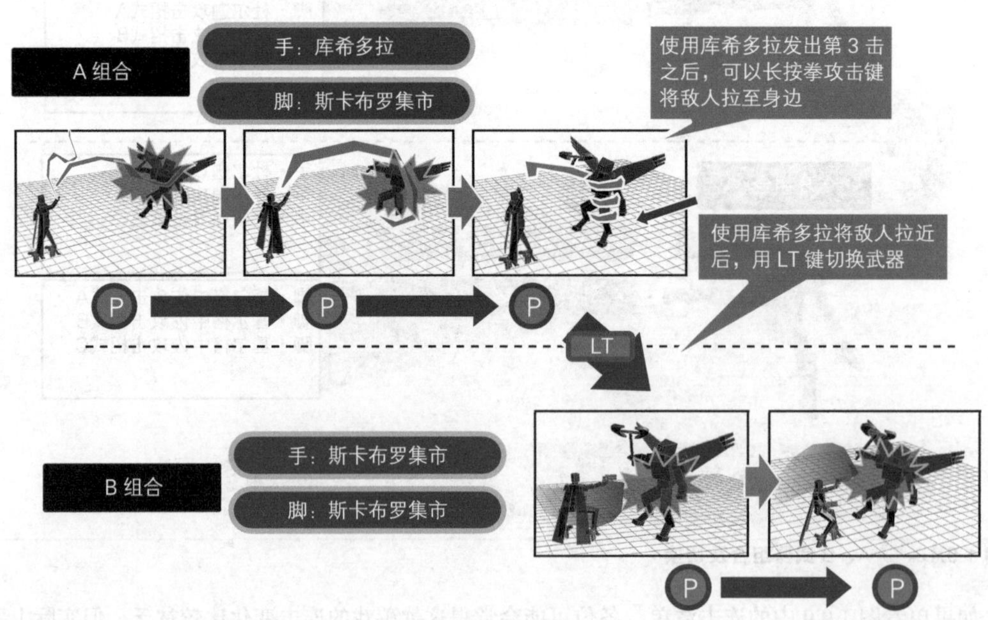

图 1.9.12 连击中的武器切换

借助以上机制，《猎天使魔女》在简化按键操作的同时，仍保持了游戏的高自由度，不仅让初级玩家能轻松施展连击，还能让游戏老手们享受“编制最强连击”的乐趣。

有无预输入对连击操作感的影响

预输入是影响动作游戏操作感的重要因素之一。**所谓预输入，是指玩家快速输入连击指令时，指令先存储至指令缓存区（用于记录已输入指令的存储区）后再依次执行的系统**。如果玩家在角色施展当前攻击招式时输入了下一个攻击指令，则当前攻击结束后，角色会以最快速度施展下一个招式。

然而《猎天使魔女》中并没有采用预输入机制，因此与采用了此机制的割草类游戏或格斗游戏相比，输入指令时的操作感大不相同。这样一来，玩家角色的一招一式都会带有独特的力量感，让玩家在游戏过程中体验到全新的连击操作感受。特别是施展出邪恶编织时的那份畅快的感觉，是其他游戏无法比拟的（图 1.9.13）。

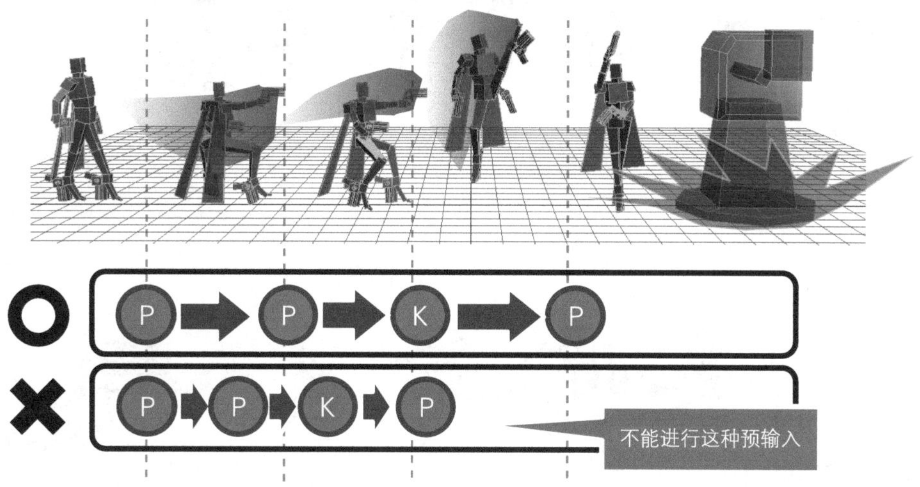

图 1.9.13 连击与预输入

另外，我们之前也提到过，这款游戏为攻击招式加入了延长机制，所以游戏菜鸟也能毫不费力地打出连击。

预输入的有无对游戏机制究竟有多大影响呢？我们不妨与其他游戏进行一下比较（图 1.9.14）。

- **《超级街霸Ⅳ》**

  基本上不支持预输入。但在攻击命中时触发的“命中停止”期间、防御以及被击动作等的过程中，必杀技等部分招式支持预输入。因此，普通招式连击需要玩家在招式命中停止的瞬间输入下一个指令（不妨称为“精准按键连击”）。这就要求玩家精确把握按键时机[①]，减少了猛按一键还能连击不断的情况发生。由于其重视时机的把握，因此玩家在游戏过程中能体会到每一招每一式的触感。

① 在游戏中，部分弱攻击可以通过快速连续按键取消后摇（称为“连按型 CANCEL”），从而形成连击。因此“不支持预输入”这一表达并不一定准确。除此之外，超级街霸系列中还存在许多特殊输入规则。设计者将这些规则恰到好处地糅合在一起，创造出了格斗游戏独有的攻守进退的快感。

《超级街霸Ⅳ》
基本上不支持预输入。施展连击需要玩家在准确时间输入指令
P P K P
必杀技等部分指令允许在命中停止的状态下进行预输入
《猎天使魔女》
基本上不支持预输入
P P K P
但是，由于攻击加入了延长机制，所以施展连击并不难（不需要卡准时间输入）
《战神Ⅲ》
攻击招式结束阶段允许预输入
弱 弱 强
但系统仅允许预输入一个指令，即便玩家一次性预输入了两个指令，第二个也会被忽略
无限制
任何情况下都允许预输入任意个指令
P P K K
但是，容易出现收不住招的情况

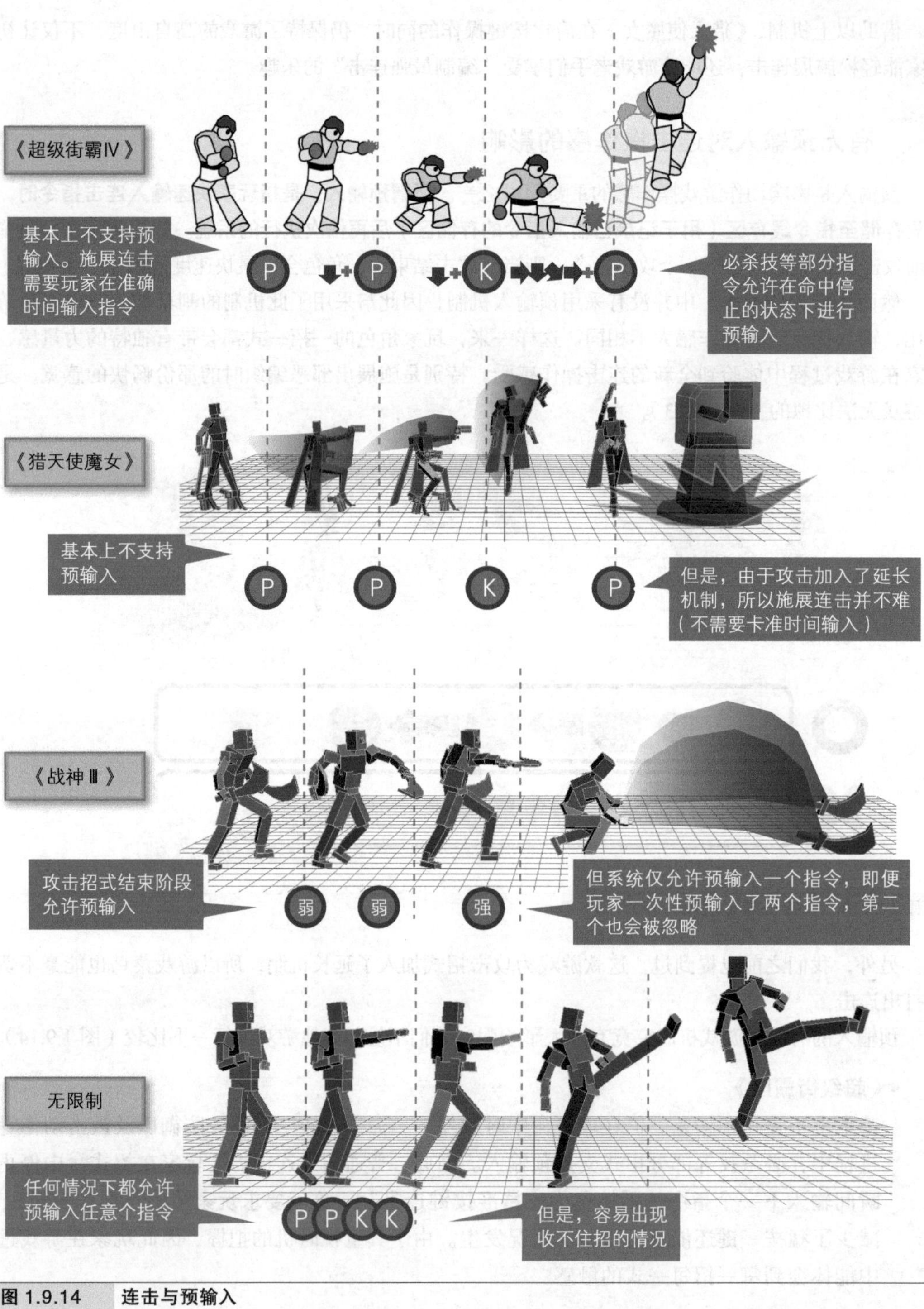

图 1.9.14　连击与预输入

● **《猎天使魔女》**

基本上不支持预输入。不过，即使玩家在一个攻击招式结束时才输入连击清单中的下一个攻

击，连击依然能够成立。另外，这款游戏的攻击招式可以延长。因此不论玩家按键快慢长短都能顺利施展连击，而且不必担心收不住招。与其他不支持预输入的游戏一样，这款游戏不但用简单的按键操作实现了连击，还能让玩家在游戏过程中体会到每一招每一式的触感。

● **《战神Ⅲ》**

允许玩家在攻击招式结束前预输入连击清单中的下一个攻击。这款游戏接受预输入的时间范围较大，所以玩家在游戏中只要随便按按键，就能行云流水般地施展连击。不过要注意的是，本作品仅支持预输入一个指令。另外，较长的预输入时间会导致玩家在拼命按键时容易收不住招，所以游戏中允许玩家使用防御随时打断当前攻击招式。

● **无限制**

对预输入时间不做限制的游戏。从最初出拳的瞬间开始，玩家就可以任意输入接下来的攻击招式。但是，这种机制极容易出现收不住招的情况，所以几乎没有游戏采用。

在这种机制中，攻击招式输入越快，按键与动作显示之间的时间差就越大，操作的错位感也会随之增强。但相对而言，如果能预测出敌人动作并成功命中，该机制带来的畅快感也比上述几个更强。

在 60 帧的游戏中，预输入时间一般控制在 5 帧（格斗游戏等）～15 帧（动作游戏等）。攻击招式结束阶段、防御、被击动作等情况下大多会接受预输入。

在拥有超长连击的游戏中，预输入时间往往设置得比较长，或者允许玩家在招式结束时等诸多情况下进行预输入[①]。同时，这些游戏通常会给连击指令添加一个输入时限，如果玩家没在规定时间内完成指令输入，则连击判定失败。这就对玩家输入指令的速度有了一定要求。另外，这类能轻松打出高连击数的游戏在攻防切换时往往比较迟钝[②]。

反之，采用“精准按键连击”的游戏由于指令输入时间短并且有条件限制，因此更加重视时机的把握。与预输入时间较长的游戏相比，在这些游戏中想打出 10 连击以上的超长连击将困难许多。不过也正因为如此，这些游戏的攻防转换都比较灵活[③]。

在调节连击难度方面，预输入确实是一个非常方便的机制。然而近年来这一机制却面临着一个重大的问题，那就是液晶显示器的“延迟”。由于大多数游戏系统都只在固定时间范围内接受预输入，因此一旦显示器出现延迟，玩家将很难根据画面掌握输入时机。在这一问题上，《猎天使魔女》利用“不支持预输入”和“攻击招式延长”，让玩家在稍有延迟的显示器上同样能轻松施展连击。

综上所述，预输入机制对动作游戏的操作感、攻防切换的速度和节奏，以及连击的难易程度都有着极大影响。

各位读者如果有意制作动作类游戏，建议先多尝试几款不同的游戏，亲自感受一下预输入机制。

---

① 不过，在格斗游戏中，预输入时间过长容易导致玩家收不住招，所以一般都会设置得比较短。

② 割草类游戏大多都是一对多的战斗，玩家在连击过程中有可能遭到其他敌人攻击导致连击中断。因此在攻防切换时长的设置上还要考虑敌人 AI 的高低。

③ 对格斗游戏的连击而言，速度与时机把握同样重要。不过为了方便理解，本文有意地将“速度”和“时机把握”分别进行说明。

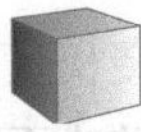

被敌人攻击后仍能保持连击的机制

之前我们介绍的割草类游戏中，如果玩家在连击过程中遭到敌人攻击，则必须进行“防御”或者“闪避”。虽然防御或闪避能防止玩家角色受到伤害，但是已输入的连击指令会被取消，整个连击需要从头来过。

然而，《猎天使魔女》通过一个名为“闪避抵消”的游戏系统，让玩家在连击过程中，可以在不放开当前正在输入的 P 或 K 键的情况下直接使用 RT 键进行闪避，同时保持连击不中断。由于这款游戏将“邪恶编织”设计得十分强力，因此玩家很乐意使用连击，借助“闪避抵消”躲避敌人反击，最终发动邪恶编织终结敌人，享受畅快的战斗（图 1.9.15）。

另外，闪避动作可以仅取消（中断）当前攻击招式而不打断连击判定，所以玩家可以利用闪避取消连击中较长的招式，更早施展出连击最后的邪恶编织。

如此一来，《猎天使魔女》成功创建了一套能控制连击**时间差**的系统，让玩家能够选择发动邪恶编织的时机，享受编制战术的乐趣。这是其他割草类游戏所不具备的。

利用了游戏时间差的系统，拥有扩展战术可选范围的功效。

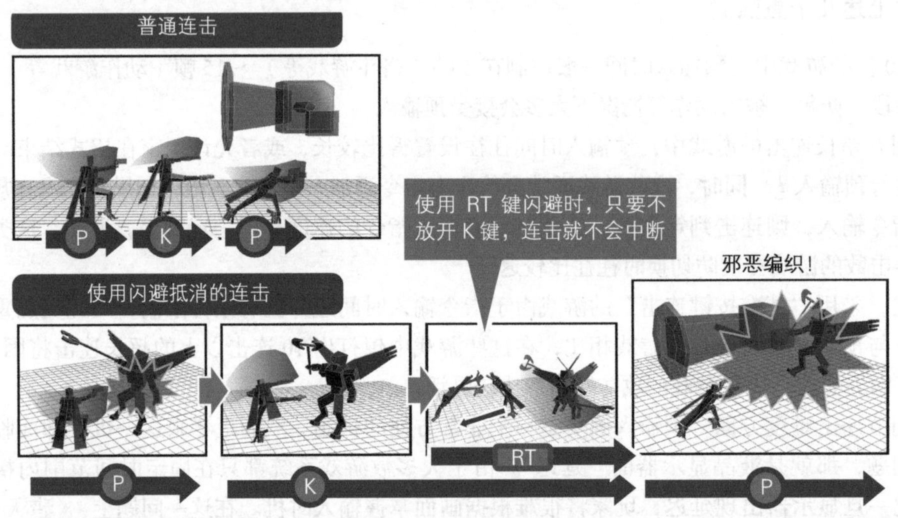

图 1.9.15 连击与闪避抵消

扩展战术的魔女时间

最后，让我们来一起看看《猎天使魔女》最大的特色——“魔女时间”。

魔女时间是玩家在敌人攻击即将命中的瞬间成功闪避时发动的特效。发动后时间流速和敌人动作都会减慢，只有玩家控制的贝优妮塔能以正常速度活动。在减速时间内玩家可以对敌人发动雨点般的猛攻，因此我们说它是化“最大危机”为“最大胜机”的动作（图 1.9.16）。

魔女时间发动过程中，影响 VERSE 评价（战斗评价）的连击得分将升至 1.5 倍。另外，在这个状态下，玩家不但可以用近战攻击反弹敌人发射的部分远程武器（例如光精灵喇叭射出的子弹），还能将正常状态下打不飞的敌人挑至空中，进一步发动浮空攻击。在魔女时间中，玩家能体验到超人一般的动作场景。

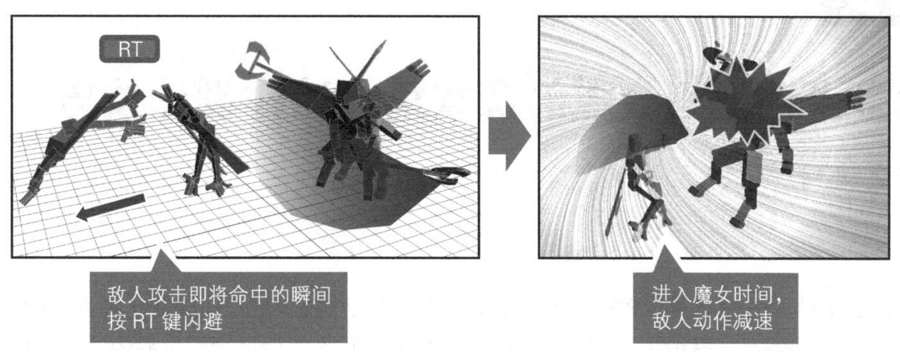
RT
敌人攻击即将命中的瞬间
按 RT 键闪避
进入魔女时间，
敌人动作减速

图 1.9.16 **魔女时间**

想获得高 VERSE 评价就必须刻意发动魔女时间，这正吻合了“最大风险”带来“最大回报”的游戏系统。

此外，由于 RT 键的闪避动作具有“发动魔女时间”和“取消攻击”两大强力功能，因此为避免玩家滥用，玩家角色在连续第五次闪避时会出现一个巨大的破绽。即便是单独一次闪避，如果没能掌握好时机，不但无法发动魔女时间，还要面临被敌人击中的风险。

综上所述，《猎天使魔女》在其大量机制中都保证了“风险与回报”成对出现，让玩家在游戏过程中能时刻享受恰到好处的紧张感与成就感。

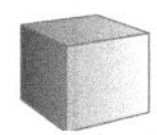

小结

相信各位在实际动手玩过《猎天使魔女》后，会为其不同于以往动作游戏及割草类游戏的独特操作感而惊叹。这份操作感让人在无形中感受到设计者对游戏理念的执着追求，以及在实现手法上倾注的职业精神①。

特别是在游戏节奏方面，“无防御”以及“玩家角色不会倒地”（即将倒地时会立刻调整姿势起身）的玩家动作风格贯彻游戏始终，实现了时常以攻击为主体的高速战斗动作。

另外，这款作品借助“魔女时间”“邪恶编织”以及“闪避抵消”等机制，让玩家思考在什么时机对哪个敌人发动何种强力攻击，给玩家创造了一个可以利用时间差的战术空间。尤其是学会“闪避抵消”和“切换武器连击”后，游戏在战斗方面的畅快度与之前不可同日而语。各位准备上手这款游戏的读者请千万不要错过。

除此之外，消耗魔力发动的“拷问攻击”以及战斗越残酷得分越高的 VERSE 评价（战斗评价）机制，让玩家通过自己的演绎（操作）切身感受到游戏世界中贝优妮塔的角色个性。这种体验是除游戏之外任何娱乐活动都做不到的。

如果想了解如何用游戏来演绎“角色”，《猎天使魔女》是一个不错的参考。

① 从“SEGA BAYONETTA（猎天使魔女）神谷英树的实况录像 章节 0 其一”中可以看到，《猎天使魔女》的开发者神谷英树导演亲自上阵玩游戏的场景。该视频是以开发者角度对游戏进行解说的，所以对游戏开发感兴趣的读者不妨参考一下。

1.10

挑战多少遍都不会腻的玩家角色动作设计技巧

（《黑暗之魂》）

《黑暗之魂》[①] 是一款动作 RPG 游戏。这款游戏借助现代技术进一步强化了经典电脑 RPG 的乐趣，将其以全新的姿态呈献给了玩家。该作品以一个美不胜收的严肃奇幻世界为背景，其中让人绞尽脑汁的探索以及高难度的动作，都不断挑逗着核心玩家们的冒险之心。

操作方面，左摇杆控制移动，右摇杆控制镜头，方向键切换装备，L1 · L2 键和 R1 · R2 键分别控制左、右手武器或盾牌进行攻击或防御（图 1.10.1）。

图 1.10.1 《黑暗之魂》的画面构成及基本操作

这款游戏难度之高以至于玩家纷纷表示"玩得我都快崩溃了"，并一度成为网上的热门话题。然而这样一款"走错一步就会死""被打一下就会死"的"即死游戏"，仍然有无数玩家一遍又一遍乐此不疲地挑战着。

接下来，让我们一起深入分析这个挑战多少遍都不会腻的乐趣。

① DARK SOULS © 2011 NBGI ©2011 FromSoftwares, Inc.

让玩家无惧死亡的玩家角色动作机制

《黑暗之魂》中，玩家使用左摇杆控制移动，用右摇杆控制镜头（图 1.10.2）。

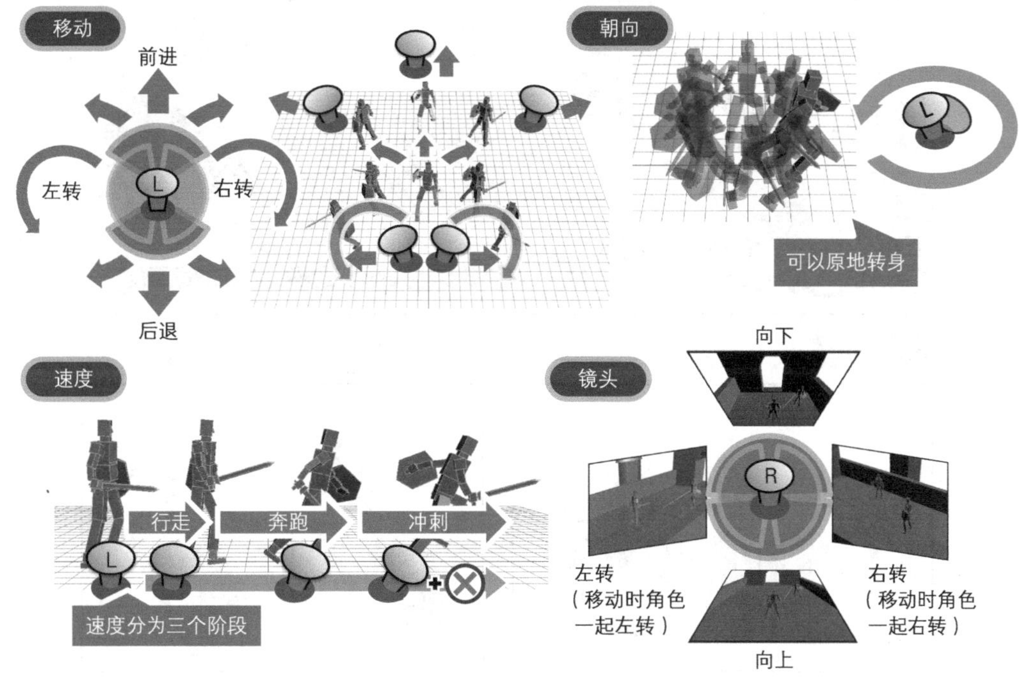

图 1.10.2 《黑暗之魂》的移动动作

另外，这款游戏在锁定状态下的移动模式与《塞尔达传说：天空之剑》相同，都是玩家角色以敌人为中心进行左右圆周运动。

本作品有个非常有趣的机制，那就是将“冲刺”“跳跃”“闪避”三个动作全部安排到了 × 键上[①]（图 1.10.3）。按住 × 键移动是冲刺；冲刺中放开 × 键再迅速重新按住则是向前方跳跃；如果在移动中快速按下 × 键再迅速放开，玩家角色就会做出翻滚动作进行“闪避”；此外，单独按住 × 键时玩家角色会倒退。

另外，攻击和防御动作由 L1、R1、L2、R2 四个键来控制，玩家以如图 1.10.4 所示的 A 姿势握手柄时，能够同时进行“移动”“镜头操作”以及“攻击”。

这一操作方式源于风靡世界的 FPS[②] 类游戏的手柄操作[③]。这种以 L1、R1、L2、R2 四个大号按键为主的持手柄方式一旦熟悉之后就十分利于操作，而且这四个键的活动幅度较大，能让玩家更明显

① 另外，在该系列最新作《黑暗之魂 Ⅱ》中，跳跃的默认设置不再是 × 键，而是被转移到了 L3 键（按压左摇杆）。这一规格更改可能是为了防止游戏过程中出现不受控的连续跳跃。

② FPS 是“First Person Shooting”（第一人称射击）的简写。

③ 在某些国家，手柄的○ × △□键称为“面板按键”，L2 · R2 键称为“扳机按键”，L1 · R1 键称为“前端按键”。PlayStation 3 和 Xbox 360 的扳机按键都是可分辨按压力度的模拟信号按键，常用作枪械射击键或者竞速游戏的油门键。另外，虽然前端按键是数字信号按键，但仍有许多 FPS · TPS 将其设置为射击键。

地体验到挥剑攻击的操作感①。

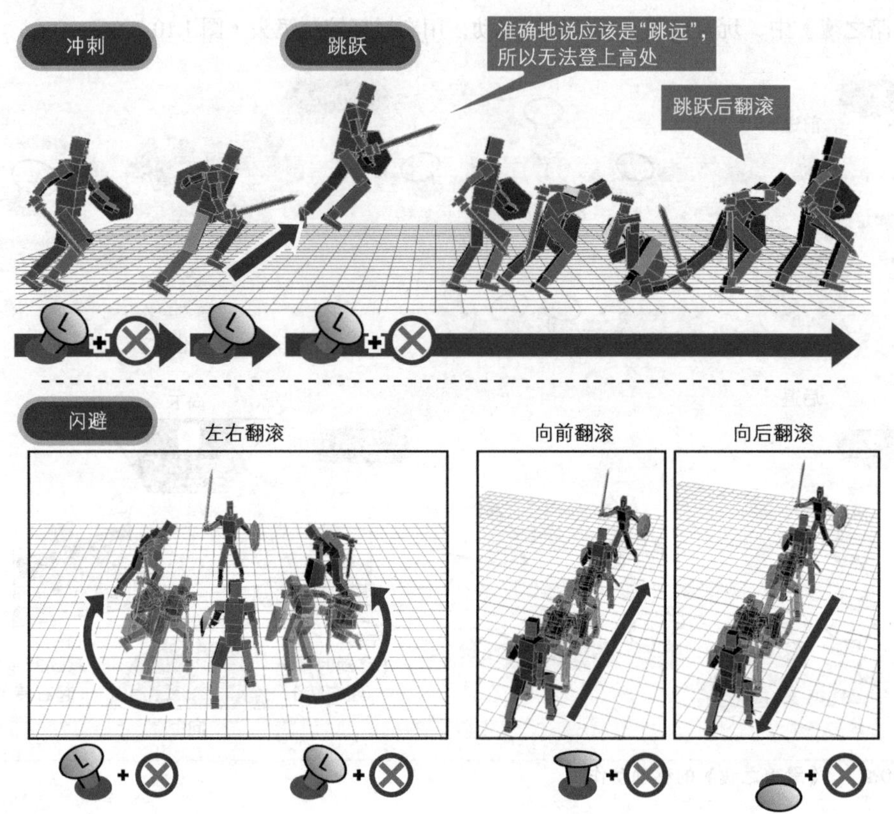

图 1.10.3　跳跃与闪避

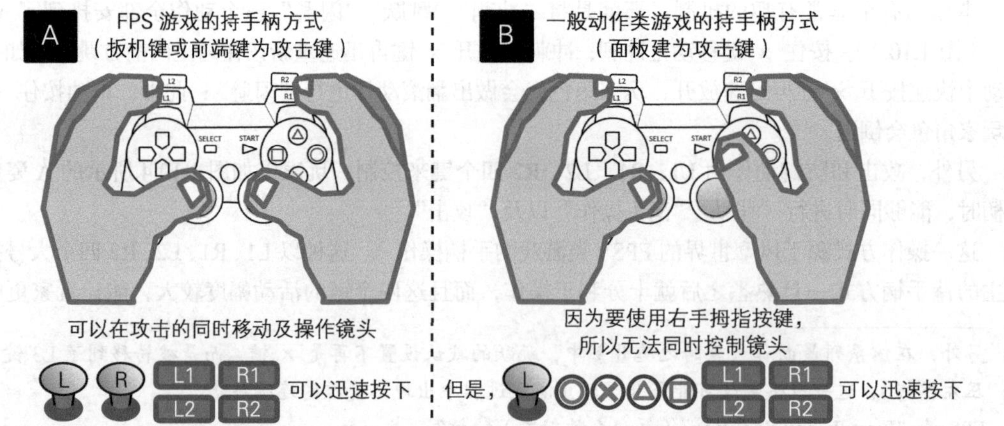

图 1.10.4　不同游戏的不同持手柄方式

① "4Gamer.net 赌上尊严送你体验死亡。总监宫崎英高谈《黑暗之魂》是否继承了《恶魔之魂》的灵魂"的采访中有详细解说。

还有一点，这款游戏并没有采用《塞尔达传说：天空之剑》里那种防止不小心跌落的机制，玩家会轻易地从悬崖落下。因此，在一些很容易跌落的狭窄道路上，玩家需要绷紧神经慢慢行走，以免从高处跌落而死。可以说，这完全是以“死一遍才能记住”为前提的玩家角色动作（图 1.10.5）。

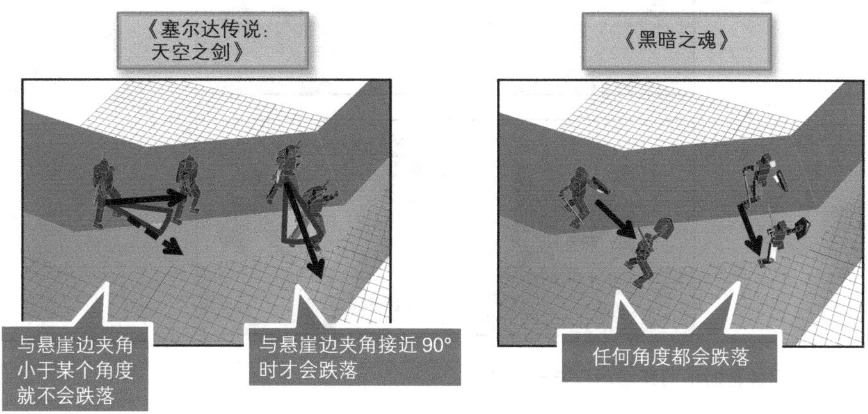

图 1.10.5　《塞尔达传说：天空之剑》与《黑暗之魂》在跌落方面的差异

此外，《黑暗之魂》的玩家角色移动速度会根据参数值及装备重量而改变（图 1.10.6）。

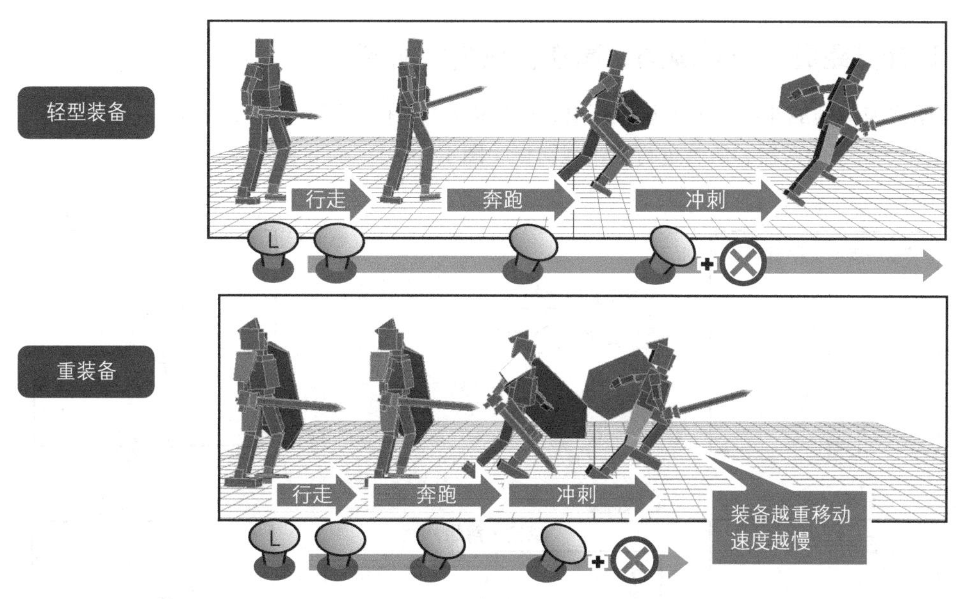

图 1.10.6　不同装备的不同移动动作与跳跃 其一

然而，玩家角色转向的速度和跳跃距离却不会变化（图 1.10.7）。

在实际制作这类动作随参数变化的游戏时会发现，如果降低了玩家角色转向动作的速度（或转向性能），玩家对战复数敌人时的压力就会陡增。更严重的是，如果改变了跳跃距离，很可能导致部分地下城无法通关。一旦出现这种情况，往往会给玩家带来“这个地下城打不通究竟是我技术水平有问题，还是我角色等级不够高？”的疑问。

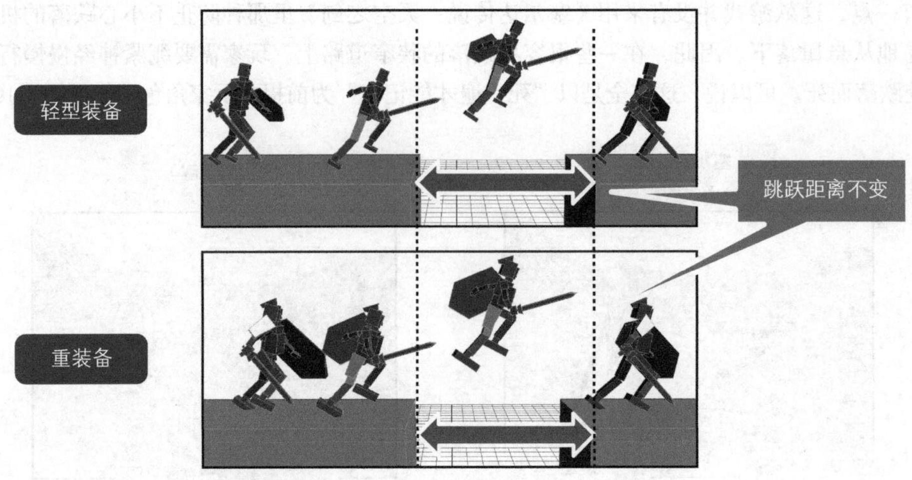

图 1.10.7　不同装备的不同移动动作与跳跃 其二

因此，制作《黑暗之魂》这类游戏时要注意，**玩家角色动作的能力可以发生变化，但灵敏度不可变**。同时，只有通过游戏系统准确表达出**能否通关地下城与角色参数无关**这一信息，玩家才能在游戏中放心大胆地面对死亡。

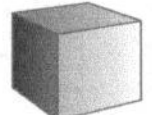

让计算距离成为乐趣的“高伤害攻击”机制

《黑暗之魂》的战斗中，要求玩家用 R3 键（按压右摇杆）锁定敌人，用 L1 · L2 和 R1 · R2 键分别控制左、右手的武器和盾牌进行攻击或防御（图 1.10.8）。

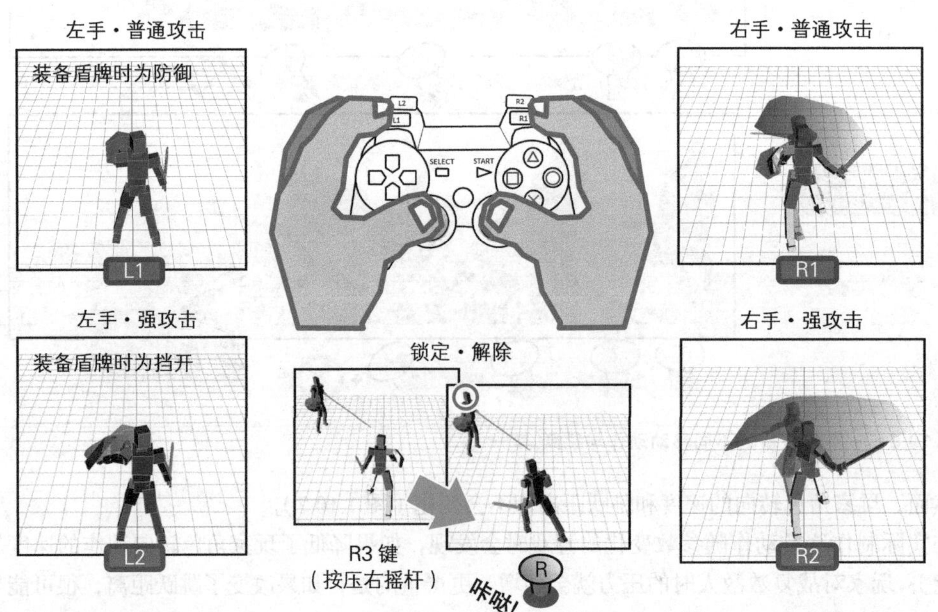

图 1.10.8　攻击动作的操作方法

每个武器都有不同的攻击动作，连按攻击键即可连续发动攻击（图 1.10.9）。

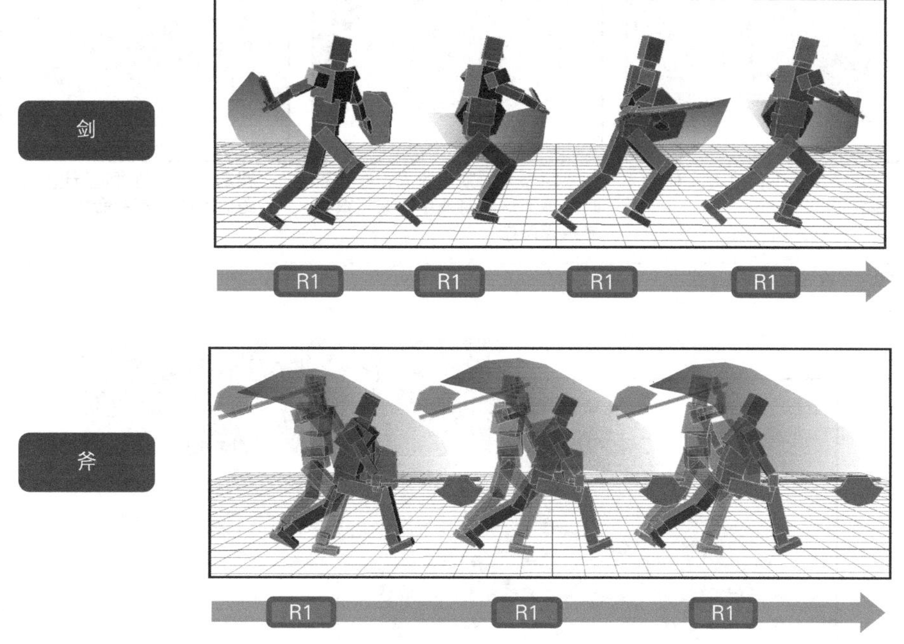

图 1.10.9 不同武器的不同攻击动作

《黑暗之魂》的攻击动作有以下几个有趣的特征。

首先，与割草类游戏不同，这款游戏的攻击动作没有追踪性能。如果玩家不锁定敌人，玩家角色就只会在一条直线上进行连续攻击（图 1.10.10 的 A）。这款游戏中悬崖和狭窄道路较多，如果攻击动作根据玩家与敌人的“距离”与“角度”进行严格追踪，那么敌人跌落悬崖的时候，玩家角色很可能也跟着跌落下去（图 1.10.10 的 B）。

其次，即便玩家锁定了敌人，攻击动作的追踪性能也仅限于调整角度，并不会自动拉近与敌人之间的距离。因此，即便玩家第一击命中敌人，也难保证第二击同样命中（图 1.10.10 的 C）。不过作为补偿，玩家角色的攻击动作都被设计为一边攻击一边前进，所以前进距离越大的武器越容易命中敌人（当然，前进距离越大，跟敌人一起跌落悬崖的风险也会越高）。

如上所述，《黑暗之魂》将“计算距离的乐趣”作为战斗中的一个重点，让玩家可以在拉近、拉开距离的过程中享受“距离操作”带来的快乐。因此，游戏从初期开始就对平衡性做了调整，让玩家角色被攻击两三下就会死亡。这样一来，不论玩家还是敌人，每被攻击一次都会受到极大伤害，使得这款游戏的攻击动作具备了与其他游戏不同的“重量感”，同时调整距离也显得更加重要。

不仅一对一战斗是如此，即使玩家同时面对多名敌人，也必须详细制定战术，与每一名敌人保持好距离（图 1.10.11）。

如果误判了与各个敌人之间的距离，毫无疑问等待玩家角色的将会是死亡。由于玩家与敌人的每次攻击都十分“致命”，因此玩家在进行游戏时会有“计算距离 = 搏命”的感觉。当玩家遇到只需一击就能让自身角色陷入濒死状态的敌人时，距离越近紧张感就越强。

另外，为了“距离”及“高伤害攻击”，游戏特意加入了“挡开”和“背刺”机制（图 1.10.12）。

未锁定的情况下，攻击没有任何追踪性能

如果距离方面紧追敌人，在《黑暗之魂》这款游戏中玩家将很容易跌落悬崖

锁定后只对角度进行追踪。距离不够则不会命中

图 1.10.10　攻击动作与追踪

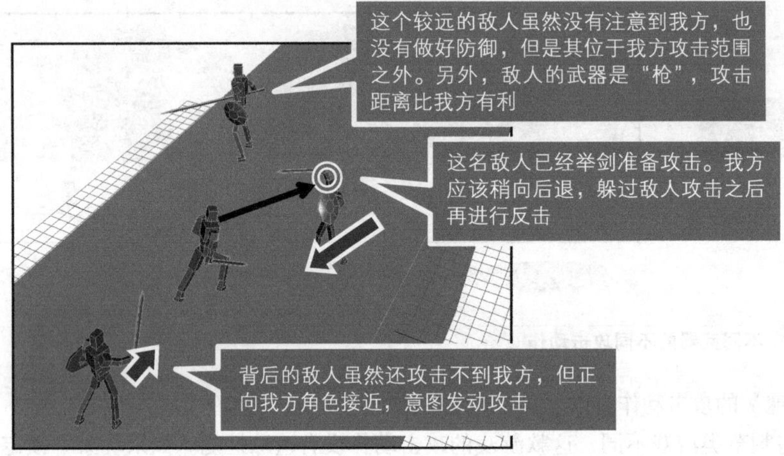

这个较远的敌人虽然没有注意到我方，也没有做好防御，但是其位于我方攻击范围之外。另外，敌人的武器是“枪”，攻击距离比我方有利
这名敌人已经举剑准备攻击。我方应该稍向后退，躲过敌人攻击之后再进行反击
背后的敌人虽然还攻击不到我方，但正向我方角色接近，意图发动攻击

玩家必须时常考虑距离（距离感・位置关系）才能保证第一击及后续攻击命中敌人

图 1.10.11　战斗中的距离

在敌人攻击过来的瞬间按 L2 键将攻击“挡开”，然后按 R1 键发动致命一击对敌人造成巨大伤害

从背后的可刺杀距离发动攻击

绕至敌人背后按 R1 键攻击，可以发动背刺

图 1.10.12　挡开与背刺

挡开是用盾牌弹开敌人攻击的动作。敌人发动攻击时，玩家只要在恰当时机按下 L2 键，即可成功挡开敌人攻击。随后在敌人出现破绽的瞬间按下攻击键会触发“致命一击”。致命一击不但拥有专门的攻击动作，还能造成巨大伤害。但是如果挡开的时机不对，玩家会直接遭到敌人反击，再加上如果是初次遇到的敌人，则很难预测其攻击动作并恰当地进行挡开，所以这可以算是一个风险与回报都很大的高挑战性动作。

背刺是玩家从敌人身后发动的一种强力攻击。与挡开相比风险较小，即便是初级玩家也能轻松掌握。尤其是遇到攻击破绽较大的敌人时，玩家可以在诱导其攻击扑空后直接绕至其身后发动背刺。在这个动作中，距离就是一切。

挡开与背刺虽然能将危机转化为胜机，但这款游戏中的敌人也同样会使用这两种动作，所以玩家在攻击时必须慎重。尤其是菜鸟玩家在遇到持盾防御的敌人时喜欢正面挥剑强攻，结果往往是被敌人挡开后吃下重重一击。所以在这款游戏中，玩家不但要注意距离，还要思考各种有效的攻击手段。

还有一个机制值得我们注意，那就是攻击动作中允许改变一次攻击方向。用斧头等攻击动作比较迟缓的武器时，我们能清楚地看到，即便当前已经按下了攻击键，只要斧头还在向上挥动，我们就能用左摇杆改变一次攻击方向。在锁定中也是同样，系统允许玩家在攻击动作中通过按压右摇杆切换锁定目标来改变一次攻击方向。

另外，本作品中只有攻击完成后的“后摇动作”能够用“防御”取消（图 1.10.13）。

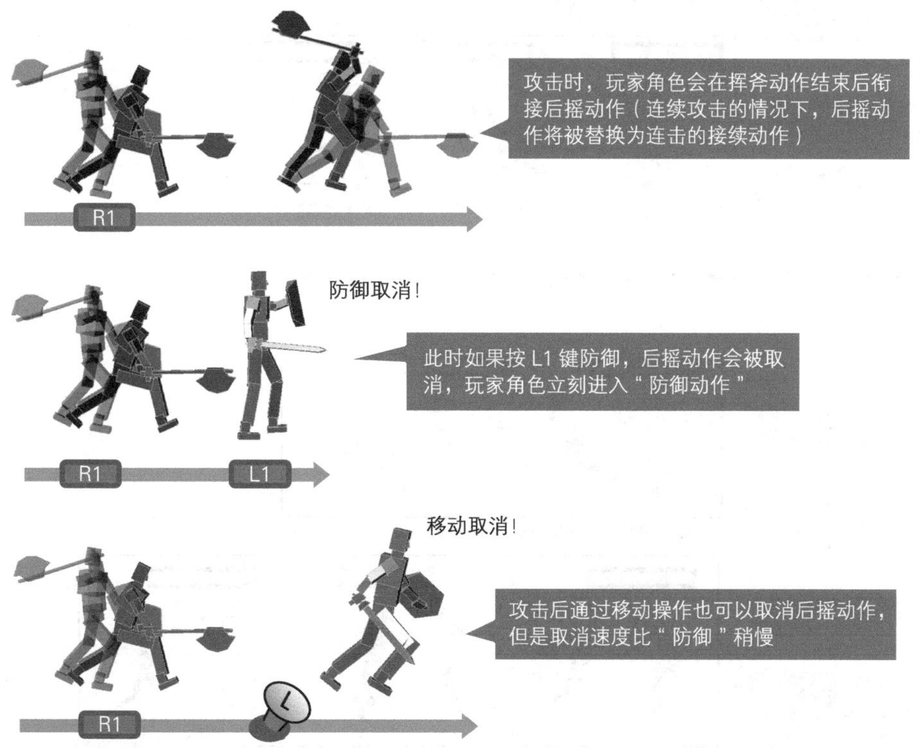

攻击时，玩家角色会在挥斧动作结束后衔接后摇动作（连续攻击的情况下，后摇动作将被替换为连击的接续动作）
R1
防御取消!
此时如果按 L1 键防御，后摇动作会被取消，玩家角色立刻进入“防御动作”
R1
L1
移动取消!
攻击后通过移动操作也可以取消后摇动作，但是取消速度比“防御”稍慢
R1
L

图 1.10.13　攻击动作与取消

从攻击动作无法轻易取消这一机制上我们也不难看出，整款游戏在动作设计上，不仅侧重于维持“高伤害攻击”的地位，还力求确保“向敌人方向调整攻击角度的灵敏度”以及“防御的灵敏度”。

综上所述，《黑暗之魂》十分用心地安排了以上这些机制，让玩家在游戏中自然而然地去考虑从什么距离、什么角度使用怎样的攻击或防御动作才能消灭敌人。

让战斗攻防更有趣的耐力机制

作为一款幻想系动作游戏，《黑暗之魂》少见地采用了“耐力”这一概念。虽然《塞尔达传说：天空之剑》也采用了耐力，但本作品中的耐力参数对所有动作都有影响，所以玩家需要时常关注画面上的耐力值，留心耐力的使用情况（图 1.10.14（a）～（c））。

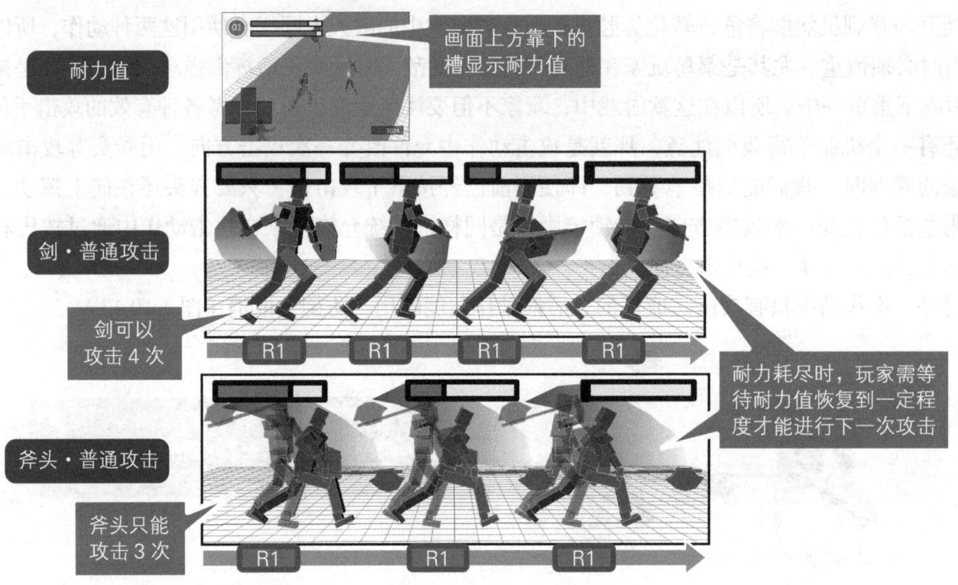

图 1.10.14（a）各种动作与耐力管理——剑・普通攻击、斧头・普通攻击

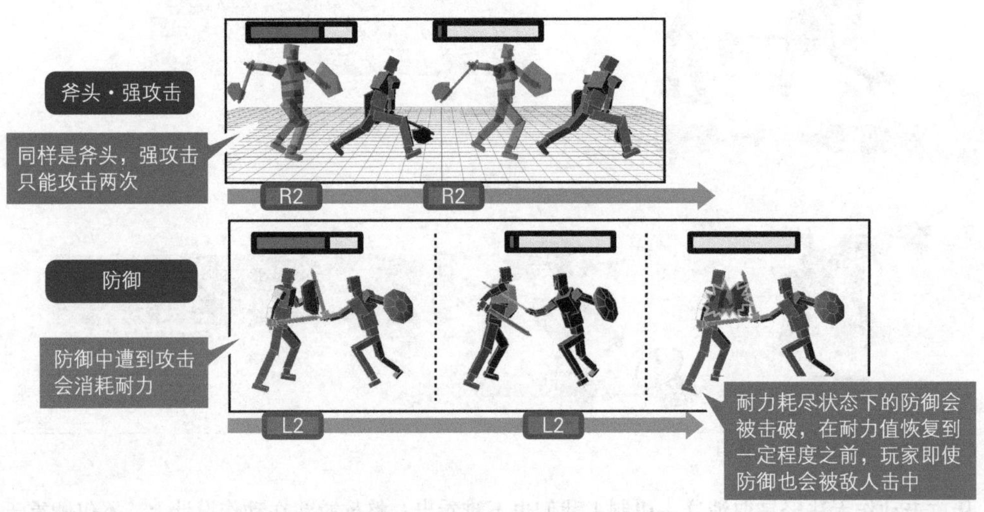

图 1.10.14（b）各种动作与耐力管理——斧头・强攻击、防御

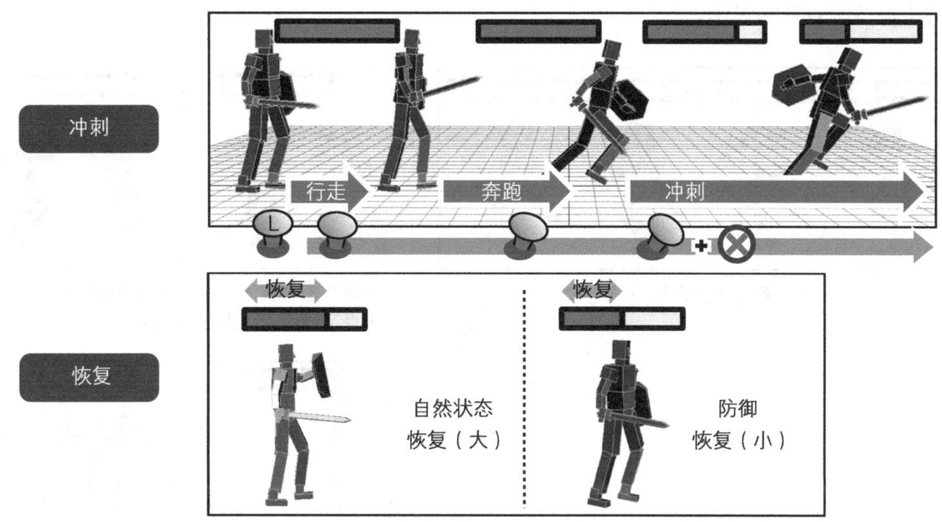

图 1.10.14（c）各种动作与耐力管理——冲刺、恢复

《黑暗之魂》中的耐力增减如下。

- 根据攻击动作消耗耐力。即便是同一个武器，不同类型的攻击以及连续攻击所消耗的耐力都不同
- 防御中遭到敌人攻击时会消耗耐力，消耗量与伤害成正比
- 冲刺移动和闪避也消耗耐力
- 耐力耗尽时，“攻击”“防御”“冲刺移动”“闪避”等需要耐力的动作将立刻进入无法使用的状态
- 耐力在玩家不进行任何操作的状态（自然状态）下恢复。另外，防御中也会缓慢恢复

实际玩游戏时会发现，在这款游戏中就算想持续发动攻击，也会很快因为耐力耗尽而中断。此外，由于成功防御也需要消耗耐力，因此玩家在连续攻击用尽耐力后会进入一个无防备状态。这就使得玩家施展近身连续攻击后，必须暂时拉开距离以恢复耐力（图 1.10.15）。

这样一来，《黑暗之魂》并不会像割草类游戏或格斗游戏那样考验玩家“输入指令发动连击”的水平，而是重在考验玩家“管理耐力”的技巧。同时，“距离”在“耐力管理”方面扮演着重要的角色。

一般来说，动作类游戏中战斗的攻防转换要根据敌人的状态进行瞬时判断，比如“敌人发动破绽较大的攻击时”等。但是，《黑暗之魂》将耐力这一概念积极引入了游戏设计的深层部分，让玩家在攻防转换方面不仅要考虑敌人的状态，还要时刻管理好自身的状态。可以说这种战斗系统已经十分接近现实体育中的格斗技巧。应用这一耐力概念的游戏多为格斗游戏，例如《K-1 世界格斗锦标赛 2003》《拳击之夜：冠军》《终极格斗冠军赛 3》等[①]。

如果各位读者想制作一款还原真实战斗的攻守进退的游戏，不妨将《黑暗之魂》以及上面提到

① Chris Crawford 在 *The Art of Interactive Design* 一书中提到，互动有“动作”“谜题”“资源管理”三个基本的思考要素。这三个要素即便单独拿出来也有着各自的趣味，但也不乏《黑暗之魂》的耐力这种将“动作”和“资源管理”合二为一的奇妙机制。

的这些格斗竞技游戏作为参考。

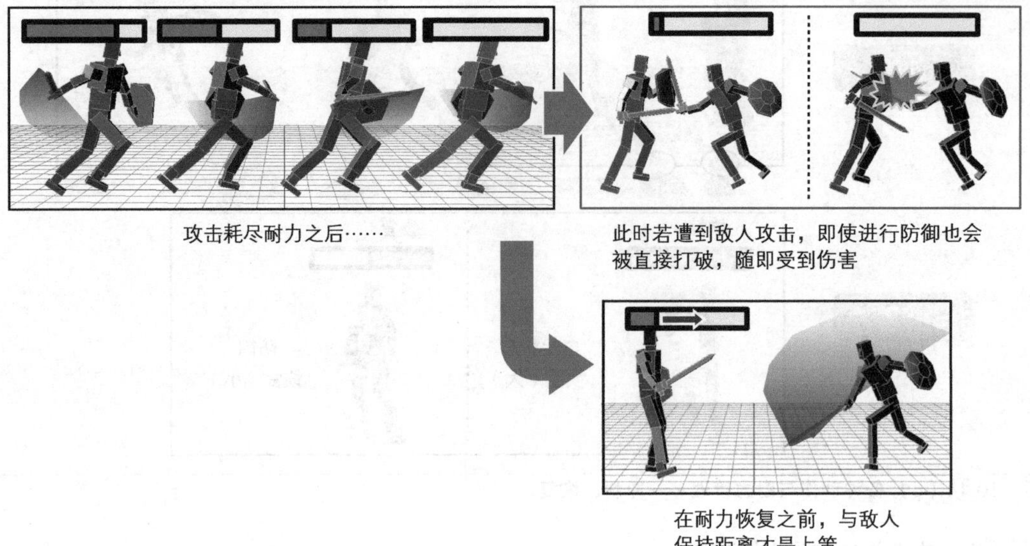

攻击耗尽耐力之后……
此时若遭到敌人攻击，即使进行防御也会被直接打破，随即受到伤害
在耐力恢复之前，与敌人保持距离才是上策

图 1.10.15 耐力管理与战术

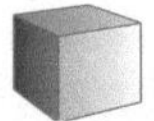 镜头、锁定以及攻击动作

《黑暗之魂》中所采用的第三人称视角，在射击类游戏①和割草类游戏中有着广泛的应用。这些游戏的机制粗略看上去好像并无不同，但实际玩过之后会发现，由于镜头和锁定的机制不同，每款游戏都有着各具特色的“触感”。尤其在《黑暗之魂》中，镜头对战斗的触感有着巨大的影响。

首先，这款游戏的攻击动作会根据镜头的垂直角度进行自动调整。比如在面对体型巨大的敌人时，由于玩家需要上扬镜头进行操作，玩家角色也就自然而然地向上方攻击（图 1.10.16 的 A）。

反之，攻击“结晶青蛙”这种身材矮小的敌人时，玩家需要将镜头向下调整，所以玩家角色的武器也会向下挥动（图 1.10.16 的 B）。

也就是说，手柄的左摇杆控制武器挥动的方向，右摇杆控制武器挥动的高度。**由于玩家在调整镜头时无意识地调整了挥剑高度，因此攻击的命中方式看起来很自然**。

像《战神Ⅲ》和《猎天使魔女》这类割草类游戏，镜头操作就不会影响玩家角色的动作。虽然同为第三人称视角，但割草类游戏的战术重点在于考虑面对大量敌人时哪种连击更有效，所以不适用这一机制。相对地，这些游戏通常用扩大碰撞检测范围，或者为攻击添加“横砍”“纵砍”等属性的方法来解决这个问题。

而在 TPS · FPS 等射击类游戏中，玩家可以通过控制镜头上下左右移动来调整枪口或刀刃的朝向。即使是《生化危机 4》这类 TPS 游戏，在持刀时也可以像 FPS 游戏一样上下左右控制刀子。也就是说，《黑暗之魂》的这个机制与射击类游戏的持刀动作机制十分近似。

① 部分国家将用枪械射击的游戏统称为 TPS（第三人称射击）游戏。这里为防止混淆，将使用枪械射击的游戏称为“射击类游戏”。

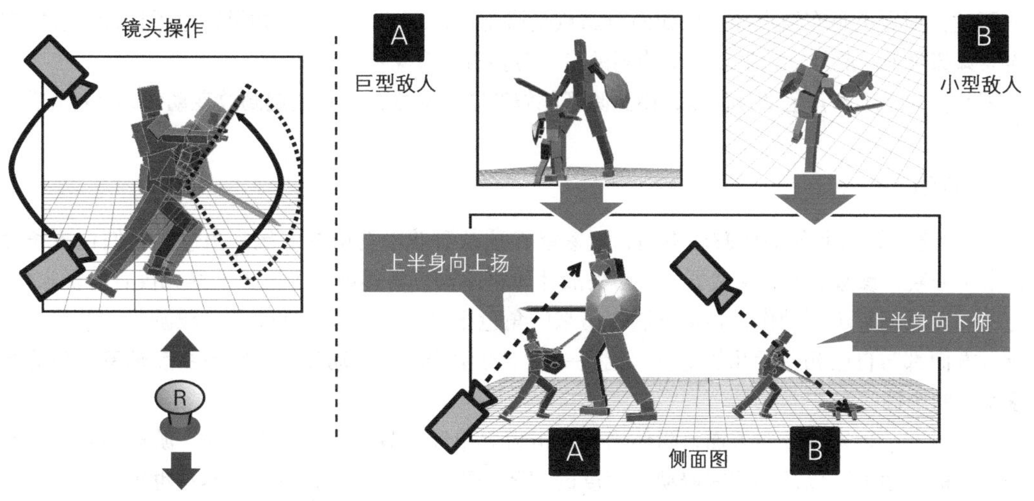

图 1.10.16　镜头操作与玩家角色的姿势

另外，在锁定敌人后，镜头会自动追随在玩家角色背后。这样一来就免除了玩家操作镜头的麻烦（图 1.10.17）。

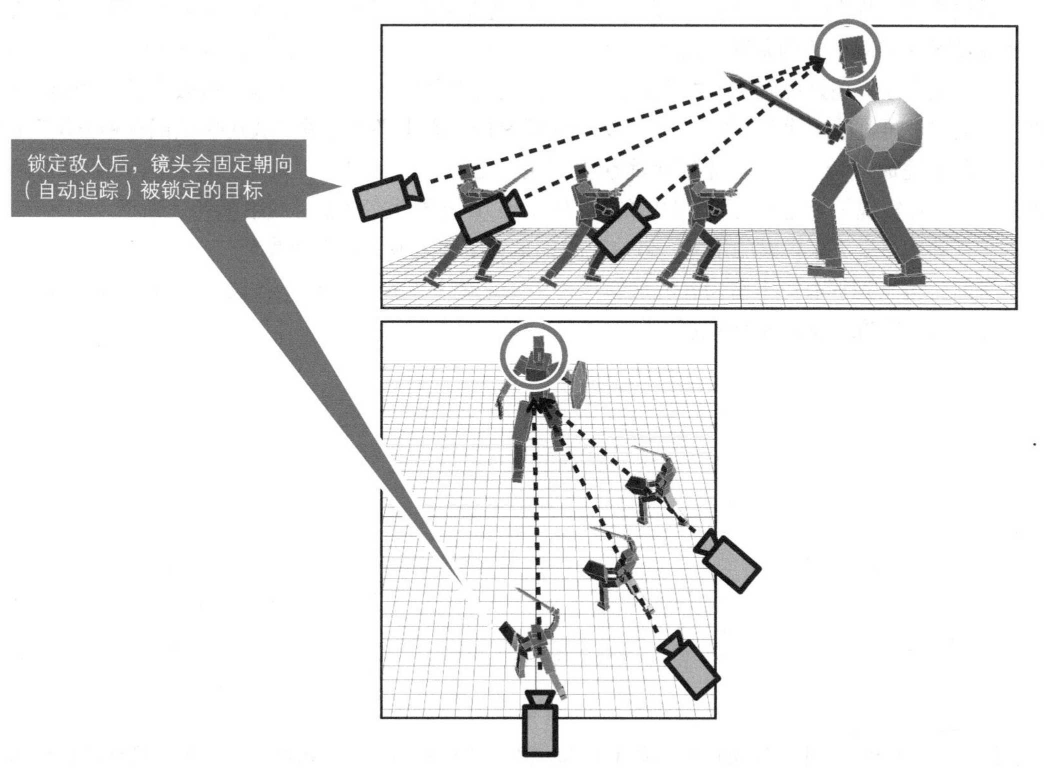

图 1.10.17　巨型敌人与锁定

这样一来，玩家自然能够集中精力调整距离。

不过，锁定也是有缺点的。比如面对弱点是脚部的巨型BOSS时，如果锁定了目标，玩家将无法瞄准脚部攻击。此外，如果想转身冲刺逃跑，需要事先解除锁定[①]。

因此，对于玩家角色动作而言，镜头除了能够改变视角之外，还能起到改变动作本身的作用。

小结

《黑暗之魂》与其他动作游戏不同，玩家能在这款游戏中自由制定玩家角色。它们在成长过程中，由于外貌、参数、所装备武器、学习的战斗风格不同，将逐渐成为世界上绝无仅有的玩家角色。加之不同武器拥有不同动作，各玩家制作出来的角色很难出现雷同。即便是在线游戏，想找到一个在所有方面都与自己相差无几的角色，也是一件十分困难的事。**动作游戏的自由度越高，越能造就玩家角色的个性。**

另外，在“玩家参数”方面，除体力、攻击力等单纯的数值上的差别之外，游戏还采用了影响攻击次数的“耐力”以及影响闪避动作速度的“装备重量”等机制，让动作本身也出现变化。**能改变玩家角色动作的参数系统进一步扩展了游戏自由度，同时也让角色的个性更加鲜明。**

还有，这款游戏中稍有不慎或判断失误都会导致玩家角色死亡。**然而玩家仍能乐此不疲地进行挑战，都要归功于让玩家能够立刻明白死亡原因的系统。**游戏为玩家的每一个动作都设置了明确的反应，让玩家能够立刻明白是“掉下了悬崖”还是“耐力不够”，亦或是其他原因导致了角色死亡。

通过将“个性”（自由）和“死亡”这两个游戏机制合二为一，《黑暗之魂》造就了一款能最大限度激发玩家游戏风格的游戏。因此，玩家在角色死后往往会考虑“这件武器不行吗？是不是应该再多加一点力量？还是说应该牺牲些速度穿几件重型护甲？”等问题，一遍遍地去摸索。经历无数次死亡仍然想“再挑战一次”“最后再来一次”的玩家们，心中必然有着“我还想试试这种方法”的欲望。当玩家完成一个又一个高难度挑战获得“魂”之后，会获得其他游戏难以比拟的**巨大成就感**。扎实地设计并实现一个能回应玩家欲望的游戏机制，其重要性在这款游戏中可见一斑。

在互动中享受无限摸索的乐趣，恐怕说的正是《黑暗之魂》这款游戏[②]。

目前，该系列拥有更丰富内容的最新作《黑暗之魂Ⅱ》已经上市，各位有兴趣的读者不妨实际玩一玩，与《黑暗之魂》做个对比。

---

① 在《黑暗之魂Ⅱ》中，即便已经锁定了敌人，只要与目标相隔一定距离以上，玩家就可以按住×键在锁定状态下转身冲刺。

② 这种让人愿意多次重复进行的游戏称为“重复可玩性高的游戏”。一款真正具有高重复可玩性的游戏不仅难度偏高，还要具备让玩家在通关之后仍想再次游戏的魅力。

1.11

让恐怖感油然而生的恐怖游戏玩家动作设计技巧

（《生化危机 4》）

《生化危机 4》[①] 是一款恐怖求生类游戏，它的出现确立了僵尸游戏在 TPS 界的地位。本作品出现之前，《生化危机》系列一直是让 3D 玩家角色模型在 2D 背景中做动作的固定镜头视角游戏。但是在 NINTENDO GAME CUBE 上发售的《生化危机 4》以“重建全部模型”为口号，彻底进化为一款全 3D 建模的 3D 游戏，同时也成为了后续 3D《生化危机》系列的基础。

在《生化危机 4》中，玩家要化身主人公里昂潜入一个满是丧尸（准确地说是寄生虫宿主）的村庄，对抗变成丧尸的村民并营救美国总统的女儿阿什莉。

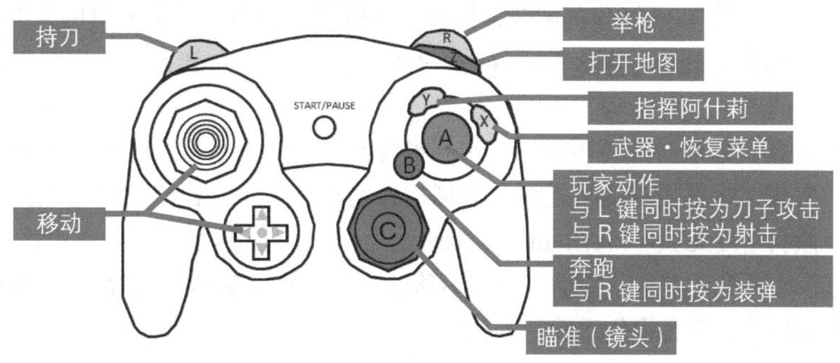

图 1.11.1 《生化危机 4》的画面构成及基本操作

操作方面，模拟摇杆和十字键控制移动，R 键控制举枪，L 键控制持刀，配合 A 键攻击。

实际玩《生化危机 4》时，常会因为恐惧而不由得后脊发凉。这种恐怖游戏独特的恐惧感究竟从何而来呢？下面就让我们对其一探究竟。

让接触过前作的玩家能迅速上手的玩家移动操作机制

玩家在游戏中，用模拟摇杆的上下控制里昂前进后退，用左右控制其转身。按住 B 键移动会进

① biohazard 4 © CAPCOM CO.,LTD.2005.2011 ALL RIGHTS RESERVED

入冲刺状态（图 1.11.2）。

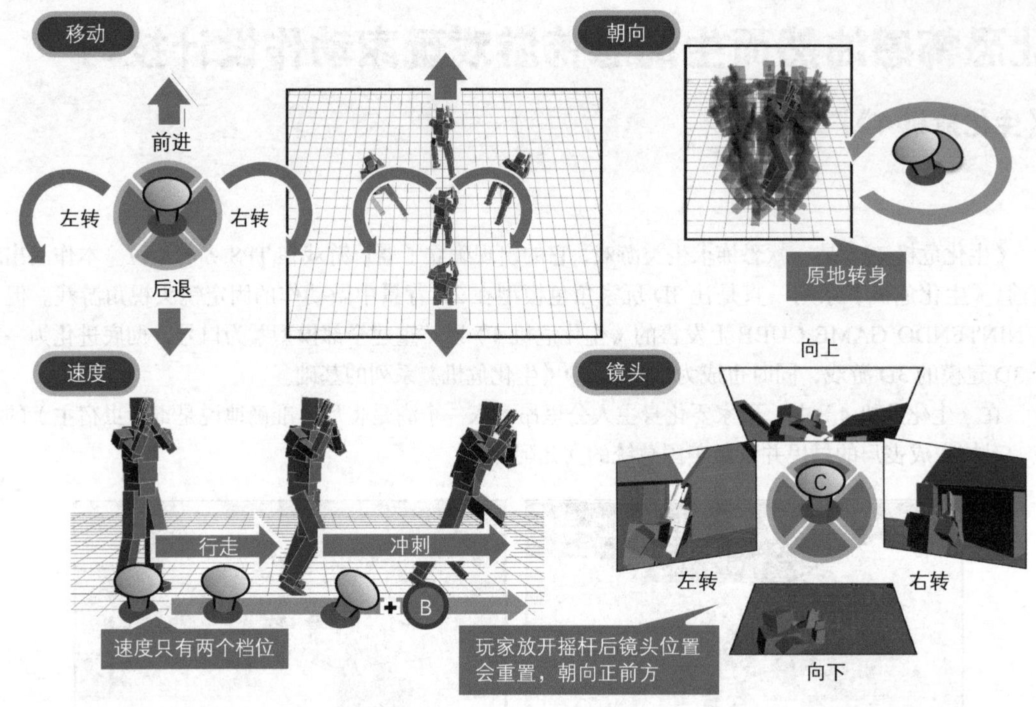

图 1.11.2 《生化危机 4》的移动动作

这虽然是一款 TPS 视角的游戏，但操作却更接近 FPS，以玩家角色为中心进行移动。如果将这款游戏的操作比作开车，那么前后移动就是油门操作，左右转则是方向盘操作。所以在玩的时候有开遥控赛车的感觉。

有趣的是，这款游戏还可以使用十字键控制移动。而且实际对比一下模拟摇杆和十字键的操作手感，会发现二者并没有太大差别。模拟摇杆的操作并不会比十字键更细腻，玩家角色的移动速度也跟摇杆倾斜角度无关（PlayStation 3 版也是一样）。说到这里，相信很多读者已经明白了，《生化危机 4》的移动操作其实是“移动”和“不移动”的“数字信号”。因此，游戏通过模拟摇杆和十字键都可以进行操作，并且操作手感基本相同。

这意味着，《生化危机 4》并没有为 3D 化的作品特别定制移动操作机制，而是以固定视角的前几作《生化危机》系列为基础，直接作为 TPS 进行了改造。

《生化危机》第一部作品（后文中将其记为《生化危机 1》）是面向初代 PlayStation 设计的。因为 PlayStation 最早的手柄并没有摇杆，所以《生化危机 1》采用了数字操作。也就是说，如果玩家接触过《生化危机》系列的前几部作品，那么也能用相同的操作感来玩《生化危机 4》。

另外，移动操作数字信号化还能降低操作的复杂程度。实际上，我们在使用模拟摇杆进行操作时会发现，直线移动是一件很困难的事情。看过图 1.11.3 后各位就会明白，我们用大拇指向上推模拟摇杆的时候，往往有一个偏斜角度。

因此，玩家向上推模拟摇杆控制玩家角色前进时，玩家角色往往会走得七扭八歪（后退时也是同理）。如果想让玩家角色笔直前进，需要在模拟摇杆的输入操作上做一些误差调整。

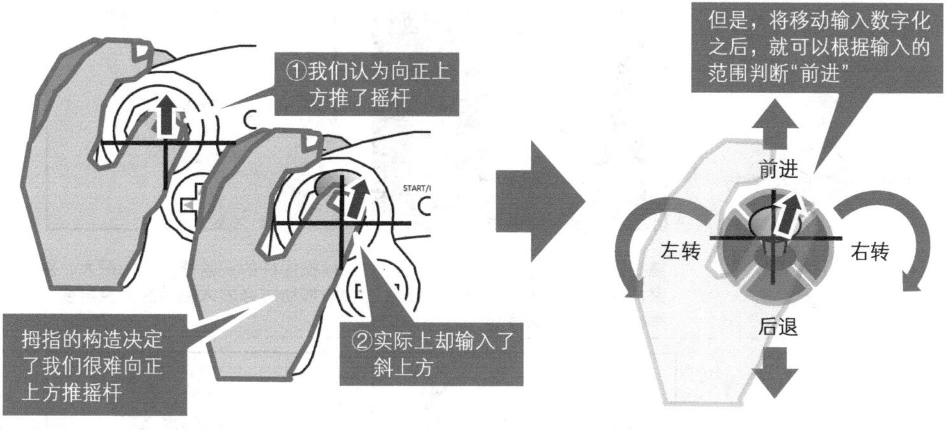
①我们认为向正上方推了摇杆
②实际上却输入了斜上方
拇指的构造决定了我们很难向正上方推摇杆
但是，将移动输入数字化之后，就可以根据输入的范围判断"前进"
前进
左转
右转
后退

图 1.11.3 拇指与模拟摇杆

然而数字信号输入就没有这个问题。将模拟摇杆的输入分割成上下左右四个数字信号，就能起到调整误差的效果。

不过，在《战神Ⅲ》和《猎天使魔女》等割草类游戏中，模拟信号输入会更加便于操作。因为这些游戏需要玩家快速且细致地输入角度，以调整玩家角色的朝向（图 1.11.4）。

当然数字信号输入也有其弊端。就拿《生化危机 4》来说，在这款需要时常转身移动的 TPS 游戏中，玩家角色无法小幅度弧线移动。

所以，该系列作品的续篇《生化危机 5》将左摇杆的移动操作改成了模拟操作。把《生化危机 4》和《生化危机 5》对比着玩时会发现，《生化危机 5》的玩家角色可以在前进过程中小幅度转身。而《生化危机 4》与《生化危机 5》在"操作感"上的不同正源于此（图 1.11.5）。

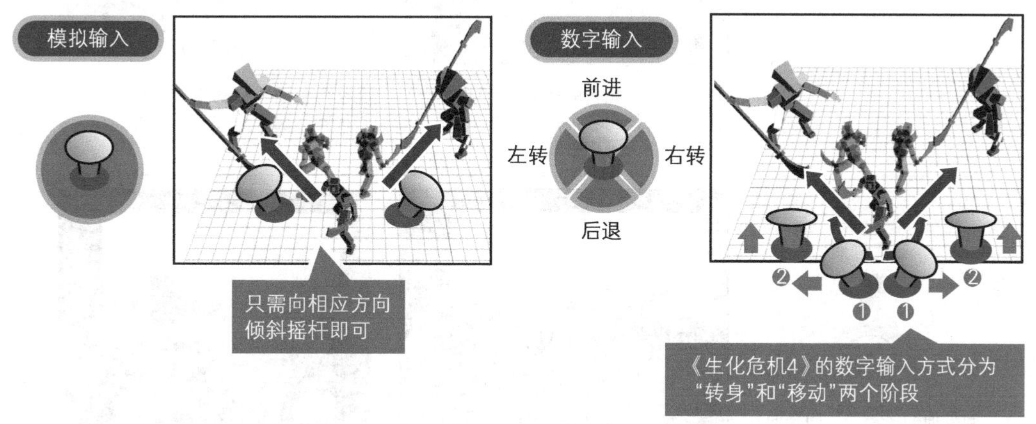
模拟输入
只需向相应方向倾斜摇杆即可
数字输入
前进
左转
右转
后退
《生化危机4》的数字输入方式分为"转身"和"移动"两个阶段

图 1.11.4 模拟摇杆的模拟输入和数字输入

在此之上，《生化危机 6》又加入了移动中射击的新机制。就像这样，《生化危机》系列既维持了让老玩家们迅速上手的操作性，又在游戏中加入了全新的体验。

另外，受《生化危机》系列深刻影响的《死亡空间》系列作品中，为 TPS 游戏导入了 FPS 式的移动操作机制。有兴趣的读者请务必玩一玩《死亡空间》。

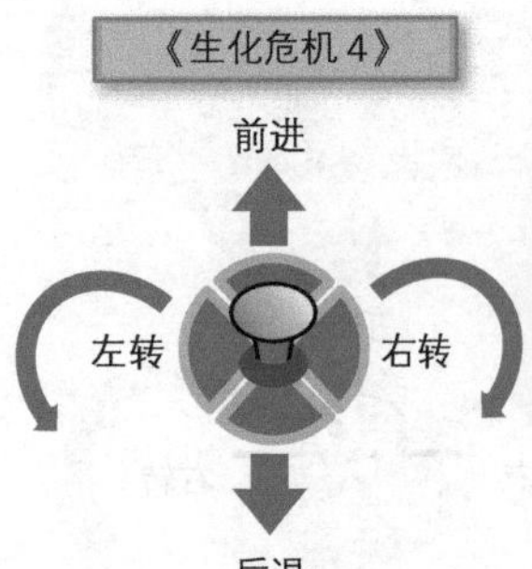

镜头随角色一起移动・旋转。玩家角色时常面朝镜头前方。但是举枪状态下无法移动

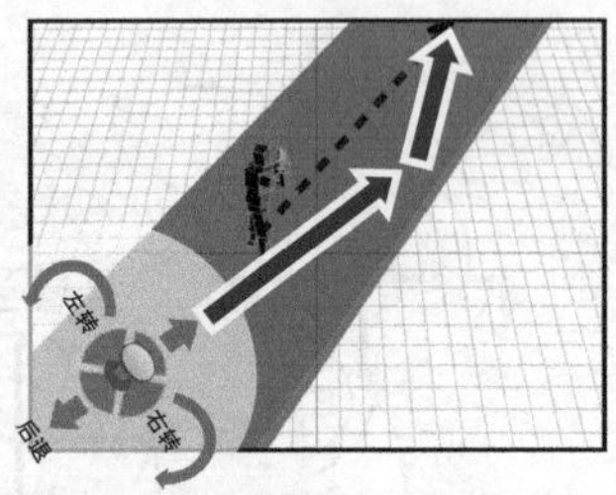

模拟摇杆的误差修正范围很大，斜向移动时必须大幅转身调整角度

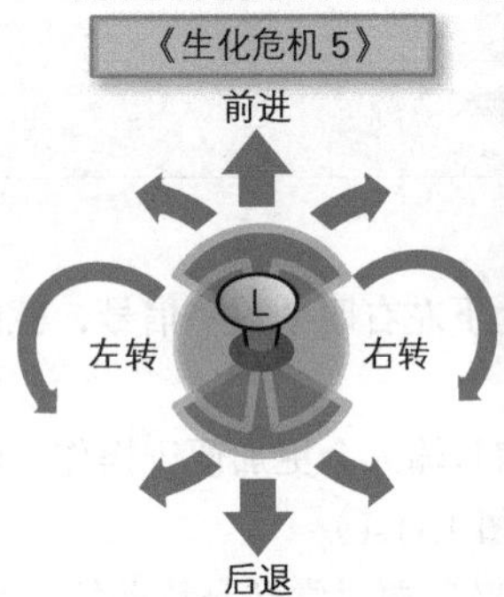

镜头随角色一起移动・旋转。玩家角色时常面朝镜头前方。但是举枪状态下无法移动

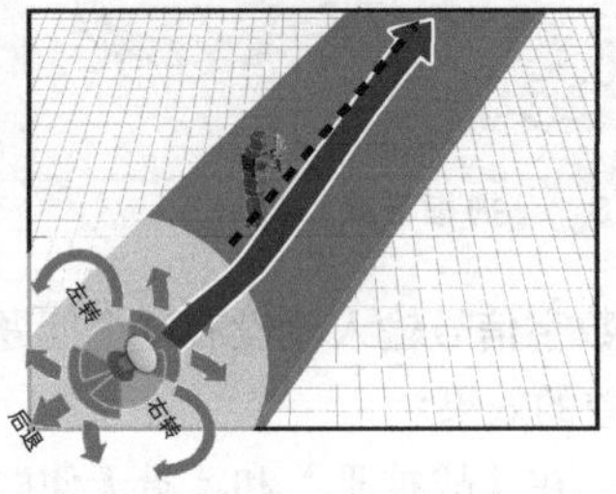

“前进・后退”和“左右旋转”的误差修正范围有重合部分，利用这些重合部分可以在移动中缓慢转身

《生化危机 6》

远离画面

L

向画面左方移动　向画面右方移动

接近画面

镜头与玩家角色的朝向没有联动，需要时常使用右摇杆调整镜头。在举枪状态下可以移动

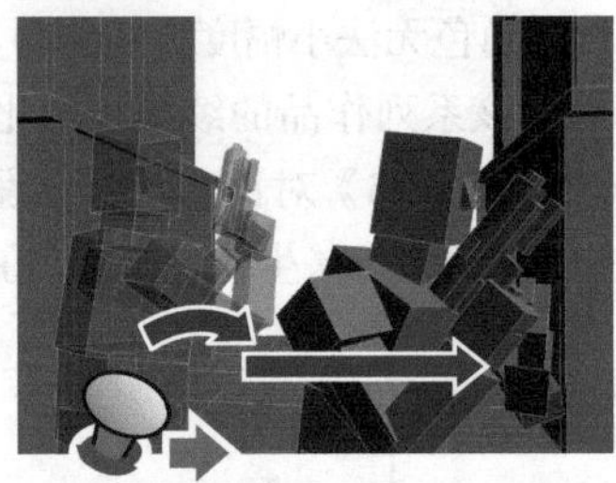
玩家角色面朝移动方向。但是举枪后会转向镜头前方（TPS 式）

《死亡空间》

远离画面

L

向画面左方移动　向画面右方移动

接近画面

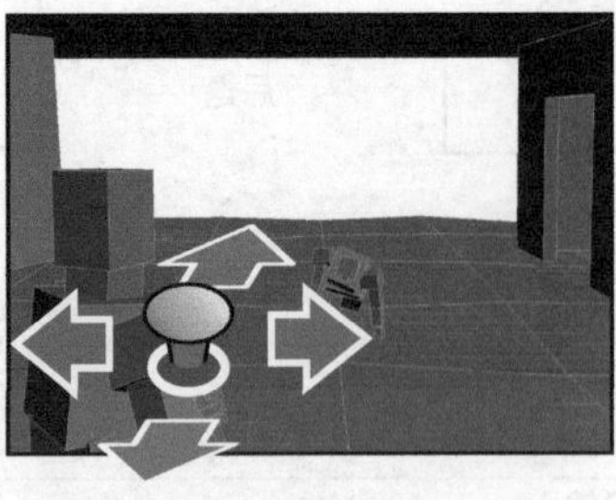
镜头与玩家角色的朝向没有联动，需要时常使用右摇杆调整镜头。在举枪状态下可以移动

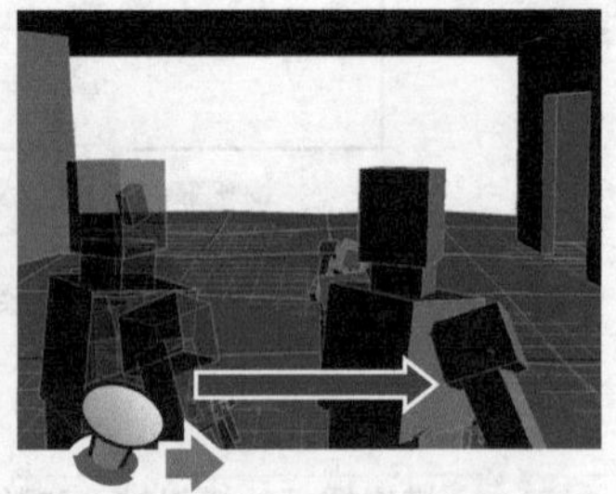
玩家角色移动后，镜头扔保持朝向前方（FPS 式）

图 1.11.5　《生化危机》系列各作品中移动操作机制的差异

烘托恐怖气氛的移动动作机制

《生化危机 4》的移动动作可以说是一种“烘托恐怖气氛的机制”。

比如这款游戏虽然允许玩家后退（倒退），但无法在后退过程中冲刺。也就是说，玩家想逃离敌人时必须先背对敌人，即向下拉摇杆的同时按 B 键，来一个 180 度转身。而且如果想确认敌人有没有追来，还需要再转一次 180 度。由于这款游戏无法单独操作镜头观察身后，因此会让玩家产生一种“想确认是否安全但又不想冒险转身”的矛盾心理。

不仅如此，玩家角色在受到伤害后，移动速度会随着剩余生命值降低（图 1.11.6）。看到被敌人袭击后生命值见底又拖着伤腿艰难行走的玩家角色，相信每个玩家都难免会慌乱。如果在这一状态下再遭袭击，玩家将面临更加危机的状况，此时陷入惊恐都不足为奇。

《生化危机 4》将这种能够引起玩家惊恐的机制散布在了游戏各个方面，自然也包括移动动作。

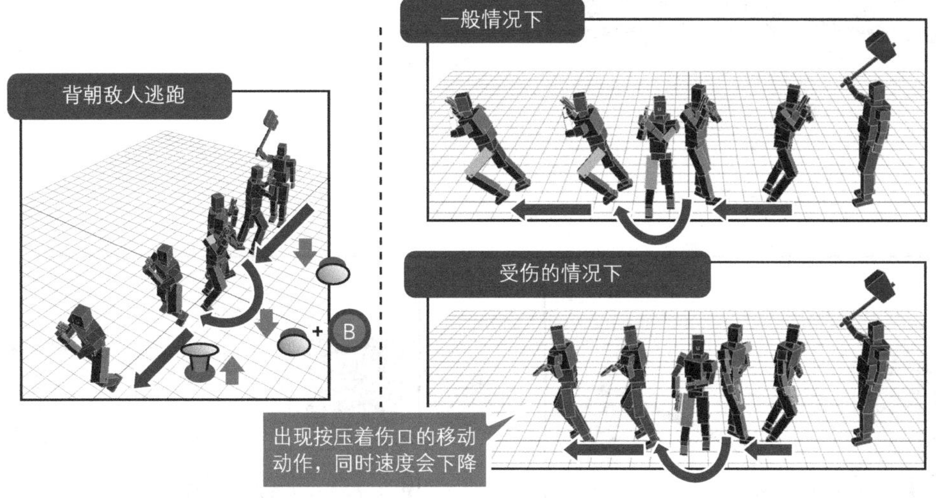
一般情况下
背朝敌人逃跑
B
受伤的情况下
出现按压着伤口的移动动作，同时速度会下降

图 1.11.6　后退与 180 度转身

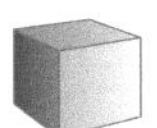

考验玩家心理素质的射击机制

《生化危机 4》中，在攻击敌人前，玩家需要先按住 R 键举枪。镜头自动变焦之后，玩家就可以通过 C 摇杆（右模拟摇杆）进行瞄准操作（也称为 Aiming），然后按 A 键射击（图 1.11.7）。

另外，射击命中不同部位时敌人会有不同反应。比如射击头部时敌人会摇晃，射击腿部时敌人会失去平衡单膝跪地甚至倒地。敌人摇晃时是进行格斗攻击的机会，此时玩家可以按 A 键发动回旋踢等特殊攻击。射击敌人头部的情况下还有一定概率出现“致命一击”，即一枪打破头部消灭敌人（图 1.11.8）。

因此，《生化危机 4》的射击系统让玩家可以瞄准敌人某个部位进行射击，体验**精密射击**的乐趣。在这款四处潜伏着惊恐要素的游戏中，如果玩家能够沉着应战，将会更轻松地消灭敌人并推进剧情。这也是本作品的乐趣之一。

所以说，这款作品不但考验玩家是否能迅速且正确地操作，还要求玩家拥有处变不惊的心理素质。

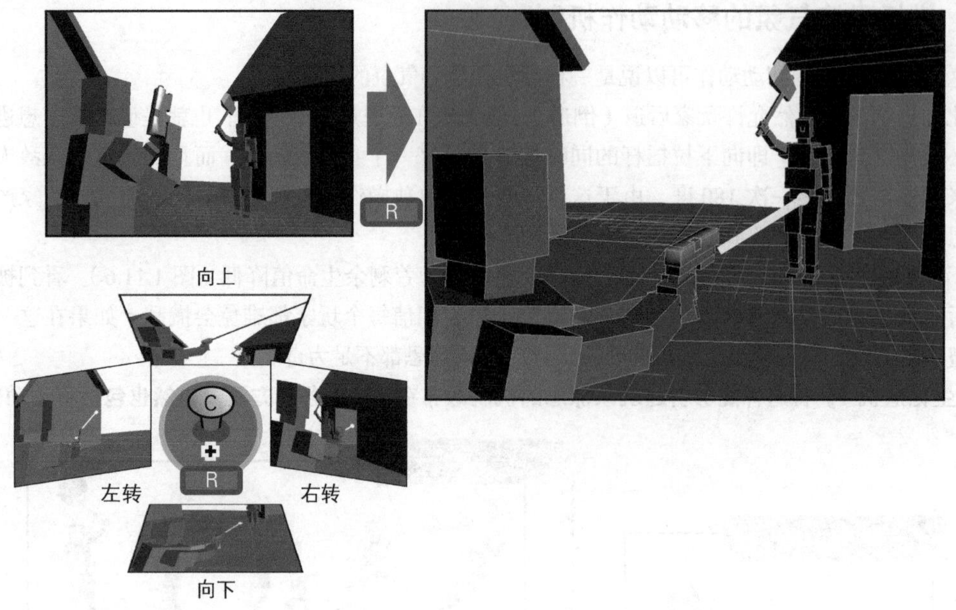

图 1.11.7 枪的瞄准操作

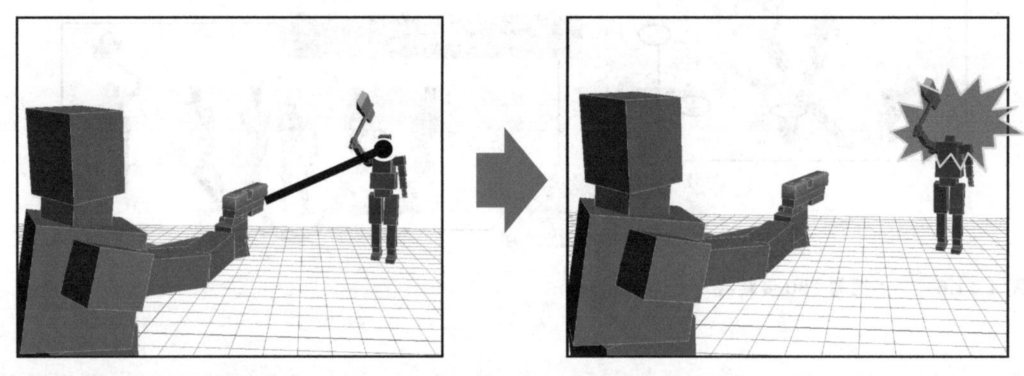

图 1.11.8 瞄准头部的致命一击

另外，为支撑精密射击的乐趣，本作品在瞄准操作上也用心良苦。首先是瞄准机制。在这款游戏中，不同武器在瞄准时都有不同幅度的晃动。手枪的晃动幅度很大，全自动手枪和狙击枪的晃动幅度则较小。初次接触这款游戏时，这种晃动往往能诱发玩家的慌乱（图 1.11.9）。

其次，这款作品给瞄准的横向移动留有“微调空间”，准星在微调空间内移动时镜头角度不会发生变化。然而纵向移动就没有这一机制，镜头会完全跟随准星调整纵向角度（图 1.11.10）。

实际上，人类视线转移焦点时也是同样情况。我们在小幅度横向调整视线时只需横向活动眼球即可，但纵向调整时就必须活动头部。尤其是在观察“下方”的事物时，因为人类眼睛长在脸的上半部分，所以必须低下头来才能看到。

《生化危机 4》的瞄准机制真实还原了人类视线焦点的移动方式。因此，当玩家在游戏里集中精神瞄准前方敌人时，如果有敌人从视野外扑过来，或者本以为已死掉的敌人又重新爬起来攻击，玩家就会有一种身临其境的感觉①。

手枪

全自动手枪（有枪托）

狙击枪

图 1.11.9　瞄准操作与瞄准的晃动

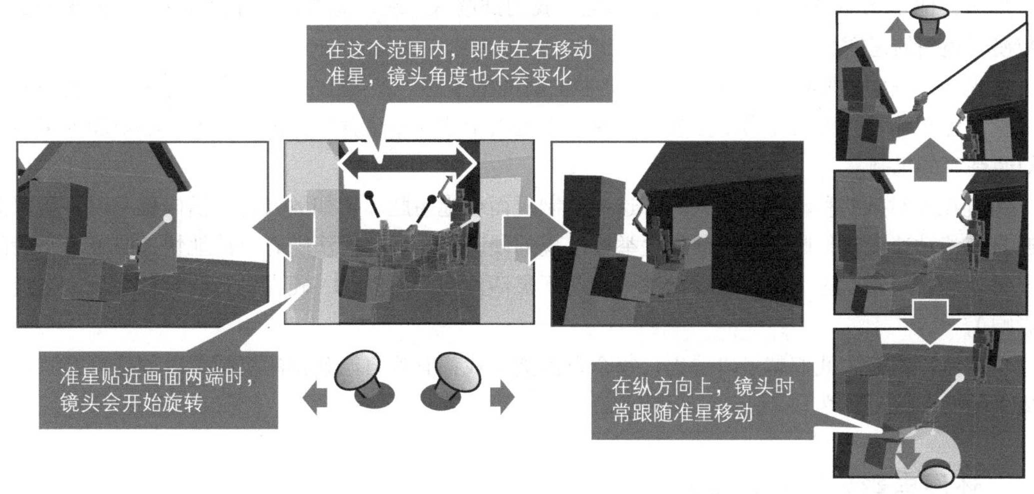
在这个范围内，即使左右移动
准星，镜头角度也不会变化
准星贴近画面两端时，
镜头会开始旋转
在纵方向上，镜头时
常跟随准星移动

图 1.11.10　瞄准操作与瞄准的微调空间

讲究操作感的瞄准机制

《生化危机 4》对操作感的讲究是其他游戏所不具备的。其中之一就是瞄准操作中的硬直机制。这一点在使用 C 摇杆控制镜头时表现得很明显，手边有这款游戏的读者不妨一试。

首先将 C 摇杆向左侧或右侧倾斜，让玩家角色在原地持续转圈，然后再按下 R 键举枪。我们可以看到，玩家角色举枪瞬间有一个短暂的硬直，镜头一动不动。然后如果我们继续保持 C 摇杆倾斜，玩家角色将重新开始慢慢转身（图 1.11.11）。

① TPS 游戏的射击系统中，玩家角色在举枪瞄准时往往会移至画面左端。我们几乎看不到默认移至右端的游戏。至于其理由，人们普遍认为是右手持枪的位置关系所致。因为右手持枪的情况下从这个角度观察比较舒服。另一种说法则是人类的心脏位于身体左侧，所以人类会下意识地去保护心脏。玩家角色贴近的左端也是现实玩家心脏的位置，所以会增强玩家在危机中保存性命的意识。

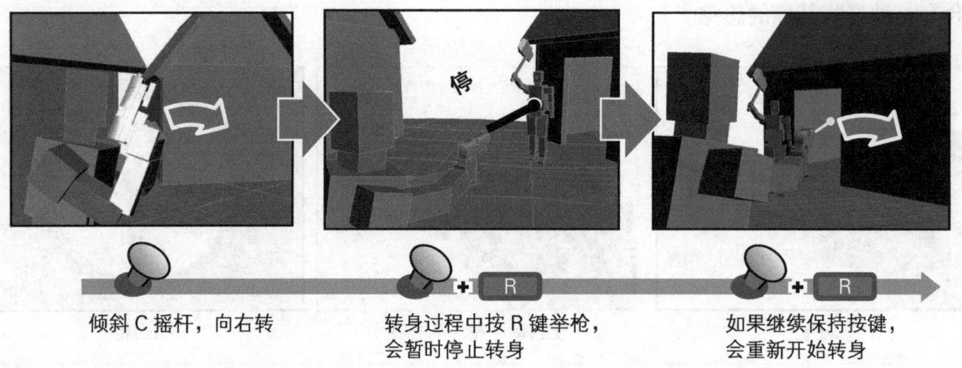

图 1.11.11 《生化危机 4》的瞄准机制

那么其他 TPS 或 FPS 游戏又是怎样的呢？我们试过后发现，基本上所有游戏在举枪的瞬间都只是减慢了镜头的速度。

可见，《生化危机 4》非常重视按 R 键举枪瞬间的手感。实际上，在这款敌人移动缓慢的游戏中，瞬时停止移动并射击显得十分重要。或许正是由于这样一个背景，设计者才为游戏加入了瞄准时短暂硬直的机制。

不过在面对某些移动中的敌人时，这一机制反而会拖后腿。比如敌人左右横向移动时，玩家需要迎合其移动速度进行瞄准，然而每次举枪出现的硬直会让玩家无法随心所欲地快速瞄准（一般的 TPS 游戏中，通常状态下的转身要比举枪状态下灵活许多，所以这一硬直机制会对核心玩家造成一定影响）。

单从瞄准机制中我们就可以看出，每个射击类游戏都有着自己独特的机制，以创造符合游戏本身概念的操作感（手感）。

还原电影场景的动作键

《生化危机 4》中，玩家可以按动作键 A 键让玩家角色自动执行多种多样的动作。其种类有近 50 种之多（图 1.11.12）。

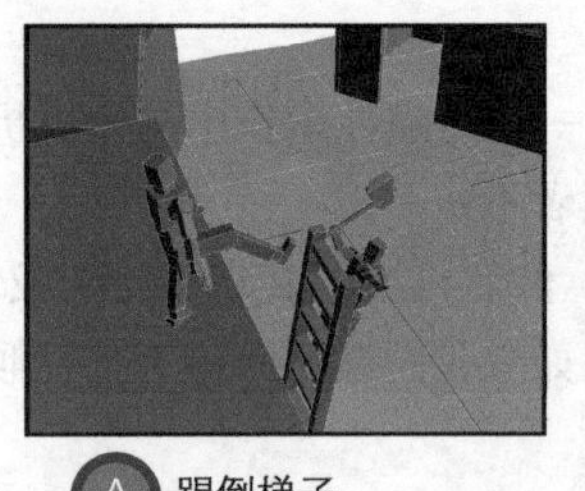

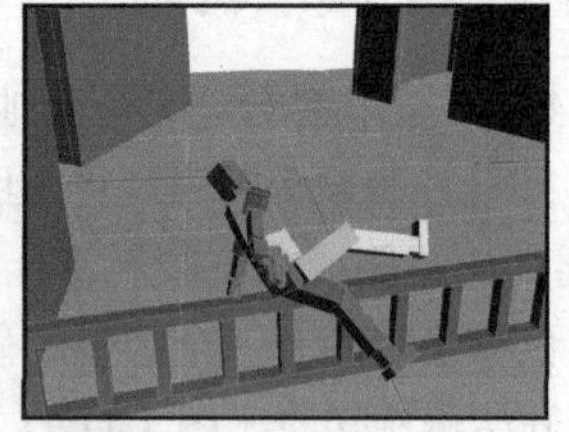

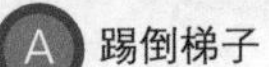

图 1.11.12 动作键的功能

这个动作键应用了功能可供性指向型游戏设计技术，在特定场合或敌人特定状态下可以执行特定动作。

特别值得注意的是，这些被设置为动作键触发器的场所及敌人状态，大多能还原电影中的炫酷

场景。比如敌人对玩家紧追不舍时，玩家可以利用梯子爬上屋顶，然后按下动作键踢倒梯子防止敌人跟上来。相信各位在恐怖电影中都见过类似情景。

还有，攻击某些敌人的特定部位后，可以在其摇晃过程中按动作键发动“回旋踢”或“抱腰背摔”等劲爆的攻击，一次性放倒周围所有敌人（图 1.11.13）。

图 1.11.13　攻击特定部位后使用动作键进行攻击

在这款游戏中，玩家不但能感受恐怖电影的惊悚，还能体验到动作电影的畅快。

《生化危机 4》将上述这个技巧应用到了许多细节之中，为玩家奉上了一场恐怖电影的盛宴。说得偏激一点，这款游戏在动作的设计上就好像将玩家放在了摔跤擂台之上，享受与敌人殊死搏斗的刺激。

从如何让玩家体验恐怖感十足的动作这一角度出发，设计者在诸多技术中选择了功能可供性，这也是《生化危机 4》独有的魅力之一。

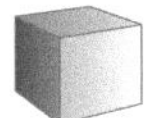

无法在移动中射击的理由

《生化危机 4》与其他的 TPS 和 FPS 游戏不同，按 R 键举枪之后玩家角色将无法移动。从玩家的角度出发，我们会觉得可以移动更便于操作，但游戏这样设计自然有其道理。

第一个理由我们之前也提到过，这款游戏继承了《生化危机》系列一贯的操作性。其次，游戏如此设计很可能是为了保持《生化危机》系列的“游戏方法”及“乐趣所在”。实际上，如果允许玩家在按 R 键举枪状态下移动，游戏方法以及乐趣所在都会出现大幅变化。接下来，让我们就这一点进行深入探讨。

要想搞清《生化危机 4》中“为什么玩家不能在按 R 键举枪状态下移动”这一问题，我们不妨从“如果玩家在按 R 键举枪状态下可以移动，游戏将变成什么样”入手，来揭开这一问题的本质。

如果举枪状态下可以移动，相信大多数玩家都会选择在移动中射击敌人。而且玩家的移动速度越快，敌人追上玩家所需的时间就越长。除非敌人使用枪械等远程武器，否则形势将对玩家极度有利（图 1.11.14）。

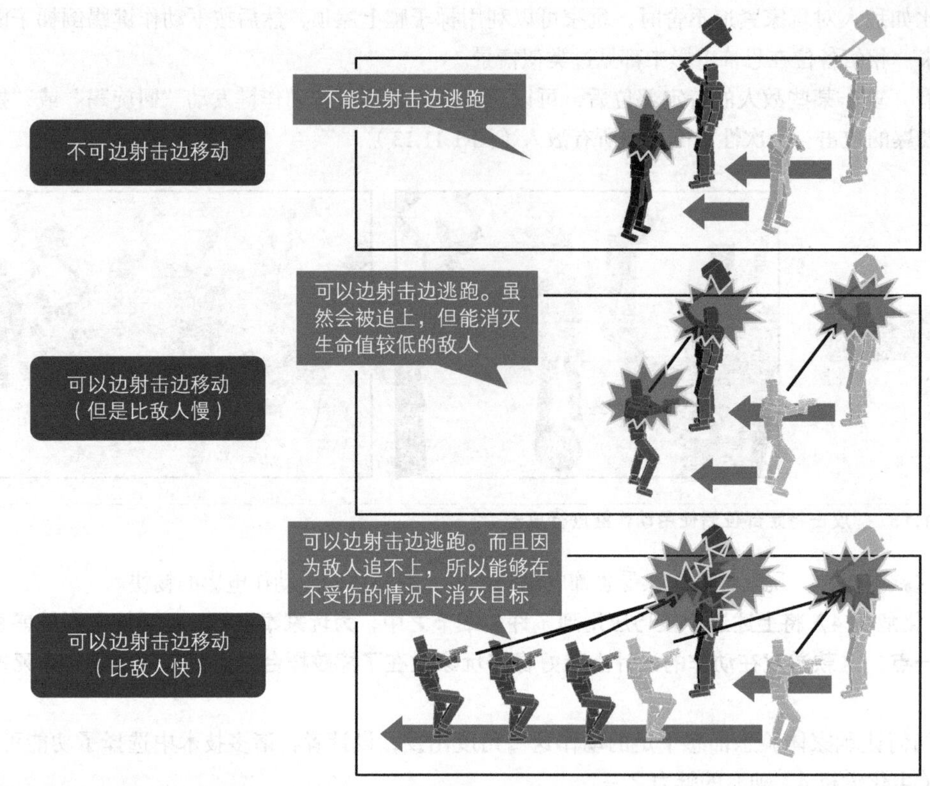
不可边射击边移动
不能边射击边逃跑
可以边射击边移动
（但是比敌人慢）
可以边射击边逃跑。虽然会被追上，但能消灭生命值较低的敌人
可以边射击边移动
（比敌人快）
可以边射击边逃跑。而且因为敌人追不上，所以能够在不受伤的情况下消灭目标

图 1.11.14　射击与移动的关系

要解决这一问题，以下几个方法可供参考。

A. 让敌人使用枪械等远程武器进行攻击（《战争机器》等）

不论玩家移动速度比敌人快多少，只要敌人可以使用枪械等远程武器射击玩家，就能保证对玩家造成持续威胁。一般的 FPS · TPS 游戏都应用了这一手法。

B. 让敌人移动速度高于玩家（《求生之路》等）

将敌人的移动速度设置得高于玩家，就可以保证敌人能够追上玩家并实施攻击。比如《求生之路》中有“会跑的丧尸”来攻击玩家，这就使玩家无法一味地逃跑。

C. 设置众多敌人将玩家围得水泄不通（《丧尸围城》等）

只要在玩家周围或目的地设置大量丧尸，那么即便玩家可以在移动中攻击，也很容易被丧尸抓住。《丧尸围城》中就是使用这一方法让“不会跑的丧尸”威胁到了玩家。

D. 在关卡设计中限制玩家移动（《死亡空间》等）

当玩家进入有敌人埋伏的房间时，通过锁门等方式制造闭锁空间，并规定只有消灭敌人后才能离开。还可以在狭窄通道的两端设置敌人，或者让敌人在死胡同里攻击玩家等。《死亡空间》就大量运用了这种关卡设计。

E. 限制玩家移动

在玩家角色的奔跑等移动动作中加入耐力等参数，从而大幅限制玩家的移动能力。然而现阶段几乎没有恐怖求生类游戏采用这一机制。

通过将上述A～E进行组合，就算游戏中的玩家可以一边移动一边射击，我们也能让敌人的攻击命中玩家。实际上，由《生化危机》派生而来的《鬼泣》系列在玩家与敌人战斗时就会用魔法屏障将通道封锁，即在关卡设计上限制了玩家移动。除此之外，游戏中还有能够远程攻击或者高速移动的敌人，这就保证了敌人对玩家的威胁性。

那么，为什么《生化危机4》没有采用这些手法呢？笔者认为有如下两个理由。

第一，设计者想通过“不会跑的丧尸”“不会开枪的丧尸”（实际上是寄生虫宿主）来实现这款游戏，让《生化危机4》依旧保有前作中那种“丧尸群步步逼近”的恐怖感[①]。

第二个理由是为了让游戏具有高自由度。《生化危机4》的玩家可以在场景中自由移动，享受探索的乐趣。然而，如果加入一些不必要的关卡设计来限制行动，玩家的自由度将大打折扣。因此笔者认为，游戏采用“举枪不能移动”的规则来提高玩家的风险，是为了保证探索的自由度不受影响。

补充一点，《生化危机4》中其实有会奔跑、会投掷镰刀、会开枪的敌人。但它们只不过是偶尔出现的变种，对敌人的整体性质并没有太大影响。玩家在游戏中要面对的，主要还是如丧尸般缓慢行进的宿主们。

综上所述，“玩家角色在举枪状态下不能移动”这一游戏机制应该是综合考虑了“如何表现敌人”“如何表现恐怖气氛”“如何设计关卡”等诸多因素之后总结出来的一个解决方案。

一款有趣的游戏中加入了特别的制约，必然有其理由。各位如果在玩游戏时发现了这些“制约”，不妨放慢脚步仔细考虑一下其理由所在，也不失为一种乐趣。

小结

《生化危机4》是让TPS游戏在恐怖求生类游戏中站稳了脚跟的一代名作。

这款游戏的细节之中无不充斥着令玩家陷入恐惧和惊慌的机制。在恐怖之余，还保持了《生化危机》系列特有的趣味性，叫人百玩不厌。

TPS和FPS类射击游戏中，Action（动作）、Aiming（瞄准）、Ammo（弹药）三个要素最为重要[②]。

Action（动作）指从填装弹药到枪械射击，再到重新装填的一连串枪械动作；Aiming（瞄准）指瞄准敌人时的操作；Ammo（弹药）指弹药射击时的攻击力、效果以及弹药管理。

在《生化危机》系列中，玩家开场配备的枪支弹药量少，连射速度慢。这样一来，面对丧尸和宿主时的枪械Action（动作）就更具紧张感。Aiming（瞄准）方面，持续小幅度晃动的准星会催生玩家的焦躁情绪。然后再借助捉襟见肘的Ammo（弹药）让玩家陷入不安与恐惧，促使人们在游戏中时常考虑求生战略及战术。《生化危机》系列就是通过这种方式，将射击类游戏的基本要素巧妙地融入了恐怖求生类游戏的机制之中的。

续篇《生化危机5》为了进一步刺激玩家的游戏欲望，在剧情上有了巨大的发展，同时将玩家操

① 《生化危机4》中的宿主在离玩家较远时其实会奔跑，而且在游戏后半程会使用弩枪等远程武器进行攻击，所以“不会跑的丧尸”“不会开枪的丧尸”这一说法可能并不准确。不过，这些敌人的动作与FPS类游戏相比要慢许多，所以称为“动作迟缓的敌人”（行动节奏缓慢的敌人）可能更为准确。

② 在Scott Rogers的*Level up!: The Guide to Great Video Game Design*（中文版名为《通关！游戏设计之道》，人民邮电出版社2013年11月出版，高济润、孙懿译）一书中，作者将“Action”“Aiming”“Ammo”称为“3A”。

作从数字输入改为了模拟输入。最新作《生化危机 6》中更是加入了举枪状态下的移动机制。相信《生化危机》系列在今后还将继续进化，让我们拭目以待。

另外，《生化危机 4》影响了相当多的游戏，尤其是在《死亡空间》中，不论是玩家角色动作还是关卡设计，我们都能看到其影子。然而这些影响并没有撼动《死亡空间》在 SF 恐怖题材上的里程碑地位。实际对比一下会发现，二者的差别还是很惊人的。

以《生化危机 4》为出发点，在熟悉各式各样的恐怖求生类游戏设计以及游戏机制之后，相信各位将能更轻松地找出“如何让玩家感到恐惧”“如何制作成动作”等让游戏更有趣的设计技巧。各位喜欢恐怖求生类游戏的读者，不妨将我们提到的这些游戏都尝试一遍。

1.12

如电影般真实的玩家角色动作设计技巧

(《神秘海域：德雷克的欺骗》)

《神秘海域：德雷克的欺骗》[①] 是全球销量高达 1400 万套以上 [②] 的《神秘海域》系列的第三代作品。美丽的场景渲染、悬念迭出的剧情，再加上任何人都能轻松上手的操作性以及华丽的动作，为玩家带来了超越电影的兴奋体验，堪称“可以玩的好莱坞电影游戏”。

图 1.12.1 《神秘海域：德雷克的欺骗》的画面构成及基本操作

这是一款传统的 TPS 射击类游戏。操作方面，左摇杆控制移动，右摇杆控制镜头，按 L1 键举枪后按 R1 键射击，相信接触过 TPS 游戏的玩家都能很快上手。然而实际玩起来会发现，这款游戏有着以往 TPS 游戏所不具备的迫力以及逼真的玩家角色动作，让玩家体验到仿佛置身于电影之中的“代入感”。

---

① アンチャーテッド - 砂漠に眠るアトランティス - © 2011 Sony Computer Entertainment America LLC. Published by Sony Computer Entertainment Inc. Created and develop by Naughty Dog.Inc.

② 数据来自“4Gamer.net《神秘海域》系列全球累计出品数超 1400 万套。新 DLC‘联机用丛林求生’开始线上发售”。

接下来，让我们看一看这份“代入感”是用何种技巧实现的。

如电影主人公一般的玩家角色动作

《神秘海域：德雷克的欺骗》的移动操作是左摇杆控制移动，右摇杆控制镜头，× 键控制跳跃（图 1.12.2）。

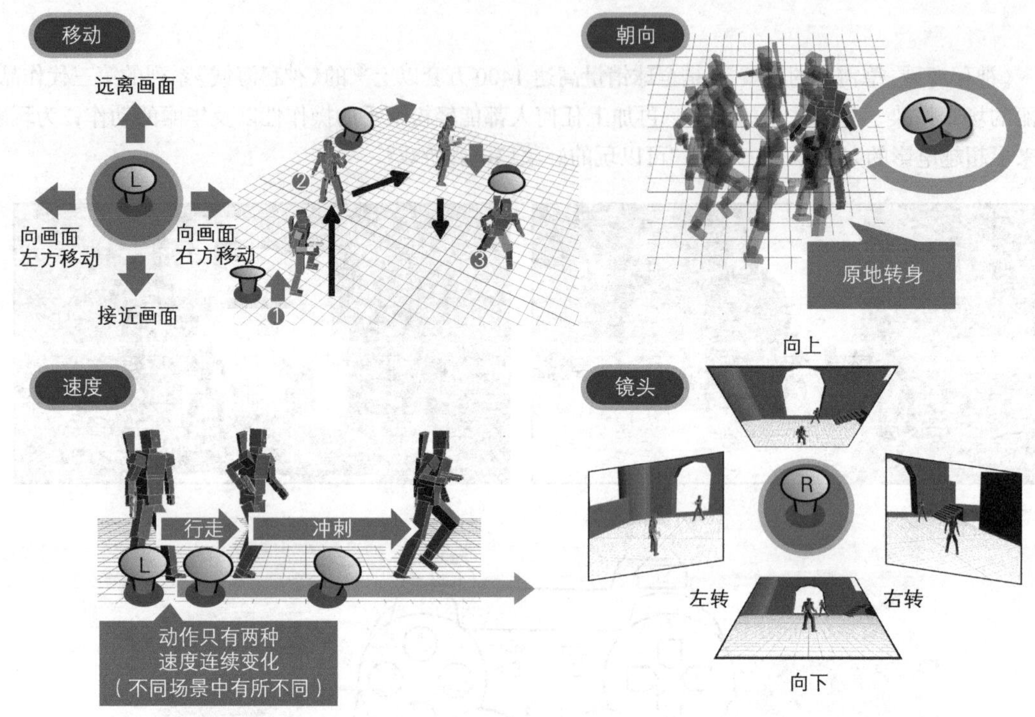

图 1.12.2 《神秘海域：德雷克的欺骗》的移动动作

操作本身虽然十分传统，但在玩家角色的移动动作上，设计者进行了以往游戏所没有的逼真化处理。**玩家操作的玩家角色会利用动作和反应进行“表演”**。

例如行走和奔跑这两个简单的移动动作，玩家角色在各章节的不同场景中就会有不同的“表演”（图 1.12.3）。

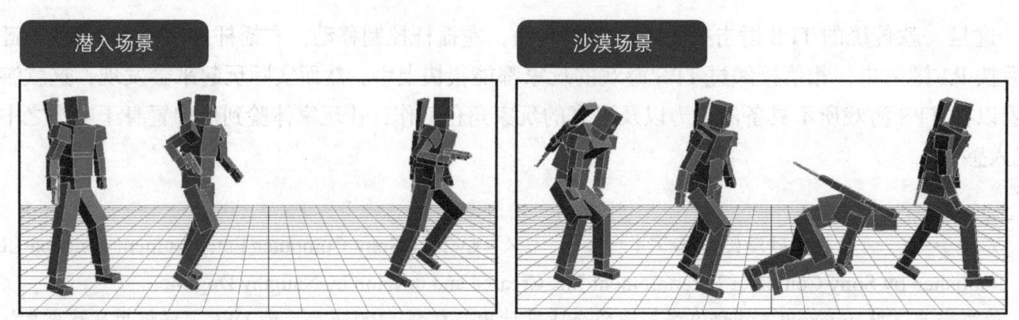

图 1.12.3 不同场景下的不同移动动作

玩家角色初次潜入地下时是轻快地小跑，而在风暴蹂躏下的船只上则跑得东倒西歪。在荒无一物的沙漠上盲目徘徊四处找水时，精疲力尽的玩家角色将失去奔跑能力，让屏幕前的玩家感觉自己真的置身于荒漠之中。**这种根据剧情发展（脉络）而设置的动作称为“环境行为”**（context move）。

另外，如果玩家在奔跑过程中撞到墙壁，玩家角色会出现相应的笨拙的反应（图 1.12.4）。

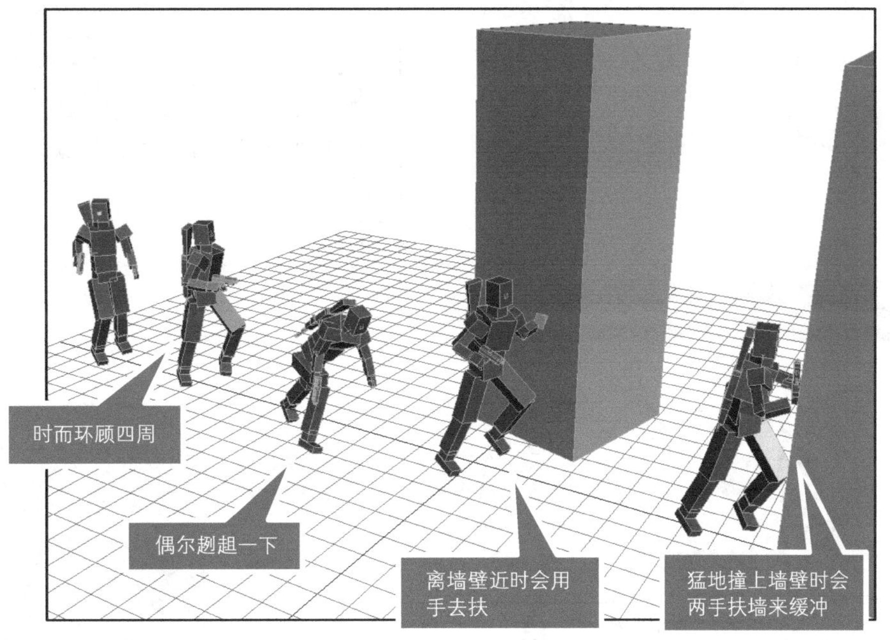

图 1.12.4　反应中也加入了表演

有了这些笨拙的反应，玩家会觉得玩家角色也是一个活生生的人类。这类重视“会表演的玩家角色”的游戏并不少见，比如为救助少女而携手冒险的《古堡迷踪》，以及玩家与其他素不相识的在线玩家一起在旅程中挑战诸多试炼的《风的旅人》等。

一般的游戏中，玩家的操作是“玩家对玩家角色发出的指示”，玩家角色的动作则是“按照指示做出的符号化动作”。也就是说，玩家控制玩家角色只是一个“传递意图”的过程。

然而，随着高品质图像游戏制作技术的问世，现在已经开始能通过玩家角色的动作和反应，将玩家角色在游戏内部产生的感情反馈给屏幕前的玩家了。

可以说，玩家和玩家角色的“意图和感情”已经做到了双向传递（图 1.12.5）。

相信这种**玩家与玩家角色的双向交流**将随着功能更加强劲的次世代游戏主机的登场而得到进一步进化。

 可以抓住任何地方的玩家角色动作

在《神秘海域：德雷克的欺骗》中，只要墙壁有一丁点凸起，玩家角色就能像猴子一样攀爬跳跃，潜入建筑物或遗迹（图 1.12.6）。

随着玩家角色越爬越高，这种如攀岩一般的攀爬动作会越发地带来紧张感。攀爬动作虽然是三维空间中的移动，但操作却被简化成了二维，只需要用左摇杆移动和 × 键跳跃即可简单完成。

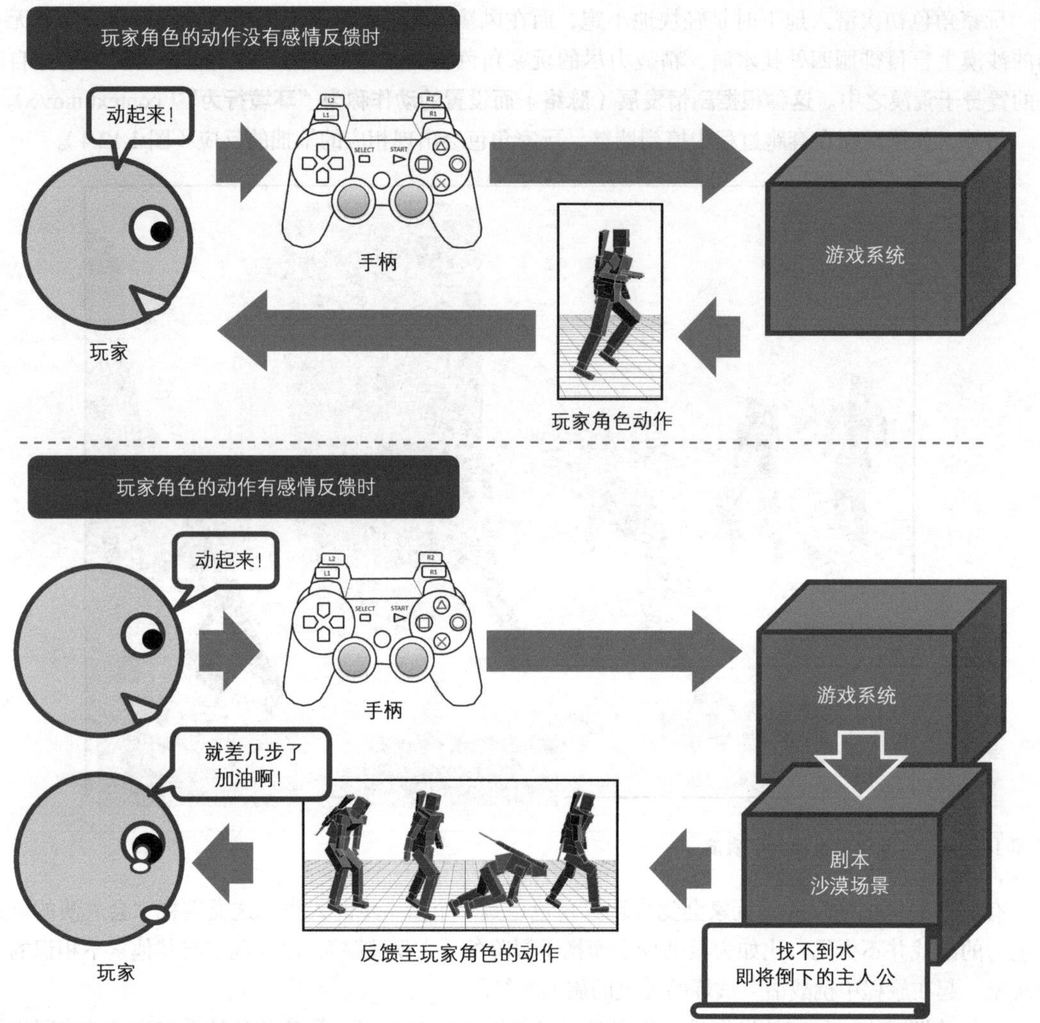

图 1.12.5　玩家角色的动作与反馈

将操作如此简化的窍门之一，是我们之前已经提过多次的功能可供性指向型游戏设计。玩家角色会根据场所执行合适的动作（图 1.12.7）。

另外，为了让玩家知道当前场所有哪些动作可用，玩家角色会在玩家倾斜左摇杆时做出**预备动作**（图 1.12.8）。

另一个窍门在于玩家角色移动时的基准面①**。这款游戏乍看上去有很多三维空间内的移动动作，然而实际分解后会发现，玩家角色在做每个自然的动作时都必然处于某个二维平面之上。**

① “基准面”一词有两个意义：一个是游戏设计者在设计地形时使用的“基准面”；另一个则是程序层面的“基准面”（接触面）。

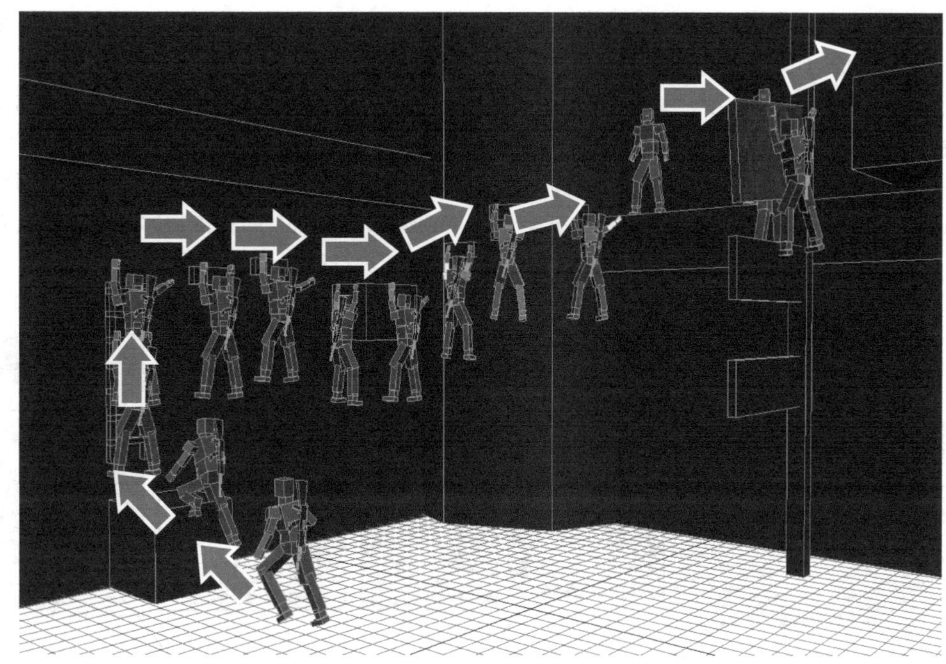

图 1.12.6 玩家角色的攀爬动作

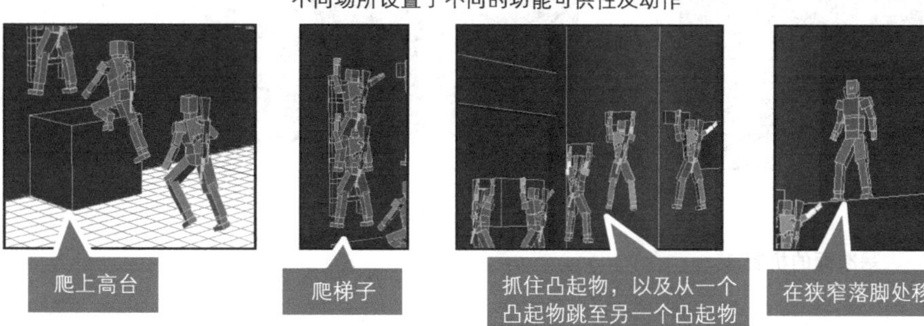
不同场所设置了不同的功能可供性及动作
爬上高台
爬梯子
抓住凸起物，以及从一个凸起物跳至另一个凸起物
在狭窄落脚处移动

图 1.12.7 功能可供性指向型游戏设计

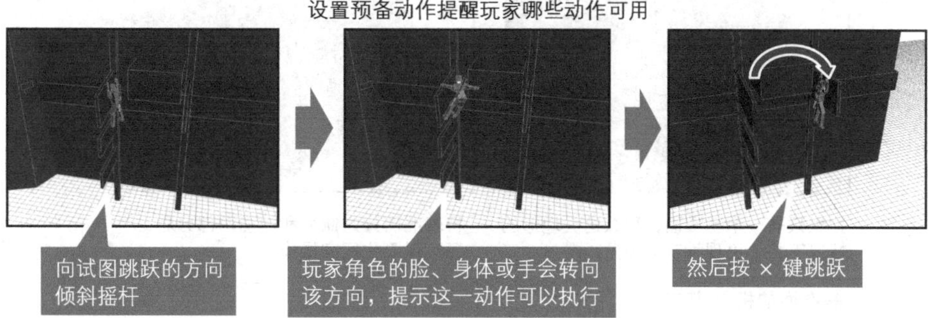
设置预备动作提醒玩家哪些动作可用
向试图跳跃的方向倾斜摇杆
玩家角色的脸、身体或手会转向该方向，提示这一动作可以执行
然后按 × 键跳跃

图 1.12.8 移动动作与预备动作

我们以图 1.12.9 为例进行说明。玩家角色在地面上行走时，地面就是移动的基准面，而在攀爬墙壁时，墙面则成了可供移动的基准面。

在图 1.12.9 中，“地面 A”“墙面 B”“柱子 C”“墙面 D”“招牌正面 E”“招牌背面 F”都是其相对应动作的基准面。那么，如果不设置基准面，游戏将会变成什么样子呢？我们用一个简单的地图就能很直观地说明。比如图 1.12.10 中那种曲面的物体，玩家角色将无法区分哪里是墙面，哪里是地面。如果没有人来指定基准面，在游戏中就会出现“到哪都是墙面”的神奇物体（墙面与地面虽然可以通过倾斜角度进行判定，但这种方法需要花费大量时间进行调整）。

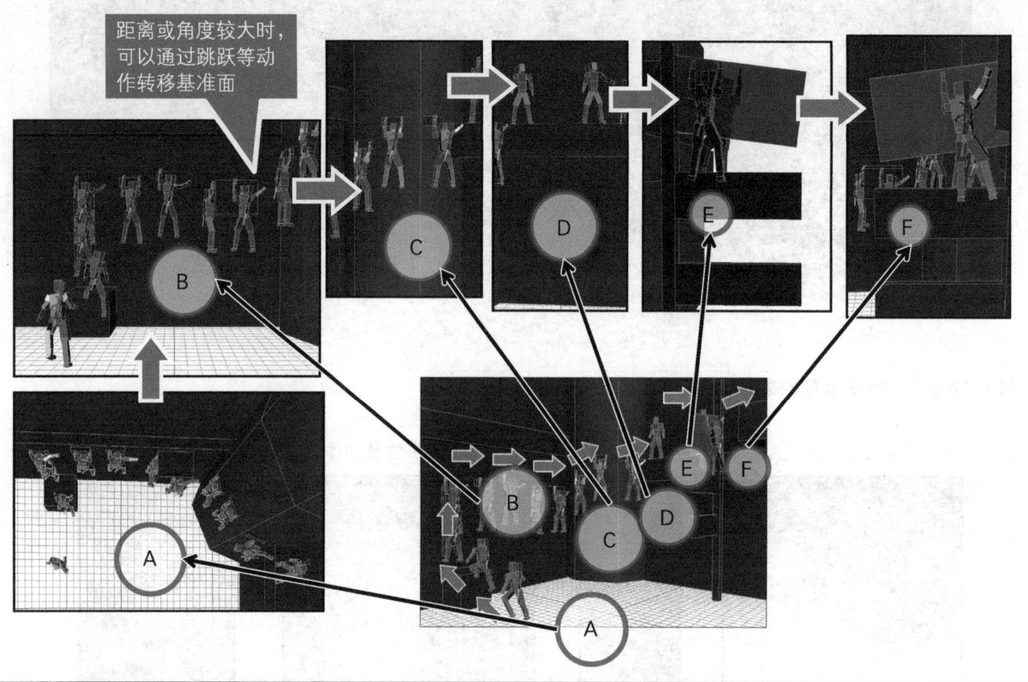

图 1.12.9 基准面的机制 其一

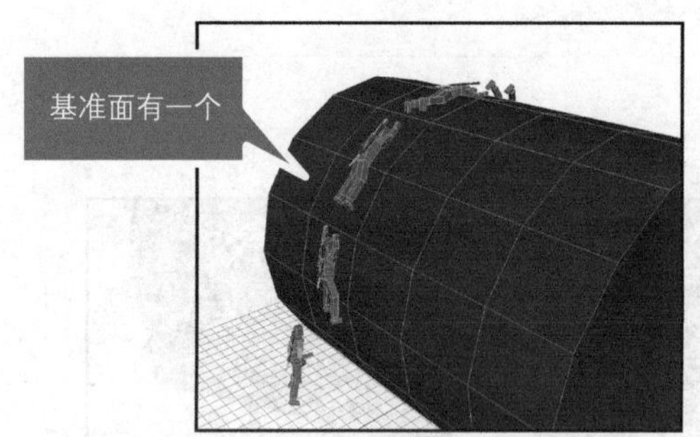

如果只有一个基准面，那么这类地形的情况下将会出现神奇的现象

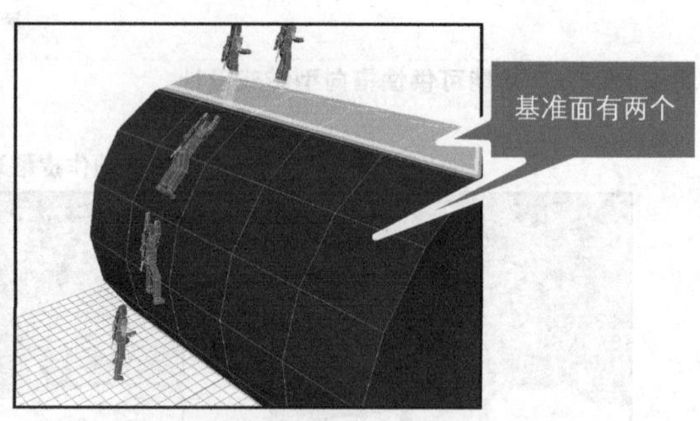

将基准面分为侧面和地面两部分后，还可以简化玩家操作

图 1.12.10 基准面的机制 其二

另外，诸如互相平行的墙壁等没有物理连接的基准面，可以通过跳跃或者特殊的功能可供性动

作来完成基准面的切换。

从玩家的角度来看，这些所谓的基准面早已司空见惯，在操作中完全不需要去留意。然而对于3D 游戏制作来说，基准面的考量就十分重要。**人形玩家角色在三维空间自由移动时，必须有一个游戏机制来保证玩家不会搞错移动的基准面。**

所有人都能上手的高自由度战斗机制

这款游戏中，玩家要用 L1 键举枪瞄准，用 R1 键射击（图 1.12.11）。

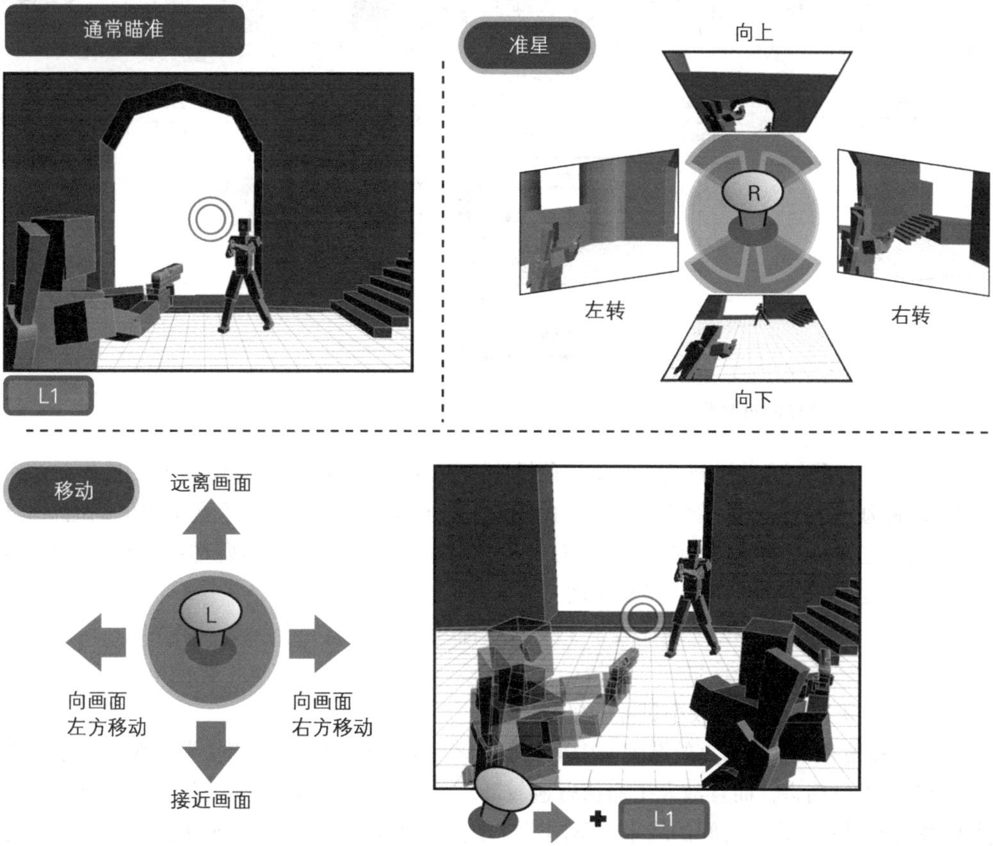

图 1.12.11　瞄准操作

其中控制准星的右摇杆的操作尤为重要。因此各游戏中的瞄准操作机制都各具特色（图 1.12.12）。

首先，《神秘海域：德雷克的欺骗》与《生化危机 4》不同，准星（瞄准环）固定在画面中央。另外，这款游戏为右摇杆的上下操作设置了“留余空间”，当准星水平移动后，轻微上下倾斜右摇杆并不会让枪口上下移动。这样一来，水平方向上的操作性就得到了重视，而在上下方向瞄准时，玩家则必须有意识地进行调整。实际操作一下会发现，在控制准星上下左右移动时会有“数字输入的手感”，不像其他游戏那样可以自如地斜向移动。在这款玩家时常要藏在掩体后方进行瞄准的游戏中，由于敌人和主人公一样会使用隐蔽动作，所以玩家探出掩体时准星操作越稳定命中率越高。上述调整或许正是基于这一考虑进行的。

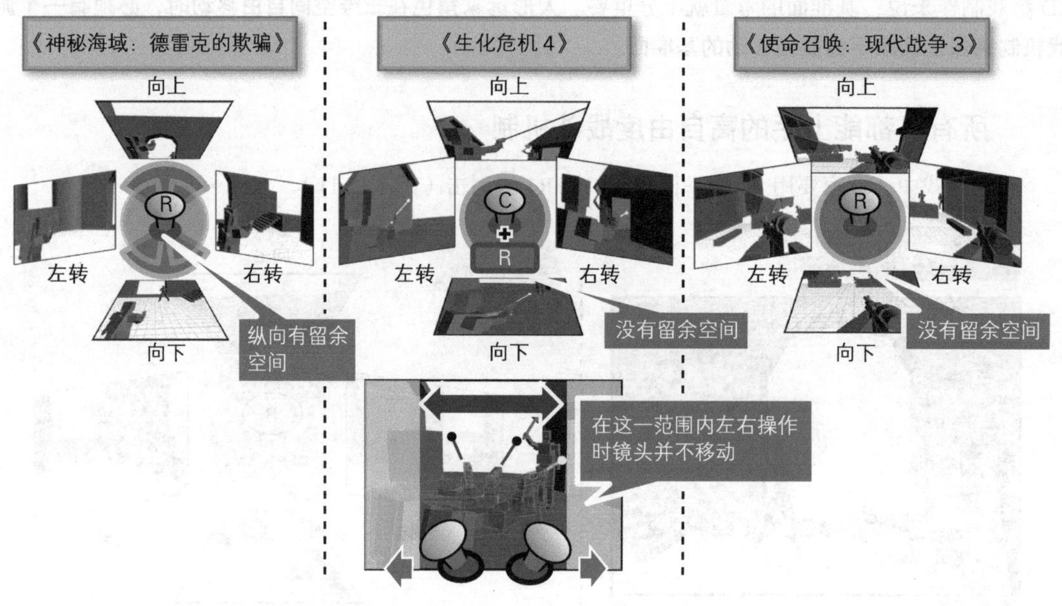

图 1.12.12　准星操作的机制差异

另一方面，在我们之前讲解过的《生化危机 4》中，准星自身可以配合右摇杆的操作在画面中移动。与《神秘海域》不同，这款游戏的摇杆操作几乎没有留余空间，因此准星能够流畅地斜向移动。不过相对地，这款游戏为镜头操作设置了留余空间。在这款以射击宿主特殊部位为重点的游戏当中，设计者为防止近距离枪战时镜头过度摇晃而专门采用了这一机制。

而在 FPS 游戏《使命召唤：现代战争 3》中，右摇杆的操作就完全没有留余空间，玩家在实际玩游戏的过程中能感受到十分连贯的“模拟操作的手感”。这款游戏又与《生化危机 4》不同，采用了便于玩家远距离快速狙击多个较小目标的机制。

还有，《神秘海域：德雷克的欺骗》中虽然也有将敌人一枪毙命的“爆头”系统，但是攻击其他部位也能造成大量伤害，而且敌人生命值普遍较低，所以除部分特殊敌人之外，不需要《生化危机 4》中那种射击腿部以拖延时间的战术。不同于《生化危机 4》中“如何以最小的损伤消灭如丧尸般行动缓慢但生命力顽强的敌人”的主题，这款以人类为敌人的游戏讲究“如何消灭行动快速而且善于躲藏的复数敌人”。

此外，与《战争机器》相同，这款游戏的“隐蔽动作”（掩护动作）也在枪战中扮演着重要的角色（图 1.12.13）。

隐蔽动作是指携带枪械隐蔽在障碍物后方伺机探身瞄准并消灭敌人的一系列动作。TPS 游戏由于能让玩家客观掌握自身位置，因此能够最大限度地激发隐蔽动作带来的乐趣。FPS 游戏虽然也可以使用隐蔽动作，但 TPS 有着在画面上显示玩家角色的优势，所以其隐蔽动作也更加丰富多彩。《神秘海域：德雷克的欺骗》自然也不例外，玩家可以通过按○键执行各种各样的隐蔽动作（图 1.12.14）。

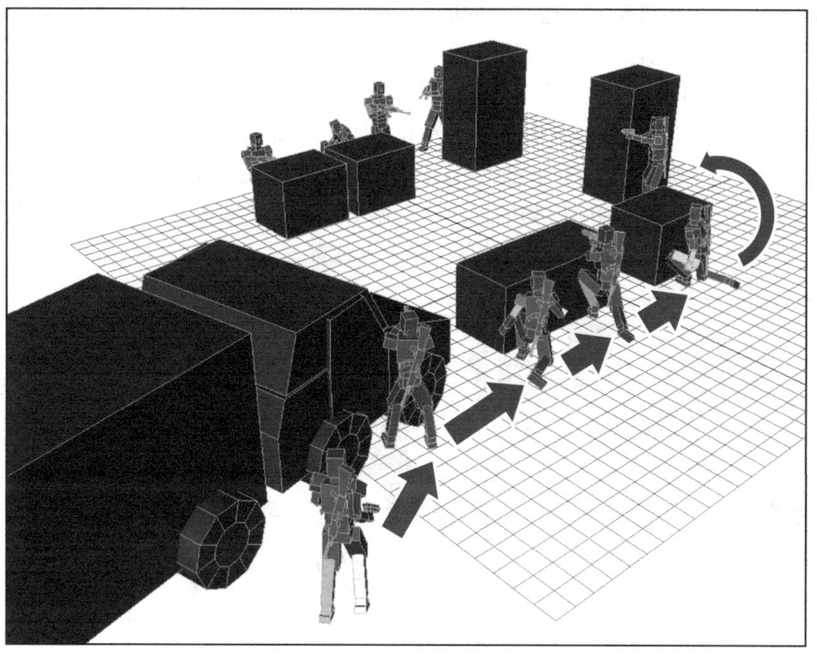

图 1.12.13 **隐蔽动作**

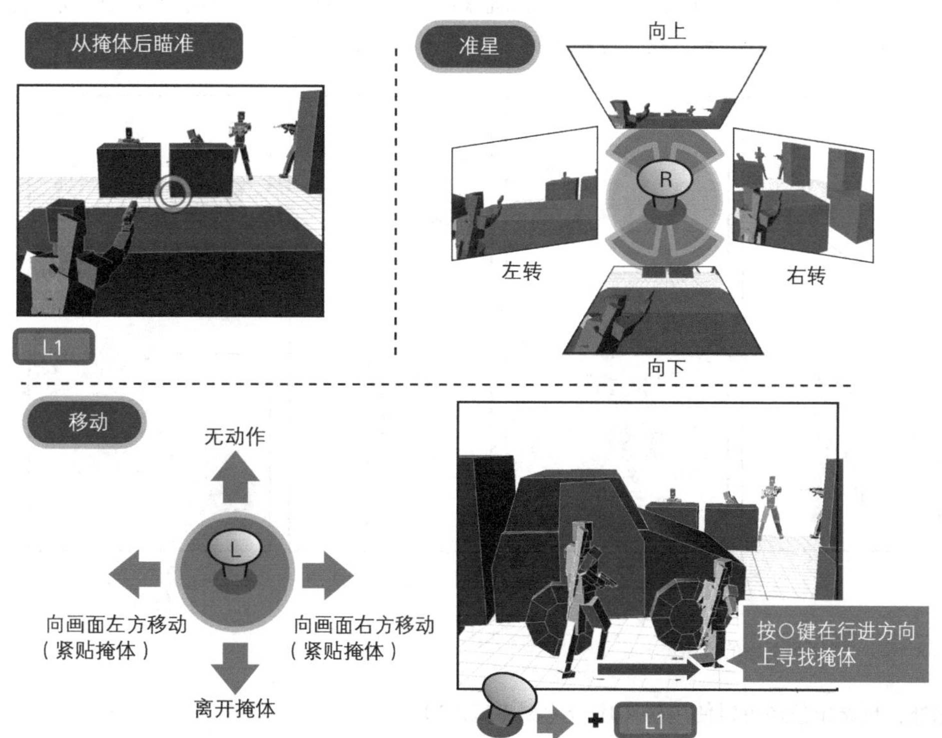

图 1.12.14 **从掩体后瞄准**

与其他游戏相比，《神秘海域：德雷克的欺骗》的隐蔽动作更加多样。除遮蔽物之外，玩家角色悬挂在招牌或悬崖边缘时同样可以进行瞄准操作。另外，如果在不按 L1 键的状态下直接使用 R1 键开火，玩家角色会以牺牲命中率为代价，只将枪械探出掩体进行盲射。

不仅如此，游戏为了实现快速流畅的隐蔽动作还下了一番功夫。当玩家按下○键时，即使玩家角色与障碍物还有一小段距离，玩家角色也会自动移动到障碍物旁边并做出隐蔽动作（图 1.12.15）。

此外，玩家角色会根据当前障碍物的大小自动调节姿势或者隐蔽方法。可见《神秘海域：德雷克的欺骗》也将功能可供性指向型游戏设计运用得炉火纯青。

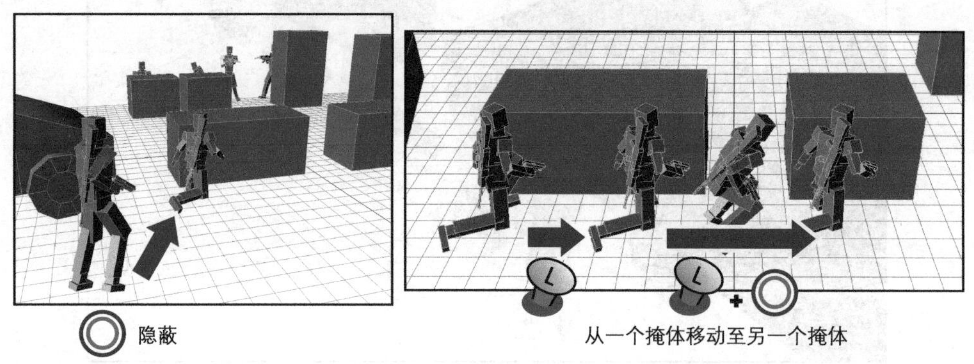

图 1.12.15　**自动化的隐蔽动作**

某些场景的地面上有胡乱摆放的煤气罐，玩家可以射击引爆它们，对周围敌人造成伤害。玩家还可以选择用△键捡起煤气罐，然后像图 1.12.16 中那样用 L2 键扔向敌人后再射击引爆。

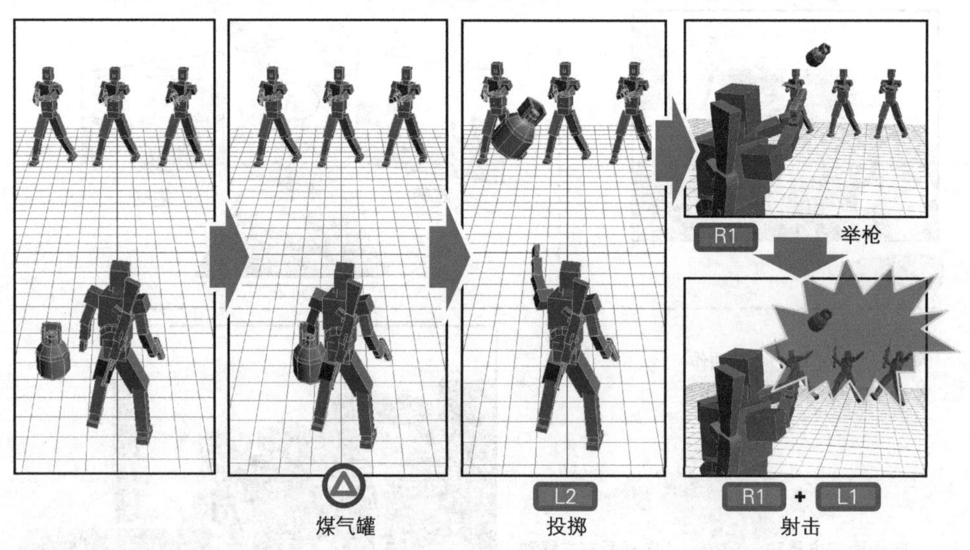

图 1.12.16　**使用煤气罐的攻击**

此外，玩家角色还可以使用格斗攻击（图 1.12.17）。

连击动作基本上只需连按□键即可。如果能看准格斗中的提示使用△键“反击”和○键“闪避”，玩家将进一步在格斗中占据有利位置。

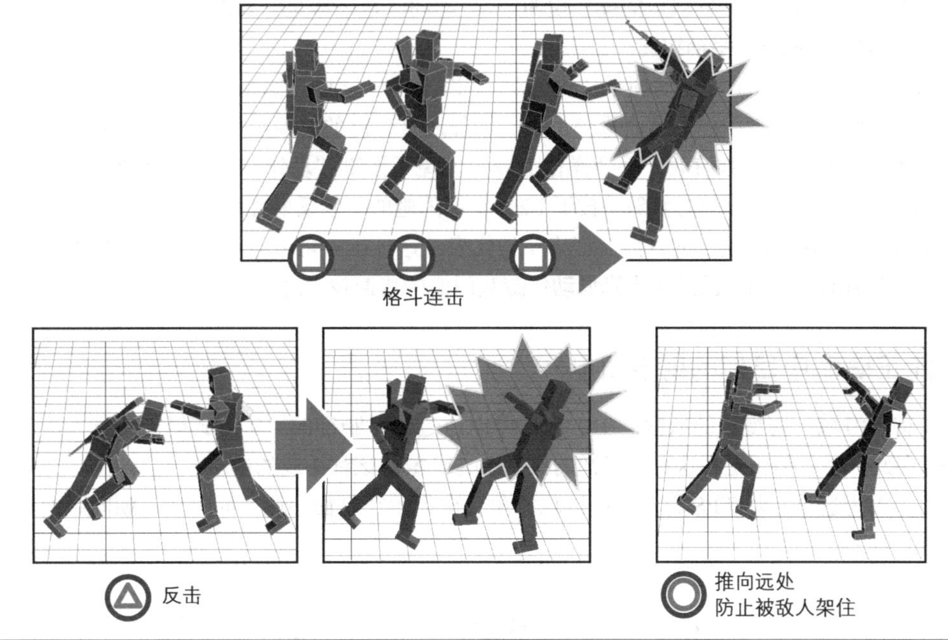

图 1.12.17 格斗动作

因此，《神秘海域》的战斗中动作自由度虽然很高，却能保证任何玩家在操作时都不会犹豫。其中的奥秘就在于本作品的按键功能设计。这款游戏为每个按键分配的是“动作”而不是“手段”。为方便理解，各位请看下表。

表 1.1 按键对应功能一览

	玩家状态				
手柄	普通	隐蔽动作中	掩体 / 障碍物	煤气罐	格斗中
左摇杆	**移动**	沿掩体**移动**	无法**移动**	持煤气罐**移动**	**移动**
右摇杆	**镜头操作 / 瞄准操作**	**镜头操作 / 瞄准操作**	**镜头操作 / 瞄准操作**	**镜头操作 / 瞄准操作**	**镜头操作 / 瞄准操作**
L1 键	**举枪**	隔着掩体**举枪**	**举枪**	**举枪**（自动换为手枪）	**举枪**
R1 键	**射击** 与 L1 键同时按下则是瞄准射击	隔着掩体**射击** 与 L1 键同时按下则是隔着掩体瞄准射击	**射击** 与 L1 键同时按下则是瞄准射击	**射击**煤气罐 or 普通**射击**	**射击** 与 L1 键同时按下则是瞄准射击
L2 键	**投掷榴弹**	隔着掩体**投掷榴弹**	**投掷榴弹**	**投掷煤气罐**	**投掷榴弹**
R2 键	**装弹**	**装弹**	**装弹**	**装弹**	**装弹**
□键	**格斗攻击**	在敌人接近掩体时跳出掩体**格斗攻击**	**格斗攻击**	丢弃煤气罐转为**格斗攻击**	**格斗攻击**
△键	**切换武器**	**切换武器**	**切换武器**	丢弃煤气罐	对敌人的攻击进行反击
○键	向左摇杆倾斜方向**闪避**	终止隐蔽动作 向左摇杆倾斜方向**闪避**	附近有可隐蔽的掩体时隐蔽 **闪避**	丢弃煤气罐并**闪避**	**闪避**敌人的攻击
× 键	原地**跳跃** 向左摇杆倾斜方向**跳跃**	**跳过**掩体	**跳过**掩体或障碍物	丢弃煤气罐并**跳跃**	原地**跳跃** 向左摇杆倾斜方向**跳跃**

从表中可以看出，按键各状态的操作说明中，“动词”几乎都是一致的。也就是说，**这款游戏将“表示动作的动词”赋予了手柄按键**。

就拿L2键来说，这个键的动词是“投掷”，所以不管玩家角色拿着榴弹还是煤气罐，只要按下这个键，玩家角色就会把手中的东西投掷出去。另外还有○键的“闪避”，只要将隐蔽动作视为闪避的一种也就说得通了。这款游戏在手柄操作上极力避免了按键“动作意义”的变化。由于有了这个设计，让玩家可以在想投掷的时候随手按下L2，在想闪避的时候反射性地按下○键。

以《蝙蝠侠：阿甘之城》的自由流程格斗为代表，这种玩家角色动作设计技巧从2000年代起就已经得到了大幅推广，如今已经成为降低动作游戏门槛的普遍技术之一。

能正确命中目标的射击机制

在《神秘海域：德雷克的欺骗》中，玩家可以通过准星瞄准的简单方式射击敌人。这一介绍听起来好像多此一举，但正是在这尽人皆知的机制中，隐藏着该款游戏的本质。

首先，因为这是一款TPS游戏，所以玩家角色会显示在画面一侧，同时枪口朝向画面正中央的准星（图1.12.18）。

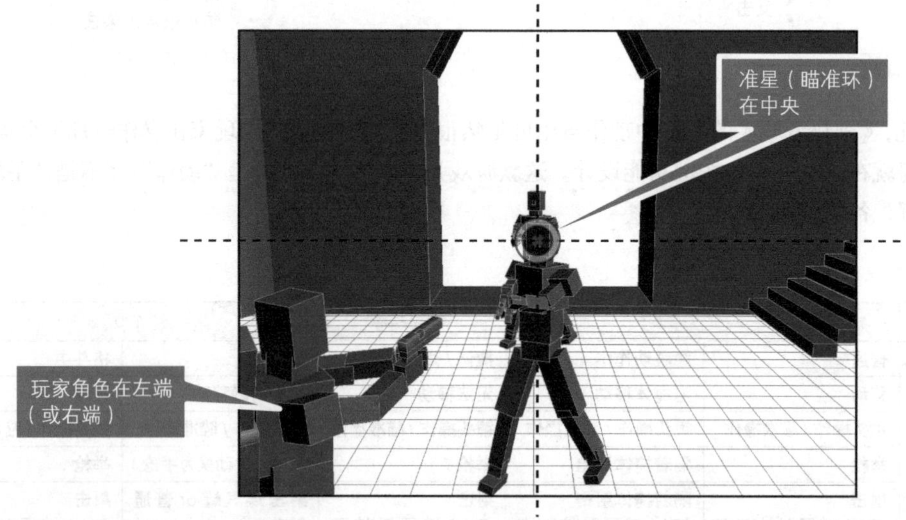

图1.12.18 准星（瞄准环）

在这一状态下开枪，玩家只能命中前方的敌人，而远处的敌人则不会受到攻击。就算玩家角色装备的武器具有穿透能力，如果想命中远处的敌人，也需要稍微向左移动几步并用准星瞄准（图1.12.19）。

细心的读者大概已经想到了其中缘由。没错，由于这是一款TPS游戏，因此玩家角色的枪口会指向准星标出的着弹点，枪口射出的子弹自然不会沿着画面中央的线路笔直向前飞行。

换作FPS游戏则又是另一种情况。由于FPS游戏画面中显示的枪械与准星是一体的，因此子弹会沿着画面正中或正中稍偏一点的线路向前飞行（图1.12.20）。

即便同为拿枪瞄准射击的简单机制，TPS与FPS也有着如此大的差异。相信绝大多数玩家都没有意识到这一机制的不同。然而当角色手持具有穿透能力的枪械时，玩家将会获得意料之外的结果。

用具有穿透力的达姆弹手枪射击屏幕中央站成一列的敌人就是这种情况（图 1.12.21）。

图 1.12.19　射击前后的敌人

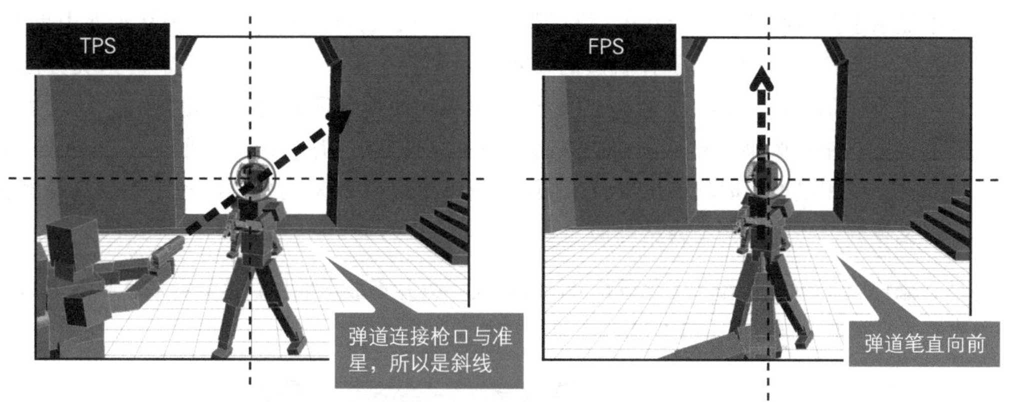

图 1.12.20　TPS 与 FPS 准星的差异 其一

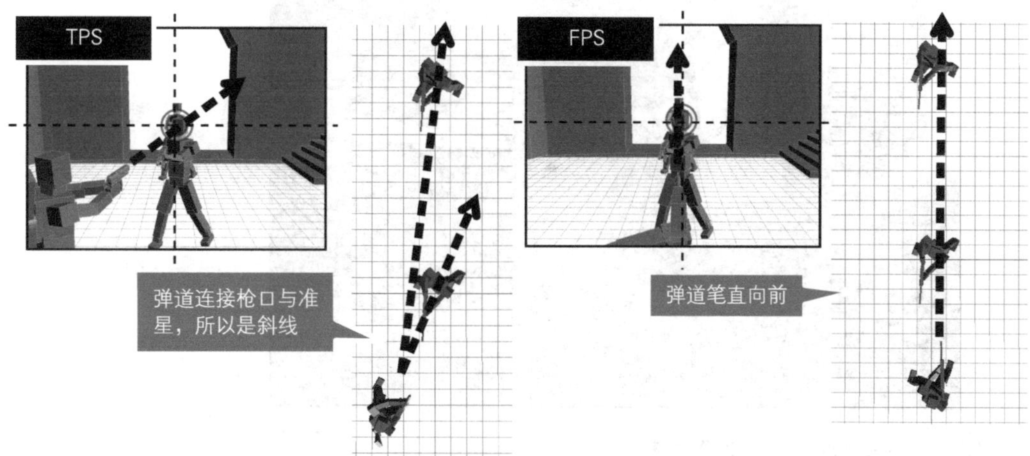

图 1.12.21　TPS 与 FPS 准星的差异 其二

如图中所示，TPS 游戏的准星会自动选取靠前的敌人，所以弹道将偏离远处的敌人（各位不妨按照图中所示位置关系选取前后对齐的两个柱子做相同的实验）。而在 FPS 游戏中，由于两名敌人都在笔直向前的弹道上，因此可以一起命中。

游戏在设计上需要让玩家直观地理解这一机制。所以 TPS 类的射击游戏常会采用如下方法，使玩家能无意识地理解该机制。

- **射击时显示子弹飞行轨迹**

  在画面上显示子弹轨迹后，玩家可以直观地看出自己为何打偏了。《神秘海域：德雷克的欺骗》就显示了所有枪械的子弹轨迹。不过，这一方法的不足之处在于只有开枪后才能看到轨迹。

- **扩大穿透型子弹的碰撞检测**

  根据游戏设计时规划的标准房间大小调整子弹的碰撞检测，保证两名敌人分别站在门口和最里面时也能同时命中。

- **使用 FPS的枪械射击机制（子弹从画面中央飞出）**

  在不显示子弹飞行轨迹的游戏中，可以强行采用 FPS 的射击方式，让子弹从画面中央发射。不过，一旦遇到必须显示子弹轨迹的场景，玩家将一眼看透这一“把戏”。这类方法其实有一个不错的解决方案，那就是 TPS 类游戏中在使用穿透力较高的枪械时，让玩家通过瞄准镜等高精度瞄准器材从画面中央直视目标（即暂时切换为 FPS 视角）。实际上，FPS 游戏在不使用瞄准镜时枪械也会位于画面偏右，但许多游戏为保证游戏手感会选择牺牲部分视觉体验，将弹道调整为从画面中央笔直向前。

另外，恐怖类 TPS 代表作《生化危机 4》的画面中央并不显示准星，这款游戏让玩家通过枪械上的激光器来直观地了解弹道（图 1.12.22）。

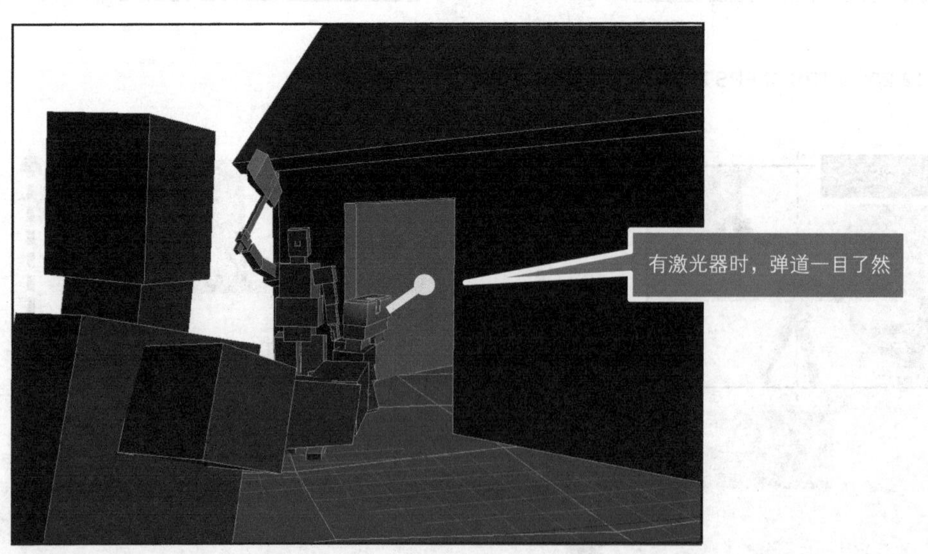

图 1.12.22 《生化危机 4》中的激光器

这一方式的优点在于弹道一目了然。手中拿着穿透型武器时，玩家能很容易地去估算可以贯穿复数敌人的射击位置。不过，画面中央没有准星，这给判断位置及瞄准都带来了一定的难度。而且在加入"移动中射击"的功能之后，玩家移动会导致准星大幅摇晃。再加上游戏中必须为每把枪都安装激光器等等，总之仍是问题多多（值得一提的是，在《死亡空间》等游戏中，移动几乎不会造成准星晃动，而且玩家角色的持枪位置接近画面中央）。

所以说，在我们司空见惯的拿枪射击机制中，暗藏着开发者的大量心血与技巧。

电影般的格斗动作机制

在《神秘海域：德雷克的欺骗》中，格斗动作能给玩家带来好莱坞电影一般的情景体验。

这些电影演出般的格斗动作中，我们拿最容易理解的"反击"作为例子进行说明。假设玩家在格斗攻击中使用连击进攻敌人，而敌人躲闪后发动了反击。此时游戏将自动切换至电影般迫力十足的视角，并让玩家按○键闪避后进行反击（图 1.12.23）。

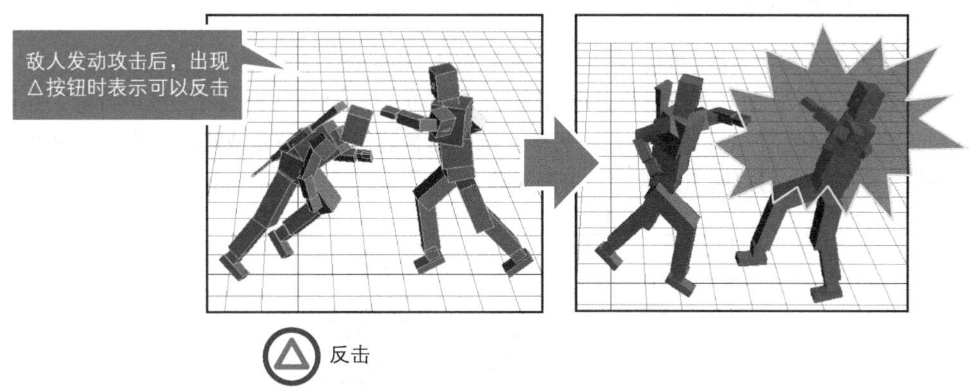
敌人发动攻击后，出现
△按钮时表示可以反击
反击

图 1.12.23 反击

而且在连击完成时，玩家可以夺下敌人的枪械或者拉开敌人身上榴弹的引线，以此消灭敌人（图 1.12.24）。

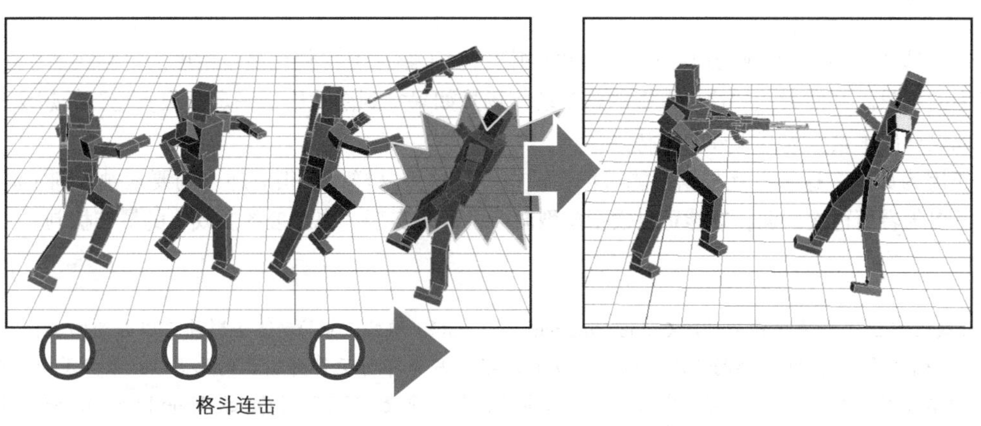
格斗连击

图 1.12.24 格斗连击

此外，玩家站在特定场所时，还可以将敌人推下高处或者撞在墙壁等障碍物上（图 1.12.25）。

推下高处
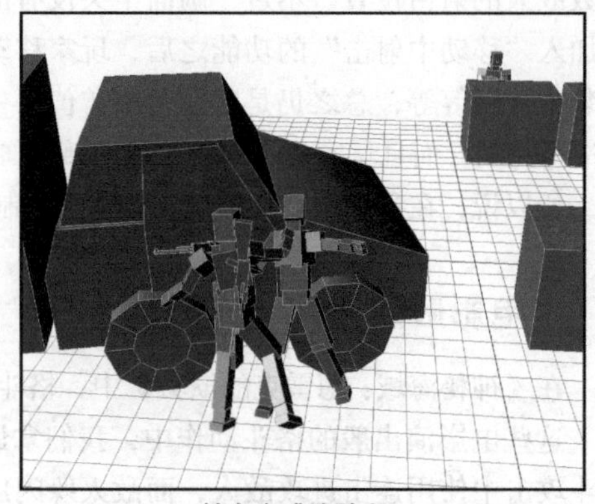
撞在车或墙壁上

图 1.12.25 各场所中设置的特殊攻击动作

不仅如此，在未被敌人察觉的状态下（非战斗 BGM 的状态下），玩家还可以发动偷袭动作。

如图 1.12.26 所示，面对非警戒状态下的敌人，玩家的移动动作将自动变为匿声行走，并且允许玩家在敌人背后使用□键快速消灭目标。另外，玩家角色隐藏在遮蔽物或掩体后方时，只要在敌人接近瞬间按下□键，就可以跳出遮蔽物一击消灭敌人。

潜入任务中，在未被敌人察觉的情况下，玩家角色保持“匿声行走”
使用偷袭动作消灭敌人时，不会被其他敌人察觉
从背后悄声偷袭敌人

图 1.12.26 偷袭动作

通过这些机制，游戏成功地避开了生硬的剧情剪辑（影片）①，使用高自由度的电影式动作还原了电影中的场景。开发者从“这个电影的这个动作场景如果拿到游戏中去一定会很有趣”的想法出发，扎实地设计出了这些为其服务的机制。

正因为如此，这款游戏根据功能可供性，将“在这里这样做会很有趣”的要素融入到了游戏之中。**所以笔者要再次强调，功能可供性指向型游戏设计是实现“电影般的游戏”的最佳机制。**

① 游戏内播放的影片统称为“In-Game Cinematics”（IGC，游戏动画）。这些影片可以分为四类：第一类是“剧情剪辑”，即连接两个游戏部分的实时渲染影片（即时运算并输出的影片）；第二类是“脚本”（脚本续发事件），常用于游戏中短暂的对话事件；第三类是“QTE”（Quick Time Event），即让玩家在剧情剪辑中按照画面提示及时输入按键完成挑战的互动型影片；第四类是“全动态影像”（Full Motion Video，FMV），即以影片格式播放预先计算完毕的 CG。

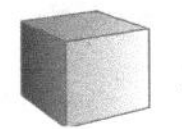

小结

《神秘海域：德雷克的欺骗》作为一款动作类游戏，不但具备着精炼的游戏系统，还成功地将所有复杂要素一并剔除，让任何玩家都能借助简单的操作享受游戏。

最值得一提的是，为保证动作类游戏的节奏感，这款游戏将“不需要打开菜单”的设计理念贯彻始终。在武器切换机制上，枪械被分为“手枪”和“其他枪械”两类，更换枪械的操作由左右方向键负责，免去了玩家打开菜单进行设置的麻烦。

综上所述，《神秘海域：德雷克的欺骗》这款游戏自始至终贯彻着“让玩家体验什么”“怎样体验”以及“如何让玩家舒服地沉浸在游戏世界之中”这些“游戏哲学”。

1.13

通过 FPS 视角享受的体感动作设计技巧

（《使命召唤：现代战争 3》）

在海外受万众瞩目的《使命召唤》系列是一款 FPS 系列作品，玩家在游戏中能够体验到战争电影般迫力十足的场面。下面我们以《使命召唤：现代战争 3》[①] 为例，探索让 FPS 游戏更有趣的设计技巧。

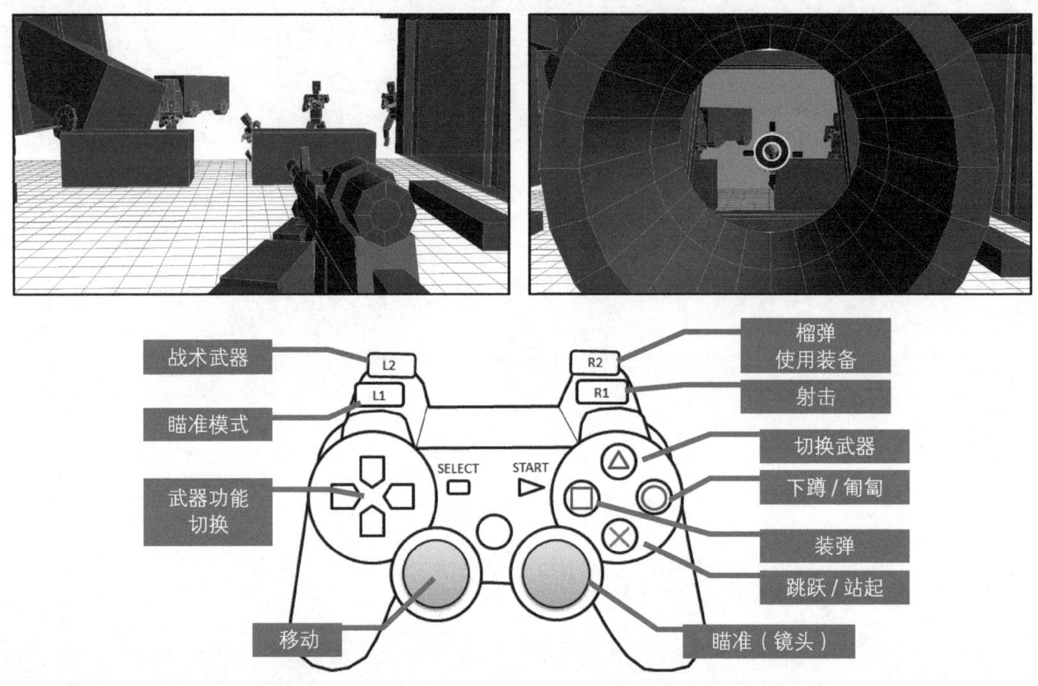

图 1.13.1　《使命召唤：现代战争 3》的画面构成及基本操作

操作方面，左摇杆控制移动，右摇杆控制镜头，按 L1 举枪后按 R1 射击。除此之外，还有跳跃和下蹲等 FPS 游戏的基本动作。

FPS 游戏最早出现在电脑上，玩家可以通过鼠标操作最大限度地享受“瞄准射击”的乐趣。然而，如果想在家用机的模拟摇杆上实现“瞄准射击”，那么单纯将电脑游戏的游戏机制拿来用还是远远不够的。因为家用机需要“能像鼠标一样瞄准射击的机制”。下面就让我们一同来探讨这个机制。

---

① Call Of Duty 4: Modern Warfare 3 © 2011 Activision Publishing. Inc. Activision. Call of Duty and Modern Warfare are registered trademarks of Activision Publishing. Inc. All rights reserved. All other trademarks and trade names are the properties of their respective owners.

让玩家沉浸于游戏体验的玩家角色动作

《使命召唤：现代战争 3》的移动动作由左右摇杆负责（图 1.13.2）。

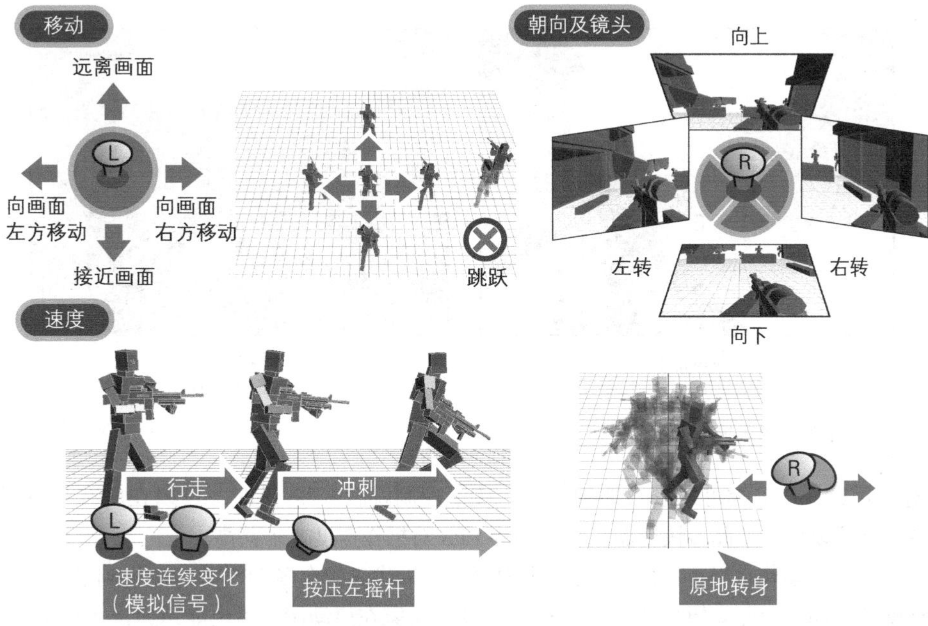

图 1.13.2 《使命召唤：现代战争 3》的移动动作

移动以及镜头皆为模拟操作，速度根据摇杆倾斜幅度变化。如果在移动中按压左摇杆，还能使用更快速的冲刺。

另外，为保证 FPS 游戏中玩家能一边向敌人方向移动一边射击，游戏特地采用了不改变身体朝向的移动机制（图 1.13.3）。

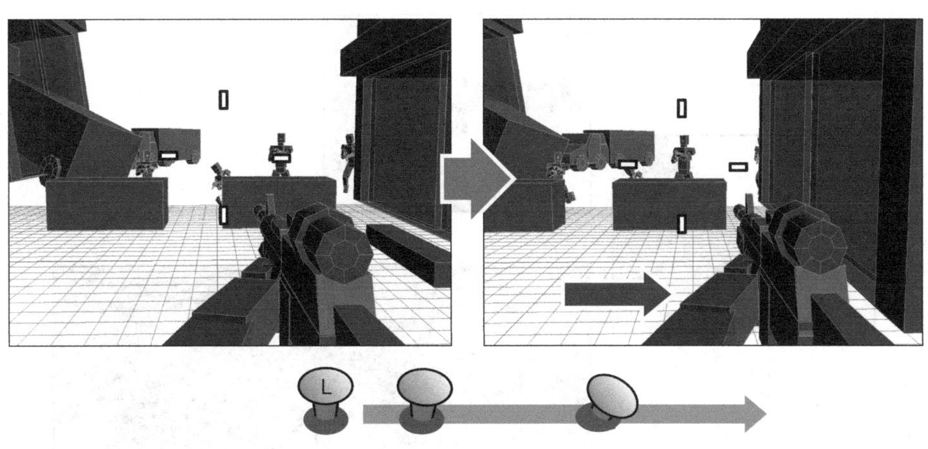

图 1.13.3 玩家移动

不仅如此，这款游戏还可以在设置中选择四种不同的控制类型，其中包括《生化危机 4》等 TPS

类的“旧式”操作，各位不妨尝试一下，体会 TPS 与 FPS 操纵感的不同。由于这款游戏敌人数量较多，枪战也比较激烈，所以选用“旧式”操作后难度会陡增。

此外，玩家可以用○键切换“站立”和“下蹲”，以便快速隐蔽到掩体后方（图 1.13.4）。

图 1.13.4 下蹲（躲入掩体）

还有，玩家长按○键可以进入匍匐姿态，按下控制跳跃的 × 键时，可以在所有姿态下迅速起身。游戏中之所以设计如此多快捷操作，是因为 FPS 对操作速度要求甚高。

这一系列移动动作在以《使命召唤：现代战争 3》为代表的众多 FPS 游戏中得到了统一，最多也就是按键配置不同。因此即便是新发售的 FPS 游戏，玩家在启动游戏后也能迅速进入状态。可以说，这是 FPS 类游戏独有的特征。

 可以通过使用手柄享受枪战的机制

《使命召唤：现代战争 3》中，玩家可以按 R1 键“射击”，按 L1 键举枪进入“瞄准模式”进行瞄准操作（图 1.13.5）。

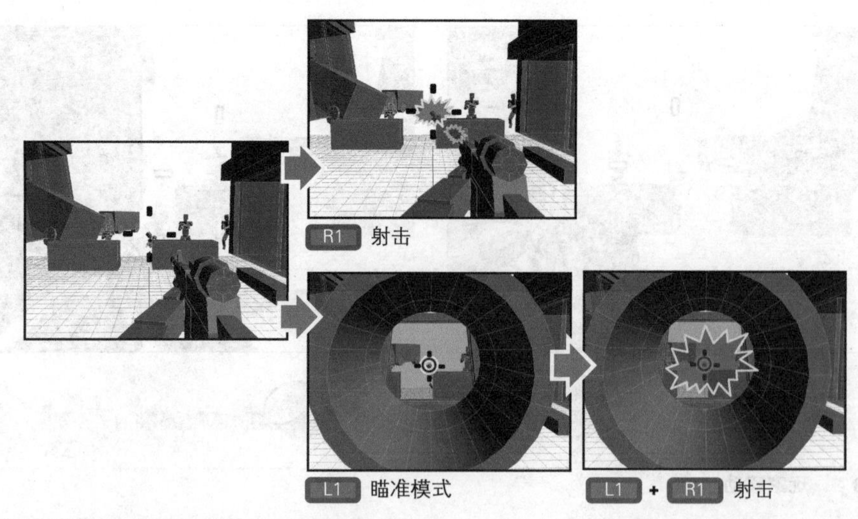

图 1.13.5 普通射击与瞄准模式下的射击

这里值得注意的是**自动瞄准**功能。FPS 最早是作为电脑游戏出现的，而玩 FPS 类游戏时必然缺少不了鼠标，鼠标这种极其优秀的输入工具，让玩家能够做到快速且精密的瞄准。但家用机的模拟摇杆由于硬件构造上的限制，无法原汁原味地移植“鼠标的瞄准手感”。

于是设计者想到了**自动瞄准**。这款游戏中总共采用了两个自动瞄准机制。

第一个是**准星辅助**。玩家大致瞄准敌人位置之后按 L1 键，系统会自动瞄准该敌人（图 1.13.6）。

第二个是**瞄准辅助**。瞄准模式下如果敌人接近准星，就会被准星标记（图 1.13.7）。一旦标记成功，那么在一定范围及时间内，准星会自动追踪这名敌人。这样一来，即便是不熟悉模拟摇杆操作的游戏菜鸟，也能够长时间地瞄准敌人（要注意的是，在联机模式下瞄准辅助几乎不起效）。

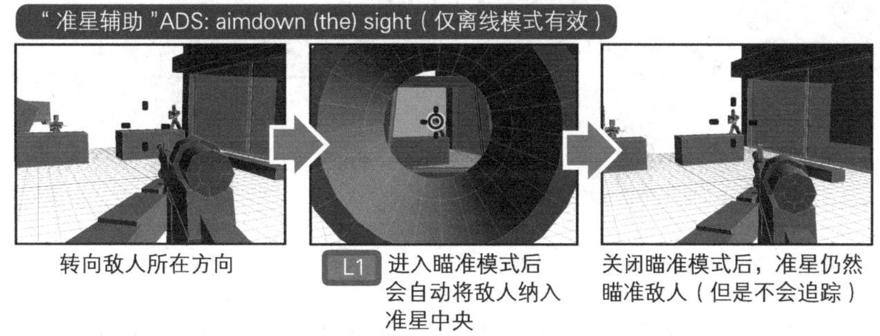

图 1.13.6　准星辅助

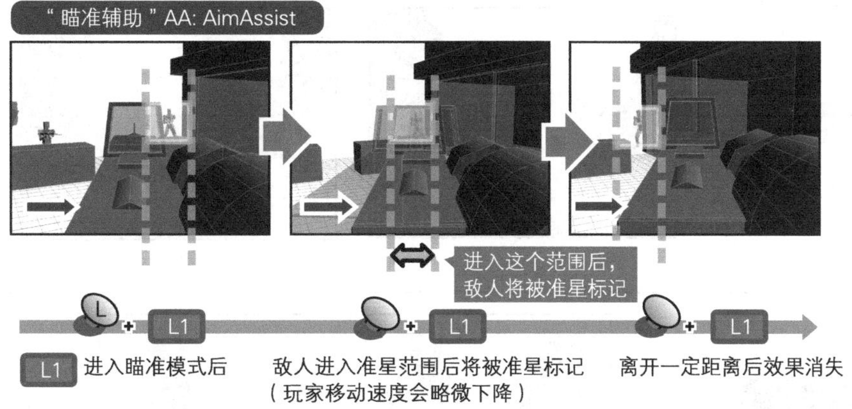

图 1.13.7　瞄准辅助

或许各位读者会想“这两种功能都能自动瞄准，这样一来游戏不就太简单了吗?”。其实不然，游戏中只在最开始的一瞬间进行自动瞄准操作。追踪移动中的敌人、瞄准敌人头部“爆头”，以及瞄准敌人未被掩体遮盖的部分等 FPS 特有的游戏乐趣都原原本本地保留了下来（不过，有些 FPS 高手确实能将模拟摇杆用得像鼠标一样灵活。所以这些玩家可以选择在游戏设置中关闭准星辅助功能）。

通过自动瞄准的功能，模拟摇杆实现了不逊色于鼠标的“游戏手感”[①]。

① “自动瞄准”“准星辅助”“瞄准辅助”这三个用语在家用游戏机界、电脑界，甚至每一款游戏中的称呼都有所不同。某些游戏中还会将“瞄准辅助”称为“自动瞄准”，所以这些词汇极易混淆。本书是以《使命召唤：现代战争 3》（日版）为基准进行介绍的。

看不到身体也能感受到玩家角色动作的机制

“看不到玩家角色的身体”是 FPS 游戏的特征之一。绝大部分 FPS 游戏中，玩家只能看到玩家角色的手腕和枪械（图 1.13.8）。

图 1.13.8　FPS 与 TPS 中玩家角色表现的差异

不过，“手腕和枪械”这种有限的身体表现，正是向玩家表达玩家角色动作的关键要素。

首先，能够用身体表现出的玩家角色动作有“行走”与“奔跑”（图 1.13.9）。

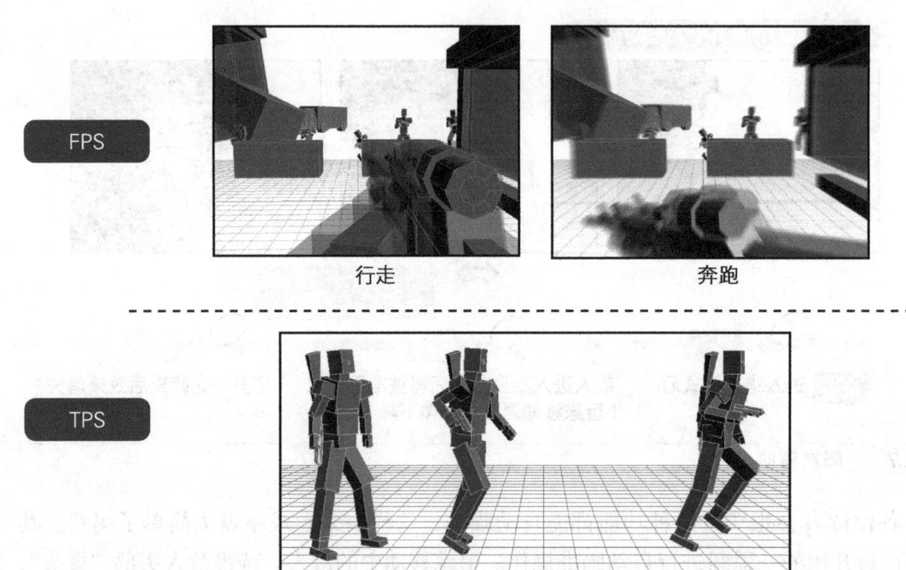

图 1.13.9　FPS 与 TPS 移动动作的差异

FPS 游戏会让玩家角色在奔跑时手腕左右摆动，以与“行走”进行区分。这一点或许各位早就习以为常了，然而如果要加入“滑行”等玩家角色动作，游戏就需要用到更多身体表现。《镜之边缘》作为一款增加了动作要素的新颖 FPS 游戏，就通过将手脚同时加入画面的方法，为玩家展现了多彩的玩家角色动作（图 1.13.10）。

奔跑（显示摆臂动作）

滑行（可以看到下半身）

图 1.13.10　《镜之边缘》的移动动作（画面仅为概念图）

值得一提的是，在《使命召唤：现代战争 3》中，玩家将镜头朝向下方时并不会看到玩家角色的脚。另一方面，《战地 3》中用同样的方式调整镜头朝向下方时就能够看到脚，而且在行走和奔跑时，还配有相当逼真的脚部动作。不过，如果玩家站在原地旋转镜头，会发现只有镜头在转动，而脚却是不动的。笔者认为，之所以这里没能正确表现出玩家角色的身体，是出于家用机硬件方面的限制，而且由于游戏中转身速度要远高于现实，所以不适合采用过于真实的身体表现方法。

另外，在画面中显示玩家角色的身体还有另一项优势，那就是能时刻表现出玩家角色的装备以及状态。比如在 FPS 中，玩家手中枪械的种类等便一目了然。

综上所述，游戏通过玩家角色身体的一部分能表现出多少玩家角色动作或状况，决定了 FPS 玩家动作的直观程度。

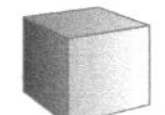

与电脑之间操作方法的差异

《使命召唤：现代战争 3》除家用机版外还发售了电脑版。电脑版的操作方法如下（图 1.13.11）。

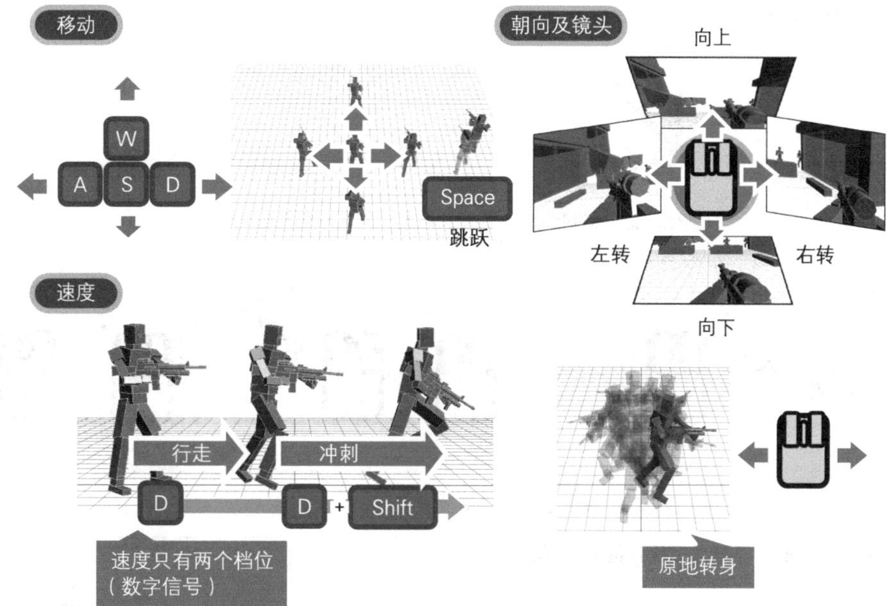

图 1.13.11　《使命召唤：现代战争 3》电脑版的移动动作

其中“移动”是键盘的数字操作，“镜头”是鼠标的模拟操作。

PlayStation 3 版由摇杆控制移动”移动速度根据摇杆倾斜幅度而变化，因此可以完成比键盘更加细致的操作。然而由于 FPS 中极少出现需要细微调整的情况，因此模拟摇杆与键盘带来的移动操作差异对一般玩家来说并没有多大影响。

但是，镜头操作方面就大不相同了。使用模拟摇杆时，摇杆倾斜幅度对应镜头旋转速度，而使用鼠标时，则是鼠标的移动量对应镜头的旋转速度（图 1.13.12）。

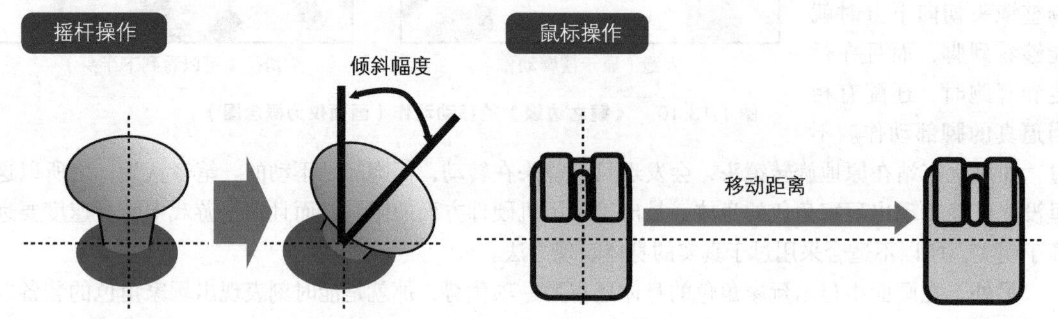

图 1.13.12　**模拟摇杆与鼠标操作的差异 其一**

因此，使用模拟摇杆时，镜头旋转速度无法超过模拟摇杆的最大倾斜幅度。但是只要保持摇杆倾斜，镜头可以一直旋转下去。

相对地，使用鼠标时，只要物理空间允许，玩家就可以使镜头瞬间旋转任意角度。而且由于鼠标能完成摇杆无法企及的精密操作，因此不需要准星辅助功能。然而，因为鼠标必须在物理空间内进行移动，所以当玩家想持续向同一个方向旋转镜头时，需要重复将鼠标滑至鼠标垫一端，再抬起并放回鼠标垫中央（图 1.13.13）。

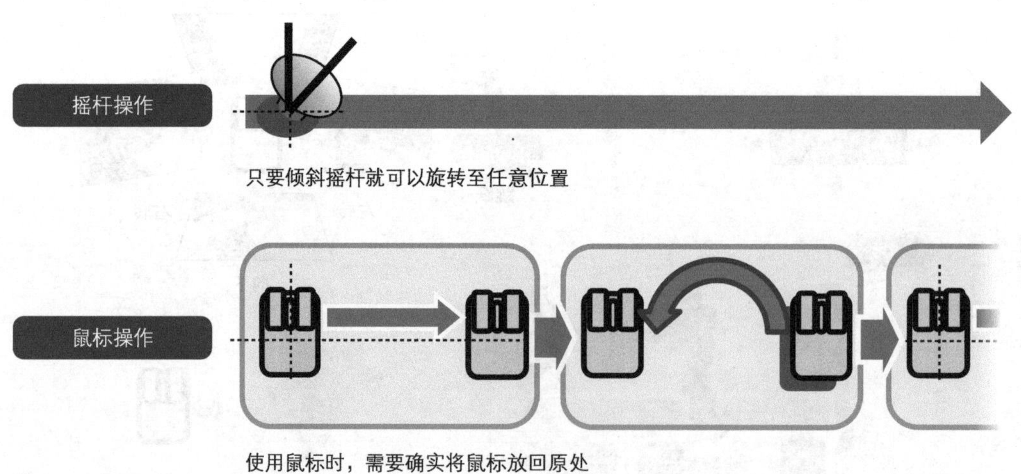

图 1.13.13　**模拟摇杆与鼠标操作的差异 其二**

综上所述，即便是同一款游戏，在使用不同输入设备时，游戏手感也会大不相同。因此，开发者在设计时需要为每种输入设备选择合适的、能最大限度激发游戏乐趣的机制。

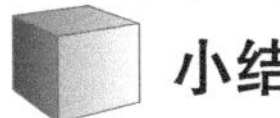

小结

《使命召唤：现代战争 3》为了给玩家奉上好莱坞战争题材电影一般的游戏体验，极力保持了 FPS 的传统操作设计。此外，为保证游戏的逼真程度以及为玩家提供重要信息，设计者没有忘记用“玩家角色身体的一部分”来表现玩家角色动作。

这一系列游戏机制都是为了让玩家有身临其境的感觉。在游戏中将“第一人称”的精髓贯彻到底，这既是 FPS 的特色，也是以《使命召唤：现代战争 3》为代表的一系列“真实系 FPS”的本质所在。

然而，FPS 虽然会给人带来玩家与玩家角色融为一体的感觉，但实际上，与 TPS 相比，FPS 在表现玩家动作方面比较弱势。因此，玩家在空翻或双枪左右开弓射击位于两侧的敌人（如枪斗术）等时，自身完全看不到效果。也正是因为有了这一制约，游戏的侧重点从“让玩家做什么”转移至了“让玩家体验什么”这种虚拟现实的视角。

另外，玩家在 FPS 中可以体验化身神枪手的乐趣。射击类游戏中，由于每把枪械都被赋予了不同的后坐力，玩家在游戏时往往要琢磨如何抑制后坐力带来的振动（子弹发射时反作用力造成的枪械振动）。这一过程叫作“后座力控制”。与格斗游戏的连击一样，射击游戏的每把枪械也各具特征，比如第一发之后会大幅晃动，或者连射时枪口在特定方向上晃动等。因此如果想成为射击类游戏骨灰级玩家，需要掌握每一把枪的后坐力类型，并在射击时向晃动的反方向移动准星，通过后座力控制将晃动抑制到最小。FPS 乍看上去像是“拿枪瞄准射击”的简单游戏，但仔细观察每部分机制之后会发现，其深奥程度不亚于其他游戏。

如果各位有意制作 FPS 游戏，不妨先从《使命召唤：现代战争 3》中简单的玩家动作以及“准星辅助”等为玩家提供帮助的机制入手。另外，最新作《使命召唤：幽灵》以及《战地 4》中又加入了新的机制，让游戏临场感更上一层楼，有条件的读者请务必一试。

此外，如果各位想方便地比较 FPS 与 TPS 两种视角，推荐尝试《上古卷轴：天际》这款游戏。在剑与魔法的世界中虽然没有枪械射击要素，但这款游戏可以通过按键操作实时切换玩家视角，所以能够轻松地体验 FPS 与 TPS 在“观察世界的角度”上的差异。

1.14

让攻防更有趣的动作设计技巧

在制作动作类游戏时，我们往往会将自己认为有趣的攻击或防御等动作一股脑地添加到游戏中去。然而实际添加之后会发现，无论我们的游戏中有多少看上去有趣的动作，都不会对游戏本身的趣味性带来多少帮助。这是因为游戏中需要“攻防”的要素，只一味地制作攻击动作并不会产生有趣的攻防。因此，接下来我们要介绍一些能产生有趣的攻防的动作机制。

让攻防更有趣的“三角牵制”机制

在制作以近距离战斗为主的动作类游戏或割草类游戏时，首先要从制作何种有趣的攻防着手。

我们先来考虑只有攻击动作的系统。在这类游戏中，玩家与敌人的攻防就是比拼反射神经，谁能在更好的时机打出“快速攻击”谁就获胜（图 1.14.1）。

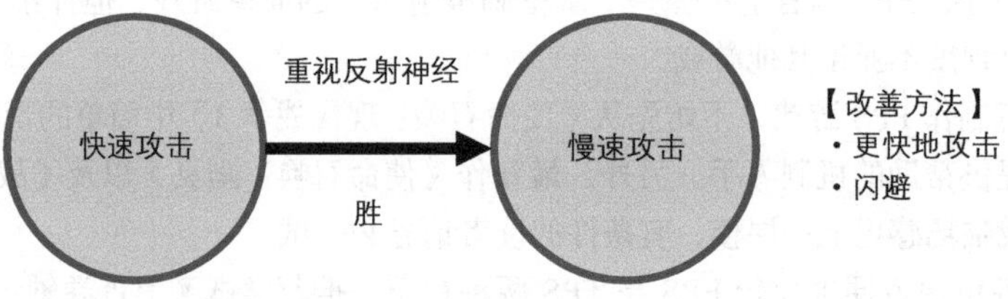

图 1.14.1　仅由攻击动作构成的牵制关系

在一对一的战斗中，能在进入攻击范围时迅速发动连续攻击命中对手的一方会获得压倒性胜利。攻防方面，只会出现决定攻击命中与否的**距离上的攻防**。攻击的风险也只不过是算错距离时“挥空”。而且在一对多的战斗中，一旦玩家被敌人围困且不断遭到快速攻击，玩家将失去反击的机会。虽然调整敌人 AI 放缓攻击后还有得一玩，但作为一款游戏还是欠缺了一些攻防要素。

这时候，我们就可以引入“闪避”或“防御”（格挡）等动作来添加“距离”以外的攻防要素。在攻击之外加入闪避或防御动作后，游戏中便自然而然地出现了“动作选择上的攻防”（图 1.14.2）。这样一来，快速攻击将不会再占据压倒性的有利地位。闪避动作可以在躲过敌人攻击后进行反击，防御动作可以格挡对手的快速攻击，然后利用硬直时间或帧数差转守为攻。

然而，如果闪避和防御能在无风险的情况下战胜任何攻击，那么闪避和防御将占据压倒性的有利位置，导致游戏中积极进攻的一方反而会陷入不利。这种状态就是我们俗称的“蹲坑游戏”。何况动作类游戏和割草类游戏的卖点正在于快节奏连击的畅快感，所以更应该避免这一情况发生。

于是，我们要给闪避以及防御动作增加一些风险。

首先我们来讲讲“防御风险”。《塞尔达传说：天空之剑》以及《黑暗之魂》中，要么盾牌有使用次数限制，要么有耐力限制，无法持续格挡。《终极地带：引导亡灵之神》在游戏中加入了破防属性（击破格挡状态的攻击）的攻击动作，让玩家不得不面对闪避与防御“二选一的攻防”。也就是说，这些游戏都用各自的方式让防御无法永远有效，从而给防御增加了风险。

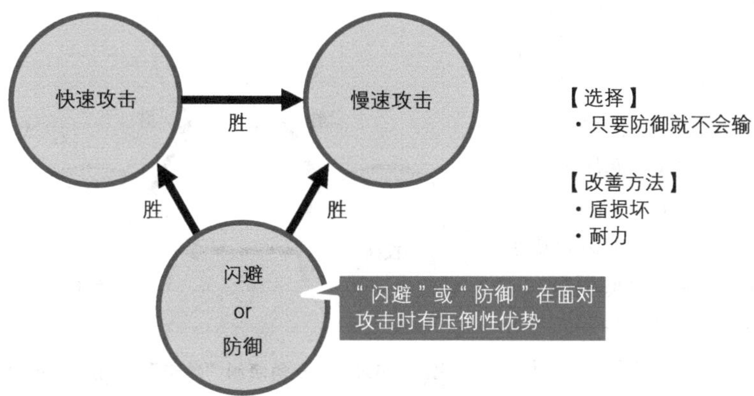

图 1.14.2　添加闪避或防御

而“闪避风险”方面，缩短闪避成功判定时间或者在闪避动作后增加硬直都是有效增加风险的方法。缩短闪避的无敌时间可以让闪避时机更难以把握，从而降低闪避成功率。而延长硬直时间的话，如果玩家被敌人的假动作骗到而按了闪避，那么接下来真正的攻击将由于硬直而无法闪避。在《猎天使魔女》中，玩家连续 5 次闪避后将出现长时间硬直，这段时间内无法闪避任何攻击。

“闪避风险”的优势在于即便没有防御动作，玩家依然可以仅凭闪避动作在战斗中享受“有趣的攻防”。而在防御动作方面，一旦玩家与敌人同时进入防御状态，战斗节奏将会骤减。因此如果想加快游戏的节奏，建议参考《猎天使魔女》的模式，不考虑防御动作，仅将闪避动作纳入游戏。

不过，因为“闪避风险”与“防御风险”都依存于攻击的时机，所以如此制作出的游戏仍然会重视反射神经。如果各位还想在其他方向上追求有趣的攻防，就需要另一些诀窍了。

诀窍之一就是**三角牵制**。各位在猜拳时应该有这个概念（图 1.14.3）。

三角牵制可以直接对应到动作类游戏之中①。本书中介绍的游戏《战神Ⅲ》就采用了“攻击”“投技”“防御 or 闪避”的“三角牵制”（图 1.14.4）。

在“三角牵制”当中不会出现单方面压倒性强大的动作，所以会出现仅凭反射神经无法应对的“运气”和“预判”等要素，将“动作选择上的攻防”带入了一个更深层的境界。这样一来，玩家在面对一味防御的敌人时就可以积极选择投技来进攻，享受“看穿敌人想法”的乐趣，同时玩家角色动作的种类也得到了扩展。

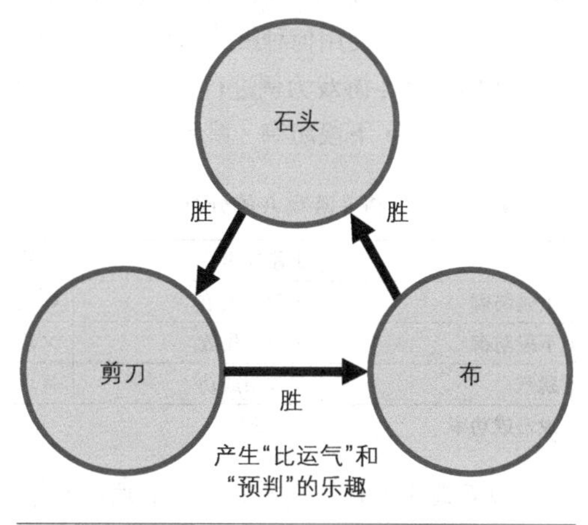

图 1.14.3　三角牵制“猜拳”

① 游戏中经常使用的“三角牵制”有“三大”“四大”“五行”等。“三大”是指火←水←地（木・草）←火……这种三角牵制（左侧属性弱于右侧属性）。“四大”是指火←水←地←风←火……的构造。“五行”是指火←水←土←木←金←火……的构造。另外，五行强弱的关系称为“相克”。与此相对，某些游戏中还有从一个要素中产生另一个要素的“相生”构造，例如火←木←水←金←土←火……。

另外，三角牵制可以有效避免游戏成为一味使用闪避和防御的“蹲坑游戏”。比如在《战神Ⅲ》中，敌人和玩家一样会使用“攻击”“投技”“防御 or 闪避”①。如果玩家一味地使用“防御”，将会遇到多名敌人一起压上前来的“投技”属性攻击。加入这一机制后，“只要防御就不会受伤”这种钻游戏系统空子的无聊玩法得到了彻底根绝。

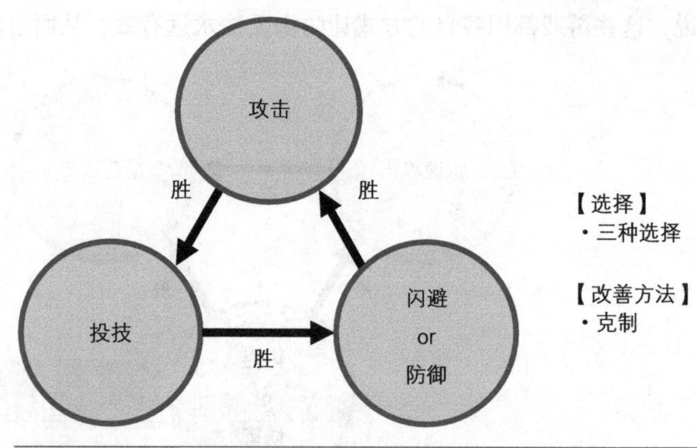

图 1.14.4 三角牵制“攻击”“投技”“防御 or 闪避”

不过，要想让“攻击”“投技”“防御 or 闪避”的三角牵制成立，“投技”动作的速度一定要慢于“快速攻击”。不然的话，“投技”将同时强于“快速攻击”“慢速攻击”以及“防御 or 闪避”，获得压倒性的优势地位。

还有一点，“投技”与“闪避”（躲闪）孰胜孰负在不同的游戏中有所不同。在格斗游戏中，投技要胜过闪避，这类游戏的投技都有一个“吸引”效果。反之，在割草类游戏中，如果玩家的闪避动作可以被“吸引”，大多情况下玩家都会感到压力。所以在同时对战多名敌人的游戏中，闪避要胜过投技。

 “三角牵制”与格斗风格的机制

采用三角牵制构造之后，由于不存在有压倒性优势的动作，所以每个动作被选到的概率就比较均等，相信很多人都会觉得玩家将以相同频率使用“攻击”“投技”“防御 or 闪避”。然而等游戏实际上线后会发现，动作被选择的概率根本无法均等。因为玩家会以每个攻击招式的“速度”“距离”“属性”“顺手程度”以及“够不够帅气”为基准，选择符合自己的“战斗风格”。所以，如果在设计时不考虑“希望玩家使用何种战斗风格”，最终成品游戏的游戏风格可能会与当初设计相去甚远。

我们以格斗游戏为例进行说明。格斗游戏 A 的攻击分为“上段攻击・下段攻击・投技”，防御分为“上段防御・下段防御・跳跃”（表 1.2）。

表 1.2 格斗游戏 A 的分析

	上段攻击	下段攻击	投技	防御失败率
上段防御	×攻击失败	○攻击成功	○攻击成功	66%
下段防御	×攻击失败	×攻击失败	×攻击失败	0%
跳跃	○攻击成功	×攻击失败	×攻击失败	33%
攻击成功率	33%	33%	33%	

只看攻击的话，所有攻击的成功率都是 33%。然而防御方面，上段防御的失败率高达 66%，而下段防御则没有破解方法。也就是说，在这款格斗游戏 A 中，如果想最大概率地取胜，攻击时要选择上段最快速的招式，防御时要蹲下使用下段防御。虽然这些只是理论上的概率，但经过多次对战后，玩家的身体将无意识地记住获胜概率较大的风格，难免出现畏畏缩缩连续使用下段防御的情况。格斗游戏中如果出现这种格斗风格，实在有些滑稽。

① 其他还有“攻击”“破防”“防御 or 闪避”等模式。

于是我们加入“中段攻击”进行改良，如表 1.3 所示。中断攻击可以命中下段防御的对手。这样一来下段防御的失败概率就提升到了 25%。

表 1.3 添加“中段攻击”

	上段攻击	中段攻击	下段攻击	投技	防御失败率
上段防御	×攻击失败	×攻击失败	○攻击成功	○攻击成功	50%
下段防御	×攻击失败	○攻击成功	×攻击失败	×攻击失败	25%
跳跃	○攻击成功	×攻击失败	×攻击失败	×攻击失败	25%
攻击成功率	33%	33%	33%	33%	

这种情况下，由于下段防御与其他防御一样能够被破解，因此经过多次对战后，玩家的身体将意识到需要依据敌人的攻击招式选择适当的防御。在采用了这种“中段攻击”的格斗游戏里，一般会将中段攻击的伤害设置得较高，或者使之成为能够创造连击机会的“危险招式”。防御方虽然明知上段防御的失败率较高，但为了防止被高伤害的中段攻击打中，仍然会下意识地选择上段防御。而攻击方则会自然而然地去制定战术，诱导对方使用下段防御。也就是说，在这款游戏里，“中段攻击”成了决定胜负的关键（实际上，受不同角色攻击招式性能的影响，攻防的可选范畴还会扩大）。

综上所述，在使用“三角牵制”的基本机制的同时，根据设计之初的格斗风格对各个动作进行调整，可以有效地为游戏的战术性赋予特征或个性。

“格挡”与“有利不利”的机制

加深对动作游戏中“格挡带来的有利与不利”这一机制的理解，不但能提高玩家的游戏技术水平，还能让有意制作游戏的人将其作为让游戏更有趣的机制加以运用。下面，我们就以最方便理解的格斗游戏为例，为各位讲解格挡带来的有利与不利这一机制。

首先，在以近距离战斗为主的格斗游戏中，如果双方同时攻击，那么攻击动作更快的一方命中（图 1.14.5）。

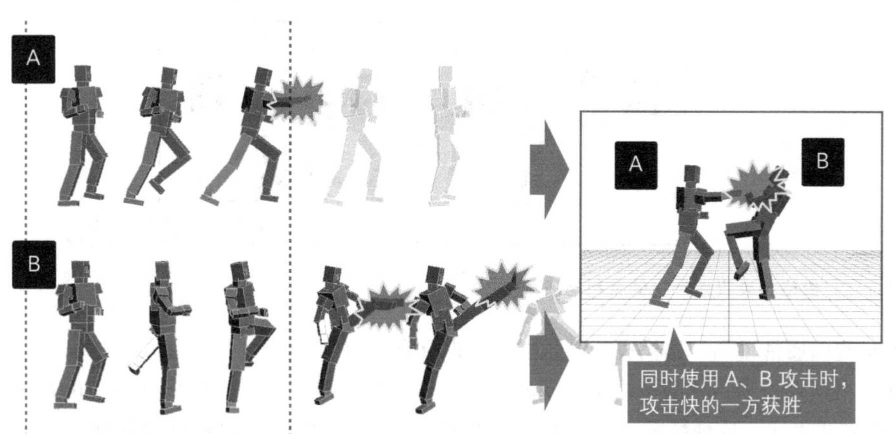
A
B
A
B
同时使用 A、B 攻击时，
攻击快的一方获胜

图 1.14.5 攻击的速度（帧数差）决定攻击命中的机制

这就是格斗游戏中常说的“输给了格斗招式的帧数差”。

但是，无论攻击动作的速度再快，如果出手时机较慢，还是会败给动作较慢的攻击（图 1.14.6）。

图 1.14.6　输入的速度（帧数差）决定攻击命中的机制

这种情况可以称为“输给了输入的速度”（帧数差）。**正是这个帧数差决定了防御时的有利与不利。**

现在我们假设玩家 A 防御了玩家 B 的踢腿攻击。作为防御方的玩家 A 至少要在踢腿攻击的碰撞检测开始到碰撞检测结束这段时间内处于“防御硬直”（无法进行其他行动的状态）。然而作为攻击方的玩家 B 在碰撞检测结束后还要经历使攻击腿完全伸展或收招的动作（也叫“跟进动作”或“收招动作”），这几帧硬直将对攻击方十分不利（图 1.14.7）。

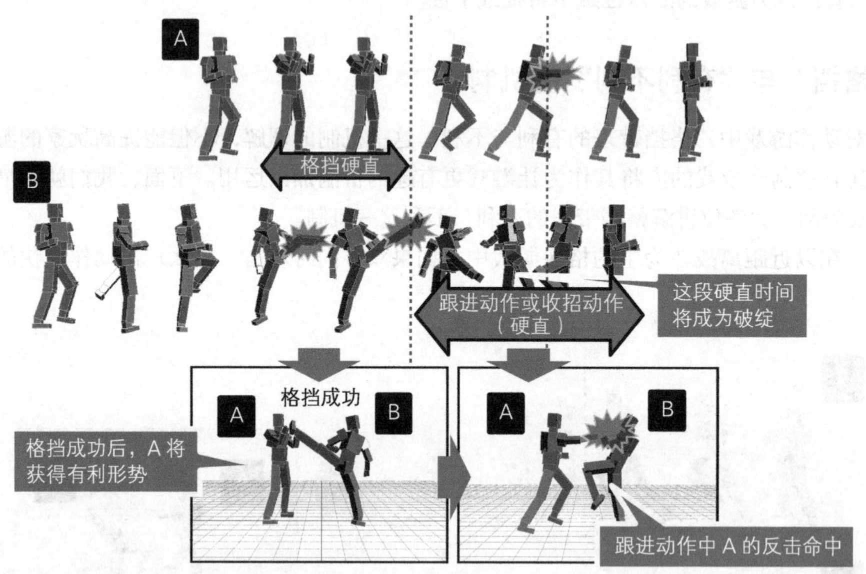

图 1.14.7　由格挡硬直差产生的有利与不利

这就是我们通常说的“格挡成功给防御方带来有利形势”。

另外，格挡攻击后可比敌人提早行动的帧数叫作“有利帧”，一般以“硬直差 10 帧有利”（或硬直 +10）的方式表述。这种情况下，如果玩家 A 能使出 10 帧以内触发碰撞检测的快速攻击招式进行反击，这一招将必定命中。这种反击称为“确定反击”（确反）①。

① 实际上，格斗游戏的强力攻击招式往往能将防御方击退一段距离，导致防御方必须先向前冲刺才能让攻击命中，所以不是都能创造确定反击。

由于确定反击是在敌人出招过程中插入了我方的攻击，所以被定性为“反击”类。因此确定反击在某些游戏中被赋予了非常高的伤害。

反之，防御方防御失败时，将出现命中停止或受伤反应（格斗游戏中称为“被击”）。在命中停止或受伤反应的硬直时间，攻击方可以凭借快速行动获得压倒性的有利形势。这种时候，相对于攻击方而言，防御方无法行动的硬直时间差称为“不利帧”[①]。

格斗游戏、动作类游戏、割草类游戏正是利用硬直差（帧数差）这一机制创造了“攻击被格挡时会陷入不利形势”（防御方将更快进入下一个行动）以及“攻击命中后会获得有利形势”（防御方无法更快进入下一个行动）这些基本原则的。

另外，格斗游戏的某些强力攻击被格挡时会出现攻击被弹开的反应（图 1.14.8）。

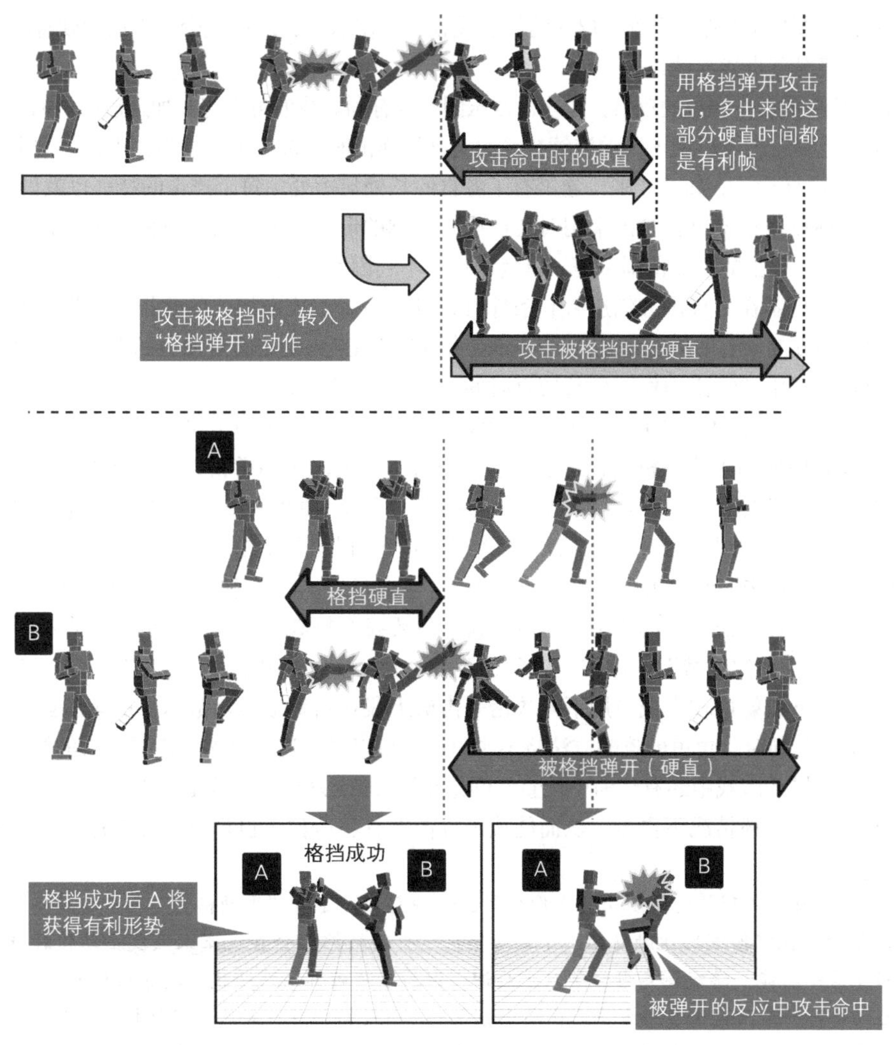

图 1.14.8　格挡与攻击被弹开的反应

① 从攻防双方的角度来看，“有利帧”与“不利帧”正相反。攻击方“有利帧（+10）”时，防御方记作“不利帧（+10）”或“有利帧（－10）”。

因为攻击被弹开时反应的硬直时间与受伤反应的硬直时间不相上下，所以攻击方会陷入压倒性的不利形势。这种机制最适合用来表现强力攻击的风险。另外，用好这一机制还能有效避免回旋踢等动作被格挡时发生“攻击方的腿跑到防御方模型的身体内”等不自然的视觉效果[①]。

能活用帧数差享受攻防的攻击动作机制

现在，格挡的有利不利机制虽然活用了帧数差，但如果把它生搬硬套给所有攻击招式，我们将看到一款如图 1.14.9 中 C1 那样的“格挡成功后必然出现确定反击”的游戏。这样一来，无论我们设置多少连击，玩家在熟悉游戏之后必然会刻意格挡第一击来创造确定反击。一旦出现高手之间的对战，这款游戏将很难打出连击。因此，我们还需要一些其他的攻防要素。

于是我们如图中 C2 所示将攻击招式的伸展或收招动作缩短，从而减少攻击后的硬直时间，使攻击在被格挡的情况下也能继续追击。

C2 中这种收招动作较短的攻击会让攻击方压倒性地有利。我们可以将其加入连击，创造出“前两招不能反击，但第三击可以反击”的连续技。面对这种连击时，被攻击一方也会考虑“这个连击在第三招之前都不可以出手”。如此一来，连击有了各自的长处与短处，每个连击的特征也就得以彰显。

不过，这种攻击招式单独拿出来用时会造成一边倒的形势，所以需要放慢攻击预备动作或者缩短攻击距离（减小攻击的有效范围）等，以增加一些不利因素。

此外，某些机制在为攻击方创造有利条件时并没有缩短“攻击招式的收招”动作，而是延长了攻击命中时防御方的硬直时间，即加入“防御硬直时间修正”。比如面对强力的上段踢腿时，让防御方在防御成功时产生“怯步动作”延长硬直时间，从而使防御方陷入不利。加入“怯步动作”这一属性后，即使是图 1.14.9 中 C1 那样的攻击也能对防御方造成不利（图 1.14.10）。

现在假设我们使用了这一机制，将攻击动作设置为“上段・弱拳击，格挡硬直差 -3”（即被防御后会陷入不利）、“上段・强拳击，格挡硬直差 -7”、“上段・冲刺强拳击，格挡硬直差 +10”（诱发摇晃）。这样一来，防御方在面对“上段・弱拳击”和“上段・强拳击”时能做出确定反击，但在遇到“上段・冲刺强拳击”时，由于摇晃动作的存在，会使攻击方更有利。此时如果防御方贸然反击，很可能遭到对方快速攻击招式的追击。这就是说，只要我们打破“格挡一定能换来有利形势”的构造，“反击”或者“观察形势”的攻防就会自然而然地成立。如果追求防御后的反击，那么玩家需要进行思考，选择下蹲躲避攻击或者用下段攻击来击破上段攻击等战术。战术性的拓展虽然会使游戏稍显复杂，但与此同时，角色的攻略方法将不再单调。可以说，这才是格斗游戏该有的样子。

此外，某些格斗游戏中还有“命中硬直时间修正”，即便只是普通攻击反击命中，其造成的受伤反应硬直帧数也比一般情况下更多，从而使攻击方占据有利地位（也可以额外制作一个反击命中专

---

① “格挡”与“有利不利”的机制除了我们介绍的这种之外，还有“手动格挡”与“自动格挡”等区分方式。相对于玩家按下按钮触发的“手动格挡”，“自动格挡”会在玩家未做攻击动作时自动进行防御。对于这一功能，游戏菜鸟当然举双手欢迎，但为了不破坏游戏平衡，其中必然有着相应的风险。实现自动格挡的风险有很多种方法。在格斗游戏中，自动格挡往往要比手动格挡硬直时间更长，所以风险更高。由于自动格挡成功之后也会有很长的格挡硬直，攻击方将有更多时间选择上・中・下段攻击或投技来破解格挡。在笔者制作的游戏中，使用自动格挡来防御强力攻击时会发生“怯步”（后述）现象，从而提高格挡风险。除此之外，“只有第一击可以自动格挡，从第二击开始无法格挡”的机制，或者“耐力用尽后无法自动格挡”的机制都可以提高格挡风险。

用的受伤反应)。由于被攻击方在被反击命中后会陷入压倒性的不利局面，而且难有机会反击，这就要求玩家时刻注意区分普通命中和反击命中。

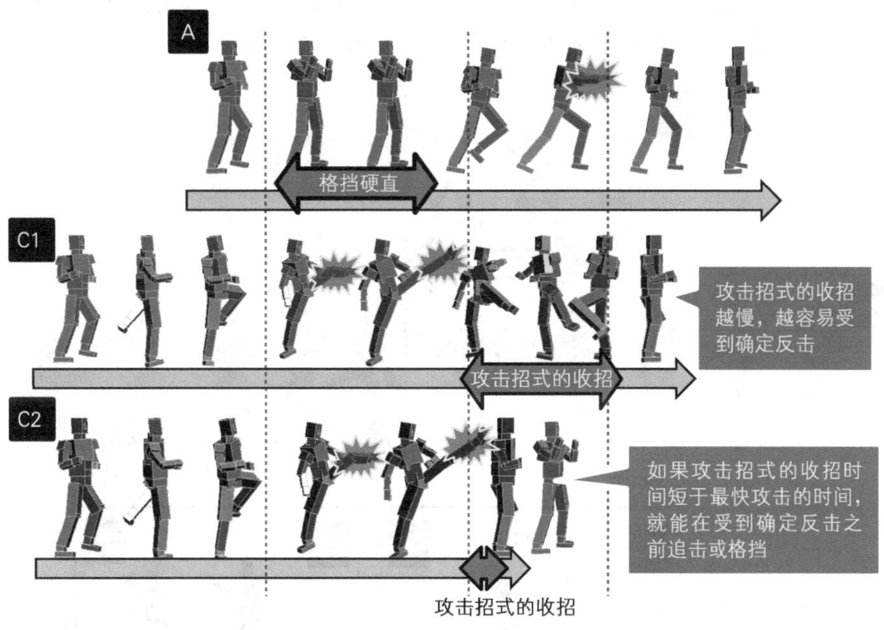

图 1.14.9 攻击招式收招的调整带来的帧数差（硬直差）变化

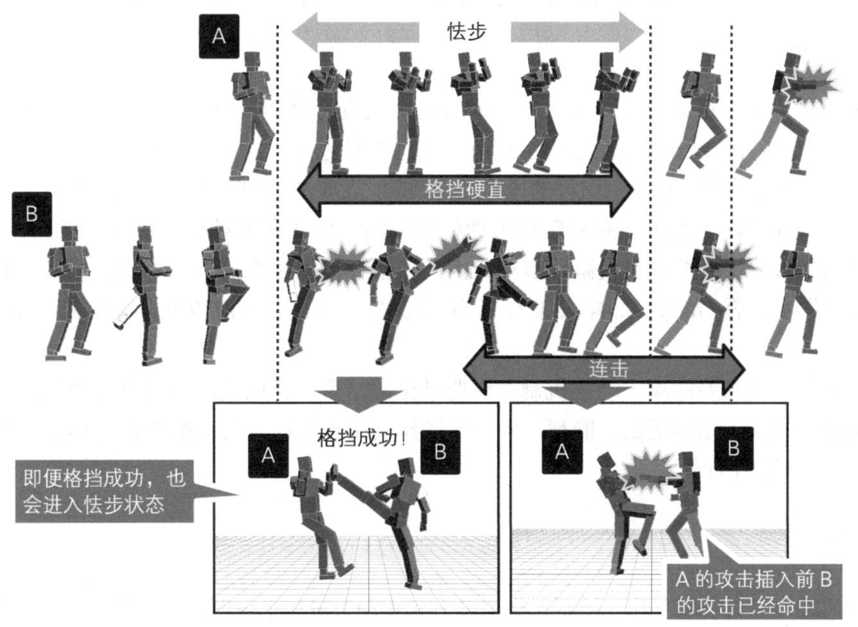

图 1.14.10 格挡硬直时间的修正及怯步

然而，将这种利用“帧数差”实现攻防的机制纳入游戏后，玩家往往需要重复多遍游戏才能掌握反击方法（这一状况在格斗游戏中称为“菜鸟杀手”或“新人杀手”。虽然自力寻找好用的反击方法能带来一定乐趣，但这样一来游戏将更适合核心玩家）。

于是，所有人都能轻松掌握的反击机制“逆转”（招架）应运而生。逆转能够根据敌人的攻击做出逆转动作，在招架敌人攻击的同时破坏对手平衡伺机反击（图 1.14.11）。

图 1.14.11　逆转

在《战神Ⅲ》中，玩家只要在敌人攻击时选对时机进行格挡，就可以自动触发逆转攻击。《铁拳：革命》中，玩家在恰当时机对敌人输入斜前下方向可以触发“下段招架”。这一简单的反击方法如果失败的话，玩家就有受到大量伤害的风险，但成功之后则有可能一口气逆转局势。

不过，如果在对战游戏中不对逆转攻击做任何限制，那么高手对战将变成一场逆转攻击大赛。由于频繁使用逆转攻击会严重拖慢游戏节奏，因此如果各位想制作快节奏游戏，可以考虑不加入逆转攻击，或者像《铁拳：革命》那样只加入“下段招架”的模式，给逆转攻击增加使用条件，缩短成功判定。

至此，活用了帧数差的攻击动作机制的说明已全部结束。各位或许会觉得有些复杂，但深入了解活用了帧数差的攻击动作机制，能帮助各位给动作类游戏或格斗游戏的攻击动作添加个性，以及熟悉如何引导玩家使用动作。

 小结

本节我们就“三角牵制”和“帧数差衍生的有利不利”进行了说明，不知各位觉得如何？

本次介绍的内容只不过是动作类游戏和格斗游戏的基础。这些机制仅通过字面说明很难让人直观地把握，所以感兴趣的读者请务必在格斗等类型的游戏中亲自尝试一番（某些格斗游戏设置了练习模式，为玩家明确显示出有利不利及帧数。个人比较推荐《铁拳》系列和《街霸》系列）。

1.15

改变游戏手感的玩家角色旋转及转身的设计技巧

3D 游戏中玩家角色动作的制作方法与 2D 游戏有着根本上的不同。其中对游戏影响较大的是玩家角色的“旋转”及“转身”。

图 1.15.1　旋转与转身

旋转是指玩家转动模拟摇杆时玩家角色所做的动作。而转身是指玩家角色从一个朝向转至另一个朝向的移动动作。

我们之前已经对玩家角色的旋转与转身进行过简单的介绍，不过在这里将为各位进一步说明 3D 游戏独有的旋转与转身动作的设计技巧。

影响游戏玩法的玩家角色旋转

在 3D 游戏中，转动模拟摇杆可以控制玩家角色旋转，不过并非所有 3D 游戏的旋转都是一个样。旋转动作大致可以分为以下两种（图 1.15.2）。

- **原地旋转**

  不迈出一步，原地旋转。《黑暗之魂》等游戏中道路狭窄并且角色跌落后立刻没命的游戏通常采用这种旋转模式。但是玩家角色动作的真实度会有所下降。另外，《战神Ⅲ》等割草类游戏也通过原地旋转来降低玩家被攻击的风险。

- **小半径旋转**

  以一个小半径进行旋转。动画比原地旋转更真实、自然。《神秘海域：德雷克的欺骗》及《塞尔达传说：天空之剑》采用的就是这一旋转模式。不过，《塞尔达传说：天空之剑》中，小幅转动模拟摇杆也能做到原地旋转。

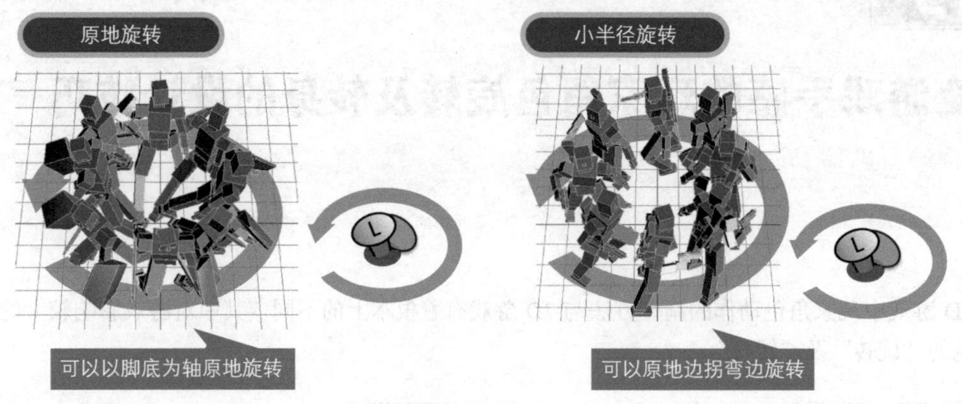

图 1.15.2　**旋转的差异**

此外，旋转的游戏机制中，“旋转操作的输入速度”与“旋转速度”之间的关系十分重要。

在《黑暗之魂》等游戏里，玩家角色原地旋转的速度与模拟摇杆的转速成正比。而在《神秘海域：德雷克的欺骗》中情况则不同，玩家快速转动模拟摇杆只会让玩家角色像喝醉了一样胡乱转身（图 1.15.3）。

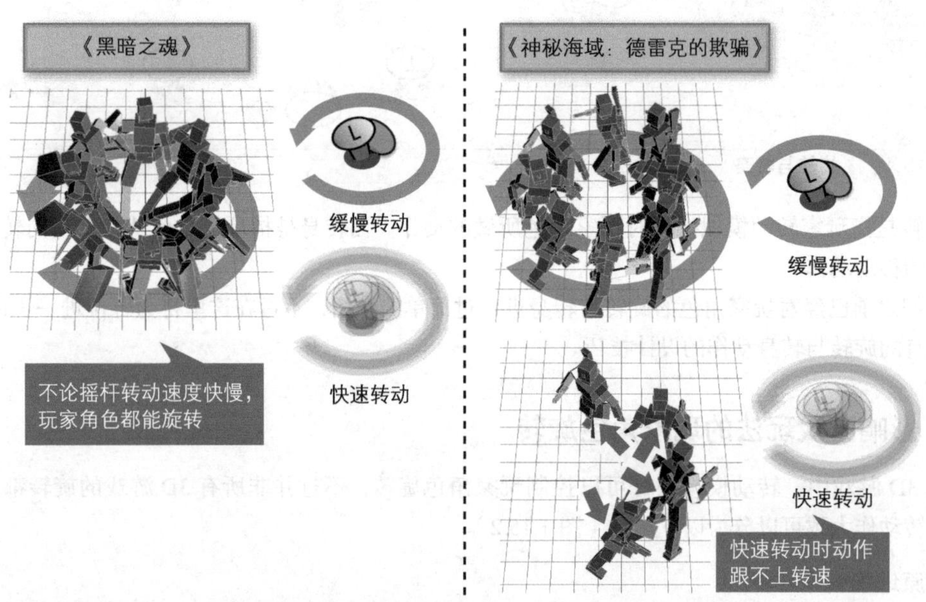

图 1.15.3　**《黑暗之魂》与《神秘海域》中旋转的差异**

《黑暗之魂》与《神秘海域》的这项差异源于操作输入与移动动作机制的不同。

在《黑暗之魂》中，玩家角色要先完成“转向输入的方向”这一动作后才开始移动。因此只要持续转动摇杆，玩家角色就不会移动，即玩家角色的旋转优先于移动。作为一款游戏，《黑暗之魂》贯彻了“灵敏且正确地反应玩家意图”的机制。

另一方面，《神秘海域》的模拟摇杆转动速度超过一定值之后，移动动作将优先于旋转动作。因此，如果玩家快速转动摇杆，玩家角色将执行“转身”“移动”“停止”三个动作，看起来像喝醉了一样。这是在通常操作中追求玩家角色看起来更真实（感觉更真实）的机制所致。

最后再来说明 FPS 的旋转。在 FPS 中，因为玩家角色与镜头的一体化，所以采用原地旋转模式。实际上，如果采用《神秘海域》中那样一边移动一边旋转的模式，镜头将会摇摆不定，给人带来不自然的感觉，使瞄准敌人变得十分困难。因此《神秘海域》这类 TPS 游戏中，在举枪瞄准的状态下玩家角色也会切换至原地旋转模式（图 1.15.4）。

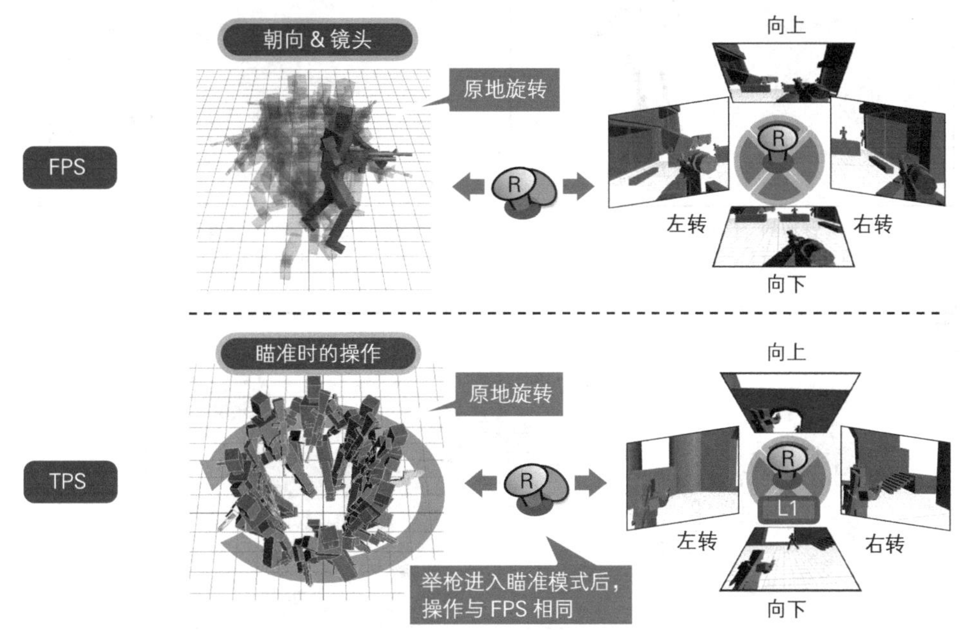

图 1.15.4　FPS 与 TPS 在瞄准时旋转的差异

因此，3D 游戏通常会根据游戏的玩法及概念，选择适合自己的旋转机制。

大幅改变反应与真实度的转身

与 2D 游戏相同，3D 游戏的玩家角色动作中也有“转身”这一项。转身在 2D 游戏中只是单纯的改变方向，但在 3D 游戏中则还包括了“使玩家角色更逼真”以及“改变游戏手感”等要素。首先让我们从转身方法的差异入手进行分析（图 1.15.5）。

A. 以快速的转身动画转身

《战神Ⅲ》和《猎天使魔女》等割草类游戏中无论方向跨度多大，玩家角色都能用仅有几帧的短暂动画转身。这可以让玩家快速转向任何方向进行攻击。

B. 以有表演的转身动画转身

在《神秘海域：德雷克的欺骗》和《蝙蝠侠：阿甘之城》等追求真实度的游戏中，大多采用有表演的转身动画。

C. 在一定角度之内转身时使用快速的转身动画，只有在转向后方时使用有表演的转身动画

在《黑暗之魂》和《塞尔达传说：天空之剑》等以冷兵器近战为主的游戏中，玩家能够以快速的转身动画向前 · 左 · 右方转身，唯独在转向后方时使用有表演的转身动画。不过，由于玩家角色向正后方转身时速度较慢，会成为玩家的弱点，因此有些游戏允许玩家在转身瞬间使用攻击或防御来取消转身动画，以完成瞬间转身。

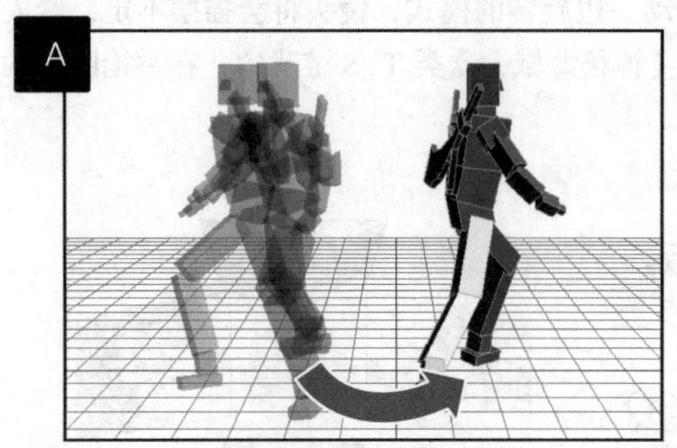

以“快速的”（几乎看不到过程的）转身动画进行转身

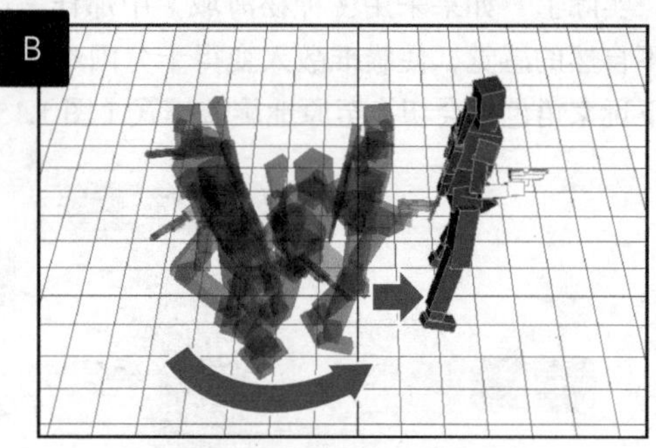

以有“表演”（能清晰看到过程）的转身动画进行转身

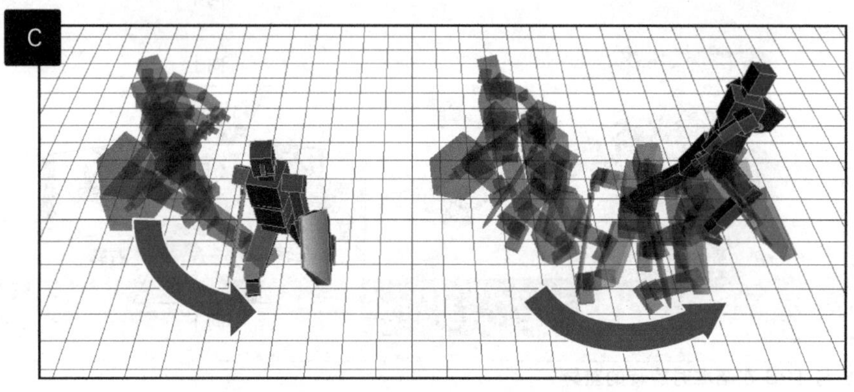

在一定角度之内转身时使用快速的转身动画，只有在转向后方时使用有表演的转身动画

图 1.15.5　各种各样的转身动作

响应迅速的快速转身动作需要以降低真实度为代价。在游戏中，玩家角色如果能快速转身，那么其攻击响应时间也会十分优秀。然而，由于转身动作需要用极其短暂的动画来表现，因此当玩家转向没有敌人的方向时多少会有一些不自然。尤其是在与 NPC（Non Player Character）对话时，这种不自然感会更加明显。

《神秘海域》用一个十分巧妙的机制解决了这一问题。玩家角色在原地站立或行走的时候采用慢速转身，而在奔跑或举枪攻击的状态下则采用快速转身，即转身动作根据条件而变。这样一来，就兼顾了响应速度和真实度（某些场景中并不严格遵守这一规律）。

综上所述，制作 3D 游戏时要将响应速度和真实度放在天平两端，根据在设计之初所想表达的“游戏手感”来选择游戏机制。

小结

玩家角色动作中的旋转和转身对游戏的“玩法”“真实度”“响应速度”“游戏手感”都有着巨大

影响。实际上，如何将旋转和转身这两个机制组合，直接决定了玩家角色动作中最为关键的“奔跑、转弯、停止”的操作性。

如果有意制作 3D 游戏，那么请在关注攻击动作之余，不要忘记在旋转和转身上多下功夫。

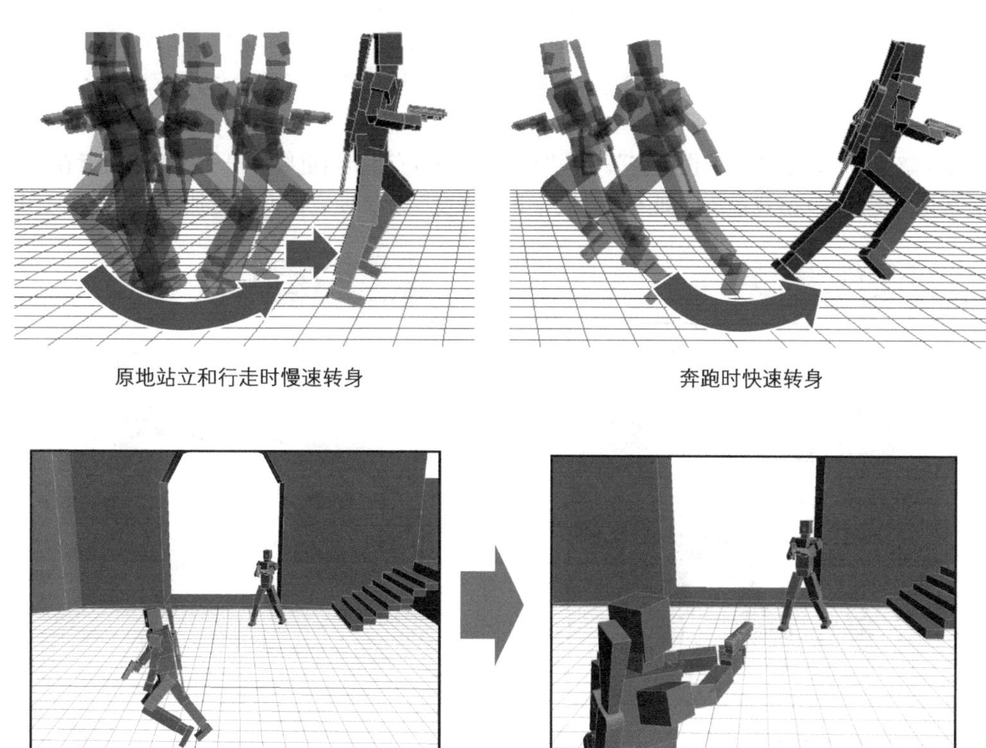

原地站立和行走时慢速转身
奔跑时快速转身
在举枪状态下，按 L1 可以快速转至镜头方向

图 1.15.6 《神秘海域》中的转身机制

1.16

大幅左右游戏系统的玩家受伤反应和无敌的设计技巧

在 3D 游戏中，玩家的“受伤反应”[1]和“无敌”要素可谓相当重要。虽然这两个要素在 2D 游戏中也经常见到，但 3D 游戏系统中加入“高度”和“深度”后，使它们变得更加复杂了（图 1.16.1）。

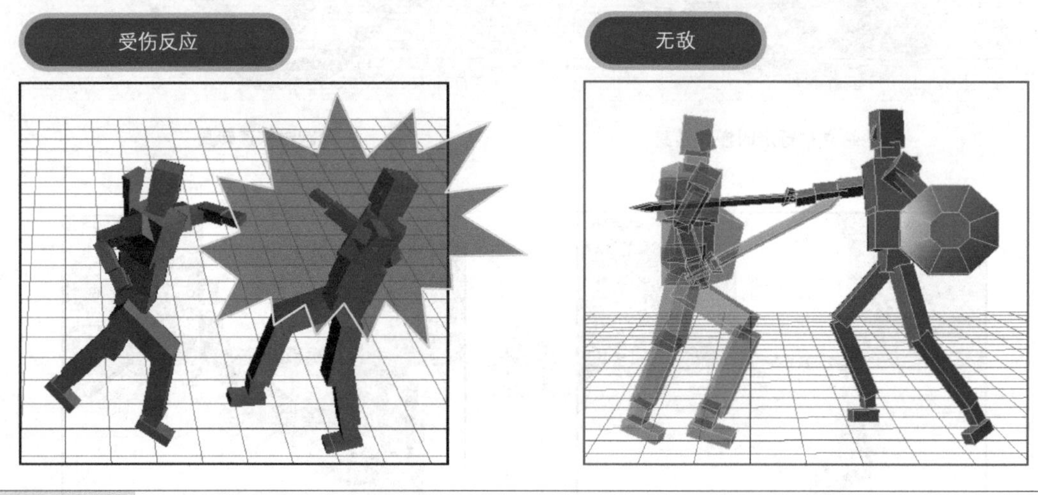

图 1.16.1　受伤反应与无敌

那么，3D 游戏中的玩家角色受伤反应和无敌是如何运作的呢？让我们这就来看一看。

 3D 游戏中受伤反应的表现

2D 游戏中通常以“受伤动画”“受伤特效”以及“震退”（击退）来离散地表现“受伤的方向性”以及“受伤程度的大小”。而 3D 游戏中的受伤反应却能更连续地表现（图 1.16.2）。

首先我们来介绍 3D 游戏中受伤反应的基本表现方法。3D 游戏与 2D 游戏不同，玩家角色存在于三维空间之中，所以可以有多种手法表现被敌人攻击的方向。下面为各位介绍其中常用的两种。

第一种是玩家角色瞬间转向被攻击方向，然后执行受伤反应和震退（图 1.16.3）。

这一机制不但可以直观细腻地反映出被攻击方向，而且只需一个动画就能解决所有受伤反应的问题，所以被移动端游戏的设计者广为采用。另外，由于玩家角色受伤时会转向敌人，因此这也让反击变得更加容易。只不过玩家一旦被多名敌人围攻，如果被攻击后没有无敌时间，玩家角色将在敌人的一通乱打中不停旋转（通过将玩家角色设计为在受伤反应中即使被攻击也不会转身，就可以解决这一问题）。

---

① 在格斗游戏中，受伤反应称为“被击”。另外，在开发术语中也常称为“受伤动作”或“受伤动画”等。

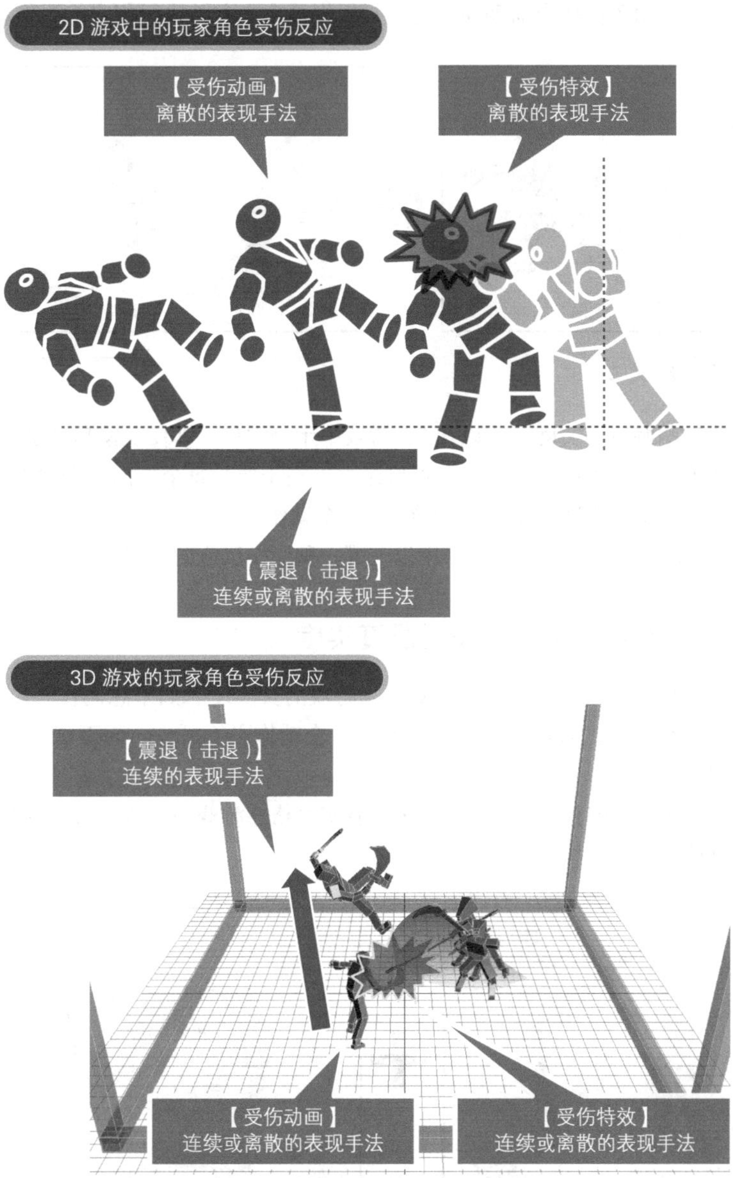

2D 游戏中的玩家角色受伤反应

【受伤动画】
离散的表现手法

【受伤特效】
离散的表现手法

【震退（击退）】
连续或离散的表现手法

3D 游戏的玩家角色受伤反应

【震退（击退）】
连续的表现手法

【受伤动画】
连续或离散的表现手法

【受伤特效】
连续或离散的表现手法

图 1.16.2　2D 游戏与 3D 游戏中玩家角色受伤反应的差异

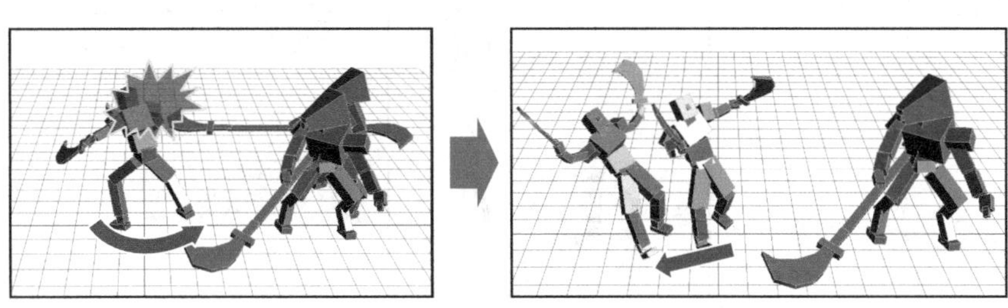

图 1.16.3　受伤反应 其一

另一种手法是玩家角色保持当前朝向不变，只根据被攻击方向执行相应的受伤动画（图 1.16.4）。

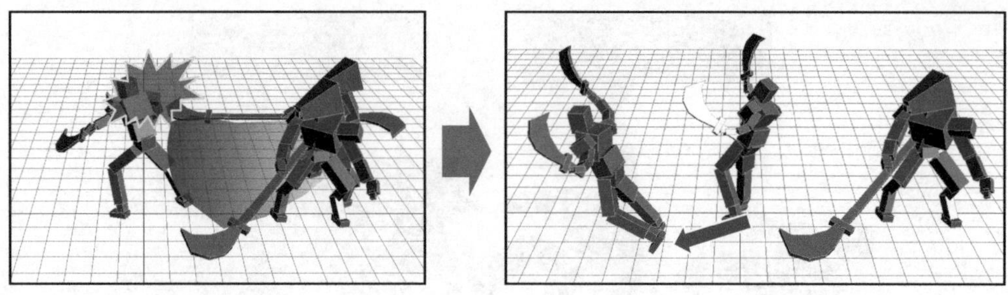

图 1.16.4 受伤反应 其二

这一手法不会影响游戏真实度，所以在 3D 游戏中十分常见。即便玩家角色被多名敌人围攻，也不会像第一种手法那样出现团团转的情况。但麻烦之处在于要为每个方向分别设置受伤反应的动画，因此至少要准备“受伤反应的程度 × 方向（朝向）”个动作。

在开发 3D 游戏时，一定要事先确定采用以上哪一种受伤反应的表现手法。

 影响游戏系统的受伤反应表现及真实度

在 3D 游戏中，如何表现受伤反应将大幅影响游戏的真实度。如果想制作一款逼真的 3D 游戏，那么之前说明的“受伤反应的程度 × 方向（朝向）”个动作必不可少。而至于方向，至少也要准备前后左右四个方向。

在追求更高真实度的《终极格斗冠军赛 3》等真实系格斗游戏中，我们看到的受伤反应是前后左右四个动画加上物理运算的产物。

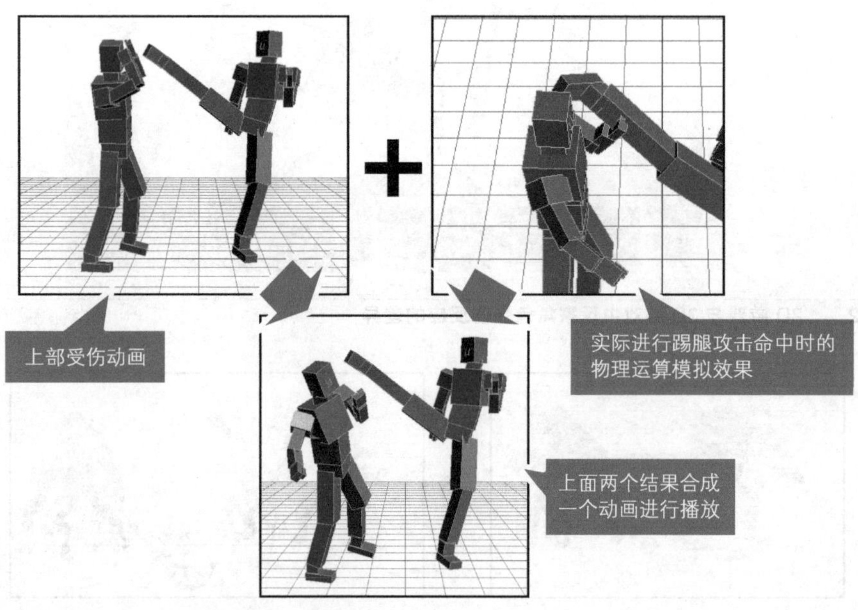

图 1.16.5 使用了物理运算的受伤反应

另外，2D 格斗游戏的“部位伤害”一般分为“上段”“中段”“下段”，而 3D 游戏中则可以更加细致地表现出“右手”“左肋”等对身体细节部位的伤害。《终极格斗冠军赛 3》和《K-1 世界格斗锦标赛 2003》等体育竞技格斗游戏中就采用了这些部位伤害的系统。

但是，受伤反应的真实度越高，游戏就越难“符号化”，玩家也就越难在游戏中掌握玩家角色的受伤状况，比如“本以为是受了轻微伤害可以反击，实际上却是中等伤害，导致反击失败”等（图 1.16.6）。

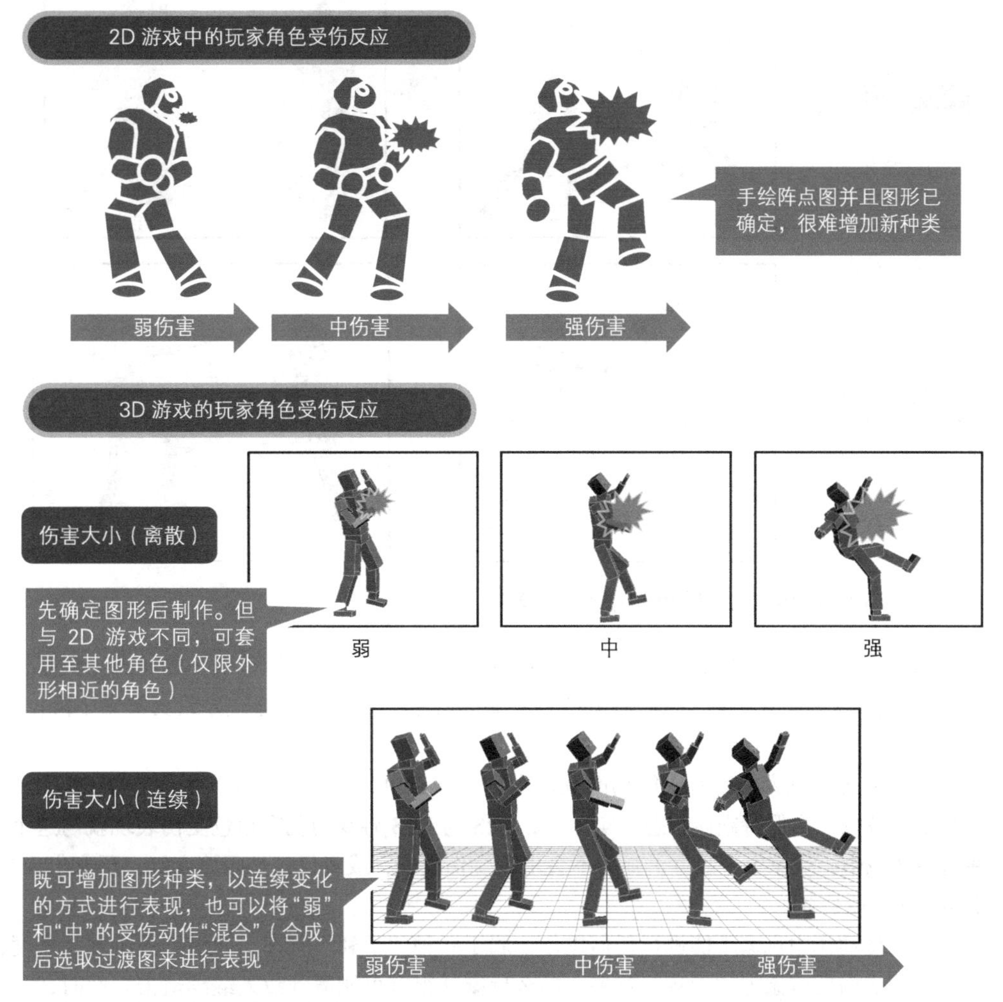

图 1.16.6　受伤反应的符号化与真实化

因此，有许多 3D 游戏都在追求“逼真的符号化受伤动作”。在《蝙蝠侠：阿甘之城》中，虽然被敌人攻击时的受伤反应是事先保存好的动画，但在主人公受到重创倒地时，却是用物理运算领域的“布娃娃系统”实现的动画，从而逼真地还原了人类瘫软倒地的动作。

反之，如果不考虑真实度，只追求游戏性和趣味性的话，应该尽量避免使用 3D 的受伤反应。

在《黑暗之魂》中，玩家角色与敌人的耐打程度用“强韧度”这一参数管理，每把武器也都设定了“削强韧度”，每次攻击都可以将这个量累积一定时间。游戏会根据这个累积量与角色的强韧度之间的差值执行不同的怯步或受伤反应。所以玩家角色在受到连续攻击后会产生受伤反应，导致之前的动作中断。根据这一机制的原理，只要提高角色的强韧度，就可以减小受伤反应。当角色的强韧度高到一定程度后，会出现完全不触发受伤反应的现象，此时即便遭到敌人攻击，玩家角色也能随时发动反击（这一现象称为"霸体"。当然伤害仍然正常计算）。

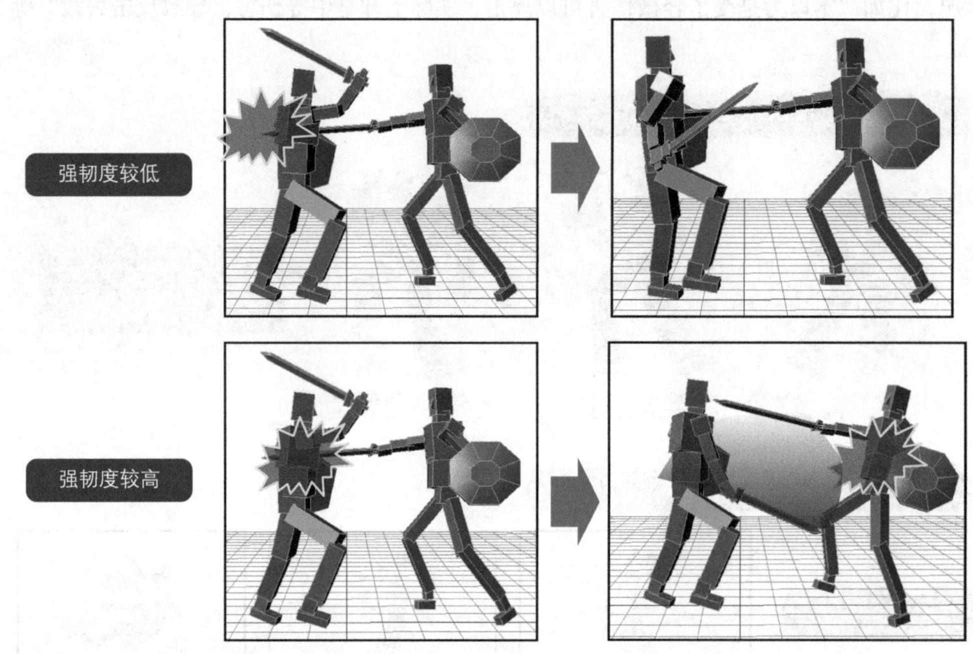

图 1.16.7　不同强韧度参数所导致的受伤反应的差异

通过这一方式，游戏可以表现出"玩家角色变强了，一点小伤不算什么"的状态。但是，由于霸体状态下不会出现受伤反应，因此敌方的剑将直接穿过玩家角色身体，导致真实感下降。因此，游戏趣味性与真实度是一个此消彼长的关系。

另外，如果想让玩家在游戏中能随时反击敌人，那么可以将受伤反应中的受伤动画部分去掉，仅留下受伤特效来一直保持霸体状态。实际上，TPS 与 FPS 游戏的玩家角色受伤表现就与这个相类似。在这些游戏中，玩家中了敌方子弹后不会出现受伤反应，或者仅仅是画面变红，玩家出现摇晃，所以射击并不会受影响。

还有，受伤动作中玩家不能进行任何操作，属于一种"不利"状态。如果重视游戏真实度，不给玩家角色的受伤反应添加"无敌"效果，那么玩家就很有可能遭到敌人继续追击。此时，一旦敌人 AI 或者敌人攻击招式设计得不够精良，很可能出现将玩家连击致死的情况。因此，"受伤反应中是否应该无敌"不单单是视觉层面上的问题，它已经影响到了游戏的核心趣味性。

综上所述，受伤反应是一个能大幅影响游戏平衡性甚至游戏系统的重要反应动作。

 受伤反应的强度表现

游戏中玩家角色受伤反应的强度表现（即格斗游戏中的"普通被击"）肩负着向玩家传达"刚刚受到了多少伤害"的重要职责。

各位或许会觉得，在最简单的游戏中玩家角色的受伤反应有“弱”“中”“强”就足够了（图 1.16.8）。

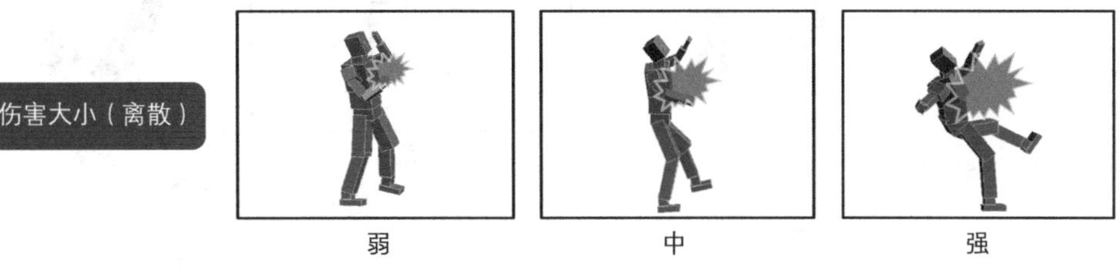

图 1.16.8　受伤反应“弱”“中”“强”

实际上，简单的 2D 游戏只需要“弱”和“强”两种即可。但是放到 3D 游戏中则没这么简单。由于 3D 游戏在表现力上有着飞跃性的提升，因此容易出现如图 1.16.9 所示的问题。尤其是近距离显示玩家角色的时候，这些问题更为明显。

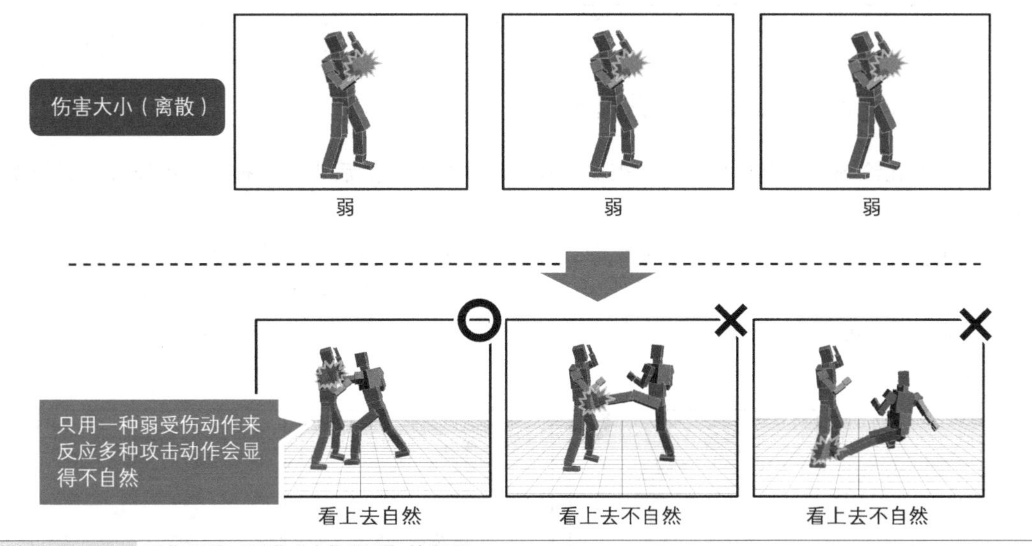

图 1.16.9　受伤反应“弱”“中”“强”的问题

如果对敌人的上勾拳和扫堂腿都只用“弱”“中”“强”三种受伤反应来表现，那么攻击动作与受伤反应之间必然出现不协调。镜头较远的割草类游戏或许问题不大，但格斗等镜头较近的游戏将会失去真实感。另外，仅用“弱”“中”“强”三种反应完全无法向玩家传达“中了敌人什么攻击，受了什么伤害”的信息。

若想受伤反应真实且能准确地向玩家传递信息，必须制作出符合攻击动作（动画）的受伤反应。

于是我们来讲一讲最基本的“符合攻击动作的受伤反应”。格斗游戏的伤害分为“上段”“中段”“下段”三种，其中单上段攻击就需要多种受伤反应，例如“拳头命中脸部引起对方后退”“下劈命中头顶引起对方低头①”等，如果把这些受伤反应强行统一，那么将显得非常不自然（图 1.16.10）。

① 顺便一提，在实际格斗中，“下劈”并不一定会使对手向前倾倒。命中头部后，对手双膝跪地向后倒下的情况常有发生。

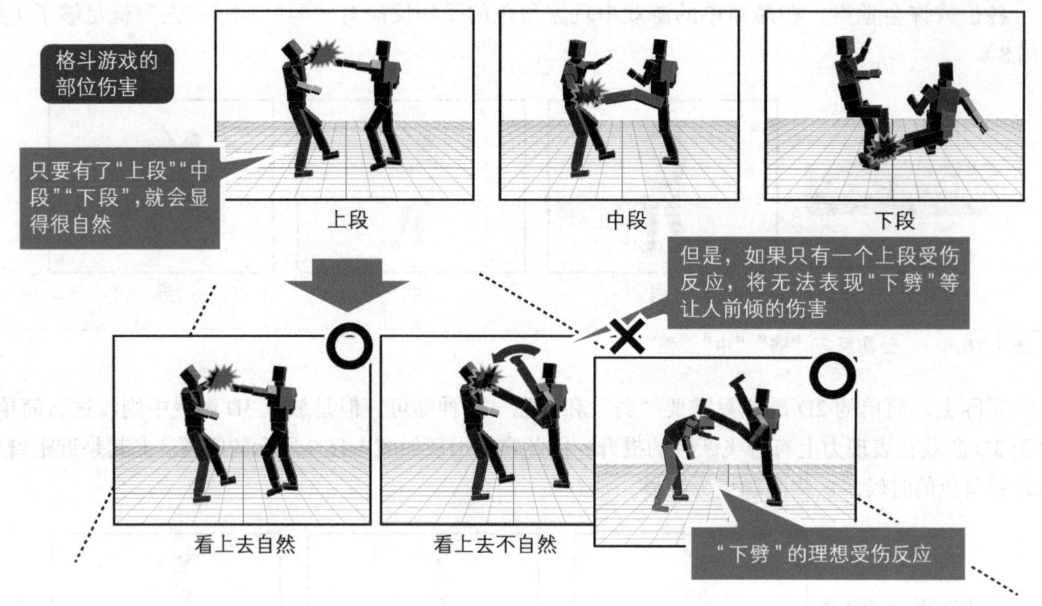

图 1.16.10 攻击招式与受伤反应不配套引起的问题

要想游戏在绘图层面上显得真实，需要将攻击动作分类，然后为每一种攻击动作分别制作受伤反应（图 1.16.11）。

也就是说，攻击动作做得越多，需要准备的受伤反应也就越多。因此，制作格斗游戏那种讲究真实度的受伤反应时，不仅要注意“弱”“中”“强”的分类，还要将不同类型的攻击动作引起的各类受伤反应都考虑进去（图 1.16.12）。

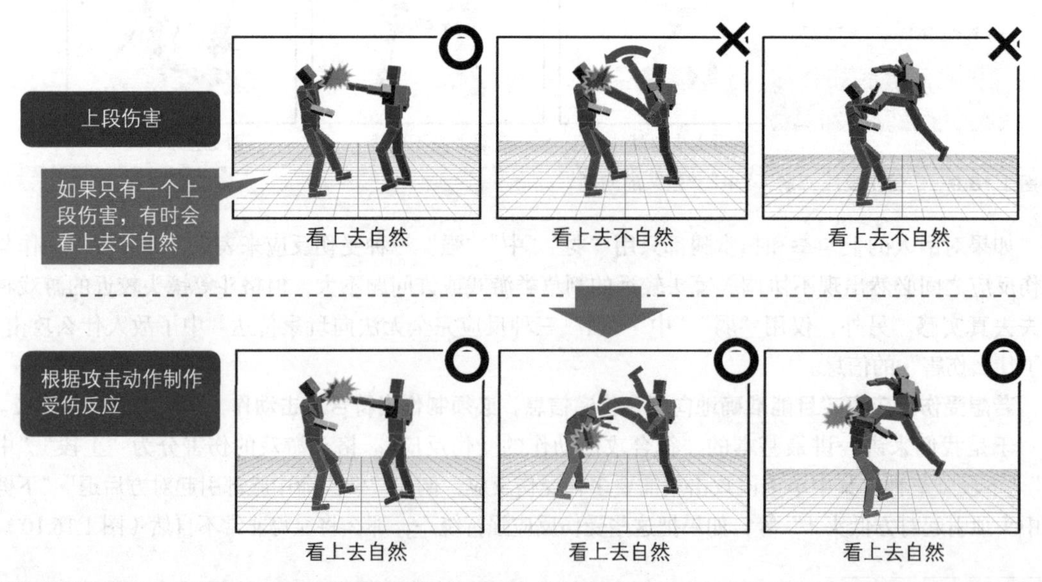

图 1.16.11 攻击招式与受伤反应配套后显得更自然

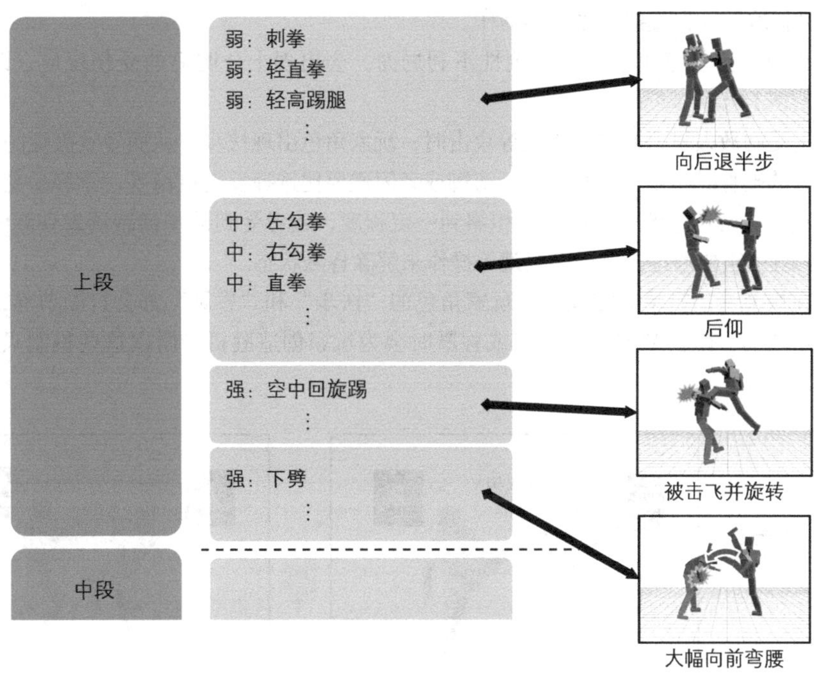

图 1.16.12 攻击动作分类与受伤反应

这样一来，在近距离显示角色的 3D 游戏中，如何以最少的成本制作出与攻击招式配套的受伤反应就成了关键。

特殊受伤反应

另外，受伤反应中还存在一种特殊情况，笔者称其为“同期受伤反应”（或者叫同期动作、同期动画），就是指在“投技”等特殊攻击中，攻击动作与受伤反应的动画（动作）一一对应（图 1.16.13）。

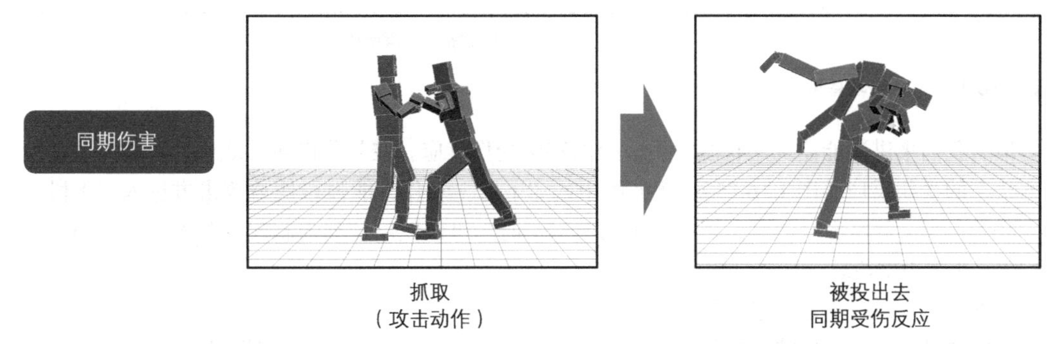

图 1.16.13 同期受伤反应

尤其是美式摔跤这类双方身体纠缠在一起的招式，只能用同期受伤反应来表现。基本上讲，敌人的“抓取”动作为攻击动作，然后从“被投出去”到结束都是“同期受伤反应”。因此这类投技失败时，都是“抓取”动作直接连接失误动作。

另外，如果一方玩家角色陷入压倒性不利局面，会出现十分明显的受伤反应，即“怯步”和“昏厥”（图 1.16.14）。

怯步是指受到敌人强力的空中踢腿等攻击时，玩家角色出现怯步，从而导致破绽的状态。

怯步一方的硬直时间较长，所以选择防御或者闪避要比选择反击更稳妥，不容易受到对手追击。

昏厥是被攻击时产生的“眩晕值”积累到一定程度，或者受到某些强制诱发昏厥的攻击后出现的受伤反应。玩家需要通过快速连续按键等操作来解除昏厥状态。

不过，在快节奏的割草类游戏中，玩家角色的“怯步”和“昏厥”都会打断节奏，这样一来容易给玩家造成压力。然而敌方出现怯步或昏厥时会为玩家创造胜机，所以这些机制只要用对地方，就会很受玩家欢迎。

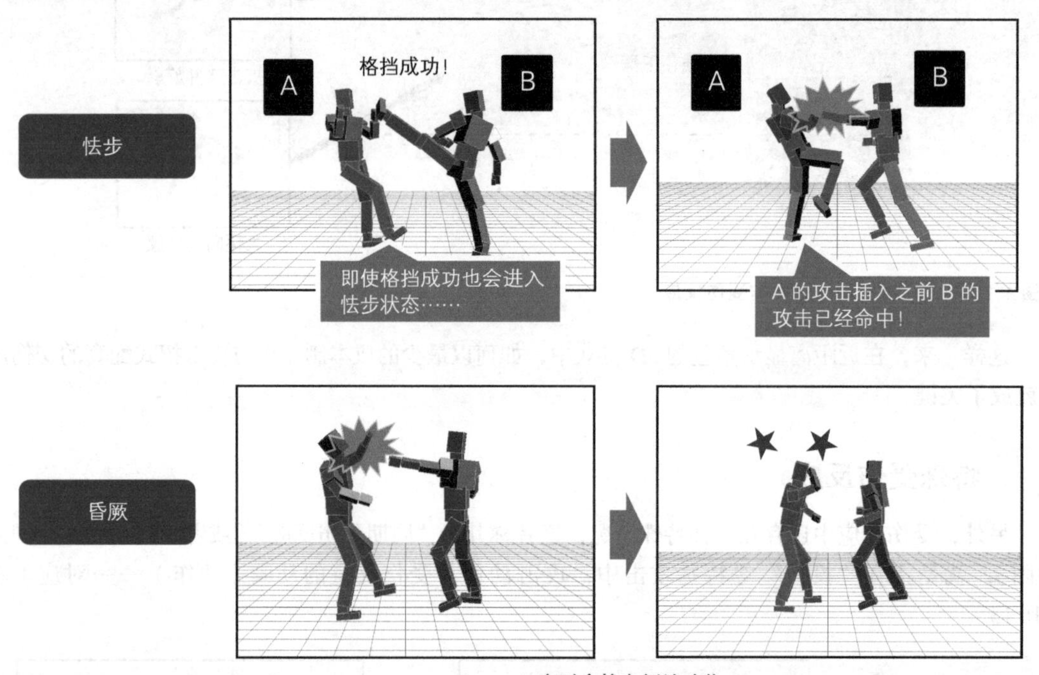

图 1.16.14 怯步与昏厥

最后我们来讲讲能使玩家状态发生改变的特殊受伤反应。在部分格斗游戏中，存在能改变玩家角色状态的受伤反应（图 1.16.15）。例如图中的“下劈”动作，能强行使被攻击方进入“下段”姿势。这样一来，玩家面对中段格挡固若金汤的对手时，可以使用这类强制改变状态的招式强迫对手“蹲下”，为强力中段攻击创造机会。

另外，还有强制转为倒地状态的“倒下”受伤反应。

一般来说，受伤反应持续时间越长，越容易追加攻击或连击。由于“倒下”要经历从站立状态过渡至倒地状态的这段时间，因此追击的成功率很高（某些游戏中可以借助快速连按按钮来阻止倒下动作并恢复普通状态）。如果各位制作的游戏可以对倒地目标追加攻击，那么不妨导入这一格斗游戏的系统，让玩家能在目标倒地前追加攻击或连击。

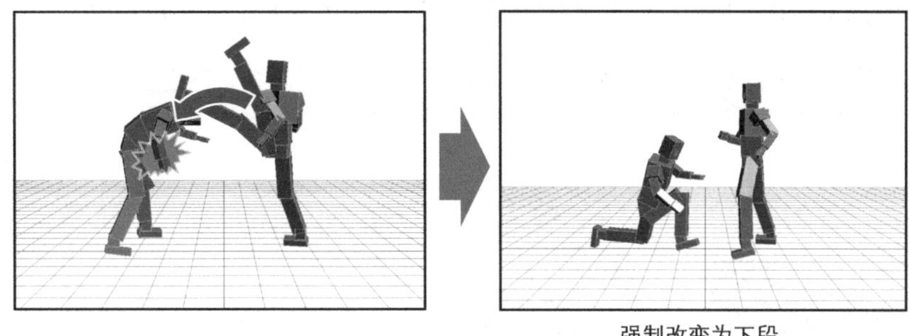

图 1.16.15 改变状态的受伤反应

图 1.16.16 倒下的受伤反应

此外，还有很多用玩家角色受伤反应难以表现的状态。比如《生化危机 4》中的部位伤害。《生化危机 4》这类 TPF 及 FPS 游戏以枪械射击为主要攻击手段，能够近距离正面观察敌人，所以要做到“攻击眼睛”等精密部位攻击并不是难事。然而不论何种题材的游戏，由于画面无法十分详细地表现玩家角色，玩家往往只能区分自己的“头部”“躯干”“左右臂”“左右腿”（这一情况并不绝对，比如将身体参数显示在画面中，就可以详细表现出眼部或手部的受伤状况）。

只要在受伤反应上多花功夫，就可以做得无限详细且逼真。然而受伤反应越多，游戏的表现的界定就越模糊，往往导致玩家难以区分状况甚至产生混乱。所以在某些情况下，一款制作精良且逼真的游戏反而更适合采用简单的“弱”“中”“强”三档受伤反应。

综上所述，设计者在制作玩家角色的受伤反应时，需要从游戏的题材及系统触发，搞清楚这款游戏最终要给玩家一个什么样的效果。

 受伤反应的方向（朝向）的表现

我们前面已经讲过，要想使受伤反应看上去真实，需要让其与攻击动作配套。**除此之外，受伤反应还需要准确表现出玩家角色身体受攻击的方向（朝向）（或者称为“伤害的方向性”）。**

2D 游戏由于镜头方向固定，因此受伤反应也只有直观易懂的图形（图 1.16.17）。

水平视角的游戏中，受伤反应的方向基本只有“前”和“后”2 种。而格斗等游戏中包含向上的“上勾拳”及向下的“下劈”，所以需要“前”“后”“上”“下”4 种。此外，顶部视角的游戏因为镜

头垂直向下俯视，所以需要“上”“下”“左”“右”4 个方向（图 1.16.17）。

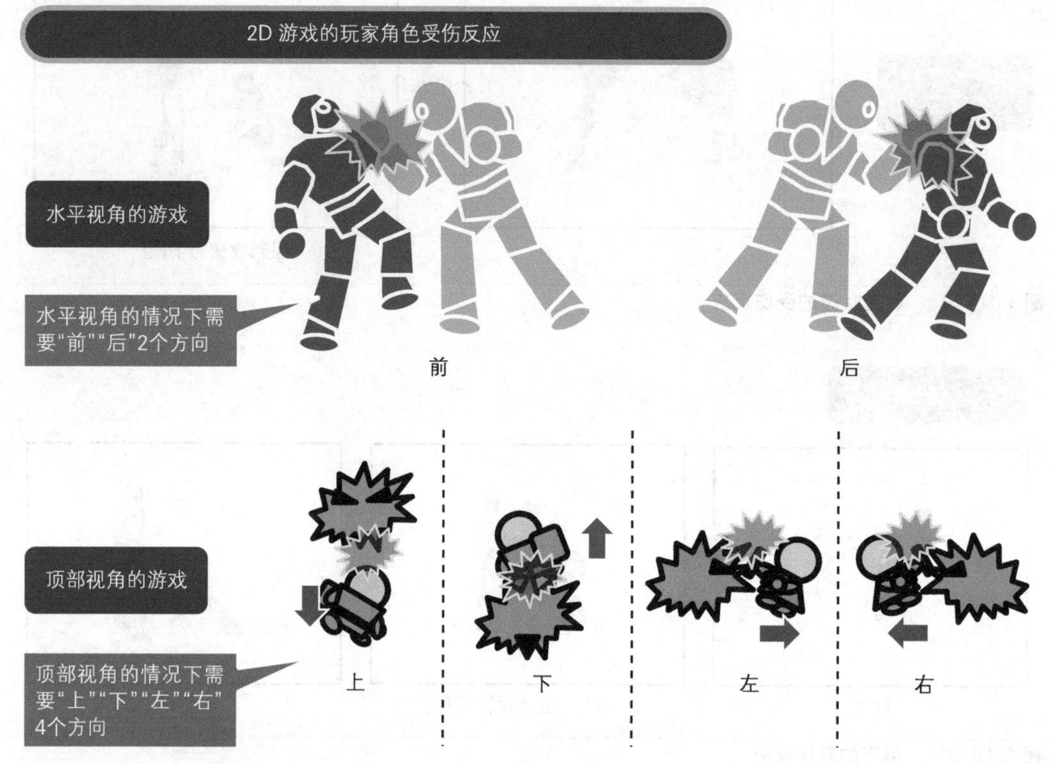

图 1.16.17 2D 游戏中玩家角色受伤反应的方向

因此，2D 游戏中玩家角色或敌人的受伤反应只需要 2～4 个方向即可。

但在 3D 游戏中，需要以玩家角色身体为准指定“前”“后”“左”“右”“上”“下”6 个方向（图 1.16.18）。

除此之外，我们还需要根据攻击招式的不同添加“受力方向”。在格斗等近距离观察角色的游戏中，攻击动作发力方向的表现直接影响游戏真实度。

举个最简单的例子，回旋踢有左右 2 种。想省事的话，只需要一个后仰的受伤动作即可解决问题，但如果追求真实，那么就需要给右脚回旋踢搭配向左受力的受伤反应，给左脚回旋踢搭配向右受力的受伤反应。身体朝向的“左”“右”也是同理，需要根据攻击动作的方向搭配受伤反应。在格斗游戏中，所有这些受伤反应还需要再分别制作“上段”“中段”“下段”的部位受伤反应。

另外，我们刚才是以玩家身体“前”“后”“左”“右”4 个方向为例进行的说明，如果想进一步增加真实感，可以将方向增加至 8 个。但这样一来受伤反应的数量将变得十分惊人，所以一般 3D 游戏都采用 4 方向。

还有，这些具有方向性的受伤反应不但能增加真实度，还能对游戏的战术产生影响。比如在有墙壁的关卡中使用回旋踢将敌人踢到墙壁上，此时既可以让敌人受到撞墙的额外伤害，又方便玩家进一步追击（图 1.16.19）。

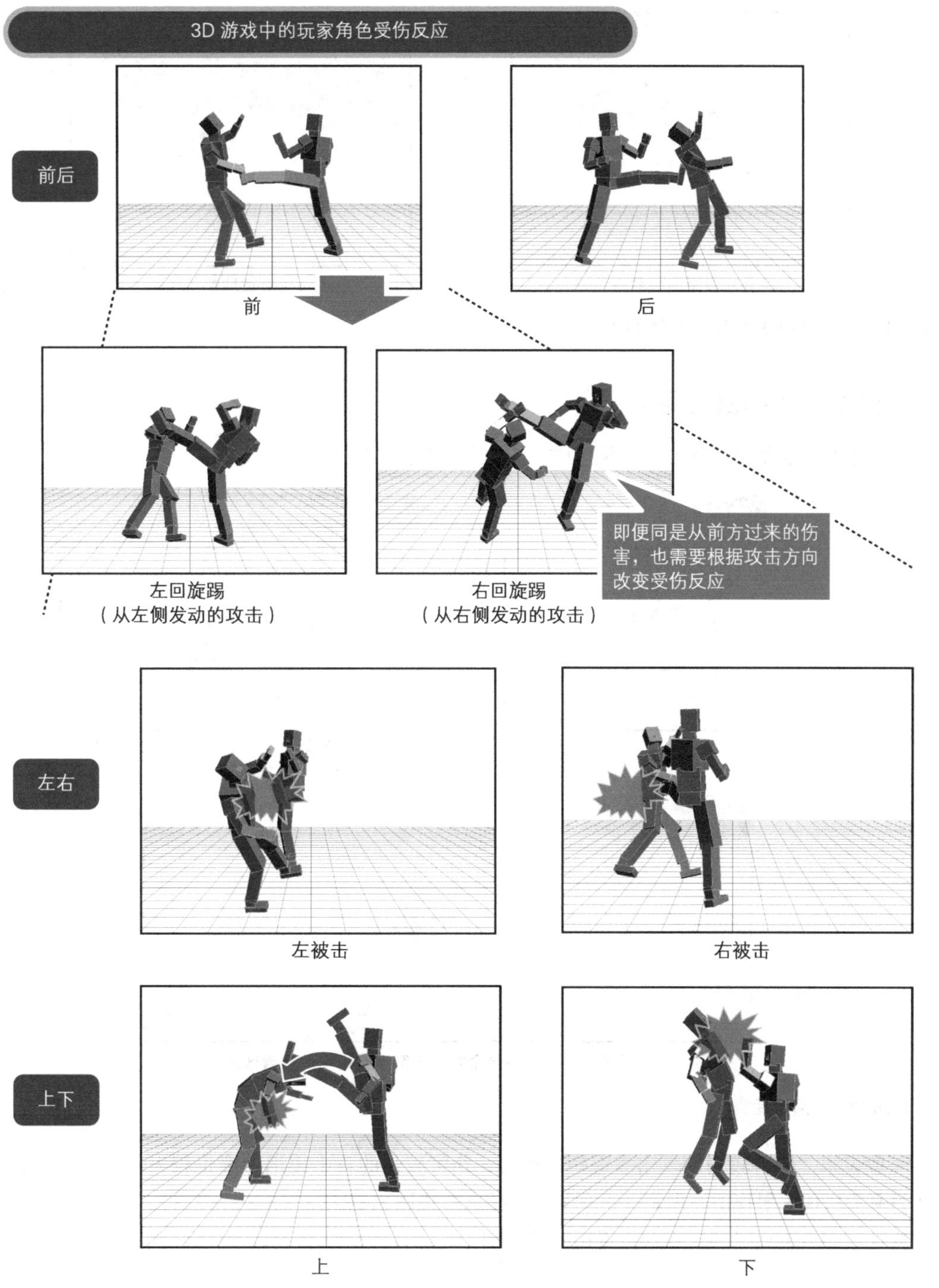

图 1.16.18　3D 游戏中玩家角色受伤反应的方向

将这些受伤反应添加给玩家角色后，可以产生“被逼至墙角”或“被踢下悬崖”等风险，这就为玩家提供了新的攻防要素。

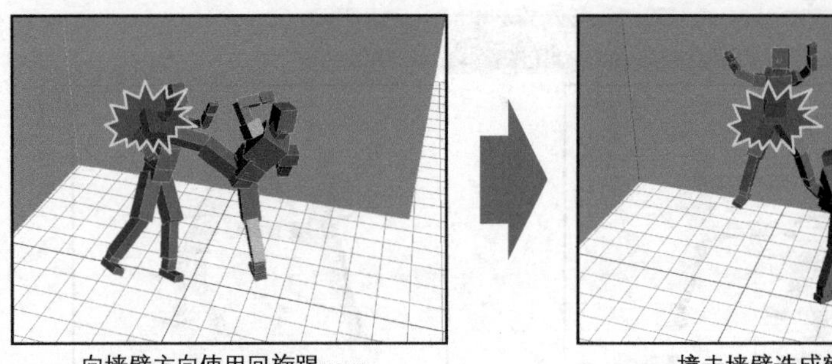

向墙壁方向使用回旋踢……
撞击墙壁造成额外伤害

图 1.16.19 利用受伤反应方向性的战术

受伤反应的震退距离

接下来我们需要考虑的是受伤反应的“震退”（击退）距离（图 1.16.20）。

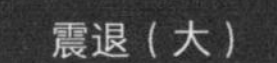

震退效果较小时，容易受到追击

震退效果较大时，如果下一个攻击的
有效范围不够大则不会命中

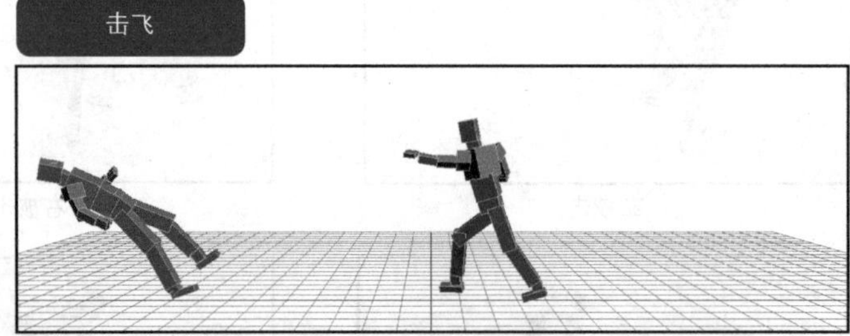

击飞
击飞后的攻击一定不会命中。与倒地有相同的重置效果

图 1.16.20 震退距离

一般说来，伤害较弱的攻击震退距离较短，伤害较强的攻击震退距离也较大。另外，某些格斗游戏为避免出现无限连击，规定连击越靠后的招式震退距离越大。

因此，震退有连接招式以及重置招式的作用。

受伤反应的数量

看过前面的说明各位应该已经明白，越是对受伤反应追求细节，游戏系统就越复杂。因为这会大幅影响到受伤反应的数量。

不妨来试着计算一下受伤反应的数量。比如我们在简单的 2D 游戏中只设置“弱”“强”两种受伤动作，那么总数量为“(玩家角色种类数 + 敌人种类数) × 2”个。假设玩家角色只有 1 种，敌人共计 9 种，那么这款游戏需要 20 个受伤反应。

3D 游戏中则计算方法又不相同。即便只在游戏中表现“弱”“强”两类受伤反应，满打满算下来也需要“(玩家角色种类数 + 敌人种类数) × 2 × 方向数 6”个受伤反应。同样是 1 种玩家角色和 9 种敌人的话，这款 3D 游戏需要制作 120 个受伤反应。实际上，在制作敌人的受伤反应时，可以先将体格或外形近似的角色分别归类，然后给同类角色模型套用同一个动画，以减少受伤反应的整体数量。然而即便如此，由于 3D 游戏比 2D 游戏伤害来源方向多出许多，因此受伤反应的数量仍然会很庞大（某些游戏中为了方便，用震退的移动方向来表现伤害来源方向）。

另外，3D 格斗游戏如果没有镜头纵深方向上的移动，那么实质上与 2D 格斗游戏一样，只有面向对手和背向对手两个方向，所以受伤反应并不会增加太多。

综上所述，在受伤反应上追求自然，是受伤反应的数量增多的一个关键因素。因此，在设计游戏时需要牢牢把握游戏的主体概念，搞清这款游戏要让玩家看到怎样的受伤反应、产生怎样的体验。

重置游戏流程的倒地

下面我们来讲解一种特殊的受伤反应——“倒地”。

格斗等游戏中的倒地是一种完全无敌状态的受伤反应。由于其与前面讲到的受伤反应不同，无法追加普通攻击，所以游戏会在一方角色倒地时暂时中断，直到该角色站起来后游戏流程才会重新开始。**也就是说，倒地起到了重置（重头来过）的作用（图 1.16.21）**。

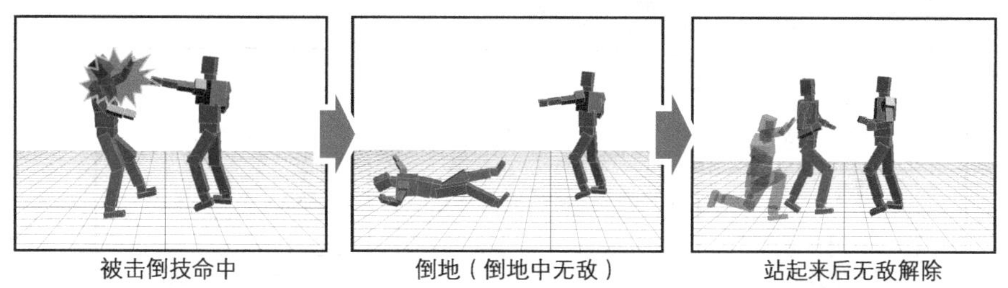

图 1.16.21　倒地

格斗游戏讲究双方在相同条件下切磋技艺，如果倒地状态下仍能继续追击，攻击方将占据压倒性的有利地位。因此，需要适时重置游戏流程来创造逆转的机会。

此外，某些格斗游戏的连击是可以命中倒地目标的，不过这一系统与“挑空受伤反应”（被浮空状态）机制十分接近，追加攻击持续一定时间后目标将不再受伤害，即进入完全无敌状态，重置游戏流程（让连击招式的震退距离递增也能获得相同效果）。

综上所述，格斗游戏中的倒地可以中断游戏进程，重置玩家与敌人的形势，是一种每次执行都能大幅影响游戏速度与节奏的“强力反应”。

这一机制同样可以应用到动作类游戏及割草类游戏当中。尤其是在玩家一对多的情况下，可以有效避免玩家单方面被虐打，为反击创造机会。

倒地后的状态复原

前面讲到倒地有重置的作用，而倒地中更重要的则是倒地后的状态复原，即“起身”。玩家角色的起身大致分为“自动起身”和“手动起身”两种机制。

自动起身是动作类游戏和割草类游戏普遍采用的方法，玩家角色倒地后经过一段时间可以自动站起来。而手动起身则是格斗等游戏中常见的机制，玩家可以用按键操作提早起身，或者一直保持倒地状态。

对玩家角色而言，如果倒地后的状态复原机制无法正常运作，那么任何游戏中玩家都有可能被敌人纠缠到死。

比如玩家角色在倒地状态下起身恢复普通状态，如果此时有敌人发动攻击，玩家将毫无还手之力。这是因为在敌人攻击碰撞检测时间内完成起身动作的话，碰撞检测会直接生效。这种情况下，需要在玩家角色起身后增加几秒无敌时间，或者将敌人 AI 设置成玩家起身后不会立刻发动攻击[①]（图 1.16.22）。

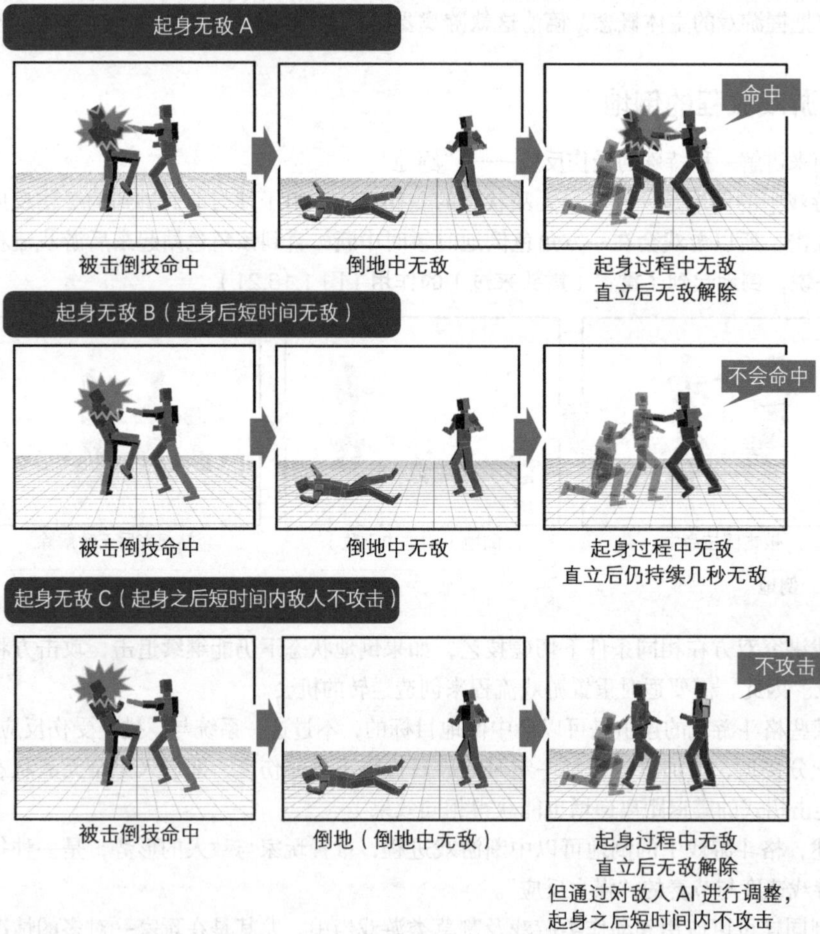

起身无敌 A

命中

被击倒技命中　　倒地中无敌　　起身过程中无敌
直立后无敌解除

起身无敌 B（起身后短时间无敌）

不会命中

被击倒技命中　　倒地中无敌　　起身过程中无敌
直立后仍持续几秒无敌

起身无敌 C（起身之后短时间内敌人不攻击）

不攻击

被击倒技命中　　倒地（倒地中无敌）　　起身过程中无敌
直立后无敌解除
但通过对敌人 AI 进行调整，
起身之后短时间内不攻击

图 1.16.22　防止起身时被攻击的机制

① 尤其在玩家与敌人一对多的游戏中，如果不让敌人在玩家倒地后停止攻击或者退至中、远距离，玩家将在起身瞬间陷入围攻。

某些设置了倒地的游戏中，如果玩家根据倒地动作适时按下按钮，玩家角色将做出保护动作来减轻伤害并迅速起身（图 1.16.23）。

另外，在格斗等类型的游戏中，倒地起身也是攻防的一部分。

采用自动起身机制的格斗游戏一般允许玩家在起身过程中进行预输入，所以玩家能够在起身瞬间格挡或闪避。《街霸 4》中玩家甚至可以在起身瞬间发动升龙拳等无敌招式。

而在采用手动起身的游戏中，倒地一方需要制定战术来克制对手的起身追击并伺机反击。最简单的方法是错开起身时机，让敌人攻击扑空后再行反击（图 1.16.24）。

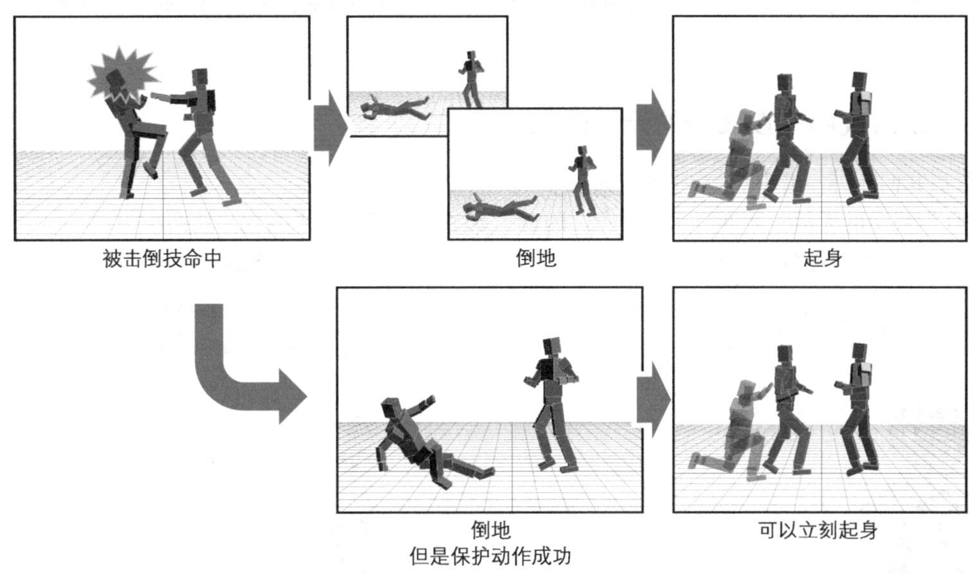

图 1.16.23 保护动作

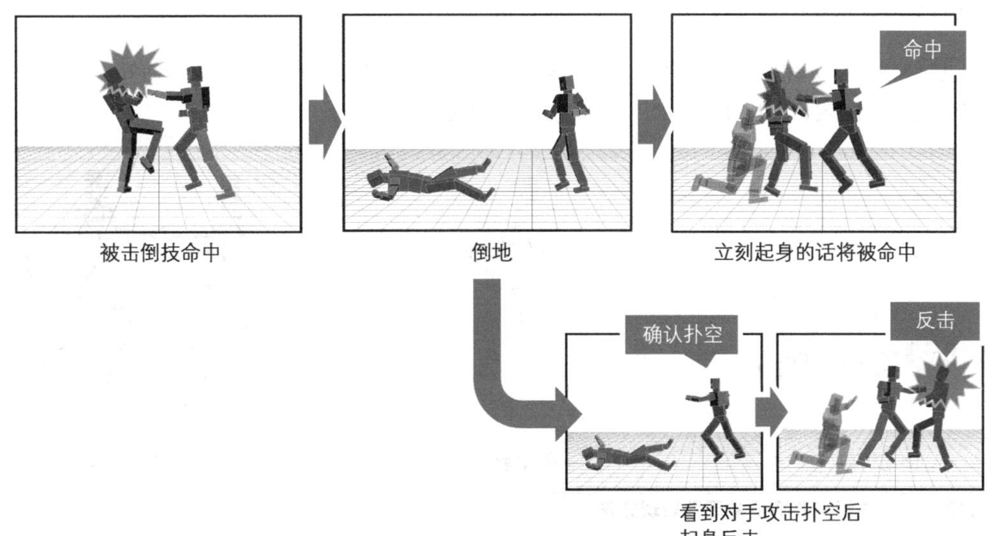

图 1.16.24 计算时间差的起身攻防

《铁拳：革命》就是一款格外注意起身攻防的游戏，玩家在起身时可以选择“前”“后”“左”“右” 4 个方向，并且能施展起身专用的攻击动作。这款游戏甚至允许玩家在倒地状态下翻滚移动。不过，这类倒地时间偏长的游戏一般不具备倒地无敌机制，取而代之的是对倒地对手更难施展连击的机制。

不过，对快节奏的动作类游戏和割草类游戏而言，这种“倒地的攻防”会导致游戏节奏中断，这是因为从倒地到起身的流程很容易拖慢某些游戏的速度。因此，《鬼泣》系列和《猎天使魔女》等重视速度感的游戏直接剔除了倒地动作（被击飞后立刻做保护动作起身）。

综上所述，倒地后起身的相关机制种类繁多，对开发有兴趣的读者不妨多接触一些游戏，亲自研究一番。

3D 游戏中难以表现的无敌效果

最后我们来讲一讲 3D 游戏中的“无敌”。

2D 游戏中的无敌一般通过玩家角色“闪烁”或“变色特效”来表现。然而在 3D 游戏中，游戏视觉效果越真实，这类表现手法就越显得“符号化”（漫画化），带来强烈的不协调感（图 1.16.25）。

2D 游戏的无敌　3D 游戏的无敌

正常　变色　闪烁　正常　变色　闪烁

图 1.16.25　无敌的表现

因此，3D 游戏如果在加入无敌机制时不多花心思，游戏画面的真实度将大打折扣。

要解决这一问题，可以采取如图 1.16.26 所示的方法。

图 1.16.26　不影响真实度的无敌表现方法

- 只给倒地等特定受伤反应添加无敌

- 用魔法特效等表现无敌状态
- 不使用上述任何一种方法，直接设置敌人攻击命中时玩家不受伤害

纵观近年来的 3D 游戏设计，这些方法都在其最恰当的位置发挥着作用。然而要注意的是，除了“表现无敌状态”的画面之外，“无敌状态下受到攻击”的画面也会导致 3D 游戏的真实度严重流失（图 1.16.27）。

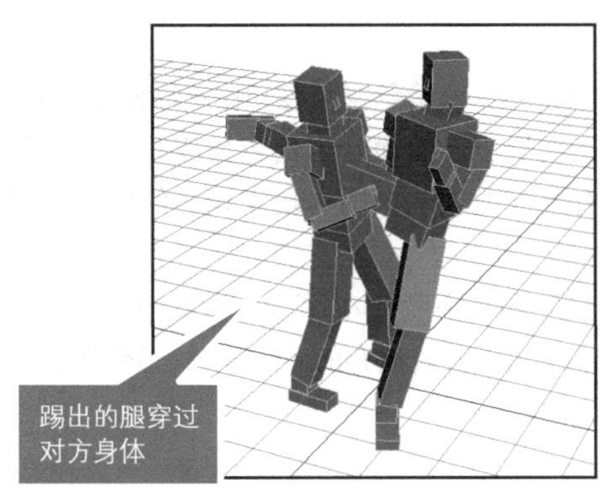

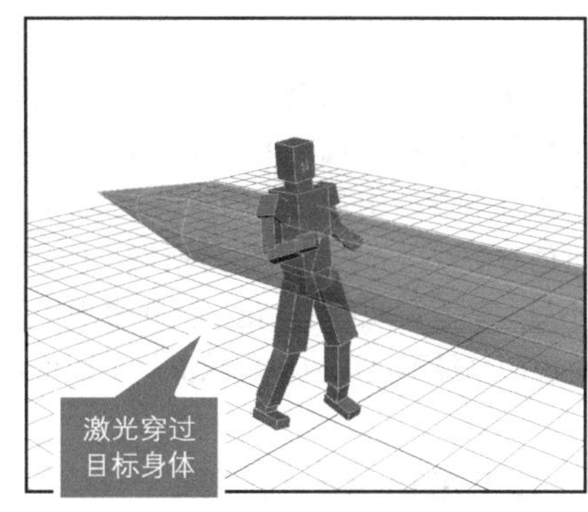

图 1.16.27　影响游戏真实度的无敌表现

此外，不同题材的游戏对无敌机制的重视程度不同。

割草类游戏和有格斗元素的 TPS 游戏在使用特殊攻击或倒地时通常都是无敌状态，但 FPS 等以射击为主体的游戏则几乎没有无敌时间。

在游戏设计中，无敌虽然是一种能有效防止“苦战”的强力游戏机制，然而一旦在 3D 游戏中滥用，将会严重破坏玩家的游戏体验。

 小结

在游戏设计和游戏系统方面，3D 游戏中“受伤反应”和“无敌”的地位都比在 2D 游戏中更为重要。3D 游戏如果要追求真实度，那么势必要求“受伤反应”尽量自然，并且极力避免“无敌”。

然而《黑暗之魂》和《神秘海域：德雷克的欺骗》为提高趣味性，在游戏中毫不吝惜地大胆使用“受伤反应”和“无敌”这两个机制。仔细想来，FPS 与 TPS 游戏中玩家角色身中数枪也只是疼一疼而已，确实有些不够真实。不过设计者在游戏中加入了其他大量真实而有趣的要素，所以玩家并不会对这一点太过介意。

总而言之，3D 游戏制作者往往会将趣味性和真实度放在天平两端进行衡量，从而给游戏的趣味表现找出一个绝妙的平衡点。

另外，要制作一款让人百试不厌的游戏，还需要在玩家角色的死亡反应上多下功夫。究竟是被敌人攻击而死，还是跌落伤害致死，还是中毒身亡，要让玩家能清楚地推测出死亡的原因。玩家只要能明白失败的原因，就会产生再度挑战的欲望。不论是受伤反应还是死亡反应，这些玩家角色的反应都是激发玩家思考并重试的重要因素。

各位在遇到有趣的游戏时，不妨仔细观察一下其中都有哪些玩家角色反应。

1.17

让 3D游戏更有趣的反应的设计技巧

接下来我们为各位讲解玩家角色“反应”的相关设计技巧，来给玩家角色动作这部分做一个收尾。

前面我们介绍了玩家角色反应的一部分，也就是受伤反应。然而玩家角色反应并不仅仅局限于向玩家表达所受的伤害，它们对游戏整体给人的印象有着极大影响。因为玩家角色的反应其实就是玩家角色对游戏世界内各种事件所做出的反应。

不过，随着游戏的 3D 化，空间表现中加入了“深度”和“高度”，以往 2D 游戏中应用的那些玩家角色反应已经不足以应对新状况。下面就让我们一起探讨 3D 游戏独有的“反应”，感受其中差异。

玩家角色反应的种类

首先我们来说明玩家角色反应所拥有的功能。不论 2D 还是 3D，只要各位在玩游戏时多留心注意，就不难发现以下这些功能。

- **表现（表演）角色的特征**

  角色的特征不仅能通过玩家角色动作表现，玩家角色反应同样能完成这项任务。比如在马里奥中，玩家角色碰到墙壁或砖块时仍然活泼开朗，不会出现疼痛等表现。如果想表现一名懦弱的角色，只需在玩家角色撞到墙壁或砖块时为其加入痛苦表情即可。在游戏中，玩家角色如何看待游戏内部世界，以及其最终在游戏世界内的定位如何，都只能依靠反应来表现。

  不论 2D 还是 3D 游戏，玩家角色的反应都具有引导玩家感情的效果。尤其在 3D 游戏中，通过细腻的玩家角色反应，可以将“玩家角色在游戏世界中战斗（玩耍）的动机”展现给玩家。

- **展现动作的感官刺激与结果**

  可以展现玩家角色动作的畅快感受（感官刺激）以及该动作引起的结果。我们在介绍超级玛丽那一节中已经提到过“跑太快停不下来”的反应，这个反应就很好地展现了动作的感官刺激与结果。

- **诱使玩家使用动作（促使玩家反复进行游戏的钓饵）**

  很多时候，玩家会不由自主地重复使用玩家角色的某些动作，且这一行为与游戏目的无关。

  除了动作具有畅快感（感官刺激）之外，通过让反应表现出畅快感，也能达到同样效果。《超级马里奥兄弟》中，跳跃顶砖块动作会引起砖块向上弹起的反应。因此游戏将这一反应表现得很舒服，所以玩家往往会毫无意义地一路顶过去。

- **诱使玩家发现隐藏要素**

  以探索地下城为主题的动作游戏中，只要在隐藏通道附近设置玩家角色向该方向转头，细心的玩家就能感觉到“附近有什么”。因此，反应也是诱使玩家发现隐藏要素的重要功能。

- **表现玩家角色状态**

  在格斗游戏中，反应能够表现出玩家角色的状态。最好的例子就是我们上一节中讲到的受伤反应。这类游戏根据攻击类型的不同，设置了弱·中·强三档受伤反应。这一点说起来稀松平常，但对于制作动作类游戏的新手来说，想通过玩家角色反应准确表现玩家状态并不容易。

  比如玩家角色生命值所剩不多，进入濒死状态时，《塞尔达传说》会播放警告的效果音作为反应来提示玩家。另外，最近的 3D 游戏经常使用“玩家角色痛苦地拖着伤腿行走”等反应来表现这一状态。实际上，一旦少了这些反应，玩家在全神贯注战斗时就很容易出现“光顾着打怪，一没注意就死了”的情况。

综上所述，玩家角色反应可以细分为诸多种类。活用玩家角色反应的特性并将它们实现到位的游戏，才称得上是一款优秀的作品。

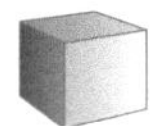

反应中的积极响应与消极响应

玩家对游戏中某元素执行动作后，可获得的反应大致分为三种。

第一种是“积极响应”。假设一扇大门前并排设置了三个开关，玩家按下了其中一个。选择正确的情况下大门将伴随盛大的号角声打开。这个就是积极响应。如果玩家选择错误，可以在画面上显示“好可惜！这个是错误的！正确答案在剩下的开关中哦！”之类的积极鼓励的信息，这要比蜂鸣器满含否定意味的“嘟”声更能避免玩家的消极情绪。

第二种是“消极响应”。还拿上面的开关为例，玩家选错按键时，游戏播放令人不悦的蜂鸣器声或警报声来否定玩家的行动，这就是消极响应。一旦在游戏中持续出现消极响应，玩家的动力将逐渐降低。另外，如果在选对按钮时也使用消极响应的反应机制，结果将和前面是一样的。

最后一种反应类型是“无响应”(无反应)。无论操作正确与否都不给玩家任何响应的话，玩家将会产生不安。在前面开关的例子中，只要玩家角色能够直接看到大门的开闭，那么无响应状态下玩家依然能够分辨正确与否。然而一旦玩家距离大门太远，无法直接看到其反应时，就需要一遍遍地按下开关再去确认效果。**无响应是一种接近“无视”的反应，在某些场合下要比消极响应更需要谨慎对待**。

综上所述，反应分为“积极响应”“消极响应”“无响应”3 个类型。在玩家角色动作·玩家角色反应之中，建议让“积极响应”占据绝大多数。

重视高度与方向的反应

我们在受伤反应一节中提到过，3D 游戏的所有反应都需要有“方向”(朝向)。比如《神秘海域》中玩家碰到墙壁时手扶墙的动作，这个反应就要分为“左手”和“右手”。因此，要想为反应添加“方向”，那么一个反应至少需要两种图形(图 1.17.1)。

另外，游戏中存在能对玩家动作产生反应的物体，这些物体的“位置”和“朝向”对其反应有着重要意义。

图 1.17.1 反应的方向（朝向）

下面举个简单的例子。现在假设有一个开关，玩家按压后可以切换开 / 关状态。为了能时常对玩家动作产生反应，这个开关需要具备适当的“高度”与“朝向”。如果像图 1.17.2 那样将 A、B 两开关设置成一高一低，那么在“绘图”上将出现不协调感。因此，物体必须根据玩家角色动作调整其“朝向”及“高度”。

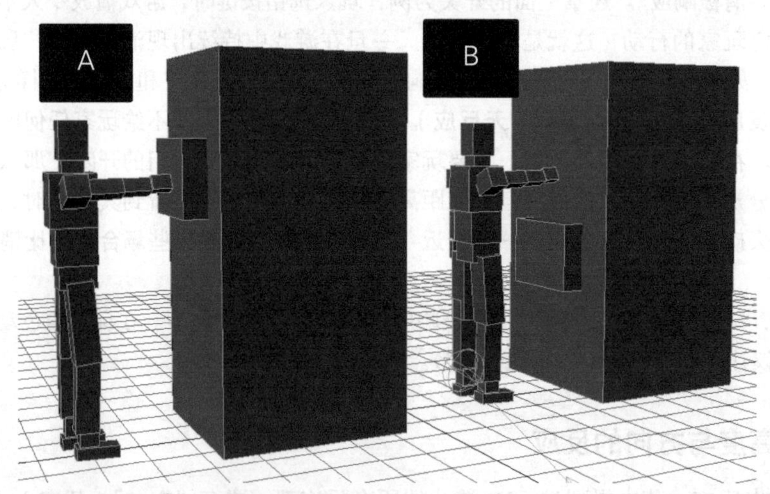

图 1.17.2 3D 游戏中反应的“朝向”及“高度”问题

这在玩家自身的反应上也会引起同样的问题。

比如游戏中有能造成伤害的钉刺地面，就需要设置玩家角色脚部受伤的反应。在飞箭射中胸部时则不可以使用这一受伤反应。玩家角色的反应如果和动作不配套，看上去将非常不自然。

也就是说，制作反应时必须先与动作相对应。在实际进行游戏开发中，经常会出现事先做好反应后才发现反应与动作无法吻合的情况。一款游戏中，如果动作的数量较多，或一个动作的适用场合较多，那么与这些动作对应的反应数也会随之增加。

总而言之，3D 游戏越是追求真实度，反应的数量就越是庞大，而且其增长速度绝非 2D 游戏能比。因此在一般的 3D 游戏中，往往会将反应的“高度”和“朝向”分类汇总后再统一制作，以遏制反应数量的增长。

玩家角色反应与物理模拟

随着游戏硬件及游戏代码的不断进化，游戏中采用“物理模拟”技术已经不是什么新鲜事了。当今游戏界的物理模拟技术主要用于制作玩家攻击敌人或障碍物时产生的破坏特效。

与此同时，很多玩家角色反应也开始使用物理模拟。在 FPS 与 TPS 游戏中，敌人倒下时的反应常会使用布娃娃系统进行物理模拟，创造出断线人偶一般的倒地方式，或者根据地形碰撞判定决定倒地动作（图 1.17.3）。

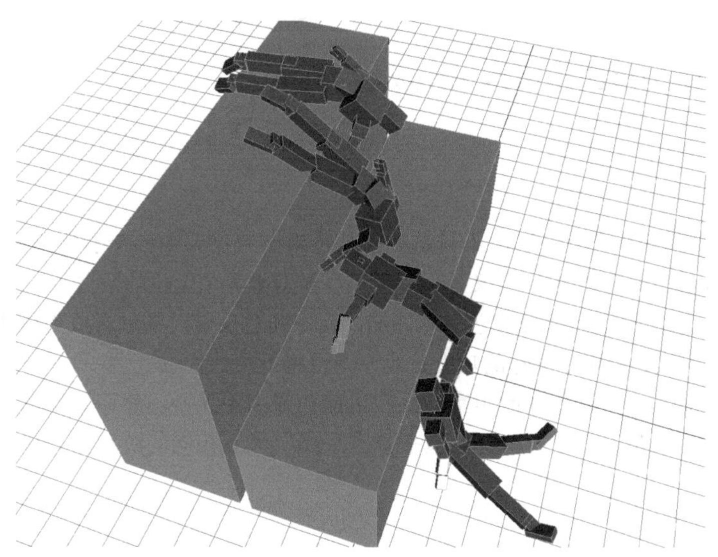

图 1.17.3 布娃娃系统的跌落模拟

这一方法也被应用在了玩家角色死亡倒地的反应中，如今已成为制作逼真反应时的普遍选择。

进一步使用物理模拟技术，可以同时表现出逼真的玩家角色动作与玩家角色反应。《K-1 世界格斗锦标赛 2003》和《终极格斗冠军赛 3》等体育竞技格斗游戏就是同时执行玩家角色动作与玩家角色反应的优秀例子。这些游戏中，即便玩家角色正在执行受伤反应，也仍可以接收按键指令执行攻击动作（图 1.17.4）。

不过，使用物理模拟技术制作的玩家反应与“游戏符号化（数字化）”的理念背道而驰。物理模拟技术登场之后，在处理反应等问题上“应该将游戏的哪部分符号化（数字化）”已成为游戏开发者不得不深思熟虑的问题。

图 1.17.4 通过动作与反应同时执行来创造两败俱伤的效果

小结

3D游戏中的“玩家角色反应”已不只是玩家角色对游戏世界中各个事件的“反应”，它们既是表达玩家角色感情与心境的“演技”，又是玩家角色在游戏世界中定位的依据。

物理模拟技术登场之后，“玩家角色动作”与“玩家角色反应”的融合成为可能，过去限于技术一直无法实现的“真实还原组手动作的功夫游戏”等也将不再是梦想。

对移动端游戏而言，要制作如此丰富的反应可能稍显力不从心。然而，如果能在一定范围内表现出我们前面说明的反应，完全有机会创造一款“手感”大不相同的游戏。有兴趣的读者请务必以此为参考。

第2章

让3D游戏更有趣的 敌人角色设计技巧

2.1

展现敌人个性的设计技巧

(《超级马里奥 3D大陆》)

制作一款有趣的游戏，挡在玩家面前的敌人一定要个性鲜明。无论这款游戏的玩家角色操作手感如何优秀，只要敌人欠缺魅力和趣味性，玩家也很快会失去兴趣。

于是，让我们一起进入《超级马里奥 3D 大陆》，看看“让游戏更有趣的敌人”究竟为何物。

引起玩家危机意识的敌人外形设计

在《超级马里奥 3D 大陆》中，我们能看到阻碍马里奥行动的各种敌人角色。

不论是缓慢地向玩家移动的“板栗仔”，还是踩一下就会缩回壳中的“慢慢龟”，亦或是在马里奥接近时会发动攻击的“德库食人草”，每一种敌人都个性鲜明。正是在这些外观造型人见人爱的敌人身上，隐藏着游戏特有的**外形设计**技巧。

我们把慢慢龟和刺猬相比较就会发现一些有趣的事。首先，游戏在设计敌人时要保证不同敌人的轮廓明显不同，让玩家可以一眼分辨出敌人的种类（图 2.1.1）。

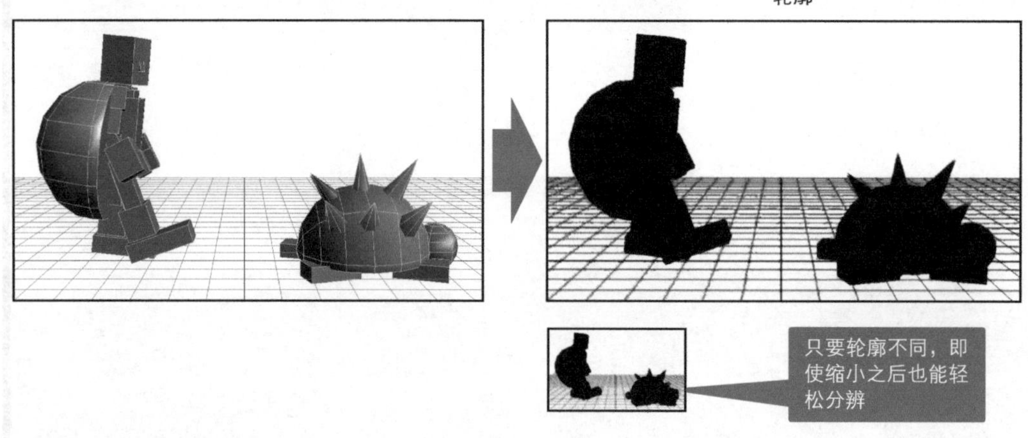

图 2.1.1　敌人的轮廓

轮廓是指用单一颜色填充角色等后所得的图形。保证轮廓具有鲜明特征，可以让玩家在缩小画面之后依然能够辨别敌人的种类。

然而，单纯改变轮廓还不够。游戏中马里奥可用踩踏来对付慢慢龟，但面对刺猬时，如果一脚踩上去，只会自讨苦吃。刺猬那一身尖刺的设计就是为了让玩家瞬间明白“这个敌人不可以踩”（图 2.1.2）。

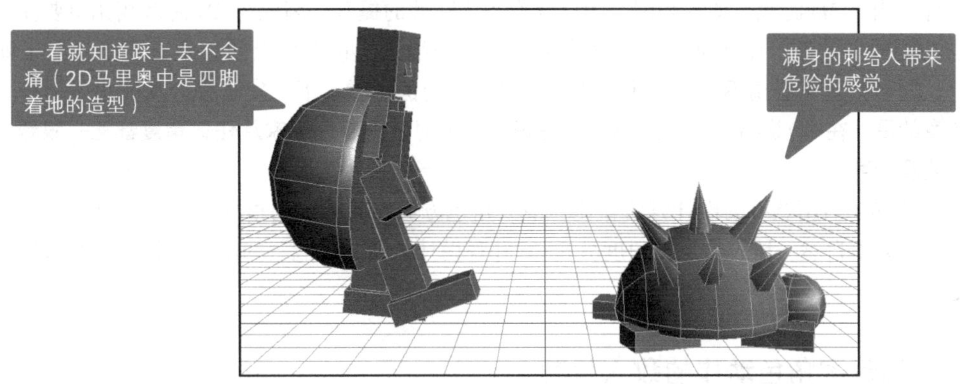

图 2.1.2　敌人造型的设计

也就是说，这款游戏通过敌人的外观设计表现了敌人各自的功能。这种设计手法称为**意符**[①]（signifier）。意符是诱导用户做出恰当行动的一种可知觉的设计。《超级马里奥兄弟》整款游戏设计都非常巧妙地运用了意符，即为保证外观与功能一致，将游戏的外观以功能为基础进行设计。

其中最能体现这一点的就是"空中敌人"。例如飞在空中的"翅膀板栗仔"，其造型是板栗仔长了一对翅膀。这听起来或许像是废话，但因为要飞在天空中，所以必须有相应的"功能"。如果我们直接让板栗仔浮在空中，恐怕很多玩家会认为游戏出现了 BUG。那么如果加个魔法的气场又会怎样呢？这次玩家虽然能看出敌人在漂浮，但板栗仔手中要是连根魔杖都没有，想必"如何浮在空中"这件事很难说得通。相比之下，翅膀这一造型（设计）则能让玩家瞬间明白敌人在飞行。

此外，这款游戏在**敌人状态**的设计上也充分活用了意符。比如踩踏慢慢龟后踢走甲壳的动作，其中的每一个步骤都一目了然（图 2.1.3）。

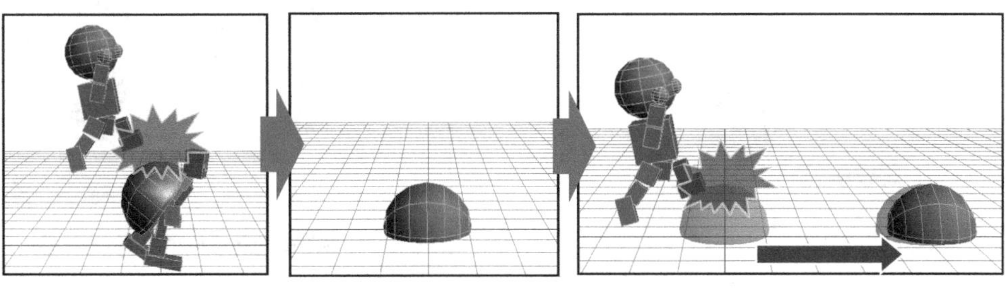

图 2.1.3　敌人状态的变化

慢慢龟被马里奥踩到时会缩回甲壳之中，随后玩家可以控制马里奥踢甲壳消灭敌人。在玩游戏时，玩家仅通过外观设计就能领会这一连串动作。尤其是慢慢龟缩回甲壳后的造型，这个设计成功地使玩家产生了"敌人现在不能动""碰到也不会死"的印象。**灵活运用了"意符"的设计手法可以让玩家在玩游戏过程中无意识地了解游戏规则**。

---

① Donald A. Norman 在 *The Psychology of Everyday Things*（中文版名为《设计心理学》，中信出版社，2012 年 3 月出版，梅琼译）一书中对"意符"进行了介绍。"功能可供性"指世界与人类之间的关系性与功能，"意符"则指可知觉的设计的符号。因此"意符"可以称为"被知觉的功能可供性"。

另外，当今 3D 游戏贴图的表现能力已经有了飞跃性的提升，因此与 2D 游戏相比更要注意外观设计与功能的一致性。比如某些能从体内射出子弹的敌人，它们身上就必须有用于发射子弹的孔（发射口），否则玩家会搞不清楚这个敌人是从哪里发射的子弹、下一发子弹会从哪里发射等。**特别需要注意的是，在 3D 游戏中，使用这一手法设计敌人时，需要让玩家从任何角度都能一眼看出其独特的功能及轮廓**。

综上所述，活用意符的设计方法在制作敌人角色方面有着重要的指导意义。如果各位玩游戏时觉得某些敌人不自然，请先从意符角度分析。“外观设计”和“功能”的不同往往能解释这种不自然的感觉。

丰富玩家角色动作的敌人机制

根据玩家玩法的不同，《超级马里奥 3D 大陆》中的敌人既可以成为马里奥的踏板，也可以被当作消灭敌人的武器。这种设计极大地丰富了玩家角色的动作。要实现这一机制，需要在“敌人的移动速度”上多花心思。

《超级马里奥》系列中，几乎所有敌人的移动速度都低于马里奥的普通冲刺（图 2.1.4 的 A）。这其中有以下几个原因。

其一是便于玩家用踩踏消灭敌人。要踩到迎面而来的敌人不难，但如图 2.1.4 的 B 那样从背后踩踏逃走的敌人时，如果敌人移动速度过快，马里奥将永远无法成功追上敌人并完成这一动作。

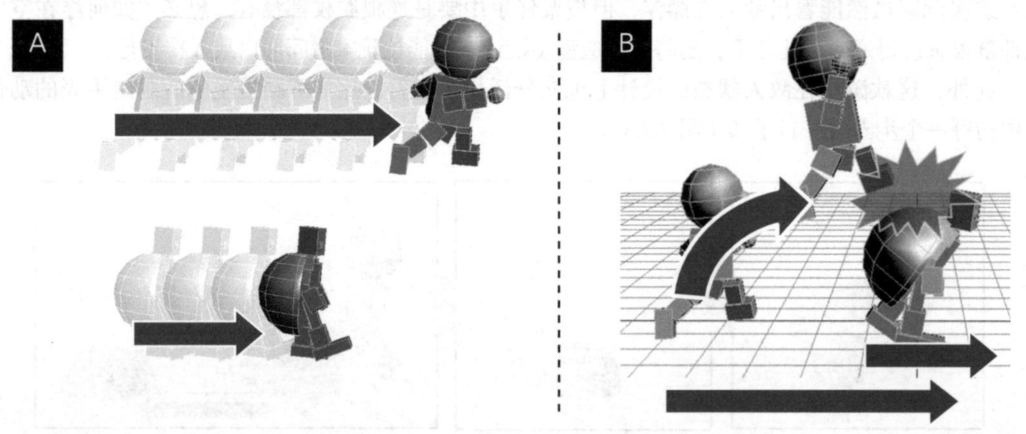

图 2.1.4 玩家与敌人的移动速度

其二是画面滚动的问题。在这款游戏中，画面会根据马里奥的移动速度进行滚动。如果敌人沿画面滚动的反方向快速移动，那么玩家与敌人的**相对速度**将会很大，使得游戏难度陡增。

相对速度是指从观测者角度观测到的移动物体的速度。如图 2.1.5 所示，A 中马里奥以 3m/s 的速度踩踏静止的慢慢龟，B 中则是踩踏以 3m/s 的速度向玩家靠近的慢慢龟，这时 B 的相对速度是 A 的 2 倍。

其三是为了方便玩家利用慢慢龟等敌人角色。超级马里奥兄弟中的敌人并不只是为了被消灭而存在。玩家可以将敌人作为踏板，从而跳到更高的场所（图 2.1.6）。

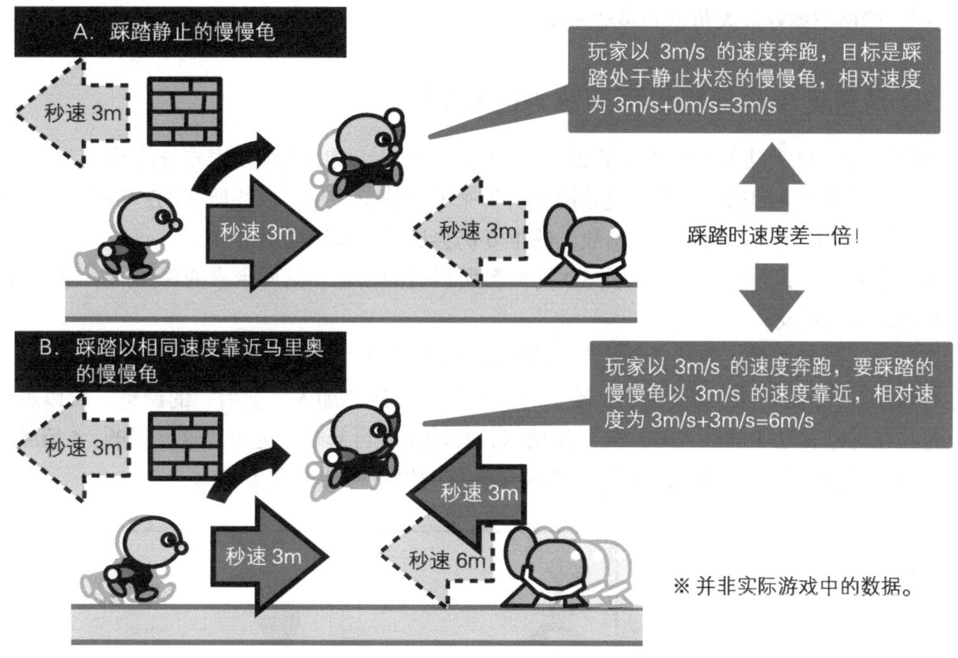

图 2.1.5 《超级马里奥 3D 大陆》中的相对速度

图 2.1.6 利用敌人的动作

这类利用敌人的玩法，敌人速度越慢，成功的时机越容易把握。但如果过慢的话，则会减弱紧张感。

像这样，敌人角色的移动速度对游戏的影响有时甚至会超过攻击动作等。如果各位想制作一款能像马里奥一样利用敌人角色的游戏，那么就需要充分考虑到“可以利用敌人角色，但稍有不慎就会吃大亏"，严格把握好敌人角色的移动速度。

3D 马里奥中也能轻松踩到敌人的机制

《超级马里奥 3D 大陆》不但还原了 2D 马里奥的操作感，同时还让玩家充分体验了 3D 马里奥的乐趣。尤其在踩踏敌人的乐趣方面，这款游戏所带来的爽快感超越了以往所有 3D 马里奥。不过，镜头从"上方"和"斜角"拍摄时，踩踏敌人的难度仍会比"侧面"高出许多。

于是这款游戏在设计上采用了以往 3D 马里奥所没有的措施，其所带来的踩踏的乐趣与 2D 马里奥相比有过之而无不及。

其措施之一就是"敌人的运动方式"。历代 2D 马里奥中，踩踏敌人时最关键的动作就是"跳跃中的左右移动"。然而在 3D 马里奥中，除了"左右"之外还要加入"前后"的调整，所以难度有所上升。尤其在踩踏移动中的敌人时，需要先预测其移动位置再起跳。为解决这一问题，《超级马里奥 3D 大陆》中的板栗仔等弱小敌人会在马里奥跳至头顶时停止移动（图 2.1.7）。

!
停
发现玩家后开始靠近
跳到头顶时停止移动
踩踏

图 2.1.7　跳至头顶时停止移动的敌人

另外，敌人在发现马里奥时会做出一个表示惊讶的反应并短时间停止移动，让玩家能够轻松预测到"这个敌人要接近了"，使踩踏变得更容易。这样一来，玩家面对弱小敌人时就不用再多花心思去预测敌人的移动位置了。

还有，为简化玩家操作，游戏对踩踏敌人之后的机制也做了调整。比如在 2D 马里奥当中我们可以用连续跳跃踩踏 3 个排成一队的慢慢龟（图 2.1.8）。玩家完成这类动作时将获得极高的成就感。

图 2.1.8　利用敌人的动作

但是从《超级马里奥 64》开始游戏进行了 3D 化，这一玩法变得十分困难。于是《超级马里奥 3D 大陆》中发明了一个新的机制，那就是踩踏敌人后放开滑垫，玩家角色将垂直跳跃（图 2.1.9）。

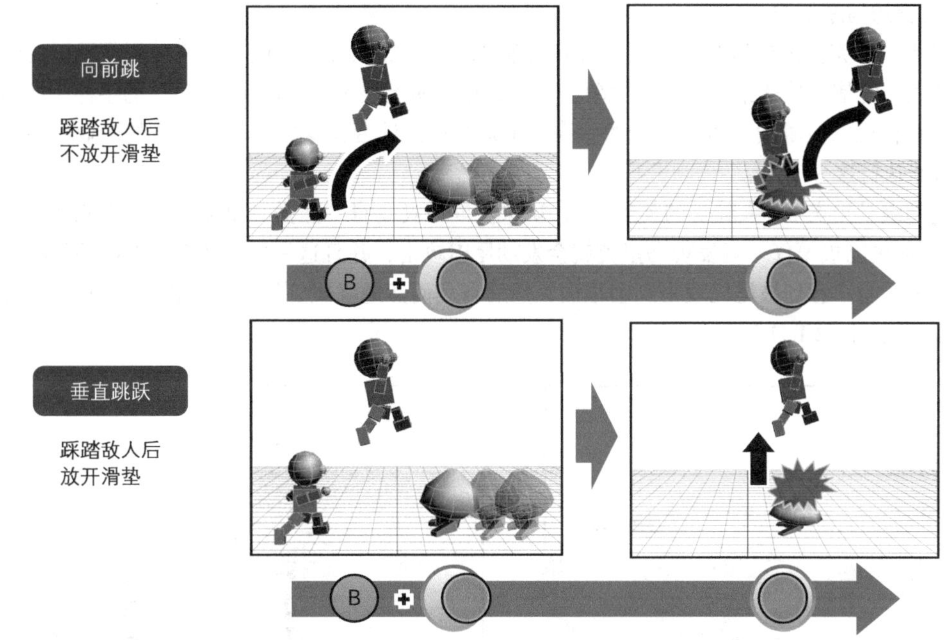

图 2.1.9　踩踏敌人时的机制

这一新机制让玩家能够在踩踏敌人的瞬间垂直跳跃，使得玩家在 3D 场景中也能轻松把握踩踏后自动跳跃的距离感。如此一来，不但以往 2D 马里奥中常见的连续踩踏一列敌人成为可能，像“板栗仔塔”这种纵向排成一列的敌人也可以用连续踩踏轻松解决（图 2.1.10）。

图 2.1.10　板栗仔塔

综上所述，《超级马里奥 3D 大陆》通过采用新的机制，让玩家能够轻松享受横向、纵向连续踩踏的乐趣。除此之外，这款作品中还有“巨型尾巴板栗仔”以及每次踩踏都会吐出金币的“钱包蛙”等敌人登场，让玩家情不自禁地去踩踏。

敌人角色的存在意义并不局限于跟玩家角色拼个你死我活，它们还具备让玩家尝试并享受玩家角色动作的重要功能。

让玩家主动联想动作使用方法的敌人动作

在制作游戏时，开发者经常会为“希望玩家使用这个动作，但怎么才能让玩家注意到呢？”这种“钓饵”方面的问题烦恼。

假设有一个完全没玩过马里奥系列游戏的菜鸟玩家，那么要怎样做才能将“狸猫马里奥能用尾巴消灭敌人”的信息传达给他呢？最简单的方法是在画面上显示“用尾巴攻击！”的字样。然而这样一来就有一种玩家被游戏牵着鼻子走的感觉。于是游戏设计者在这里展示了自己的专业实力，巧妙地让敌人来执行这一动作。

在《超级马里奥 3D 大陆》的关卡 1-1，玩家获取道具变身“狸猫马里奥”后将立刻遇到“尾巴板栗仔”，而尾巴板栗仔一旦发现马里奥就会发动尾巴攻击，并且这一尾巴攻击具有碰撞检测。这样一来，玩家就能注意到被尾巴攻击到会很痛，然后自然而然地联想到用尾巴攻击或许也能消灭敌人，并主动去尝试（图 2.1.11）。

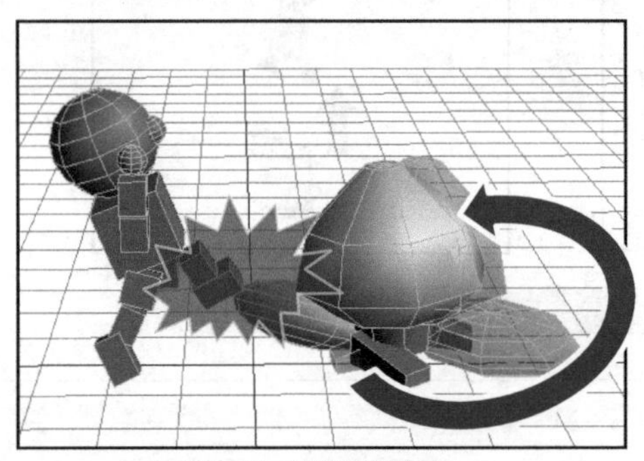

既然敌人可以用尾巴攻击……

那么自己在狸猫马里奥的状态下也能用尾巴攻击

图 2.1.11 尾巴板栗仔的攻击

也就是说，初次接触《超级马里奥 3D 大陆》的玩家即便买回游戏不阅读说明书，也能自然而然地联想到尾巴攻击。

这类**巧妙运用敌人角色向玩家传达信息**的手法是游戏设计上的高端技巧之一。有意开发游戏的读者请务必加以参考。

小结

如果各位有意制作动作游戏，那么《超级马里奥 3D 大陆》的敌人角色将是非常值得参考的角色设计范本。

另外，超级马里奥系列在推出新作时从不轻易增加新类型的敌人。即便是与《超级马里奥兄弟》相隔 25 年推出的《超级马里奥 3D 大陆》，也将诸如板栗仔和慢慢龟等敌人原封不动地继承了下来。在游戏中保留这样一些老少皆知的敌人角色，能让玩家在初次开启新作《超级马里奥 3D 大陆》时立刻激起踩踏敌人的欲望。

能让玩家将想法立刻付诸实现的敌人角色设计，或许才是超级马里奥系列在敌人角色身上蕴藏的秘密。

2.2

让玩家角色看起来强大无比的设计技巧

（《战神Ⅲ》）

《战神Ⅲ》的主人公奎托斯是一名狂怒的战神，他在游戏中会用残虐的方式屠戮各种敌人。这种压倒性的强大正是“战神”二字的完美展现，让玩家能充分体验割草类游戏独有的畅快感。

不过，单有优秀的玩家角色动作并不足以表现这种压倒性的强大，敌人的设计在这方面同样起着重要作用。接下来让我们一同关注《战神Ⅲ》的敌人角色，深入探究割草类游戏的敌人设计。

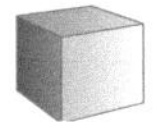

3D 游戏中直观易懂的敌人轮廓

想必各位在玩 3D 游戏的时候都有过“明明看准了距离才发动的攻击，结果却扑空了”的经历。

3D 游戏中，如果玩家的“空间认知”出现偏差，就会错误估计自己与敌人的“距离感”及“高度差”。

其原因之一是**画面具有透视变换效果**。3D 动作类游戏虽然称为 3D，但实质上只是 2D 画面。其原理不过是将游戏程序内部存储的游戏世界的 3D 数据输出时，通过名为**透视变换**的计算方法转换为看起来像 3D 的 2D 画面罢了（图 2.2.1）。

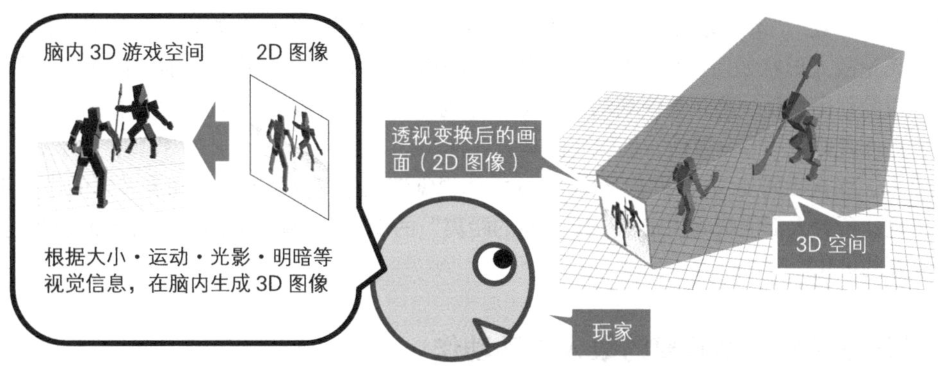

图 2.2.1　玩家把握 3D 游戏空间的过程

因此，玩家在显示器上看到 2D 画面时，会在脑中无意识地重构出一个三维游戏空间。不过，玩家重构这个**脑内三维空间**时，并不是在看到画面的一瞬间进行判断，而是要与敌人的外形及前后动作相结合。由于存在这样一个**空间认知过程**，因此对某些速度要求较高的 3D 动作游戏而言，如何在玩家脑内迅速形成当前的 3D 游戏空间就成了一大课题。

要解决这一问题，关键在于设计出一个玩家容易辨识的敌人轮廓。敌人轮廓不但能帮助玩家分辨敌人的种类，还可以通过细节来体现位置关系和距离（图 2.2.2）。

玩家通过“地面”“地平线”“影子”以及“敌人”的细节认知 3D 空间。敌人轮廓中的“脸”和“身体”等细节可以瞬间将“大小”“朝向”“位置”“运动方向”等信息传达给玩家。

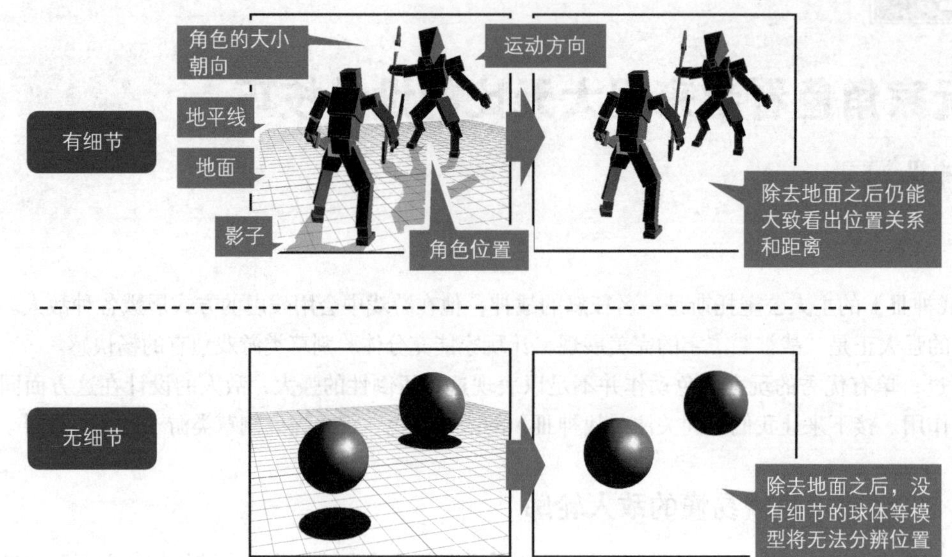

图 2.2.2 细节带来的不同空间认知

反之，对于没有细节的模型，只要去掉地面，玩家就将无法辨识 3D 空间的位置关系。图 2.2.2 下半部分的球体就是个很好的例子。去掉地面后不仅无法辨别位置关系，甚至会觉得两个球大小相同。

各位或许会觉得，游戏中怎么会遇到地面消失的情况呢？实际上，在诸如“昏暗洞窟的地面”及“沙漠”等外观单调的地形上就很容易出现类似现象。因此在设计敌人轮廓时，要尽量提高“大小”“朝向”“位置”“运动方向”的辨识度。尤其要注意“脸”，脸在人类的空间认知方面担当着重要角色。无论敌人形状如何，只要其身上有眼睛鼻子嘴等脸部结构，我们就能瞬间辨别其朝向和大小，所以说脸称得上是一种相当便利的记号（尾巴也是一种很可爱的记号）。另外，让敌人的轮廓摆出前倾姿势或者伸出一部分肢体，都能明确其方向性。

近年来，能直接展现 3D 空间影像的“3D 立体视觉液晶”等已经问世。随着技术的进一步革新，相信会出现让所有人都能瞬间识别“三维空间的距离”的 3D 立体视觉液晶，届时无论游戏还是玩家都将迎来新的进化。

 让玩家轻松辨别距离的敌人移动动作

3D 游戏与 2D 游戏不同，敌人以“横・纵・高”三个轴为基础进行移动（图 2.2.3）。

但是，在《战神Ⅲ》等割草类游戏或动作类游戏中，让敌人如同飞机一般在 3D 空间中自由移动将会引来许多麻烦。3D 游戏中敌人的移动动作讲求易预测易瞄准，因此近距离格斗攻击为主的游戏要求敌人以玩家所在方向为基准移动。

首先，敌人相对于玩家角色进行“前后直线移动”能够让玩家更容易把握“距离”（图 2.2.4 的 A）。

不过，镜头角度也会在很大程度上影响距离的判断。如果让 3D 游戏使用 2D 游戏中常见的顶端视角，那么无论敌人在哪个方向前后移动，玩家也能轻松把握距离。反之，镜头越接近地面或俯角越小，玩家角色与敌人越容易重合，即便在不重合的情况下，玩家也很难通过近大远小的规律来把握距离。

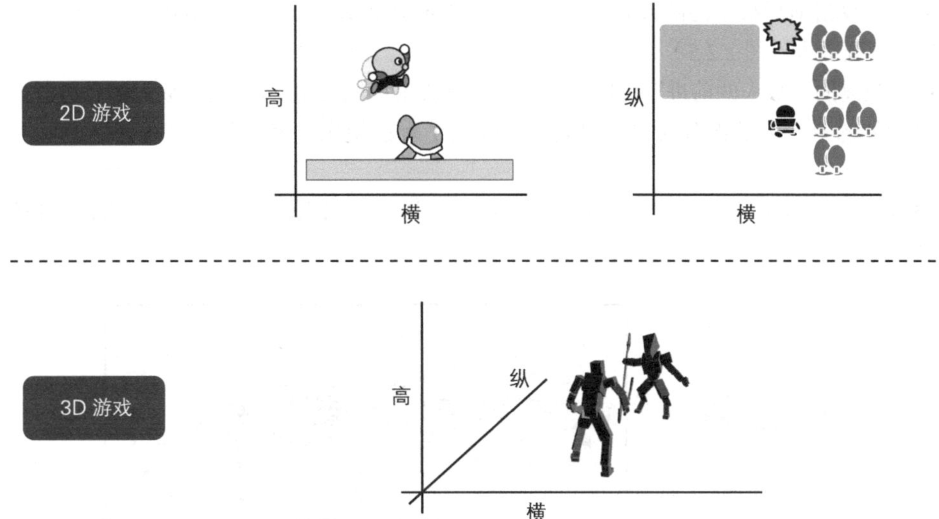

图 2.2.3　2D 游戏与 3D 游戏移动动作的不同

因此，面对垂直于画面方向移动的敌人，玩家将难以准确把握距离（图 2.2.4的 B）。所以我们在设计时可以让敌人在进行强力冲锋攻击时平行于画面方向移动，这样一来，玩家就能瞬间分辨出距离，提高闪避成功率（图 2.2.4的 C ）。

前后移动容易把握距离

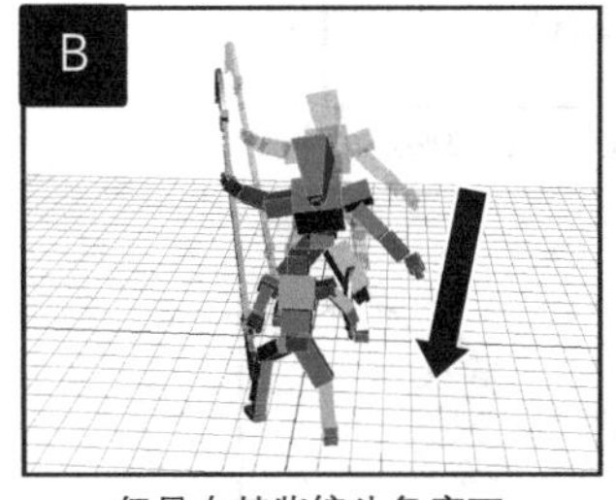

但是在某些镜头角度下，
距离无法观测

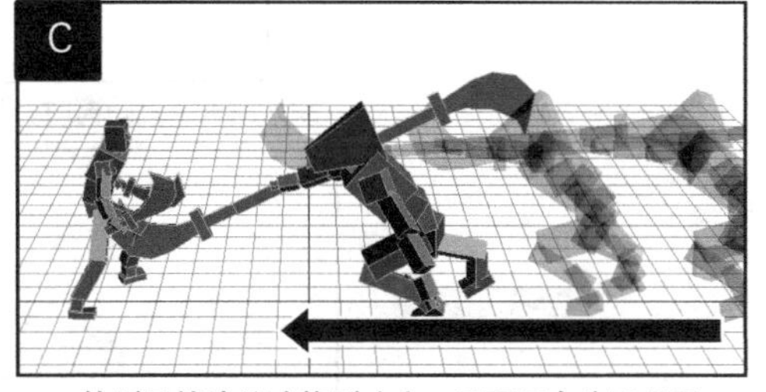

特别是快速的冲锋型攻击，只要固定为平行于
画面方向移动，玩家将很清楚地分辨出距离

图 2.2.4　敌人的前后移动与距离的直观程度

实际上，《战神Ⅲ》就对一部分敌人做了这种调整。

另外，在攻击前后移动的敌人时，只要在攻击的有效距离内，玩家就不必担心“横砍”或“纵劈”动作打不到敌人（图 2.2.5）。

面向近距离的“敌人的前进”可以保证玩家所有攻击都能命中。反之，“敌人的后退”超出一定距离后虽然能躲避玩家的部分攻击，但同时也提高了玩家使用“突刺”等直线前进型攻击的频率（图 2.2.6）。

《战神Ⅲ》中玩家角色的攻击大多能覆盖近距离和中距离，因此“敌人的前后移动”纯粹是为了让玩家更轻松地命中敌人而设计的移动动作。

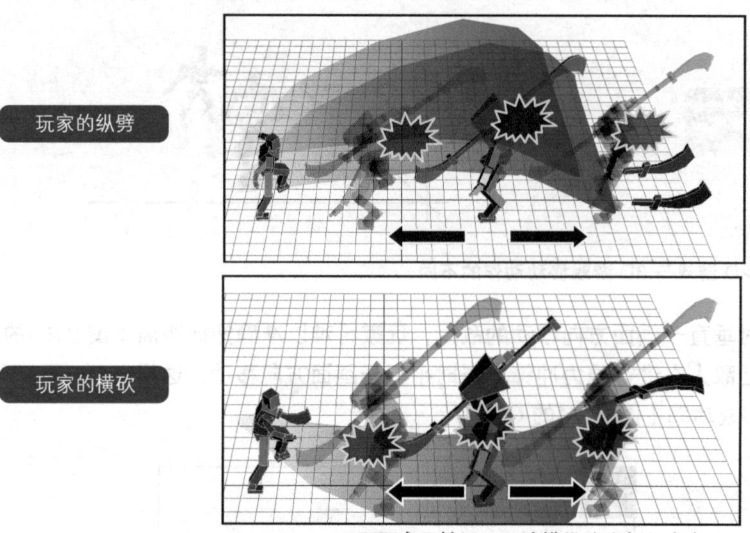
玩家的纵劈
玩家的横砍
只要距离足够近，无论横纵攻击都能命中

图 2.2.5 敌人前后移动与玩家攻击的关系

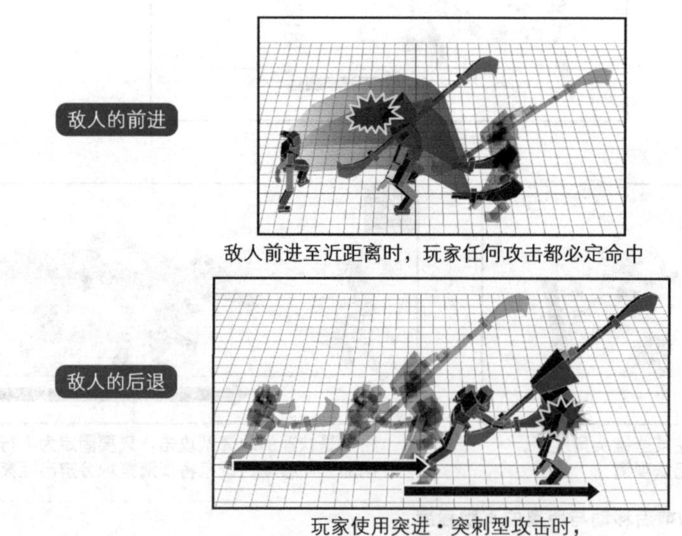
敌人的前进
敌人前进至近距离时，玩家任何攻击都必定命中
敌人的后退
玩家使用突进・突刺型攻击时，
即便敌人在后退，也能轻松命中

图 2.2.6 敌人的前进与后退

另一方面，敌人相对于玩家的左右移动与前后移动的性能截然不同（图 2.2.7）。

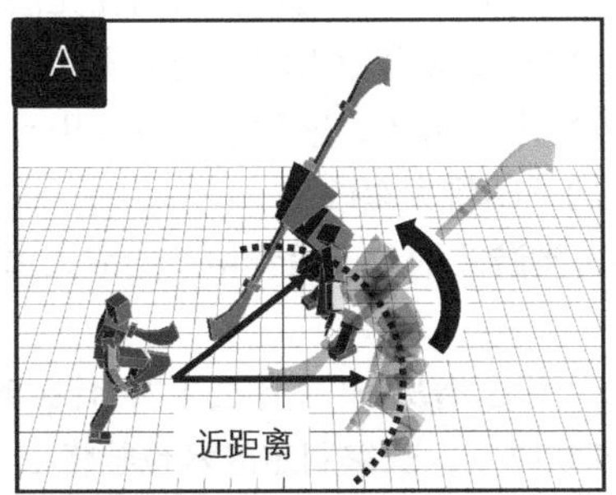

左右移动是以玩家为中心的圆运动时，由于距离不变，因此很好掌握

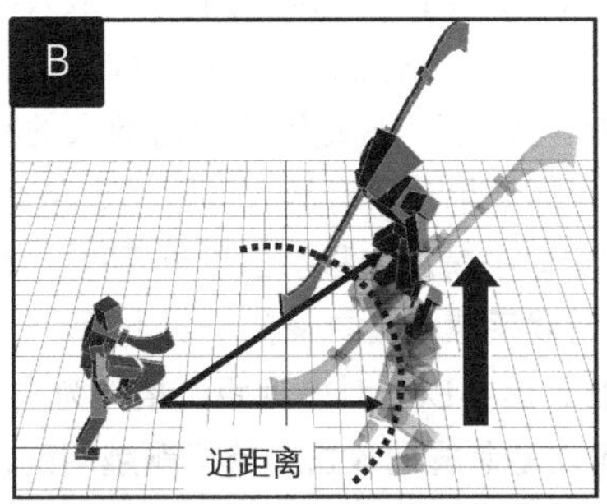

不是圆运动时，玩家很容易误算距离，导致攻击落空

图 2.2.7 敌人左右移动与距离掌握的难易

在敌人的左右移动中，让敌人以玩家为中心进行圆周运动，这样一来玩家与敌人的距离保持恒定，玩家的近距离攻击将更容易命中。

如果改为直线运动，玩家与敌人之间的距离将会产生变化，很多玩家自认为能命中的攻击都会落空（《战神Ⅲ》中，由于奎托斯的攻击覆盖近距离和中距离，再加上有追踪性能的帮助，因此无论敌人怎样运动都很容易命中）。

不过，敌人左右移动会使玩家的“纵劈”和“突刺”型攻击难以命中。如果敌人移动方向足够刁钻，那么“横砍”型攻击中也就只有覆盖 180 度的回旋斩类攻击才能命中。也就是说，与前后移动相比，左右移动更能产生“攻防”。

玩家的纵劈

纵向攻击不会命中

玩家的横砍

与躲避方向相反的攻击会命中

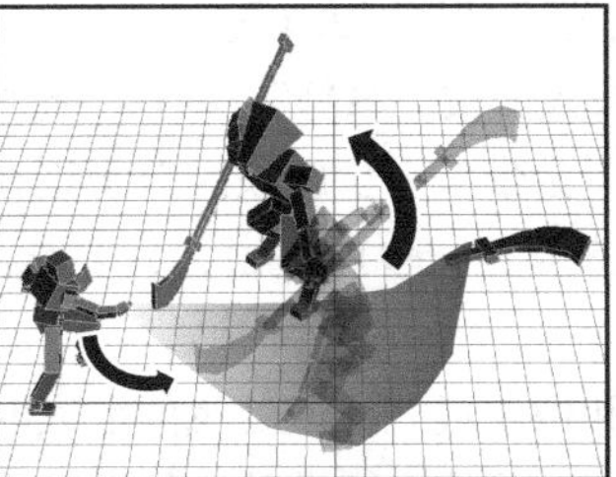
与躲避方向相同的攻击不会命中

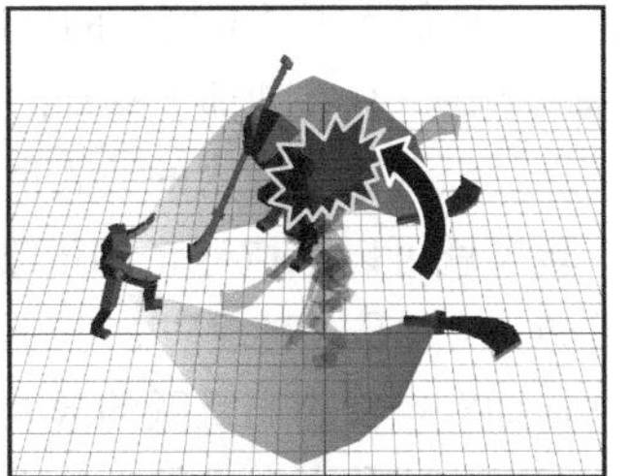
双向或回旋型的攻击会命中

图 2.2.8 敌人横向移动与玩家攻击的关系

那么，要想制作一名擅长攻防的劲敌，是不是只需要让它沿曲线移动就行了呢（图 2.2.9）？

在能够时常锁定敌人的游戏中，让敌人沿曲线运动或许是个可行之策，然而在无法时常锁定目标的割草类游戏中，这类敌人将极难被打中。尤其是一次出现多名敌人时，给玩家的感觉恐怕不是“强劲”而是“烦人”。这是因为攻击敌人的精度要比攻防来得重要。这种运动方式用来凸显敌人个性虽然不错，但如果让所有敌人都这样走路，整个游戏的手感将大幅改变。

要求攻击命中精度的移动多见于 TPS · FPS 等射击类游戏的敌人设计中。给敌人加入这类移动方式之后，游戏手感也会更偏向于射击类。

《战神Ⅲ》这类以一对多近距离格斗为主的游戏中，“什么情况下”“什么人”“什么时机”“从哪里”“对玩家发动怎样的攻击”等问题越明确，攻防越容易成立，玩家制定战术也越轻松。

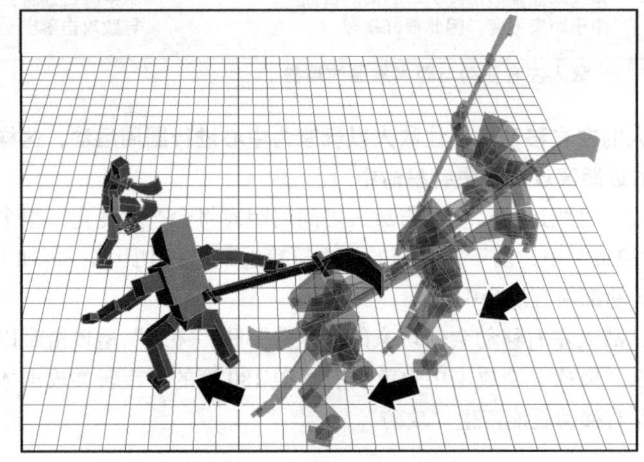

敌人的曲线运动
相对于玩家非直线移动的敌人很难被打中。
但是如果玩家的追踪速度高于敌人移动速度
且追踪时间较长，则能够命中

图 2.2.9 敌人的曲线运动

 敌人移动动作中易被打中的运动与不易被打中的运动

3D 游戏中的敌人移动动作常被明确分为“易被打中的运动”和“不易被打中的运动”。

易被打中的敌人常以地面为基准面进行纵 · 横向运动。相对地，不易被打中的敌人则多采用在纵 · 横向之外加入了“高度”的立体运动（图 2.2.10）。

基本上讲，只在地面上移动的敌人能被“纵劈”“横砍”打中，玩家不会为攻击方式伤脑筋。跳跃高度在“纵劈”范围内的敌人也不会带来多少麻烦。至于正在飞行的敌人，只要在攻击时向玩家移动，玩家就可以采取迎击的策略来对付。也就是说，只要与敌人的位置关系（距离）能够预测，玩家就会认为这是一种攻防。

然而面对经常高高跳跃的敌人和像飞机一样四处飞的敌人时，玩家攻击命中的机会往往只有一瞬间，所以这些敌人会显得十分难缠。此外，这类敌人如果采用随机或近似随机的运动，攻击将难上加难。

在空中飞行的敌人更是如此。如图 2.2.11 所示，敌人“A 以水平为基准运动”或“B 以垂直为基准运动”时距离还比较好掌握，然而一旦采用了“C 融合了水平和垂直移动的运动”，玩家将极难搞清楚敌人的位置。

易被打中的敌人

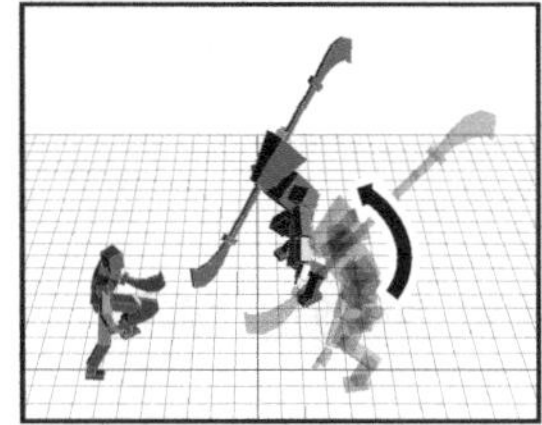

只在地面上移动的敌人

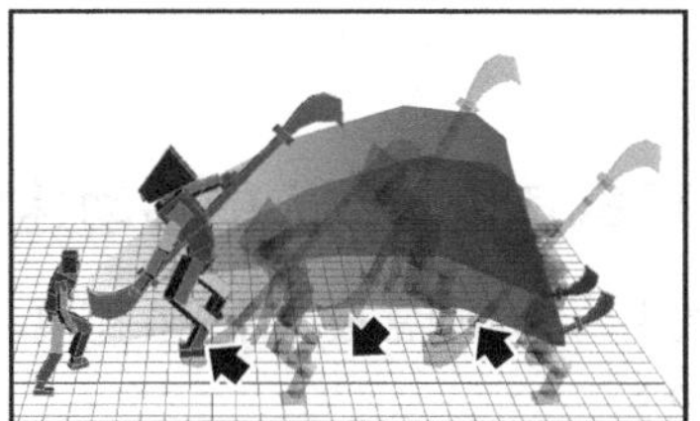

跳跃高度不超出攻击范围的敌人

虽然在一定高度飞行，但攻击时会降落的敌人

不易被打中的敌人

经常跳跃的敌人

像飞机一样四处飞的敌人

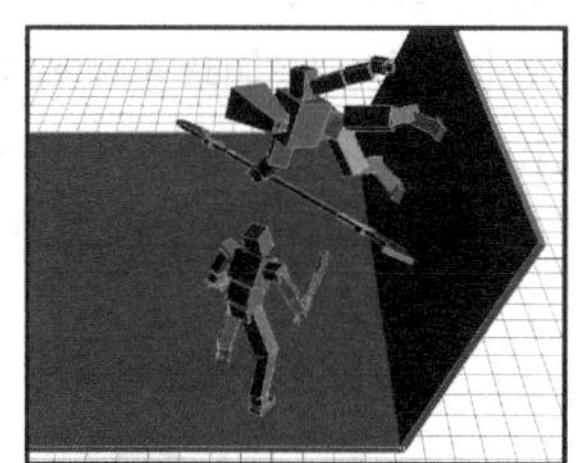

能在墙壁或天花板等场所移动，移动基准面不固定的敌人

图 2.2.10 易被打中的运动与不易被打中的运动

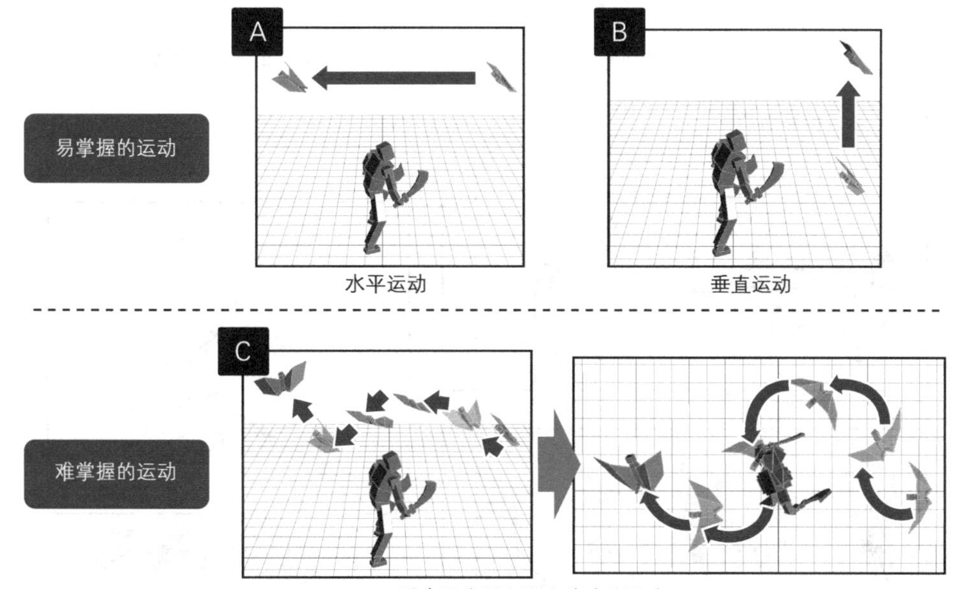

图 2.2.11 敌人的移动

如果不加强玩家攻击的追踪性能或者添加追踪类远程武器，C 中所示的敌人恐怕会十分难以捕捉。另外，诸如图 2.2.10 中提到的那些在墙壁上爬行的敌人，由于其与玩家所使用的基准面不同，因此只要移动方式足够复杂，就能达到与空中敌人一样的难度。

综上所述，在割草类游戏等以近距离战斗为主的 3D 游戏中，我们要敢于限制敌人移动的“轴”，这样才能让玩家享受攻防的乐趣。

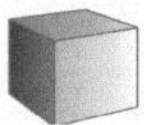

足以影响游戏系统的玩家角色与敌人的移动速度

为保证游戏节奏，割草类游戏中的敌人通常被设计成在距离玩家较远时使用“奔跑”，在接近肉搏战范围时使用“行走”（图 2.2.12）。

另外，敌人移动速度会略慢于玩家角色。这是因为割草类游戏追求单枪匹马消灭大批敌人的爽快感，所以玩家必须能够在多名敌人的攻击下自由穿梭，自行选择下一名要消灭的敌人（图 2.2.13）。

当出于剧情需要，必须创建能追上玩家角色的敌人时，可以给敌人添加能暂时高速冲刺的移动动作或攻击动作（添加攻击动作必须以玩家具备闪避方法为前提）。那么在面对不会高速移动的杂兵时，玩家就可以随意逃跑了吗？为应对这一问题，《战神Ⅲ》等大批割草类游戏都会在进入战斗时添加屏障（墙壁），阻断玩家的逃跑路线（图 2.2.14）。

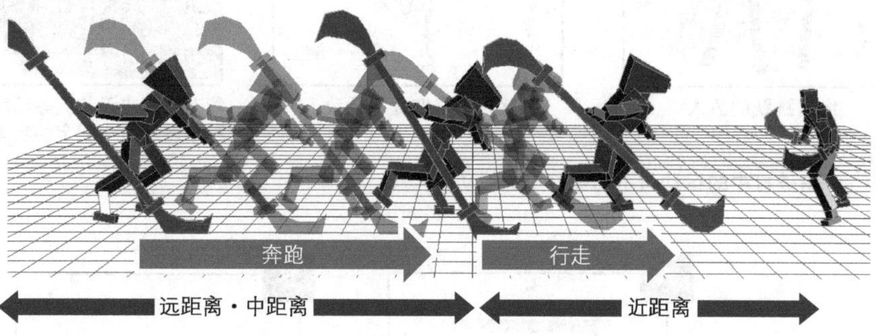

图 2.2.12　敌人的移动动作

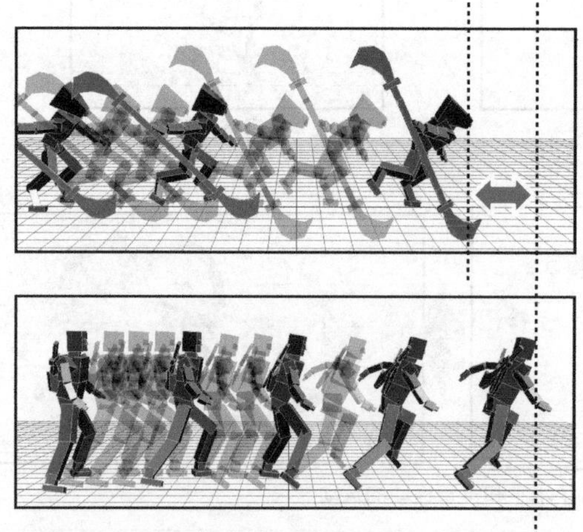

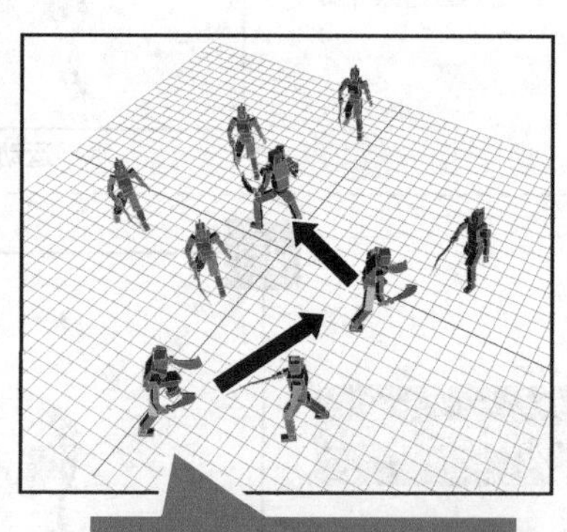

由于玩家速度比敌人快，因此可以制定战术（玩家太慢将无法追上敌人）

图 2.2.13　玩家与敌人的移动速度

图 2.2.14 阻断玩家的逃跑路线

综上所述，割草类游戏通过其系统或关卡设计，既赋予了玩家选择攻击目标的自由，又施加了不可逃离战斗的制约。

只有大胆限制玩家的自由，才能更加突出一款游戏最想让玩家体验的“核心内容的自由度”。

可改变游戏手感的敌人攻击动作

在动作游戏中，敌人的攻击动作一定要保证玩家能够看清其攻击。因为只有玩家看清了对方的攻击，战斗才有攻防可言。要想制作这类让游戏更有趣的敌人攻击动作，需要先了解攻击动作的基本构造。

敌人攻击动作通常看上去丰富多彩，但按照“上摇”“前摆”“击打”“跟进”“（跟进后）硬直”“收招动作”[①]等要素分解后，我们不难看到其中规律（图 2.2.15）。

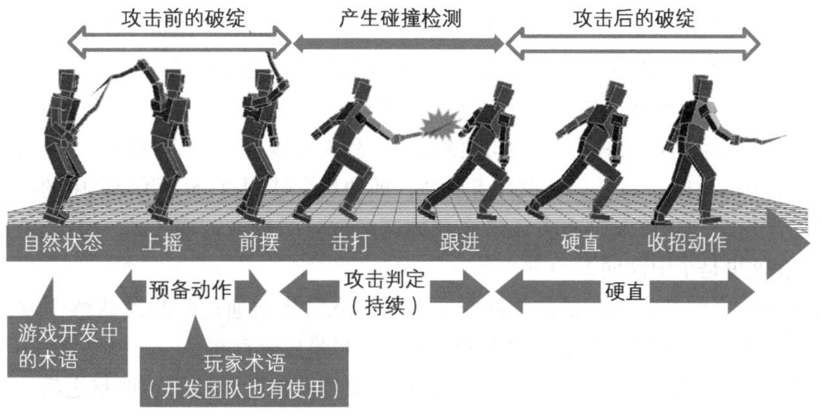

图 2.2.15 攻击动作的基本结构

① “上摇”“前摆”“击打”“跟进”本是网球等体育运动中的术语。拳击中也有“击打”和“跟进”的说法，但在不同的体育项目中其意义略有不同。另外，各位在动画领域也能见到这些术语，只不过意义也稍有差异。还有，游戏攻略等书籍中通常都会讲解“预备动作”“攻击判定（或持续）”“硬直”等词汇。在游戏开发现场，不同公司不同开发团队的这类用语都有微妙差别。因此关于这方面的术语，本书使用的是笔者经验中最为普遍的说法。

- **上摇（上举・预备动作）**

  将剑等武器向上挥起的动作称为"上摇"。

  这一动作是通知玩家敌人已发起攻击的重要信号。因此上摇动作越短，玩家越难闪避攻击。顺便一提，动画领域有时会将上摇蓄力动作称为**预备动作**[①]。另外，玩家如果在敌人上摇过程中插入快速攻击，一般情况下都能打断敌人的攻击动作。

- **前摆（挥动）**

  上摇完成之后挥动或刺出武器的动作称为"前摆"（或"摆动"）。在不使用武器的拳脚攻击中相当于出拳和踢腿。另外，碰撞检测开始于前摆阶段。

- **击打（最大效果）**

  前摆动作中，攻击命中效果最强的瞬间称为"击打"。用剑的情况下是指剑锋以最快速度命中的瞬间，刺拳的情况下是指手臂即将伸展的瞬间。

- **跟进（伸展）**

  剑等武器挥至最大动作的状态称为"跟进"（或者"跟随""通过"）。在某些情况下，接下来要说明的"硬直"和"收招动作"也都属于跟进。不过本书中的跟进仅指"伸展"部分。

- **（跟进后的）硬直**

  指跟进后敌人出现破绽无法动弹的状态。此时攻击的碰撞检测已经结束，玩家获得进攻机会。

- **收招动作**

  敌人在硬直结束后恢复自然状态的动作称为"收招动作"。与"（跟进后）硬直"一样，这一阶段也是玩家进攻的时机。在某些游戏系统中，玩家可以使用防御等来取消玩家角色的收招动作。不过，如果为敌人的普通攻击（非连击的单体攻击）也加入取消收招的机制，玩家将无法预测敌人的攻击动作，导致游戏难度上升。

实际上，玩家角色的攻击动作也应用了"上摇""前摆""击打""跟进""（跟进后）硬直""收招动作"的流程。为玩家角色制作攻击动作时，可以将上摇等动作极大幅度缩短，让攻击变得更自由。

不过，敌人的攻击动作就不能像玩家角色的攻击动作一样自由。

举个例子，在玩家角色没有上摇动作的游戏中，敌人可以通过游戏内部程序获取信息，从而有效地闪避玩家角色的攻击。而且只要设计者愿意，即便玩家使用百分之百会命中的攻击，游戏程序也可以瞬间进行判断，让敌人以人类无法企及的速度进行防御或闪避（这一手法在开发现场称为"要诈"，不过在这里是个中性词）。

但是制作敌人的攻击动作就要多加注意了。由于玩家需要通过眼睛确认整个攻击流程，因此"上摇""前摆""击打""跟进""硬直""收招动作"应尽量成套存在。

此外，"上摇""前摆""击打""跟进""硬直""收招动作"经过下述调整之后，攻击的特性会发生变化。

A. 上摇的调整

上摇动作越短，攻击越难以预测及闪避；反之，上摇动作越长则越容易预测及闪避。一般来说，上摇动作的长度和明显程度与攻击威力成正比。随着游戏机画面从显像管改为液晶屏，显示敌人攻击动作时出现了"延迟"的问题。当今具有"游戏模式"的液晶显示器延迟几乎

---

① 某些国家在游戏开发中称其为"信号动作"。

可以忽略，低价普及机的延迟大约在1～20毫秒之间，而一般液晶显示器在1/60秒为一帧的情况下会延迟6帧[①]。因此，帧率达到60的游戏中，如果上摇时间不足6帧，使用一般液晶显示器的玩家将无法通过肉眼做出反应。另外，人类的平均反应速度在0.1～0.2秒（10～20帧）。也就是说，在液晶显示器上运行的游戏如果上摇时间不足16帧，那么一般玩家都无法通过肉眼观察来闪避敌人攻击（实际上，如果敌人的攻击具有一定规律或节奏，上摇动作再快也是可以预测并闪避的，但仅限于骨灰级玩家）。正因为如此，面向一般大众的动作游戏通常将上摇时间设置在0.5～1秒甚至更多（30帧以上）。据笔者推测，《战神Ⅲ》也是出于以上原因，才给所有敌人角色采用了比以往动作类游戏更长的上摇时间的。顺便一提，掌上游戏机虽然也使用了液晶屏幕，但其液晶屏是为游戏特制的，所以几乎不存在延迟。

B. 前摆的调整

剑等武器挥动时的前摆动作越长，其产生的碰撞检测时间也就越长，玩家也就越难接近这些敌人（格斗游戏中称这种攻击为“滞留技”）。尤其在需要经常面对大批敌人的割草类游戏中，如果前摆的碰撞检测时间过长，游戏整体将被碰撞检测占据大部分时间，使得难度大幅上升。因此许多游戏只将前摆动作中的数帧设置为碰撞检测。

C. 击打的调整

在大部分割草类游戏中，敌人攻击的命中时机并不会影响伤害值，所以击打只是一个外观的问题。某些游戏为了让命中瞬间看上去更华丽，规定击打以外的阶段命中时，动作要继续执行至击打阶段才触发“命中停止”（命中瞬间玩家和敌人的动作同时暂停）。另外，体育竞技格斗等游戏中，为了还原真实格斗招式中的“完全命中”，常将击打阶段攻击命中的伤害设置为最大。

D. 跟进的调整

跟进主要用于表现攻击动作的“卸力阶段”，所以卸力后的动作一般不具备碰撞检测。这是因为跟进阶段的攻击命中看上去完全不痛。当然，这一调整也因游戏而异。某些系列化的热门作品中，跟进阶段具有碰撞检测已经成为了该系列游戏的标志。

E.（跟进后的）硬直的调整

跟进后的硬直用于表现敌人的破绽。因此硬直时间越长会显得破绽越多，时间越短会显得破绽越少。

F. 收招动作的调整

与硬直相同，收招动作也用于表现敌人的破绽。重视速度的游戏中大多会将收招动作设置得较短，但这样做会让动作损失部分真实度。

顺便一提，在制作连击的时候，需要用如图2.2.16所示的**连击接续动作**取代收招动作[②]。

因此，只要对“上摇”“前摆”“击打”“跟进”“硬直”“收招动作”进行调整，游戏的手感就会大幅变化。

---

① 引自“4Gamer.net【西川善司】一般超薄显示器居然有6帧延迟？！～续·揭示玩家的大敌——‘显示器输出延迟’的真面目”。

② 要注意的是，没有跟进阶段的连续攻击（比如从击打阶段直接返回前摆阶段的连续斩击）由于并非由多个攻击招式组合而成，因此不属于连击。这种攻击属于在一个攻击招式中包含多次碰撞检测和伤害判定的“多段攻击”（命中时称为“多段命中”）。

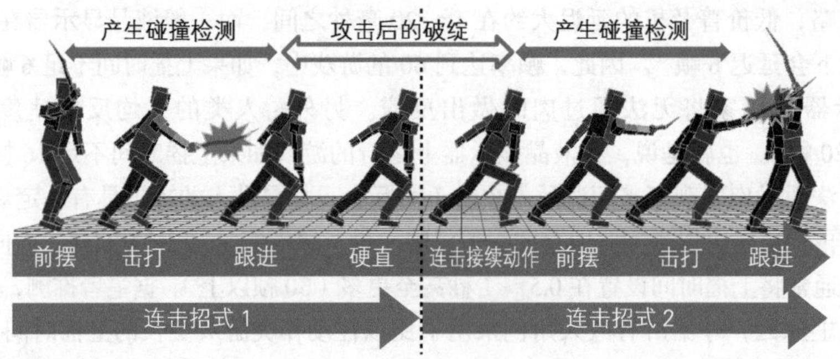

图 2.2.16　敌人的连击

其中上摇（预备动作）是让玩家明白“自己为何没能闪开刚才那一下攻击”的重要动作。各位如果感觉自己制作出来的游戏莫名其妙地难，不妨重新审视一下攻击的上摇阶段①。

敌人攻击动作的种类

关于敌人攻击动作的种类，我们不妨分“攻击的节奏”“攻击的方向”“攻击的范围”“攻击的跟踪”四点来考虑，这样更能把握其本质。

首先是**攻击的节奏**。就像我们写毛笔字时有“顿”有“提”，攻击也有“蓄力”和“发力”。在攻击节奏上，除时间层面的速度外，蓄力和发力的时机同样重要。对应到动画领域就是指“缓”和“急”②。

攻击动作的蓄力和发力可以有无限种变化，我们取其中四种最易理解的进行说明（这里要介绍的情景及内容皆源于笔者的经验。在不同系统以及动作下其特性会发生巨大变化，因此以下内容仅供参考）。

- **蓄力发力时间相同**

  从向上举剑、向下挥砍一直到恢复自然姿势，以平稳的节奏完成一系列攻击动作。由于蓄力方式没有张弛变化，因此外观看上去很难有力量感。由于这类攻击节奏感较差，因此敌人发动攻击后的闪避及逆转时机并没有想象中好把握（图 2.2.17 的 A）。

- **蓄力快发力慢（与动画中的“渐急”效果相近）**

  因为攻击之初有举剑蓄力的动作，所以稍短的上摇阶段并不会对攻击预判造成太大影响。然而跟进阶段的长度往往超出玩家预期，导致误判碰撞检测结束的时间点，因此在这一节

① 关于如何让攻击动画的“外观”更逼真，各位可以参考“【Fami 通 .COM】制作帅气的攻击动作有窍门！‘从身体的动作与原理了解游戏内战斗动画的奥秘’报道【CEDCE 2013】”。

② 某些开发现场也会使用“缓”“急”，但本书中为方便理解特地使用“蓄力”和“发力”的说法。另外，动画的“缓”指制作积蓄力量的动作（类似预备动作）的运动或绘图，“急”指制作快节奏发力动作的运动或绘图。比如制作一个甩鞭子的场景，“渐缓”手法表现出来就是“正常上举，迅速挥下”的动作，强调疼痛感和力量感。而“渐急”手法表现出来则是“快速上举，正常挥下”的动作，疼痛感和力量感虽然不及前者，但可以让动作或造型带有“余韵”。此外在某些 CG 领域，单纯地将动作前半或后半加减速的调整也称为“缓急”调整。

奏下，闪避及逆转时机同样难以把握（图 2.2.17 的 B）。

- **蓄力慢发力快（与动画中的“渐缓”效果相近）**

  缓慢地举剑，然后瞬间发力砍下。较长时间的上摇会给玩家带来易于闪避的印象，但是在熟悉发力时间点之前常会吃疏忽大意的亏（图 2.2.17 的 C）。

- **充满节奏感的蓄力发力**

  在“举剑”“挥砍”“收招”方面，根据攻击强弱分配具有节奏感的蓄力发力方式。虽然攻击动作越富有张弛各个动作就越显得符号化，但这样一来可以大幅提高攻击速度与节奏的可识别性（图 2.2.17 的 D）。

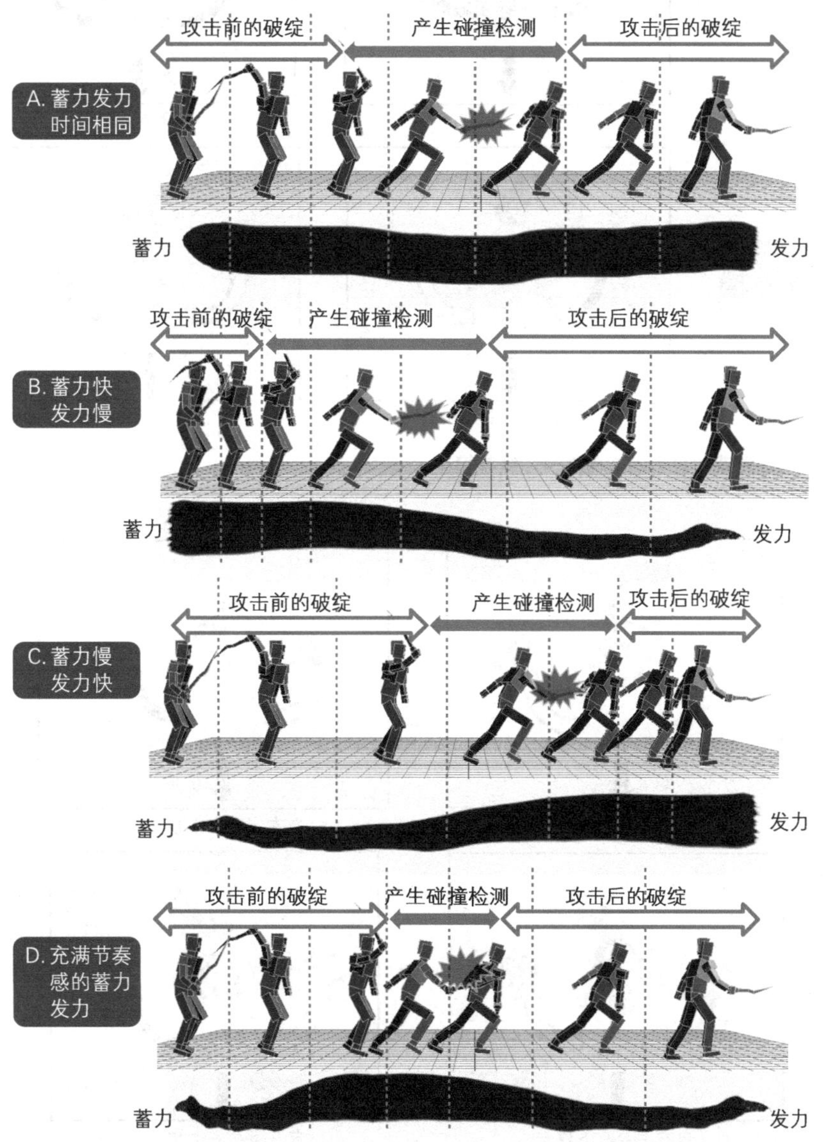

图 2.2.17　攻击动作的蓄力和发力

这些攻击的节奏没有对错之分。游戏最初登场的弱小敌人常使用充满节奏感的蓄力发力，而游戏中期出现的敌人为表现搏斗的紧张感，往往会使用蓄力慢发力快的强力攻击。也就是说，通过将各种节奏分工组合，可以为每场战斗创造出特有的速度与节奏。

接下来是**攻击的方向**。3D 动作类游戏与 2D 不同，攻击方向要复杂得多（图 2.2.18（a）～（c））。

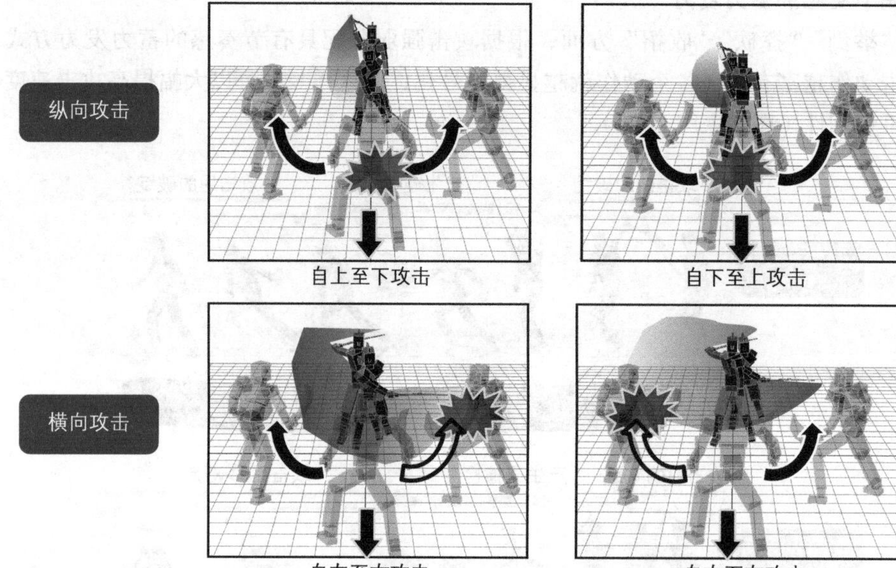

图 2.2.18（a） 3D 游戏中攻击的方向性——纵与横

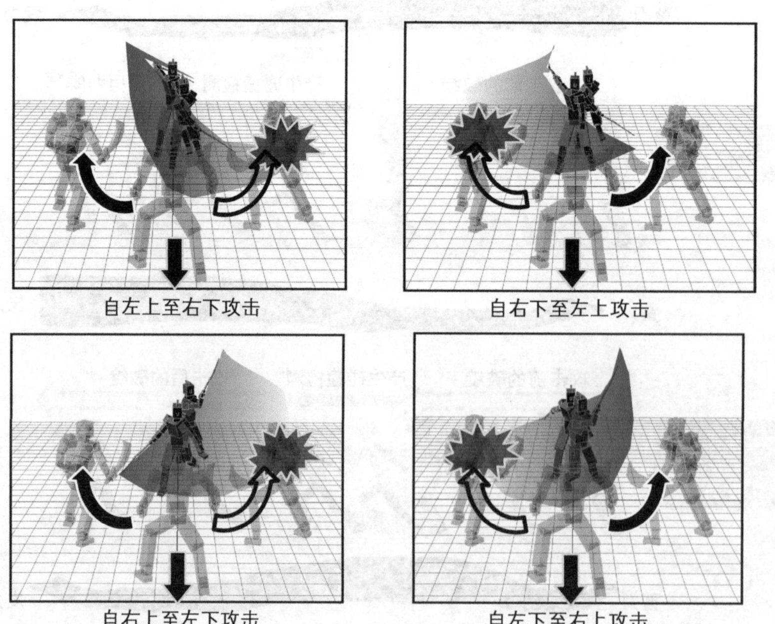

图 2.2.18（b） 3D 游戏中攻击的方向性——斜向

基本上讲，玩家面对这些方向的攻击时，通常可以用如下移动方式闪避。

- 纵向攻击要向左右闪避。距离足够远时向后退也可以闪开（某些游戏中所有“非突刺”型的纵向攻击都可以后退闪避）
- 横向攻击要通过往武器挥动的反方向移动来闪避。距离足够远时向后退也可以闪开（某些游戏中后退闪避不需要距离条件）
- 闪避斜向攻击的要领与闪避横向攻击相同。距离足够远时向后退也可以闪开（某些游戏中后退闪避不需要距离条件）
- 突刺攻击要向左右闪避。距离足够远时向后退也可以闪开

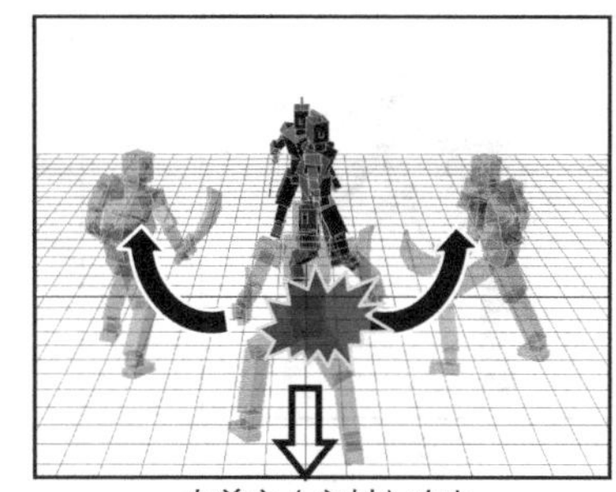

图 2.2.18（c） 3D 游戏中攻击的方向性——纵深

除此之外，格斗等一对一的战斗系统中，根据敌人身体部位的高低不同还分为“上段”“中段”“下段”攻击（图 2.2.19）。

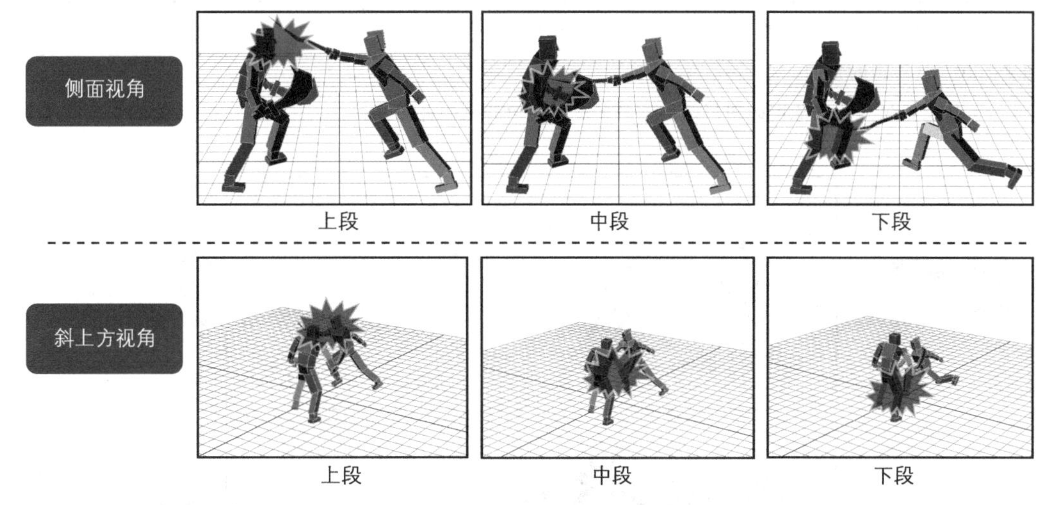

图 2.2.19 攻击的范围

然而在像《战神Ⅲ》这类一对多的割草类游戏中，由于画面中角色较小，因此为保证攻击、命中以及闪避的直观性，并不会采用“上段”“中段”“下段”攻击的机制。

因此对绝大多数割草类游戏而言，**攻击范围**意义重大。图 2.2.20 所示为执行某个攻击动作的整个过程中攻击范围覆盖的大小。**2D 游戏中攻击范围仅限于“点”“线”“面”，3D 游戏中则有“立方体”“圆柱”“球”等立体的攻击范围**。使用这些形状，我们不仅可以制作“纵向大范围攻击”“横向大范围攻击”，还能创造出诸如“跳不过去的高位攻击”来强调 3D 空间意识。

基本上讲，为了让玩家能直观地判断并闪避，攻击动作也都采用立方体或圆柱等立体的攻击范围。

然后是与攻击范围挂钩的重要元素——**攻击的有效距离**。攻击的有效距离主要分为**“近距离”“中距离”“远距离”**三类。不同游戏里近、中、远距离的定义不同，笔者在这里只根据经验介绍一般性的定义。

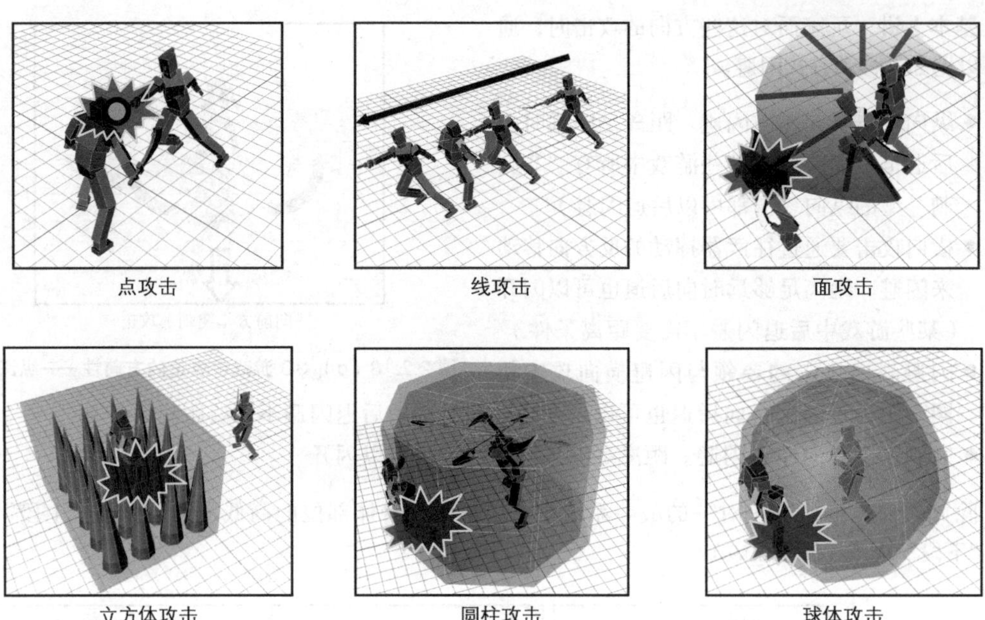

图 2.2.20　攻击的范围

※ 上图仅为攻击范围的图形示例。与实际游戏中的机制并不相同。

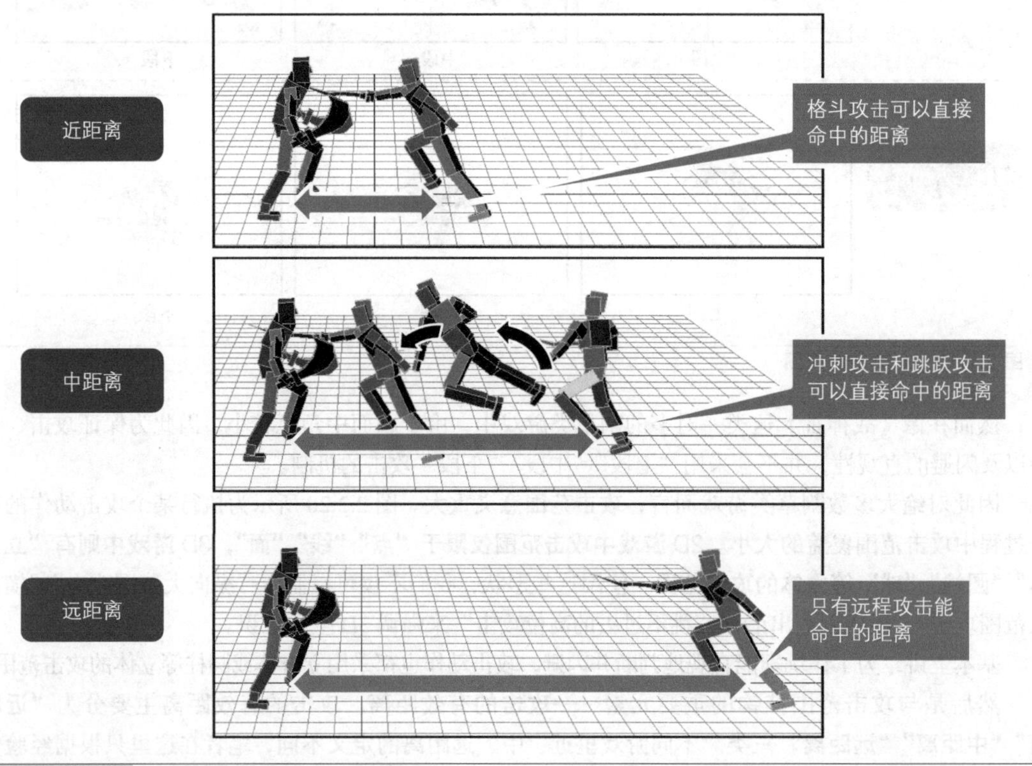

图 2.2.21　"近距离""中距离""远距离"

- **近距离**：拳脚等近距离格斗招式可以命中的距离，也是可以使用投技的距离
- **中距离**：近距离攻击不会命中，但跳跃型攻击（冲刺攻击或跨步攻击）等可以命中的距离
- **远距离**：近距离攻击和跳跃型攻击都无法命中的距离

在玩家角色方面，“近距离”“中距离”“远距离”被分别设置在不同的武器和技能上，作为体现“攻击动作个性”的要素。

在敌人角色方面，制作出“近、中、远距离”不同的敌人，可以有效体现敌人的个性。仅是按照“近距离”“中距离”“远距离”来区分敌人的擅长领域，我们就能够表现出 3 种不同特征。

接下来是让敌人攻击更具威胁性的**攻击的跟踪（追踪）**。敌人攻击的追踪包括如图 2.2.22 所示的几类。

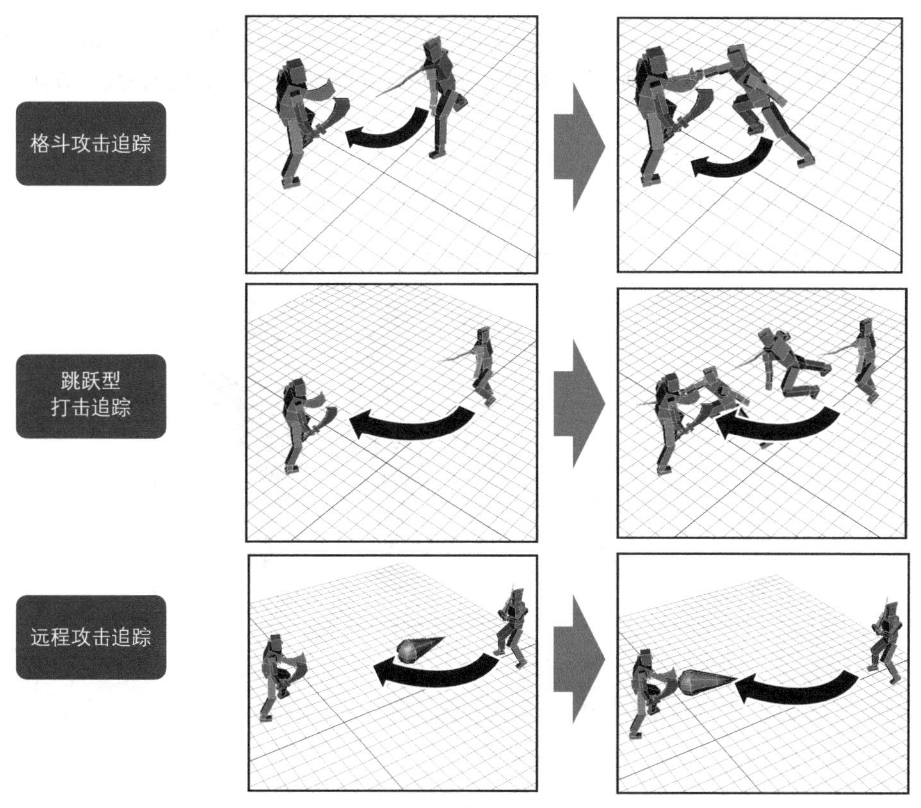

图 2.2.22　攻击的跟踪（追踪）

不过，敌人的这类追踪攻击大多难以闪避，通常会引起玩家反感。其中尤其要注意的是可以缩短敌人与玩家距离的追踪。如果感觉敌人的攻击命中率不够，应当尽量避免添加追踪功能，而是将敌人的攻击范围连同外观一起扩大，这样一来玩家也能看得更清楚。因此，攻击的跟踪效果一般只应用于特殊杂兵和中 BOSS 以上级别的敌人。

另外，敌人攻击跟踪性能越强，越需要通过画面告知玩家为什么攻击会追踪。比如敌人发射会追踪的火球攻击玩家时，最好加入锁定标识等游戏特效。一个会指着玩家释放追踪攻击的敌人，相信能给游戏带来不少乐趣。

最后我们来考虑一下玩家愿意见到的敌人攻击动作。

割草类游戏的乐趣在于战斗中的攻防和战斗的节奏感。从某种意义上讲，战斗是敌人与玩家的对话（交流），敌人的攻击动作相当于对话中的语言。而其中最重要的是让玩家能够在与敌人的对话中理解（看清）攻击动作。只有这样，玩家才能感受到成长（手法愈发娴熟、技巧愈发精妙）带来的成就感。

割草类游戏中，一名玩家经常要与多名敌人同时对话，因此清晰地向玩家表现每个攻击动作显得格外重要。各位制作敌人攻击动作时不妨先在脑中构想一个“小故事”（预估战斗流程），想一想这名敌人与玩家面对面时应该有怎样的交流（对话），这样一来将能更轻松地为攻击赋予个性。

敌人角色的种类

《战神Ⅲ》中，如果将杂兵与BOSS加在一起，大概有40余种敌人角色。这些敌人的设计并非随性而为，我们将其以**“大小”“动作”“职能”**分类后，就能看到设计者在制作敌人方面使用的技巧了。

首先是敌人的大小。《战神》系列的设计师之一Scott Rogers在其著作《通关！游戏设计之道》一书中，将敌人大小分为五类，并进行了通俗易懂的介绍（图2.2.23）。

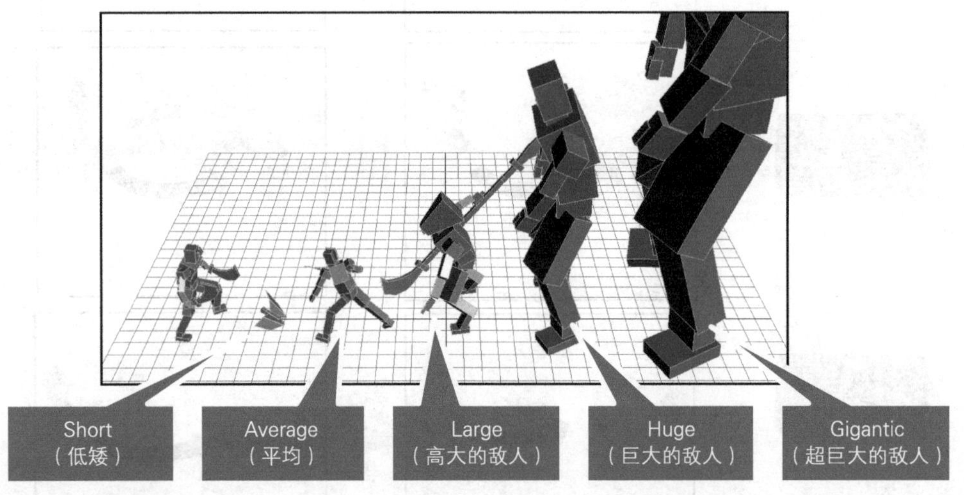

图2.2.23 敌人的大小

此外，Scott Rogers还将动作游戏中敌人的行动（行为）分为以下几类（图2.2.24）。

- **巡逻者（Patroller）**：在场景中来回巡逻
- **追猎者（Chaser）**：发现玩家后进行追击
- **射手（Shooter）**：使用远程武器攻击。另外，远程攻击型敌人经常会与玩家保持一定距离
- **守卫（Guard）**：守护游戏中的关键道具、重要通道或出口
- **飞行者（Flyer）**：在空中飞行
- **投弹者（Bomber）**：从空中攻击
- **潜伏者（Burrower）**：潜入地下等区域，隐藏行踪并发动攻击

- **传送者（Teleporter）**：使用传送能力进行瞬间移动并攻击
- **防御者（Blocker）**：以防御为主体的敌人。玩家攻击时需先破解其防御
- **模仿者（Doppelganger）**：与玩家外观或动作极其相似的敌人

制作敌人角色时，一般要考虑如图 2.2.24 所示的各种行动的组合。

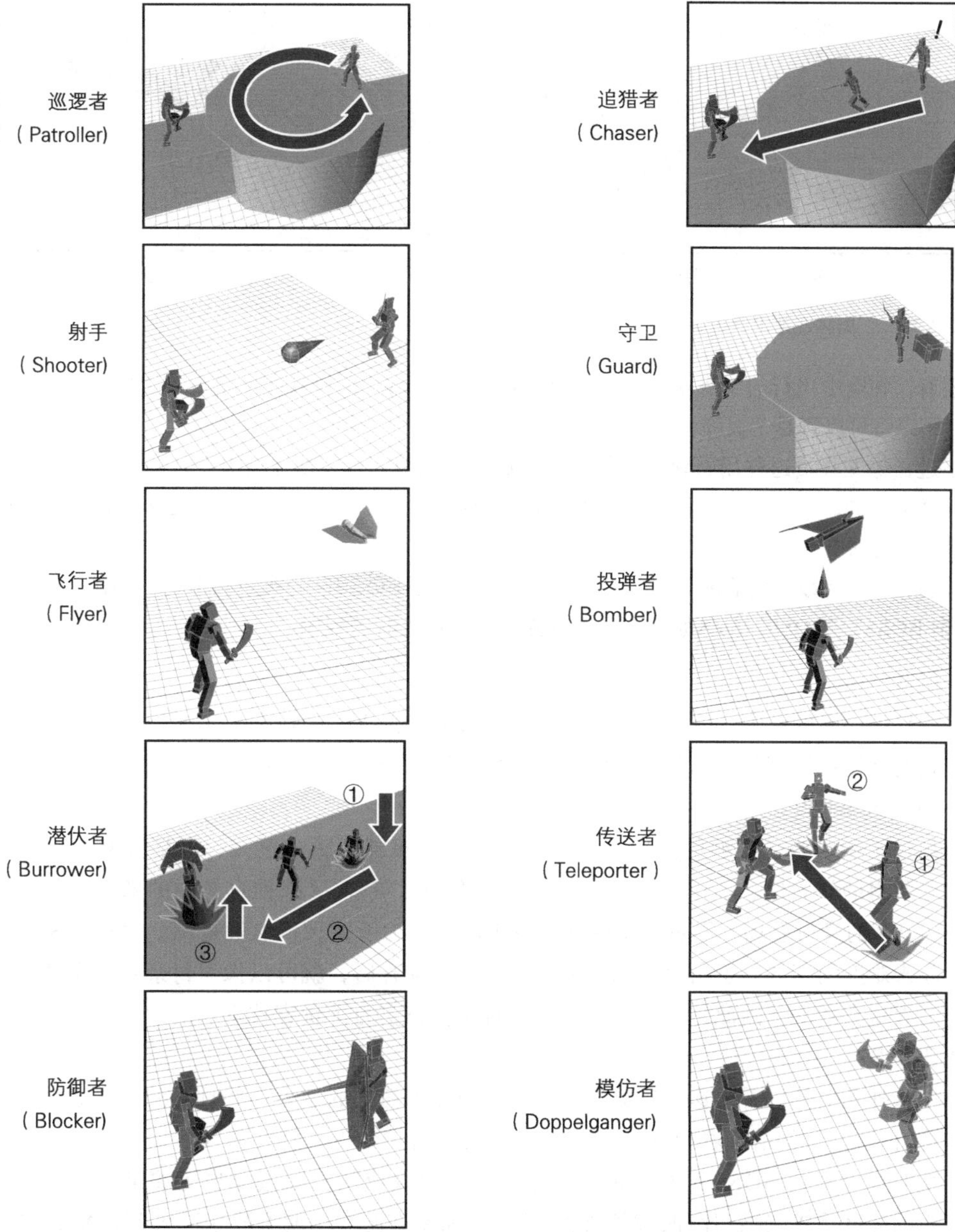

图 2.2.24　敌人的行动[①]

① 这些敌人行动或行为在英文中称为“behavior”。

以《战神Ⅲ》为例，在这款游戏中，奥林匹斯卫兵等杂兵通常被设置为在场景中四处徘徊的“巡逻者”，但其发现玩家之后会立刻开始追击，因此也属于“追猎者”（图 2.2.25）。

图 2.2.25 奥林匹斯卫兵的运动

还有，在空中飞行的鹰身女妖一般情况下属于“飞行者”，但其在锁定玩家之后会垂直降落发动攻击，所以也可以算是“投弹者”。

不过，像戈耳贡这种用石化光线将玩家变成石头的敌人就不属于这几类中的任何一类（从追击玩家的意义上讲，列为“追猎者”也是可以的）。通过在游戏中偶尔添加定式之外的敌人，能够给玩家带来惊喜与新鲜感。

最后，我们将**敌人的职能**分为**“杂兵”“中 BOSS”“BOSS”**三类进行分析。动作类游戏中“杂兵”“中 BOSS”“BOSS”的区别在于敌人的强弱以及消灭时的报酬。

- **杂兵**

  能轻松消灭的敌人。对游戏剧情没有太大影响，消灭时的报酬也不会很多。不过，这些敌人能够体现玩家角色压倒性的强大，是角色演绎的重要组成部分。

- **中 BOSS**

  相较于杂兵略显难缠的敌人。与杂兵一样对游戏剧情影响不大，但是玩家消灭这类敌人后所得的经验值、金币以及成就感等报酬都相对较多。《战神Ⅲ》中的米诺陶斯最初以中 BOSS 的身份登场，不过到了后期场景中已经沦为了杂兵。也就是说，中 BOSS 会以对付起来难度稍高的对手角色登场，但在玩家技术提升后，就可以像对付杂兵一样毫无压力地消灭这类敌人。因此，它们更像是考验玩家自身实力（玩家技术）的敌人。

- **BOSS**

  单从外观上就可看出这是玩家需要全力应战才可消灭的敌人，并且对游戏剧情有着重大影响。由于其对剧情有着影响，因此基本上无法像中 BOSS 一样在游戏后期被用作杂兵。不过，相对而言消灭 BOSS 后得到的经验值、金币以及成就感等报酬也更加丰厚。其中最该重视的应该是成就感。比如《战神Ⅲ》中玩家就需要在游戏初期挑战超巨大型 BOSS“波塞冬”。

接下来，我们将《战神Ⅲ》的部分敌人按照“大小”“动作”“职能”制作一个表格（表 2.1）。首先我们从表中可以看出追猎者占据了很大一部分。对割草类游戏而言，以近距离・中距离战斗为主的追猎者是战斗的基本组成部分。相对地，在以远距离枪战为主的 FPS 游戏中，“射手”就会比较多。

表 2.1　《战神 Ⅲ》中敌人的种类

敌人角色	大小	动作	职能
奥林匹斯杂兵	人形・平均	巡逻者、追猎者	杂兵
奥林匹斯射手	人形・平均	巡逻者、追猎者	杂兵
奥林匹斯卫兵	人形・平均	巡逻者、追猎者	杂兵
奥林匹斯军士	人形・平均	巡逻者、追猎者	杂兵
被诅咒的幸存者	人形・平均	巡逻者、追猎者	杂兵
青铜塔洛斯	人形・高大	追猎者	杂兵、中 BOSS
石制塔洛斯	人形・高大	追猎者	杂兵、中 BOSS
半人马将领	人形四足・高大	追猎者	杂兵、中 BOSS
杂种地狱犬	四足・高大	追猎者	杂兵、中 BOSS
冥王地狱种犬	四足・高大	追猎者	杂兵、中 BOSS
奇美拉	四足・高大	追猎者	杂兵、中 BOSS
独眼巨人执行者	人形・巨大	追猎者	杂兵、中 BOSS
独眼巨人狂战士	人形・巨大	追猎者	杂兵、中 BOSS
独眼巨人幸存者	人形・巨大	追猎者	杂兵、中 BOSS
鹰身女妖	鸟・平均	飞行者、投弹者	杂兵
鹰身女王	鸟・平均	飞行者	杂兵
戈耳贡	蛇・高大	追猎者（石化攻击）	杂兵、中 BOSS
戈耳贡・蛇怪	蛇・高大	追猎者（石化攻击）	杂兵、中 BOSS
天蝎幼虫	蝎・低矮	追猎者	杂兵
精锐米诺陶斯	人形・巨大	追猎者	杂兵、中 BOSS
野蛮的米诺陶斯	人形・巨大	追猎者	杂兵、中 BOSS
双刃斧・米诺陶斯	人形・巨大	追猎者	杂兵、中 BOSS
流浪猎犬	四足・高大	追猎者	杂兵
冥界地狱幼犬	四足・高大	追猎者	杂兵
萨梯	人形・巨大	追猎者	杂兵、中 BOSS
奥林匹斯・守卫	人形・平均	防御者	杂兵
奥林匹斯・哨兵	人形・平均	防御者	杂兵
魅惑海妖	人形・平均	追猎者	杂兵、中 BOSS
失落之魂	人形・平均	追猎者	杂兵
奥林匹斯幽灵	人形・平均	潜伏者	杂兵、中 BOSS
波塞冬	超巨大	其他	BOSS
哈迪斯	人形・巨大	其他	BOSS
赫尔墨斯	人形・平均	其他	BOSS
赫拉克勒斯	人形・高大	其他	BOSS
克洛诺斯	人形・超巨大	其他	BOSS
天蝎	蝎・巨大	其他	BOSS
宙斯	人形・平均	其他	BOSS

※ 上表仅代表笔者的主观判断。

其次是敌人大小。《战神Ⅲ》中**“平均”“高大的敌人”“巨大的敌人”**数量基本相等，而在《使命召唤：现代战争 3》等真实系 FPS 中，“平均”则占据了主要地位。TPS 的《生化危机 4》等也以“平均”为主，只有 BOSS 采用“高大的敌人”或“巨大的敌人”。职能方面，《战神Ⅲ》前期的中 BOSS 到后期大多会成为杂兵，而 FPS 和 TPS 游戏整体都以杂兵为主。

也就是说，割草类游戏为了体现玩家角色压倒性的强大，需要大量使用追猎者让敌人主动集中在玩家身边。因为面对过于分散的敌人时，玩家需要经常移动才能命中目标，这就严重拖慢了游戏速度。**割草类游戏中，如何让敌人主动向玩家移动并发起攻击是制作一款优秀游戏的关键。**

相对而言，FPS · TPS 等射击类游戏需要演绎“枪战的攻防”，所以如何让玩家在频繁移动中攻击敌人更加重要。因此割草类游戏的战斗多以平地等单调场景为主，而 FPS · TPS 则常会加入许多掩体或曲折路线，让玩家通过移动动作和隐蔽动作享受“地形效果”及“位置关系”的攻防。

值得一提的是，《塞尔达传说：天空之剑》和《生化危机 4》这类游戏由于大量使用了非射手型的敌人，因此属于兼具割草类和射击类双方要素的折中型游戏。

综上所述，敌人的构成能够大幅影响游戏风格。

敌人角色构成的三角牵制机制

我们在第 1 章中已经介绍过“三角牵制”，其带来的攻防能使游戏动作更加有趣。但是，若想让三角牵制成立，首先要让战斗双方如格斗游戏一样条件对等，即创建“对称游戏”。这样一来，玩家角色和敌人必须同时具备具有三角牵制要素的动作。

不过，在《战神Ⅲ》这类玩家与敌人数量不对等的“非对称游戏”中，不需要每个敌人的所有动作都具备三角牵制的要素。只要分别创建擅长攻击的敌人、擅长投技的敌人、擅长防御和闪避的敌人，三角牵制就可以成立。

首先，我们需要了解什么样的敌人集团无法构成三角牵制。

游戏初期登场的奥林匹斯卫兵具备“攻击”和“投技”两种要素。那么完全由奥林匹斯卫兵组成的敌人集团会是个什么样子呢？这种敌人集团重视攻击，一味防御的玩家将会被奥林匹斯卫兵的投技克制。乍看上去，仅用奥林匹斯卫兵创建敌人团队也能给战斗带来攻防，游戏流程并不会出现停滞现象。然而只要玩家保持移动和闪避，敌人的攻击都只是无用功。

这种情况下，即便加入更多奥林匹斯卫兵，游戏带给玩家的攻防手感也不会有太大变化。只要玩家找到消灭奥林匹斯卫兵集团的窍门，数量就不再是问题了。一成不变的攻略方法一旦用久了，游戏的主旨就会变成如何更准确更持久地使用同一个攻略方法（图 2.2.26）。

那么我们换一种敌人，用会发射魔法飞弹打破防御的奥林匹斯杂兵单独组成敌人集团又是什么样呢（图 2.2.27）？

奥林匹斯杂兵会从远距离发射魔法飞弹，并且即使玩家进行格挡，魔法飞弹也可以直接命中。玩家在初次遇到这种敌人时难免会吃惊，但只要熟悉了攻略方法，就会同奥林匹斯卫兵一样失去战斗的新鲜感。况且这种敌人发射魔法飞弹之前没有任何威胁，玩家完全可以在这一阶段轻松取胜。也就是说，如果仅用一种敌人制作集团，其中衍生出的攻防乐趣无法持续太久。

因此，制作敌人集团的重点与三角牵制原理相同，要将拥有不同要素的多种敌人组合在一起，从中衍生出多变的攻防。

以刚才的情况为例，我们将奥林匹斯卫兵和奥林匹斯杂兵组合在一起，就可以衍生出让玩家思考先消灭哪一种敌人的攻防（图 2.2.28）。

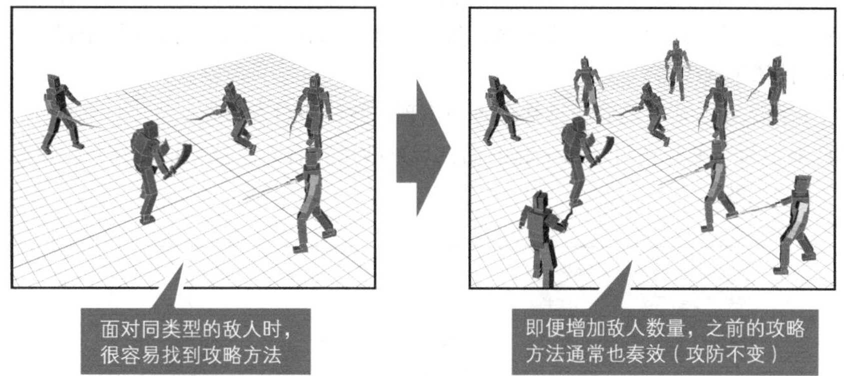

面对同类型的敌人时，
很容易找到攻略方法
即便敌人会使用无法格挡的魔法飞弹，只
即便增加敌人数量，之前的攻略
方法通常也奏效（攻防不变）

图 2.2.26　纯奥林匹斯卫兵集团的攻防

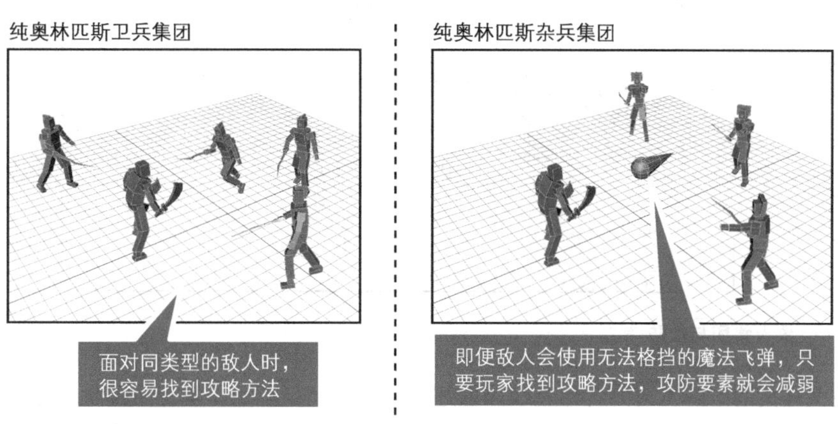

图 2.2.27　纯奥林匹斯卫兵集团与纯奥林匹斯杂兵集团的攻防差异

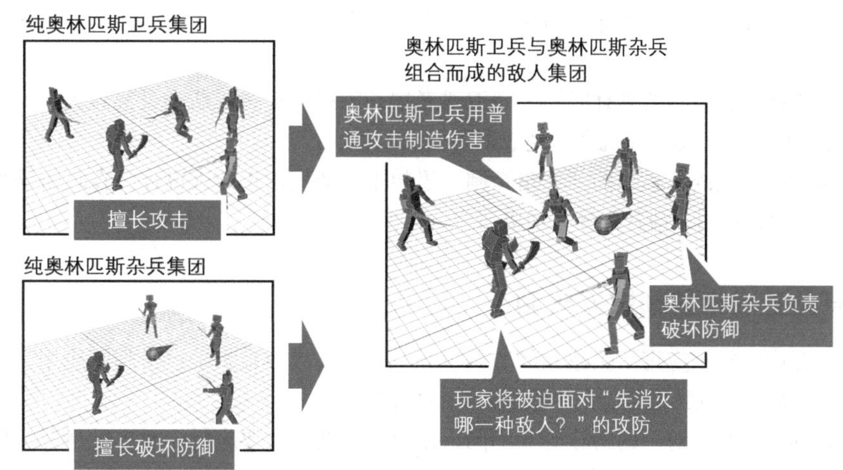

擅长破坏防御

通攻击制造伤害

玩家将被迫面对“先消灭

图 2.2.28　敌人集团与攻防 其一

如果先消灭奥林匹斯卫兵，奥林匹斯杂兵将从远距离发射破坏防御的魔法飞弹。但是若想先消灭奥林匹斯杂兵，身边的奥林匹斯卫兵又会上前捣乱。就算玩家打算逃离这两种敌人，奥林匹斯杂兵的魔法飞弹也会从背后追上来。这样一来，玩家就要被迫在"攻击""防御""闪避"中不断选择，产生与三角牵制相似的效果。

像这样进行敌人组合后，随着新型强敌不断出现，攻防将愈发有趣。

将奥林匹斯卫兵与戈耳贡组合在一起的话，玩家战术稍有疏忽就会招致死亡。这是因为戈耳贡的石化攻击（图 2.2.29）。

图 2.2.29 敌人集团与攻防 其二

如果被戈耳贡的眼睛发射的石化光线照射超过一段时间，玩家即便在防御状态也会被石化。因为这种攻击胜过格挡，所以可以算是一种特殊的投技。这种情况下玩家必须快速转动摇杆解除石化状态，否则被任何敌人攻击都是一招毙命。因此，原本不足挂齿的奥林匹斯卫兵，与戈耳贡搭配之后也变得极具威胁性。玩家为了降低即死的危险性，势必会纠结先消灭奥林匹斯卫兵还是先消灭戈耳贡。

除此之外，将擅长防御的奥林匹斯·守卫或者擅长闪避的奥林匹斯幽灵等敌人进行组合，更能衍生出个性十足的敌人集团，让玩家享受战术多变的乐趣。

这类引导玩家享受战术乐趣的"三角牵制"思想不单能应用于敌人设计，在攻击动作和魔法系统等领域也能发挥其作用，请各位务必加以研究。

 割草类游戏中的帧数差机制

我们第 1 章中介绍了应用了帧数差的防御机制，这在《战神Ⅲ》中也得到了应用。因此与格斗游戏相同，这款游戏中玩家也可以利用帧数差进行反击。

但要注意的是，与一对一的格斗游戏不同，割草类游戏时常要应付一对多的情况，所以格挡成功并不意味着能发动确定反击。如果多名敌人连续发动攻击，玩家的反击很可能会被打断（图 2.2.30）。

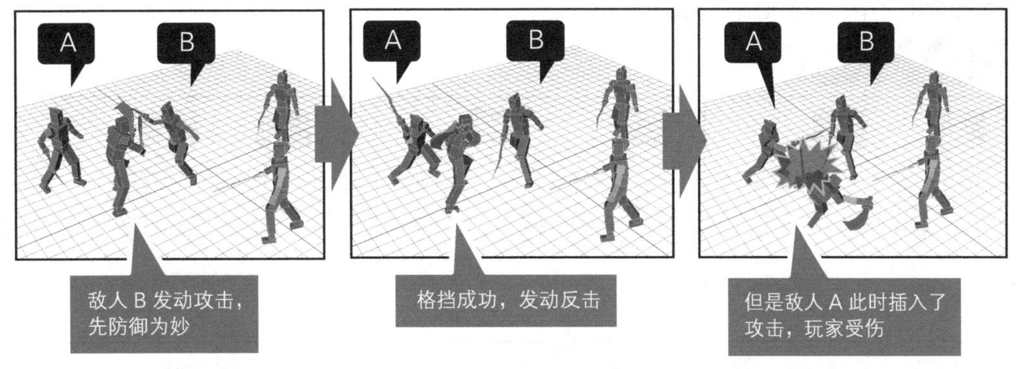

图 2.2.30 敌人的连续攻击令玩家在防御后不能发动确定反击

加之这款游戏有防御硬直机制，如果多名敌人保持连续攻击直到玩家生命值耗尽，玩家将毫无反击之力。这样一来自然谈不上攻防。所以在设计敌人 AI 时，为保证玩家格挡后能够反击，要大致从两个角度进行调整。

第一种方法是在敌人 AI 中刻意加入“反击时机”（图 2.2.31）。设计面向菜鸟的游戏时，可以在每名敌人每次发动攻击后都设置反击时机，保证玩家在两次攻击之间一定有反击的机会。另外，面向中・上级玩家时，可以在两三次连续攻击后设置反击时机。再说得形象一点的话，就是由多名敌人共同构成格斗游戏的连击。

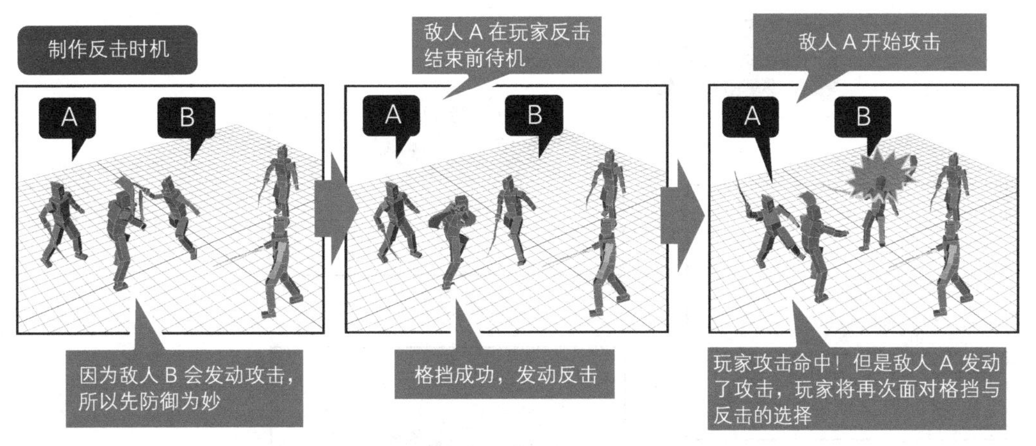

图 2.2.31 让玩家能发动确定反击的敌人 AI 攻击模式 其一

第二种方法是“同时攻击”（图 2.2.32）。如果每次都在敌人角色攻击后设置反击，攻击模式将不可避免地变得单一。因此，让两三名敌人同时发动攻击，玩家发动反击时的攻击模式就可以得到扩展。多名敌人同时攻击时，相信很多玩家将不由自主地使用大范围攻击招式进行反击。是对眼前的敌人发动强力反击，还是对周围所有敌人发动较弱的大范围反击，这就又诞生了一种攻防。

因此，在以一对多为主的动作类游戏或割草类游戏中，玩家反击的时机掌握在敌人 AI 手里。敌人攻击速度越快，玩家反击的难度就越高。尤其是在拥有格挡硬直机制的游戏里，面对敌人的连续攻击时，发动反击的机会往往只有一瞬。而且即便反击成功，身陷重围的玩家也很可能再次陷入敌人的连续攻击之中，导致动弹不得。

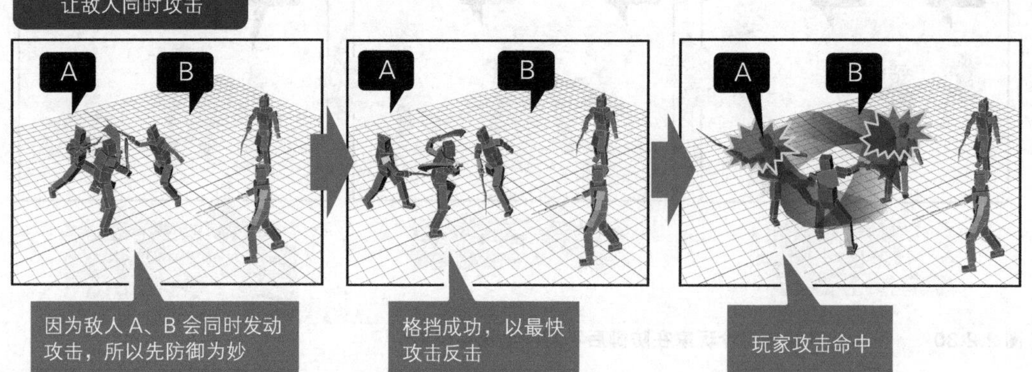

图 2.2.32　让玩家能发动确定反击的敌人 AI 攻击模式 其二

于是《战神Ⅲ》的设计者为玩家角色准备了大量从格挡状态下发动反击的动作，帮助玩家摆脱困境，转守为攻。

首先，这款游戏在防御状态下最快的攻击是 L1 + □键的弱攻击和 L1 + △键的强攻击。L1 + □键的弱攻击虽然威力不大，但是可以将周围敌人全数卷入攻击，在被包围时非常奏效。与此相对，L1 + △键的强攻击虽然只能命中前方目标，但其威力惊人，适合对付生命值较多的单个敌人（图 2.2.33）。

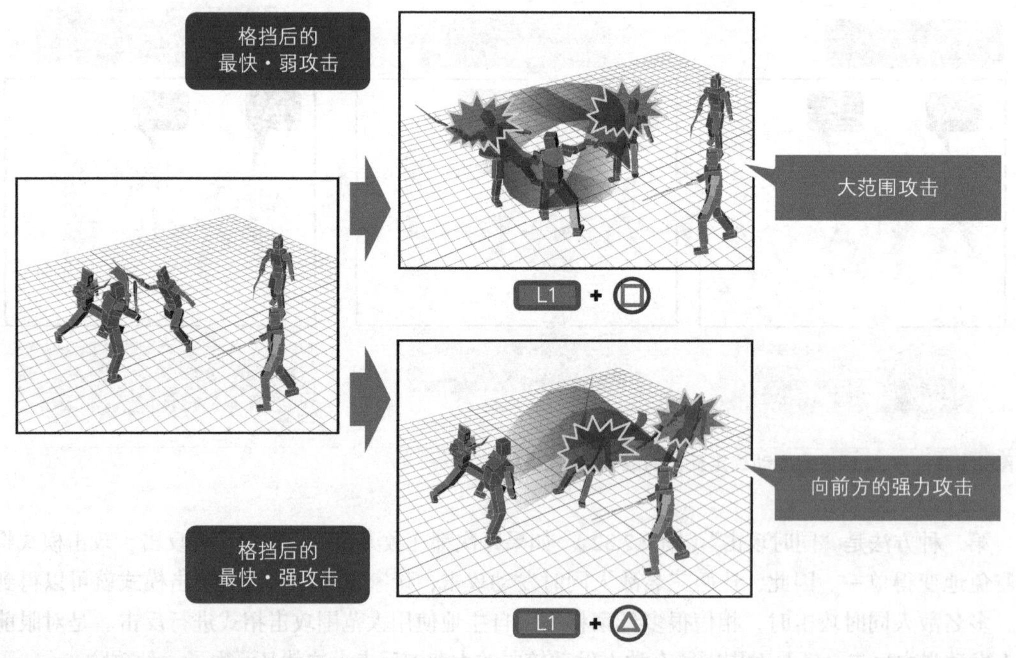

图 2.2.33　格挡后的最快攻击

其次，玩家看准敌人攻击动作适时按下 L1 键可以发动逆转招式，逆转招式成功后立刻按下□键能使出震退攻击打飞敌人，按下△键能使出挑空攻击为浮空连击做准备。只要玩家熟练使用这两种逆转攻击，那么就既可以打飞近战难缠的敌人，又可以将威胁较大的敌人挑空，用浮空连击重点消灭（图 2.2.34）。

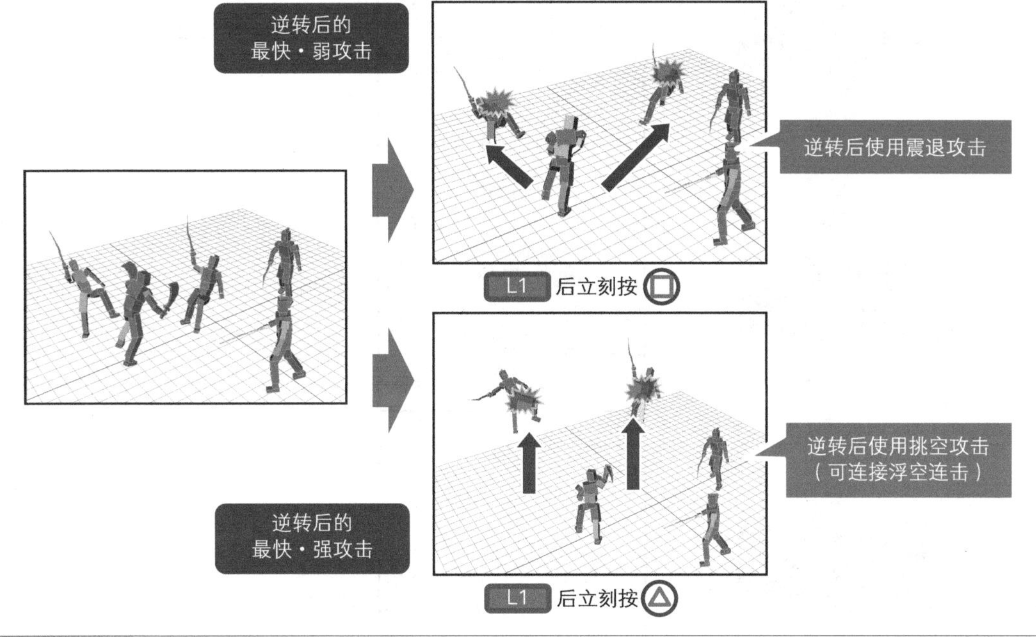

图 2.2.34　逆转后的最快攻击

综上所述，动作类游戏和割草类游戏在制作攻击动作时，需要照顾到复数敌人的连续攻击和同时攻击。

割草类游戏中敌人 AI 的机制

在割草类游戏中，对游戏速度和节奏影响最大的就是“敌人 AI”。以往的 2D 动作类游戏中，敌人 AI 通常都如图 2.2.35 所示，为每一种敌人设置一个简单的 AI 算法即可。

这类 AI 至今仍被各种类型的 2D 甚至 3D 游戏所采用。不过近年来的动作类游戏，尤其是同时与大量敌人交战的割草类游戏当中，用到的 AI 要稍复杂一些。

不妨来考虑一下多名杂兵向玩家接近时的情景。在这种情况下，如果每名敌人都只运行自己的独立 AI，那么最终将挤成一团（图 2.2.36）。

这种挤成一团的状态不但看上去效果不佳，还会造成玩家只关注一个方向就万事大吉的局面，就游戏而言并不是什么好事。为防止敌人挤成一团，可以给每名敌人设置“移动目标”，让它们从特定方向对玩家发动攻击。如此一来，我们就能看到敌人包围玩家的精妙移动（图 2.2.37）。

不过要注意的是，我们必须在敌人 AI 之外创建一个管理所有敌人的 AI，才能使得每一个敌人在具备不同移动目标的同时保有集团的目的性（目标性）。

管理整个战斗的 AI 一般称为“战斗 AI”。正是因为有了战斗 AI 的存在，才能为每个敌人指定目的地来包围玩家，或者执行其他高难度战术（图 2.2.38）。与此同时，玩家将从“如何应对这些高难度战术”的思考中获取乐趣。

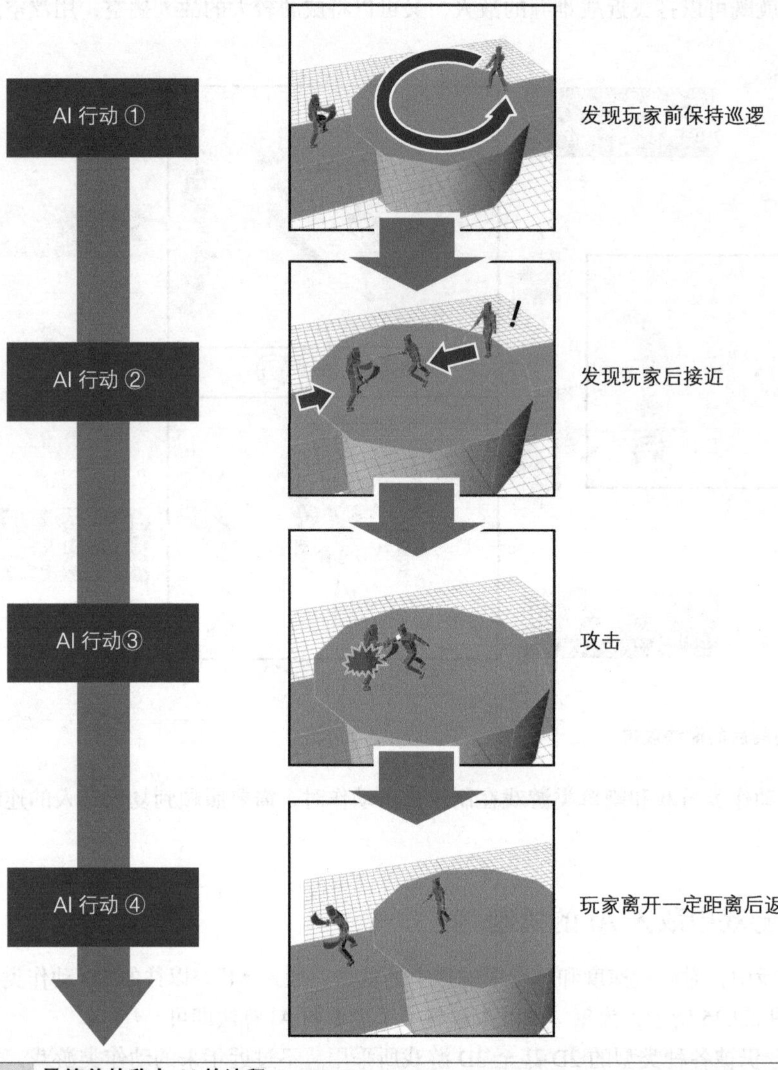

AI 行动 ① 发现玩家前保持巡逻

AI 行动 ② 发现玩家后接近

AI 行动③ 攻击

AI 行动 ④ 玩家离开一定距离后返回①

图 2.2.35 最简单的敌人 AI 的流程

图 2.2.36 集团敌人 AI 的问题

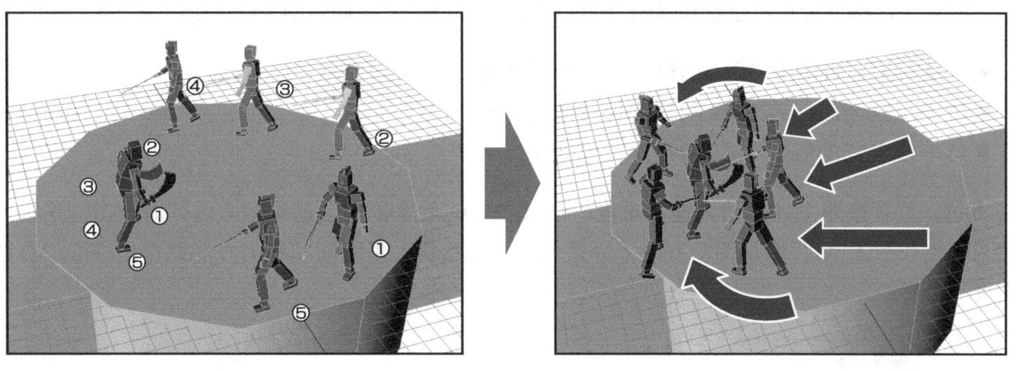

图 2.2.37 集团敌人 AI 的解决方案

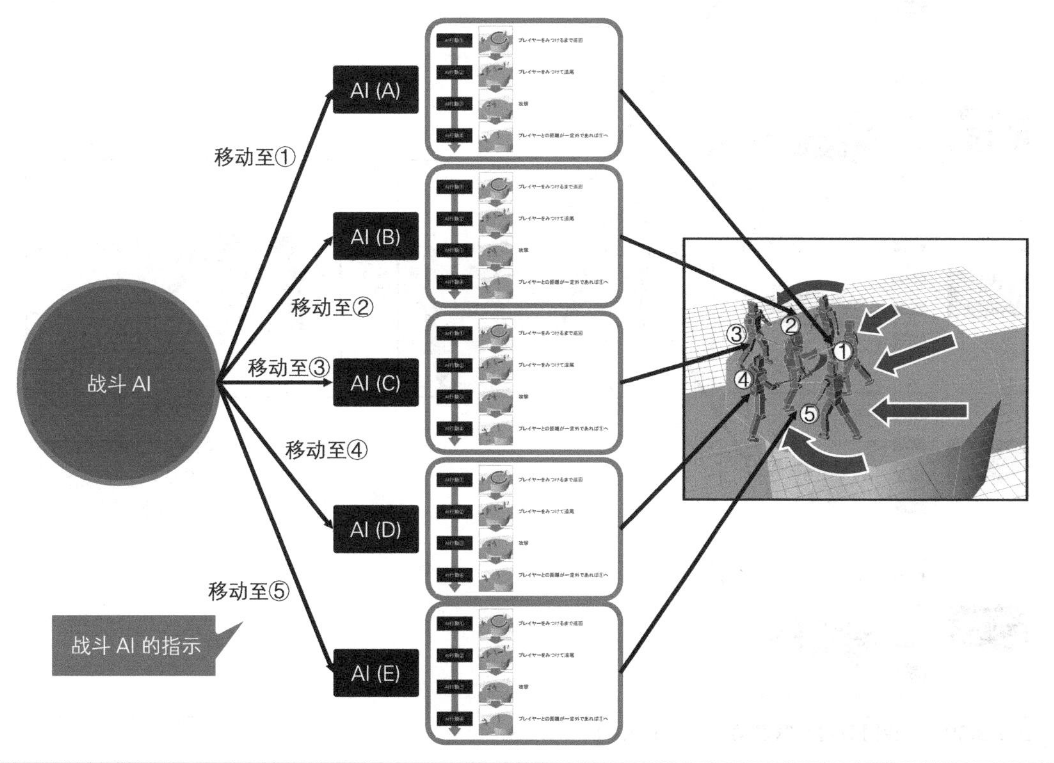

图 2.2.38 战斗 AI

《战神》系列有关敌人 AI 的技术信息并没有公开，不过据笔者推测，其中应该采用了战斗 AI 或者某种近似的管理系统。

战斗 AI 还有另一个重要功能，那就是**攻击的"速度 · 节奏管理"和"难易度调整"**。

举个例子，在没有战斗 AI 的游戏中，每名敌人的攻击时机都由自己的独立 AI 进行判断，因此难免出现多名敌人在玩家最危机的时刻同时发动攻击的情况（图 2.2.39）。在这种情况下，如果 5 名敌人的攻击伤害总和超过了玩家生命值上限，玩家角色将立刻死亡。另外，如果玩家角色受伤动作没有无敌效果，那么遭到敌人连续攻击后就很容易陷入单方面挨打的状态，激起玩家的烦躁情绪。

要防止上述情况发生，最简单的方法就是给敌人AI的攻击触发条件设置概率。具体示例如下。

- 位于玩家正面时有50%的概率持续攻击5秒
- 位于玩家侧面时有20%的概率持续攻击3秒
- 位于玩家背面时有10%的概率持续攻击1秒

不过，就算按照上述方法调整了难度，运气不好的玩家依旧会遭到敌人的同时攻击。这种方法虽然只需制作敌人AI，但是调整方面十分繁琐，需要花费大量时间和精力才能制作出称心如意的战斗速度·节奏。

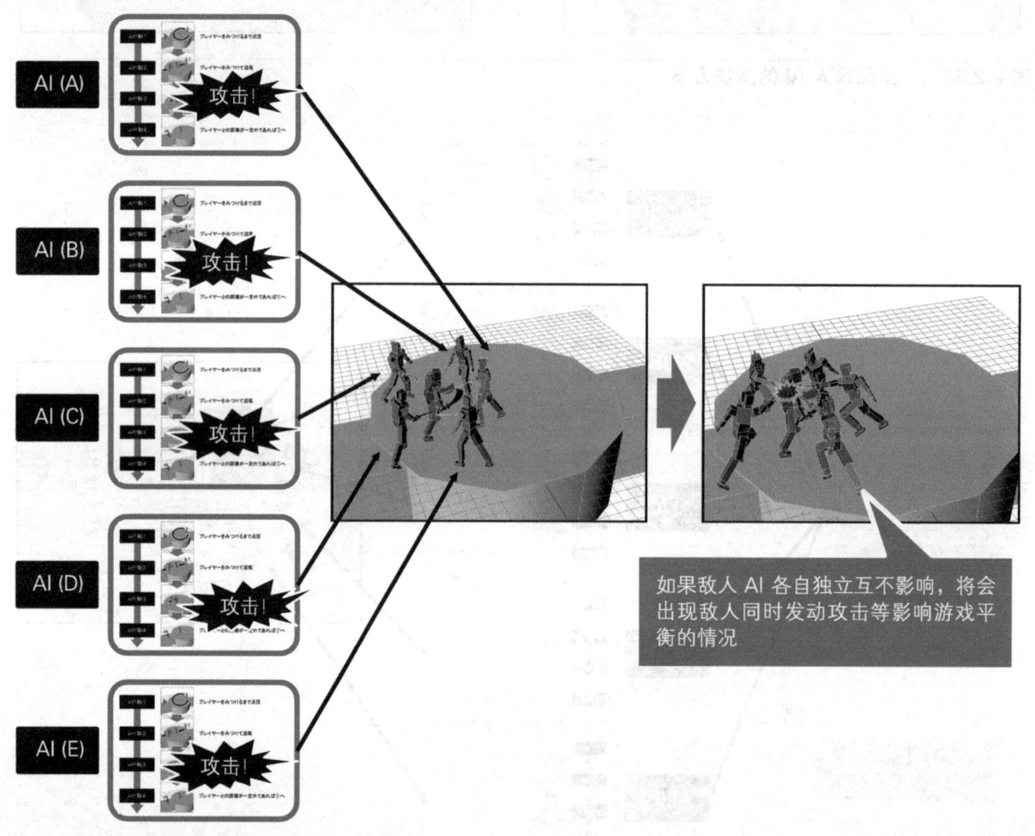

图 2.2.39 会同时对玩家发动攻击的敌人AI

而如果使用了战斗AI，战斗AI将会控制每名敌人的攻击时机（图2.2.40）。

未接到指示的敌人不会攻击玩家，多名敌人是否要同时攻击玩家全由战斗AI来进行判断。另外，由于战斗AI负责管理时间，因此设计者可以轻松调节战斗的速度和节奏。在游戏初期为使玩家体验到割草类游戏的爽快感，我们可以调整战斗AI，禁止敌人对连击中的玩家发动攻击，从而防止连击被打断。

综上所述，在《战神Ⅲ》等割草类游戏中，战斗AI担任着让游戏更有趣的重要职责。

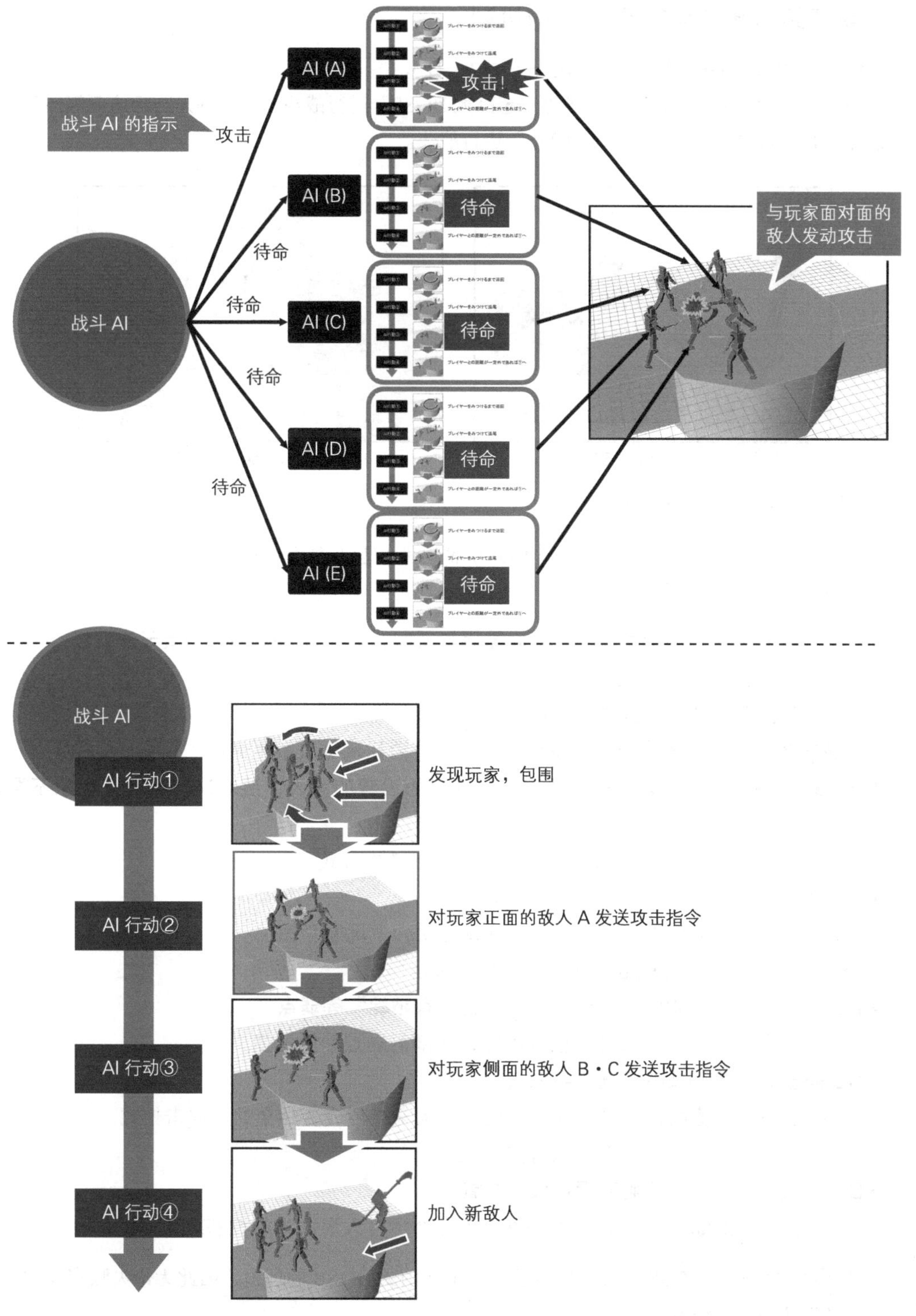

图 2.2.40 战斗 AI 是战斗的导演

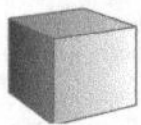

玩家绝对想消灭的 BOSS 的机制

《战神Ⅲ》中的 BOSS 战大致分为两类（图 2.2.41）。

第一种是与游戏初期登场的波塞冬等“超巨大 BOSS”进行战斗；另一种是与哈迪斯等体型稍大于玩家却拥有相同动作条件的“传统 BOSS”进行战斗。

超巨大（Gigantic）BOSS

巨大（Huge）BOSS

图 2.2.41 《战神Ⅲ》的 BOSS 种类

另外，即便是在动作游戏中，玩家与 BOSS 战斗时也需要主动消灭 BOSS 的理由。我们以超巨大 BOSS 波塞冬为例进行说明。

- **BOSS在剧情中是与玩家敌对的最大障碍与威胁，不消灭 BOSS剧情就无法继续**

  →波塞冬意图阻止誓杀众神的奎托斯
- **BOSS的外观要让玩家觉得无法击倒**

  →波塞冬拥有超巨大的身体，并且一次攻击会消耗玩家大量生命值
- **BOSS与杂兵不同，并不是为体现玩家强大而设置的敌人，要表现出不消灭玩家不罢休的心态，让玩家感到实质上的威胁**

  →波塞冬即便部分身体被破坏，也将不断出现新的攻击方式
- **BOSS要出其不意**

  BOSS 角色要采取出乎玩家意料的进攻或行动，令玩家吃惊

  →波塞冬最初的攻击只用了自己身体的一部分
- **BOSS要具备“惧怕特定武器”或“攻击时有破绽”等弱点**

  →波塞冬的攻击动作很大并且模式固定，胸部的弱点暴露无遗
- **BOSS要让玩家切实感受到自身成长**

  BOSS 负责让玩家尝试在之前战斗中提升的玩家技巧或者学会的新攻击招式

  →波塞冬的战斗中，闪避和魔法都是有效的
- **BOSS被消灭后，玩家将获得巨大的成就感**

  →击败巨大化的波塞冬后，玩家将可以单方面痛打人形大小的波塞冬

由于《战神Ⅲ》的 BOSS 向玩家传达了这些主动消灭 BOSS 的理由，因此无论失败多少次，玩家都能保持继续挑战的动力。

除此之外，在这场迎战超巨大 BOSS 波塞冬的战斗中，我们能找出许多 BOSS 战独有的游戏机制。

与波塞冬的第一战，玩家将迎战波塞冬部分触手组成的怪物（图 2.2.42）。

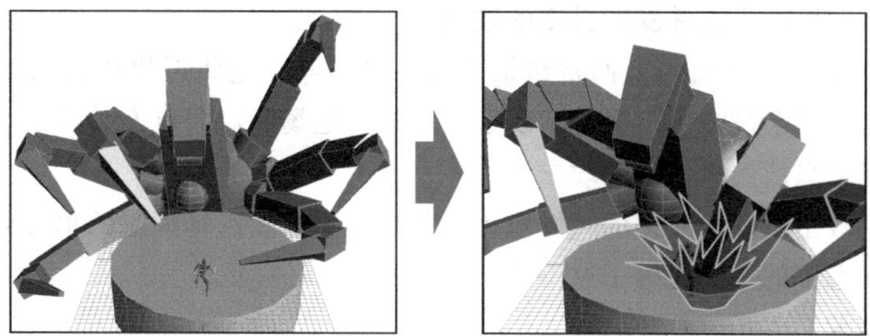

图 2.2.42　波塞冬的攻击

这个怪物的攻击模式很单一，只会左右爪交替击打两次后从口中喷出高压水弹。玩家躲过上述招式后即可对怪物胸前的弱点发动猛攻。这一系列攻击可以用如图 2.2.43 所示的模型来还原。

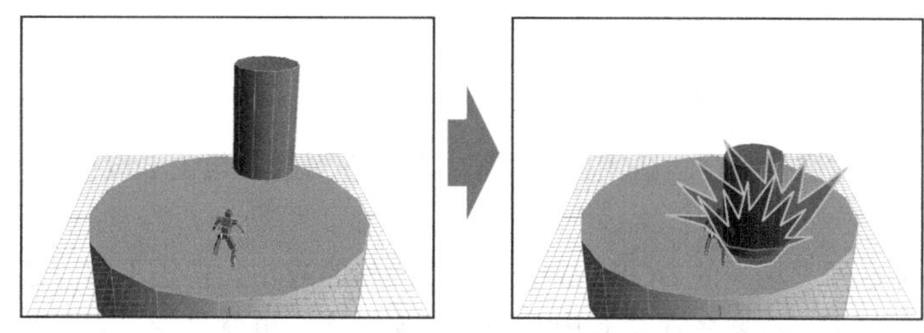

图 2.2.43　用圆柱体演示波塞冬的攻击

不过，单凭这些内容很难营造出挑战 BOSS 的紧张氛围。玩家面对这类场面时，BOSS 的体型越大，看上去就越像场景中的机关。我们将这一类敌人称为“与关卡设计一体化的 BOSS”。因此，为了避免使 BOSS 看上去像场景中的机关，需要加强其作为剧情角色的表演成分。

另外，与关卡设计一体化的 BOSS 与普通敌人不同，它们身上一定存在可以让玩家造成伤害的“弱点”部位。与这些 BOSS 的战斗实际上就是围绕着弱点的攻防（图 2.2.44）。

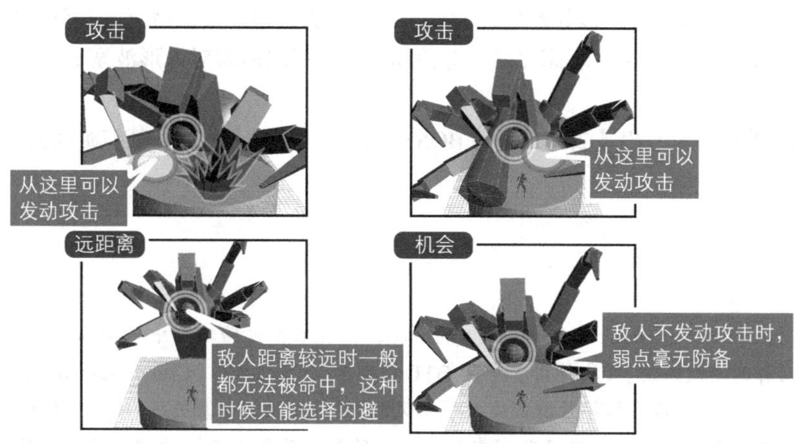

图 2.2.44　BOSS 的弱点

边守护弱点边战斗的 BOSS 通常有以下几种攻击模式。

- **攻击 A（玩家可以闪避并发动反击的攻击）**
  这是 BOSS 的近距离攻击，通常包括敲击、横扫等。这些近战攻击虽然强力，但玩家只要距离够远就不会被命中。另外，玩家可以从特定场所对弱点发动反击。
- **攻击 B（玩家只能选择闪避的攻击）**
  大范围横扫攻击以及水或火的喷吐攻击等都是玩家只能选择闪避的单方面攻击。另外，弱点被保护状态下的攻击也属于这一类。
- **闪避至远距离**
  BOSS 闪避至远距离之后，没有远程武器的玩家角色将无法攻击弱点。这种方式可以让玩家在经历 BOSS 的狂轰滥炸之后稍事休息，放松紧绷的神经。
- **远距离状态下的攻击**
  BOSS 在远距离状态下发动的攻击，玩家只能选择闪避。
- **机会**
  BOSS 暴露出弱点，玩家可以单方面进攻的状态。

将以上这些攻击模式进行组合、活用以及创新，就能在对战“与关卡设计一体化的 BOSS”时衍生出攻防效应。

另外，在波塞冬这种大场面的 BOSS 战中，仅有激烈的战斗元素还不够，还需要电影般具有起承转合的流程。举个例子，波塞冬在游戏中会袭击玩家四次。也就是说，对付波塞冬的大型 BOSS 战分为“触手 1（A）”“触手 2（B）”“BOSS 巨大本体（C）”“BOSS 人类形态（D）”四场战斗。“触手 1（A）”是练习，“触手 2（B）”是实践，“BOSS 巨大本体（C）”是应用，而“BOSS 人类形态（D）”则是最后一决胜负的战斗。实际玩过后会发现，这并不只是四场 BOSS 战那么简单。玩家消灭波塞冬最初的触手后，根据接下来的“剧情”能轻松想象波塞冬为消灭奎托斯是多么地处心积虑不择手段。这一系列安排堪称起承转合的典范。

因此，能带来巨大震撼的 BOSS 战中，玩家与敌人双方的剧情都十分重要。

顺便一提，这四场 BOSS 战最后都是用 QTE[①] 来终结战斗的。

以 QTE 消灭巨大 BOSS 可以让玩家体验残虐敌人的爽快感以及成就感，起到一种奖励的效果。而作为 BOSS 战报酬的一部分，玩家完成全部四场 BOSS 战之后将对人形波塞冬发动“终结 QTE”，将其彻底消灭。

综上所述，我们可以看出《战神Ⅲ》的 BOSS 角色在设计上十分重视其与游戏剧情的联系。

---

① QTE 是快速反应事件（Quick Time Event）的略称，指玩家在过场动画中根据画面指示适时按下相应按钮完成动作的游戏系统。《战神Ⅲ》中的 QTE 被称为“CS 攻击”（Context-Sensitive Attack，情景限定攻击）。另外，失误后直接导致游戏失败等高风险 QTE 大多被玩家厌恶。QTE 具有在过场动画中保持玩家紧张感的效果，同时能满足玩家在消灭敌人的炫酷动作中连按按键的冲动。不过就目前看来，QTE 的游戏机制还需要进一步发展进化。

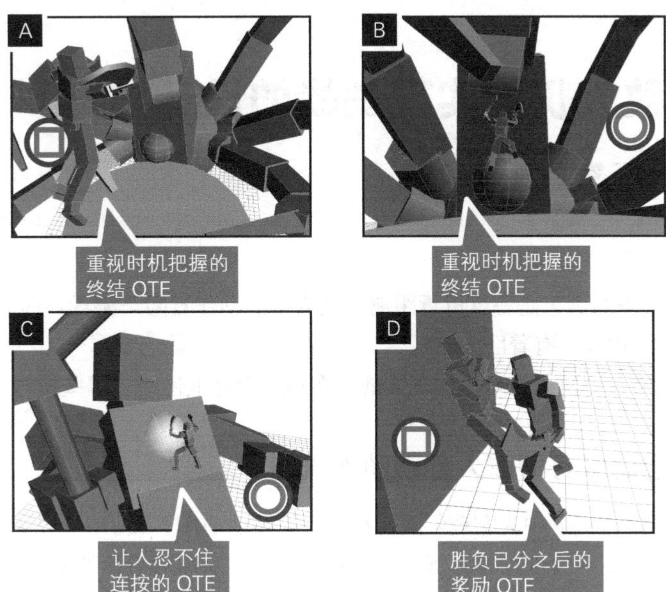

图 2.2.45 QTE 示例

小结

《战神Ⅲ》完美地保留了割草类游戏的基本元素，又在此基础上完成了独自进化。玩家角色——暴怒的奎托斯以其强大实力残虐杂兵的过程只能用爽快来形容。为实现这一爽快感，游戏在敌人的设计方面，通过各种方式体现着玩家的压倒性强大。当玩家通关这款游戏时，会觉得自己就是《战神Ⅲ》世界最强大的人。可以说，这正是战斗型游戏乐趣的精髓所在。

学习敌人攻击中“上摇”“前摆”“击打”“跟进”“硬直”“收招动作”等要素的相关知识，不仅能提升玩家技术，还可以在游戏开发时用来作为参考。

此外，如果各位制作了动作却无奈调整不到位，不妨参照本节中介绍的战斗 AI，或许可以找到有效的解决方案。

值得一提的是，《战神Ⅲ》通关后将开启隐藏的“竞技场”模式。在竞技场中，玩家可以指定敌人种类、数量以及难度，挑战自身杀敌或连击的极限。这一功能同时也非常适合用来观察敌人 AI 的运作模式，各位请务必一试。

这款游戏为充分体现玩家角色消灭超强 BOSS 时的震撼力，在 BOSS 的角色和剧情方面下了许多功夫。尤其是在成就感的渲染方面，该作品大胆接纳了人类社会所不允许的暴怒以及从其中衍生而出的残虐性，以满足玩家在这方面的原始需求。

也就是说，敌人是接纳玩家感情的容器。

玩家与敌人通过战斗完成的交流正是为此而存在的。

各位今后在制作游戏时如果对敌人设计感到苦恼，不妨从“要接纳玩家何种感情”“需要抱有怎样的敌意”“用什么方式被消灭”“能为玩家提供怎样的报酬”这些角度进行思考。这样一来，敌人的“背景剧情”将自然而然地出现在各位脑海之中。

2.3 面对海量敌人仍能实现剑战的设计技巧

(《塞尔达传说：天空之剑》)

《塞尔达传说：天空之剑》是一款以近距离剑战为主的动作冒险类游戏。因此其敌人制作方式也与我们刚刚介绍的《战神Ⅲ》有着巨大差距。

接下来就让我们看一看这款游戏为实现剑战，在敌人设计上使用了哪些技巧。

为实现剑战而服务的敌人移动动作机制

《塞尔达传说：天空之剑》中为实现剑战，在敌人的移动动作上做了一些小调整。

我们以火山场景中登场的哥布林为例。这些敌人在发现玩家后会奔跑着追上来，然而一旦距离缩短到足够近，它们将停在原地与玩家对视，并保持一定距离缓缓移动（图 2.3.1）。

图 2.3.1　敌人的移动动作

细心的读者可能已经发现，这些哥布林如果以发现玩家后的奔跑速度围绕玩家进行攻击，那么将相当难缠。这样一来玩家很难用近身战斗命中目标，与敌人的剑战自然无从谈起（图 2.3.2）。

图 2.3.2　如果敌人速度太快，剑的攻击将无法命中

另外，如果玩家使用 Z 注视锁定敌人，高速旋转的镜头将很容引发 3D 眩晕。

因为《战神Ⅲ》等动作类游戏中的攻击能够覆盖近距离和中距离，所以消灭速度稍快的敌人并不难。加之镜头处于俯瞰战场的位置，基本不会引起 3D 眩晕。在移动方面，采用略高于《塞尔达传说：天空之剑》的移动速度虽然会稍微提升难度，但并不影响游戏平衡。

也就是说，剑战型战斗要求敌人位于玩家攻击范围内，并且移动速度低于玩家。否则，剑战将无从谈起。

因此，《塞尔达传说：天空之剑》通过调整移动速度，将敌人变成了剑战中优秀的靶子。

为玩家攻击动作创造意义的敌人机制

《塞尔达传说：天空之剑》中，玩家可以使用 Wii 遥控器做出“纵劈”“横砍”“斜斩”等多彩的攻击招式。不过，攻击招式越是多彩，敌人设计对游戏乐趣影响越大。

比如在游戏早期登场的德库食人草。玩家需要如图 2.3.3 所示，根据花瓣开启的方向挥砍才能对其造成伤害。

图 2.3.3 德库食人草的攻击

针对玩家的某些攻击动作，通过为敌人设置弱点，玩家将能领会到这些动作所包含的意义，并从中获取乐趣。从某种意义上讲，敌人有着为玩家行动赋予意义的功能。

另外，这款游戏为了给“从左向右砍”和“从右向左砍”等不同的挥砍方向赋予不同的意义，将哥布林的防御设计成了如图 2.3.4 所示的机制。

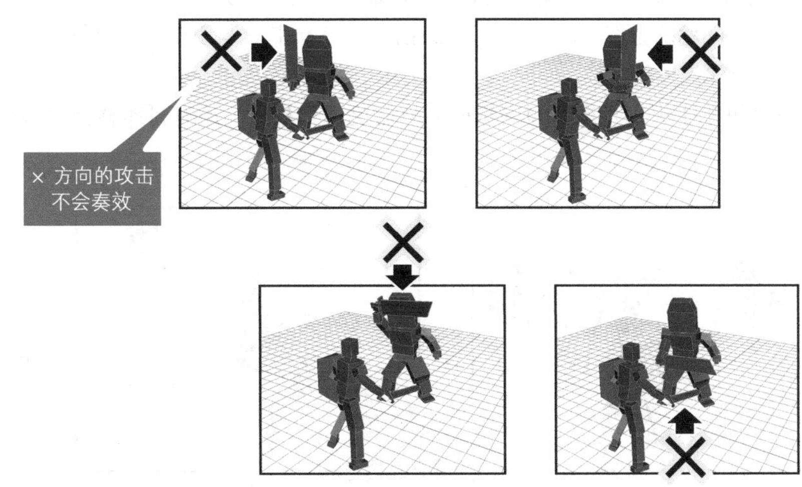

图 2.3.4 哥布林的防御

游戏进入后半程之后，更会出现需要特殊攻击动作才能消灭的敌人。

例如拥有四只手臂的骸骨剑豪，会同时使用四柄剑攻击。玩家面对这个敌人时需要调动之前所学的全部技巧，判断从哪里用什么方向的攻击能够命中，或者何时用盾击弹开攻击能造成硬直等（图 2.3.5）。

图 2.3.5　骸骨剑豪的攻击

因此，《塞尔达传说：天空之剑》的敌人不但能够为玩家的攻击动作赋予意义，还能向玩家发起"有本事消灭我吗?"的挑战。在不断克服挑战的过程中，玩家将感受到逐渐放大的快乐。

随着玩家不断深入了解攻击动作的意义，将会主动去尝试该动作的新用法。每当玩家发现一个动作的新用途，游戏的乐趣都会进一步扩展。

反过来说，一个攻击动作由许多不同的敌人来承受（反应），攻击动作的乐趣才得以扩展。

 剑战中关键的 Z 注视与敌人 AI 的机制

我们在《战神Ⅲ》中已经为各位讲解了战斗 AI。《塞尔达传说：天空之剑》也有着控制复数敌人攻击的系统，因此笔者推测这款游戏也采用了与战斗 AI 近似的 AI 机制。

不过，仅拥有这些机制并不足以实现剑战。就像我们之前提到过的，剑战是玩家与敌人之间一问一答般的攻防，这就要求游戏系统能够明确判断玩家要与哪名敌人进行剑战。

设计者解决这一问题的方案，就是利用了 Z 注视的 AI 机制。与第 1 章中讲解时不同，这次我们从敌人的视角进一步深入分析。

比如玩家攻击奥尔丁火山神殿入口附近的 4 只蓝色哥布林后，所有哥布林会一起追击玩家（图 2.3.6）。

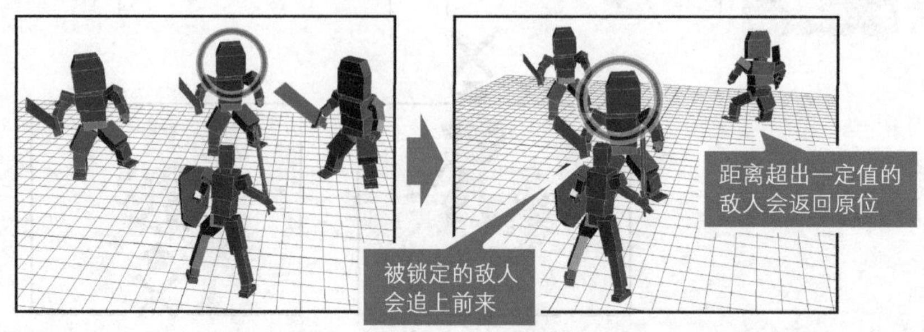

图 2.3.6　Z 注视与敌人 AI 其一

距离超出一定值之后，未被Z注视的敌人将返回原位，而被Z注视锁定的敌人会对玩家穷追不舍（某些场景和敌人的AI并不遵循此规律）。笔者认为，这是由于AI让被Z注视锁定的敌人与玩家之间有了更强的关联性所致。

也就是说，《塞尔达传说：天空之剑》的敌人AI是以Z注视为基准进行设计的。

通过这一机制，游戏让被Z注视的敌人对玩家积极进攻，同时设置其他敌人只偶尔攻击一下，从而成功营造了剑战电影般的场面（图2.3.7）。

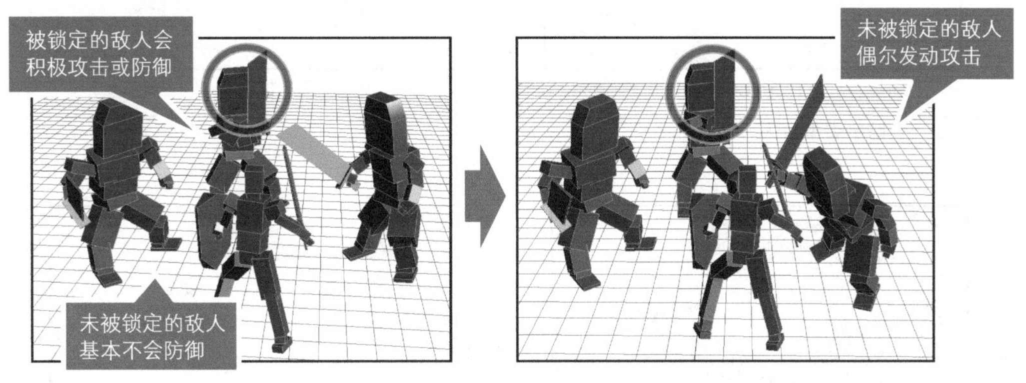

图2.3.7　Z注视与敌人AI其二

这样一来，玩家和敌人就能经常保持一对一攻防。我们可以认为Z注视是用眼神向敌人AI发动战斗信号。

我们在《塞尔达传说：时之笛》中也可以见到这一机制。“社长讯《塞尔达传说：时之笛》”的采访中，开发者之一小泉欢晃对这一游戏机制做了如下回答。

> 这一解决方案的灵感源于某次看太秦表演。简单说来，Z注视可以在特定敌人身上激活标记，让其他敌人进入“等待”状态。①

顺便一提，《塞尔达传说：天空之剑》的敌人AI相较于前几作3D塞尔达更具侵略性，而且在某些场景中，个别未被Z注视的敌人也会积极进攻。

 探索型动作游戏独有的敌人结构

《塞尔达传说：天空之剑》中大约包含50种敌人角色。与《战神Ⅲ》不同，这款强调探索元素的游戏除哥布林等纯战斗型敌人之外，还有专门挡路的“防御者”型德库食人草以及从地下探出头来发动攻击的八爪投石怪等“与关卡设计相关联（不会移动）的敌人”（图2.3.8）。

面对进攻型敌人时，玩家以考虑如何用攻击动作消灭敌人为主，而面对德库食人草和八爪投石怪等与关卡设计相关联的防御型敌人时，玩家需要找到一些小窍门才能消灭这些不能移动的敌人。

比如八爪投石怪的攻击方式是吐出岩石，玩家则可以用盾击将岩石反射回去消灭它们（图2.3.9）。

① 引自任天堂官方主页：“社长讯《塞尔达传说：时之笛3D》原创团队篇 其13造访太秦电影村”。

德库食人草

八爪投石怪

图 2.3.8　防御者型敌人

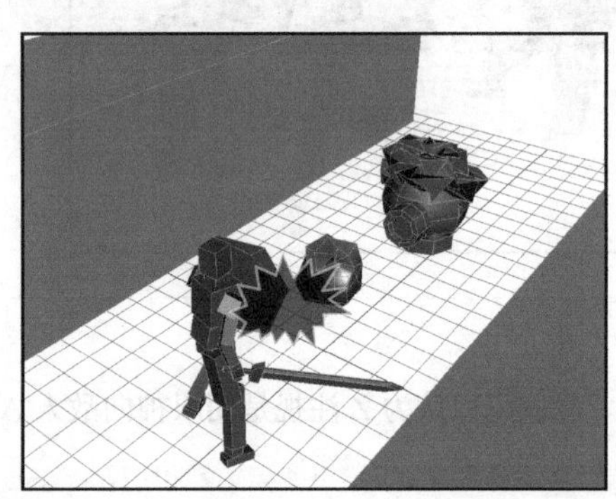

图 2.3.9　探索防御者型敌人（八爪投石怪）的消灭方法

也就是说，这款游戏既设计了纯粹负责攻击玩家的敌人，也安排了让玩家享受解谜快乐的对手角色。

另外，将《塞尔达传说：天空之剑》的敌人按类型分类后，我们可以得到如图 2.3.10 所示的清单。

敌人种类乍看上去数量惊人，但系统分类后会发现其原型种类只有 5 种。作为一款探索型动作游戏，《塞尔达传说：天空之剑》的探索要素与战斗同等重要。这款游戏通过限制敌人种类，有效地减少了造成玩家混乱的要素（过多需要记忆的要素）。与此同时，为让玩家能充分享受新学到的游戏技能，游戏中每个敌人都被赋予了鲜明的个性。

 拥有“秘密”的 BOSS

《塞尔达传说》系列一向秉承“玩家通过新发现来强化自身”的游戏理念，《塞尔达传说：天空之剑》自然也不例外。尤其是在 BOSS 方面，玩家若想消灭这款游戏中的 BOSS，就必须先发现 BOSS 的弱点。

比如最早登场的 BOSS 基拉希姆，这名 BOSS 身上就隐藏着许多弱点等待玩家去发现。在最初的攻击中，基拉希姆会迎合玩家的持剑方向摆出架势，在玩家攻击时抓住玩家的剑进行防御。为防止剑被基拉希姆抓住，玩家需要一度切换持剑姿势，从基拉希姆举手的一侧发动斩击（图 2.3.11）。在游戏中，玩家只要仔细观察基拉希姆的手臂就不难发现这一弱点。

不移动的敌人（守卫）

德库食人草
四角食人草
八爪投石怪（岩）
八爪投石怪（草）
骷髅蜘蛛
阿莫斯雕像
彼莫斯射线塔

人形敌人（追猎者、防御者等）

蓝哥布林
红哥布林
红哥布林（强）
红哥布林（弓箭）
绿哥布林
绿哥布林（弓箭）
腐败哥布林
科学哥布林
莫布林（木盾）
莫布林（铁盾）
骷髅战士
蜥蜴战士
黑暗蜥蜴战士

软泥怪型敌人（追猎者）

蓝水滴
红水滴
黄水滴
绿水滴

飞行型敌人（飞行者）

蝙蝠
电蝙蝠
火蝙蝠
暗蝙蝠
古嘎鸟
小古嘎鸟
格洛克鸟
火鸟
导弹飞行器

软泥怪型敌人（潜伏者）

雷电泡沫
熔岩泡沫
水蓝泡沫
黑暗泡沫

其他敌人（未归类）

骷髅墙蛛
刺猬鱼
寄居蟹
骷髅三头蛇
食人鮟鱇
刺蝎
浣熊鼠
肿头鱼

图 2.3.10　敌人的种类

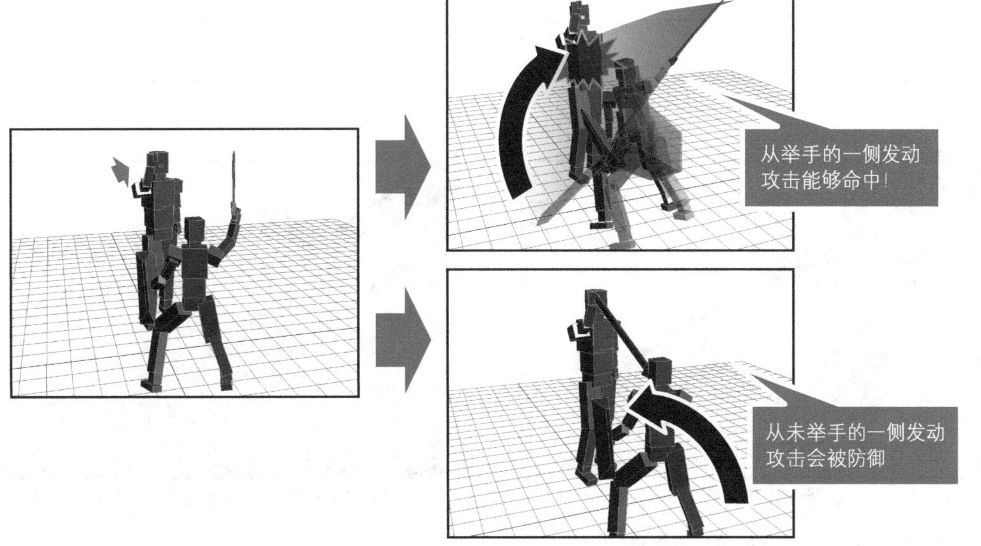

图 2.3.11　基拉希姆战的剑攻击与防御

基拉希姆的第二种攻击是投掷一排飞刀。玩家可以选择用盾防御，也可以沿飞刀排成的直线挥剑，将飞刀反弹回去（图 2.3.12）。

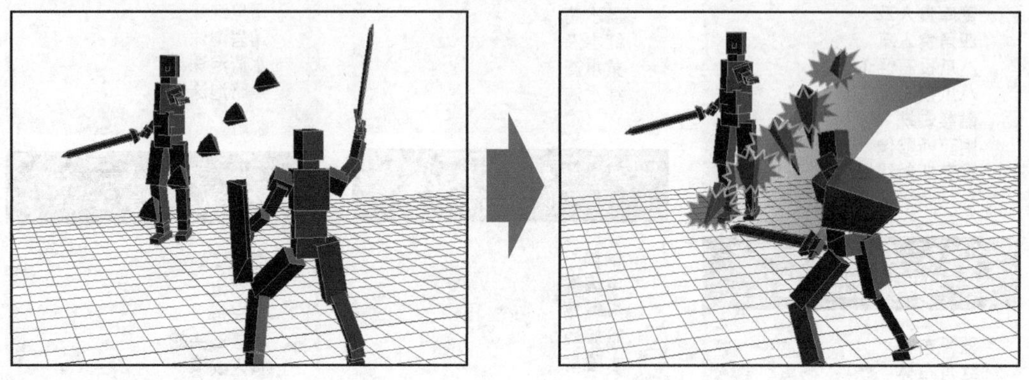

图 2.3.12　基拉希姆的飞刀攻击

也就是说，只要发现 BOSS 身上隐藏的秘密，玩家就能在战斗中获得优势，从而消灭 BOSS。

此外，接下来登场的 BOSS 贝拉 · 达玛拥有更加与关卡设计融为一体的秘密，玩家需要在战斗中将其一一发现。贝拉 · 达玛会使用如图 2.3.13 所示的攻击方式。

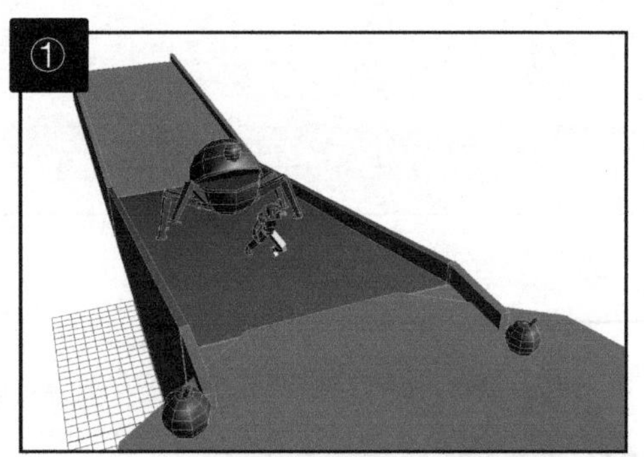

贝拉 · 达玛爬上斜坡

吐出火焰

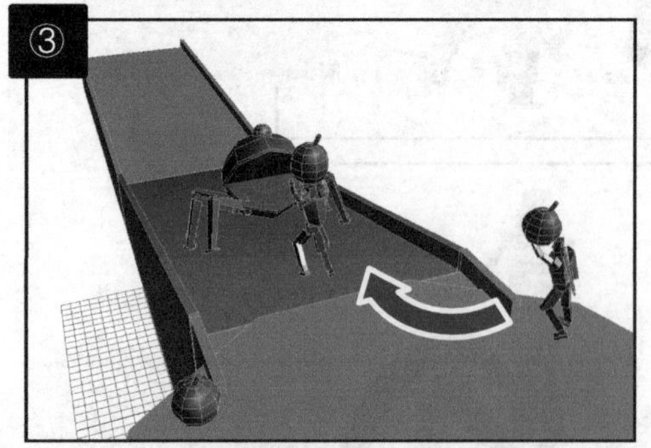

将场景中的炸弹吞入口中

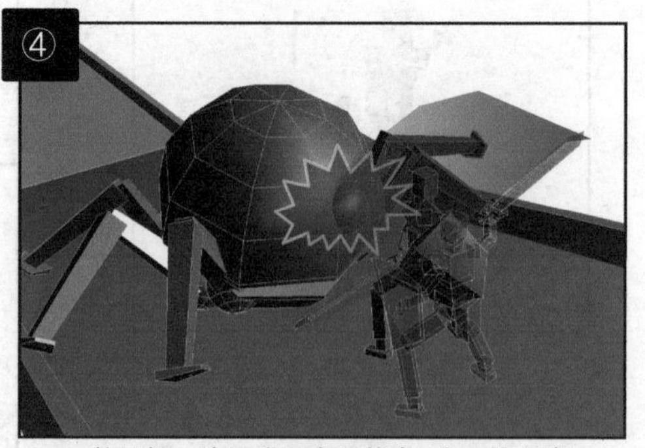

趁贝拉 · 达玛陷入虚弱状态，攻击其眼睛

图 2.3.13　贝拉 · 达玛的攻击与弱点

贝拉·达玛①～③阶段的攻击中，玩家无论如何都无法对其造成伤害。玩家的攻击只有在④状态下能够奏效。也就是说，攻略这名 BOSS 不但考验玩家的动作游戏技术，还要求有解密相关的“发现技术”。

《塞尔达传说：天空之剑》在每个场景最后都设置了 BOSS 角色，并规定单凭蛮力绝对无法消灭这些 BOSS。此外，玩家若想在 BOSS 战中取胜，就必须运用该场景中学会的新玩家技能。以贝拉·达玛为例，这个 BOSS 考验了玩家使用炸弹的技术。而且在这场战斗中，玩家单纯将炸弹砸在 BOSS 身上并不能起到任何效果，必须发现“向嘴里扔炸弹”这一略显晦涩的秘密才能掌握胜算。在发现秘密之前，大多玩家将不断使用斩击、投掷炸弹以及翻滚等动作尝试攻击 BOSS，这正体现了该游戏对“互动性尝试的乐趣”的追求。

当然，为防止秘密过于隐晦导致玩家放弃去发现，游戏在每一名 BOSS 身上都设计了方便玩家发现的提示。比如所有野兽型 BOSS 的弱点统一为眼睛。

综上所述，为 BOSS 制作一些让玩家下意识去解开的秘密，是增加 BOSS 战乐趣的关键。

小结

《塞尔达传说：天空之剑》等以近战攻击为主的动作类游戏若想充分体现剑战的乐趣，首先其中的敌人角色要具备“让玩家砍着舒服的演技（反应）”。正因为有了承受玩家攻击动作的敌人反应，Wii 遥控器带来的多彩剑术动作才获得了其意义。如果各位有意制作以近战为主的动作类游戏，那么请务必参考《塞尔达传说：天空之剑》以及《塞尔达传说：时之笛》。

另外，这款游戏讲究在摸索中与敌人战斗。**对战杂兵时，玩家将面对如何快速消灭敌人这一谜题**。比如，哥布林用剑做出的诡异防御对玩家来说就是一个谜题。玩家初次消灭哥布林时的那种“啊，原来是这样！”的感觉，与解开谜题或拼图时的乐趣十分相似。

与此相对，BOSS 角色自身藏有若干秘密。秘密自然是不应被别人知道的东西，所以 BOSS 的秘密一旦被玩家揭开，它们将很快败下阵来。

制作《塞尔达传说》这类游戏时，给杂兵身上添加谜题虽不失为一种可行之法，但切不可轻易添加秘密。因为这容易导致玩家无法消灭杂兵。要知道，许多玩家在没有提示的情况下根本无力揭开秘密（当然，少数杂兵身上也存在秘密）。

若想让玩家能够顺利消灭 BOSS，那么在玩家遇到 BOSS之前，先要在杂兵的应对方法以及关卡设计中埋下“对 BOSS的秘密的提示”。

纵观《塞尔达传说：天空之剑》这款游戏的敌人设计我们会发现，杂兵身上很可能就隐藏着 BOSS 的一部分秘密。

2.4

实现功夫战斗（格斗战斗）的设计技巧

（《蝙蝠侠：阿甘之城》）

《蝙蝠侠：阿甘之城》中的敌人角色基本上都是做坏事的普通人类。另外，这款游戏严格还原了蝙蝠侠在原作中不用枪和刀子等杀人武器的设定，战斗以徒手格斗为主。如果说《塞尔达传说：天空之剑》是使用剑的剑战，那么《蝙蝠侠：阿甘之城》就是以格斗为主的徒手功夫战斗。接下来，让我们一起看看这款游戏为实现功夫战斗，在敌人角色身上都隐藏了哪些秘密。

潜行动作中的敌人探测机制

在《蝙蝠侠：阿甘之城》中，玩家使用“潜行动作”可以在未被发觉的状态下击溃敌人，从而安全地执行任务。而实现潜行动作的关键就在于敌人 AI 中相当于眼和耳朵的探测机制。

一般动作类游戏的敌人，通常用眼睛察觉玩家。

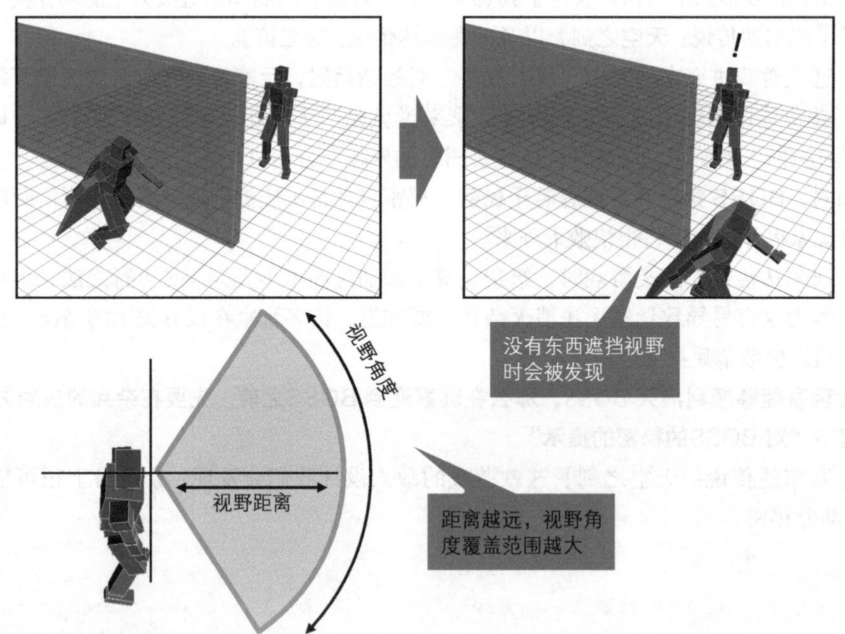
!
没有东西遮挡视野
时会被发现
视野角度
视野距离
距离越远，视野角
度覆盖范围越大

图 2.4.1　视觉探测与遮蔽物

人形敌人的眼睛位于身体前侧，因此有视野限制。敌人的视野被墙壁等物体阻挡时，玩家将不会被发现。

另外，拥有潜行动作的游戏以及恐怖游戏通常要求玩家尽量不被敌人察觉。因此，加入耳朵的探测将能有效提高紧张感（图 2.4.2）。

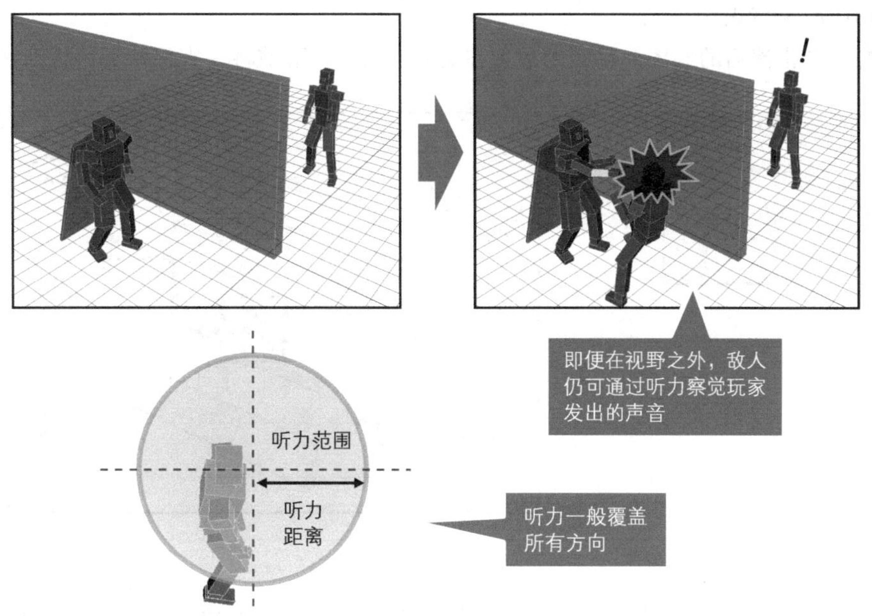
!
即便在视野之外，敌人仍可通过听力察觉玩家发出的声音
听力范围
听力距离
听力一般覆盖所有方向

图 2.4.2　听觉探测与遮蔽物

耳朵与眼睛不同，能够察觉并分辨 360 度范围内的情况。

比如向敌人身边投掷蝙蝠镖，敌人察觉声音后会循着该方向跑去侦察。熟练运用这一机制，玩家可以分散敌人注意力，甚至做到调虎离山。不仅如此，游戏中加入听觉探测的机制后，还使得玩家更乐意使用“无声压制”等不发出响动的攻击动作。

此外，这款游戏中的敌人一旦发现蝙蝠侠，将大声呼喊或使用无线电通知所有敌人进入警戒状态。通过这种方式，设计者将单个敌人的探测功能合体升级为“敌人集团整体的探测功能”。

能感受到恐惧的敌人机制

《蝙蝠侠：阿甘之城》中还有一项提升潜行动作乐趣的要素，那就是显示敌人内心状态的“心率”参数。

玩家在游戏中按 L2 进入操作模式后，可用镜头瞄准敌人查看其心率（图 2.4.3）。

敌人的心率按照下述条件变化（不同敌人的 BPM 值略有差异）。

- **90BPM：冷静**
  敌人未发现玩家时的心率。这一状态下敌人按照固定路线巡逻
- **120BPM：紧张**
  发现玩家后的心率。敌人转为追猎者攻击玩家
- **140BPM：恐惧**
  周围有其他敌人被击溃，但仍未发现玩家踪影时的心率
  敌人将向被击溃的同伴处移动，或者由于恐惧胡乱开枪。即便蝙蝠侠出现在眼前，敌人也会被吓得暂时无法动弹

- **40BPM：无意识**

  被蝙蝠侠击溃后的心率。昏厥的敌人在被其他敌人唤醒前将一直保持无法行动状态

图 2.4.3　操作模式与敌人心率

此外，敌人的心率会随着时间逐渐下降至正常状态，如果此时玩家什么都不做，敌人最终会恢复冷静。

用心率参数来表现敌人的内心状态，能够让玩家透过游戏感受到蝙蝠侠给敌人带来的恐惧。与此同时，设计者利用这一机制，打造了给敌人造成的恐惧越大，玩家在游戏中就越占据优势的游戏机制。

可以说，这款游戏将原作中蝙蝠侠这一给恶人带来恐惧的黑暗英雄的形象完美地融入到了游戏设计之中。

 基于功能可供性的敌人设计

接下来让我们看一看《蝙蝠侠：阿甘之城》的敌人结构。这款游戏中的敌人基本上都和蝙蝠侠一样是人类，体型大多正常，其行动模式也只是在巡逻者和追猎者之间切换，并没有使用太复杂的设定。

如果说这款游戏的敌人有什么特点，那就是每个敌人都有着明确的“攻击方式”和“击溃方法”（图 2.4.4）。

我们将敌人按照攻击方式和击溃方法进行了整理，如表 2.2 所示。

表 2.2　敌人种类与击溃方式

敌人种类（攻击方式）	格斗	反击	武器破坏	基本的击溃方式
徒手	○	○	×	任何攻击都可击溃
钝器（铁锤、棍棒等）	○	○	○	任何攻击都可击溃
投掷物（椅子、煤气罐等）	○	○	○	任何攻击都可击溃
电棍	×	×	○	分散注意力（闪避）后从背后攻击
刀具（碎玻璃瓶）	○	×	○	用利器闪避化解攻击，成功后发动利器闪避压制
盾	×	○	○	击昏后使用空中攻击除去盾牌
防具	○	×	○	击昏后攻击有效
枪械	○	×	○	任何攻击都可击溃

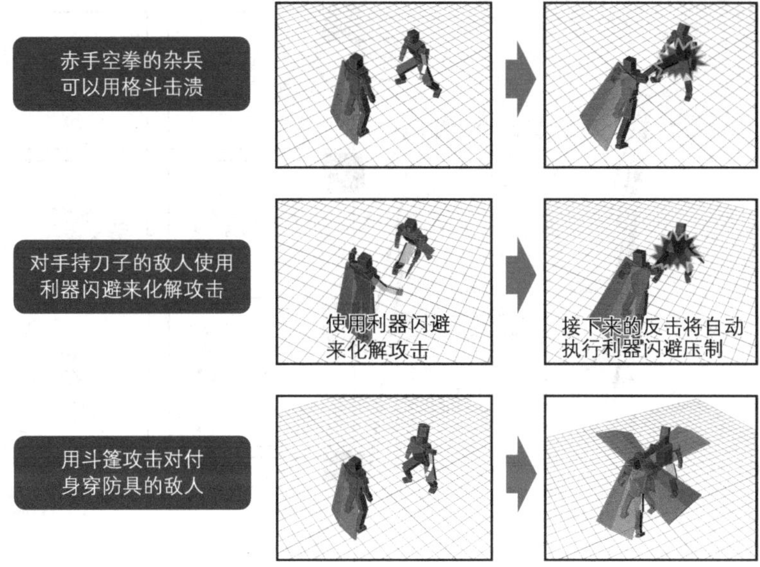
赤手空拳的杂兵
可以用格斗击溃
对手持刀子的敌人使用
利器闪避来化解攻击
使用利器闪避
来化解攻击
接下来的反击将自动
执行利器闪避压制
用斗篷攻击对付
身穿防具的敌人

图 2.4.4　敌人的作用与击溃方法

我们在介绍玩家角色动作时已经说过，《蝙蝠侠：阿甘之城》运用了功能可供性指向型游戏设计技术。敌人作为玩家动作的承受者，自然也需要使用功能可供性进行设计，如此一来才能让这一机制正常运作。我们从上表中可以看出，增加玩家角色的功能可供性时，与之相对应的敌人种类或反应也必须增加。

与功能可供性相对应的敌人称得上是“明星炮灰角色”。各位如果想尝试功能可供性指向型游戏设计，不妨以此为参考。

为自由流程战斗服务的敌人 AI 机制

《蝙蝠侠：阿甘之城》的攻击动作采用了自由流程战斗系统，玩家只要攻击成功就能让战斗无缝衔接。但是单有优秀的玩家角色动作并不能实现自由流程战斗，敌人角色的 AI 也必须与这个系统相对应。

首先，这款游戏中一次最多可以出现超过 30 名敌人。当然，三十多名敌人一起攻击玩家的游戏根本不能称为游戏，所以笔者推测这里与《战神Ⅲ》一样使用了战斗 AI 来管理整场战斗。不过，战斗 AI 并不能实现自由流程战斗。要知道，自由流程战斗系统需要玩家闪避敌人接二连三的攻击并且反击命中，否则战斗无法达到无缝衔接。因此，除当前正在与玩家战斗的敌人之外，系统还必须准备出下一名要发动攻击的敌人，以保证玩家能连续作战。

也就是说，玩家在战斗时，游戏后台一直在实时生成“走台的剧本（脚本）”。只要玩家以贴近剧本的方式战斗，攻击就不会中断（图 2.4.5）。

一般的动作类游戏中，敌人的主要目的就是攻击玩家，因此在设计上要注重如何使敌人炫酷且有趣地与玩家战斗。

然而，《蝙蝠侠：阿甘之城》为实现自由流程战斗，在设计敌人时不仅要考虑如何攻击玩家，还要研究如何被玩家击溃（图 2.4.5）。

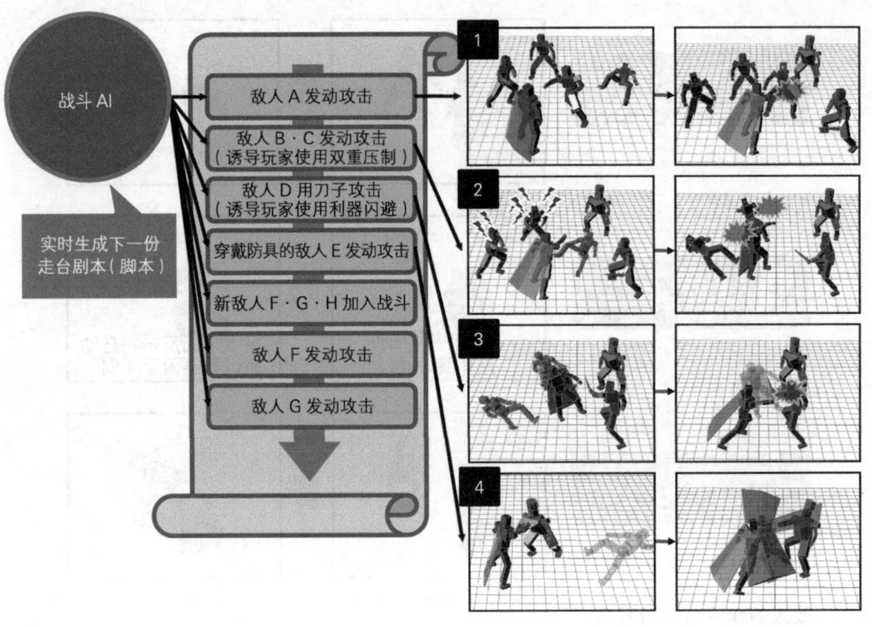

图 2.4.5　自由流程战斗的流程

比如，蝙蝠侠的"双重压制"是使用双臂勾等招式将两侧敌人一同击倒的强力反击。玩家在游戏中会觉得敌人只是碰巧站在了蝙蝠侠两侧，但实际上，这是战斗AI命令两名敌人同时接近并攻击玩家，有意地创造了双重压制的机会（图2.4.6）。在某些更高难度的战斗中，战斗AI还会同时对3名敌人发出指令，诱导玩家使用"三重压制"。

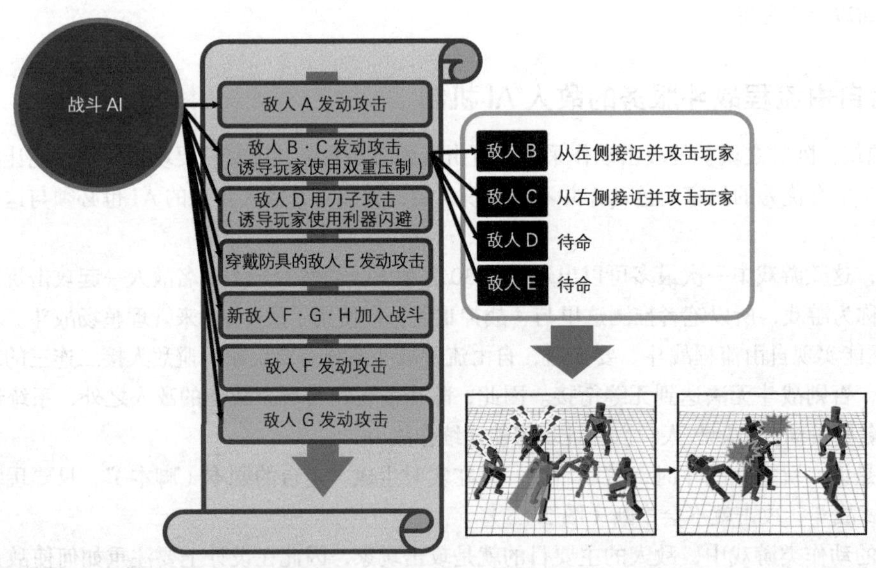

图 2.4.6　双重压制与导演AI的指示

更有趣的是，这款游戏会在画面中显示一种标记，提示玩家当前反击可以命中（图2.4.7）。

可以反击时，相应敌人的头上会显示标记

图 2.4.7 反击与标记

游戏通过这一特效，让拼命围攻蝙蝠侠的敌人们表现出“对手有机可乘!”的内心想法。虽然这幅光景在现实中不可能出现，但正是有了这样一种演出，使得游戏菜鸟们也能轻松对敌人发动反击。

游戏中的这种演出与功夫电影的打戏拍摄现场十分类似。成龙的电影作品《成龙：我的特技》中讲述了功夫片打戏的初步知识，堪称这方面最优秀的教材。

成龙在这部电影中表示，武打场面里无论有多少敌人，都有办法让一名角色将其全部解决。其实很简单，只要让上前攻击的敌人用“喝”或者“嗨”之类的吼声将攻击招式告知对方即可。比如，事先规定好第一声“喝”是上段的刺拳，第二声“嗨”是背后的踢腿，演员就可以轻松掌握一对多的打戏节奏。

成龙的这个理论与自由流程格斗中的敌人 AI 以及图 2.4.7 中的标记机制如出一辙。**也就是说，自由流程格斗就是“功夫电影中的打戏”。**

在游戏中，只要蝙蝠侠的攻击不中断，战斗就会永远无缝衔接下去。这就像是在功夫电影的拍摄现场，导演喊“cut”之前，演员要一直表演下去。

顺便一提，《成龙：我的特技》是一部非常更有趣的电影作品。成龙会夹杂着自身实例向观众讲解功夫电影打戏的基础以及动作电影的专业知识，其中不乏一些我们能用到游戏之中的东西。有兴趣的读者不妨一看。

小结

《蝙蝠侠：阿甘之城》之所以会大热，并不是单纯依靠原作蝙蝠侠的人气。随着玩家深入了解其游戏机制，会发现这款游戏内容的广度、场景的炫酷程度以及游戏本身的乐趣都可圈可点。

尤其是功能可供性指向型游戏设计方面，设计者不但将其运用到了玩家角色动作之中，还利用这一技术对敌人设计进行了细致入微的调整。功能可供性指向型游戏设计是新世代的游戏设计理念，并且应用范围极广。以往令游戏开发者望而却步的功夫电影，如今也能够有模有样地搬到游戏之中了。

对功能可供性指向型游戏设计感兴趣的读者请务必尝试《蝙蝠侠：阿甘之城》。顺便一提，这款游戏包含“谜语人的复仇”游戏模式，玩家可以在该模式的等级挑战中与不断登场的敌人战斗。如果想了解更多该游戏的敌人机制，请不要错过这个模式。

2.5

让任何人都能成为机器人动画主人公的设计技巧

（《终极地带：引导亡灵之神》）

与我们之前介绍的动作类游戏不同，《终极地带：引导亡灵之神》中登场的敌人是飞行在天空或宇宙中的机器人，因此玩家和敌人都可以出现“不受重力束缚的移动动作”。正是这样一款能在三维空间中自由翱翔的游戏，其敌人设计中同样隐藏着让玩家化身为机器人动画主人公的机制。

避免玩家出现空间定向障碍的敌人移动

我们在讲解《终极地带：引导亡灵之神》的玩家角色动作时提到过“空间定向障碍”的问题。出现空间定向障碍后，玩家将搞不清自己正朝着哪个方向飞行。之前的讲解中我们也说过，作为解决方案，游戏设计者在玩家角色上采用了 2.5 维的移动来抑制空间定向障碍，不过实际上并非仅仅做了这些。

这款游戏需要玩家经常处于锁定敌人的状态，因此敌人的移动动作中也加入了抑制空间定向障碍的解决方案。

在敌人的移动动作中，纵向移动最容易引起空间定向障碍。如图 2.5.1 所示，被锁定的敌人从玩家上方飞过，或者在横向移动中像波浪一样上下浮动时，绝大部分玩家都会头昏眼花。

还有，这款游戏虽然在镜头设计方面运用了高超的防 3D 眩晕技术，但敌人如果按照图 2.5.1 的方式高速移动，玩家仍会无法适应猛烈晃动的镜头，从而出现眩晕现象。

也就是说，具有锁定功能的游戏一旦对敌人移动方式处理不得当，玩家将无法掌握空间感甚至引起 3D 眩晕。图 2.5.2 是不引起眩晕的运动和容易引起眩晕的运动的一般示例。

正因为如此，在具有锁定功能的游戏中，敌人的移动要尽量保证锁定状态下镜头稳定。另外，为配合玩家角色的 2.5 维移动，敌人也时常保持着与玩家在同一平面上的 2.5 维移动。

实际着手开发《终极地带：引导亡灵之神》这类可以锁定飞行敌人的游戏时会发现，在开发初期阶段，我们看到的往往是一款经常迷失方向并且很容易引起 3D 眩晕的游戏。

制作不受重力束缚的三维空间的飞行游戏时，敌人的移动能否给玩家带来空间感及重力感，在相当大程度上决定着游戏质量。

让玩家轻松把握距离感的敌人机制

在《终极地带：引导亡灵之神》中，格斗游戏能够命中的距离称为“近距离”，其余称为“远距离”（图 2.5.3）。

对这款游戏而言，距离感十分重要。不过，《终极地带：引导亡灵之神》的玩家攻击动作会根据当前目标的位置自动切换，近距离时使用格斗攻击，远距离时使用射击、激光。因此，如果敌人的移动方式调整不到位，玩家将无法获得预期的操作效果。

敌人从玩家上方盘旋通过

③
⑧
敌人速度越快，玩家越容易失去方向感

敌人上下左右快速移动

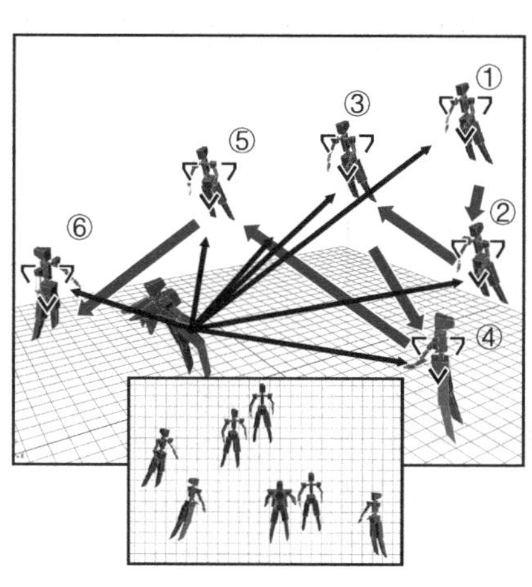

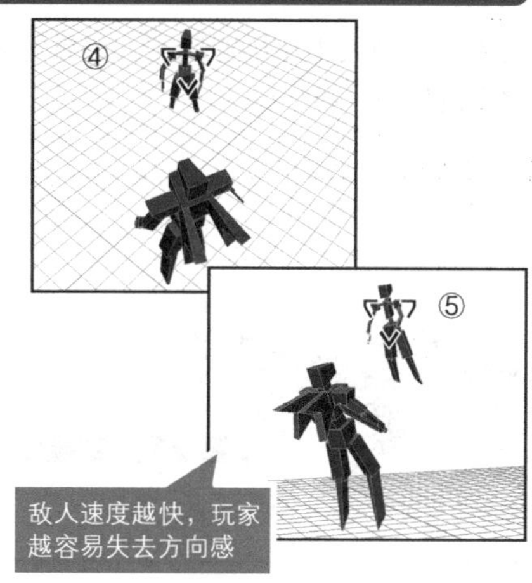

图 2.5.1　敌人的纵向移动与空间定向障碍

不引起眩晕的运动

被锁定的敌人沿着与玩家之间的连线接近或远离

容易引起眩晕的运动

被锁定的敌人从玩家头顶或下方高速通过

被锁定的敌人连续大幅纵向移动（连续大幅左右移动也有同样效果）

图 2.5.2　敌人的“不引起眩晕的运动”和“容易引起眩晕的运动”

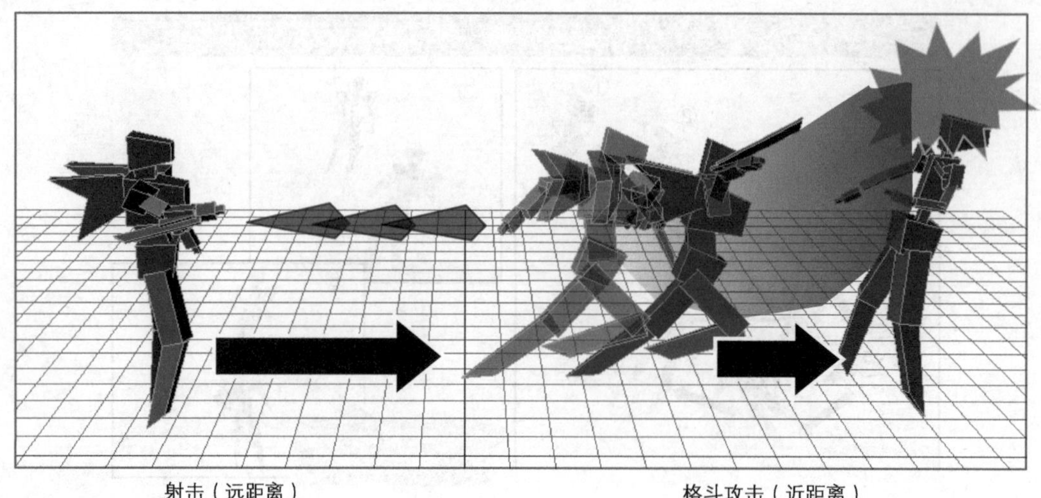
射击（远距离）
格斗攻击（近距离）

图 2.5.3　战斗中的“近距离”与“远距离”

比如前方有一名敌人正在接近玩家，如果这名敌人正好停在近距离之外，那么玩家已经准备好的格斗攻击将变成射击（图 2.5.4）。

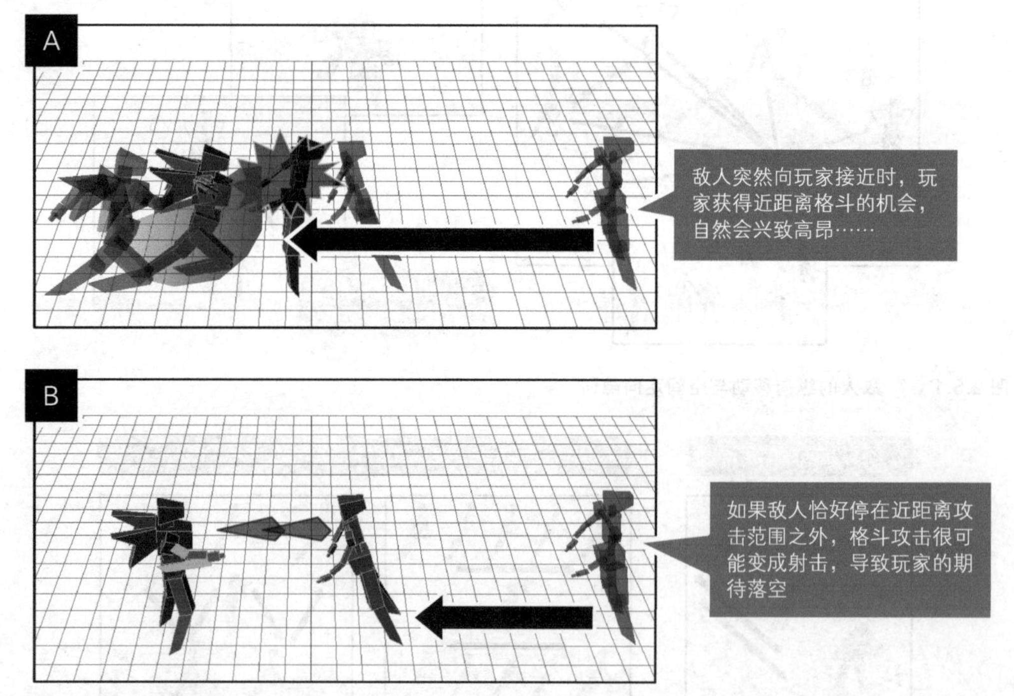
A
敌人突然向玩家接近时，玩家获得近距离格斗的机会，自然会兴致高昂……
B
如果敌人恰好停在近距离攻击范围之外，格斗攻击很可能变成射击，导致玩家的期待落空

图 2.5.4　敌人的移动与距离

当然，玩家主动接近敌人可以解决这个问题。然而一旦让所有敌人都这样行动，玩家很快会感到烦躁。

因此，这类自动切换“近距离攻击”与“远距离攻击”的游戏在设计敌人移动时要注意，不能

考虑“从当前位置移动多少米”（敌人视角的距离感），而是要“移动至玩家的近距离范围内”（玩家视角的距离感），也就是以“间距”作为移动基准（图 2.5.5）。

这样一来，敌人 AI 执行“移动至近距离”的行动时，玩家即便不去关心 3D 中难以辨认的“间距”，也能准确地发动格斗攻击迎战敌人。

游戏通过系统将原本模糊的距离感明确划分为远距离和近距离，从而让游戏的攻防变得直观且有趣。然而，若想这一游戏系统成立，让玩家轻松把握距离感的敌人移动不可或缺。

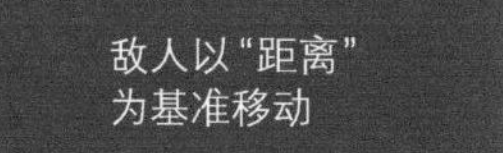

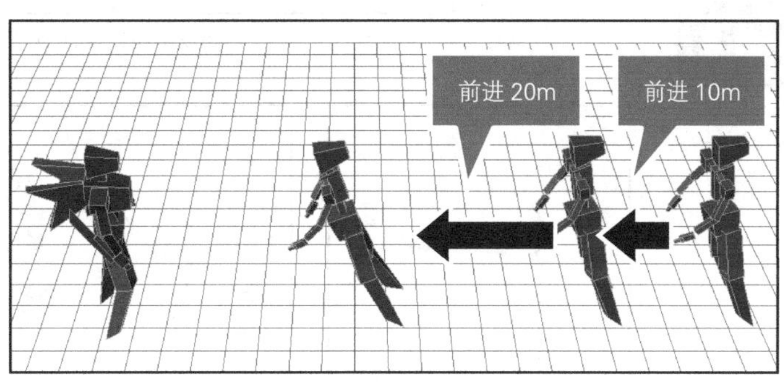

敌人以“间距”
为基准移动

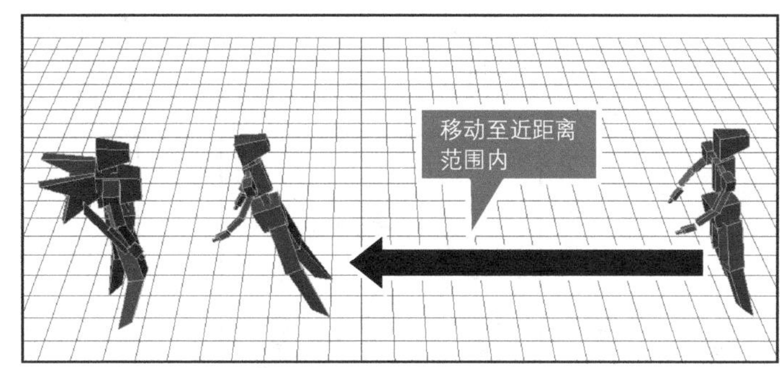

图 2.5.5　敌人移动的基准

还原机器人动画打斗场景的移动与攻击动作

若想还原机器人动画的战斗，需要同时在敌人的移动动作和攻击动作两个方面下功夫。

首先是敌人的移动动作。图 2.5.6 中展示了敌人在近距离与远距离状态下的基本移动动作。**敌人的这些移动动作与玩家的移动动作相配合，十分自然地还原了机器人动画中常见的位置关系（构图）。**

根据主人公与敌人的位置关系，机器人动画中常见的构图可以分为如图 2.5.7 所示的几类。通常情况下，我们在动作类游戏中很难遇到这类构图。如图 2.5.6 所示，敌人接近、远离以及盘旋时，都会故意与玩家拉开高低差。游戏之所以让敌人采用这种移动模式，是为了在近距离战斗时创造从玩家上方俯冲攻击的构图。

另外，为充分利用机器人动画中的经典构图，杂兵敌人的近、远距离攻击也都充分模仿了机器人动画的攻防动作（图 2.5.8）。

远距离

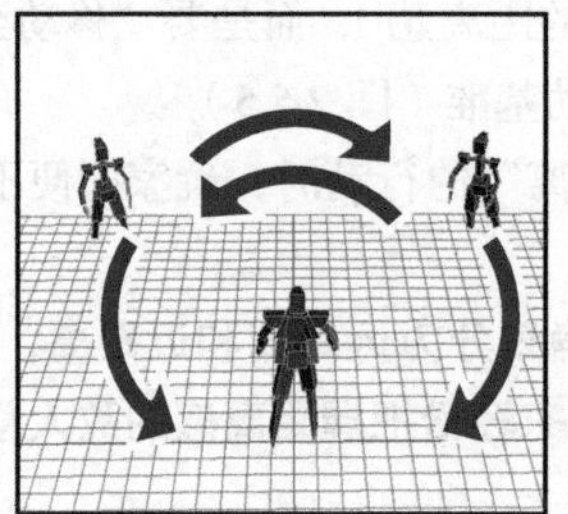

远距离围绕玩家移动

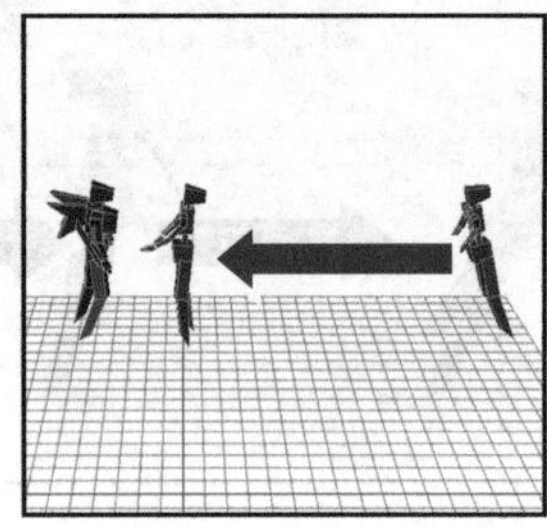
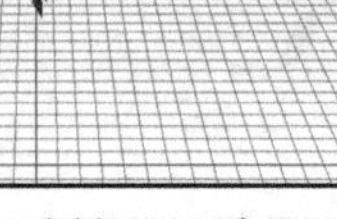

冲刺至近距离

一度上升或下降之后再次接近玩家

近距离

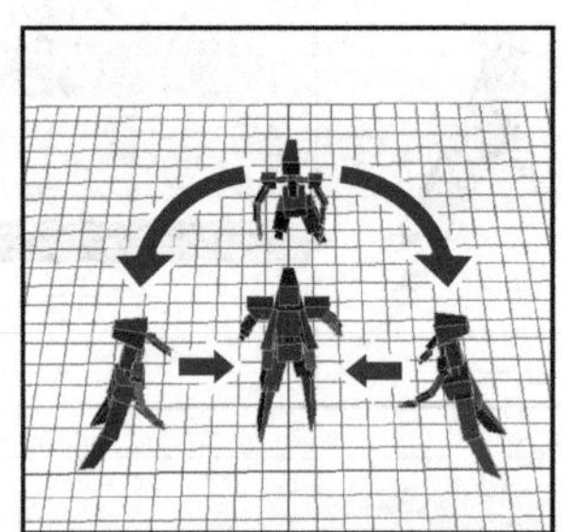

近距离时快速绕玩家旋转或上下移动

偶尔从玩家头顶飞过
（仅限镜头固定时）

快速后退。有时会按一定角度后退

图 2.5.6　敌人的移动

用移动动作还原机器人动画中常见的位置变化

追击玩家的敌人

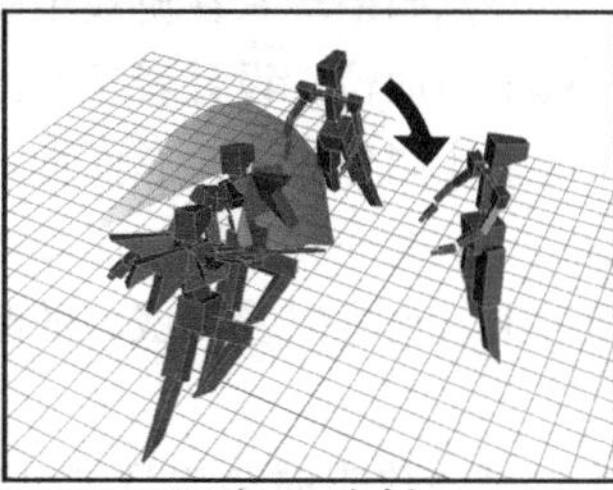
闪避至玩家侧面

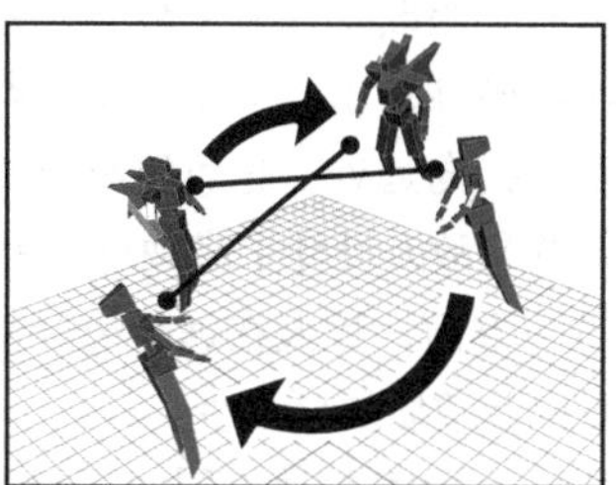
变换位置

用攻击动作还原机器人动画中常见的位置变化

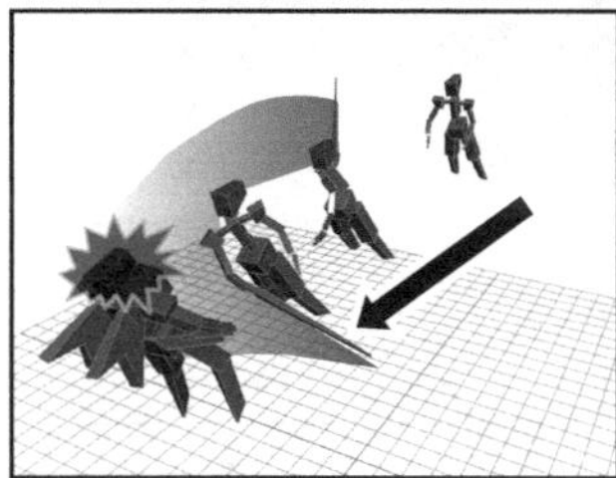
冲刺攻击

从玩家上方发动攻击
（或者从玩家下方发动攻击）

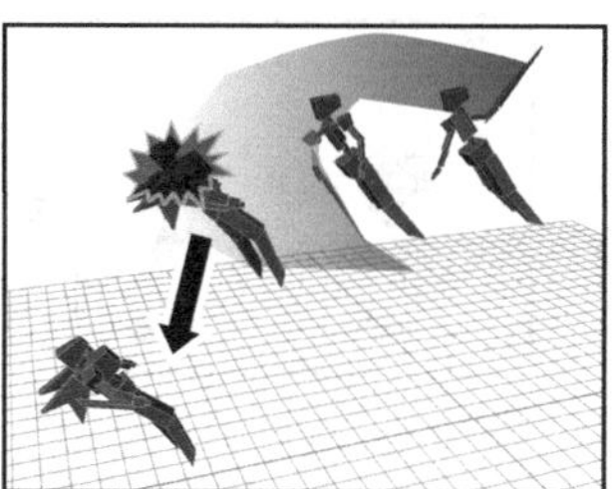
将玩家向下击退
（或向上击飞）

图 2.5.7　机器人动画中常见的场面

近距离

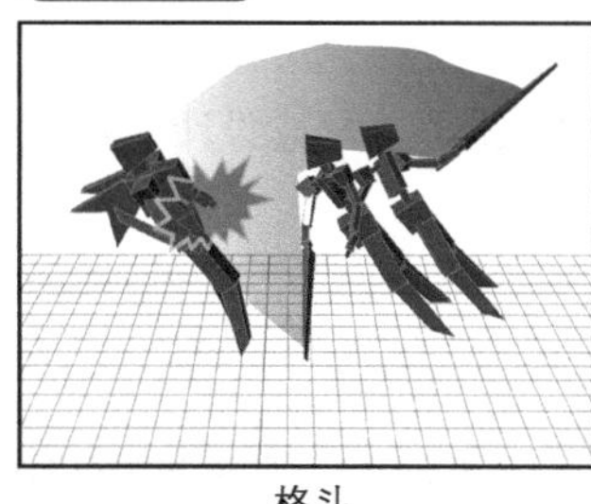
格斗

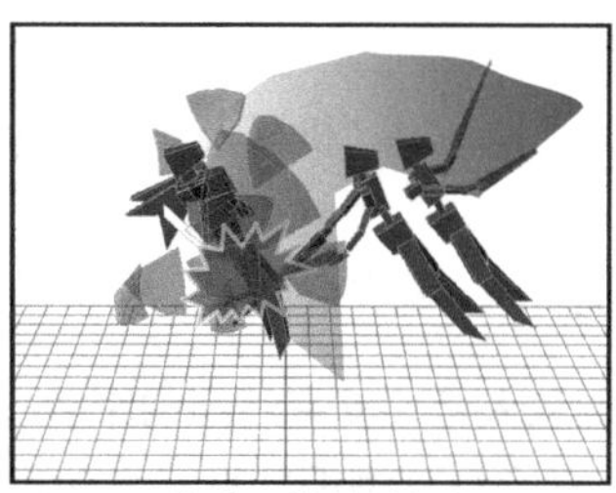
格斗（格挡破坏）

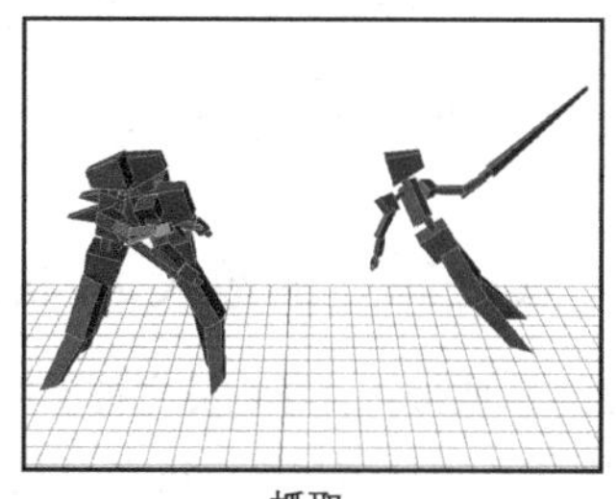
抓取

远距离

射击

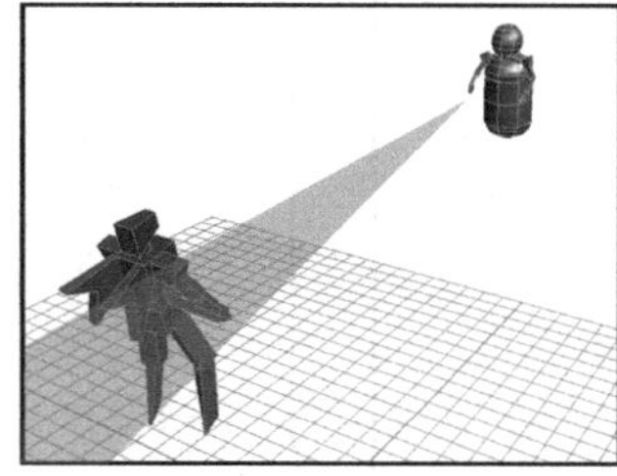
激光

突进

图 2.5.8　模仿机器人动画场景的攻击动作

※ 并非游戏中的所有敌人都采用这种攻击。

近距离方面，敌人的格斗攻击与玩家一样具有击飞效果。借助这一设计，敌人可以主动击飞玩家，从而大幅改变二者的位置关系。另外，如果玩家在游戏中一味格挡，敌人将使用相当于爆发机制的格挡破坏攻击。为平衡格挡在游戏中的地位，设计者还给敌人添加了“抓取”动作。敌人既可以将玩家扔向远处，也可以牢牢锁在怀里让同伴攻击。总而言之，这款游戏为诱导玩家积极使用动作，特意为敌人设计了多种攻击手段。

另一方面，敌人在远距离会使用射击、突进以及高威力的激光等来威胁玩家，让近·远距离位置关系以及攻防灵活多变。

此外，玩家和敌人同时发动近距离格斗攻击时会出现“对剑”场景。此时即便玩家原地不动，敌人也会围绕着玩家旋转并伺机进攻，让人自然而然地联想到动画中的对剑情节（图 2.5.9）。

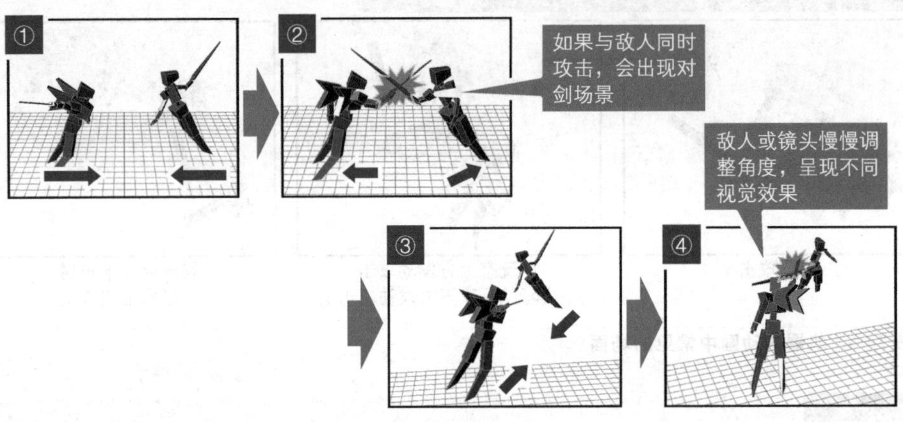

图 2.5.9 玩家与敌人的对剑

可以看出，《终极地带：引导亡灵之神》以“机器人动画中的对手机体”为概念设计了敌人角色。

 实现阵型的敌人 AI 机制

《终极地带：引导亡灵之神》中的敌人是一支有组织的军队。

因此，包括杂兵在内的所有敌人都会以阵型编队形式发动攻击（图 2.5.10）。比如 NARITA 就会 3～4 部编成一队攻击玩家。

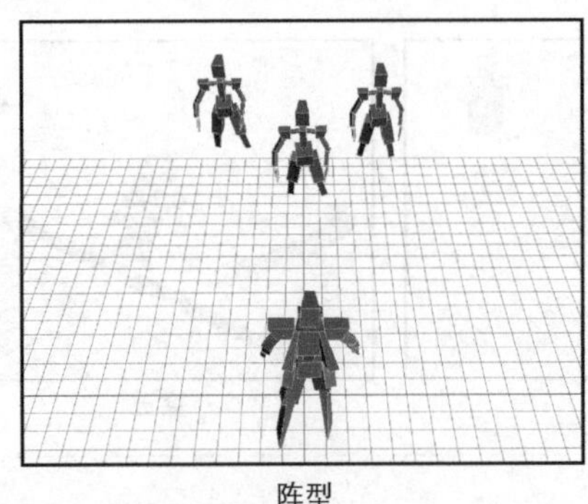

阵型

大军

图 2.5.10 组成阵型的敌人

敌人阵型有多种攻击模式，有时会 2 部在远距离待机 1 部在近距离格斗，有时又会 1 部在远距离待机 2 部在近距离格斗。在后一种模式中，如果玩家连续消灭两部敌人机体，其间的连击判定不会因转换目标而中断（图 2.5.11）。

因此，让敌人编成阵型不仅能为玩家创造挑战，还能更方便玩家享受连击的乐趣。

为实现这种阵型攻击，游戏需要将整个阵型编队托管给一个类似战斗 AI 的系统来控制。这个系统我们不妨称之为“阵型 AI”（编队 AI）。与其他游戏一样，阵型 AI 拥有防止多名敌人同时攻击玩家的功能，但除此之外，它还统帅了每个阵型编队的攻击模式，让玩家觉得眼前袭来的敌人是一支机器人军队（图 2.5.12）。

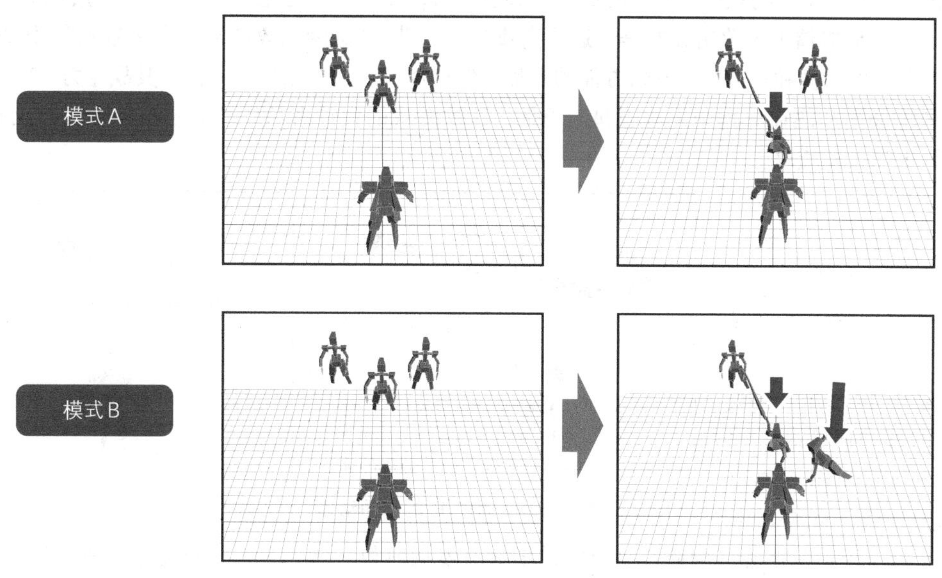

图 2.5.11 连击与敌人位置

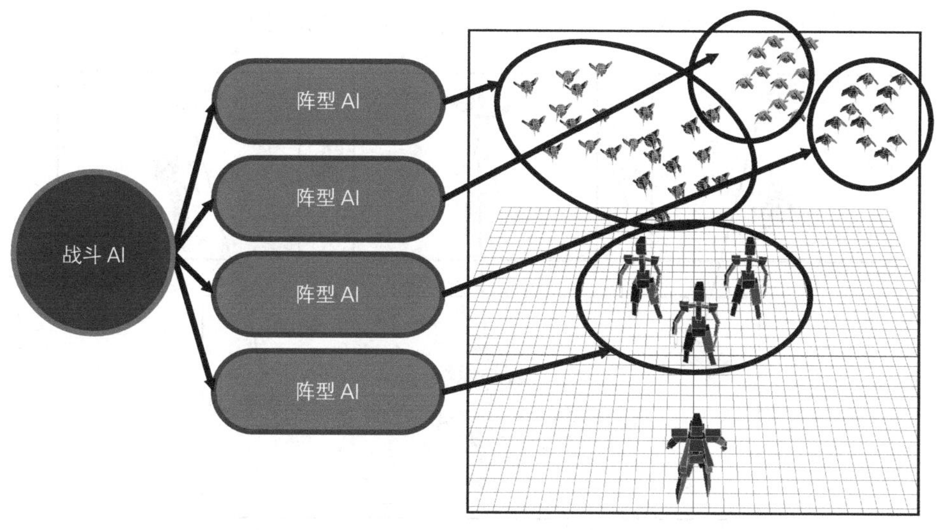

图 2.5.12 敌人的管理构造

加入能管理整个编队的敌人 AI 后，敌人的表现将极大地丰富起来，诸如“3 部一起攻击，只剩 1 部时转身逃跑”或“队长机体被消灭后出现混乱，战斗力减弱”等效果都不再是难题。

如果各位想制作一款类似《终极地带：引导亡灵之神》的机器人动作类游戏或以军事背景为卖点的游戏，请务必将编队单位的敌人 AI 纳入考量。

 演绎竞争对手的 BOSS 机制

《终极地带：引导亡灵之神》中的 BOSS 大多是重要角色搭乘的机器人，与玩家角色是竞争对手关系。因此这些 BOSS 的攻击在设计时要多花心思，必须表现出其与主人公平分秋色的战斗力。

然而，人形机器人的攻击无非是“近距离攻击 = 格斗”“远距离攻击 = 射击・激光”，因此设计者往往倾向于生命值和攻击力等参数方面的调整。但这样一来，玩家只会震惊于其战斗力，BOSS 战应有的炫酷场面和热血沸腾则无从谈起。于是，这款游戏的设计者巧妙地运用多种手法，让 BOSS 同时演绎出强大和威风。

比如游戏初期登场的 VIC VIPER 在远距离移动时会变形成飞行形态，其速度也是杂兵无法比拟的（图 2.5.13）。

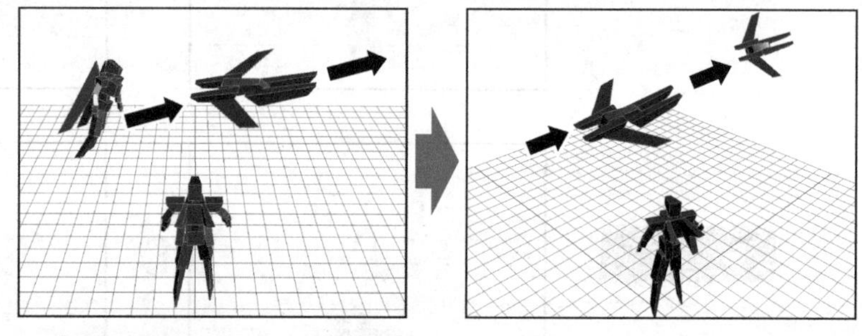

图 2.5.13　VIC VIPER 的移动动作

在这一状态下，VIC VIPER 的移动速度高于玩家，即便玩家使用连续冲刺也无力追赶。此外，由于其速度也高于追踪激光，因此一旦玩家没把握好发射时机，激光会在飞行途中消失。这样一来，玩家会以“非要追上你不可”的心态使用冲刺，BOSS 战自然而然地变成了一场高速移动战斗。

这款游戏在设计时让敌人尽量不从玩家头顶经过，但 VIC VIPER 不受此束缚。如果玩家锁定了 VIC VIPER，那么将如图 2.5.14 所示，出现普通战斗中难得一见的动态场景。

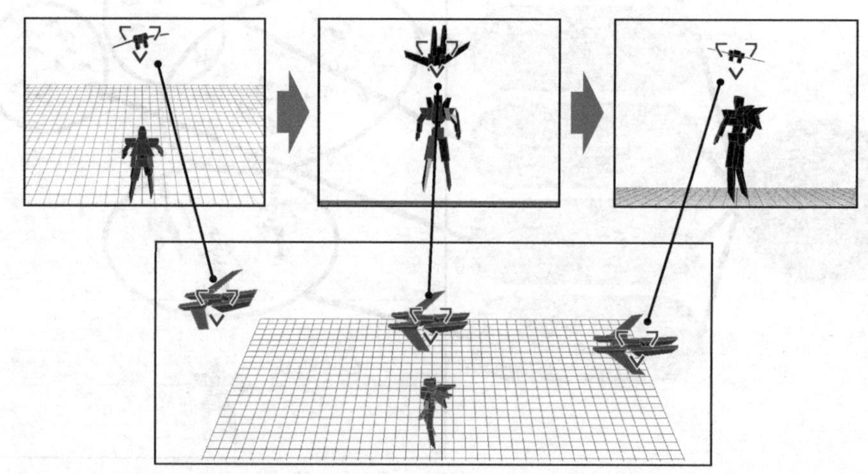

图 2.5.14　VIC VIPER 从玩家头顶高速通过

此外，VIC VIPER 冲入近距离范围后会变成人形形态，对玩家发动冲刺光刀或连续斩击等格斗攻击（图 2.5.15）。

如果玩家选择防御，VIC VIPER 将使用爆发光刀进行破坏。这样设计是为防止玩家在 BOSS 战中一味防御，导致战斗紧张感下降。

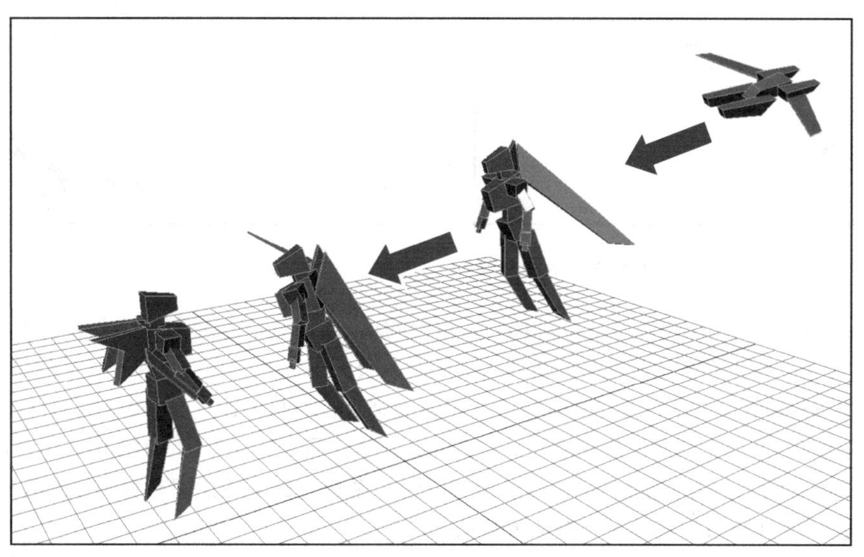

图 2.5.15　VIC VIPER 接近至近距离

近距离攻击结束后，VIC VIPER 又会变回飞行形态退至远距离，然后用导弹或波状激光远程攻击（图 2.5.16）。

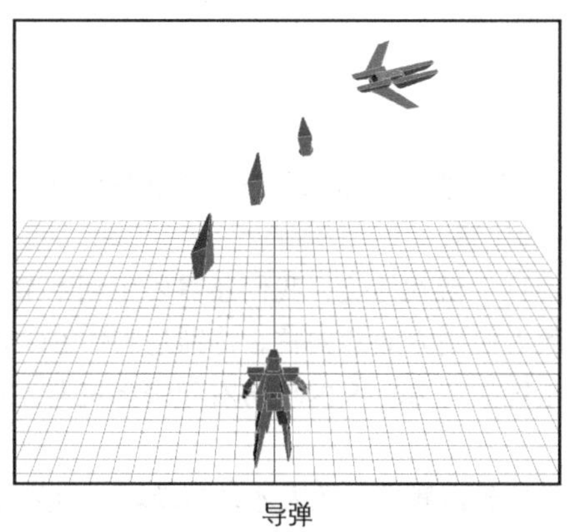

导弹

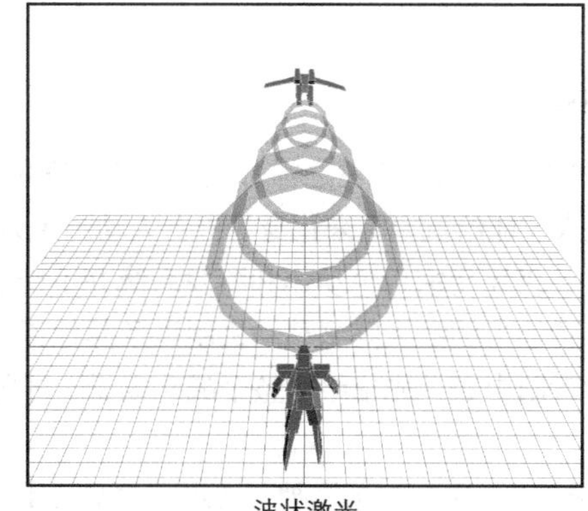

波状激光

图 2.5.16　VIC VIPER 的导弹和波状激光

VIC VIPER 的这一系列攻击都是以固定模式循环的，但其生命值低至一定程度后，会追加子机以及追踪激光等新的攻击方式。尤其在 BOSS 战后半段，VIC VIPER 的导弹、波状激光、追踪激光等攻击都有很强的追踪性能并且无法防御，这就要求玩家使用冲刺移动进行快节奏的连续闪避（图 2.5.17）。

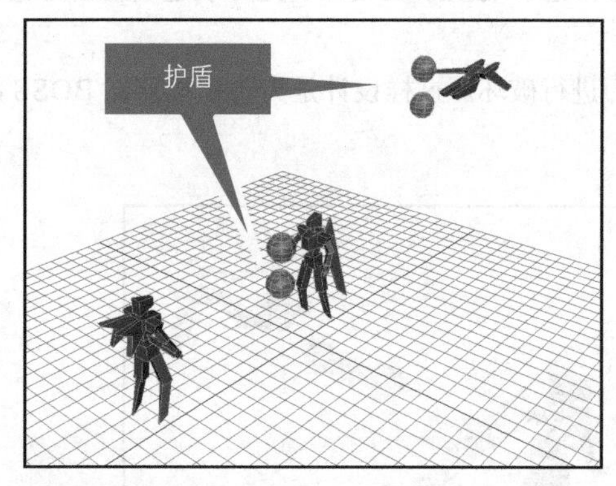

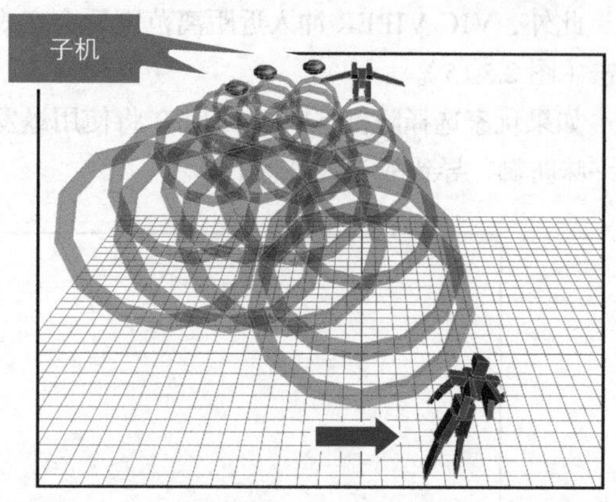

图 2.5.17 VIC VIPER 的护盾防御以及子机攻击

这款游戏中，VIC VIPER 等一系列 BOSS 角色的攻击都十分凶猛而且威力强劲。不过，只要成功闪避这些攻击，玩家会有一种化身为机器人动画主人公的感觉，体验当王牌驾驶员的乐趣。

设计 BOSS 时的关键不在于将其参数设置得多么强大，而是要通过 BOSS 独有的攻击动作带动战斗整体的速度与节奏，从而使玩家感到兴奋。因此，本作品为体现 VIC VIPER 的高速性能，特地为其设计了杂兵无法比拟的超高移动速度。也就是说，**杂兵与 BOSS之间有着明显的区分** 。有了这种衬托，玩家遇到 BOSS 时的震撼将被放大数倍。

综上所述，玩家在《终极地带：引导亡灵之神》中只要配合 BOSS 的攻击速度与节奏进行攻防，就能体验到机器人动画都难以企及的高速战斗。

如果各位想制作一款像《终极地带：引导亡灵之神》一样拥有炫酷战斗场面的游戏，不妨先把战斗场景在脑海中构想成一部动画，然后总结该场景所需要的形势与条件，力求通过 BOSS 的设计诱导玩家做出我们所预想的行动。

小结

《终极地带：引导亡灵之神》致力于让玩家角色的动作看起来威风帅气。施展华丽连击消灭列阵上前的敌人，能给玩家打来化身为机器人动画主人公的快感。

不过，仅凭玩家角色动作和游戏系统并不能实现这一游戏体验，我们还需要用到本节中介绍的让玩家保持连击的敌人阵型移动机制以及其他许多敌人机制方面的调整。特别是制作 BOSS 战的时候，设计者脑中必须先描绘出整个战斗场景，才能让玩家与 BOSS 的攻防看起来像机器人动画一般精彩。

《终极地带：引导亡灵之神》通过其无懈可击的品质告诉我们，敌人才是演绎玩家的关键。

2.6

让玩家失败后仍想继续挑战的设计技巧

（《黑暗之魂》）

以难度著称的硬派游戏《黑暗之魂》与一般动作类游戏不同，其敌人角色并不是单纯的“炮灰”。这款游戏中，就连杂兵都会执拗地对玩家穷追不舍，仿佛誓要致玩家于死地。敌人的这种架势甚至比某些恐怖游戏还要可怕，相信许多初次接触这款游戏的人遇到第一个杂兵时都要死上几次。不过，只要玩家坚持不懈地一遍遍挑战敌人，在将其成功击倒时将获得无法比拟的爽快感。

那么，这种很难对付但又让人很想去挑战的敌人身上究竟藏着怎样的秘密呢？

与玩家认真对决的敌人机制

每一款游戏的敌人都有独属于该游戏的特征。

比如《超级马里奥 3D 大陆》的敌人就是为阻止马里奥到达终点而存在的，于是如何在不被敌人抓住的前提下抵达终点成了玩家最关注的问题。

《战神Ⅲ》中的敌人为消灭玩家角色，常常会几十个抱成一团扑上前来。玩家在不断消灭敌人的过程中，将会感受到主人公奎托斯的强大。

《塞尔达传说：天空之剑》的敌人会与玩家演绎“剑战”。即便被大批敌人包围，玩家也必须集中注意力攻击眼前敌人的破绽。

然后是在《蝙蝠侠：阿甘之城》中，玩家不能与敌人正面交锋，而是要借助“潜行动作”让敌人在恐惧中崩溃。另外，就算和敌人陷入乱斗，玩家只要根据情况选择合适的攻击动作，就能像功夫电影一样潇洒地连续击溃多名敌人。

将每个游戏中敌人的不同点汇总在一起，可以得出图 2.6.1 的结果。

各款游戏中敌人的特征可以分为“击败的必要性”“有无防御”“多名一起攻击”“敌人的 HP 恢复”“如何击败”几个方面。当然，敌人的特性越接近“有必要击败”“会防御”“会多名一起攻击”“HP 会恢复”“需要清空其生命值才能击败”，游戏就越要求玩家全神贯注地与敌人战斗。另外，战斗越是要集中注意力，游戏节奏就越趋于缓慢。

那么《黑暗之魂》中又是怎样呢？我们拿“亡灵兵”等人形士兵为例，这些敌人会多名一起攻击玩家，并且能够防御及恢复 HP。不仅如此，它们还和玩家一样拥有丰富的攻击动作，闪避、挡开甚至背刺样样俱全（图 2.6.2）。可以说，这正是为与玩家认真对决而设计的敌人。

此外，《黑暗之魂》中玩家可以绕至敌人身后发动背刺，但《战神Ⅲ》中玩家却很难摸到敌人后背。这是因为《黑暗之魂》注重与每个敌人之间距离的攻防，而《战神Ⅲ》则是让玩家享受用连击屠戮敌人的快感。《战神Ⅲ》中的敌人会快速接近并包围玩家，所以很少有背对玩家的情况。

不仅如此，《黑暗之魂》中敌人攻击的伤害要比其他游戏大得多，所以玩家一旦被包围将难逃一死（图 2.6.3）。况且与其他游戏不同，这款游戏中的敌人在包围玩家后会毫不留情地一起攻击（图 2.6.4）。

《超级马里奥 3D 大陆》的敌人

【起障碍作用的敌人】
- 不需要击败
- 不会防御
- 敌人 HP 不恢复
- 一击毙命
- 可以利用敌人做其他事

《战神 Ⅲ》的敌人

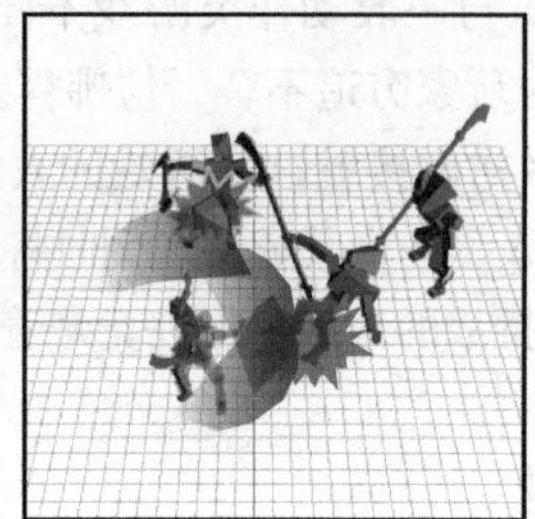

【需要击败的敌人】
- 不会防御
- 多名一起攻击
- 敌人 HP 不恢复
- 生命值清零时被击败

《塞尔达传说：天空之剑》的敌人

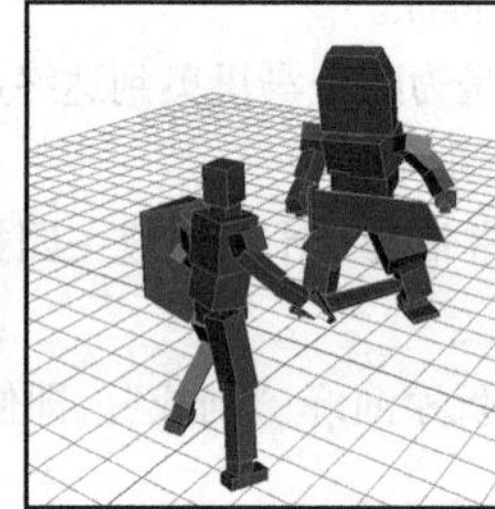

【需要击败的敌人】
- 会防御
- 被 Z 注视的敌人攻击，偶尔多名一起攻击
- 敌人 HP 不恢复
- 生命值清零时被击败
- 找到弱点后可以轻松击败

《蝙蝠侠：阿甘之城》的敌人

【需要击败的敌人】
- 会防御
- 多名一起攻击
- 敌人 HP 不恢复
- 生命值清零时被击败

《黑暗之魂》的敌人

【需要击败的敌人】
- 会防御
- 多名一起攻击
- 敌人会恢复 HP
- 生命值清零时被击败

图 2.6.1 各款游戏之间敌人的差异

《黑暗之魂》

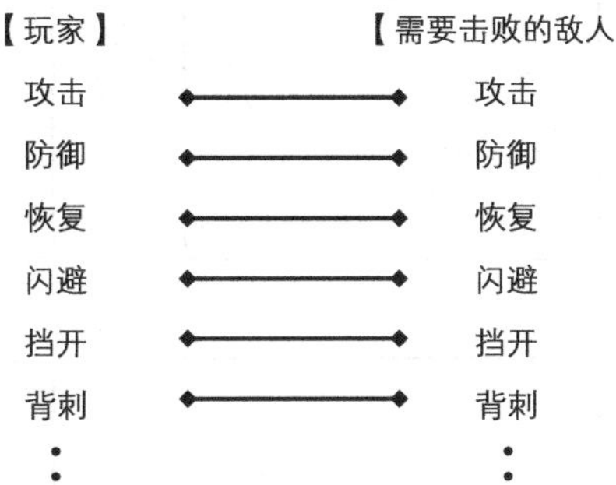

《战神 Ⅲ》

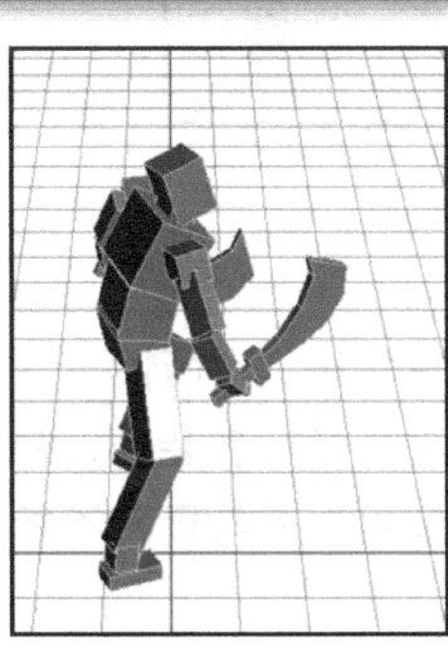

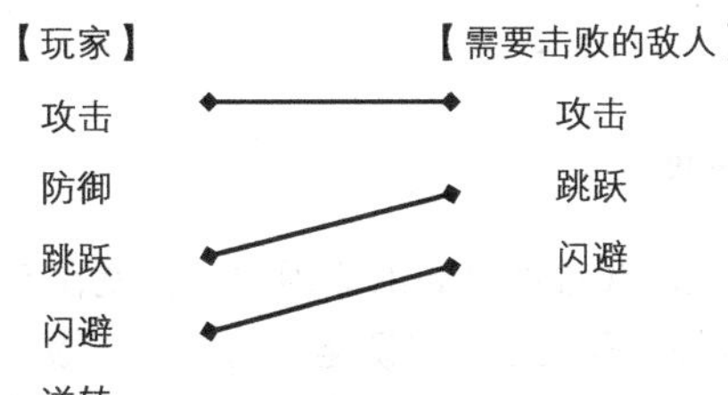

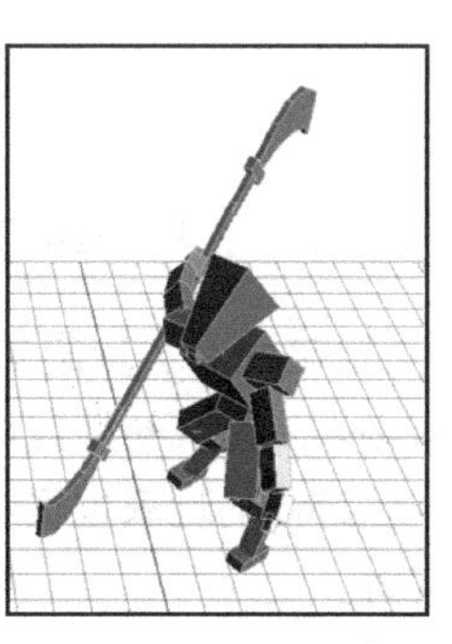

图 2.6.2　敌人的攻击动作

《黑暗之魂》

攻击伤害很高

从游戏初期开始，敌人攻击伤害就很高

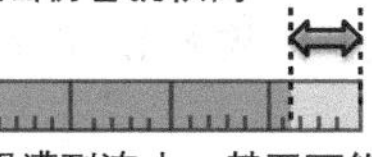

如果遭到连击，甚至可能一次性失去大半生命值

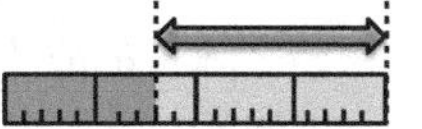

《战神 Ⅲ》

攻击伤害很小

游戏初期，敌人攻击伤害极低

受到连击之后，才能明显地看到伤害

图 2.6.3　敌人的攻击伤害

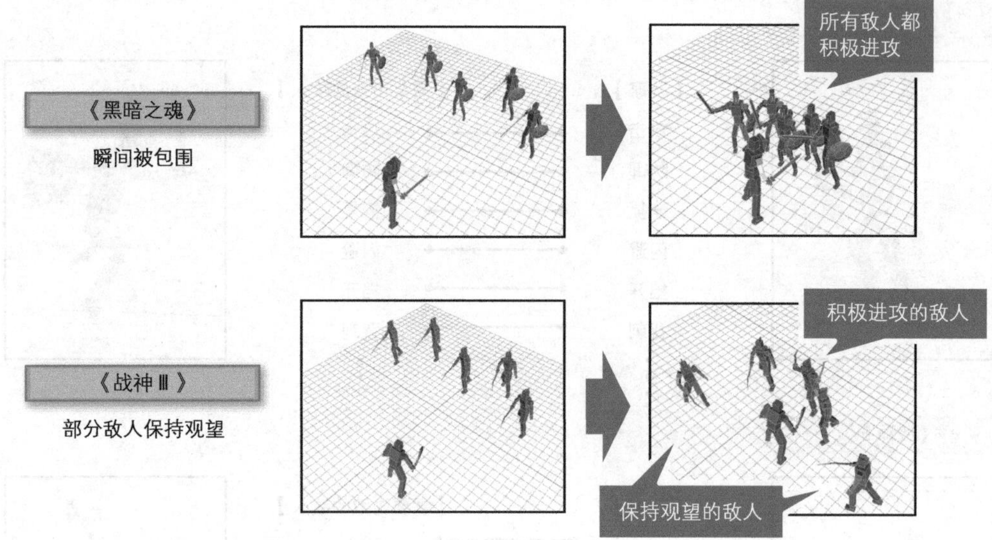

图 2.6.4　敌人包围玩家后的攻击

《黑暗之魂》玩起来比其他游戏难度更高的原因之一，就在于上述这些调整（平衡性）。因此，玩家必须从游戏初期就学会将每个敌人单独引诱至身边各个击破。即便对手只是一名杂兵，初次接触这款游戏的玩家也很容易阵亡。**也就是说，这款游戏的平衡性让每一名杂兵都有与玩家不相上下的实力**。

另外，这款游戏的敌人并没有设计出明确直观的弱点。《黑暗之魂》更像是一款让玩家与敌人互相搏命的纯动作类游戏。要说敌人的共通弱点，无非是被玩家从背后攻击时会受到高伤害的背刺，以及攻击被挡开后会受到致命一击。然而，敌人同样会对玩家使用背刺和挡开。

综上所述，《黑暗之魂》中包括杂兵在内的所有敌人都不是**炮灰（可以被轻易消灭，从而给玩家带来爽快感的敌人）**，而是**对手（经过重复摸索才能消灭，从而给玩家带来成就感的敌人）**。

 让玩家享受攻防的敌人 AI 机制

在《黑暗之魂》的战斗中，无论玩家多么小心翼翼，还是会不经意间遭到敌人的攻击，甚至一对一的战斗也不例外。这是因为设计者为让玩家享受攻防带来的乐趣，特地给敌人加入了**假动作**机制。

这款游戏中，敌人会积极地使用“攻击种类的假动作”“连击的假动作”以及“移动的假动作”。

攻击种类的假动作是指将多种攻击动作的上摇设计得十分相似，让玩家误判攻击时机。

在图 2.6.5 的例子中，“攻击 A：挥动较慢的招式”和“攻击 B：挥动较快的招式”的上摇动作十分类似，敌人连续使用“攻击 B：挥动较快的招式”时，玩家往往会误判成“攻击 A：挥动较慢的招式”出手反击。此时，由于敌人的攻击挥动较快，因此挨打的人将是玩家。

不过，各位如果想在自己的游戏中加入这种攻击种类的假动作，请尽量不要让两种攻击的上摇动作完全一样。因为这样一来，玩家必须等到敌人的前摆阶段才能判断攻击招式。这种做法虽然可以明显提升游戏难度，但给玩家留的提示实在太少。因此，除某些特殊敌人之外还是应该让上摇阶段有所区别，这样才能让玩家觉得自己与敌人之间有正常的攻防。

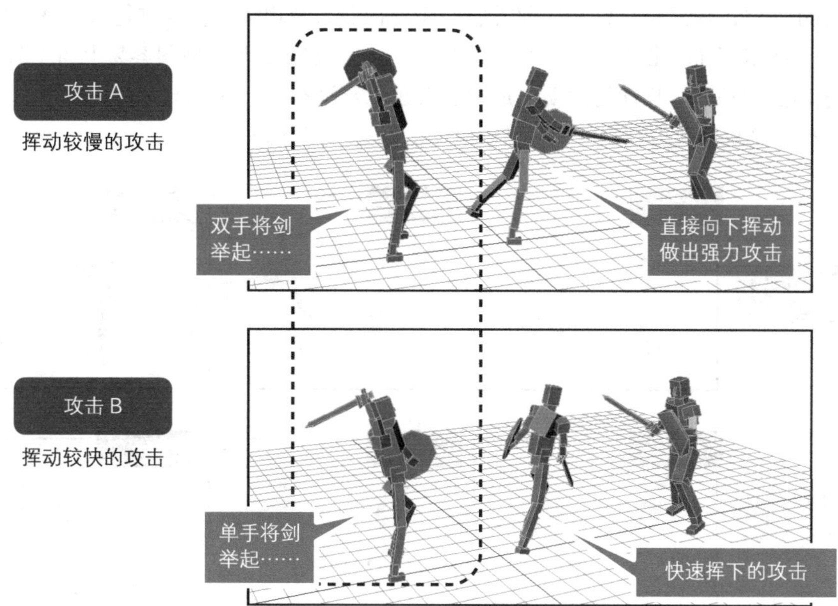

图 2.6.5　攻击种类的假动作

接下来要说明的是**连击的假动作**。连击的假动作是通过改变敌人连击中的招式数来诱导玩家误判反击时机，从而被敌人攻击命中。

图 2.6.6 是最简单的假动作之一，攻击 B 在第一击之后停止，而攻击 C 持续到连击结束。如果敌人连续使用攻击 B 之后突然使用攻击 C，玩家会惯性地认为只有一招并发动反击。如此一来，玩家将被敌人的连击命中。

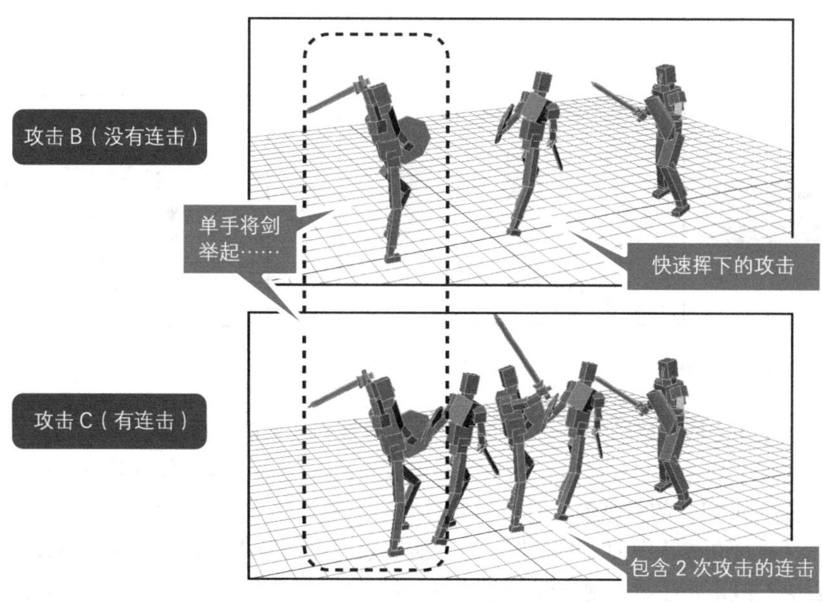

图 2.6.6　连击的假动作

除连击之外，攻击模式也可以采用此类假动作。在敌人有规律地重复进行攻击 A · 攻击 A · 攻击 B 的模式时，偶尔穿插攻击 A · 攻击 A · 攻击 C，不熟悉游戏的玩家将很容易上当（图 2.6.7）。

最后是**移动的假动作**。移动的假动作是指敌人在玩家没有动作的情况下自主使用撤步或侧步等闪避动作，以此引诱玩家攻击挥空，为自己创造反击机会（图 2.6.8）。

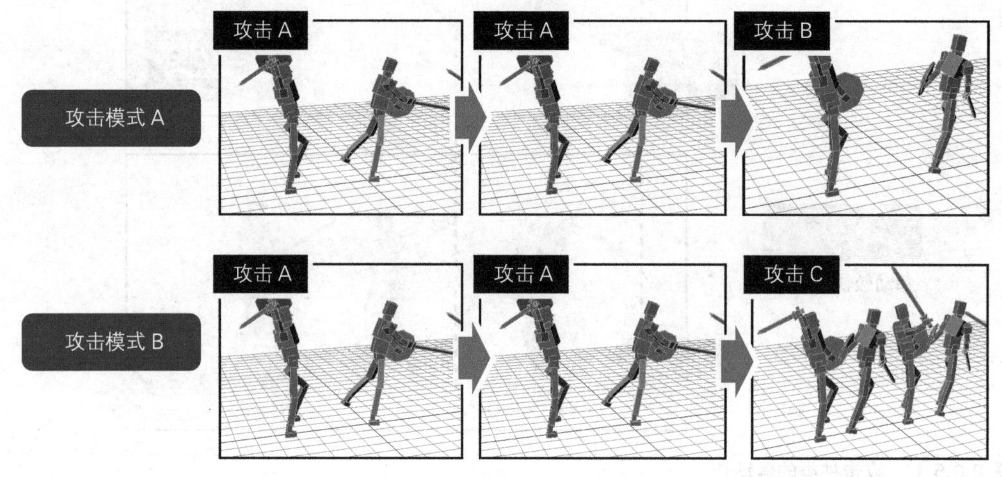

图 2.6.7　攻击模式的假动作

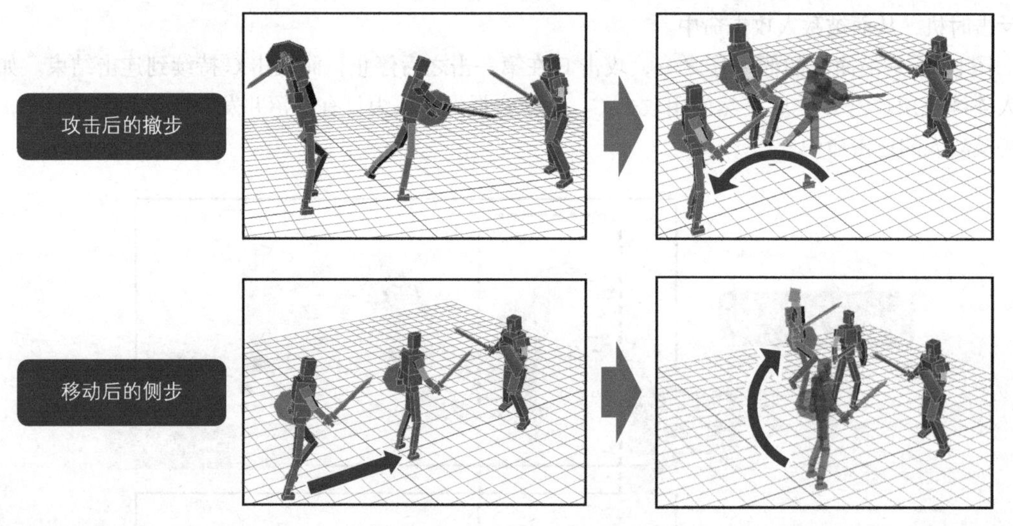

图 2.6.8　移动的假动作

与攻击系假动作不同，成功的移动假动作会给玩家带来“被敌人看穿了?”的心理打击，有些玩家甚至会有被挑衅了的感觉。反过来，如果玩家识破了敌人的移动假动作并且攻击成功，那么将获得“我看穿你的行动了!”的爽快感。

综上所述，通过在战斗中加入假动作，游戏能够表现出与敌人攻防时的紧张感以及看穿敌人行动时的喜悦心情。但是要注意，制作假动作时一定要保证留有提示和破绽，让玩家通过仔细观察能够识别出来。

另外，由于不同武器攻击动作的速度不同，因此即便玩家能够完全识破敌人的假动作，在更换武器后攻击成功的时间点也会发生变化。因此，玩家必须为不同攻击速度的武器分别找出合适的攻击时机。

与敌人之间的攻防和熟练使用武器的乐趣相得益彰，使得《黑暗之魂》的战斗让人欲罢不能。

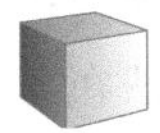

敌人的势力范围机制

《黑暗之魂》中的敌人在发现玩家之后会对玩家穷追不舍，但这并不是说会无休止地追击下去。玩家逃出某个区域后，敌人将放弃追踪返回原位。**也就是说，敌人都有着自己的“势力范围”**。

为什么要给敌人设置势力范围呢？理由大致可以分为两个。

一个是游戏难度的问题。实际上，如果让敌人永无止境地追击玩家，那么玩家越是逃跑，身后的追兵就会越多。另外，当场景中存在极端强大的敌人时，跟在玩家身后的杂兵会打乱战斗节奏，导致难度大幅上升。

另一个理由是程序的问题。举个例子，假设一款游戏最多能保证 8 名敌人同屏不掉帧，内存最多可以存储 6 个敌人的模型，然后让玩家在区域 A 被敌人发现并一路逃至区域 C。在区域 A 时图像处理和内存都绰绰有余，到了区域 B 时则达到极限。一旦玩家到了区域 C，游戏将出现掉帧甚至内存溢出的现象（图 2.6.9）。如果真的有这样一款游戏，那么进入区域 C 时游戏将由于内存溢出而自动关闭。

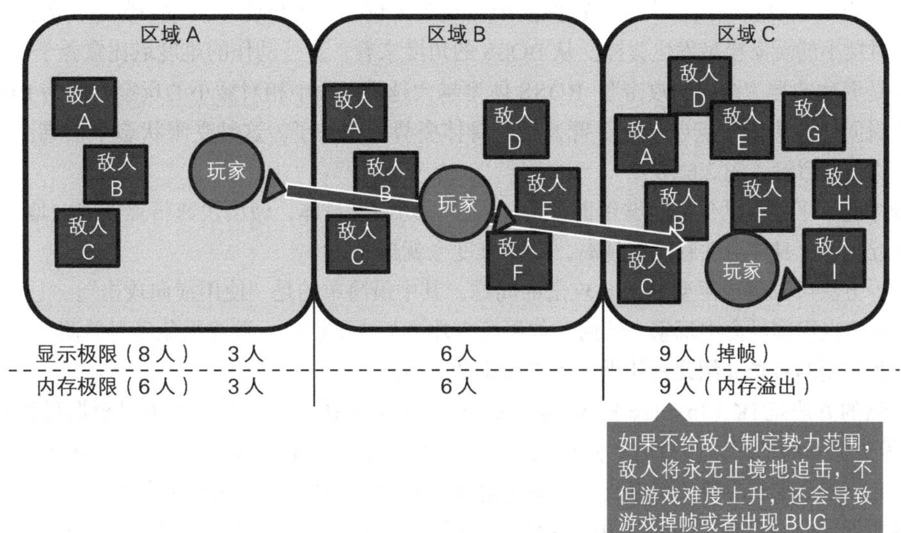

图 2.6.9 敌人追踪导致的问题

为规避这些问题，游戏通过设置势力范围让敌人只在一定区域内移动。

实现敌人势力范围的方法有很多，下面我们来介绍几个比较常用的。

- **使用立方体或圆柱体来指定所有敌人的势力范围**

  通过立方体或圆柱体在场景中为每名敌人设置守卫范围，范围可以是一个房间或者一块区域。当敌人离开或即将离开该范围时，令其放弃追踪玩家并回到原位。

- **在势力范围边界加入立方体或圆柱体的碰撞检测**

  在通道与房间的门或者广场的边界等地方设置立方体或圆柱体的碰撞检测，也就是“只有敌人无法通过的碰撞检测”。当敌人碰撞到该检测区时，令其放弃追踪玩家并回到原位。

- **使用拴狗桩**

  户外养狗时用于拴狗的桩子称为“拴狗桩”。为每个敌人设置拴狗桩，然后规定以拴狗桩为起点的移动有效范围（距离）或追踪时间，就可以限制住敌人的移动范围。该方法在需要敌人包围宝箱等重要场所时十分好用。

据笔者推测，《黑暗之魂》这类游戏在设置势力范围时综合使用了以上几种方式。如果各位在游戏中发现拼命追击玩家的敌人突然扭头返回原位，那么不妨趁机观察一下其势力范围机制。

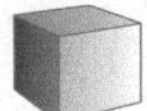

让巨型 BOSS 攻击准确命中的机制

《黑暗之魂》中有许多巨型 BOSS 登场，其中和《战神Ⅲ》一样应用了关卡设计一体化手法的 BOSS 只有一名，其他都是可自由移动的“独立的敌人”。另外与《塞尔达传说：天空之剑》不同，这款游戏的 BOSS 身上几乎不存在秘密。玩家与 BOSS 之间基本上只是一对一的搏杀。

这款游戏中的 BOSS 还有一个特点，那就是全部以武器或肢体的近身攻击动作为主。然而，BOSS 体型越大，近身攻击动作就越难命中玩家。

比如塞恩古城里登场的巨大钢铁傀儡使用斧头攻击玩家。要想使斧头命中玩家，需要让斧头的模型与相对矮小的玩家模型发生碰撞。从 BOSS 的角度来看，这一动作的难度堪比拿斧子劈苍蝇。

尤其是劈砍这类“纵向的攻击”，BOSS 体型越大越难以命中相对矮小的玩家。因为 BOSS 在挥下斧头的瞬间，斧头的落点已经被手臂长度和身体姿势限制住了。这种受限状态下很难击中身材矮小并且会移动的目标（图 2.6.10）。

亲身体验一下这个动作就能够帮助理解。各位不妨站直身体，做出快速将斧头劈向地面的动作。目标越接近脚下，身体弯曲程度就越高，动作难度也就越大。

有不少方法可以解决巨型 BOSS 攻击的问题，其中最简单的是“使用横向攻击”。只要用斧头横扫地面，攻击将很容易命中玩家。然而，如果所有攻击都成了横向，游戏难免显得单调。

所以我们要给各位介绍几种让纵向攻击命中的方法。

最自然的方法是 IK（Inverse Kinematics，逆运动学）技术。这个技术可以根据目标实时计算（模拟）斧头劈下的动作，创造出十分自然的姿势变化（图 2.6.11 的 A）。不过，IK 技术并不是万能的，因为 BOSS 会受到手臂长度以及关节旋转角度的限制，所以还是经常会有打不到的情况发生。

如果要保证命中目标，需要让 BOSS 的身体跟踪目标的位置以及角度（图 2.6.11 的 B）。然而跟踪性能太强容易让 BOSS 出现滑步现象，降低游戏的逼真程度。

还有一种方法就是扩大攻击的碰撞检测范围（图 2.6.11 的 C）。在斧头挥下的瞬间加入冲击波，这种大范围的碰撞检测可以轻易命中玩家。不过，这种手法用太多也会让游戏看起来不自然。

实际上，这款游戏就是将以上几种机制组合到巨型 BOSS 的不同动作之中，从而让其能够命中玩家。

另外，由于 BOSS 体型增大会增加自身的碰撞检测范围，相较之下小而灵活的玩家更占有利地位。因此巨型 BOSS 必须具备保护自己巨大身躯的大范围攻击。

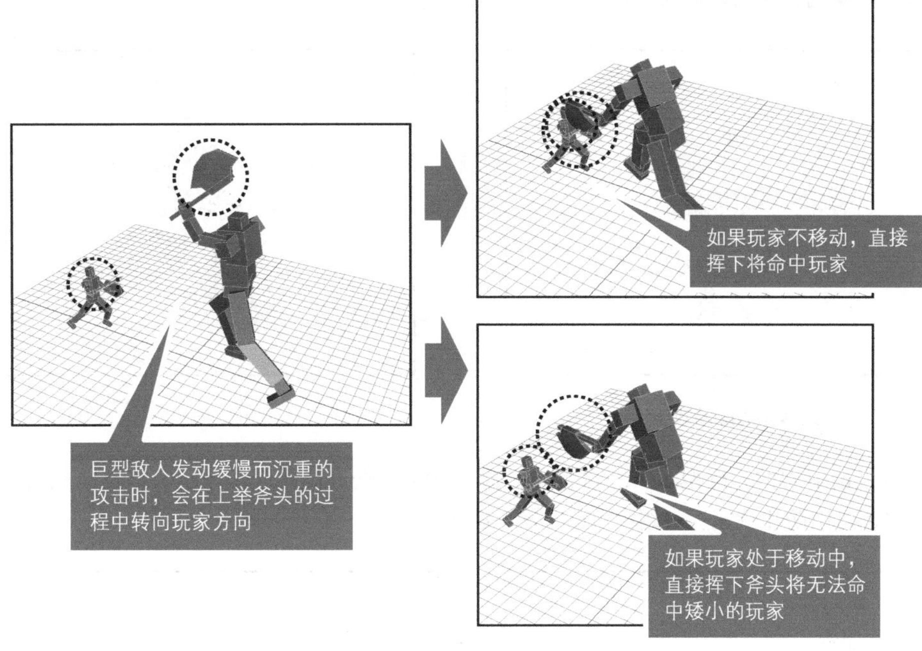

图 2.6.10　巨型 BOSS 与攻击动作

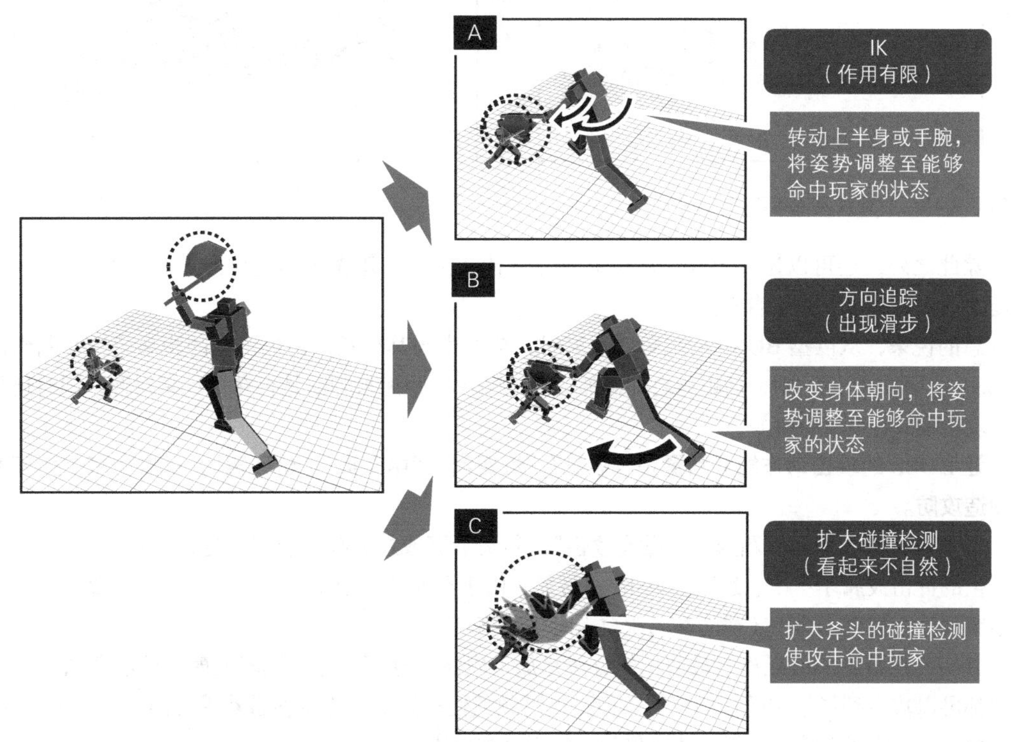

图 2.6.11　巨型 BOSS 的攻击动作与命中方案

比如钢铁傀儡就会用脚踩的方式攻击（图 2.6.12）。

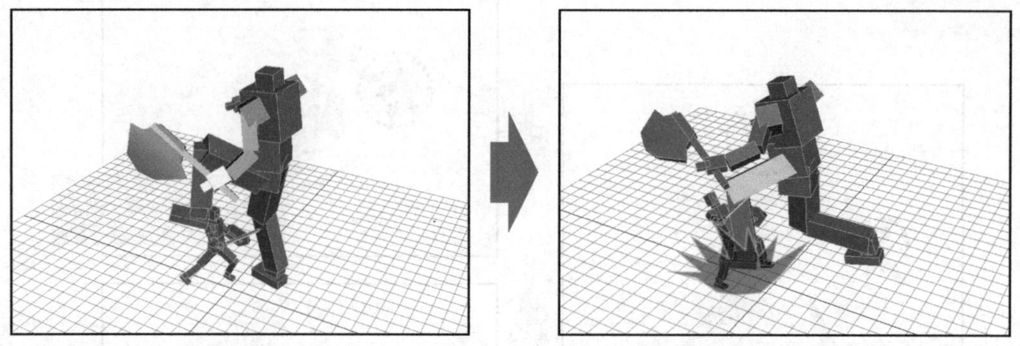

图 2.6.12 钢铁傀儡的踩踏攻击

再比方说最下层的超巨型 BOSS 贪食龙，这个 BOSS 会高高跳起碾压玩家以及向地面喷吐粘稠毒液，这些都可以防止玩家近身纠缠自己（图 2.6.13）。

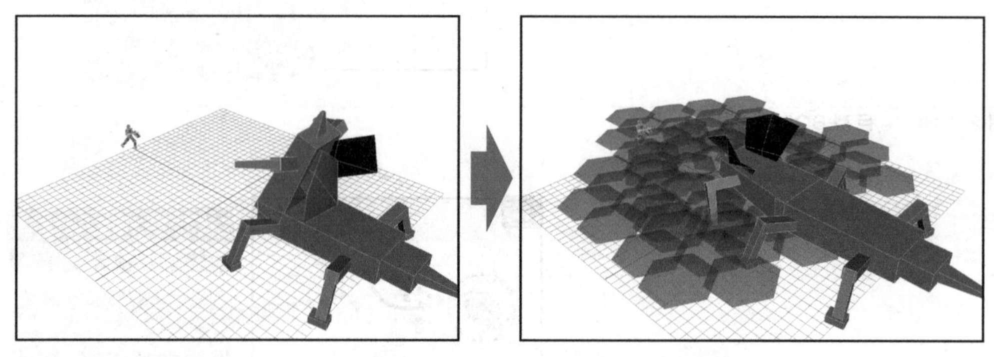

图 2.6.13 贪食龙的毒攻击

除此之外，还可以让 BOSS 在被玩家纠缠时转动巨大身躯做出回旋攻击。但 BOSS 体型越大，敏捷的动作看起来就越不自然。

总的说来，从巨型 BOSS 的视角看玩家时，会产生与其他敌人角色不同的距离感。在制作巨型 BOSS 时，不妨在近、中、远距离之外再加一个“贴身”距离来判断是否在被玩家纠缠，同时还便于设计攻击模式（图 2.6.14）。

让 BOSS 的攻击动作能分别覆盖“贴身”“近距离”“中距离”“远距离”，可以为每个距离有效地创造攻防。

以钢铁傀儡为例，踩踏属于“贴身攻击”，斧头下劈或左右横扫属于“近距离攻击”，斧头挥砍时产生的冲击波属于“中、远距离攻击”。另外，由于玩家要在狭窄的高塔上与钢铁傀儡战斗，因此稍不留神就会被攻击命中（或者在闪避攻击时跌落高塔）。

其实若想覆盖所有距离，最简单的方法是加入魔法或远程武器。无限发射火球或者从地面喷出火柱都可以攻击到场景中的任何位置。但是太过频繁使用这类攻击会使游戏手感向“射击类”接近。如果想主打近距离攻防的乐趣，建议尽量少使用这类攻击。

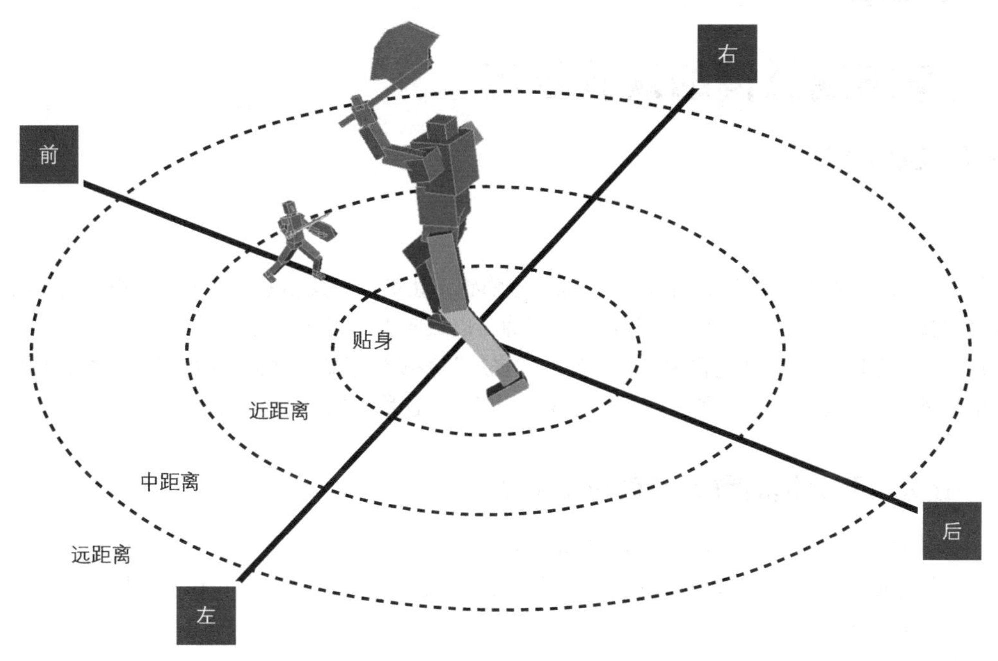

图 2.6.14 巨型 BOSS 的距离感概念

小结

在《黑暗之魂》这类无论 BOSS 还是杂兵都需要认真对付的游戏中，一定要让玩家明白自己为什么中了敌人的攻击，或者为什么会死。因此这款游戏的攻击动作张弛都十分明显。这些精心设计的敌人能让玩家清楚地分辨自己死于哪一个敌人的哪一种攻击，以及为什么会死。实际上，这正是以近距离战斗为主的动作类游戏区别于 TPS 及 FPS 等射击类游戏的重要要素。

TPS 和 FPS 以枪械射击作为主要战斗手段，所以如何在攻击敌人时保证自己不中弹，如何在移动中避免被打中，或者是否需要躲进掩体进行战斗等因素显得更加重要。因此，相较于“被谁攻击·受了何种攻击”，玩家更想知道“从哪个位置（方向）受到了攻击”。

另一方面，在《黑暗之魂》这类以近距离攻击为主的游戏中，由于玩家要长时间与敌人处于接触状态，如果搞不清“什么时候被什么人用怎样的攻击命中”，玩家不可能做到防御及闪避。反过来，只要弄懂被攻击的原因，玩家将在脑中构筑各种反击方法，积极重新挑战。

让玩家能够百折不挠地重复挑战的敌人角色，其秘密在于必定能与玩家形成攻防，让玩家能通过其攻击动作明确得知自己失败的原因。这一点无论多么强大的敌人角色都适用。

2.7

让玩家感到恐惧的设计技巧

（《生化危机 4》）

《生化危机》系列中的敌人都伴随着极强的恐怖感，让玩家与其相遇后立即萌生逃跑的冲动。笔者在最早接触《生化危机》时也曾被吓得后脊发凉，以致向丧尸胡乱开枪。

《生化危机 4》将敌人从前作中玩家熟悉的“丧尸”替换成了新型敌人“宿主”。宿主不但继承了丧尸的恐怖要素，还给玩家带来了新的恐怖体验。那么，这种恐怖究竟从何而来呢？

让人感到恐惧的敌人移动动作机制

首先让我们来看看《生化危机》系列中敌人的移动。

《生化危机 1～3》中的敌人是丧尸。与经典的丧尸电影一样，这些敌人在发现玩家后会举起双臂，缓慢向玩家接近（图 2.7.1）。

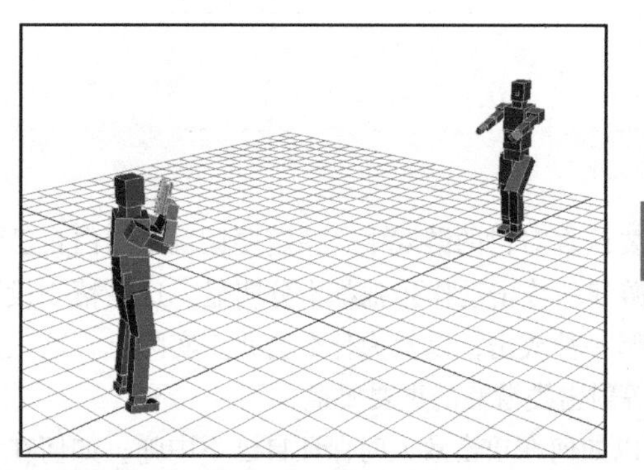

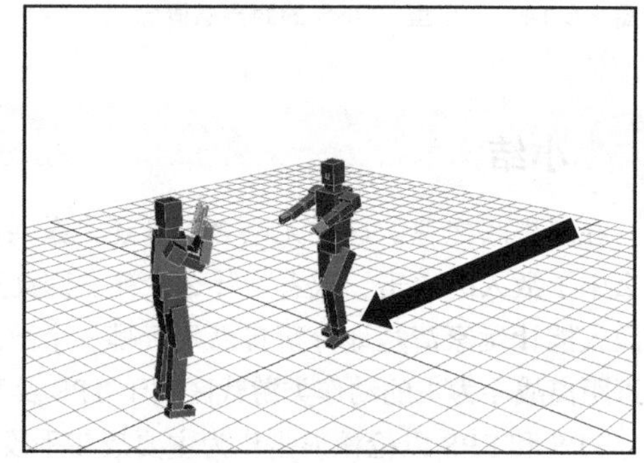

图 2.7.1　《生化危机 1~3》中的丧尸

玩家要在被丧尸咬断脖子前用枪将它们消灭。这款游戏的枪械有弹药限制，弹夹射空后还需要装填。面对迎面袭来的丧尸，玩家要摸索一切手段求生。**让玩家慢慢体验到这种一旦失手就可能会死的感觉，这就是丧尸移动动作的特点**。

另外，这款游戏将丧尸的移动速度和生命值都调节得恰到好处。玩家从被丧尸发现时开始射击，在即将被咬到的一刹那恰好能将其击毙（图 2.7.2）。

也就是说，这些敌人的作用是让玩家体验丧尸电影中的危急时刻。另外，玩家面对强大的敌人时，火力较小的枪很快会射空弹夹，玩家需要频繁装填。在最早接触游戏时，毫无还手之力的装填阶段也是相当恐怖的。

不仅如此，游戏中单纯依靠敌人角色也能给玩家带来恐怖体验。比如本以为已经被打死的敌人突然又扑上前来等（图 2.7.3）。

图 2.7.2 渲染恐怖气氛的丧尸移动与攻击动作 其一

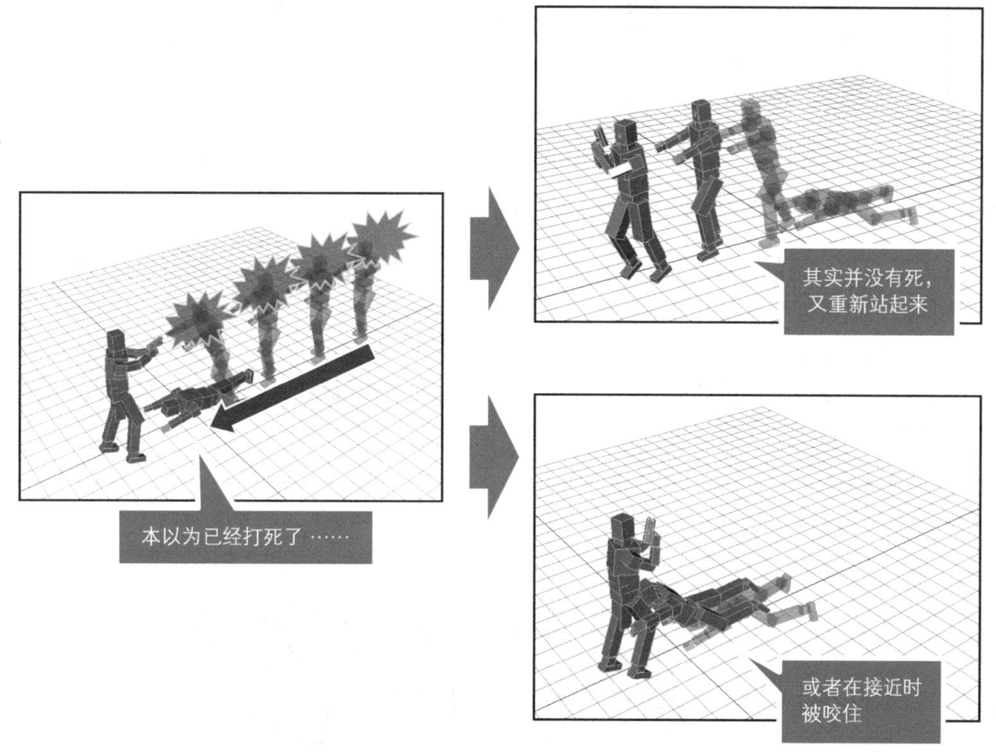

图 2.7.3 渲染恐怖气氛的丧尸移动与攻击动作 其二

现实中的人死了不会复生。让这种现实中不可能的事发生在玩家眼前，也是这款作品给玩家带来的恐怖体验之一。同时，玩家会产生“眼前这些已经死了的人不会再站起来攻击我吧”的悬念，并从中衍生出看到的东西不一定可信的恐惧感。

因此，《生化危机 1～3》的敌人注重让玩家联想“死的恐怖”。

另一方面，《生化危机 4》在继承《生化危机 1～3》游戏机制的基础上，创造出了新的敌人“宿主”。这些敌人与前作的丧尸不同，就连杂兵角色都能够奔跑。不过，奔跑仅限于距离玩家较远的情况，在接近玩家后则会一边保持警戒一边缓步接近（图 2.7.4）。

远距离使用“奔跑”
近距离（只差两三步就能攻击命中的距离）时切换至“行走”

图 2.7.4　宿主的移动动作根据与玩家的距离而改变

玩家在其缓步行走的这段时间内可以摸索“爆头”或“射击手臂打落武器”等部位攻击（顺便一提，不同敌人的接近距离和行动会略有不同）。

另外，《生化危机》系列前作的地图以“小巷”“房间”“大厅”为主，而《生化危机 4》的玩家甚至会在广场陷入战斗。某些场景中会有近 10 个宿主一起袭击玩家，玩家被敌人集团包围的情况时有发生（图 2.7.5）。

图 2.7.5　宿主集团包围玩家

被不明集团缓慢包围的恐怖是《生化危机 4》独有的效果。自这款游戏问世以来，许多丧尸题材游戏都借鉴了这一手法。

这些宿主最可怕的地方在于强大的追击能力。在《生化危机 4》最初的村庄里，发现玩家的宿主们可以开门、上楼梯、翻窗户甚至重新架起梯子追击玩家。除非找到安全场所或消灭所有追击的宿主，否则玩家永远要悬着一颗心（图 2.7.6）。

图 2.7.6　宿主的移动与攻击动作

顺便一提，在受《生化危机 4》影响极大的《死亡空间》中，玩家身处宇航船这一被隔绝的空间，无论玩家如何逃跑，敌人都会借助通风口等场所穷追不舍。在这款游戏中，玩家经常受到头上或背后突如其来的攻击，体验**身为被追杀的弱小猎物**的恐惧感。

综上所述，制造恐惧感的方法有很多，单是敌人的移动中就有许多能带来恐怖气氛的机制。

让玩家感受到死亡的攻击动作机制

作为恐怖求生类游戏，《生化危机》系列的攻击动作与通常的动作类游戏不同，有着其独特的表现手法。《生化危机 1～3》的丧尸虽然只会缓慢行走，但只要进入攻击距离，就会迅速扑上来咬住玩家[①]（图 2.7.7）。

之前一直行动迟缓的丧尸到了身边突然暴露凶残的本性，一般玩家都会被这种攻击吓到。另外，在玩家想冲过有多名丧尸把守的小巷子时，一旦在前进过程中距离某个敌人太近，那么将瞬间被这种高速攻击擒住，沦为丧尸的饵料。

这类攻击的上摇（预备动作）很短，属于玩家极难躲避的攻击动作。然而在《生化危机》这类恐怖游戏中，这种攻击非但没有降低游戏品质，还衍生出了“突然受到攻击”的恐怖气氛。

宿主也继承了这种丧尸的经典攻击手法。手持镰刀锄头等武器的村民缓缓接近玩家后，会突然发动迅猛的攻击（图 2.7.8）。

---

① 玩家被咬住后可以将敌人推开，而游戏对推开的距离也做了极其巧妙的调整。玩家推开敌人后，需要迅速抉择是逃跑还是射击。另外，《生化危机 1》的玩家如果被咬，再举枪时将自动追踪该敌人的方向。即便玩家被丧尸吓得惊魂未定，也只需要按下射击键就能命中敌人。然而，《生化危机 4》的玩家被宿主袭击后就不会追踪。

从远距离接近时
只会慢慢行走
行走至近距离后会突然
快速扑上来撕咬

图 2.7.7　《生化危机 1~3》中丧尸的撕咬

远距离奔跑接近
中距离到近距离
缓慢步行
到近距离后会
突然快速攻击

图 2.7.8　宿主的快速攻击

不过，《生化危机 4》给敌人设计了明显的上摇阶段，只要玩家反应足够迅速，就可以在上摇阶段射击敌人手臂打落武器。

另外，《生化危机 1～3》的攻击动作给玩家带来“可能要被吃掉、可能变成丧尸、可能会死”的恐惧感，而《生化危机 4》以及后续作品中宿主的攻击动作则是带来“被镰刀砍死、被锄头扎死、被电锯分尸”等一系列被残杀的恐惧感（图 2.7.9）。

比方说玩家没能成功闪避敌人的电锯攻击，此时玩家将不得不面对主人公被电锯分尸的场面（顺便一提，某些家用机版本及实体版删除了被残杀的镜头）。

也就是说，恐怖游戏中让人联想到死亡的攻击动作可以通过玩家的死亡反应来提升恐惧感。

许多国家的游戏在死亡镜头上都下了大功夫，比如《死亡空间》中受到致死攻击后玩家将看到主人公身体四分五裂的情景。

虽然所有人都不希望知道自己是怎样死去的，但却都会下意识地去看这些镜头。恐怖游戏就是利用了人们的这种心理。

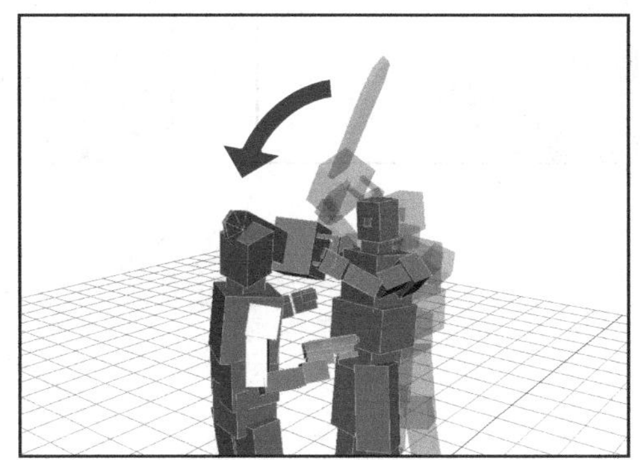

图 2.7.9 镰刀和电锯渲染的死亡恐怖

 TPS 枪械射击独有的敌人机制

《生化危机 4》的一大特征，是主人公里昂在画面上占据了很大空间。

将玩家角色做大，可以让玩家获得更多代入感。**然而，TPS 中玩家角色增大，死角也会随之变大**（**图** 2.7.10）。

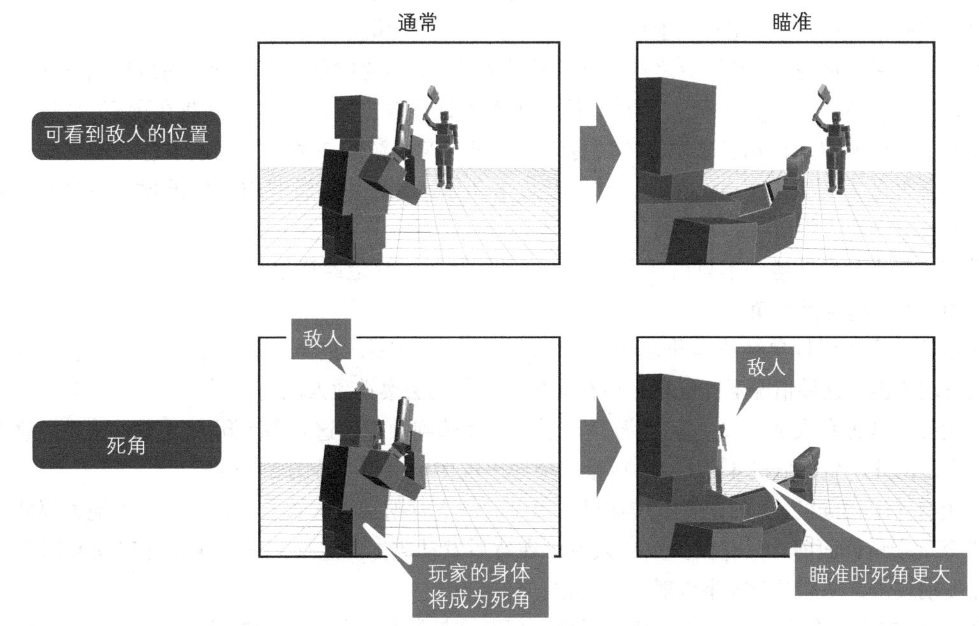

图 2.7.10 TPS 中的死角

基本上，TPS 的枪械射击都难免出现这种现象。由于玩家和敌人都在移动，因此把握敌人位置方面不会太成问题。不过如果敌人 AI 处理不当，就会出现如图 2.7.11 所示的倒霉情况。

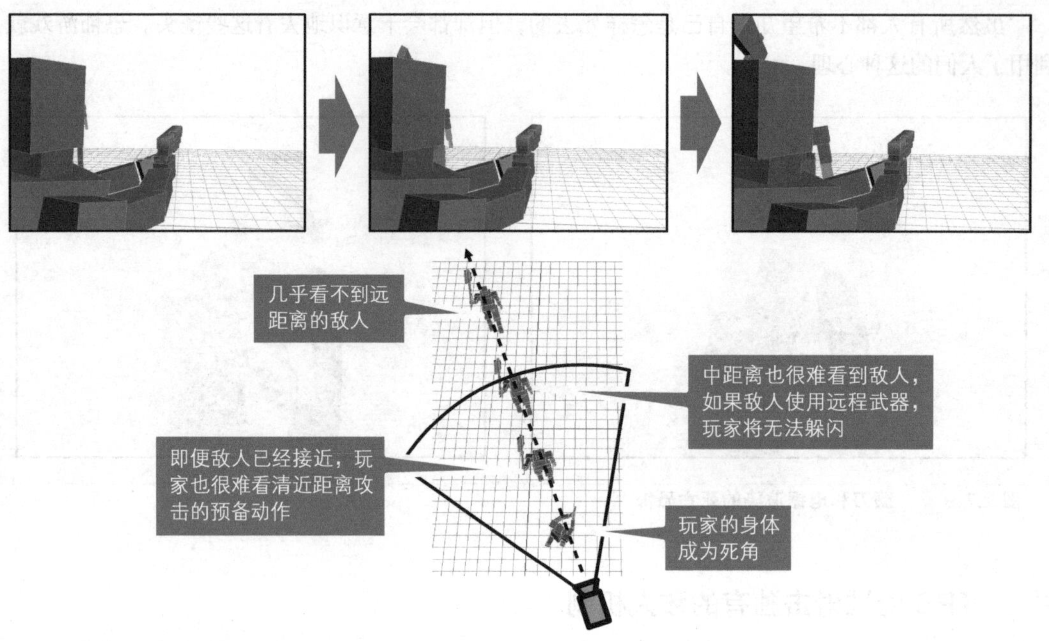
几乎看不到远
距离的敌人
中距离也很难看到敌人，
如果敌人使用远程武器，
玩家将无法躲闪
即便敌人已经接近，玩
家也很难看清近距离攻
击的预备动作
玩家的身体
成为死角

图 2.7.11 敌人从死角接近

这是敌人、玩家角色、镜头排成一条直线，并且敌人沿该直线移动时引起的视觉死角。《生化危机 4》的敌人移动速度大多不快并且很少使用远程攻击，因此这一问题并不会太影响游戏乐趣。反之，由于有死角存在，还一定程度上促使玩家时刻注意周围环境。

然而在《终极地带：引导亡灵之神》和《神秘海域：德雷克的欺骗》中则会造成很大麻烦。这些游戏以远程枪械射击为主体，敌人经常会从死角发动远程攻击。因此这类游戏在玩家受到伤害时，需要在画面上明确显示出伤害来源方向的标识。另外，某些游戏在敌人、玩家角色、镜头成一直线排列时会降低敌人的攻击频率。在敌人移动及攻击动作速度较快的游戏中，如果频繁地攻击玩家死角，会使玩家产生烦躁情绪。

其实，这类死角问题并不只出现在玩家角色的身体上。**在近距离显示角色的 TPS 游戏中，玩家的侧面和背面同样也是死角。**

如果不考虑可玩性单纯地提升难度，可以用如图 2.7.12 所示的方法，让敌人绕至玩家角色侧面或背后发动攻击。这种情况下，玩家恐怕在被攻击前都无法察觉敌人。

然而面对这种敌人 AI，无论何种游戏高手都难免感到烦躁。这是因为玩家无法通过观察敌人来制定战术。因此《生化危机 4》让敌人尽量积极地出现在玩家面前（图 2.7.13）。

手边有《生化危机 4》的读者不妨在村子里试验一下背朝敌人的效果。各位会发现绝大部分敌人都会绕至玩家角色面前，只有极少数敌人偶尔在背后发动攻击。这样一来，玩家能轻松判断哪个敌人最先发动攻击，从而及时地举枪射击或闪避。

敌人 AI 的设计乍看上去略微欠缺刺激性，但其在控制敌人移动方面同样有着“创造枪战攻防”以及“让玩家在紧张中陷入慌乱”的机制。这些敌人除简单的直线移动外，还会折线移动甚至兵分两路，让玩家面临“该先消灭哪个敌人”等射击技术方面的挑战（图 2.7.14）。

从可见位置发动的攻击

能够看到敌人的预备动作，可以制定战术

一眼就能看出哪个敌人要发动攻击

从不可见位置发动的攻击

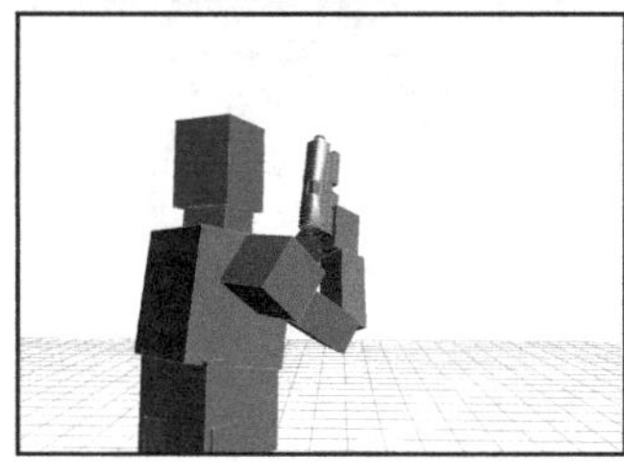

完全看不到敌人，无法制定战术
搞不清被多少敌人包围，也搞不清哪个敌人会发动攻击

图 2.7.12　可见位置的攻击和不可见位置的攻击

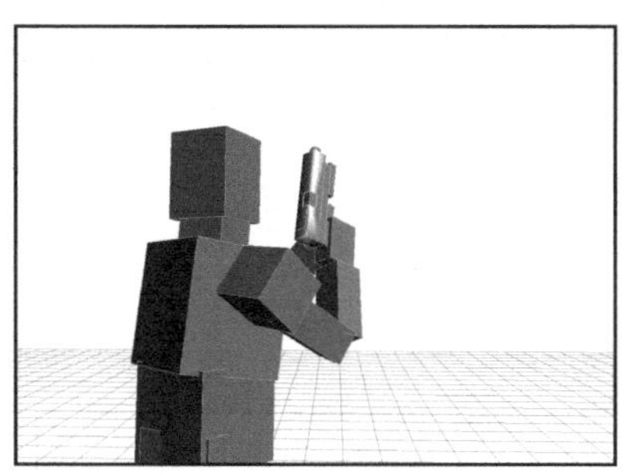

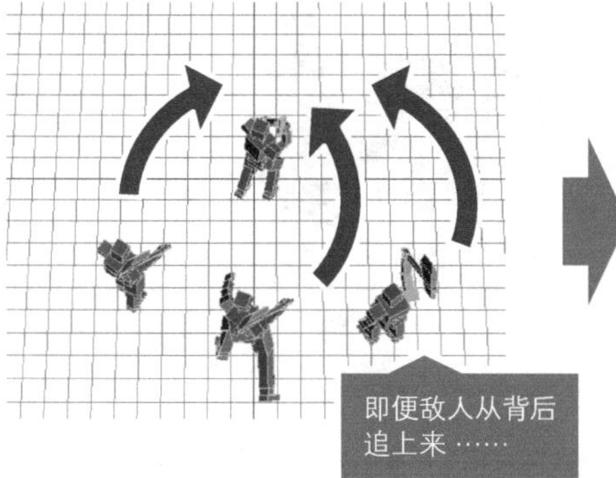
即便敌人从背后追上来……

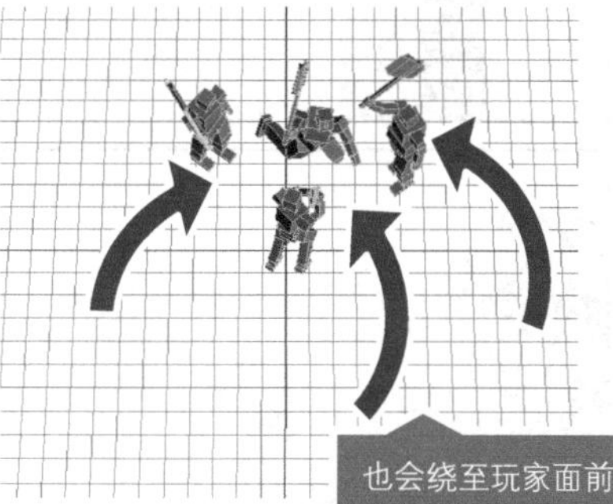
也会绕至玩家面前

图 2.7.13　会移动至可见位置的敌人

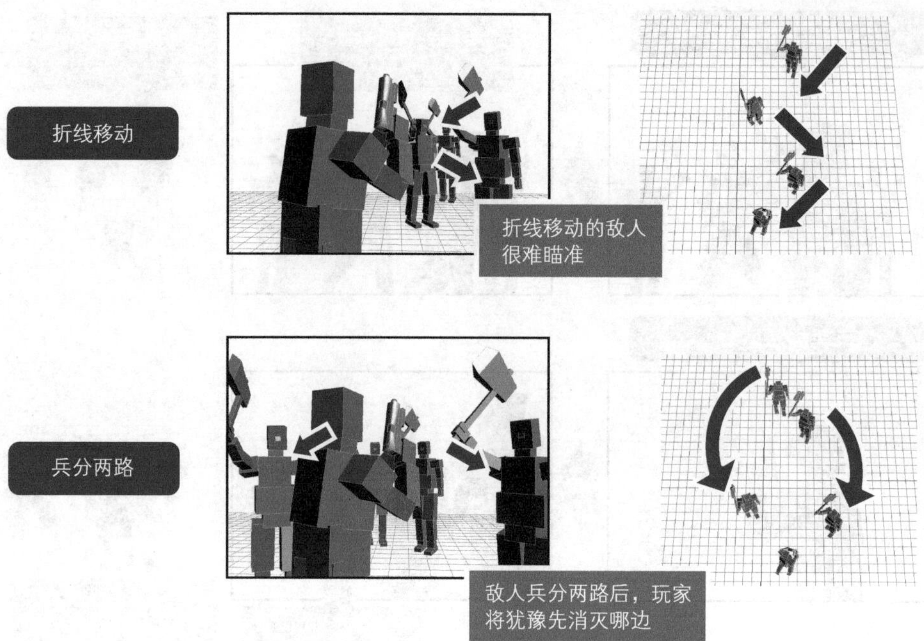
折线移动
折线移动的敌人
很难瞄准
兵分两路
敌人兵分两路后，玩家
将犹豫先消灭哪边

图 2.7.14 敌人 AI 创造的挑战

这种运动方式既可以通过敌人 AI 实现，也可以在场景设计时加入障碍物，让敌人自然而然地分成两条路线进攻。此外，这款游戏中偶尔会有敌人从背后死角发动攻击，为让玩家能够识别攻击自己的敌人，游戏在显示机制上下了不少功夫（图 2.7.15）。

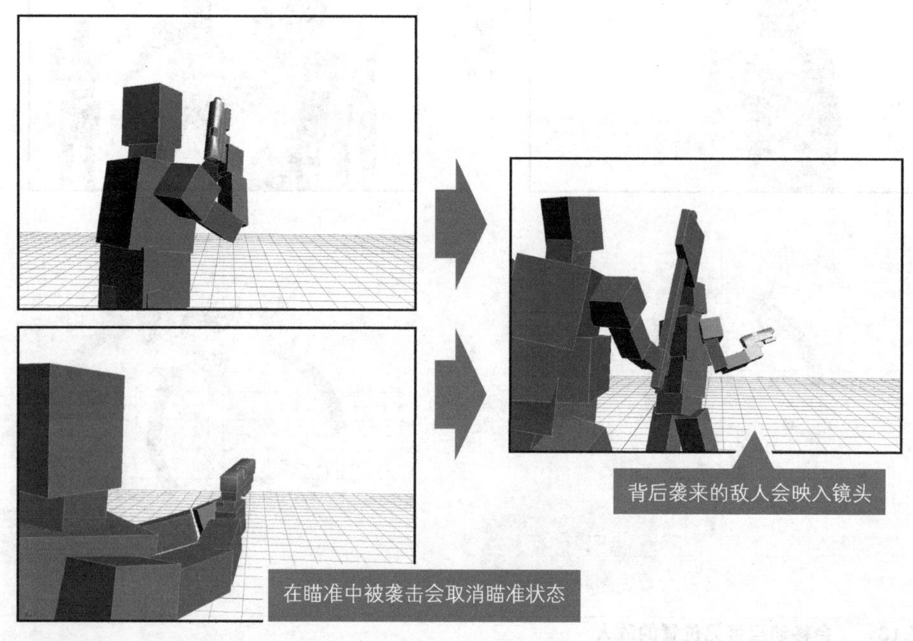
背后袭来的敌人会映入镜头
在瞄准中被袭击会取消瞄准状态

图 2.7.15 分辨死角处敌人的显示机制

如果在瞄准中遭到攻击，玩家的受伤反应会解除瞄准状态并保证敌人映入镜头。这样一来玩家就能分辨攻击自己的敌人了。

值得一提的是，《生化危机 4》与其他射击类游戏不同，玩家只要受到攻击就会出现受伤反应，所以被多名敌人连续攻击时会不断出现受伤反应而无法动弹。因此需要对敌人 AI 进行调整，以防止具有受伤反应的射击类游戏出现上述情况。

在其他射击类游戏中，玩家被手枪或机枪命中时基本不会有受伤反应，或者只是画面轻微振动。这种游戏系统保证了玩家能在被攻击状态下进行反击。特别是在能使用隐蔽动作的游戏中，即便双方同时射击，玩家也能立刻回到障碍物后方，将所受伤害抑制到最小限度。

基本上讲，每一款 TPS · FPS 游戏都根据自己的游戏系统专门设计了一些机制来克服玩家角色的死角，并且创造了足以让玩家享受游戏的敌人。

笔者不禁觉得，《生化危机 4》之所以能够给人产生绝妙的恐怖感，很可能是其中加入了相当于恐怖电影导演的战斗 AI。

为战术打基础的部位攻击

与《生化危机 1～3》相比，《生化危机 4》的动作要素加强了许多。与此相配合，本作品中敌人的动作 · 反应也得到了强化。

从《生化危机 4》开始，生化系列中加入了独特的“部位攻击”机制，让玩家通过射击宿主的不同部位来达到爆头或断腿等特殊效果（图 2.7.16）。

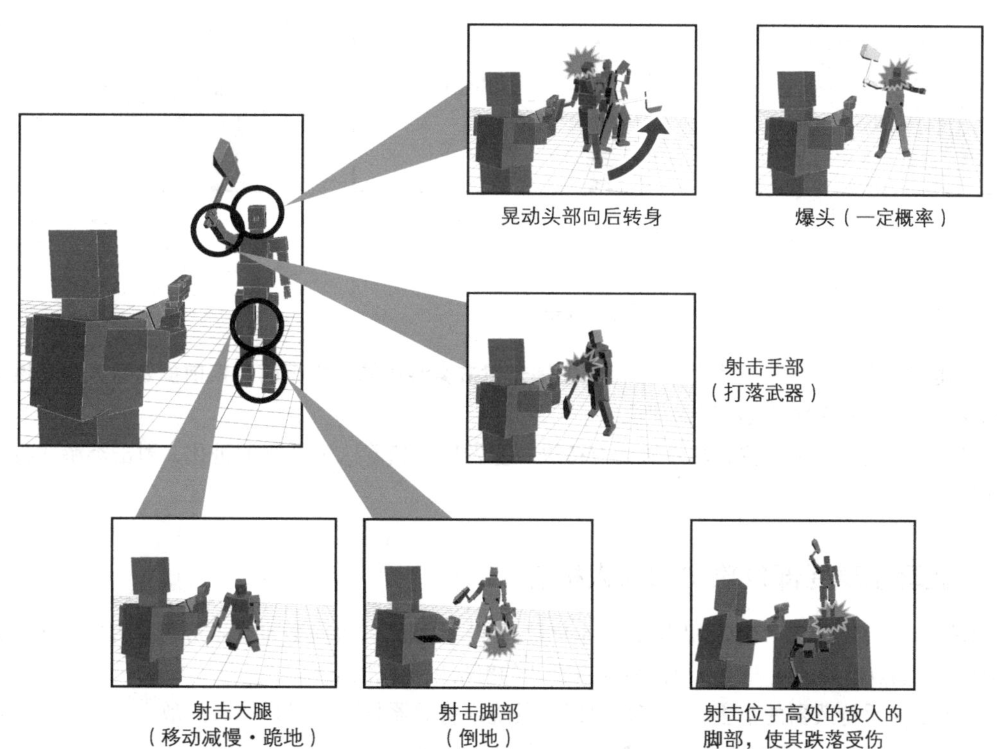

图 2.7.16 对敌人的部位攻击

在《生化危机 4》中，射击头部一般能造成最高伤害，并且有一定概率出现爆头效果瞬间消灭宿主。但是宿主的头部较小，在某些情况下需要先射击身体或脚部阻止其移动。也就是说，玩这款游戏需要一些战术（顺便一提，有些 FPS 除头部外，射击心脏等其他要害部位也可以一枪毙命）。

射击腿部让宿主跪地后，玩家还可以使用动作键施展回旋踢等格斗攻击消灭敌人（图 2.7.17）。

图 2.7.17　动作键的攻击

《死亡空间》对这一部位攻击系统进行了进一步扩充。这款游戏中每个敌人的弱点都不同，某些敌人是手腕，而某些敌人则是触手。另外，玩家破坏敌人脚部后不但能拖延其行动，有时还能直接剥夺其移动能力（图 2.7.18）。

图 2.7.18　《死亡空间》进一步扩充了部位攻击

“部位攻击”和“部位破坏”系统虽然能提升射击类游戏的战术范畴，但前提是敌人移动速度必须足够慢，让玩家有时间瞄准所需部位。

如今的部位攻击和部位破坏系统尚有待进一步发展。随着这个系统的进化，射击类游戏将迎来新的未来。

 让玩家享受部位攻击的敌人机制

即便与最新的 TPS · FPS 相比较，《生化危机 4》中敌人的种类数也毫不逊色。再配合部位破坏系统创造出弱点不同的敌人，可以使得这款游戏的射击乐趣成倍增长。

比如面对手持武器的宿主，玩家可以射击其腕部将武器打落。对付持盾的敌人时，则可以射击脚部让其站不稳，再盯准身体探出盾牌的瞬间进行攻击（图 2.7.19）。

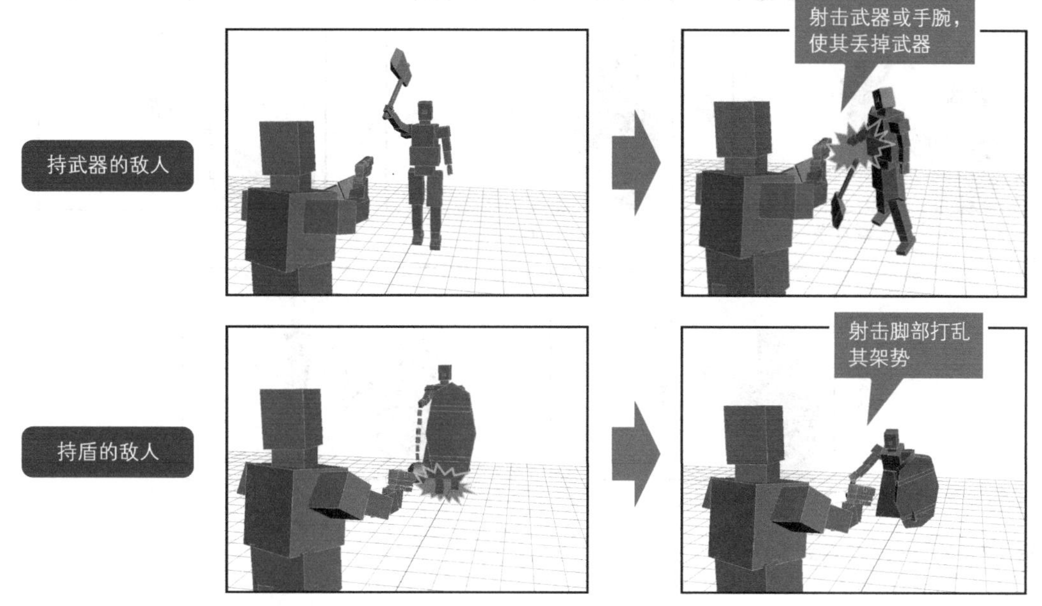

图 2.7.19 持武器或盾的宿主

另外从游戏中期开始，某些宿主被爆头后会出现寄生体（图 2.7.20）。

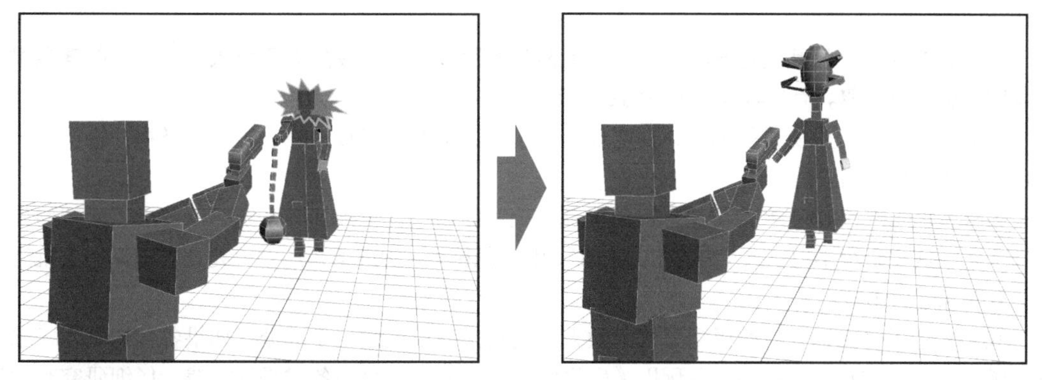

图 2.7.20 出现寄生体的宿主

原本是人形的宿主突然变成面目全非的怪物，这又是一种与丧尸不同的恐怖感受。

还有，游戏前半的宿主很少使用远程武器，但是到了后半会频繁使用弩枪、炸弹甚至机枪来攻击玩家（图 2.7.21）。

游戏最开始是让玩家享受近距离攻防的恐怖游戏，到了后半将变成好莱坞电影一般的动作游戏。这种游戏与电影的动态转换使得无数玩家为之疯狂。

综上所述，在“游戏与电影流程”改变的同时改变敌人设计，可以让游戏更具活力，从而使玩家获得更多乐趣。

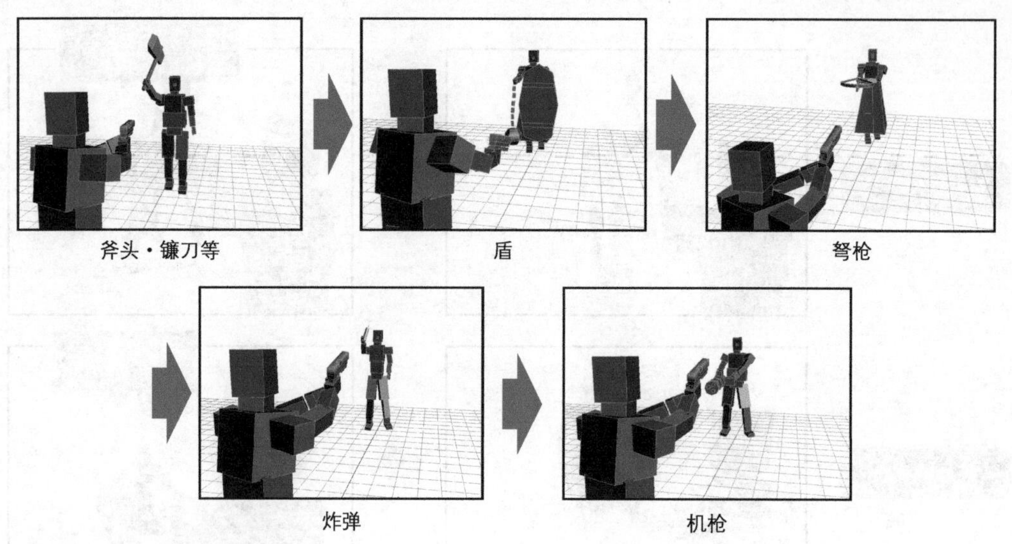

图 2.7.21 使用远程武器的宿主

小结

在以恐怖游戏姿态登场的《生化危机》系列中，我们可以发掘出大量让玩家感到恐怖的敌人设计技巧。

玩恐怖游戏时，慌乱就意味着失败。这类游戏考验玩家沉着冷静消灭敌人的实力，能够激发出玩家克服恐惧的乐趣。而将其激发出来的正是敌人角色。

正如我们在本节中所讲的那样，要实现上述这点，不但要将敌人外表做得像怪物，还要在移动和攻击动作上多下功夫。

另外，《生化危机 4》在渲染恐怖气氛的基础上又新增了部位破坏等系统，创造出了崭新的 TPS 基础理念。这些系统不但被《生化危机 5》和《生化危机 6》所继承，还对《死亡空间》等大批恐怖游戏有着深远的影响。

我们在这里介绍的让玩家感到恐怖的敌人机制只是该游戏的一小部分。如果各位想制作一款让玩家感到恐怖的游戏，不妨多玩一玩以《生化危机》系列为代表的各式恐怖游戏，仔细研究其中渲染恐怖气氛的技巧。

2.8

演绎火爆枪战的设计技巧

(《神秘海域：德雷克的欺骗》)

《神秘海域：德雷克的欺骗》是一款拥有好莱坞电影般华丽动作的游戏，玩家在其中能享受到手心捏一把汗的紧张感。当然作为一款 TPS 射击游戏，它有趣的地方并不仅仅是动作，在枪战方面也是做足了功夫。

接下来就让我们以《神秘海域：德雷克的欺骗》为例，为各位讲解射击类游戏中敌人角色的机制。

“攻击”“防御”“闪避”三位一体的敌人动作

TPS· FPS 射击类游戏与我们之前介绍的近距离战斗型动作游戏不同，玩家大部分时间都是在远距离作战。因此，敌人“攻击”“防御”“闪避”的动作也有了新的意义。

首先是**攻击动作**。不管是近距离还是远距离，枪械的攻击范围都可以覆盖，因此这里重要的不是格斗游戏中那种“如何保持距离”，而是“如何命中”。然而，由系统控制的敌人与人类不同，不会出现操作失误，所以能很轻松地制作出命中率 100% 的强敌。

但是这样一来游戏就会缺乏乐趣，敌人的射击 100% 能命中玩家的话，攻防就无从谈起。因此**射击类游戏的关键在于制作出能与玩家攻防的敌人 AI**。

举个例子，敌人在射击时的移动可分为两种模式，一种是**站稳后再射击**，另一种则是**在移动中射击**（图 2.8.1）。

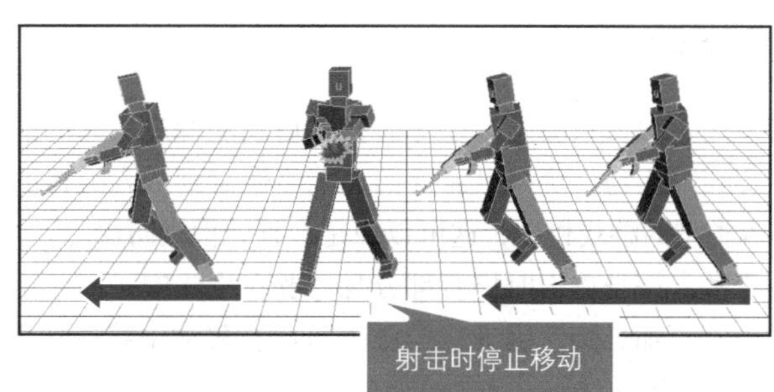

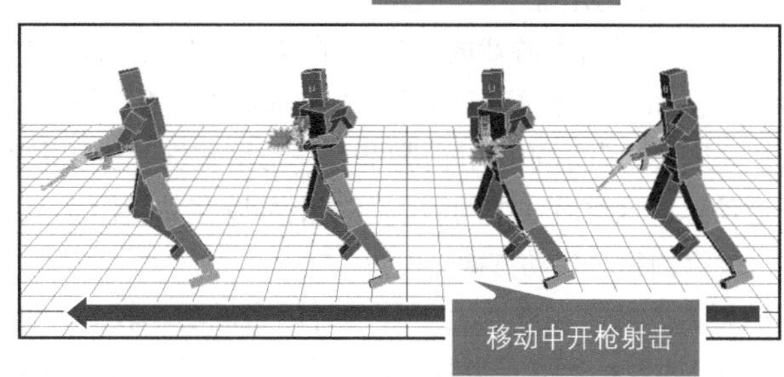

图 2.8.1　敌人的攻击动作

站稳后再射击是射击类游戏最基本的攻击方法。敌人在开枪时需要原地站定，使得玩家有机会瞄准。相对而言，如果敌人能够**在移动中射击**，那么游戏难度将陡增。射击移动物体对人类而言具有相当的难度，尤其在面对比自己速度更快的敌人时，一般人根本无力瞄准（游戏中有部分敌人可以移动中射击，但其移动仅限于缓步行走）。如果将移动视为一种闪避，那么移动中射击就是兼备了攻击和闪避的动作。因此，一般的 TPS · FPS 中的敌人都是站稳后再射击。

接下来是敌人的**防御动作**。敌人隐藏在障碍物后（移动至障碍物或者掩体后方）或者使用盾牌进行防御（图 2.8.2）。

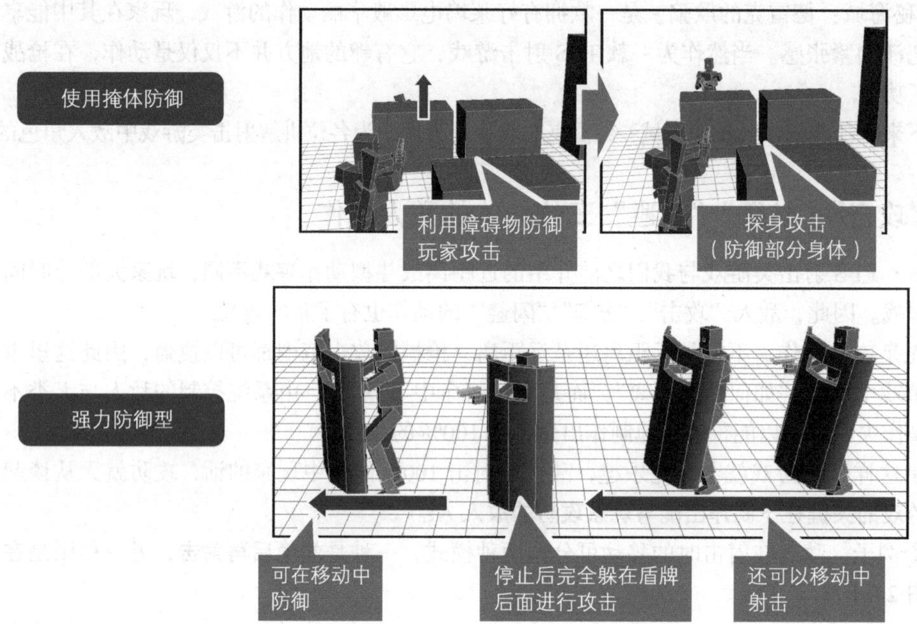

图 2.8.2 持盾敌人的攻击动作

射击类游戏中，敌人只要隐藏在障碍物之后就能躲过玩家的射击，但这要求玩家的枪口与敌人之间的连线上存在障碍物。玩家只需迂回至能略微看到敌人身体的位置，就能让这种防御方法失去效果。与格斗等类型的游戏相比，这可以说是一种“模糊防御”。

另外，由于敌人探身攻击时仍有部分身体躲在掩体中，因此这可以看作是“攻击 + 防御”的动作。持盾的敌人则更加难缠，因为这类敌人可以在移动中将枪伸出盾外射击，这就构成了“移动 + 攻击 + 防御”三位一体的动作。

从上面可以看出，射击类游戏的防御非常强力。因此我们需要将一般动作类游戏中“如何破坏防御”的思维置换为如何“规避障碍物”“破坏障碍物”等。另外，在制作“持盾的敌人”这种极其难缠的对手时，一定要留有诸如可射击脚部等“防御破绽”供玩家利用。

最后是**闪避动作**。这类游戏中的敌人基本上都以移动动作来闪避玩家攻击（图 2.8.3）。闪避时的关键点则是“与玩家的相对移动方向”。

面对玩家的射击，敌人左右及上下移动时闪避成功率较高，而前后（纵深）移动则几乎没有闪避效果（图 2.8.3）。如果希望敌人更容易被瞄准，可以在设计时让其沿玩家的枪口延长线移动，这样一来就算射击类游戏菜鸟也能轻松打中敌人。

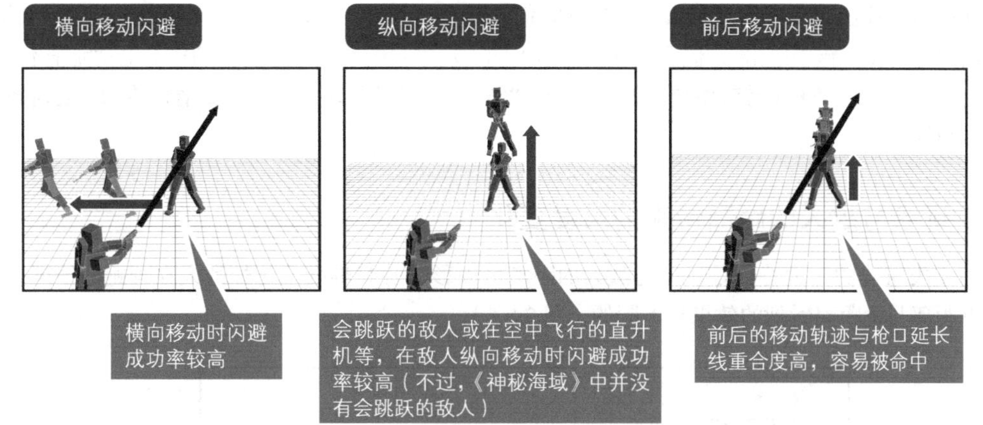

图 2.8.3　敌人的闪避动作

除此之外，玩家枪口延长线与敌人移动方向的交点也是决定玩家子弹是否命中的重要因素。如果玩家瞄准的方向与敌人移动方向存在交点，那么玩家即便不瞄准，也可通过持续开枪来命中敌人。反过来，如果想提高敌人的闪避能力，可以让其移动方向尽量不与玩家枪口延长线交叉，这样可以有效降低命中率。在采用了这种移动模式的游戏中，玩家需要非常精确地瞄准敌人（图 2.8.4）。

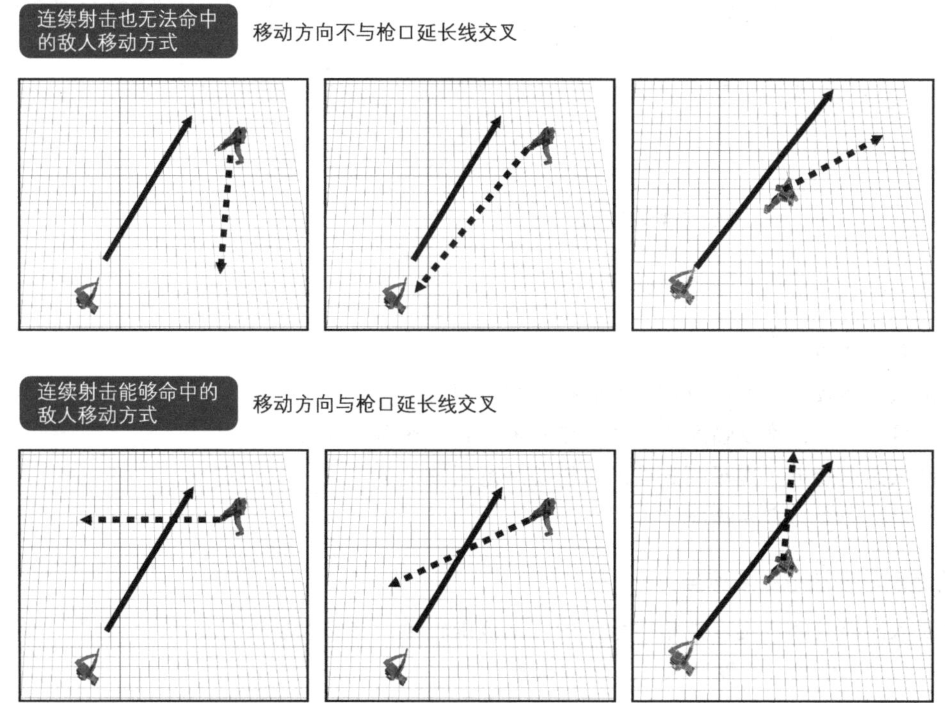

图 2.8.4　玩家的枪口延长线与敌人的移动方向

综上所述，射击类游戏中“攻击”“防御”“闪避”动作的界线十分模糊，很少有只为某个方面专设的动作。制作攻击动作时，往往也会出现闪避和防御效果。比如高速横向移动并射击的敌人相当于是在闪避中攻击，玩家的准星很难捕捉到它们。但有趣的是，高速冲向玩家的敌人很容易被消灭。虽然同样是“在奔跑中射击”，但只要移动方向不同，玩家眼中看到的运动（动作）也就完全不同。

在设计 TPS · FPS 游戏中敌人的“攻击”“防御”“闪避”动作时，需要清楚该动作在玩家眼中是什么效果。

玩家与敌人的距离带来的难度变化

射击类游戏的一大特征是玩家与敌人的距离可以影响游戏难度。比如敌人在奔跑的情况下，玩家在近距离与远距离看到的效果是不同的（图 2.8.5）。

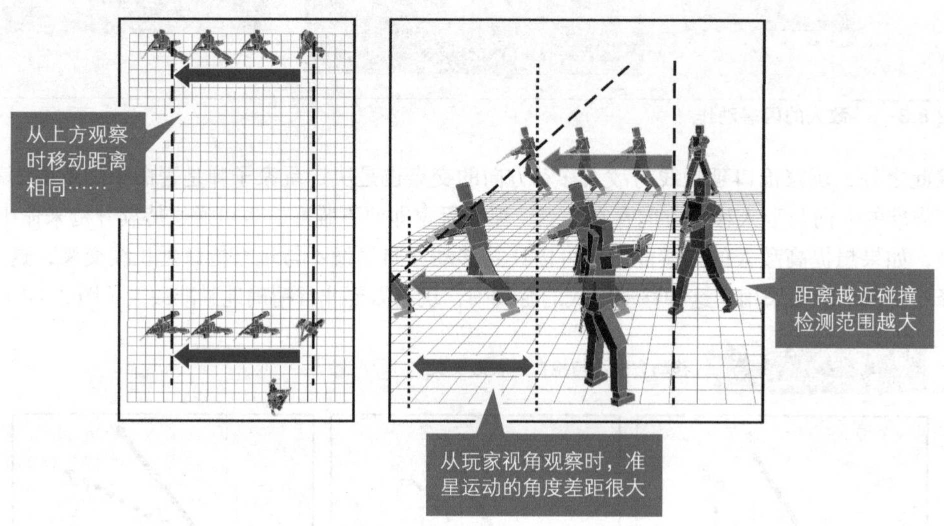
从上方观察
时移动距离
相同……
距离越近碰撞
检测范围越大
从玩家视角观察时，准
星运动的角度差距很大

图 2.8.5 玩家与敌人的距离带来的难度变化

玩家与敌人的距离带来的影响如下所示。

敌人的距离与碰撞检测

- 敌人距离较远（准星可瞄准的碰撞检测范围较小）
  →目标较小，难以瞄准（不过 FPS 中有“准星辅助”机制）
- 敌人距离较近（准星可瞄准的碰撞检测范围较大）
  →目标较大，容易瞄准

敌人的距离与移动范围及速度

- 敌人距离较远（玩家视角中敌人的移动范围较小，并且速度较慢）
  →移动速度慢并且距离较短，容易瞄准
- 敌人距离较近（玩家视角中敌人的移动范围较大，并且速度较快）
  →移动速度慢并且距离较长，难以瞄准（但是碰撞检测范围会增大。另外 FPS 中有“瞄准辅助”机制）

就算敌人行动迅速，远距离状态下相对于画面的移动量也不大，选用着弹点分布[①]较好的连射型武器就能很轻松地命中目标。然而这些敌人一旦到了近距离，虽然碰撞检测范围有所增大，可玩家一旦打偏就需要大幅度移动准星，对射击类游戏菜鸟玩家来说难度较大。另外，由于敌人的相对速度加快会导致玩家准星移动范围扩大，因此在近距离频繁出现敌人很容易诱发 3D 眩晕。

综上所述，TPS · FPS 射击类游戏与近距离战斗型动作类游戏不同，有着**远距离战斗独特的设计技巧**。

敌人的结构

《神秘海域：德雷克的欺骗》中敌人的结构十分传统，我们在其他射击类游戏中也经常能够见到类似的结构（图 2.8.6）。

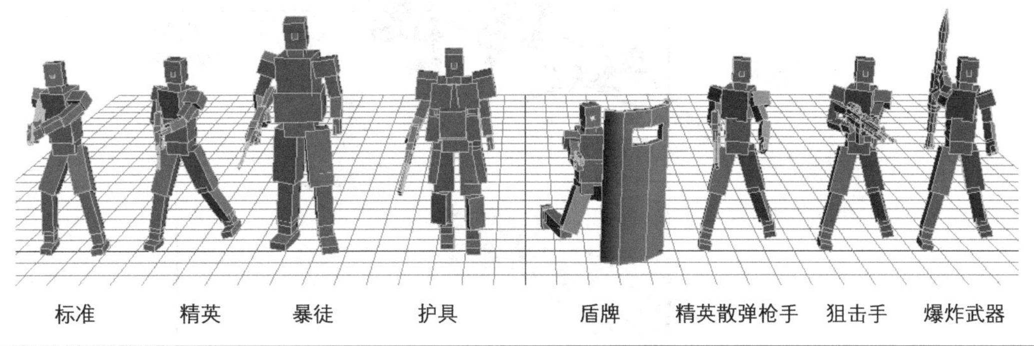

图 2.8.6　敌人的种类

- **标准：**标准的士兵。使用手枪
- **精英：**比标准更优秀的士兵。使用冲锋枪或突击步枪
- **精英散弹枪手：**比标准更优秀的士兵。使用散弹枪，积极接近玩家进行中距离 · 近距离攻击
- **暴徒：**高大强壮的士兵。力大无穷，在接近玩家后无论装备武器与否都会进行强力格斗攻击
- **护具：**身穿防弹护具的士兵。与暴徒一样强壮有力，并且使用散弹枪，积极接近玩家进行中距离 · 近距离攻击
- **盾牌：**装备盾牌的士兵。生命值不高，但是会躲在盾牌后面一边接近玩家一边用手枪射击
- **狙击手：**狙击手。躲藏在远方狙击点，使用带瞄准器的手枪或狙击枪狙击玩家
- **爆炸武器：**使用 RPG（便携式火箭助推榴弹发射器）攻击的士兵。与狙击手一样从远方狙击点狙击玩家

各位在实际玩游戏时或许会觉得敌人不止这些，但本质上都可以归为这几类，最多不过是“黑帮”“佣兵”等外观以及武器装备的细节差异。

① 着弹点分布指枪械的命中精度。比如向距离 50m 的目标连发数枪，所有着弹点都距离目标中心 1cm 以内，我们称这把枪“着弹点分布较好”。反过来，如果着弹点分布在距目标中心 10cm 甚至更大的范围内，我们称这把枪“着弹点分布较差”。

通过这些简单的敌人结构我们不难看出，在以远距离战斗为主的射击类游戏中，敌人角色的功能比个性更重要。

因此在射击类游戏中，借助关卡设计和敌人 AI 调整敌人配置以及战术，可以让敌人发挥更强的作用。

 TPS・FPS 的敌人 AI

在 TPS・FPS 射击类游戏中，敌人 AI 的设计与割草类等近距离战斗型游戏大不相同。下面，笔者将根据《神秘海域》系列已公开的资料、访谈以及自己的一些推测来为各位讲解敌人 AI 的运作。

首先，TPS・FPS 游戏一般都具备双重构造，即管理整个战场的战斗 AI 和控制单个敌人的敌人 AI（图 2.8.7）。

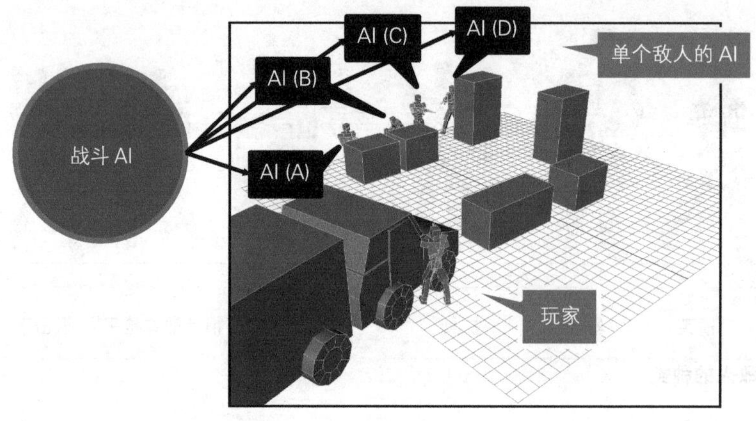

图 2.8.7　战斗 AI 和敌人 AI 的关系

另外，《神秘海域》系列的敌人 AI 由“生命参数”“技能”“武器”“目标”四部分构成（图 2.8.8）。

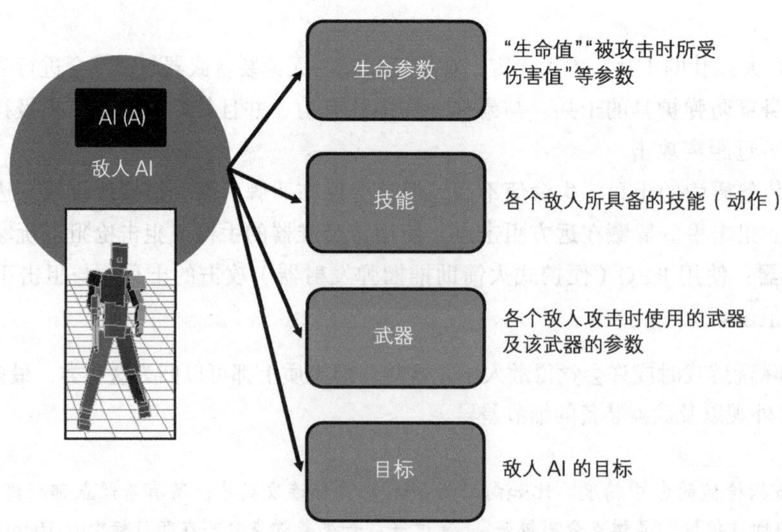

图 2.8.8　敌人 AI 的构造

首先是“生命参数”，生命值等基本参数都在这里设置。

然后是“技能”，这个部分用来设置敌人可执行的敌人 AI 的基本动作（表 2.3）。

表 2.3 敌人 AI 的技能

技能	内容
狩猎	追击玩家
掩护	躲进掩体
开始战斗	从掩体中探出并战斗
警告	发现玩家并进入战斗状态
巡逻	警戒
炮塔	附近有炮塔时使用炮塔攻击
投掷手雷	投掷手雷

※ 此表并未收录游戏中敌人 AI 的全部技能。

这些技能由战斗 AI 的指示、敌人 AI 的独自判断以及游戏中的状况等因素共同决定。比如在阵地中巡逻的敌人最初处于“巡逻”（警戒）状态，在发现玩家后则转为“警告”（备战状态），此后根据情况还会再切换为“狩猎”（追踪）、“掩护”（隐蔽）、“开战”（跳出来攻击）等状态。

“武器”参数用于设置敌人所持武器的种类以及该武器相关的性能，**大体可分为“伤害”“发射参数”“命中精度参数”三部分。**

伤害就是命中玩家时所造成的伤害值。

发射参数用来设置“弹速”（子弹的飞行速度）、“射速”（枪械连射的速度）、“连射数”（连射时可发射的子弹数）、“两次开枪的间隔”等。

命中精度参数则可以设置射击时“着弹点的分布”以及敌人不同状态下的“命中率修正”。本作品中的敌人在静止状态下命中率修正 0%，在奔跑状态下修正 –10%，即通过概率修正还原了人类瞄准时的误差（枪械瞄准的难度）。另外，敌人从掩体中探身转入攻击状态时，命中率会在 3.5 秒内由 0% 线性增加至 100%。该设计模拟出了人类从探出掩体到稳定射击这段过程中的命中率变化。如果没有这些修正，玩家很可能会被从掩体中探出身来的敌人一枪打死，完全来不及反应。

另外，敌人装备武器的命中率会根随距离变化。比如突击步枪的命中率就如下表所示（表 2.4）。

表 2.4 武器（突击步枪）的命中率

距离（m）	命中率
60.0	0%
30.0	30%
20.0	40%
12.0	40%
8.0	50%
4.0	90%

通过调整这些武器参数，敌人距离玩家越远，攻击就越难命中玩家（在实际游戏中，命中率还会受到各武器细节参数、敌人参数以及游戏难度等方面的影响）。

顺便一提，最后的“目标”参数中存储着敌人当前的目标信息，这一信息可以是玩家也可以是 NPC。

综上所述，TPS · FPS 射击类游戏中敌人的强弱受“概率”大幅影响。

能打能藏能突击的敌人 AI 机制

下面我们来说明敌人 AI 中的移动机制。

在日趋逼真的 3D 游戏中，古典 2D 游戏常用的“碰到障碍物时转身”的移动机制已经无法满足我们的需求，因为这样移动的敌人看上去不够自然（图 2.8.9）。

要解决这一问题，最容易想到的方法就是**巡逻路径**①（某些游戏中称为“路点”或简称为“路径”）。如果需要让敌人在特定位置进行巡逻，就要将其路线数据设置为“巡逻路径”（图 2.8.10）。

古典 2D 游戏中的移动

古典2D游戏中，每当进行移动时都要判定是否有障碍物，并向没有障碍物的方向前进

3D 游戏

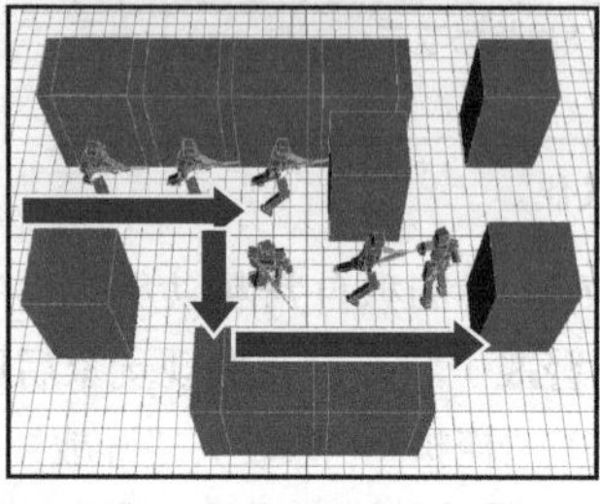

3D 游戏中如果使用这种古典的移动方式，看上去会很不自然

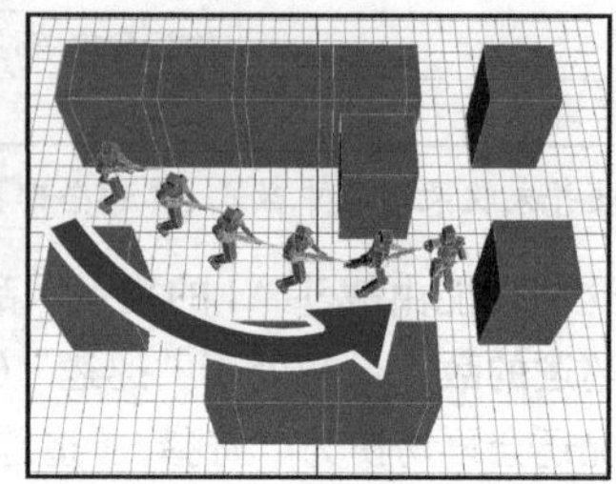

理想状况是敌人与真人一样不受地图形状影响，移动显得十分逼真

图 2.8.9　古典 2D 游戏与 3D 游戏中敌人 AI 在移动方面的差异

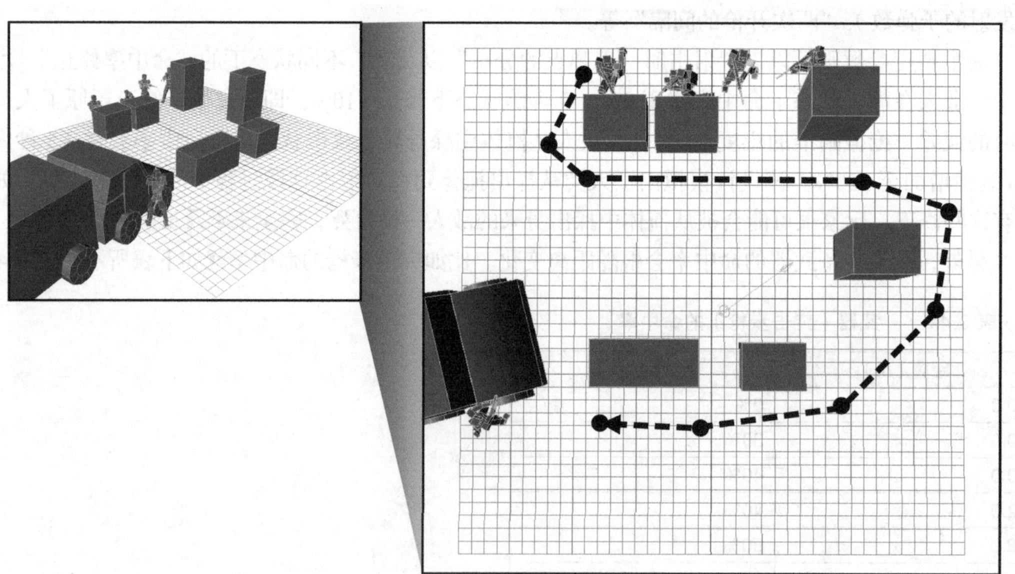

图 2.8.10　巡逻路径

① 与“巡逻路径”相对，指引玩家以最佳路线到达终点的路径称为“黄金路径”。这一机制很少使用在敌人 AI 身上，但可以让某些辅助玩家的 NPC 沿黄金路径前进来引导玩家。黄金路径可以在关卡设计初期预先设置，也可以在游戏中以实时寻路的方式出现。

然而，如果只有一条巡逻路径，敌人就只能在固定路线上往复运动。于是设计者们找到了解决方法，那就是在地图中铺设像蜘蛛网一样的**网状路点（路径）**①（图 2.8.11）。

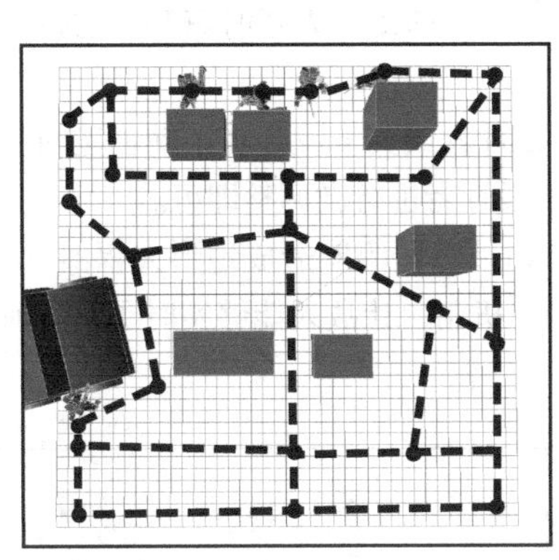

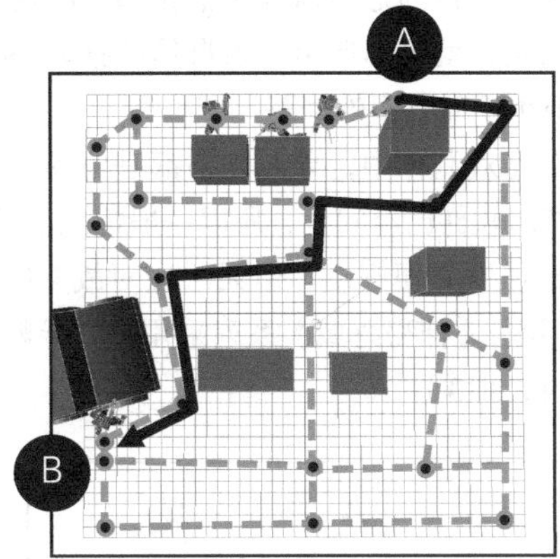

图 2.8.11　网状路点

在网状路点中，地图中四处分布的路点由“路径”相连。敌人移动时，由敌人 AI 指定目的地，再根据网状路点搜索抵达目的地的最短路径。这种手法称为“寻路”。

另外，敌人不必严格按照路径行走，稍微有些偏差也并无大碍。如果敌人在执行其他移动时碰到了障碍物，此时只需让其回到最近的路径上，即可重新使用网状路点移动。

不过，借助网状路点实现的寻路功能有其局限性。由于所有路径数据都需要关卡设计者手动设置，因此游戏越追求自由细致的移动，制作路径所花费的精力就越多。

于是我们需要用到**导航网格**机制。所谓导航网格，是将场景中的可移动范围（没有障碍物的场所）按照一定规则切分成“网格状”的产物。为减少数据量，一个网格通常要大于一个地形的三角面（图 2.8.12）。

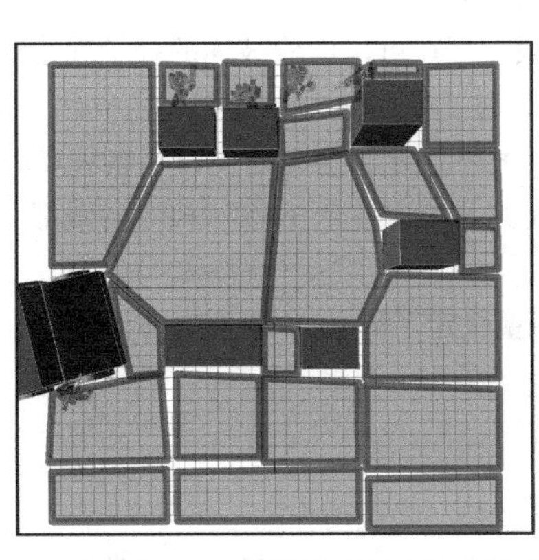

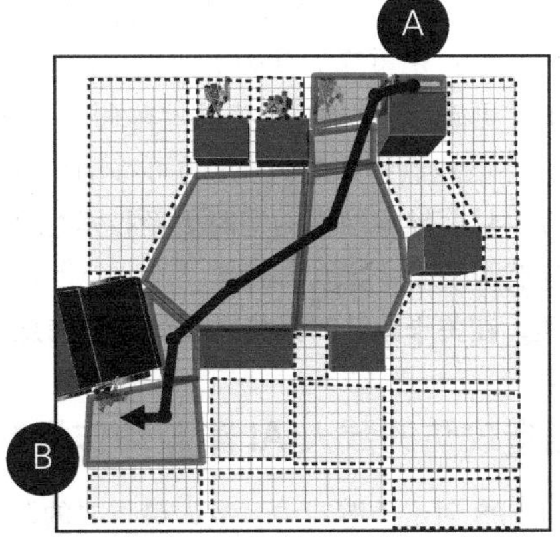

图 2.8.12　导航网格

① “巡逻路径”“路点”“路径”等词汇，在不同游戏公司、不同开发团队甚至不同软件中的名称及意义都有所不同。

每个网格数据中都保存着相邻网格的信息，因此可以和网状路点一样实现寻路功能。

比如在如图 2.8.12 所示的场景中，我们通过导航网格让敌人从 A 点出发向目的地 B 点移动。可以看出，敌人抵达目的地需途经 7 个相邻的网格。由于导航网格之中不存在障碍物，因此只需让敌人在网格中行走，就可创造出一条自然的移动路径。另外，即便敌人暂时离开当前路线去执行其他移动，返回时也不需要额外绕路。

在早期的游戏制作中，导航网格都是由场景模型设计者或关卡设计者手动创建的。如今能自动生成导航网格的软件已经问世，所以一般情况下只需要设计者进行微调整即可。

导航网格虽然方便好用，但无法应对战斗中建筑物被破坏等能造成地形大幅实时变动的情况。为解决这一问题，《神秘海域》系列采用了"导航地图"机制，让敌人能够实时了解当前场景中障碍物的位置（图 2.8.13）。

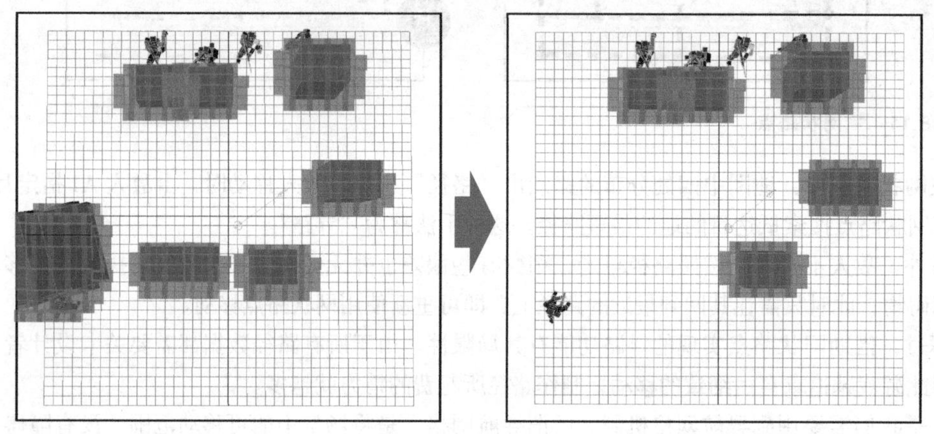

图 2.8.13　实时变化的导航地图

导航地图中包含实时更新的障碍物信息。此外，该障碍物支持的"隐蔽动作"种类也记录在导航地图中，敌人 AI 在下达隐蔽行动指令时会以此来参考隐蔽位置。

以《神秘海域：德雷克的欺骗》为例，这款游戏中存在可以用枪破坏的柱子或建筑物等，也就是通常所说的"可破坏障碍物"。当这些障碍物被破坏时，导航地图会如图 2.8.13 所示将相应障碍物的数据移除，将该地点纳入敌人 AI 的可移动范围。另外，导航地图还支持车辆移动时的障碍物检测。顺便一提，目前导航网格的实时更新技术也在研究之中，各个 TPS · FPS 游戏都在不断开发适合自己的新导航网格或导航地图机制。

综上所述，在关卡设计时预先准备的移动信息总量决定了敌人 AI 能否自由移动。

 能创造攻防的敌人 AI 隐蔽动作机制

在 TPS · FPS 射击类游戏中，敌人最重要的动作就是"隐蔽动作"。

若想避免敌人被玩家攻击，需要让其隐蔽到障碍物后方。在判断障碍物种类以及其支持的隐蔽动作时，不单需要敌人 AI 进行实时搜索，还需要在关卡设计时预设相应的功能可供性信息（图 2.8.14）。

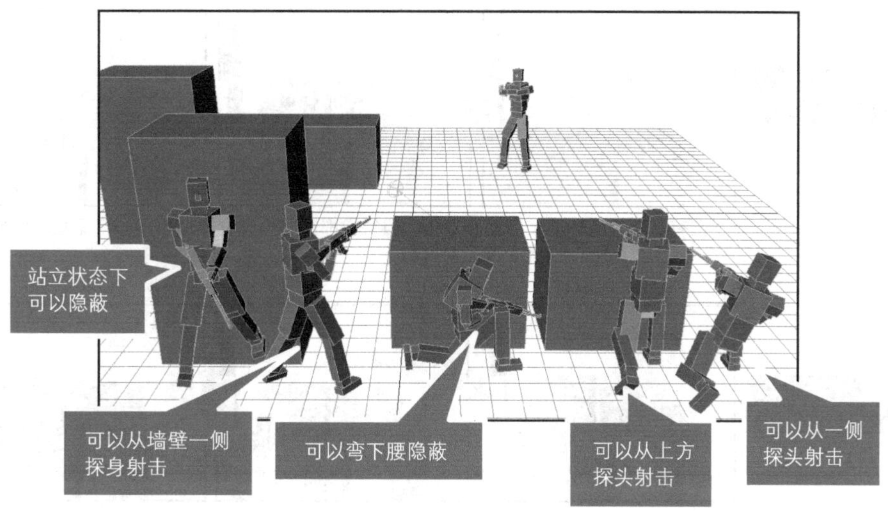
站立状态下
可以隐蔽
可以从墙壁一侧
探身射击
可以弯下腰隐蔽
可以从上方
探头射击
可以从一侧
探头射击

图 2.8.14 预设的功能可供性信息（隐蔽动作）

反过来想，如果关卡设计时没有预置恰当的功能可供性信息，那么再高明的敌人 AI 也做不出隐蔽动作，结果就是敌人防御减弱。

因此，要想让射击类游戏的敌人看起来能打能躲十分精明，需要在关卡数据（地图数据）中为敌人 AI 预置大量战场相关信息。

另外，隐蔽动作兼具攻击和防御两方面效果，不同隐蔽动作所带来的枪战攻防享受大不相同（图 2.8.15）。

比如假设敌人只采用最简单的隐蔽动作，每次都从同一个位置探头，那么玩家能很快看出规律并将其消灭。但是如果让敌人选取更加高明的隐蔽方式，从障碍物上方和侧面两个位置随机探头，那么玩家就需要考虑敌人会从哪边出现，进而产生攻防。如果再让敌人佯装成隐蔽，实则从另一路线迂回接近玩家，恐怕玩家会被打得措手不及。在这种情况下，玩家需警戒的范围从前方扩展到了周身 360 度。另外，当眼前突然跳出近战肉搏型的敌人时，玩家将不得不面对是“立刻消灭这个敌人”还是“先躲到不会被其他敌人射击的位置”的选择。

因此，通过对敌人的隐蔽动作进行加工，可以让玩家享受到与敌人之间多种不同的攻防。

不过，与没有隐蔽动作的游戏相比，玩家和敌人都拥有隐蔽动作虽然可以让枪战节奏有张有弛，但战场的站位（玩家与敌人的位置）会缺乏变化。在这种双方互相隔着掩体射击的游戏里，只有优秀的敌人 AI 和关卡设计才能带动出快节奏战斗。要想创造刺激的速度与节奏，就必须迫使玩家放弃一味隐蔽。让敌人突击，或者向掩体后方投掷手榴弹都可以将玩家逼出掩体。除此之外，掩体破坏等机制能有效防止节奏停滞，让玩家保持紧张感。

反之，如果游戏中没有隐蔽动作或者障碍物较少，那么游戏节奏往往会很快（双方都很容易死亡）。

综上所述，隐蔽动作不仅是敌人的攻击及防御，还是影响 TPS · FPS 游戏节奏的一大因素。

简单的隐蔽攻击

在有遮蔽物的场所使用隐蔽攻击。但每次都在同一个位置使用同一个隐蔽动作的方式太过简单，很容易被玩家攻击

高明的隐蔽攻击

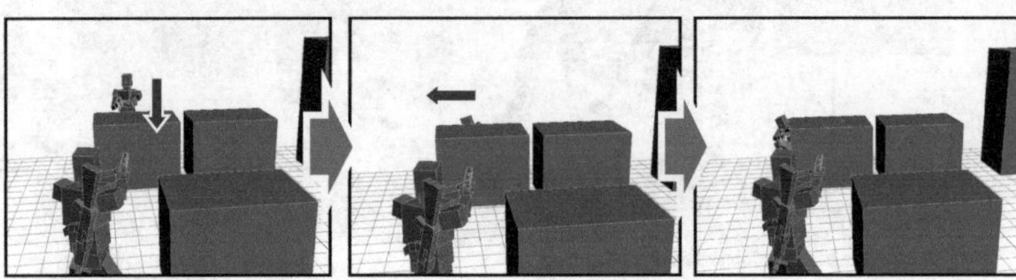

高明的隐蔽攻击是从遮蔽物上方或侧面随机探身，并且隐蔽动作存在变化

隐蔽攻击与迂回

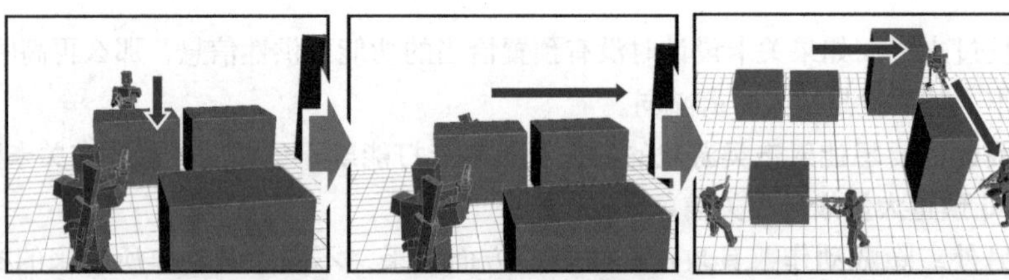

更加高明的敌人 AI 是，不光能够隐蔽，还可以佯装隐蔽后迂回攻击玩家

近身攻击

切入玩家近距离，一边射击一边缩短间距，近身后使用格斗攻击

图 2.8.15　隐蔽动作带来的枪战攻防

敌人 AI 的目标机制

在以往的古典 TPS 与 FPS 游戏中，敌人的目标大多只有玩家一人。然而随着游戏硬件的更新换代，枪战场面被做得越来越真实，玩家也就有了更多机会与同伴或战友一同踏上战场。在《神秘海域：德雷克的欺骗》中，主人公德雷克就将与搭档苏利文一同战斗，某些场景中甚至会有多名同伴一起参与枪战。那么在这种战斗中，敌人是如何判断该射击哪个目标的呢？

最简单的方法就是让每个敌人随机选择目标。然而这种目标选择方法不受控制，玩家面对这类敌人时将无法使用“同伴吸引火力，自己绕后攻击”等战术，使游戏乐趣变得单一。

还有一个备选方案是让敌人攻击最近的目标。然而一旦采用了这种方法，玩家迂回接近时就会遭到敌人的集中火力。

因此，《神秘海域：德雷克的欺骗》中的敌人采用了一种更接近普通人类的选择方式，那就是选取“最显眼的人、自己当前正在注意的人”为目标。

以图 2.8.16 中的战场为例。躲在卡车后面的 A 角色并不显眼，所以不会被选为目标。相对而言，B 角色距离敌人较近并且已经探出掩体，因此敌人会选择更加显眼的 B 角色进行攻击。此时如果 A 角色可以跳出来吸引部分敌人的注意力，那么玩家将有机会考虑各种战术。

也就是说，这款游戏通过设置“目标参数”让敌人 AI 管理目标，使得敌人的判断更加接近人类。

本作品中的目标参数十分复杂，笔者仅通过自己的理解进行简要说明。目标参数中包含**“距离”“可视性”“条件”“状态”**等参数，敌人 AI 通过这些参数计算每个目标的“权重”（评价值）。

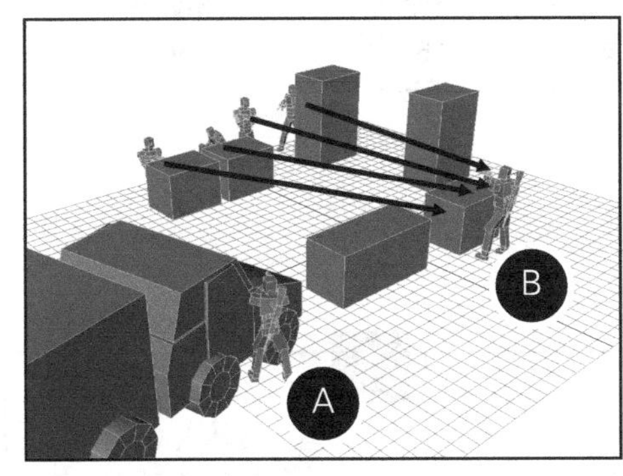

瞄准显眼的 B

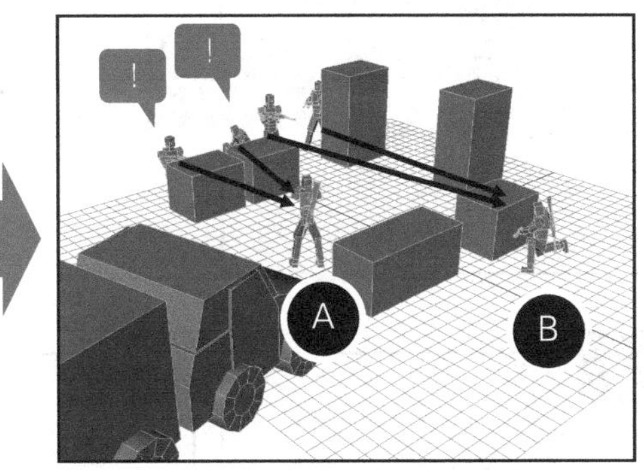

A 冲向前之后，部分敌人认为 A 更显眼，转为瞄准 A

图 2.8.16　目标的选择方法

首先是**距离**参数。这一参数中设置了敌人寻找目标的最大距离，以及根据敌人与玩家距离而变的“距离权重”。假设最大距离为 200m，距离权重最大为 50。玩家与敌人相距 100m 时的权重为 25，50m 时则为 37.5。也就是说，目标距离越近权重越高。

然后是**可视性**参数。从敌人视角出发看目标是否隐藏在障碍物之后，根据“观察的难易程度”计算权重，并与其他权重相加。

接下来是**条件**参数。根据“目标是否瞄准了自己”“最后是否攻击了自己”等条件计算权重，并与其他权重累加。

最后则要看目标的**状态**。列表中的目标“是否站立”“是否正在隐蔽”“是否正在奔跑”“是否正在瞄准”等状态都有相应的权重加成。当然，权重高低与动作的显眼程度成正比。

将这一系列参数进行合计后，敌人将选择其中权重（评价值）最高的角色作为目标进行攻击。

除此之外，实际游戏中为防止单名角色受到集中攻击，条件参数中特意包含了“是否已被选为目标”这样的条件，使得敌人 AI 的目标选择更加贴近真人。

目标参数还有一个优点，如果希望敌人在战斗中攻击特定角色，那么只需要将该角色的权重（评价值）额外提升即可。反过来，如果不想让敌人攻击剧情中的关键人物，则可以在其权重上做负修正，降低敌人的关注度。

这种目标选取方式并不仅仅局限于 TPS · FPS 游戏之中，各位在制作其他类型的游戏时也可参考。

让敌人拥有人类那样的感知的敌人 AI 机制

敌人在选择玩家或 NPC 等为目标时，并不需要通过“看”和“听”来识别对方。以往游戏中的敌人大多是以扇形或圆锥体的“视觉范围”“听觉范围”来认知目标的，而《神秘海域》系列所采取的方法则更进一步，敌人可以通过“有奇怪的气息”“有什么东西在动”“找到了！就是他！”等类似于人类的模糊感知方式来捕捉目标。

这一机制其实十分简单。就以视觉为例，敌人的视觉分为两层结构，由可以清晰辨识的**主圆锥**和其外部的只能模糊辨识的**次圆锥**组成（图 2.8.17）。

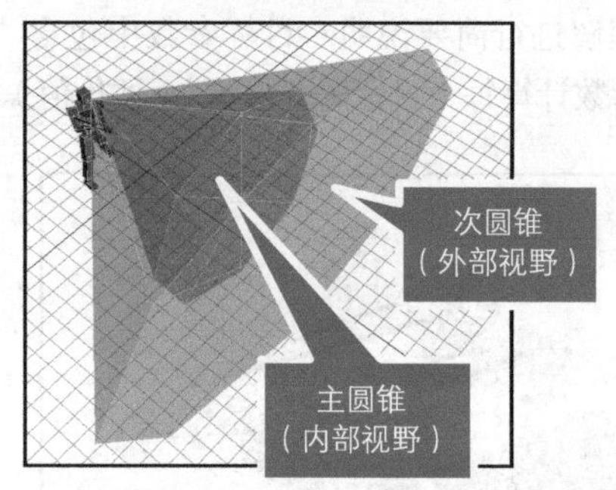

	主圆锥	次圆锥
・垂直角度	100 度	140 度
・水平角度	120 度	160 度
・距离	15m	25m
・辨识时间	1 秒	3 秒

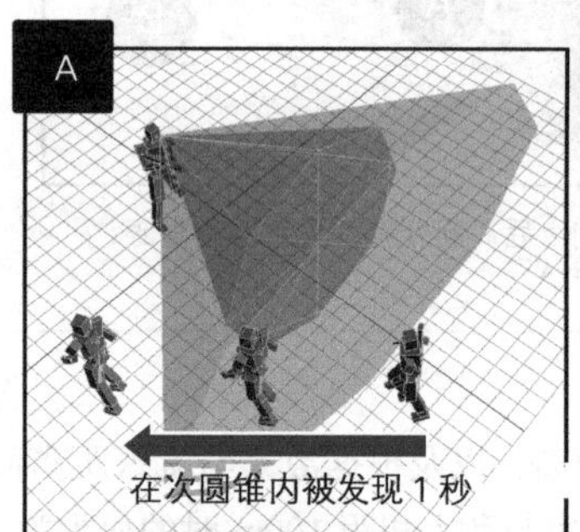

“有什么东西在动！”
未达到次圆锥的辨识时间

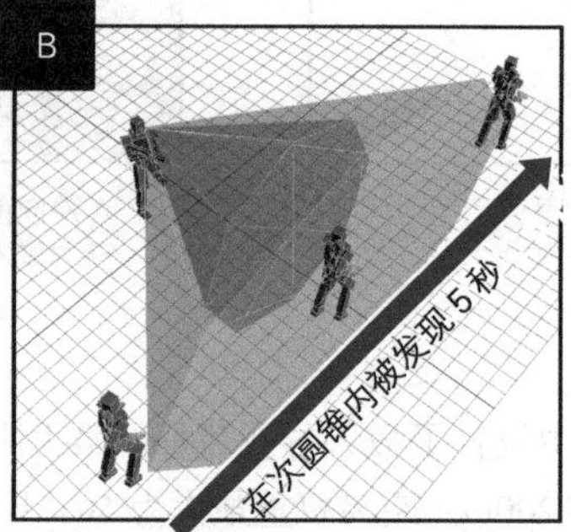

“那边有什么东西！”
超过了次圆锥的辨识时间

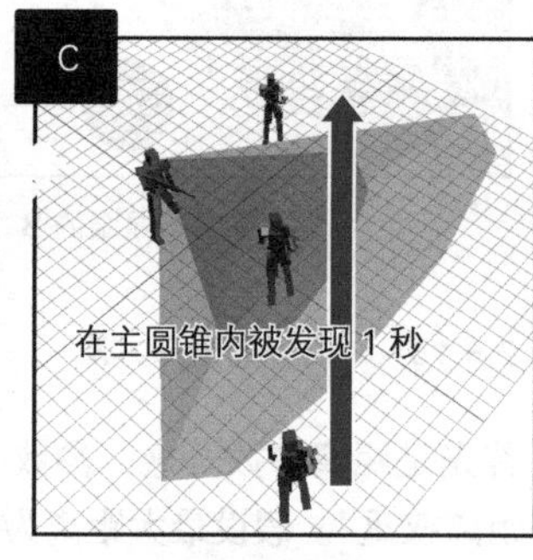

“是他！”
在主圆锥内被辨识

图 2.8.17　主圆锥和次圆锥

※ 图中的值仅为笔者拟定的参考值。

首先，主圆锥和次圆锥都包含**“垂直角度”“水平角度”“距离”“辨识时间”**四个参数。

主圆锥的“垂直角度”“水平角度”“距离”要小于次圆锥，但“辨识时间”较短，因此玩家经过这个范围时大多会被敌人发现。另外，辨识时间根据距离存在线性修正。假设最大值为 1 秒，那么玩家在敌人身边时只需 0 秒即被辨识，而在主圆锥最远处则必须滞留超过 1 秒才会被辨识。

次圆锥虽然比主圆锥范围要大，但辨识时间相对较长。因此，玩家必须在次圆锥内滞留超过一定时间才能被敌人准确辨识。只要将辨识时间作为一种评价值，敌人就能根据玩家的滞留时间做出诸如“那边有人!”“有什么东西在动!”等**模糊的感知**。

另外，敌人在不同场景中拥有不同的主圆锥及次圆锥。比如在发现玩家后，敌人从巡逻的“普通”状态转入“全神贯注”状态，此时敌人为集中注意力会切换成狭长的圆锥。这就像我们全神贯注做某事时眼睛只会注意前方。进入枪战状态之后，敌人会积极搜索玩家，此时主圆锥和次圆锥范围都会扩大（图 2.8.18）。

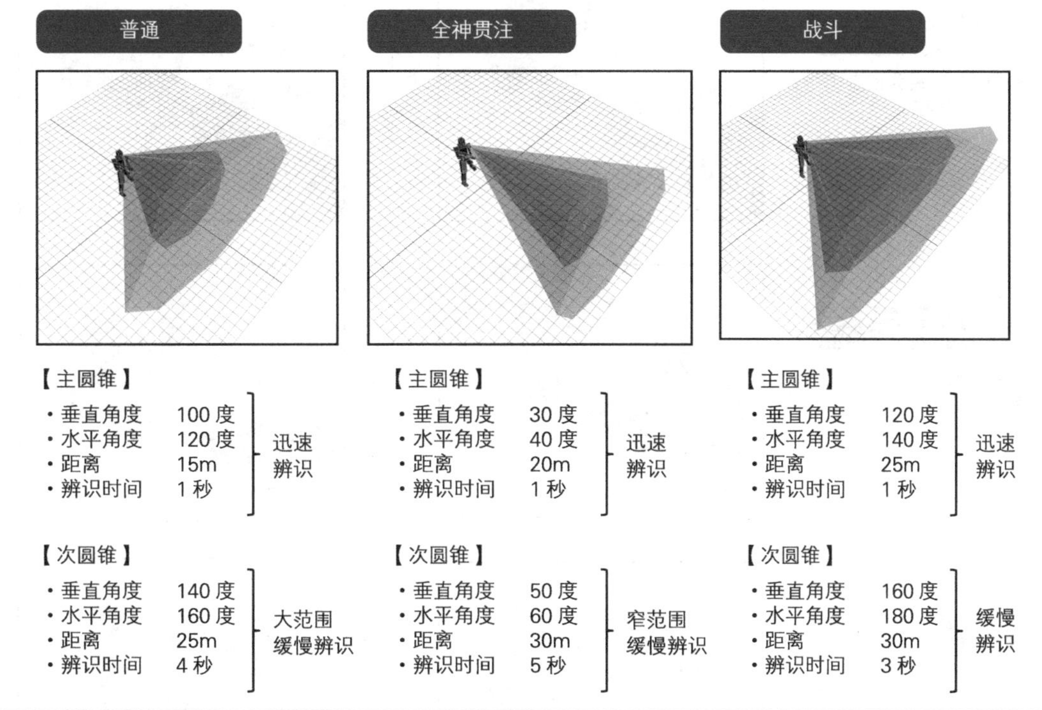

图 2.8.18 主圆锥和次圆锥的变化

※ 图中的值仅为笔者拟定的参考值。

这一主圆锥・次圆锥的机制加上之前我们说明的目标参数，让这款作品的敌人 AI 能以更自然更接近真人的方式辨识玩家。

 有团队意识的敌人 AI 机制

《神秘海域》系列的敌人 AI 有个非常有趣的特征，那就是敌人能根据战况做出有**团队意识**的行动。比如在潜入敌人基地时，负责警戒的敌人就会根据战况做出各种行动（图 2.8.19）。

首先是战况 A，处于警戒状态的敌人发现玩家时，发现者会高声喊出“他在这！”然后对玩家发动格斗攻击或射击，附近注意到此事的敌人将会前来支援。

然后是战况 B，战斗进入胶着状态之后，敌人领队会发出“把他引出来！”的指示，几名敌人会根据此指示上前进行格斗攻击，或者像战况 C 一样投掷手榴弹让玩家无法继续躲藏。玩家如果不小心暴露在敌人眼前，将受到战况 D 中的集中炮火攻击。

不过，如果玩家脱离敌人视线超过一定时间，则会出现战况 E 中敌人跟丢玩家的情况。敌人领队发出“人去哪了？把他找出来！”的指示，其他敌人会根据指示开始巡逻。

也就是说，通过将敌人 AI 所想的内容表现出来，可以将敌人的感情真实地传递给玩家。另外，敌人的团队意识可以营造出“紧迫气氛”，让游戏真实度更上一层楼。

战况 A

从警戒状态转为侦查然后发现玩家

战况 B

战斗胶着时让一名敌人近身攻击

战况 C

向隐蔽中的玩家投掷手榴弹

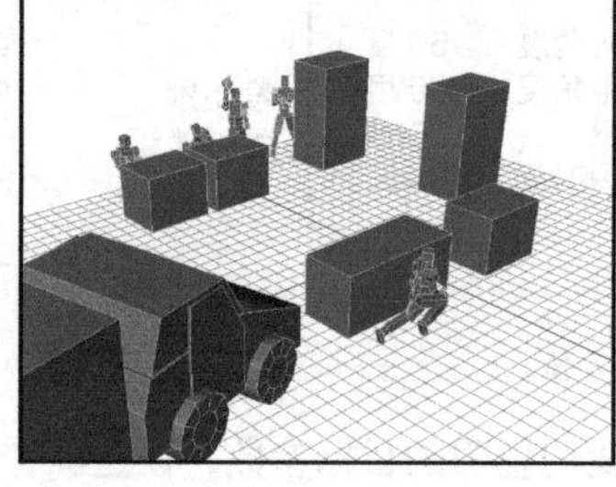

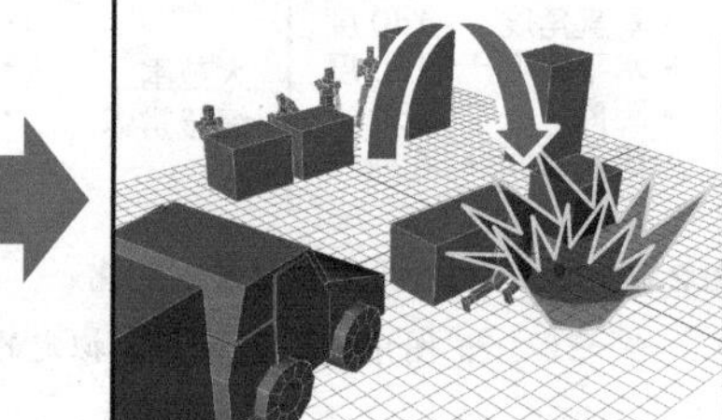

战况 D

玩家站位失误时一起攻击

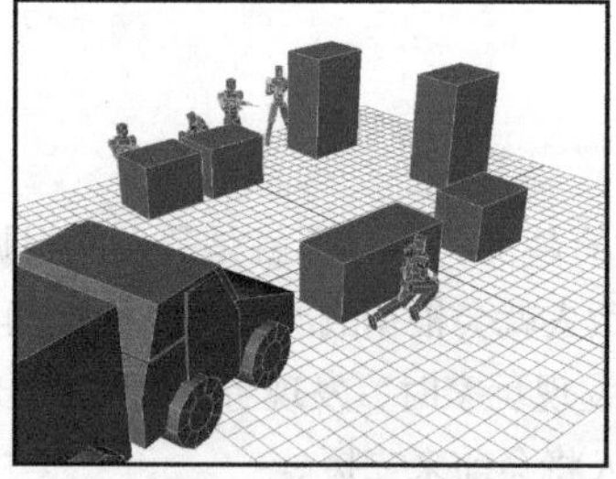

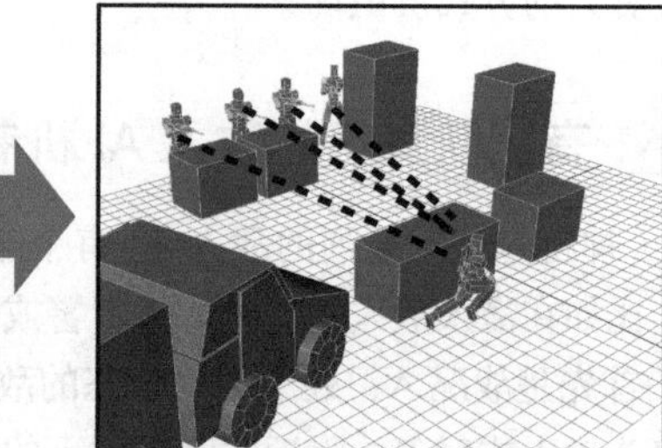

战况 E

丢失目标，派人出去搜索

图 2.8.19 不同战况下的团队意识表现

如果想在游戏中还原战场的气氛，不妨先考虑如何表现敌人的团队意识。

顺便一提，这款游戏在设计战场时用**区域标识**来指定战场区域。区域标识以圆柱体来指定主要战场，敌人 AI 集团会尽量在区域标识范围内战斗。另外，区域标识可以实时设置，在移动的卡车货斗或玩家角色身上设置区域标识就能够创造出移动的战场。

在一些需要特殊剧情的战斗场景中，区域标识能起到十分显著的效果。

通过战斗 AI 控制游戏节奏的机制

不同射击类游戏有着各自不同的速度与节奏。

射击类游戏的速度与节奏首先受到玩家枪械弹药数和装填时间的影响。如果有一把有着无数子弹并且不需要装填的枪，那么玩家就可以一直射击。反过来，如果枪械弹药少并且装填时间长，被敌人反击的风险就会很高。

那么，射击类游戏的速度与节奏是由枪械的游戏机制决定的吗？其实并不完全如此，战斗 AI 与敌人射击也能对其产生大幅影响。

比如《生化危机 4》，游戏初期的敌人基本不使用远程武器，所以游戏速度和节奏相对缓慢，恐怖气氛也比较浓重。同时，由于敌人基本不会闪避和防御（即专为攻击而创的敌人），因此敌人 AI 的设计重点在于“如何接近玩家并发动攻击”。在这款游戏中，玩家的移动速度和攻击动作的速度都高于敌人，这就让玩家能够左右整个游戏的节奏。装备弹药多并且装填速度快的机枪时，玩家可以单方面屠杀弱小的敌人。总的说来，玩家要比敌人 AI 更能支配这款游戏的速度与节奏。

相对而言，《神秘海域》中的敌人与主人公一样是活生生的人类，所以既会使用远程武器，也能进行闪避与防御。也就是“既能攻击也能防御的敌人”。当然，这款游戏中敌人的枪械也有弹药数和装填时间。但即便如此，在这种拥有大量远程攻击型敌人的游戏中，速度与节奏还是掌握在敌人 AI 手里。这是因为无论如何制定战术改变攻击方法，只要敌人抓准玩家移动的瞬间集中攻击，玩家还是很容易阵亡。即便玩家使用隐蔽动作，在所有敌人一起扑上来时仍然双拳难敌四手。因此，战场上展开攻击的速度以及射击隐蔽的节奏都很大程度上由战斗 AI 来决定。

综上所述，在与持枪敌人的战斗中，战斗 AI 带动的速度与节奏要优先于玩家行动或枪械装填所带来的速度与节奏。因此，在这种远距离攻击为主的战斗中，设计者需要通过战斗 AI 创造出适当的节奏，让玩家在保持适度紧张感的同时拥有良好的反击机会。

小结

《神秘海域：德雷克的欺骗》等 TPS · FPS 射击类游戏中，玩家与单名敌人的战斗攻防很容易变得单一无趣。若想制作出惊险刺激的战场，设计者的着眼点必须放在“以何种速度、何种进攻方式、让玩家体验何种攻防”这一系列问题上。因此 TPS · FPS 游戏的开发者需要先在脑中构思出相应的战斗场景，然后像制作电影一样将其还原在关卡设计之中，并配以本节中介绍的“导航网格”“导航地图”“敌人 AI”等机制。

实际上，TPS · FPS 游戏中玩家要迎战的并不是一个个敌人，而是游戏开发者制作出来的关卡设计（或者战术 · 战场）。单人游戏（战役模式等）的情况下更是如此。

创造拥有人类感觉的敌人 AI 并让其与关卡设计紧密相连，进而从中衍生出“战场的真实感与紧张感”，这正是创造火爆枪战场面的秘密。

顺便一提，在全球热销的《最后生还者》也继承了由《神秘海域》系列团队开发出来的敌人 AI 基本构造。当然这并不是说《最后生还者》照搬照抄了《神秘海域》系列的 AI，但其基本构造是相同的。因此各位在读完本节后再去玩《最后生还者》，或许会发现一些十分眼熟的机制。

另外，下列开发者访谈中详细描述了《神秘海域》系列敌人 AI 的相关内容。虽然很可惜只有英文版，但有兴趣的读者不妨看一看。

- A Deeper Look Into Combat Design Of Uncharted 2
- The Secrets Of Enemy AI In Uncharted 2
- Hive-Mind Combat Behaviors in UNCHARTED 2 for Better Positioning Decisions

2.9 五花八门的敌人 AI设计技巧

随着游戏硬件及编程技术的发展，3D 游戏不但呈现的敌人数已经远超 2D 游戏，其表现力也日趋丰富，不断吸引着众多玩家的目光。其中，敌人 AI 直接左右着一款游戏的乐趣。在不断进化的敌人 AI 里，蕴藏着大量让游戏更有趣的设计技巧，而单纯通过玩游戏是无法发现它们的。

本节中，我们以几款 AI 占主要地位的游戏为例，为各位讲解 AI 控制敌人角色的机制。

 敌人 AI 的种类

我们先从与游戏 AI 相关的基本机制讲起。

首先，游戏 AI 有着多种设计手法，其中被应用时间最久的就是**基于规则的** AI。顾名思义，基于规则的 AI 就是以特定规则为基础进行判断・行动的 AI。我们不妨以著名的游戏《吃豆人》[①] 作参考（图 2.9.1）。

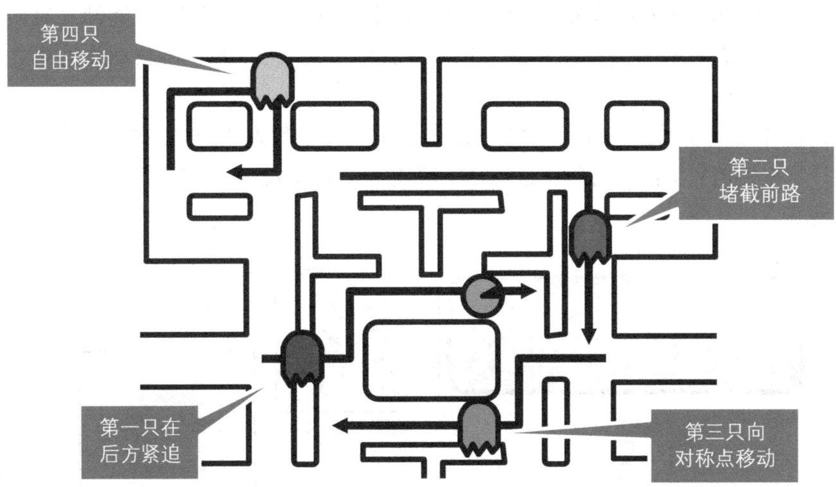

图 2.9.1 《吃豆人》的敌人算法

《吃豆人》的敌人是怪物，而这些怪物根据颜色的不同有着不同的规则。《吃豆人》的设计者岩谷彻对其规则进行了如下说明[②]。

> 第一只会紧追在吃豆人后方。第二只会选取吃豆人前方不远处为目的地，来堵截前路。第三只与吃豆人成点对称运动，第四只没有任何规律地自由移动。

---

① パックマン © NAMCO BANDAI Games Inc.

② 《吃豆人的游戏学入门》（原书名为『パックマンのゲーム学入門』，岩谷彻著，ENTERBRAIN）

规则就是如此简单。以第一只为例，我们只需要“吃豆人在右侧时向右移动”“吃豆人在左侧时向左移动”“吃豆人在上方时向上移动”“吃豆人在下方时向下移动”四条规则（条件）即可实现其 AI。程序流程如图 2.9.2 所示。

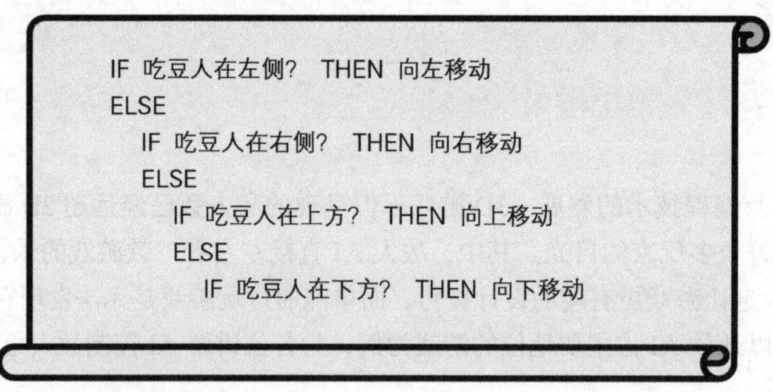

图 2.9.2　**将怪物追击规则写作程序的例子**

※ 并非实际游戏的规则及程序。

在《吃豆人》中，根据玩家行动，怪物 AI 被完全规则化了。只要玩家认清 AI 的行动模式，就能轻而易举地长时间不被抓到并且获得高分。这类 AI 在摸清规律后很容易找到攻略方法，所以属于容易暴露弱点的 AI。因此，《吃豆人》为提升游戏难度，每过一个关卡都会提升游戏速度。

然后我们来说明**基于态的 AI**。《吃豆人》的时代过后，随着游戏系统的复杂程度逐渐升高，基于规则的 AI 已经不能满足游戏需求了。而且基于规则的 AI 需要让敌人 AI 逐帧去对照规则进行判断，在拥有攻击动画的动作类游戏或格斗等游戏中，由于敌人 AI 的思考与动作结果之间存在时间差，敌人将无法战胜玩家。

我们就以格斗游戏为例进行说明。如图 2.9.3 所示，假设敌人 AI 拟定在上段攻击之后接续下段攻击，玩家只要在格挡完上段攻击后快速做出下段攻击，敌人 AI 拟定的下段攻击就会被打断，形成玩家的确定反击。

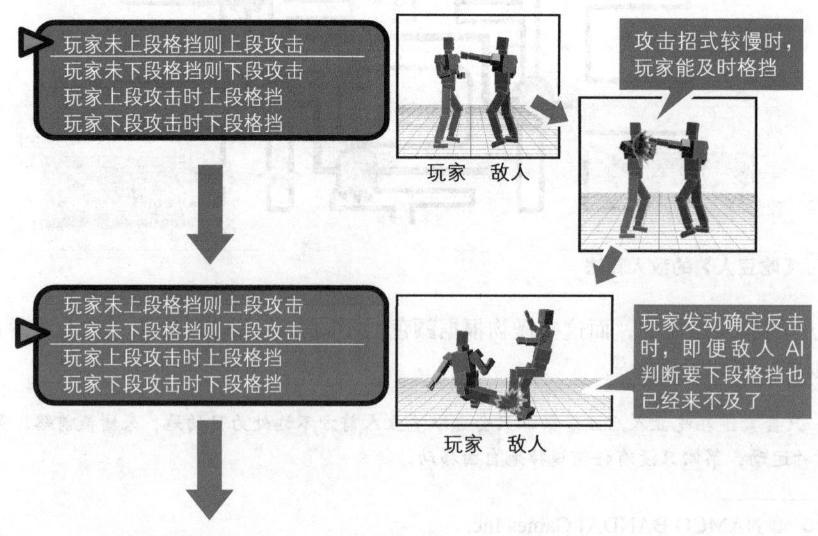

图 2.9.3　**格斗游戏的 AI 与玩家**

由于基于规则的 AI 只能根据当前形势进行判断，因此很难在战术性游戏中做出较强的敌人。虽然通过大幅增加规则能勉强做出"略微聪明的 AI"，但大量的规则往往会相互牵扯，给 AI 的管理及调整带来巨大负担。

因此开发者们想到了**基于态的** AI。在基于态的 AI 中，AI 将"一个行动・状态"视作"一个态"进行思考。

在格斗游戏中，出拳等动画过程中无法再执行其他动作。此时即便 AI 已根据玩家行动做出了判断，我们也不能让敌人取消当前动作。因为一旦敌人能取消当前动作并执行 AI 的判断，我们将会看到出拳过程中踢腿或格挡的奇怪行为。

为解决这一问题，可以让基于态的 AI 在一个动作或态结束时进行下一次判断，或者在当前态中预约下一个要转移（执行）的态。比如我们现在用最简单的方式制作一个格斗游戏 AI，如图 2.9.4 所示，让敌人根据条件在"自然站立""上段拳攻击""下段脚攻击""连击""上段格挡""下段格挡"六个态（状态）之间进行迁移[①]。

为敌人配备基于态的 AI 之后，敌人将能根据游戏状况选择最恰当的攻击方式。如图 2.9.5 所示，敌人在上段攻击被玩家格挡时，能迅速预测到玩家的下段攻击并执行下段格挡。随后设计者可以根据游戏需要，在基于态的 AI 中设置连击反击等简单战术。

另外，通过将态进一步分群・分层，可以实现"生命值 100% 时切换成积极进攻的态群""生命值低于 50% 时切换成攻守兼顾的态群""生命值低于 30% 时切换至防守反击为主的态群"等模式转换[②]。因此基于态的 AI 可以一定程度上应付游戏中"时间差"和"时间流逝"所带来的问题。同理，我们还可以制作出"近距离专用态群"和"远距离专用态群"等。

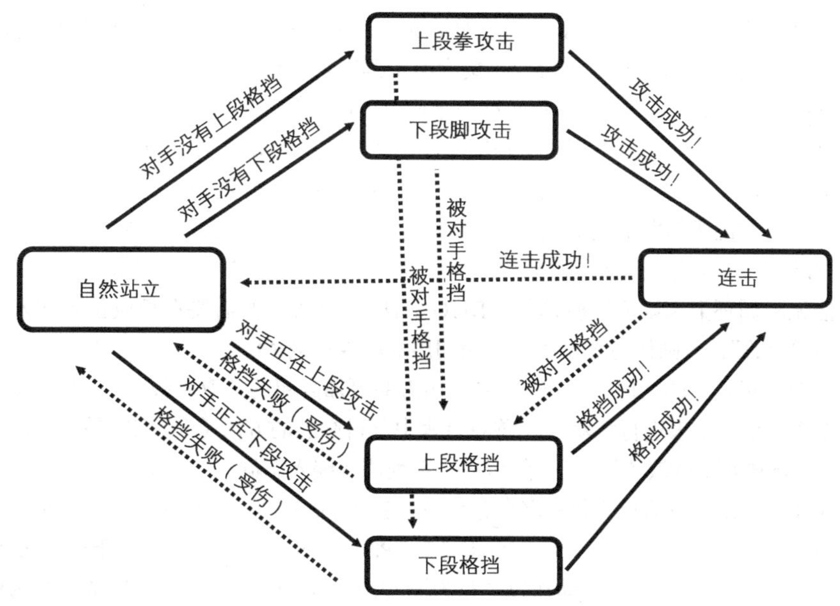

图 2.9.4　基于态的 AI

① 在这类机制中，以状态有限为前提制作的机制也称为"有限自动机"（FA）或"有限状态机"（FSM）。

② 近年来还出现了类似面向对象编程的手法，直接将部分态进行改写生成新的态构造（类），这一手法称为"态覆盖"。

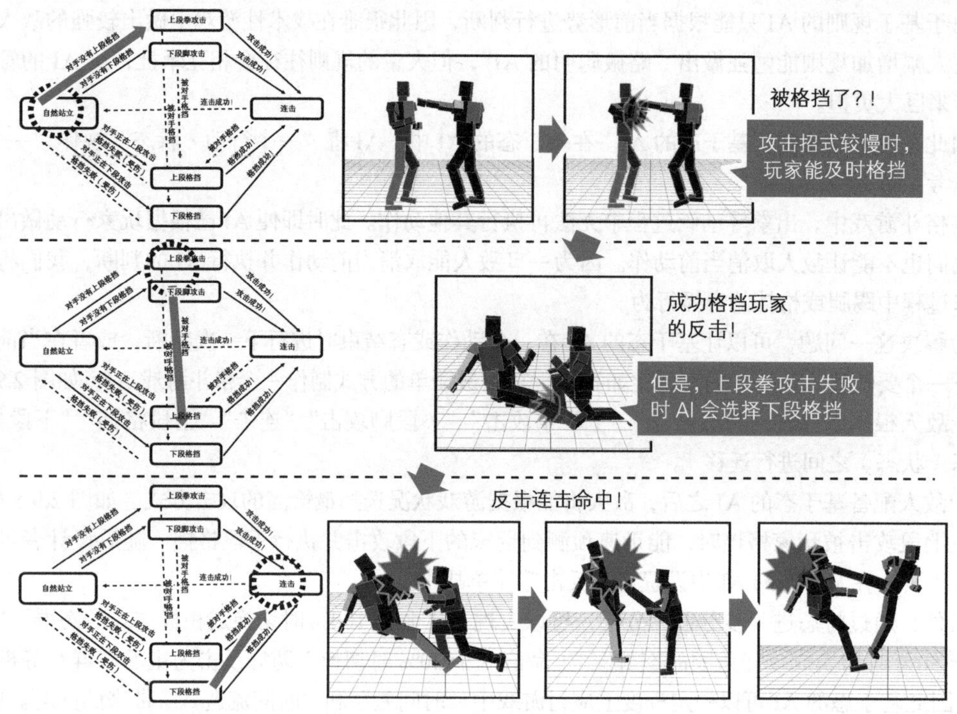

图 2.9.5　基于态的 AI 的执行流程

我们还可以将基于态的 AI 进一步应用。如果玩家一味上段攻击，就将其判断为“上段攻击为主的玩家”，然后切换至“上段格挡 · 下段攻击集中型态群”来克制。

单看上面的介绍，基于态的 AI 像是一种简单而有效的机制。但随着态数量增多，各个态相互之间的联系也将越来越复杂。态增加到一定程度后将很难实现图表化，通过规格设计书、源程序和 AI 专用脚本很难掌握敌人 AI 的运作。这种时候只能通过大量试玩进行调整。

另外，态中存在的逻辑漏洞会成为敌人的弱点，造成“BUG 打法”。比如设置格挡中的敌人受到弱拳攻击时以强踢腿反击，那么玩家只要在弱拳攻击后使用更快的弱踢腿攻击，即可 100% 命中敌人，这一打法无限循环下来则成了所谓的“BUG 打法”。这种时候需要在相应位置加入“50% 继续格挡”之类的“变数”，否则任何玩家都能轻松利用漏洞胜过该 AI。

不过，一个真正强大的 AI 除“变数”之外还需要更加高超的“取胜战术”。要想做出能够取胜的战术，需要实际请玩家来进行游戏，在游戏过程中分析必胜的方法（“玩家容易上当的假动作”或者“有两到三种不同模式的攻击”等），然后将一系列流程编入态群。

我们在制作格斗游戏时值得为每一名角色的 AI 花费大量精力，但其他动辄几十种敌人登场的游戏则需要高明且更容易调整的 AI。于是我们就需要 TPS · FPS 游戏中常用的**基于行为的 AI**。

基于行为的 AI 是将一名敌人的动作以“行为”① 为单位进行归类，然后总结成“行为树”进行树状管理的 AI。图 2.9.6 就是射击类游戏的敌人 AI 中一种比较简单的行为树。

敌人与玩家相遇后，敌人 AI 会从行为树左端开始搜索并执行（图 2.9.7）。每一个行为由“自己（行为）能否执行的判定条件”和“该行为具体的行动（动作）”两部分构成。各行为首先要检测其

① “行为”（behavior）一词在此泛指“态度 · 动作 · 举动 · 行为”等。

相应的执行条件，并声明该行动是否可执行。

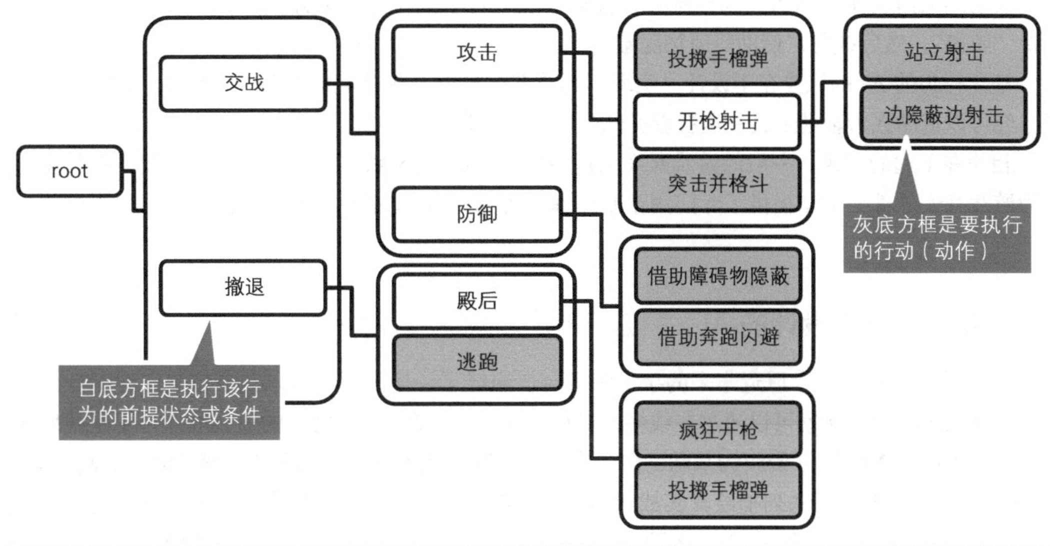

图 2.9.6　行为树示例

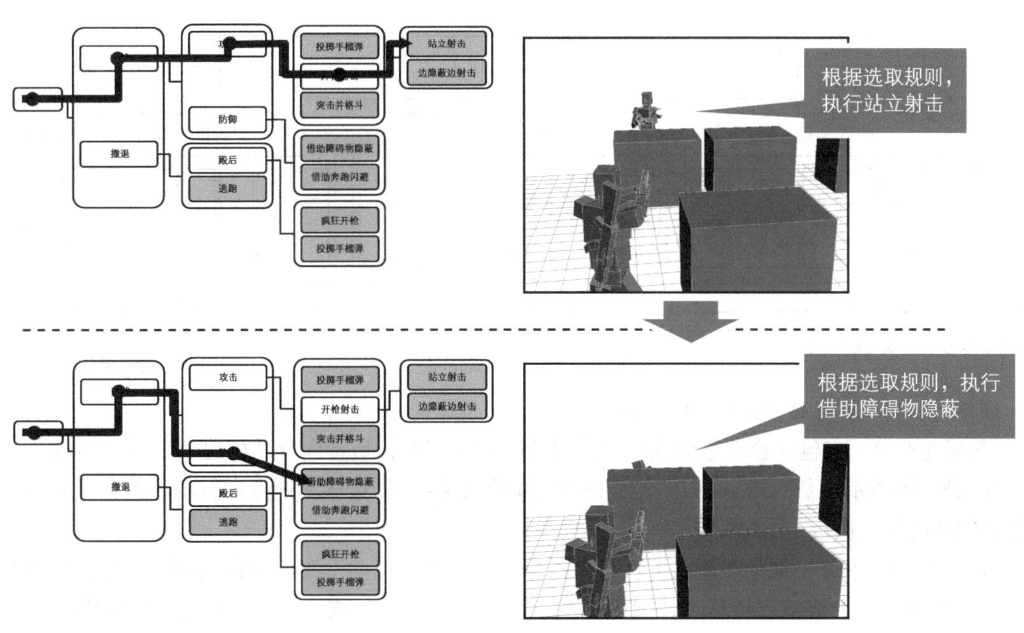

图 2.9.7　行为树与动作的执行

然后从可执行的行为之中选取符合条件的行为。选取行为的条件在各行为框的**选取规则**中进行设置。规则包括“概率选择”（在框中随机执行）、“优先级列表”（选取框中优先级较高的行为执行）、“按序”（按一定顺序执行框中的行为）、“按序循环”（循环执行“按序”）、“开 / 关”（该框仅执行一次）五种。将这些规则加入 AI 后，敌人就可以根据条件执行某个连续的行动或仅执行一次的行动等。

我们不妨实际模拟一下行为 AI 的思考过程。首先敌人接近玩家后选择“交战”项目，然后因为玩家没有防御所以选择“攻击”。接下来选择远程的“开枪射击”以及“站立射击”，并执行攻击动作。攻击结束后再重新从行为树根部进行搜索，选取符合条件的行为并执行。敌人受到玩家反击时选择“防御”，然后执行“借助障碍物隐蔽”。

基于行为的 AI 的优势在于设计・实现・调整都很简单。在近年来的 TPS・FPS 开发现场，设计者已经可以借助强力辅助工具一边看着实际画面一边制作行为树了。

相信在不远的将来，一般的游戏开发工具中也会集成此类 AI 设计工具。顺便一提，有许多开发者为游戏开发软件 Unity 提供了专门用于制作基于行为的 AI 的插件。有兴趣的读者可以去网络上搜索一下。

专为取胜而设计的 AI

游戏《杀戮地带 2》[1] 以近未来的宇宙为舞台，演绎了一场人类与赫尔盖斯特之间波澜壮阔的战争。在这款游戏中，玩家可以通过在线多人对战模式享受与敌人 AI 之间的逼真战斗。于是我们在这里以《杀戮地带 2》的 AI 资料为基础，向各位简要讲解“让大批士兵如军队一般行动的机制”[2]。

《杀戮地带 2》等一系列描绘真实战场的射击类游戏中，如何让玩家享受与大批敌人组成的军队之间的攻防是游戏的关键。现代的军队一般由“士兵”（一人）、“分队”（班・数名士兵）、“小队”（排・统一管理分队的组织）等单位进行管理（图 2.9.8）。

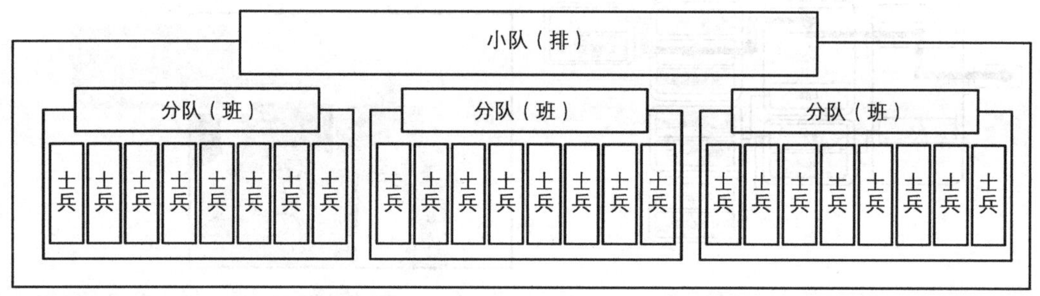

图 2.9.8 军队构成

同样，《杀戮地带 2》的战斗 AI 如图 2.9.9 所示。

《杀戮地带 2》中包含管理整个战场的**策略 AI（战略 AI）**，负责向分队的**班 AI**发动“前进”“交战”“防御”等指示。然后班 AI 根据接到的指示向各**士兵 AI**传达移动地点和行动，由各士兵 AI 按照要求判断动作并执行（图 2.9.10）。

这一战斗 AI 中，不但上级能向下级传递指令，下级还可以向上级反馈作战成功与否，甚至在没有指示的空闲期向上级请求指示。在图中，左边是通常的命令系统，右边是战况发生变化时用于向上级确认的命令系统。整体给人的感觉就像实际生活中的军队或社会系统一样。这种如真实军队指挥系统一样运作的 AI，正是当代 TPS・FPS 创造逼真游戏环境的秘密之一。另外，“策略 AI”“班 AI”“士兵 AI”之间要借助基于任务的 AI 运作。

---

① KILLZONE 2 ©2009 Sony Computer Entertainment Europe. Published by Sony Computer Entertainment Inc. Developed by Guerrilla.

② 我们在这里要讲解的 AI 机制是《杀戮地带 2》在线对战时的 AI。

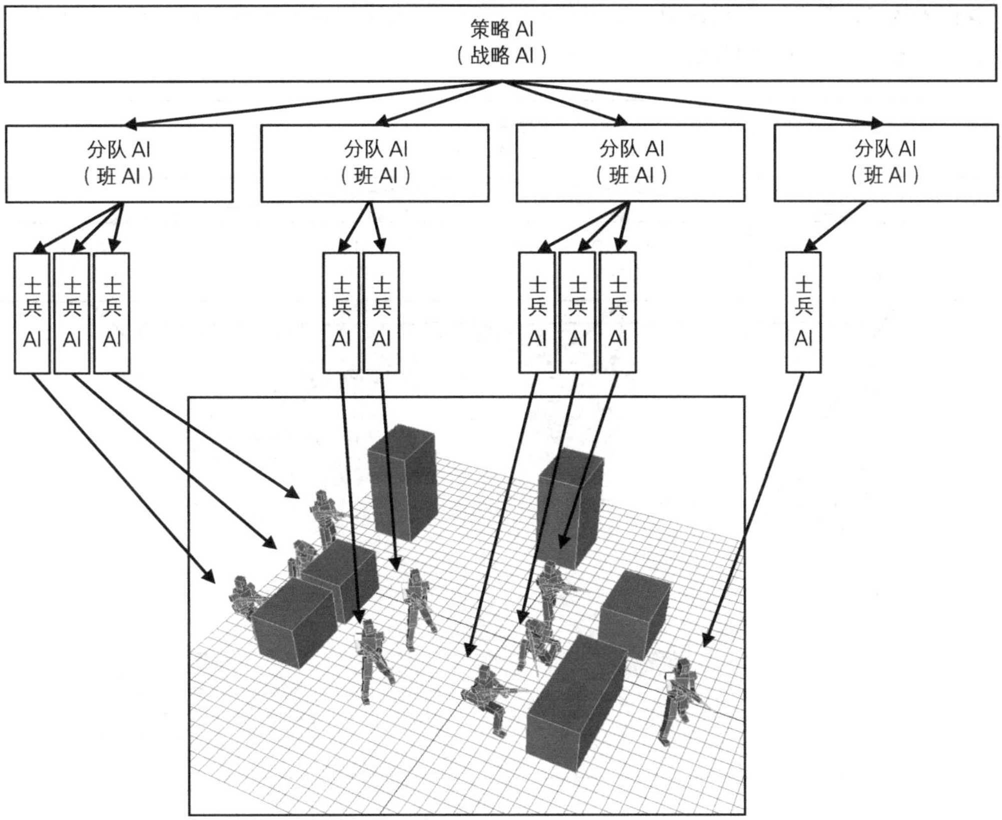

策略 AI
（战略 AI）
分队 AI
（班 AI）
分队 AI
（班 AI）
分队 AI
（班 AI）
分队 AI
（班 AI）
士兵 AI
士兵 AI
士兵 AI
士兵 AI
士兵 AI
士兵 AI
士兵 AI
士兵 AI
士兵 AI

图 2.9.9 《杀戮地带 2》的敌人构成

策略 AI
（战略 AI）
发出防御、前进等指示
报告战术成功・失败（反馈）
分队 AI
（班 AI）
指示移动地点
报告战况（反馈）
士兵 AI
请求再次发送指令（战况变化或指示中断时发动）
指示目标

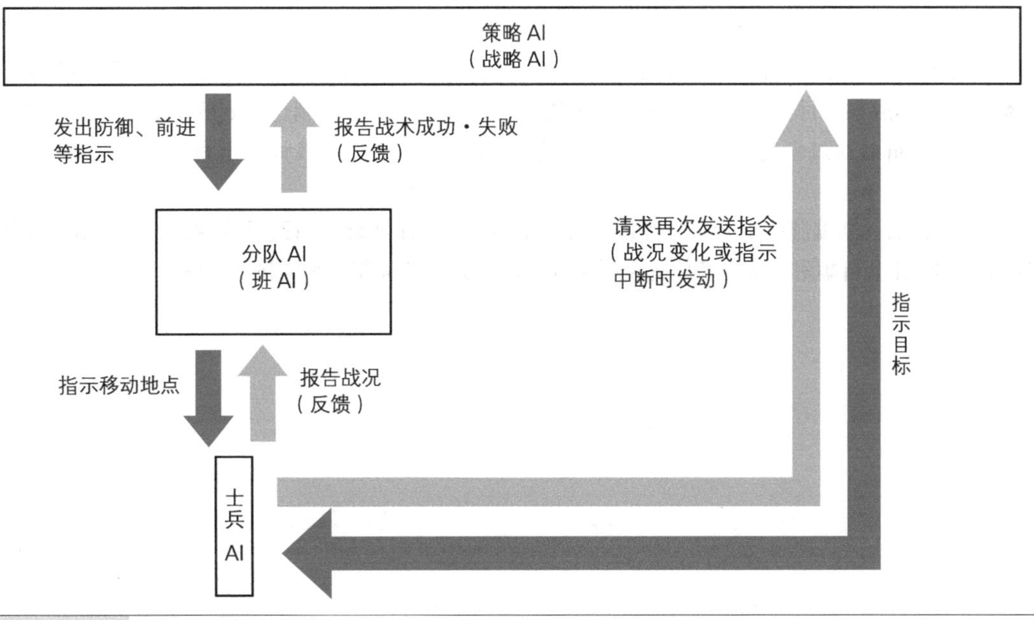

图 2.9.10 策略 AI（战略 AI）

我们先从“策略 AI”开始说明。比如在多人进行的游戏中出现了如图 2.9.11 所示的双方互相抢夺据点的情况。策略 AI 会以**任务**为单位拟定取胜策略。

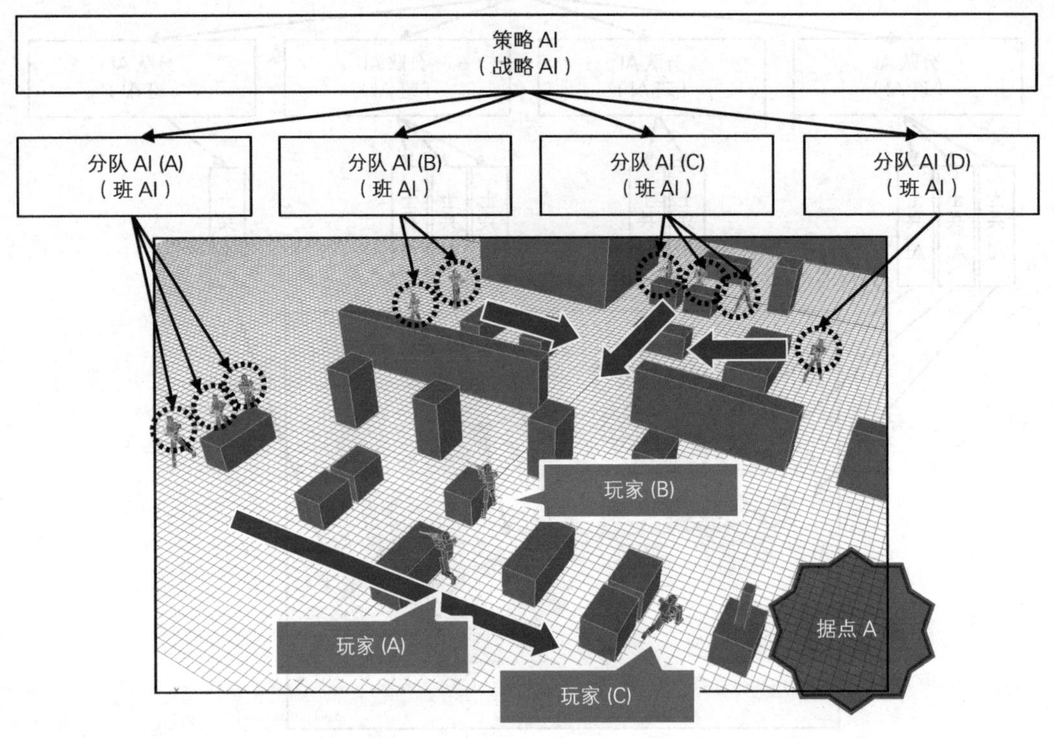

图 2.9.11　班 AI 和策略 AI 的关系

※本图旨在说明基于任务 AI 的思维流程，并不代表实际游戏中任务的制作方法。相关详细内容请查阅章末的参考资料。

首先策略 AI 分析战场情况，认为消灭玩家 A、B、C 并占领据点 A 后即可取胜，随即创建所需任务。AI 为达成某项目标而制定计划的行为称为“计划编制”，负责制定计划的系统称为“计划编辑器”。计划编辑器通过创建复数任务的方式编制作战计划，这一作战计划就称为“任务网络”（图 2.9.12）。

策略 AI 的计划编制可用于应对各种实时变化的状况。比如玩家消灭部分敌人导致“班”人数不足时，策略 AI 会召集附近符合条件的士兵组成新的班并重新编制计划（图 2.9.13）。

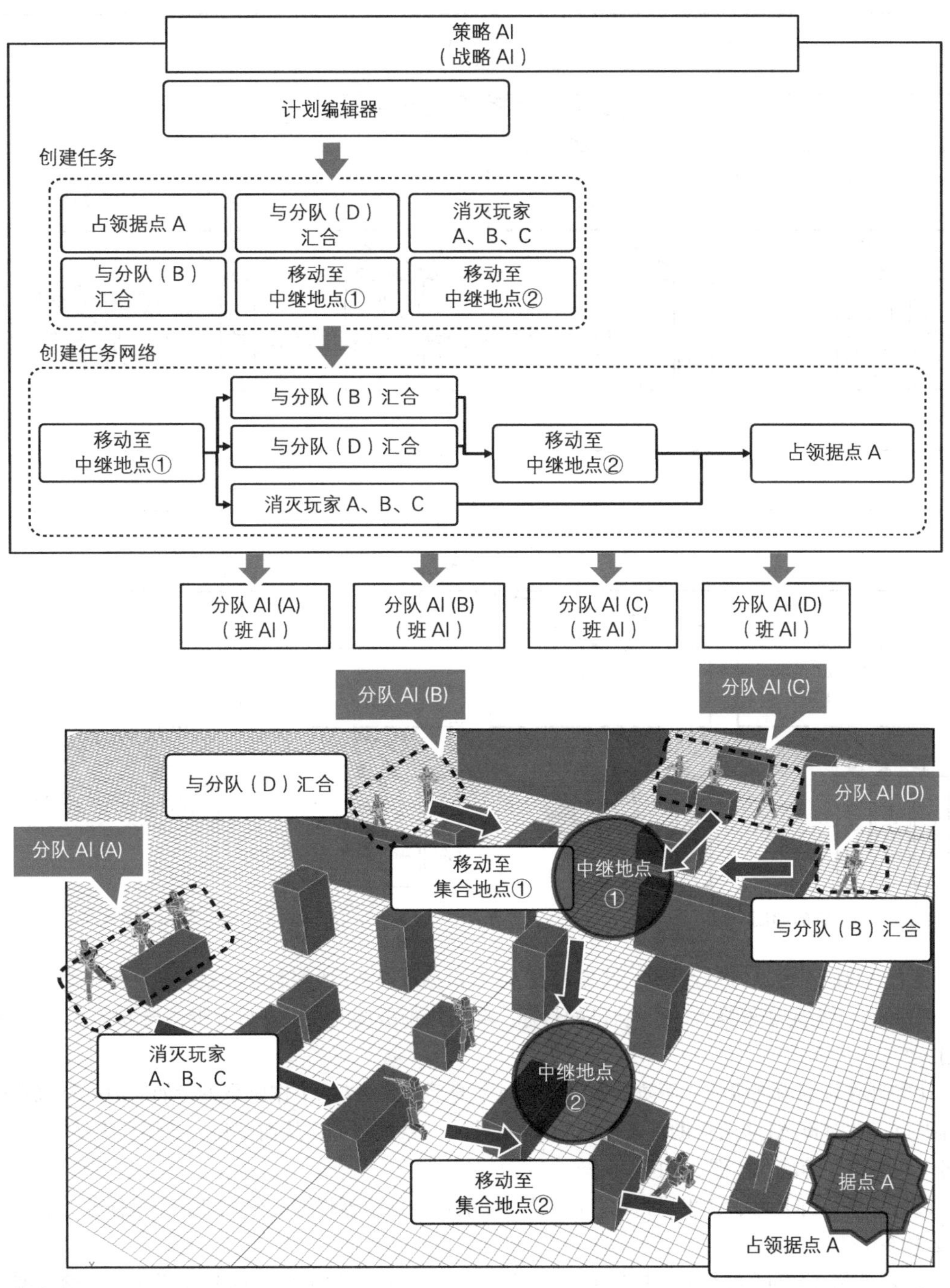

图 2.9.12 “计划编辑器”编制计划的思考过程

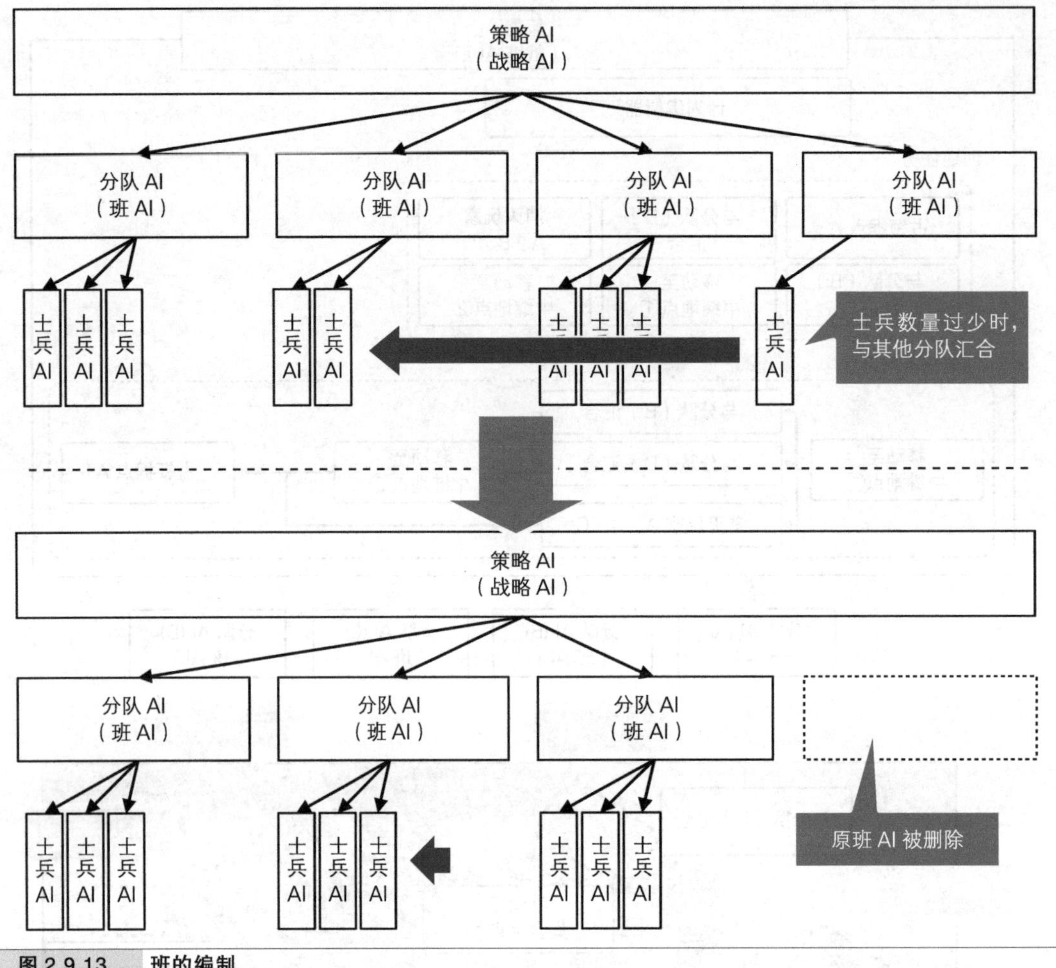

图 2.9.13　班的编制

接下来我们对班 AI 进行说明。首先，班 AI 会根据策略 AI 所编制的计划，从任务内容中获取指示。然后班 AI 为完成策略 AI 赋予自己的目标，会对当前战场的状况进行分析，与策略 AI 一样编制计划。

比如现在玩家就在眼前，而防御据点位于玩家身后。班 AI 的工作就是思考如何消灭玩家并夺取防御据点。此时班 AI 也会借助基于任务的 AI 创建出一系列任务，从而组建"让哪名士兵突击""让哪名士兵掩护"等战术（图 2.9.14）。

最后，班 AI 向士兵 AI 发出指示，由士兵 AI 的计划编辑器根据所分配目标创建任务并执行动作（图 2.9.15）。

《杀戮地带 2》的在线游戏 CPU 会实时进行上述思考过程。因此，这些 AI 不仅是"给玩家带来乐趣的 AI"，还是能像人类一样思考，像人类一样追求胜利的"为胜过玩家而设计的 AI"。

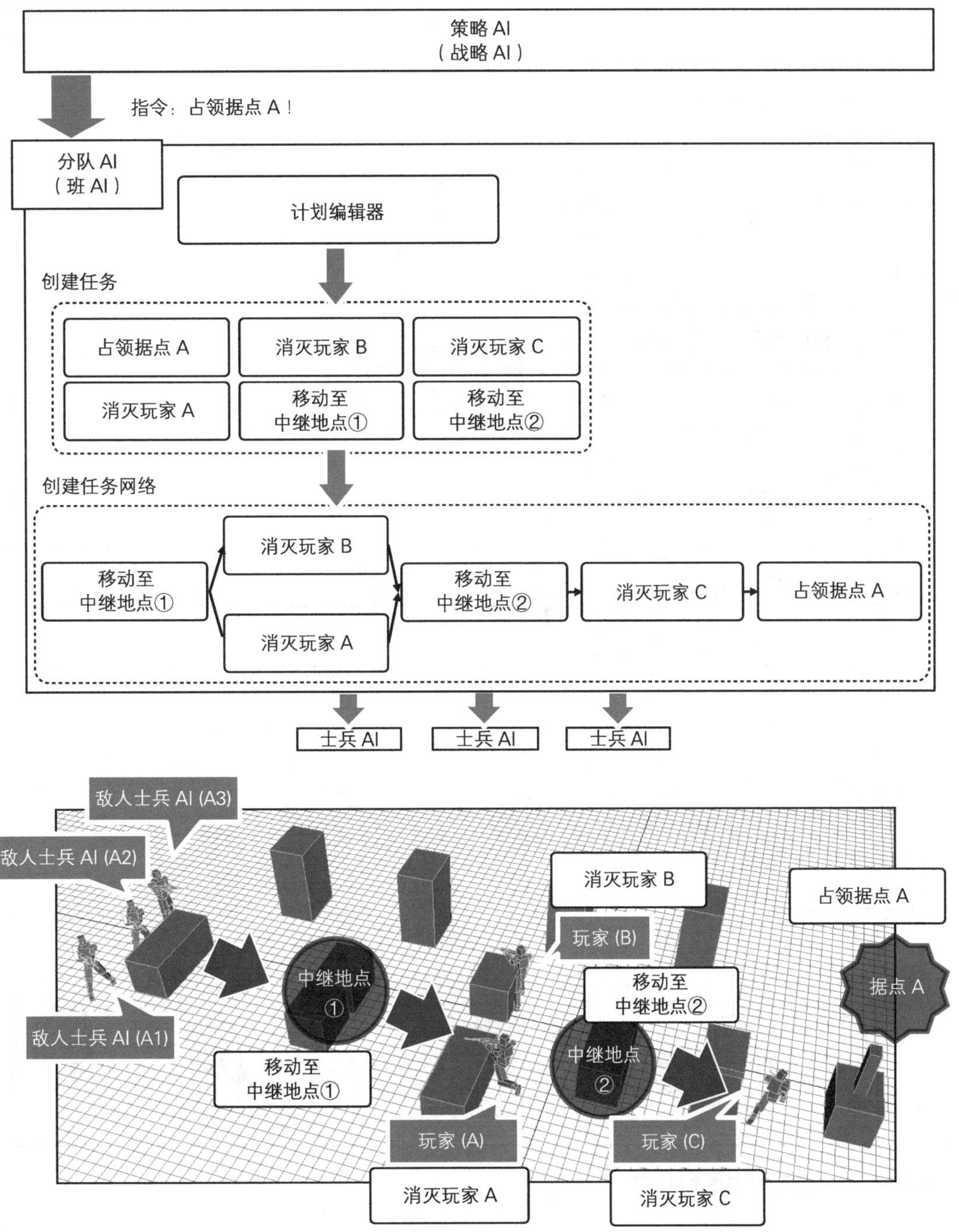

图 2.9.14　班 AI 与战术的组建

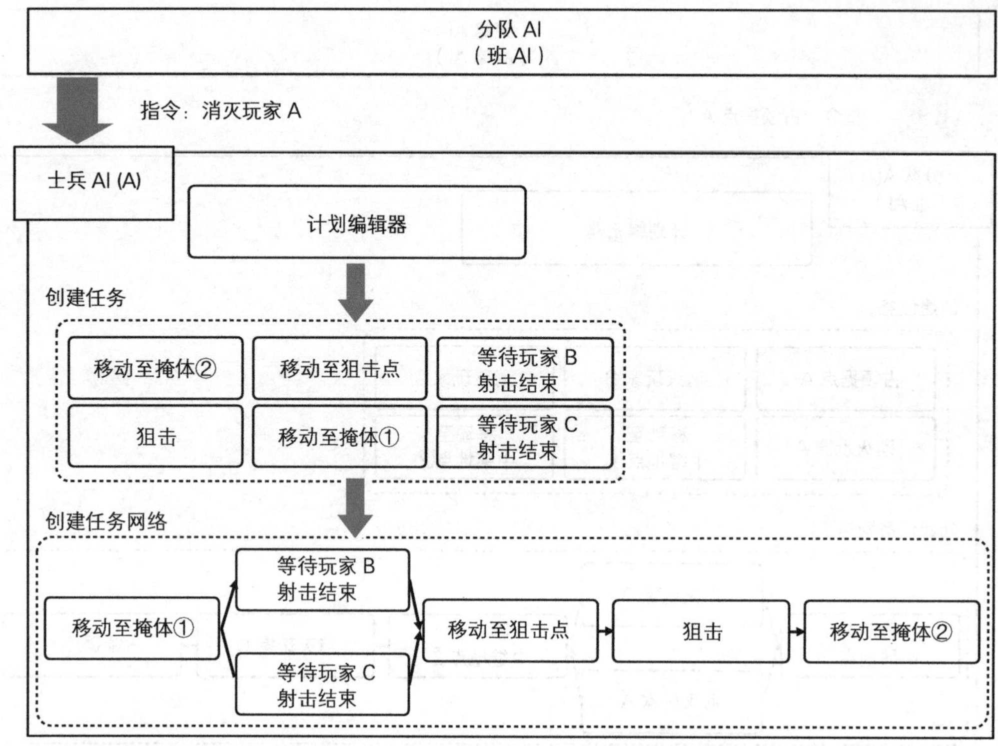

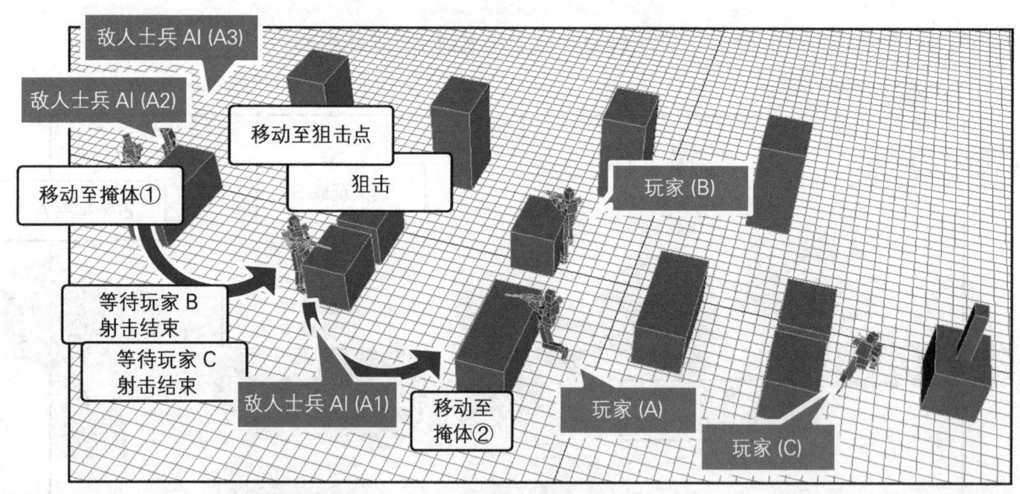

图 2.9.15 士兵 AI 与战术的组建

 能够分析占据的 AI

基于真实思考的敌人行动并不是《杀戮地带 2》唯一的有趣之处。提升 AI 等级后，其将能把握整个战场和战局，并指挥敌人特意选择玩家防守的薄弱环节发动进攻。AI 这种“会审时度势的高明手腕”也是本作品的魅力之一。

为实现这种效果，战场地图中不但要设置寻路用的导航网格，还需要加入**“路点”“战略标记”**等**“战况数据”**。

路点原本被用于控制敌人移动的移动信息，但在《杀戮地带 2》中，路点还被用作了收集战场信息的基准点，AI 通过这些信息来把握战局（图 2.9.16）。

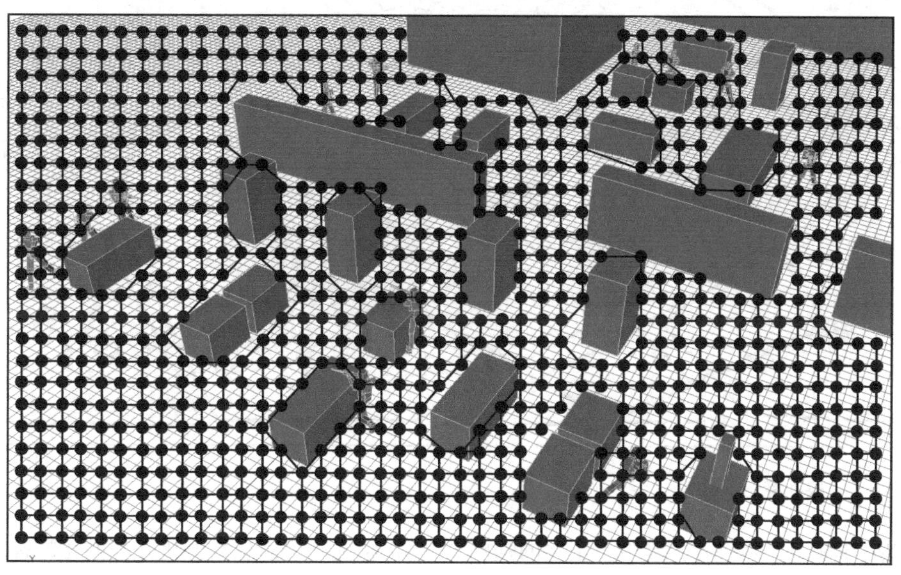

图 2.9.16　路点

根据场景地图构造，路点被分为一个个**簇**（图 2.9.17），每个簇就是一个小型战斗区域。为连接这些小型战斗区域，需要创建名为**战略标记**的地图信息（图 2.9.18）。

图 2.9.17　簇

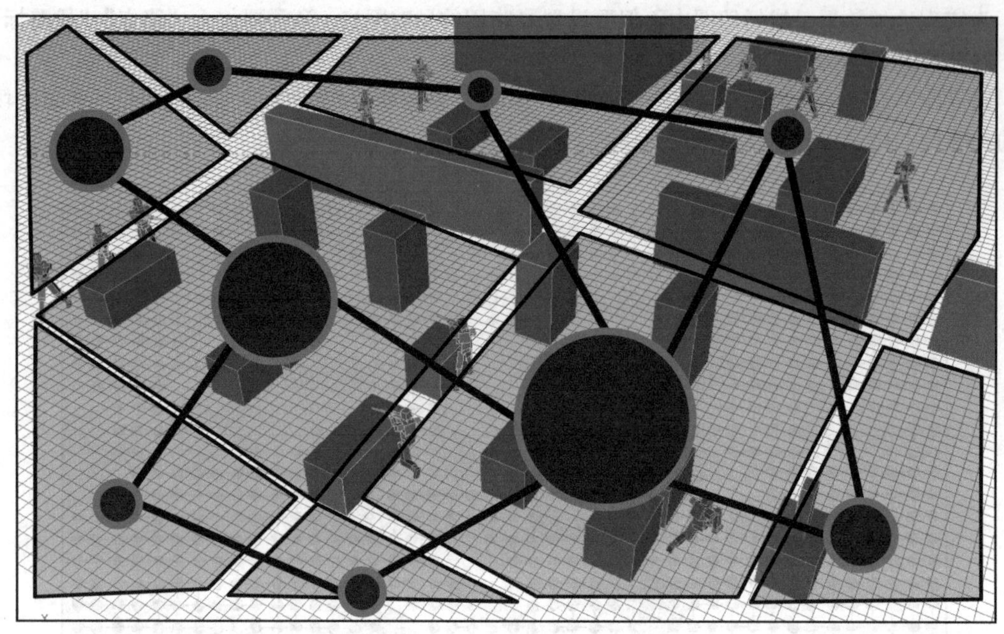

图 2.9.18 战斗标记

所谓战斗标记，是将各个簇中“士兵的强弱”“伤亡状况”等信息数值化并联网化的标记。策略 AI 通过“战斗标记”识别每个簇的“威胁度”，从而判断危险区域和安全区域。在《杀戮地带 2》中，战场的“威胁度”和“影响度”就是通过战略标记实时反映的。我们将这一手法称为**影响度地图**。只要使用了战略标记，就可以让班 AI 在夺取防卫据点时选择安全地区通行（图 2.9.19）。

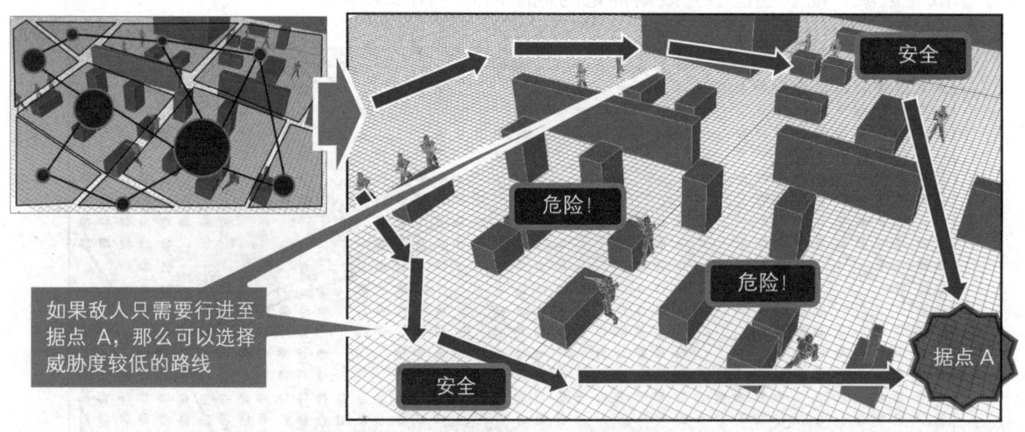

图 2.9.19 借助战略标记（影响度地图）形成的作战思维

顺便一提，影响度地图这一手法在《帝国时代》和《模拟城市》等需要大范围战略信息的游戏中被广泛采用。除使用战略标记的手法之外，还可以将地图细分为网格状，在每个单元格中记录信息，以供策略 AI 调用。

综上所述，通过收集战场上的战场数据，可以创造出一个如真实军队一般会判断战场大局的 AI。

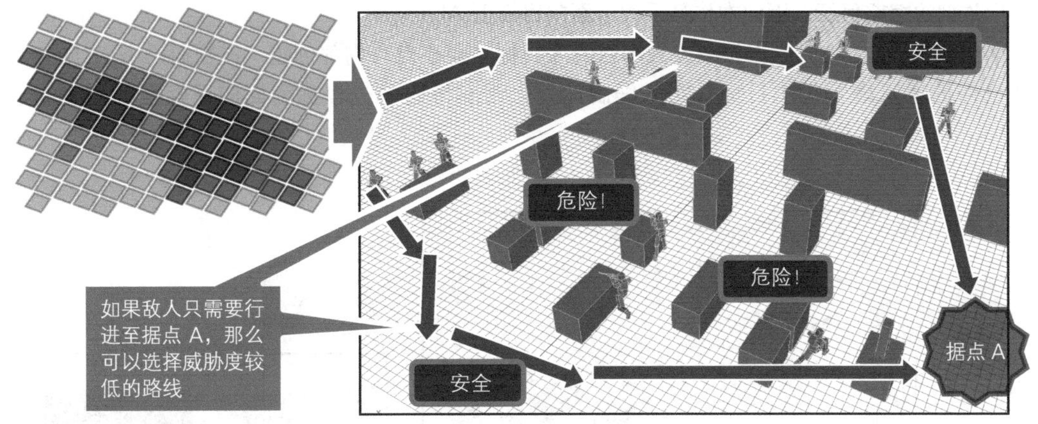

图 2.9.20 分割单元格的影响度地图示例

会自主思考的 AI

游戏《合金猎犬》[①] 以近未来的地球为背景，玩家要在游戏中驾驶名为“猎犬”的机器人奔赴战场作战。这款 TPS 视角的机器人题材游戏以网络联机为主，战略 · 战术要素十分浓厚。其中 AI 应用了**面向目标型 AI** 这一手法，让敌人在强大之余还能像真人一般行动（十分可惜，《合金猎犬》的在线服务已经结束，现在只可以在其他模式下进行游戏）。

《合金猎犬》中的敌人 AI 称为**自律型引擎**。这种自律型引擎拥有属于其自己的“身体”（实体）、“传感器”（感觉）以及“影响世界的能力”（图 2.9.21）。

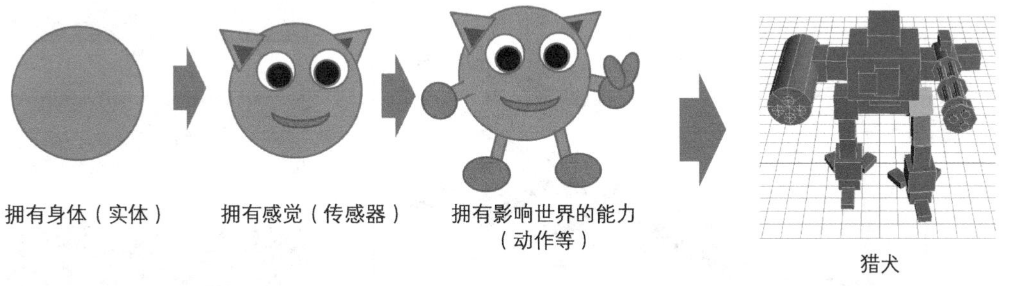

图 2.9.21 自律型引擎的构造

这样一来，敌方猎犬就可以根据战场的状况向人类一样自主思考并行动。每一个猎犬都是一个自主 · 自律的 AI。

《合金猎犬》是分组对战型游戏，胜利条件是全歼敌方团队，或者破坏敌人的大本营（游戏中有多个大本营，但只有一个是真的）。另外，占据场景中的“罗盘”（通讯塔）可以建立我方团队的网络领域（可搜索敌人的领域）或妨碍敌方通讯，从而在游戏中获得有利形势（图 2.9.22）。

在这款游戏中同时存在着两个目标，一个是占领敌方大本营的**长期目标**，另一个是消灭来犯之

① クロムハウンズ © SEGA Corporation/FromNetworks, Inc./FromSoftware. Inc., 2006

敌进行防御的**短期目标**。因此本作品采用了**面向目标型 AI**。

面向目标型 AI 为完成占领敌方大本营的大目标，会在自身内部创建“占领通讯塔”“防守玩家试图抢夺的通讯塔”等小目标并实时编制计划。我们将这一过程称为**面向目标型计划编制**（图 2.9.23）。

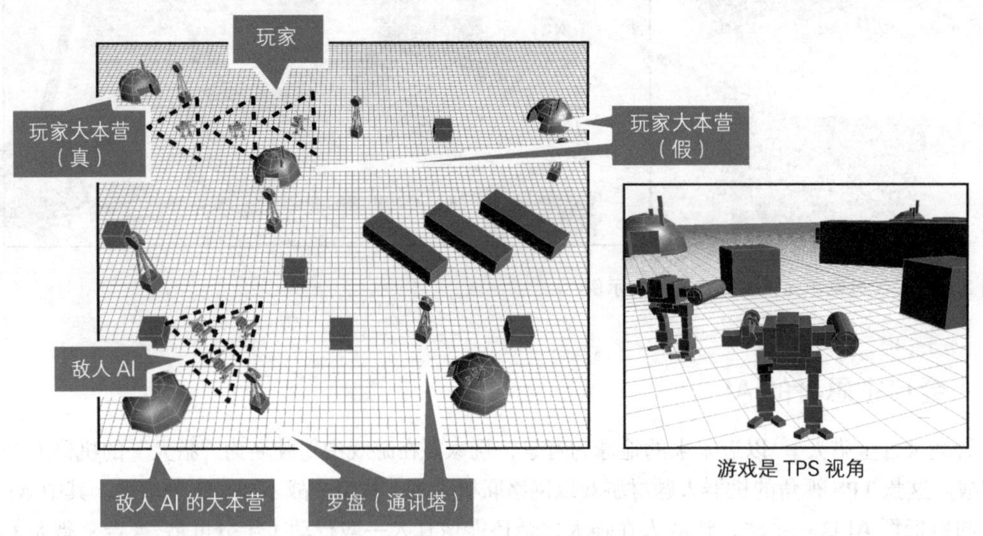

图 2.9.22 合金猎犬的战略示例

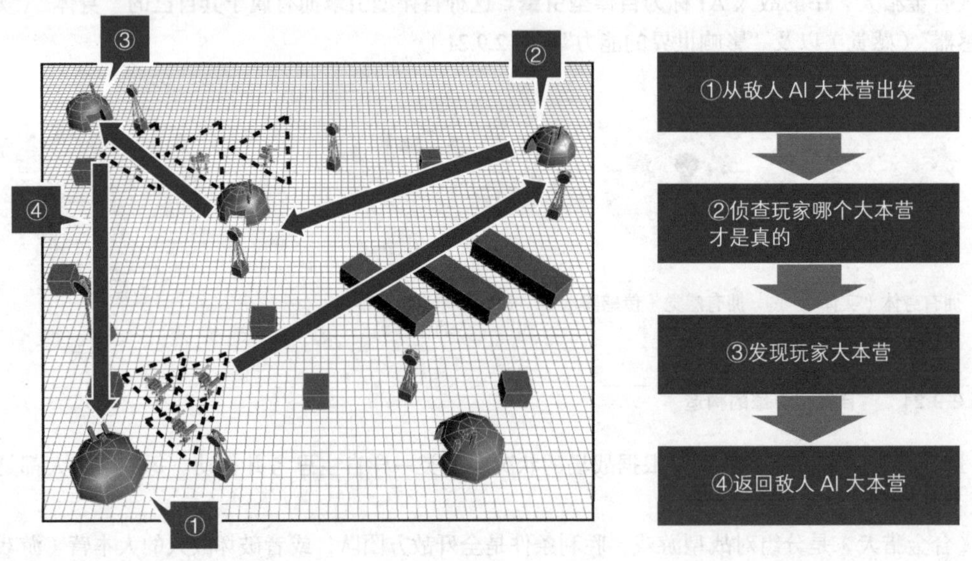

图 2.9.23 面向目标型计划编制

首先，敌方猎犬的 AI 会根据目标分层编制计划，具体分为“战略层”“战术层”“行动层”“操作层”。

在图 2.9.24 中，AI 最先编制占领通讯塔的计划。

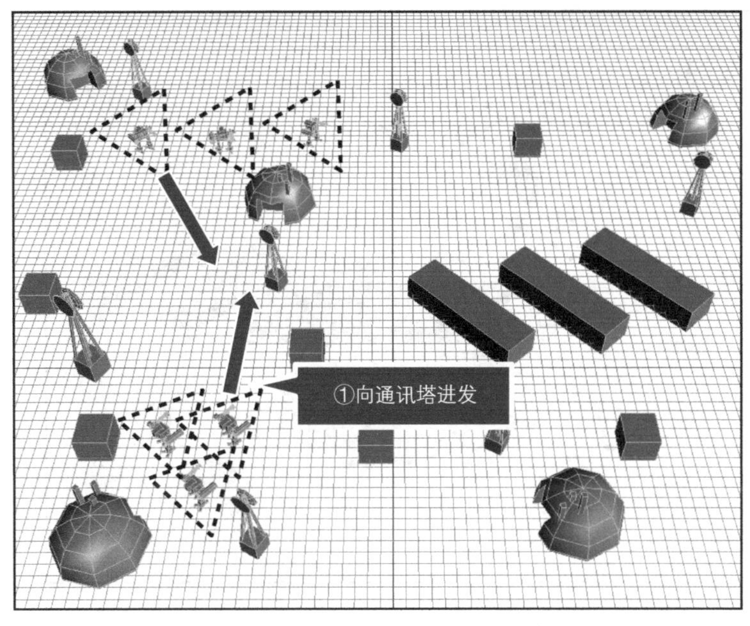

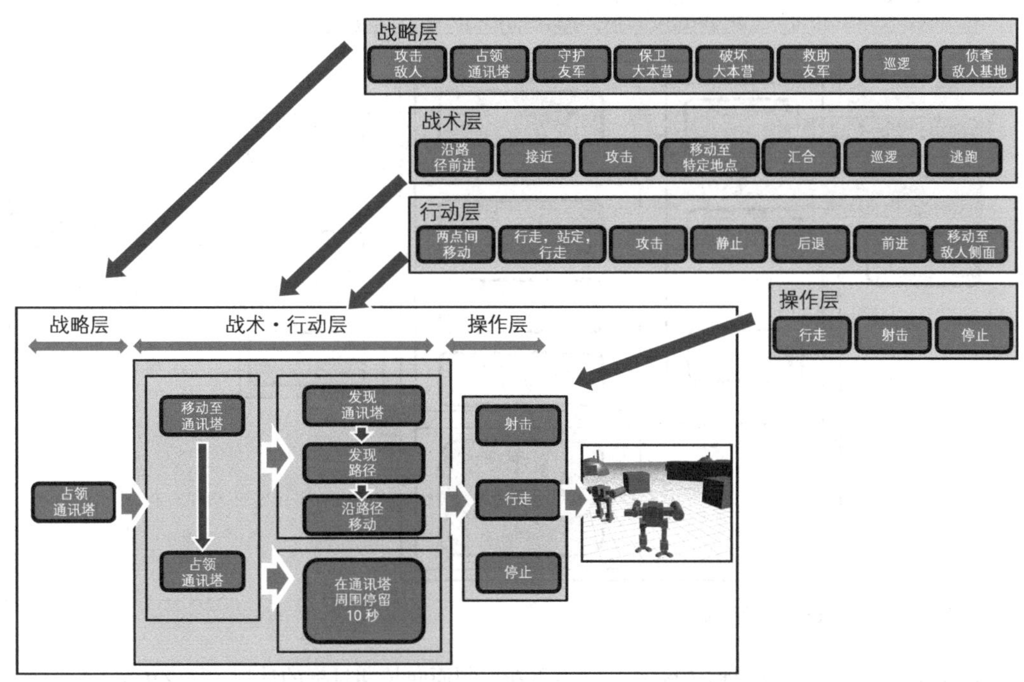

图 2.9.24　**编制占领通讯塔的计划**

但是，如果玩家如图 2.9.24 所示阻碍敌人 AI 前进，那么 AI 由于长期目标受阻，将重新编制计划，创建迎击敌人的短期目标（图 2.9.25）。

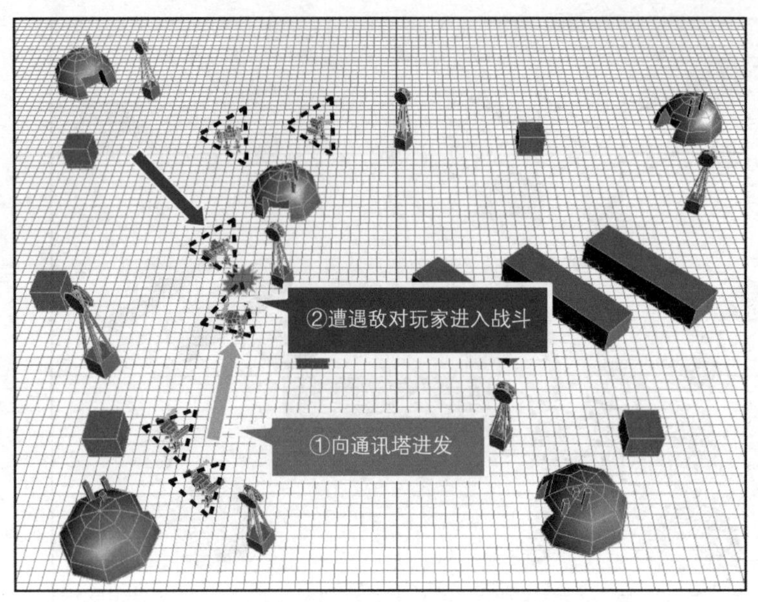

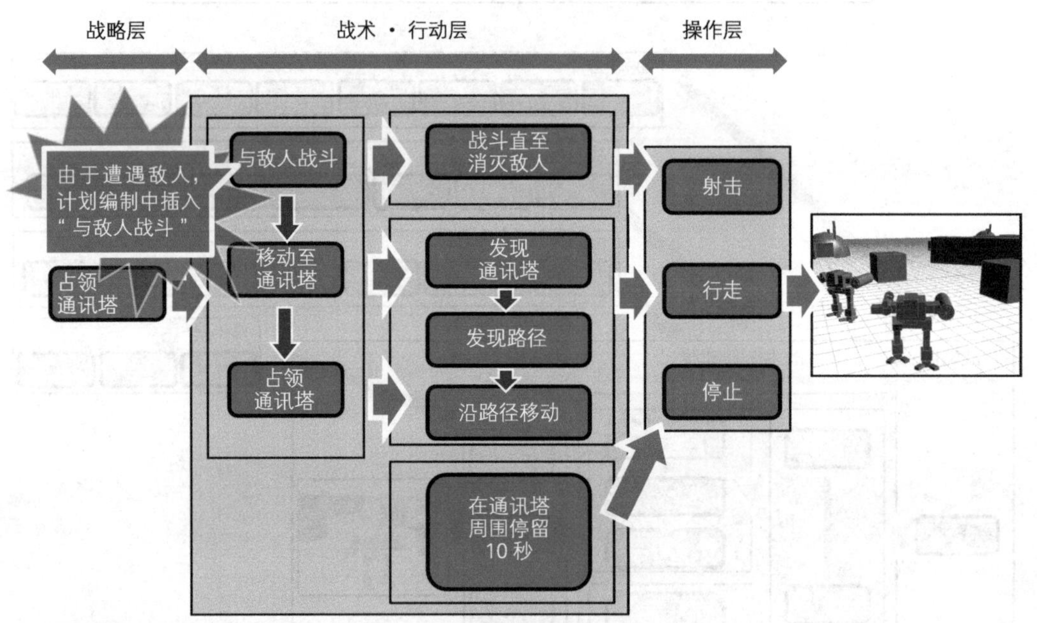

图 2.9.25　编制迎击敌人的计划

如果成功消灭威胁长期目标的玩家，AI 将重新编制面向长期目标的计划（图 2.9.26）。

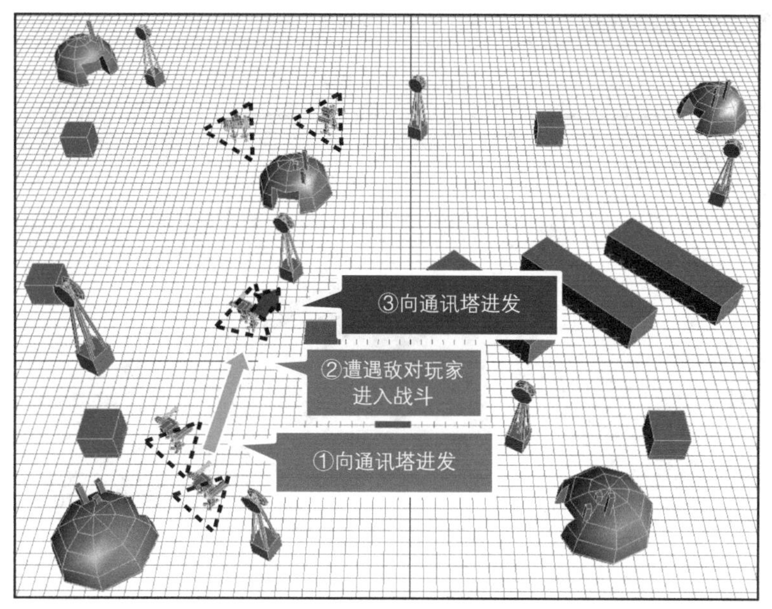

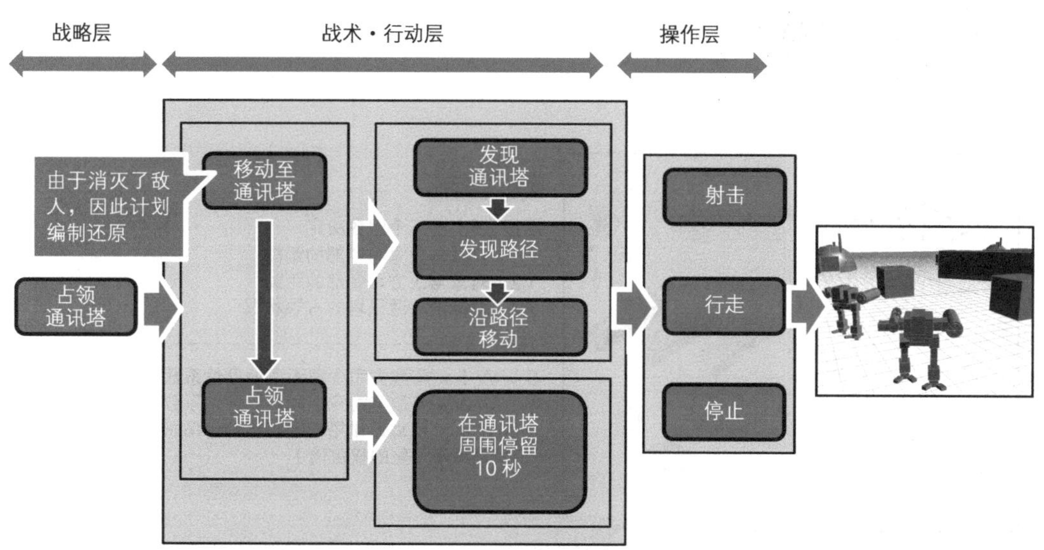

图 2.9.26　重新编制占领通讯塔的计划

战略层 AI 做出的判断会根据**回报（重要度）**和**风险（危险度）**进行**执行评估**并计算执行评估值（E）（图 2.9.27），然后按照执行评估值由高到低的顺序采取行动。

代表**回报（重要度）**的 S 用于计算达成相应目的后所获得的优势。重要的罗盘（通讯塔）和大本营分值相对较高，因此 AI 会积极进攻这些地区（图 2.9.28）。

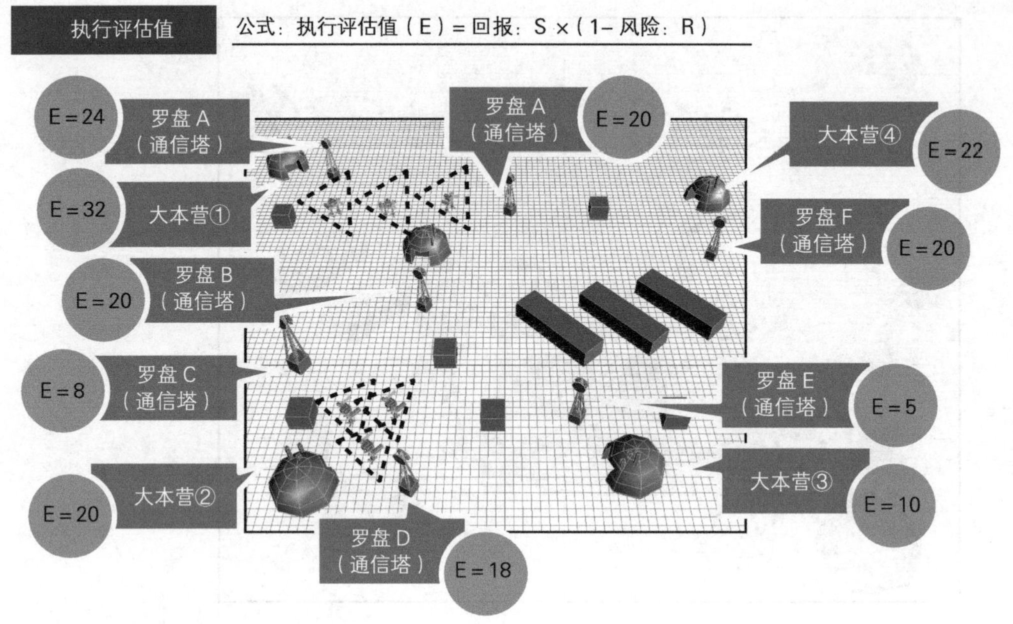

图 2.9.27　执行评估值的计算

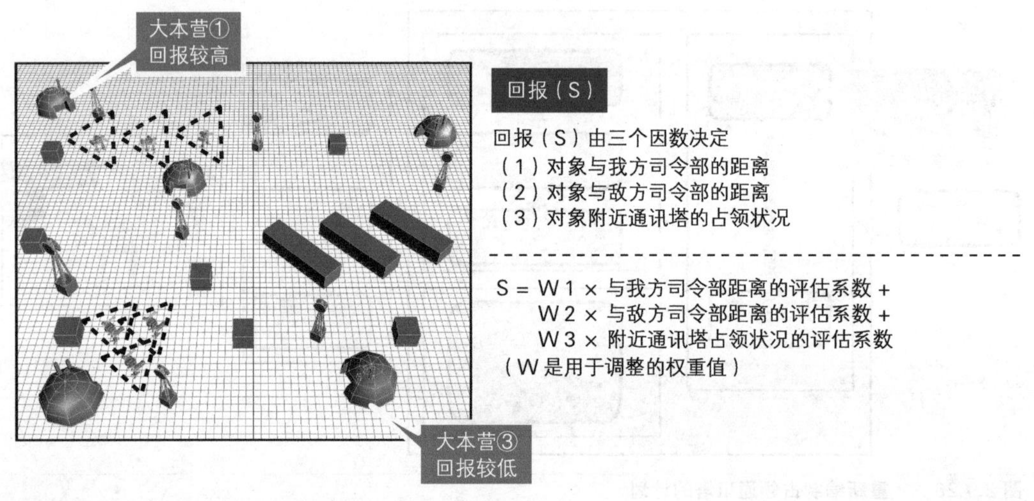

图 2.9.28　回报（重要度）的计算

另一方面，代表**风险（危险度）**的 R 用于计算达成目的的过程中的危险度，玩家数、敌对猎犬数以及距离等因素会对其产生影响（图 2.9.29）。

权衡上述回报（重要度）与风险（危险度），AI 编制出“派出我方 1 台猎犬，前往能掌握胜负关键并且风险较低的罗盘（通讯塔）”的计划。

顺便一提，这款游戏一旦进入后半，除自律的敌方猎犬 AI 之外，负责管理班的“团队 AI”也会积极介入战斗，以确保胜利（图 2.9.30）。

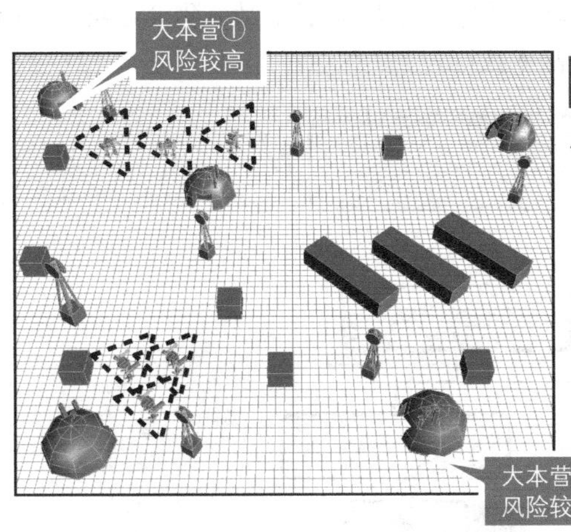
大本营①
风险较高
风险（R）
风险（R）由三个因数决定
（1）敌方猎犬与通信塔之间的距离
（2）与敌方杂兵之间的距离
（3）我方猎犬与通信塔之间的距离
R = W1 × 敌方猎犬与通信塔距离的评估系数 +
W2 × 敌方杂兵与通信塔距离的评估系数 +
W3 × 与我方通信塔距离的评估系数
（W1 ~ W3 是用于调整的权重值。此调整可以让 AI 的判断更具个性）
大本营③
风险较低

图 2.9.29　风险（危险度）的计算

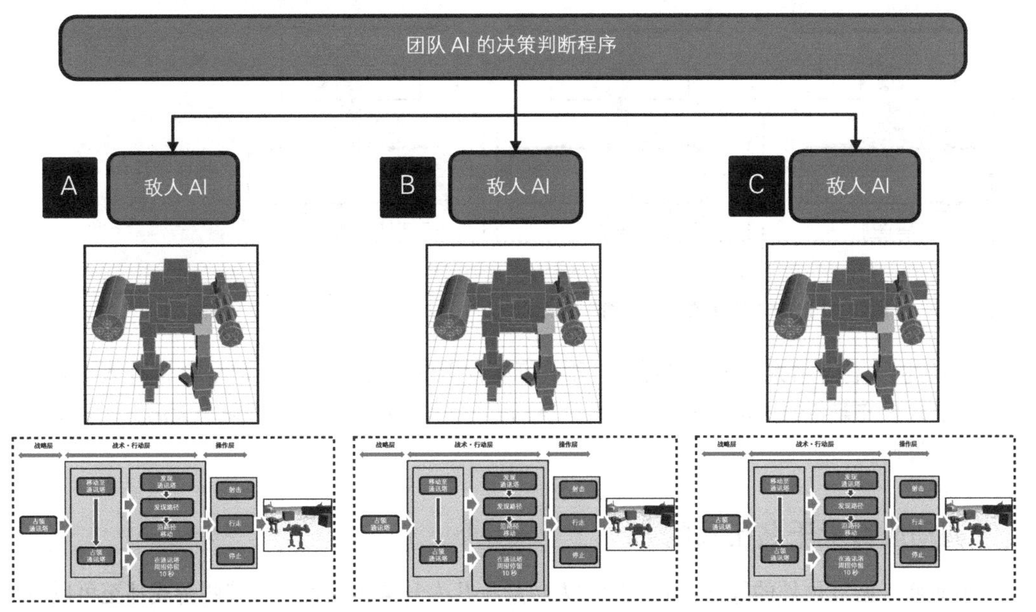
团队 AI 的决策判断程序
A
敌人 AI
B
敌人 AI
C
敌人 AI

图 2.9.30　团队 AI 与敌人 AI 的关系

团队 AI 与各敌方猎人 AI 的战术相互独立，系统会根据战局选择更有可能取胜的战术。在游戏后半，团队 AI 为确保胜利会在“歼灭敌人”（剩余敌人数量较少时）、“保卫大本营”（防御比进攻更有可能取胜时）、“依靠通讯塔占有量取胜”（占领通讯塔比攻击大本营更有可能取胜时）、“破坏敌方大本营”四个战术中选取一个执行。

比如敌方团队的猎犬比较分散，直接攻击敌方大本营胜算较高时，团队 AI 就会选择“破坏敌方大本营”。此时敌人 A、B、C 各自的猎犬 AI 所拟定的战术将与团队 AI 的战术相比较，选择其中执行评估值较高的一方（图 2.9.30）。由于敌方猎犬 A、B 与团队 AI 同样选择了“破坏敌方大本营”，所以不需改变选择，直接执行战术。而敌方猎犬 C 选择了“破坏通讯塔”，此时由于 3 名一起攻击比

2 名攻击胜算更高，因此团队 AI 会向敌方猎犬 C 提议“破坏敌方大本营”。敌方猎犬 C 将比较两个战术的执行评估值，选择其中较高的（胜算更高的）战术执行。

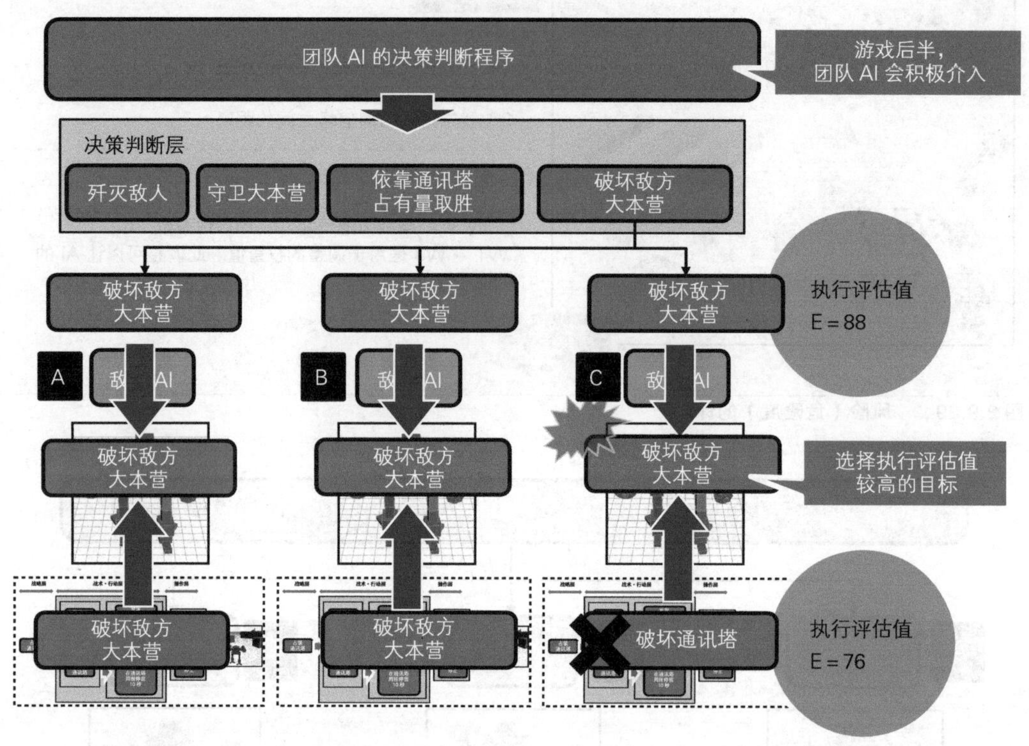

图 2.9.31 团队 AI 选择“破坏敌人大本营”的示例

综上所述，《合金猎犬》中不仅各个机器人可以自主思考及行动，在团队 AI 的介入下还能同时实现组织有序攻守兼备的战术。这就好像各个 AI 都像真人一样会为了胜利顾全大局，实在称得上是一种有趣的设计。

 调动成百上千名士兵的 AI

随着近年来游戏硬件的发展，游戏的敌人数量从几人升至了几百人，某些游戏甚至可以与上千名敌人实时对战。那么，这些聚集在一张地图里的成百上千名敌人是用何种游戏机制驱动的呢？笔者在这里谈一谈自己的想法。

首先，在如图 2.9.32 所示的这种拥有海量敌人的战斗动作类游戏中，AI 层通常包括“战略层”“部队层”“士兵层”等层次，即多层次化。另外，部队层中可以继续“部队套部队”，形成部队的多阶管理。

游戏开始后，由管理战略层的 AI（相当于将军）发出指示，部队领队、士兵层领队分别拟定战术并创建任务，位于终端的士兵则以完成任务为目标付诸行动（图 2.9.33、图 2.9.34）。

顺便一提，在某些游戏中，敌人会按照既定剧情（战况）展开行动。这种情况下由脚本直接向对应 AI 层发出指示（图 2.9.35）。

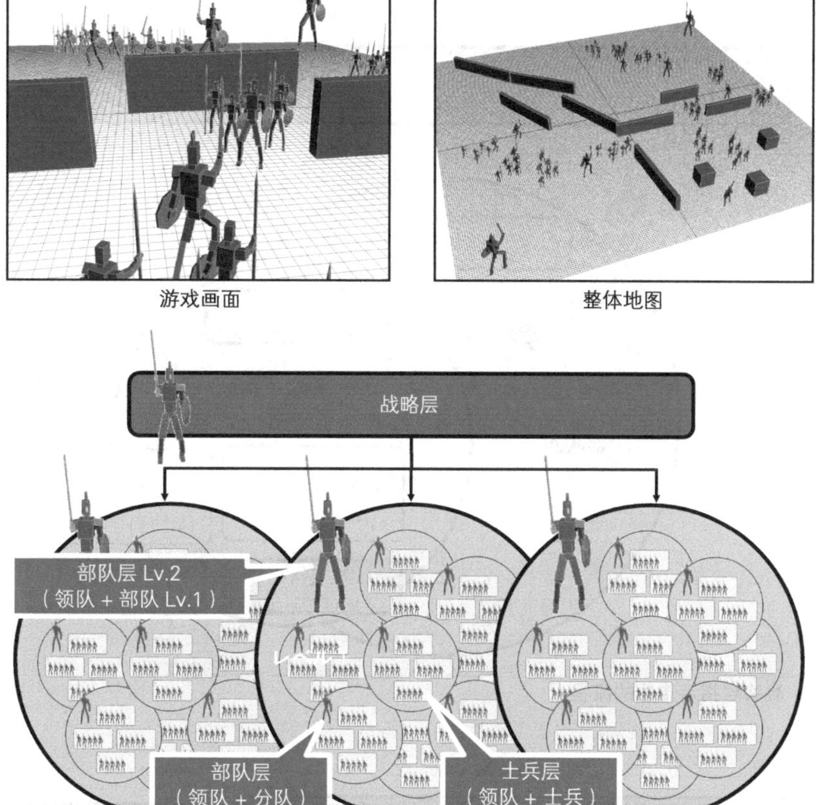

图 2.9.32　“战略层”“部队层”“士兵层”

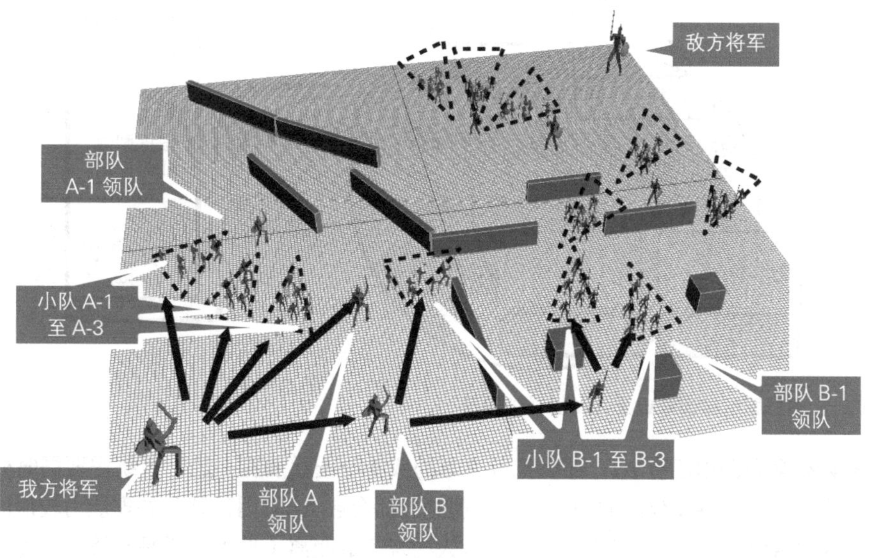

图 2.9.33　战略层

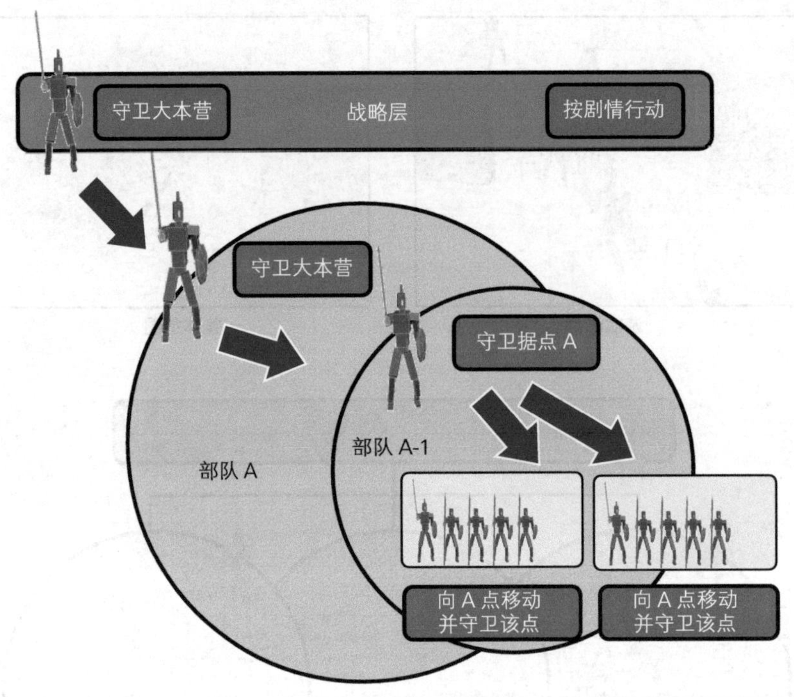

图 2.9.34　**战略层指示传达的流程**

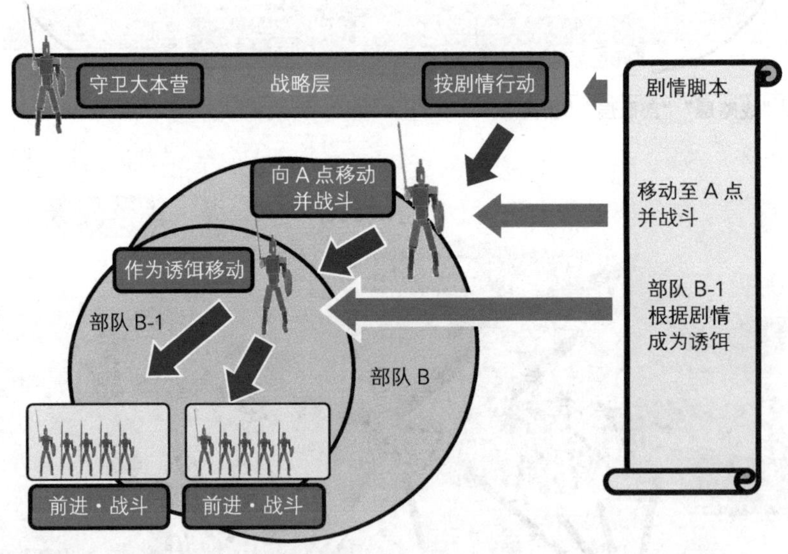

图 2.9.35　**根据剧情向部队或士兵发出详细指示**

但是，如果全力调用所有 AI，那么把玩家方的武将与士兵加在一起，系统需要同时处理几千个 AI。这样一来，系统给游戏分配的绝大部分处理能力都会被 AI 占用，某些处理能力较低的游戏主机将无法实现这种 AI 机制。因此我们可以根据敌人与玩家的距离（准确地说是与镜头所显示范围的距离）开 / 关 AI 的运作，以减轻硬件的处理负担（图 2.9.36）。

比如某些部队是玩家完全看不到的（仅在雷达上显示的敌、我方部队等），我们不必让这些看不到的士兵认真战斗。这部分只需要用简易的 AI 处理或战斗处理模拟一下即可（图 2.9.37）。

应用这一方法，即便场景中拥有数千名敌人，系统也只需要处理玩家周围士兵的 AI。将 AI 分成几个层次，只处理玩家可能影响到的敌人 AI，这样别说成百上千名敌人，就算控制上万名敌人也不在话下。

不过，采用简易 AI 和简易战斗处理有一个缺点。当玩家站在镜头视野较宽阔的场景中时，由于看到的敌人增多，系统需要同时处理大量 AI，往往导致处理速度降低。这就需要设计者抑制镜头可观察到的距离，在关卡设计时创建篱笆等障碍物，或者限制画面中敌人的显示数量以防止超过负荷。另外，在调整 AI 或者设计关卡时，要保证玩家身边不会聚集太多敌人，以免出现掉帧现象。

这一系列机制虽然制约较多，但合理运用之后将能让玩家体验到与数千名敌人战斗的快感。

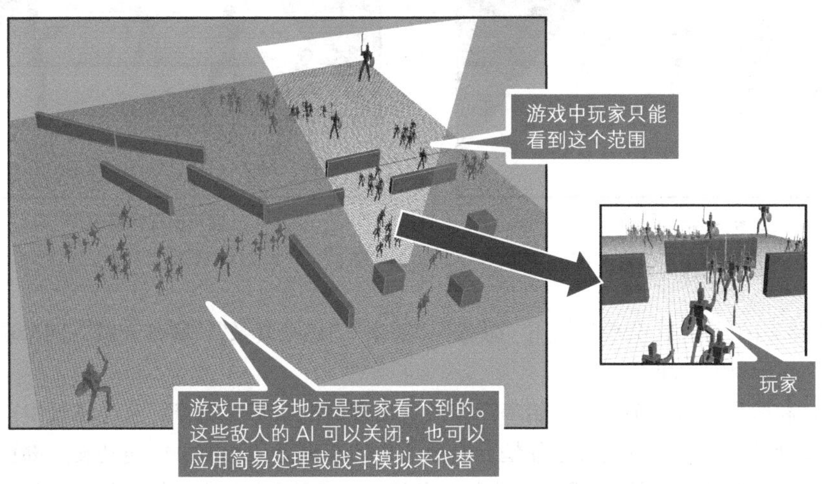
游戏中玩家只能
看到这个范围
玩家
游戏中更多地方是玩家看不到的。
这些敌人的 AI 可以关闭，也可以
应用简易处理或战斗模拟来代替

图 2.9.36 仅让可见的敌人 AI 运作

可见的战斗

需要实际执行动作、AI 思考以及碰撞检测

不可见的战斗

【1 秒执行 1 次简易战斗计算】

1. 计算我方小队 B-1 的士兵总生命值
2. 敌人用于简易计算的攻击力乘以 0 到 1 的随机数，从我方小队 B-1 的生命值中扣除
3. 计算敌方小队 B-1 的士兵总生命值
4. 我方用于简易计算的攻击力乘以 0 到 1 的随机数，从敌方小队 B-1 的生命值中扣除
5. 将我方小队 B-1、敌方小队 B-1 的总生命值随机分配给各个士兵，未被分配到生命值的士兵死亡

应用简易 AI・简易战斗计算之后，
再多士兵也不会对处理造成多少负荷

图 2.9.37 简易的战斗处理示例

控制玩家恐惧感的导演 AI

随着游戏的进化，游戏 AI 已经不单是“玩家的对手”，还是“给玩家带来乐趣的玩伴”。我们在《求生之路》[①] 中可以体验到这种进化。

《求生之路》系列采用了**导演 AI**（或者叫**自演 AI**）。这种 AI 就像电影导演一样，会选择绝妙的时机在游戏中安排大量丧尸，让玩家大吃一惊（图 2.9.38）。

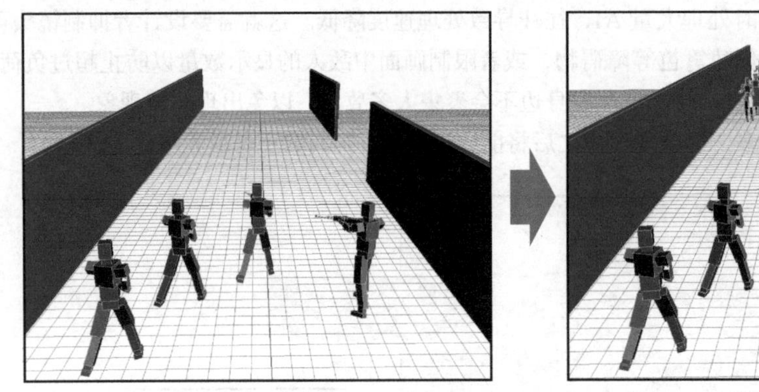

图 2.9.38 让玩家吃惊的大群丧尸

《求生之路》的导演 AI 会循环使用**“放松”“铺垫”“极限紧张”“紧张衰减”**四个步骤，人为地制造出能够惊吓玩家的时间点。

首先是**放松**阶段，这是游戏一开始等没有敌人出现时的状态。随着玩家在场景中前进，丧尸会逐渐出现并发动袭击。这一阶段就是**铺垫**。惧怕死亡的心理会让玩家每次遇到丧尸都更加警惕，逐渐积累紧张不安的情绪。另外，《求生之路》会利用 BGM 和 SE 有效地制造紧张气氛。比如在玩家紧张感较强的场景中播放让人不安的 BGM，或者时不时发出物体碰撞声和丧尸呻吟声。玩家紧张感即将达到顶峰时，导演 AI 会在 3 到 4 秒内刷新大批丧尸，如此命悬一线的危机形势让玩家的惊恐和兴奋瞬间爆表。这就是**极限紧张**状态。在玩家撑过丧尸群之后，AI 将进入**紧张衰减**阶段，慢慢降低丧尸的刷新率。

等玩家进入放松状态后，AI 又会重启这一循环（图 2.9.39）。

现在我们已经知道，导演 AI 会在游戏中刻意制造“放松”“铺垫”“极限紧张”“紧张衰减”阶段。那么现在有一个关键问题，导演 AI 要如何得知各玩家的**紧张度**”呢？

在这个问题上，《求生之路》应用了**感情强度标记**（intensity graph）机制（图 2.9.40）。

玩家控制的玩家角色具有体现感情波动的**感情强度**参数。“遭遇敌人”“受到攻击”“恢复生命值”等许多行动都可以影响到这个值，也就是通过游戏系统模拟了人类在实际遇到这类状况时的情感波动。比如“遇到敌人时 +10”“受到攻击时 +20”“恢复生命值时 –10”等等[②]。正因为有着如此精

② 这些玩家感情变化的取值也参考了游戏测试时玩家的实际感情波动。

妙的感情强度调整，玩家才能跟随画面中的玩家角色一起，在最紧张的场面遇到数量惊人的大群丧尸。**可以说，这是一种让画面外的玩家与画面内的玩家角色感情达到统一的机制。**

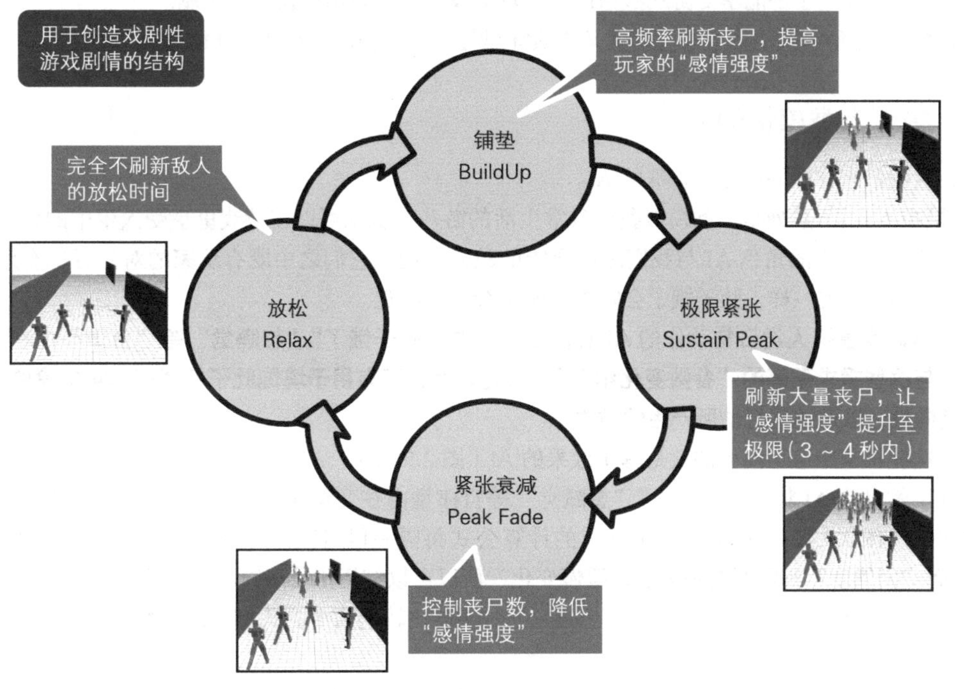

图 2.9.39　“放松”“铺垫”“极限紧张”“紧张衰减”的循环

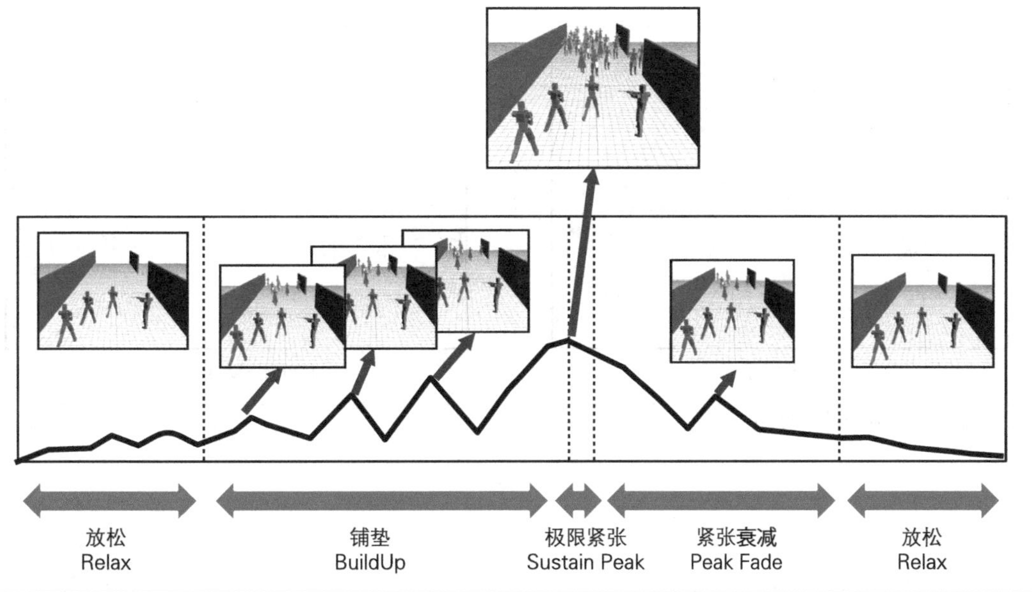

图 2.9.40　感情强度标记

导演 AI 起源于《宇宙巡航机》等街机射击类游戏的难度调整系统①。这类射击游戏会根据玩家的剩余生命数和当前火力调整敌人的攻击及强度（是否容易被破坏），从而改变游戏难度。这是街机时代为了让菜鸟和老手都能享受游戏激情以及让玩家投入更多硬币而设计的机制。

如今的导演 AI 既能调节游戏难度又能演绎恐怖气氛，相信其在将来还能继续进化。

模拟人类感情的 AI

最后我们来介绍一种比较特殊的 AI。

《模拟人生》②系列是一款模拟我们日常生活的游戏，玩家可以在游戏里享受人生中的各种事件。生活在这款游戏中的角色 AI 与我们之前介绍的敌人不同，它们之中既有玩家的对立者也有好朋友。同时，它们像人类一样，肚子饿了会吃饭，困了会上床睡觉。

创造这类模拟人类日常动作的 AI 时，首先需要“肚子饿了”“想睡觉”等“自律型内在变化”，然后是与这些需求配套的“参数变化组合”，除此之外，还有用于填饱肚子的“开冰箱拿食物吃”等功能指向性，以及这些行动所产生的效果。

从这些机制中应运而生的就是**基于效果的 AI**（图 2.9.41）。

基于效果的 AI 将“肚子饿了”“想睡觉”等自律型内在变化通过合适的计算公式转换为用于模拟的数值（图 2.9.42）。比如“饥饿度”的计算公式每隔一段时间会得出让人找东西吃的数值（标记），而“困倦度”则需要在一天之内缓慢变化，所以可以使用正弦函数等公式计算。

比如若当前状态为“肚子饿了”“想睡觉”，AI 会比较这两个公式得出的参数值，选择需求更大的一个执行。

如果“想睡觉”的需求更大，角色会移动至床边，并根据“床的功能可供性”执行相应动作（图 2.9.43）。

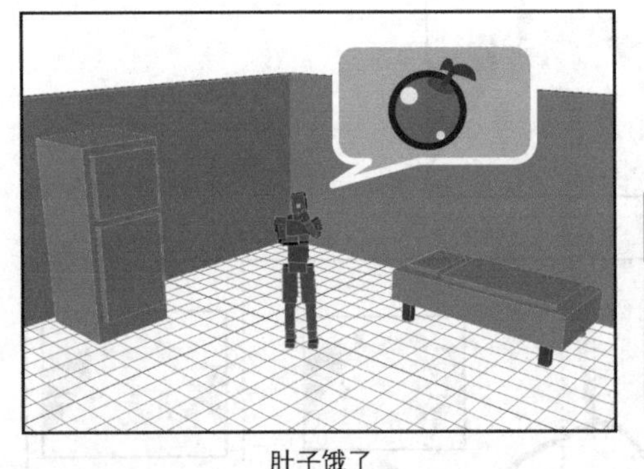

肚子饿了

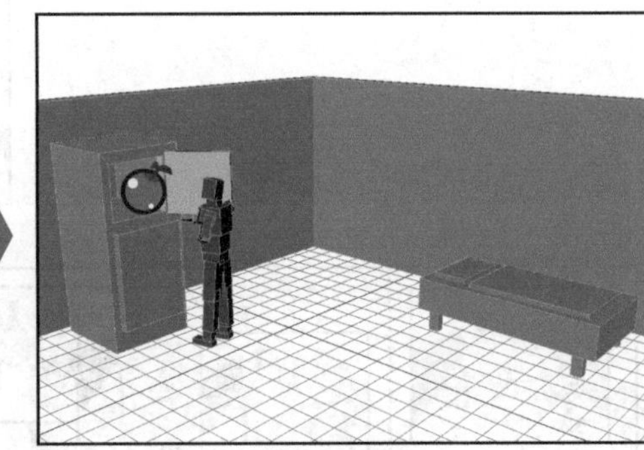
打开冰箱拿食物吃

图 2.9.41 基于效果的 AI

① 这一手法也称为“动态难度调整”（Dynamic Difficulty Adjustment，DDA；Dynamic Game Balancing，DGB）。

② The Sims © Electronic Arts Inc. Trademarks belong to their respective owners. All rights reserved.

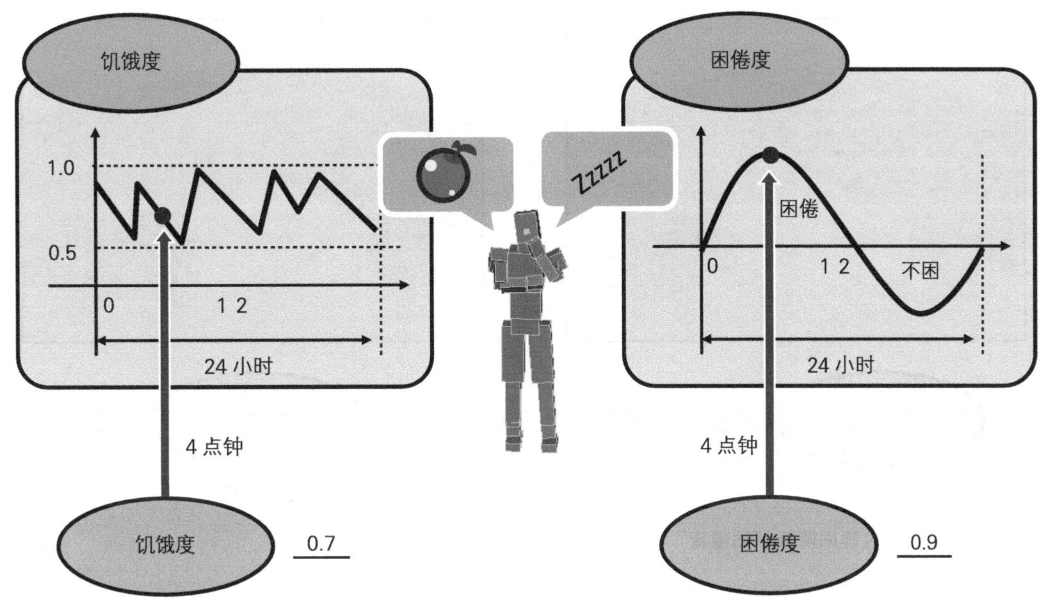

图 2.9.42 **“饥饿度”和“困倦度”**

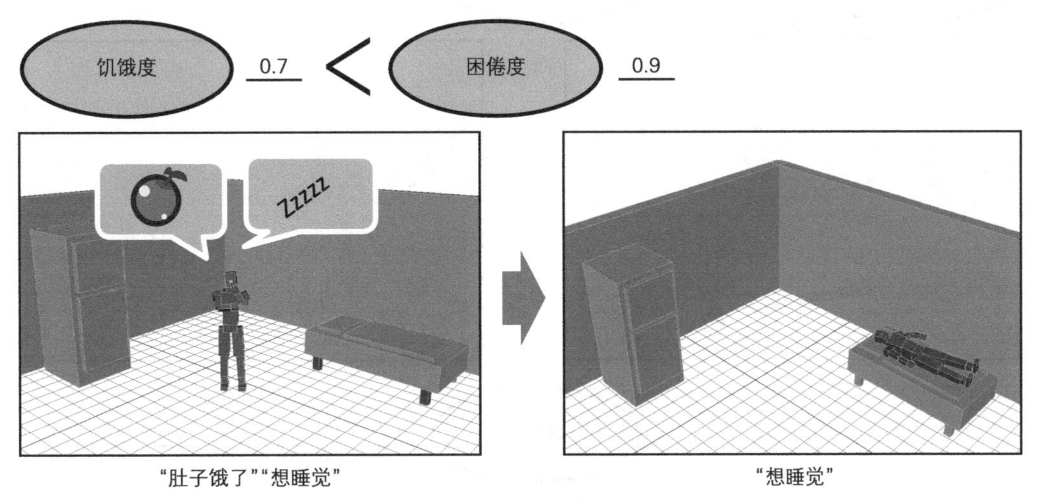

图 2.9.43 **“困倦度”高于“饥饿度”时**

角色移动至床上后，将通过睡眠动作获取“效用”(效果)(图 2.9.44)。

使用床可以使“困倦度”下降，经过一段时间后，“困倦度”参数将低于“饥饿度”参数。此时角色将会醒来，然后从冰箱里拿食物吃(图 2.9.45)。

也就是说，通过应用基于效果的 AI，可以模拟出人类普通生活中的“模糊行动”。

另外，基于效果的 AI 还是 TPS · FPS 等射击类游戏中做判断的手法之一。

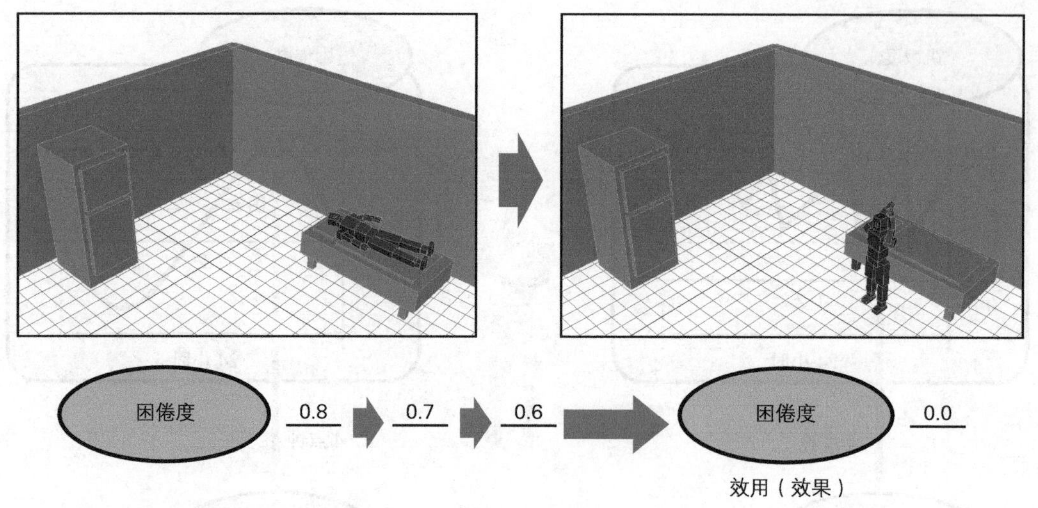

图 2.9.44　**通过睡眠降低“困倦度”**

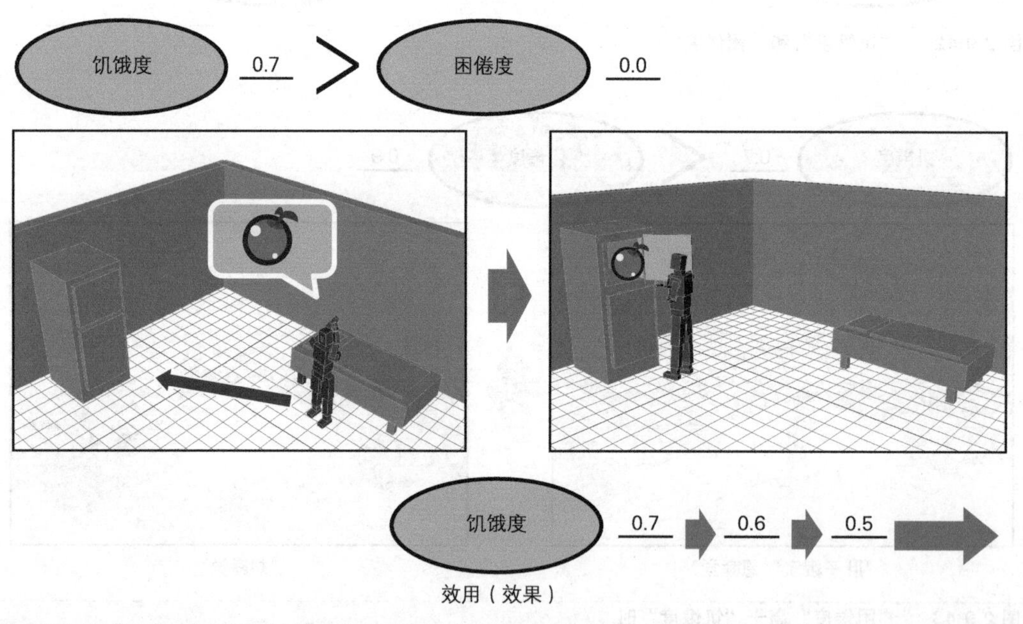

图 2.9.45　**“饥饿度”高于“困倦度”时**

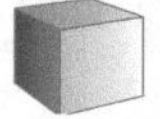

小结

本节中我们就敌人 AI 的机制和技巧方面进行了大量介绍，从最基本的 AI 到内容丰富的大规模项目专用的系统都有涉猎。

顺便一提，某些最新的大型 FPS 和 TPS 游戏中正在采用一种叫作 TPS（Tactical Point System，战术点系统）的新型 AI。这种 AI 能够实时分析地形，然后在地图上将无数环境信息汇总成“点”。

敌人 AI 可以根据自身需要筛选出相应的点并加以利用。比如敌人希望沿安全路线前进时，只需筛选出有遮蔽物阴影覆盖的点，然后在这些点附近移动即可。这样一来就让 AI 兼具了导航网格的功能。由此可以看出，游戏 AI 如今也在不断进化着。

灵活运用形式各异的 AI，能够大幅提升游戏的表现力以及游戏中攻防的手感。不过，并不是说用了这些 AI 游戏就一定会有趣。比如制作 FPS 游戏，不一定非要使用最先进的大规模 AI 系统。一款游戏适合使用什么样的 AI，这个问题的答案并不唯一。

特别是个人或小规模团队制作游戏时，最大限度地选择可利用的资源进行挑战，能有效确保完成游戏。如今市面上可以购买到不少游戏 AI，其中有不少游戏设计者亲手从零制作出来的基于脚本的 AI（基于规则的 AI・基于态的 AI），说它们是“职业水准的游戏 AI”也不为过。

敌人 AI 最重要的是“诱导玩家使用某种战术，以及为玩家带来某种乐趣及愉悦享受”。为实现这一目标，设计者必须先搞清楚游戏需要什么样的敌人，什么样的游戏 AI 以及什么样的关卡设计。

然后在实际设计或制作游戏 AI 时，必须将“拥有何种层次机制”“每个层次思考哪些事”“通过哪些信息判断当前局面”“采用何种行动”“能否完成目标”等问题全面分析，缺一不可。

作为一名游戏设计者，尤其需要深入设计左右游戏胜负的因素、希望玩家采取的行动（或者获得的乐趣）等“游戏进程评估”以及“游戏主旨”，这样一来游戏 AI 的目的性也将更明确。

各位读者如果想了解更多，不妨参考以下资料。

- GDC Valut 2009 From COUNTER-STRIKE to LEFT 4 DEAD: Creating Replayable Cooperative Experiences
- VALVE The AI Systems of Left 4 Dead
- Behaviour Tree AI in Gentou Senki Griffon（幻塔战纪格里芬中 Behaviour Tree 的尝试）

2.10 让玩家兴奋的敌人反应设计技巧

3D 游戏能够更真实地表现游戏世界，因此给玩家带来的一体感要远超 2D 游戏。其中 3D 玩家角色的反应更是能让玩家获得丰富的“触感”。与此同理，3D 游戏中敌人的反应也更加真实了。

3D 游戏中的敌人可以做出 2D 游戏敌人无法做出的细腻反应。所以在本章最后，让我们来看看这些反应都能如何给玩家带来乐趣。

在 3D 图像下进化的受伤反应

首先我们来讲解 3D 游戏中敌人的受伤反应。

与玩家角色的受伤反应相同，3D 游戏中敌人的受伤反应也有了“大小”“方向”等丰富多彩的表现。关于这方面的详细内容，各位读者可以参考第 1 章中介绍玩家受伤反应的部分。

不过，根据游戏战斗系统的概念不同，敌人受伤反应也有着不同的功能。比如在以一对一为主的《塞尔达传说：天空之剑》或注重连击持续性的《蝙蝠侠：阿甘之城》中，系统会在每次攻击命中时调用受伤动作，以**明确表现命中状态**（图 2.10.1）。

图 2.10.1　明确表现命中状态的受伤反应

另外，《猎天使魔女》中被玩家连续射击的敌人会不断执行受伤动画，所以受伤反应在这里起到**拖延敌人脚步**的作用，方便玩家继续连击（图 2.10.2）。

而在《战神Ⅲ》等割草类游戏中，除一般受伤反应之外，还有“挑空受伤反应”“击倒受伤反应”“诱发 CS 攻击（QTE）的受伤反应”（图 2.10.3）。

由于 CS 攻击通常能造成巨大伤害，包含着“终结一击”的意义，因此诱发 CS 攻击的特殊受伤反应通常很有特点，比如敌人会单膝跪地，或者摇摇晃晃即将昏厥。虽然这类受伤反应中的敌人大多无法反击，但只要再受到一次普通攻击，就能在通常受伤反应之后恢复自然状态。

除此之外，《战神Ⅲ》这类能故意将敌人砸倒在地的游戏中，通常可以把倒地的敌人弹起到空中继续连击。这种游戏机制为攻击动作添加了反弹属性，让玩家可以借助反弹效果进一步连击。

射击地面上的敌人

打断敌人的冲锋

射击空中的敌人

让正在下落的敌人继续浮空

图 2.10.2　拖延敌人脚步的受伤反应

挑空受伤反应

敌人：不可反击

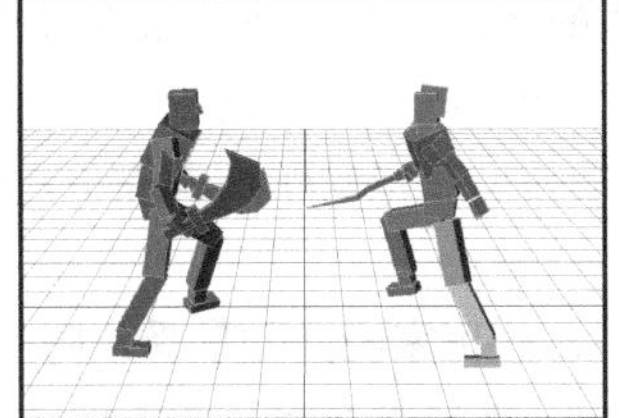

击倒受伤反应

敌人：不可反击

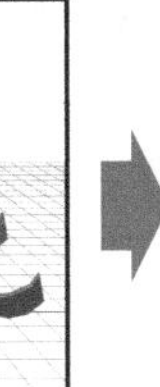

与格斗游戏不同，倒地状态并不无敌，可以被追加攻击命中

诱发 CS 攻击的受伤反应

敌人：不可反击

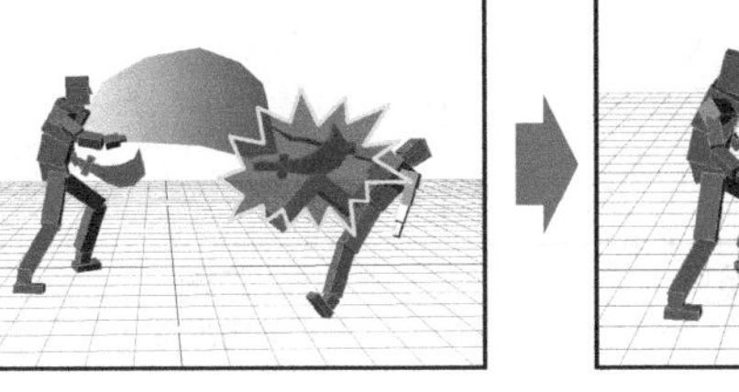

出现按钮标识时可发动 CS 攻击

图 2.10.3　割草类游戏的受伤反应

这些受伤反应的功能是**改变玩家下一次攻击的状态**。我们不妨称其为**为玩家创造好机会的受伤反应**。

另外在《塞尔达传说：天空之剑》中，玩家只要在恰当的时机将双截棍和 Wii 遥控器纵向交叉，即可对倒地的敌人发动终结一击。这个可以称为**痛快结束战斗的受伤反应**。

综上所述，敌人的受伤反应与游戏系统和游戏趣味性有着直接的关系。在一款有深度且有趣的游戏中，我们绝对看不到意义不清楚甚至毫无意义的受伤反应。这些游戏的每一个反应都必定有着其意义，各位有兴趣的话不妨研究一番。

体现耐打程度的踉跄

当代游戏中，既有一对多的战斗也有一对一的决斗，但并不是每种战斗中都适合使用明显的受伤反应。

比如迎战巨型 BOSS 时，如果玩家每次攻击都能触发 BOSS 的受伤反应，那么本就行动迟缓的巨型 BOSS 将更难出手攻击，并且会给人一种弱不禁风的感觉。特别是在玩家有连击机制的游戏中，由于攻击会连续命中敌人，不断出现受伤反应将对玩家压倒性有利，因此这类游戏中必定会加入一些负责捣乱的杂兵，让玩家时常保持着一对多的状态。

如果非要实现一对一战斗，那么需要让巨型 BOSS 能够取消受伤反应并反击，或者在玩家连击最后一招上留出足够大的破绽，给 BOSS 提供反击机会。然而对于一对一的决斗而言，这一方法显得并不高明。

其实，只要利用受伤反应中**伤害累积的踉跄**机制，我们就能轻松表现出玩家与杂兵乃至巨型 BOSS 一对一决斗的场面。所谓“伤害累积的踉跄”，是指角色在伤害累积到一定值之前都不出现反应，直到累积伤害超过该值时才执行踉跄动作。踉跄动作既表现了当前所受伤害，也为对手追击创造了机会。

《黑暗之魂》中进一步优化了踉跄机制，让玩家能充分享受攻防的乐趣。《黑暗之魂》中的敌人拥有“强韧度”参数，玩家每次攻击命中时，系统都会将各武器的攻击动作相对应的“踉跄值”与“强韧度”作对比。如果踉跄值高于强韧度则执行踉跄（受伤反应）（笔者推测踉跄值能够在一定时间内累加计算）。

因此即便玩家使用同一个攻击动作，在攻击某些强韧度较高的敌人时也很可能不发生踉跄（图 2.10.4）。

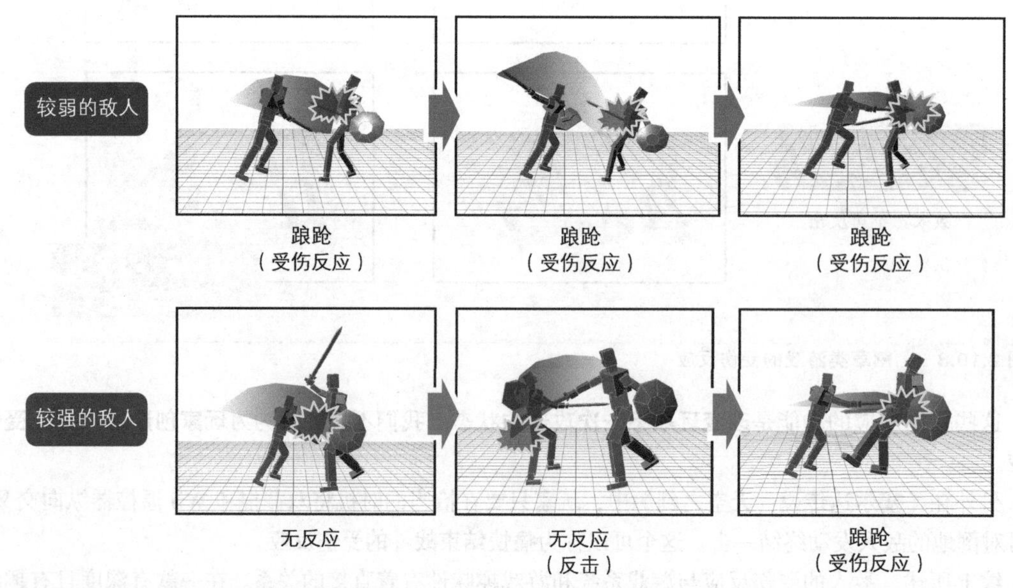

图 2.10.4　不发生受伤反应的情形

这样一来，弱小的敌人就显得“弱不禁风”，而强大的敌人则表现得“坚如磐石”。

敌人踉跄的受伤反应会让玩家意识到有机会追击。踉跄幅度越大对玩家就越有利。相对地，攻击命中不产生反应时（霸体状态），玩家将处于一种一旦被反击则必定受伤的危险状态。

游戏有了踉跄机制之后，玩家在迎战敌人前会先制定战术，比如“这个敌人挨三次攻击会出现踉跄，之后可以接着进行强攻击”。

不过，如果一款游戏攻击命中不一定触发受伤反应，那么需要格外注意受伤表现的处理。在这些游戏中，最好添加华丽的命中特效或者使 HP 槽明显降低，来帮助玩家识别是否命中，否则会出现敌人突然死掉了的状况（反之，如果玩家角色没有明显的受伤动作就突然死掉了的话，会更让玩家摸不着头脑）。

将踉跄运用到位可以使游戏产生独特的攻防乐趣，但这一机制调整起来比较有难度，需要格外用心。

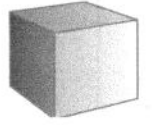

让游戏手感饱满的命中停止

如果希望玩家能够清晰辨认攻击命中与否，可以采用**命中停止**。

本书中的“命中停止”是指玩家攻击命中敌人并触发受伤动画时（特别是击打的瞬间），让玩家和敌人动作暂停的手法（某些游戏的命中停止只有在逐帧播放时才能明显地辨认出来。但即便是如此短暂的命中停止，也能大幅影响游戏手感）。

命中停止一般被运用于格斗游戏，其具备两个特征。

第一，可以在命中停止阶段内加入“预输入”时间。采用了预输入机制的游戏通常允许玩家在攻击招式结束阶段或者受伤反应过程中进行预输入。如果将这一手法同时用于其中，可以在攻击命中时延长预输入时间，相当于一种额外奖励。另外，如果将预输入时间仅限于命中停止阶段，那么将成为一款注重按键时机的游戏。

第二个特征是“伤害的表现力”。使用命中停止之后，攻击会显得更有分量，也更容易辨认。

不过，只要稍微改变命中停止的时间，原本十分有分量的攻击也会显得不怎么痛。

要想让攻击显得有分量，命中停止的时间应该放在命中之后。曾在全球大热的电影《黑客帝国：矩阵革命》相信很多读者都看过。在尼奥与特工史密斯最后对决的场景中，拳头命中的瞬间会出现超慢镜头。如果各位有条件在自己家中观看该影片，不妨试着逐帧播放这个击打瞬间（命中的瞬间，或者手臂伸展的瞬间）。各位会发现，拳头离开的瞬间要比击打的瞬间显得更有力量。原因很简单，在拳头命中的瞬间，被击打一方的反应还比较小，所以显得不是很痛。相对而言，越是看起来痛的画面，击打方手臂伸得越直拳头也离脸越远。我们在格斗漫画中也能经常看到类似的手法，比起去表现“拳头命中的瞬间”，通过刻画“伸展的拳头配上对方扭曲的脸”，看上去要痛得多。

游戏的命中停止也是同样道理。如果想直观地分辨命中部位，选择“击打的瞬间”更加合适。然而如果想表现疼痛感，则应该选择“击打之后”（游戏中的跟进阶段）。如果一定要兼顾的话，可以在命中瞬间加入略微夸张的部位受伤反应，或者借助命中特效，让拳头接触敌人身体时看上去仿佛不存在。

不过，命中停止在让游戏提升直观性的同时会大幅损失真实感。尤其是在某些如电影外景一般的真实系游戏里，命中停止会给玩家带来浓烈的“游戏气息”。今后，面对日益进化的游戏主机和游戏画面，设计者需要谨慎权衡命中停止和游戏真实感。

给玩家的报酬：死亡反应

随着 3D 图形技术将游戏带入了 3D 世界，敌人的死亡反应也相较于 2D 游戏有了更多的意义。

死亡反应是玩家消灭敌人时获得的“最大奖赏”。因此一款游戏对死亡反应越是讲究，越能给玩家带来动力。

以《战神Ⅲ》为例。玩家用通常方式消灭敌人时，敌人会像烟一样飘散，而用 CS 攻击消灭敌人时，则敌人会出现诸如“头被拧掉”之类残酷的死亡反应（图 2.10.5）。

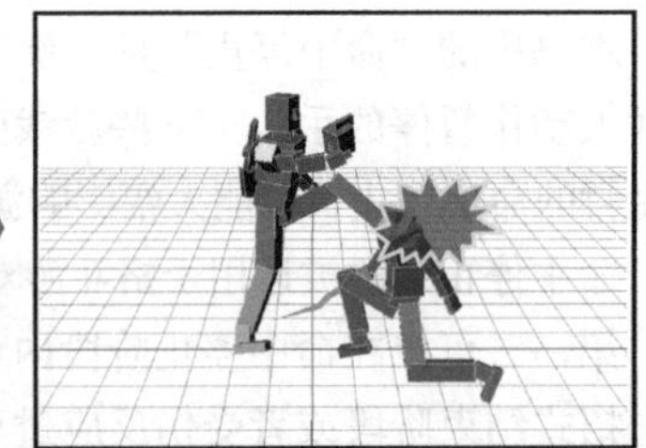

图 2.10.5　残酷的死亡反应

另外，这款游戏中 BOSS 的死亡反应比杂兵更加残酷。

对化身为残暴主人公奎托斯的玩家而言，除金钱和宝玉之外，BOSS 的死亡反应更是一种心理上的报酬。如果 BOSS 死亡时仅是倒地消失，恐怕很多玩家都会大失所望。**选择残酷的场面还是炫美畅快的场面要依游戏而定，但死亡反应必不可少，因为它是“让玩家享受成就感余韵的时间”。**

当然，这种心理报酬并不仅限于残酷的死亡反应。比如《生化危机 4》中，玩家射击敌人脚部令其倒地后，可以使用 A 键发动回旋踢或背摔消灭敌人（图 2.10.6）。

图 2.10.6　让玩家觉得自己很帅气的敌人反应

让玩家觉得“我太帅了！”不单是给玩家的一种报酬，这种机制还能增强其玩游戏的动力，促使其再次使用同一个动作。

另外，在《蝙蝠侠：阿甘之城》中，蝙蝠侠消灭最后一名敌人时会出现慢动作，让玩家能慢慢品味胜利的瞬间（图 2.10.7）。

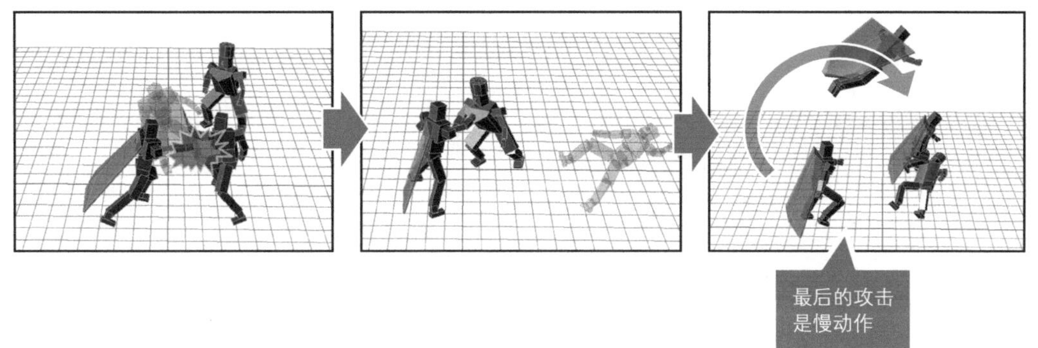

图 2.10.7 让玩家享受灭敌瞬间的慢动作

如果玩家选用了符合蝙蝠侠风格的攻击方式，那么最后的慢动作将如同电影场景一般，让玩家体验化身蝙蝠侠的快感。可以说，设计者在制作敌人的死亡反应（蝙蝠侠游戏中应该是昏厥反应）时，都是从玩家视角出发的。

死亡反应对游戏世界观的表现也有着巨大影响。TPS · FPS 等真实系射击类游戏中，要是刚刚被打死的敌人尸体突然从眼前消失，真实感将荡然无存。如果游戏系统需要尸体消失，那么最好在玩家（镜头）视线离开尸体时进行处理，或者通过某些特效来表现出“尸体消失的原因”。

综上所述，敌人的死亡动作既是“给玩家的报酬”也是“让玩家行动看起来更帅气的表演”，同时还是“表现游戏世界生死世界观”的重要机制。

小结

在优秀的电影作品中，恶人死亡的瞬间往往给人印象深刻。比如著名电影导演黑泽明拍摄的老电影《用心棒》，主人公在故事高潮阶段秒杀敌人时，敌人是在血雨中缓慢倒下。还有《终结者 2》里 T-1000 落进熔炉后痛苦挣扎，《刀锋战士》系列中吸血鬼被主人公砍杀后燃烧成灰等等。

随着游戏的进化，受伤反应和死亡反应也和电影一样有了重大意义。如果各位对某些游戏中的这类反应印象深刻，不妨仔细研究一下它们，看看它们是如何给人留下深刻印象的。

第3章

让3D游戏更有趣的关卡设计技巧

3.1

让人百玩不厌的关卡设计技巧

(《超级马里奥 3D大陆》)

前面我们从玩家角色和敌人角色等游戏系统方面，向各位讲解了使游戏更加有趣的设计和机制。然而，再怎样优秀的游戏系统，也离不开供其发挥的“场所”(场景或地图)。

我们将游戏中供玩家玩乐的“场所”或“阶段”(流程)称为“关卡”，其设计称为“关卡设计”[①] **(图 3.1.1)**。

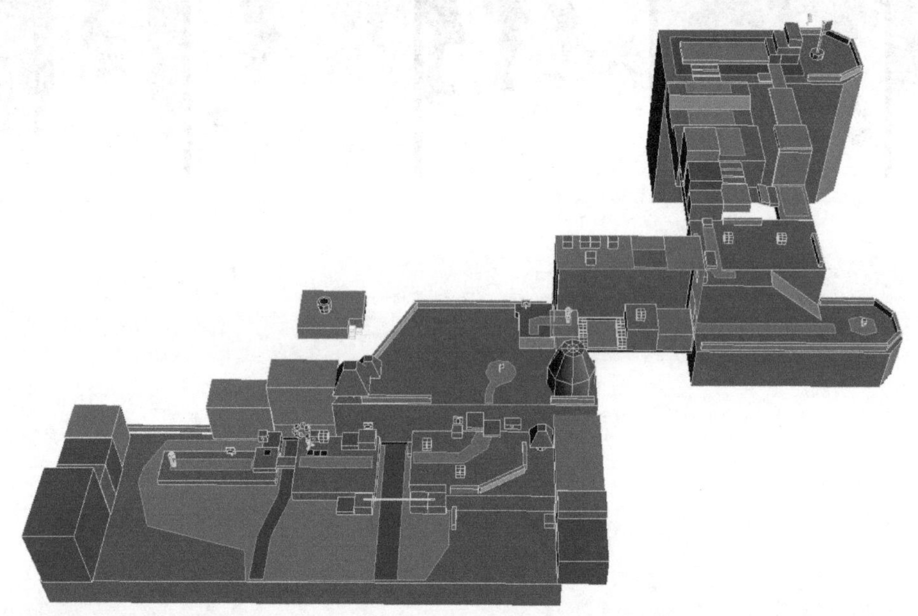

图 3.1.1　《超级马里奥 3D 大陆》场景 1-1 的关卡设计

以《超级马里奥 3D 大陆》为例，这是一款让玩家向着终点奔跑的游戏。说得极端一点，即便一路上没有设置敌人、砖块、道具等，只要场景中具备“终点旗杆”或者 BOSS“库巴”等“游戏的目的(终点)”，我们就可以说它是一款游戏。但是，这样实在太过无趣了。也就是说，要想让游戏有趣，单有目的(终点)还是不够的，还必须具备能够吸引玩家前进、探索以及挑战的“关卡”。

在《超级马里奥 3D 大陆》中，隐藏着许多能够激发游戏系统乐趣的关卡设计技巧和机制。然而单凭玩游戏很难发现这些让游戏更有趣的设计技巧。接下来就让我们带领各位一探究竟。

---

① 除“关卡”之外，还有许多词可用于指代游戏阶段。我们在马里奥中见到的“世界”“场景”以及“地图”等词汇都专用于这种过关型游戏。以讲述故事为主的游戏通常使用“幕”“章节”等词汇。另外，关卡中成阶段的战斗(波浪式攻击)等称为“波”。还有，拳击等不断重复同一阶段(关卡)的形式称为“回合”。

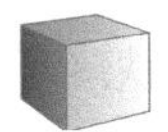

让人玩得越熟练越想跳跃的关卡设计机制

在《超级马里奥 3D 大陆》这类以跳跃为主的动作类游戏中，包含着大量让玩家忍不住按跳跃键的关卡设计。

首先，马里奥能根据冲刺速度以及玩家按跳跃键的时长调节跳跃距离。如果按高度分类，则可分成如图 3.1.2 所示的 3 个阶段。

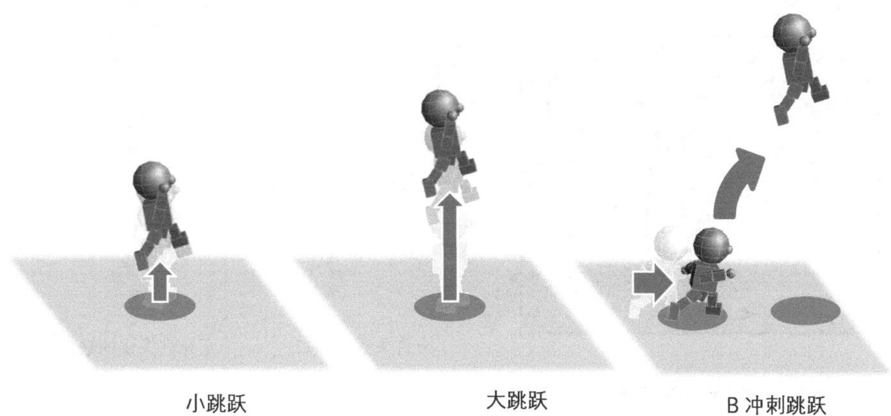

图 3.1.2　马里奥的跳跃

※ 实际上，马里奥的跳跃高度是根据按键时长连续变化的。

最快速度轻敲 A · B 键时是小跳跃，最大限度长按 A · B 键时是大跳跃，B 键冲刺跳跃则是在 B 键冲刺中进行的跳跃。在《超级马里奥 3D 大陆》中，玩家可以自由控制跳跃力度，而且选择的跳跃难度越大，越能更快更畅快地抵达终点。

比如场景 1-1 中“A. 最初的河”就并不宽，玩家可以选择从桥上走过去，也可以选择用普通跳跃跳过去。但是“B. 第二条河”就必须使用“B 键冲刺跳跃”才能跳过去（图 3.1.3）。

这是设计者在故意通过关卡设计提醒玩家 B 键冲刺跳跃的重要性和乐趣（顺便一提，《超级马里奥 3D 大陆》中还为不擅长使用 B 键冲刺的菜鸟玩家准备了可长时间滞空的狸猫马里奥。玩家在这一场景中可以使用狸猫马里奥的跳跃代替 B 键冲刺跳跃，从而学习狸猫马里奥的使用方法）。

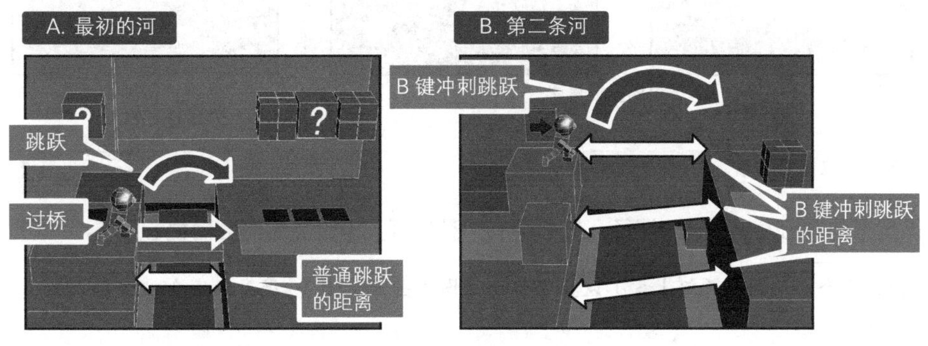

图 3.1.3　关卡设计与跳跃

另外，“B. 第二条河”中，画面深处有一处较高的砖块，如果玩家尝试从这里用普通跳跃过河，将恰好跳不到对岸，而是落在对岸下沿处的一个砖块上[①]（图 3.1.4）。这个设计会给玩家造成要跌落河中的假象，想必很多玩家都会在这里吓出一身冷汗。而正是这样的一个设计，才能让玩家清晰地记住“这里普通跳跃跳不过去”。

顺便一提，在场景 1-1 中马里奥并不会摔死。这个场景中的河都很浅，可以直接蹚水过河。也就是说，这些都是为菜鸟玩家设计的**允许失误的缺口**。

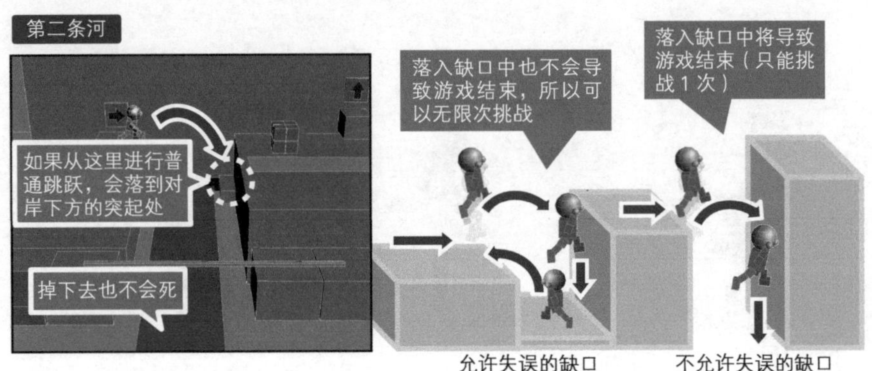

图 3.1.4　允许玩家失误的关卡设计

玩家通关本场景数次之后，将自然而然地学会用 B 键冲刺跳跃跨过第二条河。这样一来就能更快地抵达终点。

有了这一设计，玩家就能借助娴熟的跳跃技巧来带动游戏节奏。我们在第二条河之后的电梯上也能看到这种手法（图 3.1.5）。玩家第一次登悬崖时，大多会站在有箭头的箱子上等电梯。实际上，只要踩着这个箱子向画面深处移动，并使用 B 键冲刺跳跃，就可以登上悬崖。对跳跃节奏掌握比较好的人完全不用等电梯。

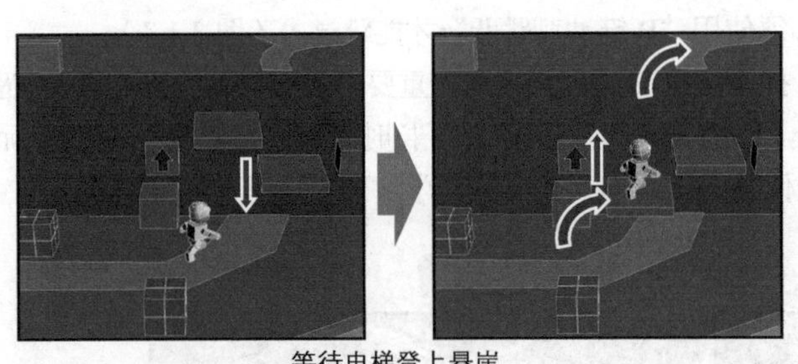

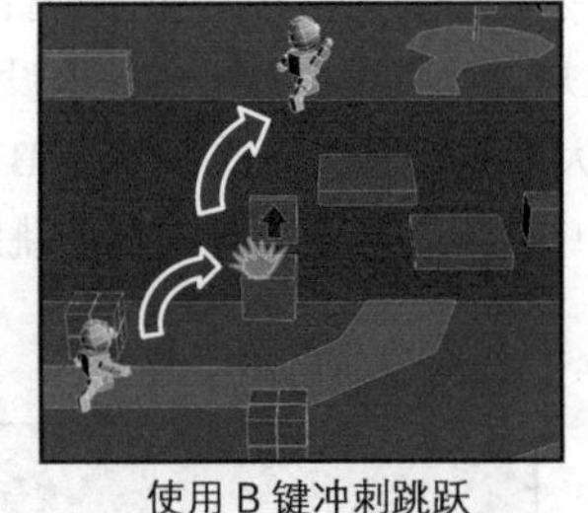

图 3.1.5　电梯与木箱

如果玩家是自己发现的这一捷径，想必会有一种发现关卡设计漏洞的愉悦心情[②]。

① 实际上，这个砖块前方（河上方）设置了金币（图上并未标出）。很多玩家会被金币吸引，从而选择从这里过河。

② 顺便一提，负责关卡设计的人称为“关卡设计师”。实际上，我们上面介绍的类似“钻空子”的玩法都是关卡设计师特意设计的，玩家的这些发现也会令他们感到欣喜。当然，偶尔也会有玩家发现一些设计师意料之外的近路……

另外，如图 3.1.6 所示的场景，乍一看好像只能沿坡道向上走，其实使用“B 键冲刺跳跃 + 三角跳跃”就能直接登上高台。

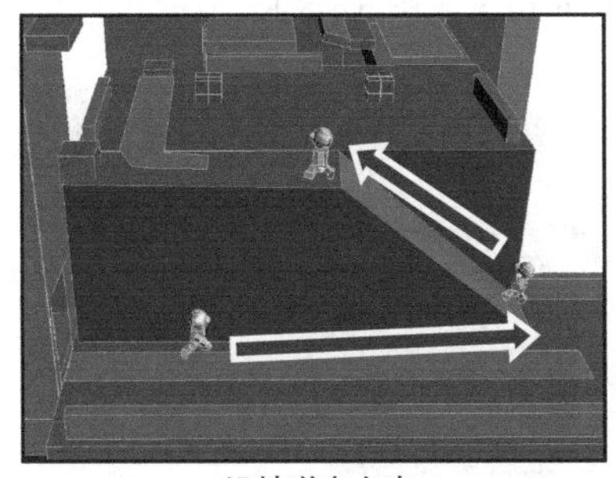

沿坡道向上走

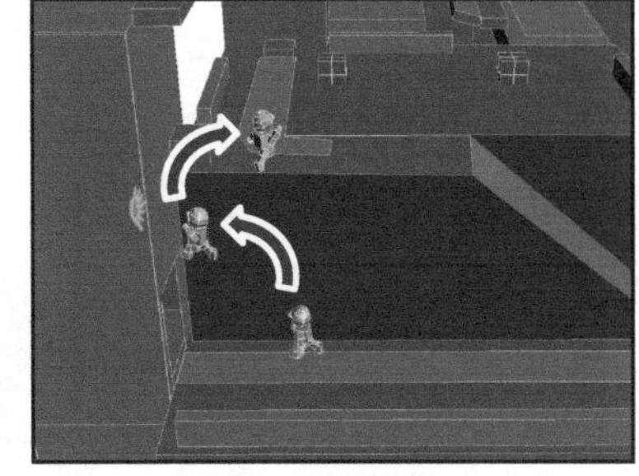

用三角跳跃走捷径

图 3.1.6　发现捷径

当玩家能够熟练使用各种跳跃动作后，通关场景 1-1 大概只需要 30 秒。

类似这样的捷径只要被发现一次，玩家就会在所有场景中主动寻找捷径。设计者在关卡设计之初就已经考虑好了这些机制，让玩家在想尝试某些跳跃动作时可以随时尝试。

在进行关卡设计时，设计者脑中必须对“游戏玩法的主路线”有明确印象，要清楚玩家怎样玩会获得怎样的畅快感。然而，如果能像我们上面所说明的马里奥一样，在设计关卡时照顾到“游戏玩法的小道”，比如“如果玩家在这里尝试了某种动作，那么准备一个什么样的反应（或报酬）才能使玩家高兴”等，那么无论菜鸟还是老手都会对这款游戏着迷。

顺便一提，最早的《超级马里奥兄弟》中不存在“只有使用 B 键冲刺才能跳过去的缺口”或“只有使用 B 键冲刺才能跳上去的高台”。也就是说，玩家可以不使用 B 键冲刺就打通所有关卡。同样在《超级马里奥 3D 大陆》中，笔者至今没有发现必须用 B 键冲刺才能通关的场景。

或许各位会觉得惊讶，这款以 B 键冲刺为特色的游戏居然可以不使用 B 键冲刺通关。不过，在任何一款马里奥中，不使用 B 键冲刺都会导致难度大幅上升（《超级马里奥 3D 大陆》虽然从地形设计上可以不使用 B 键冲刺通关，但某些场景难度实在太高，几乎不可能完成）。

通过这类关卡设计，让不擅长使用 B 键冲刺的菜鸟玩家也能凭借普通奔跑稳扎稳打地打通游戏前半程。另外，即便在后半程遇到必须使用 B 键冲刺跳跃的地方，玩家也可以找一些“允许失误的缺口”进行练习。在学会 B 键冲刺跳跃后，获得隐藏物品和隐藏关卡将不再是梦。

关卡设计的技巧有很多，其中比较基本的是设计出只有特定动作才能完成的关卡，以诱导玩家使用某些动作。然而这毕竟是游戏方（设计方）有意创造的情况，一旦使用过多会给玩家带来“机械式作业”的感觉。

像马里奥这样通过关卡设计给动作赋予乐趣，可以让玩家自发地去尝试该动作。这一手法虽然难度很高，但成功之后会给玩家带来“自由游戏”的乐趣。

让游戏节奏更有趣的关卡设计机制

节拍和节奏是跳跃型动作游戏的生命，而它们都需要依靠关卡设计来实现。

比如台阶状的方块，不同形状和配置就能带来不同的节拍节奏。落差较低的台阶用任何跳跃方式都能快速攀爬，但若台阶落差较高，则不善使用 B 键冲刺跳跃的人就很难玩出节拍感了（图 3.1.7）。

另外，不改变台阶数只改变距离也能影响到节拍感。玩家顺利跳过距离均匀的台阶时，能够从跳跃的节拍感中获得乐趣和享受，这于节奏也是同理。反过来，如果台阶高低参差不齐，节拍节奏毫无规律，玩家就必须费心思去研究适合自己的起跳时机了（图 3.1.8）。

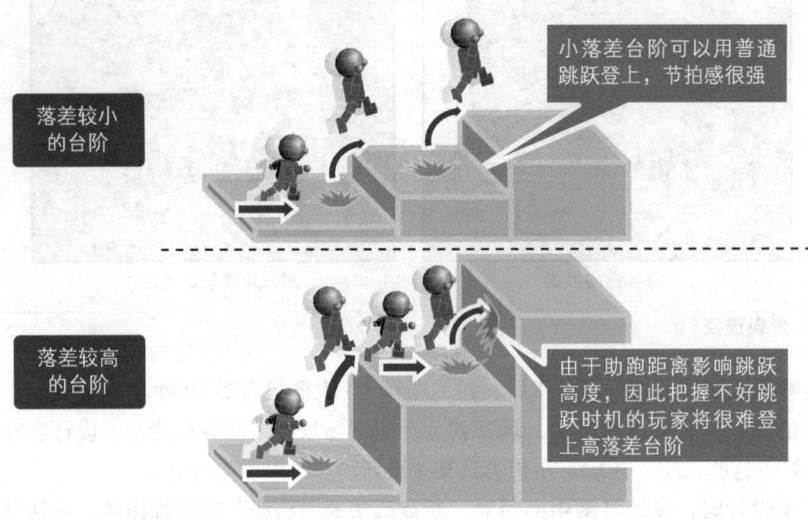

图 3.1.7 台阶状砖块的高度影响节拍节奏

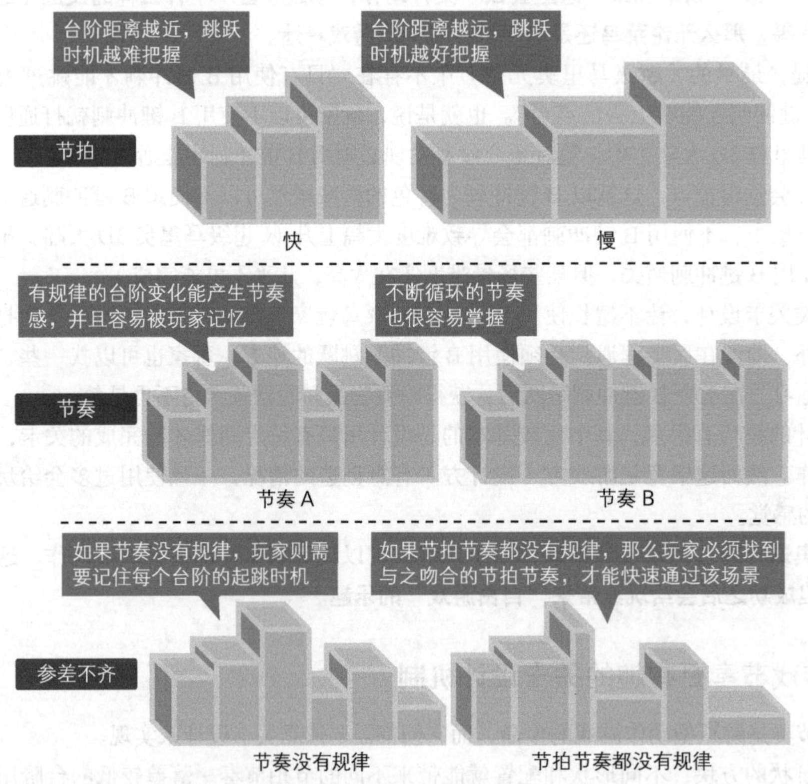

图 3.1.8 台阶状砖块的距离和台阶数影响节拍节奏

除跳台阶之外，面对铁球等障碍物（机关）时，节拍节奏同样重要。

等间隔摆动的铁球算是最简单的节拍节奏。只要掌握了第一个铁球的通过时机，后面的都可以如法炮制。如果觉得这样太过简单，可以增添一些节奏变化来提高难度。比如将铁球两两分组，然后以组为单位循环某一节奏，玩家在通过时就能享受到节奏带来的乐趣（图 3.1.9）。

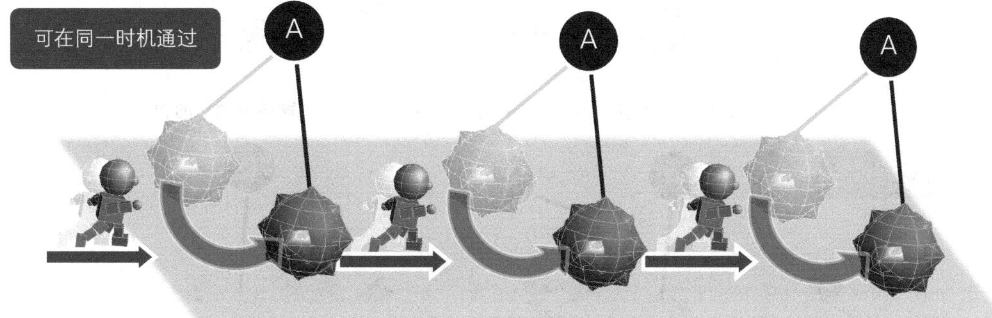

铁球的运动全都相同，所以只要掌握其中一个的通过时机，就能通过所有铁球

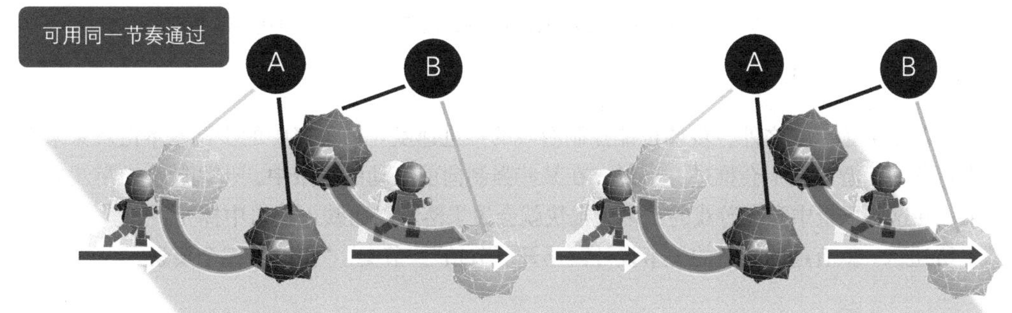

虽然铁球 A 和 B 的运动不同，但只要同时记住 A・B 组铁球的通过时机，就能通过任意组铁球

图 3.1.9　机关的节拍节奏 其一

另外，如果想单纯提高游戏难度，可以打乱所有铁球的节奏，让各个铁球无规则地随机摆动。这样一来玩家就需要分别掌握每个铁球的通过时机，很难出现一次性成功的情况。

但是这种单纯只有难度的机关并不能给玩家带来乐趣，所以我们需要做一些小调整，给乍看上去在随机摆动的铁球留一个“可以一口气冲过去”的时机（图 3.1.10）。**发现绝妙的时机**能使玩家感受到的乐趣成倍增长。

关卡设计并没有对错可言，重要的是我们在关卡中安置的障碍物要与游戏整体的节拍节奏相吻合，让玩家从中享受到乐趣。如果玩家可以配合着 BGM 一路畅快地奔跑跳跃，那么这个关卡设计就是十分理想的。

设计游戏的关卡不只是设计地图形状和难度，同时还是对游戏节拍与节奏的设计。换句话说，创造关卡的过程就是创造供玩家享受的节拍节奏（Groove）的过程[①]。

在动作类游戏中，如果说玩家是乐器，那么关卡设计就是乐谱。

---

① Groove 是音乐用语，指可以让听众情绪高昂的节拍・节奏・旋律等。

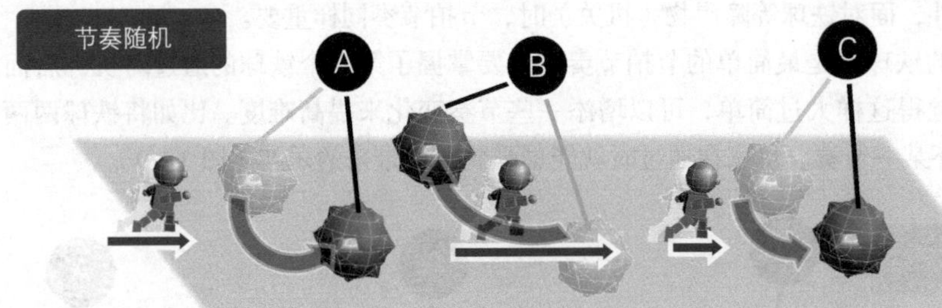

铁球 A・B・C 的运动各不相同。玩家需要记住每个铁球的通过时机

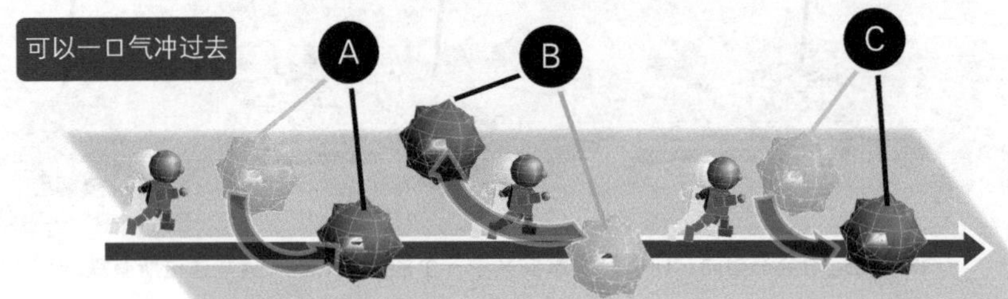

虽然铁球 A・B・C 的运动各不相同，但留有让玩家一口气冲过去的时机

图 3.1.10 机关的节拍节奏 其二

另外，除了节拍节奏之外，**步调**也能控制游戏的推进速度。马里奥中的步调基本由玩家来掌握，玩家不进行移动，游戏就不会推进。不过，在某些强制向前滚动的场景中，步调就会由游戏方控制。玩家如果不在这些场景中配合游戏的步调，很快就会失去落脚点而跌入缺口中摔死。

综上所述，一款有趣的游戏的关卡设计**离不开“节拍”“节奏”“步调”三个要素**。

 挑战与机关的难度

在马里奥这种横版卷轴游戏中，玩家必须跳过的“缺口”是影响挑战紧张感的重要因素。缺口的制作手法大体可分为允许失误的缺口（可以重新挑战的缺口）和不允许失误的缺口（不能重新挑战的缺口）两种。

我们先来看看允许失误的缺口。这类缺口即便跳跃失误也不会导致玩家角色死亡，让玩家可以重复挑战。另外，使用不同的手法可以创造两种难度不同的挑战（图 3.1.11）。

如果是“允许失误的缺口 A”，那么即便玩家跌入缺口中，也可以直接跳出来继续前进。因此不论玩家有没有相应的跳跃技术，都能顺利向前推进游戏。将这类手法运用于难度很高的大缺口，可以创造出只有高手才能快速通过的机关。

与之相对，“允许失误的缺口 B”则要求玩家必须成功，否则无法继续前进。因此任何想通过这类机关的玩家都必须练就某些特殊技巧。

不过，这种允许失误的缺口虽然对菜鸟玩家很友好，但是由于玩家可以毫无顾忌地重复挑战，因此会使游戏紧张感降低。

反之，不允许失误的缺口一旦失足跌落就会导致玩家角色死亡，所以难度越高越能创造紧张感和成就感。不允许失误的缺口根据难度大致可分为**“可简单跃过的缺口”“需要计算起跳时机的缺口”“必须完美把握时机才能跃过的缺口”**三类（图 3.1.12）。

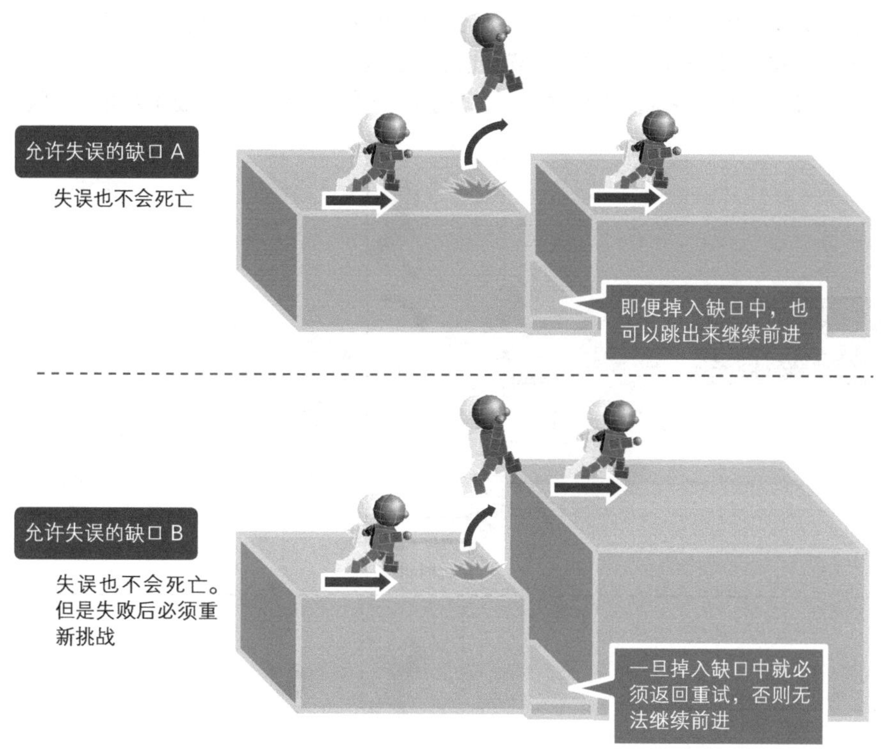

允许失误的缺口 A
失误也不会死亡
即便掉入缺口中，也可以跳出来继续前进
允许失误的缺口 B
失误也不会死亡。但是失败后必须重新挑战
一旦掉入缺口中就必须返回重试，否则无法继续前进

图 3.1.11　允许失误的缺口

首先是**可简单跃过的缺口**，挑战它不必做任何练习，只要不粗心大意就很少会失误。**需要计算起跳时机的缺口**则要求玩家有较精确的操作，菜鸟和普通玩家都多少需要一些练习。而最后**须完美把握时机才能跃过的缺口**则必须做大量练习才能保证成功。玩家会在一次又一次失败中渐渐摸索到正确的起跳时机。

讲完缺口的难易度，我们再来讲讲排列。上述这些供玩家挑战的缺口以不同方式排序，其所创造的乐趣也会有质的不同（图 3.1.13）。如果按照由易到难的顺序排列，就可以让玩家在初期**积蓄成功体验**。此时即便在最后一个缺口失误，前面一路上的成功体验也会留在玩家脑海中，促使玩家重整旗鼓[①]。不过，这种手法用多之后会导致场景千篇一律。

反过来，如果按照由难到易的顺序排列，玩家将在游戏初期频繁失误并重新挑战。慢慢地，玩家积蓄的成功体验就会被耗尽，甚至有一部分玩家会放弃游戏。此外，即使成功跃过第一个缺口，后面越来越缺乏难度的挑战也会让很多玩家大失所望。不过，如果将这一手法运用到场景半途中，则可以创造出让玩家缓解压力的区域。

将缺口的难度像音乐一般有节奏地进行排列，可以让玩家在通关场景的过程中享受整个流程。若是能随着节拍节奏将该场景一气呵成，其所带来的爽快感又将是另一种境界。

---

① 设计关卡时，一定不要忘记“奖励”玩家。绝大部分玩家在完成小型挑战时心情都会很不错，此时可以安置几枚金币作为“奖励”。通过如此一点一滴的积累，玩家将逐渐成长为足以消灭最终 BOSS 的勇者。但要注意，奖励的时机和量一定要恰到好处，过度的奖励会让玩家感到厌倦。因此在考虑挑战的难度时，最好连奖励一起考虑进去。

难度的排列并不仅限于“缺口”，所有具有挑战性质的机关都可以运用这一手法。

在关卡设计当中，“挑战难度”的节拍节奏也十分重要。

因此，在设计关卡时往往需要无数次试玩，只求将节拍和节奏调整至最让人舒心的状态。

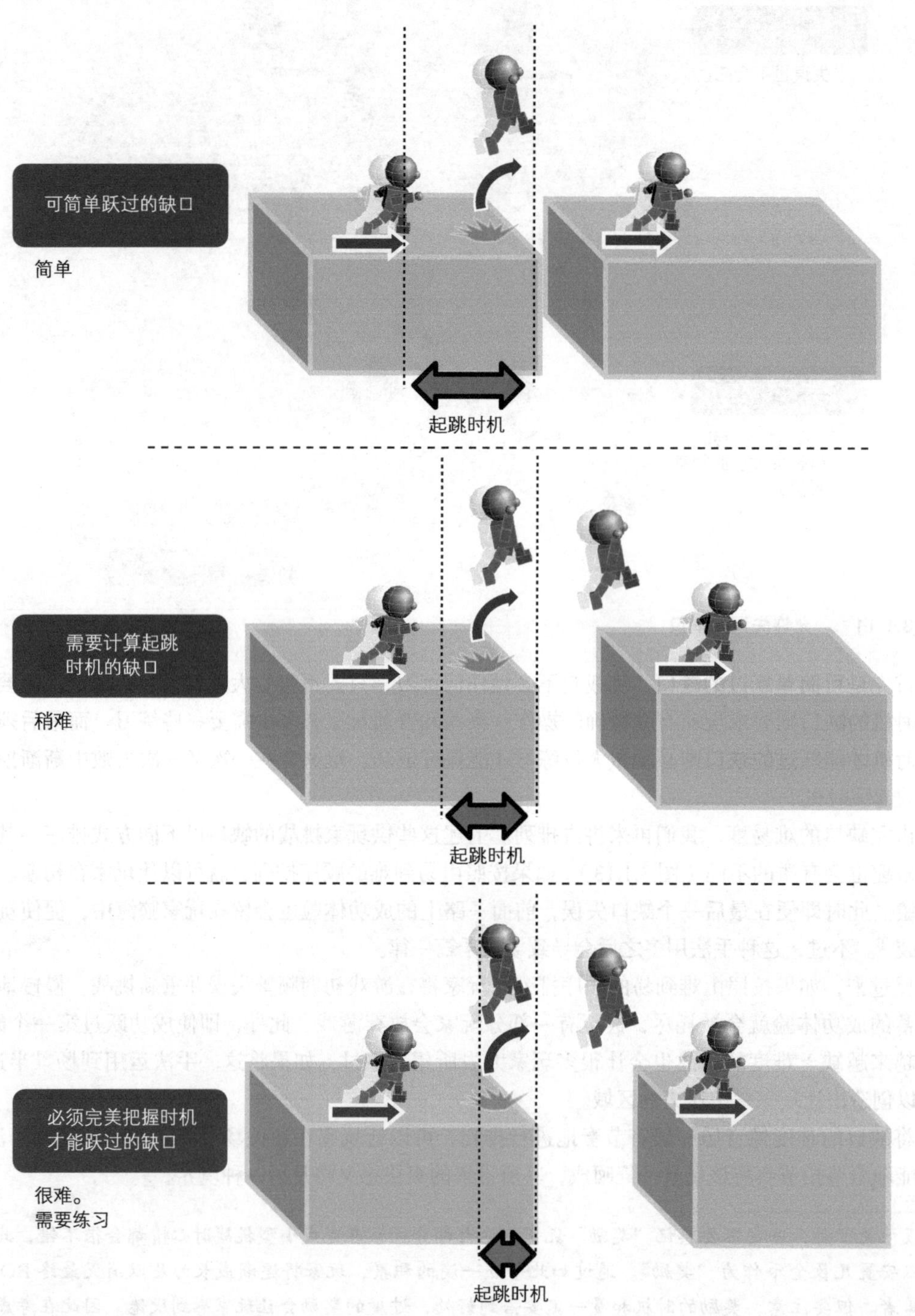

图 3.1.12 不允许失误的缺口

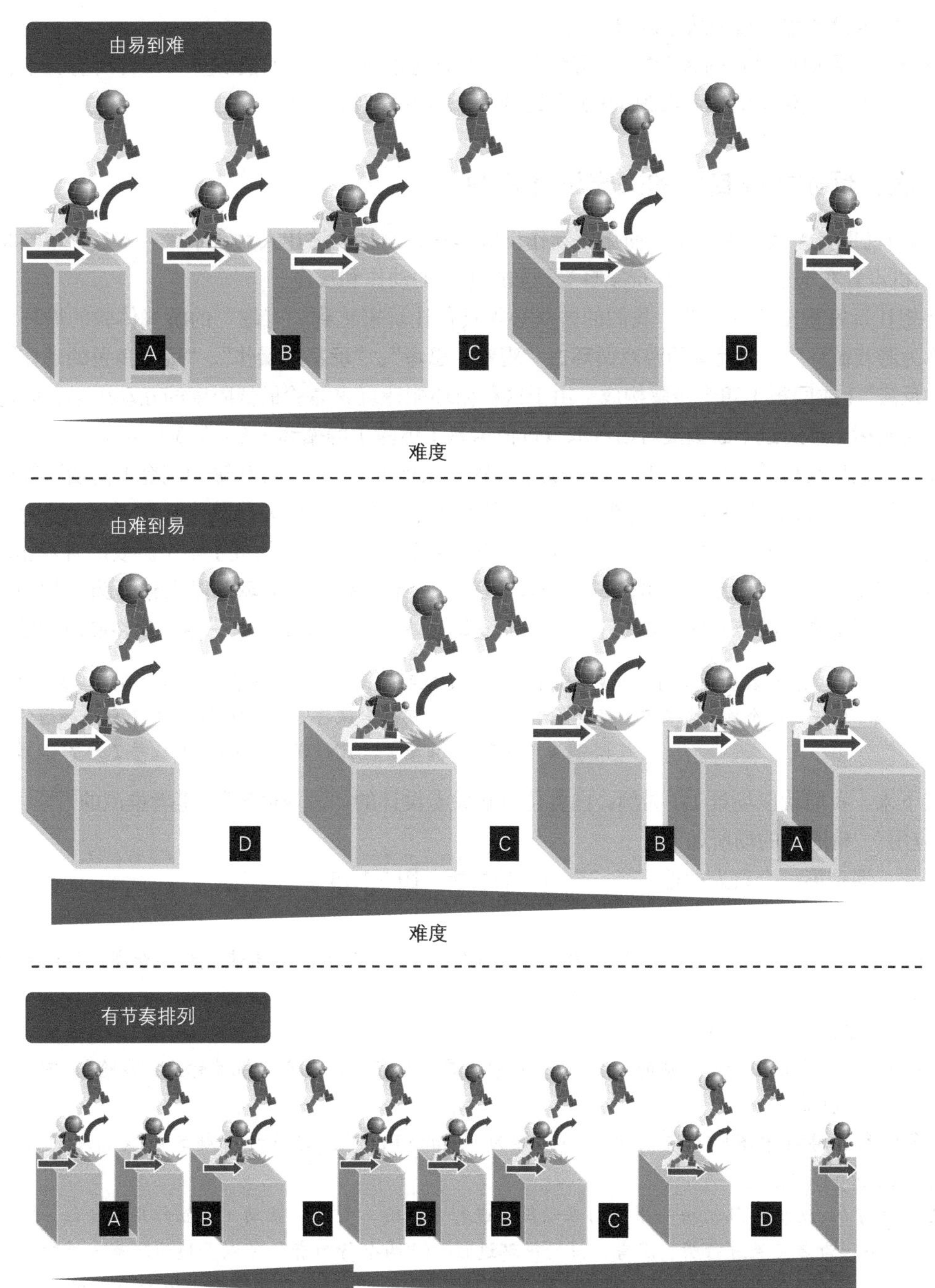

图 3.1.13 缺口的排列及难度的节拍节奏

顺便一提，横版卷轴游戏中，在开始设计关卡之前，需要先确定玩家角色的移动速度和跳跃能力（高度·距离）。如果在游戏开发中期甚至后期改变跳跃能力，那么游戏整体的节拍节奏都会发生改变，搞不好还会出现“跳不过去的缺口”和“跳不过去的砖块”。一旦出现场景无法通关的情况，那么整个关卡设计都要重新从零做起[①]。

不过，如果初期设置的跳跃能力不足以激发游戏的乐趣，那么即便要重头设计所有关卡，也必须调整跳跃力[②]。要知道，玩家动作和关卡设计是个不可分割的整体。

吸引玩家挑战自我的关卡设计机制

《超级马里奥》系列不仅操作简单、动作反应丰富，而且能够让人百玩不厌。不过，单纯将“机关”[③]随机设置在场景中并不能让玩家享受到如此丰富的动作和反应。

要想让玩家重复享受游戏，我们的游戏必须具备让玩家感到“有趣”的游戏体验的循环。笔者将其称为**游戏循环**[④]。**最简单的游戏循环由“观察・思考”、“玩家的操作”、“玩家角色的动作”、“游戏端的反应”（或回报）四个步骤构成**。由于这种循环能让玩家体验最低限度的互动乐趣，因此可以称为**互动循环（可通过不断重复对话获取有价值信息（体验）的循环）**[⑤]（图 3.1.14）。

将互动循环与机关组合在一起，就构成了“跳过眼前的缺口”“用 B 键冲刺登上高墙”等诸多形式的“挑战”。再将这些挑战进行排列组合，这就是关卡设计。一个关卡设计又是一个大型的游戏循环。然后，在循环关卡设计的过程中不断增加游戏内容和难度，这就构成了整个游戏的游戏循环。

在《超级马里奥 3D大陆》中，一个场景（关卡设计）的游戏循环可以大致分为“学习”“尝试”“应用”“精通”四个部分。实际上，从《超级马里奥兄弟》开始，这一系列就在应用该结构。

> 宫本茂：“我们在制作《马里奥》时，首先会确定地图的大小，然后再尝试向其中添加挑战要素。而且《马里奥》的任何一个挑战要素都一定具备学习的场所、实际尝试的场所、应用的场所和练至精通的场所。”
>
> ※ 摘自《周刊 Fami 通》[⑥]（ENTERBRAIN）2003 年 2 月 21 日号的访谈

接下来，我们就以场景 1-1 为例，向各位讲解关卡设计的“游戏循环”。笔者推测的“学习”“尝试”“应用”“精通”的场所如下。

首先，遇到第一个敌人的地方是“学习”的场所（图 3.1.15）。

---

① 游戏中的“速度”“大小”“距离”统称为“度量”。另外，玩家的行走速度和跳跃高度等统称为“玩家度量”。

② 也就是俗话说的“推倒重来”。

③ 机关指接触后会出现特定反应的“机制”，其中能导致玩家角色死亡的机关称为“危险”。不过本书中统一称为“机关”。

④ 许多国家将游戏中不断重复的可玩部分称为“Game Loop”，将设计有趣的游戏循环的过程称为“Game Loop Design”。

⑤ *The Art of Interactive Design* 一书中对互动循环进行了讲解。首先，互动（相互作用・会话・对话）中的“两个行为者交互进行听、思考、说的循环过程”（“两个行为者”可以置换为玩家与游戏）定义为“互动性”。正是这一循环过程让“信息”产生了循环，而互动循环又具备“在信息流的循环中，每经历一轮循环，信息的内容和性质就会发生改变”的特点。此外，游戏在不断重复互动循环时会出现“重复收敛”（不断重复过程中答案收束或出现）现象。另外，《电脑游戏设计教程》（原书名为『コンピュータデザイン教本』）的作者多摩丰在谈及游戏互动时说过：“不能毫无意义地扩展行动可选范围，玩游戏一方发送的信息要对电脑产生足够大的影响，同时电脑返回的信息也必须具有一定意义。”根据上述资料，笔者认为游戏的互动循环就是“可通过不断重复对话获取有价值信息（体验）的循环”。

⑥ 原题为『週刊ファミ通』。——译者注

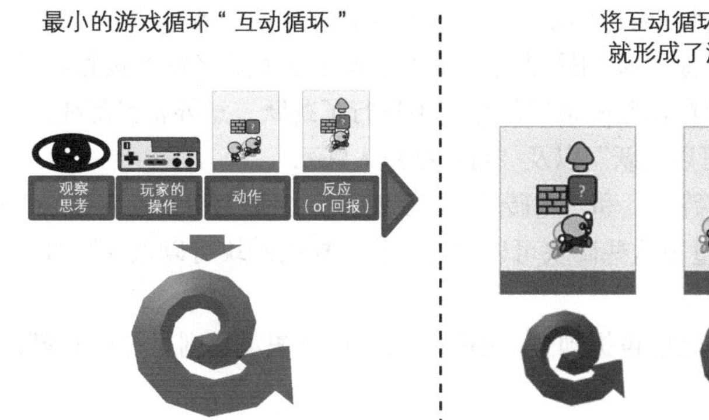

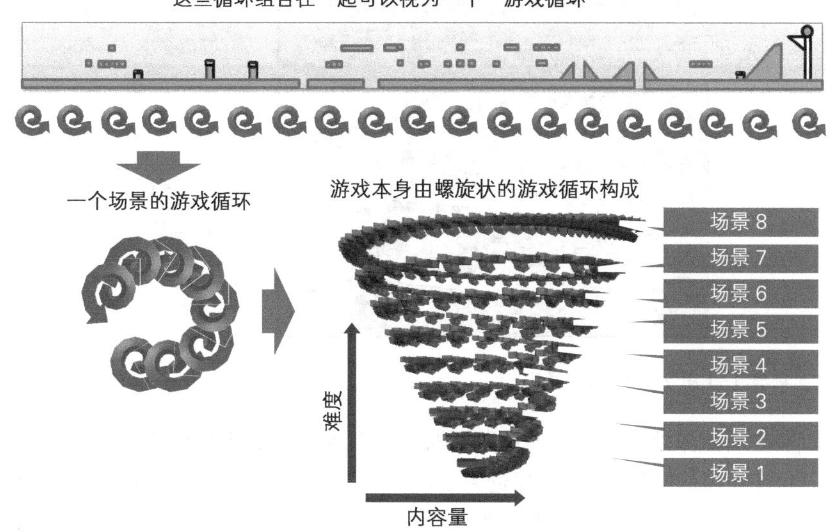

图 3.1.14 游戏循环

※ 实际上并不会像图中这样工整。

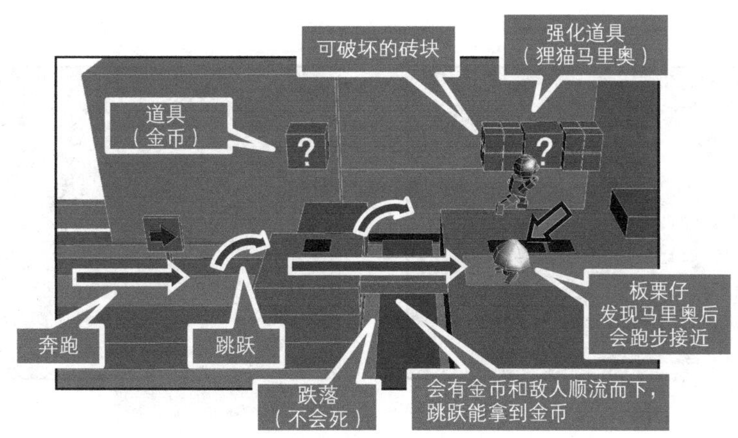

图 3.1.15 场景 1-1 中学习的场所 其一

"学习"是学习游戏规则的场所。最初玩家要过一座桥（普通跳跃也能抵达河对岸）。紧接着板栗仔会发现马里奥并开始袭击，玩家可以用踩踏将其消灭。如果玩家从来没有接触过马里奥系列，很可能会撞到板栗仔而死，又或者在躲避板栗仔的过程中进行了跳跃，意外将其踩死。在这里，玩家可以学到"撞到敌人时会死""可以跳跃"以及"可以把敌人踩死"。

另外，画面深处有"可破坏的砖块"和"？砖块"（"？砖块"中是为初学者准备的"树叶"，取得后可变成狸猫马里奥）。玩家通过顶这些砖块可以学习"什么样的砖块可以顶碎""什么样的砖块里面有道具"。

再向前走会遇到一条河。我们之前也提到过，如果是普通的马里奥，则只有用 B 键冲刺跳跃才能抵达河对岸（图 3.1.16）。

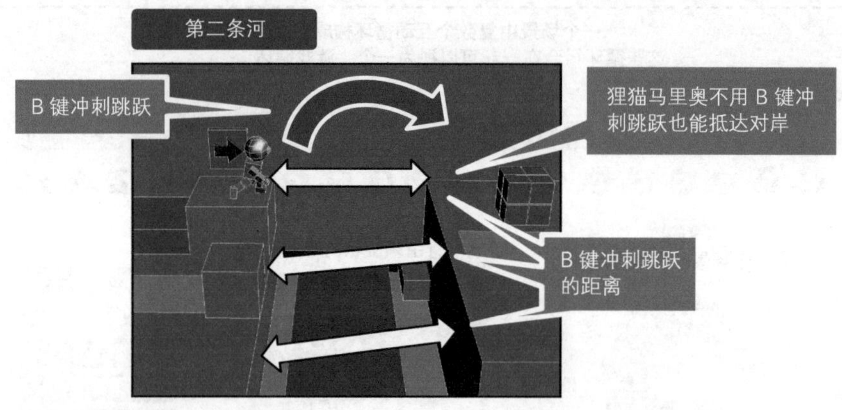

图 3.1.16　场景 1-1 中学习的场所 其二

不过，如果在画面深处的砖块上使用普通跳跃，玩家会落到下面的石头上而不是河里。另外，这条河属于"允许失误的缺口"，即便掉进去也不会死。顺便一提，如果玩家处于狸猫马里奥状态之下，那么由于其下落速度缓慢，因此用普通跳跃也可以过河。像这样，玩家可以在这个场所学到"B 键冲刺跳跃的距离"和"狸猫马里奥特有的跳跃方式"。

其实还有另一种过河方法。玩家向屏幕近端走会发现一条绳索，通过走钢丝的方式也能过河（图 3.1.17）。

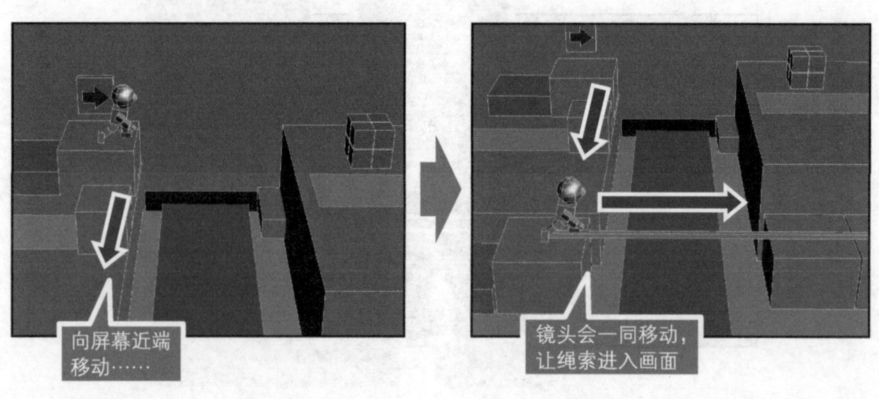

图 3.1.17　场景 1-1 中学习的场所 其三

让玩家通过“向屏幕近端移动”这一行为有所发现，可以瞬间将玩家的世界观从 2D 马里奥带入 3D 马里奥。

总的说来，玩家在这个“学习”场所可以学到“过河”“消灭板栗仔”“顶碎砖块”“从？砖块中获取道具”“通过跳跃或走绳索跨过缺口”“进行 3D 马里奥那样的探索”。

然后是“尝试”，这是在学习动作之后进行尝试的场所。场景 1-1 的前半段可以算作“尝试”的部分（图 3.1.18）。玩家在前进过程中可以使用前面学习的跳跃动作躲避、消灭敌人，或者登上砖块、电梯。

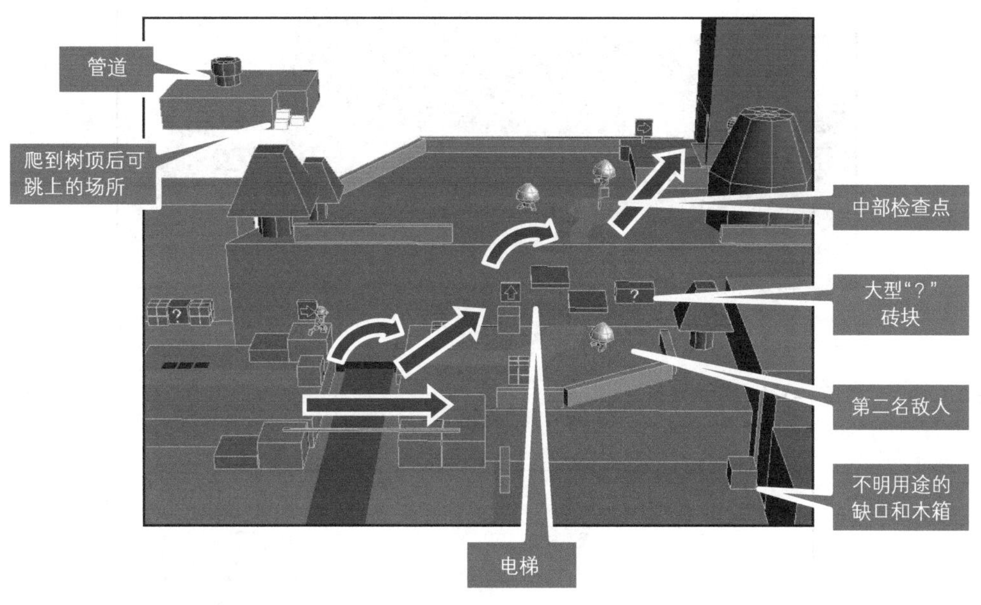

图 3.1.18　场景 1-1 中尝试的场所

“尝试”之后就是“应用”，在这些场所中，玩家将不得不实际应用前面“学习”并“尝试”的动作（图 3.1.19）。玩家在场景 1-1 的后半段需要跳跃更大的缺口和高台，还会遇到很难踩到的尾巴板栗仔。特别是对付身材巨大的大型尾巴板栗仔时，玩家需要看准时机从高台跳至其头顶。这名大块头的敌人虽然不好对付，但是成功后所带来的爽快感也不是一般敌人能够比拟的。

最后是“精通”。这些场所考验玩家对之前学到的动作的掌握程度（图 3.1.20）。最典型的“精通”场所就是场景最后的“终点旗杆”。玩家需要从高台跃起抱住旗杆来升旗，并根据抱旗杆的高度获得额外加分。

如果想抱住旗杆顶端，必须从较高的位置使用 B 冲刺跳跃或狸猫马里奥的缓落特效才行，如图所示。而且起跳时机要求很严格。不过，只要成功抱住旗杆顶端，系统就会为玩家放烟火，并且提供最高的额外加分作为“精通的奖励”。“精通”可以使玩家获得巨大的成就感和爽快感。

综上所述，《超级马里奥 3D 大陆》中场景的关卡设计基于“学习”“尝试”“应用”“精通”四个步骤。这种乐趣就像是故事的“起承转合”或者知识、运动的学习过程。

以游戏循环的形式还原“给人类大脑与身体带来愉悦的节奏”，这就是《超级马里奥》系列吸引玩家不断挑战自我的秘密。

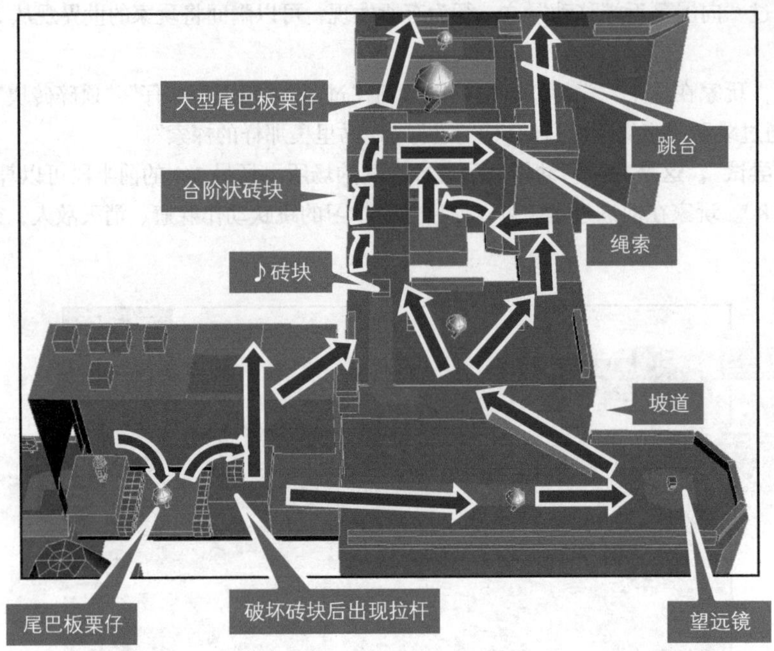

图 3.1.19　场景 1-1 中应用的场所

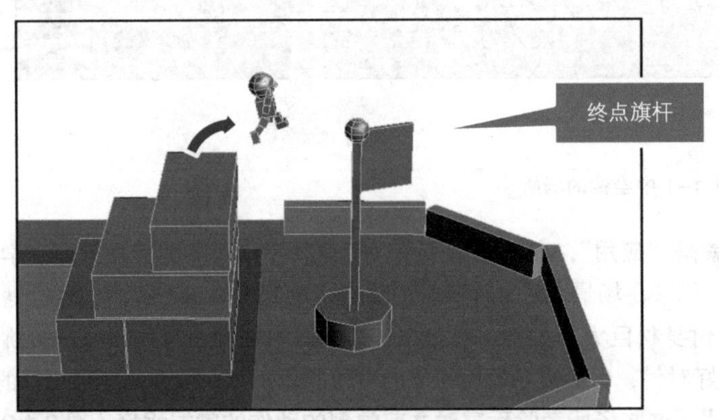

图 3.1.20　场景 1-1 中精通的场所

顺便一提，场景 1-1 中几乎会用到马里奥的所有动作，整个场景 1-1 本身就是“学习”的场所。也就是说，场景结构中也存在着“学习”“尝试”“应用”“精通”的游戏循环。

将“学习”“尝试”“应用”“精通”的游戏循环多层次化，可以让游戏百玩不厌，吸引玩家不断挑战自我。如果各位遇到了这种“让人想玩到精通”的游戏，不妨在其中寻找一下“学习”“尝试”“应用”“精通”的游戏循环①。

① “学习”“尝试”“应用”“精通”等关卡设计流程中创造的“与其他关卡设计的关联性”或“游戏的文脉”称为“关卡脉络”。另外笔者认为，每个场所不一定只包含“学习”“尝试”“应用”“精通”其中一种作用。实际上，“学习”“尝试”“应用”“精通”的界定十分模糊，有很多场景兼具着多重作用。

烘托动作紧张感的关卡设计机制

横版卷轴游戏离不开紧张感（惊险）。要想创造出让人手心冒汗的过瘾的紧张感，仅凭游戏难度是不够的。我们还需要做些“小手脚”来吸引玩家在失败后重新挑战。**让玩家觉得不甘心的机制就是其中之一。**

在场景 1-1 中，玩家接近“? 砖块”时会被一个板栗仔追击。此时如果玩家因慌乱而搞错起跳时机，很可能会撞到板栗仔而死。这种“明知拿道具时有个敌人，居然还是失误了”的心境正是我们所说的“不甘心”（图 3.1.21）。

另外，在场景 1-4 中，马里奥要乘坐“跷跷板轨道车”前进。跷跷板轨道车会根据马里奥所踩箭头的方向移动。一路上，玩家要在控制轨道车的同时处理许多事情，比如躲避、消灭敌人和收集道具。如果因为惊慌而忘记处理敌人，马里奥很可能受到攻击，而一旦被敌人吸引太多注意，频繁跳跃又很可能让马里奥跌下轨道车（图 3.1.22）。

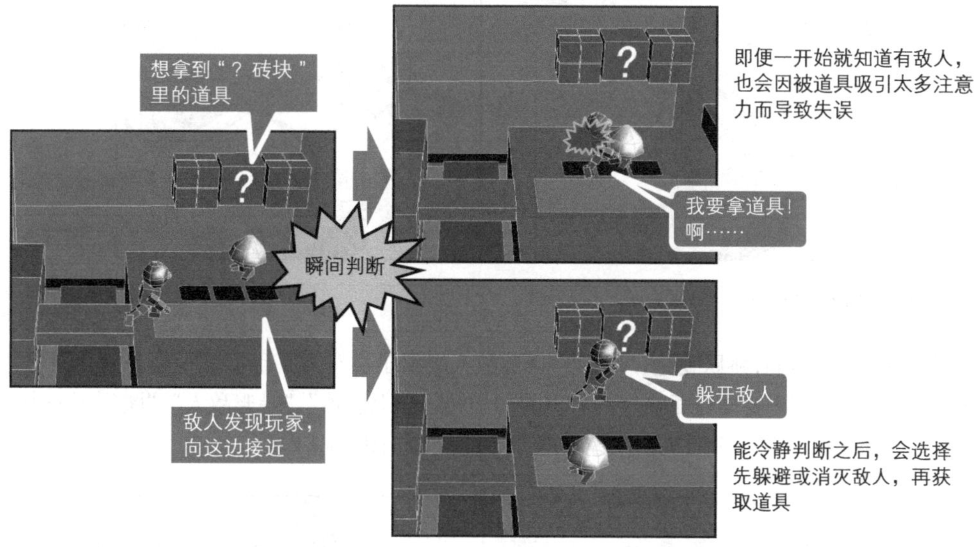

图 3.1.21　让人感到不甘心的关卡设计 其一

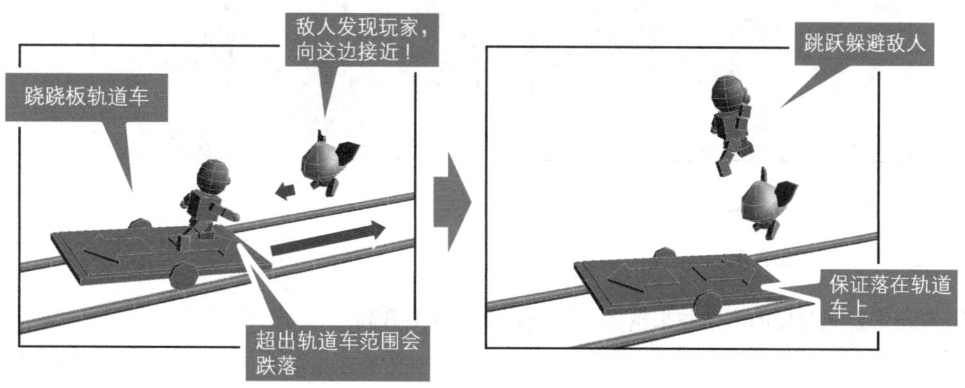

图 3.1.22　让人感到不甘心的关卡设计 其二

在动作游戏中，如果完成一个动作需要同时判断两个或两个以上的要素，玩家往往会由于慌乱而失误。这种失误将给玩家带来不甘心的感觉，促使其重新挑战。这类失误能够激发“下次一定成功”的期待感与紧张感。不甘心的感觉能够促使玩家推测“应该在那一瞬间做动作”（下次肯定能成功），并为下一次挑战创造刺激。

类似的关卡设计在初代《超级马里奥兄弟》中就有实践。**宫本茂曾从“人为什么会想再玩一遍”的角度出发谈及过这一设计理念。他表示，一款有趣的游戏关键在于让人一眼就知道该干什么，单个动作要简单但组合在一起要难，挑战失败时要让人觉得不甘心**[①]。

将生死抉择摆在玩家面前，而且这一抉择要包含多个要素。这样才能让玩家在失败时觉得不甘心，同时酝酿出令人手心冒汗的紧张感和刺激。

实际上，《超级马里奥 3D 大陆》越是向后推进，需要同时做的事就越多。比如场景 2-4 中出现了每跳一次都会切换位置的地板，玩家需要在这种地板上消灭敌人或取得道具（图 3.1.23）。

图 3.1.23 同时做两件事

由于地板位置会随着跳跃变化，所以一旦被敌人吸引了注意力，玩家就很容易跌落下去。到了中期的场景 4-3，玩家更要同时面临“不从当前的旋转地面上跌落”“躲避敌人”“跳到下一个旋转的地面上”三个任务，任何一个时机没掌握好都会导致失败（图 3.1.24）。

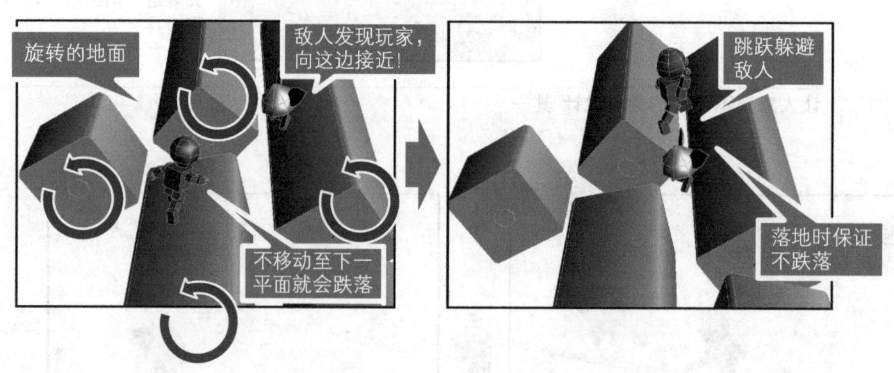

图 3.1.24 同时做三件事

随着玩家要同时做的事情越来越多，游戏难度会逐渐升高。

不过，只要能够明确“失败的原因”，就能在玩家心中催生不甘心的感情。通过不断分析原因、

① 引自任天堂官方主页：“社长讯《New 超级马里奥兄弟 Wii》其 11 最初的马里奥不会跳”。

重复挑战，最终找出正确动作时玩家将获得难以言表的爽快感。但要注意，如果找不出失败原因，玩家将无法确定解决方案，不甘心的感情也只会被窝火代替。

同时进行多件事的关卡设计中包含着多个要素，因此必须让玩家能够明确判断出是哪个要素出了问题。如何将失败的原因直观地传达给玩家，这也是关卡设计的关键之一。

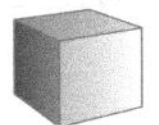

创造出偶然发现的关卡设计机制

玩家在玩《超级马里奥 3D 大陆》时，经常能有一些**偶然的发现**。

如图 3.1.25 所示，在场景 1-1 中就有这样一处地方。玩家用狸猫马里奥的尾巴攻击消灭敌人时，如果破坏了周围的石块，会发现里面藏着金币。**大部分玩家都会为这一偶然发现惊喜不已。然而，这其实是设计者“刻意安排的偶然发现”**。

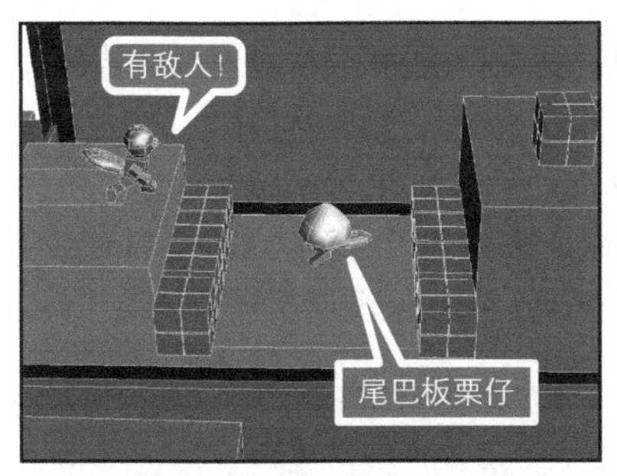

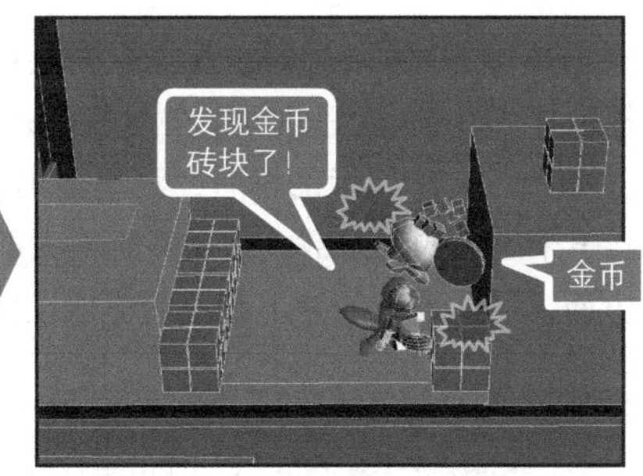

图 3.1.25 创造偶然发现的敌人配置

虽然玩家会认为这是一种偶然的发现，但实际上并非偶然，而是设计者们在设计关卡时十分用心地安置了这些**偶然的发现**，让玩家在游戏中体验发现的乐趣。

根据游戏指示找出“目的道具”或“场所”（终点）叫作“答案的发现”。与答案的发现不同，偶然的发现能让玩家体验到崭新的惊喜。除了“发现意外之物”的喜悦之外，还会有一种“只有自己发现了这一秘密”的优越感。不过，向同事或同学谈及这类“刻意安排的偶然发现”时，对方的回答经常是“我也发现了”。因为这些东西都是以“被发现”为前提设置的。

不过，游戏中也有完全未设置提示的隐藏要素，比如管道内部（图 3.1.26）。

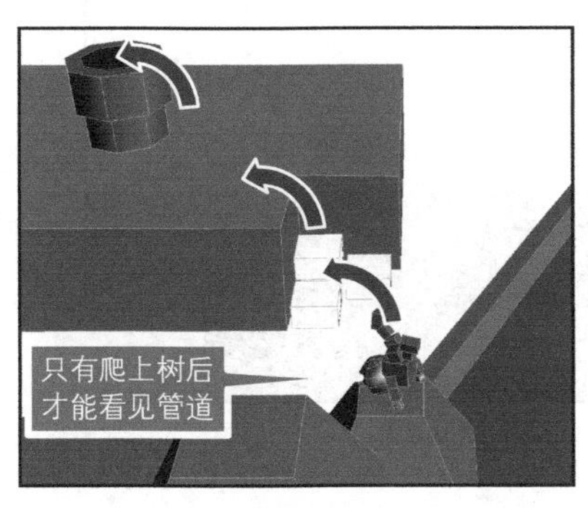

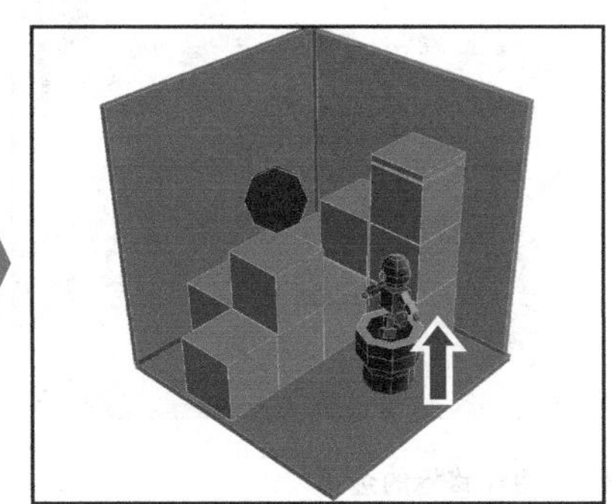

图 3.1.26 场景 1-1 的管道内部

比如场景 1-1 中的管道内部，玩家必须先爬到如图 3.1.26 所示的树上，然后再向上跳跃才能发现管道。这对接触过 3D 马里奥的人来说或许早已司空见惯，但对初学者来说就没那么容易发现了，因为说明书上并没有说“可以爬树”。只有探索欲比较强的玩家会想“树可不可以爬?”并付诸实践，才能发现这一秘密。这类发现才是没有刻意安排的**真正的偶然发现**。

这些偶然发现无论是不是刻意安排的，它们都是玩家“忍不住和别人分享的秘密”。玩家与朋友间的对话构成了“游戏外的交流”，这也是游戏特有的乐趣之一。

综上所述,《超级马里奥 3D 大陆》中运用了大量促使玩家发现新事物的设计技巧。而且其优秀的关卡设计让玩家每玩一遍都能有新的发现，充分唤醒了玩家的探索欲。刻意安排的偶然发现可以说是激发玩家真正的探索欲的诱饵。

与玩家构建信任关系的关卡设计机制

玩《超级马里奥 3D 大陆》时，玩家有时会惊叹“糟糕！被骗了！”有时又会恍然大悟“噢！原来这个就是提示！”……这就好像玩家在与游戏进行对话。

比如经过如图 3.1.27 所示的桥时，河里会出现大量金币。如果玩家想在这里占便宜再等一轮金币，会发现接下来出现的都是敌人。这时恐怕大部分跳起来捡金币的玩家都会觉得被骗了。

而另一方面，通往终点的路上都很明显地设置了金币，让玩家没那么容易迷路[①]（图 3.1.28）。

图 3.1.27 河中的金币

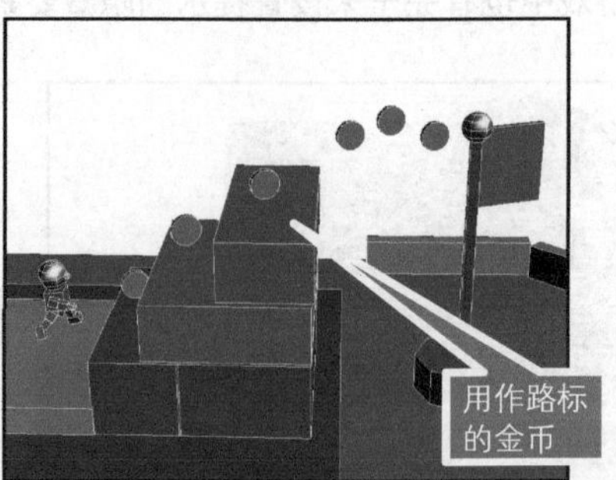

图 3.1.28 用作路标的金币

① 这种用金币等报酬作为路线提示（制作引导线）的手法称为“提供导航”。另外，某些国家将这类金币称为“面包屑”（breadcrumb）。

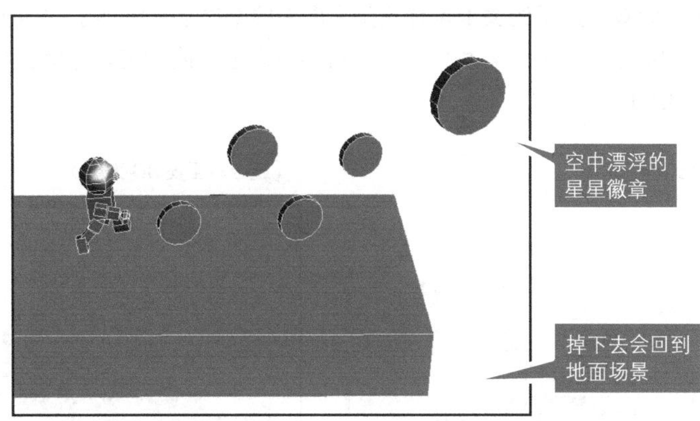

图 3.1.29 空中的金币

马里奥中的“跌落”意味着失败，但是在空中场景中的话，只能通过跌落回到地面。所以在允许跌落的场所设置金币，可以让玩家产生“或许能回到地面”的推测。这样一来，不少玩家就会鼓起勇气去尝试。有过平安落回地面的经历后，玩家会记得“有金币拿的地方是安全的”①。

也就是说，这款游戏将关卡设计作为了与玩家对话的手段。

为实现玩家与游戏的对话，开发者在设计关卡时，必须在脑海中想象玩家进行游戏时的情景。要预想出多种玩法风格，推测通关场景所需的时间②，然后通过关卡设计与未来的玩家对话，告诉玩家“那边不对，该走这边”“这机关是个陷阱，下次要注意”等，从而让玩家能够愉快地进行游戏。

而这些对话成立的关键在于**与玩家的信任关系**。超级马里奥 3D 大陆中，游戏与玩家信任关系的象征就是“金币”。因此，玩家在能取得金币的地方都不会遇到莫名其妙的死法。我们在超级马里奥系列游戏中，绝对不会见到诸如“拿这个金币肯定会死一次”之类的关卡设计。因为这种设计只要出现一次，玩家与游戏的信任关系就会分崩离析。

“构筑信任关系的关卡设计”能强化玩家与游戏之间的信任关系。正是有了这种信任关系，玩家在无数次失败之后才能继续放心地重新挑战。

 从 2D 马里奥玩法自然过渡至 3D 马里奥玩法的关卡设计机制

《超级马里奥 3D 大陆》的乐趣不仅在于如 2D 马里奥一般任何人都能轻松上手，还在于其融合了 3D 马里奥特有的探索的乐趣。

就以场景 1-1 为例。从上方俯视这一场景时会发现，终点位于右侧深处。最初的《超级马里奥

---

① 任天堂官方主页“社长讯《New 超级马里奥兄弟 Wii》其 25 一个点子就能飞天落地”中讲述了在空中设置金币的过程。在这个访谈里，中乡俊彦和手冢卓志还对初代《超级马里奥兄弟》的关卡设计技巧进行了阐述，有兴趣的读者不妨一阅。

② 游戏在进行关卡设计时要预估玩家通关所需要的时间。不仅是“通关 1 个场景”和“通关整个游戏”的时间，还有“玩家理解游戏规则所需的时间”“玩家理解规则并体会到乐趣的时间”。其中最重要的是玩家享受游戏过程中可暂时休息的时间。我们将其称为“游戏阶段”。《超级马里奥 3D 大陆》每一个场景都能让玩家享受到乐趣，因此一个游戏阶段大概在 1~6 分钟。顺便一提，从游戏整体内容量来看，各个关卡设计需要玩家消耗的时间称为“关卡范围”。

兄弟》就是向右行进的游戏，这里的关卡设计只是在向右的基础上又添加了“向里”（图 3.1.30）。

另外，玩家只要向高处爬一爬或者稍向左移动就会发现道具或管道。这就让游戏保有了 2D 马里奥中发现的乐趣（图 3.1.31）。

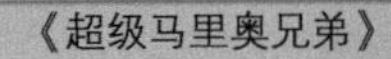

《超级马里奥 3D 大陆》

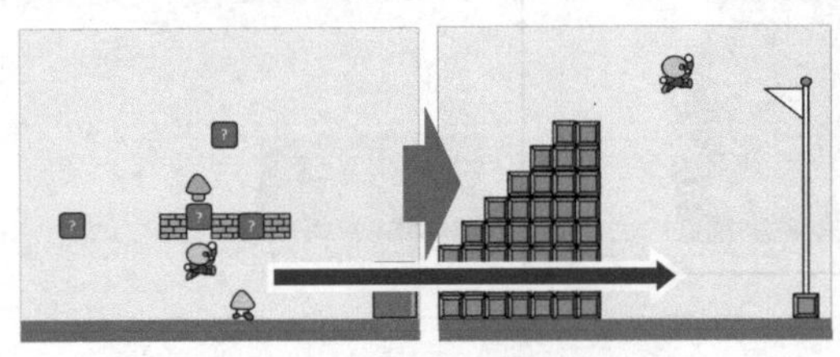

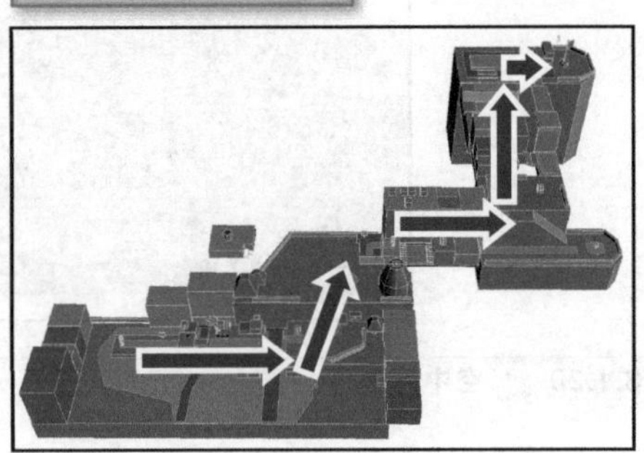

图 3.1.30　向前行进就能抵达终点

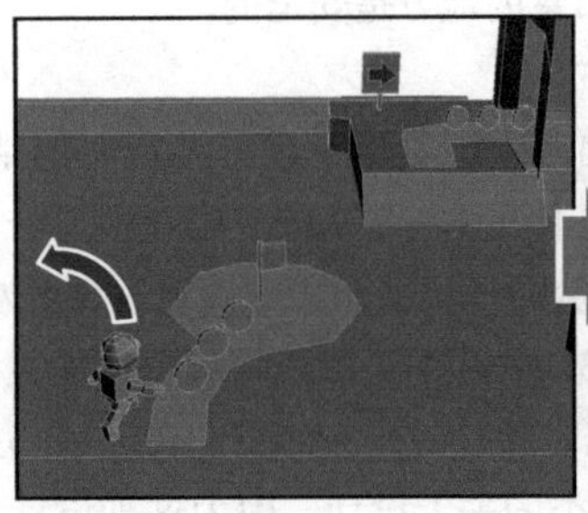

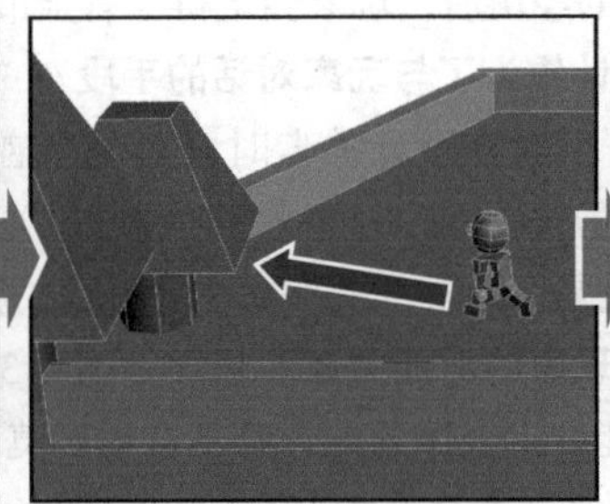

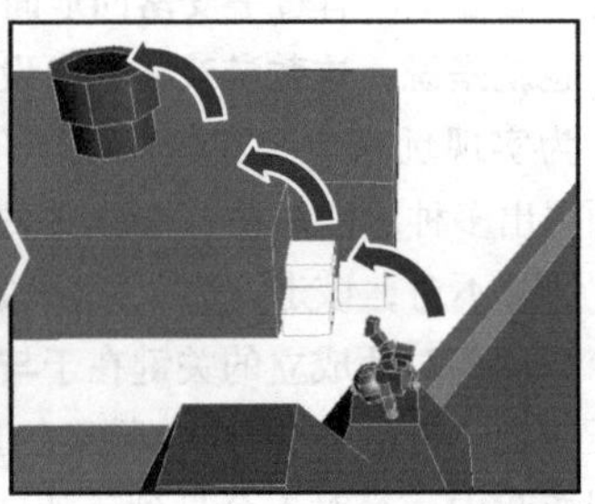

图 3.1.31　稍往回返就可以有所发现

如果玩家还想探索更多东西，可以在左右移动之外再加上纵深移动，这样一来就能发现游戏中的许多秘密。图 3.1.32 的 A 中乍看上去什么都没有，其实可破坏砖块的后方隐藏着一个缺口，里面藏有 1UP 蘑菇。B 中也是一样，玩家爬上树或者从里向外跳都能登上看似上不去的砖块。在这里玩家可以发现小鸟隐藏的 1UP 蘑菇。

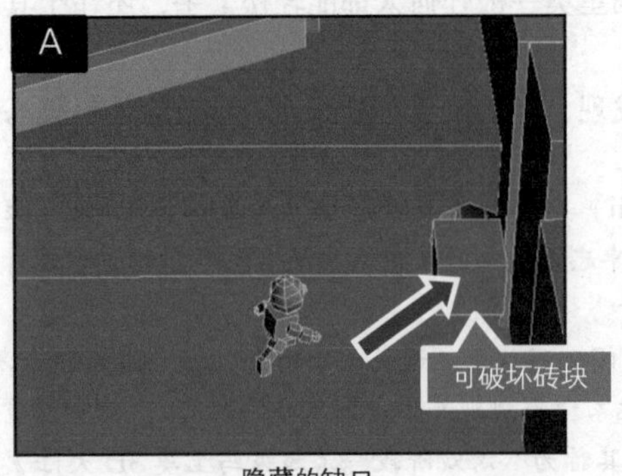

隐藏的缺口

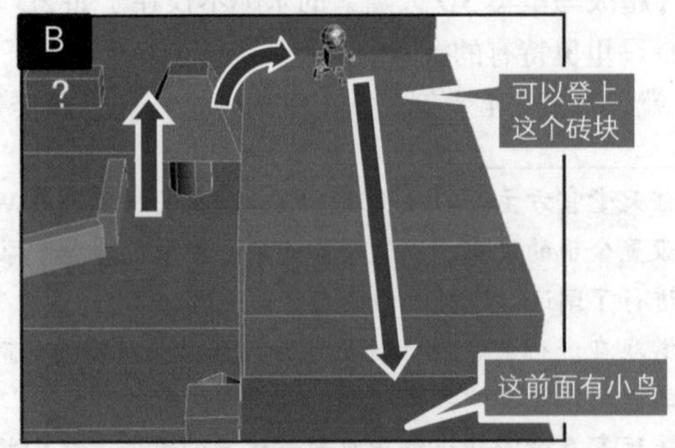

看着上不去其实能上去的砖块

图 3.1.32　更多探索

只要略微调动玩家的好奇心，就能自然而然地从 2D 马里奥的玩法扩展至 3D 马里奥特有的“有纵深移动的玩法”。

发现有纵深移动的玩法后，玩家将能够享受 3D 马里奥特有的“自由开拓个人路径的乐趣”（图 3.1.33）。

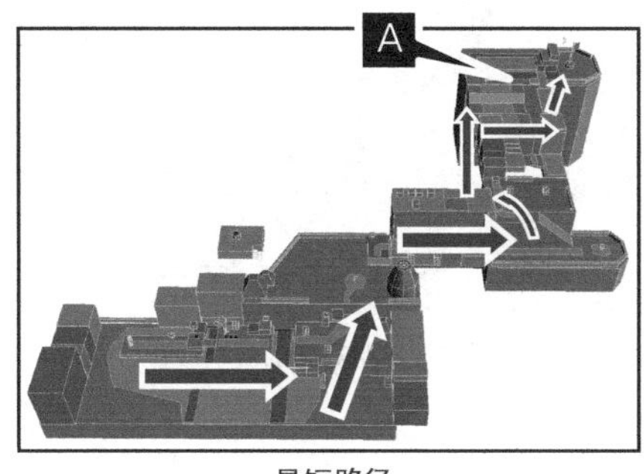

最短路径

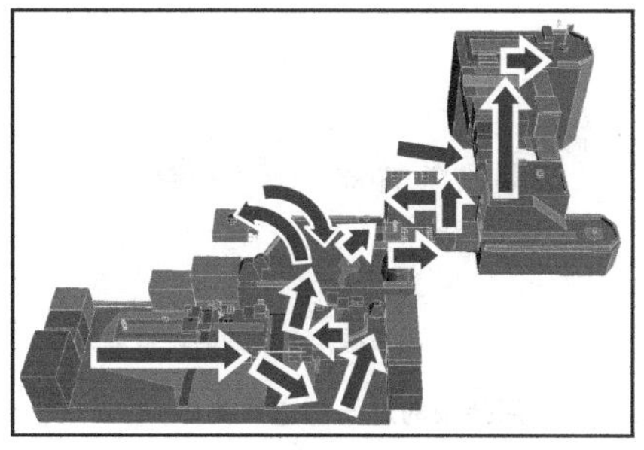

收集路径

图 3.1.33　只属于个人的路径

如果选择最短路径，玩家需要变身狸猫马里奥，从图中的 A 点面向画面深处用 B 冲刺跳跃走捷径，这样可以直接跳到终点旗杆（在某些场景中，运用这种向画面深处跳跃的技巧可以仅用几秒钟就通关）。另外，将之前没有探索的纵深地带都走一遍，可以创造出收集金币和 1UP 蘑菇的“收集路径”。

综上所述，《超级马里奥 3D 大陆》通过一个关卡设计让玩家无缝体验了 2D 马里奥与 3D 马里奥的乐趣。

3D 关卡设计中对易上手性的追求

接下来，我们来看看《超级马里奥 3D 大陆》的易上手性都隐藏着哪些秘密。

在 3D 化的跳跃型动作游戏中如何表现影子，对游戏的易上手性有着巨大影响。在这款游戏中，为表现空中飘浮物的高度，其在地面上一定留有影子（图 3.1.34）。反之，如果砖块摆放在如图 3.1.35 所示的那种无法显示影子的地方，玩家将很难把握距离感。

不过，管道内部的场景正好利用了这一特点。玩家不打开 Nintendo 3DS 的裸眼 3D 功能将很难取得金币（图 3.1.36）。这正是典型的“反向思维”。

图 3.1.34　能映衬出高度的影子

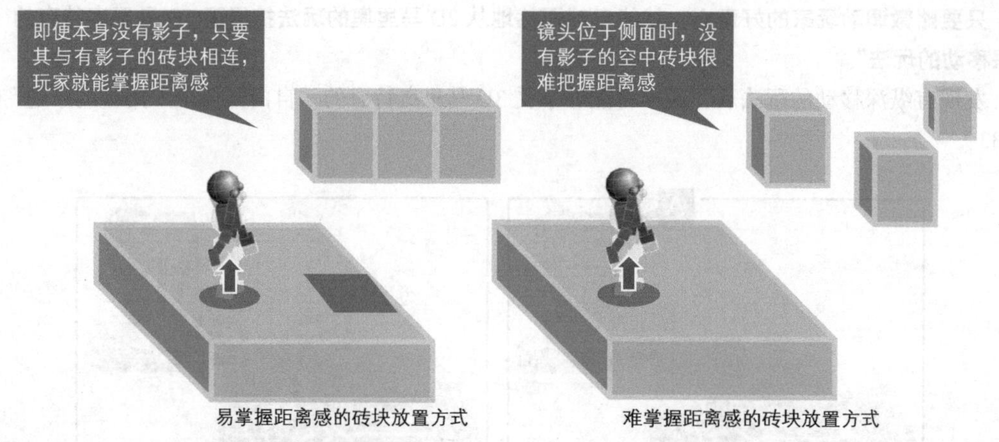

图 3.1.35 利用砖块的影子制造距离感

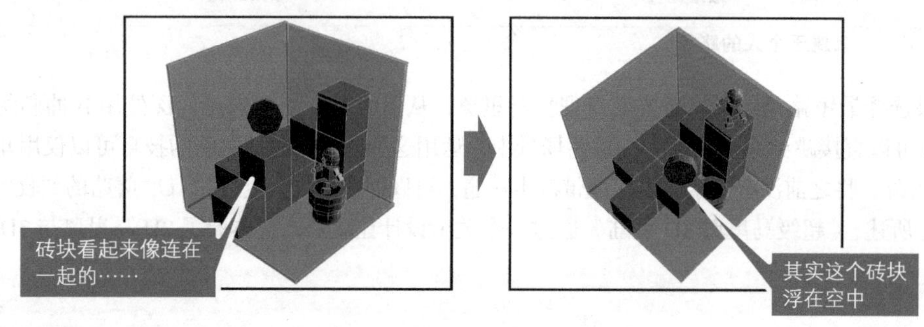

图 3.1.36 借助立体视觉的把戏

另外，《超级马里奥 3D 大陆》中的关卡设计机制迎合了马里奥的移动方向，这也是为了实现易上手性。我们在 1.1 节中讲过，这款作品将马里奥的移动固定在了 16 个方向上。实际上，从上方俯视整个关卡设计时我们会发现，关卡的所有角度都与 8 个方向吻合（图 3.1.37）。

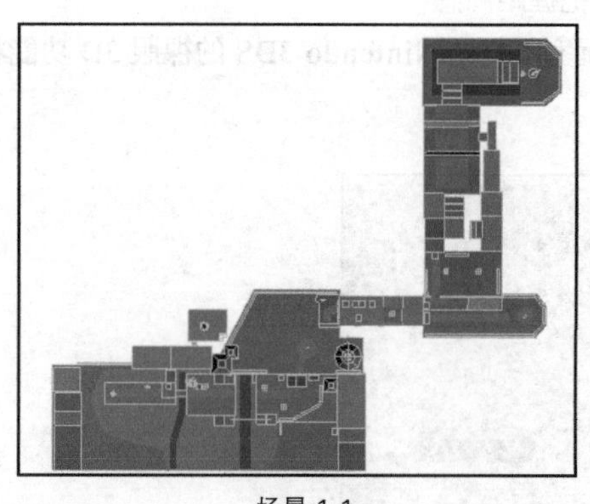

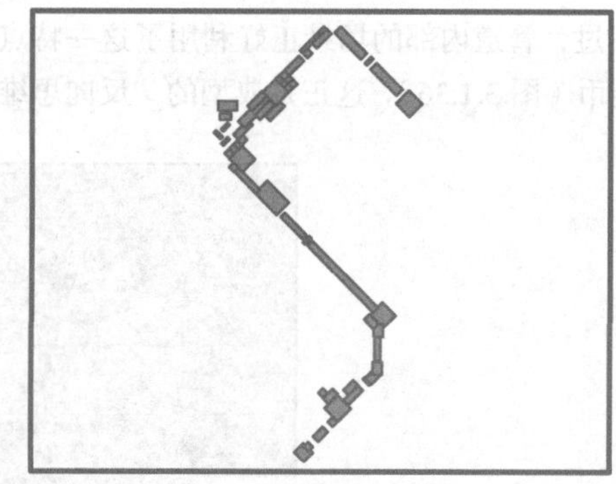

图 3.1.37 与 8 个方向的角度吻合的关卡设计

玩家能在场景中自然地沿斜线移动也是拜这关卡设计所赐。

现在的高画质 3D 游戏为追求真实感，已经很少使用这种“符号化的关卡设计”了。不过，正因为将符号化的关卡设计大胆地引入到了 3D 游戏中，《超级马里奥 3D 大陆》才能同时具备 2D 游戏的易上手性和 3D 游戏的立体的乐趣。

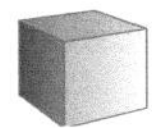

马里奥物理学

最后我们来看看《超级马里奥 3D 大陆》中最大的秘密。

那就是**马里奥物理世界的秘密**。我们在讲解玩家角色时（1.1 节）已经提到过，马里奥系列建立在与现实世界不同的“马里奥的物理世界”之上，比如玩家可以在跳跃过程中改变移动方向等。实际上，马里奥物理世界的法则也影响到了关卡设计。

2D 的《超级马里奥兄弟》中，如果玩家在横向移动的电梯上原地跳跃，那么只有电梯会继续往前走，马里奥则原地垂直移动（图 3.1.38）。

图 3.1.38　超级马里奥兄弟中奇妙的电梯

这里能感觉到奇怪的玩家都有不错的物理天赋。现实世界中根据牛顿第一运动定律（惯性定律），人搭乘移动物体时，只要该物体不处于加速・减速状态，人起跳后应该落回该物体的同一位置。比如我们在火车中向上跳并不会被甩至车厢后方。但是在马里奥的世界中，玩家就会被电梯甩在后面。在红白机时代的 2D 游戏中，限于硬件水平和编程技术问题，这类“游戏的物理世界”十分常见。

随着游戏主机的进化，画面质量越来越高，使用这种游戏物理世界会给玩家带来不自然的感觉，所以真实系 3D 游戏纷纷抛弃了这一手法。

那么，3D 化的《超级马里奥 3D 大陆》又是如何呢？

我们会发现，马里奥在电梯等移动物体上跳跃时，仍然会被移动物体甩在后面。也就是说，《超级马里奥 3D 大陆》继承了《超级马里奥兄弟》中创建的马里奥的物理世界。笔者认为，之所以不改变马里奥的物理世界的法则，是为了让电梯等移动物体构成的机关能保持“马里奥系列的手感”①。

即便某些机制与现实的物理现象相冲突，只要能给玩家带来乐趣，我们就要坚守下去。这也是游戏开发中特有的乐趣之一。

① 据笔者实际玩《超级马里奥 3D 大陆》的经验来看，马里奥在任何移动物体上跳跃都会失去速度。不过笔者认为，由于某些物体难以判断位置，或者为追求易上手性，移动物体在马里奥跳跃时可能都存在不同程度的速度修正。

小结

继承了《超级马里奥兄弟》优秀传统的《超级马里奥 3D 大陆》不但玩起来有趣，其中还有许多关卡设计技巧值得我们学习。

特别是“关卡设计的游戏循环”“让玩家同时做两件以上的事”“偶然发现的设计”“与玩家对话 · 构筑信任关系”，这四点可以说是支撑动作游戏关卡设计根基的顶梁柱。

另外，宫本茂先生在采访中说过：**“比如，玩家在 2D马里奥中会理所当然地向右方奔跑。但十次中只要有一次往左跑了，你就会发现那边放着额外奖励。”**[①] 由此可以看出，宫本茂先生在不断追求着探索和发现的乐趣。

在制作动作时还有一点格外重要，那就是“重力”。

跳跃型动作游戏可以说就是在与重力作战。人生在世要 24 小时面对重力的影响。著名的机器人题材动画《机动战士高达》中，重力也是主题之一。宫崎骏的动画《风之谷》和《天空之城》里都有许多挣脱了重力的美妙场景，让人看着感觉自己也飞了起来。实际上，除娱乐方面之外，重力在哲学和科学上也是重要课题之一。当然在游戏中也不例外。

在游戏中，玩家可以通过操作实际体验挣脱重力的感觉。《超级马里奥 3D 大陆》在地面场景外还添加了天空场景。随着马里奥在空中高高跃起，玩家仿佛也逃离了重力的束缚，实现了飞翔的梦。

这种让玩家产生共鸣的趣味性被宫本茂先生称为**共鸣的制造**[②]。

共鸣自然不能欠缺对话。每一个玩家都有飞翔的梦，要想通过动作实现这一梦想并产生共鸣，关卡设计中的对话必不可少。

---

① 引自任天堂官方主页：“社长讯《超级马里奥银河》Vol.4 宫本茂篇 3. 首次提出‘马里奥风格’”。

② 引自任天堂官方主页：“社长讯《超级马里奥银河 2》宫本茂篇 3. 最重要的是‘共鸣的制造’”。

3.2

让人不禁奔走相告的体验的关卡设计技巧

(《战神Ⅲ》)

玩《战神Ⅲ》时，所有玩家都会被这个世界的美丽与迫力折服。然而转瞬之间又会被大批敌人包围，陷入让人手心冒汗的战斗之中。时而与巨大的神明作战，时而攀登危险的悬崖，其间还要破解一个又一个阻碍玩家前进的陷阱机关。征服这一系列困难之后，玩家将兴奋不已，并忍不住向他人分享这种故事一般的体验。

那么，这种体验的关卡设计中包含了何种机制呢？

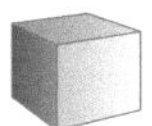

关卡设计的构造

要想了解3D游戏的关卡设计，首先要明白其基本构造。

因此，我们在此以《战神Ⅲ》的“奥林匹斯山”场景为例，向各位介绍关卡设计的构造及各部分功能。

故事

调动玩家积极性需要一些诱饵，因此需要在关卡设计中使用过场动画等手法向玩家讲述“故事”。宙斯既是主人公奎托斯的父亲也是杀母仇人，而奥林匹斯山顶就是其所在之处。奎托斯与身形巨大的盖亚共同作战，向山顶进发。总的来说，故事在关卡设计中相当于说明和背景，用于将固定信息传达给玩家。

剧情

游戏的剧情是玩家实际体验到的内容，英文称为“narrative”[①]。开发者要通过设计剧情来确定“让玩家体验什么”“让玩家产生什么感情”以及“在玩家身上激发出什么”[②]。

① “narrative”这个词汇意义很丰富，很容易出现理解偏差。笔者认为“narrative”在这里指“通过玩家的自主行动和思考来诱发共鸣的剧情体验”。即便身处游戏当中，玩家依然能够通过自主思考和自主行动获得某种价值观。这与现实中旅行或冒险的体验相同。日本在电脑游戏盛行的时代，曾用“角色扮演性”（衡量玩家融入游戏角色程度的标准）表达相近的意思。在其他媒体中，完成剧情的人是“作者”，而在游戏中完成剧情的人则是“玩家”。那么，在游戏这种互动很强的媒体中，剧情可以随意而为吗？Chris Crawford撰写的*The Art of Interactive Design*一书中指出，通过游戏互动激发玩家感情的过程其实是一种感情的反应（反射）。反之，游戏内的大量虐杀行为反而会使玩家感情变得迟钝，如果想激发人类更深层的感情，则需要“具有互动性的剧情（narrative）”。《战神Ⅲ》中玩家很容易体会到奎托斯的愤怒，甚至每次遭到敌人攻击时都能反射性地感受到其怒火。然而，在其愤怒深处隐藏着的“这个失去家人失去一切只为复仇而活的男人的内心渴望的究竟是什么”这个问题，只有将游戏打通关的玩家才能够体验与理解。

② 顺便一提，某些高度自由的游戏中，剧情设计仅起到叙述剧情的作用，并不会诱导出任何感情。

在奥林匹斯山上，玩家将体验到下述剧情。

1. **故事**：在巨人盖亚的背上和手臂上与敌人杂兵战斗

   玩家："刚进入游戏就爬上了巨人盖亚的后背！虽然说好要一同登上奥林匹斯山消灭宙斯，但途中遇到了宙斯的士兵。我在巨人盖亚的手臂和背上跟他们打，结果他们根本不堪一击"
2. **故事**：波塞冬出现，受到攻击的盖亚开始挣扎

   玩家："打到一半盖亚中了波塞冬的攻击，我差点和盖亚一起掉下去……太悬了。我一边抓住盖亚不放一边清杂兵，这才勉强撑过去"
3. **故事**：与波塞冬的触手战斗

   玩家："然后出来个巨型怪物进入 BOSS 战。之前杂兵超好对付，但这家伙血又厚功夫又高。我是借着那股愤怒劲儿，用魔法攻击强行打过去的！！"

顺便一提，剧情与故事不同，其会根据玩家的角度产生不同的体验。因此每个玩家都会有一个"只属于该玩家的剧情"。

❖ 图表（区域布局、关卡简图）

所谓图表，主要用于设计当前地图"将发生什么事""会有怎样的战斗""如何才能通过"等游戏流程或发展。在进行关卡设计时，首先要大致设计一个"区域布局"，然后再创建关卡简图（图 3.2.1）。

另外，如果地图巨大而且任务复杂，那么在创建关卡简图之前要先制作"任务流程图表"，用于记录当前地图中包含的任务。地图中包含机关等解谜要素的情况下，可以另行创建一个"解谜图表"来记录创意和解法。还有，游戏整体流程和各关卡设计的流程要创建"关卡进度表"，将其中发生的事件逐条列出。顺便一提，在某些开发现场会将剧情梗概等文档资料制作成游戏梗概（关卡设计的梗概）①。另外，在制作关卡简图之前有时还会将各个关卡设计中的事件和机关等逐条列出制成文档资料，称为"探索图表"②。

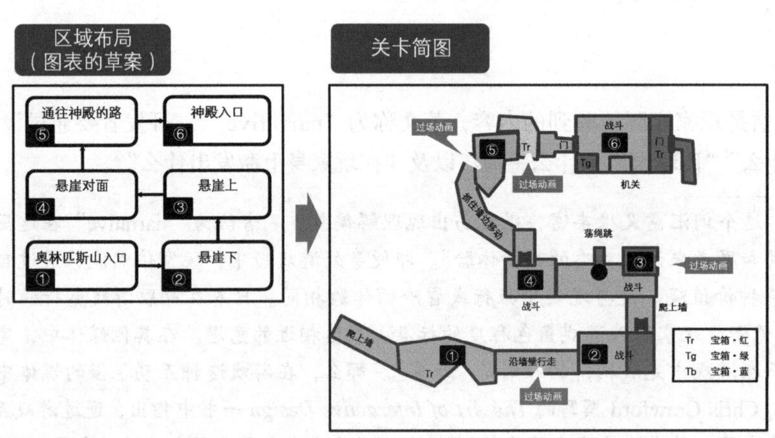

图 3.2.1　关卡设计的区域布局和关卡简图

① 如果想了解更多关卡设计用语，可以参考 Phil Co 的 *Level Design for Games: Creating Compelling Game Experiences*（中文版名为《游戏关卡设计》，机械工业出版社 2007 年 1 月出版，姚晓光、孙泱译）。

② 《通关！游戏设计之道》一书中有关于探索图表的详细介绍。不同公司或开发团队的对话、探索图表有着不同的书写方式。笔者甚至曾应客户要求，用 Excel 提交过探索图表等资料。

节拍·节奏

节拍节奏并不是仅在音乐中才有，游戏中也存在着节拍和节奏。制作游戏时要考虑何种节拍节奏最能给玩家带来刺激，从设计对话的阶段开始就要注意节拍节奏的问题。

世界观

这是决定剧情内容和地图外观主题的要素。这部分需要将游戏整体的世界观和城镇、熔岩地带等各场景特有的世界观制成文档或概念图。

地图数据（游戏空间）

地图数据包括外观方面的图像数据和如图 3.2.2 所示的游戏数据。

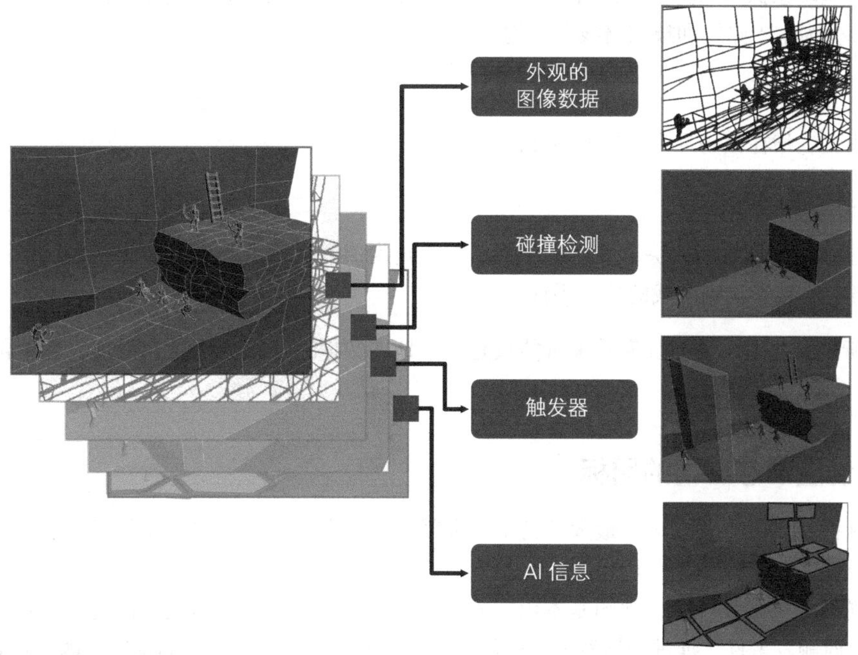

图 3.2.2 地图数据的构造

A. 外观的图像数据

由地图形状的多边形数据和表面纹理数据构成。

B. 碰撞检测

角色无法通过的地形和障碍物的碰撞检测。

C. 触发器

属于一种碰撞检测，用于触发事件或战斗。将其设置在地图上，只要玩家接触到该场所就会触发相应事件或战斗。某些国家也将其称为“标识”。另外，一般情况下触发器本身都不是障碍物。近年来的动作游戏中，隐蔽动作等功能可供性数据也保存在这个部分。

D. AI 信息

包含敌人移动所需的导航地图和路点等 AI 信息。

E. 其他

某些失败后可以继续或重试的游戏中设置了重试点（重开点）。此外，不同地面的脚步声以及河流的流水声等环境音效的触发器信息也包含在地图数据中。

❖ 互动

“玩家动作”“谜题”“陷阱”“宝箱”“事件”等玩家能够实际做动作接触并获得反应的“互动的行动 · 机关 · 事件的流程（过程）”统称为“互动”。另外，接触可互动单位的行为称为“交互”。顺便一提，本书中将特定的互动称为“事件”或“机关”。

❖ 探索要素

地图上供玩家探索的要素。《战神Ⅲ》这类动作游戏的探索要素普遍简单，大多只有一条路，或者呈树状（分为主干路线和枝杈路线）结构。

❖ 战斗

顾名思义，指在该场景中发生的战斗。

❖ 镜头数据

玩家进入某个场景后，决定该场景中镜头拍摄角度的数据。由于《战神Ⅲ》中玩家不可以操作镜头，因此其直接影响到游戏的易上手性。

综上所述，关卡设计在玩家看来可能只是一堆地图数据，但细分之后会发现，其中包含了众多要素。

能创造动态剧情的图标

要说《战神Ⅲ》中关卡设计最大的特征，那就是“故事”“互动”“战斗”三要素全部巧妙地融入了关卡设计之中，而且创造出了动态的剧情。

早期游戏的关卡设计中，地图基本由“通道”和“房间 · 广场”构成，在玩家进入下一个“房间 · 广场”时触发事件，推进剧情发展。也就是“剧情的构造”和“地图的构造”两两相对。

然而，《战神Ⅲ》为实现动态的剧情，采用了“根据情境进行战斗的关卡设计”。下面我们以在巨神盖亚身上的这段战斗为例，为各位进行详细说明（图 3.2.3）。

显而易见，这部分关卡设计并没有用“通道”和“房间 · 广场”来构建地下城。盖亚的身体在攀登奥林匹斯山的过程中会不断运动，因此在不同情境下盖亚的身体可视为不同的“通道”“房间 · 广场”，其连接起来也就形成了不同的关卡设计。这种关卡设计手法让玩家能沉浸在游戏之中不间断地享受游戏剧情，同时体验到如同置身于电影般的迫力。

这种关卡设计看上去十分复杂，但转换为区域布局和关卡简图后，描述方法与以往的关卡设计并无不同（图 3.2.4）。

综上所述，即便是盖亚这部分动态关卡设计，在分解之后也成了“通道”“房间 · 广场”的构造，与一般关卡设计无异。

游戏将“盖亚攀登奥林匹斯山寻找宙斯”的故事加入关卡设计，并用不同的“通道”和“房间 · 广场”对应不同的“情境”，创造出了“让玩家能够无缝体验动态剧情的关卡设计”。

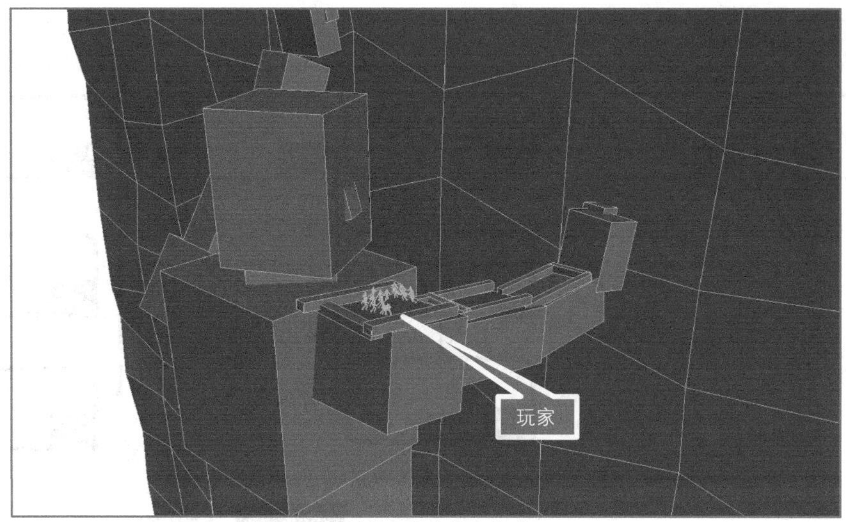

在巨神盖亚的身体上战斗

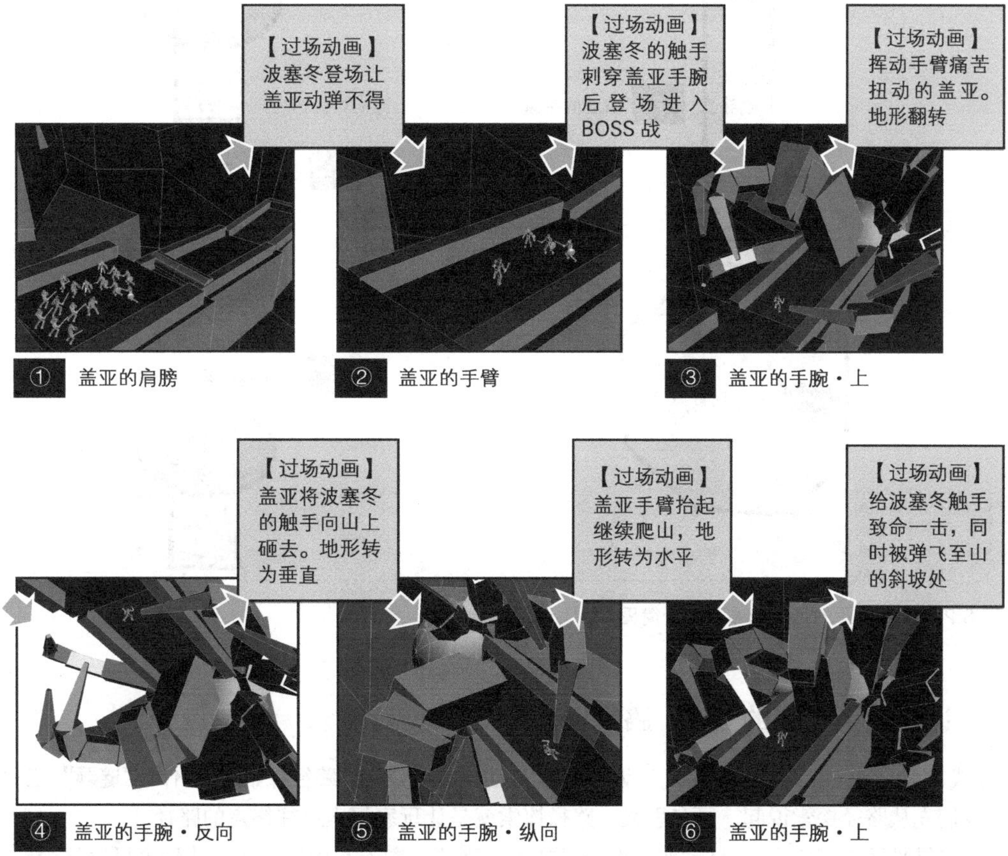

【过场动画】波塞冬登场让盖亚动弹不得

【过场动画】波塞冬的触手刺穿盖亚手腕后登场进入BOSS战

【过场动画】挥动手臂痛苦扭动的盖亚。地形翻转

① 盖亚的肩膀

② 盖亚的手臂

③ 盖亚的手腕·上

【过场动画】盖亚将波塞冬的触手向山上砸去。地形转为垂直

【过场动画】盖亚手臂抬起继续爬山，地形转为水平

【过场动画】给波塞冬触手致命一击，同时被弹飞至山的斜坡处

④ 盖亚的手腕·反向

⑤ 盖亚的手腕·纵向

⑥ 盖亚的手腕·上

图 3.2.3 盖亚身体上的战斗

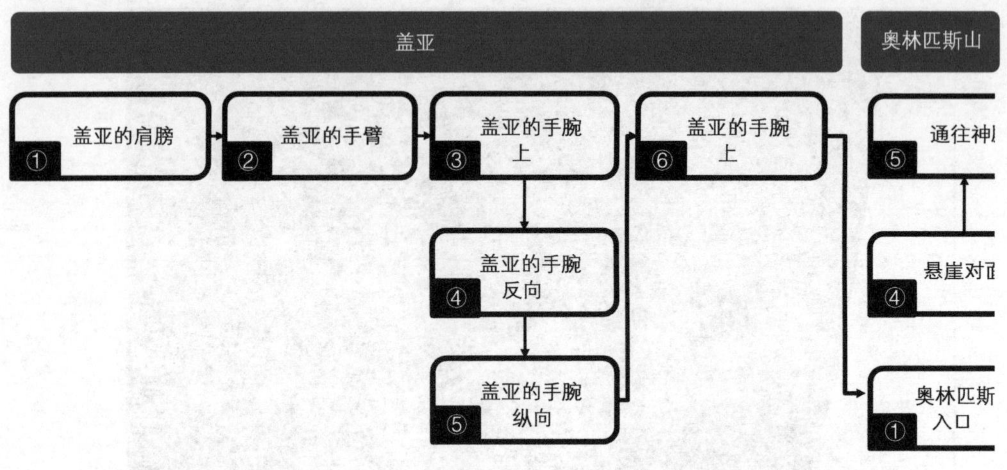

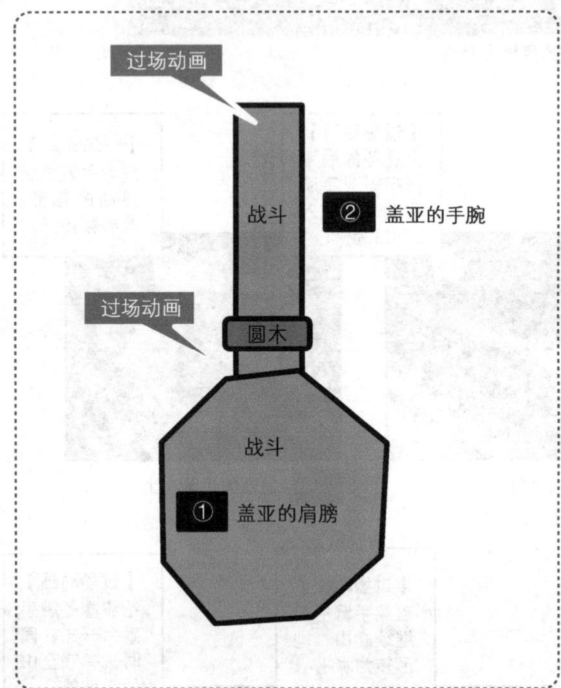

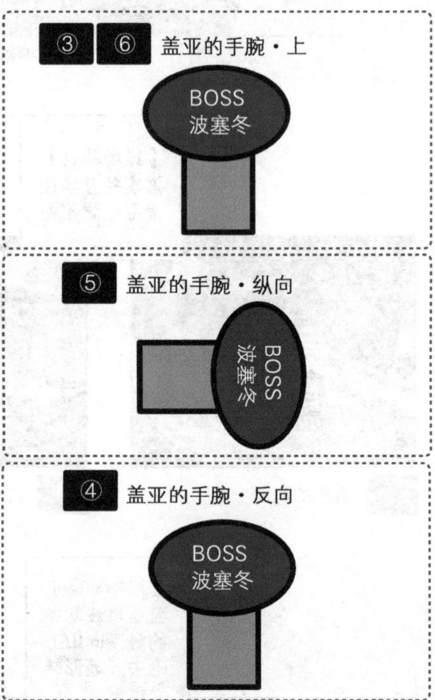

图 3.2.4　盖亚的区域分布和关卡简图

让游戏更充实的互动：路径探索

《战神Ⅲ》包含着许多有趣的“互动”。这些互动要素可分为**“路径探索”“动作”“谜题”**三大类。

我们先从路径探索说起。顾名思义，路径探索就是让玩家探索通往终点的路径。

在二维平面的基础上，3D 动作游戏中又加入了爬墙、攀天花板等元素，让玩家可以享受到探索三维空间的乐趣。路径探索的可玩之处大体分为两种：一种是寻找通往终点的正确道路，即“路径选择”；另一种是选择合适移动动作的“动作选择”（图 3.2.5）。

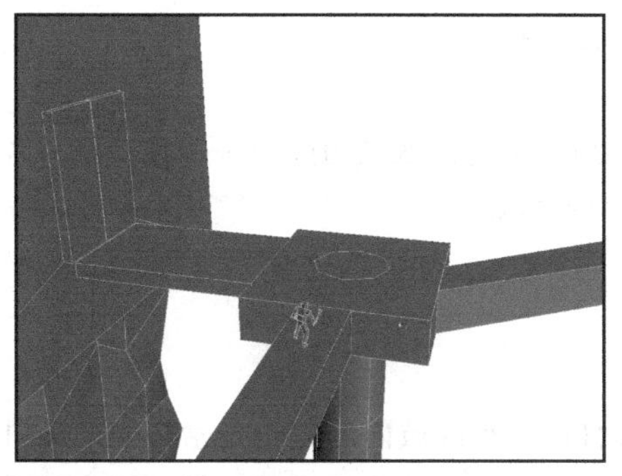

图 3.2.5 路径探索中的路径选择和动作选择

设计路径选择时，路径构造大致分为“单线型”“分枝型”“网状”（图 3.2.6）。

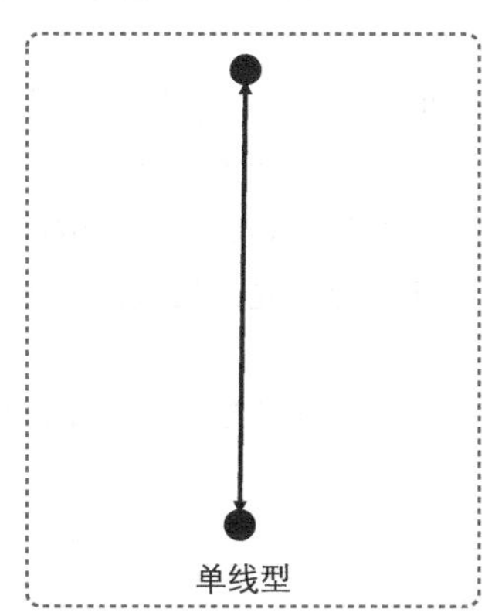

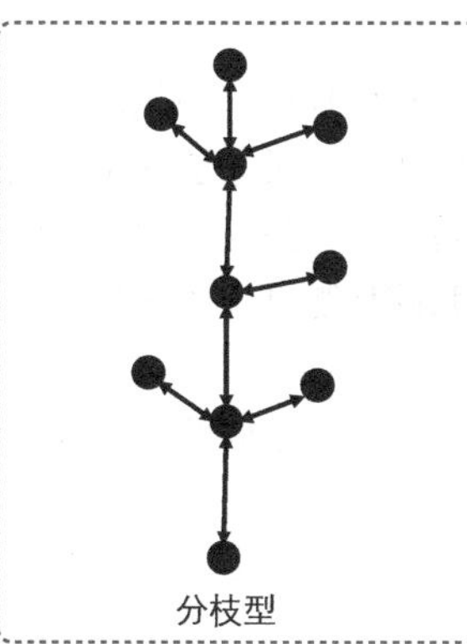

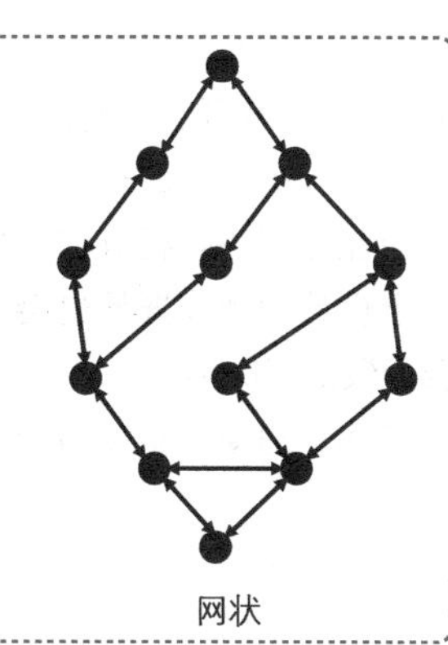

图 3.2.6 关卡设计中岔路的种类

单线型的路径探索不会使人迷路，可以在上面设置一些战斗、动作或谜题等机关（障碍）供玩家娱乐。另外，这类路径探索还可以设置“动作选择”考验玩家，让玩家思考如何才能继续前进。比如设置一个燃烧着熊熊大火的单线型路径，玩家硬闯的话就一定会死，然后再制作一条迂回的道路，这就构成了让玩家“寻找迂回道路”的路径探索。

分枝型则是在通往终点的主干道上添加分支道路，构成树枝一样的形状迷惑玩家。玩家在这种路线上虽然会短时间迷路，但因为所有分支道路都是“死路”，所以可以很快回到主干道上。

反之，如果纯粹想在道路方面迷惑玩家，那么可以使用网状结构创建多条路径，这样一来玩家很快就会迷路。单线型的关卡设计称为“直线行进型关卡”，而这种自由度较高的关卡设计则称为“非直线行进型关卡”。

路径探索中“分岔口”意义重大。分岔口根据功能可分为“死胡同”“简单障碍”“区域阻隔”“捷径”“完全分岔口”等（图 3.2.7）。

- **死胡同**

可略微拖慢玩家的游戏进程，激发玩家的探索欲。空无一物的死胡同会让人很失望，但只要在这类地方设置宝箱等报酬，玩家将在今后的分岔口上更加用心探索。

- **简单障碍**

  阻止玩家继续前进。玩家需要寻找开门的道具或者拉杆等。

- **区域阻隔**

  复数区域相互连接的地图中，需要将玩家尚不应该抵达的区域阻隔起来，这就是“区域阻隔”。玩家完成一个区域后，这个分岔口将成为连接点。

- **捷径**

  供玩家完成游戏后快速返回时使用。

- **完全分岔口（连接点）**

  供玩家自由选择道路的分岔口称为“完全分岔口”。小区域内的完全分岔口如果通向同一个终点，那么其只起到创造额外路线的功能。不过，如果完全分岔口连接着具有不同终点的区域，那么必须先对动作的平衡性进行调整，确保玩家可以从任何一个区域开始挑战。

另外，路径探索中的“动作选择”可以通过增加移动动作的方式促使玩家思考前进方法，从而带来摸索的乐趣（图3.2.8）。

对时机要求不高的动作选择几乎不伴随风险与回报的紧张感。但是，“在高处行走”“在天花板上爬行”等动作比普通的行走奔跑更能激发人类本能的（生理的）危机意识及紧张感，在这份紧张感中探索通往终点的路径有着另外一番乐趣。另外，如果动作选择错误就会导致游戏失败的话，那么这种关卡设计的动作选择也会有紧张感伴随其中（不过，由于这种设计不允许失误，因此太过频繁出现会导致玩家厌倦）。

综上所述，即便只是单纯的路径探索，在不同的关卡设计和情境下也能给玩家带来不同的游戏体验。

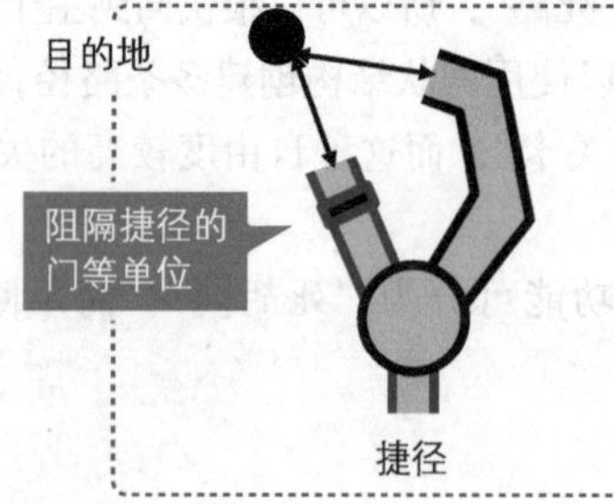

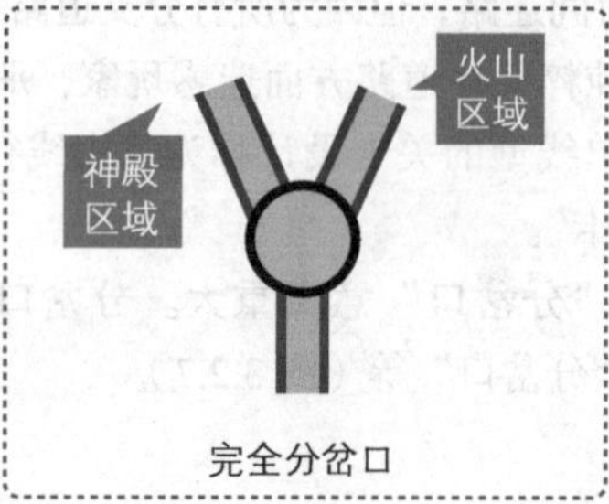

图3.2.7 游戏中基本的岔路

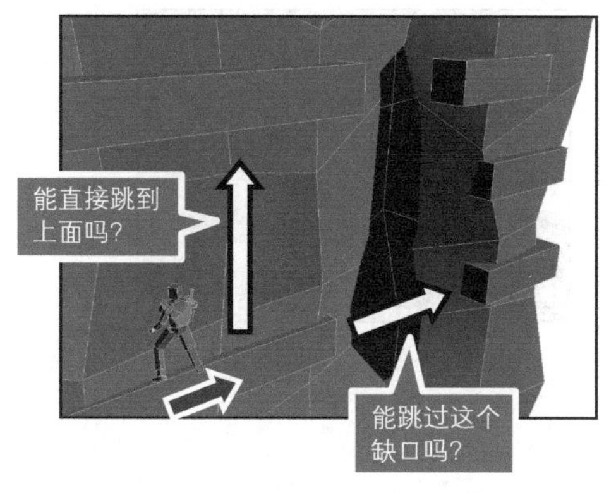

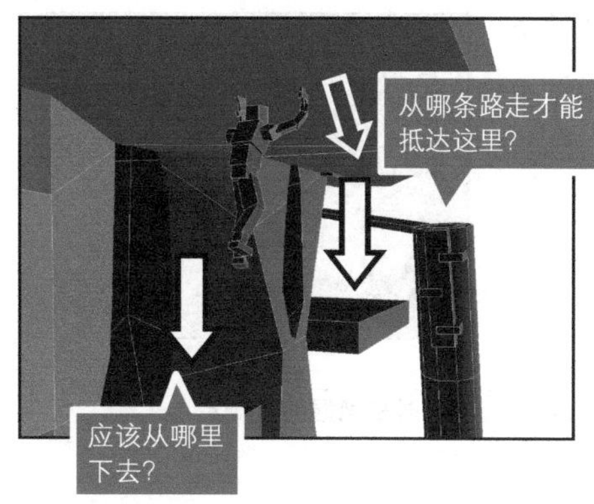

图 3.2.8　用多彩的动作进行探索

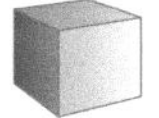

让游戏更充实的互动：动作

说完路径探索，我们再来讲一讲动作要素较强的互动。在《战神Ⅲ》这类 3D 动作游戏中，不论关卡设计是单线型还是其他，只要在其中加入动作要素，就能衍生出挑战的乐趣。

比如在图 3.2.9 的左图中，如果在单线型路径上设置缺口，如右图所示，那么这里就从单纯的通过点变成了可以尝试跳跃动作的场所。

单线型路径

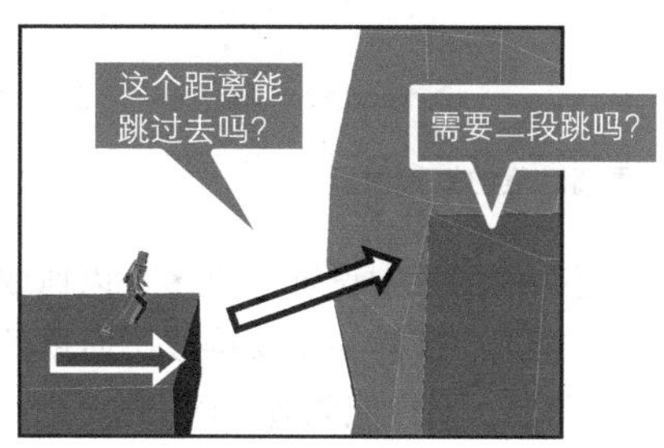

单线型路径（有缺口）

图 3.2.9　在单线型路径上创造可玩点

这类动作要素较强的互动中，要求玩家在最精确的时间点做出动作。不过，如果只是一味增加高难度跳跃动作，游戏只会变得越来越单调。因此我们需要加入“变化”来不断给玩家提供乐趣。这种时候，虽然像马里奥一样继续挖掘跳跃动作的有趣之处也不失为一种解决方案，但在这类以动态为卖点的游戏中，玩家更希望看到更多崭新的富有动态的挑战。因此，我们需要能够创造新挑战的“新动作”。

《战神》系列从《战神Ⅱ》开始追加了“绳索动作”。绳索动作比跳跃有着更强的动作要素。在可以使用这类动作的地图中，玩家会看到一些发光的树枝等“抓取点”，此时只需按下 R1 键即可甩出锁链勾住它们，完成空中移动（图 3.2.10）。

另外，在抓取点之间移动时，玩家角色相当于一边下落一边移动，因此很考验玩家按 R1 的时机。当然，如果时机掌握不当，玩家将会跌落下去。这种动作虽然有些难度，但完成后也能带来更多成就感（图 3.2.11）。

图 3.2.10 考验时机把握的可玩点

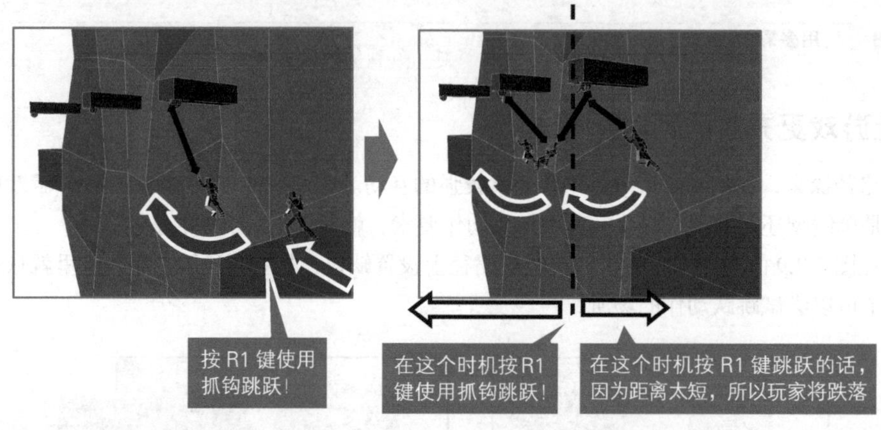
按 R1 键使用
抓钩跳跃！
在这个时机按 R1
键使用抓钩跳跃！
在这个时机按 R1 键跳跃的话，
因为距离太短，所以玩家将跌落

图 3.2.11 更高难度的抓钩跳跃

在某些更为复杂的场景中设置了更多可以抓取的点，玩家一旦时机判断失误，就会进入岔路，从而距离终点越来越远。这样一来就构成了简单的路径探索。因此，即便是动作要素较强的互动，只要关卡设计方法得当，同样能创造出探索的乐趣。

除此之外，使用动作的探索还可以借助镜头角度来创造探索要素。比如在缺口下方设置一个宝箱，并在玩家没有跳入缺口的情况下让镜头故意避开宝箱（或者只露出一小部分），这就创造出了一种探索要素（图 3.2.12）。

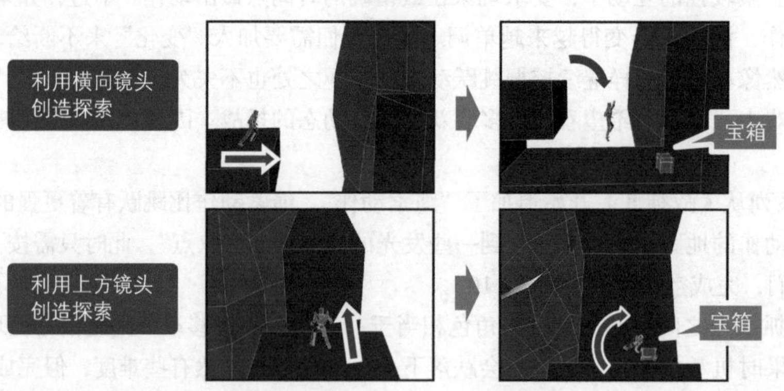
利用横向镜头
创造探索
宝箱
利用上方镜头
创造探索
宝箱

图 3.2.12 用镜头创造探索要素

综上所述，我们不仅可以通过增加动作种类来充实互动，还可以利用玩家动作失误创造一些探索和发现的乐趣，以此提高互动的质量。

让游戏更充实的互动：谜题

最后我们来说明谜题要素。《战神Ⅲ》的谜题要素并没有什么难度，大多谜题只需要两到三个步骤即可解开。比如在最初的场景中出现的谜题，为了修复通往目的地的道路，玩家需要将位于房间角落的岩石转到正确方向并拼接到墙壁上（图 3.2.13）。

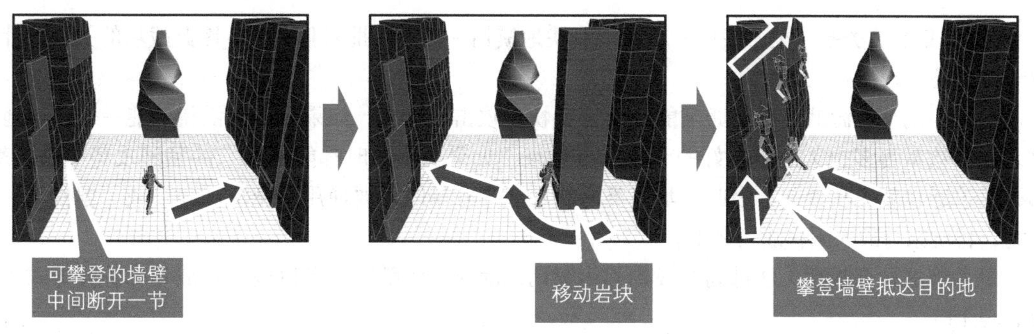
可攀登的墙壁
中间断开一节
移动岩块
攀登墙壁抵达目的地

图 3.2.13　关卡设计中的谜题

玩家在解开这类纯粹考验脑力的谜题时能够获得相当高的成就感。不过，谜题的解开越是依靠脑力，越容易中断动作类游戏特有的动感的节拍节奏。这类谜题出现过多的话甚至会让玩家产生在玩其他类型的游戏的错觉。那些擅长动作但不擅解谜的玩家，往往会对此感到不满。

为解决这个问题，我们需要用到“考验动作技巧的谜题”。在《战神Ⅲ》初期如图 3.2.14 所示的场景中，动作和谜题就是互相关联的。

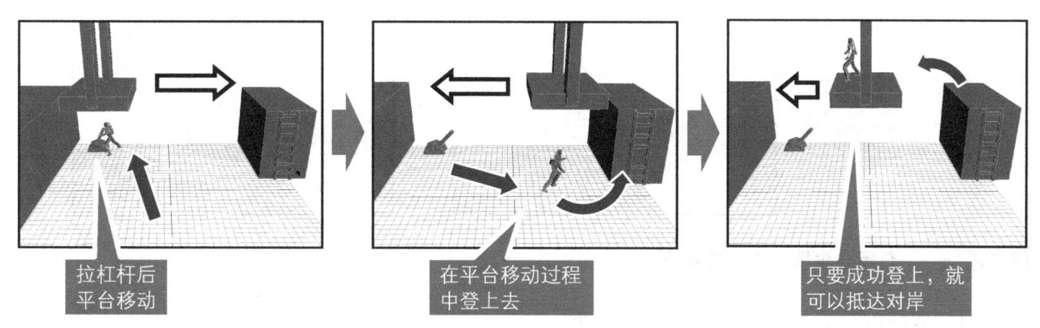
拉杠杆后
平台移动
在平台移动过程
中登上去
只要成功登上，就
可以抵达对岸

图 3.2.14　在谜题中加入时间差元素

玩家拉动杠杆后平台会开始移动，为玩家创造通往高处的落脚点。但是，这个平台经过一定时间会自动回到原来的位置，因此玩家拉完杠杆后必须迅速跳上平台。

像这样，借助游戏中实际用到的动作构建谜题，可以扩展该动作的玩法。**欠缺动作性的纯粹消耗脑力的谜题没有重复乐趣，玩家解开一遍之后再解第二遍就会有“机械作业”的感觉。但是动作性较强的谜题不但能在玩家解谜成功时为其提供成就感，解谜过程中对动作的摸索也十分有趣，可**

以让玩家百玩不厌。

至此，关卡设计互动中的"路径探索""动作""谜题"就全部说明完了。

《战神》系列的关卡设计中，在创造互动时，并不是将"路径探索""动作""谜题"单纯进行加法计算，而是用"探索"×"动作"、"动作"×"谜题"等形式实现了相乘效果。**这种手法称为"乘法设计"，是游戏开发中一个十分关键的词汇**[①]。各位在实际玩游戏时如果遇到了有趣的互动，不妨推测一下"这个互动是由哪些要素相加·相乘得来的"。

割草类游戏中的战场

《战神Ⅲ》这类割草类游戏中，玩家能爽快地横扫一批又一批来犯之敌。因此战场的关卡设计显得十分重要。

首先，割草类游戏的战场必须能让玩家畅快地攻击到敌人。如果敌人分散得只能一个一个地消灭，那么数量再多也无法带出好的节奏。反过来，如果玩家随时都能从敌人的猛烈攻势中逃出来，那么紧迫感也就无从谈起。因此，割草类游戏在战斗开始时需要使用"魔法屏障"或"栅栏"封闭战场，将玩家与敌人困在战场之中。

笔者将这种开战后无法逃离的战场称为**封闭式战场**，将随时都可以逃离的战场称为**开放式战场**（图 3.2.15）。

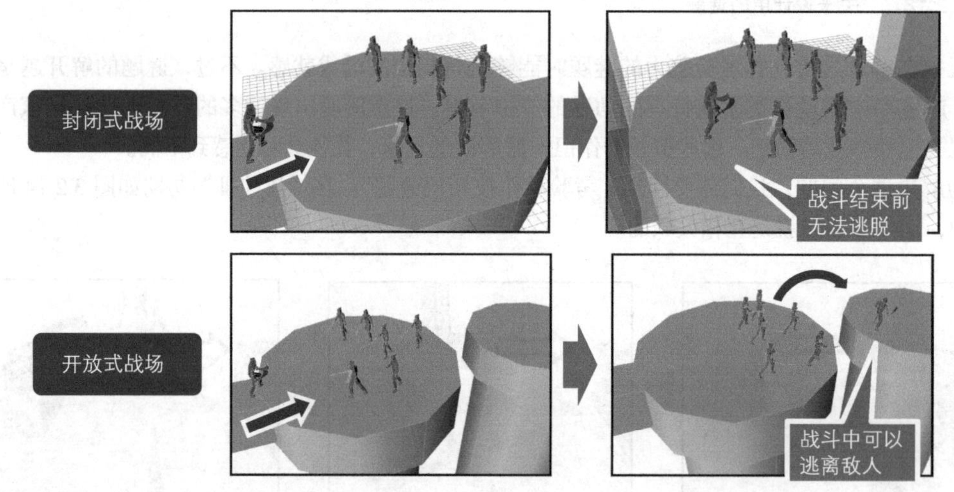

图 3.2.15 封闭式战场与开放式战场

封闭式战场可分为如图 3.2.16 所示的几类。

① 除此之外，为扩充游戏内容而单纯增加独立要素的手法称为"加法设计"。反之，删除多余要素简化游戏的手法称为"减法设计"。一般情况下，加法设计只是将想到的内容加入游戏，是一种十分简单易学的手法，但过多运用这一手法会使游戏显得散漫（内容浅而泛）。相对而言，"乘法设计"和"减法设计"虽然运用起来难度较高，但只要使用得当，游戏将变得简单而有深度。顺便一提，调整关卡设计时删除多余内容的方法称为"消去法"（subtractive process）。另外，通过这些手法不断强化游戏趣味性的过程称为"打磨"（polish）。

A. 圆形型・矩形型

如角斗场一般的圆形战场，其中没有障碍物，玩家可以自由移动，同时也没有死角。在圆形中央战斗时可以一次性命中更多敌人，但是也容易同时受到四面八方的攻击。反之，在圆形边缘战斗时攻击将限定在三个方向，然而如果战场边缘是悬崖，玩家要承担跌落的风险。另一方面，矩形的战场存在角落，玩家被逼至角落时只需要处理两个方向的攻击，但与此同时闪避也被限定在两个方向，提高了闪避难度。

B. 通道型

通道或者如通道一般狭长的战场。这类战场既可以在一端设置大批敌人等待玩家，也可以在通道前后同时设置敌人形成夹击。当通道型战场中存在强力敌人时，玩家常常被逼至通道一端，如果通道两侧存在悬崖，玩家还要承担很高的跌落风险。

C. 有障碍物的圆形型或通道型

只要战场上存在 1 个或 1 个以上的障碍物，就会出现玩家攻击无法命中的攻击死角。同时，这些障碍物也可以成为抵挡敌人攻击的盾牌。不过，足以让敌人藏身的大型障碍物也会成为镜头的死角，导致玩家无法确认敌人位置。

通过根据上述模式改变战场的形状，即便设置了完全相同的敌人，也能诱导玩家使用不同的战斗方法（战术）。

此外，天花板的高度也限制着割草类游戏的玩法。因为割草类游戏可以使用跳跃闪避攻击（图 3.2.17），而且若想让玩家享受连击的快感，需要为浮空攻击留出必要的高度。因此天花板较低的通道和容易撞到头部的立体迷宫都会大幅限制战斗的自由度。出于这些理由，大部分割草类游戏的战场都被设计成了天花板极高的平面或者竖井。

A　圆形型・矩形型

B　通道型

C　中央存在障碍物的圆形型或通道型

图 3.2.16　封闭式战场的种类

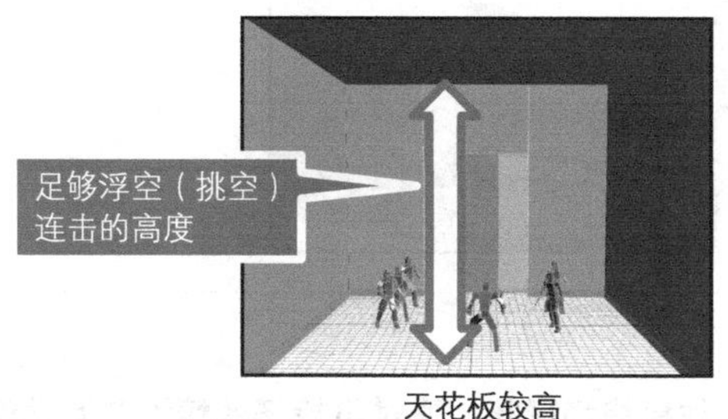
足够浮空（挑空）
连击的高度

天花板较高

使用浮空（挑空）
连击时很容易撞
到天花板，连击
无法持续

天花板较低

图 3.2.17　战场的高度

顺便一提，改变关卡设计中“除地形以外的情境”，也可以令玩家的战斗方式发生变化。

比如《战神Ⅲ》中存在伸手不见五指的“黑暗”场景。玩家需要在这片黑暗中一边使用赫利俄斯的头发光照明，一边与敌人战斗（图3.2.18）。

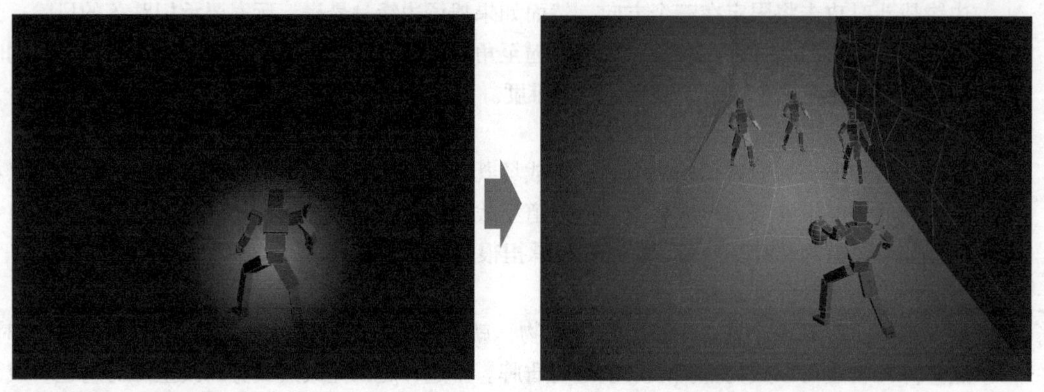

图3.2.18 黑暗中的战斗

这个地下城只是单纯的通道型构造，但由于玩家无法在黑暗中确认敌人位置，因此需要制定与之前截然不同的战术。

除上述情景组合外，“机关”×“战斗”、“谜题”×“战斗”等也可以丰富关卡设计。将有机关或谜题的场所作为战场，我们会得到一种全然不同的模式。

比如在需转动齿轮升起电梯的场景中，不断涌出的敌人会让这一挑战充满紧张感。另外，前作《战神Ⅱ》中，使用传送带的战斗让不少玩家手忙脚乱（图3.2.19）。

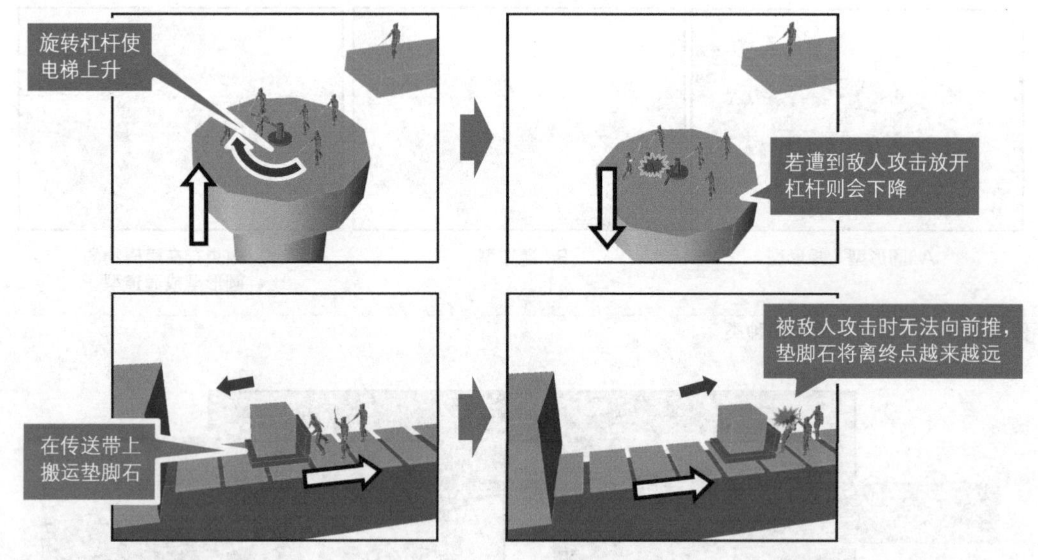

图3.2.19 “情境”×“战斗”

综上所述，在进行战场的关卡设计时，不仅可以依靠战场形状，通过将战场的情境和互动组合，同样能创造出形式多样的战斗。

为战斗创造节拍节奏的波浪式攻击（波）

在割草类游戏中，战斗的节拍节奏由敌人决定。其中能决定战场形势的**波浪式攻击（波）**尤为重要。

《战神Ⅲ》中，在玩家对战赫拉克勒斯的BOSS战中，首先会由杂兵发动数次波浪式攻击，然后赫拉克勒斯才会登场。敌人的波浪式攻击不仅能将玩家拉入紧张与兴奋之中，还能通过音乐般的节奏感不断挑高玩家的情绪。

波浪式攻击也可以细分为许多内容。首先，发动波浪式攻击的敌人大致会以下列三种模式出现（图3.2.20）。

分阶段出现

最初出现2名敌人
全消灭后进入下一阶段

出现4名敌人
全消灭后进入下一阶段

出现6名敌人
全消灭后结束

根据被消灭的
敌人数量出现

最初出现4名敌人

消灭2名后又出现3名

消灭3名后又出现4名

经过一定时间
后出现

最初出现3名敌人

20秒后再出现3名

50秒后再出现3名

图3.2.20 波浪式攻击的种类

- **分阶段出现**

  消灭当前敌人后，下一波敌人出现。这是波浪式攻击最常见的条件。不过，由于玩家不消灭当前的敌人下一波攻击就不会开始，这就把下一场战斗开始的时间点交在了玩家手中。另外，每波攻击的后期敌人数量都比较少，战斗节奏会趋于缓和（利弊另当别论，但紧张感会下降）。用这种手法创造的战斗节奏比较富有张弛。

- **根据被消灭的敌人数量出现**

  玩家消灭一定数量的敌人后，追加下一波敌人。这种方式让战场上一直都存在敌人，玩家的紧张感不会中断。虽然下一场战斗开始的时间点基本仍由玩家控制，但只要其没有看透下一波攻击的触发条件，加之战场上时常都有敌人，就能有效削弱玩家自由控制战斗节拍的感觉。

- **经过一定时间后出现**

  不管玩家已经消灭多少敌人，只要经过一定时间就会自动出现下一波敌人。有时为调整节拍节奏，会强制让多余的敌人离场。由于敌人的增加与玩家行动毫无关系，因此战斗的节拍节奏全由关卡设计方掌握。

另外，波浪式攻击的节拍可以用敌群出现的速度直观地表现出来（图 3.2.21）。

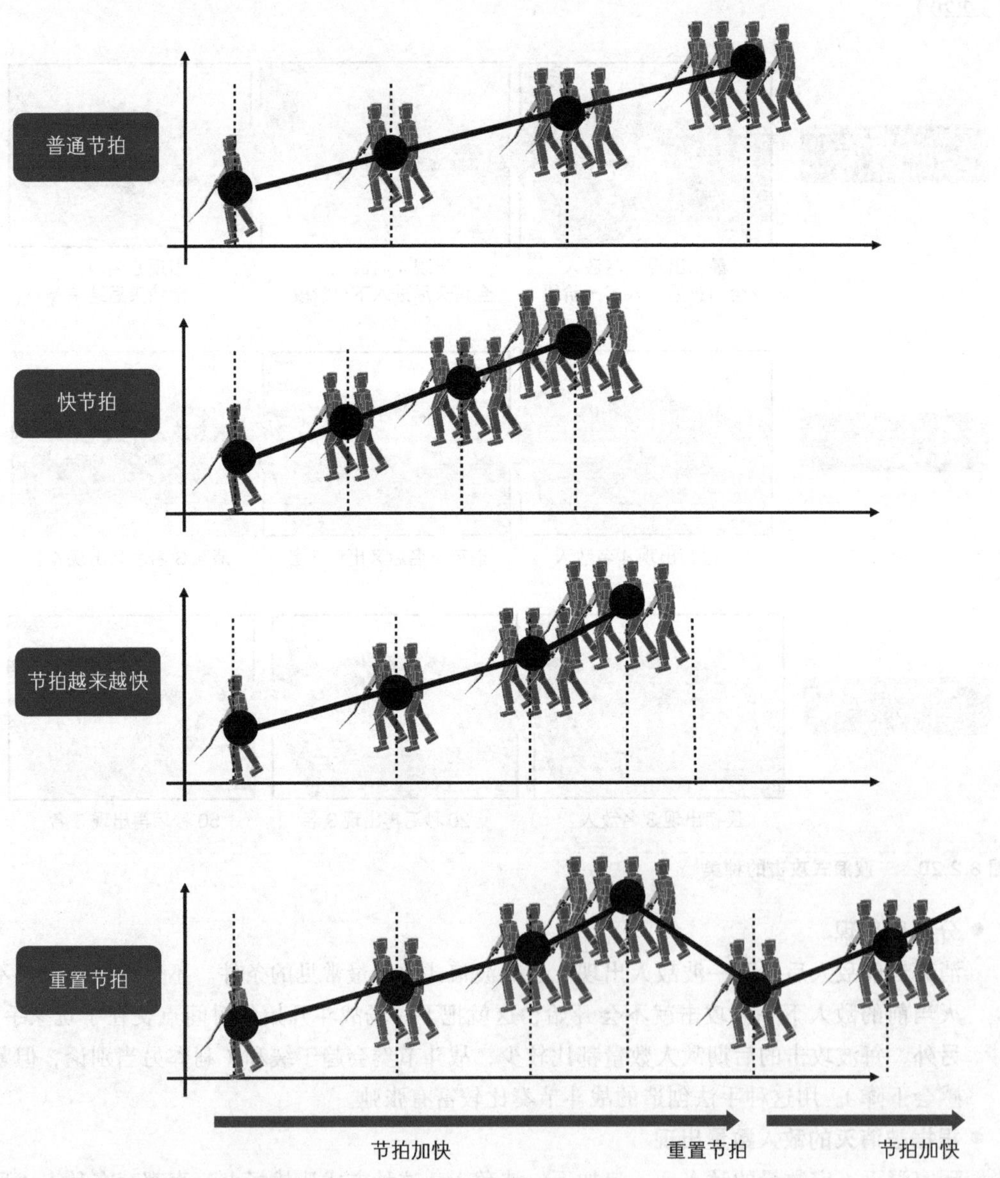

图 3.2.21 波浪式攻击衍生的节拍

相对地，波浪式攻击的节奏由敌群的人数和敌人种类决定，这就像音乐中的音程和音色（图 3.2.22）。

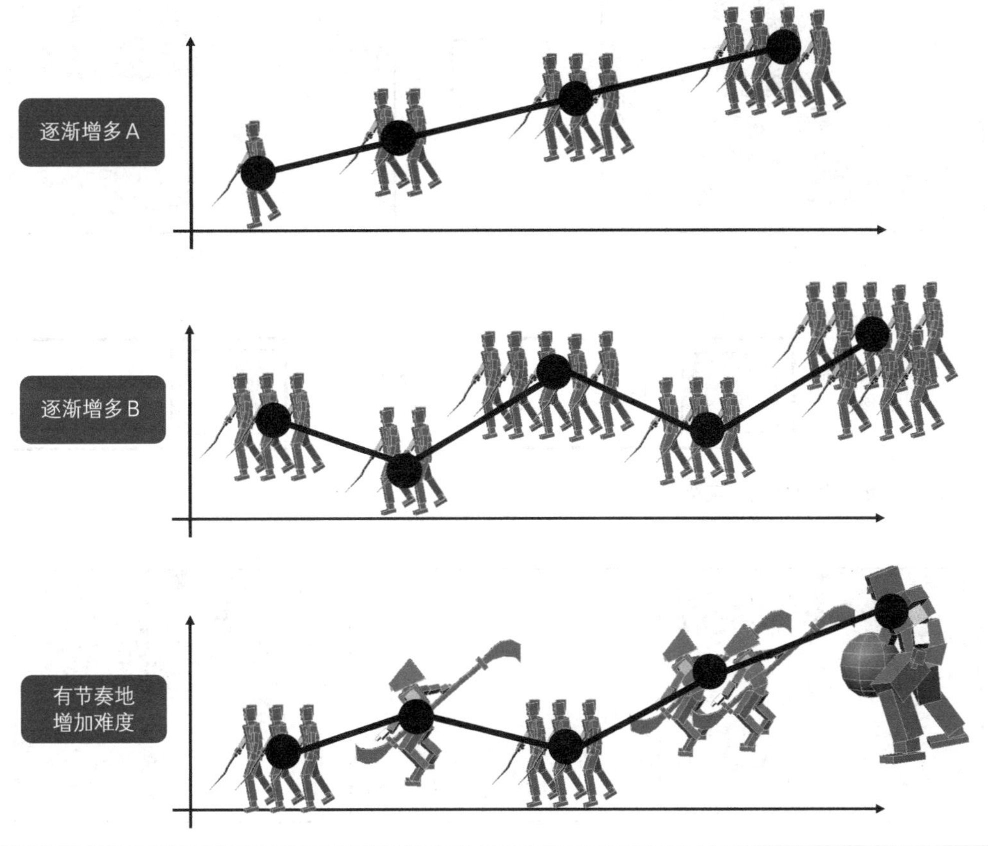

图 3.2.22　波浪式攻击衍生的节奏

综上所述，将战场的概念从单纯用于战斗的场所上升为享受音乐般节拍节奏的场所后，我们会发现关卡设计中隐藏的另一番乐趣。

各位如果在玩游戏时遇到让自己觉得“好玩”“有趣”“痛快”的战场，不妨注意一下其节拍与节奏。

 不需读取时间的关卡设计机制

要说《战神》系列最让笔者惊讶的地方，那就是整个游戏流程中不存在读取。节拍和节奏是动作类游戏的生命，因此不需读取时间的《战神》系列会让玩家觉得非常畅快。

取消读取时间的秘密在于关卡设计。比如从洞窟地图移动至地面地图时，一般会将内存中洞窟地图的数据清除，然后读取地面地图的数据（图 3.2.23）。

不过，只要设置如图 3.2.24 所示的通道或小路，玩家就感觉不到读取时间的存在了。

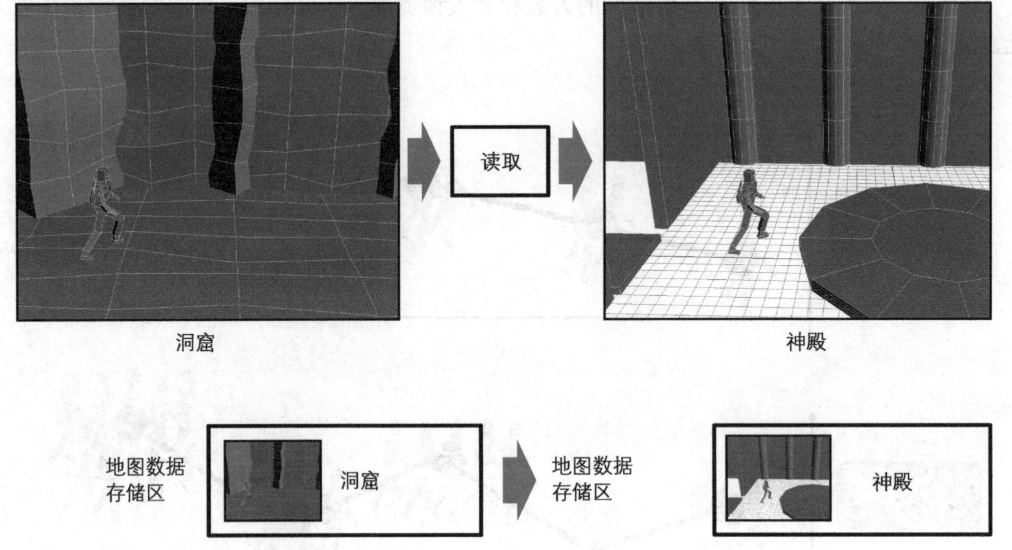

图 3.2.23 地图数据的基本读取方法

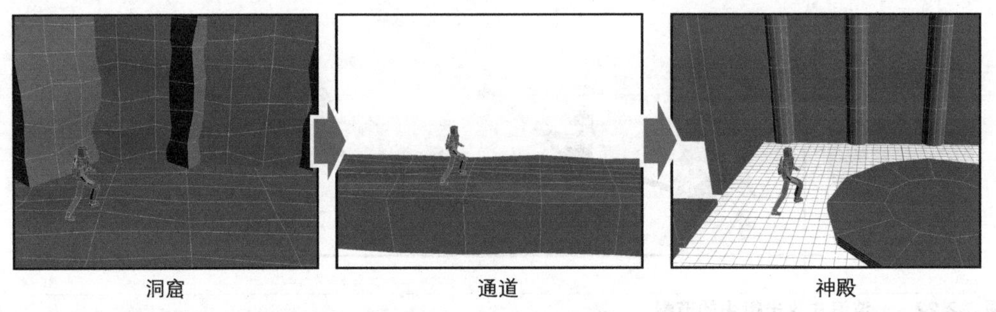

图 3.2.24 让玩家感觉不到读取时间的机制

这个机制十分简单，只需要在游戏主机的内存上预留两个地图数据存储区，然后在通道上设置读取的触发器即可。玩家角色进入通道时接触触发器，系统随即开始在后台读取下一张地图的数据。只要在玩家穿过通道的这段时间内完成读取，玩家就不会意识到有读取时间了（图 3.2.25）。

要注意的是，这一机制中的通道没必要是直线，可以是七扭八拐的羊肠小道、举步维艰的沼泽，甚至可以设置几名敌人来捣乱，总之只要能够拖延出充分的读取时间即可。除此之外，还可以安排玩家角色与 NPC 对话，或是通过无线电进行某些联络等。将这些“演出”与玩家角色的移动组合在一起，就能让玩家意识不到读取时间。这类关卡设计的机制和机关称为**路障**。

这类机制中最经典的当属《生化危机 1～3》中开门的动画。这个动画不但让玩家意识不到读取时间，还成功隔离了门对侧的空间，使得玩家无法确认门后是否有丧尸，从而营造出恐怖气氛。

另外，在游戏后台读取地图数据的方法称为**后台读取**。一般情况下，正在进行游戏的玩家无法得知当前是否在进行后台读取（不过，如果地图数据的读取时间超出了开发者的预期，或者玩家找到了更快的方法通过通道，那么游戏将进入读取画面，出现“Now Loading”字样）。

综上所述，通过在关卡设计上多下功夫，不但能提升游戏乐趣，还可以缩短读取时间。

如今已经出现了更先进的“流读取”手法。这种机制只需要在关卡设计工具上按照一定规则制作地图，系统就会根据镜头距离等因素自动选择读取地图数据的时机。随着次时代主机内存的进一步增加，流读取将成为一种主流手法，但由于移动端游戏内存仍然有限，因此路障等经典手法仍然有着其用武之地。

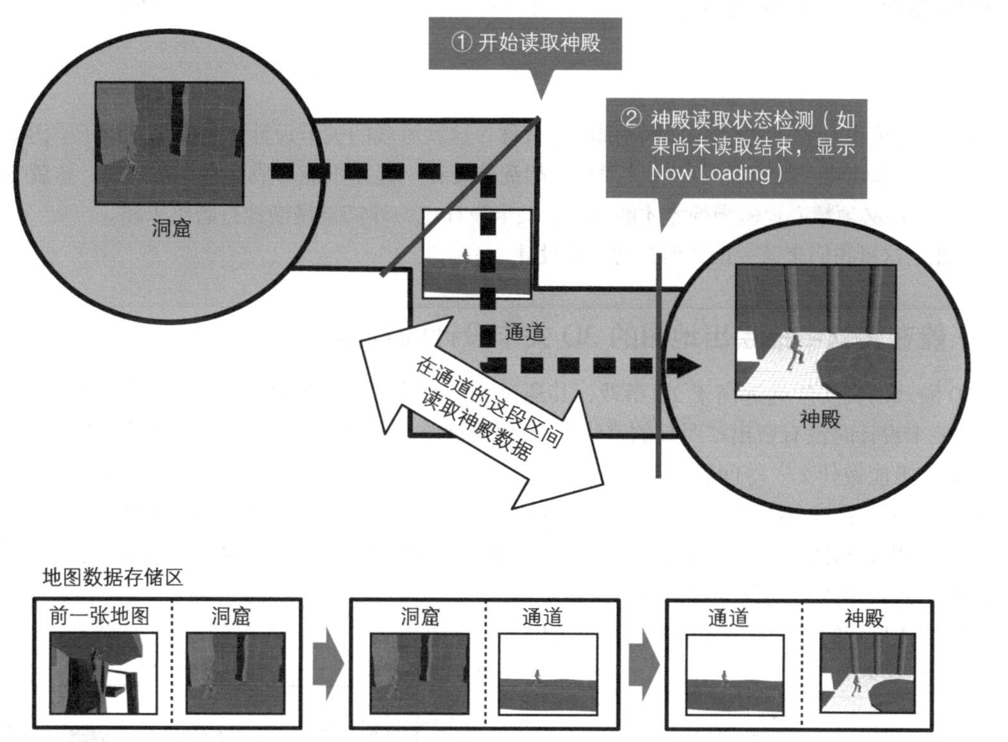

图 3.2.25　从洞窟移动至神殿过程中的数据读取流程

小结

通关《战神Ⅲ》之后，我们能看到记录游戏幕后花絮的视频彩蛋。在其中的一段采访中，关卡设计师对《战神Ⅲ》的关卡设计做了如下评价。

> “这款游戏的关卡设计，就是一个互动的故事。”

正如其所言，玩家实际玩这款游戏时会有一种化身为奎托斯的感觉，仿佛自己亲身经历了整个故事。

以往制作动作类游戏时都是“关卡设计”+“故事”+“关卡设计”+……这种**“加法的关卡设计”**。

然而，《战神Ⅲ》将故事融入了玩家的动作之中，创造了“关卡设计”×“故事”+“关卡设计”×“故事”……的“乘法的关卡设计”。

而这正是实现**“体验的关卡设计”**的关键之一。

创造《战神Ⅲ》这种大制作游戏并不容易，不过“乘法的关卡设计”这一手法在小型游戏中同样适用，因此将其记下来有利无弊。

3.3

让游戏更丰富细腻的打磨关卡设计的技巧

（《塞尔达传说：天空之剑》）

《塞尔达传说：天空之剑》以丰富细腻[1]著称，这款游戏的关卡设计中到处都充满了“游戏的点子”。然而，单纯将“故事”“互动”“战斗”胡乱堆砌在一起并不能形成这种丰富细腻。这就像煮咖喱一样，咖喱必须精心地慢慢炖煮才能入味，关卡设计也一样需要慢慢地打磨出乐趣。

因此，这里我们来谈一谈如何打磨关卡设计。

能在头脑中描绘出地图的 3D 关卡设计的基础

3D 游戏的真实度远远高于 2D 游戏，其通过关卡设计可以让玩家觉得身临其境。但与此同时，如果在关卡设计时没有留出“明确的路线”，玩家将面临“不知道当前是哪个方向”“不知道该去哪里”“不知道能做什么”等问题。游戏真实度越高，越容易让玩家像在现实世界中一样迷路。3D 游戏一旦搞错关卡设计方式，将无法让玩家在脑中形成一张地图。因此，人们给 3D 游戏的关卡设计开发出了许多机制和技巧，让玩家能轻松地在脑中描绘出游戏地图。接下来我们就以《塞尔达传说：天空之剑》为例，向各位介绍这些机制与技巧。

图 3.3.1 所示的是“菲罗奈森林”入口前的关卡设计。

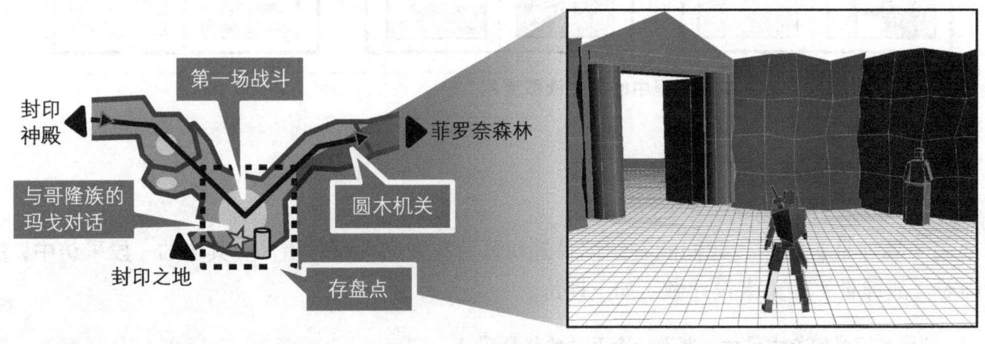

图 3.3.1　菲罗奈森林

这张地图并不大，却拥有门、岔道等诸多要素。这些要素的位置关系乍看上去十分自然，但实际上它们都被巧妙地植入了提示功能，帮助玩家在脑中描绘地图。

3D 游戏关卡设计中最先要注意的是“地图的方向性”[2]（让玩家能清楚分辨目的地所在方向或者

① 关于《塞尔达传说：天空之剑》中“细腻”与关卡设计的关系可以参考任天堂官方主页“社长讯《塞尔达传说：天空之剑》”。

② 笔者将玩家认知前后左右等相对方向的难易程度称为“方向性”，认知东南西北等方位的难易程度称为“方位性”。

东南西北等方位的性质）问题。2D 游戏场景大多采用固定镜头，因此地图的方向性与画面的方向性（上下左右）能始终保持一致。然而，3D 游戏允许玩家自由操纵镜头，这就让地图的方向性和画面的方向性（上下左右）不再一致。因此，关卡设计贴图越是简单，玩家在地图中越难搞清楚自己的方向（图 3.3.2）。

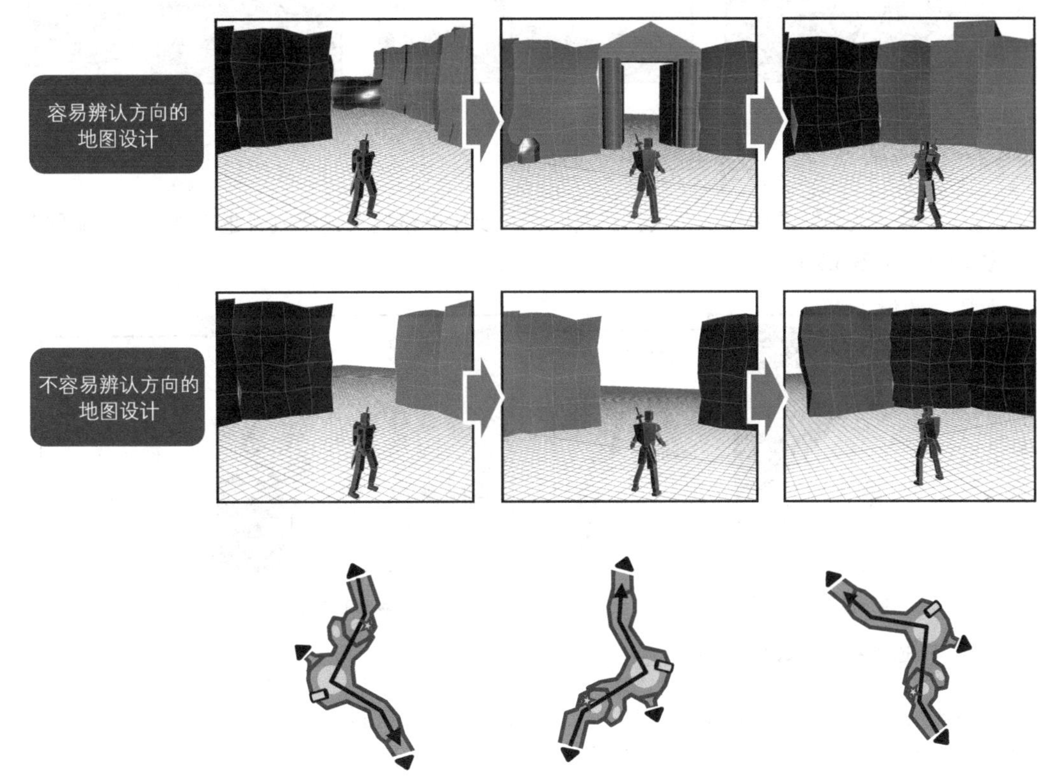

图 3.3.2 不同地图设计对“地图方向性”的影响

因此，以探索为主的游戏必须在地图设计上多花心思，增强其方向性。

要明确地图方向性，最简单的方法就是“地标”。地标指能作为参照物的地理构造物，比如巨大的神殿、高耸入云的塔、宏伟的山峰等。在现实世界中我们也经常以上海东方明珠、广州海心塔等作为一个都市的地标。顺便一提，东京迪士尼乐园将辛德蕾拉城堡设置在正中心，所有游客都能通过它来辨认自己的位置。

同样道理，我们在菲罗奈森林中也能看到很多地标（图 3.3.3）。

作为地标的物体必须足够高大显眼，保证从任何地方都能看见。不过，一个地标可以为地图创造方向性，多个地标反而会起到反效果。比如将形状相同的神殿设置在地图四个方向，不但不能明确方向性，反而会使玩家更容易混淆。这是因为地图中“类似性”“对称性”的物体能破坏方向感。因此，如果想用地标明确地图方向性，那么必须保证它是“一个地图中仅存在一个的特别物体”。

在地图中，地标表现出的方向性是地图的**绝对方位**，就像我们平时说的“东南西北”。然而在实际游戏中，身处房间、广场甚至通道的玩家往往需要**相对的方向性**来明确行进方向。**要实现这个，我们需要用到“大小”“高度”“亮度”“图腾柱”**。

神殿

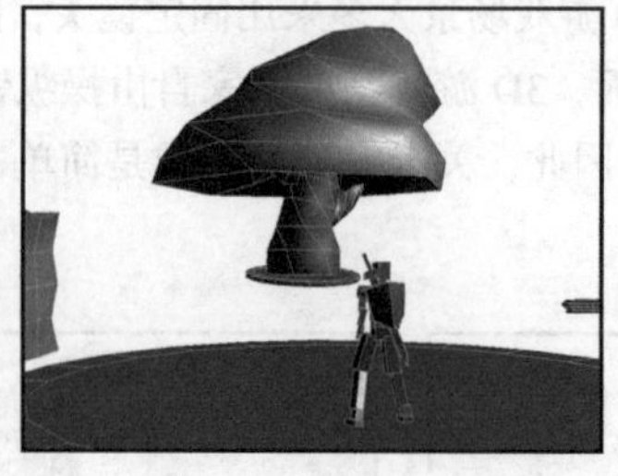
巨树

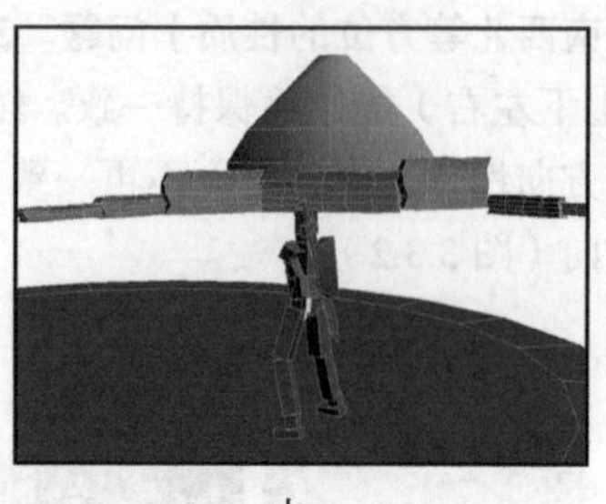
山

图 3.3.3 地标

首先来看看“大小”的例子。在设计道路时，只要让道路越来越宽或者越来越窄，就能创造出“前后的方向性”（图 3.3.4）。

越来越窄的路

越来越宽的路

图 3.3.4 道路宽度带来的方向性

这个手法在房间和广场上也适用，“宽”“窄”不同能让玩家清楚地辨认方向。不过，由于 3D 游戏存在近大远小的视觉效果，玩家有时无法辨认微弱的宽窄变化。

因此，要想地图具备更明确的方向性，可以用“高度”来表现方向。通过坡道或台阶等地形制造高低差能明显创造出方向性，而且不会被近大远小的视觉效果影响（图 3.3.5）。

除地形之外，亮度也能表现出方向性。亮度有明暗之分，同时还会受到太阳位置和影子的影响。比如将一条“敞亮的小路”的其中一半调低亮度，改造成“葱郁的小路”，玩家就能轻松辨认出方向了（图 3.3.6）。

除此之外，利用地面上的影子也可以指示出方向。不过，如果游戏中的太阳在实时移动，那么玩家要想不迷失方向，必须像在现实中一样时刻注意太阳的位置。

还有一种比较另类的手法，那就是通过设计风格或颜色的差异来创造方向性。比如在墙壁或地板上绘制足以辨认方向的“波浪图案”或“渐变色”。某些比较意识流的游戏中还可以直接添加箭头或△标记来指示方向。

最后我们来介绍“图腾柱”。图腾柱源于印第安人创造的柱形立体雕刻。这类雕刻看上去宗教意味十足，实际上却是“家的顶梁柱”“纪念柱”“墓碑柱”“领域柱”“迎宾柱”等生活中常见的标志。因此，图腾柱不但最能创造方向性，还可以表现出“该场所的意义”。

游戏关卡设计中的“雕像”“石像”“石柱”“门”等单位（物体）都起到了图腾柱的作用（图 3.3.7）。

阶梯

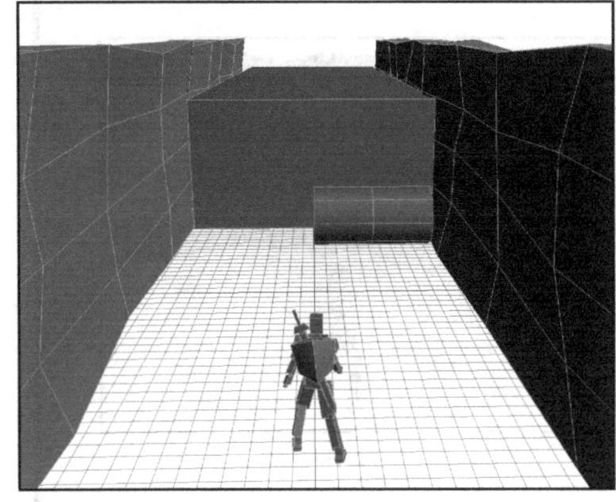

坡道

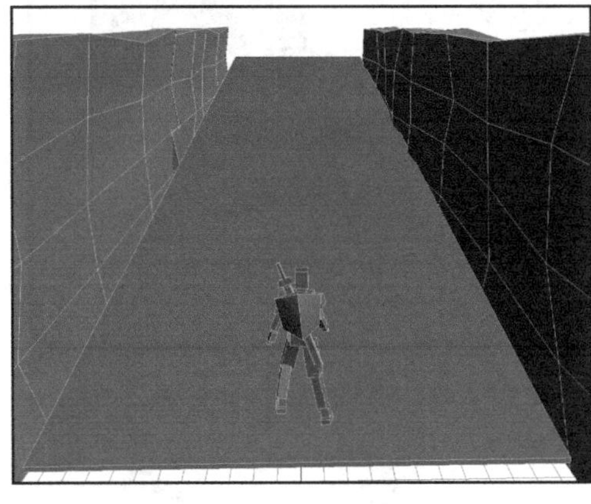

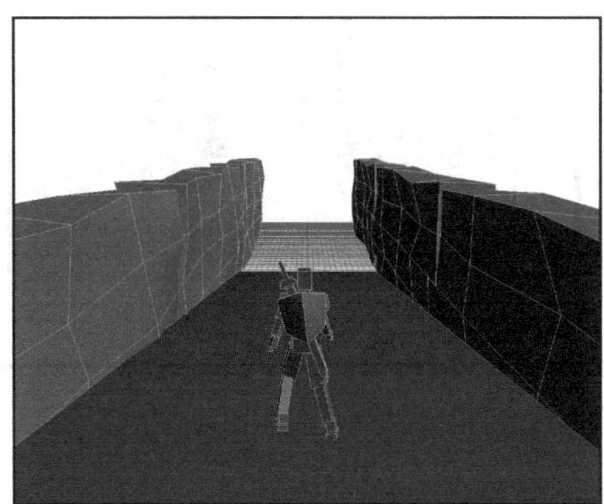

图 3.3.5　高低差带来的方向性

图 3.3.6　明暗带来的方向性

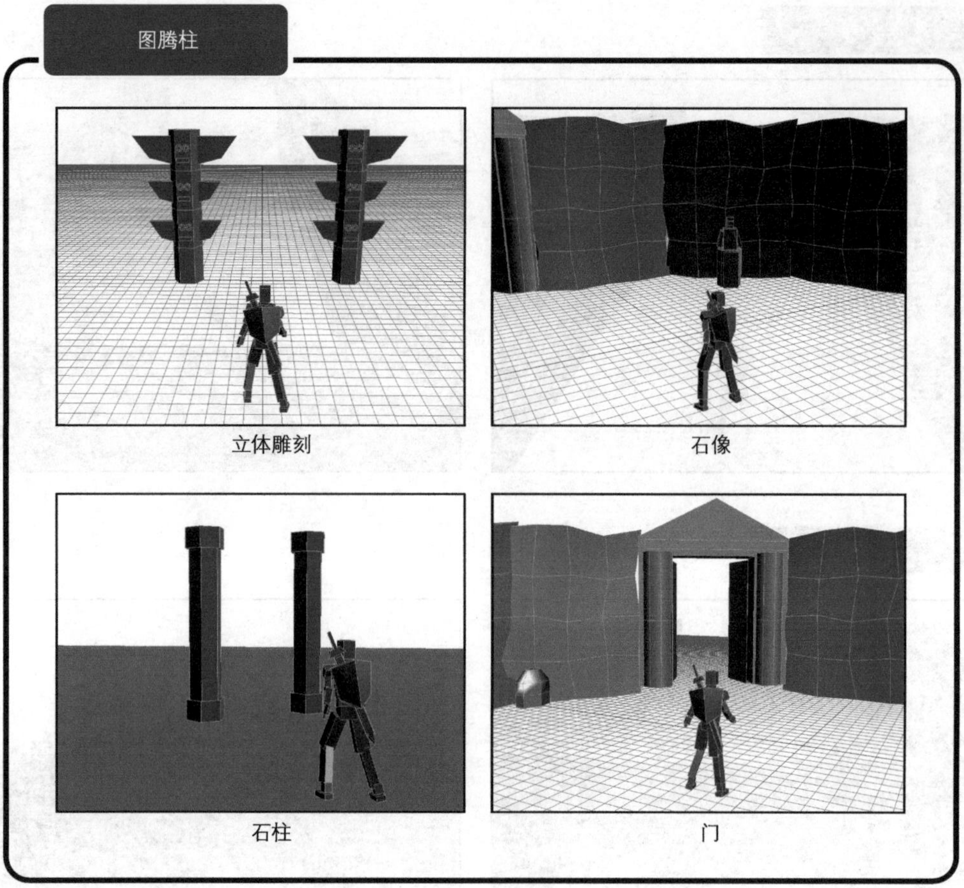

图腾柱

立体雕刻　　石像

石柱　　门

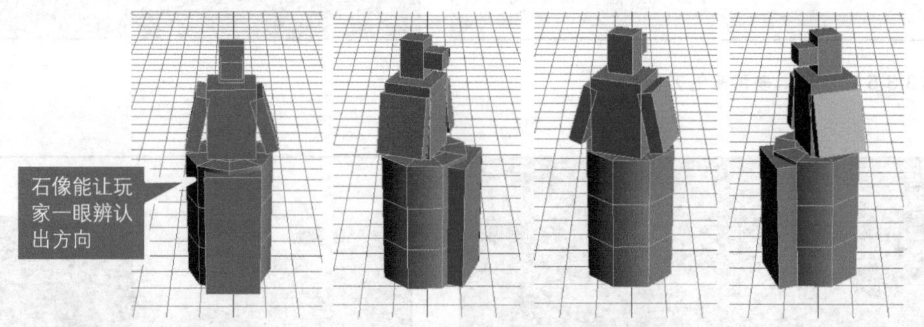

图 3.3.7　图腾柱带来的方向性

一个好的图腾柱，需要让看到它的人瞬间辨认出方向。《塞尔达传说：天空之剑》的存盘点是一个有方向性的鸟型雕刻，因此玩家可以从很远的地方根据它来辨认方向。

另一方面，单独的石柱虽然造型简单，不具备方向性，但两个以上组合在一起就能明确指示出方向（图 3.3.8）。

不过，要是在多个场景中都设置了数量相同的图腾柱，玩家将无法进行区分，自然也就谈不上什么方向性。这种时候就必须改变图腾柱的数量，刻意创造出不同。比如在道路入口处放置了木箱，那么出口处就不能再放置了（图 3.3.9）。

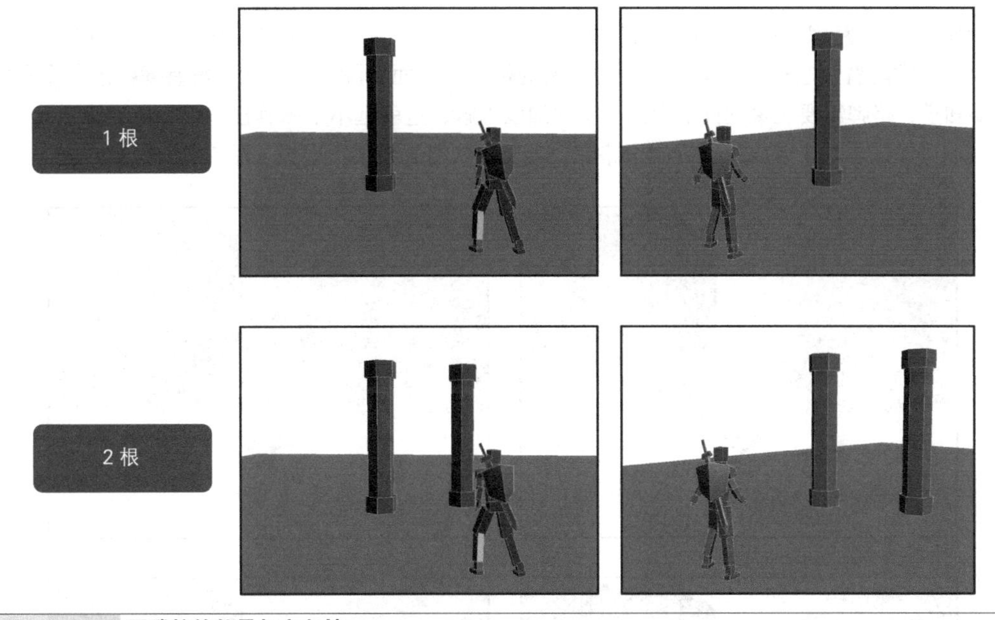

图 3.3.8 图腾柱的数量与方向性

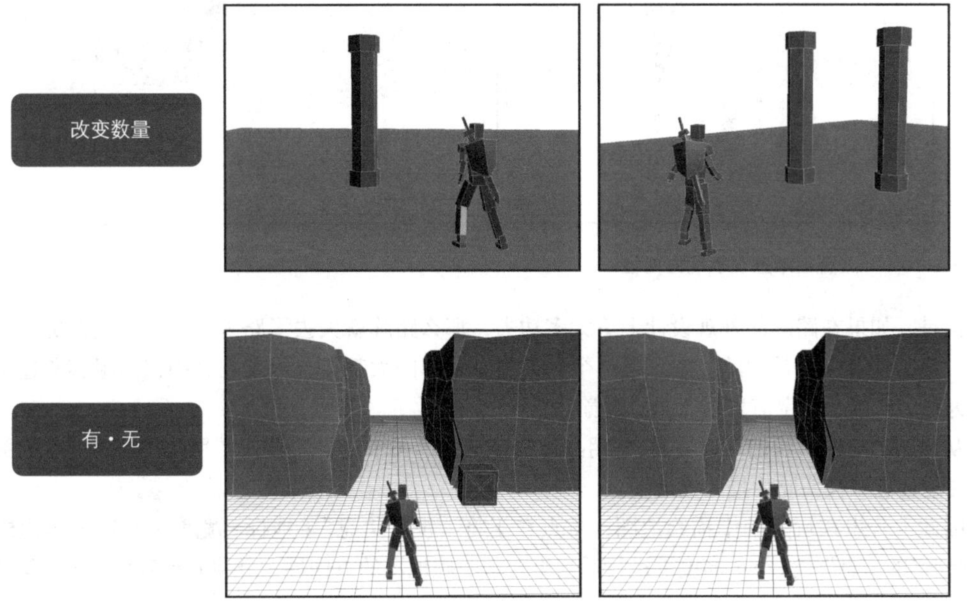

图 3.3.9 用图腾柱把握位置

至此，创造“地图方向性”的方法就讲解完了。

让我们基于上述知识再回头看一看“菲罗奈森林”（图 3.3.1）。这里不仅有神殿这一地标，同时还运用了“宽度”“高度”“亮度”的差异来明确方向性。再加上起到图腾柱作用的“鸟型纪念碑”，使得玩家能明确辨认所处位置。也就是说，开发者在这张地图中加入了充分的材料，供玩家在脑中描绘地图。

顺便一提，“路牌”也是创造“地图方向性”的手法之一。我们在现实中的都市、游戏中的城镇乡村中都经常能看到它们，可见这是一种不错的机制。然而实际上，其往往没有我们想象中那么直观。要知道，路牌需要玩家阅读上面的文字并加以理解，这就远不如图腾柱显得一目了然。

我们可以试着在十字路口设置四个路牌，会发现其实效果很不理想（图 3.3.10）。

图 3.3.10 路牌很难直观表现方向性

但是，如果在路牌的外观设计上下太多功夫，那么路牌就失去了路牌的意义，变得更加接近图腾柱。现实世界中也是如此，东京是一个到处都有路牌的大都市，但走在其中仍然很容易迷路。这是因为路牌属于“文字信息”而非“视觉信息”。

从路牌的问题中我们可以看出，“用身体直接记忆的关卡设计”要比“用脑袋处理信息的关卡设计”更能让玩家在头脑中描绘出地图。

因此，若想在玩家脑中描绘地图，重点在于将“视觉信息”（地标·宽度·亮度·图腾柱）与“体感记忆的信息”（大小·高度）进行适当组合来明确地图的方向性，并将其准确传达给玩家①。

① 近年来，许多游戏会在画面上直接显示前往下一个目的地的路径。比如《死亡空间》中，玩家按下R摇杆（R3键）后，地图上就会显示通往目的地的路径。笔者认为，这是由于《死亡空间》以宇宙飞船为背景，各个房间设计风格相近并且整体光线昏暗，加之其动作元素比探索元素更具主导地位，因此使用了如此直接的方式来表现方向性。

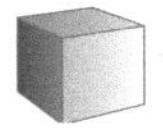

勾起人探索欲望的关卡设计机制

直观的关卡设计并不能满足以探索为主的游戏，我们还需要一些“演出”与“机制”来勾起玩家“那边是不是有什么东西”“姑且先去那边看一看”等想法。如果玩家在进入地图时无法根据关卡设计判断该去哪、该做什么，那么只会产生一种被莫名其妙地扔进地图的感觉（当然，这也是某些游戏的乐趣之一）。

《塞尔达传说：天空之剑》为防止上述问题准备了两个对策。

第一个是体现游戏整体目的的演出。这款游戏的目的直观而简单，就是追寻塞尔达（少女）的行踪。另外，玩家通过游戏中的“探测”功能可以大致掌握塞尔达（目的地）的所在方位。因此在搞不清下一步行动时，只要使用探测即可发现前进道路。

第二个是关卡设计中的诱导。以探索为主的游戏不但要保持玩家探索的自由度，还要在玩家迷路时诱导其“去那边看一看”。

平常玩游戏的过程中很难察觉这种关卡设计的诱导。而且关卡设计越是优秀，越能让玩家觉得“是自己选择、发现了道路并抵达了终点”。

接下来我们就对关卡设计的“诱导”进行简要说明。

❖ 道路・通道（前进路线）

“道路・通道”能够提示玩家正确的“路径”。另外，不同形状和长度的道路・通道还可以代表不同的意义。

以路宽为例，较宽的道路往往暗示着“主线・重要的道路”，而较窄的道路则意味着“支线”“隐藏有秘密的道路”（图 3.3.11）。

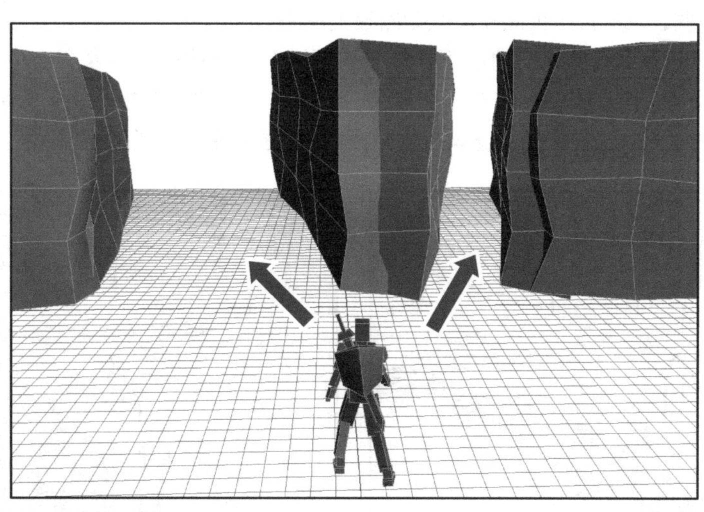

图 3.3.11　道路・通道大小带来的差异

一般情况下，人们会优先选择更有安全感的“宽阔道路”，而热衷于探索的玩家则喜欢从“狭窄的道路”开始调查，在头脑中描绘出整个地图的细节。不管怎样，重要的是要给不同的路设计不同的宽度，从而给玩家留出“探索的线索”。

同样道理，“笔直的路”“蜿蜒的路”也都有着各自的意义（图 3.3.12）。

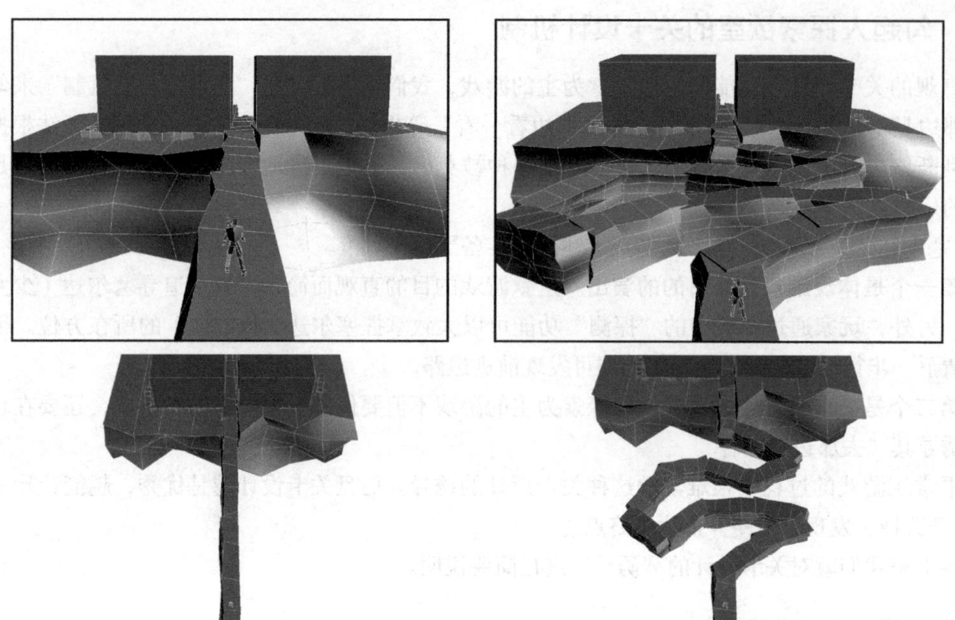

图 3.3.12　道路 · 通道的形状

笔直的道路使玩家不用在脑中描绘地图，给人一种能最快抵达目的地的感觉，但是距离太长难免让人觉得单调。反之，蜿蜒曲折的道路能带来迷惑和神秘感。特别是在 3D 游戏中，玩家很难直观地把握自己与目的地之间的相对方向，即便只有一条路，玩家也需要经常对照脑中的地图。如果地图的方向性再差一些，玩家甚至可能在单线型路径上迷路。

因此，在能明确看到目的地的情况下，如果脚下道路蜿蜒曲折，玩家会产生直线行走的冲动。这在现实世界中也是一样。假设眼前有一个喷泉，而通往喷泉的路七扭八拐，大部分人会想踏着草坪直线前进（图 3.3.13）。这种人类下意识想选择或已经选择的路线称为“希望线”。

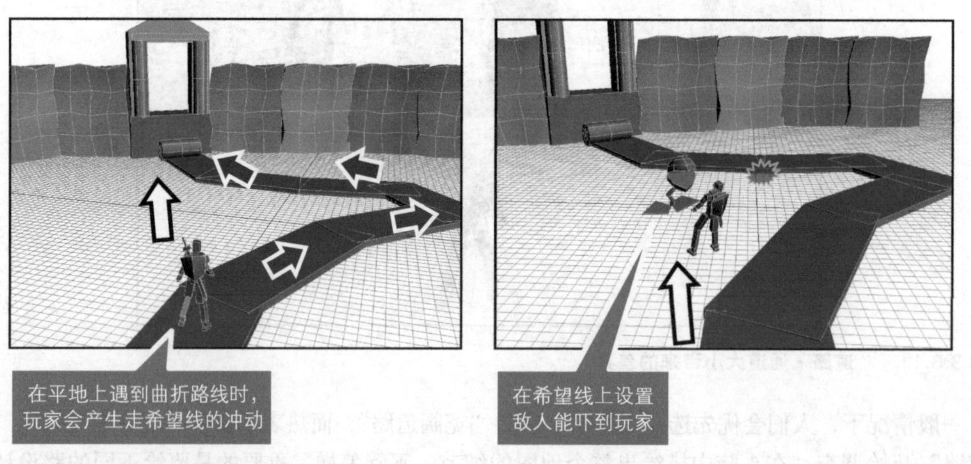
在平地上遇到曲折路线时，
玩家会产生走希望线的冲动
在希望线上设置
敌人能吓到玩家

图 3.3.13　下意识选择的希望线

关卡设计中也可以有效利用希望线。我们可以在游戏测试中统计玩家通行较频繁的场所，从中找出希望线，然后在这些位置隐藏一些敌人，这样一来绝大部分玩家会被希望线上的敌人偷袭而大吃一惊。另外，让人觉得舒服的街道布局中，道路和希望线大多一致（不过这会使道路趋于笔直，给人死板的感觉）。

顺便一提，希望线的概念也可以用在“场所”上。能直观看到的希望线会给人带来安全感。比如在茂密草丛中有一处没有长草的地方，人们会像看到希望线一样产生“曾有人从那里走过”“那里应该有什么东西”的想法，下意识地向该场所移动。

不同高度的“道路·路线”也能给人带来不同感觉。人们面对“上行坡道”时会期待开阔的视野或景色，从而产生上去的冲动；而面对“下行坡道”时则会担心视野变窄或跌落，初次前往这类地方常常感到不安（图 3.3.14）。

上行坡道

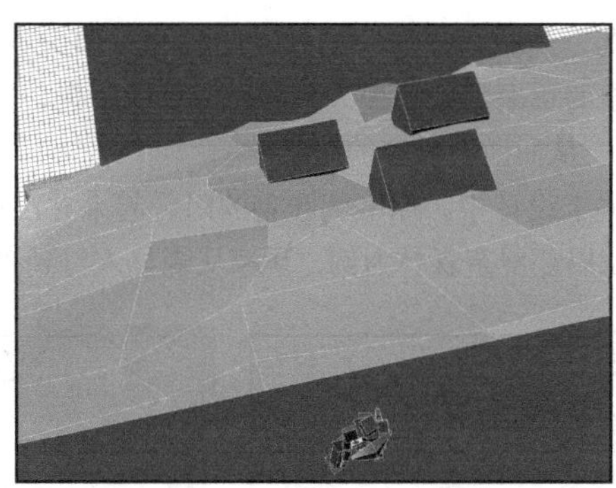

下行坡道

图 3.3.14　道路·通道的斜坡

综上所述，如何使用“道路·通道”来诱导玩家的意识与感情，这也是关卡设计的重点之一。

门（隔断·障碍）

“门”有着阻止玩家继续前进的“隔断·障碍”的意义。

另外，门的形状和大小能够给玩家带来多种印象。就拿不需要钥匙的“关闭的门”来说，小门意味着与下一个场所的隔断，大门则会让玩家觉得“门后有什么东西”。门越是宏伟，“门后有东西”的预感就越强烈（图 3.3.15）。

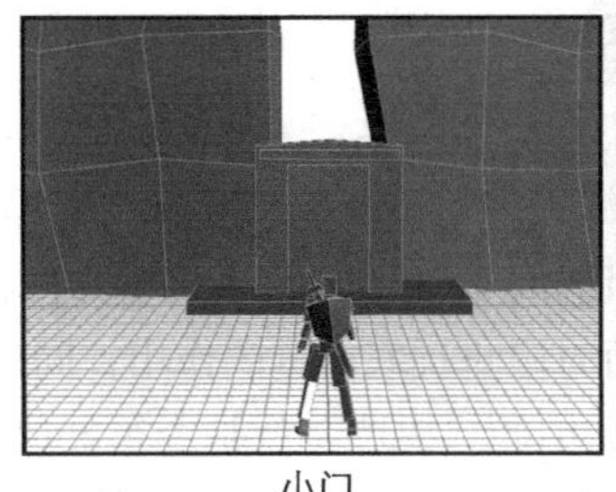

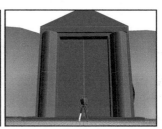

小门

大门

巨型门

图 3.3.15　不同大小的门给人带来不同印象

另外，大小相同但开闭状态不同的门也会给玩家带来不同印象。开着的门给人被欢迎的感觉，而关着的门则会带来被拒绝的感受（图 3.3.16）。

开着的门

关着的门

损坏的门

图 3.3.16　不同状态的门带来不同印象

因此，当眼前摆着一扇开着的门和一扇关着的门时，想尽快推进剧情的玩家会选择开着的门，而想探索的玩家则会选择关着的门。顺便一提，“损坏的门”等设施会让人觉得“这里曾经发生过什么事件”，从而激发玩家的探索欲。

在关卡设计中，原本就开着的门看起来并没有多少意义，但实际上它们是促使玩家前进的重要设施。就以菲罗奈森林为例，玩家从森林入口到森林广场需要穿过三扇开着的门（图 3.3.17）。

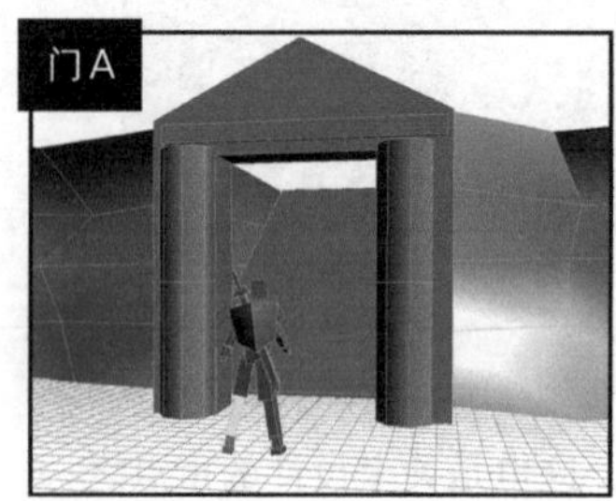

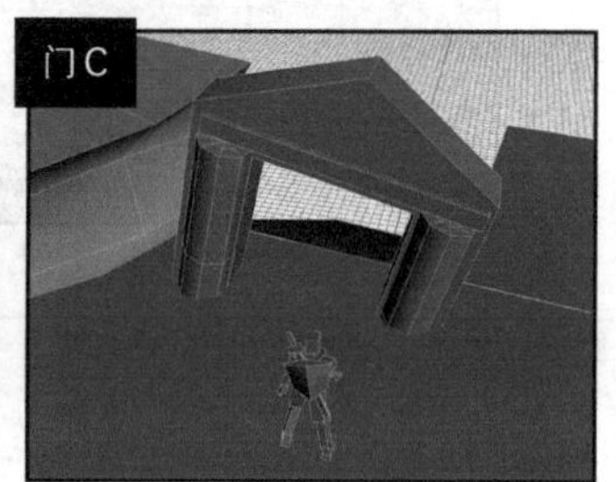

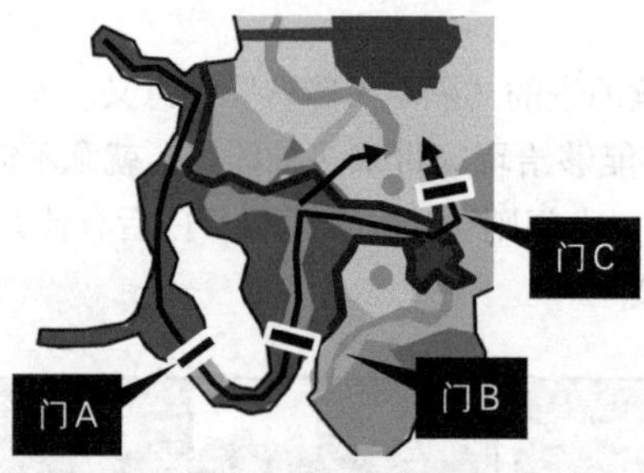

图 3.3.17　开着的门

由于开着的门都通往目的地，因此中途迷路的玩家会受到其诱导，下意识地向着门的方向移动。

此外，这款游戏中出现了需要钥匙开启的门，这种门起到暂时阻止玩家前进的作用，同时也是游戏流程中的节奏转折点。当然这种设施不一定都是门，本作品中的“树墙”就是个很好的例子。玩家挥剑砍倒这种由树木构成的墙之后，该地点就变成了“可通行的道路”（图 3.3.18）。

在门的功能的基础上加入互动性元素，可以创造出“能玩的门”。只要将拥有门的功能的单位与玩家的简单动作或道具联系起来，我们就可以制作出“可破坏的蜘蛛网”“可炸开的岩石”等多种“能玩的门”。

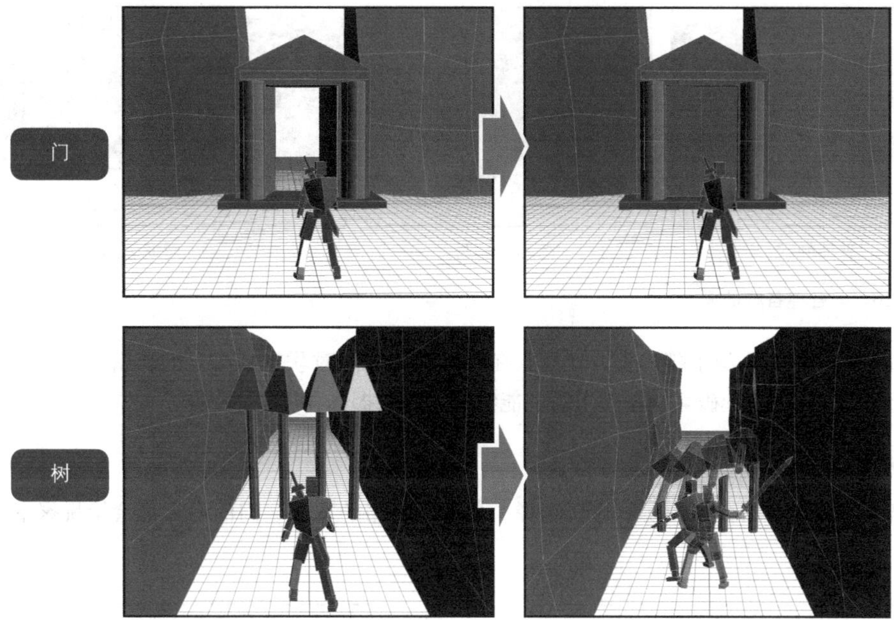

图 3.3.18 从关着的门到能玩的门

另外，“能玩的门”还可以具备单行道或捷径功能。菲罗奈森林中的圆木就是个很好的例子，主人公林克将原木推下悬崖后，这个位置就变成了“可通行的道路”（图 3.3.19）。

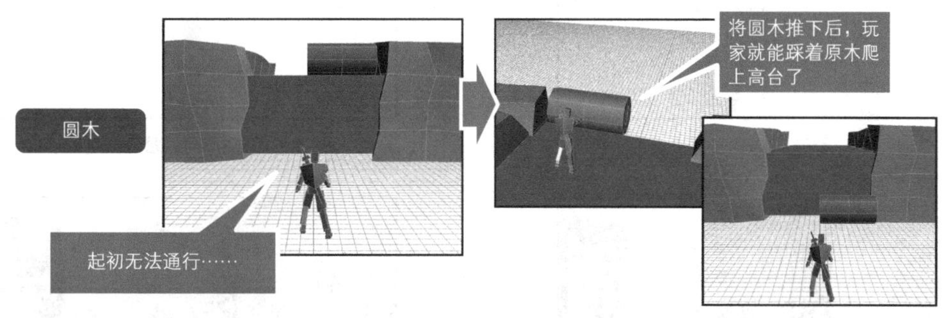

图 3.3.19 使用圆木构建捷径

圆木在悬崖下方时只起到“关着的门”的作用，但如图中一样位于高处时，圆木就成了让玩家创造捷径的元素之一。

综上所述，一个优秀的关卡设计不单能适时阻碍玩家前进，还能在阻碍的过程中给玩家提供乐趣。

墙壁上的洞（秘密）

墙壁上的洞与门一样起到阻隔和障碍的作用。不过，墙壁上某些特殊形状或大小的洞能让玩家强烈意识到其中隐藏着秘密①（图 3.3.20）。

① 通向另一个世界的洞称为“兔子洞”。这个词源于《爱丽丝梦游仙境》中爱丽丝掉入的那个兔子洞。《千与千寻》中的隧道也是一种兔子洞。兔子洞是给故事带来重大转折的重要手法之一。

普通的洞

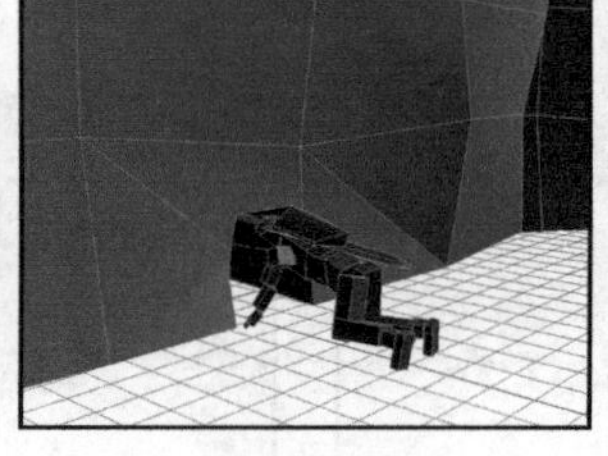

需爬进的洞

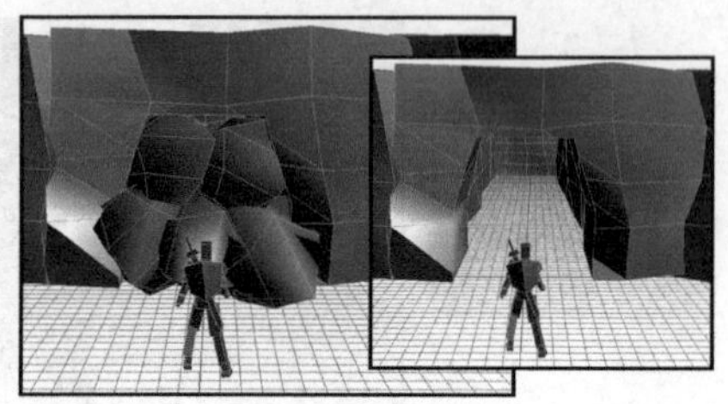

需爆破的洞

图 3.3.20 各种各样的洞

小洞需要林克俯下身子爬进去，让玩家在心怀不安的同时联想到隐藏的秘密。另外，被岩石封闭的大型洞穴需要用炸弹破坏，爆破一瞬间能给玩家带来揭开秘密的快感。

❖ 岔路（选择）

道路·通道的岔路会强制玩家进行选择。另外，道路的宽窄、门的有无都会给玩家带来不同印象（图 3.3.21）。

路宽相同的岔路

路宽不同的岔路

有无开着的门的岔路

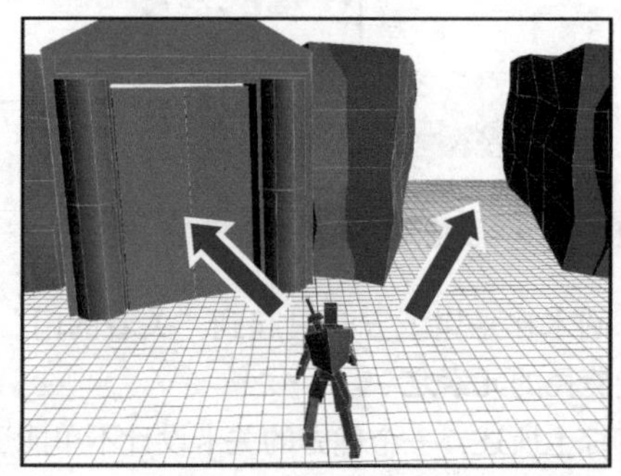

有无关着的门的岔路

图 3.3.21 各种各样的岔路

如果眼前分岔路宽度相同，不了解目的地方位的玩家将无从判断该走哪一边，也就失去了想象道路尽头有什么的机会。这种岔路不但容易让玩家迷失方向，还会限制玩家的想象空间，让玩家无法享受思考并尝试的过程。这种选择如果反复频繁出现，玩家将很快对探索感到厌烦。

反过来，只要分岔路的形状或宽度各不相同，玩家将自发地产生“宽的一边通向城镇吗?”“窄的这边是陷阱?”等联想。

也就是说，要在关卡设计中设置“诱饵”来引诱玩家头脑中的想象力。只要这些诱饵足够美味，玩家就会自主发挥想象力并做出判断，从而产生自己做决断的感觉。如果选择正确，玩家将为自己的明智而高兴，即便选择错误，玩家也会怀着“下次一定选对”的心情重新进行选择。不过，要是“诱饵”（判断依据 · 提示）不够美味，玩家会产生被人牵着鼻子走的感觉①。

不过，岔路的信息并不是越多越好。因为岔路数增多后，玩家的思考时间将受到**席克定律**的影响。席克定律认为，做判断所需的时间会随着选项增多而延长。这于关卡设计中也是同样，岔路数越多，玩家做判断所需的时间越长（图 3.3.22）。

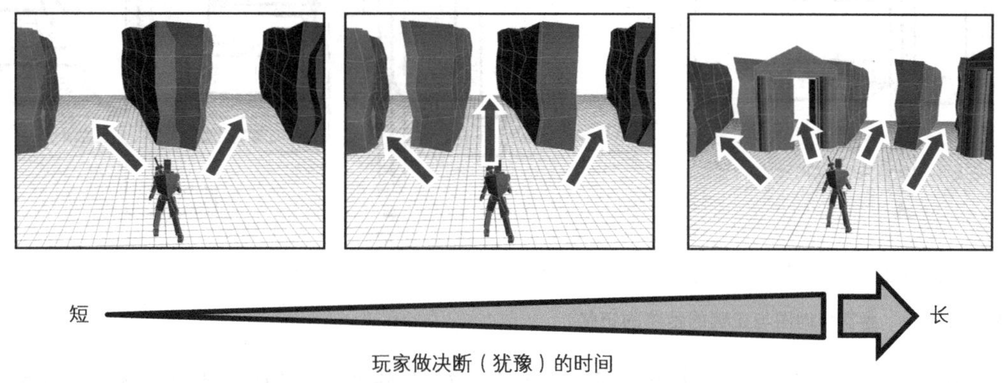

图 3.3.22　岔路与席克定律

另外，探索复杂迷宫型地图时，玩家不可能记住整张地图的所有信息。在玩家抵达终点（目的地）时，脑中的地图会被整理为“第 n 个分岔口转弯就对了”等“正确的岔路的记忆”（图 3.3.23）。

也就是说，在迷宫型地图的分岔口上，玩家会下意识地遗忘与终点无关的信息（死路等），只会记得“正确的路线”和“其他都不正确”等信息。而且外观越是近似、路线越是复杂，玩家就越不容易记忆。

人类拥有短期的“工作记忆”，可以暂时记住 7 件左右的事。这个称为“魔法数字 7 ± 2”。另外，人类的长期记忆也是由一个个小的“块”组合而成的。比如手机号码，很多人都是 3 位 +4 位 +4 位来记忆。有不少观点认为，记忆中的“块”也属于“7 ± 2”（顺便一提，近年来人们根据经验总结出，UI 或 WEB 设计方面人类能实际记忆的单位为“4”。因此笔者推测玩家第一次玩游戏时可记住的岔路数在 4 个左右）。

---

① 关卡设计中的“诱饵”可以参考“系统 1”“系统 2”的称法。经济学家丹尼尔 · 卡内曼在其论文中阐述认知心理学中人类思考模式的相关问题时曾提到过这一称谓（这本是心理学家基思 · 斯坦诺维奇和理查德 · 韦斯特率先提出的术语）。系统 1 指人类快速直观的思考，系统 2 指慢速合理的思考。系统 1 能对实物快速做出判断，但其中很容易出现“偏见”导致选择错误。相对地，系统 2 会合理地判断情况并加以选择，不容易受到偏见或臆想的影响。另外，人类常会受到系统 1 的思考的控制，因此擅长系统 1 的人更能在经营方面做出恰当判断。在游戏中，系统 1 与系统 2 的相互斗争能够有效激发游戏乐趣。因此对关卡设计乃至整个游戏而言，能同时调动系统 1 和系统 2 两种思考的“诱饵”十分重要。

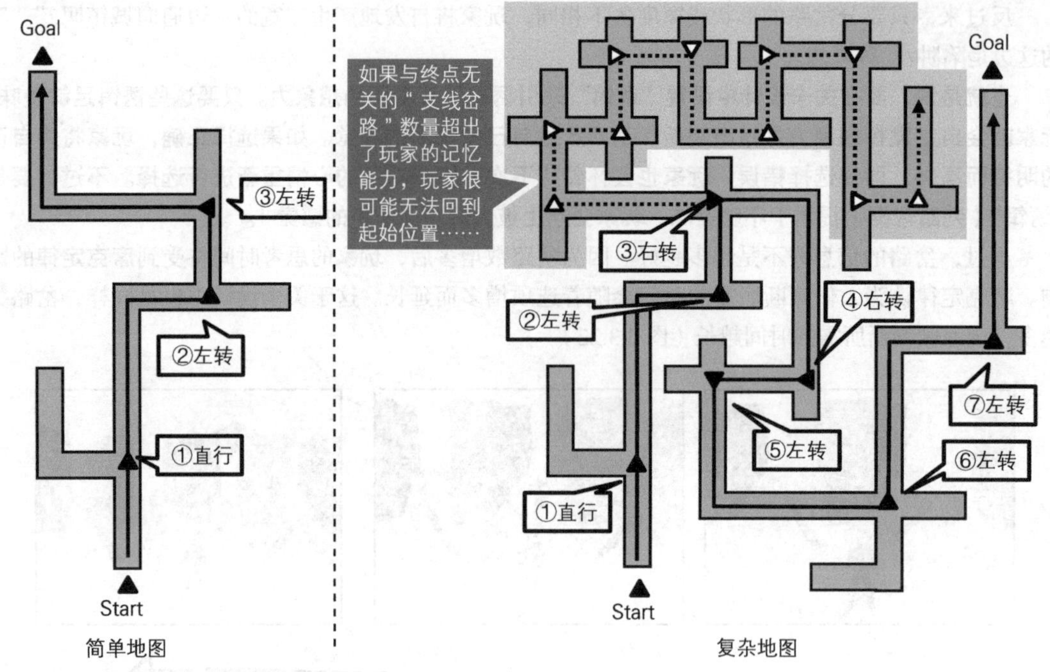

图 3.3.23　迷宫型地图与正确的岔路的记忆

游戏地图中也是同样道理。如果地图上没有房间或图腾柱来划分"块"，玩家很难记住连续出现的岔路。特别是如图 3.3.23 右侧所示的迷宫，玩家可能在错误的岔路中进一步迷路，最终找不到返回的道路。

因此，如果想保证玩家迷路，只需连续设置岔路即可。反过来，如果不希望玩家在探索过程中无谓地迷路，就必须将岔路数控制在玩家能够记忆的范畴之内。画面中显示"小地图"的游戏也是如此，而且越是复杂的路线，玩家就越喜欢盯着小地图移动。

最后我们来介绍 3D 游戏特有的"立体岔路"（图 3.3.24）。

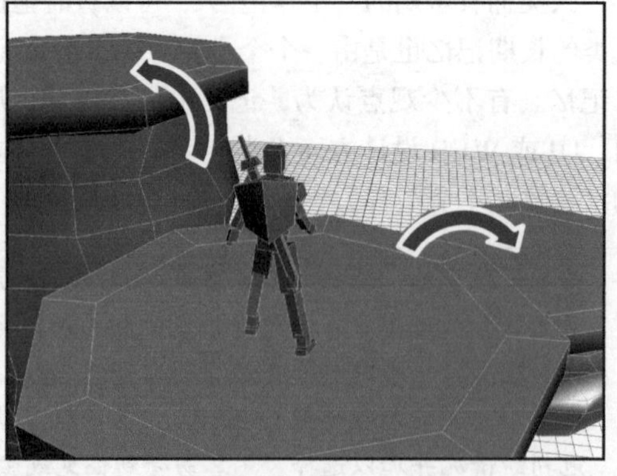

图 3.3.24　立体岔路

3D 游戏可以通过制作立体岔路在纵方向上拓展探索乐趣，但这类立体岔路会导致游戏难度提升。日常生活中我们的移动大多只在平面上进行，因此难以明确记忆纵向移动。特别是在玩家能自由控制镜头角度的游戏中，玩家会很快迷失方向。这是因为我们经常会忘记纵向调整镜头确认当前位置。

因此，要想在 3D 游戏中创造出直观易懂的立体岔路地图，需要让玩家把握当前位置以及地图的整体结构。我们可以像 2D 游戏中那样，在不影响探索乐趣的前提下让玩家从上方俯视分岔口、目的地甚至整个地图，或者创建一些供玩家确认位置的中继地点。

房间 · 广场（小型探索）

玩家进入“房间 · 广场”后，大多会先关心“这里藏着什么”。不过，使用不同的关卡设计手法，能分别做出“让人想探索的房间”和“让人不想探索的房间”。二者的区别其实很简单，就是当前房间 · 广场中有没有包含“故事痕迹”（秘密）的物体（宝箱、石像、家具、门等）或带有不自然感（图 3.3.25）。

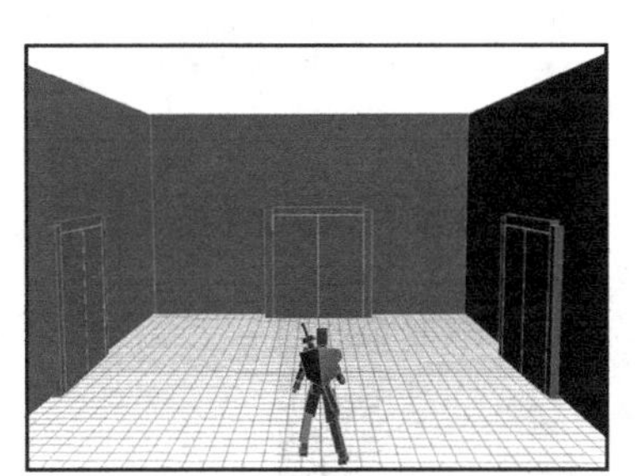

让人不想探索的房间
（没有秘密的房间）

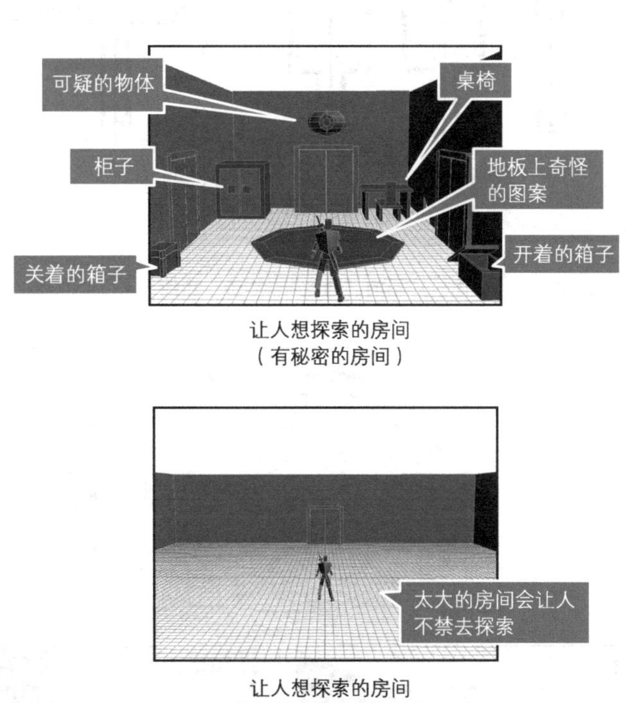

让人想探索的房间
（有秘密的房间）

让人想探索的房间
（大到不自然的房间）

图 3.3.25 让人不想探索的房间和让人想探索的房间

除此之外，房间 · 广场还有许多其他功能。房间 · 广场根据形状和连接的通道数量的不同，还具备“通道”“岔路”的效果（图 3.3.26）。

另外，如果在其中设置了“信息”“报酬”“敌人”“动作”“机关”等元素，还可以用作阻碍玩家前进的“障碍”（图 3.3.27）。

由于 3D 游戏的房屋为立体构造，因此关卡设计中可以添加比 2D 游戏更复杂的要素。如果在其中加入一定程度的高低差，然后不同高度采用不同风格的关卡设计并以台阶相连，那么复杂度将会进一步增加（图 3.3.38）。

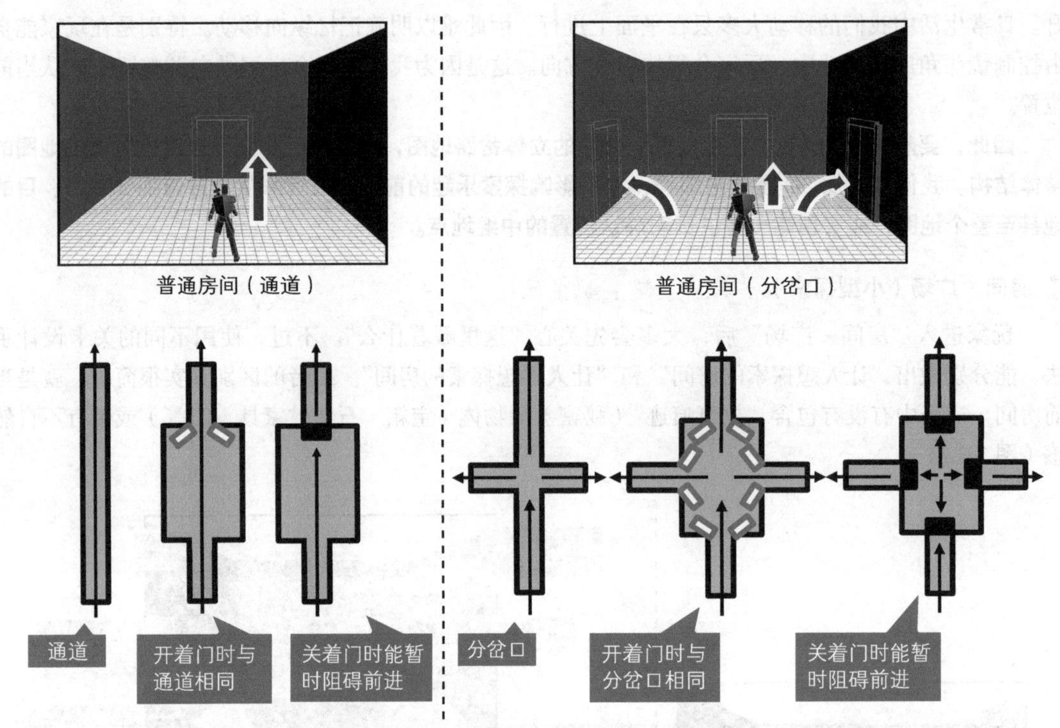

图 3.3.26 房间·广场的“通道”“岔路”功能

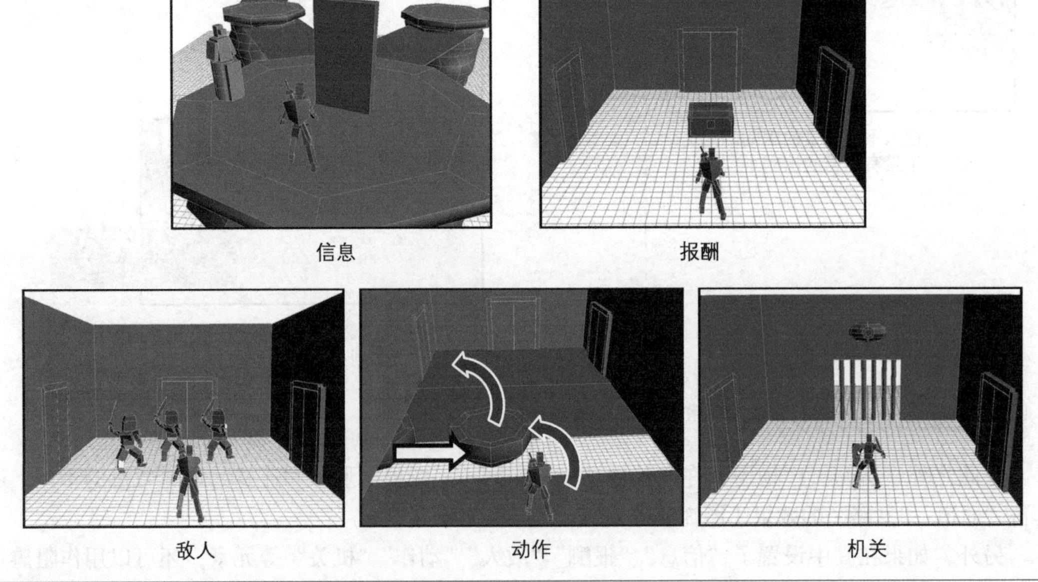

图 3.3.27 阻碍玩家前进的几种房间·广场

2D 游戏中房间的复杂化

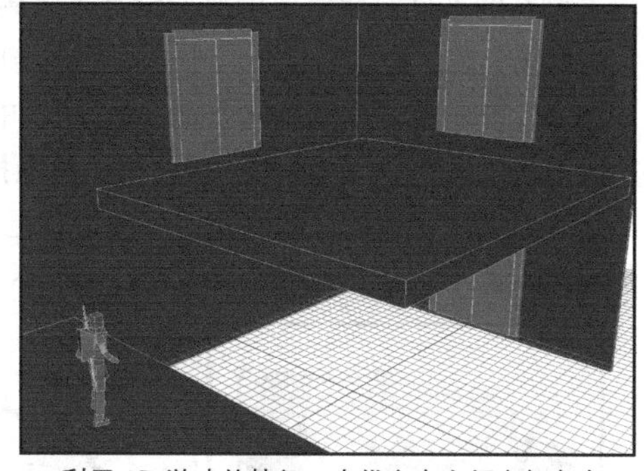
利用 3D 游戏的特征，在纵方向上提高复杂度

图 3.3.28 房间・广场的复杂化

当然，如果设计得太复杂，玩家在房间中也会迷路。

对玩家实际体验的故事而言，房间・广场就像是文章的段落。《塞尔达传说：天空之剑》中也是如此，不论事件、机关还是动作，大多以房间・广场为单位进行设置，构成“一个房间就是一个游戏体验”的构造。另外，这款游戏中很少出现用于迷惑玩家的什么都没有的房间，几乎所有房间中都设置了事件、机关或动作等互动元素，以支撑丰富细腻的关卡设计。

❖ 大广场（大型探索）

菲罗奈森林中以“大树”为中心的广场可以说是塞尔达史上最大规模的探索场景。这一广场还连接着其他广场、通道甚至地下城，因此还具备“连接点”的功能（图 3.3.29）。

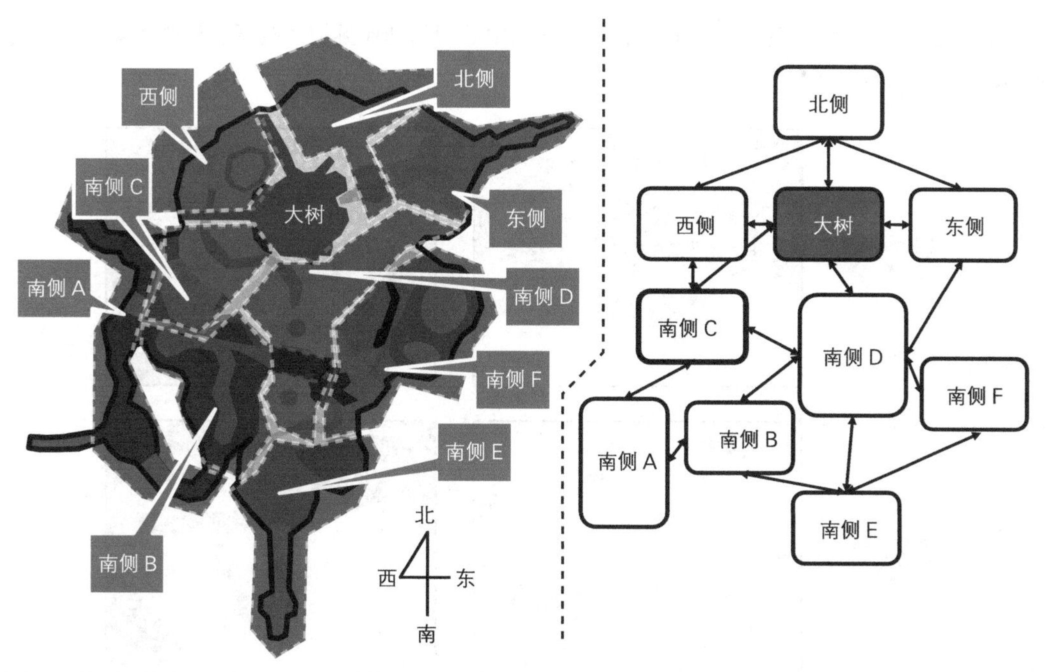

图 3.3.29 大广场

随着剧情的推进，玩家要多次探索这个大树广场。为保证玩家能够把握当前位置，开发者在这个巨大的广场上花了许多心思，其中之一就是给广场各个方位添加特征（图 3.3.30）。

如图 3.3.30 所示，广场东北方是“神殿”，中央是“大树洞与小泉水”，南方是“长老”，西方则是必须爬行进入的“树干洞穴”。这利用了**莱斯托夫效应**，越是独特或特殊的事物越容易被人记忆。其中，具有独立性或新颖性的事物更容易留在记忆之中，而中央的大树则作为了所有记忆的出发点，也就是地标。另外，由于大树的前后左右形状不对称，因此玩家只要看到其外观，就足以辨别方位。

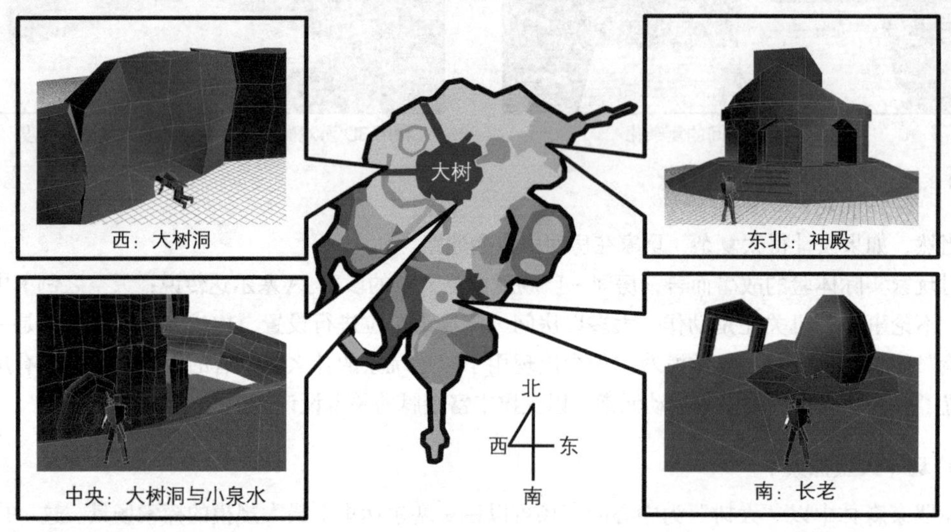

图 3.3.30 广场各方位的特征

除此之外，游戏每个区域中生长的植物、移动中遇到的动作挑战（跳跃、攀爬藤蔓等）以及出现的敌人种类也都有所不同（图 3.3.31）。

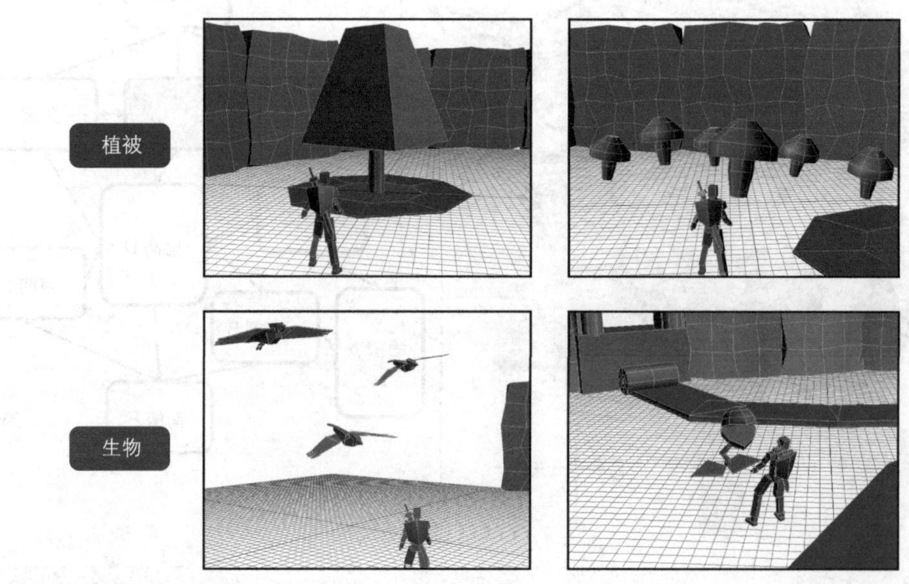

图 3.3.31 区域的特征

以多个小型探索场景组合成一个大型探索场景，这也是让《塞尔达传说：天空之剑》关卡设计更加丰富细腻的秘密之一。

篱笆·悬崖·墙壁·河·海（分界线）

篱笆·悬崖·墙壁·河·海都是关卡设计中的分界线。这些分界线可分为两大类："绝对无法通过的分界线"和"使用特定动作可以通过的分界线"。

在《塞尔达传说：天空之剑》中，篱笆·悬崖属于绝对无法通过的分界线，但是墙壁·河·海等分界线就可以使用攀爬、游泳等动作抵达对面（图 3.3.32）。

篱笆等绝对无法通过的分界线容易让玩家认为"用某种动作或特殊道具应该能到对面"，因此需要添加明确的玩家角色反应来表达"不能攀登"，从而消除玩家多余的期待。

另一方面，墙壁、河流等分界线虽然也用于分隔两个场所，但只要玩家能够攀登墙壁或下河蹚水，这些分界线就成了"通道"（图 3.3.33）。拉奈鲁沙漠这张地图具备"在地面上"和"在墙壁上"两种不同的关卡设计，可以说将这些机制活用到了最大限度。

另外，湖与海虽然也有分界线的作用，但配合上游泳动作就成了新的场景。这些场景中没有重力的束缚，因此其关卡设计在 3D 游戏中也是特殊的（图 3.3.34）。

在水中时，玩家可以进行三维空间的自由移动。**如果说陆地地图是以地面为基准面的平面关卡设计，那么水中地图就是空间关卡设计**。顺便一提，由于这类空间关卡设计几乎不受重力影响，因此只有直达水面的墙壁才能起到分界线的作用。

综上所述，分界线不但能限制物理移动，还可以划分不同的动作及物理法则。

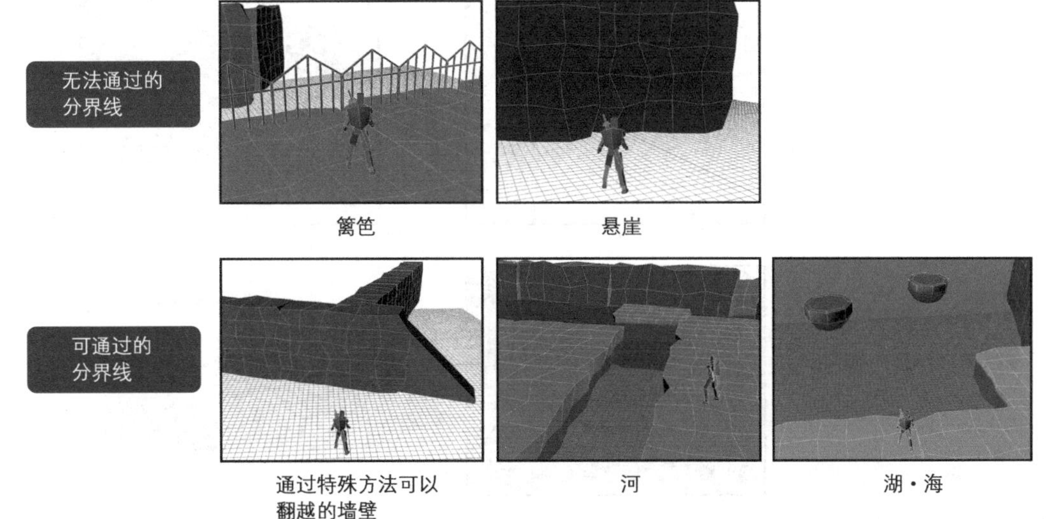

图 3.3.32　关卡设计中的分界线

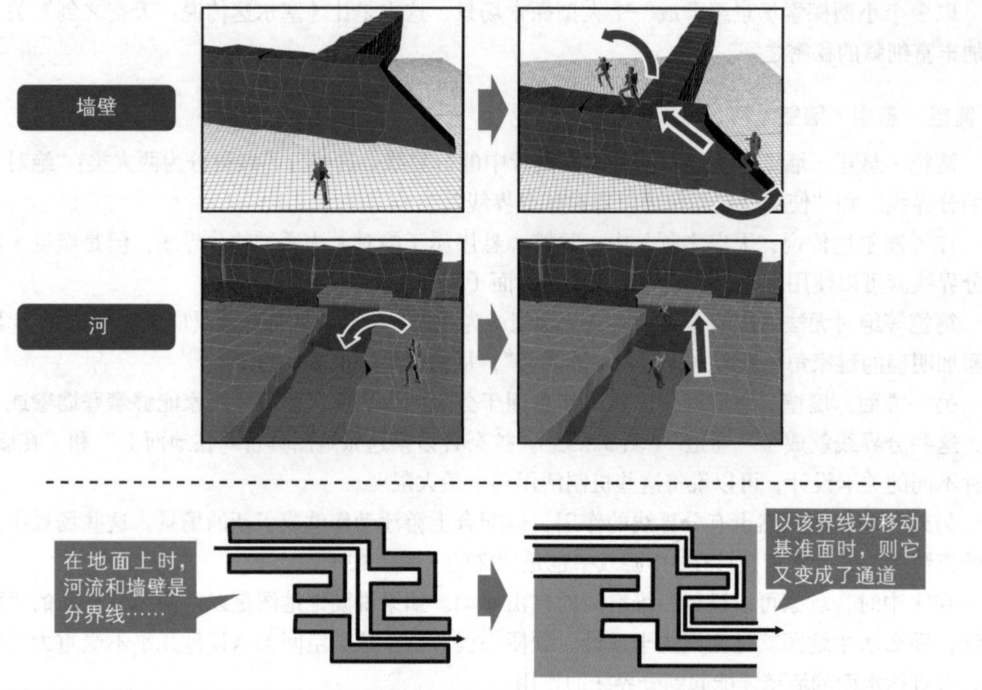

图 3.3.33 墙壁和河流是可以转换为通道的分界线

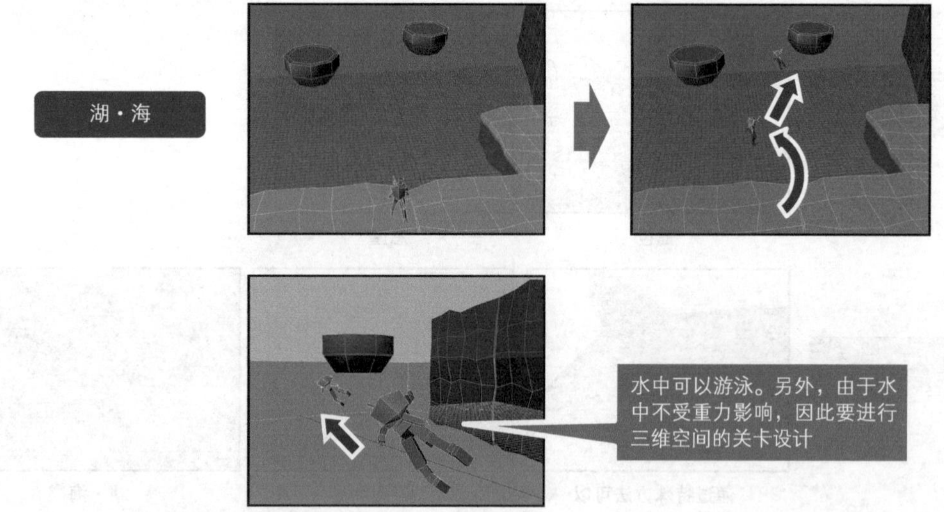

图 3.3.34 湖、海等无重力空间的关卡设计

金钱·道具·宝箱·事件（报酬）

为激发并保持玩家进行游戏的热情，我们在关卡设计时需要用到“金钱”“道具”“宝箱”“事件”等报酬，也就是糖与鞭子中的糖。

报酬最简单的用法就是“诱导”。比如在天望神殿这个场景中，为诱使玩家注意到房间中隐藏的开关，设计者在开关旁设置了卢比（图 3.3.35）。如此一来，即使没有任何提示，玩家也会循着卢比找到开关。与马里奥的金币类似，这些报酬都没有风险与回报的关系，因此玩家会很乐意重复获取这类无风险的报酬。

另一方面，多次给予报酬后会使玩家放松戒心，这一心理正好可以用于制作陷阱。比如眼前放一些卢比，在玩家去拾取时突然跳出几个敌人，这就形成了一个简单的陷阱（图 3.3.36）。

宝箱对玩家而言往往意味着重大报酬，因此即便宝箱所在的位置看上去无法到达，玩家也会尽最大努力寻找通往该位置的路径或机关（图 3.3.37）。

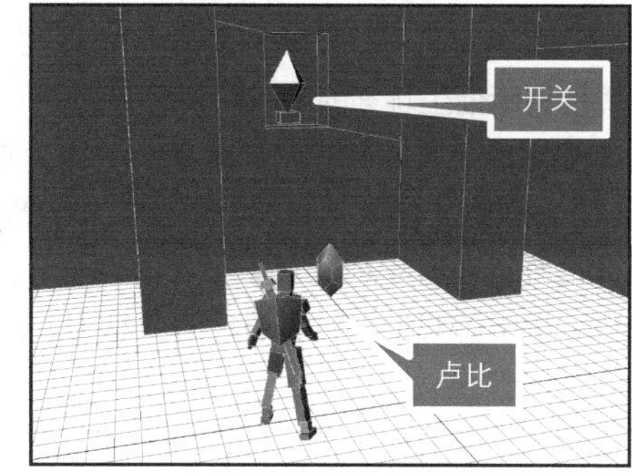

图 3.3.35　报酬的诱导效果

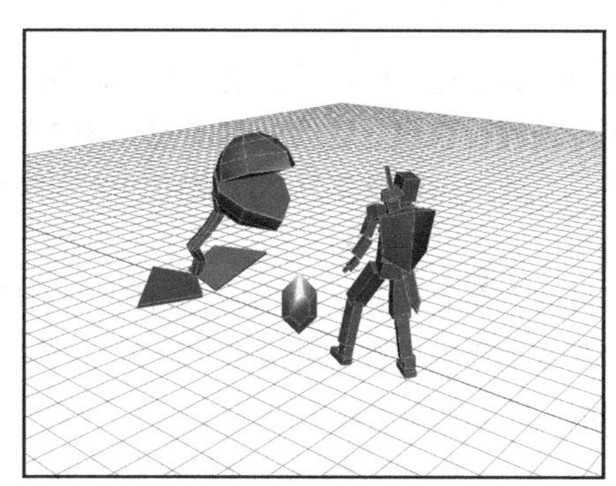

图 3.3.36　用报酬创造机关

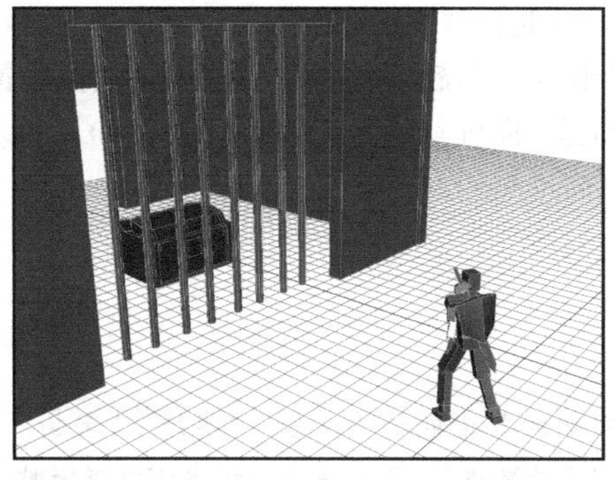

图 3.3.37　报酬与谜题

报酬是促使玩家前进的动力。即便关卡设计中尽是单调重复的机关或动作，宝箱也能给玩家带来期待，让玩家保持一定的游戏热情。另外，触发事件推进剧情也能起到同样的效果，这种情况下就算没有卢比和宝箱，玩家也会获得主动推进剧情的成就感。

报酬诱导时一定要注意“报酬的价值”。

比如在开关旁边设置卢比，必须保证“拉动开关”所带来的惊喜或效果高于“获取卢比”。如果拉动开关出现的宝箱还没有诱饵卢比价值高，玩家会大失所望。

报酬诱导还有一项重要职责，那就是将玩家引导至剧情终点（剧情结尾）。打个比方，它就是“玩家面前吊着的胡萝卜”。《塞尔达传说：天空之剑》中，美丽少女塞尔达担任了这个角色。序章中玩家将与这名少女有一段美妙的邂逅，之后就要不断追寻她的踪迹。这种重逢近在咫尺却又难以如愿的情境能不断催生玩家的游戏热情。

需要注意的是，在游戏剧情结束前，至少在地下城等段落目标结束前绝不可以让玩家吃到这个“胡萝卜”。因此我们需要通过游戏讲述出（表现出）胡萝卜有多么美味。

除此之外，还有单纯让玩家享受游戏世界的报酬。这些报酬与游戏剧情并无联系，它们的作用是犒劳玩家探索游戏世界时所消耗的劳动力。《塞尔达传说：天空之剑》中的“虫”和“素材”就是此类。

综上所述，具有明确意义的报酬不但能催生玩家的游戏热情，还能让玩家明确认识到“可获得报酬的游戏内容”具有何种意义或价值[①]。

❖ 终点（目的地）的可视化

终点（目的地）的可视化能大幅影响玩家的游戏热情。即便通往终点的道路为单线型，如果玩家不知道路程长度，也会感到不安（图 3.3.38）。如果长期不告知玩家距离终点还有多远，或者距离下一个阶段点还有多远，玩家往往会不知所措（当然，如果告知得太过频繁，冒险体验将会被淡化）。

因此我们在关卡设计时要通过多种方法将终点可视化。

最简单的终点可视化方法是“地图”。菲罗奈森林的探索中，玩家会先从封印神殿的 NPC 处得知目的地，随后则需亲自添加标记（图 3.3.39）。

在那之后，玩家还要亲自寻找更远处的终点。此时的玩家虽然无从得知终点的位置，但可以通过菜单中地图信息的填充情况推测当前行进了多少。

接下来介绍一种常用手法——通过镜头调整来提示终点的位置。我们可以在早期的事件中调整镜头，让画面从玩家所在位置逐渐移动到终点。如果不便透露终点的详细信息，可以采用切入画面（切换画面）的方式。玩家在菲罗奈森林中寻找天望神殿时，系统会使用切入画面显示终点位置，但不会透露其间路线，这样一来，就在保证探索乐趣的前提下向玩家提示了终点（图 3.3.40）。

---

① Scott Rogers 在《通关！游戏设计之道》中提到，报酬的要素包括“评分”“实绩”“宝物”“战利品”“强化”“纪念品”“额外要素”“赞赏”“惊喜”“推进游戏”。各位在不知设置何种报酬时，不妨参考上述词汇。

不知终点在何处的路途

看得到终点

中继地点可见

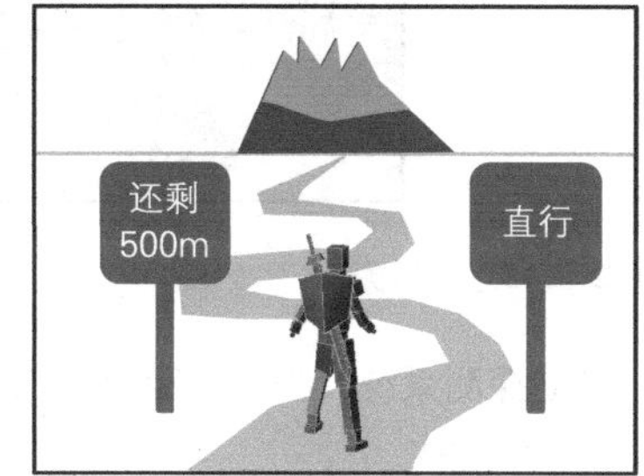

显示到终点的距离

图 3.3.38 终点・中继地点的可视化

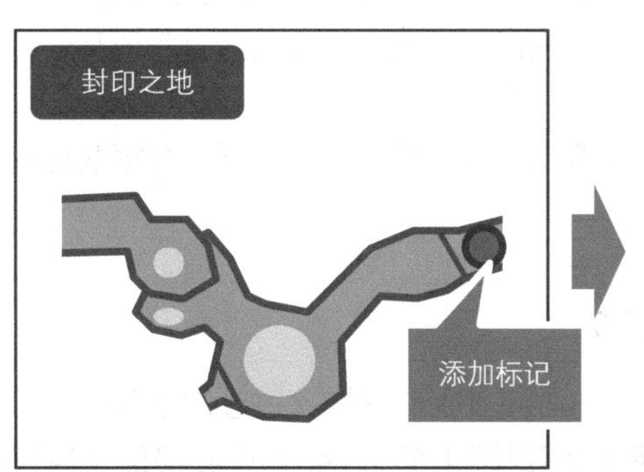

图 3.3.39 标记

图 3.3.40 终点可视化与镜头调整

另外，即使是《战神Ⅲ》这种单线型路径占多数的游戏，也需要偶尔切换至事件镜头，让玩家清楚把握自己与终点的位置关系，从而维持其游戏热情。尤其是在比较激烈的动作游戏中，看不到终点位置容易增加玩家的疲劳感。因此，如何表现出“就快到终点了”也是关卡设计的重要责任之一。

《塞尔达传说：天空之剑》还有一个独到的方法来显示终点，那就是探测系统。探测虽然只能显示终点的大致方位，但距离目标越近时效果音会越大，让玩家知道自己正在接近终点（图3.3.41）。

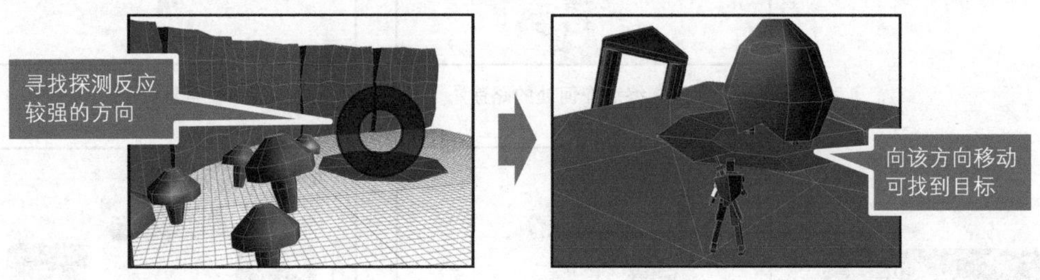

图3.3.41 探测

借助探测系统，当林克距离塞尔达只有一步之遥时，相信很多玩家的心跳都会随着逐渐增大的效果音一同加快。

“终点可视化”有时能够挑动玩家心弦，然而一旦用多用滥就会让玩家丧失期待感。可是，完全看不到终点又会降低玩家的游戏热情。因此必须通过实际游戏来调整这一平衡。

《塞尔达传说：天空之剑》不但通篇维持了丰富细腻的关卡设计，而且为保证玩家的游戏热情，特地将人见人爱的美丽少女塞尔达设置为游戏的终极目标。同时，游戏通过塞尔达自身的移动，将剧情巧妙地引导至终点。

塞尔达在玩家获得“眼前美味的萝卜”之时迎来剧情终点，这种设计正是让剧情与游戏达成统一的理想机制。

同时享受开放式探索与封闭式探索的机制

《塞尔达传说：天空之剑》是一款让人尽情享受探索的游戏。我们不妨一边总结之前讲解的内容，一边实际分析从“封印神殿”（图3.3.42）到“菲罗奈森林”（图3.3.43）中心部的这段冒险流程。

- **A1**：离开“封印神殿”后，向事件中设置的目标“烽火”前进。
- **A2**：途中发现哥布林正在袭击哥隆族，击败哥布林，将哥隆族救出。
- **A3**：救出哥隆族后，得知貌似塞尔达的女孩进入了森林深处。
- **A4**：穿过广场的门向前行进，遇到圆木机关。推动圆木创造落脚点，登上高台，抵达菲罗奈森林入口（顺便一提，通过藤蔓攀上广场另一侧的悬崖后，有一个圆木可以制成通往封印之地的捷径）。
- **B1**：抵达菲罗奈森林入口（图3.3.43）后，触发介绍菲罗奈森林以及玩家当前位置的事件。另外，负责辅助探险的珐伊会建议玩家使用探测功能寻找塞尔达。
- **B2**：向探测到的方向前进，借助藤蔓跳过缺口。
- **B3**：继续向深处走，出现被树木阻挡的道路，砍断树木继续前行。

- B4：在接下来的广场上救出被哥布林袭击的动物库伊。
- B5：但是库伊得救后会逃跑，我们需要先登上前面的斜坡追逐库伊。库伊会在斜坡上方的广场四处躲藏，找到 3 次后会触发事件。为见到更加熟悉塞尔达行踪的长老，我们要推下前方的圆木继续前进。

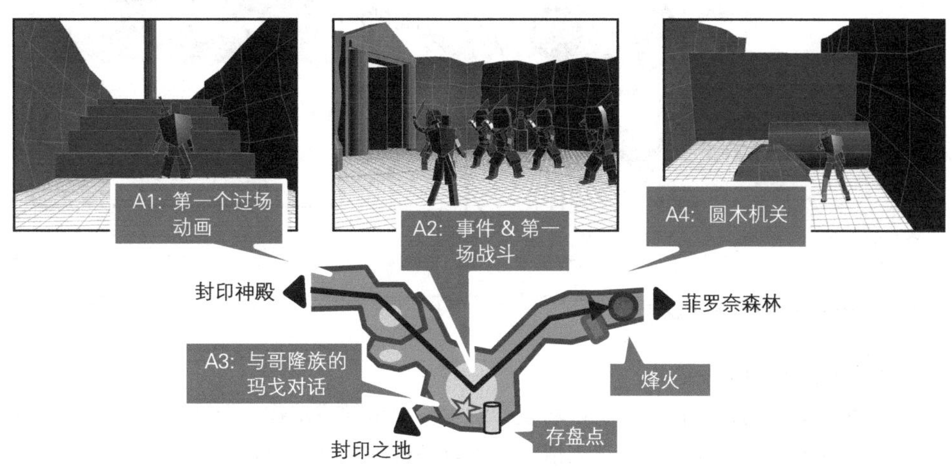

图 3.3.42　封印神殿到菲罗奈森林的探索

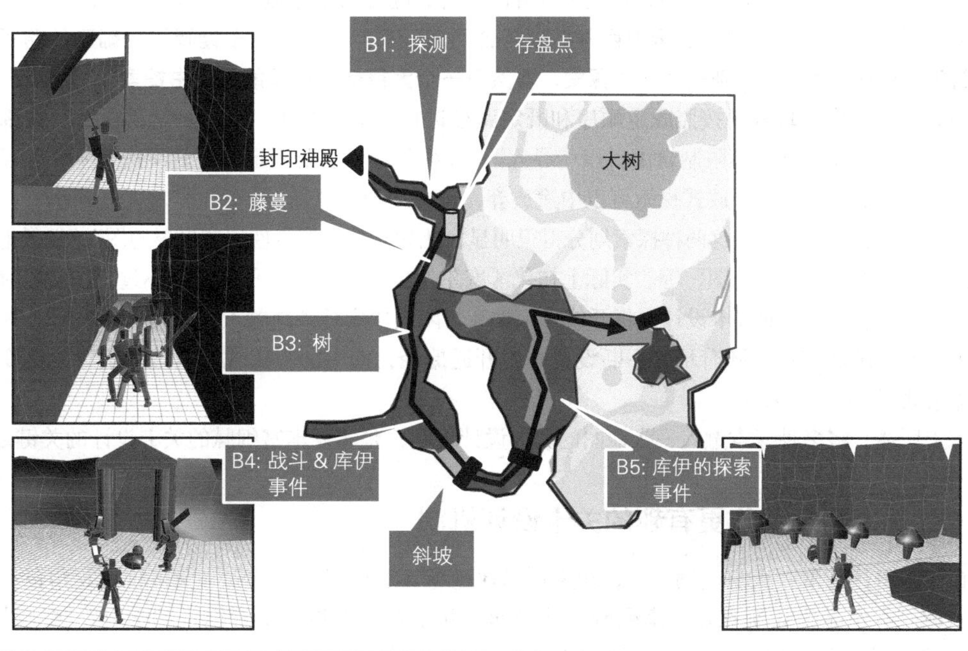

图 3.3.43　菲罗奈森林入口附近的探索

继续向前走会抵达大树所在的广场（图 3.3.44）。这里要先寻找长老。见面后长老会委托我们寻找其余 3 只库伊。只要在广阔的菲罗奈森林中找出 3 只库伊，我们就能从长老处获得弹弓，从而打开通往森林更深处的道路。

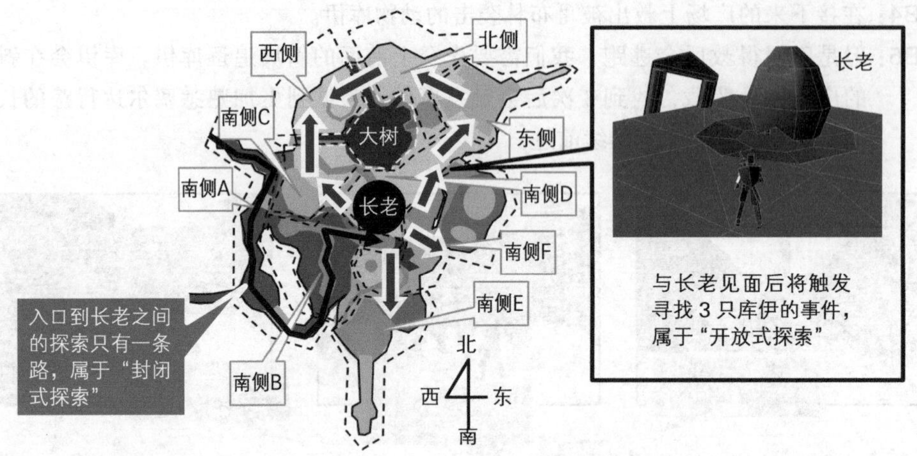

图 3.3.44 大树所在大广场的探索

这就是菲罗奈森林的探索部分。

在玩家遇到长老之前，每抵达一个广场就会触发一次事件或动作，游戏进展充满节拍感。连续发生的事件会让玩家下意识地追求后续剧情。等探索进行到后半，寻找长老以及3只库伊的部分会突然改变游戏节拍，玩家将能够自由探索菲罗奈森林。此时游戏不再限制玩家的自由，玩家可以寻找道具或卢比、推开圆木打开捷径、遭遇敌人并战斗等，随心所欲地慢慢探索大树广场。

可以看出，菲罗奈森林的探索由两种探索组合而成：前半部分是用于诠释已经确定的路径和剧情的封闭式探索；后半部分则是开放式探索，虽然有一个大目标，但是能够自由探索。

封闭式探索中，玩家要按照既定顺序和既定路径进行游戏。机关、动作、解谜全都要按部就班地进行。而**开放式探索**则不限制自由，以“寻人”“寻物”等不需要固定顺序的玩法为主，路径也由玩家自己来决定。另外，开放式探索可以中途放弃，也可以随时重新开始。

大部分探索型游戏都将这两种探索划分得很明显，比如开放式探索使用“世界地图”“场景地图”，封闭式探索使用“地下城地图”等。实际上初代《塞尔达传说》也是这种构造。不过，《塞尔达传说：天空之剑》通过其高明的关卡设计，将开放式探索和封闭式探索巧妙地融入到了同一张地图之中。

另外在这款游戏中，随着玩家不断设置圆木开通捷径，前半的封闭式探索地图最终也会变为开放式探索地图（图3.3.45）。

综上所述，将多种探索融入一张地图的关卡设计机制，是实现丰富细腻的关卡设计的关键之一。

 让玩家角色动作更有趣的关卡设计机制

在《塞尔达传说：天空之剑》中，玩家可以通过Wii遥控器与双截棍享受多种玩家角色动作带来的乐趣。本作品为让玩家真正享受到这些动作，除了在关卡设计上遵循了“学习”“尝试”“应用”“精通”的铁则（3.1节），还运用了其特有的关卡设计技巧。

在这款游戏中，玩家可以随意砍草木，并不受剧情的限制。遇到发光的树木时，玩家可以一节一节地将发光部分砍下来，或者直接跳砍发光部分，从中获取红色卢比。另外，如果树上结有果实，可以前滚翻撞击树木或者直接用弹弓将果实射落（图3.3.46）。总而言之，就是可以在思考、尝试之后获取小的发现。

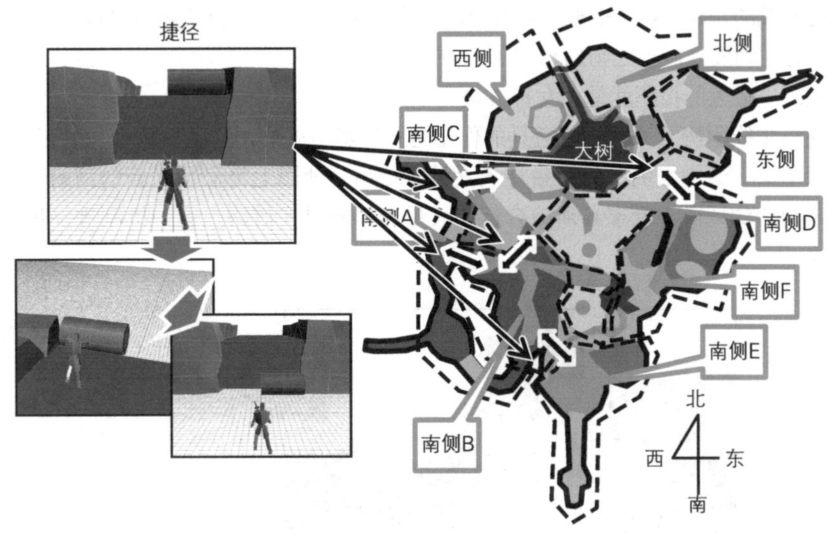

图 3.3.45 将封闭式探索转化为开放式探索的捷径

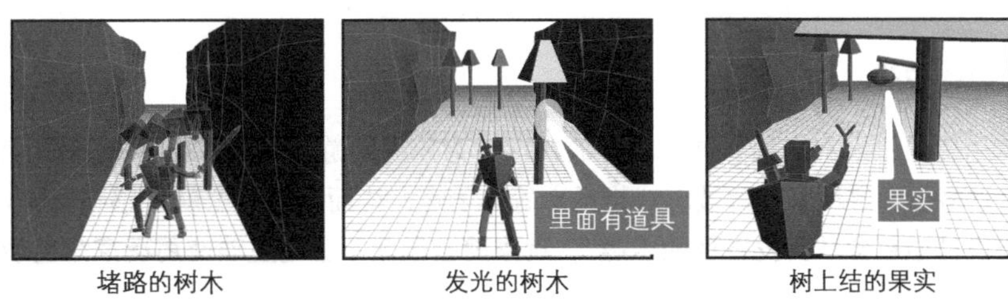

图 3.3.46 让玩家随尝试的关卡设计及小的发现

玩家在玩游戏时往往会有一些与剧情无关的想法，比如“这个动作如果能这么用就有意思了”等。为了实现玩家的这些想法，这款游戏在草与树木上添加了许多互动元素。另外，由于这些互动元素可以提供卢比或道具等报酬，使得玩家更加愿意尝试。**也就是说，关卡设计通过大量反应和报酬回应着玩家“试试看！找找看！”的期待**。加之本作品没有时间限制，使得这种“让玩家随意尝试的关卡设计”比马里奥更加自由。

若想实现这种能自由尝试的关卡设计，需要用多彩的互动元素布满整个地图，促使玩家获得小发现。另外，这类动作成功时，玩家会体验到如愿以偿的快感，加之这些互动元素与剧情并无直接关联，玩家势必会在其他场所也进行类似尝试。我们将这种乐趣称为**自发的游戏的乐趣**[①]。塞尔达采

① 本书中将根据游戏指定的规则及目的进行游戏的行为称为“外在的游戏”（比如根据“去找公主”等指示进行探索等），将玩家自主进行的行动称为“自发的游戏”（收集所有虫子等）。一般说来，大部分游戏都属于“外在的游戏”，但《我的世界》等自由度极高的沙盘游戏更接近“自发的游戏”。玩家进行自发的游戏时会有一个“自发的终点”作为目标（比如《我的世界》中是建立城堡）。假设这一过程中出现了某些意外，比如为城堡建了一个火药库，结果不小心走火炸飞了整个城堡。这时玩家虽然难免慌了手脚，但也会为爆炸的威力感到震惊，从中获取另一种乐趣。这类由自发的游戏产生的惊喜往往超出开发者和玩家的预想，这种游戏过程则称为“突发游戏过程”（emergent game play）。另外，此类游戏过程带来的体验称为“突发剧情”（emergent narrative）。《模拟人生》就是这类游戏的代表。

用了“自发的游戏的乐趣”×“发现”的构造，因此这是一款能让我们感受到自发发现的乐趣（通过自身意志及能力主动发现所求之物的乐趣）的游戏。

这些小发现中最大的报酬就是“女神方块”。

女神方块与主线剧情无关，这个道具的作用是开启隐藏岛屿，这些岛屿上包含迷你游戏等元素。玩家将林克手中的“天空之剑”的力量注入女神方块后，地图上将显示出新的岛屿。不过，女神方块都位于很难到达的场所，玩家必须综合运用大量动作来寻找道路。这一机制进一步引出了玩家自发发现的乐趣。

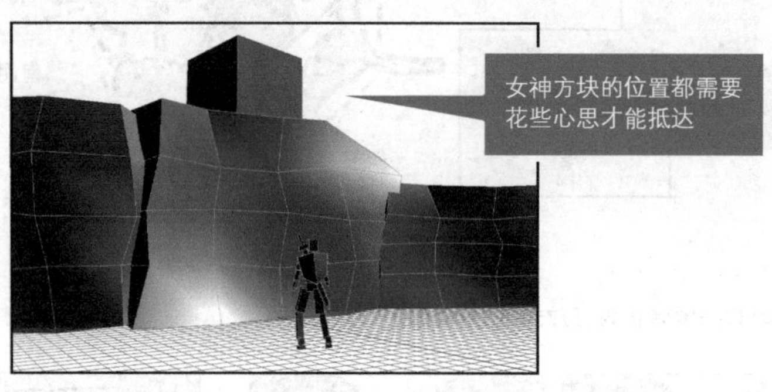

图 3.3.47 女神方块

在《塞尔达传说：天空之剑》这种以开放式探索为乐趣的游戏中，“诱导玩家使用特殊动作的关卡设计”运用过多会导致玩家时常被游戏指示牵着鼻子走，久而久之玩家就会感到无聊。

只要关卡设计中包含“自发发现的乐趣”，玩家就会乐此不疲地主动使用玩家角色动作。

 拓展玩家发现能力的解谜机关

在《塞尔达传说：天空之剑》中，解谜机关（互动谜题）的质与量都远超历代《塞尔达传说》作品。

另外，《塞尔达传说》系列在解谜机关上一贯秉承着“不提供直接提示”的特色。不过，为防止玩家无法破解谜题，游戏中玩家可以与珐伊商量对策，实在解不开时还可以向流言石询问提示。但是，玩家得到的答案都是点到即止。因为只要玩家细心观察认真探索，这款游戏中的解谜机关都能迎刃而解。

就以天望神殿中眼睛造型的“转转开关”为例。对付这个转转开关时，玩家只需拔出剑在眼球前面不断画圈，眼睛就会因眩晕而损坏，紧接着门就打开了（图 3.3.48）。

玩家第一次来到这个场景时已经获得了库伊族长老的弹弓，根据过去塞尔达系列作品的经验，大多数人都会用弹弓射击眼球。然而玩家一旦架起弹弓，这个眼睛就会闭起来，让玩家意识到“这样不对”。为帮助解不开这个谜题的玩家，游戏准备了三个阶段的提示：第一阶段是房间内石板上写的“自天而降之人，受仆从引导踏上大地，切勿忘倾听其言”；第二阶段是珐伊提供的信息——“这是由魔力创造的门卫，它们喜欢盯着尖锐物品的顶端看”；第三阶段是流言石点到即止的提示。

也就是说，玩家最初遇到机关时并没有任何提示，但只要稍微探索一下四周或与珐伊交谈，就会慢慢找到答案。另外，有些玩家面对这种情况时会选择拔剑四处砍一砍，此时眼球的视线将突然跟随剑锋移动。直觉比较敏锐的玩家会去想“能不能把眼球转晕”，随即进行尝试。让玩家在零提示

的状态下面对解谜机关，然后对解不开谜题的玩家逐步提供提示，这就是《塞尔达传说：天空之剑》解谜机关的风格。

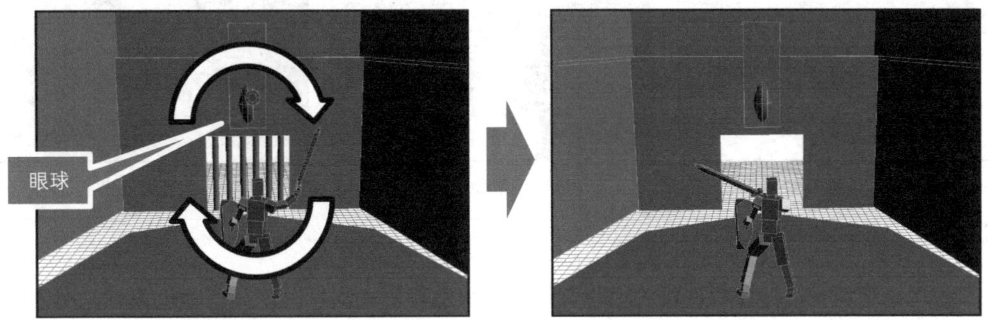

图 3.3.48　转转开关

此外，这种转转机关起初是单独出现，但到了后面会逐渐增加到 2 个、3 个，解谜难度逐步提升（图 3.3.49）。

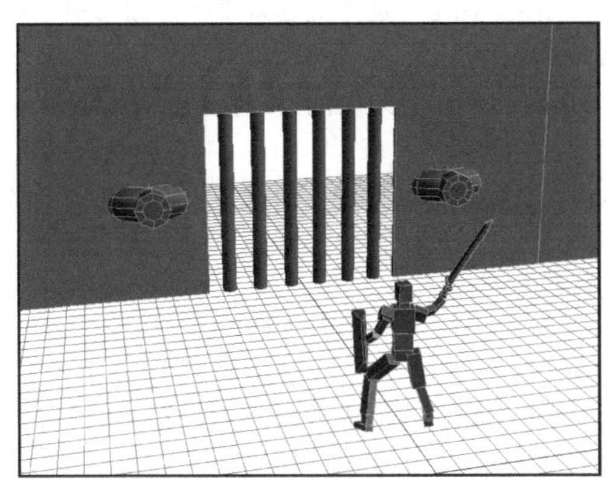

转转机关・2 个

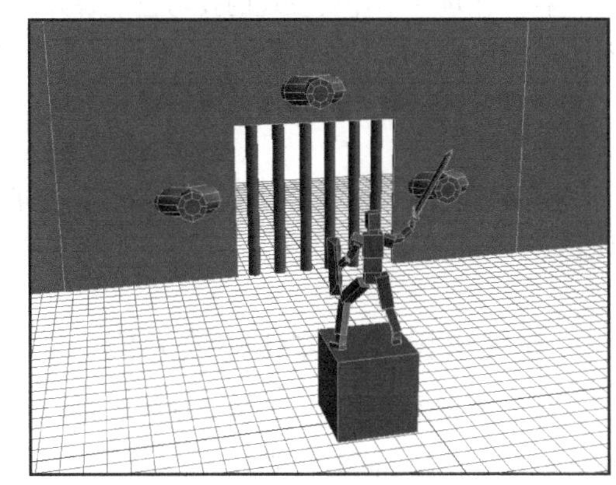

转转机关・3 个

图 3.3.49　转转机关的应用

同时面对 2 个转转机关时，玩家需要站在 2 个眼球正中间晃动长剑，保证 2 个眼球同时做出反应。同时面对 3 个时，最上方的眼球不会对站在地面上的玩家做出反应，因此玩家需要将房间内的台子移动至适当位置，站在台子上晃动长剑，同时转晕 3 个眼球。随着难度逐渐提升，玩家将感受到关卡设计方的挑战。

另外，这款游戏与以往的系列作品一样，玩家每解开一个谜题，解谜的经验都会转变为其技巧，而这些技巧又能用在之后的解谜之中。比如天望神殿的“冲击反应开关”，玩家可以用剑或弹弓等发动攻击开启开关，从而打开封闭的门（图 3.3.50）。等到击败骷髅战士后，玩家将获得可以遥控的“飞行甲壳虫”。这一道具能够打开玩家够不到、看不见的冲击反应开关。冲击反应开关与飞行甲壳虫两个解谜机关相互组合，形成了一个新的解谜机关。这就使得只有通过游戏提升了发现技巧的玩家才能解开这些谜题。

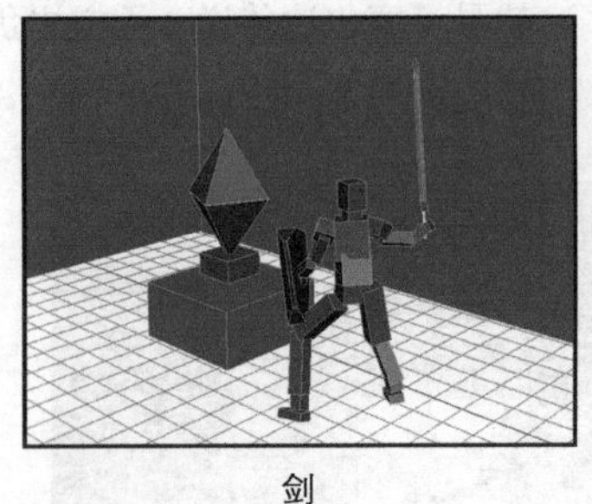
剑

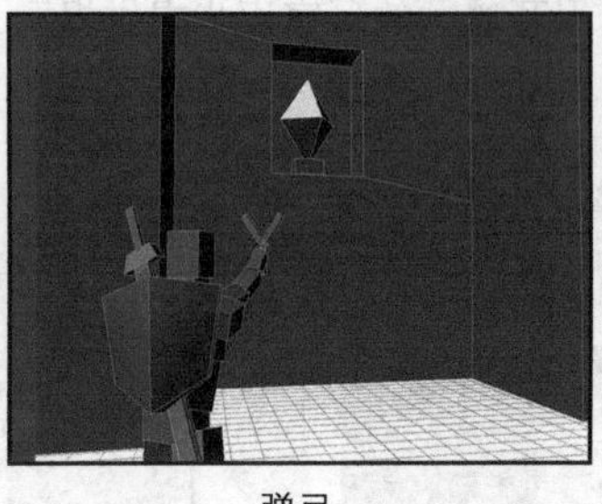
弹弓

飞行甲壳虫

图 3.3.50 开关与玩家技巧

某些玩家难免觉得这些解谜机关很难对付。特别是在第一次见到该类型的机关时，由于手中没有任何提示，因此会不知所措，这也是人之常情。不过，只要坚持探索下去，玩家一定能从关卡设计中有所发现。也就是说，设计者坚信玩家能够发现这些谜题的秘密，从而解开谜题。玩家在提示较少的情况下解开谜题或发现秘密时会打心底里感到愉快，而阶段性地提供提示正是为了保证此种乐趣不受影响。

关卡设计中的解谜机关有两种制作方法。

一种是让玩家不需要发现的技巧也能解开谜题。说白了就是“这个谜题太难了，做简单一点”。不过，运用这种手法太多将无法引出解谜机关中“发现的乐趣”。

另一种是提供有一定难度的解谜机关，同时通过各种机制提升玩家的发现技巧，坚信玩家可以解开谜题。

《塞尔达传说：天空之剑》属于后者，其追求的是在信任玩家的基础上锻炼玩家发现能力的关卡设计。

 与关卡设计一体化的敌人们

虽然同为动作类游戏，但割草型的《战神Ⅲ》与探索型的《塞尔达传说：天空之剑》的关卡设计中的敌人却有着不同的意义。

《战神Ⅲ》中的敌人是“需要被消灭的敌人”，主要用于让玩家享受割草类游戏特有的连击的快感以及表现奎托斯的残忍性格。因此，如果忽略难度平衡，在任何战场上设置任何敌人都没有问题。

但《塞尔达传说：天空之剑》则略有不同。在这款要多次重复探索的游戏中，敌人不全是“需要被消灭的敌人”，“让玩家享受发现的敌人”也占有一席之地。

就以哥布林为例。这种敌人发现玩家后会跑过来发动攻击，如果与玩家之间隔着架有绳索的悬崖，它们将沿绳索行走。这时只要玩家在悬崖另一侧用弹弓或天空之剑发动攻击，哥布林就会跌下绳索（图 3.3.51）。

也就是说，利用关卡设计的特性选择战斗方法，玩家可以兵不血刃地消灭敌人。

另外，天望神殿中有体型巨大的骷髅蜘蛛。骷髅蜘蛛时常保持背对着玩家，使玩家看不到其腹部的弱点。不过只要从房间另一侧接近它，玩家就可以轻而易举地攻击其腹部，将其消灭（图 3.3.52）。

在这里，骷髅蜘蛛既是敌人，也是关卡设计中的解谜机关。

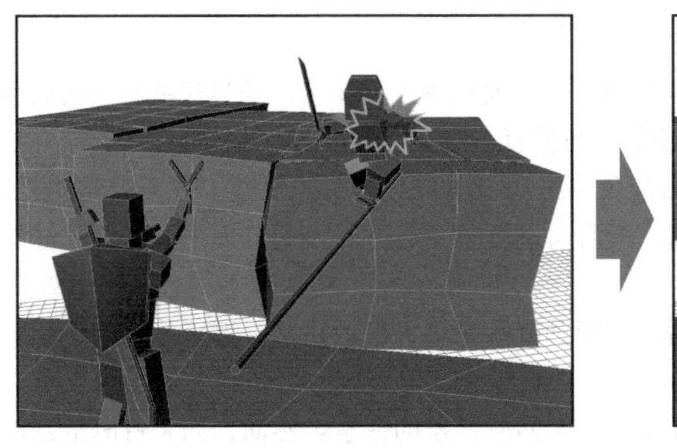
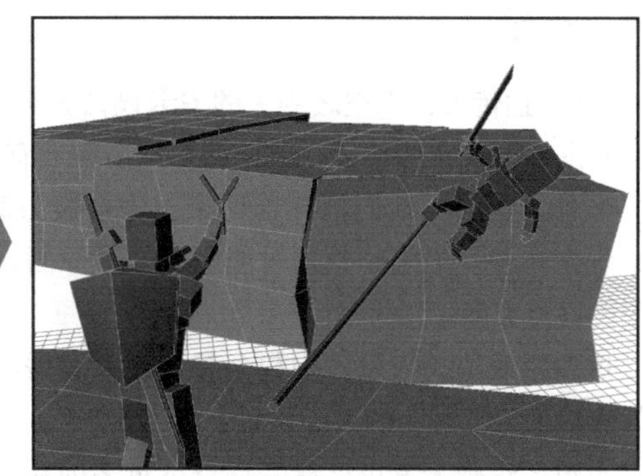

图 3.3.51 利用关卡设计消灭敌人

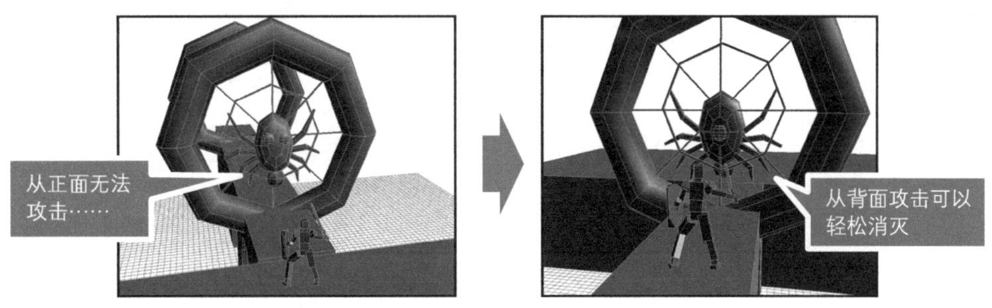

图 3.3.52 与关卡设计相关联的敌人的弱点

此外，游戏在通往天望神殿的路上也设置了许多由地形和敌人组成的陷阱。比如途中的树上挂有蜂巢，一旦接近就会被大量德库雀蜂攻击。如果玩家慌忙向前方逃跑，又会被水滴缠住脚动弹不得，结果还是会被德库雀蜂蛰到。这就好像我们在喜剧片里看过的陷阱（图 3.3.53）。

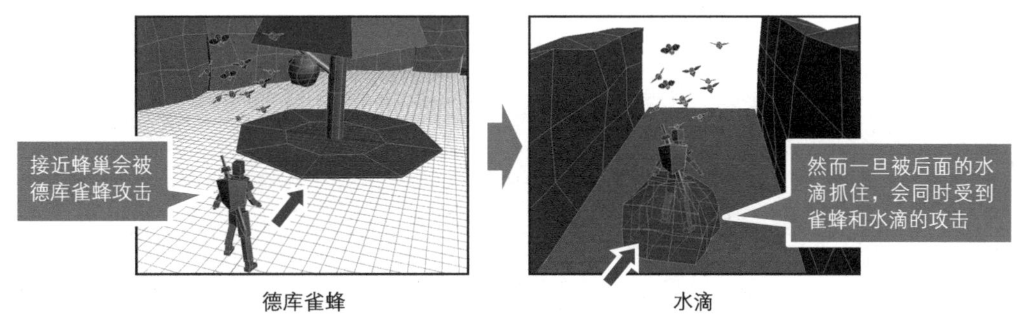

图 3.3.53 从关卡设计角度考虑敌人配置

通过巧妙的关卡设计让敌人之间达成协作，这是《塞尔达传说：天空之剑》独有的设计技巧。

“关卡设计”×“敌人”的设计手法将探索与发现的乐趣融入了战斗，让战斗不再是单纯的动作搏斗，而是进化成了一种更加富有内容的娱乐。

小结

《塞尔达传说：天空之剑》的关卡设计完美体现了“丰富细腻”四个字。通过这款游戏我们不难看出开发者对玩家的信任，他们相信只要游戏有趣，玩家就一定会玩到最后。

另外，正因为他们信任着玩家，才会极力避免在游戏中出现“透明的墙壁”等不自然的元素。这让玩家在游戏中遇到瓶颈时能明确知道原因，然后通过不懈探索进而在无意识中解开机关谜题或者找到终点方向。

这款游戏的关卡设计中包含着让玩家觉得再加把劲就能完成目标的机制。这正是以信任玩家实力为前提的“发现”的关卡设计。

不过，这种关卡设计需要准备尽量多的互动元素来回应玩家的探索。然而，如果将海量互动元素胡乱堆砌在关卡设计之中，游戏并不会让人觉得有趣。

因此，我们需要借助上面介绍的机制与技巧不断重复测试，精心炖煮所有关卡设计要素，让它们自然地合而为一。

3.4 让玩家在开放世界自由驰骋的关卡设计技巧

(《蝙蝠侠：阿甘之城》)

《蝙蝠侠：阿甘之城》与《侠盗猎车手》系列一样采用了“开放世界”。玩家要化身蝙蝠侠在阿甘城中自由驰骋，奔赴各处完成任务，将最终 BOSS 小丑逼入绝境。这款游戏不但发挥了开放世界高自由度的优势，还保证了玩家在游戏中能体验到蝙蝠侠特有的世界观与剧情。

下面我们就来讲一讲开放世界特有的关卡设计机制。

让总任务数超过 500 的开放世界机制

在阿甘城这个开放世界中，主线任务、支线任务以及谜语人奖杯等全部加在一起，总任务数超过了 500。如果毫无章法地在开放世界中设置如此多的任务，整个游戏只会显得单调乏味，毫无紧张感。而这款游戏则在关卡设计上运用了一些技巧，不但实现了海量的任务，还保证了让玩家充满紧张感的独有的乐趣。

开放世界属于开放式探索的关卡设计。因此从游戏一开始，除了阿甘城正中心的奇迹铁塔外，玩家可以在所有场景中自由移动（图 3.4.1）。

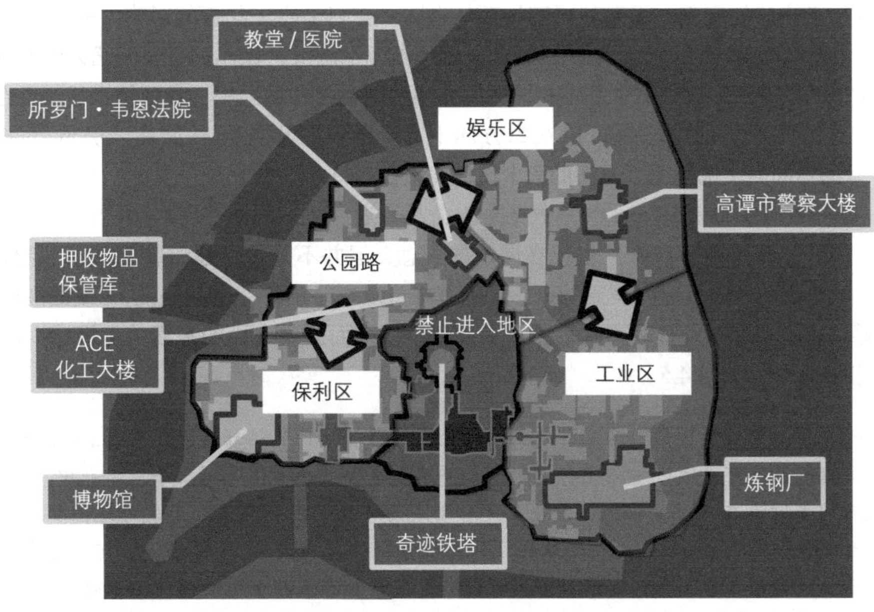

图 3.4.1 《蝙蝠侠：阿甘之城》的整体地图

玩家既可以先处理附近发生的支线任务，也可以直接推进主线。不过，要想从如此大量的任务中衍生出趣味性，需要让开放世界的每一个角落都具备特点。

如果整个世界到处都是相似构造，那么任务将很难创造出个性，游戏也不会有太多可玩之处。让玩家追击敌人的追踪任务最能体现这一问题。如果开放世界没有特点，那么这种任务无论放在哪个角落，玩起来的感觉都不会有变化（图 3.4.2）。

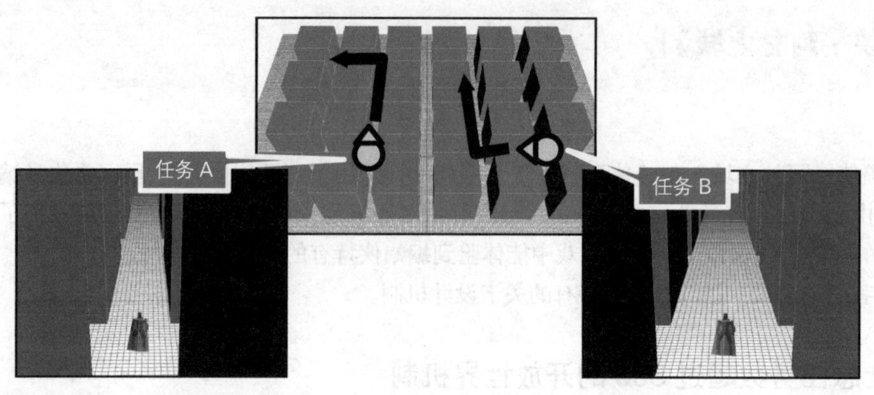

图 3.4.2 如果各处地形相似，任务 A · B 将没有区别

然而，如果每个场所各具特征，那么我们就能给任务添加变化。比如在某些地形中可以将追踪任务改成“将敌人逼进死胡同”。也就是说，开放世界必须死守“场景间可以相似但不能相同”的规则。

为保证这一规则，采用开放世界的游戏往往会把场景分割成多个区域，在每个区域中设置特殊地标，然后再从细节出发为各区域添加特色（图 3.4.3）。

公园路区域有大量高层建筑，蝙蝠侠可以从上空有利位置攻击地面的犯罪者，遇到危险时也能立刻使用钩爪飞往高处避难。而保利区四处都是拱廊，受到拱廊天花板的影响，蝙蝠侠既不能从上空攻击，也不能向高处避难。至于娱乐区，这里已经被海水淹没，操作稍有失误就会掉入海中。

由于每个区域的关卡设计概念都不相同，因此即便同在阿甘城之中，各区域也显得个性十足。

另外，这款游戏中的蝙蝠侠可以在纵方向上自由移动，因此阿甘城在“房顶”“中层”“地面”“地下”的不同高度也运用了不同的关卡设计（图 3.4.4）。

顺便一提，由于《侠盗猎车手》系列的主人公是普通人类，因此飞行必须借助直升机或飞机等交通工具。另外，该系列游戏虽然也存在屋顶的概念，但并不是每个建筑物的屋顶都能自由出入。至于中层，虽然该系列中有立体交通的概念，但基本可以忽略不计。也就是说，《侠盗猎车手》系列的开放世界以徒步和乘车等移动方式为主，因此属于以地面为基准面的平面关卡设计。这与阿甘城形成了鲜明的对比①（图 3.4.5）。

① 在开放世界中，关卡设计的“密度”也必须与玩家的移动动作 · 移动速度相配套。《蝙蝠侠：阿甘之城》中，玩家虽然可以通过滑翔飞行，但速度并不是很快。而《侠盗猎车手》系列中，除徒步之外，玩家还可以驾驶汽车甚至飞机，这就使高速移动成为可能。因此该系列游戏的地图要远大于《蝙蝠侠：阿甘之城》。但是，如果按照实际尺寸计算任务和信息的密度，《蝙蝠侠：阿甘之城》将更胜一筹。要是《侠盗猎车手》系列以这种密度设计关卡，这款游戏将会需要海量的事件以及信息。因此，与玩家移动动作 · 移动速度相配套的关卡设计“密度”是开放世界等多类型 RPG 游戏在设计“城镇”时必须考虑的要素。制作这类游戏时，必须找出一个适合该游戏的密度。顺便一提，《侠盗猎车手》系列最新作《侠盗猎车手Ⅴ》中，玩家可以乘坐汽车或飞机抵达郊外的山等场景，有条件的读者请务必一试。

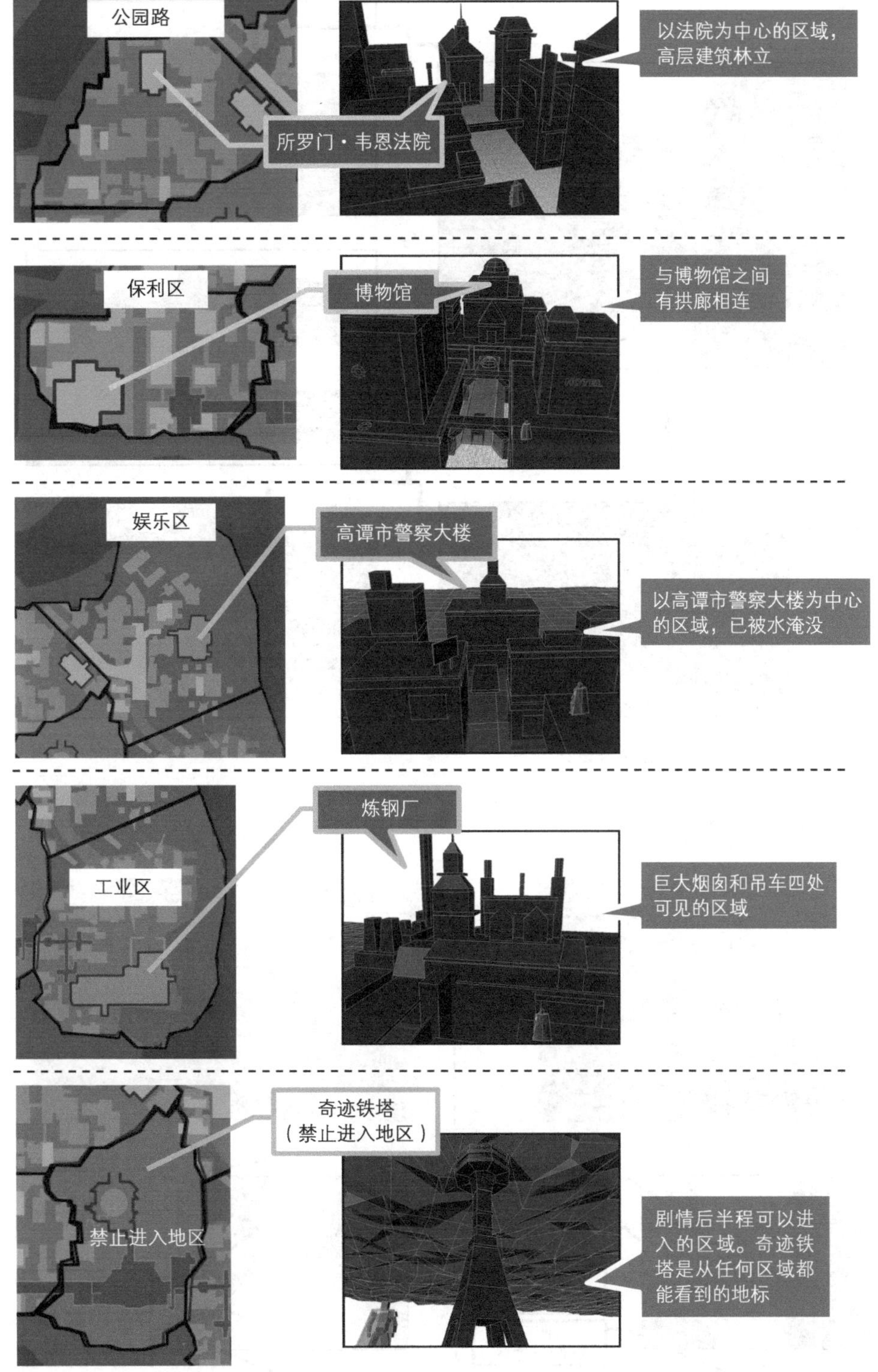

图 3.4.3 被赋予特色的区域

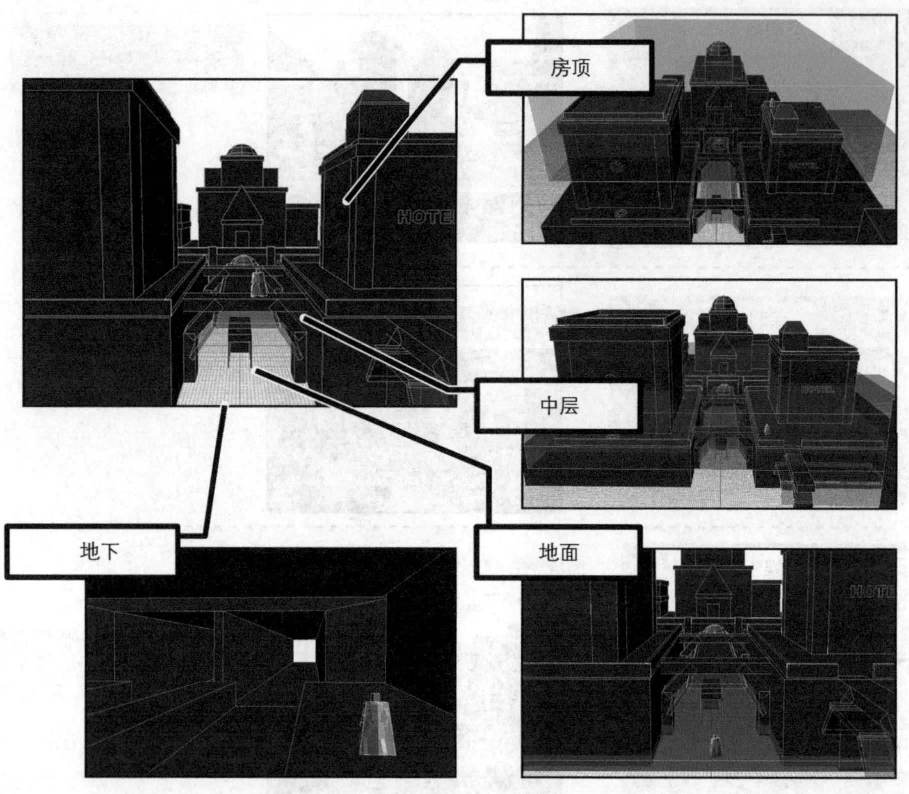

图 3.4.4 开放世界与阶梯化关卡设计

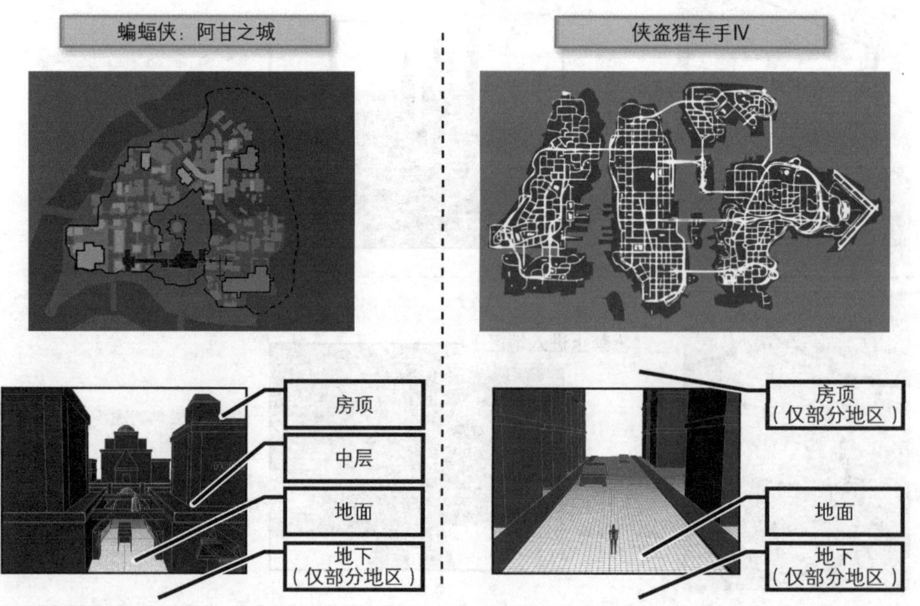

图 3.4.5 不同游戏中关卡设计的阶层

因此，不同游戏有着不同构造的开放世界地图。开放世界的关卡设计并不是自由度够高地图够大就行的。

实际上，开放世界型游戏与一般游戏一样，在关卡设计时需要打磨地图的细节。如果希望游戏中有足够多的任务，还想保证玩家能明确掌握当前位置不会迷路，那就必须将各种信息浓缩在地图之上。

阿甘城这张开放世界地图之所以能承载超过 500 个任务，是因为其关卡设计中所有场景都是独一无二的。

自由度与紧张感并存的开放世界

开放世界型游戏最大的特征就是“给玩家的自由度”。《侠盗猎车手》系列中，玩家可以去自己想去的地方、做自己喜欢的任务、买自己喜欢的道具、享受属于自己的游戏风格。

然而，与自由度成反比的正是紧张感。“能自由移动 · 玩耍”意味着“没有敌人 · 没有威胁”，因此游戏的紧张感会大幅下降。《侠盗猎车手》系列为营造紧张感，规定玩家如果在任务过程中做出打劫车辆等违法行为，就会受到敌人或警察的追捕。另外，开放世界型高自由度 RPG 游戏《上古卷轴：天际》中，玩家只有走在街道上是安全的。一旦进入树丛、山区、地下城等地区，马上会被敌人拖进战斗。也就是说，这款游戏分别做出了“高自由度的安全地区”和“充满紧张感的危险地区”两种区域。

《蝙蝠侠：阿甘之城》则采用了更加大胆的手法——阿甘城上空是安全区域，地面是危险区域（图 3.4.6）。

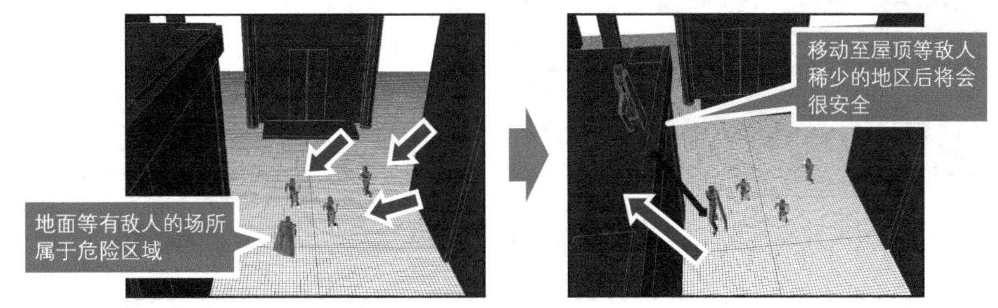

图 3.4.6 关卡设计中为不同高度赋予不同意义

这款游戏为再现原作中“蝙蝠侠总是第一时间出现在事件现场”的设定，让玩家通过飞行动作赶往现场。为成功还原这一情境，游戏降低了玩家在飞行时受到敌人攻击的概率。不过，一旦玩家从空中落到地面，被敌人发现后立刻会受到围攻。再加上蝙蝠侠对枪械的防御能力较弱，面对不利形势必须立刻使用钩爪逃至高处。也就是说，这款游戏在设计关卡时规定位置越高紧张感越弱，位置越低紧张感越强（图 3.4.7）。

当然，上空也不是 100% 安全的。大型建筑的屋顶上会有敌人戒备，一旦发现玩家就会立刻攻击。所以这款游戏的紧张感并不会完全清零。

综上所述，《蝙蝠侠：阿甘之城》既保持了开放世界特有的自由度，也成功表现出了阿甘城中四面楚歌的紧张感。

房顶

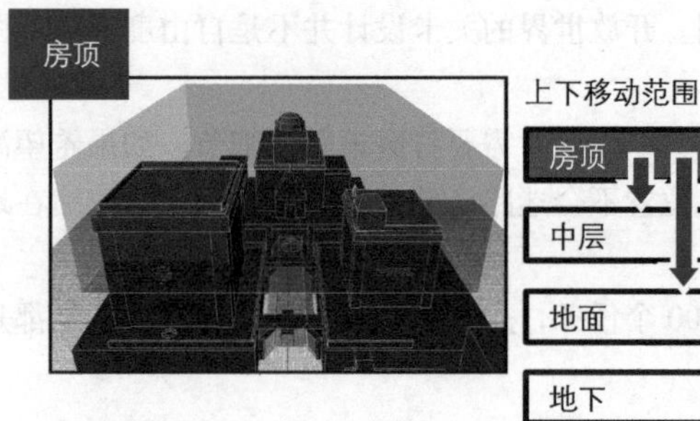

上下移动范围

房顶

中层

地面

地下

移动：普通移动 + 滑翔（飞行）

敌人：少

屋顶上敌人较少，因此可以将其作为被敌人发现时的紧急避难场所。另外，相比于通常的行走·奔跑，滑翔移动速度更快也更难被敌人发现，因此屋顶等上层位置是玩家移动的基本场所

中层

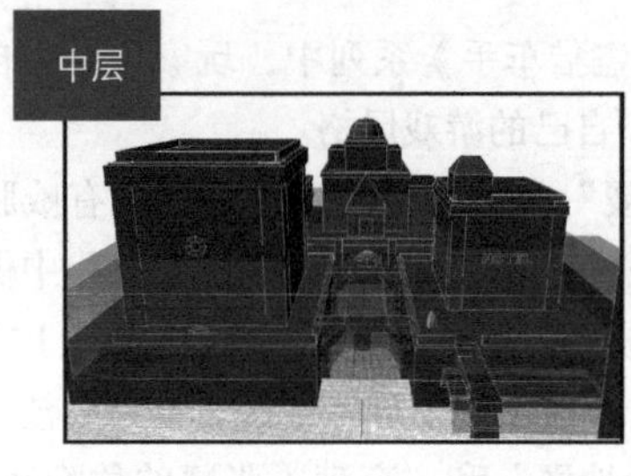

上下移动范围

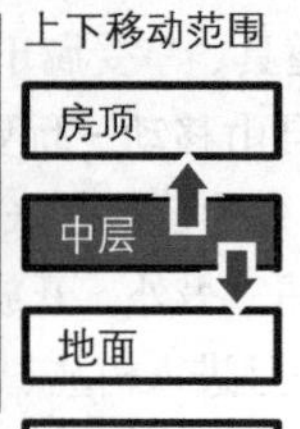

移动：普通移动 + 滑翔（飞行）

敌人：少 ~ 多

中层的重点位置都配置了敌人，相较于上层更易被敌人发现。另外，如果在被发现的状态下落至地面，地面的敌人也会发现玩家并发动攻击

地面

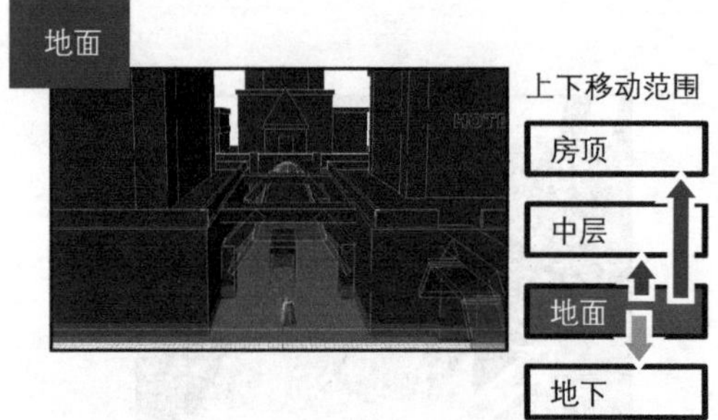

上下移动范围

房顶

中层

地面

地下

移动：普通移动

敌人：多

地面是敌人最多的场所。地面上无法使用滑翔，因此在被敌人发现后如不逃至中上层，很有可能陷入重围。然而，在拱廊等有天花板覆盖的场所无法使用钩爪，因此无法逃离。顺便一提，从地上某些特定场所可以移动至地下

地下
室内

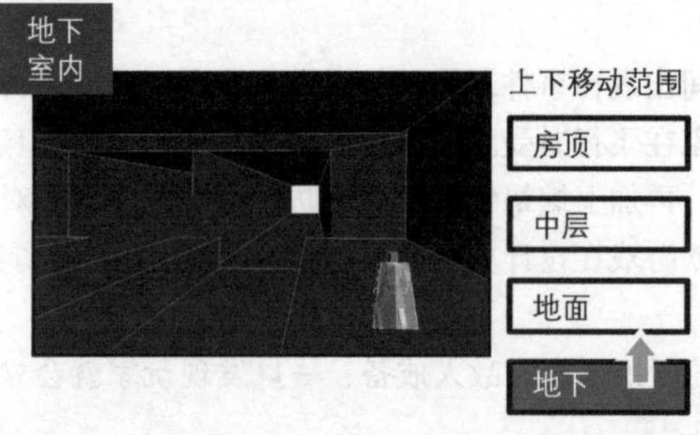

上下移动范围

房顶

中层

地面

地下

移动：普通移动

敌人：多

有天花板覆盖的地下或室内基本都不能使用滑翔。另外，像在地面、中层、屋顶一样使用钩爪逃跑时会受到天花板阻挡，很难逃离敌人的视线和攻击

图 3.4.7　《蝙蝠侠：阿甘之城》关卡设计的层次构造

让开放世界更有趣的任务与探索机制

开放世界型游戏从一开始就不限制玩家的自由，玩家可以移动至任意场所。因此无法创造出《战神Ⅲ》那种通关一个关卡设计之后再挑战下一个未知世界的单线型闯关游戏的乐趣。

玩家在清理各地任务的过程中探索开放世界，同时解开地图中隐藏的各种秘密，这才是开放世界的游戏风格（图 3.4.8）。

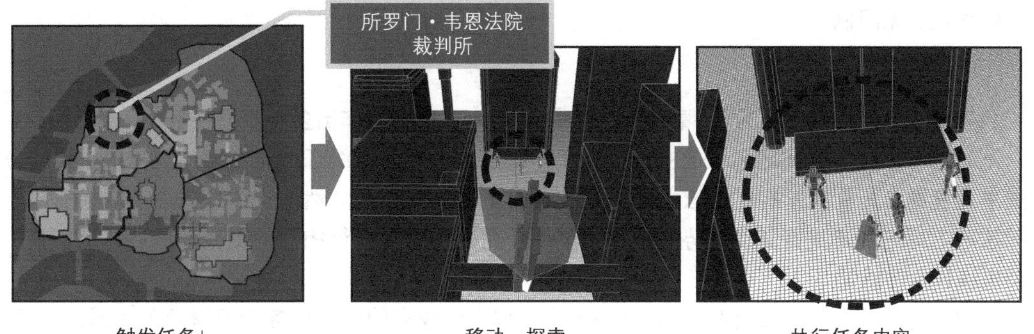

图 3.4.8 开放世界与任务的关系

首先，开放世界中的任务可以按照**“目的”“障碍”“限制”**三个要素分类（并不涵盖所有任务）。

- **目的**
  - ○移动至目的地
  - ○消灭指定敌人
  - ○寻找指定角色・场所・道具・信息等
  - ○保护指定角色・场所・道具等
  - ○收集信息进行推理，解开谜题
- **障碍**
  - ○使用特定动作越过或清除障碍
  - ○敌人
  - ○机关
  - ○陷阱
  - ○探索建筑・地下城
  - ○无障碍
- **限制**
  - ○数量（或次数）
  - ○时间
  - ○通过指定地点
  - ○无限制

比如游戏初期的任务——“寻找小丑的狙击地点”就可以如下分类。

- **任务类型**：收集信息进行推理，解开谜题
  →根据残留的弹痕寻找发动狙击的建筑物
- **障碍**：探索建筑・地下城
  →探索教堂・建筑物内
- **障碍**：敌人
  →小丑的手下
- **限制**：无限制
  →没有时间等限制

反过来，只要列出"目的""障碍""限制"的组合，就能制作出多种不同任务。

不过，与充满事件和地下城的主线任务相比，开放世界的支线任务难免索然无味。主线任务能与故事相互融合，让玩家在场面宏大的剧情中体验十二分的乐趣。然而支线任务由于规模有限，如果只按照上面三要素进行制作，势必会显得单调。尤其是重复进行相似的支线任务后，玩家会产生一种机械作业的感觉。

为解决这一问题，《蝙蝠侠：阿甘之城》将出现次数较多的支线任务与反派角色（恶人・怪人）相关联，创造了各个反派角色的支线剧情。

支线任务的角色（部分）

- **死亡射手（调查・追踪型任务）**
  总是远程狙击蝙蝠侠的反派角色。虽然会一再逃跑，但可以通过分析弹痕推定狙击点将其抓获。
- **缄默（调查・追踪型任务）**
  缄默会不断犯下凶杀案。可以通过收集现场残留的信息，追踪并逮捕缄默。
- **变态杀手（抵达目的地・时间限制型任务）**
  挟持着人质的变态杀手会随机向一个电话亭打电话。必须赶在电话被挂断前找出相应的电话亭并接起电话。
- **谜语人（机关・探索任务）**
  在阿甘城设下各种谜题考验蝙蝠侠。解开加入了谜语的机关，在阿甘城各地寻找隐藏的谜语人奖杯。谜语人奖杯分布在开放世界的各个角落，总计达400个。

将原作中的反派角色嵌入游戏剧情当中，玩家体验到的将不仅仅是"做任务"，还会有"与任务背后的反派角色斗智斗勇"的感觉。想必每个蝙蝠侠迷都会忍不住去挑战这些支线任务，一偿与原作反派角色面对面的愿望。

也就是说，开放世界的游戏中需要专门设置一些角色为海量的任务服务，然后将"目的""障碍""限制""角色"相互组合，即可创造出"支线剧情"。

在提及电影和小说等的剧情时，我们常用到**纵线与横线**的说法。一般情况下，纵线是主人公推进剧情的线路，而横线则负责为剧情增加深度和广度。这于游戏也是一样，如果将主线任务看作纵线，支线任务看作横线，那么支线任务就不再是单纯的"陪衬"，而是加深游戏世界剧情的"小故事"。

在《蝙蝠侠：阿甘之城》中，随着探索的进行，玩家将逐渐荡清恶人，揭开开放世界下隐藏的种种秘密，化身为对阿甘城了如指掌的守护神。等到玩家将纵线与横线一个个解开，游戏即将进入

大结局之时，这个原本充满未知的开放世界将如同自家后院一样熟悉。这正是开放世界独有的乐趣。

用工具拓展关卡设计的机制

在《蝙蝠侠：阿甘之城》里，玩家推进主线剧情或提升等级后，可以解锁多种工具及动作。

借助“蝙蝠镖”“遥控电击器”“爆炸凝胶”“冻结器”等工具，玩家将能够进入阿甘城中的隐藏地区（图 3.4.9）。

随着工具和动作的增多，玩家在阿甘城的探索范围也会不断扩大。这种游戏设计称为**锁 & 钥匙（机制、系统）**。锁 & 钥匙系统多种多样，既有简单的“门”与“钥匙”的组合，也有本作品中这种机关与工具的搭配。这些工具带来的互动与《塞尔达传说：天空之剑》十分类似，都是让玩家通过某种发现来学习如何清除障碍。主线任务中也为工具嵌入了“学习”“尝试”“应用”“精通”的游戏循环。

比如游戏初期潜入炼钢厂时，玩家需要在恰当的地方使用蝙蝠镖或遥控电击器打开道路，最终找出小丑的隐居处。这要求玩家在大量工具中选择一个，并发现其正确使用方法。

等到剧情进入后半程，游戏将考验玩家对工具及相应动作的“应用”能力。比如用冻结器在水面冻结出落脚点，再用蝙蝠镖牵引绳索进行移动等（图 3.4.10）。这要求玩家将多个工具相互组合，发现正确的使用顺序与使用方法。

蝙蝠镖

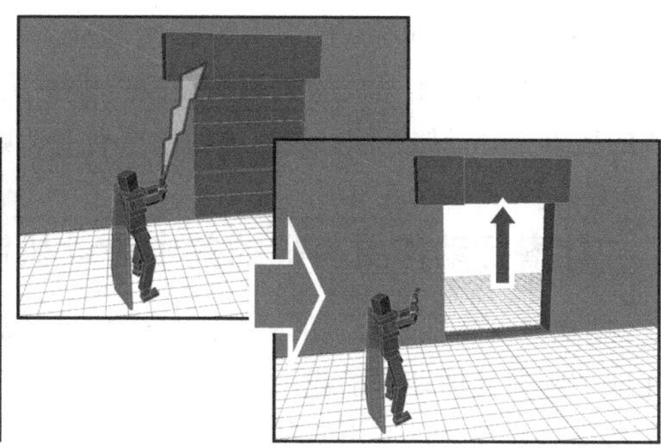

遥控电击器

爆炸凝胶

冻结器

图 3.4.9　工具与关卡设计

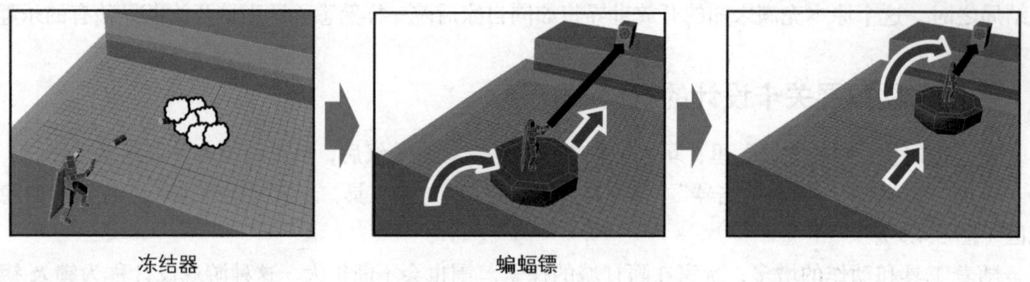

图 3.4.10　工具的组合使用

这些机关诱导玩家对工具和动作做“乘法”。通过这些机关的诱导，玩家脑中会浮现“把这个道具与那个动作组合在一起，是不是能通过之前过不去的地方？”等想法，从而享受到摸索尝试的乐趣。

另外，只要玩家在游戏中学会将工具“相乘”的使用方法，一些使用单独工具很难潜入的场所也会迎刃而解，开放世界的可探索范围随之增大。也就是说，玩家的发现的能力是开启更广阔世界的钥匙。

在这种借助发现拓宽探索范围的探索型游戏中，道具・动作的相乘用法能大幅扩展玩家摸索的自由度和想象力①。

顺便一提，这款游戏的关卡设计让玩家在使用工具的过程中享受乐趣，这忠实地还原了原作中蝙蝠侠借助高科技工具成为英雄的设定。由于从摸索工具使用方法到解决问题的整个过程与原作蝙蝠侠的故事十分近似，因此玩家能体验到化身为蝙蝠侠的感觉。

 让潜行动作更有趣的关卡设计机制

《蝙蝠侠：阿甘之城》的野外区域应用了开放世界特有的“开放式探索的关卡设计”。而建筑物内和地下则与其他动作游戏一样使用了“封闭式探索的关卡设计”，让玩家潜入之后难以轻松逃离。玩家在这些地方必须使用各种潜行动作击溃敌人，最终完成任务。封闭式探索的关卡设计中失败就意味着死亡，因此这些任务都充满了紧张感。

---

① 游戏中“摸索”的乐趣关键在于“可能空间”（possibility space）（与数学术语中的“概率空间”（probability space）近似）。游戏中的可能空间指玩家借助动作所获取的自由度。
比如“行走”“奔跑”等玩家角色动作越多，玩家对动作的选择自由度就越大。但是，无论玩家角色动作多么丰富，也必须有机关或挑战来对动作做出反应。各位可以在脑中描绘一个矩形表格，横向有 7 个玩家角色动作，纵向有 10 个机关或挑战。如果要求玩家角色动作与机关挑战一一对应，那么就有 7×10=70 种不同情况。这个矩形表格的大小就是“可能空间”。
然而，由于表中的答案是一一对应的，因此无论我们如何增加玩家角色动作的种类，玩家也只需要将动作遍历一遍即可找出答案，导致“摸索”欠缺深度。为解决这一问题，我们可以像《塞尔达传说：天空之剑》或《蝙蝠侠：阿甘之城》一样，采用让多种动作、工具相乘的机制，制造出一个“玩家动作 × 工具 A× 工具 B× 机关或挑战”的巨大的可能空间，拓展玩家可尝试的范畴。这样一来，玩家寻找答案时就不能再使用“遍历”，进而体验到“思考→发现→灵光一闪”的乐趣。
笔者将这些称为“摸索的深度”或者“互动的深度”。互动的深度过浅容易出现“遍历法”，而太深又会难以找到答案。因此需要根据游戏内容找出恰到好处的“摸索的深度”或“互动的深度”。

那么，既然要让玩家享受潜行动作的快感，其关卡设计应该包含怎样的机制·结构呢？

首先，有潜行动作的游戏中，关卡设计要重点注意“敌人的巡逻路线”“掩体”“玩家的避难场所”三个要素（图 3.4.11）。

另外，即便是在封闭式探索的关卡设计之中，这款游戏依然保持着“越高就越安全”的概念，并且不同高度之间有着明显的分界（图 3.4.12）。

图 3.4.11　潜行动作的关卡设计

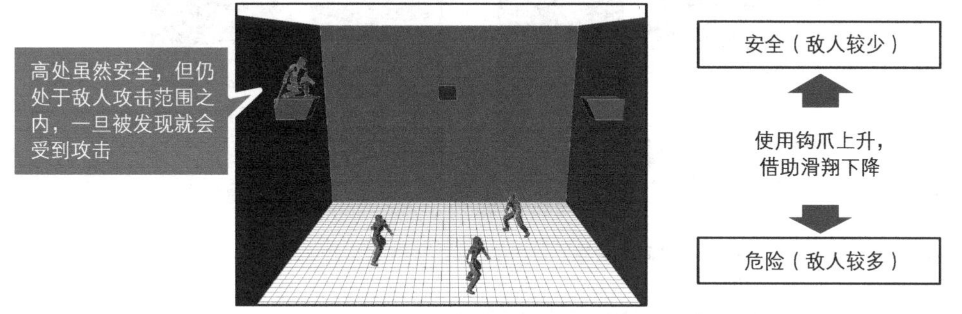

图 3.4.12　高度与安全性

不过，与开放式探索的开放世界不同，建筑内部或地下等“封闭式探索区域”的关卡设计强化了潜入时的紧张感。玩家即便身处“石像鬼雕像”或“钢筋框架”等优势制高点，仍然会被敌人的子弹击中（而且敌人的连续射击能破坏制高点）。

由于封闭式探索中不存在永远安全的场所，因此玩家必须重新制定战术，最大限度活用制高点等不易被敌人发现的位置（图 3.4.13）。

根据关卡设计的不同，战场的攻略方法也会大幅改变。有些场景适合一击脱离，而有些场景就需要摸清敌人的巡逻路线，从安全场所将敌人各个击破。这一点与割草类游戏不同，战斗取胜的关键方法并不由敌人动作控制，而是掌握在关卡设计手中。因此玩家每次遭遇到新的战斗，都必须仔细观察战场的关卡设计并制定战术，享受从思考到获胜的乐趣。

上述这些战场的关卡设计基本上只需要考虑“敌人”和“场所”（或机关）两个要素。

但是，潜行动作还需要考虑“时间”要素。因为要想实现潜行动作，战场在变化过程中必须出现破绽，要给玩家留出敌人出现侦查死角的瞬间（图 3.4.14）。

图 3.4.13 活用制高点的战术

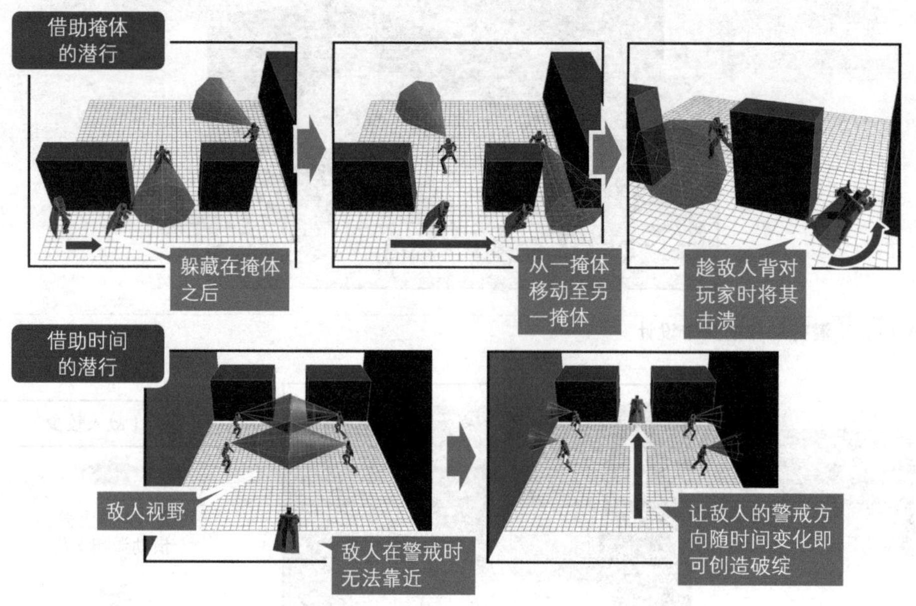

图 3.4.14 潜行动作与掩体和时间的关系

这种随时间变化的关卡设计十分考验设计者的实力。

特别是在这款游戏中，玩家被敌人发现往往会导致游戏失败。这是为了迫使玩家思考对策，克服不利局面，从而引出制定战术的乐趣。“看上去完全无法攻破，但仔细观察之后能找到通往胜利的突破口”，这种关卡设计虽然会使游戏难度升高，但玩家通过自身努力找出警戒网的破绽并成功完成任务时，将体验到潜行动作带来的极度刺激与乐趣。

综上所述，使用潜行动作执行任务会伴随着一个摸索的过程，而正是这种摸索有效提升了游戏乐趣。为此，设计关卡时必须保证足够的自由度，供玩家进行各种摸索尝试。

也正因为如此，这款游戏在关卡设计时给战场准备了许多警戒网的破绽。比如能悄悄潜入到敌人背后的“通风口”“地下通道”“窗户”、能用爆炸凝胶破坏并压制敌人的“墙壁”，以及能用“遥控电击器”产生放电效果击昏敌人的“电子器械”等（图 3.4.15）。

有了这种关卡设计，即便玩家已经通关了游戏，也会想用其他战术再玩第二遍。

封闭式探索的关卡设计是潜行动作的基础。不过，如果在关卡设计时留出足够高的自由度，让玩家能够思考并尝试其他战术，这又会带来与开放世界截然不同的“开放式玩法”。因此，这种关卡设计也可称为“给玩家提供开放式玩法的关卡设计”。

通风口・地下通道

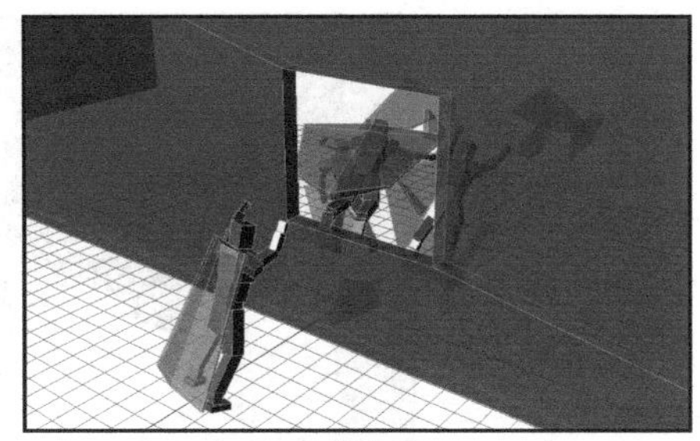

窗户

能用爆炸凝胶破坏的墙壁

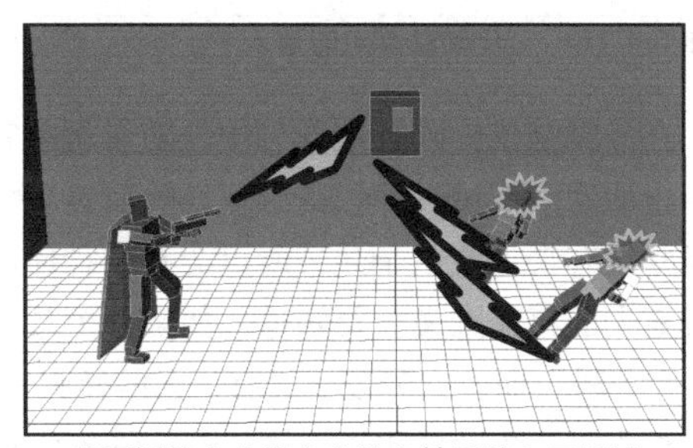

能用遥控电击器产生放电效果的电子器械

图 3.4.15　潜行动作与关卡设计的机关

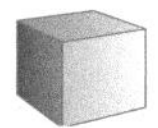

让世界充满生气的角色

最后我们来说明开放世界的“居民”。

开放世界的关卡设计拥有巨大的地图和海量信息，看上去并不容易玩腻。实际上，我们还需拿出足够多的目标和报酬来填充这张巨大地图，而它们的起点就是居民。居民的制作手法直接关系到开放世界的真实度和趣味性。

在开放世界中，必须将世界表现成一个鲜活的场所（真实性极强，宛如实际存在一般的场所）。为此《侠盗猎车手》系列和《上古卷轴：天际》为开放世界设置了居民。玩家在开放世界中不但能看到这些居民，还能从他们身上嗅到日常生活的气息，从而觉得整个开放世界都更具真实性。**除游戏剧情之外，开放世界还需要一些小故事，让玩家觉得有人生活在这个世界中**。

这在《蝙蝠侠：阿甘之城》中也是一样。但与其他游戏不同的是，阿甘城里只有敌人。所以为演绎一个鲜活的场所，必须让敌人做一些具备生活感的表演，比如烤火取暖、与同伴聊天、四处巡逻等。玩家通过这些能感受到敌人的生活（图 3.4.16）。

当然，设置有趣的支线任务和个性鲜明的反派角色也能引起玩家的兴趣，但制作它们会消耗掉大量精力。另外，如果要将玩家带入剧情，势必会剥夺玩家的一部分自由度。

但是，居民的“微型故事”则不会影响开放世界的自由度，而且玩家只需远远地看着他们就能感到游戏世界是活的。最能引起人类兴趣的就是“人”，因此若想玩家在开放世界中能时常保持兴致，居民的设置必不可少。

图 3.4.16 开放世界中的敌人

在《蝙蝠侠：阿甘之城》中，随着玩家完成主线和支线剧情，会让一个又一个反派角色在阿甘城停止活动。不过，即便是游戏通关后，玩家仍能乐此不疲地在阿甘城上空飞翔。因为反派角色的离场并没有带走城中杂兵，所以会有一种使命感驱使着玩家打倒它们。这些能无数次复活的杂兵们有着重大的存在意义。要知道，如果一个重返和平的开放世界既没有敌人也没有居民，那么对玩家这名"英雄"而言它和废墟又有什么两样呢？

如果将开放世界比作人的身体，那么其中的居民就是让世界充满生气的血液。

 小结

制作开放世界需要投入相当大的成本。

特别是制作富有生活气息的都市或城镇等地图时，如果在没有任何参考的情况下从零做起，那将耗费大量的劳动力。因此我们可以从现实地图或 Google 地图中搜索适合游戏的部分，然后以其为蓝本进行拼接。

《蝙蝠侠：阿甘之城》中整个阿甘城皆为虚构，而且在虚构的同时保证了其游戏乐趣，这种关卡设计的技术水平并不是一朝一夕能够模仿的。

另外，蝙蝠侠的漫画·动画·电影等原作迷们在玩这款游戏时，会发现经典场景几乎无处不在。这是因为开发者在开放世界中尽可能多地加入了"原作故事的片段"，旨在激发原作迷的游戏热情。比如在阿甘城随处可见名为"阿甘城故事"的笔记，玩家可以从上面获得失踪医疗班的人物背景，以及曾在原作中登场的玛洛尼一族的黑手党抗争等信息。这让玩家在脑中描绘出一个巨大的背景故事。

开放世界本身也是大故事中的一个"角色"。赛博朋克电影的代表作《银翼杀手》将一个科学技术异常发达却日渐衰败的都市搬上了大荧幕。其中描绘了代表都市形象的"巨大建筑物""无尽的广告版海洋"以及都市的血液——居民。电影中讲述的故事只是大都市中发生的一起事件。但是，被《银翼杀手》中这座都市迷住的观众们往往会想知道它更多的故事。这些观众会不禁在脑海中构想其过去发生过什么、现在是什么状况、未来将会怎样。

拥有"大故事"的开放世界也是同样道理。《蝙蝠侠：阿甘之城》的游戏过程同时也是一个与"阿甘城"整个都市（角色）对话的过程。对一个故事而言，引人入胜的世界观也是重要"角色"之一。

3.5

实现高速机器人战斗的关卡设计技巧

(《终极地带：引导亡灵之神》)

《终极地带：引导亡灵之神》是一款不受重力束缚的游戏，能够让玩家体验到在空中自由驰骋的高速机器人战斗。因此，其关卡设计也与其他游戏不同，属于“不受重力束缚的关卡设计”。

那么，不受重力束缚的关卡设计究竟有什么特别之处呢?

在无重力的情况下让空间具有意义的关卡设计机制

《终极地带：引导亡灵之神》最大的特点就是能让玩家操作机器人一边在空中自由翱翔，一边奋勇杀敌。

在这种不受重力束缚的游戏中，关卡设计手法与一般游戏大不相同。受重力束缚的游戏以玩家和敌人接触的平面为基准面，属于**平面关卡设计**，而《终极地带：引导亡灵之神》等不受重力束缚的游戏则需要用到**空间关卡设计**（图 3.5.1）。

平面关卡设计

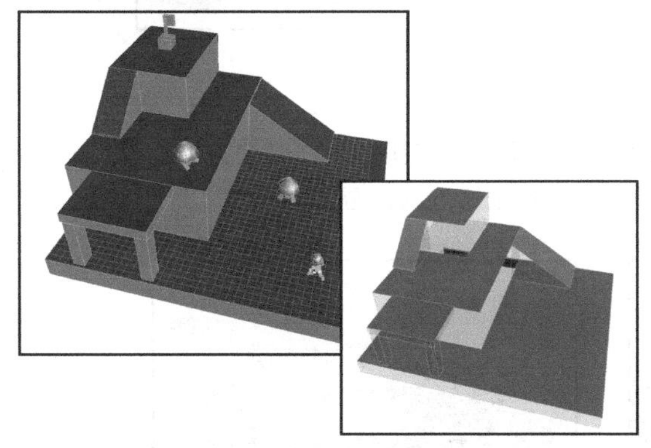

· 从何处经过，移动至哪个面?

· 在哪个面配置哪种敌人?

空间关卡设计

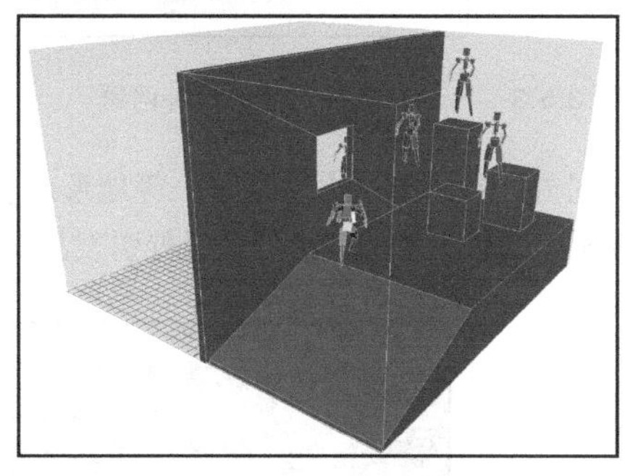

· 如何在空间中移动?

· 在空间的哪个位置设置敌人?

图 3.5.1　平面与空间关卡设计的差异

空间关卡设计允许玩家上下自由移动，因此需要采取一些方法规定出天花板和地面，限制玩家过度移动。本作品中使用了两种方法来解决这一问题：一种是直接用物理单位做出天花板和地面；另一种则是通过游戏系统限制玩家的移动区域（图 3.5.2）。

前者有物理单位作为参照物，玩家能直观地看到界线；后者则是游戏系统中生硬的“透明墙壁”，当玩家想飞得更高时，游戏无法满足玩家的需求。

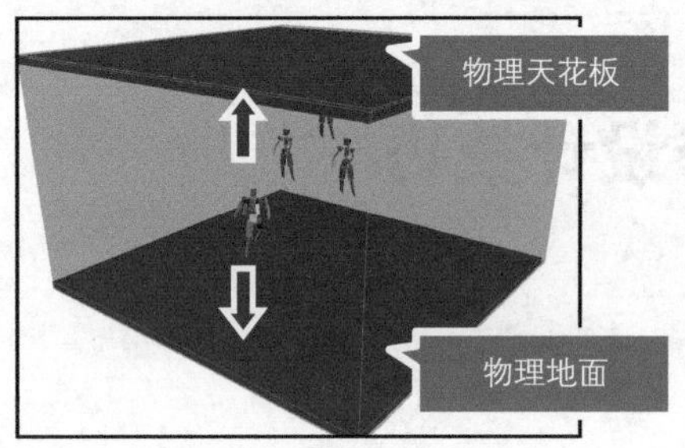

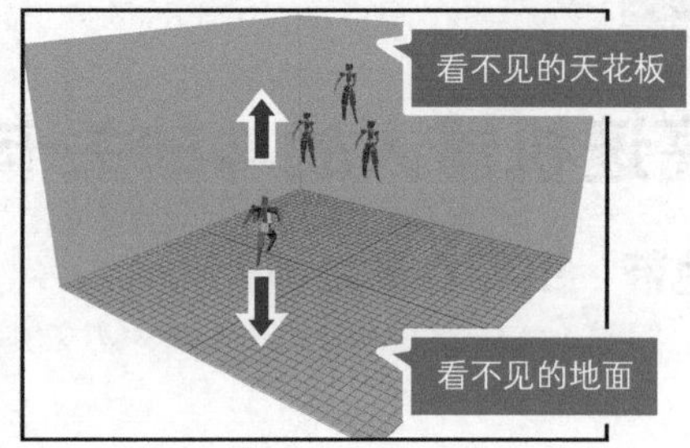

图 3.5.2　空间关卡设计必需的移动限制

为避免玩家碰到这些透明墙壁，开发者巧妙地安排敌人进行诱导，使玩家不会产生再飞高些或再飞低些的想法。这些敌人会引诱玩家向区域内侧移动，或者强行将玩家打飞至区域内侧，从而让玩家没有机会接触到区域边界。这样一来，只要玩家锁定敌人进行战斗，就会自然而然地进行上下调整，从区域边缘移动至区域中央（图 3.5.3）。

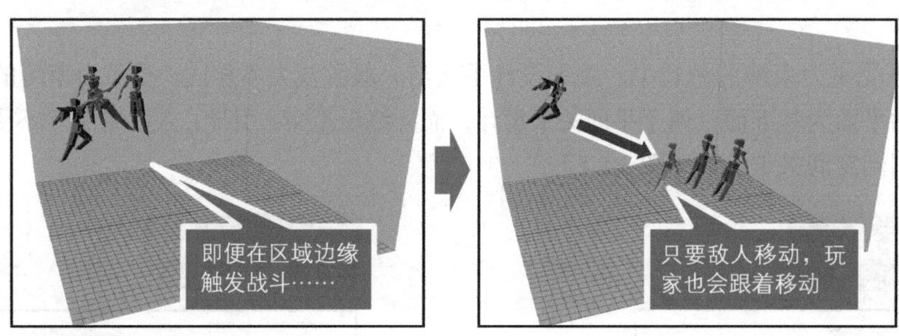

图 3.5.3　解决区域边缘的战斗问题

另外，在诸如“火星荒野”等地形起伏较大的场景中，玩家接触地面时会自动上升。因此即便是在某个起伏不平的地形的最低处引发战斗，也会不知不觉地被调整至中层或上空附近（图 3.5.4）。

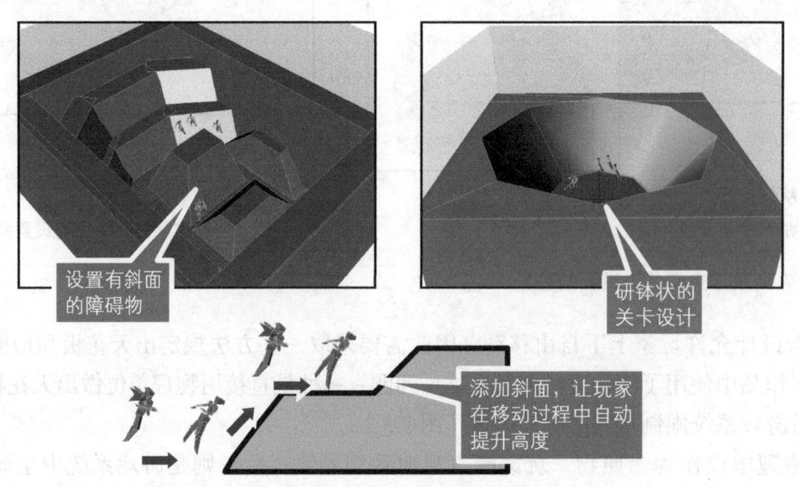

图 3.5.4　让玩家自然而然地从空间底层移动至中间的关卡设计

场景中登场的敌人也都尽量配置在了中间的高度，从而避免玩家向区域边界移动。**对动作游戏而言，这种在不知不觉中将玩家诱导至最佳游戏环境的关卡设计十分重要，不可或缺。**

空间关卡设计中让高度具有意义的机制

空间关卡设计中还有一个更加重要的元素，那就是“高度”。**游戏一旦不受重力束缚，关卡设计中的高度就将失去意义。**平面关卡设计中制作一堵略有高度的墙就能限制玩家的移动，但空间关卡设计则需要让墙壁从地面直达天花板。

因此，如果不给空间关卡设计中的高度赋予意义，那么各个高度下的游戏感将完全相同。最终玩家在玩这款游戏时，只会获得与平面关卡设计相同的游戏体验。

因此空间关卡设计必须给高度赋予意义。

以现实中的战机空战为例。从物理学的重力势能的角度出发，两架性能相同的战机在对战时，处于高处的战机可以利用重力势能更快速更低耗地接近处于低处的战机。我们在《皇牌空战》系列等真实系飞行模拟类游戏中经常能看到这种机制。该机制从游戏系统层面上给高度赋予了意义，即位置越高越有利。

《终极地带：引导亡灵之神》的核心概念是机器人动画一般的高速机器人动作场景，因此“高度的意义”也更有机器人动画风格。

首先是受重力影响的敌方地面部队。这些敌人无法飞行，所以玩家在感到危险时能立刻升空避难。

第二个是地面与天花板这类物理的“高度界限”。特别是地面战斗，玩家可以借助连击的击飞效果将敌人摔在地面上，从而追加额外伤害（图 3.5.5 的 A）。

第三个是使用抓钩对敌人进行“抓投”。玩家可以使用抓钩抓住敌人，然后将其投向别的敌人或墙壁造成伤害。“火星荒野”等场景中高度越低障碍物越多，这一招式能收到很好的效果（图 3.5.5 的 B）。

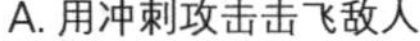

A. 用冲刺攻击击飞敌人

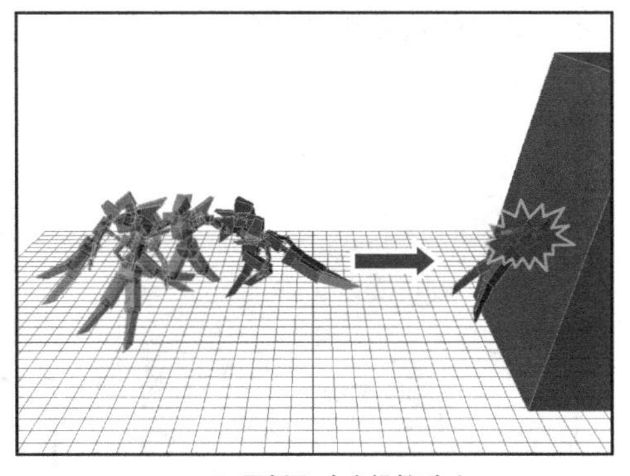

B. 用抓取攻击投掷敌人

图 3.5.5 在空间中活用障碍物

除此之外，本作品之中还有矢量加农炮等只能在地面使用的武器。由此可见，这款游戏为了给“高度”和“面”赋予意义，在关卡设计上下了许多功夫。

综上所述，在不受重力束缚的游戏中，通过空间关卡设计给不同高度赋予不同意义（位置的优劣势等）是让游戏更有趣的关键所在。反过来，如果不给高度赋予意义，游戏空间将真的成为一片茫茫宇宙，左右游戏胜负的也只是玩家与敌人的距离和攻击动作的优劣。这种关卡设计给人的感觉更接近射击类游戏。

空间关卡设计中，给高度赋予的意义决定着游戏手感和难度。

 适应游戏硬件规格的关卡设计机制

《终极地带：引导亡灵之神》原版基于 PlayStation 2 平台。与后来的 PlayStation 3 相比，PlayStation 2 的硬件资源十分有限。因此本作品的关卡设计手法也与现代高清游戏主机上所用的手法不同。

最明显的就是“巴赫拉姆舰内”和“戴莫斯空间站”两个场景。这些场景以“房间”或“通道”为单位，使用了大量重复的场景结构（图 3.5.6）。

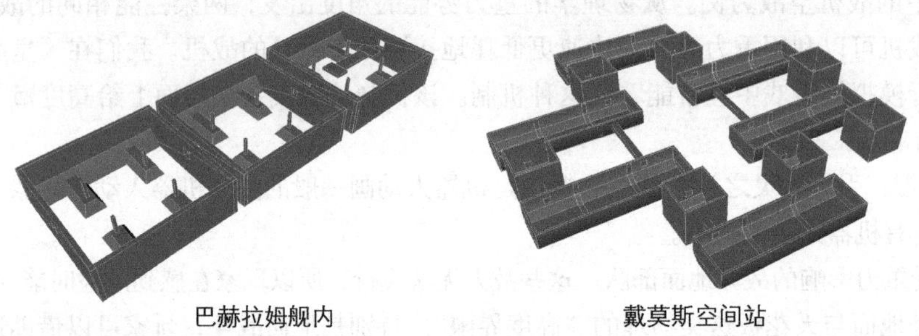

图 3.5.6 拥有相同部件的关卡设计

要想让玩家在游戏中能自由发挥，需要足够广阔的关卡设计，如果游戏硬件内存较小，我们就必须进行“关卡设计的部件化”。

另外，关卡设计部件化还可以通过画面划像（淡入・淡出）或加入事件等手法，将一个房间作为多个不同的房间重复利用。据笔者推测，本作品后半程出现的“阿穆特突破口”等场景中就采用了上述手法（图 3.5.7）。

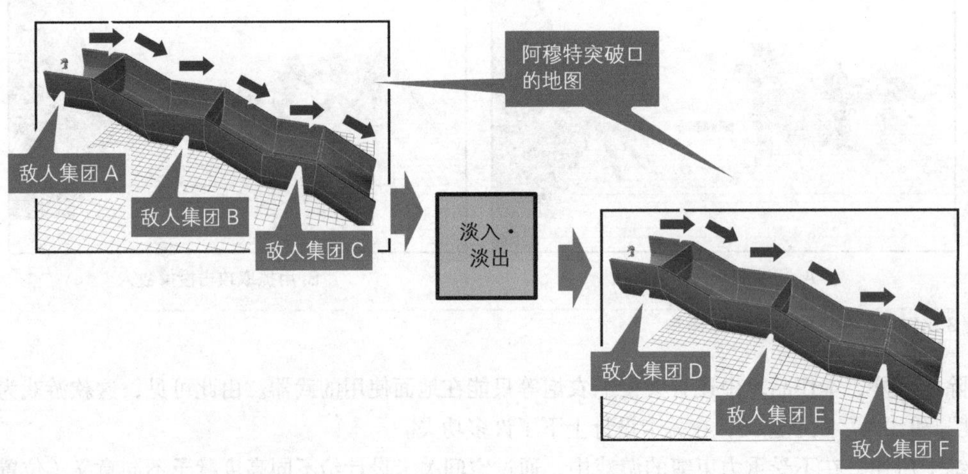

图 3.5.7 淡入淡出带来的效果

实现关卡设计部件化有多种手法。

在现代 3D 动作游戏的关卡设计中，最常见的手法就是**瓦片集**。瓦片集就是将关卡设计中的“房间”和“通道”进一步细分后形成的小部件集合（图 3.5.8）。

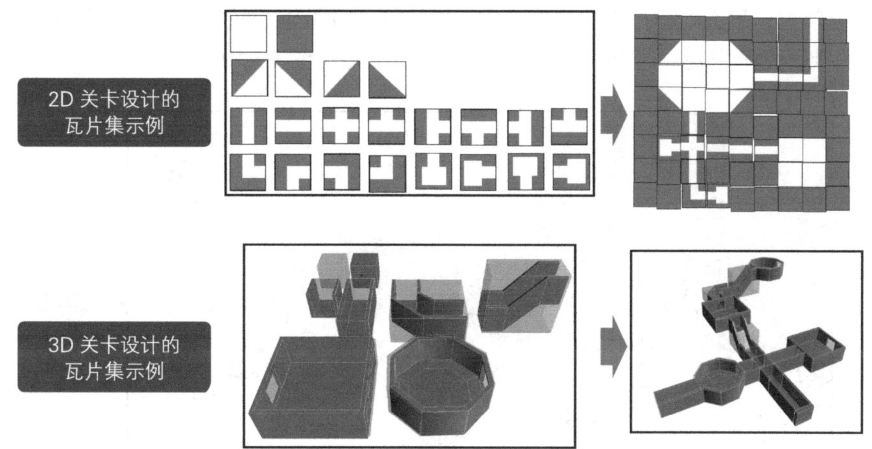

图 3.5.8 瓦片集

瓦片集的优势在于使用固定部件进行关卡设计，不但使关卡设计过程得到简化，用法得当还能大幅缩小数据体积。时至今日，在内存容量有限的硬件上制作游戏时（例如移动端游戏），人们仍十分喜欢使用这种手法。

不过，仅用瓦片集设计出的场景很容易出现类似或重复现象，这势必会影响到游戏的真实度。所以如今一些追求真实画面效果的大作都是直接给整张地图建模，并一步步加入细节。使用这一方法时，关卡设计师要先用“灰盒”排列出一个简易的场景，经过测试确认游戏的乐趣性之后，再由 3DCG 模型师将灰盒进一步加工成实际场景（图 3.5.9）。

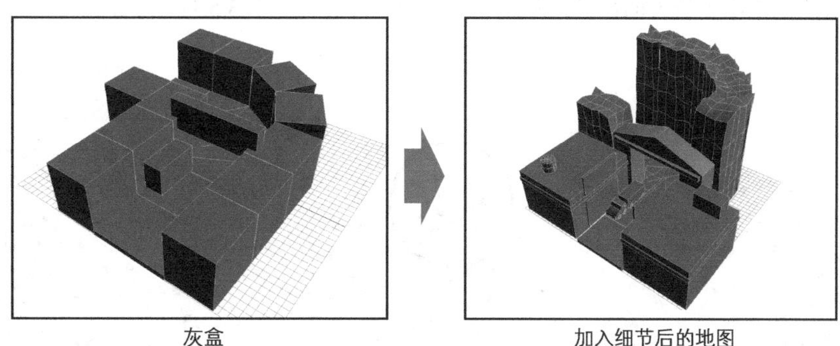

图 3.5.9 从灰盒到实际地图

顺便一提，这种将整张地图从零建模的关卡设计手法的成本十分惊人。

近年来有许多游戏虽然也运用了瓦片集的手法进行关卡设计，但其通过增加瓦片种类、为重复场景添加不同细节等方式，让整个关卡看上去完全没有瓦片集的感觉，场景品质并不亚于从零建模的游戏。

创造出海量敌人的关卡设计机制

在《终极地带：引导亡灵之神》里，有许多关卡设计展现出的迫力并不亚于电影或动画。其中最让笔者惊喜的就是“荒野乱战”场景。

在这一场景中，敌方巴赫拉姆的量产型机器人连续发动波浪式攻击，企图消灭玩家一方。敌机总数达到几百架，玩家需要一边守护友军一边消灭来犯之敌（图 3.5.10）。

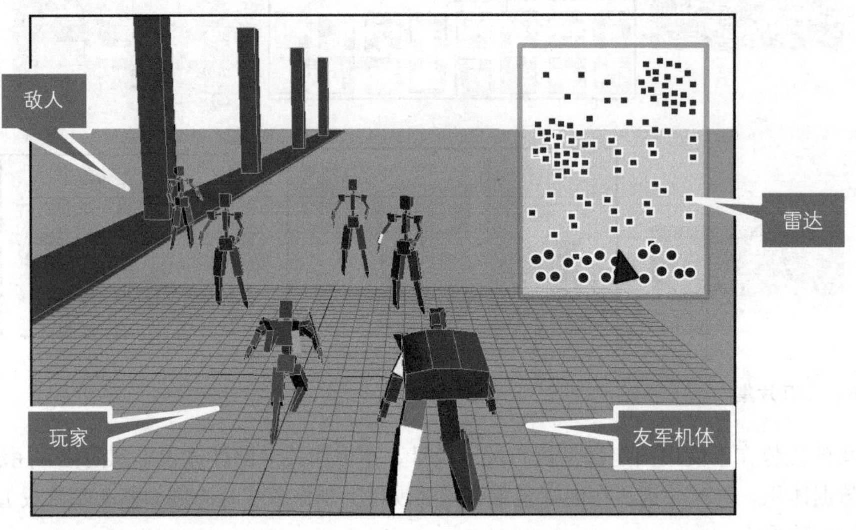

图 3.5.10 荒野乱战的示意图

然而以当时 PlayStation 2 的性能，绝对无法同时显示如此多的敌人。因此开发者在这一场景的关卡设计中运用了大量技巧，以实现数百名敌人的波浪式攻击。

其中之一就是“雷达”。纵观整个游戏，只有这一场景会将所有敌人的位置以红点显示在雷达上，这就轻松地展现出了敌人的数量以及波浪式攻击的情形等（图 3.5.11）。

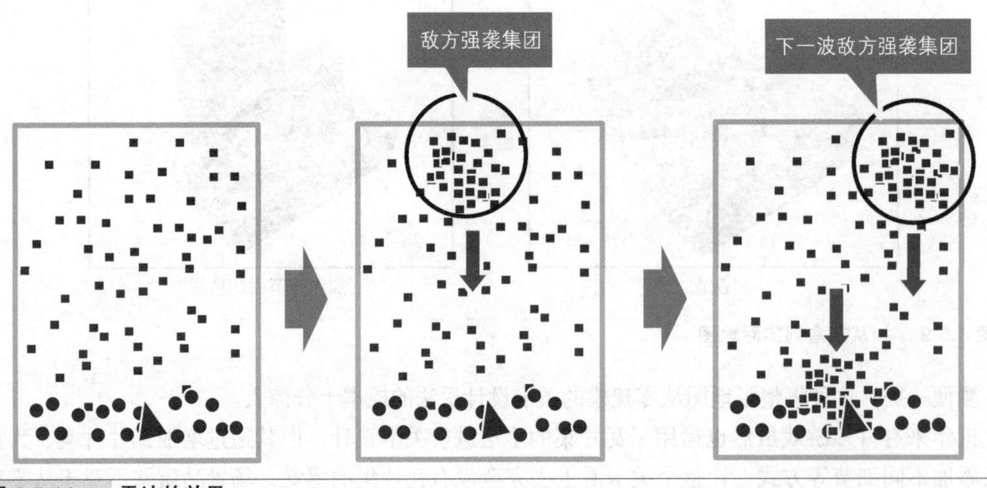

图 3.5.11 雷达的效果

这款游戏的视野较小，不能看到雷达显示的所有范围，而且还有着远近距离限制。也就是说，玩家只能通过雷达来辨识对面敌人的数量。喜欢电影的读者不妨回忆一下《异形 2》。这部电影实际拍摄时只有 3 套异形的全身戏服，成品中却运用“动态雷达”表现出了大批异形袭来的场面。借助昏暗场景和分镜技巧，让观众觉得异形铺天盖地。

这一手法在游戏中同样适用。只要给场景视野加上一层雾，那么一次只显示几名敌人也不会让人觉得别扭（图 3.5.12）。

如果将所有敌人都显示在场景中，
那么硬件处理速度一定跟不上

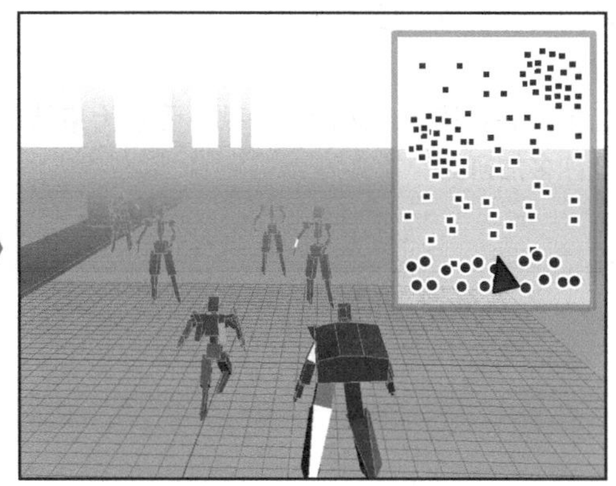

需要根据游戏主机的处理能力调整敌人数量，
保证游戏流畅

图 3.5.12　敌机的显示数量

但是，如果在游戏过程中出现敌人扎堆的现象，那么游戏很可能掉帧，甚至由于内存溢出导致崩溃（实际上，荒野乱战这一场景在敌人过分集中时也会轻微掉帧）。

根据笔者推测，这款游戏应该采用了下述机制中的某一个。

A. 让超出硬件显示能力的敌人暂时停止活动，不予显示

虽然敌人会以红点形式显示在雷达上，但很少有玩家能根据雷达准确判断周围有多少敌人。因此可以让超出硬件显示能力的敌人暂时停止活动并不予显示，只在雷达上留有红色的点，从而保证硬件不超出负荷。当玩家消灭敌人或其他敌人离开玩家视野后，再重新激活停止的敌人，让其从玩家头顶等视野之外出场加入战斗。

B. 让超出硬件显示能力的敌人移动至不可见的位置

如果扎堆的敌人数量超出了硬件显示能力，那么当玩家接近时让未被锁定的敌人上下左右分散站位，离开玩家视野。

C. 在移动过程中保证敌人密度不超过硬件显示能力

调整各敌人的 AI，让敌人之间保持一定距离，保证进入玩家视野的敌人数量不超过硬件显示能力。

D. 在关卡设计时保证扎堆的敌人数量不超过硬件显示能力

通过关卡设计调整敌人的波浪式进攻，保证敌人数量不超过硬件显示能力。比如让敌人集团从某个位置加入战斗时，保证该位置原有的敌人集团已被歼灭。

虽然这些都只是推测，但毫无疑问的是，这款游戏无论游戏系统层面还是关卡设计层面，都有着十分专业的设计技巧。

在关卡设计中灵活应用游戏系统，能为玩家提供超越该游戏系统本身的游戏体验。《终极地带：引导亡灵之神》就是这样一款给玩家带来无尽乐趣的游戏。

小结

关卡设计既可以给玩家带来自由，也可以约束、诱导玩家，这完全取决于在关卡设计中凝练了怎样的设计技巧。《终极地带：引导亡灵之神》通过关卡设计实现了高速机器人战斗和不受重力束缚的游戏体验。

如果各位读者也想制作一款不受重力束缚的令人感到畅快的游戏作品，请务必对这款作品的关卡设计多加研究。

3.6

为每个玩家打造不同冒险的关卡设计技巧

(《黑暗之魂》)

《黑暗之魂》有着与强敌对战的刺激感和探索广阔地图的乐趣，其关卡设计也与以往的动作 RPG 游戏不同，对游戏深度十分讲究。游戏中的敌人招招致命，地下城一步走错就一命呜呼，这让很多玩家都几近崩溃。

但是这款游戏却有着一股莫名的吸引力，让人不管失败多少次，仍然有重新挑战的冲动。那么，这种“莫名的吸引力”中究竟隐藏着怎样的技巧呢？现在就让我们来揭开这种失败无数次仍有动力重新挑战的关卡设计的秘密。

讲究纵方向的关卡设计

《黑暗之魂》是一款非常传统的动作类 RPG 游戏，玩家在游戏中探索场景或地下城，消灭挡在面前的敌人，寻找目标场所或物品，享受探索的乐趣。

关卡设计方面也是中规中矩的平面关卡设计，让玩家充分享受到路径探索的乐趣，堪称易上手性的教科书（图 3.6.1）。

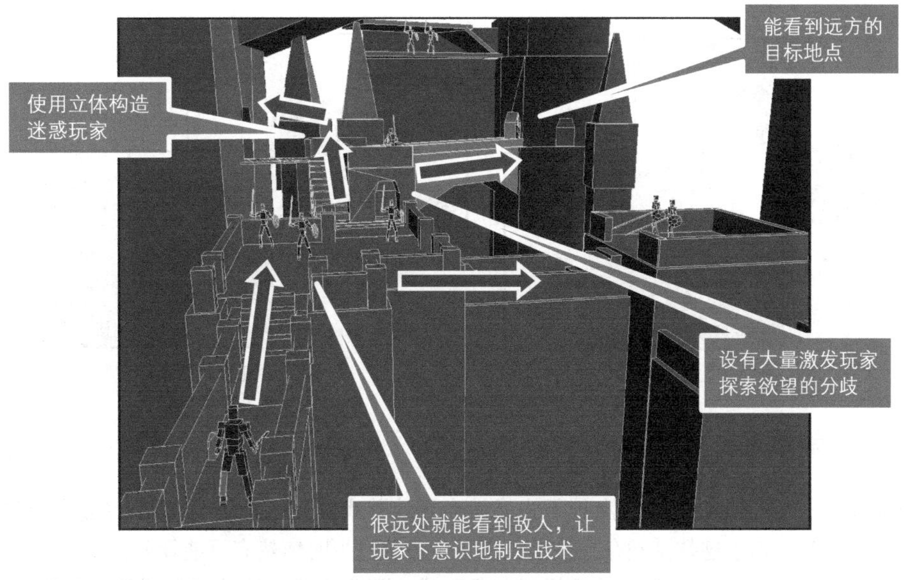
能看到远方的
目标地点
使用立体构造
迷惑玩家
设有大量激发玩家
探索欲望的分歧
很远处就能看到敌人，让
玩家下意识地制定战术

图 3.6.1　《黑暗之魂》的关卡设计

不过，我们在实际玩这款游戏时会发现，其关卡设计有着独特且强烈的“个性”（特征）。其中最具个性的就是**讲究纵方向的关卡设计**。

首先,《黑暗之魂》的关卡设计比其他游戏更容易“跌落”。比如游戏初期从“传火祭祀场”到“城外不死镇”之间需要通过崖壁上的一条通道。这条通道在狭窄之余还有敌人把守,菜鸟玩家在这里大多都会跌落几次(图 3.6.2)。

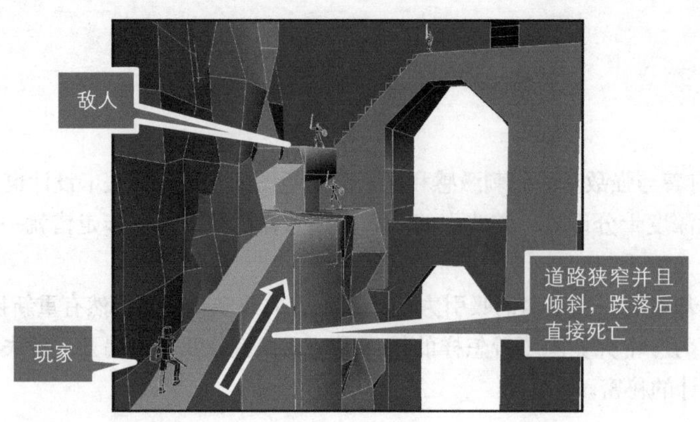

图 3.6.2 讲究纵方向的关卡设计

这种容易跌落的关卡设计贯彻游戏始终,基本上所有玩家在游戏过程中都曾因跌落导致游戏失败(顺便一提,在玩家跌落死亡时也会损失所有魂,对玩家而言是个不小的打击)。因此玩家脑中会有“跌落 = 巨大风险”的概念,进而集中注意力探索不会跌落的路径。

这类关卡设计看上去十分苛刻,但在实际游戏中,跌落也经常能带来发现的惊喜。实际上,这款游戏的跌落点分为“立即死亡的跌落点”和“不会死亡的跌落点”两种(图 3.6.3)。

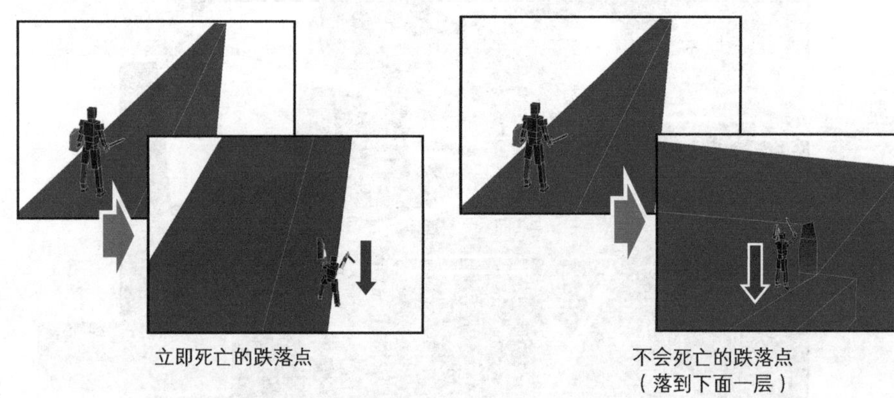

图 3.6.3 两种跌落点

顾名思义,从立即死亡的跌落点掉下去必然会导致游戏失败,而从不会死亡的跌落点掉下去则能平安落地。不过,由于这款游戏存在跌落伤害,生命值过少时依然有可能摔死。

立即死亡的跌落点能煽动玩家的恐惧感和紧张感,而不会死亡的跌落点则能给玩家带来免于死亡的安心感与探索的好奇心。这两种跌落点的鲜明对比为游戏创造了“纵方向探索的乐趣”。

以城外不死镇为例。从传火祭祀场到城外不死镇的路上,几乎所有地方都是跌落点。特别是如图 3.6.4 所示的跌落点 A,玩家要在这里与敌人交战,跌落概率非常高(笔者也在这里不小心跌落过）。掉下去的瞬间玩家会在心中惊呼“死定了！”但实际上这里是一个不会死亡的跌落点，玩家会落在一条与主线无关的道路上。此时玩家会为自己还活着感到庆幸，并开始探索回到原位置的路径。

不过，这一路上埋伏着大量敌人，玩家必须将它们全部消灭并抵达深处的梯子才能返回。这时很多玩家都会后悔从上面掉下来。然而只要顺利消灭敌人，玩家就能在通道内的尸体处获得道具。这一系列体验让玩家下意识地记住跌落伴随着风险，但也能发现新的场所（回报）。

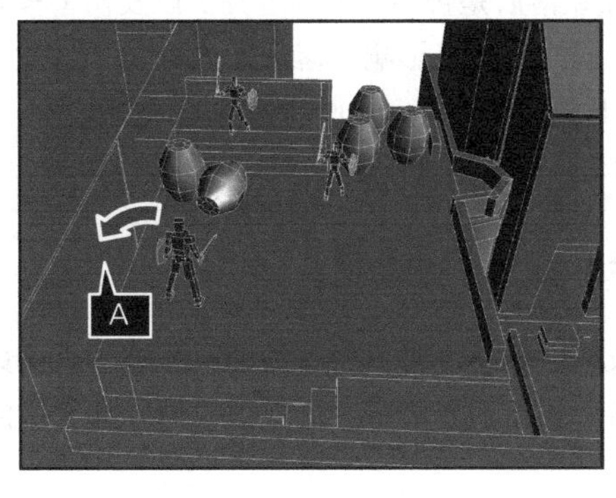

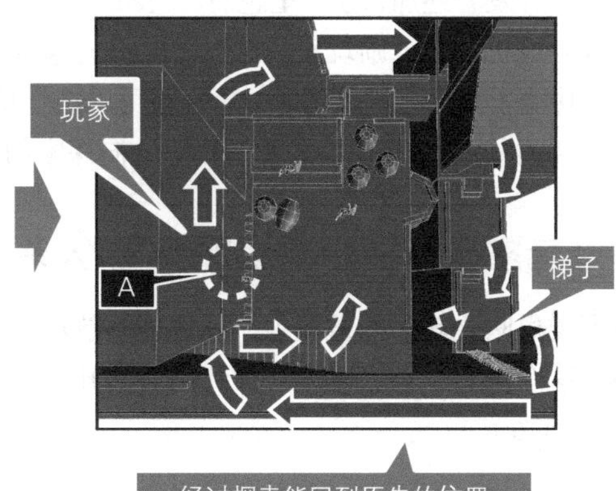

图 3.6.4　战斗中一不小心就会跌落的跌落点

类似的机制我们在城外不死镇之外的场景中也能看到。通过“不小心跌落下去，结果发现了道具”这种体验，玩家将能够意识到纵方向观察力的重要性。慢慢地，玩家将对关卡设计的立体机制有所认识，积极地控制镜头进行纵方向探索，寻找新的隐藏路径和道具。随着不断体会死亡与发现交织的“跌落后探索的刺激”，习惯平面探索的玩家将渐渐体会到**纵方向探索的乐趣**。

另外，为让玩家时常意识着纵方向，游戏将探索路径也设置成了偏向纵方向的“立体路径”。比如我们在前面提到过的那具尸体，开发者将尸体设置在了窗边，玩家在回到原位置之前就能透过窗户看到尸体上发光的道具（图 3.6.5）。

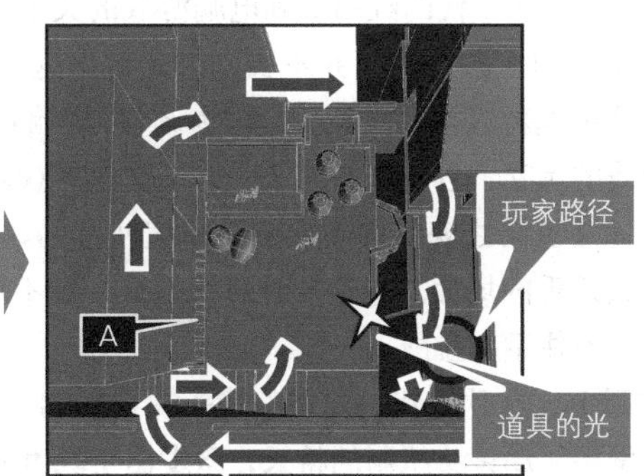

图 3.6.5　让玩家意识到纵方向探索的关卡设计

不过，要想拿到这个道具，就必须进入如图 3.6.5 所示的建筑物之中。当玩家回到原先的位置时，会发现楼梯已经被树木封死了，根本进不去。于是玩家会再次从图 3.6.5 的跌落点 A 跳下，探索建筑物四周，最后惊奇地发现入口就在第一个通道处（设计者让建筑物入口与墙壁的风格一致，玩家必须慢慢前进并仔细观察才有可能发现）。从这里进入建筑，即可获得窗口处看到的道具。

这一探索路径的亮点在于必须从跌落点掉下来（纵方向移动）才有可能获得道具。日常中的我们虽然身处三维空间，但实际生活却是以平面（地面）为基准的，因此游戏里的“跌落”等“单向通行的纵向移动”是日常生活中几乎遇不到的，就算能遇到，最多也是儿时爬铁架或爬山等。因此对成年人而言，“下落的纵向移动”只能在游戏世界中体验。

另外，开发者还加入了“七色石”（测试当前地点跌落后是否会摔死的道具）以及伤害极高的下落攻击等游戏机制，鼓励玩家借助下落来纵向移动。同时为了不影响下落带来的探索，这款游戏中没有跳跃功能（如果有跳跃功能，玩家将可以选择从下面跳到上面，从而让游戏变得更难）。

综上所述，《黑暗之魂》为激发出纵方向探索的乐趣，采用了讲究纵方向的关卡设计。

让玩家忍不住重新挑战的“新人杀手”机制

在玩《黑暗之魂》的过程中，玩家进入新场景或地下城时经常莫名其妙地就死掉了。比如“塞恩古城”这个场景，很多玩家会踩到门口的开关，然后死于箭矢陷阱。这就是我们平常所说的**新人杀手**（图 3.6.6）。

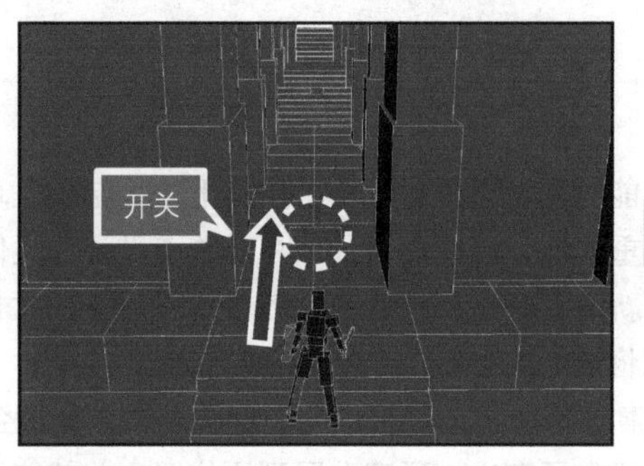

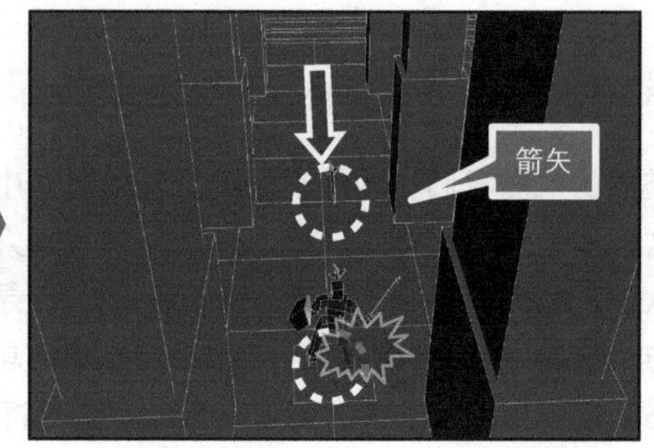

图 3.6.6　开关与陷阱

20 世纪 80 年代的红白机和电脑游戏的关卡设计中，“新人杀手”十分常见。当时由于游戏内容比较简单，加上游戏时间并不长，因此常用这一手法来增加游戏容量（游戏时间）和难度（当然，某些游戏出现新人杀手现象只是因为调整得不够……）。不过，这种关卡设计手法也逼走了很多并不擅长游戏的玩家，近年来新人杀手并不受业界欢迎。要知道，这种手法往往会使玩家丧失游戏热情。

然而《黑暗之魂》中新人杀手却随处可见。尤其是在塞恩古城中，基本每走一个房间都会遇到疑似新人杀手的场面。但这款游戏就是有一种不可思议的吸引力，玩家即便被新人杀手型陷阱害死，也仍会禁不住重新挑战。

实际上，这款游戏只要调整镜头视角仔细观察，玩家肯定能发现陷阱。**也就是说，游戏关卡设计通过发挥手动镜头机制的特长，激发出了玩家的观察力**。

另外，所有陷阱都经过了严格调整，玩家很少被一击毙命。

图 3.6.6 中介绍的箭矢陷阱也是如此。玩家踩到机关后会射出 3 支箭，而游戏发展到玩家进入塞恩古城的阶段时，玩家的生命值已经足够支撑第一支箭的伤害。此时就算被第一支箭射中，只要闪开后续的箭矢就不会丧命。反过来，如果注意到陷阱之后还不进行防御躲闪，那么一定会连中三箭而死（图 3.6.7）。

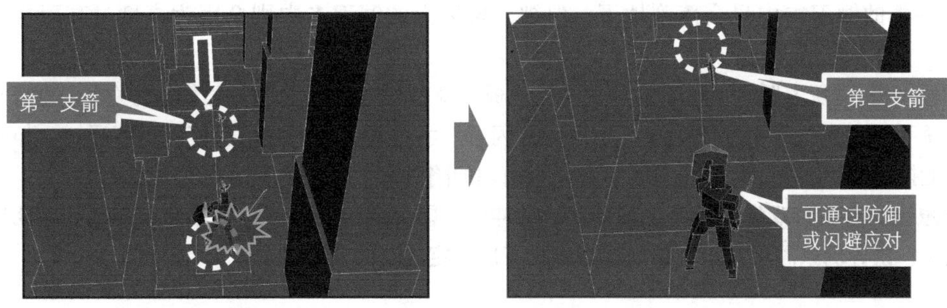

图 3.6.7 不会立刻死亡的陷阱

《黑暗之魂》的这类陷阱在发动后都给玩家预留了闪避时间。

而且如果将前方敌人引至陷阱附近并适时踩下开关，可以反过来利用陷阱消灭一名敌人（图 3.6.8）。

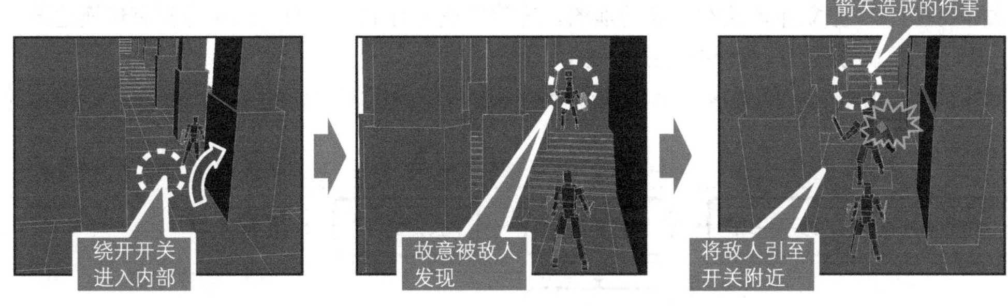

图 3.6.8 可以用作武器的陷阱

也就是说，经过细心观察和应用，新人杀手型陷阱可以反过来被玩家作为武器使用。

这款游戏中的陷阱严格遵守着上述“仔细观察即可识破”“踩到陷阱也有机会闪避”“即便闪避不成功，只被打中一次的话也不会死（不会一击毙命）”“应用得当可以消灭敌人”等规则。

由于仔细探索能够躲开新人杀手型陷阱，玩家会产生“早知道就小心一点了”的想法。正因为玩家能从游戏机制中理解并接受死亡原因，才会萌生重新挑战的念头。

本作品在陷阱设计方面的良苦用心在后面的陷阱上也能体现出来。比如在通道上方摇摆的巨大镰刀，

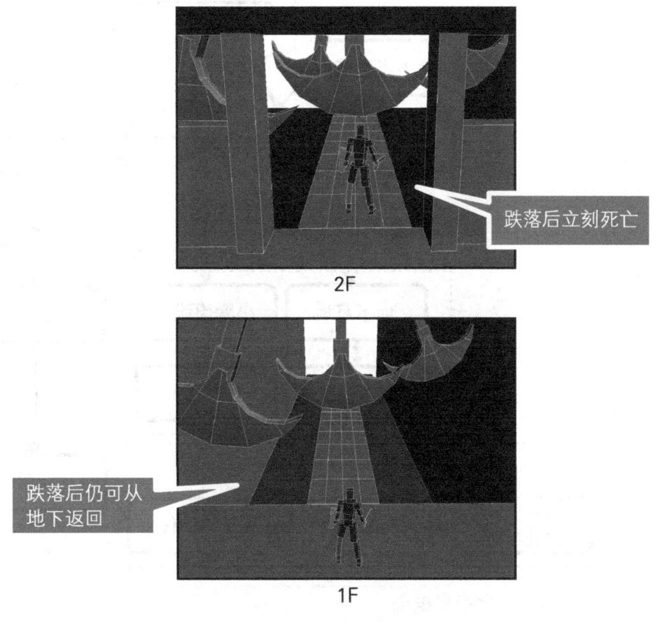

图 3.6.9 镰刀陷阱

玩家被一楼的镰刀击中只会落到地下，但被二楼以上的镰刀击中则会因为高度过高而摔死（图 3.6.9）。

顺便一提，“玩家踩到不可见的开关，被地板上刺出的枪一击毙命”之类的机关属于真正意义上的新人杀手，这类机关玩家既观察不到也无法闪避。由它们构成的挑战只能凭运气通过，但几乎没有玩家能接受死于运气不好（不过，这类不讲道理的陷阱常常能让观看游戏的人发笑）。

若想让玩家在游戏失败后萌生重新挑战的冲动，需要通过关卡设计或陷阱机制将死因明确地传达给玩家，诱导玩家思考对策，帮助玩家建立下次一定成功的信心。

为每个玩家打造不同冒险的全无缝关卡设计

《黑暗之魂》的最大特征就是所有地图全无缝衔接。如果将每个有名称的区域算作一张地图，那么整款游戏就有 25 张立体衔接在一起的地图。这款游戏没有世界地图，同时也没有切换地图的读取画面，从而让玩家的意识持续保持在游戏之中（图 3.6.10）。

另外，这款游戏在开阔地区能眺望到远处地图的景色，玩家看到的地方都是实际能抵达的地方（图 3.6.11）。

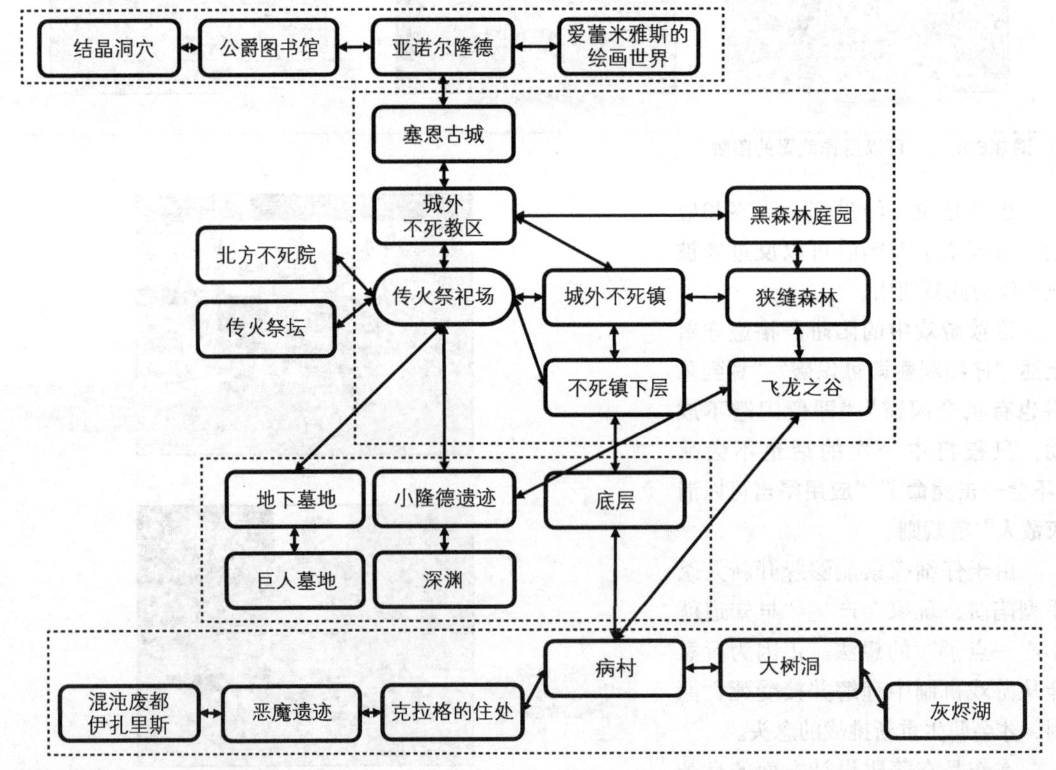

图 3.6.10 全场景框图

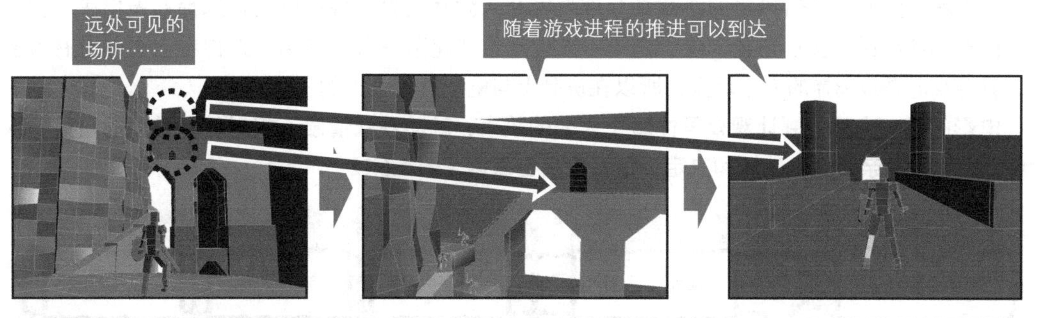
远处可见的
场所……
随着游戏进程的推进可以到达

图 3.6.11　场景中可眺望到的远景

游戏一开场，玩家只是单纯地被扔到了这个无缝世界中，整个游戏并不会积极地向玩家讲述剧情。随着游戏进程的推进，玩家会依次获得下述几个目标，期间可以从任何一张地图开始探索。

- **目标 1（初期）：**敲响两座钟（没有先后顺序）
- **目标 2（中期）：**去见亚诺尔隆德的公主（获取王器）
- **目标 3（后期）：**收集四个王的灵魂（收集顺序没有先后）

另外，这款游戏的场景只要去过一次就可重复造访，所以即便探索过程中有所遗漏，在后期也可返回头来仔细探索。这种关卡设计自由度极高，说是“专精于探索的关卡设计”也不为过。

由于有着极高的自由度，每名玩家的通关路线都由其玩法决定。有些玩家会先从传火祭祀场去城外不死镇，有些玩家则会在毫不知情的情况下选择先从传火祭祀场去小隆德遗迹（在游戏中期或后半需要前往这个区域）。后者在小德隆遗迹会遇到完全打不过的敌人，结果只能手忙脚乱以死收场。这也是《黑暗之魂》特有的冒险乐趣。不过这一路线也不是无法通关。有很多骨灰级游戏玩家在网络上展开了名为“Real Time Attack”（RTA）的竞赛，比谁能以最短时间通关这款游戏。正是高度自由的通关路径为本作品造就了这一独到乐趣。

《黑暗之魂》不仅沿袭了经典的游戏关卡设计手法，还采用了纵方向的关卡设计，虽然让玩家时常面对跌落的危险，但偶尔也会有掉下去以后发现了还没探索的地方这样的惊喜。不过，等着玩家的究竟是道具还是强敌，只有跳下去之后才能知晓。重视只属于玩家的“冒险”和“剧情”，让玩家不知道下一步有什么在等着自己——有可能是宝藏，有可能是死亡，还有可能会永远困在未知的场所，这正是本作品关卡设计的特征。换句话说，正因为有着全无缝的关卡设计，每名玩家才能获得只属于自己的冒险与剧情。

关于关卡设计带来的玩家体验（冒险或剧情），笔者认为可以分两个方面考虑，即**“超第一人称关卡设计”和“第一人称关卡设计”。**

镜裕之在《美少女游戏编剧权威》一书中，将比电影和小说更接近角色的游戏第一人称视角称为“第零人称”。本书中将其称为“超第一人称”①。

在电影和小说中，有仅从主人公视角讲述故事的第一人称和从第三者视角出发讲述主人公故事

① “第零人称”也常被用于“旁白”“讲述者”的人称。因此本书为防止出现混淆，将这里提及的“第零人称”记为“超第一人称”。另外，《美少女游戏编剧权威》（原书名为『美少女ゲームシナリオバイブル』）是一本是非优秀的书，现阶段虽然难以购得，但电子版已经在网上发布，有兴趣的读者不妨一阅。

的第三人称。然而，任何风格的游戏都允许玩家介入游戏世界，替角色进行选择并做出决定。因此玩家比电影和小说更接近角色，位于超第一人称。虽然超第一人称与第一人称看上去并没有太多区别，但游戏世界做选择的人是玩家，所以在机制上与电影有着根本的不同。

电影的第一人称机制让观众再体验主人公的故事，触动观众情感。相对地，游戏的超第一人称机制则是让玩家亲自做出选择和决定，情感由自己掌握（图3.6.12）。

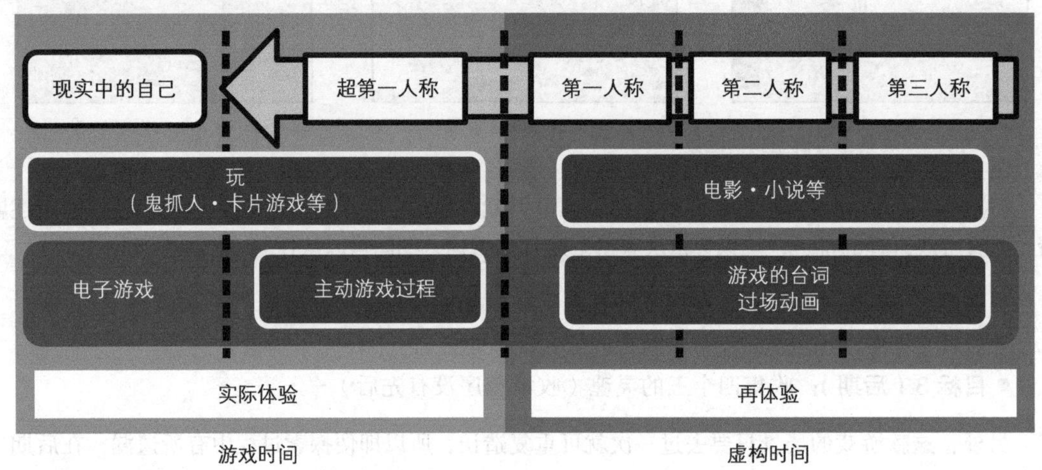

图3.6.12 游戏中的“人称”

此外，玩家实际进行游戏的时间称为**游戏时间**，用于欣赏台词和过场动画的时间称为**虚构时间**[①]。《黑暗之魂》这类游戏的玩家角色无论名字、外观，甚至内在（能力值）都由玩家自由设置，玩家角色在游戏中就是玩家的化身。这类游戏整体流程都使用了超第一人称，因此关卡设计方面也极力避免了虚构时间。我们不妨将这种让玩家充分体验超第一人称视角的关卡设计称为“超第一人称关卡设计”。

另一方面，当前广受国内开发团队效仿的日式RPG游戏中，玩家角色的名字、外观、性格等一切都已经事先敲定，关卡设计中的路线和故事也都唯一，所以再多玩家来玩也只能体验到同一个剧情。

这种机制与电影相同，旨在让玩家再体验玩家角色的故事，因此游戏更接近第一人称，其关卡设计也就更该称为“第一人称关卡设计”。这种游戏虽然没有自由度可言，但可以将事先准备好的剧情明确传达给玩家（当然，人们对剧情的感受千差万别）。

顺便一提，实际游戏开发中对超第一人称和第一人称并没有划分明显的界线。同时，玩家在游戏中也时常徘徊在超第一人称和第一人称之间。超第一人称与第一人称并不存在明显的分界点，而是一种模糊过渡。因此，《黑暗之魂》可以说是一款更偏重超第一人称的游戏。

要想制作一款极度接近玩家的超第一人称游戏，需要让玩家在游戏中“自立”。而要想让玩家自立，必须给玩家提供“亲眼去看”“亲自去思考”“亲自选择・决定行动”“自发采取行动”的自由度。有了这个自由度之后，每个玩家都将在游戏中获得一个只属于自己的“剧情”。超第一人称关卡设计能将玩家牢牢地吸引在全无缝地图的游戏世界之中，是实现这一切的最佳选择。

---

① “游戏时间”和“虚构时间”在*half-real*（Jesper Juul）一书中有讲解。

让玩家玩不腻的探索机制

《黑暗之魂》的关卡设计中加入了许多让玩家玩不腻的策略，使人自发地去探索游戏世界的每个角落。

其中最典型的就是桶和箱子等**可破坏物体**。可破坏物体在许多游戏中都有出现，比如 2D 马里奥中的砖块，塞尔达传说中的“用剑割草”和“砸罐子”等（图 3.6.13）。

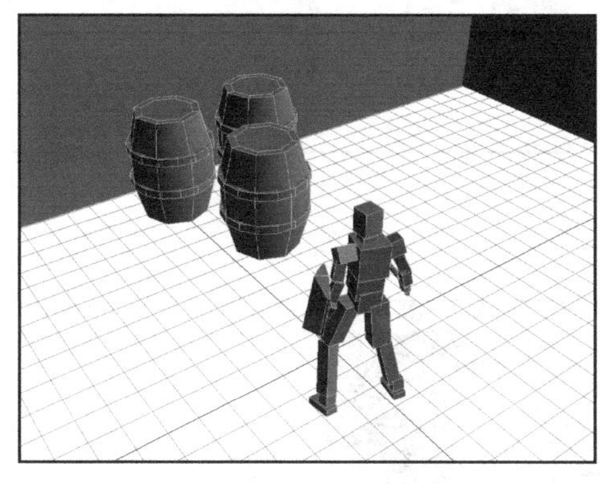

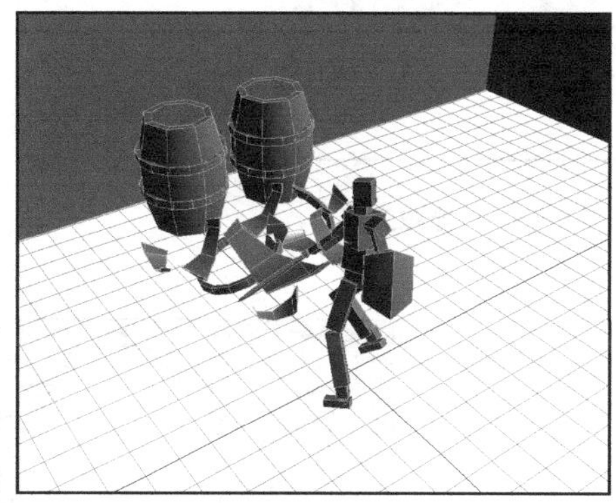

图 3.6.13 可破坏物体

可破坏物体的有趣之处不仅仅在于破坏时的动作，玩家还能从中获得道具等奖励（报酬）。

另外，《黑暗之魂》的可破坏物体也用于隐藏“新道路”或“捷径”（图 3.6.14）。

图 3.6.14 通过破坏物体发现隐藏的道路或捷径

发现新道路或捷径意味着冒险范围增大，所以玩家发现可疑之处时必定会忍不住去破坏。

除可破坏物体外，能用剑劈开的“隐藏通道”也能带来“新世界的发现”。比如玩家很可能在挥剑破坏木箱等物体时无意间砍到墙壁，从而发现隐藏的道路（图 3.6.15）。

此时给玩家带来的惊喜将直接成为今后探索的动力。而且玩家在隐藏道路中不光能发现物品，有时还能进入隐藏地图。也就是说，玩家探索越是积极，关卡设计为其准备的报酬就越高。玩家只要在游戏中发现过一次隐藏通道，之后就将下意识地攻击每一堵可疑的墙壁。

不过，关卡设计中的东西也不能全都让玩家自己探索。比如这款游戏中的道具就以“光点”表示，细心的玩家能从很远处看到它们（图 3.6.16）。

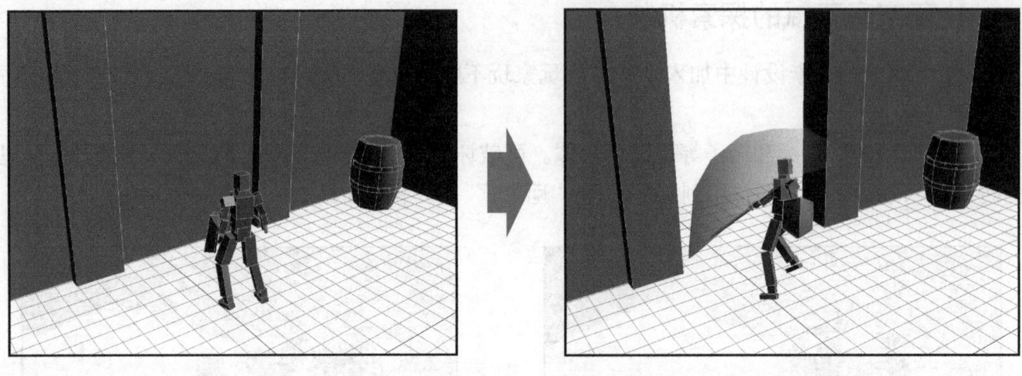

图 3.6.15 隐藏道路

图 3.6.16 远景中显示的道具亮光

只要让玩家从远处看到“道具的光亮”，玩家就会进行各种摸索尝试，力求拿到该物品。

很多道具乍一看可以直接走过去拾取，实际上却隔着一些障碍。为克服这些障碍，玩家会自然而然地开动脑筋进行探索（图 3.6.17）。

当预想的方法在摸索过程中获得成功时，玩家将从成就感中收获许多乐趣。《黑暗之魂》的关卡设计对“摸索的乐趣”十分重视，同时还将道具作为“诱饵”，吸引玩家来感受探索的乐趣。

可以看出，这款游戏让玩家无意识地进行着探索。在这一优秀机制的作用下，玩家常常会回想起来之前某个地图没有仔细探索，然后自发地跑回来重新玩一遍。

早在红白机和 PC 游戏时代，一些古典游戏就已经运用了这类玩法和探索的乐趣。不过，使用这种手法打造出的游戏往往难度很高。于是为保证菜鸟玩家不在游戏中受挫，开发者借助网络便于交流的特点，采用了多种对策来保持玩家的游戏热情。

比如“标记”系统可以用有限的词汇提示隐藏通道或道具的获取技巧；“血痕”系统可以显示其他玩家的死亡位置，提醒玩家前方有危险；还有“影子”系统可以让玩家在游戏世界中不再有孤单感，偶尔还能起到一定的提示作用。这些在线功能会不断帮助玩家在高难度游戏中重振旗鼓（图 3.6.18）。

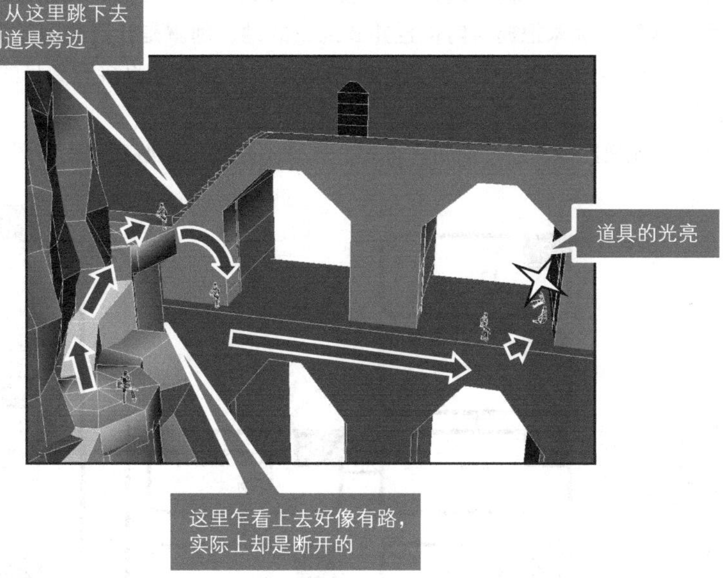

图 3.6.17　用道具的光亮诱发探索

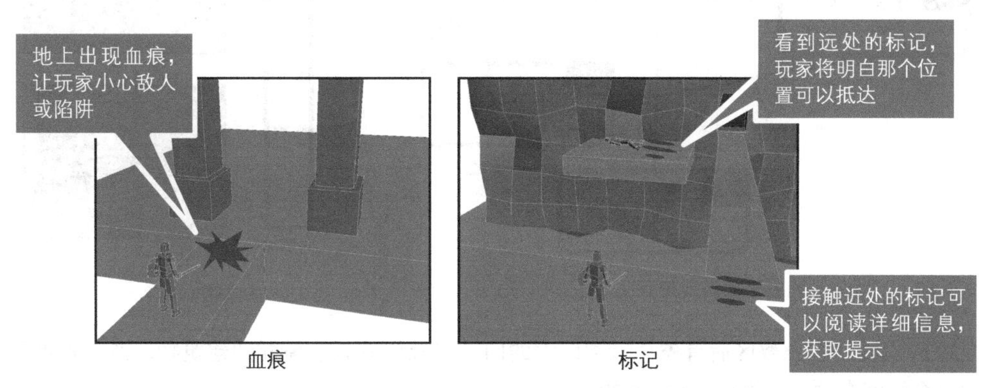

图 3.6.18　为玩家提供帮助的血痕和标记

让玩家自发进行探索的关卡设计，再加上通过在线功能实现轻松交流，创造出了保持玩家探索欲望的机制。有了这种机制，才能让玩家玩不腻。

 帮助玩家缓解疲劳的关卡设计机制

《黑暗之魂》这类高难度（容易死亡）的游戏要想保证玩家不中途放弃，需要维持玩家的好奇心与游戏热情，以及让玩家不感到疲劳。

首先，维持玩家的好奇心与游戏热情必须在关卡设计上多做文章，要让玩家能够把握当前位置以及看得到目的地。要实现这两点，最简单的方法就是使用我们之前说明过的过场动画，用第三者视角展示出当前位置与目的地之间的地图。由于 3D 游戏比 2D 游戏更容易让玩家迷失方向，所以许多开发方都采用了这一手法。但是，这种手法如果用得太多太直接，往往会削弱玩家的探索乐趣。

为避免上述问题，大部分游戏都会故意利用分镜绕开中继地点或终点，只保留部分提示。

还有一种方法能让玩家把握当前位置并看到目的地，那就是让玩家通过关卡设计自己去发现。 简单说来，就是给地图做一些调整，让玩家在踏入某一区域时能直接看到目的地，并且能不由自主地想接近该位置。

我们以城外不死教区为例进行说明。首先，城外不死教区的游戏流程如图3.6.19所示。

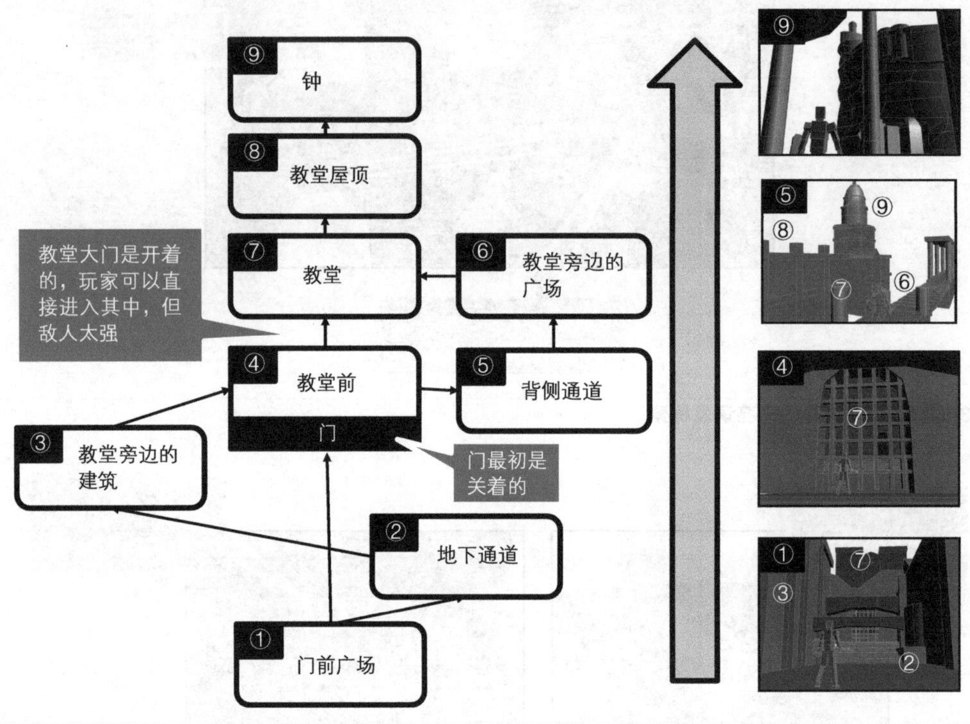

图3.6.19 城外不死教区的游戏流程

玩家进入城外不死教区后首先会看到巨大的门，以及门后教堂模样的建筑物。游戏初期要寻找的其中一个钟就在这个教堂里（图3.6.20）。

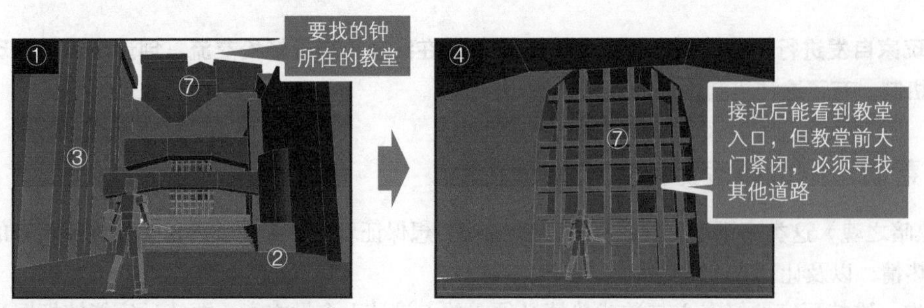

图3.6.20 从起始位置就能看见教堂

也就是说，玩家从一开始就能看到探索的目的地。只不过，玩家与教堂之间隔着一扇紧闭的大门，要想进入教堂必须另寻道路迂回。随着玩家探索迂回路径一步步前进，最终会来到门的另一侧。

此时玩家只要一回头即可明白自己位于门的对侧，也就把握了当前的位置。另外，门的这一侧设有开门杠杆，玩家拉开杠杆便能打开捷径。

继续向前行进，玩家将看到疑似钟楼的高塔（图 3.6.21）。

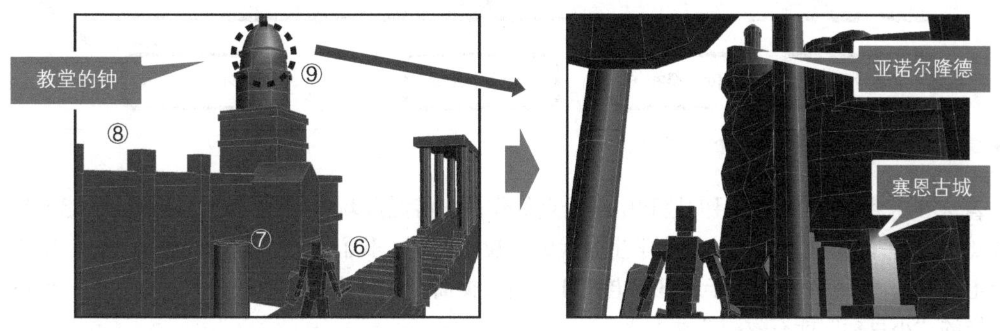

图 3.6.21　前进路上可以看到终点高塔

要想敲响大钟，玩家必须进入教堂，寻找通往屋顶的道路。当玩家千辛万苦抵达大钟处后，又能远远看到塞恩古城和亚诺尔德隆这两个之后需要前往的目的地。虽然现阶段还无法抵达该位置，但这会在玩家心中埋下“那里有什么？”的悬念。随着游戏推进，玩家将不知不觉抵达这些场景。也就是说，游戏借助关卡设计不断满足着玩家不经意间产生的好奇心[①]。

在这种关卡设计之中，玩家只要注意观察必定能发现下一个“目的地”。另外，很多地图只需回头一看便能认出来时的路径。即便游戏不给出任何指示，玩家也能无意识地掌握当前位置和目的地。

不过，在这种以地图规模为卖点的游戏中，无论如何满足玩家的好奇心，玩家该累的时候还是会累。因此这款作品添加了许多机制来避免玩家感到疲劳。

在这款游戏中，玩家要经常性地重复探索同一张地图。在这种情况下，随着可探索范围的增大，移动将逐渐成为一种负担。因此设计者采用了捷径机制，让玩家在抵达大部分目的地时都能开通返回出发点的捷径，从而降低移动负担，减轻疲劳。另外，开通捷径还能使玩家觉得探索更加自由了。

另一个缓解玩家疲劳的机制是“篝火”。这款游戏中的篝火既是玩家死亡后的复活点，也是购买恢复药品、修理・升级武器防具的重要场所。另外，玩家坐在篝火附近时敌人不会接近，所以篝火还起到了“精神休息处”的作用。

在广阔的全无缝地图上，找到篝火就等于找到了“冒险的大本营”。篝火在游戏前期设置得相对密集，但随着游戏推进，其间距离会越来越远（图 3.6.22）。

如此设计篝火间的距离是为了调整探索（冒险）的难度，从而避免关卡设计过于单调。

另外，这款游戏中篝火出现的位置十分巧妙，玩家往往在连续死过多次觉得玩不过去了的时候恰好发现下一个篝火。此时篝火带来的成就感和安心感能大幅缓解玩家的疲劳，为其加油鼓气。

---

① 在关卡设计时，这些让玩家下意识地想要前往的通道或终点都位于十分显眼的位置，但测试时则要求测试人员只轻瞥一眼或者眯眼去看，从而获知该远景能给玩家留下多少印象。《神秘海域》系列制作方 Naughty Dog 的设计者将其称为“眯眼测试”（摘自《通关！游戏设计之道》）。不过，某些希望玩家仔细探索的场景则故意设计得很难一眼辨识（能看到但很容易被忽视）。

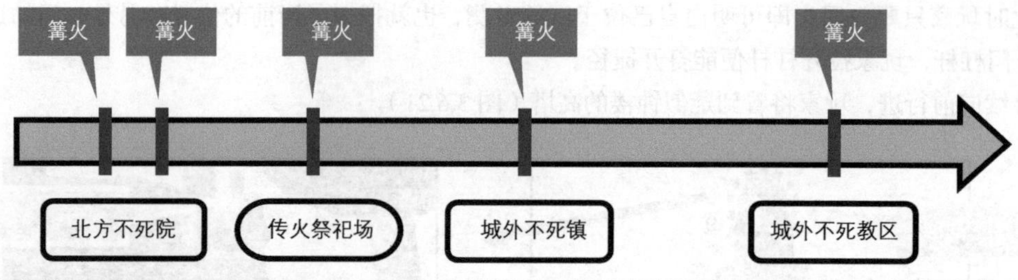

图 3.6.22 游戏推进与篝火的间隔

篝火在游戏中还起到了目的地和中继地点的作用，能激起玩家“加把劲，试试能不能走到那个地方（篝火）”的奋斗精神。这就像学生时代的马拉松比赛，我们在跑不动时会鼓励自己“坚持到下一个电线杆”，而篝火正相当于这里的电线杆。当人类面对一个难以达成的“大目标”时，创造电线杆这样的“小目标”能有效维持动力①。

难度较高的游戏中，一定要注意如何设置这些相当于电线杆的小目标。

可以自由制定战术的关卡设计机制

在《黑暗之魂》中，如果玩家试图毫无计划地正面冲破敌阵，等待玩家的只有被重重围困而死。即便玩家角色等级升至很高，被敌人包围后也会受到十分致命的伤害，因此如何各个击破敌人才是攻略这款游戏的关键。当玩家将敌人一个个顺利引出，最终清理完整个区域的敌人时，将获得这款游戏独有的巨大成就感。

为创造出这种“制定战术攻略一片区域的乐趣”，《黑暗之魂》的关卡设计完美平衡了“可见敌人的配置”和“不可见敌人的配置”。

可见敌人的配置指玩家可直接观察到的敌人的配置。和其他游戏相比，《黑暗之魂》的玩家镜头能看到更远的景色。比如在不死镇篝火前方不远处，玩家就能看到如图 3.6.23 所示的各种敌人。

玩家“能看到”，就意味着使用弓箭等远程武器有可能攻击到。而最安全的杀敌方法恰恰就是远距离射箭（但箭矢是消耗品，因此远距离消灭敌人仍伴随风险）。另外，只要能确认敌人位置，玩家就能主动调整移动路线将其引出。

但是，如果尽是一些可见的敌人，整款游戏将欠缺不可预见性，导致游戏的乐趣下降。**因此，不可见敌人的配置才是关卡设计的重点。**

不可见敌人具有陷阱性质，说白了就是“伏兵的偷袭”。比如在如图 3.6.24 所示的场景中，道路前方虽然没有敌人，但只要玩家从这里走过，敌人就会从道路后方爬上来攻击玩家。

实际上，这些敌人为埋伏玩家一直吊在道路边缘下方，只要从其他位置转换镜头角度就能清楚地看到它们（还可以用弓箭射落）。游戏中许多地方都配置了这类“不可见的伏兵”，它们往往能将玩家逼入绝境。

---

① 这在心理学中称为“小步递进原则”。小步递进原则由美国心理学家 Burrhus Frederic Skinner 提出。他设计了一套名为“程序教学”的学习法。这种学习法是“操作性条件反射”原理的一种应用，将学习步骤细分（小步递进原则），对学习者是否积极（积极反应原则）、是否正确理解了每个步骤即时作出判断并反馈（即时反馈原则）。另外，要迎合学习者的步调进行指导（自定步调原则）。这与游戏十分近似。

图 3.6.23 能在场景中观察到的可见敌人

因此，玩家的观察力决定了其在《黑暗之魂》中的生死。

在关卡设计阶段精心配置可见的敌人和不可见的敌人，可以让游戏在考验玩家操作娴熟度之余，为玩家带来观察及制定战术的乐趣。

这款游戏有个有趣的现象，那就是只要玩家没有主动行动，这些敌人就不会发起攻击。各位不妨观察一下不同地图中敌人发动攻击的瞬间。我们会发现几乎所有敌人都只在玩家接近时才做出反应，几乎没有自行巡逻的敌人。也就是说，这款游戏的所有战斗都由玩家的行动来触发（图 3.6.25）。

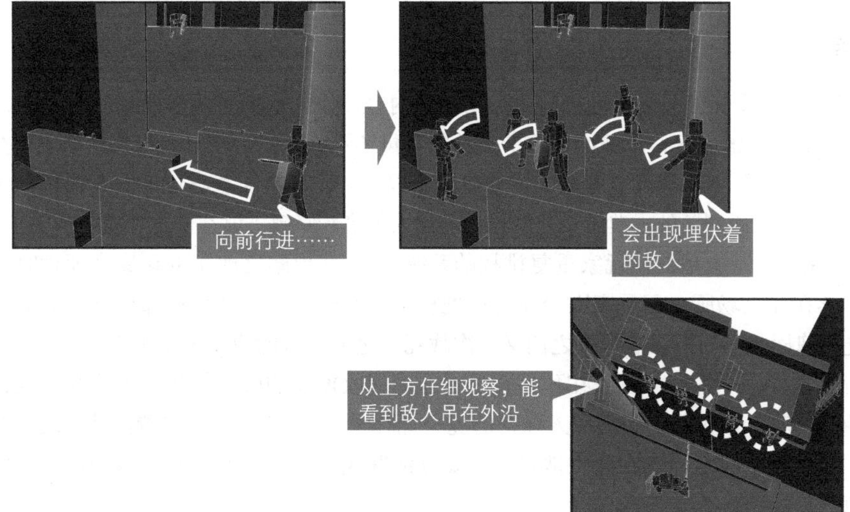

图 3.6.24 场景中无法观察到的不可见敌人

只要记住敌人的配置和警戒范围、移动范围等，玩家就可以反过来利用这一机制直接穿过敌群并避免战斗。由于在玩家行动前敌人不会主动攻击，所以玩家的“观察力”“洞察力”“注意力”越高，在战斗中就越容易取胜。因此可以说这是一款“观察・思考・尝试”的游戏。

上述手法称为“玩家驱动的关卡设计”或者“玩家主导的关卡设计”。这种设计能充分激发玩家的观察能力，正是它造就了能自由制定战术的关卡设计。

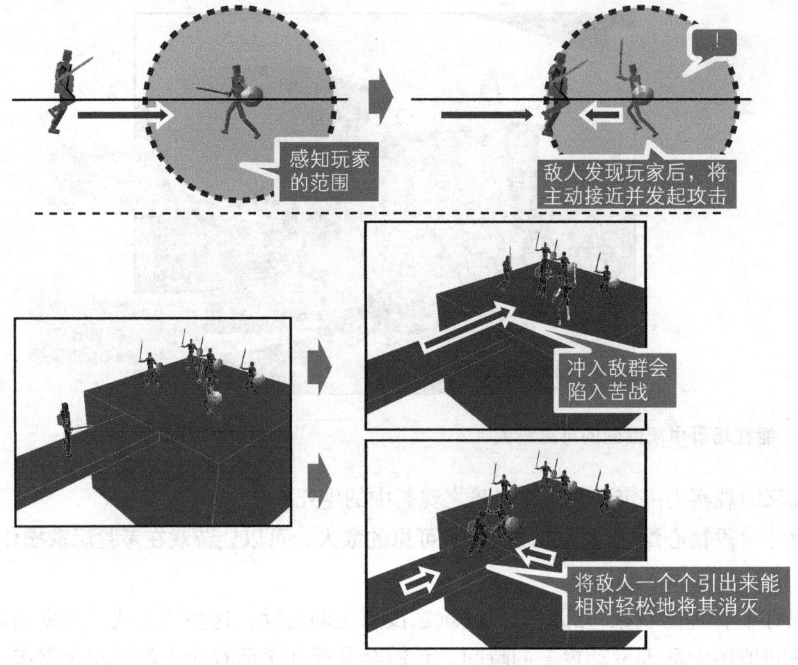

图 3.6.25　敌人 AI 的算法与利用关卡设计的战术

 小结

《黑暗之魂》的全无缝关卡设计拥有十分丰富的内容，让人每玩一遍都能有新的发现。

要实现如此丰富的内容，单纯增加关卡设计的容量还不够，还必须具备探索中必不可少的“可以观察的关卡设计”“促使玩家自主思考的关卡设计”以及“让玩家随意尝试的高自由度的关卡设计”。这款“从死亡中吸取教训”的古典游戏之所以仍能给人带来新鲜感，就在于这些基本的关卡设计技巧。

另外，“魂回收”也是促使玩家重复挑战的系统之一。《黑暗之魂》的玩家在死亡时，身上的所有魂都会掉落在死亡场所，而玩家则会在篝火处重生。这时，玩家必须在保证不死的前提下回到掉落地点才能将魂回收。如果在取回魂之前又一次战死，之前掉落的魂将全部消失。

由于存在这样一个系统，玩家在死后会拼尽全力回收掉落的魂。如果能够成功回收，玩家将拥有“之前掉落的魂 + 回收路上消灭敌人取得的魂”，前面的努力就不至于白费。即便玩家在回收之后再次死亡，这些魂也只是掉落在死亡地点，只要复活并成功回收，魂就永远不会消失。而且在这一过程中，魂的总量是不断增多的。

这个系统就好比玩家与游戏的一场“赌博”，要么玩家平安抵达掉落地点回收所有魂，要么在回收前死亡失去所有魂。只要能成功回收，玩家的赌注就会不断增加。因此玩家不但不会放弃游戏，还将拼尽全力回到魂掉落的地点。正因为有了魂回收这种“资产争夺”，这款游戏才能充分体现出高难度与高自由度关卡设计的乐趣，让人百玩不厌。

《黑暗之魂》为我们诠释了探索与冒险的真正含义。这款游戏中遍布着大量隐藏“世界”和“剧情”，只有花更多时间去探索的玩家才能体验到它们。如果各位读者想制作一款探索性游戏，请务必仔细研究《黑暗之魂》的关卡设计。

3.7

恐怖与动作并存的关卡设计技巧

（《生化危机 4》）

《生化危机 4》与我们介绍的其他游戏不同，其能在恐怖气氛中将射击游戏的乐趣最大化。

“惊悚”与“射击”相融合的关卡设计手法贯彻《生化危机》系列所有作品，同时对其他恐怖类游戏和 TPS 游戏带来了深远影响。现在就让我们走进《生化危机》系列，看一看这种让玩家既恐惧又兴奋的关卡设计之中究竟隐藏了怎样的秘密。

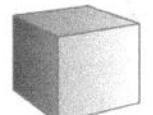

“恐怖循环”与关卡设计

《生化危机》系列最大的特点就是给玩家带来恐惧感的关卡设计。笔者也是从《生化危机 1》就开始接触这一系列作品，经常在游戏过程中被迎面扑来的丧尸吓得浑身发抖。

“让玩家产生怎样的感情”是关卡设计时要多加注意的地方。如果单纯地想给玩家带来喜悦，只要适度地设置宝箱，为玩家提供大量金钱和稀有道具即可。如果想激怒玩家，那就多设置新人杀手型陷阱。如果想引玩家发笑，可以在玩家面前设置一个脚滑跌入陷阱的蠢敌人，相信大部分玩家都会乐不可支。

要想激发出玩家的感情，需要触动玩家内心的“情境”和“互动”。

那么，如何才能让玩家感到**恐惧**呢？

首先，恐惧感分很多种，比如看到蜘蛛或蛇等危险生物时会产生“生理上的恐惧”，看到手持利器的人时会产生“对受伤的恐惧”。能引起人类恐惧的事物也有很多。单“恐惧症”（Phobia）一项就已确认了 500 多种类型（例如幽闭恐惧症）。

《生化危机》系列中对丧尸的恐惧源于死人啃食活人的场景，属于对“噬食同类”（食人）和“死亡”的恐惧，还有对自己死后也变为丧尸的“同化的恐惧”。

最早利用这种恐惧感的是 1968 年乔治 · A · 罗梅罗执导的经典丧尸电影《活死人之夜》（*Night of the Living Dead*）。这部电影让全世界都感受到了丧尸的恐怖[①]。

如今，这类恐怖电影中用于渲染恐怖气氛的机制已经一定程度上出现了模式化。

基本上讲，电影中主人公所处的状态都会让观众感到不安，从而刺激观众的想象力，产生会发生什么不好的事的预感。这就是“提供让观众想象最糟糕事态的材料”。接下来让主人公或其他登场人物身上发生比想象中更糟更恐怖的事，观众就会受到打击并体验到恐惧。紧接着，让主人公和登场人物采取逃跑或反击等行动来对抗恐怖事件，但是收效甚微，进而煽动观众下一次的不安情绪。随着这些步骤不断重复，恐惧感也会越来越强。也就是说，恐怖电影中存在着这样一种**恐怖循环**。

---

① 记录丧尸电影与恐怖电影相关资料的书籍和视频有很多。其中以 DVD 形式发售的《美国噩梦》（*American Nightmare*）是一部结合 1960 年 ~1970 年的美国历史回顾恐怖电影历史的纪录片。另外，介绍电影《活死人黎明》（*Dawn of the Dead*）的幕后故事的《死亡文件》（*Document of the Dead*）也十分值得一看。有兴趣的读者请配合本节一同观赏。

电影《活死人之夜》的故事从“墓地”（不安）开始，随后便是“主人公的恋人被丧尸吃掉”（提供让观众想象最糟糕事态的材料）、“主人公被袭击”（恐怖事件）、“在黑夜中逃避丧尸，来到一间空无一人的小黑屋”（行动）的流程。登场人物为对抗恐惧而选择逃跑，结果却抵达了小黑屋，这一行动成功诱发了更深层的恐惧，是增强恐惧感的关键剧情。

这在《生化危机1》中也是一样。游戏开场动画中，主人公一行人在阴暗的郊外被不明野狗袭击，其间主人公的同伴惨死，幸存者逃进了一个恐怖的洋楼。至此，玩家已经通过开场动画体验了第一个恐怖循环。随后游戏正式从洋楼的大门开始，游戏独有的恐怖循环也随之展开。

据笔者推测，《生化危机1》的恐怖循环如下。

1. 诱发不安

洋楼大门处空无一人，连BGM都没有，整个环境被瘆人的死寂包围。第一个事件中的枪声响起后，玩家需要进入洋楼查探情况。此时NPC吉尔将提醒主人公要小心，让玩家觉得身处这个世界十分不安。随着在无人洋楼中进行探索，玩家的不安情绪会逐渐扩大，每次开门都会不由自主地驱动负面想象力，推测开门后会有什么不好的事发生。

2. 提供让观众想象最糟糕事态的材料

玩家行进至通道深处并转弯后，游戏将进入过场动画。此时镜头会在通道深处的阴暗角落捕捉到一个蠢动的影子。随着镜头不断推近，玩家将看出这是一个人的背影，正跪在地上啃食着某物。最终，这个人将某物咬碎，有个东西咕咚一声掉在地上。这是一个人头……而且人头滚动时，玩家会看到其脸上的肉已被啃掉大块。经过这一流程，玩家将想象自己被丧尸袭击的场面，为落得同样下场而感到恐惧。

3. 恐怖事件

过场动画结束后，丧尸真的开始袭击玩家。

4. 行动

玩家将被迫面临选择，要么消灭丧尸，要么转身逃跑。但不管哪个选项都不会使事态好转。即便幸存下来回到大门口，也会发现吉尔和威斯克这两名同伴早就失踪了。见到不断恶化的情况，玩家的负面想象力将再次膨胀，猜想两位同伴已经被丧尸袭击了。

如何，是不是和恐怖电影的构造很近似？

由此可见，游戏在让玩家体验丧尸的恐怖感时，也要重点注意“恐怖循环”的构筑。**另外，创造恐怖循环必不可少的就是“堵住（玩家认为能逃脱的）退路”**。不论电影还是游戏，玩家只有被逼至走投无路时才会真正产生恐惧感。在《生化危机1》中，丧尸狗的袭击、救援直升机的见死不救、同伴仍被困在洋楼的现实都迫使玩家留在洋楼之中，让玩家强烈意识到必须依靠自己的力量活下去（顺便一提，玩家在打开洋楼大门时会触发被丧尸狗袭击的动画，以体现外面无路可逃）。

《生化危机4》中的敌人从“丧尸”换成了“宿主”，但恐怖循环的流程并没有变化。我们以恐怖感较为突出的村子这一段战斗为例，分析其中的恐怖循环。

1. 诱发不安

主人公里昂驾驶警车抵达阴森的村庄入口时游戏正式开始。天空崇云密布，让人倍感压抑，而玩家为了寻找总统女儿，要探索眼前第一个杂乱的房子。此时，住在里面的男子口中说着主人公听不懂的语言，显示出明显的敌意，玩家无奈只得放弃搜查。就在玩家正要转身离开之际，男子突然抄起斧头砍来。玩家在吃惊之余击败了男子，却又受到周围村民的袭击，而且来时乘坐的警车会被推下谷底，让玩家彻底无路可逃。拼尽全力消灭所有敌人后玩家要向村子中央进发，在途中将看到可怕的骷髅标志、大量陷阱，还会遭到敌人的埋伏。这一切都让玩家愈发不安。

2. **提供让玩家想象最糟糕事态的材料**

   抵达村子中心地区后，能看到广场正中有东西在燃烧。此时玩家按 A 键拿出双筒望远镜观察，会发现与自己一同前来的两名警官已经被钉死，正在火中燃烧。而旁边的村民只是发出奇怪的呻吟声，若无其事地进行着日常生活。如果玩家此时被发现，肯定也是同样下场。

3. **恐怖事件**

   玩家试图进入村子中央时会被村民发现，进而引发战斗。大量满怀敌意的村民会疯狂追击玩家，誓要致玩家于死地。

4. **行动**

   在逃跑过程中玩家会进到一间房子中，结果村民的攻势不减反增，让玩家只能死守阵地。无论玩家怎么消灭敌人，对方增援总是源源不断。当杀敌达到一定数量后，村子的钟突然被敲响，村民听到钟声将全数撤退。经历短暂的安心之后，玩家将通过无线电与哈尼根联络，进一步意识到“总统女儿下落不明”“警官死亡”“继续呆在村子里有危险”的状况。

可以看出，《生化危机 4》以其特有的“被具有敌意的集团攻击的恐怖”营造了恐怖循环。让恐怖循环不断重复并扩大，这正是让玩家感到恐惧的关卡设计的秘密。

演绎不安情绪的关卡设计机制

要想在游戏中让玩家感到恐惧，首先要诱发玩家的不安情绪。因为最能让玩家感到恐惧的其实是玩家自身的负面想象力，而不安情绪正是诱发负面想象力的必要条件。在《生化危机 4》中，设计者将特殊的关卡设计加入了各个角落，通过细致入微的演绎来诱发玩家的不安情绪。

首先是外观，“阴云密布不见天日”“村子的风景毫无色彩”“生锈腐朽的住宅群”“稀薄的雾霭”都能带来不安。

然后是让人预感到死亡的标志。比如住宅墙边脑袋被锄头刺穿的尸体、树木与骷髅构成的标识等，叫人一看就心中发毛。

最后需要一些真实度较高的东西，让玩家误以为这个世界就是现实世界。《生化危机 4》在真实度方面做足了功夫，比如有风撩动招牌上缠着的布片，还有鸡、牛、狗、乌鸦等动物来映照村子的日常生活。此外，这款游戏中还少见地加入了蜘蛛等昆虫。这些自然现象和生物为玩家带来一种错觉，宛如这个游戏世界与现实世界是一体的。

顺便一提，声音也是让真实效果倍增的重要元素。阴森的风声、令人毛骨悚然的动物哭声，以及让玩家明白黑暗中有东西却又无法辨认的脚步声等，用真实的声音创造真实的恐惧感。

另外，地图形状（构造）营造出的看不到前方的不安也十分重要。转角或未知的门等构造都能让玩家无法辨认前方，它们能有效诱发不安情绪，使玩家不禁后脊发凉，停下脚步（图 3.7.1）。

还有每张地图中都必然出现的阴影带来的不安。没有窗户的民宅和隧道等都是漆黑一片不见天日，玩家面对此类情境必然心生犹豫（图 3.7.2）。

身处黑夜或昏暗的地下通道等场景时，不知道从哪里就会冒出什么来，所以玩家只得谨慎前行（图 3.7.3）。

图 3.7.1 诱发不安情绪的不可见的关卡设计

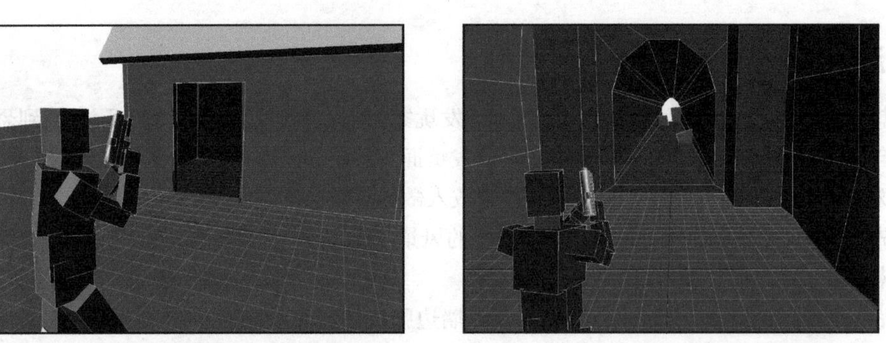

图 3.7.2 诱发不安情绪的阴影的关卡设计

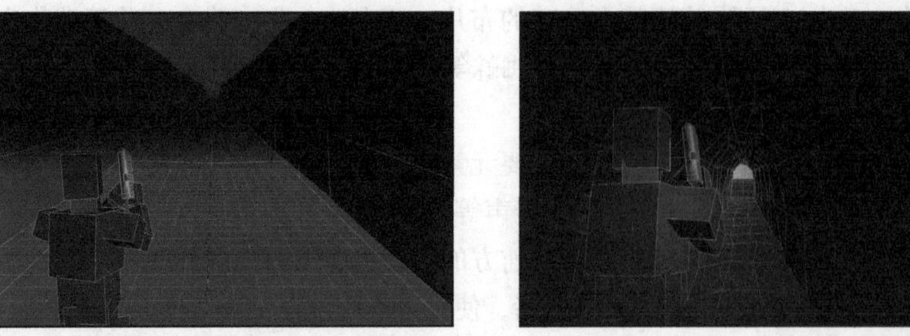

图 3.7.3 诱发不安情绪的昏暗的关卡设计

特别是在见不到出口的封闭空间中，闭塞感会让玩家极度不安。

借助这些不安情绪，游戏将玩家的负面想象力大幅提升。随后，通过在游戏中安排一些超乎玩家想象的糟糕情况，玩家便会在游戏中体验到实实在在的恐怖感，不由自主地浑身发抖。

不安就像植物的种子。我们只需在玩家心中埋下“不安的种子”，并精心培育，最后就会盛开“恐怖的花朵”。在品味过一次恐惧之后，玩家只要看到“不安的种子”就会心里发毛。如果各位有意制作恐怖游戏，请务必在各种恐怖游戏和恐怖电影中寻找“不安的种子”。另外，我们自身在日常生活中感受到的“不安的种子”其实最具真实性，尝试将它们表现在游戏之中也不失为一种很好的选择。

演绎恐惧的敌人与关卡设计机制

前面我们用恐怖循环介绍了玩家感知恐惧的流程。不过，实际让人恐惧的仍然是丧尸或宿主等敌人。要想让这些敌人成为玩家恐惧的对象，单凭可怕的敌人外观和敌人 AI 还不够，我们还需要在关卡设计上花些心思。

首先来看看《生化危机 1》的关卡设计。《生化危机 1》中第一次遭遇丧尸时，如果玩家不尽快作出反应，瞬间就会受到攻击（图 3.7.4）。

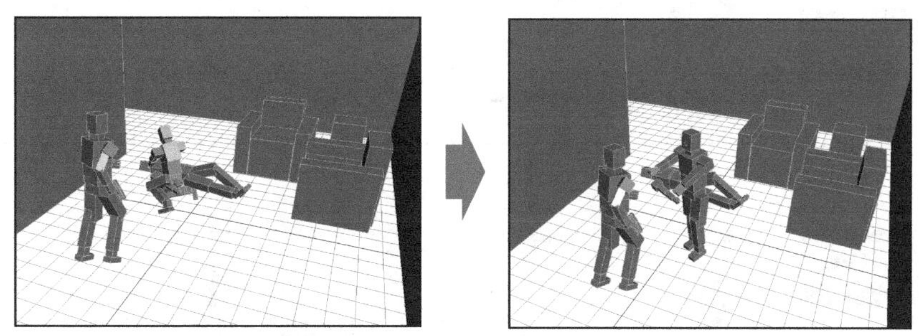

图 3.7.4　烘托恐惧感的玩家与敌人的位置关系

玩家如果被过场动画吓得慌了神，这里将不可避免地被丧尸咬上一口。如此一来，玩家对死亡的恐惧将被升华为一种更深层的恐惧。即便玩家试图攻击，能用的武器也只有匕首，战斗起来十分辛苦。此时若选择转身逃跑，丧尸将缓慢地追击玩家。由于《生化危机 1》采用了固定视角，在狭窄走廊上逃命的玩家和缓慢追击的丧尸正好组成了丧尸电影的经典镜头，进一步煽动恐惧感。

另外，虽然玩家返回大门时能找到枪械，但绝大部分丧尸都不会被一枪毙命。它们往往能顶着玩家射出的子弹一步步缓缓逼近，一直撑到玩家觉得“要被咬死了”的时候才倒下（图 3.7.5）。

开门进入后，
敌人开始逼近
开枪能将其
击倒……
但会再次站起
并袭击过来
其他通道也有
敌人……

图 3.7.5　带来恐惧感的敌人们

连中几枪都不会死的丧尸能为玩家的负面想象留出时间，让玩家充分感受不消灭敌人就会死的

恐惧，从而体验到丧尸电影一般的恐惧感。

为实现上述恐惧感，游戏在关卡设计时将丧尸放在了绝妙的位置。玩家首次切换地图进入丧尸所在的房间时，会发现丧尸都位于最能煽动恐惧感的位置。

丧尸与玩家的距离对恐惧感的强弱影响颇大（图 3.7.6）。如果切换地图后丧尸距离过近，玩家将很难在被咬前消灭敌人，要是附近再没有足以逃跑的空间，这种场景很容易成为新人杀手。反之，如果丧尸距离过远，游戏又会欠缺紧张感。因此，丧尸的初始位置必须把握好，要让玩家觉得一旦失手就会被咬（当然并不是所有丧尸都位于这种极限距离。根据各地图关卡设计主旨的不同，游戏将“近”“恰好”“远”距离以不同形式组合使用）。

特别是在游戏初期，开发者充分利用固定镜头的优势，将敌人的出现位置、生命值、玩家的出现位置等都进行了严格调整，从而给玩家带来最大限度的恐惧感。这就是在关卡设计上通过恰当的敌人配置来进行的“恐怖演出”。

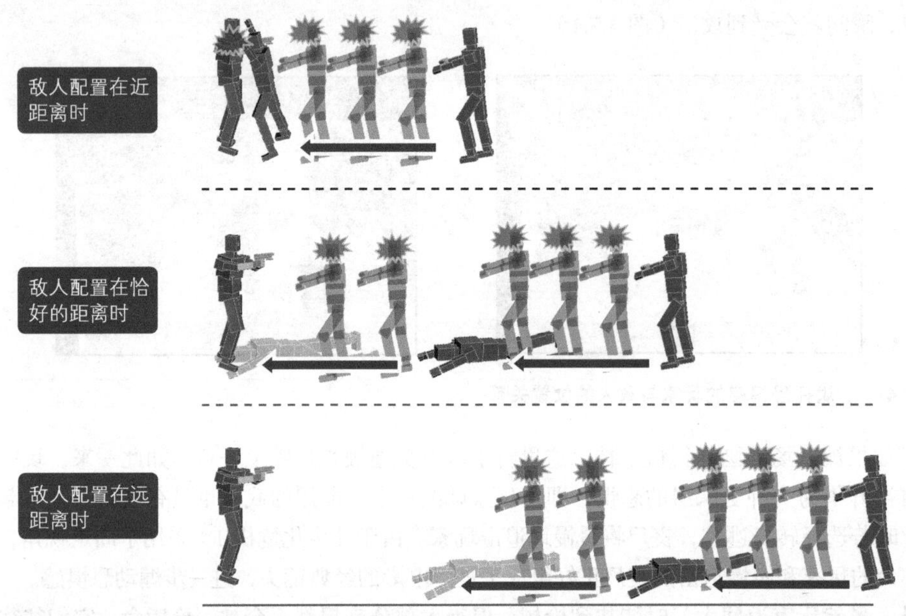

图 3.7.6 玩家与敌人的不同距离带来的不同感觉

另一方面，《生化危机 4》也同样应用了“关卡设计的恐怖演出”。最初民宅中那名袭击玩家的男子（宿主）就站在恰到好处的位置，如果玩家不及时应对，必然会被第一击打中（图 3.7.7）。

另外，《生化危机 4》采用了可在室内室外自由穿梭的无缝构造。在这种构造的帮助下，玩家能透过窗户看到户外试图入侵的敌人。这种敌人即将袭来的情境体验会让玩家的不安情绪进一步扩大。

特别是在村庄广场上遭到宿主集团袭击而无奈逃进民宅时，宿主会不断地从大门和窗户钻进来。玩家通过该关卡设计机制将充分体验到被敌人集团袭击的恐怖（图 3.7.8）。

我们在后续的《生化危机 5》和《生化危机 6》中也能看到这类另玩家感到恐怖的关卡设计。

另外，科幻恐怖游戏《死亡空间》更是利用通道或房间的通风口演绎出了敌人无孔不入的恐怖。漏网的敌人突然消失，接下来又猛地从头顶或背后的通风口扑过来，想必很多玩家都会吓得叫出声来（图 3.7.9）。

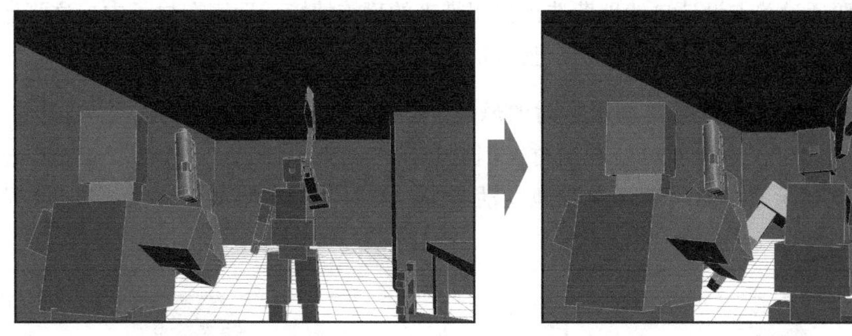

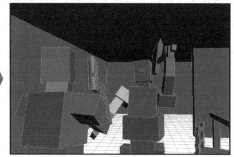

图 3.7.7 《生化危机 4》的第一名敌人

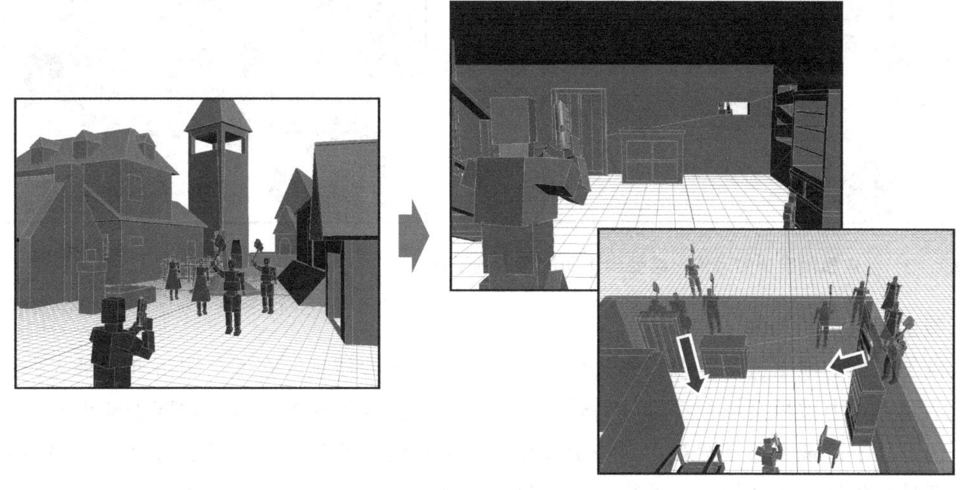

图 3.7.8 集团的恐怖

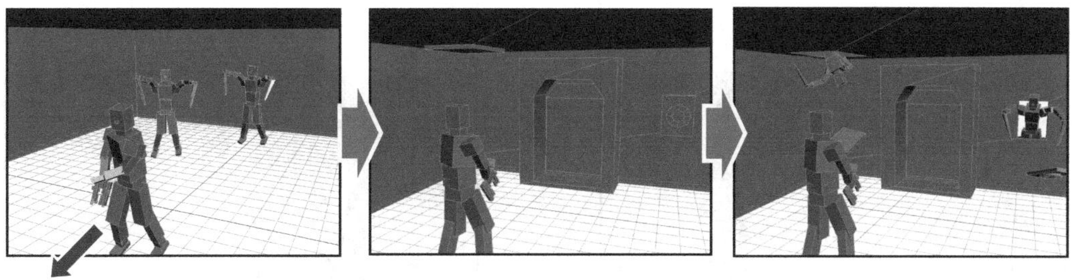

图 3.7.9 《死亡空间》中从通风口袭来的敌人

综上所述，通过关卡设计将恐怖游戏中的敌人演绎成玩家恐惧的对象，能进一步提升游戏的恐怖气氛。

营造集团恐怖的关卡设计机制

《生化危机 4》中最能带来恐惧感的要数“集团的恐怖”。若想演绎出集团带来的恐惧，不单要让敌人成群出现，还要通过关卡设计自然地营造出集团带来的恐怖情境。玩家在村子中央这张地图上会受到敌人集团的袭击，我们不妨就以它为例进行说明。

- **被集团袭击的恐怖 · 感受到集团敌意时的恐惧**

  最初，玩家会在村子中央入口处看到村民们莫名异常的生活情景。一旦从入口踏入村子，村民们将注意到玩家，然后满怀敌意地发动袭击。面对阴森的吼叫声和缓缓接近的村民，玩家必然感到恐惧（图 3.7.10）。

图 3.7.10 被集团袭击的恐怖 · 感受到集团敌意时的恐惧

- **被集团包围的恐怖**

  村子中央的地图道路很多，并且少有死胡同。因此即使玩家在入口附近迎击敌人，也会在不知不觉中被村民绕至身后。另外，一旦玩家慌忙逃入村中，将会被四处涌出的村民层层包围。不论现实还是游戏，当一个人被满怀敌意的人群包围时，其恐怖感都远超想象。特别是这张地图的结构，玩家往往刚回过神来就发现已经被包围了（图 3.7.11）。

图 3.7.11 被集团包围的恐怖

- **袭击者源源不断的恐怖**

  敌人集团毕竟是由敌人组成的，只要玩家能不断消灭敌人，其带来的恐惧感便会随着敌人数量的减少一起减轻。不过，如果能在适当时机补充敌人增援，玩家被集团袭击的恐惧感便能不降反升。如图 3.7.12 所示，村子中央的地图中包含着经过缜密计划 · 调整的机制，它们负责持续刷新敌人增援。此外，一旦玩家不甘被包围而躲入民宅，这些机制所刷新的敌人将让玩家感到仿佛身在丧尸电影中一般（图 3.7.12）。

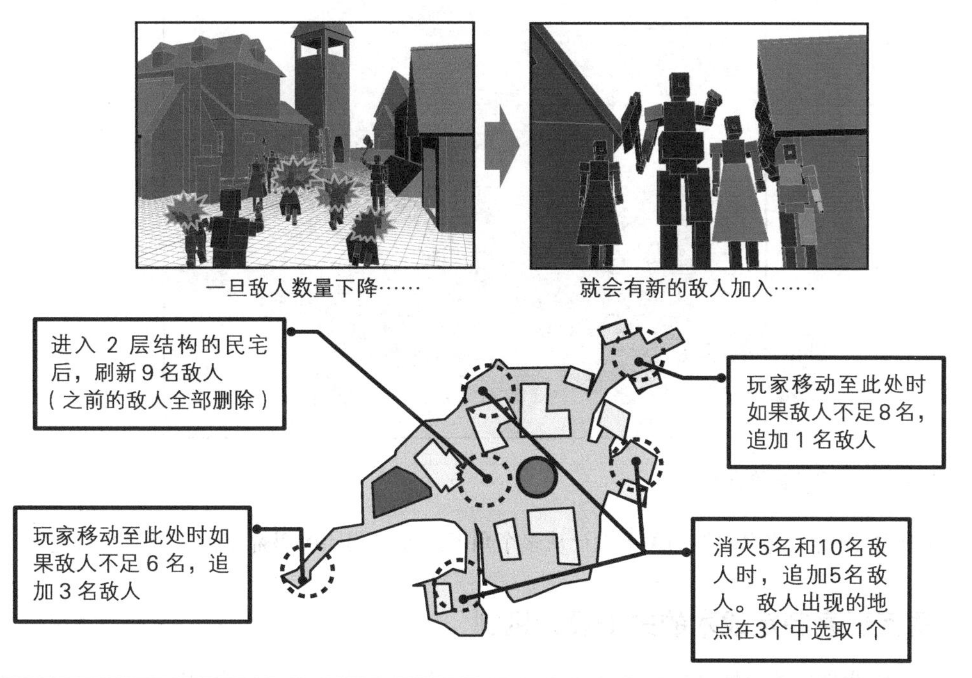
一旦敌人数量下降……
就会有新的敌人加入……
进入 2 层结构的民宅后，刷新 9 名敌人（之前的敌人全部删除）
玩家移动至此处时如果敌人不足 8 名，追加 1 名敌人
玩家移动至此处时如果敌人不足 6 名，追加 3 名敌人
消灭5名和10名敌人时，追加5名敌人。敌人出现的地点在3个中选取1个

图 3.7.12　袭击者源源不断的恐怖

● **被逼至绝境的恐怖**

玩家逃入民宅后，敌人将包围民宅并集中攻击。

此时的玩家可谓身陷绝境，只能选择迎击或突围。这种混乱的状况最考验玩家冷静应对的能力（图 3.7.13）。

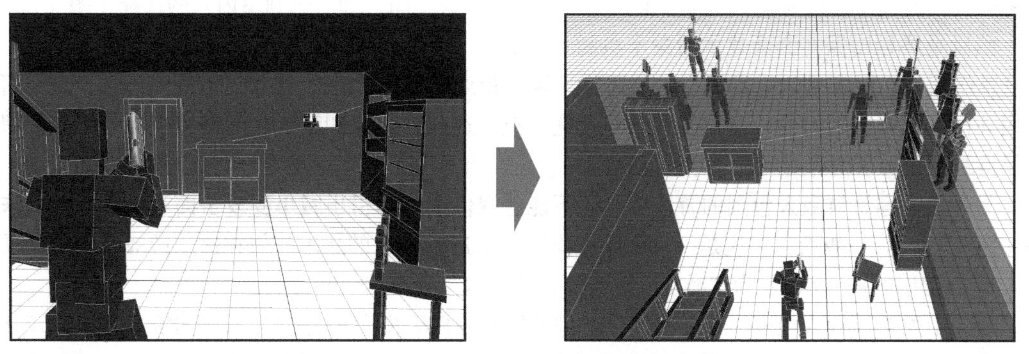

图 3.7.13　被逼至绝境的恐怖

● **穷追不舍的恐怖**

即便玩家在绝境中选择逃跑，敌人也会穷追不舍。《生化危机 4》的敌人会开门、拆窗户、爬梯子，能一直追到天台。人类在面对少数具有敌意的对象时就会感到恐惧，而这里要面

对的则是敌人集团，初次接触这款游戏的玩家陷入恐慌也不足为奇（图 3.7.14）。

图 3.7.14 穷追不舍的恐怖

综上所述，《生化危机 4》的关卡设计从多个角度还原了集团的恐怖（营造恐怖的情境）。

 诱使玩家制定战术的关卡设计机制

除恐怖游戏带来的惊悚之外，《生化危机 4》的乐趣还在于其富有深度的射击元素。高自由度的关卡设计让制定多种战术变为可能，使得《生化危机 4》叫人百玩不厌。

单是在初期村子中央地图的关卡设计中，就有 5 种战术供玩家挑战。

我们先来讲解**诱导出逃跑战术的关卡机制**。在村子中央地图中，玩家一旦被村民发现就会遭到集团袭击。面对大批的敌人，玩家在“远离敌人集团”和“逃到室内”之中二选一。只要能与敌人集团保持距离，玩家就能远距离射击消灭敌人，渐渐削减敌人数量。然而，一旦杀敌过程不顺利，玩家很快会再次身陷重围。此时又要重新面对“远离敌人集团”和“逃到室内”的选择（图 3.7.15）。

然后是**诱导出保持距离战术的关卡机制**。一般情况下，玩家会使用奔跑拉开与敌人的距离，但在这款游戏中，玩家可以借助村中的障碍物来制造距离（图 3.7.16）。比如篱笆等障碍物，玩家可以使用动作键快速翻到对面，而宿主则做不到这一点，这就在玩家和敌人之间创造了额外距离。只要能保持距离，玩家就有时间射杀敌人。

另外，在容易被敌人包围的游戏中，还不能忽视借助地形**引出减小受攻击面积的战术的关卡设计**（图 3.7.17）。一般而言，这是一种隐藏在掩体之中进行战斗的战术。但在这款游戏中，由于前期敌人不会使用枪械，所以称为“减小受攻击面积的战术”更准确一些。

战斗中如果被敌人包围，最坏的情况就是前后左右四个方向都有敌人。《生化危机 4》属于接近 FPS 的 TPS 视角，玩家基本上只能观察到前方，所以无法判断四周哪名敌人会发起攻击，而且很可能会有多名敌人从视觉死角扑上来（实际上，游戏已经对敌人 AI 做过调整，尽量避免这种情况发生）。这种情况下，玩家背靠墙壁能消除背面受敌的危险。如果位于道路转角处，更是只需注意两个方向即可（但这样做也增大了被堵死的危险）。

远离敌人集团

逃到室内

图 3.7.15　诱导出逃跑战术的关卡机制

与敌人保持距离

图 3.7.16　诱导出保持距离战术的关卡机制

背靠墙壁保证
身后的安全

图 3.7.17　引出减小受攻击面积的战术的关卡设计

如果在室外无法抵御敌人攻势，玩家会不假思索地选择逃进室内。于是**引出固守阵地战术的关卡设计**就显示出了其重要性（图 3.7.18）。

在一开始出现的村庄，如果玩家进入袭击者的屋子，敌人会将整个屋子围起来并试图侵入。此时玩家可以尝试各种方式阻挡入侵者，比如用家具堵住门窗，或从墙上的窟窿向外射击敌人等。如果觉得挡不住，还可以逃到二楼。

固守室内并不代表着一定能胜利，初次接触这款游戏的玩家反而失败的概率更高一些。这样一来，玩家又需要从室内突围至室外。

为这一情况带来更多趣味性的就是**引出高低差战术的关卡设计**。一旦玩家逃至民宅二楼的阳台，敌人也会随即追过来。此时玩家可以选择使用动作键迅速跳下阳台，或者在阳台上迎击敌人。如果有敌人爬梯子上来，玩家还可以将梯子踢倒。敌人重新架起梯子需要时间，玩家可以趁这个机会松一口气。另外，对付爬到阳台上的敌人可以先用枪打乱使其失去平衡，然后再按动作键将其踢下阳台。某些位置的敌人能直接被子弹的冲力打下去（图3.7.19）。

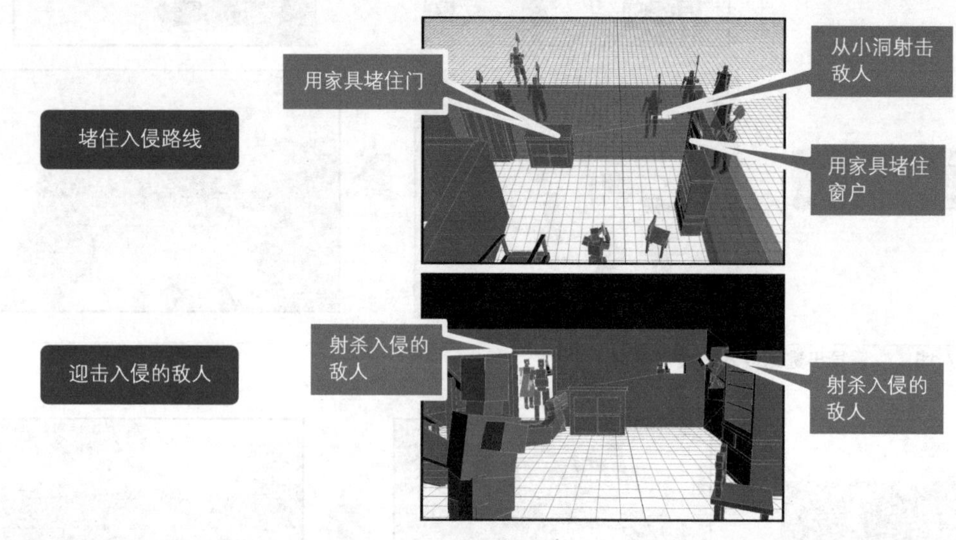

图3.7.18 引出固守阵地战术的关卡设计

图3.7.19 引出高低差战术的关卡设计

一般说来，在射击类游戏中居高临下更容易瞄准敌人，从这一角度看来，引出高低差战术的关卡设计抓准了吸引玩家重复游戏的关键。

关卡设计的“高自由度”也可以理解为“有多种战术可用”。《生化危机4》的乐趣不仅在于恐怖游戏的惊悚刺激，还在于其关卡设计中有丰富的战术可行。

通过上述这些**引出战术的关卡设计**，玩家既可拼死抵御敌人入侵，也可清空前路专注逃跑，从而体验到多种多样的战斗方式。玩家求生（求胜）心切而采取的一些行动将无意识地形成丧尸电影中的桥段。有些人会冷静地残忍虐杀敌人，而有些人则会惊慌尖叫四处逃跑，拼死抵抗敌人。

将玩家逼入绝境，从而促使其亲自思考并制定战术，这种关卡设计能有效地引出玩家的“本性”。

“安心”“恐惧”与“习惯”的关卡设计

要想有效地让玩家体验恐惧，需要在玩家的感情中建立一些对比。因此不能忘记让玩家体验恐惧的对立面，也就是“安心”。

利用安心感的机制中，让玩家连续体验安全，从而放松警戒算是比较简单的一种。

我们不妨来看个例子。在《生化危机 4》初期，玩家要多次进入小屋。其中，只有最后一间小屋里埋伏了敌人（图 3.7.20）。

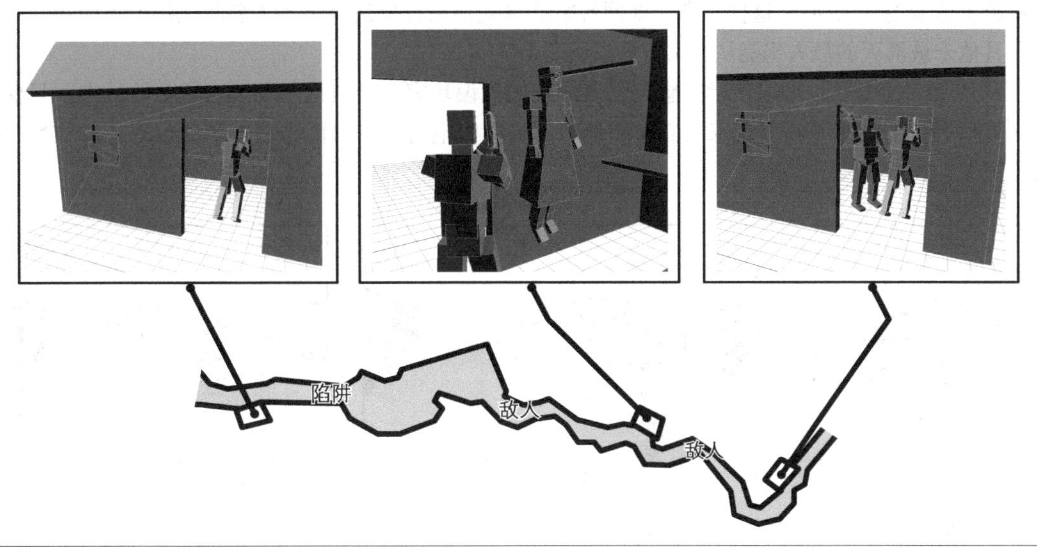

图 3.7.20　让玩家连续体验安全，从而放松警戒

首先，第一间小屋里放有用于存档的打字机，玩家看到后会松一口气。前进路上虽然会遇到陷阱和敌人，但敌人都位于视野开阔处，并不会带来太多恐惧感。继续向前会来到一间平淡无奇的小屋，然而就当玩家放松警惕转身出门时，会被墙上的尸体吓一跳。不过，由于尸体并不会袭击玩家，因此玩家在紧张之余仍会感到一丝安心。随后又是在开阔场景遭遇敌人，与前面一样没有什么可怕之处。奋力消灭敌人之后，玩家将遇到最后一间小屋，这间小屋的死角中才真的埋伏着敌人。经过前面的战斗，玩家的不安和紧张情绪都被引至高点，然而对于小屋，却在无意识中感到安心，因此一旦玩家没能看破这个埋伏，将体验到极度的恐惧。

先让玩家经历安心，再在其彻底放松警惕时发动突然袭击，这种机制早在《生化危机 1》时就被设计者通过各种方式巧妙地融入了关卡设计。最简单易懂的例子就是会爬起来的尸体。在前往目的地的路上，玩家会警惕地上的尸体是否为丧尸，只要尸体不动，玩家就会感到安心。但是，在返回时尸体会突然爬起来攻击，这让玩家的安心感顿时崩溃，感受到极度的惊吓和恐惧（图 3.7.21）。

图 3.7.21　**装死诱使玩家安心**

初次体验到这种情况时，玩家对这款游戏中“生”“死”的认知将被颠覆，突然觉得一切都不可信了。

另外，还可以在玩家刚刚消灭眼前敌人略感安心时，设置一名敌人从背后突然袭击。这种手法在有迂回道路的场景中十分好用。我们可以在有迂回道路的地方安插多名敌人，然后设置多个在迂回道路上巡逻的敌人 AI。这样一来，即便玩家选择先消灭迂回道路上的 1 名敌人再继续前进，这条路上其他未被消灭的敌人仍能从玩家背后发动袭击（图 3.7.22）。

利用敌人的复活也可以让玩家感到恐惧。我们假设玩家已经消灭了某个民宅中的敌人。只要让敌人能以极低的概率复活，玩家放心大胆地回到这间民宅时就有可能遭遇复活的敌人，以致惊恐不已（图 3.7.23）。

先消灭左边的敌人再走右边
瞄准右边的敌人
左边道路隐藏的敌人发动攻击

图 3.7.22　**伪装背后安全诱使玩家安心**

图 3.7.23　**伪装没有敌人诱使玩家安心**

不过，当玩家摸清游戏的复活规律后，恐怖感将会减半，因此这种复活的手法必须大幅度降低触发频率（《生化危机》系列几乎不采用这种手法）。除此之外，还可以在一些初次探索时很难发现的位置安排敌人，让玩家在后续探索中发现敌人而吃惊。

但可惜的是，人类无论面对何种恐惧，久而久之都会渐渐习惯下来。《生化危机 4》在玩家开始适应恐怖之时，关卡设计会渐渐向射击乐趣的方向转变，这正是本作品关卡设计的亮点所在。到游戏后期，玩家早已克服恐惧，此时将与宿主展开如同战争电影一般的枪战。在恐怖之余，还将动作的惊喜与兴奋带给玩家，我们不妨将这种关卡设计称为“看透玩家心境变化规律的关卡设计”。

 TPS 中“右侧”的关卡设计

《生化危机 4》等绝大多数 TPS 射击类游戏中，玩家角色都显示在屏幕偏左侧。特别是在瞄准时，位于屏幕左侧的玩家角色将形成一个大范围死角（图 3.7.24）。

玩家角色偏左侧的 TPS 游戏在关卡设计上也需要多花心思。因为在如图 3.7.25 所示的那种“左出的通道”上，玩家不仅很难看到左侧，攻击起来也十分别扭[①]。如果玩家角色的持枪位置再偏向身体右侧，墙壁将会阻挡弹道。这就要求玩家使用一些技巧，比如吸引敌人接近，或者远离墙壁几步等。

柱子等障碍物也是同理。玩家躲在柱子后面时，“左侧来的敌人”和“右侧来的敌人”的感觉完全不同。如果敌人从左侧接近，柱子将会影响玩家的弹道，可射击的距离比右侧要近许多（图 3.7.26）。

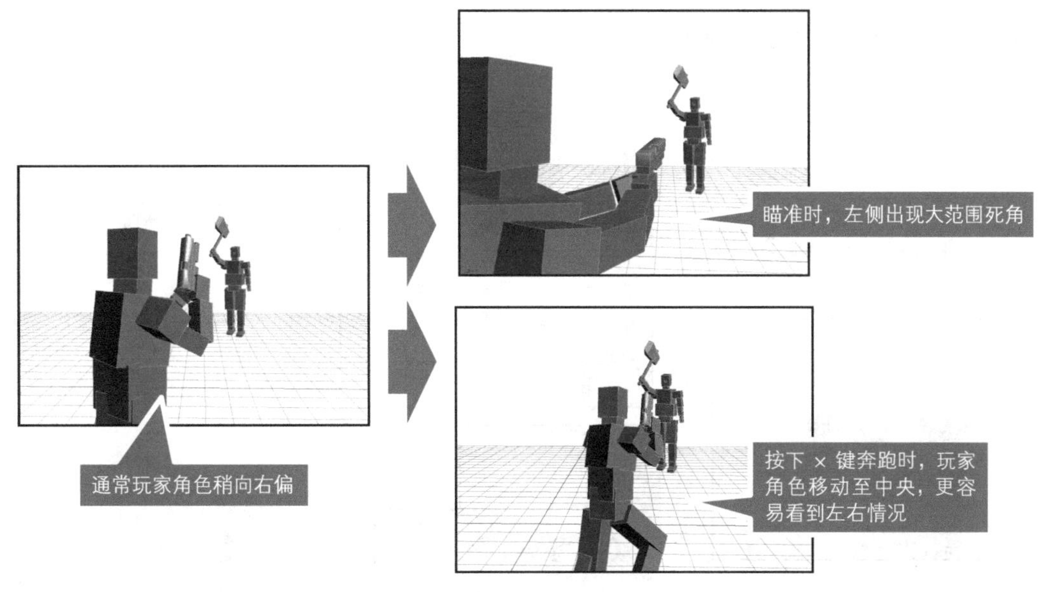

图 3.7.24　TPS 的画面

① 身材矮小的敌人更加难以看到。因此《生化危机 4》中几乎没有身材矮小的敌人。

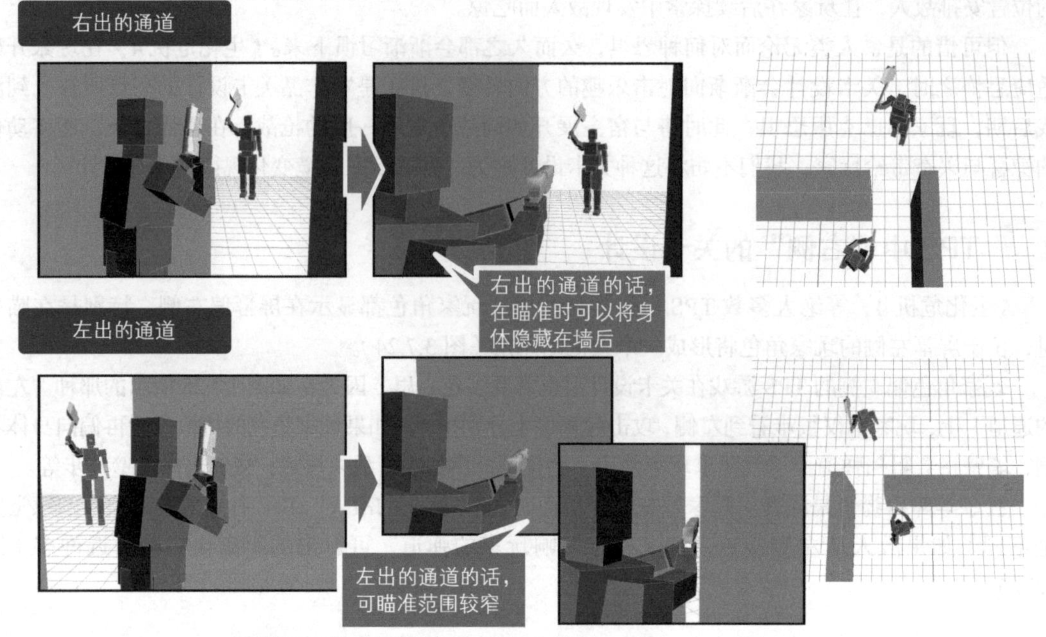

图 3.7.25 TPS 中通道的关卡设计

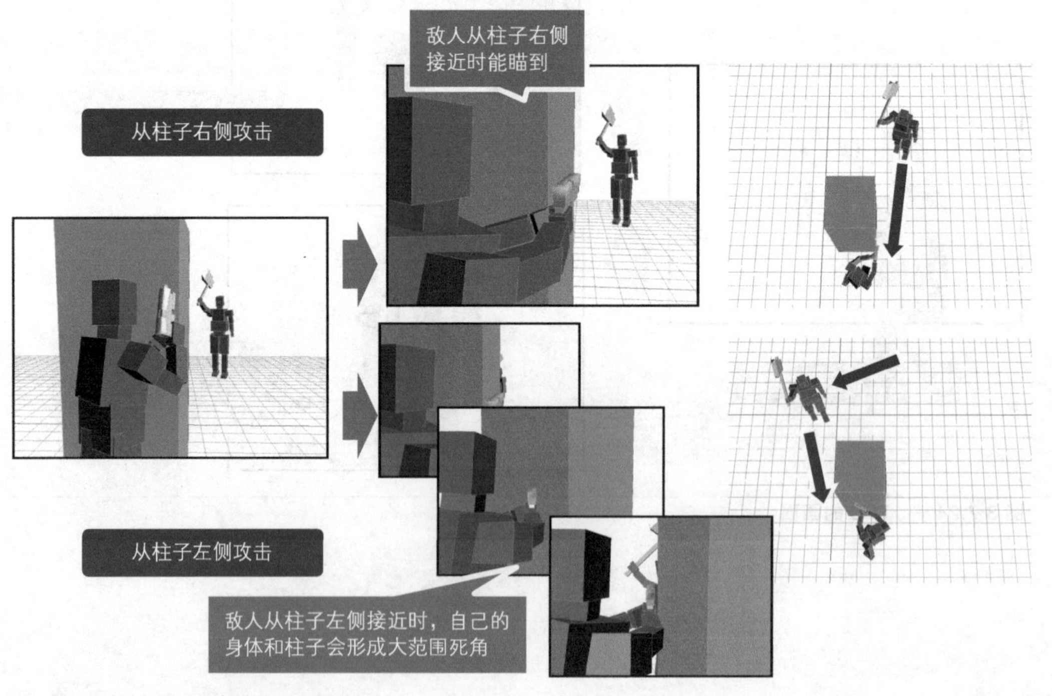

图 3.7.26 TPS 中柱子的问题

游戏中敌人远程攻击越是频繁，这一问题带来的影响也就越大。瞄准左侧的敌人时，玩家必须将很大一部分身体探出掩体。因此，近年来以远距离战斗为主的射击类游戏中，能够切换隐蔽或瞄准方向的机制越来越常见了（图 3.7.27）。

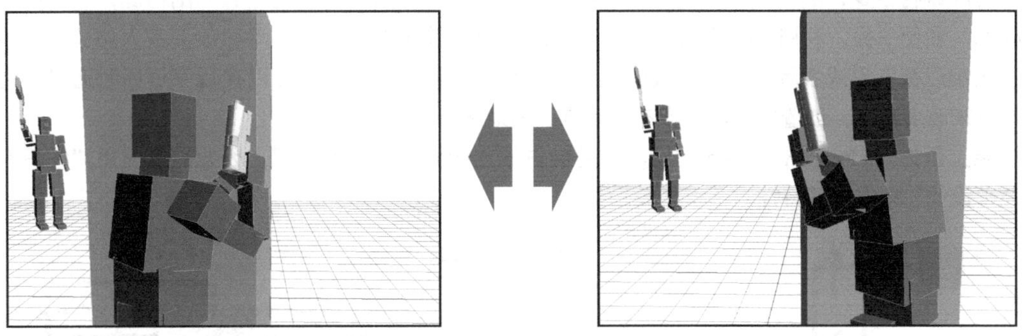

有些 TPS 能通过按键切换身体位置

图 3.7.27　TPS 的切换功能

除战斗之外，这个问题对移动也有一定影响。因为玩家在左转和右转时能看到的范围大不相同（图 3.7.28）。玩家角色偏左显示的 TPS 游戏中，右转时看到的范围比左转时大得多。不过，转弯角度越大，玩家在左转路口能隐藏的身体比例也就越大。

右转

・能看到较远处
（较易发现敌人）
・身体无法藏在墙后
（无法隐蔽射击）

左转

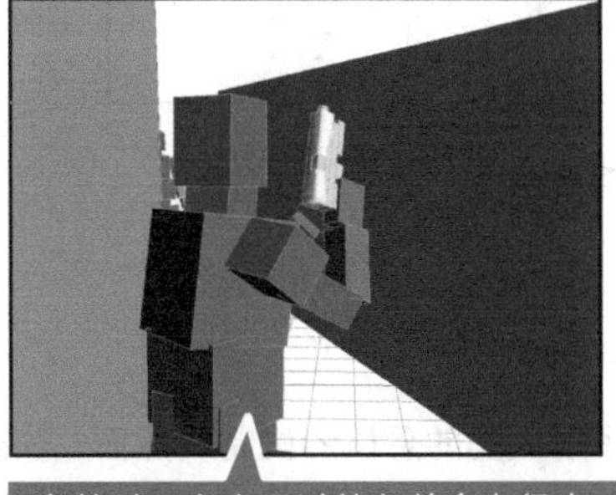

・不能看到较远处
（较难发现敌人）
・身体能藏在墙后
（能隐蔽射击）

左转时，完全通过转角前会有很大死角。玩家需要先在转角处站定并调整镜头角度，以确认前方是否有敌人

图 3.7.28　TPS 中左转与右转的不同视野

理解上述 TPS 的特征之后，我们就可以借助关卡设计改变游戏的难度了（图 3.7.29）。

A的关卡设计中大部分通道都为右出，而且敌人不会从左侧发起进攻，因此只要稳扎稳打，每到一个转角先确认敌人位置，那么不需要太注意周围情况也能轻松通关。但是B的关卡设计中位于左侧的障碍物很少，敌人可以从左右任意一侧进攻，所以玩家必须时刻注意周围情况，制定好妥善的战术。顺便一提，利用TPS偏左的画面特征，A这种简单的地图只要略微改变敌人站位，就能造成敌人难以被发现或者玩家难以隐蔽的状况。如果运用得当，我们还可以在玩家返回时通过改变敌人站位来改变难度，创造出"过去容易回来难"的地图。

综上所述，TPS射击类游戏的玩家角色会占据左侧大部分显示空间，因此需要使用"注重右侧的关卡设计"来发挥其特性。

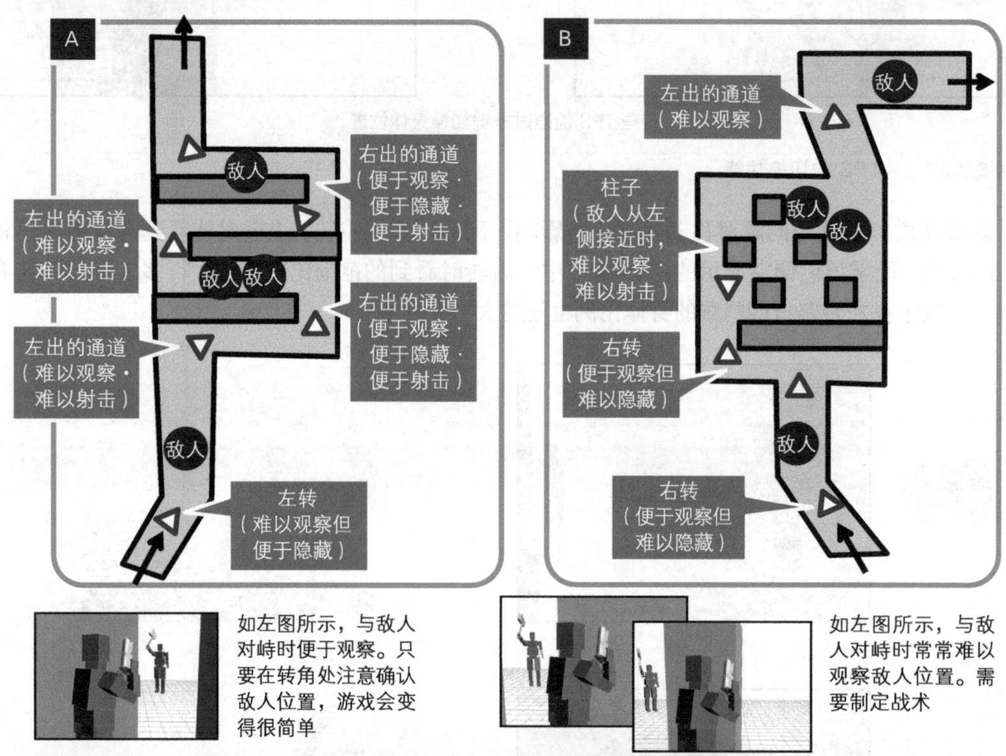

图3.7.29 熟悉TPS的特性后，对关卡设计的理解也将改变

 小结

接触《生化危机4》的关卡设计能一定程度上了解人类的恐惧的机制。然而，实际想做出一款能吓到人的游戏并不容易。尤其是恐怖游戏，必须在让玩家感受到恐惧的同时保持其游戏热情。如果玩家在游戏中只能体会到恐惧与绝望，那么很快就会感到疲劳而关掉游戏。

为此，《生化危机4》设计了玩家与总统女儿的相遇，让玩家在不断恶化的事态中仍能保持逃脱的希望。也就是说，要让玩家冥冥中觉得有一线生机。

"恐怖求生类游戏"这一词汇不但代表了《生化危机》系列的游戏风格，更是完美诠释了这系列作品的性质本身。

3.8

让游戏体验超越电影的关卡设计技巧

(《神秘海域：德雷克的欺骗》)

在《神秘海域：德雷克的欺骗》中，让玩家体验到好莱坞电影一般的枪战和动作的，并不是电影或过场动画，而是真真正正的游戏过程。这款游戏超出了射击类游戏框架，为玩家带来了电影都无法比拟的兴奋体验，它的关卡设计中究竟隐藏着哪些技巧和机制呢？

TPS 与 FPS 关卡设计的差异

在揭开《神秘海域：德雷克的欺骗》关卡设计的秘密之前，我们先来看看 TPS 与 FPS 在关卡设计上的差异。

首先，TPS 与 FPS 一般以画面中是否显示玩家角色作为区分（图 3.8.1）。

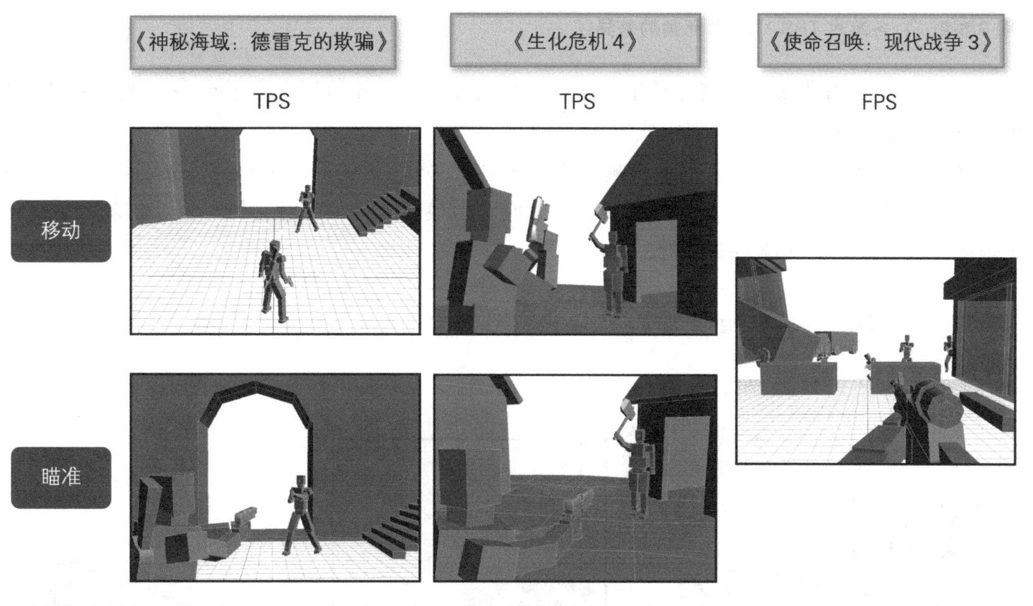

图 3.8.1　各游戏 TPS · FPS 画面结构的差异

另外，由于 TPS 与 FPS 的镜头角度不同，视野死角也有差异（图 3.8.2）。

我们在前面也提到了，TPS 的玩家角色会导致前方出现部分死角。特别是一些比自己身形小或由于距离较远显得较小的敌人，这些敌人与玩家角色、镜头成一直线时，玩家将完全看不到它们。另外，像《生化危机 4》这种不会显示脚下的 TPS 游戏，脚下也属于死角。

相对地，FPS 游戏不显示玩家角色，因此前方视野要优于 TPS 游戏。但是，FPS 游戏中完全看不到身后的情况。另外，由于 FPS 的镜头位置相对靠前，因此侧面和脚下也属于死角。

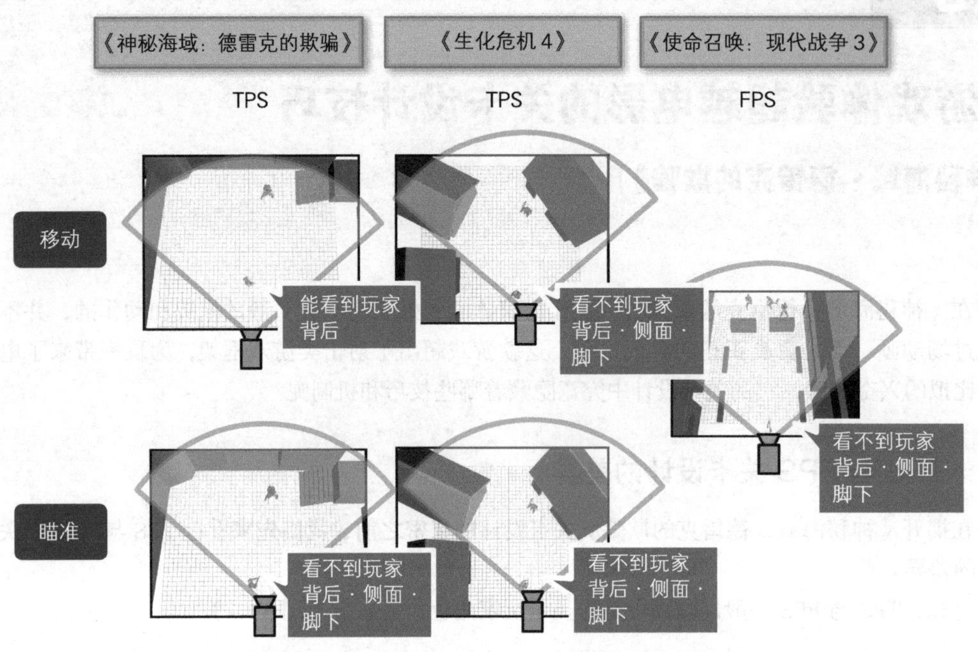

图 3.8.2 各游戏 TPS · FPS 死角的差异

有趣的是，《神秘海域》和《生化危机 4》同为 TPS 游戏，死角却大不相同。《生化危机 4》的死角更接近 FPS 游戏《使命召唤：现代战争 3》。

死角的差异对关卡设计有着很大影响。比如《生化危机 4》的地面上有捕兽夹陷阱，《生化危机 4》或《使命召唤：现代战争 3》的视角很容易看漏。但换作《神秘海域》则不同，这款游戏脚边的死角很窄，玩家能轻松发现陷阱（图 3.8.3）。

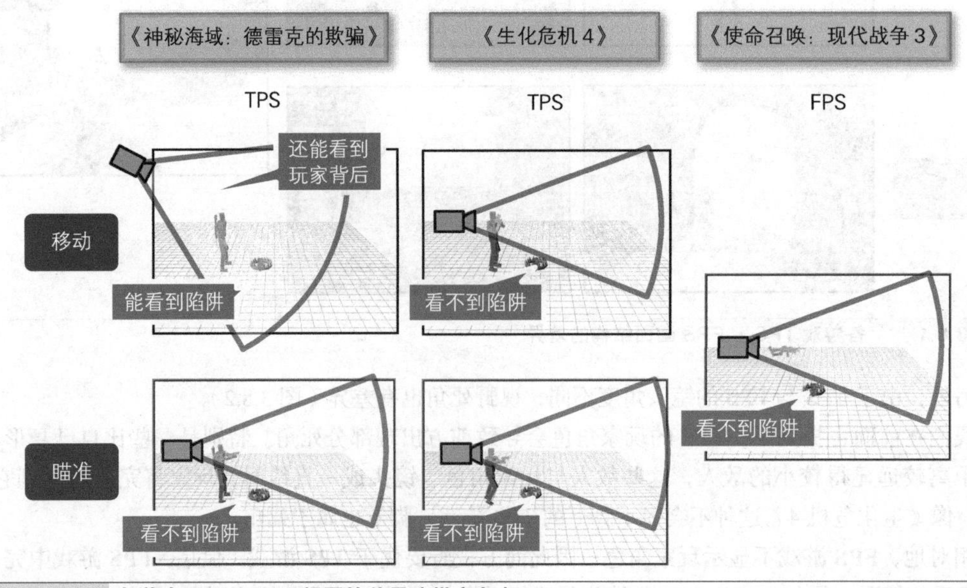

图 3.8.3 各游戏 TPS · FPS 视野的差异（纵方向）

另外，如果陷阱设置在障碍物后面，FPS 游戏的玩家必须迂回绕过障碍物才能将其发现（图 3.8.4）。

而且，如果陷阱前的障碍物体积很大，FPS 游戏的玩家还需要有意识地向下调整镜头才行（图 3.8.5）。

因此，单是死角的差异，就会对 TPS 与 FPS 的关卡设计方式带来很大影响。

在某些 FPS 当中，镜头位于玩家角色"眼睛"的位置，所以如图 3.8.6 所示，在崎岖不平的道路上行走时会连续上下摇晃，很容易引起玩家 3D 眩晕。要解决这一问题，可以采用平滑移动镜头的方式来抑制 3D 眩晕，但并不是所有关卡设计都适用（这种手法一旦用多用滥，就会让玩家有一种浮在空中的感觉）。

相对地，TPS 有着广阔的视野，只要使用缓慢平滑的追踪镜头，就足以应对一定程度的起伏（图 3.8.7）。在某些起伏极大的区域甚至可以直接固定镜头位置，创造完全不摇晃的画面。

另外，TPS 的玩家在"转角""上下坡"等有角度的地图上也能看到前方，但 FPS 的玩家就不一定了（图 3.8.8）。

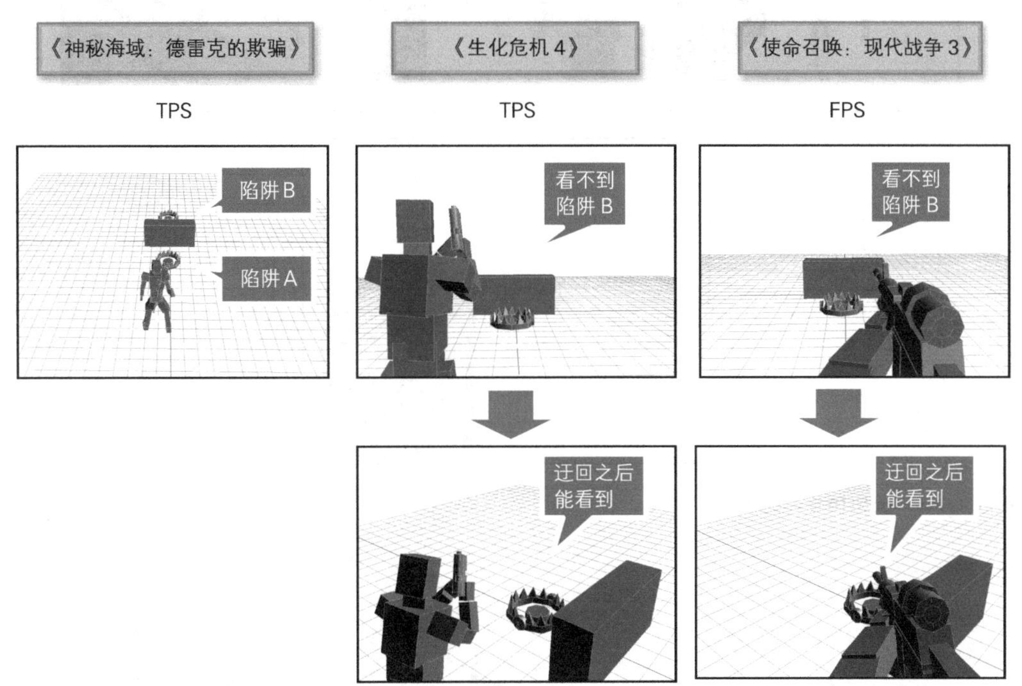

图 3.8.4 小障碍物与死角

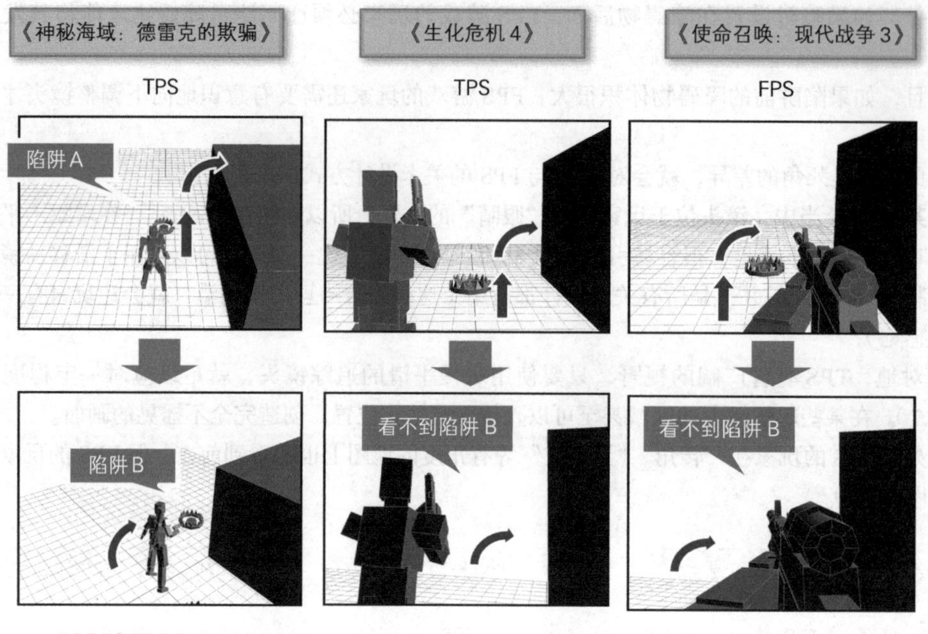

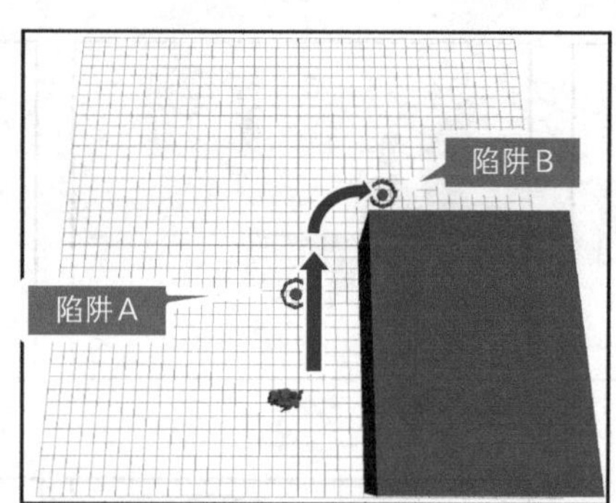

图 3.8.5　**大障碍物与死角**

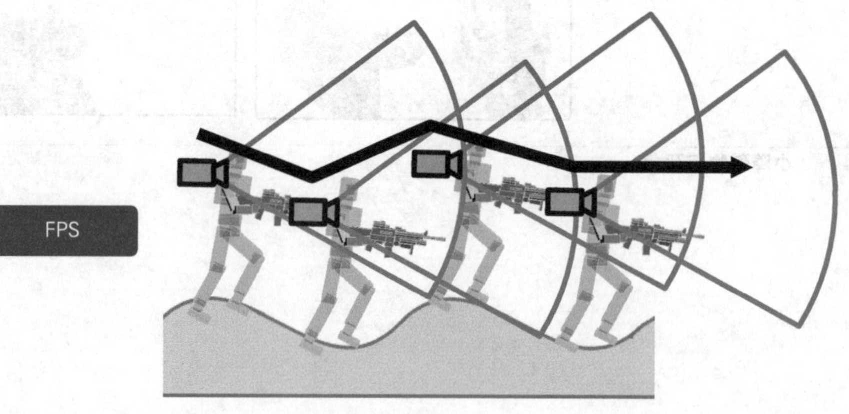

图 3.8.6　**FPS 中的镜头摇晃**

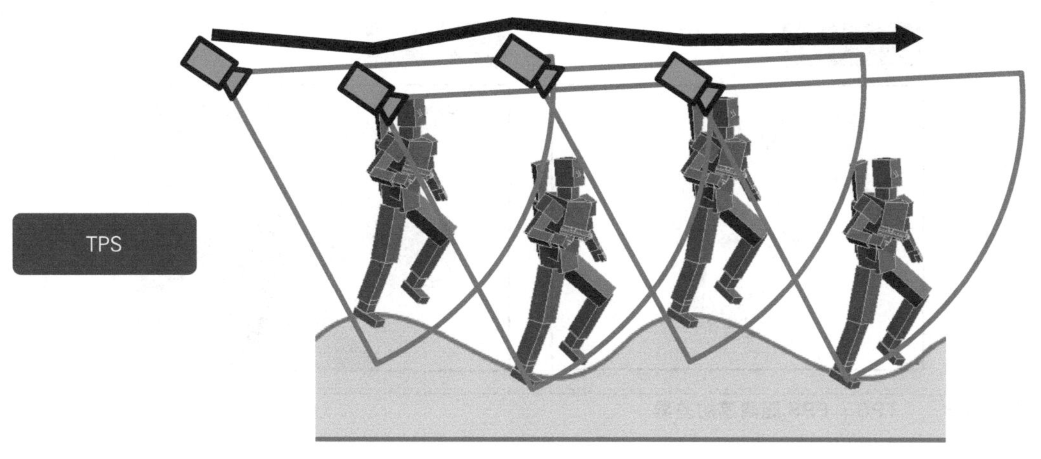

图 3.8.7 TPS 中的镜头摇晃

TPS

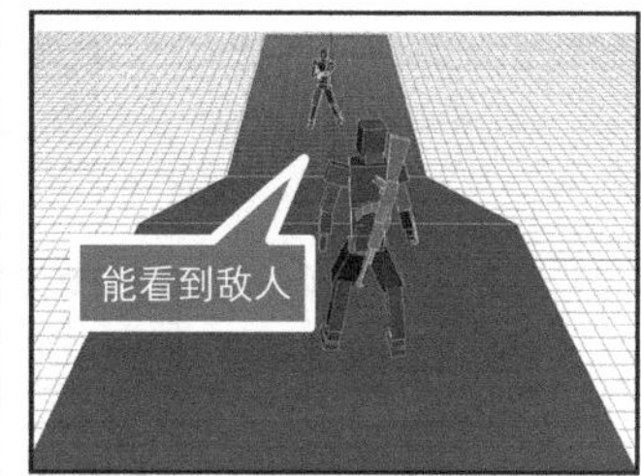

FPS

图 3.8.8 TPS · FPS 前方视野的差异

而且，由于 FPS 的镜头位置低于 TPS，玩家对障碍物和通道的距离感也比 TPS 更难把握（图 3.8.9）。

不过，TPS 游戏存在“镜头可移动范围”，因此在设计地图时需要刻意抬高天花板等，为镜头预留活动空间。相对地，FPS 中镜头就是玩家眼睛，因此完全不用顾虑通风管等狭窄空间。很多 TPS 游戏在进入通风管后会切换至 FPS 视角，这不光是为了提高临场感，同时也是出于镜头位置的制约（图 3.8.10）。

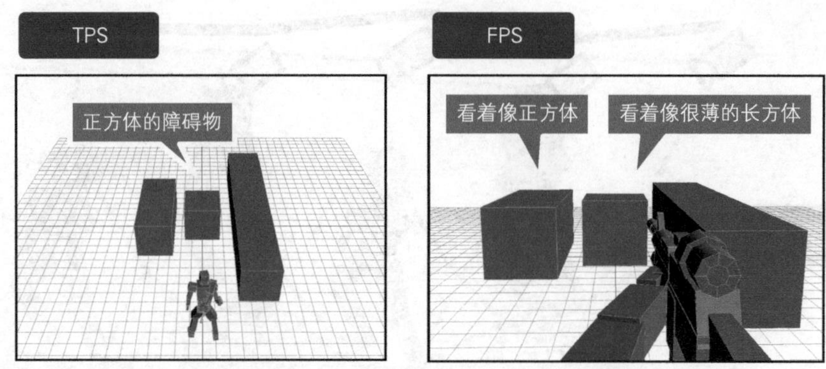

图 3.8.9 TPS · FPS 距离感的差异

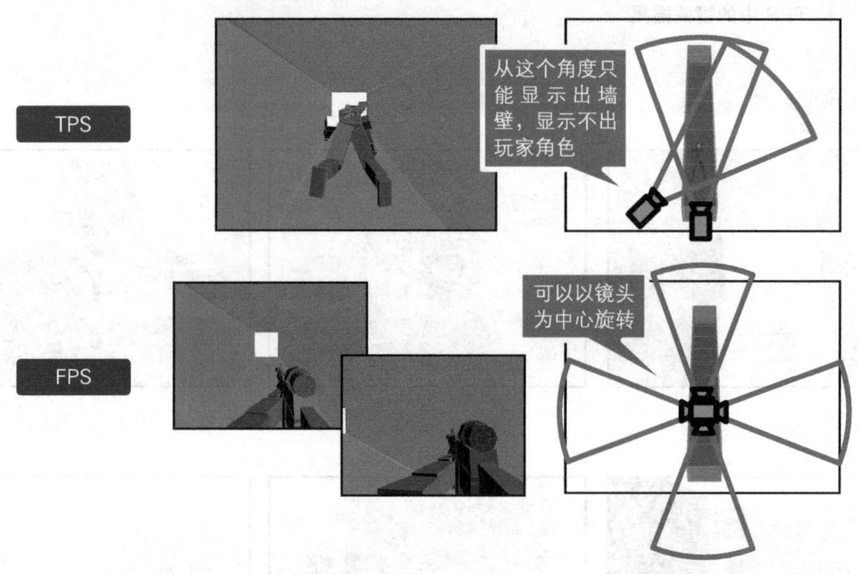

图 3.8.10 TPS · FPS 狭窄通道中镜头的差异

综上所述，由于玩家在 TPS 与 FPS 中看到的范围不同，所以关卡设计上必须做出相应处理。镜头（视野）和关卡设计密不可分。

 用障碍物 · 掩体影响战术

TPS 与 FPS 游戏有着“射击类游戏的定式”，关卡设计必须以此为基准。首先我们来简析射击类游戏的本质。

不论 TPS 还是 FPS，射击类游戏一旦欠缺了关卡设计，整款作品都会变得单调乏味。我们就以玩家与敌人一对一战斗为例。如果地图中没有障碍物 · 掩体，射击类游戏就成了单纯考验反应速度的闪避并开枪的游戏。这与格斗游戏或割草类游戏不同，几乎不会有任何攻防（图 3.8.11）。

然而，只要在场地中加入掩体供玩家与敌人藏身，玩家就能够制定出“寻找敌人”“隐藏自己”“引诱敌人”等战术，从而乐在其中。

也就是说，对射击类游戏而言，关卡设计是玩家制定战术的大前提，同时也是给敌人编制战术的重要材料。在以近战为主的格斗游戏或割草类游戏中，战术的要素是动作（行动），而在 TPS 与 FPS 等以远距离战斗为主的射击类游戏中，关卡设计在战术要素中占有很大比重。

于是我们不妨来仔细看看射击类游戏关卡设计中的重要角色——障碍物 · 掩体。

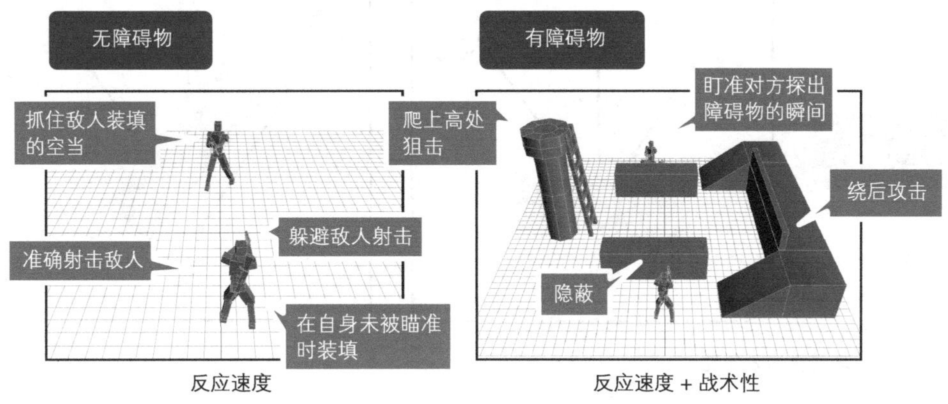

图 3.8.11 射击类游戏中障碍物带来的战术差异

形状 · 高度

障碍物的形状基本上为立方体。虽然圆柱体的障碍物在技术上可行，但没有棱角的形状很难完全遮挡隐蔽者的身体。另外，“高度”也有着重要意义，只有高度足以遮挡弹道的物体才能称之为掩体。而且只要掩体不超过一定高度，就可供玩家探身射击或者攀爬翻越。很多游戏中将这些高度按照功能（动作）的不同在关卡设计中统一管理（图 3.8.12）。

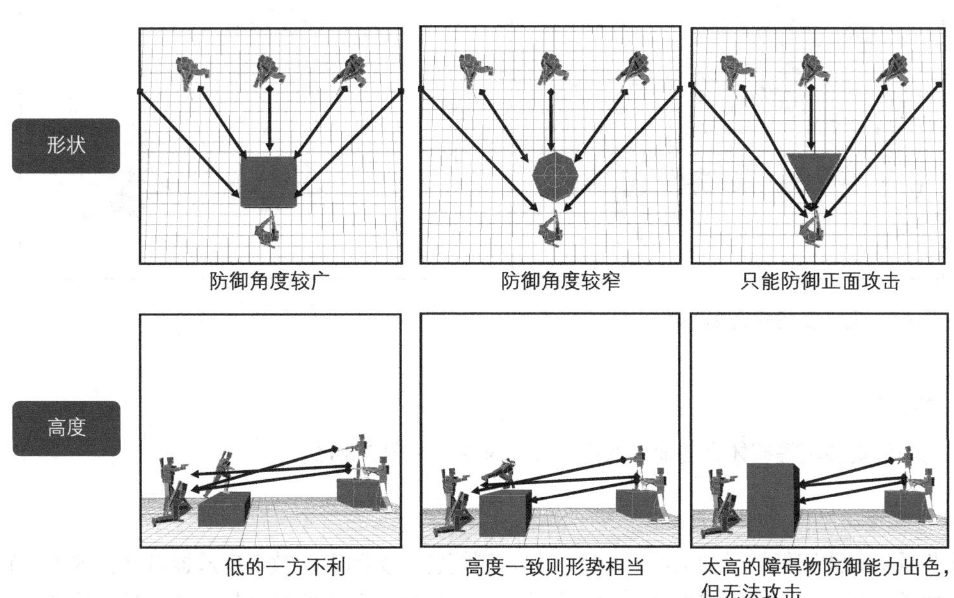

图 3.8.12 障碍物的形状和高度

❖ 方向性

掩体的角度对战术影响颇大。掩体面与敌人设计方向接近垂直时能起到防御效果，但接近水平时则毫无用处（图 3.8.13）。

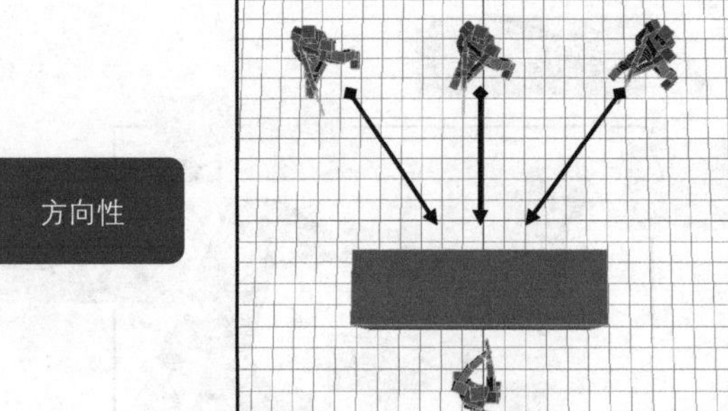

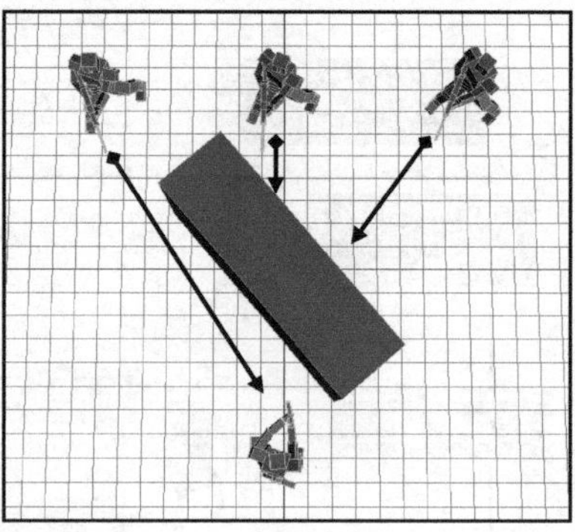

图 3.8.13　障碍物的方向性

❖ 瞄准与隐蔽

根据掩体的形状与玩家所在位置，瞄准或隐蔽时的姿势（身体高度）不同（图 3.8.14）。

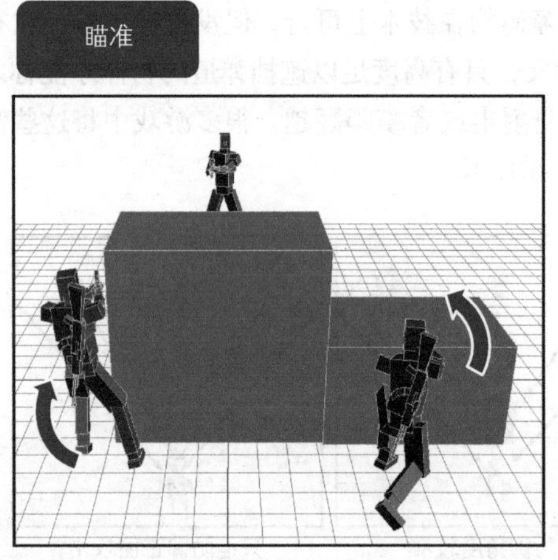

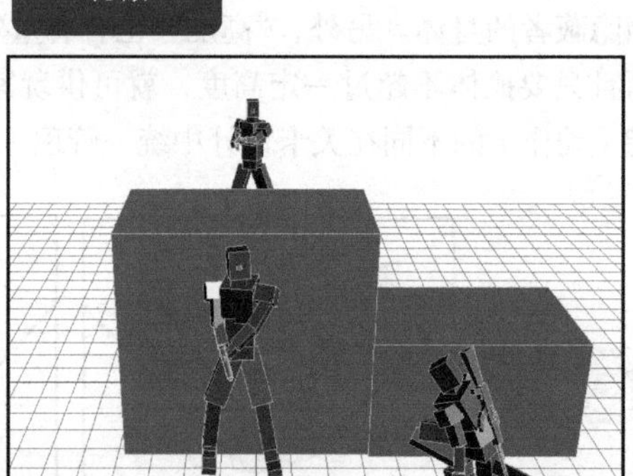

图 3.8.14　使用障碍物瞄准与隐蔽

❖ 掩体的移动

移动中的集装箱等掩体会使地形的优劣势实时变化（图 3.8.15）。

❖ 贯穿・破坏

某些看上去能够抵挡子弹的障碍物（比如木制篱笆）实际上会被某些武器打穿，这类障碍物具有欺骗性质。而另一些需要多次攻击才会被破坏的障碍物则可以暂时抵挡攻击，只要精确计算其被破坏的时间，完全能够用作掩体（图 3.8.16）。

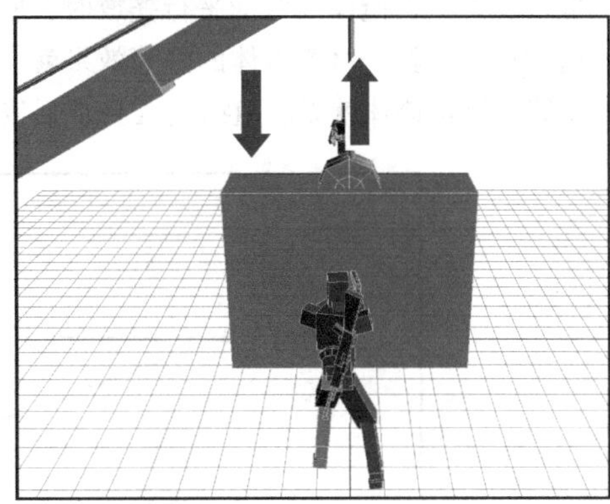

图 3.8.15　掩体的移动

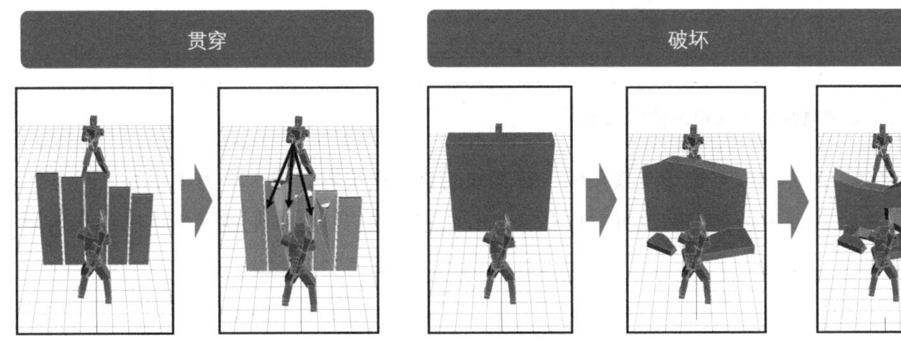

图 3.8.16　掩体的贯穿与破坏

❖ 燃烧・爆炸

让油桶或车辆等受攻击后引燃并爆炸，能对隐藏在其后方的玩家造成伤害（图 3.8.17）。

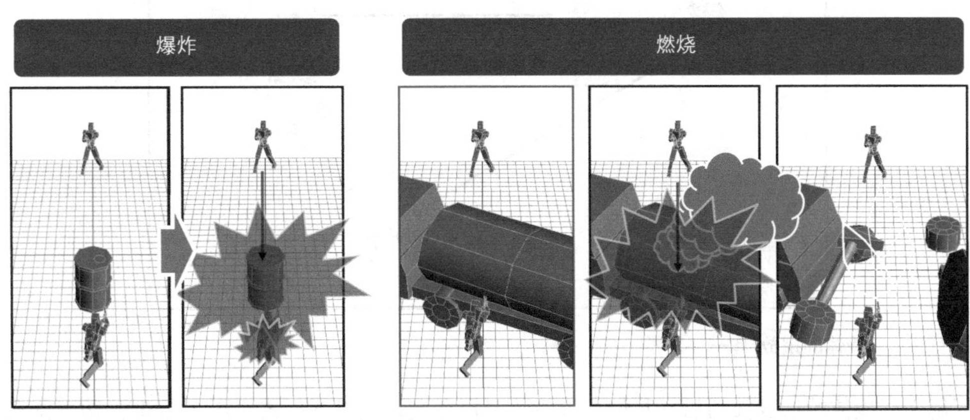

图 3.8.17　障碍物的爆炸和燃烧

部分游戏中，油桶爆炸时的冲击力能够引爆附近的槽罐车等物体，进而出现连环爆炸。

顺便一提，对玩家战术影响最大的当属掩体的摆放方式。

一般情况下，将掩体面对面平行摆放时，所有掩体的隐蔽效果都是一样的。然而，只要将其中一方的掩体略微倾斜，每个掩体的隐蔽效果就会出现差别。如图 3.8.18 所示，A 掩体与平行的 B 掩体优势相等，但 C 掩体就无法阻挡从 A 掩体后发出的某些角度的攻击。

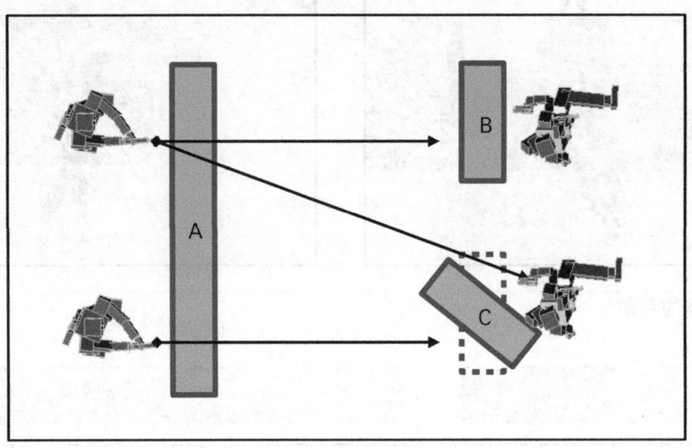

图 3.8.18 障碍物摆放方式带来的效果差异

另外，将多个障碍物以不同角度摆放时，其朝向的交叉点很容易成为火力集中处（图 3.8.19）。在单人游戏中，A 点将成为最危险的位置。而在联机游戏时，可以让玩家们制定战术将敌人引至 A 点。

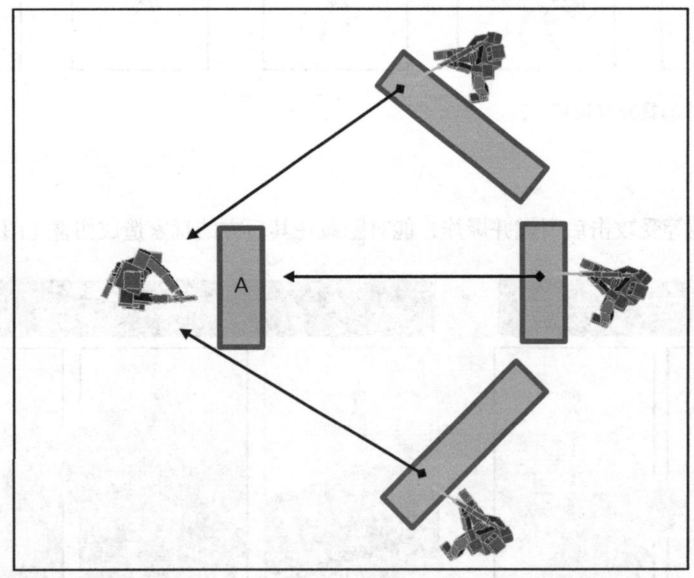

图 3.8.19 掩体的摆放 其一

了解上述掩体的摆放技巧后，我们可以将防卫据点设计成以下形式（图 3.8.20）。防卫据点 A 的请款下，攻守双方能对等战斗；防卫据点 B 中的掩体为扇形，进攻方容易受到集中火力攻击，因此处于不利局面；防卫据点 C 中的掩体构成了通道，在其中移动时不仅易被瞄准而且无处藏身，对进攻方压倒性不利。

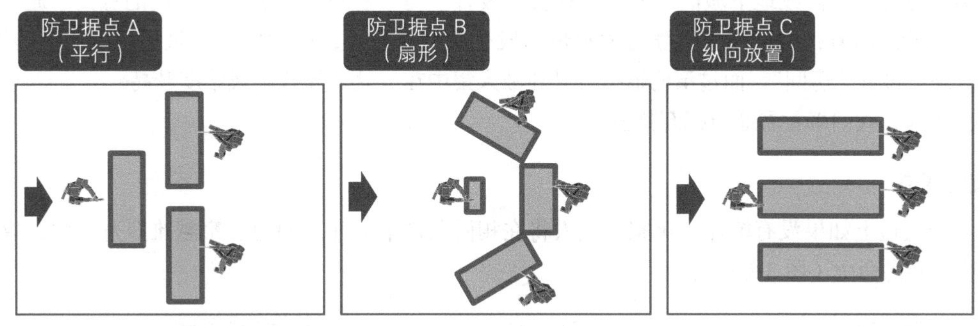

图 3.8.20　掩体的摆放 其二（左侧为进攻方・右侧为防守方）

综上所述，障碍物・掩体的摆放能大幅左右战术。

用地形影响战术

与障碍物・掩体一样，“地形”的关卡设计也能影响玩家的战术。游戏中的地形大多是“道路”和“广场”的组合。

在射击类游戏中，道路对关卡设计而言并不仅仅是用于移动的空间，它们还会对战术产生重大影响。首先，道路分为两类（图 3.8.21）。

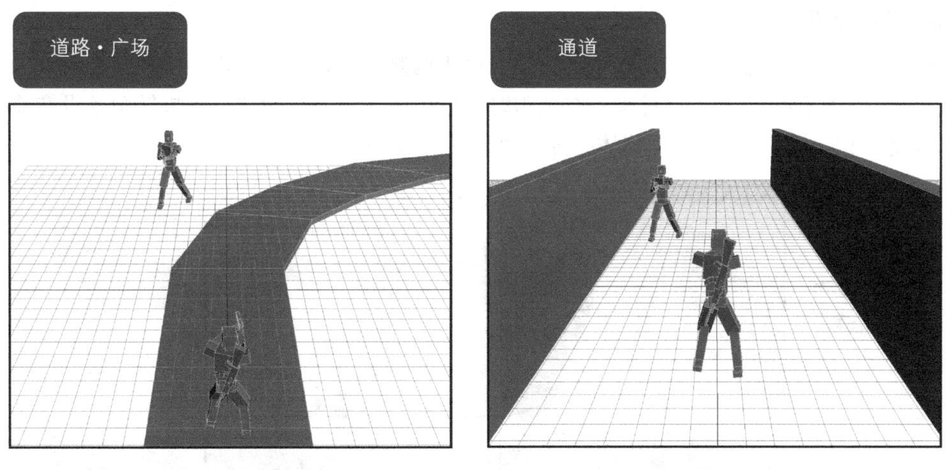

图 3.8.21　关卡设计中的“道路・广场”“通道”

一种是野外的开放空间中的道路。这类道路虽然具备路径的功能，但其两侧往往只有铁丝网等子弹能穿透的物体甚至什么都没有，属于不利于攻击方的地形。**这类地形可以用作直观的“引导线”或“动线”**①。不过，由于道路无论是否曲折都不存在掩体，因此游戏的战斗越是激烈，沿道路行走就

① 在销售业界，“引导线”指用于引导顾客的线。相对地，“动线”指人类实际往来的线。在游戏中也需要注意引导线和动线的区别。

越是危险。这种情况下，玩家更希望沿直线（希望线）或有掩体的路线前往目的地。另外，在没有掩体的情况下，敌人更容易分散。

另一方面，室内或地下城的“通道”在关卡设计上与“道路”有着完全不同的意义。通道的墙壁能完全遮蔽两侧，因此战术会随着通道形状发生改变。另外，过宽的通道虽然具备通道的性质，但其效果更接近“房间”，而过窄的通道容易让敌人集中在一处，导致游戏难度升高。

接下来，我们来看看通道都有哪些特性。

直线通道

直线通道上如果没有掩体，玩家与敌人将在相同条件下战斗。通道越窄越难躲避子弹，双方的攻击也越容易命中（图 3.8.22）。

图 3.8.22 直线通道

直角转弯的通道

室内的地图设计经常采用直角转弯的通道。由于两侧完全封闭，通道中的死角会对攻击方（试图攻入的一方）压倒性不利。反过来，在逃跑时可以借助转角进行埋伏。如果转角处设有掩体，该位置将构成一个防卫据点，对占据掩体一方有利（图 3.8.23）。

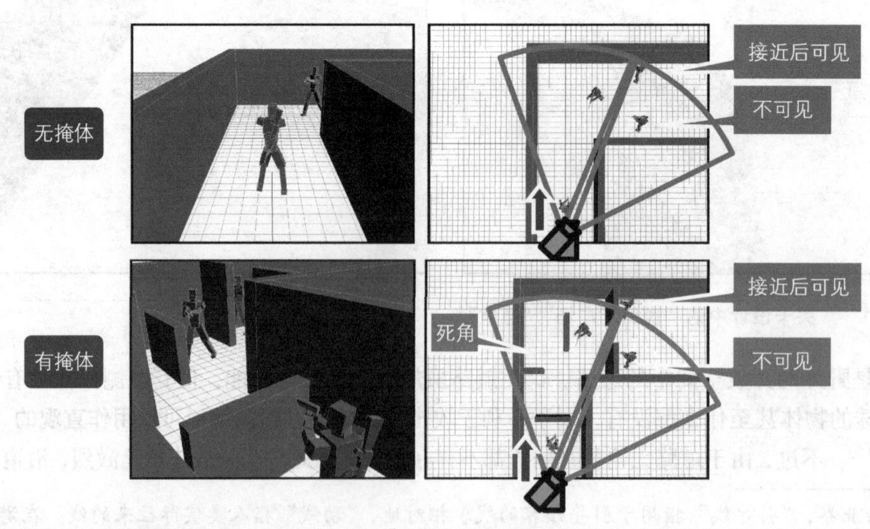

图 3.8.23 直角转弯的通道

掩体的摆放方式也能改变战场的优劣势。以图 3.8.24 为例，左图的条件接近平等，但右图由于掩体位置不对称，因此优劣势将根据角色站位而变。

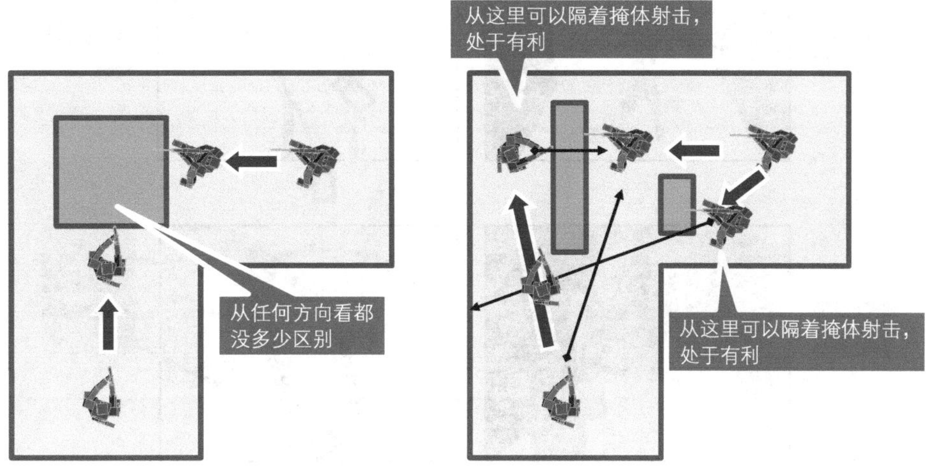

图 3.8.24　掩体摆放方式带来的优劣势

另外，根据玩家角色的持枪位置，通道转角也能带来优劣势的差别。如图 3.8.25 所示，角色持枪位置偏右时，上边防守一方的目标面积相对更小。这是能大幅影响胜负的关卡设计的陷阱。

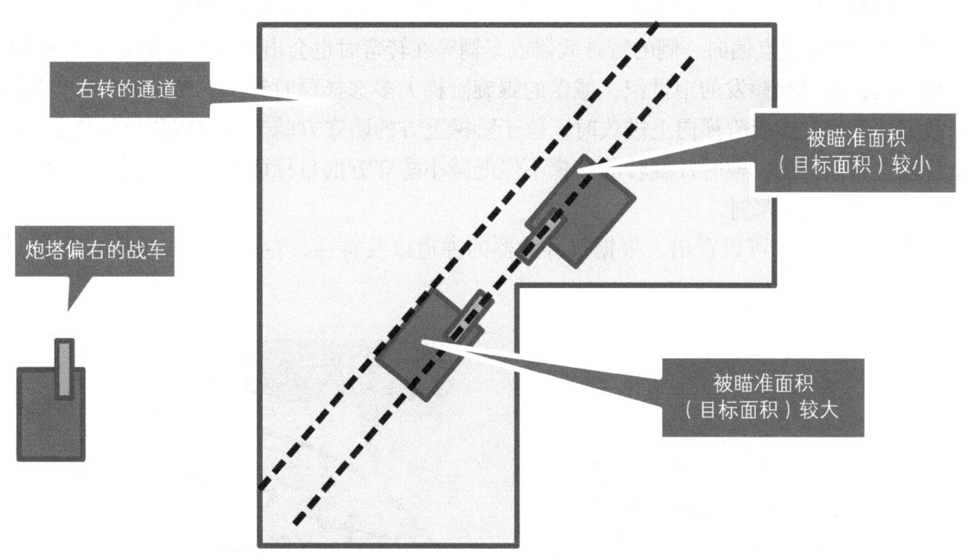

图 3.8.25　直角转弯的通道与目标面积带来的优劣势

❖ 平滑转弯的通道

平滑转弯的通道可视范围相对较远，攻击方和防御方基本能同时看到对手。不过，在持枪状态下仍会发生前面说过的情况，右转的一方能看到较远处，但左转一方的视野则会受墙壁影响。另外，根据障碍物大小和位置的不同，会产生不同程度的死角（图 3.8.26）。

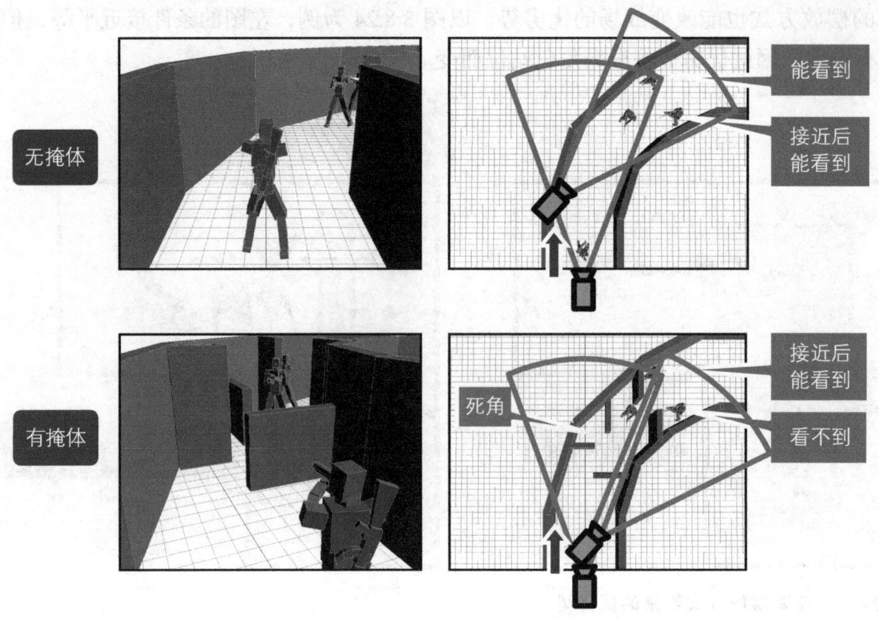

图 3.8.26 平滑转弯的通道

在平滑转弯的通道上，障碍物的摆放方式也会对优劣势产生影响。如图 3.8.27 所示，左图中双方条件近乎相等，但右图由于掩体位置不对称，因此优劣势将根据角色站位而变。此外，与直角转弯的通道一样，弹道起点偏向一侧的特殊武器或车辆等在转弯时也会出现优劣势的差别（图 3.8.28）。

顺便一提，在战祸频发的中世纪，城堡的螺旋阶梯大多选择顺时针（右转）结构。借助这种设计，当敌方骑士通过螺旋阶梯向上进攻时，位于阶梯上方的防守方骑士将获得压倒性优势。这是因为骑士普遍为右手持剑，顺时针旋转的楼梯不但能减小防守方的目标面积，同时还能利用墙壁阻碍进攻方右手持剑的骑士挥剑。

通过上述例子我们可以看出，根据每种武器的弹道以及特性，左转・右转将大幅影响优劣势，设计时务必加以注意。

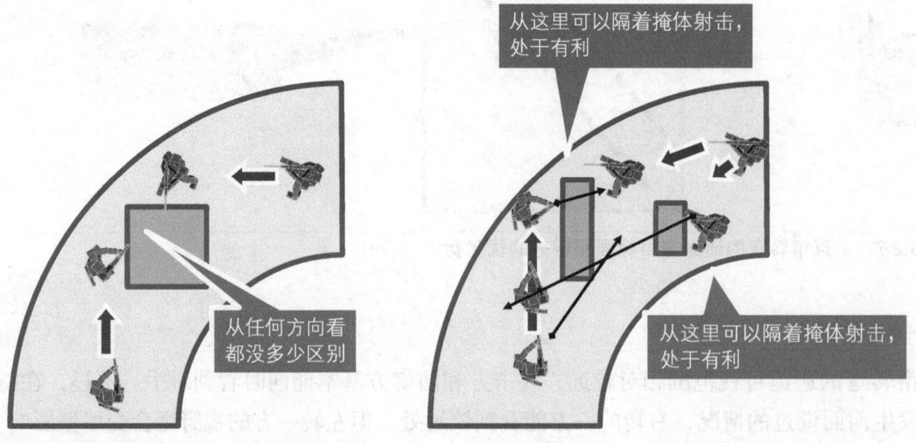

图 3.8.27 掩体摆放方式带来的有利不利

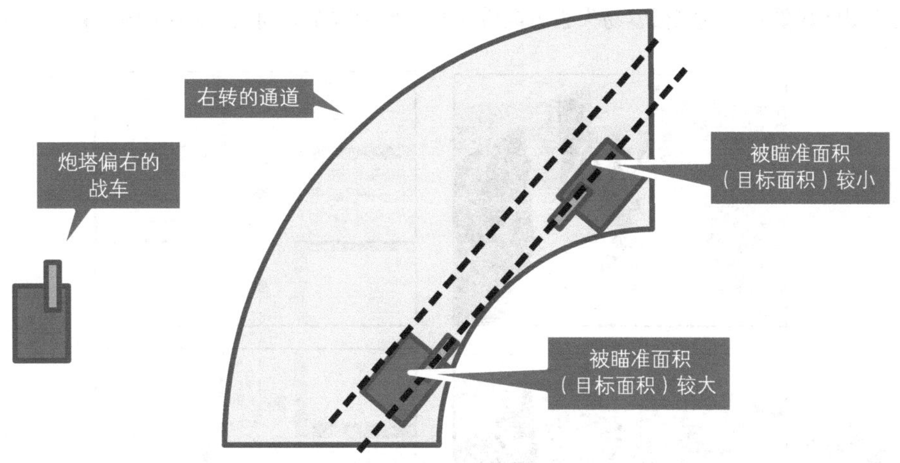

图 3.8.28　平滑转弯通道与目标面积带来的有利不利

丁字路口

在没有障碍物的丁字路口，角色所站位置将大幅影响有利不利局势。特别是在如图 3.8.29 所示的无掩体丁字路口中，如果 C 是进攻方，将同时受到防御方 A · B 的攻击。如果 C 试图强行突破，更是会被 A · B 双方夹击。即便能够勉强消灭一边，也会遭到另一边的追击。

添加掩体后则又是另一种情况。C 方虽然无法避免被前后夹击，但可以利用掩体暂时抵御一方的进攻。

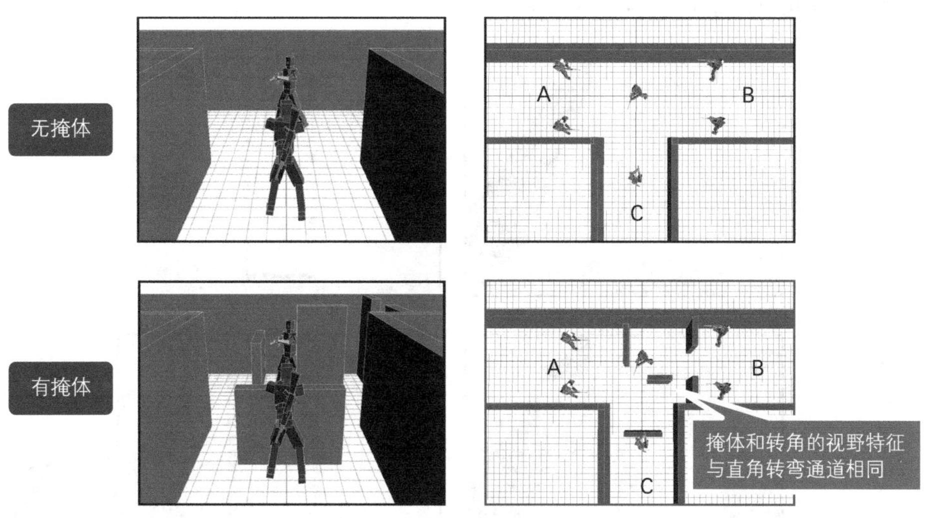

图 3.8.29　丁字路口

十字路口

十字路口的有利不利局面也与站位有着莫大关系。另外，掩体的摆放也能大幅影响有利不利形式。只要掩体摆放得当，可以将某些通道做得极度有利或极度不利。顺便一提，如果十字路口没有掩体并且地图外观单一，玩家很容易失去方向性（自己面朝哪个方向），在通道中迷路（图3.8.30）。

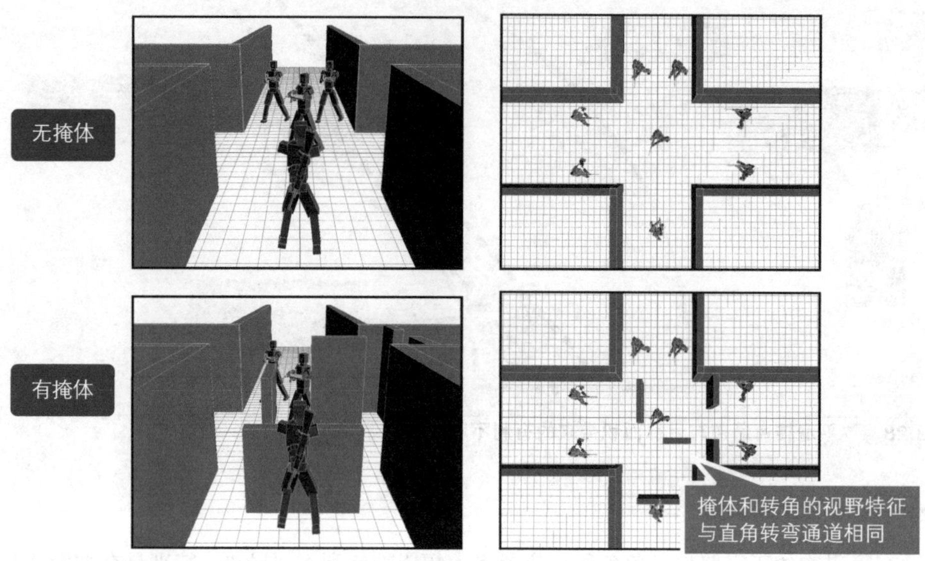
无掩体
有掩体
掩体和转角的视野特征
与直角转弯通道相同

图 3.8.30 十字路口

死胡同

死胡同对攻击方压倒性有利。攻击方将敌人逼入死胡同后可以选择攻击或逃走，而防御方则由于失去了退路，因此局面将极度不利（图3.8.31）。

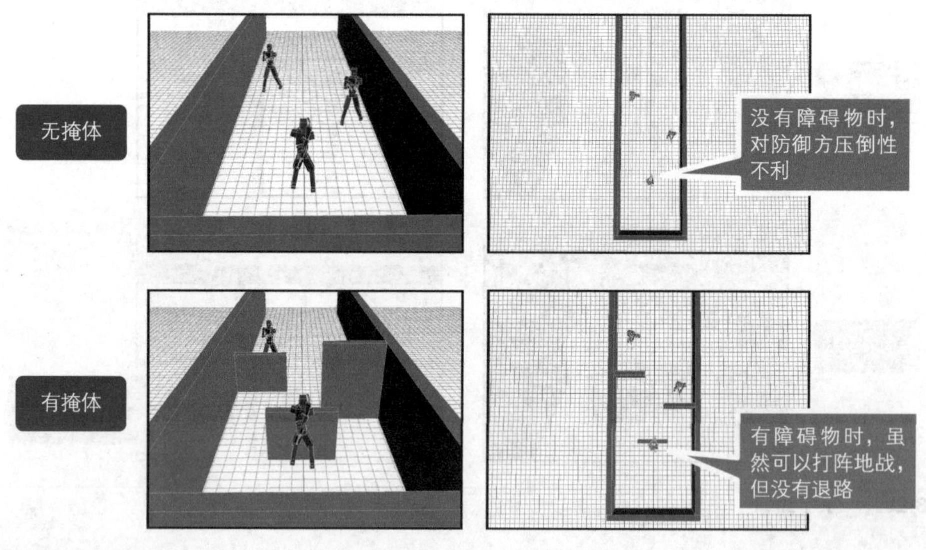
无掩体
没有障碍物时，
对防御方压倒性
不利
有掩体
有障碍物时，虽
然可以打阵地战，
但没有退路

图 3.8.31 死胡同

了解上述内容之后再来看射击类游戏的地图，我们会从"通道""房间"构成的关卡设计之中看到开发者的关卡设计的意图（图3.8.32）。

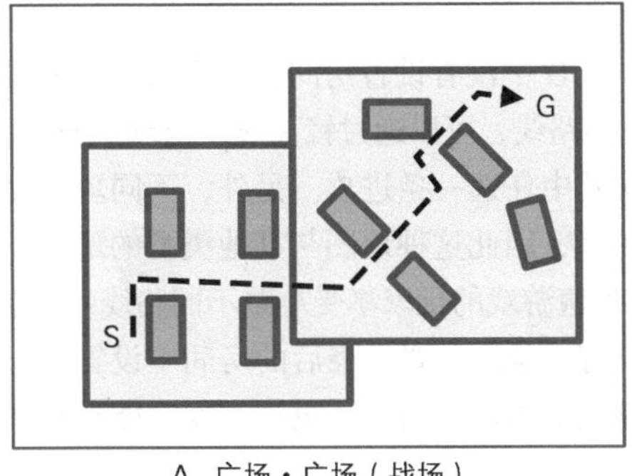

A. 广场・广场（战场）

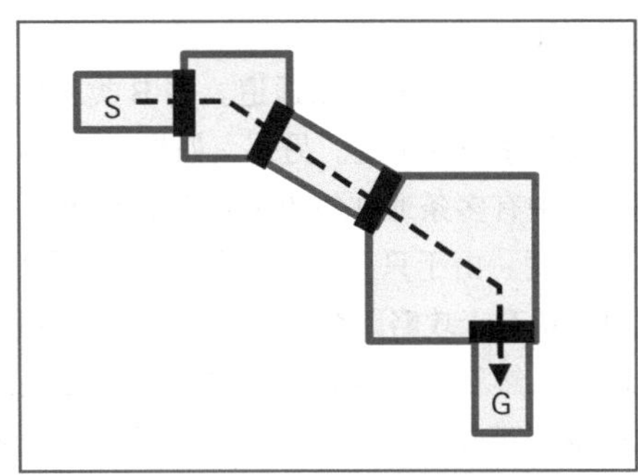

B. 通道・广场（战场・潜入）

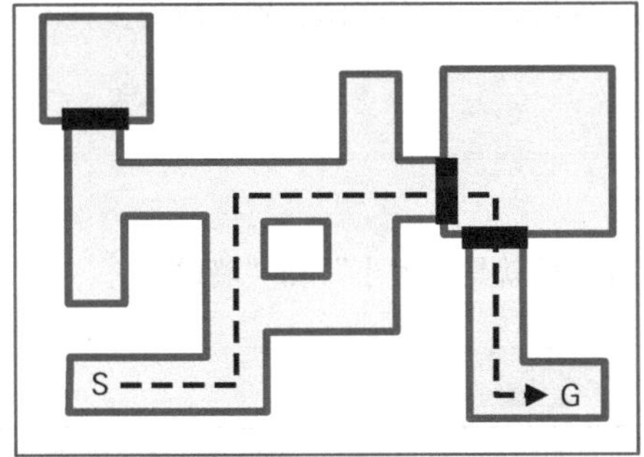

C. 迷宫（探索・潜入・逃跑）

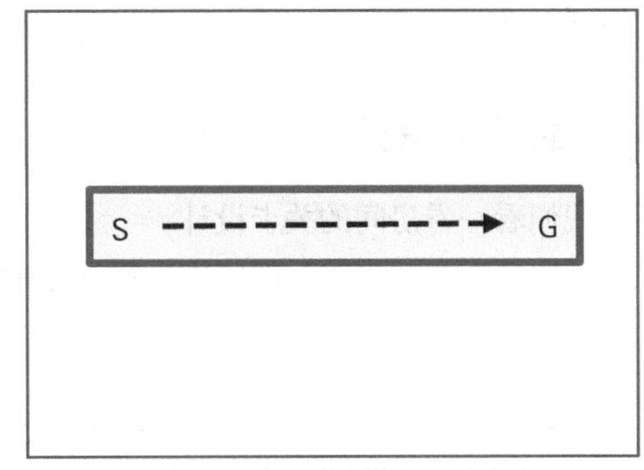

D. 一条通道（潜入・逃跑）

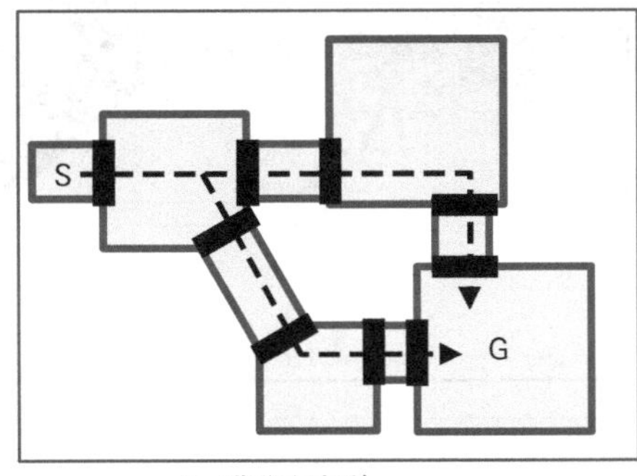

E. 进攻方有利
通向终点的路线有许多条

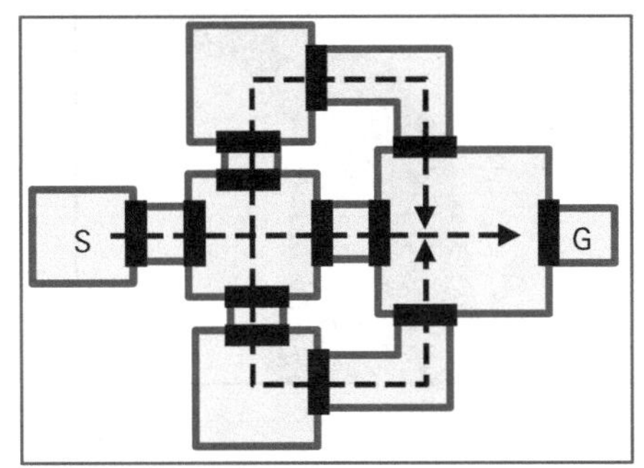

F. 防守方有利
通向终点的路线只有一条

※S = Start、G = Goal

图 3.8.32 通道与房间的组合

比如，A 类地图要求玩家在抵达终点前消灭大量敌人。由于移动范围很广，因此玩家可以体验到制定战术的乐趣，自由选择进攻路线。

反之，B 类地图中只有一条路可走，玩家只能沿通道前进然后攻略房间，凭蛮力打垮敌人。如果是潜入任务，则需要看准敌人的侦查漏洞见缝插针地前进。

C 类地图接近迷宫构造，多了路径探索元素，因此在潜入任务中也能制定出多种战术。不过，如果玩家试图无视敌人强行冲到终点，就很容易受到前后左右多方向攻击。也就是说，这是一种暴露目标后容易遭到集中攻击的构造。但是，只要能顺利将敌人吸引到一起，就可以借助扫射或投掷手榴弹等方式一口气消灭大批敌人。另外，如果给潜入任务加一个返回过程，将形成反向摸索已知路径的逃跑型任务。

D 类地图中完全只有一条通道。与 B 类地图不同，D 中没有设置房间，所以双方常要拼个你死我活，关卡设计紧迫感十足。另外，如果将 D 用于逃跑路线，可以通过镜头显示出玩家身后的追兵。

E 类地图中有多条通往终点的道路，玩家可以从其中任选一条进攻。另外，不同攻略路线还可以设计不同难度。由于只要攻略一条线路就可完成游戏，因此这种地图与其他类型的地图不同，在完成游戏时会留有未攻略路线。这就让喜欢反复玩很多遍游戏的玩家享受攻略不同路线的乐趣。

F 类地图虽然看上去复杂，但通往终点的道路只有一条。只要在最后的房间中设置敌人，就能固定该地图最终难关的难度。这类地图既给了玩家制定战术的自由度，也让开发者能轻松调控终点前的难度。

综上所述，通过“道路 · 通道”和“广场 · 房间”的组合，玩家将体验到枪战的多种不同乐趣。

房间的关卡设计

接下来我们看一看房间的关卡设计。

首先是“广场”与“房间”的区别，最简单的区分基准就是“大小”和“墙壁”。

图 3.8.33 房间与广场

广场是一种广阔的空间，四周一般不存在无法逾越的墙壁，广场上的道路也可以随时自由进出。相对地，房间四周被墙壁包围，移动范围会受到限制。房间越狭窄越接近通道，房间的关卡设计也就越接近通道的关卡设计。反过来，随着房间不断增大，小房间渐渐过渡为大厅，最终四周墙壁的意义将被淡化，使房间成为与广场同性质的结构。因此，某些房间场景应用的可能是加入障碍物的广场的关卡设计，而某些广场在加入墙壁和大量障碍物后也以使用房间的关卡设计。

对房间的关卡设计而言，重点在于“房间的形状”“通道的连接”以及“门的种类”。首先是房间的形状，大体可分为“四边形”和“圆形”两种（图 3.8.34）。

四边形的房间存在角落，躲藏在这里时可以有效避免背后遭到袭击，但被多名敌人逼近时经常会无路可逃。另外，不同的通道连接方法也会使房间形状发生变化。通道与房间墙壁垂直相连时，墙壁后方会构成死角，而通道与房间斜着相连时，则可以从通道处观察整个房间。

相对地，没有角落是圆形房间的特征。如果让所有通道延长线都经过圆心，那么每个通道的有利不利形势将完全相同。

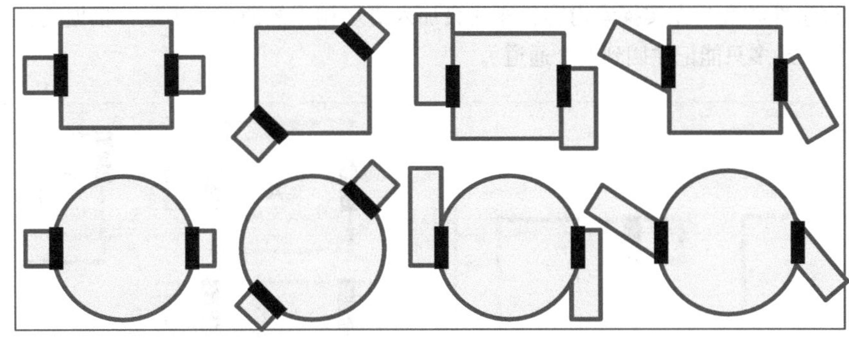

图 3.8.34 房间的形状与通道的连接

不过，通道与房间的墙壁形成锐角时，任何形状的房间都会出现死角。

通过将上述“房间的形状”与“通道的连接”相组合，可以衍生出多种多样的房间造型（图 3.8.35）。

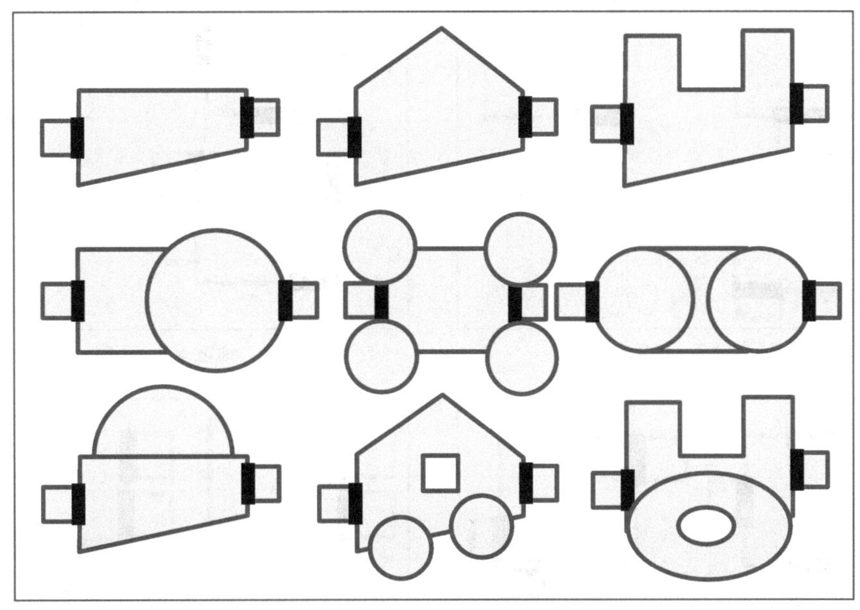

图 3.8.35 房间形状的组合

对通道的连接而言，与房间相连的“通道数”也拥有十分重要的意义（图 3.8.36）。

举个例子，只有一条通道与房间相连时，如果通道位于房间墙壁中央，通道口左右两侧将成为死角。而通道位于房间墙壁一端时，死角就只有一个。

另外，有一条通道连接的房间属于“死胡同”，而有两条通道连接的房间是“通过点”，三条以上则成了“分歧点”（连接点）[①]。在《神秘海域》这种重视节拍感的游戏中，为了让玩家能积极地推进剧情，关卡设计的通道连接数一般都控制在三个以内。

① 不属于连接点（分歧点）的房间和通道也称为“轮辐”。以连接点为中心探索轮辐的关卡设计称为“中心辐射”。在某些情况下，非单线型（线性）关卡设计（非线性关卡设计）也称为中心辐射。

反之，探索性游戏为充实探索内容，往往会加入更多相连的通道（不过，根据笔者的经验，玩家在一个房间中最多只能记住四到五个通道）。

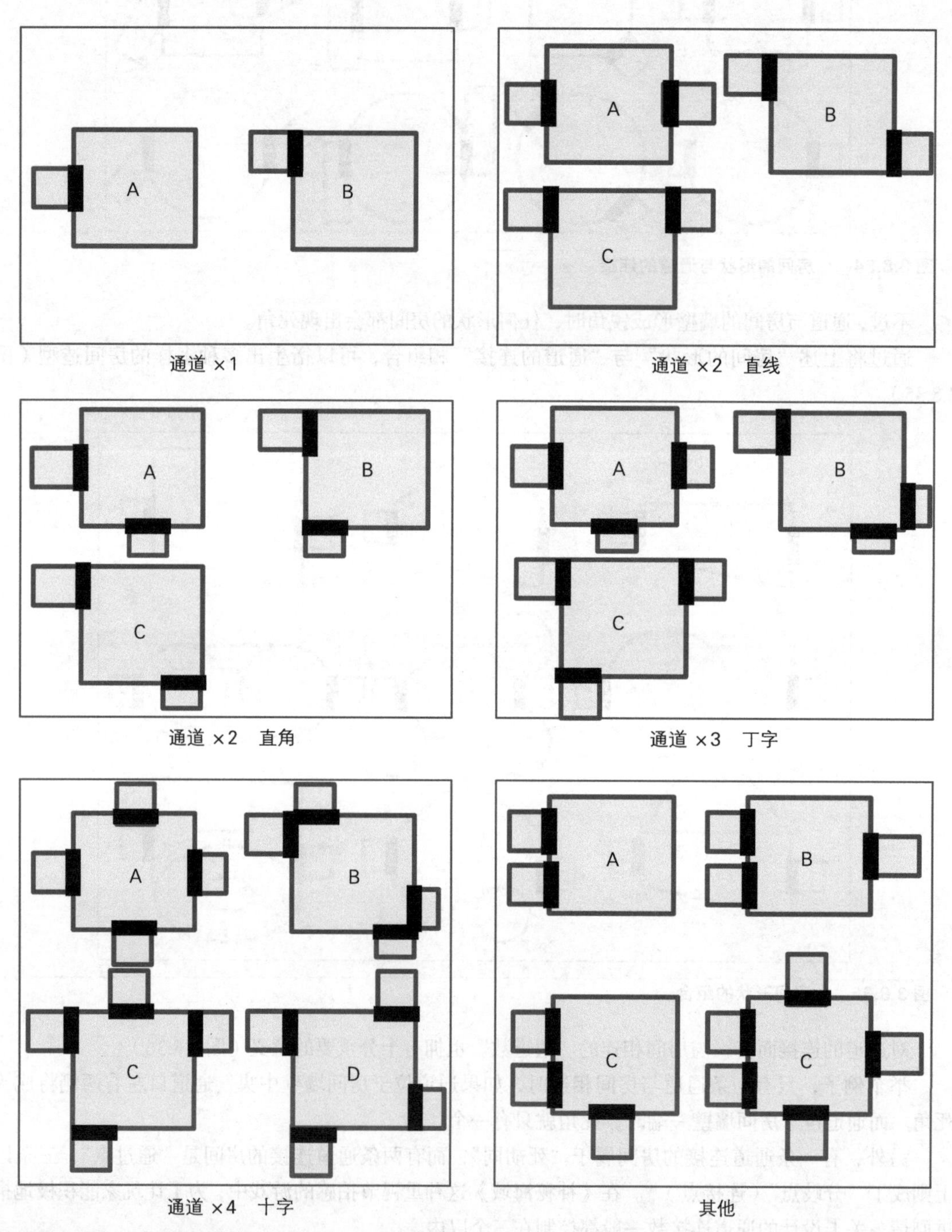

图 3.8.36 通道连接的差异

然后，与“房间的形状”“通道的连接”同样重要的还有“门的种类”（图 3.8.37）。

在关卡设计中，门对“游戏的节拍·节奏”“死角”以及“攻防的主导权”有着重大影响。反之，“没有门”的状态不会对上述元素产生影响。这种状态下，玩家可以观察房间内部情况，而且不需要开门关门的动作，因此游戏能保持较快的节拍。在《神秘海域》等重视节拍节奏的 TPS · FPS 游戏中，我们几乎看不到门（或者采用自动门）。

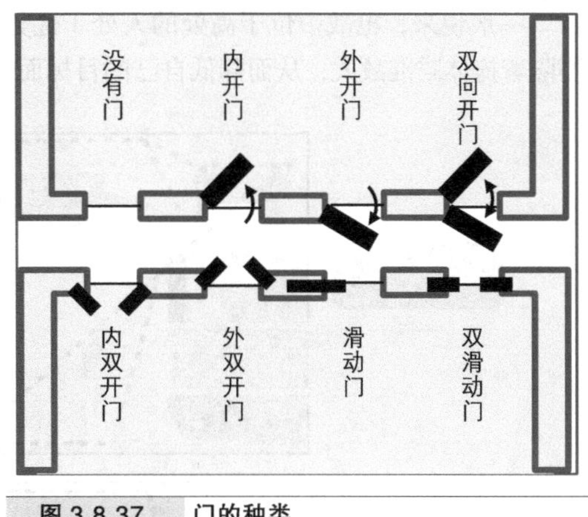

图 3.8.37 门的种类

相对地，探索性游戏就会采用各式各样的门。

“内开门”在开门时最容易形成死角。玩家打开门之后完全无法看到门后的情况，必须进入房间才能确认门后是否藏有敌人。“外开门”向通道一侧打开，因此只需稍稍探头便可观察到房间死角。不过，开这种门时需要开门者向后退开一段距离，以免阻碍门板的旋转。“双向开门”根据玩家动作的方向既可用作“内开门”也可用作“外开门”。顺便一提，如果将这类门全都设置为向前开（推开），则门后会经常形成死角。

“内双开门”和“外双开门”的特性与“内开门”“外开门”基本相同，只是门的面积只有“内开门”“外开门”的一半，死角面积相对较小。

“滑动门”的门板不会旋转，因此门自身不会形成死角。如果进一步设计为“自动门”，更能减小对游戏节拍节奏的影响。

基本上讲，当敌人在房间中严阵以待时，使用开门动作会丧失战斗主导权。反过来，如果能悄无声息地将门打开，主导权将属于开门一方。近年来，越来越多的游戏允许玩家自由选择开门关门动作，从中衍生出“利用门的战术”。

另外，“可破坏的门”“子弹能打穿的门”等可以衍生出攻敌不备的战术。当敌人隐藏在门后时，可以直接用散弹枪连门带敌人一起打倒。只不过，门被破坏后将起不到掩体的效果，导致玩家更容易被敌人发现和攻击。

最后我们再来谈谈“门的碰撞检测”这一大问题。在某些游戏中，玩家角色和敌人与门板之间没有碰撞检测。在这些游戏中，敌人能够穿过旋转的门板，因此门并不会形成死角。不过，游戏画面越是真实，这种手法越会让玩家觉得不自然。

顺便一提，《生化危机 4》中即便房间空无一人，玩家打开的门也会自动关闭（开门后立刻回头能看到其关闭）。这种设计看上去虽说有些不自然，但能让门时常保持关闭状态。这样一来，即便玩家要重复探索同一个房间，门依然能阻碍其观察内部情况或构成死角，从而引出玩家的不安情绪。另外，玩家和敌人都能破坏这款游戏中的门，所以围绕门的攻防也就成了战斗乐趣之一。这种机制权衡了真实度、刺激度和游戏趣味性，实在值得我们学习。

 立体的关卡设计

就像《神秘海域：德雷克的欺骗》一样，眼下大批 TPS · FPS 游戏的关卡设计都开始采用“立体构造”。那么，立体构造会对游戏产生哪些影响呢？

我们先从枪战中高低位置关系的优劣势进行说明。

一般说来，枪战中位于高处的人处于优势。如图 3.8.38 所示，居高临下的人可以借助蹲姿或卧姿隔着掩体瞄准敌人，从而降低自己的目标面积（子弹可命中的面积）。

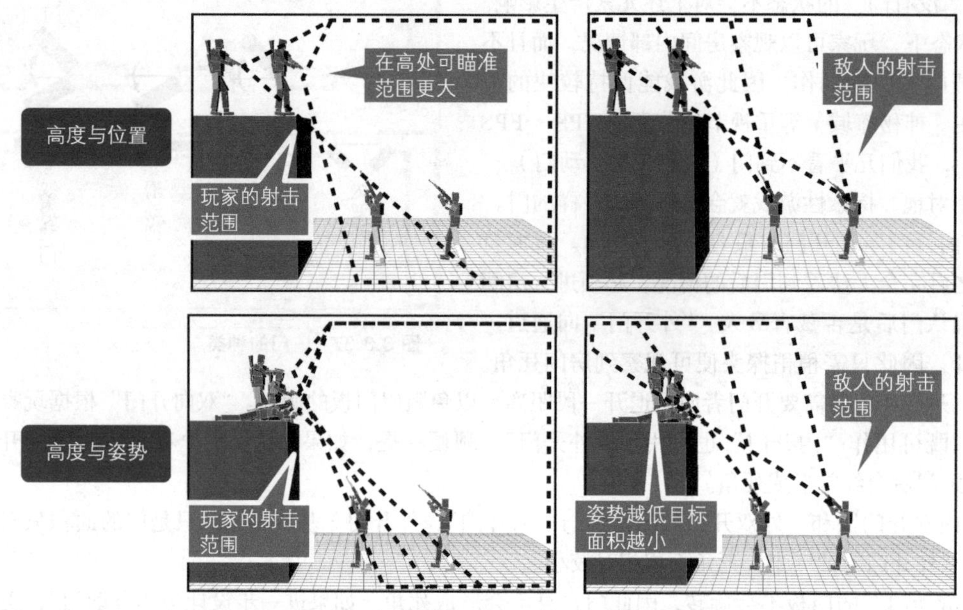

图 3.8.38 “高度与位置”“高度与姿势”对弹道的影响

不过，对位于高处的敌人而言，其脚下会形成死角。比如天台的死角就与墙壁高度成正比。另外玩家枪口可向下的角度也能对死角产生影响。还有，如果天台的地面可被子弹打穿（例如铁网等），则在该场所将无法从高处反击（图 3.8.39）。

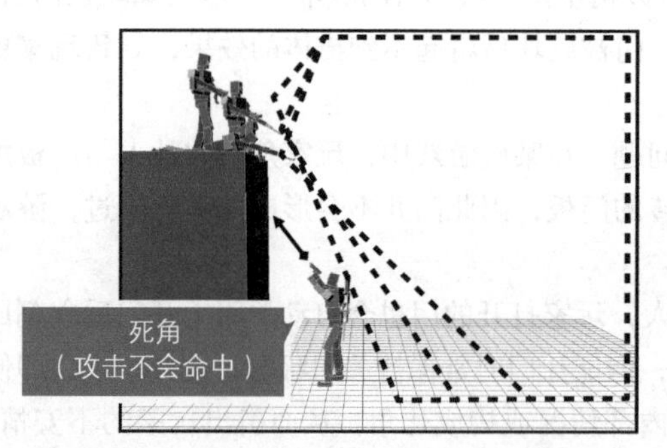

图 3.8.39 天台构造带来的影响

因此一般说来，面对如图 3.8.40 所示的天台时，在天台上方狙击更容易命中目标。

顺便一提，“阶梯”也是上方更有利的地形。防守方位于阶梯上端时，攻击方会由于视野较差而处于压倒性劣势（图 3.8.41）。

让道路或通道相互“立体交叉”，战斗会自然而然地带上立体构造的特点。在如图 3.8.42 所示的立体交叉路口，玩家可以先消灭上方负责狙击的敌人，然后绕至该位置反身狙击追兵，从而上演精彩的逆转情节。

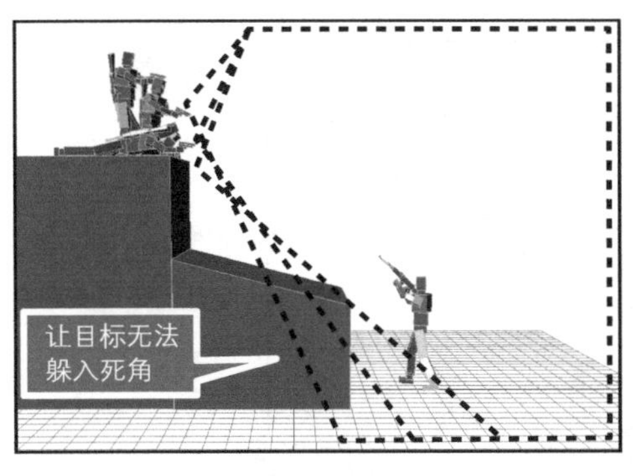

图 3.8.40 无法躲入死角的关卡设计

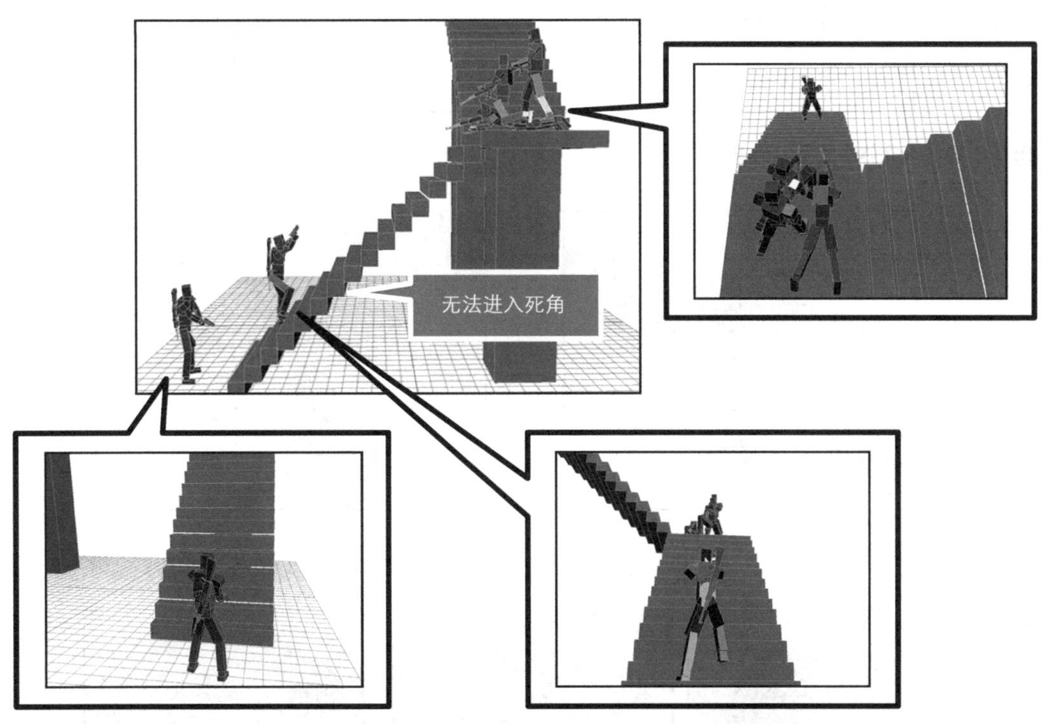

图 3.8.41 阶梯与死角

另外，如果能在这种立体交叉路口上巧妙安排敌人的“影子”，还可以提示玩家上方有敌人。这一技巧在恐怖游戏中同样适用（图 3.8.43）。

还有，在“山丘”“谷地”等关卡设计中，坡度越陡上方的视野就越开阔，位于该位置的角色也就越占优势（图 3.8.44）。

综上所述，立体的关卡设计不但能改变地图外观，还会对游戏方式带来很大影响。

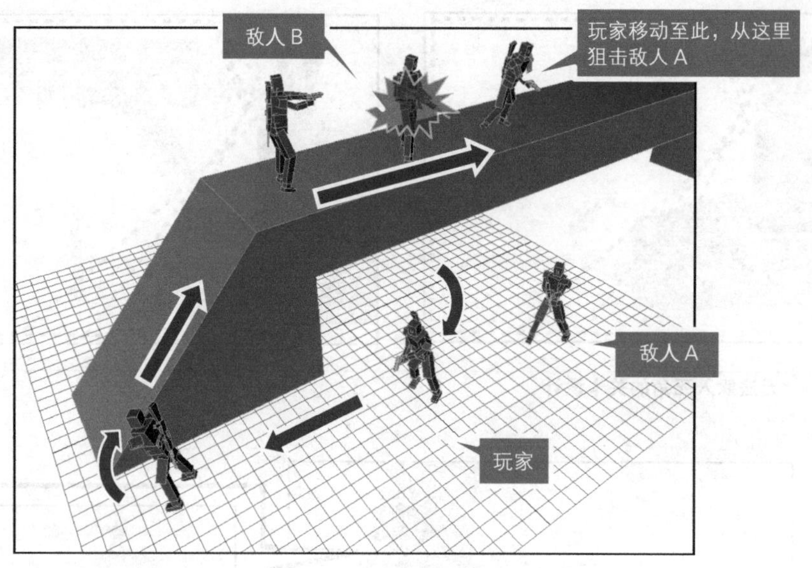

图 3.8.42　立体交叉路口的关卡设计

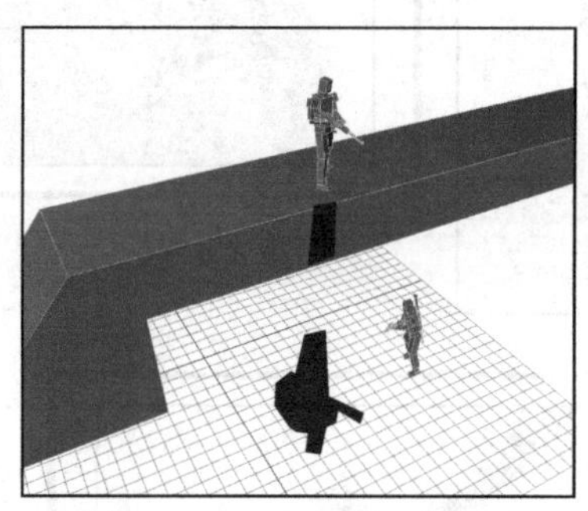

图 3.8.43　利用影子的关卡设计

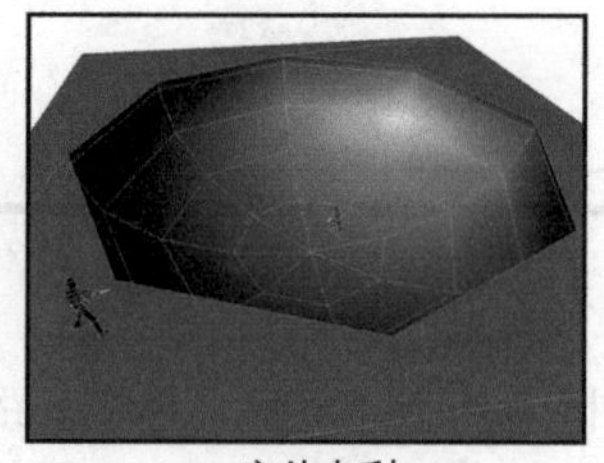

图 3.8.44　山丘和谷地的优劣势

上帝视角的关卡设计

TPS · FPS 等拥有大规模枪战情节的游戏中，在测试阶段，开发者能通过分析试玩结果得出“从第三者视角（上帝视角）看到的关卡设计的共通特征”。

其中之一便是"俯视时关卡设计的形状"（图 3.8.45）。

首先是 I 型，这种形状的地图设计在单人游戏中很常见。I 型地图以正面突破为主，战斗"前线"前后移动。由于很难出现绕后偷袭的情况，所以在《神秘海域》和《战争机器》这类 TPS 游戏中，能充分体现出隐蔽动作的重要性（图 3.8.46）。

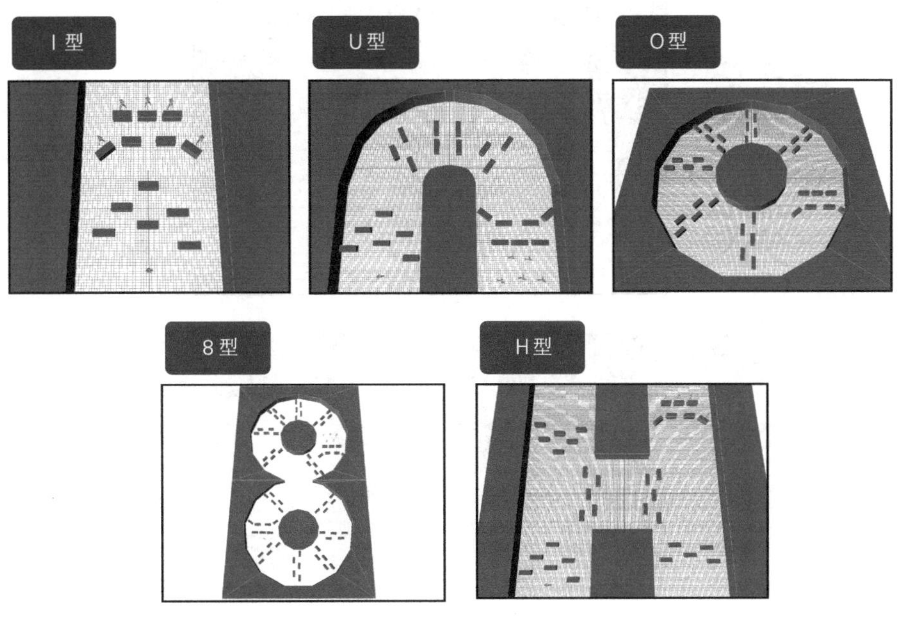

图 3.8.45 上帝视角下的关卡设计种类

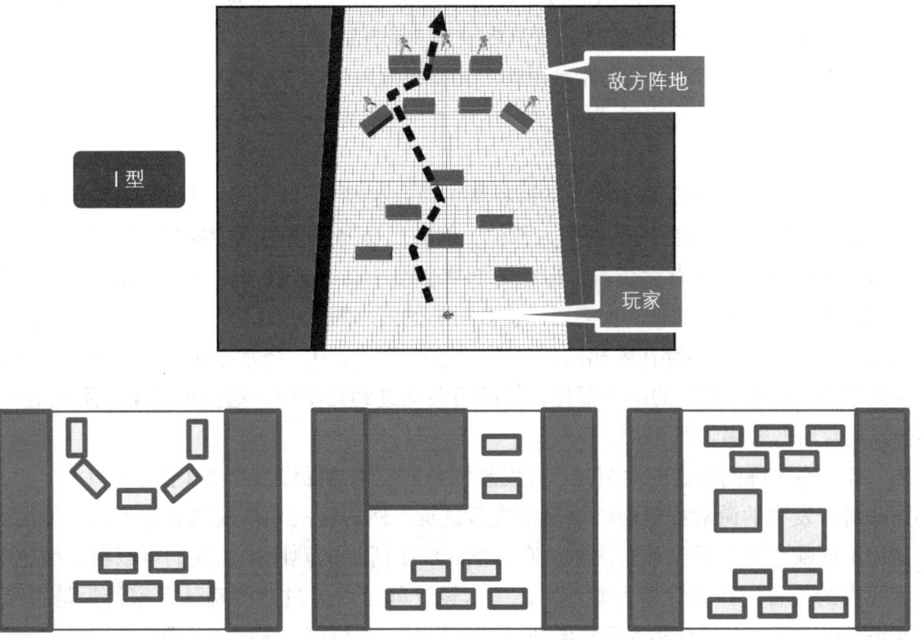

图 3.8.46 I 型关卡设计

U 型相当于弯折的 I 型地图。前线往往集中在转弯处。另外，前线与 I 型相同，跟随正面攻防的形势而移动。转弯角度较小的 L 型也具有类似性质（图 3.8.47）。

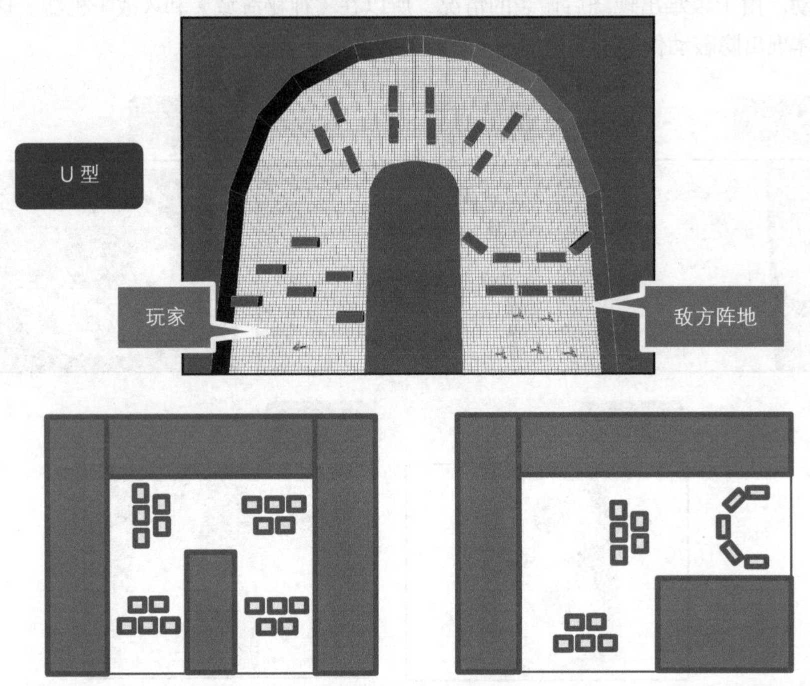

图 3.8.47 U 型关卡设计

O 型是联机游戏的经典地图形状。敌人和玩家会在圆环中循环移动，前线位移十分剧烈。另外，如果在单人游戏中让敌人 AI 迂回包抄，玩家将很快遭到背后袭击。因为这类关卡设计里经常出现背后奇袭，所以需要长时间蹲守一处的隐蔽动作会变得很危险（图 3.8.48）。

O 型还可以进一步复杂化构成“田字形”。田字形地图很容易带来混战，而且中央地区会遭到四个方向的攻击，危险度极高。

8 型是将两个 O 型连接后的产物。其形状既可以是平面的“8”，也可以是由坡道连接的双层立体的“8”。前线最早会集中在“8”的中央部位，但随后会向一方的圆中推进。这类关卡设计一旦让敌人成功入侵便很容易受到背后袭击，但相对而言也便于防守方伏击，所以算是一种考验联机游戏团队配合的地图。总的说来就是一种需要注意背后的地图（图 3.8.49）。

然后是 H 型，这是一种存在死胡同的地图。在单人游戏中，经常被用于“打开四个开关”等任务。前线最早会集中在“H”的中央部位，但随后会推进到死胡同。这类地图中可隐藏的位置较多，因此不能放松背后的警惕（图 3.8.50）。

顺便一提，在实际制作这些地图时，开发现场经常使用**热图**作为参考（图 3.8.51）。

热图是将开发中的游戏提供给测试玩家进行试玩，然后将战斗情况图表化形成的地图。最常见的热图是用不同颜色显示玩家死亡次数。在如图 3.8.51 所示的热图中，我们可以根据颜色深浅分辨玩家频繁死亡的位置。在设计单人游戏时，关卡设计师可以通过热图确认玩家行为是否符合预期，游戏难度是否正常等。在设计多人联机游戏时，热图可用于检测关卡是否平衡。

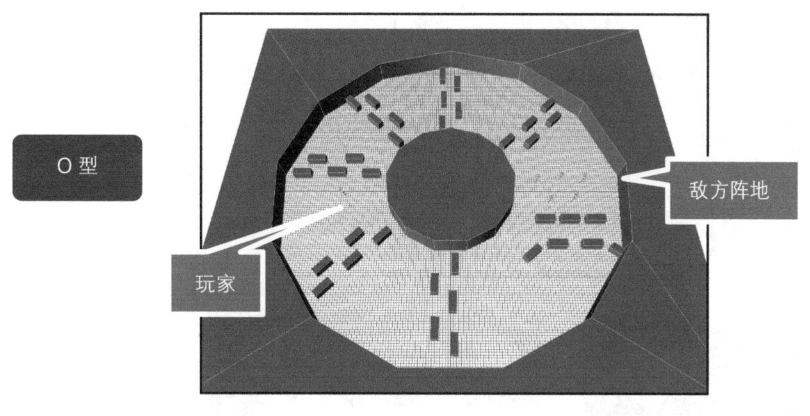

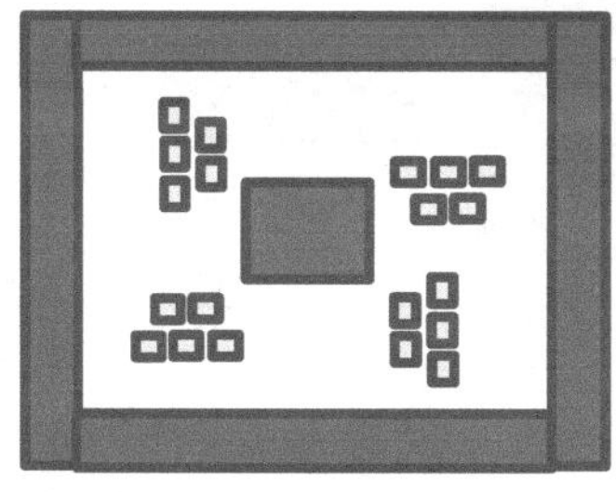

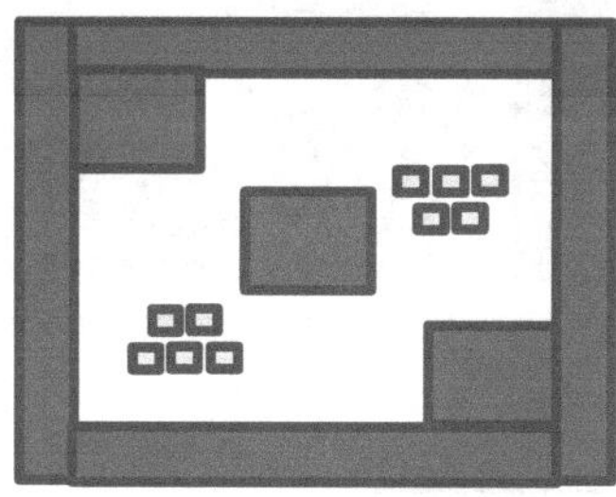

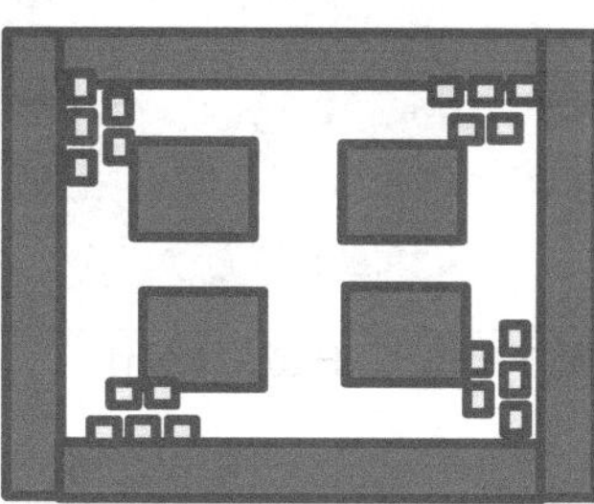

图 3.8.48　O 型关卡设计

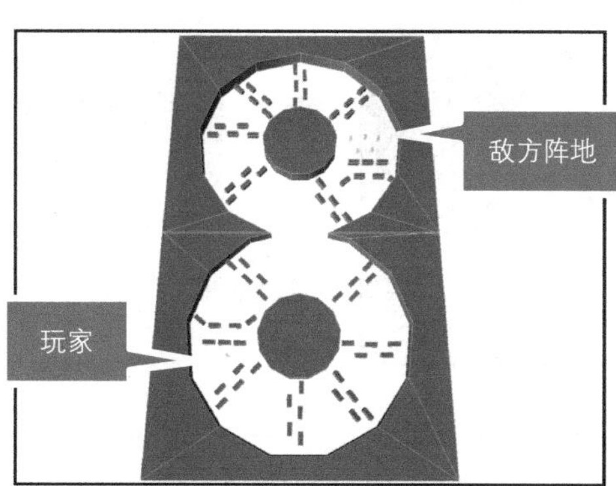

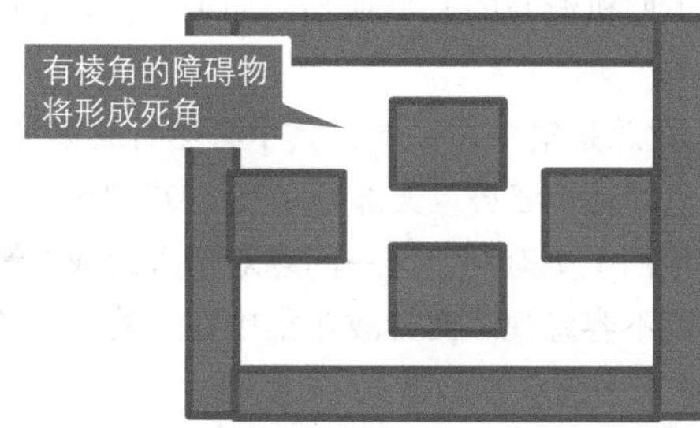

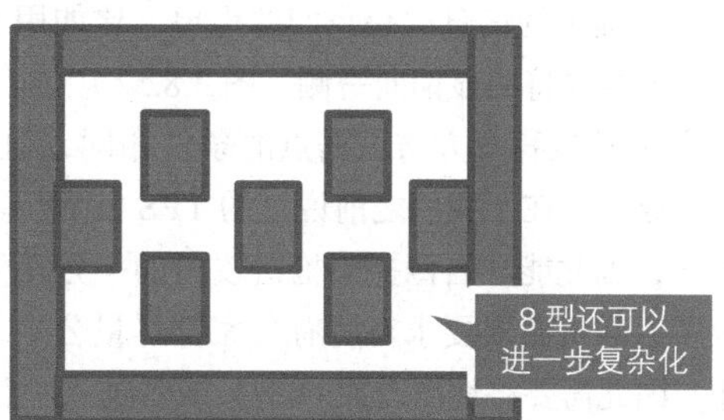

图 3.8.49　8 型关卡设计

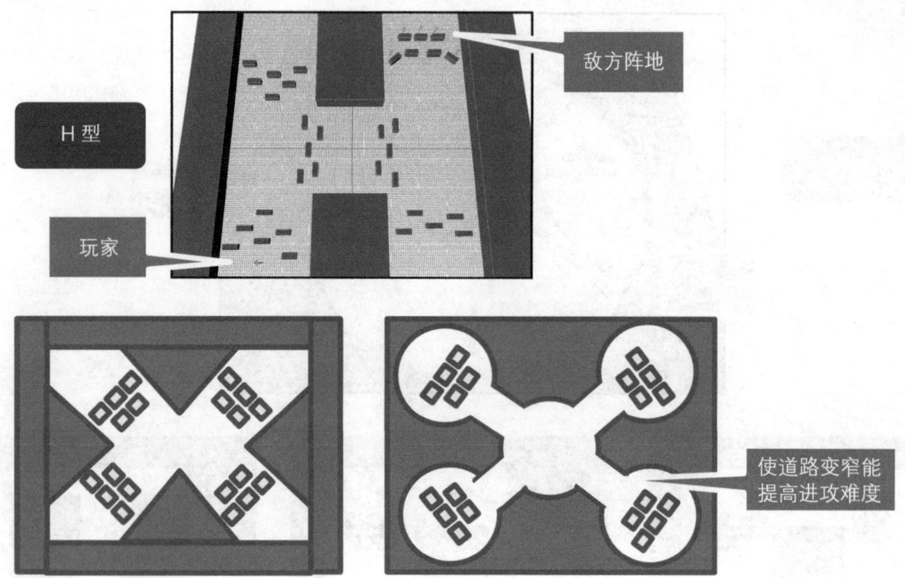

图 3.8.50 H 型关卡设计

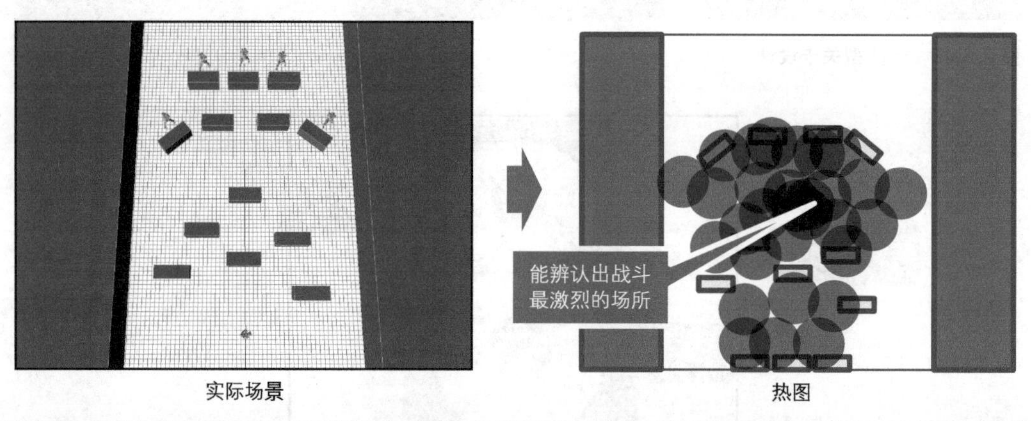

图 3.8.51 关卡设计与热图

热图能提供的信息远超我们的想象。比如用于多人联机游戏的 L 型地图，如果不在其中设置掩体，热图的结果将明显偏向一侧（图 3.8.52）。

“L”两端敌我双方防卫据点的条件相同，但死亡数总是集中在一侧，其中必然有着某种原因。没错，其原因就在于我们之前说过的 TPS 游戏玩家角色的持枪姿势。大部分 TPS 游戏中玩家角色都是右撇子，因此能从右侧探出枪口攻击的一方在 L 型地图上更有利。这一问题对单人游戏的影响不大，但多人联机游戏要求对所有玩家都尽量公平，所以不容忽视。而且战斗集中在一处会使游戏欠缺乐趣，因此需要将地图改成 O 型，或者加入一些掩体来平衡双方形势。

综上所述，通过上帝视角观察关卡设计能帮助开发者掌握该地图中隐藏的战术。顺便一提，在不同的游戏系统下，地图类型带来的结果有着很大差异。各位在享受自己钟爱的游戏时如果能多加留心，说不定会有一些意外发现。

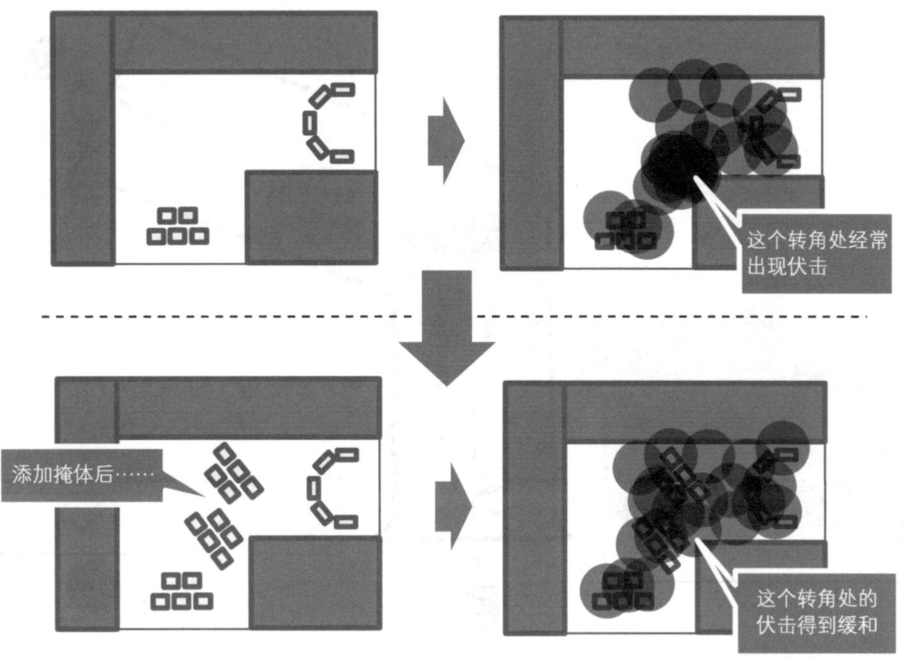

图 3.8.52 借助热图改善关卡设计

让枪战场面更火爆的关卡设计机制

在《神秘海域：德雷克的欺骗》的关卡设计流程中，玩家可以随着剧情发展享受扣人心弦的火爆枪战。然而这种关卡设计流程并不能单纯将枪战情节衔接在一起，而是要在关卡设计中创造出足以让玩家兴奋的流程。我们不妨以“伦敦地下”后期的关卡设计为例，看一看这款游戏是如何制作关卡设计流程的。

伦敦地下后期的关卡设计是一个“逃跑”任务。得知宝藏秘密的主人公不幸被敌对组织发现，为保性命必须全力逃跑。看着主人公一路险象环生，在命悬一刻之际逃出生天，玩家必然会兴奋地紧握控制器。

现在让我们揭开这段枪战的关卡设计流程。伦敦地下的后期从 A 点开始，玩家在这里会遇到敌人袭击并开始逃跑。在通道中首先会与持手枪的黑衣男子们发生枪战（图 3.8.53）。

消灭敌人之后行进至 B 点，玩家会进入旧地铁站，与在这里伏击的敌人集团发生大规模枪战。这张地图中可隐蔽位置较多，玩家可以借助隐蔽动作不断消灭各个方向的敌人。不过，由于这里的移动范围较广，因此稍不留神就会被敌人突击至身后（图 3.8.54）。

玩家继续向前会遇到手持突击步枪的敌人，展开第二次枪战。与上一张地图不同，这里有列车作为巨型掩体，玩家将面临“从列车前方绕行”和“从列车上方翻越”的选择。

玩家顺利消灭敌人后继续前进将遇到第三次枪战。这次玩家要在黑暗中战斗，敌方武器除突击步枪外又多了带激光瞄准器的狙击枪。如果冒然将头探出掩体，难保不被打穿额头。

一路上消灭敌人并躲避激光器，玩家将抵达大厅深处的通道 C。但此时会被敌人发现，随即在通道展开战斗（图 3.8.55）。

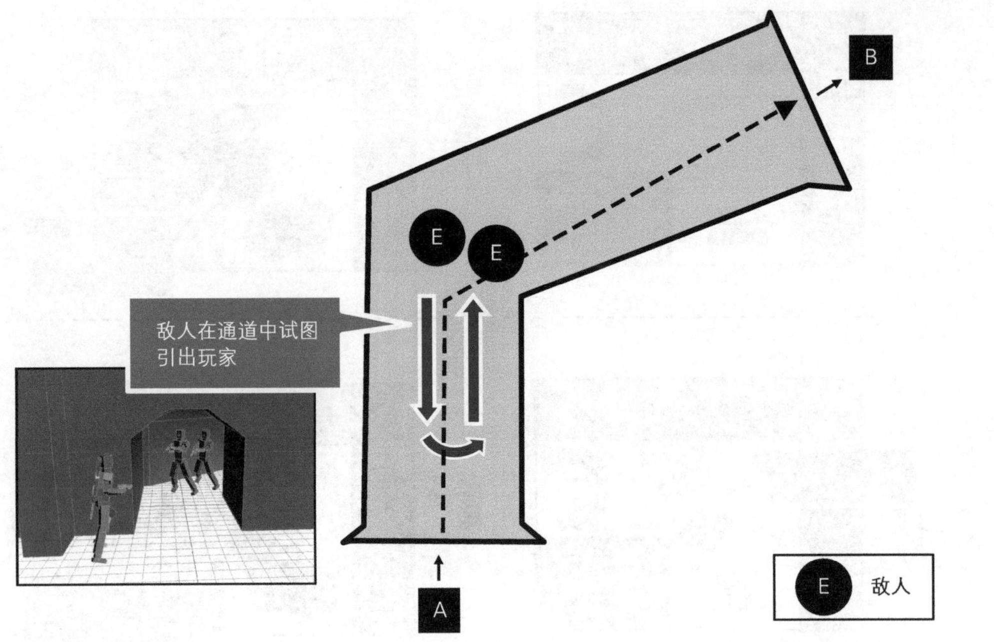

图 3.8.53 **伦敦地下 其一**

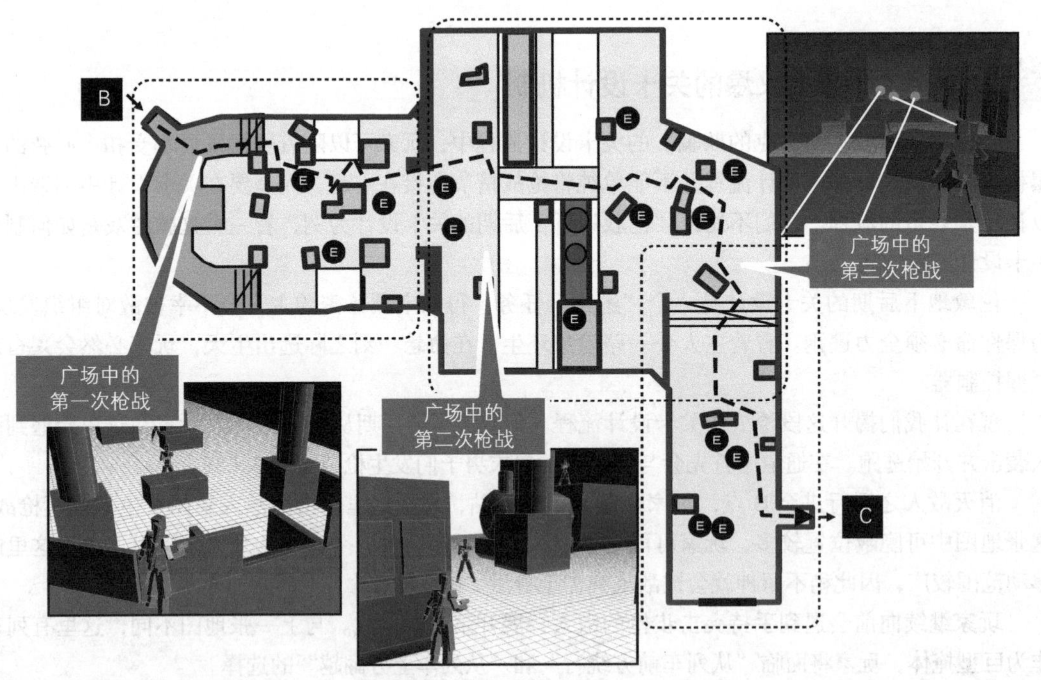

图 3.8.54 **伦敦地下 其二**

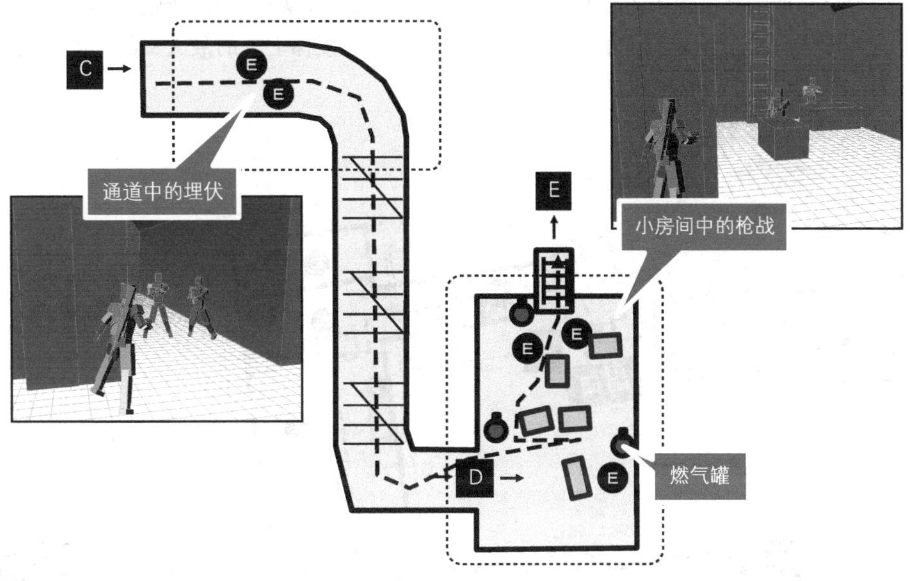

图 3.8.55 **伦敦地下 其三**

消灭通道里的两名敌人后来到小房间 D。小房间中虽然有敌人据守，但玩家可以射击燃气罐炸飞敌人。

清理完小房间后爬上梯子，玩家将来到地铁轨道 E。在这个漆黑的隧道中又会展开一场枪战（图 3.8.56）。

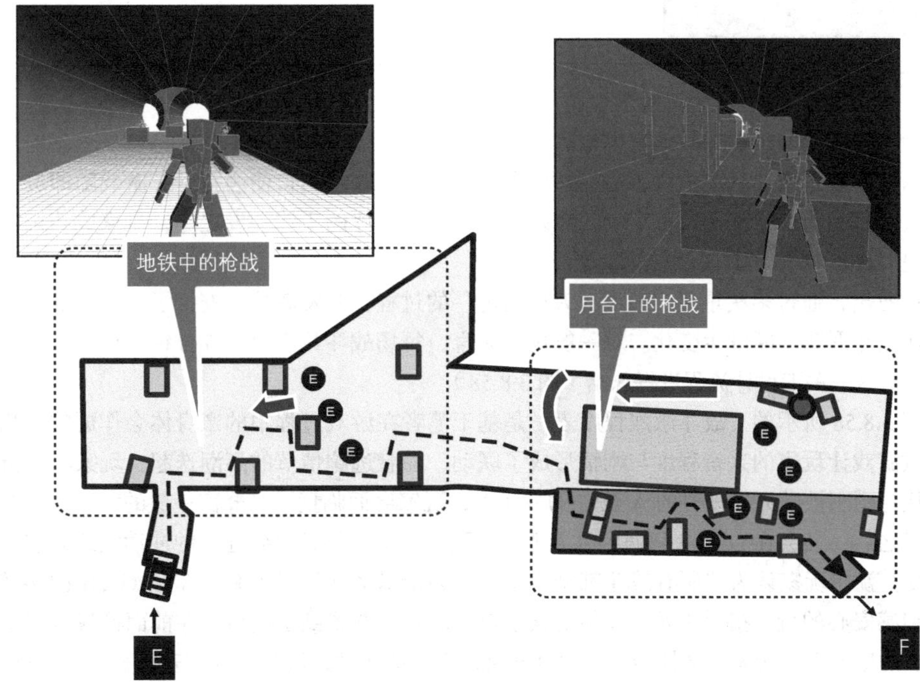

图 3.8.56 **伦敦地下 其四**

继续向前会与地铁月台埋伏的敌人交火，这里会有数名敌人从车辆另一侧迂回偷袭玩家背后。

消灭这些敌人，穿过检票口前的通道F后，玩家又会与楼梯上方的敌人交战。由于玩家所处位置极其不利，因此必须快速精准地反击敌人（图3.8.57）。

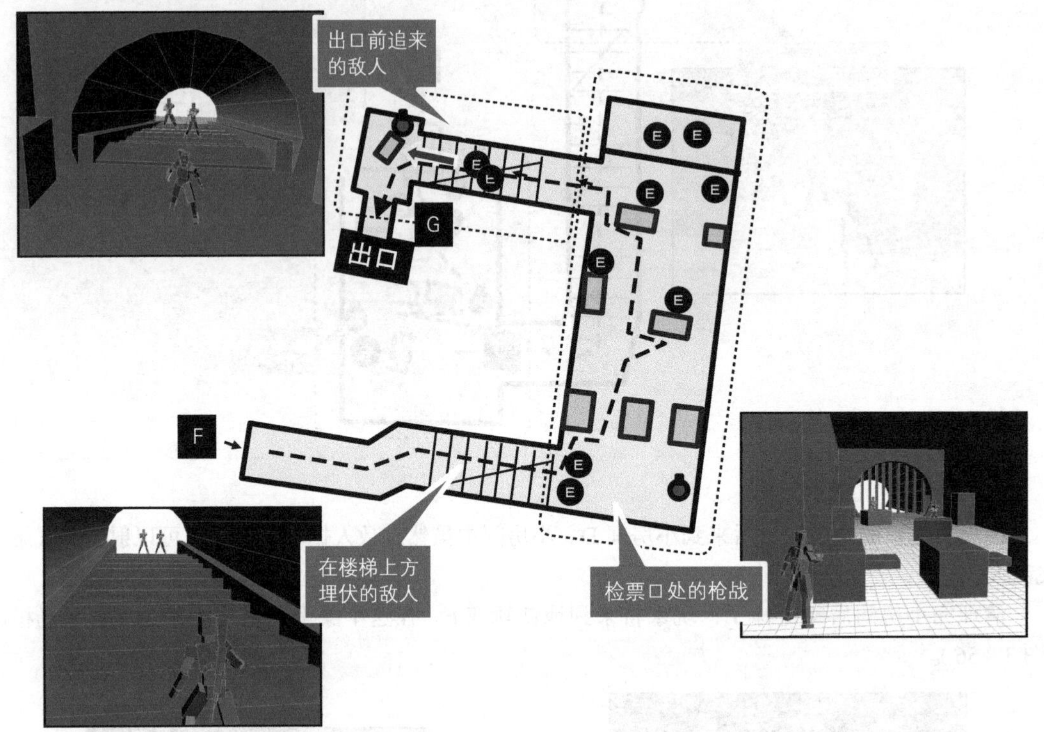

图3.8.57 伦敦地下 其五

出检票口后会与最后的敌人发生枪战。经过激烈交火，玩家向通往地表的G层移动时，背后会突然有两名敌人追来。只要消灭了最后两名敌人，通往地表的出口便会打开，游戏随即进入过场动画，主人公跳上前来救援的友方车辆脱离困境。在即将被俘的千钧一发之际，玩家成功逃脱完成了这部逃跑大戏。

可以看出，通过多次重复“消灭敌人再前进”的过程，开发者接连安排了更强的敌人，改变了地形，使战斗形势不断发生变化。对一般玩家而言，每场战斗只需要3~5分钟。接下来笔者将以自己的视角对这一关卡设计流程进行总结（图3.8.58）。

如图3.8.58所示的“战斗激烈程度表”是基于笔者在游戏过程中的亲身体会作成的。我们会发现，这款游戏让玩家的兴奋程度与剧情形成了联动，随着逃跑情节的高潮迭起，玩家的兴奋程度也一同起伏。刚刚被敌人发现时的A至C的战斗中，玩家会面临捅了马蜂窝一般的大混战。费尽力气撑过枪战之后，又会在D至E间遇到敌人埋伏。玩家按捺着早日回到地表的冲动继续向前，会遇到F的枪战。就在玩家认为“所有战斗都结束了，应该能逃脱了”的时候，最后G的敌人突然追来，让刚刚稍感安心的玩家措手不及。即便消灭了最后的敌人并找到了出口，在前面枪战流程（关卡设计流程）的影响下，玩家仍会怀揣一份“打开出口真的能成功逃脱吗”的不安，直到进入过场画面。游戏通过调整触发枪战的节拍和节奏，让玩家通过游戏体验到电影逃跑情节一般的兴奋。

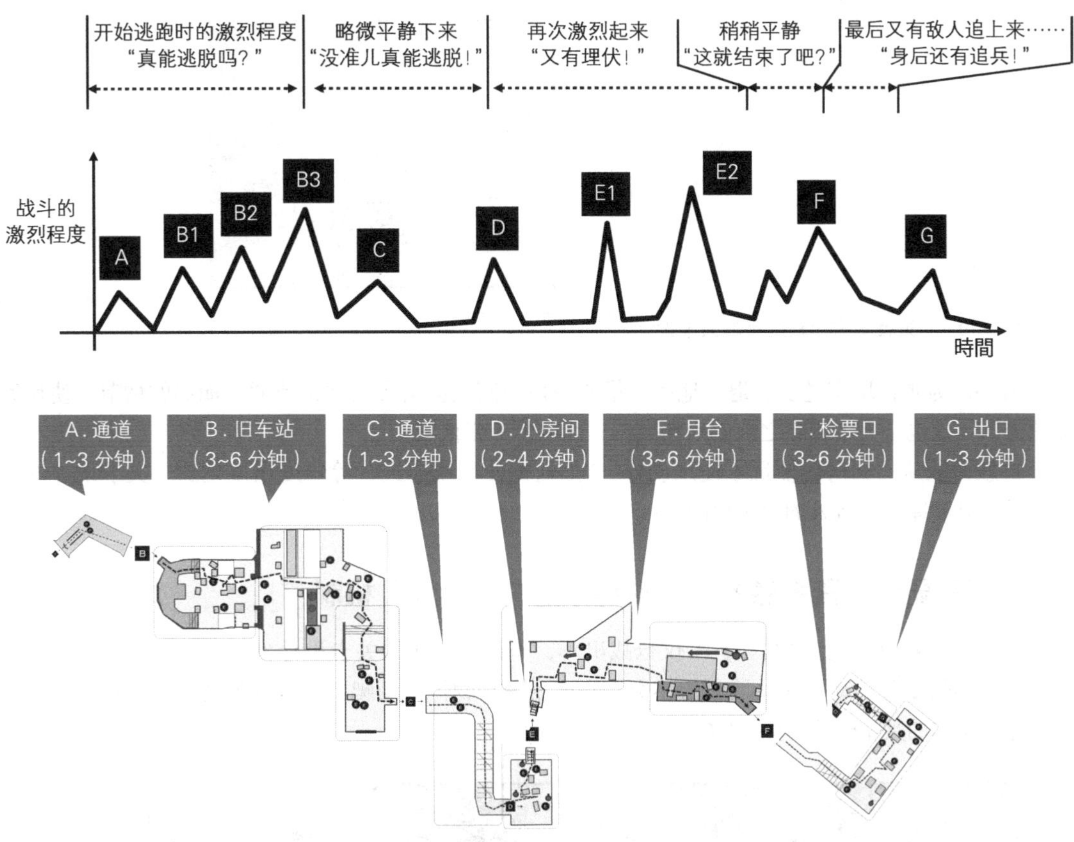

图 3.8.58　伦敦地下的整体关卡设计与游戏时间

综上所述，要想让玩家在动作类游戏中感到兴奋，就必须利用促使（要求）玩家不断使用动作的关卡设计来防止兴奋情绪冷却。

TPS · FPS 游戏能让玩家获得好莱坞电影一般的动作享受，其中常常采用频繁改变状况的手法，不断促使玩家使用动作。因此我们通常认为，射击类游戏内促使玩家使用下一个动作的间隔不能超过 10 秒①。我们从图 3.8.58 中可以看出，伦敦地下后期的关卡设计就是通过频繁触发战斗来保持玩家兴奋程度的。

《神秘海域》系列为了促使玩家在战斗中积极使用动作，更是借助关卡设计让玩家无法在同一地点长时间停留。如果玩家长时间在同一位置使用隐蔽动作，敌人将会主动接近该位置，对玩家进行近距离射击或格斗攻击（图 3.8.59）。

从游戏中期开始敌人会频繁投掷手榴弹，到后期甚至开始使用 RPG（火箭筒）进行攻击，玩家躲在小型掩体后仍然会受到伤害。一旦玩家被逼至退无可退的境地，将会被迫使用隐蔽或格斗攻击等动作。每次游戏失败都会促使玩家摸索新的动作来求生。

① 《游戏关卡设计》一书中将其称为“10 秒规则”。顺便一提，“不超过 10 秒”只是个大致尺度。在实际开发现场，需要将以往的游戏开发经验结合到当前游戏中，再配合大量试玩，从结果中不断摸索出最佳时机。

图 3.8.59 迫使玩家运动起来的关卡设计

另外，为防止玩家过度后退，地图每推进一段距离就会出现门被锁或通道崩塌的情节，使玩家无法返回（这也是为了删除之前的地图数据，读取下一张地图）。

这款游戏从“如何促使玩家使用动作”“如何促使玩家前进”等角度出发创造了关卡设计的流程，并用其演绎出与敌人的火爆枪战。

 不削弱游戏紧张感的“移动动作的关卡设计”机制

《神秘海域：德雷克的欺骗》不仅枪战出彩，其移动动作的关卡设计也同样有趣。在这款游戏中，玩家能借助移动动作抓住墙上的小突起物或招牌等物体，攀爬到令人眩晕的高度，从而获得一种与枪战不同的兴奋体验（图 3.8.60）。

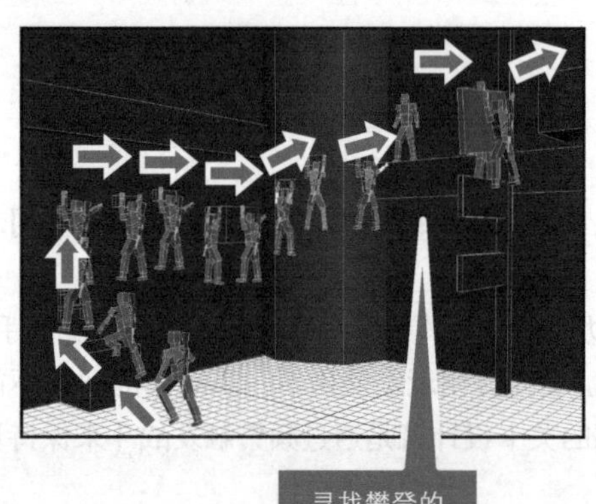

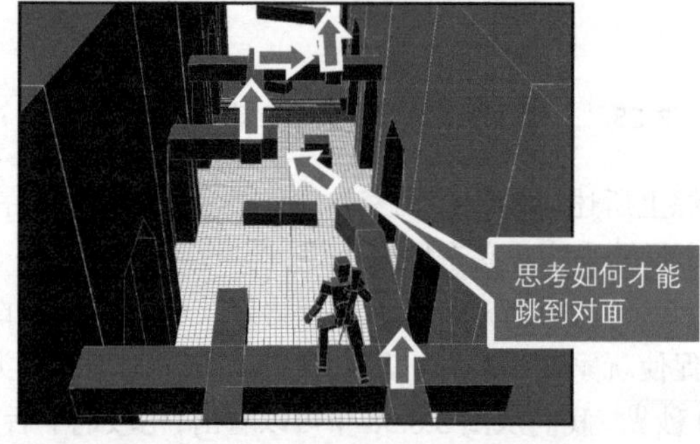

图 3.8.60 移动动作

这类移动动作让玩家寻找可抓取·可攀附位置，从中体验路径探索的乐趣，同时某些位置只有实际尝试之后才知道能否跳跃至对侧，又给游戏增添了解谜要素。由于跳跃伴随着跌落摔死的风险，使得玩家紧张感进一步提升。

此外，某些位置看上去能够安全攀附，但在玩家接触的瞬间会突然崩落，相信很多人在这种地方都会惊出一身冷汗（图 3.8.61）。

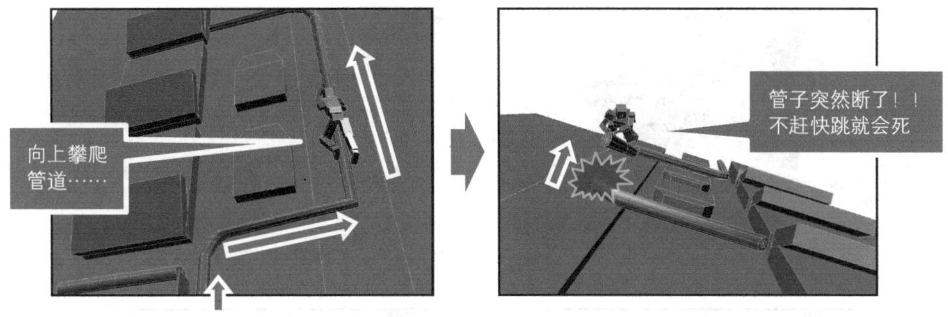

图 3.8.61　烘托刺激感的关卡设计

游戏中的移动动作经常会让玩家的激情冷却，但只要采用类似上述方法为玩家添加一些惊险刺激的情节，或者展示一下优美的风景，就能将玩家的注意力集中在游戏之中。这类关卡设计技巧称为“唤起注意”①。

总而言之，这款游戏在移动动作的关卡设计方面采用了上述手法，保证玩家在两个战场之间移动时不损失紧张感。

让玩家体验电影般动作的关卡设计机制

说起《神秘海域》系列独有的趣味性，那就不得不提它那让好莱坞电影都自愧不如的逼真的动作体验。

在前作《神秘海域：纵横四海》里有这样一段剧情，玩家与敌人在大楼中展开枪战，此时敌方直升机赶到并发射了导弹，大楼开始崩塌。玩家要在倒塌的大楼中奋力冲刺，试图跳到对面的大楼里。通过这段剧情，玩家将获得如电影中一般迫力十足的动作体验。

另外，《神秘海域：德雷克的欺骗》更是将枪战场面扩展到了正在坠落的飞机中以及倾覆的豪华客轮中，让玩家体验到电影所不及的动作场景（图 3.8.63）。

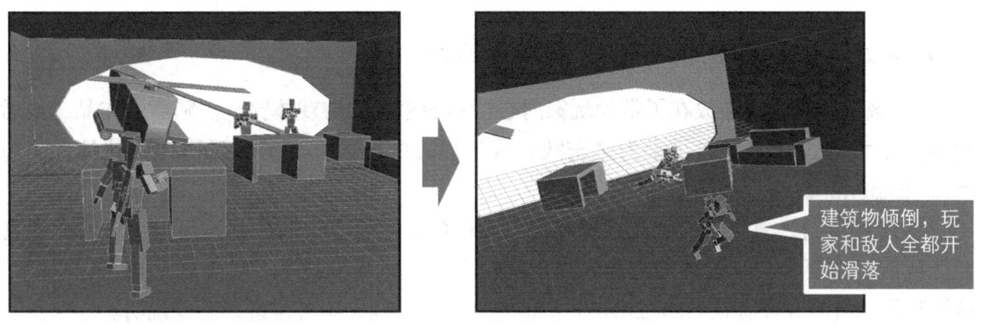

图 3.8.62　电影般的关卡设计 其一

① 除此处介绍的技巧之外，“唤起注意”还包含其他许多技巧，但出于本书篇幅所限无法为各位一一介绍。有兴趣的读者可以参考《神秘海域》开发者在 GDC 上发布的英文幻灯片资料“GDC 2012 ‘Attention, Not Immersion’ Making Your Games Better with Psychology and Playtesting the Uncharted Way”。

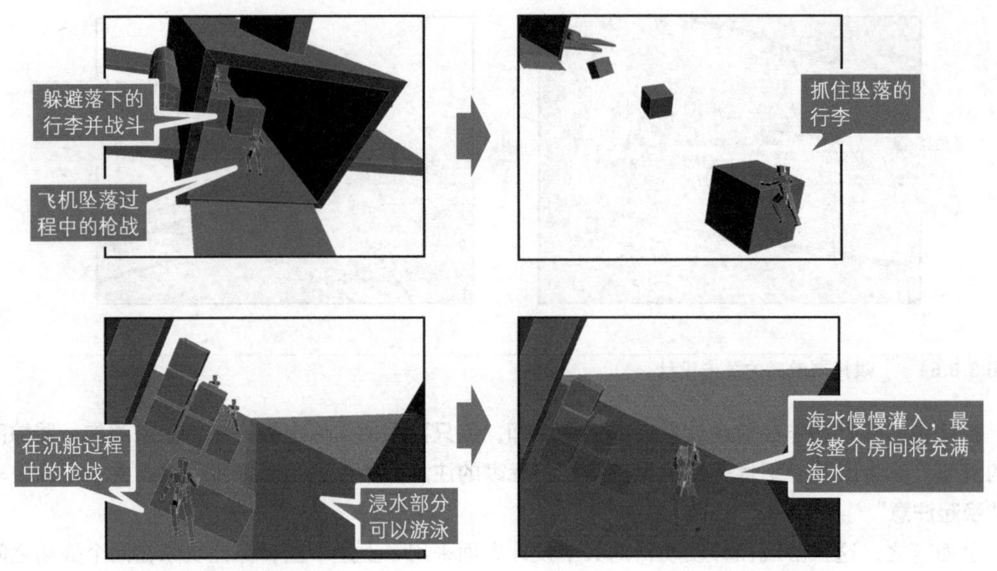

图 3.8.63 **电影般的关卡设计 其二**

这些关卡设计中有的地图遭到破坏，有的地面倾斜导致货物移动，有的慢慢浸水，但其共通点则是关卡设计实时变化带来的动态享受。在以往的 TPS · FPS 中，电影般炫酷的场景可以用过场动画来展现。但要在实际游戏过程中实现地图形状或角度的实时变化，从技术层面来讲难度极高，很少有开发团队会主动尝试。

随着近年来物理演算引擎的普及，上述迫力十足的关卡设计逐渐成为了可能。Unity 等游戏开发工具已经搭载了物理演算引擎，运用它们虽然很难做出《神秘海域》级别的效果，但创造一个充满动态的关卡设计并不是难事。

人类惧怕地震，这是因为人对地面的变化非常敏感。地面倾斜、塌陷等效果都已经能通过当代 3D 游戏工具实现，如果有哪位读者正准备制作游戏，不妨试着挑战一下。

 撰写出“玩家的剧情”的关卡设计机制

《神秘海域》系列将重心放在了带动玩家内心情感的逼真的游戏体验上。随后的作品《最后幸存者》更是空前大热，让全世界玩家为之雀跃。这类逼真的游戏体验称为**动态电影化体验（Active Cinematic Experience）**①。

不过，仅将我们之前说明的游戏系统和关卡设计单纯组合在一起，并不足以实现如此逼真的游戏体验。我们还需要在关卡设计之中加入将玩家拉入游戏世界的技术。关于这个技术，我们以《神秘海域》制作小组的开发者在 GDC 2010 上发布的资料为基础，向各位进行简要说明。

《神秘海域》为实现动态电影化体验，特地将“剧情驱动型游戏过程”（Narrative Drives Gameplay）作为其基本理念。剧情驱动型游戏过程由以下游戏要素构成（图 3.8.64）。

① 关于 Active Cinematic Experience，有兴趣的读者可以阅读英文版的 GDC 资料——“GDC 2010 Creating the Active Cinematic Experience of Uncharted2:Among Thieves”。本书中将以上述资料为准，结合其他资料以及笔者的个人见解为各位进行讲解。

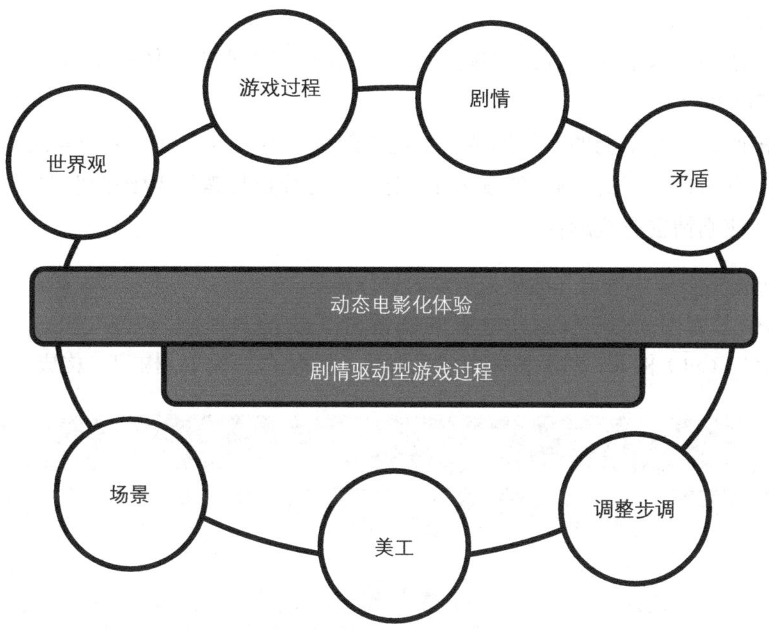

图 3.8.64 构成动态电影化体验的要素

- **游戏过程（Gameplay）**

  即玩家在游戏中实际玩游戏的过程。

- **世界观（Grounded world）**

  也可以称为“世界设定”。世界观不单指“现代秘境”等剧情的视觉化效果，还包括玩家角色行动原则的设定，比如“主人公德雷克只向坏人开枪”（即使玩家向其他角色使用射击操作，游戏系统也不会允许主人公开枪）等。

- **美工（Art）**

  构成游戏外形的“影像”“音乐”“效果音”等，也就是广义的“外观”。同时，其也能表现游戏的“本质”。拥有壮丽背景（情景・风景・景色）的游戏仅凭外观就能触动玩家 A。

- **剧情（Story）**

  剧情指游戏世界中发生的“事件的流程”。与之相对，“故事”则是玩家自身体验到的东西。“昨天玩的那个游戏里，主人公在飞机里战胜了敌人，最后找到了秘宝”属于剧情的说明，而“昨天玩的游戏超炫，里面有一段在飞机里的枪战，飞机又是起火又是摇晃，最后还把我扔下来了，当时真以为死定了！结果在天上抓住一个货箱，里面找到了降落伞，这才捡了条命！场面超刺激，我心都快跳炸了！”这种玩家对体验的说明，才真正能称为“故事”。

- **调整步调（Pacing）**

  要想让玩家从剧情中获取乐趣并将其转变为“故事”，开发者必须注意剧情的节拍节奏。这就是“调整步调”。我们会在后面进行详细说明。

---

① 游戏画面的远端称为“背景”。一款优秀的游戏，单凭背景就能触动玩家的感情。因此用“情景・风景・景色”这些词汇更能表达其本质。英文则是“scenery”。

- **场景（Scenes）**
  将剧情分割并予以呈现的就是“场景”，它能让玩家更直观地体验剧情。
- **矛盾（Conflict）**
  要想做出叫人欲罢不能的有趣剧情，变化与刺激必不可少。其重要要素之一就是“矛盾”。特别是友方角色之间的矛盾，能发展出“意见不合分道扬镳”“曾经的朋友变成现在的敌人”等情节，使剧情富有戏剧性。

我们在这些游戏要素中选取几项最为重要的进行说明。

首先是**剧情**。如图3.8.65所示，电影的剧情由“幕”（Act）、“段落”（Sequence）、“场景”（Scene）、“分镜”（Cut）构成，然后整体由三大部分（又称“三幕式结构”①）构成。

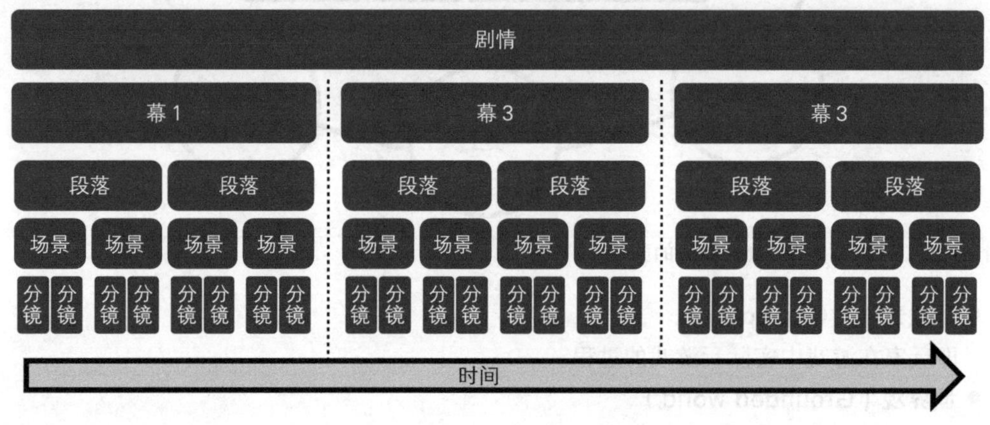

图3.8.65 剧情的构造

※“段落”“场景”“分镜”的数量并不固定。不同电影会根据其内容量和剧情平衡感进行调整。

首先，剧情按照其内容的“序破急”（故事的开端·发展·解决与完结）分为幕1～3。然后每一幕又由一个或多个段落构成②。

段落由拥有相同目的且具备“开端”“过程”“结局”的场景集合而成。比如“一名造访侦探事务所的女性被窗外不明身份的人狙击，侦探跳出窗外追踪人影但最后无功而返”这个流程就是一个段落。

与此相对，场景是构成动作或对话流程的单位，由摄影过程中的分镜组合而成。

于是，场景和分镜是营造剧情节拍节奏的关键。另外，由此营造出的节奏称为**剧情节拍（Story Beats）**（图3.8.66）。

特别是对于电影而言，恰到好处的剧情节拍和剧情内容能营造出让人十分舒服的节奏。创造剧情节拍的工序就是**调整步调**。在调整步调时，首先要按照流程和高潮时间点画出**故事曲线**③。受全世

① 本书不对三幕式结构进行详细说明。感兴趣的读者可以参阅 *Screenplay: The Foundations of Screenwriting*（Syd Field著，中文版名为《实用电影编剧技巧》，远流出版社2002年1月出版，曾西霸译）等介绍编剧技巧的书籍。

② 实际上，日本的电影手法“序破急”与“三幕式结构”并不完全相等，这个比喻只是方便各位进行理解。

③ 故事曲线也被称为“剧情线”或“故事线”等。虽然其根据用途不同有所区分，单本书中统一称为“故事曲线”。

界观众热捧的好莱坞电影中有许多“成套路”的故事曲线，各位可以用来参考（图 3.8.67）。

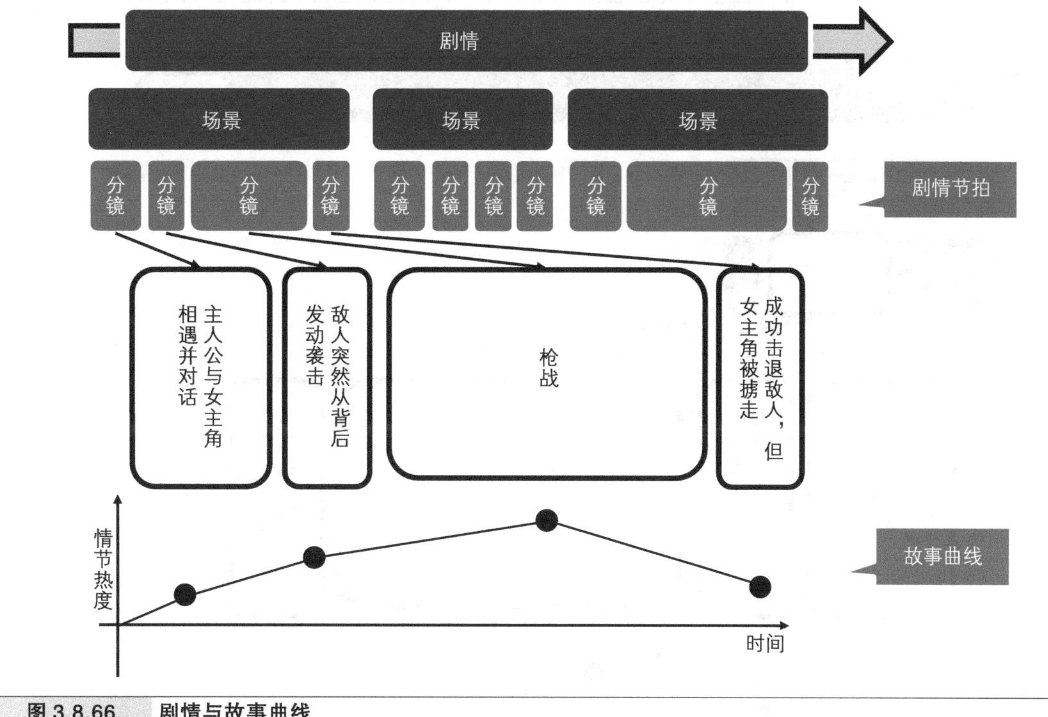

图 3.8.66　剧情与故事曲线

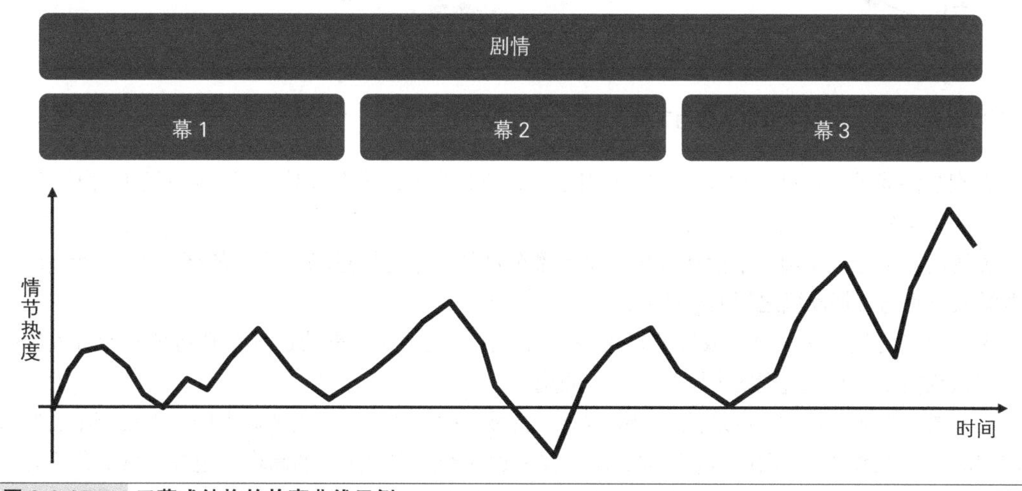

图 3.8.67　三幕式结构的故事曲线示例

对游戏而言，我们之前介绍的“枪战”，以及保持玩家紧张感的“惊险移动动作的关卡设计机制”“让玩家体验电影般动作的关卡设计机制”等，都是构成故事曲线的零部件。配合故事的情节热度选择适当的“移动动作”“枪战”“解谜”“探索”等要素进行填充，不但能避免故事曲线单调，还可以营造出开发者预想的变化。

然而，游戏包含玩家的实际游戏过程，所以无法使用电影中调整步调的方法。这是因为在游戏中，玩家的不同游戏风格会使情节热度产生不同的变化。而且在一般的关卡设计中，当敌人逐渐减少，或是玩家完成任务获得成就感与安心感后，玩家的兴奋程度都呈现下降趋势（图 3.8.68）。

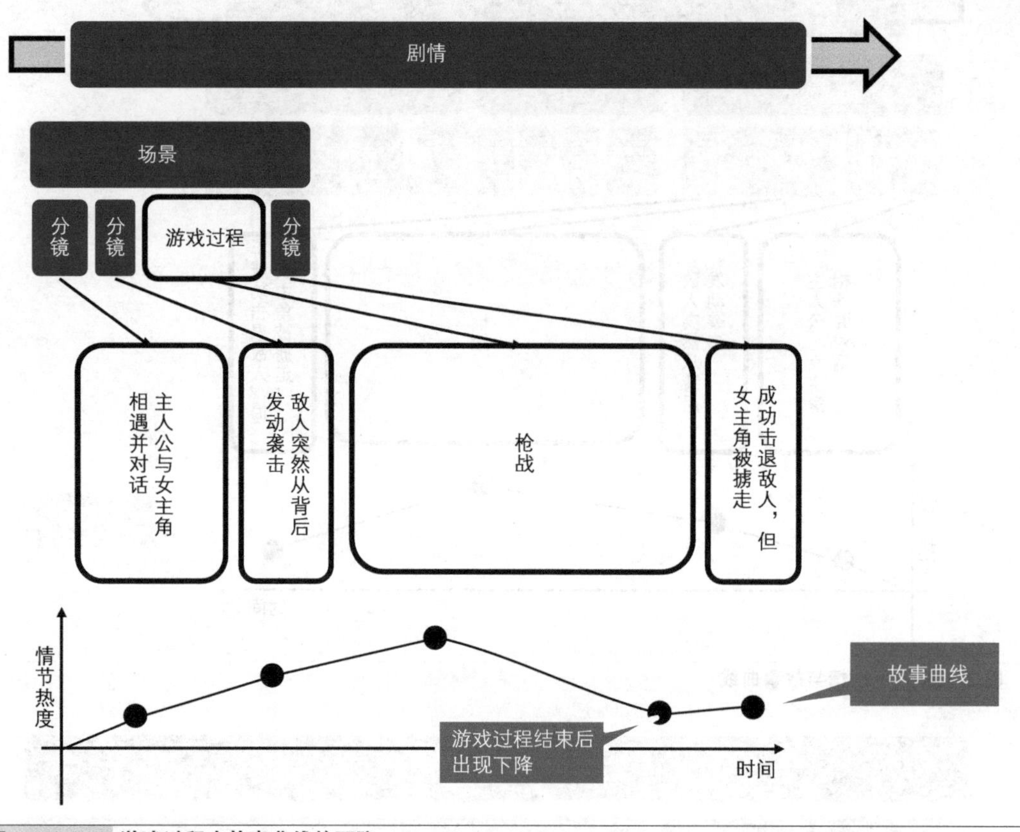

图 3.8.68　游戏过程中故事曲线的下降

特别是游戏过程与过场动画（分镜）相互交叉的游戏中，每次游戏过程结束都会使紧张感下降，所以玩家每遇到一次过场动画（分镜）都会有一种游戏中断的感觉（图 3.8.69）。因此，我们需要在进入过场动画（分镜）前，给游戏过程的结尾部分添加一个与该过场相呼应的**调节（Settings）**，以减弱游戏过程与过场动画之间的温度差。

调节是指为接下来的过场或情节发展做准备。比方说，接下来的过场动画将把剧情带入严肃阶段，那么我们就在游戏过程的末尾进行相应的调节。

在《神秘海域：德雷克的欺骗》的第六章“古城”中，敌人会放火焚烧古城，而玩家则需要从不断崩塌的古城中逃脱。在剧情高潮阶段，玩家要一边躲避火灾中倾倒的高塔一边在古城房顶飞奔，最后向古城外纵身一跃。这段游戏过程与跳跃动作直接与接下来的过场动画相连接，将玩家自然而然地吸引至主人公德雷克与搭档苏利文的对话之中。在高塔倾倒的这段高潮情节里，屋顶飞奔和纵身一跃构成了一个紧迫的流程，让玩家打心底里流露出逼真的（真实的）感情，觉得“真是太悬了”。

如果单纯让玩家从熊熊燃烧的古城正门逃走，那么玩家在看到城门时就会觉得“啊，能逃掉了”，随即安下心来。接下来的过场动画中搭档苏利文会说一句“真悬啊”，但此时玩家的激动情绪早已平复，所以会觉得不自然。这样一来，玩家就无法从过场动画中体验到千钧一发之际获救的紧张感以及抵达安全场所时松一口气的安心惬意。在最后纵身一跃之前，让玩家一直处于生死未卜的状态，这正是这段调节的亮点所在（随后，搭档苏利文会责怪主人公德雷克做事不瞻前顾后。正因为之前的游戏过程真的让人感觉“很悬”，这段严肃剧情才显得有血有肉，充满真实感）。

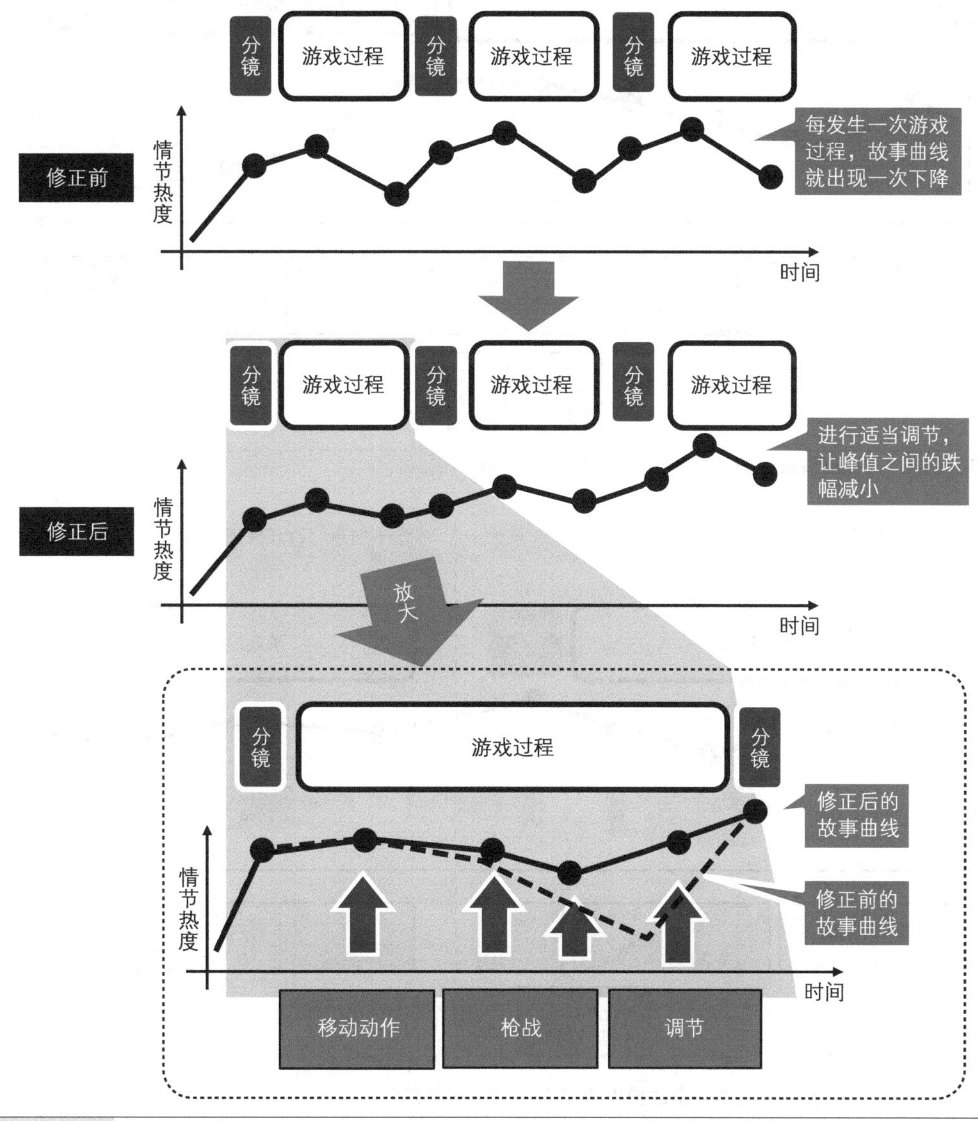

图 3.8.69　神秘海域的故事曲线操作

另外，如果要通过接下来的过场动画进一步提高情节热度，之前的游戏过程末尾需尽量保持玩家的激动情绪。比如第十三章“狂风巨浪”和第十四章“自找麻烦”的衔接处，在狂风大作的海面，玩家搭乘的小型船只遭到攻击而爆炸，玩家必须跳到大型客船上。随后剧情进入第十四章“自找麻烦”，玩家一会儿遇到敌人埋伏，一会儿又有救生船从上方落下，紧迫的动作场景接连不断。正因为第十三章“狂风巨浪”营造的激动情绪在章节末尾没有回落，第十四章从大型客船中营救搭档苏利文的情节才显得愈发紧凑。

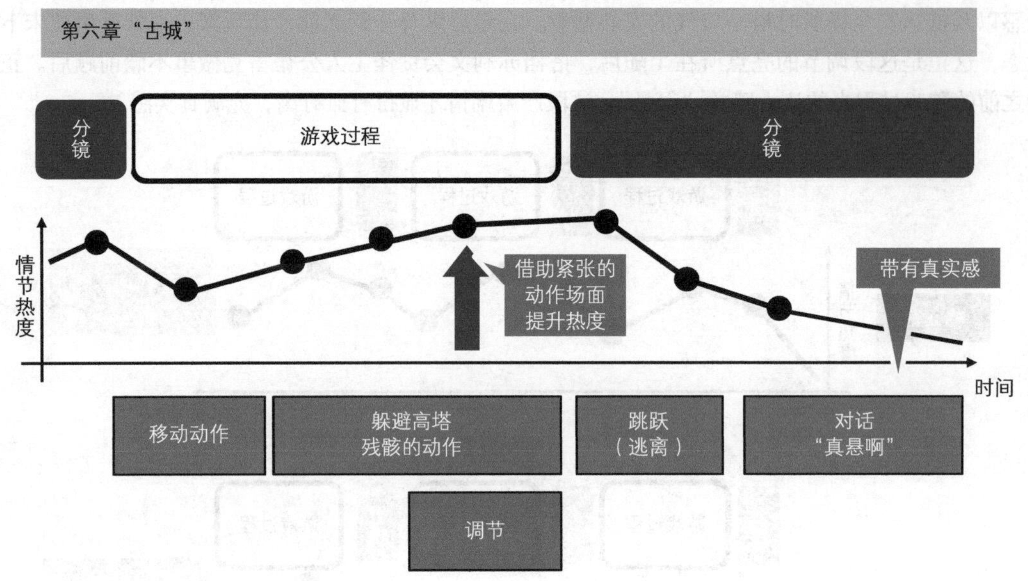

图 3.8.70 《神秘海域》的故事曲线操作 第六章“古城”

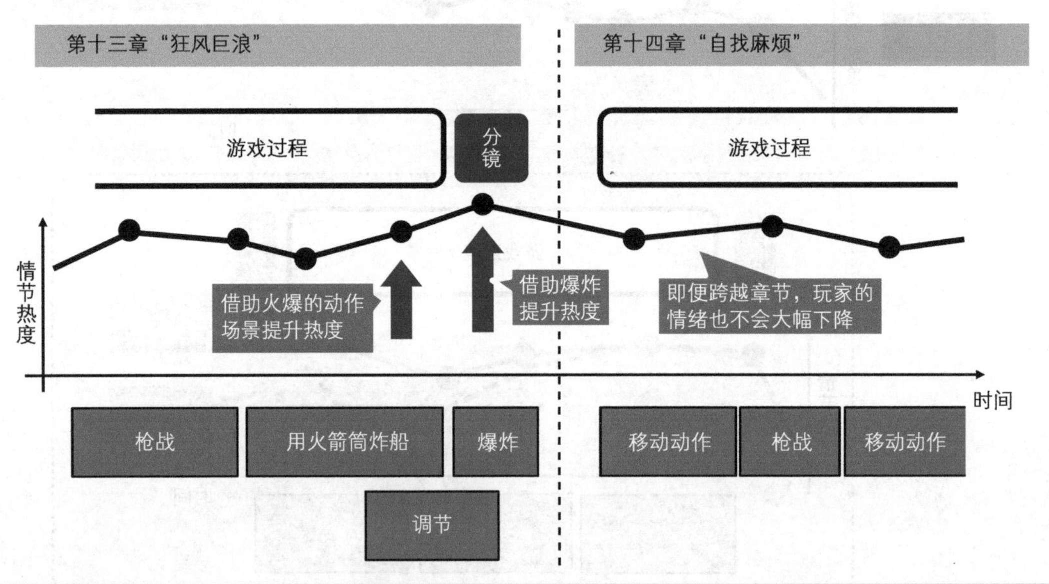

图 3.8.71 《神秘海域》的故事曲线操作 第十三章“狂风巨浪”

如果第十三章“狂风巨浪”和第十四章“自找麻烦”的衔接处没有安排小型船只爆炸，那又会是一个怎样的效果呢？比如将这段游戏过程和过场动画改成消灭所有敌人后移动至大型客船，玩家会在消灭敌人后感到安心，激动情绪大幅回落。

从以上两个例子的共通点我们可以看出，只要在游戏阶段末尾让玩家以平静状态进入过场动画，玩家的情绪就会低于我们的预期，导致故事曲线与原计划产生严重误差。因此，若想实现动态电影化的体验，重点在于巧妙设计游戏过程中的剧情流程。

接下来，我们来讲讲电影和游戏共通的吸引玩家的剧情设计手法，那就是**难关**（Gap）。

创作故事有许多手法可用，在动作电影等领域，有一种十分有名的手法称为“英雄之旅”[①]。这种手法通过分析希腊神话等世界著名的英雄故事，将其共通点加以总结，形成了一套故事创作的技法。举个例子，假设我们现在有一个英雄踏上寻宝之旅的故事，如果一路上顺风顺水地平安找到宝藏，想必所有人都会觉得这个故事无聊至极。因此，我们需要一些难关给故事曲线创造峰值，让剧情更加刺激（图 3.8.72）。

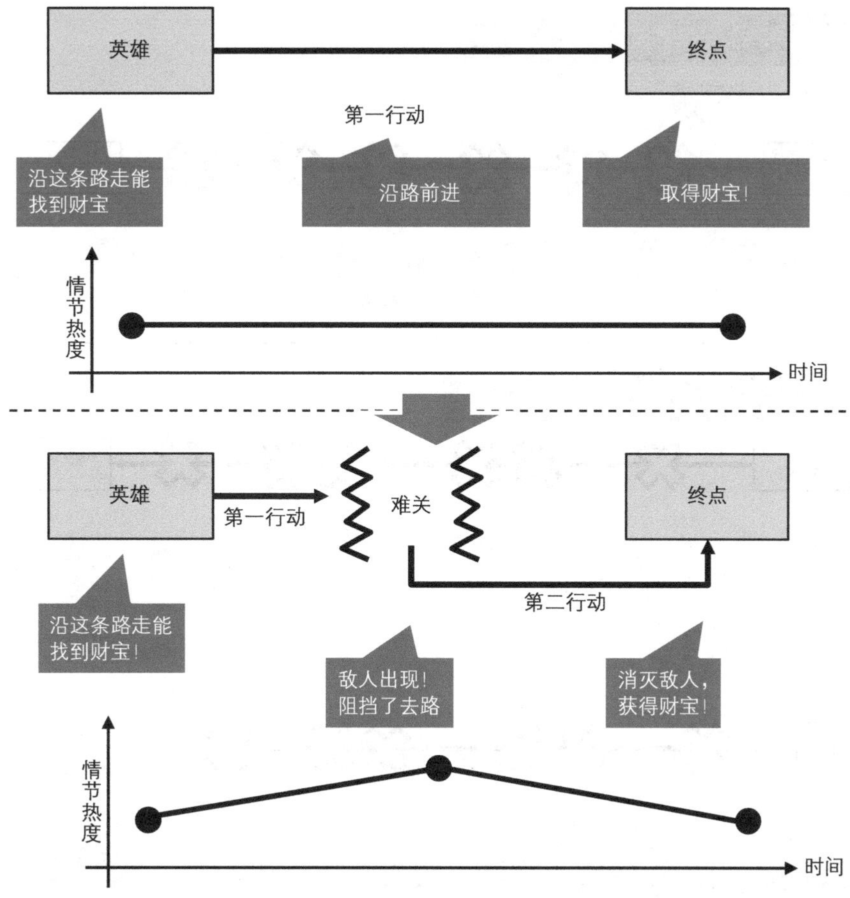

图 3.8.72　难关与故事曲线

实际的电影和游戏中，难关会在剧情中多次出现。在每个难关中展现出主人公克服苦难的奋斗过程，能让屏幕对面的人们被剧情深深吸引，不由得为主人公捏一把汗。特别是在游戏之中，玩家将通过游戏过程亲自体验到这一难关。

然而，单纯加入难关并不能让剧情有趣起来。剧情与音乐一样需要“节奏”（图 3.8.73）。以单调节奏出现的难关很容易被玩家预测，不用多久就会让人腻烦。即便如图 3.8.73 的 A 一样等间隔（比如 10 秒）连续刷新敌人，玩家也完全不会感到有趣。因此我们需要如 B 中所示，采用让玩家不会腻

① 关于英雄之旅，各位可以参阅 Joseph Campbell 的书籍《神话的力量》和《千面英雄》。另外，关于这类故事的构造，大塚英志所著的《角色创作指南》（原书名为『キャラクターメーカー』）和《故事创作指南》（原书名为『ストーリーメーカー』）是入门者的不二之选，有兴趣的读者请务必参考。

烦的节奏，并在玩家意想不到的时间点安排难关。

不过，单有以上几点仍然不能满足我们的需求。我们还需要给难关的内容加入变化，做出“事件的强弱”（难关的大小）。如图 3.8.74 所示，除了敌人的阻碍之外，我们还添加了从燃烧的屋顶逃离这样一个剧情来创造强弱变化（本图中从燃烧的屋顶逃离与《神秘海域：德雷克的欺骗》的剧情无关，是笔者为方便各位理解所杜撰的剧情，各位读者请注意区分）。

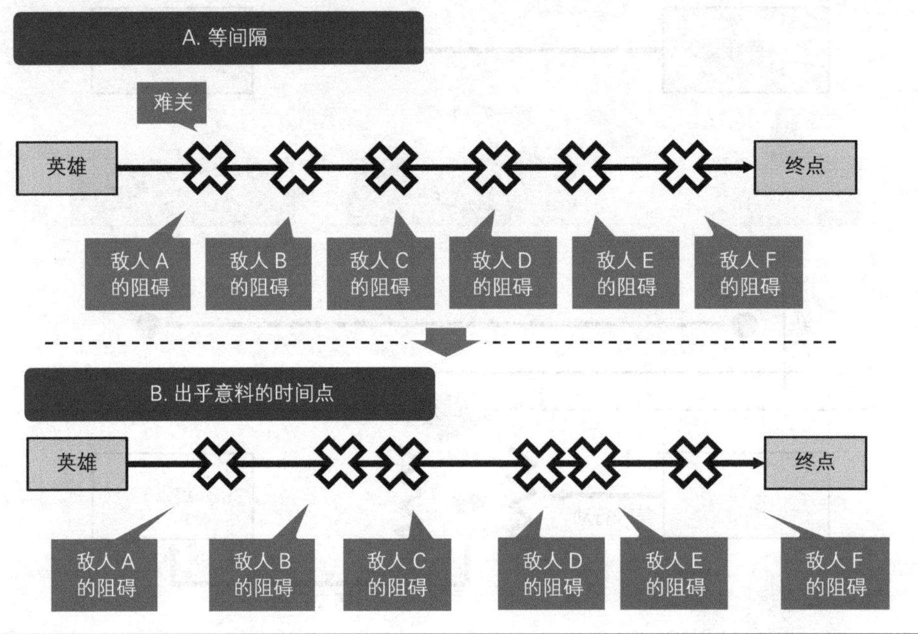

图 3.8.73 难关与节奏

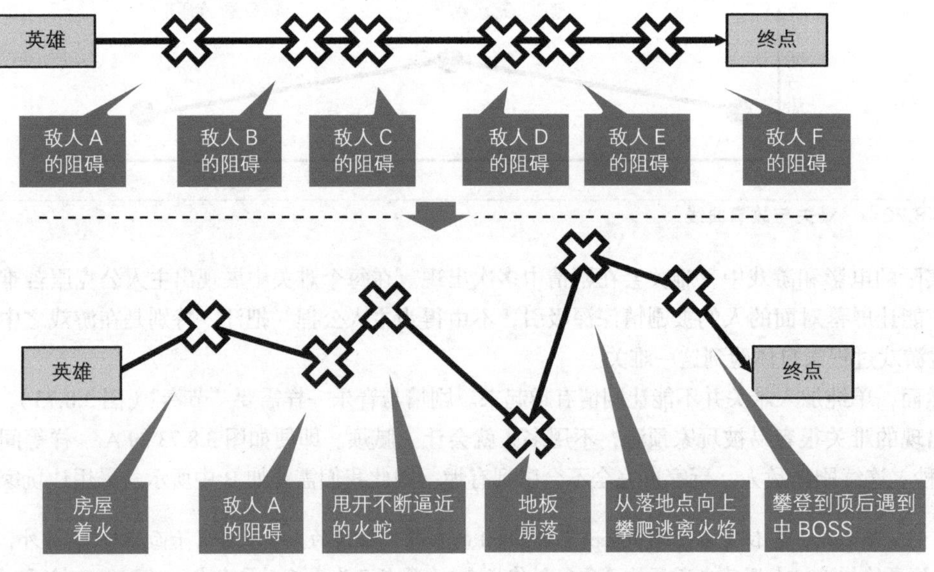

图 3.8.74 难关的大小

然而，即便难关有了大小区分，仍不能充分引出剧情和游戏过程的趣味性。我们往往觉得，只要动作场景够多玩家的情绪就会高涨，但实际情况却如图 3.8.75 所示，往往不尽如人意。因为如果剧情全由同种遭遇（动作）的难关构成，玩家就无法在故事中感觉到**明暗差**。

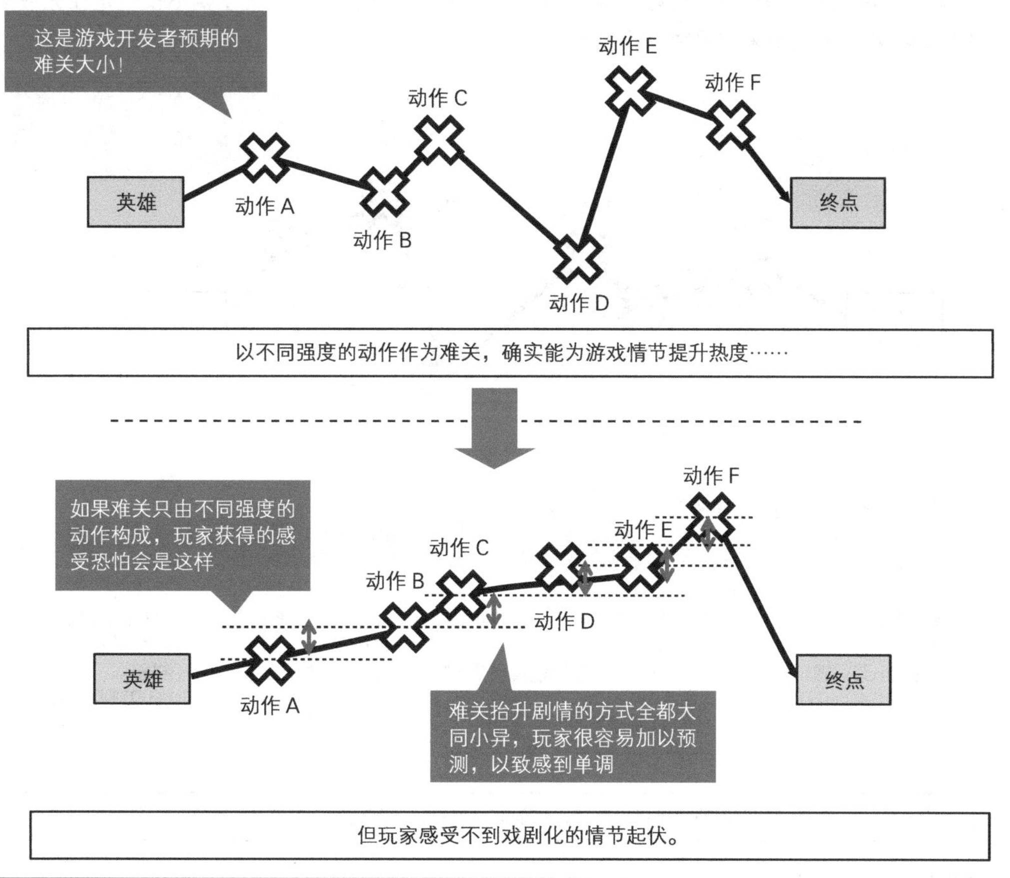

图 3.8.75　难关与玩家的感受

因此，剧情中不能缺少**反差**（Contrast）。反差能够给剧情创造明暗对比，将整个剧情的潜力发挥出来，使故事变得有趣。

我们以“某个少女的人生”为例进行说明，剧情终点设为结婚。

- **剧情 A**：“她生于一个平凡无奇的家庭，从小梦想成为一名新娘。小学・初中・高中・大学一帆风顺，毕业后成功就业，与职场上相识的他喜结连理”
- **剧情 B**：“她生于一个平凡无奇的家庭，从小梦想成为一名新娘。小学・初中・高中・大学一帆风顺，但在大学毕业之际却不幸遭遇了车祸。然而她并没有自暴自弃，为了恢复行走能力而拼命进行复健训练。功夫不负有心人，她再次奇迹般地站了起来。随后她顺利走上社会，与职场上相识的他喜结连理”

A 的剧情中没有明暗对比，因此虽然存在着“小学・初中・高中・大学・就业”的阶段，我们也无法从中感受到“她”这一角色以及“她的故事”。然而，像 B 这样给剧情添加反差之后，她那

"不屈不挠的心"将如同打了光一样明晃晃地呈现在我们眼前。

我们为图3.8.75中的例子添加一些反差，得到的就是图3.8.76。我们根据各个动作的强弱安排一个小故事，让主人公和搭档在一开始为对立关系，主人公不听搭档的劝诫肆意胡来，结果不小心随崩落的地板跌下，随后搭档赶来救援，两人恢复信任关系。这样一来，玩家就不仅仅是在完成动作，而是化身为游戏中的角色来"演绎一段剧情"。

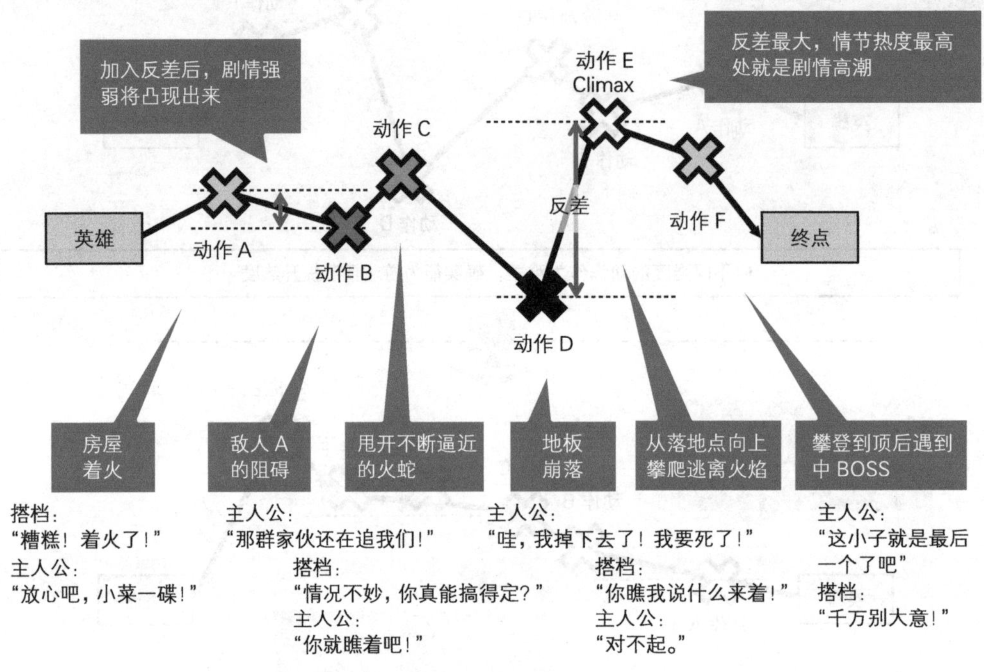

图3.8.76 难关与反差

不过，在实际游戏中很少会细致到将动作与反差一一对应（这样容易使反差或重点情节出现得太过频繁，给人带来繁冗的感觉）。上述例子中情节与动作的一一对应只是为了方便各位理解，实际游戏中的反差会分散在一个更大的剧情流程之中。

这种使用反差创造戏剧性的手法同时适用于电影和游戏，其中反差最大最强的难关就是剧情的**高潮（Climax）**。在游戏中，玩家将通过剧情高潮体验到无与伦比的兴奋感与充实感。

另外，除剧本内容之外，视觉上的"明""暗"、角色的"友方""敌方"等对立要素都能产生反差。这些在剧本中产生对立的要素称为**矛盾（Conflict）**。

矛盾可以发生在三个层面。

第一个是**外人（Extra Personal）**，即游戏中的"敌人"等第三者。

第二个是**个人（Personal）**，指以主人公为中心，根据剧本做出某些行为的"同伴"或"搭档"等。即使这些同伴都与主人公关系很好，同伴A与同伴B之间也可能互相厌恶进而发生争执，最终做出背叛主人公的行为。

第三个是**内在（Inner）**，也就是主人公的内心。《神秘海域》的主人公德雷克看上去积极向上，其内心深处却怀抱着诸多问题，因此会与搭档兼挚友苏利文对立。在游戏中，随着主人公与苏利文之间的对立不断加深，其内心世界将渐渐显露在玩家面前。

在这三个层面上创造矛盾，可以使剧情富有戏剧性，随即诞生出反差。

不过，如果要将此用于游戏，还有一点需要格外注意。那就是无论玩家角色身上出现多少矛盾，带有多少戏剧性，随后发生的枪战等游戏过程都是“玩家在玩”。因此，游戏过程的**游戏基调（Gameplay Tone）**要尽量与该阶段剧情的**故事基调（Narrative Tone）**相吻合。如果主人公珍视的人刚刚死于敌人枪下，主人公正处于歇斯底里的狂怒状态，而接下来的游戏过程却是向前跳跃时注意不被小石子绊倒，恐怕所有玩家都会感到极度不自然，进而对游戏失去兴趣。**只有实现故事基调和游戏基调的统一，才能让玩家融入游戏世界之中。**

至此我们已经对《神秘海域》的关卡设计进行了一番说明。要想制作《神秘海域》这种动态电影化体验的游戏（体验型游戏），关键在于理解剧情由场景构成，而场景又由分镜和游戏过程组成。单独使用分镜并不能构成场景。从这一观点出发，综合运用我们之前所说明的方法，开发者才能与玩家一同在游戏中创造出理想的“玩家的故事”（图 3.8.77）。

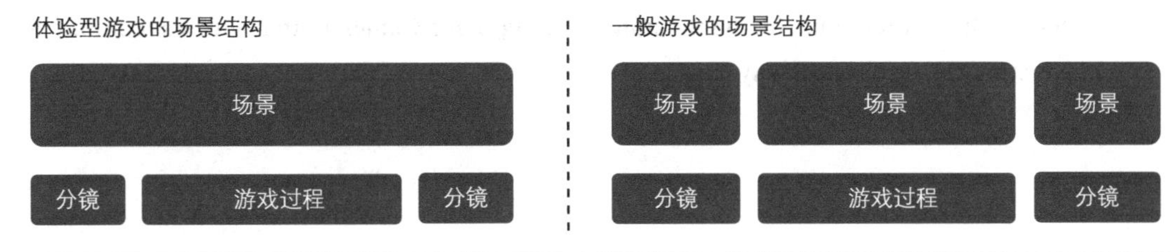

图 3.8.77　对场景的不同理解

这一手法不但能用来制作神秘海域这种超级大作，对迷你游戏同样适用。再进一步讲，如果能将游戏菜单都制作成场景的一部分，玩家在启动游戏的同时就会被吸引到游戏之中（《风之旅人》和《死亡空间》就是很好的例子）[①]。

当然，我们并不是说具有明显游戏式外观的游戏就不有趣。上述机制作为创造“体验型游戏”的手法，能为每个玩家带来属于自己的故事，将其记忆下来必定能拓宽各位制作游戏的视野。

顺便一提，使用“故事曲线”创作故事时，如果想加强故事的冲击力，不妨将曲线的上下波动转换为运动矢量。举个例子，主人公一鼓作气乘胜追击时，就让其登上高塔。反过来，当主人公受挫碰壁时，就让其从塔上摔下来。接下来如果进入了发掘自己内心的情节，可以让其潜入地下。在让人兴奋到手心冒汗的电影和游戏中，“故事的热度”与“玩家所处的高度”以及“实际做动作时的运动矢量的大小和位置”总有着一定的相关性，各位不妨仔细研究一下。

 小结

《神秘海域：德雷克的欺骗》致力于让玩家体验并沉浸在逼真的故事之中。因此，其关卡设计中

① 这种在游戏剧情中穿插游戏菜单或界面的手法称为“剧情界面”（diegetic interface）。在《死亡空间》中，玩家的生命值槽并没有以画面 HUD 模式显示（在游戏画面上以仪表模式显示），而是显示在玩家角色所穿的宇航服背后。类似的手法还有让子弹剩余量通过枪械上的计量器显示等，让玩家完全融入到游戏世界之中。

浓缩了大量技巧与机制来吸引玩家的兴趣和注意力。如何吸引兴趣与注意力正是电影及游戏等娱乐手段的共同课题，相信今后会诞生出更多更好的机制。

借助上述技巧与机制，《神秘海域》让玩家在游戏过程中体验到堪比现实的故事。《神秘海域》的开发者将这种游戏过程称为“体验型游戏过程”。

在《神秘海域》开发团队的最新作品《最后生还者》之中，上述这些技巧已经被运用得炉火纯青，该作品是名副其实的体验型游戏。另外，在这类重视故事的游戏中，《古堡迷踪》《汪达与巨像》《风之旅人》等都重点运用了上述手法，有兴趣的读者不妨玩玩看。

我们在本部分中介绍的关卡设计技巧只是《神秘海域：德雷克的欺骗》的凤毛麟角。如果各位对TPS · FPS游戏的关卡设计感兴趣，不妨在国外的某些TPS · FPS电脑游戏中寻找“关卡编辑器”，实际感受一下关卡设计的过程。这虽然有些难度，但实际接触关卡设计过程有助于各位进一步发现优秀关卡设计之中隐藏的秘密。

另外，下列英文资料中记载了《神秘海域》系列关卡设计相关的几点重要说明，有兴趣的读者请不要错过。

- GDC 2010 Creating the Active Cinematic Experience of Uncharted2:Among Thieves
- GDC 2012 “Attention, Not Immersion” Making Your Games Better with Psychology and Playtesting the Uncharted Way

3.9

其他关卡设计技巧

世界上有多少游戏，就有多少优秀的关卡设计技巧与机制。在本章最后，我们来介绍各种游戏的特殊关卡设计。

允许失误的关卡设计、不允许失误的关卡设计

前面我们根据游戏类型的不同，向各位分别介绍了多种关卡设计机制。从现在开始，我们将从“游戏与玩家不同接触方式下的关卡设计”出发，为各位进行相关说明。这个视角重点考察关卡设计中“游戏与玩家以何种姿态对话”，其中最浅显易懂的当属“允许失误的关卡设计”和“不允许失误的关卡设计”。我们就从这两种开始讲解（图 3.9.1）。

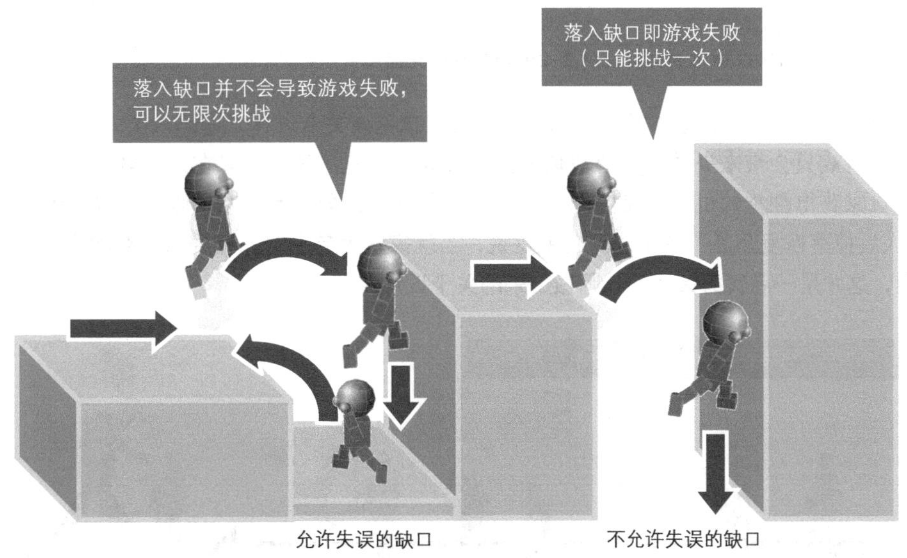
落入缺口即游戏失败
（只能挑战一次）
落入缺口并不会导致游戏失败，
可以无限次挑战
允许失误的缺口
不允许失误的缺口

图 3.9.1　允许失误的关卡设计与不允许失误的关卡设计

我们之前也提到过，在不允许失误的关卡设计中，玩家动作失误会损失生命数或导致游戏失败。跳跃失败后需要重头挑战整个场景的《超级马里奥兄弟》就是个很好的例子。

反之，允许失误的关卡设计虽然也要求玩家进行跳跃，但失误并不伴随风险，玩家可以原地重新挑战。比如《蝙蝠侠：阿甘之城》中，玩家跳跃或滑翔失误也不会摔死。

一款游戏的关卡设计不会只固定为允许失误的关卡设计，自然也不会全都是不允许失误的关卡设计。不过，近年来许多游戏都需要玩家花费大量时间来记忆动作，所以像《战神Ⅲ》这种在游戏前期使用允许失误的关卡设计，中后期使用不允许失误的关卡设计的模式已经逐渐成为一种趋势。

不过，很多时候我们本想使用允许失误的关卡设计，但随着开发进程的推进却逐渐转变为不允许失误的关卡设计。要知道，不给玩家留有翻盘机会的游戏系统或关卡设计最终都会成为不允许失误的关卡设计。

举个例子，假设我们制作了一款动作 RPG 游戏，其中有一个设有陷阱的地下城。如果游戏系统和关卡设计都不允许玩家在地下城中恢复生命，那么菜鸟玩家在进行游戏时，只要受到一定程度的伤害，就绝对不可能打通该地下城了（图 3.9.2）。

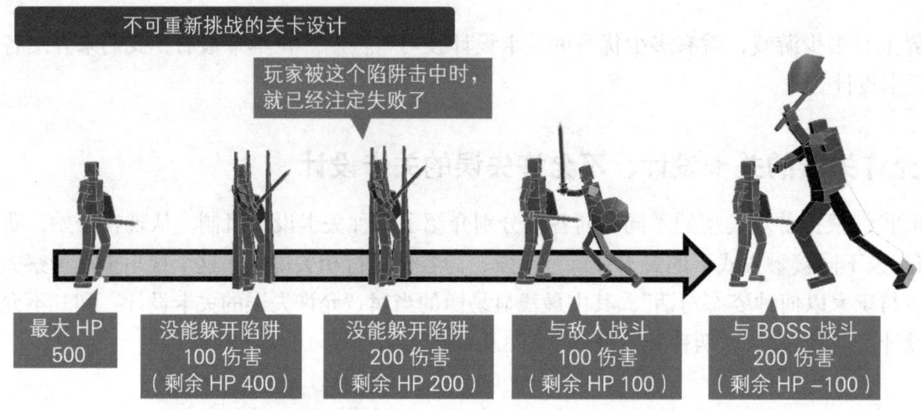

图 3.9.2　动作 RPG 中不允许失误的关卡设计带来的死局

玩家经过多次游戏后，会发现以当前状态不可能攻克该关卡设计，即陷入了“死局”。一旦玩家意识到继续游戏只会带来失败，其游戏热情必然大减。于是，我们可以在地下城途中加入一个恢复装置，让玩家获得翻盘的机会，跳出死局。另外，恢复装置会导致玩家紧张感下降，因此可以改用“消灭敌人后掉落恢复药品”的手法。**也就是说，当玩家认为自己陷入死局时，突然将翻盘的机会摆在其面前，这才是一名优秀关卡设计师做出来的关卡设计**①。

图 3.9.3　改良为允许失误的关卡设计

另外，如果玩家能在允许失误的关卡设计下一直毫无风险地重复尝试，紧张感必然受到影响。

① 实际上，在制作关卡简图或探索图表时就能检测出这类失败。如果探索图表用 Excel 制成，还可以事先通过宏进行计算。不过，最终确认必须由试玩来完成。

因此人们开发出了一些机制，为重新挑战增添些许风险。我们在前面提到过，《黑暗之魂》中塞恩古城一楼的陷阱（摇摆的大镰刀）属于允许失误的关卡设计，玩家即便没能躲开也不会死。不过，玩家跌落后会遭到敌人袭击（图 3.9.4），只有成功消灭或甩开敌人，才能获得重新挑战的机会。也就是说，游戏通过这种方式告诉玩家“这里允许失误，但是有惩罚哦”。另外，古城二楼也有同样的机关，但这里摔下去会直接死亡。

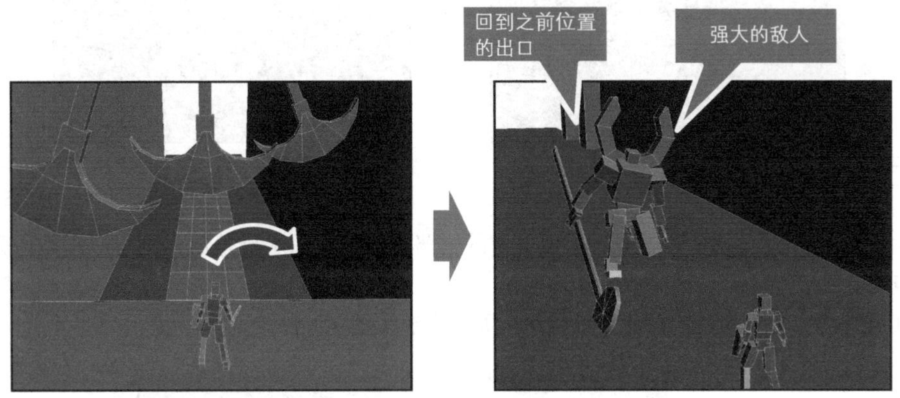

图 3.9.4　失误伴随惩罚的关卡设计

应当选用允许失误的关卡设计还是不允许失误的关卡设计，要根据游戏的理念以及场景的理念来决定。在实际开发现场，这二者的界定往往十分模糊，我们经常能听到“咱们把这里弄成失误不会死的吧”之类的探讨。

这里要注意的是，允许失误的关卡设计和不允许失误的关卡设计并没有好坏之分，也没有什么固定章法可循。至于究竟该选择哪一种，要看试玩时玩家对游戏的感觉，再结合我们希望玩家获得的感觉，才能最终加以确定。

对回合制 RPG 游戏而言，由于其重视道具、装备、队伍安排等战略性，所以使用不允许失误的关卡设计更能体现摸索战略时的紧张感，从而营造出趣味性。

另外，《超级马里奥》系列这种动作性较强的游戏中，当玩家游戏失败时应该让其在场景开头较简单的位置重新开始，以便玩家调整动作的节奏，进而从中享受到更多乐趣。这就像弹奏乐器，相较于从失误的地方继续，不如倒回一部分重来更能找到节奏。如果将其都换成允许失误的关卡设计，玩家在抵达终点时获得的爽快感必然大打折扣。这也像弹奏乐器，从头至尾一气呵成总能带来更多乐趣。

反之，以体验剧情（非故事）为主的游戏应尽量避免让玩家重复体验同一过程，因此允许失误的关卡设计给玩家带来的负担要小于不允许失误的关卡设计。

各位读者如果有意进行游戏开发，请务必多尝试各种类型的游戏，注意其中应用的是允许失误的关卡设计还是不允许失误的关卡设计。

 会变化的关卡设计

一直以来，为了给玩家带来惊喜，游戏开发者们不断挑战着各种关卡设计。其中最有效果的当属“会变化的关卡设计”。

我们在许多游戏中都能见到会变化的关卡设计。比如《黑暗之魂》的小隆德遗迹中，玩家打开

水闸机关后，一个水底古都就会呈现在玩家面前（图 3.9.5）。

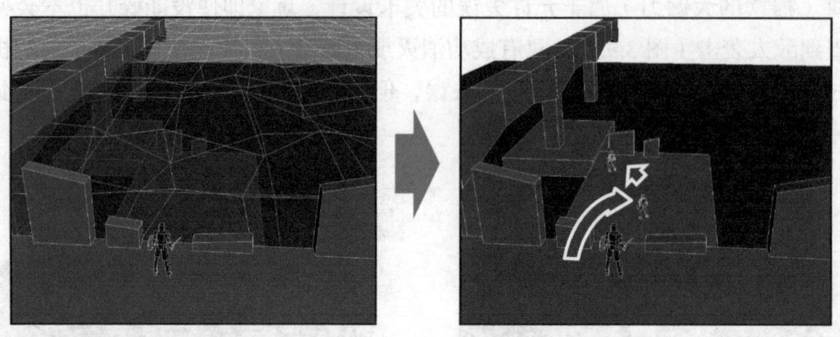

图 3.9.5 《黑暗之魂》的小隆德遗迹

在水被排掉之前，玩家只能进入水面上方的道路和建筑，而水排掉后，则可以探索原先位于水底的建筑物。

要实现这类会变化的关卡设计，可以使用如下方法（图 3.9.6）。

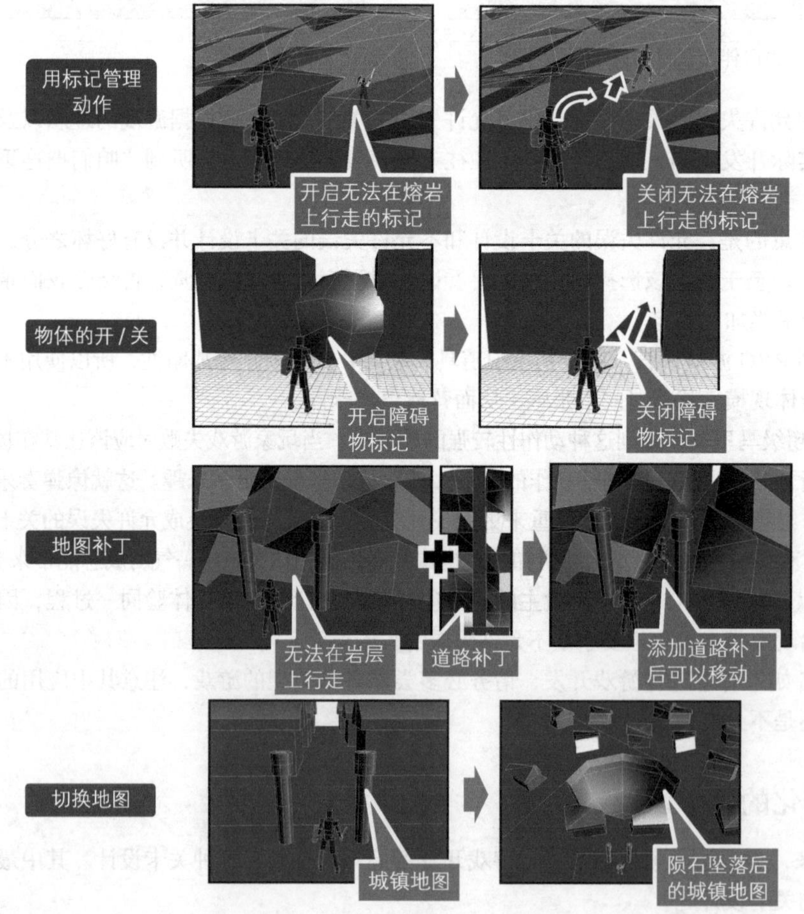

图 3.9.6 让关卡设计产生变化的机制

用标记管理动作是在动作及特殊地形（熔岩等）之中设置管理该地形的标记，当玩家满足特定条件后（比如带上可在熔岩上行走的戒指），将标记设为可行走状态。

物体的开 / 关是用标记管理一个物体的显示开 / 关。用这种方式能轻松完成岩石等障碍物的显示与消除。

地图补丁是为地图的某一部分预备一个可替换部件，当满足特定条件时，用该部件替换原地图部分。与标记管理法不同，这一手法既能改变“物体”也能改变“场所”。

地图切换是直接切换整个地图。这种手法虽然能带来完全不同的地形，但需要额外花费很多功夫来制作地图。

另外，也有一部分游戏选择了完全不同的思路，即“因破坏而变化的关卡设计”。在真实系现代战争 FPS 游戏《战地：叛逆连队 2》中，玩家可以借助这款游戏的破坏机制，将场景中小至油罐大至建筑物的一切物体统统破坏。这样一来，关卡设计会随着时间不断产生变化，从而带动整个战场形势发生改变（图 3.9.7）。

图 3.9.7　《战地：叛逆连队 2》的破坏机制

顺便一提，最新作《战地 4》中，玩家甚至可以破坏某些特定地图的城镇大楼。相信今后这类关卡设计还会进一步发展，终有一天，我们将在游戏中看到玩家砍树搭桥、在悬崖间悬挂绳索，自由地创造探索路径（图 3.9.8）。

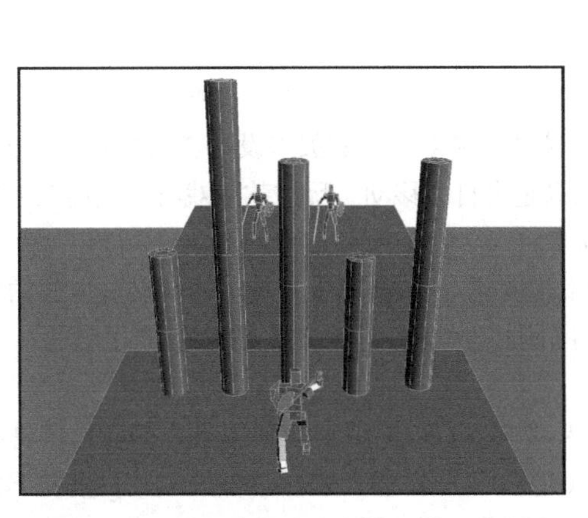

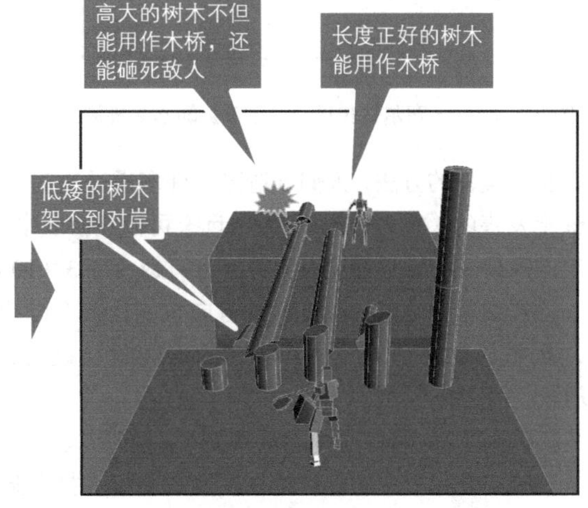
高大的树木不但能用作木桥，还能砸死敌人
长度正好的树木能用作木桥
低矮的树木架不到对岸

图 3.9.8　动态变化的关卡设计

这些实时动态变化的关卡设计想必会给玩家带来更多惊喜与自由。

根据重力变化的关卡设计

说到会变化的关卡设计，当然不能不提重力机制。

一般说来，玩家在有重力限制的关卡设计之中，只能以面为基准使用移动动作。反过来，一旦取消了重力限制，玩家则可以像在水中或宇宙中一样自由地三维（空间）移动。不过，这种时候面就失去了意义。

举个例子，《塞尔达传说：时之笛》中有水之神殿这个场景，玩家可以通过机关控制水量增减，从而改变关卡设计的外观及内容。增加水量后，之前无法徒步抵达的位置可以用游泳抵达，而之前能徒步抵达的位置则会受到浮力或水流的影响，必须穿上重靴才能潜入。玩家在被这些变化困扰的同时，想必也会为这种关卡设计的创意感到惊讶。**这是将地图沉入水中，使平面关卡设计变化为空间关卡设计**。当然，此处需要使用的动作也会大幅变化（图 3.9.9）。

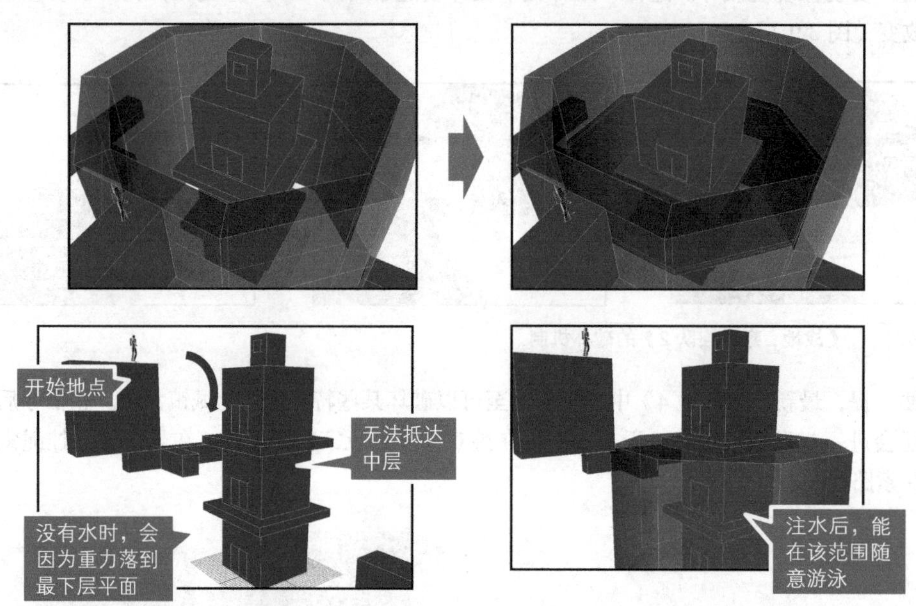

图 3.9.9　《塞尔达传说：时之笛》的水之神殿

借助类似的方法，人们创造出了许多通过改变重力来改变游戏平面的关卡设计。比如 PlayStation Vita 上发售的《重力异想世界》，玩家可以在游戏中操纵重力自由移动。玩这款游戏时，就连发生空间定向障碍时的感觉都让人觉得新奇有趣（图 3.9.10）。

除操纵重力之外，改变面的方向也能让关卡设计发生变化。《战神Ⅲ》里有一个旋转立方体的场景，玩家只要触动机关，其所在的房间就会旋转，刚刚还是墙壁的地方突然就变成了地板（图 3.9.11）。

《传送门 2》则将这种手法用到了登峰造极的境界。《传送门 2》是一款利用重力的动作解谜游戏。玩家要使用手中的传送枪在墙壁或地板上打出洞（传送门）作为“入口”和“出口”，借助下落时的重力势能移动至跳不上去的位置，或者向传送门内投掷道具等（图 3.9.12）。

这款游戏的游戏平面虽然不会变化，但是它允许玩家打开传送门，利用重力创造路径一步步接近终点。另外，这款游戏附送了关卡编辑器，玩家可以自创场景进行游戏。

图 3.9.10 《重力异想世界》的移动

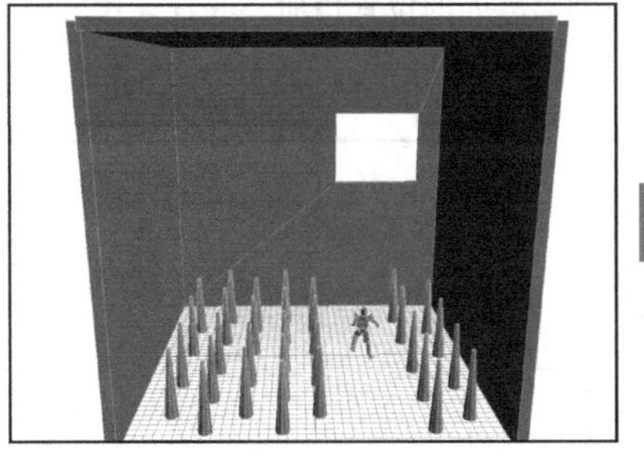

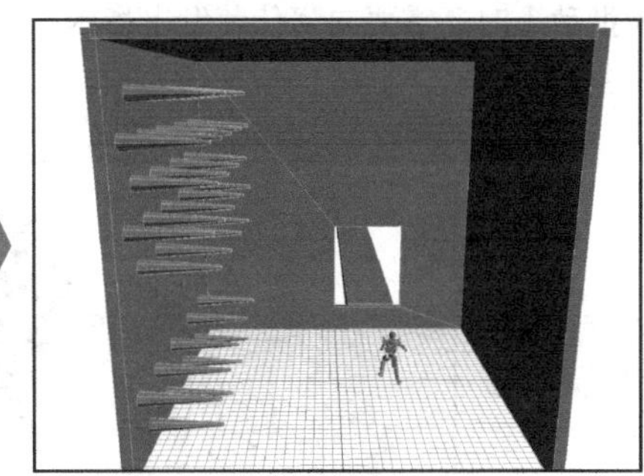

图 3.9.11 《战神Ⅲ》中旋转的立方体

在墙上开洞

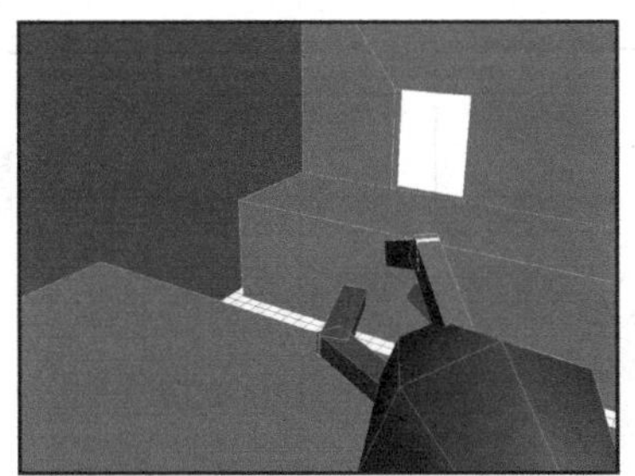

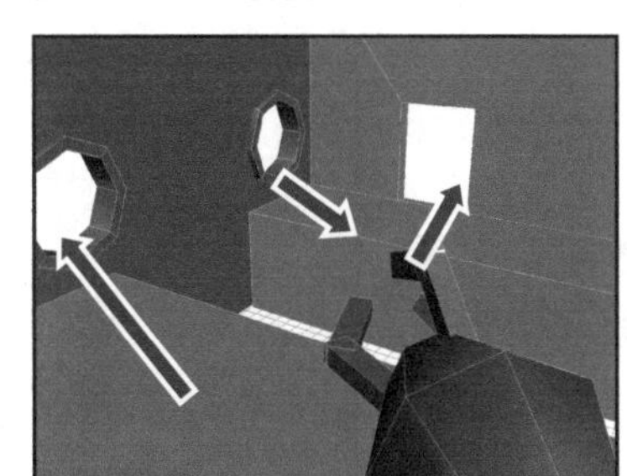

眼前的沟无法直接跨越，但只要在墙壁上打开两个传送门就能传送至对岸

在墙和地板上开洞

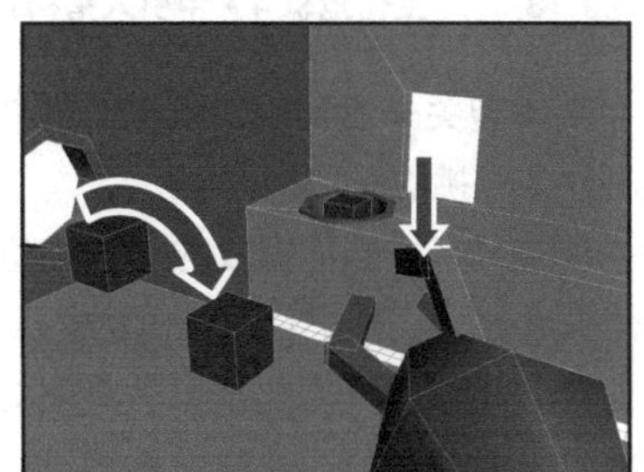

想拿到远处的物体时，只需在该物体下方地板上开一个洞，然后在附近墙壁上再开一个洞，物体就会借由重力落到玩家身边

图 3.9.12 《传送门 2》的关卡设计

通过上述例子我们可以看出，重力要素能使关卡设计本身产生重大变化。

若想使玩家感受到关卡设计的变化，需要让关卡设计的变化 = 玩家角色动作的变化。而创造这种变化正是重力机制的看家本领。

如果各位想做一些拥有独特关卡设计的游戏，不妨将好好考虑一下如何操纵重力。

引入搭档角色的关卡设计

最后我们来看看“引入搭档角色的关卡设计”。搭档角色是指游戏中与玩家一同冒险的角色。

引入搭档角色的关卡设计分为很多种，我们先从**保护型关卡设计**说起。

在《生化危机 4》中，玩家要与搭档阿什莉一同逃跑，并且在敌人的袭击下保护阿什莉。另外，在遇到大批敌人时还需要向阿什莉发出指示，让其在远离敌人的位置待命，或者寻找可隐蔽的地方藏身（图 3.9.13）。

图 3.9.13 《生化危机 4》中引入搭档角色的关卡设计 其一

在**合作型关卡设计**中，玩家与搭档角色要分工合作共同达成目标。利用这种合作关系，我们能设计出许多“挑战”。

一种是只有搭档能完成的“合作动作”，比如从狭窄的通风口进入隔壁房间打开房门。另一种则是搭档去远处完成某个目的，由玩家负责掩护的“掩护动作”（图 3.9.14）。

如今，我们在《生化危机》系列等众多游戏中，已经能越来越多地看到这种充分发挥了搭档角色作用的关卡设计。

《战地双雄》是一款最大限度发挥搭档作用的“二人组”FPS 游戏。这款游戏除了能向搭档发出“前进”“待机”“集合”“换武器”等指示之外，还搭载了“仇恨”系统，敌人将选择玩家和搭档中更显眼的一个人作为攻击目标。

当然，由于更显眼的人更容易受到敌人攻击，因此在前方有掩体的情况下，可以由玩家或搭档中的一人作为诱饵，另一个人则迂回到敌人背后攻击（图 3.9.15）。“搭档角色”“潜行”“仇恨”三个系统完美融合，使得玩家在单人游戏时也能与搭档 AI 配合无间。

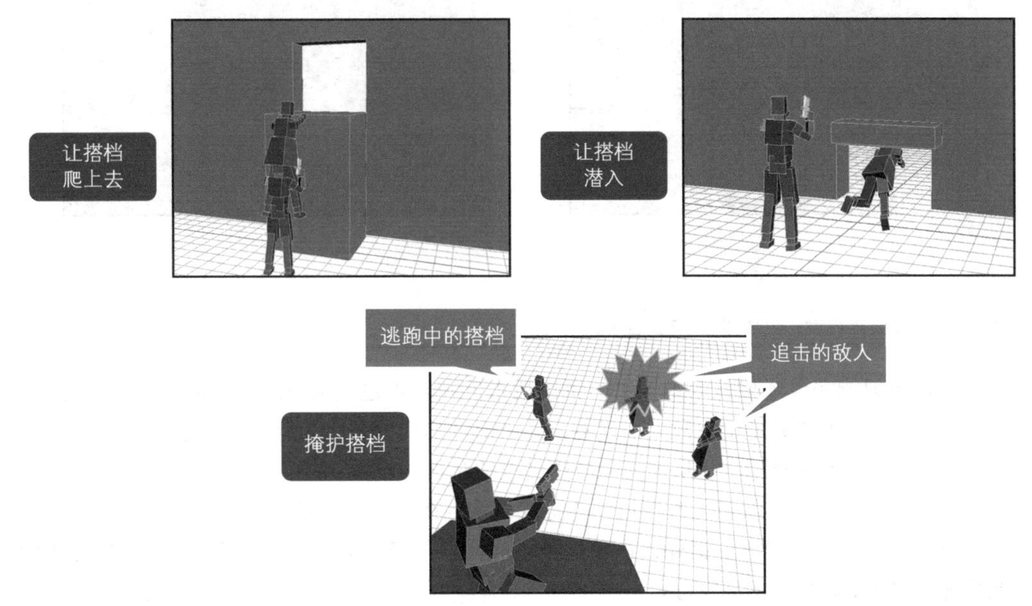

图 3.9.14 《生化危机 4》中引入搭档角色的关卡设计 其二

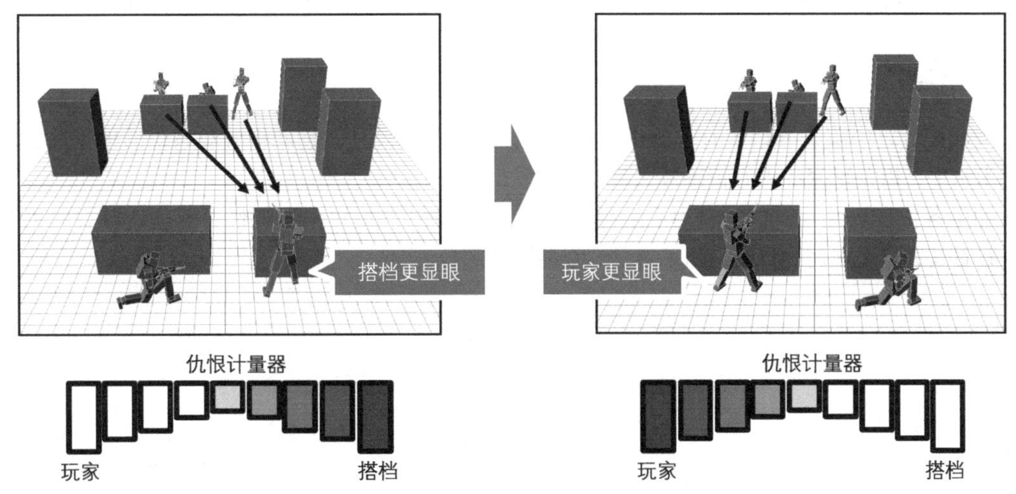

图 3.9.15 《战地双雄》的仇恨计量器

最后我们来介绍《幽灵行动：尖峰战士》。在这款 FPS 游戏中，玩家将扮演美军特种部队“幽灵”的队长踏上战场。与我们之前介绍的游戏不同，这款游戏最多可以指挥 4 名同伴上阵战斗。由于玩家对同伴的指示能大幅改变战局，因此这款游戏除射击类游戏在动作方面特有的乐趣之外，还有着战术层面的乐趣（图 3.9.16）。

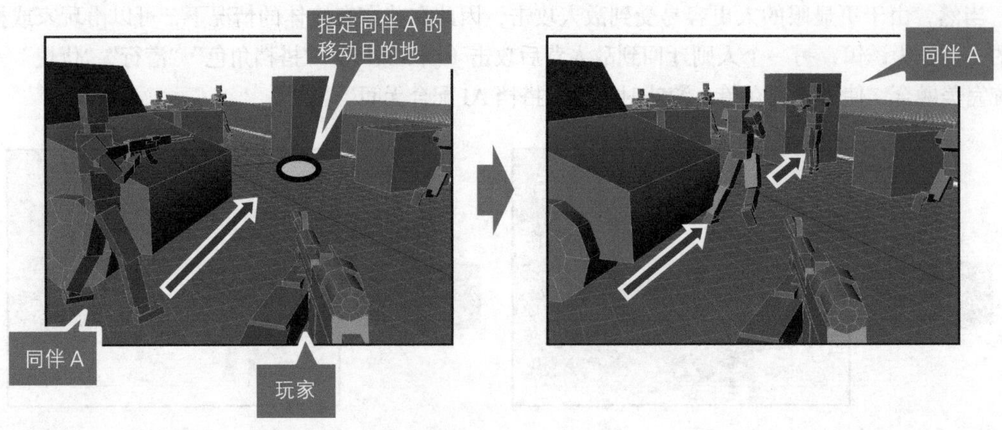

图 3.9.16 《幽灵行动：尖峰战士》PC 版中的战略

这款游戏不但能完成《战地双雄》中的诱饵战术，在冲入建筑物时还能借助下棋一般的排兵布阵制造有利形势，以便更好地消灭敌人。当然，高自由度的代价是更为复杂的操作，不过 PC 版可以使用键盘和鼠标瞬间发出指示，让玩家充分享受当战地队长的威风。

综上所述，要想制作一款引入搭档角色的游戏，重点在于如何给搭档角色分配职责（工作），而为其创造机会的正是关卡设计。**另外，由于这类挑战需要玩家要与人类（搭档）合作完成，使得这类挑战系统更容易引起玩家的感情移入**。

说到这里，我们不得不提一下影响了大批游戏制作人的《古堡迷踪》。开发者以艺术般的手法将大量诱导玩家感情的技术和机制融入到游戏之中。如果各位还没有接触过这款游戏，请务必体验一下。

小结

关卡设计之中蕴含着诸多有趣的机制。越是优秀的关卡设计，越能将游戏系统的趣味性、玩家的技术水平，以及玩家的内心情感最大限度地激发出来。

如果各位在玩游戏时能发自内心地感觉“啊，我好酷！”不妨仔细观察一下这款游戏的关卡设计，看看其究竟是用何种机制引出了自己“很酷”的部分。

第4章

让3D游戏更有趣的 碰撞检测技巧

4.1

角色的碰撞检测技巧

3D 游戏世界由 3D 画面构成，游戏角色的碰撞检测也是立体的。因此，3D 游戏的碰撞检测比 2D 游戏要复杂得多，单凭玩游戏很难了解其中的机制和技巧。

下面就让我们和各位一起来揭开隐藏在 3D 游戏内部的碰撞检测机制。

粗略的角色移动碰撞检测

碰撞检测可大致分为“移动碰撞检测”“攻击碰撞检测”“防御碰撞检测”三种①。我们先从移动碰撞检测说起。

我们在角色移动或受攻击时需要用到移动碰撞检测②。这类碰撞检测区域的“形状”需要与角色身体吻合。然而，判定检测越是精确，我们需要的编程技术就越高，硬件处理起来也就越费劲。因此游戏中使用的碰撞检测区域可以按照处理需求分为两类：一类是处理负担小速度快的**粗略的碰撞检测区域**；另一类是用于精确检测的**详细的碰撞检测区域**。

以移动端游戏为例，由于移动端的 CPU 和 GPU 处理能力有限，因此这类游戏大多只采用粗略的碰撞检测区域。相对地，在处理能力强劲的家用游戏机和个人电脑上，我们就可以采用详细的碰撞检测区域。不过，再怎样优秀的硬件也难以招架几十名角色同时出场的情景。因此这类游戏往往先使用粗略的碰撞检测区域判定是否碰撞，然后再使用详细的碰撞检测区域判定碰撞部位。

于是我们先来讲讲粗略的碰撞检测区域。使用粗略的碰撞检测区域进行移动或受伤检测时，我们常使用圆柱、球、立方体等简单形状来包裹角色身体（图 4.1.1）。

- **立方体**

  这是粗略的碰撞检测区域的常用形状。对于某些玩家角色只能前后左右 4 个方向移动的游戏（比如解谜类游戏）而言，立方体可以直接用于计算，这就大大简化了程序复杂度。但对于玩家角色可以自由转身的游戏来说则不然。玩家连续使用动作时往往会频繁转身，用于检测的立方体也必须随之旋转，这会给编程带来很大负担。因此，并不是所有游戏都适用这个形状。

---

① 顺便一提，格斗游戏中还包括“攻击检测”、“被击检测”（受伤检测）、“投技检测”（判定投技成功的检测）、“远程攻击检测”（波动拳等远程攻击招式的检测）、“招架检测”（判定招架敌人攻击并反击成功的检测）、“无敌检测”等。

② 判定角色是否受到攻击的碰撞检测也称为“被命中检测”。某些游戏中“移动碰撞检测”和“被命中检测”是分开处理的。

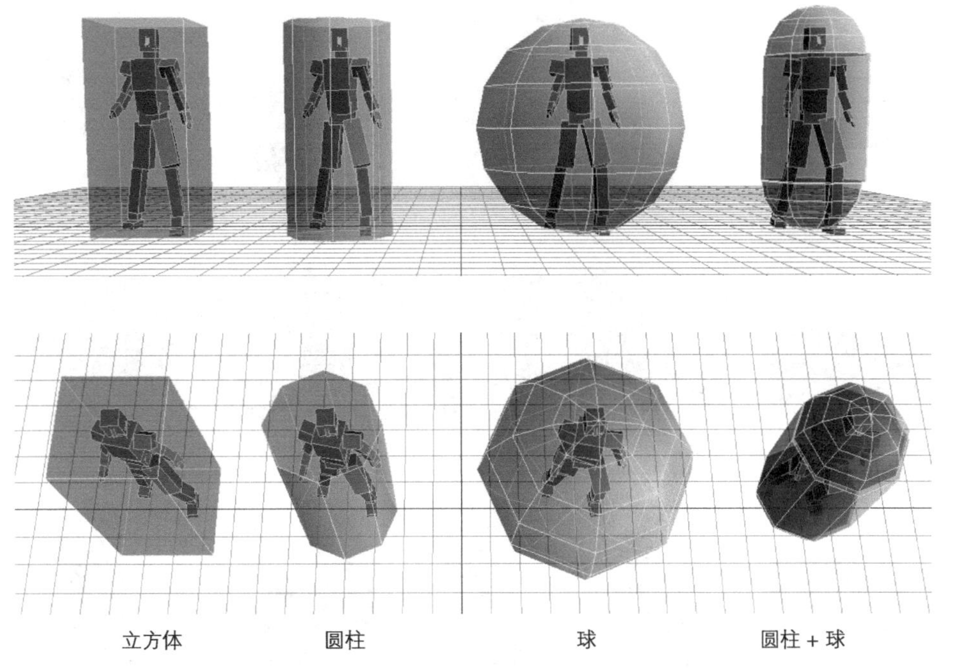

图 4.1.1　角色碰撞检测区域的常用形状

- **圆柱**

  相较于立方体，没有棱角的圆柱更不容易被障碍物或缝隙卡住，因此常用于玩家角色可任意角度移动的游戏。另外，圆柱体不必跟随玩家角色一同改变方向，所以在任何游戏中都适用。只不过，当玩家角色使用大幅度动作（攻击等）时，系统需要配合其身体运动改变圆柱的大小。

- **球**

  用球体包围整个玩家角色，中心位于角色腰部。这类形状在碰撞检测时易于处理，无论角色怎样移动翻滚都不用改变方向。如果对检测精度要求不高，就连处理挥剑等大幅度动作时都不用改变其形状和大小。但我们从图 4.1.1 中可以看出，身体比例正常的角色在自然站立状态下会留有大片多余的碰撞检测区域。因此这种形状更适合二头身角色或身材肥胖的角色。

- **圆柱 +球（胶囊状）**

  目前，大部分游戏选择“圆柱 + 球”作为粗略的碰撞检测区域的形状，在国外的 FPS · TPS · 动作类游戏中则更是常见。这种形状的头部和脚部的碰撞检测区域较小，所以在受到敌人攻击或者移动中接触到障碍物时，让人看起来更加自然。

要想知道哪种形状最适合自己的游戏，我们只需要让角色做几个动作。然而在实际做动作时我们会发现，碰撞检测区域重要的不仅仅是形状，还有生成位置。比如如图 4.1.2 所示的奔跑动作，不同形状、不同基准点的碰撞检测区域所带来的结果完全不同。

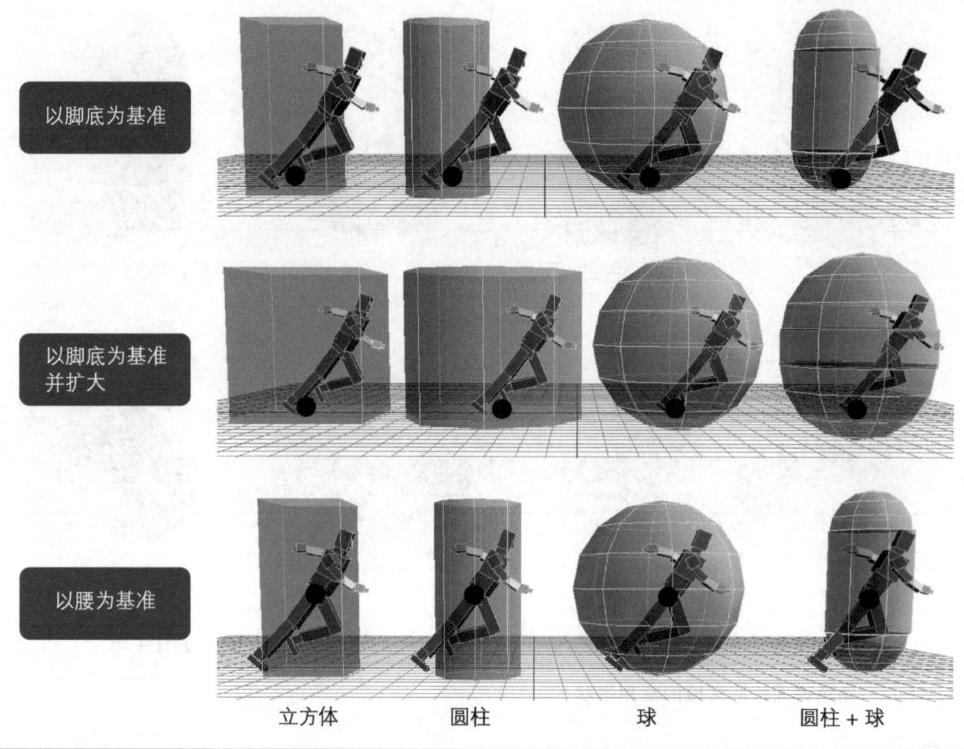

图 4.1.2 **碰撞检测与角色的状态**

在 3D 游戏中，角色一般都是以脚底为基准移动的。然而，如果我们让碰撞检测区域也以脚底为基准来生成，那么除球体之外，其他所有形状都无法包裹玩家角色的身体。若是扩大检测区域来弥补，又会在玩家背后留出大片多余的空白。相对地，如果将碰撞检测区域的生成基准点设在腰部，虽然角色的手脚会超出检测区域，但所有形状都能恰好包裹住角色身体。

综上所述，3D 游戏在设置碰撞检测区域时不但要考虑角色的形状，还必须根据角色做动作时的身体状态为检测区域选择合适的生成点（依附点）。

另外，玩家角色脚部的碰撞检测区域形状能大幅左右移动动作的操作感。其中，如图 4.1.3 所示的阶梯和斜坡上最能体现差别。

立方体和圆柱的脚部检测区域是个平面，所以在下楼梯时底边会挂到上一级台阶，出现人物悬浮在空中的情况。相对地，球和“圆柱 + 球”的脚部检测区域是平滑的弧面，在下楼梯时感觉会更自然一些[①]。也就是说，在有高低差的 3D 游戏中，碰撞检测区域的形状会影响移动时的手感。

不过，使用物理演算引擎的游戏在角色脚部为球面时需要格外注意。如果对脚部的球面检测区域使用物理演算引擎并减小其与地面的摩擦，角色将能流畅地跨越小坡度台阶，从而使操作性得到提升。但玩家在悬崖边行走时，一旦球面中心偏出地面，玩家会立刻滑下悬崖。特别是在能摔死的游戏中，这种机制很可能给玩家带来负担。因此我们需要在能够摔死的场所额外采取一些对策，比如增加摩擦力或者暂时将脚部碰撞检测区域替换为立方体等。

① 顺便一提，阶梯和斜坡等地形要在关卡设计初期阶段定好角度。即权衡外观与趣味性，找出看上去最自然的阶梯角度。

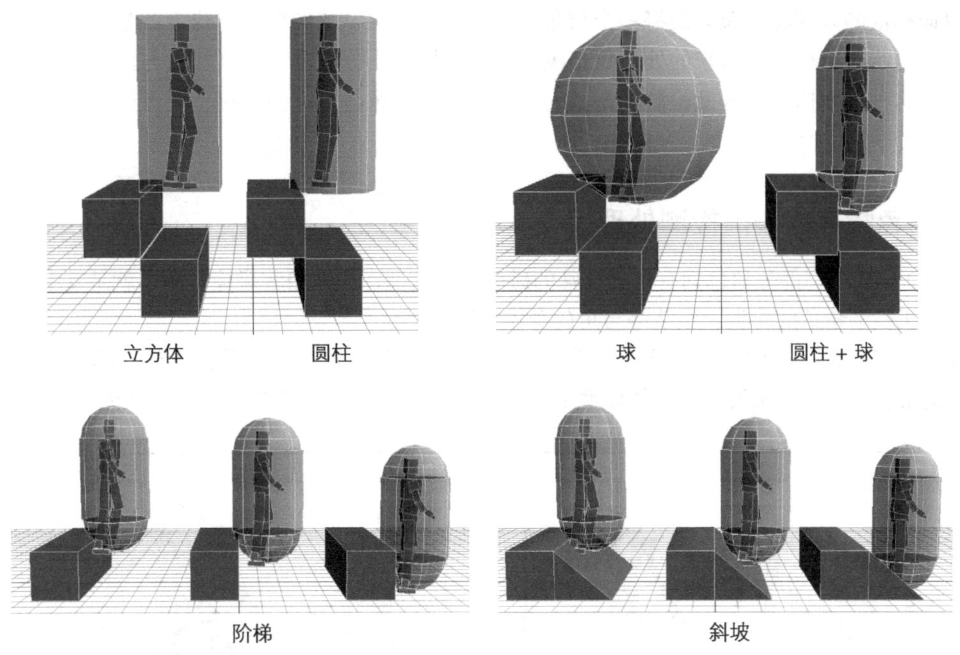

图 4.1.3 有高低差的地形与碰撞检测之间的设置

详细的角色移动碰撞检测

在格斗游戏中，我们需要根据动画精确地判断出身体碰撞的位置。所以在处理这类碰撞检测时，我们要根据角色的“骨骼线”添加适当形状的碰撞检测区域（图 4.1.4）。

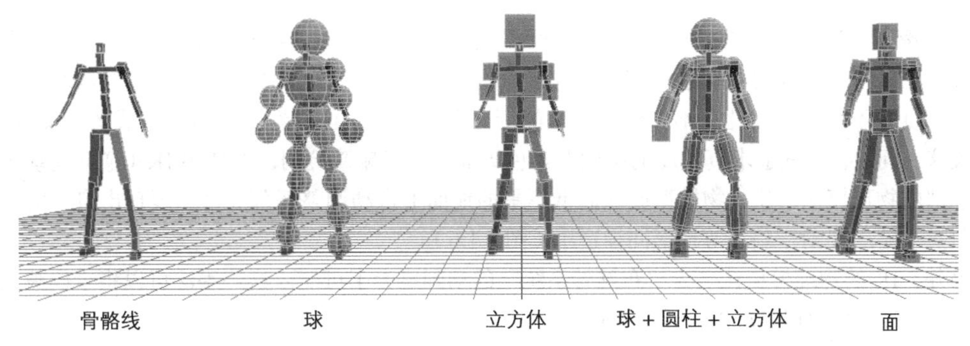

图 4.1.4 角色的骨骼线与碰撞检测

以球构成的碰撞检测模型是一种能简单高效地进行碰撞检测处理的机制。早期的 3D 格斗游戏中能经常见到它们，即便是当今的简单的 3D 游戏，这些由球构成的模型也完全能满足需求。

以立方体构成的碰撞检测模型比球形更加精确。尤其是采用 Havok 等物理演算引擎后，系统甚至可以物理模拟出两个角色扭打在一起时的碰撞检测。另外，将立方体与其他形状组合可以得到更加精确的碰撞检测模型。

以面构成的碰撞检测模型是将一个与角色外形几乎完全一致的模型（或者就是角色模型）直接用于碰撞检测。这种模型带来的处理负担极大，因此用途十分有限。在《汪达与巨像》中，巨像使用的就是这种以面构成的碰撞检测模型，它不但能检测巨像与玩家的碰撞，还可以判断出玩家在巨像身上的可攀爬位置[①]。

 角色特有的碰撞检测处理

在 3D 游戏中，部分角色拥有自己特殊的碰撞检测处理，而“服装碰撞检测”就是其中之一。这种模型用于检测角色的头发、服装等与角色身体之间的碰撞。

举个例子，假设我们有一个梳马尾辫的女性角色。使用一般的碰撞检测无法正确表现出其背部和肩膀的形状，这会让头发跑到身体模型里面。为此我们准备了“服装碰撞检测”（图 4.1.5）。

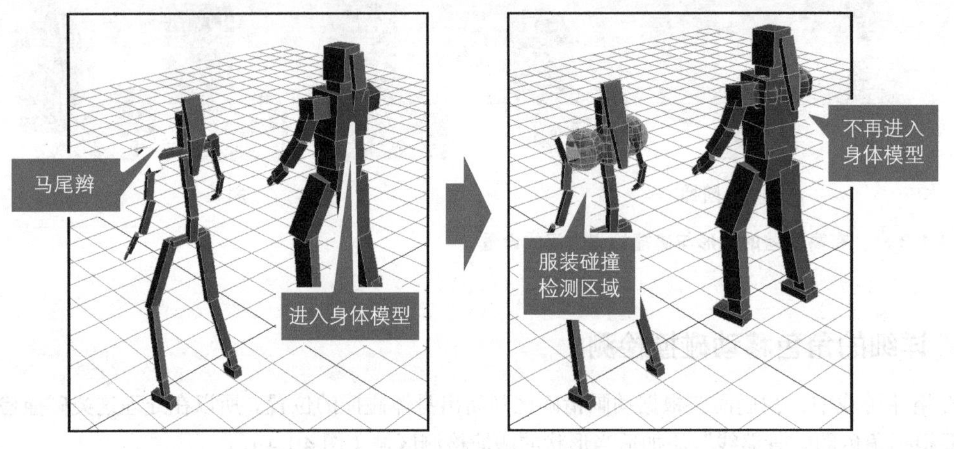

图 4.1.5　服装碰撞检测

在肩膀和背部加入球或立方体碰撞检测区域后，头发就能优雅地飘起来了。

除此之外，还有专门让玩家双脚接地的碰撞检测。人类是两足步行动物，在阶梯或坡道上行走时双脚高度并不一致。因此在不做任何处理的情况下，我们往往会看到角色浮空或者脚埋入地里。为解决这一问题，某些追求真实度的游戏在角色脚部加入了碰撞检测，并使用 IK（逆向运动学）进行关节部的物理模拟，让人物模型能在高低不平的地面上自动调整腿部关节，展现出自然的行走姿态。顺便一提，IK 对于斜坡等地形同样适用（图 4.1.6）。

另外，IK 的物理模拟让名为“布娃娃系统”的动画成为了可能。这一手法可以将布偶被人放开时的动作通过物理模拟表现出来（图 4.1.7）。

---

① 值得注意的是，某些物理引擎在处理以面构成的碰撞检测模型时无法对有凹面的形状（特别是凹陷处成锐角的形状）进行正常的碰撞检测。因此在处理有凹面的物体时，要根据情况将其视为多个物体的组合，而不是一个整体。也正因为如此，某些游戏开发工具或引擎不支持有凹陷的碰撞检测区域，还有些支持但处理速度极慢。

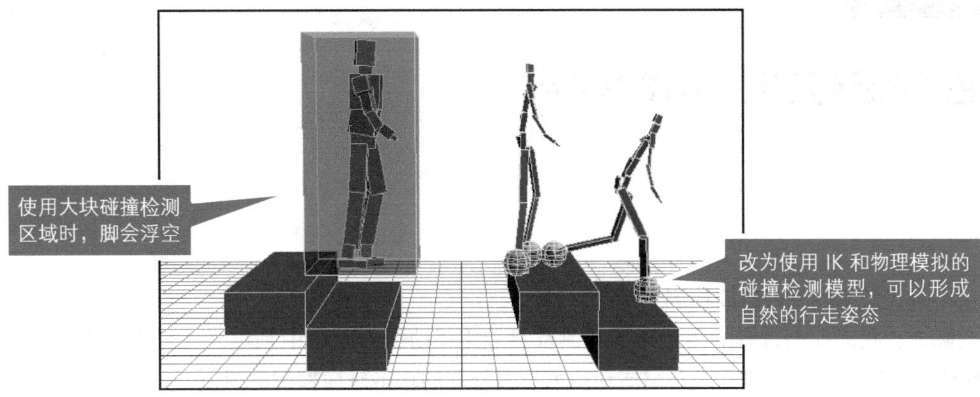

图 4.1.6 角色的 IK 与地形

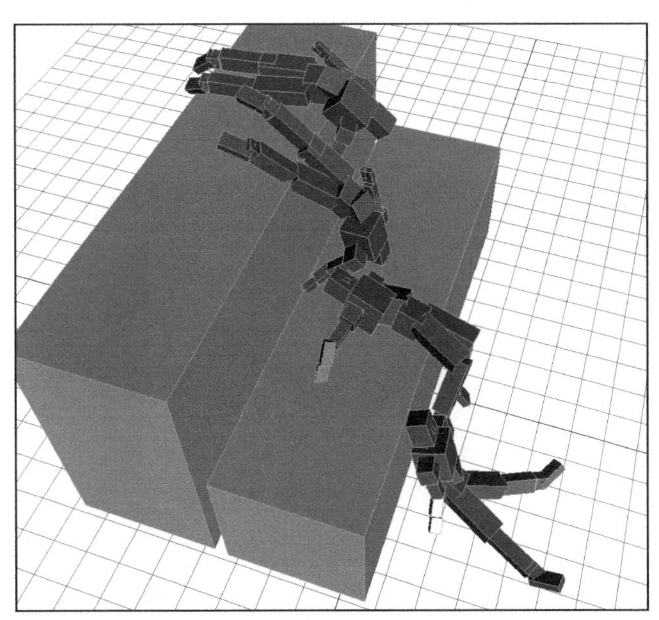

图 4.1.7 布娃娃系统

从上图可以看出，这一手法表现的是人类失去意识时的动作，所以主要用于格斗游戏中击倒以及玩家、敌人死亡时的动画。

如今，使用物理模拟的角色碰撞检测已得到进一步升级，角色动作越来越逼真，比如角色撞到障碍物后会自然地下蹲或摔倒。因此“想通过碰撞检测表现出角色的什么信息”正在逐渐上升为让游戏更有趣的重要问题之一。

4.2

角色攻击碰撞检测的技巧

接下来我们谈谈攻击碰撞检测。

实际上，我们前面讲解的角色碰撞检测都只能用于防御方的命中判定，一旦用于攻击方则会带来一些问题。所以，现在我们来介绍能让玩家看着舒服的攻击碰撞检测的机制。

攻击碰撞检测区域的形状

玩家角色攻击敌人时，我们只需要在攻击命中的部分设置攻击碰撞检测（命中检测）即可，没必要将玩家角色全身都设置为攻击碰撞检测区域（图 4.2.1）。

图 4.2.1 攻击碰撞检测与形状

根据攻击种类·武器形状等的不同，攻击碰撞检测分为许多种类。比如徒手攻击时，攻击碰撞检测区域就设置在拳头或腿上（图 4.2.2）。

另外，当角色手持武器时，应根据剑等武器的形状设置攻击碰撞检测区域（图 4.2.3）。

不过，攻击碰撞检测并不是持续存在的。一般来说，攻击碰撞检测一般都在攻击动作的前摆阶段出现，在进入跟进阶段或跟进阶段结束时消失（图 4.2.4）。

相对地，枪械等远程武器则在每次子弹发射时生成远程武器专用的攻击碰撞检测并飞向目标（图 4.2.5）。至于“魔法”等特殊攻击，则各自具有独立的攻击碰撞检测（图 4.2.6）。

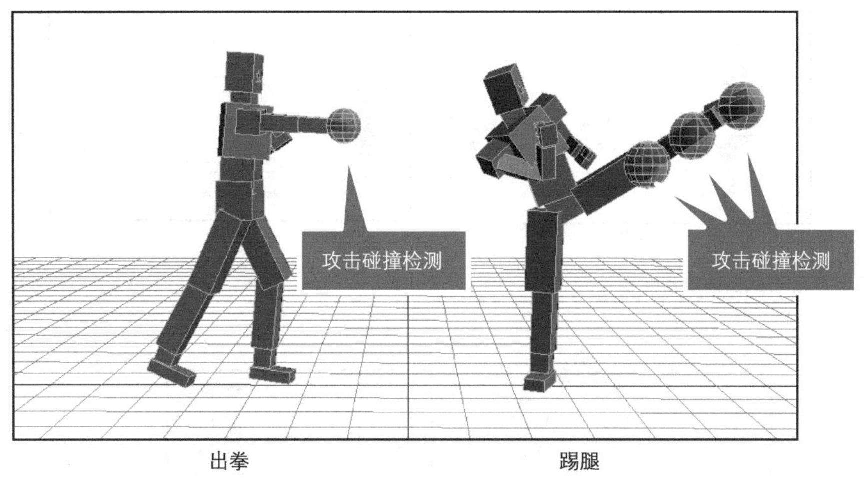

图 4.2.2 拳・脚的攻击碰撞检测

图 4.2.3 武器的攻击碰撞检测

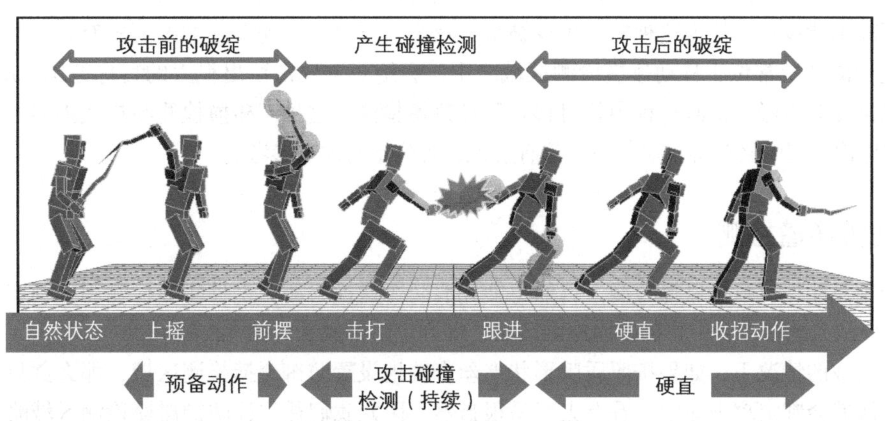

图 4.2.4 攻击动作与攻击碰撞检测的产生时间

手枪

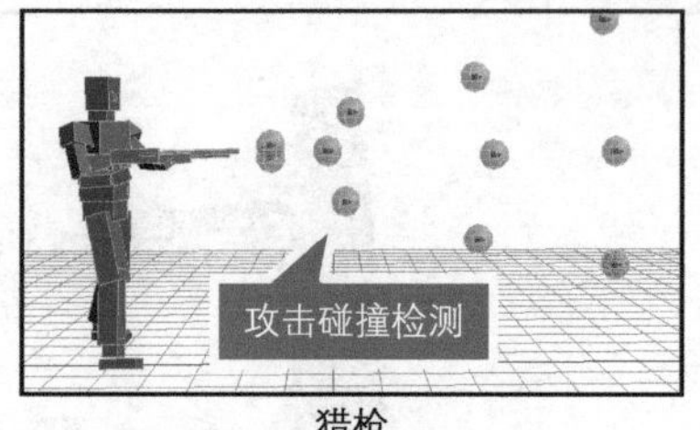

猎枪

图 4.2.5 射击武器的攻击碰撞检测

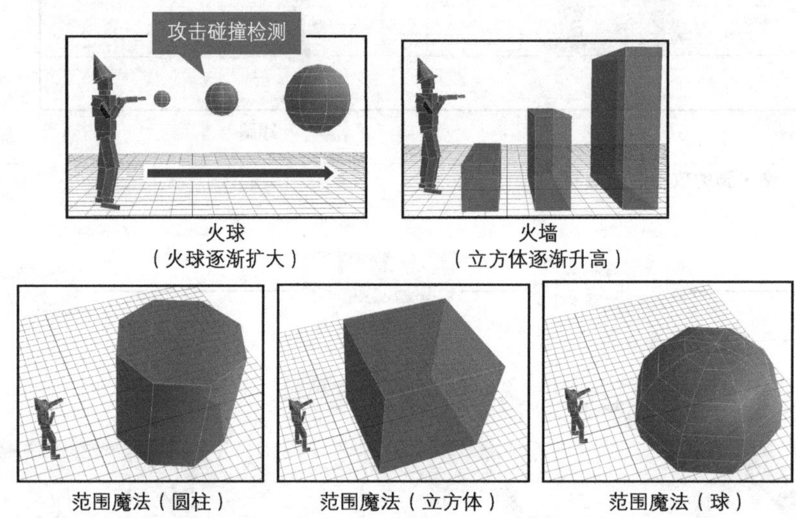

图 4.2.6 魔法与攻击碰撞检测

如图 4.2.6 所示，在特定范围内生效的魔法攻击可以通过改变 3D 形状来表现。综上所述，实现攻击碰撞检测的方式多种多样，比如将多种 3D 图形组合，或者实时改变形状。

反击属于攻击动作中比较特殊的一类，这类动作在攻击碰撞检测的同时还伴随着移动碰撞检测（被命中检测）。一般说来，攻击招式的有效距离越远，攻击碰撞检测区域与该角色的移动碰撞检测区域的距离也就越远，使得这种招式很少被敌人反击。反之，上勾拳之类的招式有效距离较短，其攻击碰撞检测区域常位于移动碰撞检测区域之中，会给对方反击留出很大的目标范围。顺便一提，无敌招式是在攻击碰撞检测过程中暂时移除移动碰撞检测。这种“碰撞检测与招式强弱的关系”在很多介绍碰撞检测的格斗游戏攻略书中都有解说，各位不妨加以参考。

防御碰撞检测

一个角色能拥有攻击碰撞检测，自然也能拥有防御碰撞检测。这种碰撞检测用于判定防御是否成功，只要敌人的攻击命中防御碰撞检测区域，即判定防御成功（图 4.2.7）。

在剑盾战的情况下，如果按照盾牌形状严丝合缝地设置防御碰撞检测区域，那么剑只要稍微划到角色身体就会判定攻击命中，看上去不是很自然。因此我们往往让防御碰撞检测区域略大于盾牌的实际外观，或者给持盾一侧添加防止攻击命中的角度检测（图 4.2.8）。

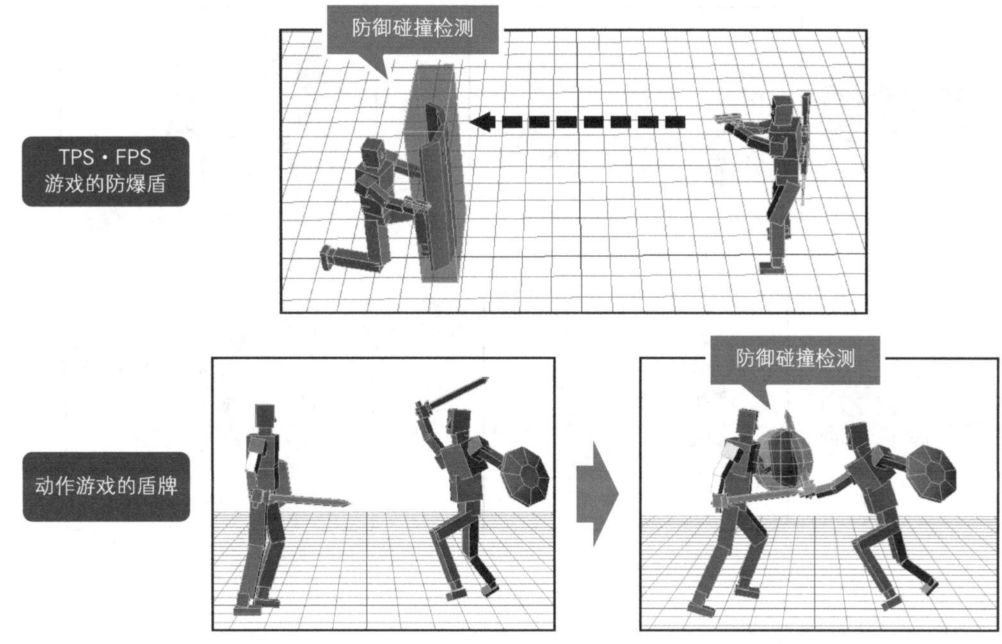

图 4.2.7 盾牌的防御碰撞检测

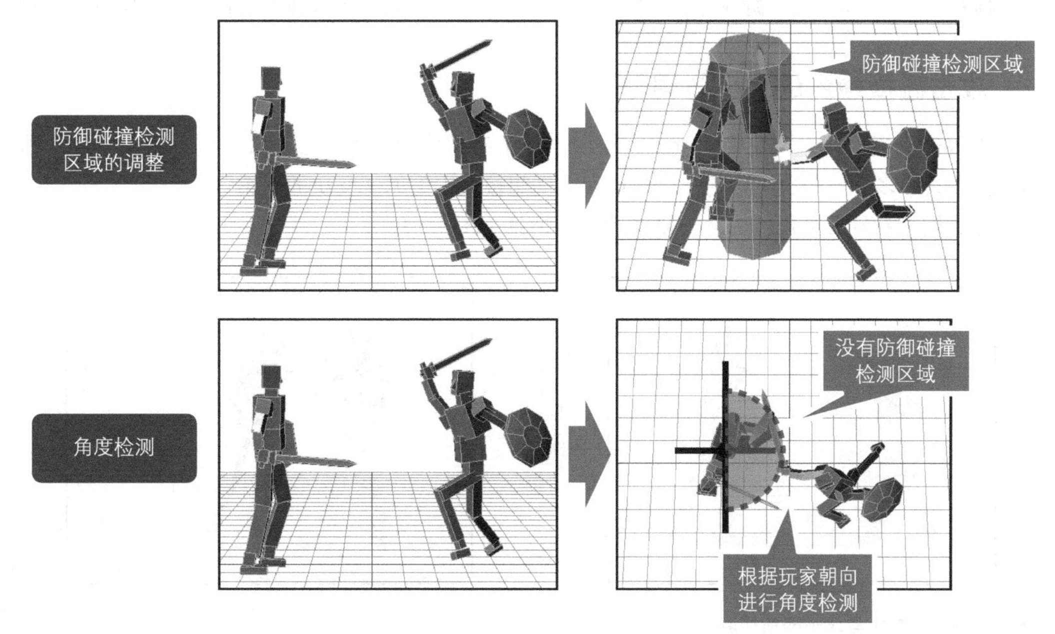

图 4.2.8 防御碰撞检测区域的调整与角度检测

另外，在格斗游戏和部分游戏规则符号化的动作游戏中，防御状态是以“标记”或“属性”进行判定的。格斗游戏的攻击含有上段・中段・下段属性，在攻击时与防御方的状态进行比照，从而判断防御成功・失败（图 4.2.9）。

图 4.2.9 标记与属性的检测

对于防御碰撞检测而言，一旦出现“明明防御了却没能挡住”的情况，会给玩家带来很大压力。因此许多画面真实感十足的 3D 游戏也会将标记或属性构成的符号化攻击检测与防御碰撞检测配合使用。

攻击碰撞检测的大小与调整

调整攻击碰撞检测需要花费大量时间。由于攻击碰撞检测的模式会直接影响到游戏手感，因此我们需要在其中多下一些功夫，创作出让玩家主动想按攻击键的“畅快的手感”。

首先我们来看看玩家角色用拳头攻击敌人的情景（图 4.2.10）。

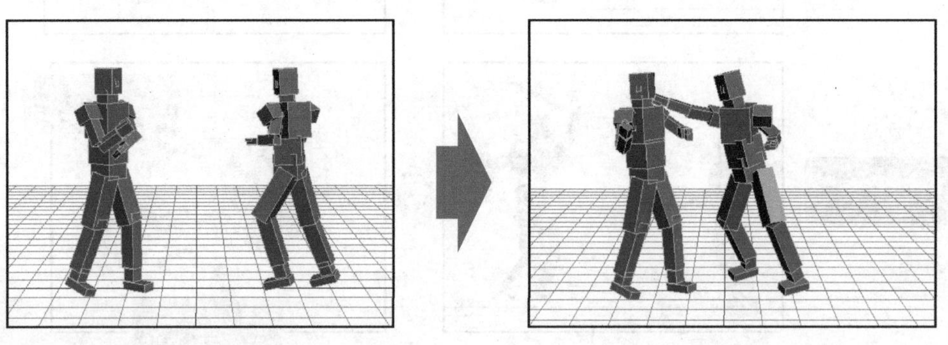

图 4.2.10 拳头与攻击碰撞检测

如果将拳头的攻击碰撞检测区域设置为球，这个球的大小会对游戏手感产生极大影响。比方说，如果检测区域较小，会出现看上去打中了实际却没有命中的情况。反过来，如果检测区域较大，虽然拳头更容易命中了，但会出现拳头隔空击中敌人身体的现象，若不加控制会造成不自然的感觉（图 4.2.11）。

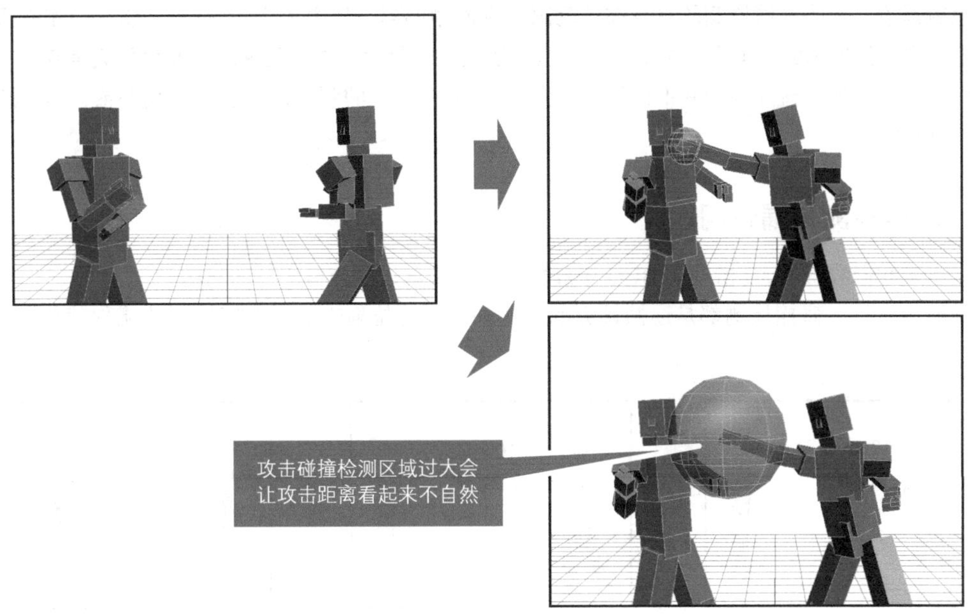

图 4.2.11 拳头攻击碰撞检测区域大小带来的差异

另外，在割草类游戏等镜头距离玩家角色较远的动作游戏中，玩家很难看清攻击是否拳拳到肉。这时我们就可以放心大胆地使用比拳头更大的碰撞检测区域，使攻击动作更直观，手感更好（图 4.2.12）。

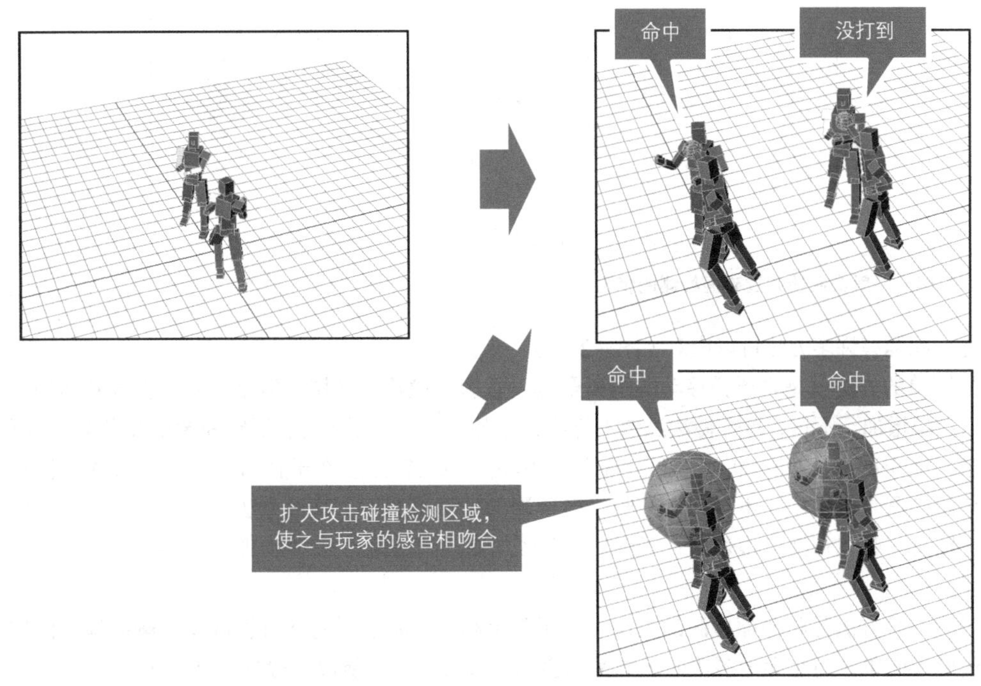

图 4.2.12 割草类游戏中的攻击碰撞检测

也就是说，攻击碰撞检测的重点在于玩家从画面中感到“打中了！”的瞬间，碰撞检测必须能及时判定命中。如果画面看上去打中了，碰撞检测的结果却是没打中，玩家对游戏会失去信任。

综上所述，攻击碰撞检测并不仅仅是“命中”“未命中”的判定，它还对游戏手感、爽快感以及信任感有着影响。

碰撞检测与漏过问题

接下来我们看一看 3D 游戏的 BUG 中经常出现的“漏过碰撞检测”的问题。

一般情况下，碰撞检测都是逐帧计算的。比如玩家开枪射击时，碰撞检测的流程就如图 4.2.13 所示。

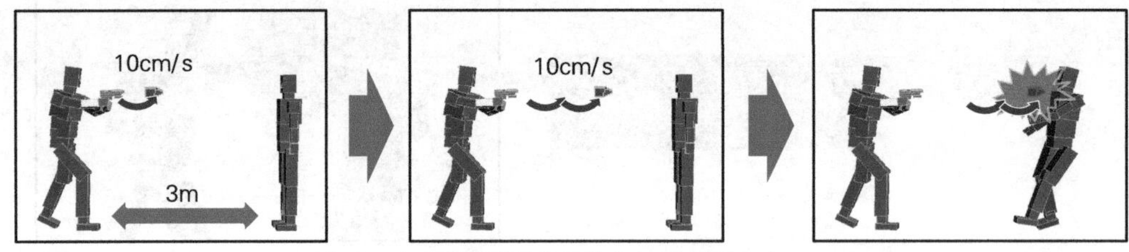

以 10cm/s 的速度前进的子弹会在 30 秒后命中！
※现实中并不存在如此缓慢的子弹，这里仅仅是为了方便计算而放慢了速度

图 4.2.13　射击武器的碰撞检测

但是，一旦子弹每秒移动的距离高于敌人身体宽度，就很容易出现“漏过”现象（图 4.2.14）。

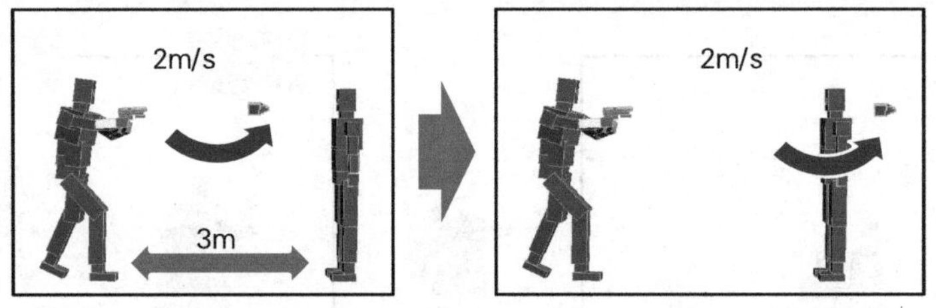

以 2m/s 的速度前进的子弹会产生漏过现象！！

图 4.2.14　射击武器漏过碰撞检测的情形

这一问题有许多方法可以应对（图 4.2.15）。

最简单的方法就是将子弹移动的距离全部设置为碰撞检测区域，但是这样做会导致碰撞检测区域数量大幅增加。不过，这个做法虽然不算明智，却是一个适用于所有引擎和游戏开发工具的手段。

第二简单的方法就是加“尾巴”。根据子弹的大致飞行速度在子弹后面追加长方体碰撞检测区域，从而检测是否命中。不过，在某些碰撞检测的处理机制下，这种方法同样会给硬件带来巨大负担。特别是子弹飞行速度很快时，子弹后方的长方体会非常长，某些物理引擎甚至无法进行碰撞检测处理。

最后一种方法是将碰撞检测的关注点从子弹上移开，将子弹的飞行轨迹作为碰撞检测区域。这种手法形式简单，而且无论多快的子弹都不会出现漏过现象，所以一般的 TPS · FPS 游戏都会采用这种手法。

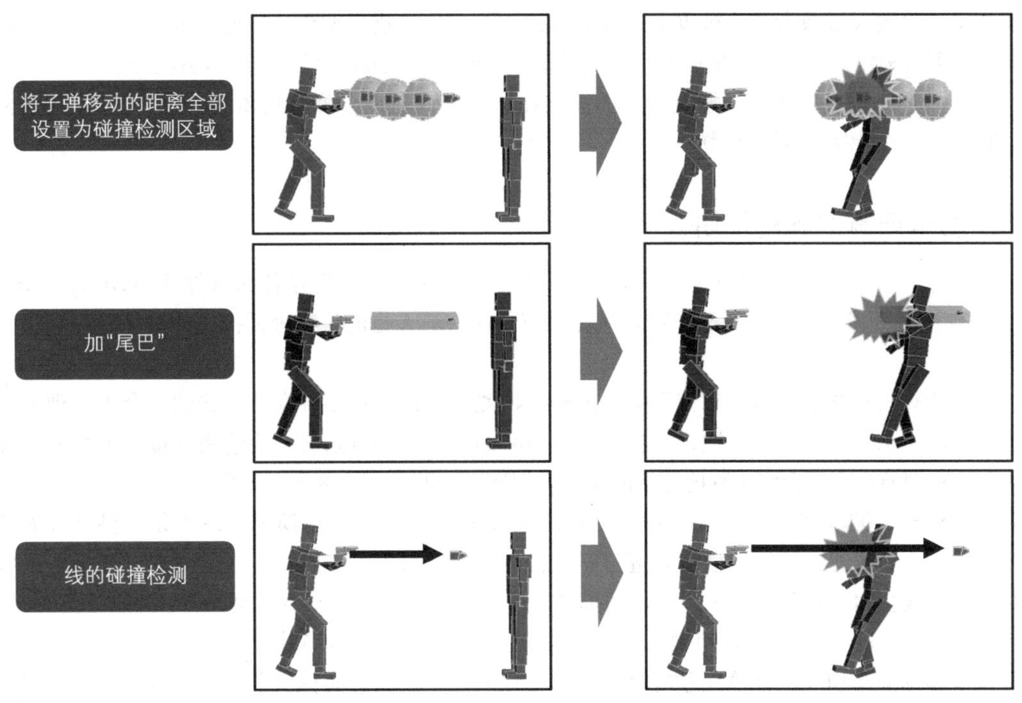

图 4.2.15　让子弹的攻击碰撞检测不再漏过目标的机制

这种根据移动轨迹进行碰撞检测的手法同样适用于拳头和剑的攻击（图 4.2.16）。

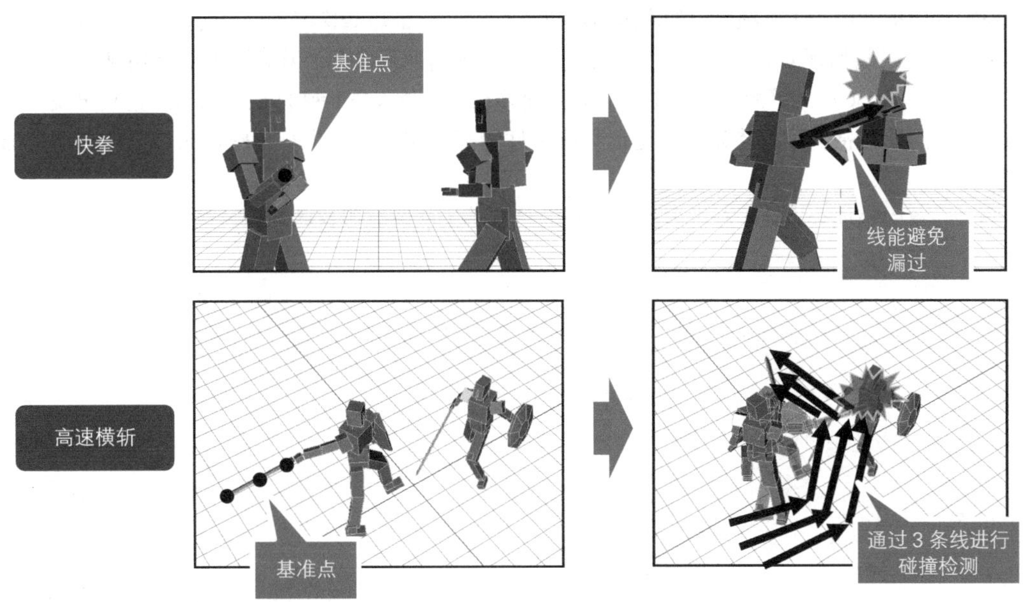

图 4.2.16　让拳头和剑的攻击碰撞检测不再漏过目标的机制

不过，拳头和剑有着一定的体积，所以用线进行碰撞检测时很可能因为太细而从侧边漏过。因此需要增加检测线数或者加大被攻击一方的碰撞检测区域来进行调整。顺便一提，如今的物理演算引擎已经可以根据挥剑轨迹（坐标）计算出多边形的碰撞，从而准确完成攻击碰撞检测。

综上所述，解决碰撞检测漏过问题的关键在于摒弃武器或子弹等物体的“形状”，以其做出的“运动”为基准设置碰撞检测区域。

物理演算引擎的陷阱

近年来，在游戏中使用 Havok 等高端物理演算引擎已经不再是什么稀罕事。Unity、Unreal Engine 等游戏开发引擎也都标配了物理演算引擎，让一般人也能将物理模拟出的碰撞检测利用到游戏中去。

使用物理模拟之后，拳头和剑等的攻击碰撞检测就可以通过多种立体形状的组合来处理了。然而这种方法带来了一个重大问题，当攻击碰撞检测的形状十分复杂时，会给硬件带来极大的处理负担。因此物理演算引擎会将 1 秒内进行的物理模拟次数控制在不掉帧的范围内。

举个例子，假设我们正在运行一款每秒 60 帧的游戏，其中物理演算引擎也是每秒计算 60 次。这时游戏中刷新了更多敌人，使需要进行碰撞检测的物体数提升，硬件计算量增加。如果不采取任何对策，游戏会由于物理计算负担过重而掉帧，于是系统自动将每秒的物理演算次数降低至 30。但各位要知道，一旦系统执行这种调整，速度过快的物体就会出现漏过碰撞检测等问题。

这是物理演算引擎的计算误差与算法特性导致的现象。物理演算引擎每秒进行的碰撞检测次数（解析度）对检测结果有着直接影响，所以一旦物理演算引擎限制了计算次数，物理模拟的精度就会随之下降。

因此，时常处于高速运动状态的赛车等类型游戏中，画面刷新率虽然和其他游戏一样采用 60 帧，但物理模拟却使用 120 帧以上的高解析度进行处理，保证碰撞检测正确执行。

如果想在限制物理演算引擎计算次数的前提下实现高速移动的游戏，那就必须用到一些特殊处理了。顺便一提，Unity 等游戏引擎中可以为高速移动的物体设置特殊标记，从而防止其出现漏过等问题（不过，物理演算引擎指定对特定形状或条件的高度移动物体进行特殊检测，比如必须是球或立方体等）。

物理演算引擎如今也在不断发展进化，相信总有一天能够克服这些问题。

4.3 角色与地图的碰撞检测技巧

最后我们来说明地图的碰撞检测。3D 游戏中的地图可以呈立体构造，形状也能比 2D 游戏更加复杂，但同时也带来了许多问题。所以我们在这里向各位介绍 3D 地图的碰撞检测漏洞及其解决方案。

地图的碰撞检测区域形状

地图的碰撞检测包括实际进行碰撞检测的“移动碰撞检测”、用于启动事件的“触发器”（标记检测）和敌人 AI 等单位进行路径探索时使用的“导航网格”（图 4.3.1）。

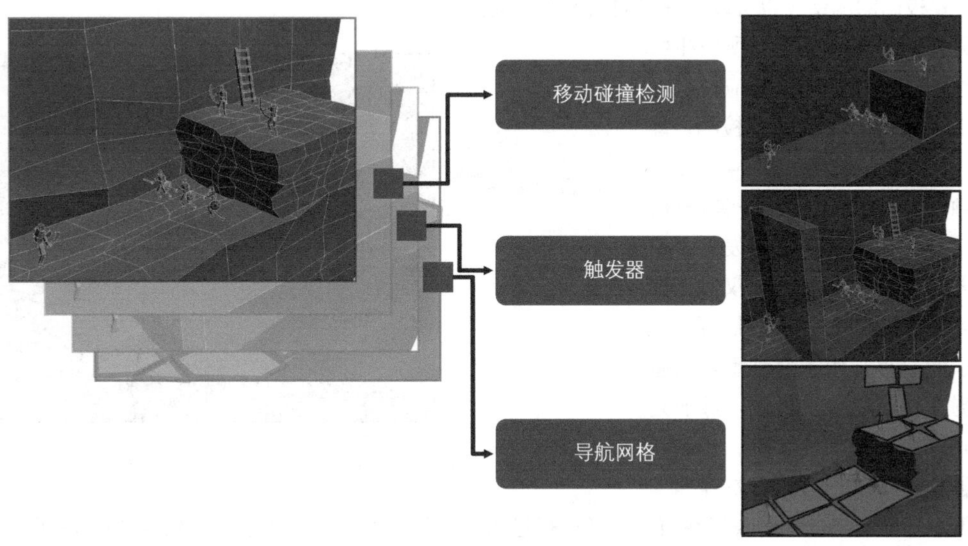

图 4.3.1　地图碰撞检测的构造

若想完成玩家移动时的碰撞检测以及子弹被掩体阻挡时的碰撞检测等，都要求地图也具备移动碰撞检测。移动碰撞检测除了能够判定移动乃至攻击的各种碰撞外，还具有为角色行走播放“脚步声 SE”的属性（某些游戏是将这部分信息植入导航地图，或者采用其他碰撞检测来处理）。另外，需要大量显示的“随风摇摆的树木”“可破坏的岩石”等则和敌人一样以“对象”形式摆放。会动的物体、可破坏的物体通过可减轻处理负担的“实例对象”机制进行设置。当实例对象移动或被破坏时，其中设置的碰撞检测也会随之变化。反之，既不会动也不能破坏的物体则大多作为地图形状的一部分出现。

此外，在包含跳跃系统的游戏中，我们还需要“空气墙”来防止玩家移动到地图外部。这是一块根据玩家跳跃力而设置的超大碰撞检测区域（图 4.3.2）。

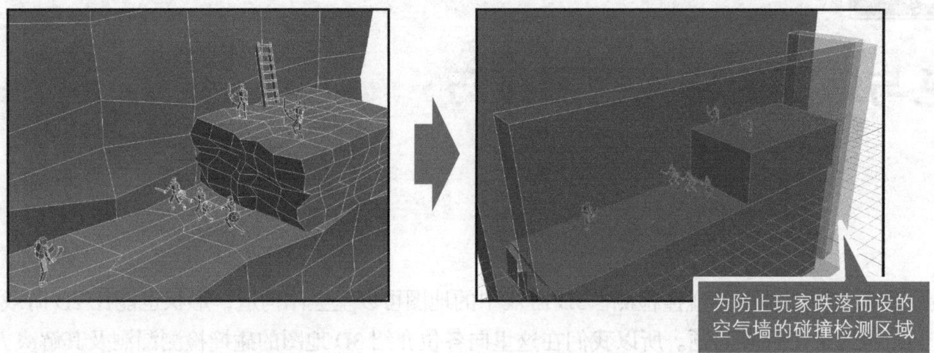

图 4.3.2　为防止玩家跳出地图而设的超大碰撞检测区域

即便是在《战神Ⅲ》里我们也能看到这种“巨大墙壁”一般的移动碰撞检测区域。这一机制的关键在于墙壁高度。如果玩家角色受到敌人攻击时高度会上升，那么这类游戏的墙壁高度就不能只达到跳跃高度。特别是在《战神Ⅲ》等割草类游戏中，由于存在将敌人打至空中的浮空攻击，因此需要设置极高的墙壁（也可以将墙壁的高度设为无限）。

另外，要想在特定场所发生特定事件，需要在地图的相应位置上设置用于启动事件的碰撞检测，即“触发器”（标记检测）（图 4.3.3）。

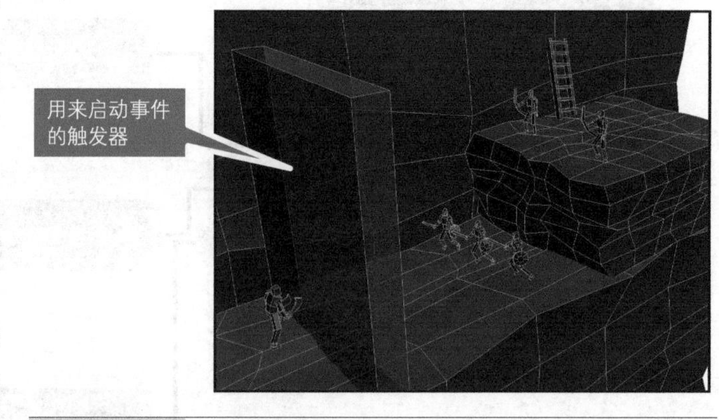

图 4.3.3　用于事件的触发器

触发器中可以设置许多条件，比如仅对玩家起反应的触发器、仅对敌人起反应的触发器、仅对正前方的碰撞起反应的方向性触发器等。

顺便一提，用于启动事件的碰撞检测往往都是一次性的。除非是一些允许重复激活的事件，否则在事件触发后都应将其删除或关闭。

关于导航网格的知识我们在前面已经进行过讲解。导航网格主要用于提供敌人 AI 的路径探索数据，某些游戏也会将跌落点设置在其中。因此，角色能在哪个范围内行动，会在哪里跌落，能否爬上斜坡等都可以通过导航网格来判断。

综上所述，地图的碰撞检测不能仅用来判断角色“能通过”或“不能通过”，还要将我们想在游戏中表达的“属性”等数据融入其中。

 FPS 与 TPS 碰撞检测的差异

FPS 游戏与 TPS 游戏的地图碰撞检测在形式上有所不同，其最大的原因之一是镜头。FPS 的镜头位于玩家角色眼睛的位置，而 TPS 的镜头则常位于玩家角色背后等位置，与角色之间保持一段距离。因此我们在设置碰撞检测区域时需要保证镜头视野良好，可自由控制镜头的游戏则更是如此。

比如在狭窄的通道内，我们要让镜头无法穿过墙壁、地面、天花板等障碍。但在陡峭的悬崖边，

只有镜头能移动至悬崖之外，这种场景的移动碰撞检测就需要添加特殊碰撞属性，让玩家角色无法通过但镜头可以通过（图 4.3.4）。

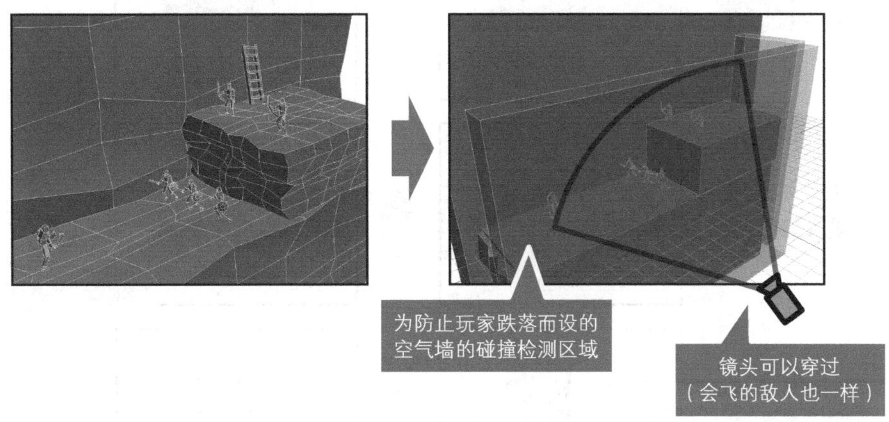

图 4.3.4　碰撞检测与镜头

这样一来，玩家就能随意调整镜头保证良好的视野。除此之外，铁栅栏等让镜头穿过也无伤大雅的障碍物都可以如法炮制。

综上所述，FPS 与 TPS 由于镜头机制不同，其碰撞检测形式也大不一样。

 地图的漏过问题与跌落问题

我们在前面已经说明过碰撞检测的漏过问题，实际上，地图的碰撞检测也有同样的漏过问题。地图出现漏过问题会导致玩家角色落入原本无法进入的模型内部，因此不容忽视。特别是“薄墙壁”和“锐角墙壁”往往会出乎意料地成为漏洞（图 4.3.5）。

在大多数物理演算引擎中，锐角的墙壁都属于容易穿过的墙壁。某些形状的地面和天花板也会出现同样的现象。攻击动作的碰撞检测也经常会穿墙而过。至于对策，在制作移动速度较快的玩家角色时，可以提高每帧的物理模拟次数来增加碰撞检测解析度，或者尽量避免使用容易被穿过的锐角墙壁（如果仅就玩家角色而言，可以使用特殊的演算方法来提升碰撞检测精度）。

顺便一提，目前最新的物理演算引擎的精度已经能防止薄墙壁和锐角墙壁出现穿墙现象了。**在实际制作游戏时，应事先确认当前物理演算引擎的特性，掌握在哪个厚度和角度内不会出现穿墙现象**。

另外，我们在给有跳跃系统的游戏制作地图时很难预想到所有跳跃方式，一旦玩家使用了这些跳跃，就有可能会跌落至地形模型之外。为防止这种游戏中不应出现的问题，我们需要在地形的某些区域设置触发跌落死亡的碰撞检测，让玩家跌落至这个范围时强制游戏失败（图 4.3.6）。

如今市面上销售的游戏为防止出现这些漏过问题，单是测试漏过和跌落就要花费几天时间。即便如此，游戏还是难免会发生意外的漏过和跌落，这正是困扰当今专业游戏开发者的一大问题。

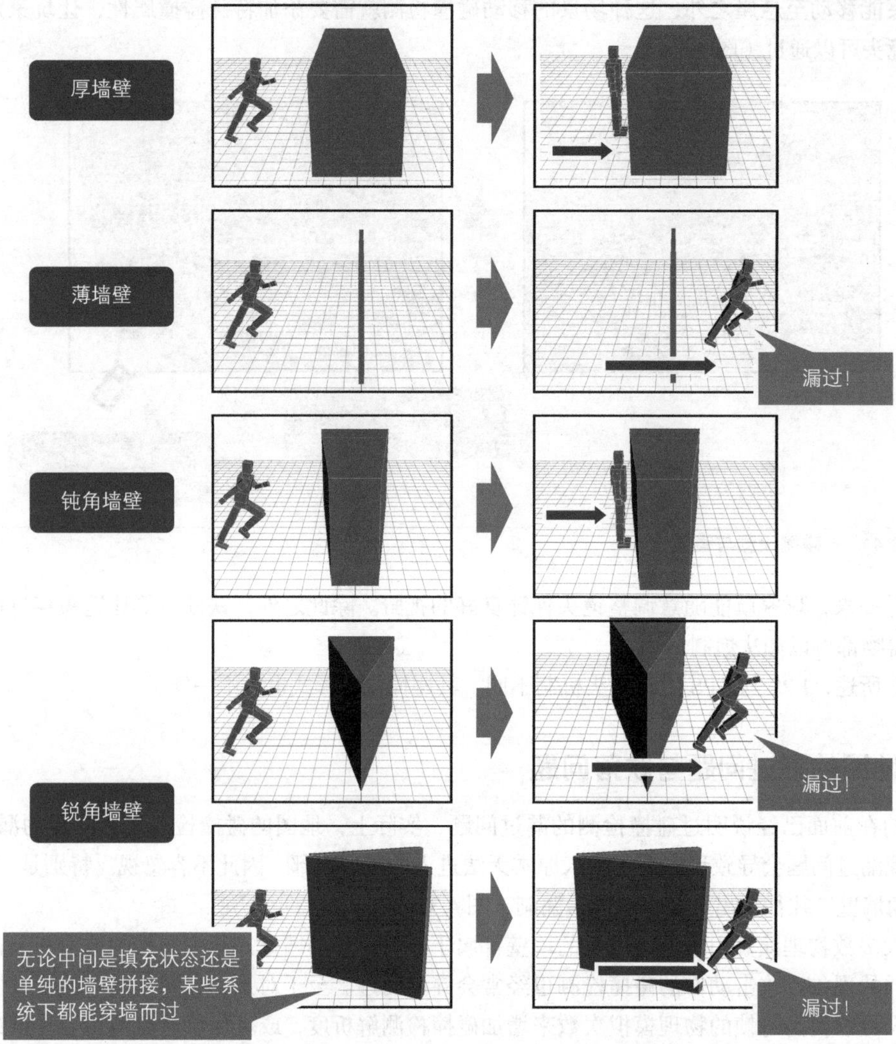

厚墙壁

薄墙壁

漏过!

钝角墙壁

漏过!

锐角墙壁

无论中间是填充状态还是单纯的墙壁拼接，某些系统下都能穿墙而过

漏过!

图 4.3.5 墙壁与漏过

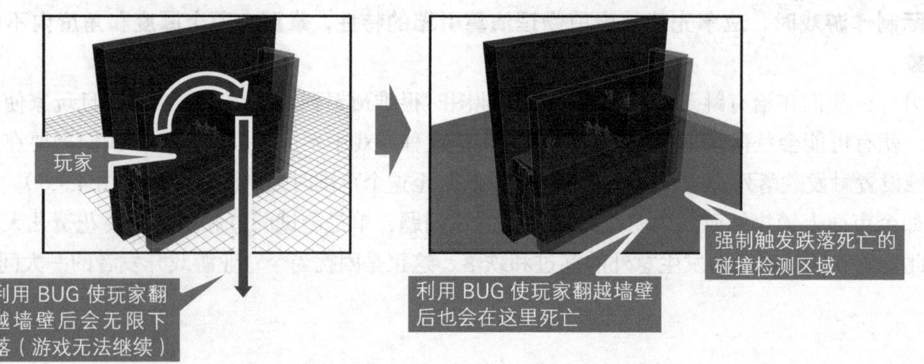
玩家
利用 BUG 使玩家翻越墙壁后会无限下落（游戏无法继续）
利用 BUG 使玩家翻越墙壁后也会在这里死亡
强制触发跌落死亡的碰撞检测区域

图 4.3.6 强制触发跌落死亡的碰撞检测区域

第5章

让3D游戏更有趣的 镜头技巧

5.1

3D游戏与3D镜头技巧

在早期的2D游戏时代，即便没有“镜头机制”也能做出一款简单的游戏。但是在3D游戏领域，不但镜头不可或缺，开发者在镜头机制上花费的心思还将直接影响到“操作性”“可视性”“迫力”“难度”等游戏的关键要素①。

作为本书总结性的一章，我们将一起来分析3D游戏中的镜头都是在哪些机制下运作的，看一看其中有哪些奥秘值得我们学习。

3D镜头的基础

我们先从3D镜头的基础说起。3D镜头用于拍摄三维空间，可以进行移动、旋转以及通过调节焦距放大·缩小等摄像操作（图5.1.1）。

另外，电影等业界使用的镜头技巧也都可以直接运用到游戏中。我们先从最基本的“定位拍摄”“移动拍摄”“追焦拍摄”说起（图5.1.2）。

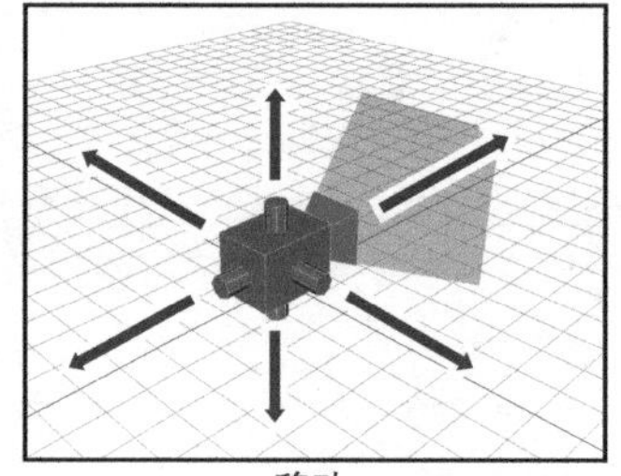

移动

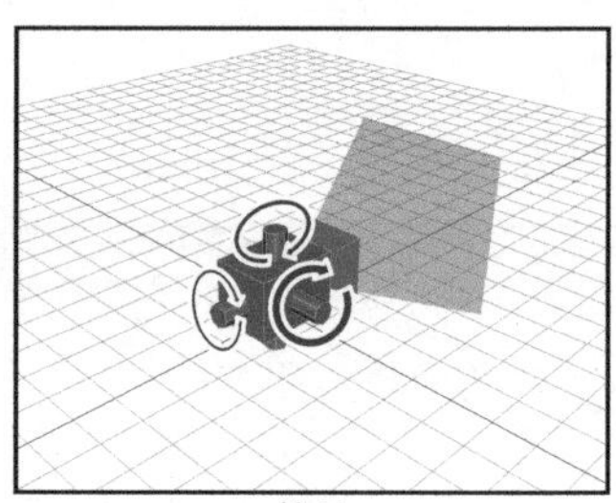

旋转

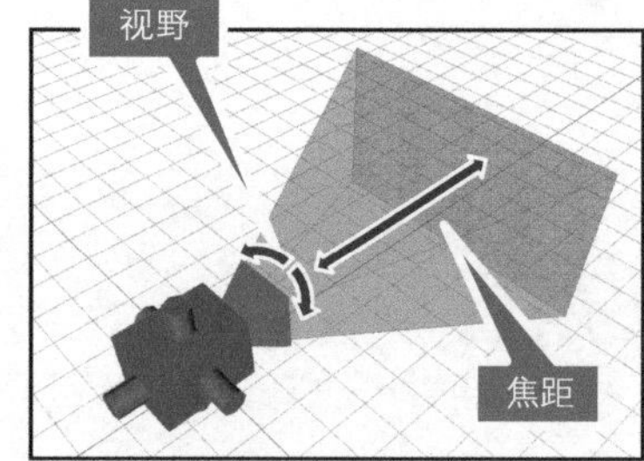

图5.1.1　3D镜头可进行的操作

- **定位拍摄**

  在固定位置拍摄目标的拍摄方式，能拍摄出稳定易观察的“画”。

- **移动拍摄**

  镜头配合目标一起前后左右移动，能拍摄出背景在运动的“动态画”。

- **追焦拍摄**

  镜头配合目标的移动调整自身角度。与移动拍摄相比，这种手法更能强调出空间的远近感，能更好地表现出空间的大小以及人物的位置关系。另外，这种拍摄手法类似于人类站立不动转头看目标事物时的视角，所以呈现的“画”比移动拍摄更主观。

① 在最新的体育游戏里，开发者们给镜头安装了能够自动调节至最佳拍摄角度的AI，就像在游戏中安排了一名摄像师。这样一来，游戏所展现出的临场感几乎能够媲美职业摄像师拍摄出来的高品质TV转播。我们将这种AI称为“镜头AI”。

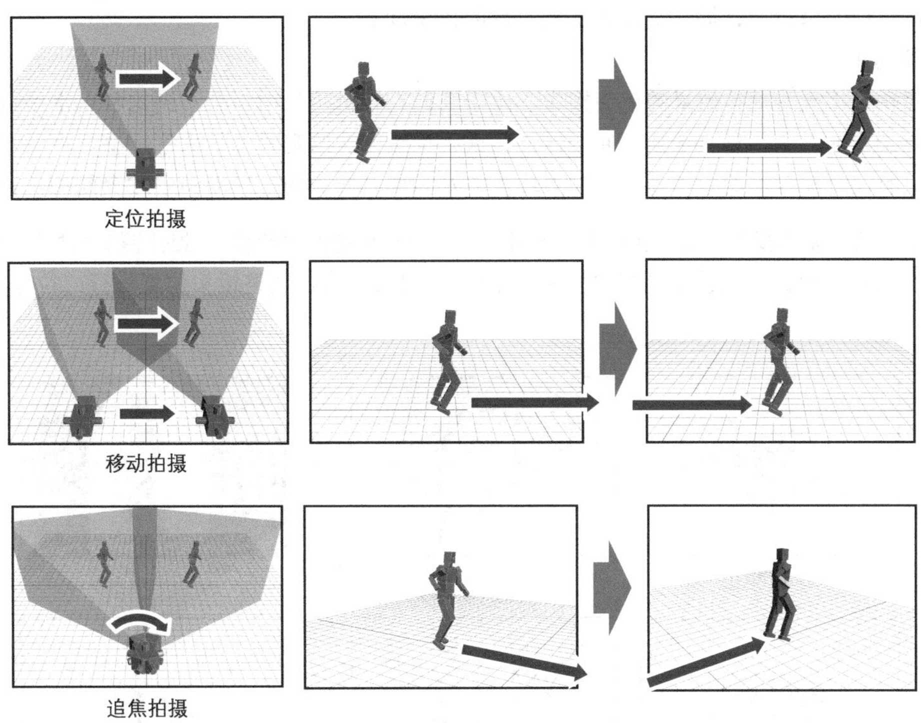

图 5.1.2 3D 镜头与移动操作术语

相对于这些平面镜头操作，我们还会用到“俯仰”和“滚动”这两个立体操作（图 5.1.3）。

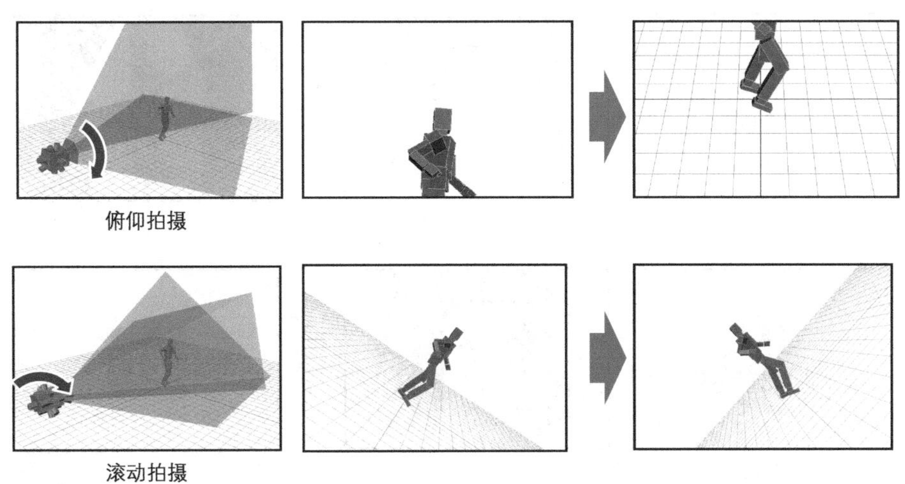

图 5.1.3 3D 镜头与旋转操作术语

- **俯仰拍摄**

纵向调整镜头角度拍摄目标。另外，从下向上拍摄称为仰摄，从上向下拍摄称为俯摄。除此之外还有“纵向追焦”“摇上・摇下”等叫法。这种手法的效果与追焦拍摄相同，能强调纵向的远近感，提高空间和位置关系的辨识度。

● **滚动拍摄**

能拍摄出天旋地转效果的镜头操作。由于我们在日常生活中不会看到这种水平线运动，因此拍出的“画”具有很强的冲击性，但这种构图无法给观看者带来稳定感。在游戏界通常只有飞行模拟类的滚动动作、强力攻击以及需要震撼力的过场动画中才会使用这种操作。

了解镜头的基本操作之后，我们再来看看“与拍摄对象的距离调整”。想让镜头与拍摄对象改变距离时，我们可以调整透镜来进行“放大 · 缩小”，也可以直接调整镜头位置进行“拉近 · 拉远”（图 5.1.4）。

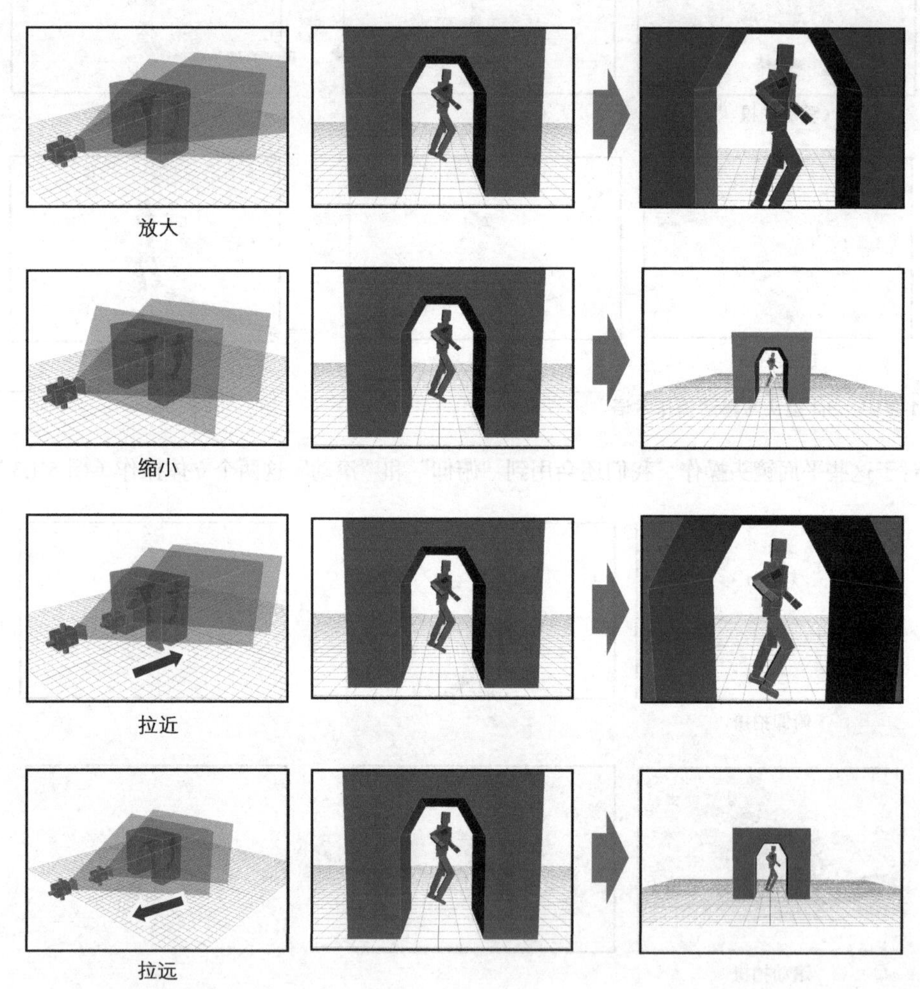

图 5.1.4 缩放与移动

● **放大 · 缩小**

通过调整镜头透镜来改变与拍摄对象之间的距离。放大能产生如同人类集中注意力紧盯对象一般的临场感；缩小则能给人带来意识范围扩大的感觉。

● **拉近・拉远**

实际移动镜头改变与拍摄对象之间的距离。能产生类似于人类行走或奔跑时的感觉。另外，这种手法比放大・缩小更能让人清楚地把握远近感。

同时运用缩放与移动将得到十分有趣的效果（图 5.1.5）。比如在放大的同时拉远，镜头与拍摄对象的位置虽然看上去没有变化，但远近感会顿时增强。在角色咏念强力魔法时，这一手法能表现出其集中精神的状态，让画面十分具有冲击力。反过来，如果在缩小过程中使用拉近，远近感会瞬间削弱，表现出极度集中的精神突然放松时的感觉。

放大结合拉远（分镜・远近感增强，表现出意识集中的状态）

缩小结合拉近（分镜・远近感减弱，表现出意识恢复自然状态）

图 5.1.5　同时使用缩放和移动的效果

接下来是基本镜头操作中最不可欠缺的一项，即与拍摄对象保持一定距离的“跟踪拍摄”（图 5.1.6）。

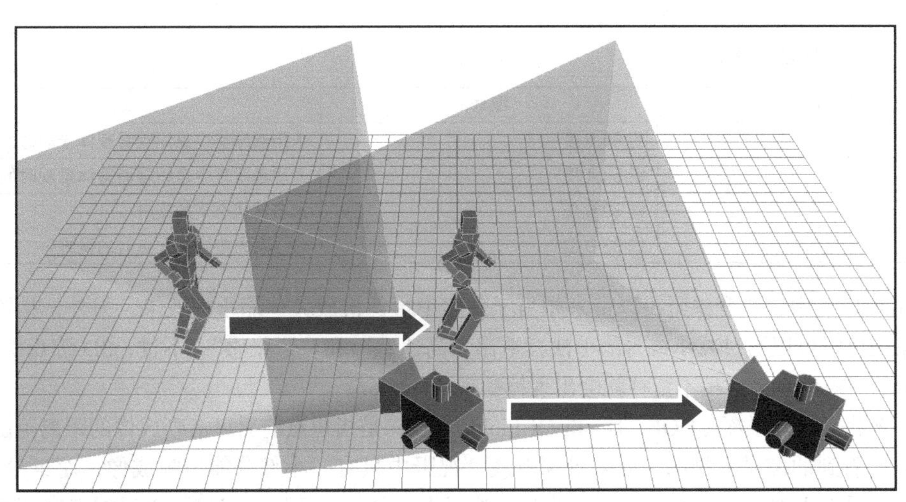

图 5.1.6　跟踪拍摄

不过，实际电影与游戏的镜头操作还是有区别的。拍摄电影时，需要在摄影轨道车或摄像机升降架上完成移动和跟踪拍摄。所以电影业界的“移动拍摄”一般指高低固定的水平移动，而游戏中的镜头可以不受物理限制自由移动，所以相对于拍摄对象前后左右上下移动镜头都称为“移动拍摄”。

镜头的透镜特性

随着游戏硬件与编程技术的进步，游戏中的镜头也能与现实中一样实现多种透镜效果了。于是我们在这里向各位依次介绍实现透镜效果的“视野”“景深”以及“透镜光晕”。

首先是视野。视野指镜头能捕捉到的摄影范围，也称为“视野角”“FOV”等（图 5.1.7）。

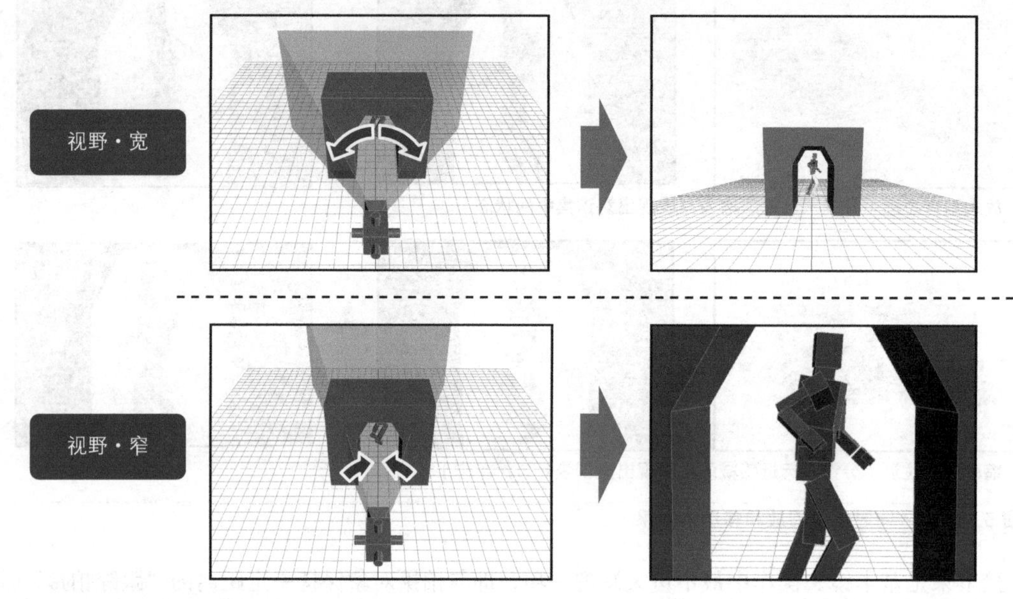

图 5.1.7　3D 镜头与视野

表 5.1　3D 镜头与视野

焦点距离	视野	效果
28mm	约 65.5 度	人用双眼集中意识观看整体景观时的视野
35mm	约 54.4 度	人用单眼集中意识观看整体景观时的视野
50mm	约 39.6 度	人自然状态下的视野
80mm	约 23.9 度	人注意力集中在一点时的视野

在 3DCG 当中，改变视野可以带来相当于现实中摄像机放大・缩小的效果。另外，拍摄高速移动的玩家角色时可以通过减小视野的手法营造出“高速感”和“紧张感”。不过，3D 游戏视野越宽，需要显示的对象就越多，稍不留神就会出现掉帧现象。

接下来我们讲讲景深（DOF，Depth Of Field）。景深是指焦点前后可清晰成像的距离范围。焦点不合时我们看到的像是模糊的。如果景深较浅，视野中只有一小部分能清晰成像，而景深较深时，则整张画面看上去都是清晰的。景深在游戏中被用作一种画面效果，我们可以根据需要调整镜头的焦点距离，使焦点前后（或周围）的画面变模糊（图 5.1.8）。

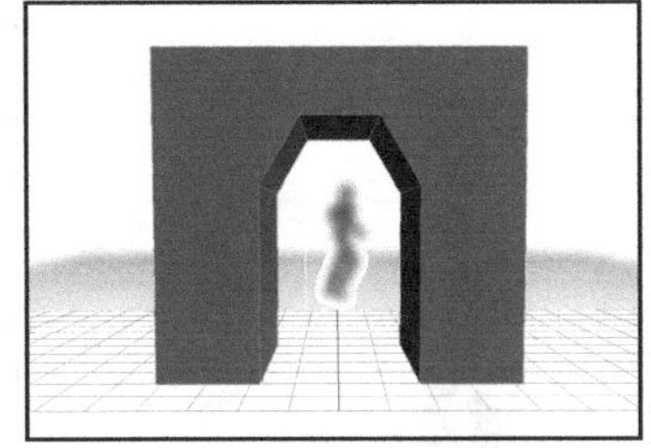

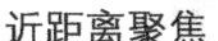

近距离聚焦

远距离聚焦

全体聚焦
（超焦距或深焦距）

图 5.1.8　景深与焦点

其实，CG 的优点就在于其运用 3D 计算的特性进行绘图，能制作出整体清晰的像，不用考虑镜头焦距的问题。这种画面在电影界称为“超焦距”。20 世纪中叶日本著名导演黑泽明常将其运用到电影之中。不过，由于 CG 整体画面过于清晰，因此会导致临场感和气氛淡化，从而看起来欠缺真实性。如今我们已经可以通过模拟景深来选择实现“如真实镜头一般自然的图像”以及“如超焦距一般高锐度的图像”。

最后我们再来讲讲透镜光晕。现实中的摄像机镜头由透镜构成，由于其特性，在不同角度的阳光下会产生不同的透镜光晕（图 5.1.9）。不同种类的透镜其光晕也不同。另外，在游戏中使用透镜光晕能表现出太阳的方位以及自然的真实感。

透镜光晕 A

透镜光晕 B

图 5.1.9　透镜光晕

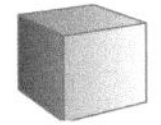

眼睛的特性

想在游戏中表现出逼真的临场感，仅凭透镜特性只能起到有限的效果。要知道，人是通过双眼来观察实际事物的，所以我们还必须在游戏中还原“眼睛的特性”。因此，我们来讲一讲模拟明暗变化时人眼反应的表现手法。

我们从昏暗的房间进入明亮的房间时，会有一瞬间眼前全白。在当今的游戏中，我们使用名为 HDR 的手法来表现这一现象（图 5.1.10）。

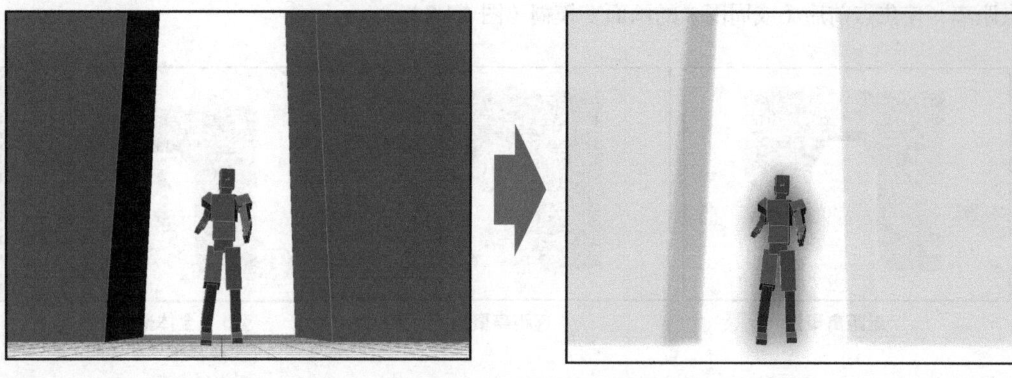

图 5.1.10 明暗与 HDR

这是明暗差过强导致人眼暂时无法分辨光线而产生的现象。另外，我们在看烈日背景下的角色时，会觉得角色偏暗而且轮廓偏白，这一效果也能借助 HDR 重现。HDR 全称为“高动态光照渲染”。游戏中的 HDR 则是模拟人眼的裸露状态，在明亮的地方进行过度曝光，在昏暗的地方采用曝光不足的技巧。

还原“眼睛的特性”不单能够增强临场感和真实性。在射击等类型的游戏中，敌人背朝烈日战斗可以一定程度上影响玩家视线。也就是说，这对游戏战术性也有一定的影响。

镜头高度与取景

最后，我们来讲解拍摄人物时的“镜头高度”与“镜头取景”。拍摄人物的镜头一般可分为“俯瞰”“平视”“仰视”三种（图 5.1.11）。

- **俯瞰**

  指从俯视角度拍摄人物的镜头。高度越高给人的感觉越客观。这种镜头有“上帝视角”之称，可以拍摄出让人客观把握形势的画面，在游戏等领域被广泛采用。

- **平视**

  指以人物视线高度进行拍摄的镜头。拍摄出的画面主观色彩较浓，FPS 射击类游戏中的镜头都位于视线高度。

- **仰视**

  指从下方仰拍人物的镜头。这种手法拍摄出的画面具备很强的冲击力，但由于画面中看不到地面，所以游戏等领域中很难用到。在拳击等地面对游戏系统没有影响的游戏中，常会用这种镜头来增强游戏的临场感。

接下来再看看镜头的取景。游戏中我们要时常用镜头捕捉玩家角色，所以需要对取景知识有所了解。以人物为基础的取景有如图 5.1.12 所示的这些种类。

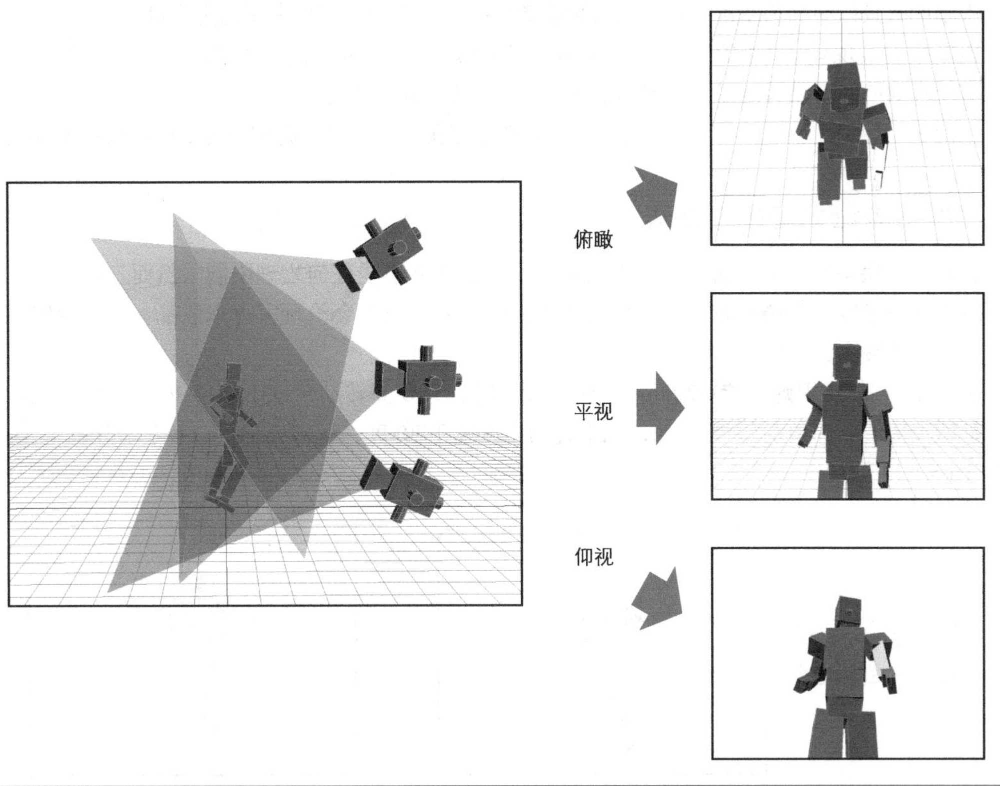

图 5.1.11 3D 镜头与视野高度

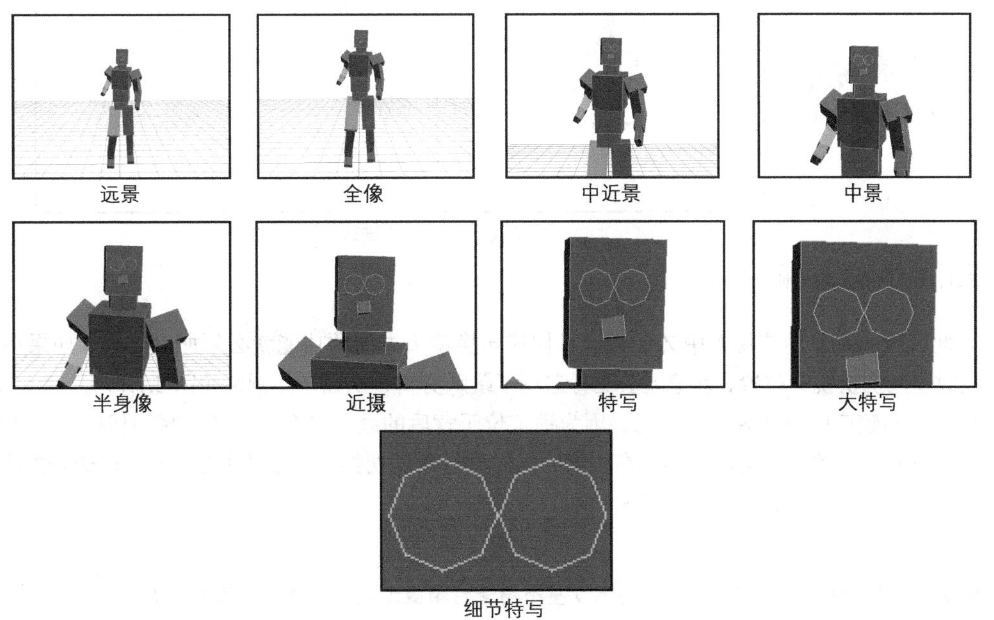

图 5.1.12 镜头的取景

人物的取景以眼高为基准，随着与人物距离的缩短，画面逐渐从客观向主观过渡。

电影中为表现登场人物的内心世界会用到多种构图，但在游戏中，特别是在战斗等情况下，玩家必须能时刻把握玩家角色以及周围的情况，所以至少要用中近景或全像来拍摄①。

至此 3D 镜头的基础就全部说明完了。接下来请随我们一起去了解游戏独有的镜头技术和机制。

需极力避免的拍摄方式

游戏与拍摄电影不同，镜头可以自由调整位置，几乎不受任何物理限制。然而正因为自由度过高，所以必须遵守一些**镜头规范**，否则拍摄出来的画面动辄就会给玩家带来混乱。于是我们在这里为各位说明几条镜头规范。

第一条是 30 **度规则**。游戏瞬间改变镜头朝向时，只要其转动角度不超过 30 度，玩家就能意识到“是镜头转了一个角度”。相对地，如果转动角度大于 30 度，玩家会觉得“换了个分镜”（跳跃剪辑）（图 5.1.13）。

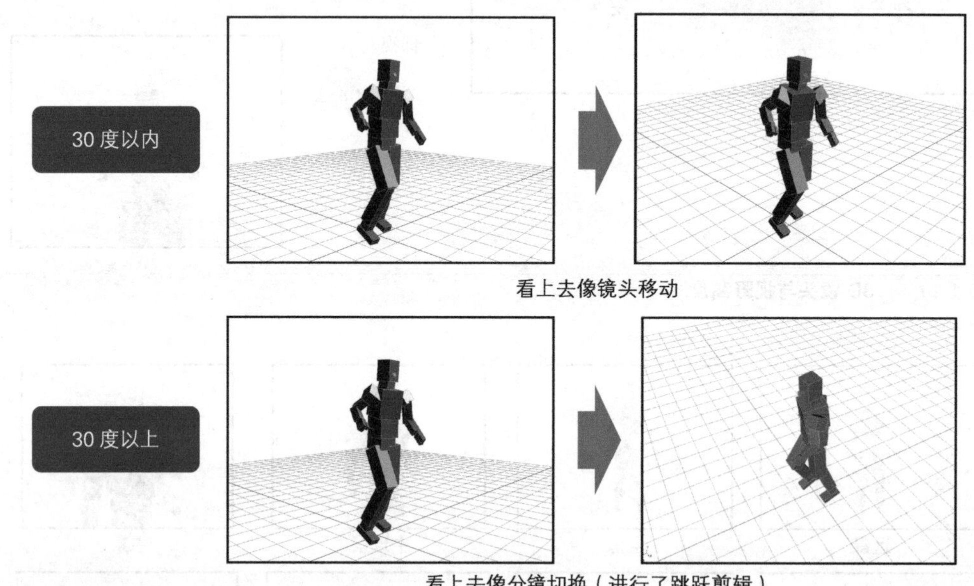

图 5.1.13　30 度规则

因此，像《塞尔达传说》中 Z 注视这种快速转换镜头方向的功能就必须加以注意。如果在按 Z 键的同时瞬间切换镜头位置，玩家就会觉得遇到了跳跃剪辑，从而产生混乱（图 5.1.14）。

锁定范围较广的游戏要特别注意，因为锁定位于背后的敌人时会导致镜头瞬间切换，往往导致玩家迷失方向。因此，这类镜头不能在按键的同时进行角度切换，而是要留出 0.5～1 秒的过渡时间来旋转镜头，从而防止玩家混乱（图 5.1.14）。

---

① 电影界有“主镜头”一词。这是一种网罗整个场景的拍摄方式，一般采用远景拍摄，将整张风景以及全部人物纳入图中。拍摄初步的对话场景时，可以先用主镜头让玩家了解整体情况，再用半身像进行对话，配合使用特写反映人物的内心环境。

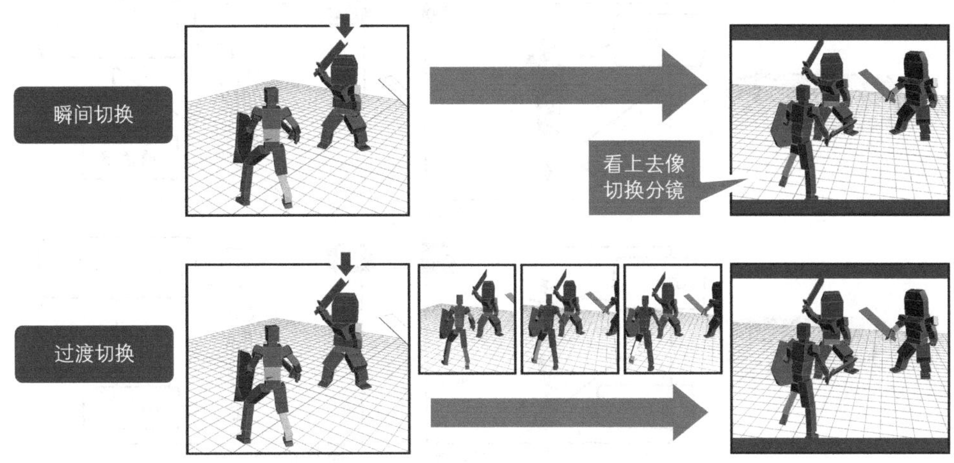

图 5.1.14　**防止跳跃剪辑**

然后是“假想线”（对话线）。两个人对话时，将两个人连接在一起的线称为假想线。如果镜头的移动路径跨越了这条线，两个人看上去就不像是在对话了。也就是说，镜头不可以突然跨越假想线。这称为 180 **度规则**（图 5.1.15）。

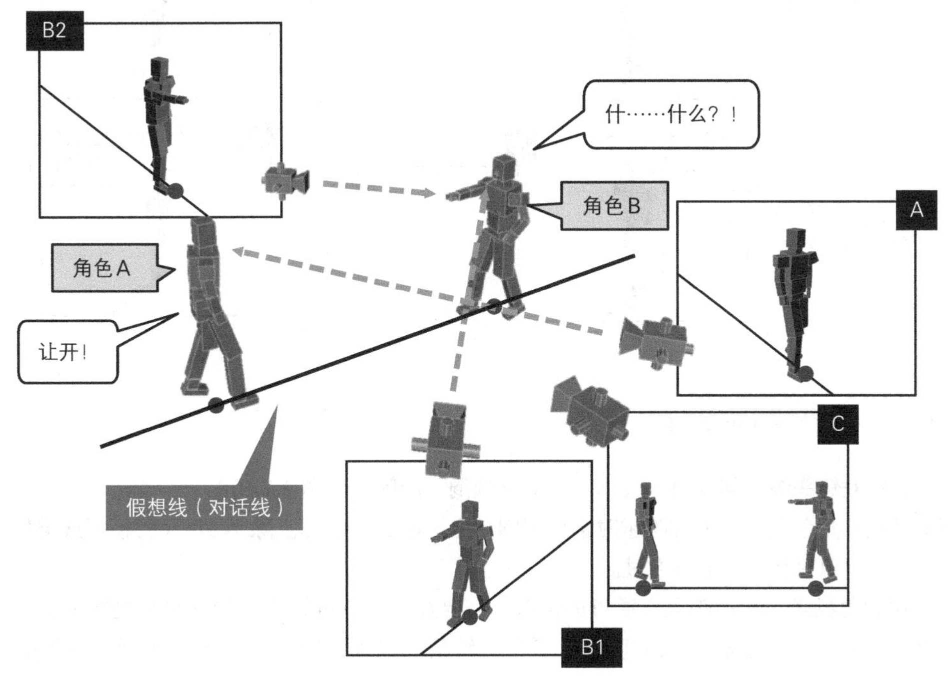

图 5.1.15　**两个人物与假想线、镜头设置的示例**

游戏中不仅对话场景如此，格斗攻击、魔法攻击等战斗场面也同样有这种问题。如果无论如何都需要跨越假想线，那么需要与“30 度规则”一样，使用 1 秒左右的时间来平滑移动镜头，避免瞬间切换（但这样做仍会使人感到不自然，所以还是应尽量避免）。

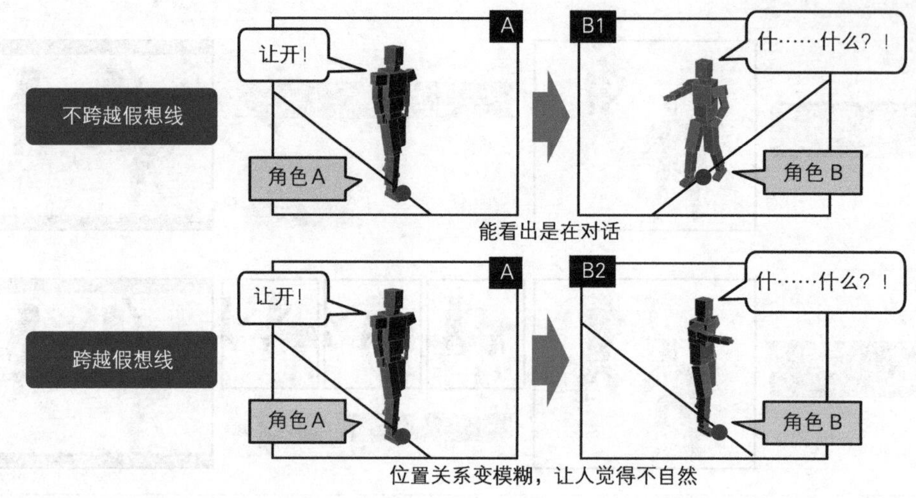

图 5.1.16 假想线与 180 度规则

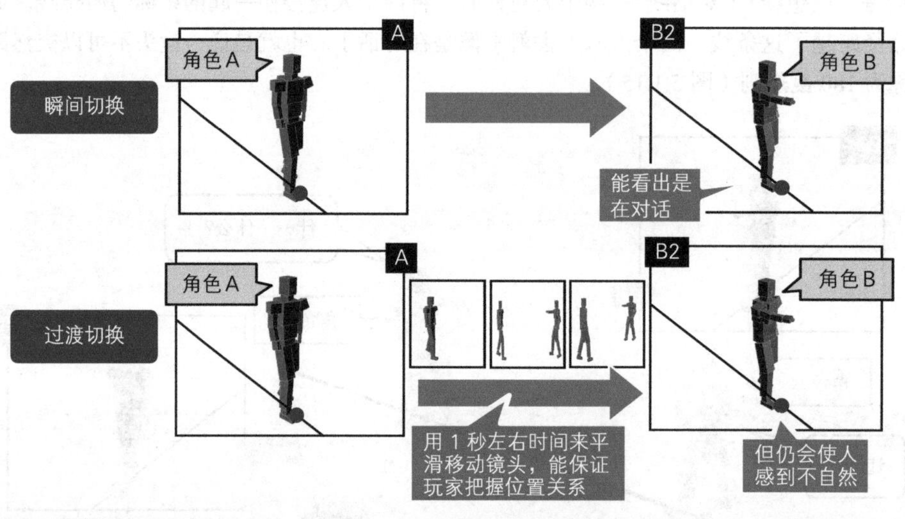

图 5.1.17 假想线与 180 度规则

另外，游戏镜头纵向移动时还会出现“上下颠倒”的问题（图 5.1.18）。

镜头捕捉的角色从镜头上方跨越时会出现图像上下颠倒的情况。除了 3D 飞行模拟或类似的游戏之外，应当禁止角色从镜头上方通过。

如果遇到角色必须从镜头上方通过的情况，需要在角色越过镜头的瞬间水平倒转镜头，以防止上下颠倒。不过，由于这种情况下镜头水平方向转角也很大，因此经常会导致玩家迷失前后关系（图 5.1.19）。

顺便一提，镜头的滚动可以有效煽动玩家的紧张和不安情绪（图 5.1.20）。玩家角色高速转弯时偏转镜头角度能提高速度感，与敌人战斗时让有利一方偏向上端能加强临场感。然而，由于我们在日常生活中遇不到这类画面，难免会感到不自然，因此使用时必须多加注意。在普通场景中很难找到它的用武之地。

图 5.1.18 俯仰拍摄导致上下颠倒

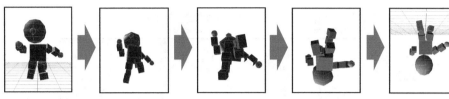

图 5.1.19 上下颠倒问题的解决方案

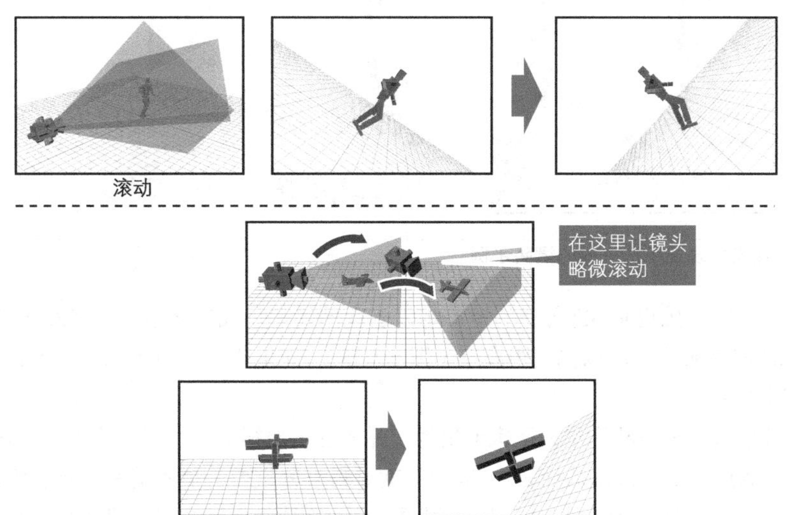

图 5.1.20 滚动的效果

高度・距离感的表现

3D 游戏的镜头可以从任意角度捕捉玩家角色，因此表现力要远比 2D 游戏显得丰富。但实际上，3D 游戏的镜头经常会将一些本应传达给玩家的信息漏掉，即"高度"和"距离感"。

首先是高度，3D 游戏只有两种方法来准确表现高度：一种是像 2D 游戏一样将角色与对象物放在一起从侧面拍摄，从而直观地展示其与地面的相对高度；另一种则是通过影子的大小来间接表现（图 5.1.21）。

图 5.1.21 高度的表现

直接显示对象物的方法是《超级马里奥兄弟》等 2D 游戏的基本表现手法，能保证任何玩家都不会看错。如今具备跳跃动作的 3D 游戏中也经常从侧面拍摄角色与对象物，以保证角色与对象物并排显示，从而直观地反映出跳跃高度。

另一方面，使用影子的表现手法可以让玩家通过影子的位置或大小来间接判断对象物的高度，不必特意将对象物纳入镜头之中。不过，如果画面没有显示整个影子，玩家就无从把握高度（图 5.1.22）。

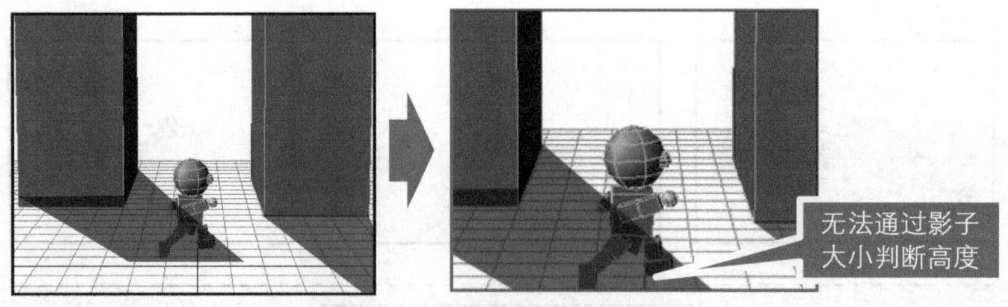

图 5.1.22 让高度表现手法失效的镜头示例

除高度之外，距离感也是 3D 游戏的镜头难以表现的要素。我们之前讲解 TPS 与 FPS 时曾提到过，镜头较低的 FPS 游戏更难以把握距离感（图 5.1.23）。如果眼前的对象物设计不到位，玩家甚至完全无法判断其大小。

射击类游戏以远距离战斗为主，玩家射出的子弹能够飞出很远，所以并不需要太精确的距离感。但是对近・中距离用剑战斗的游戏而言，"间距"就显得十分重要，搞不清距离感会给玩家带来巨大压力。因此如今的格斗游戏扔沿用 2D 时代的侧面镜头，割草类游戏也基本都采用容易把握距离的斜上方镜头。

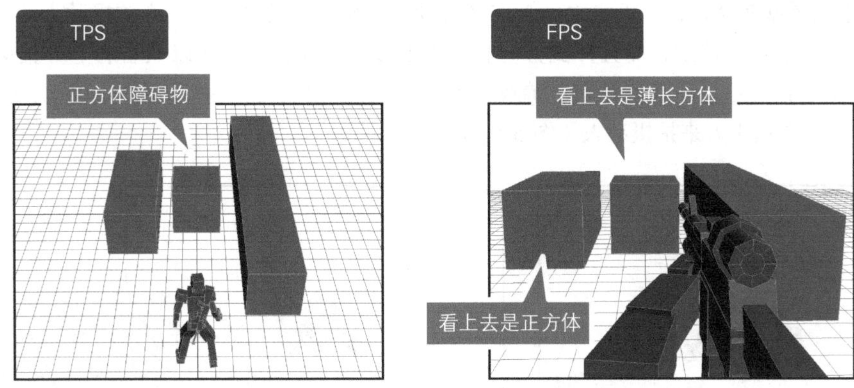

图 5.1.23 不同镜头位置下的距离感把握

这些高度与距离感的问题往往会成为让菜鸟玩家感觉游戏太难的元凶。实际上，“立体显示器”可以解决这一问题。

Nintendo 3DS 上发售的《新・光神话：帕尔提娜之镜》里有空中场景，玩家要一边闪避远方飞来的子弹一边消灭敌人。这里玩家只要打开裸眼 3D 功能即可精确掌握距离感，从而降低闪避难度（图 5.1.24）。

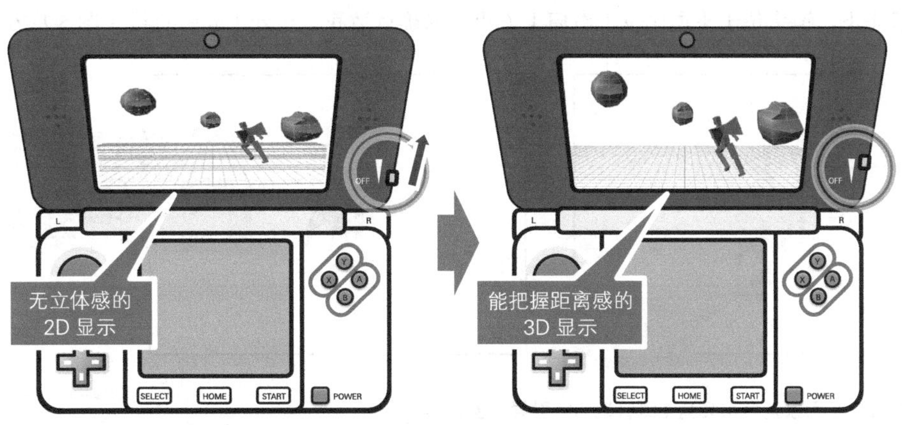

图 5.1.24 直接通过画面表现距离感的 3D 液晶

Nintendo 3DS 的裸眼 3D 屏幕可以让玩家直接用眼睛感受三维空间，所以不会遗漏任何空间信息。只不过立体成像技术仍然不够完善，眼睛容易疲劳。

随着技术的不断进步，这些问题相信都能得到解决，今后的 3D 游戏必将更直观、更易上手。

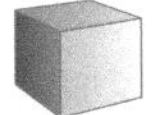 让玩家能瞄・能射・能打・能砍的镜头机制

在能够锁定敌人的 TPS 游戏中，锁定状态下的镜头有个十分有趣的机制。

那就是让玩家一定能看到被锁定的敌人的机制。TPS 最大的死角就是玩家角色自身，如果不对锁定机制做任何处理，玩家将很难看到敌人。所以 TPS 游戏在锁定敌人时必须调整镜头，保证敌人不映入玩家角色的死角。

举个例子，《塞尔达传说：天空之剑》在 Z 注视时镜头会从玩家角色上方拍摄敌人。另外，这款游戏的玩家角色是右手持剑，而且挥剑方向直接影响攻击碰撞检测，所以从右肩上方拍摄要比从正上方或左肩上方拍摄更易于观察且利于游戏。因此 Z 注视状态下的玩家只要停止移动，镜头就会自动调整并保持从右肩上方来拍摄敌人（图 5.1.25）。

图 5.1.25 玩家角色与死角《塞尔达传说：天空之剑》

与之相对，《终极地带：引导亡灵之神》在远距离锁定状态下，镜头会移动至玩家角色头顶上方来拍摄敌人。这款游戏与《塞尔达传说：天空之剑》不同，敌我双方都以直线飞行的子弹或激光等远程攻击为主，能否准确判断玩家角色与敌人是否处于同一直线上对攻击和闪避都至关重要。因此在远距离状态下，镜头位于头顶比位于右肩上方更容易确认敌我是否处于同一直线（图 5.1.26）。

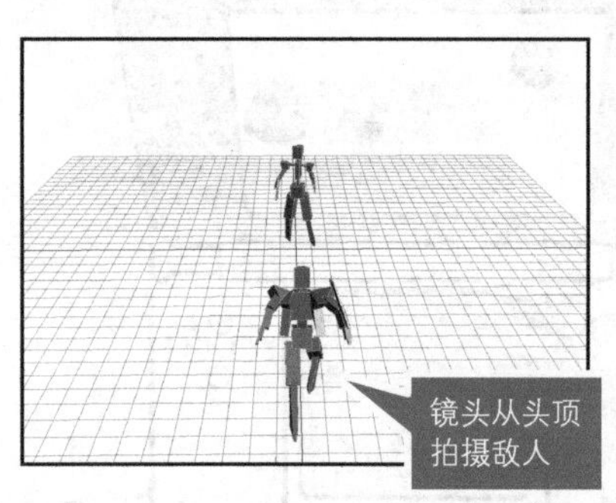

特别是在有飞行机制且以快节
奏远程攻击为主的游戏中，一
旦敌人和玩家角色重合，玩家
将很难闪避攻击

图 5.1.26 玩家角色与死角《终极地带：引导亡灵之神》

综上所述，即便同为 TPS 游戏，不同游戏系统所适合的玩家角色镜头机制也不同。关键在于要找出锁定状态下最方便玩家攻击，同时最利于玩家闪避的角度。初次制作 TPS 时往往很难拿出让玩家随心所欲地“能瞄 · 能射 · 能打 · 能砍”的成品，在遇到这类问题时不妨考虑一下上面介绍的机制。

 镜头的视野范围与敌人的移动范围

要想让游戏更有趣，那就不能只关注画面内部的游戏世界，还必须对“画面外的世界”多加留意。然而只有游戏开发者才知道画面外的世界是什么情况。于是下面请随我们一起揭开游戏画面外世界的秘密。

游戏的世界分为“镜头内的世界”“镜头外的世界”“镜头外休止状态的世界”三部分（图 5.1.27）。

- **镜头内的世界**

  镜头映出的游戏画面。

- **镜头外的世界**

  镜头没有映出的场景范围，但是敌人等单位仍能做出动作对画面内进行干涉。一般情况下，玩家的远程攻击也能命中甚至消灭这部分世界中的敌人。不过，这部分范围越广对硬件的负担也就越重。

- **镜头外处于休止状态的世界**

  比镜头外的世界更外缘的部分。敌人处于待机状态不会行动。

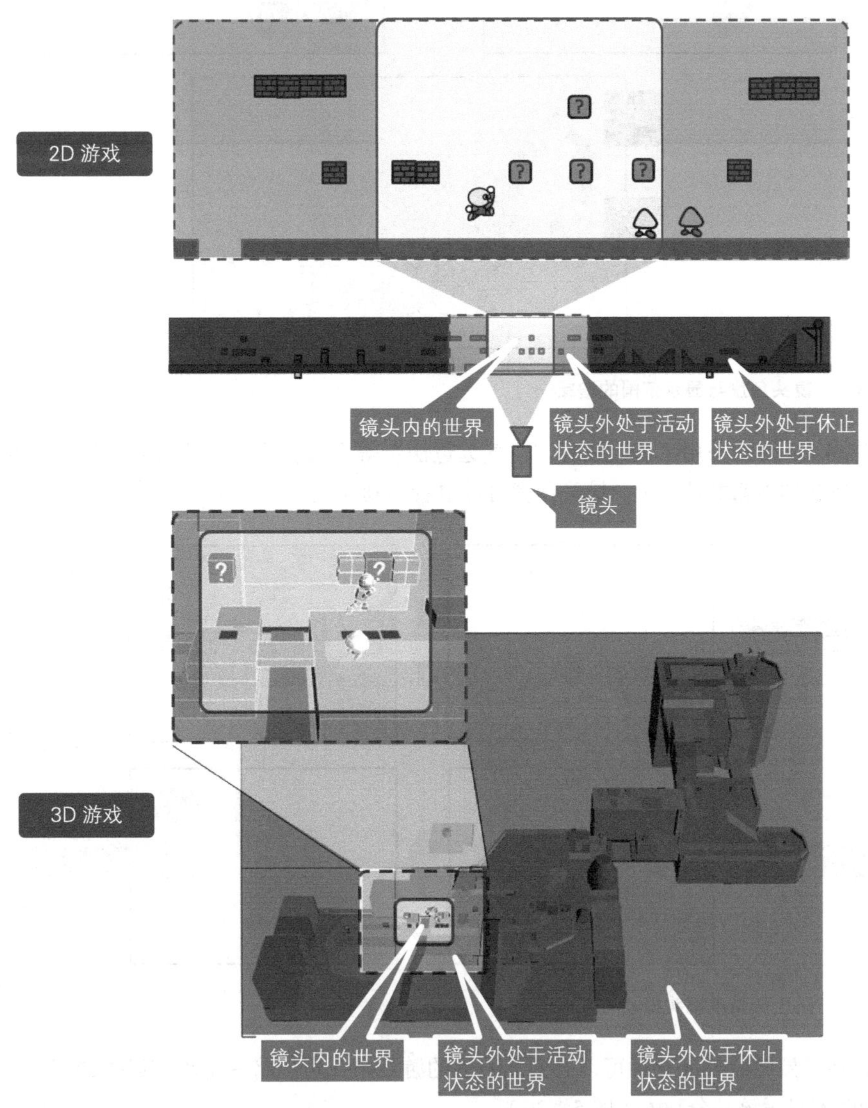

图 5.1.27 镜头与游戏世界

不过与 2D 游戏不同，3D 游戏能够自由调整镜头角度，这就带来了一个我们必须注意的问题，那就是“镜头角度越接近水平，玩家能看到的距离越远”。比如图 5.1.28 中将镜头从 A 的高度下降至 B 的高度时，玩家将能看到镜头外的世界以及镜头外处于休止状态的世界。

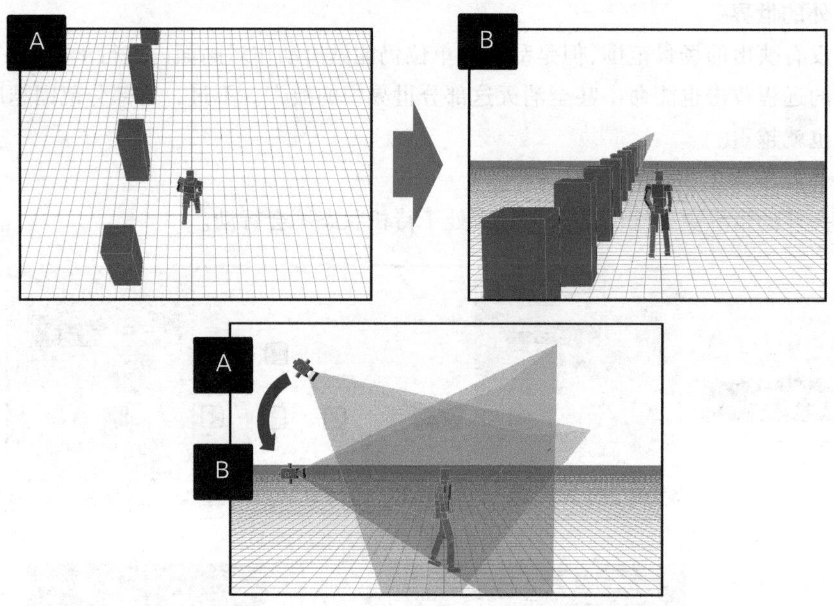

图 5.1.28　镜头角度与显示范围的增减

因此许多 3D 游戏采用“墙”或者“空气远近法”等手法让玩家无法看到远处（图 5.1.29）。特别是在墙壁较多的迷宫类地形上，镜头角度再低也看不到太远处。

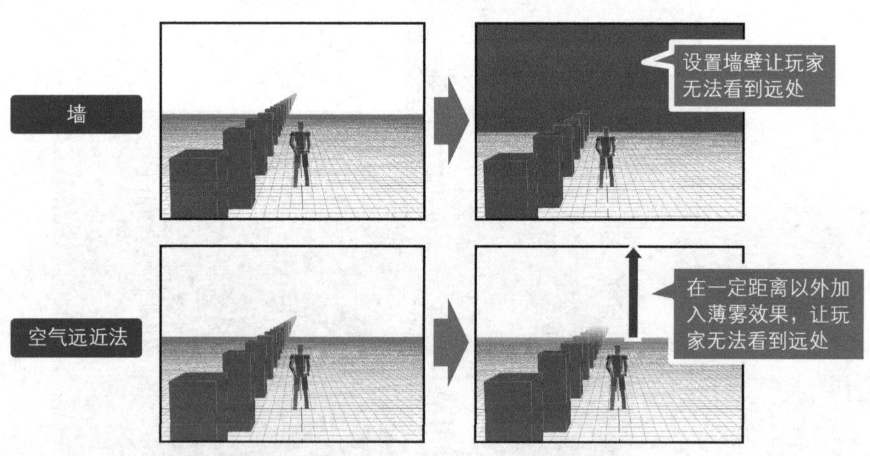

图 5.1.29　防止低角度镜头掉帧的方案

另外，在《黑暗之魂》这种可以看到无限远的游戏中，可以将一定距离以外的背景替换为简易模型①，同时不显示该部分敌人（图 5.1.30）。

① 根据镜头距离实时替换面数较少的模型或分辨率较低的贴图的手法称为 LOD（Dynamic Level of Detail，动态层次细节）。

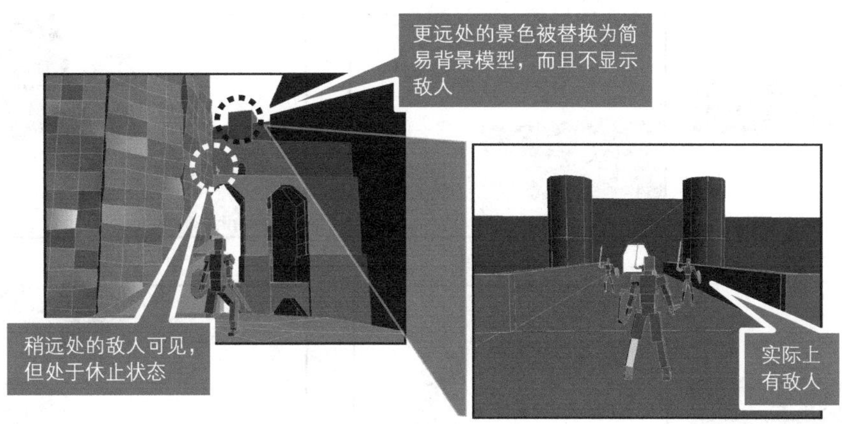

图 5.1.30　镜头距离与敌人 AI

我们在实际动手进行大型地图的 3D 游戏设计或游戏编程时，最好事先规划出“镜头内的世界”“镜头外的世界”“镜头外处于休止状态的世界”，这样能降低游戏调整的难度。

镜头与游戏难度

在 3D 游戏中，镜头能很大程度上左右游戏难度。比如敌人会从四面八方进攻的割草类游戏，镜头以玩家为中心从斜上方拍摄时最便于游戏。反过来，如果让镜头水平拍摄或者将玩家角色至于画面一端，玩家会因为看不到周围敌人而感到游戏难度陡增（图 5.1.31）。

俯视视角

玩家

水平视角

图 5.1.31　镜头影响战斗难度

另外，横版卷轴游戏中如果玩家看不到自己的影子或者看不到缺口对岸，跳跃也会变成一种很难的操作（图 5.1.32）。而且无论镜头角度如何精妙，只要玩家的影子融入到背景阴影当中，那就仍然会发生上述问题。

这种会导致游戏变难的镜头并不只出现在动作游戏中。比如在游戏的解谜部分，如果将解开机关的关键置于镜头之外，玩家很可能由于先入之见导致无法解开谜题（图 5.1.33）。

另外，当会摔死的缺口和通往目的地的缺口并排摆放时，如果不用镜头显示出下方的安全区域，玩家会由于先入之见而不敢跳入通往目的地的缺口。

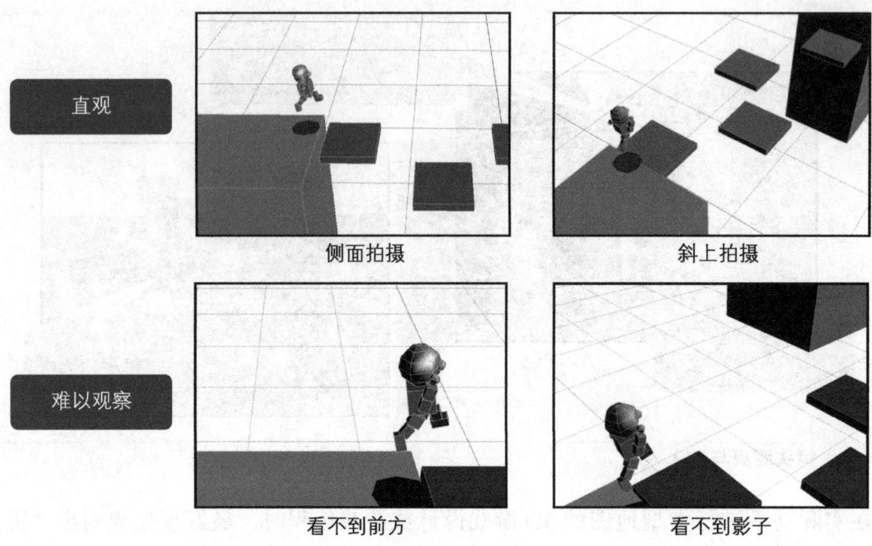

图 5.1.32 **镜头影响跳跃动作难度**

图 5.1.33 **看不到杠杆**

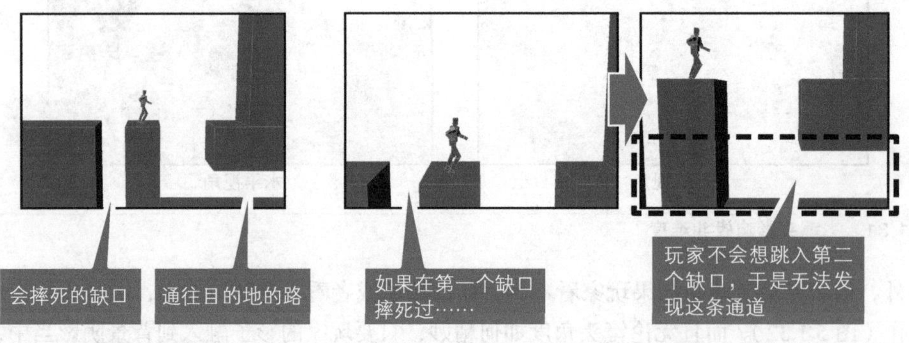

图 5.1.34 **看不见缺口底部**

开发方适应 3D 游戏的镜头之后往往会忽视这些问题。在游戏开发现场，往往只有没接触该游戏开发的试玩者才能为我们指出这类镜头问题。因此开发者必须足够客观，以初次接触游戏的玩家的角度来进行游戏开发[①]。

① 然而这一点做起来远比想象中难得多，包括笔者在内的大量游戏开发者都苦于这一问题。

不会晕的镜头、容易晕的镜头

最后我们来谈谈 3D 游戏独有的问题——3D 游戏眩晕。3D 游戏由于其镜头特性，会让部分玩家在游戏过程中产生类似晕车的 3D 游戏眩晕症状。

3D 游戏的眩晕症状是我们眼睛看到的图像与大脑获得的身体感受不一致造成的。比如玩家在游戏中使用了跳跃，但玩家自身却没有做动作，这就带来了一种矛盾。这种矛盾信息与我们晕车时"半规管感到运动但身体是坐着的"这种矛盾十分类似。游戏效果越是逼真，这种矛盾在我们脑中越是根深蒂固，在习惯之前都无法消除。

十分可惜的是，目前游戏开发领域还没有找到一种能保证玩家绝对不会眩晕的镜头技巧。但是人们已经查明了容易导致眩晕的镜头的几个特征，我们这就来为各位介绍。

首先是短间隔的"纵向摇晃"。FPS 问世初期，游戏开发界非常流行使用频繁纵向摇晃的镜头来表现玩家移动时的真实性。然而这种画面让涉猎无数 3D 游戏的笔者也瞬间败下阵来（不过通关 3 款此类 FPS 游戏后笔者就习惯了，此后无论玩什么游戏都再也没有出现过 3D 眩晕……）。要想应对纵向摇晃引起的眩晕，只能删除纵向摇晃或者加大两次摇晃之间的间隔。

在实际制作 3D 游戏时，我们偶尔会做出容易引起眩晕的周期型地形（图 5.1.35）。即便这种地形距离很短面积很小，只要玩家连续多次从上面经过（FPS 中瞄准时在原地前后调整等），很快就会眩晕。

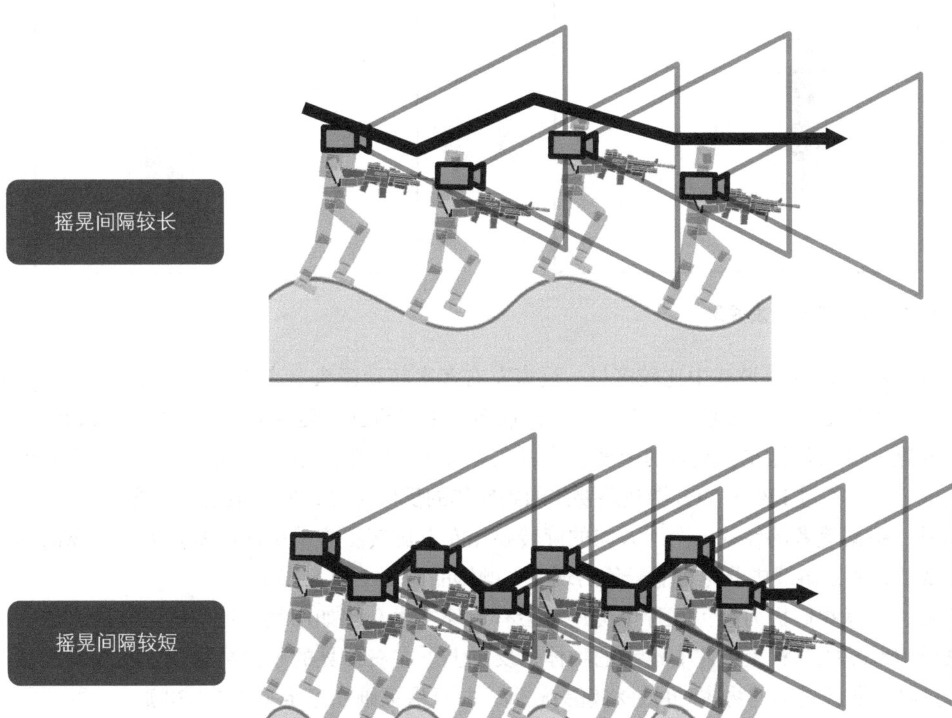

图 5.1.35　镜头与震动

顺便一提，引起眩晕的晃动周期貌似因人而异，所以即便延长间隔也会有人感到不适。

接下来是镜头左右转向时产生的眩晕（图 5.1.36）。

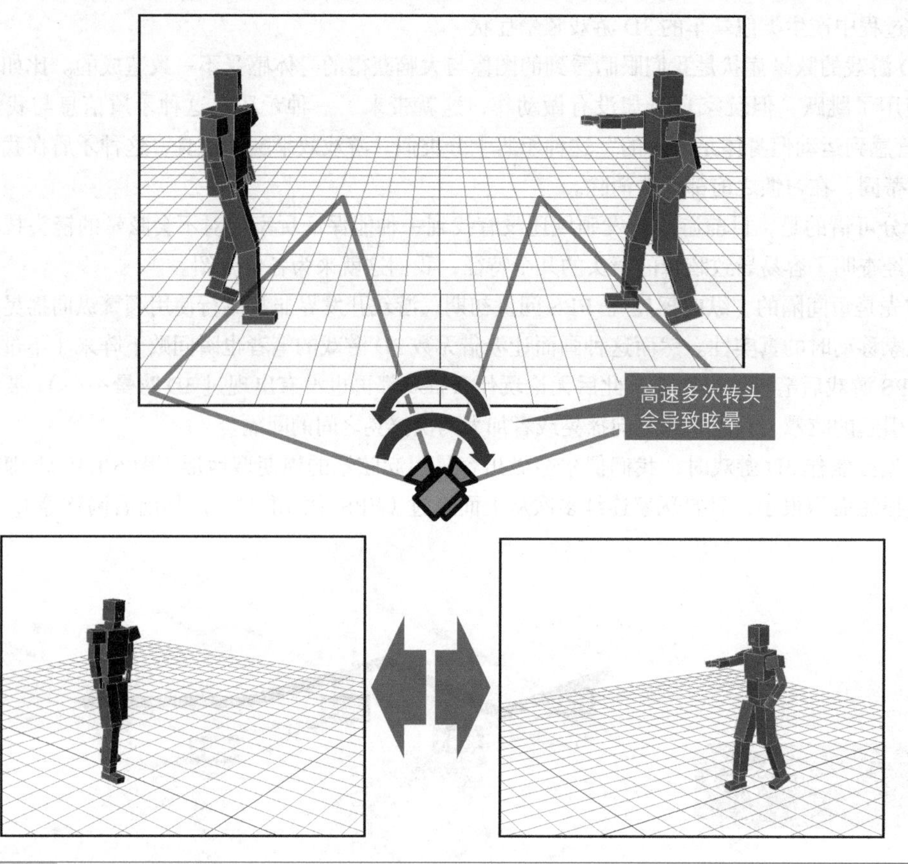

图 5.1.36 转镜头引发眩晕

这种问题在 FPS 等游戏中比较多见，玩家左右多次转动镜头会产生眩晕。另外，向左或向右持续高速旋转也会出现眩晕症状。有人认为“背景移动速度超过人类转头速度时容易导致眩晕”。要解决这一问题，可以降低左右旋转的速度，或者在屏幕中央时常显示准星或对象物，让玩家视线集中在画面中心等。不过 FPS · TPS 游戏还要照顾到操作的反应速度，所以很难规避这一问题。

另外，根据笔者的经验，上下方向的旋转要比左右旋转更容易引起眩晕。人类对纵向的运动刺激十分敏感，所以游戏中要尽可能避免出现上下颠倒的画面（图 5.1.37）。

不过，就算我们极力避免这种情况还是会有意外发生，比如用镜头追踪蝙蝠等敌人。如果用镜头去紧紧追踪蝙蝠这种上下左右运动的物体，反复上下左右摇晃的画面会很快引起眩晕症状。所以在拍摄这种周期性晃动的物体时最好将镜头放远，并且保证画面稳定（图 5.1.38）。

最后我们把 3D 眩晕放在一边，来说说另一种让玩家看着很不舒服的画面表现，那就是“画面闪烁”（图 5.1.39）。

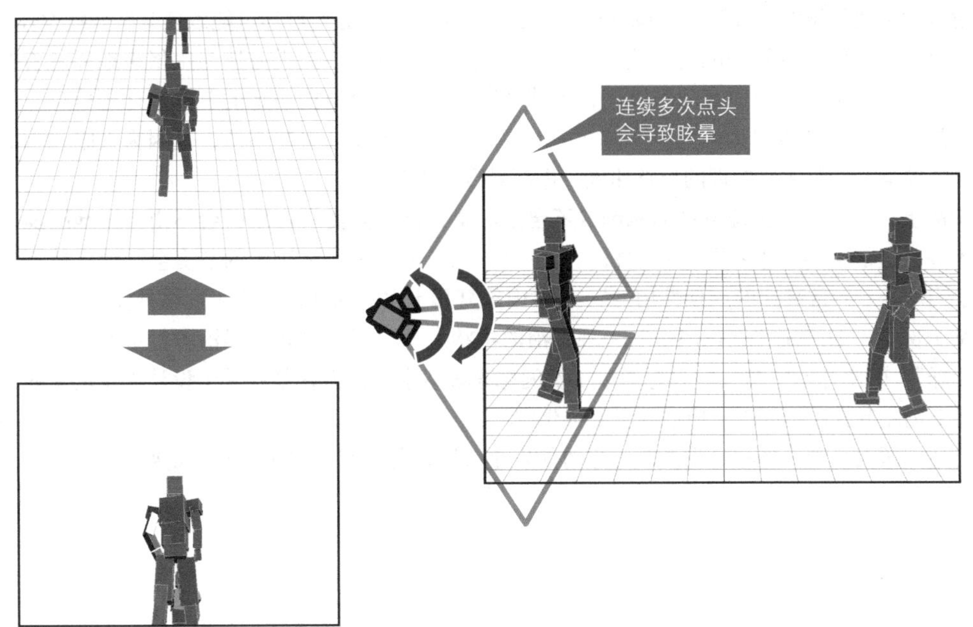

图 5.1.37 俯仰变化引起眩晕

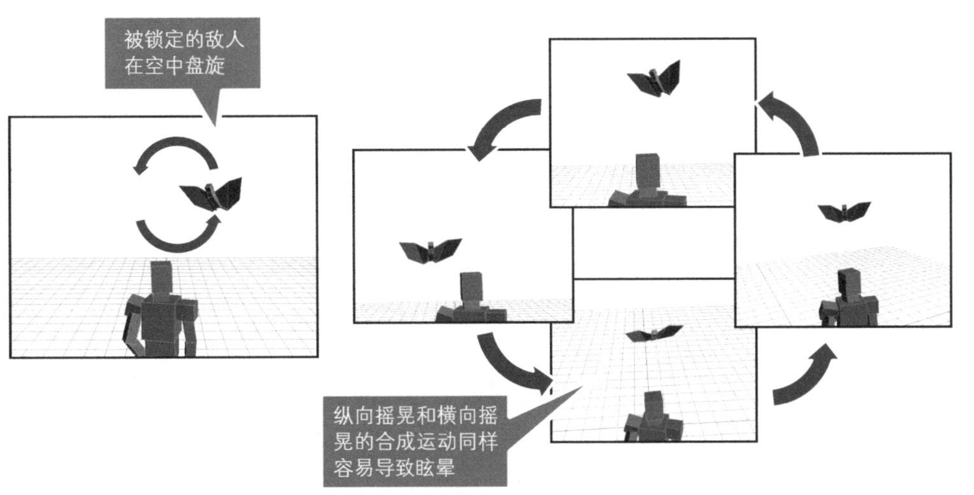

图 5.1.38 俯仰变化带来的不自然感

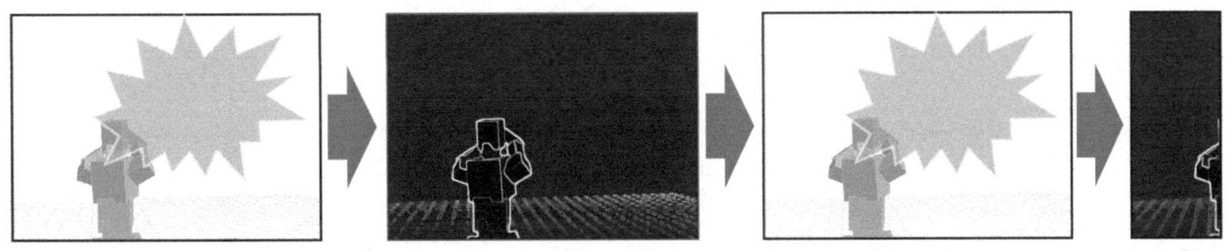

图 5.1.39 闪烁带来的不自然感

游戏中高速闪烁的大面积白色或红色图像会给玩家造成不适，最坏可能致使某些病症发作。

这是由于人脑受到短间隔的光刺激后会出现生理节奏改变。人类身体与生俱来地伴随着各种生理节奏，比如心脏会按照固定间隔跳动，眼球和脑等器官也会根据一定的节奏来处理信息。但是这些节奏具有与外部刺激同步的趋向。游戏中的闪烁画面之所以会引起不适，是因为人眼和脑的生理节奏被诱导至了一个无法处理的异常速度，进而导致恐慌状态。

实际上，这种同步生理节奏的机制并不全是坏事，比如人类听音乐时会不由自主地跟随节拍活动身体等，这都是游戏中不可欠缺的机制。不过，高频声波等异常快速的节奏会导致人体不适，所以对于闪烁等“异常高速的周期性信号”（1 秒内重复几十次的周期性动作）要格外注意。

举个例子，如果用“红色闪烁”表现毒沼的毒状态，玩家长时间在毒沼中行走就会遇到“连续红色闪烁”。即便开发之初我们只想通过 1 次闪烁来表达中毒，但在某些关卡设计以及玩家的某些移动方式下仍能造成连续闪烁，所以要务必谨慎[①]。

上述问题在小画面的移动端游戏上也可能发生，所以各位在制作游戏时一定要多加留意。

① 顺便一提，在某些条件下低频闪烁也会引起病症发作。在网上可以查到各业界有关闪烁的安全指标，可供各位参考。

5.2

融合了 2D 与 3D 的镜头技巧

(《超级马里奥 3D 大陆》)

《超级马里奥 3D 大陆》在 3D 马里奥世界中实现了 2D 马里奥的易上手性，而镜头在这一机制中功不可没。现在就让我们一起来看看这款游戏的镜头机制。

能像 2D 马里奥一样玩的镜头机制

《超级马里奥 3D 大陆》为在 3D 模式下实现 2D 马里奥的易上手性，采用了与玩家时常保持一定距离的“平行镜头”机制来拍摄游戏画面（图 5.2.1）。

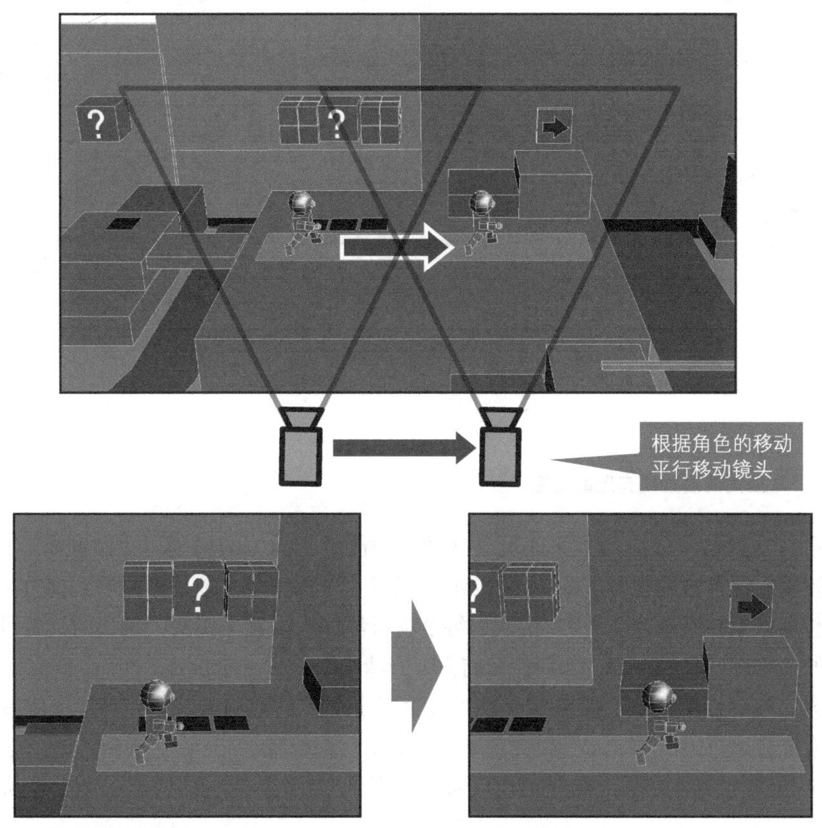

图 5.2.1 《超级马里奥 3D 大陆》的平行镜头

这款游戏中的平行镜头分为“侧面”“上方”“斜角”三种基本类型（图 5.2.2）。

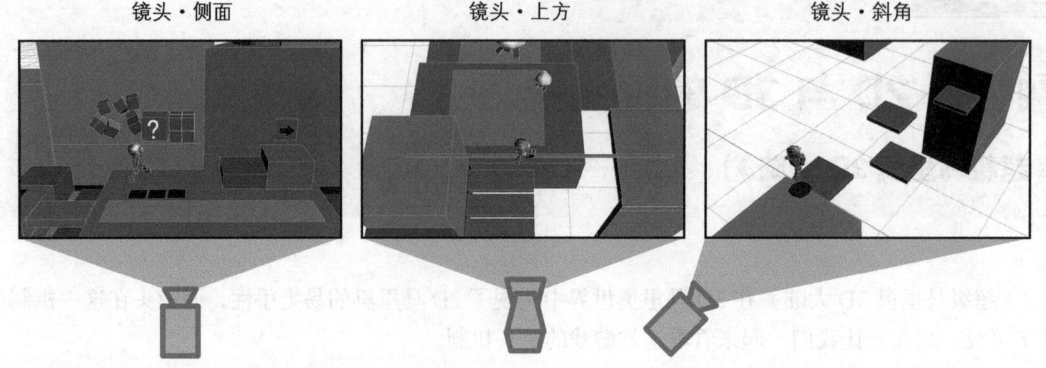
镜头・侧面
镜头・上方
镜头・斜角

图 5.2.2　《超级马里奥 3D 大陆》的基本镜头

我们之间也提到过，这款游戏中马里奥的移动限制在 16 个方向，关卡设计为 8 个方向，镜头为 3 个方向，所以玩家能够轻松地沿着道路笔直奔跑（图 5.2.3）。

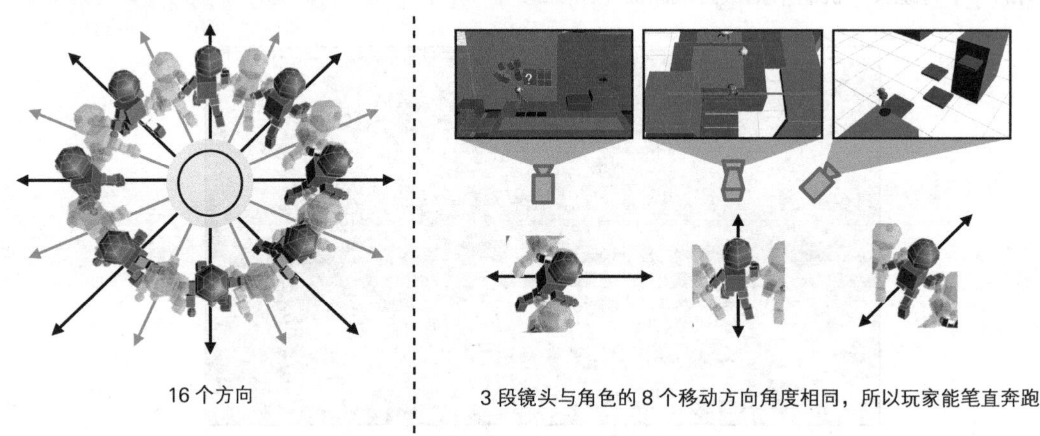
16 个方向
3 段镜头与角色的 8 个移动方向角度相同，所以玩家能笔直奔跑

图 5.2.3　马里奥能沿直线奔跑的秘密

除此之外，这款游戏还应用了保证玩家 B 冲刺中能看到前方的机制。比如世界 1-1 中，镜头会自动调整位置以保证**前方的视野清晰**（图 5.2.4）。而且为了保证玩家能清晰地看到前方（保证能清晰地看到敌人位置以及跳跃落点），这款游戏为每个场所都仔细设置了镜头。细心的读者可能已经发现了，马里奥的关卡设计之中包含“如何保证前方视野清晰”这样一个设定。

除此之外，这款游戏还在直观性和易观察性上下了很多其他功夫。比如马里奥躲藏在树木或墙壁后面时，系统会透过障碍物显示马里奥的影子来提示玩家位置。

像这样，这款游戏通过手工作业把让玩家“看不见”“看不清”的要素一个个地从游戏中剔了出去。

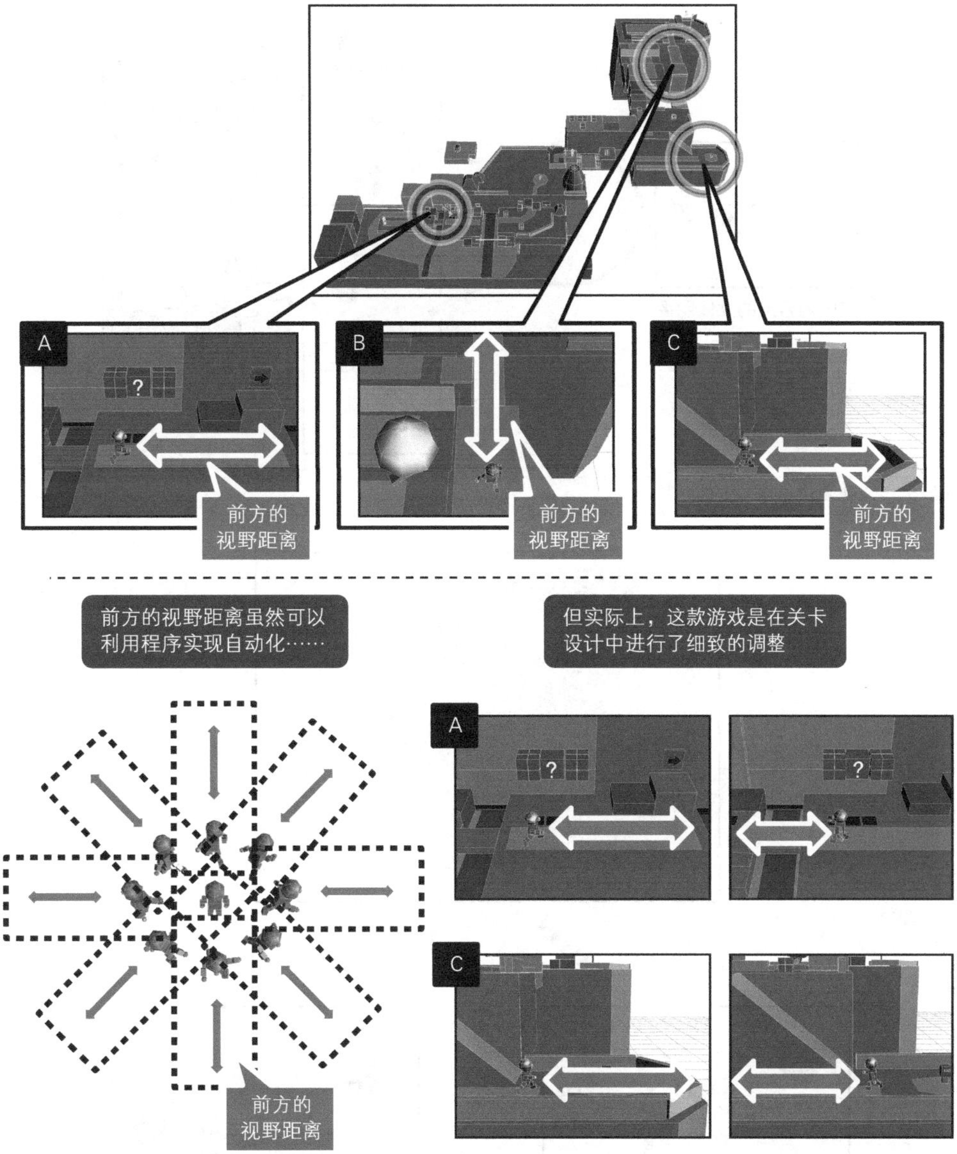

图 5.2.4　保证前方视野清晰让移动动作更舒适

直观的 3D 立体影像机制

玩家可以使用 Nintendo 3D 独有的“裸眼 3D 影像”享受《超级马里奥 3D 大陆》的乐趣。为实现这种 3D 立体影像，Nintendo 3DS 采用了名叫“视差屏障系统”的技术。

这种技术要在液晶画面上覆盖一层特殊的透光狭缝，让人左眼看到左边的图像，右眼看到右边的图像，通过左右眼的视差获得立体感（图 5.2.5）。

因此实际上游戏画面需要使用两个镜头进行摄影，如图 5.2.6 所示。

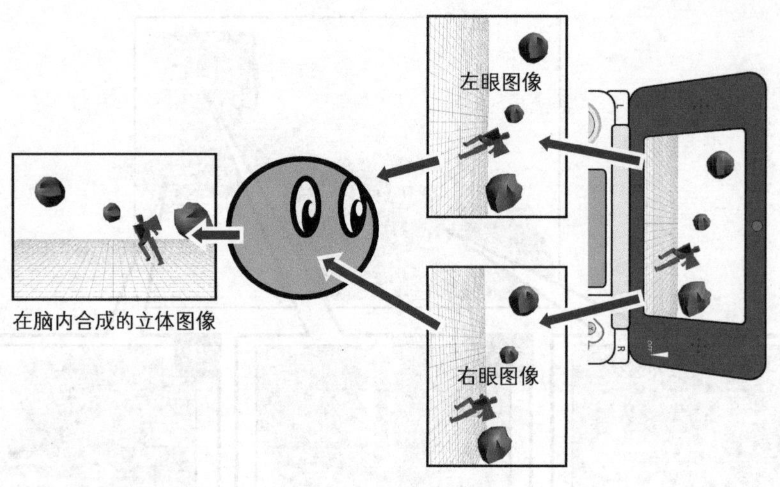

图 5.2.5 视差屏障系统的机制

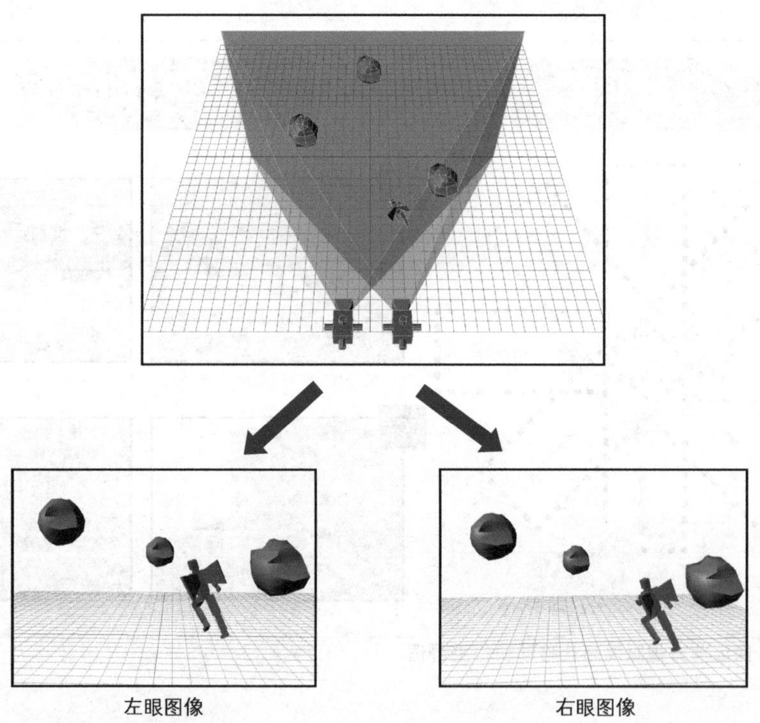

图 5.2.6 3D 立体影像与游戏内的镜头

各位可以试着从上方观察 Nintendo 3DS 的裸眼 3D 屏幕。即便此时 3D 效果处于开启状态，我们也会由于透光狭缝的构造问题同时看到左右两张图像。然后在保持这种状态的情况下调整 3D 效果，我们能看到其调整视差的过程。另外，如果各位想充分享受立体感，不妨试着关掉灯让房间一片漆黑。只要没有多余的光线进入眼睛，Nintendo 3DS 的外框就会与黑暗环境同化，眼睛意识不到外框存在时会觉得立体感更加真实。

需要注意的是，这种视差系统的 3D 立体影像有一个严重问题，即如果玩家在游戏过程中移动 Nintendo 3DS，透光狭缝透出的光可能恰好无法映入眼中，导致画面失去立体感。纵深效果越强的游戏视差越大，也就越容易被这种现象所困扰。

所以《超级马里奥 3D 大陆》会根据马里奥所处的位置调节镜头，保证马里奥所在的平面没有视差（图 5.2.7）。手边有这款游戏的读者不妨体验一下，在开启 3D 效果的状态下按上方向键进入“推荐视图”，我们会发现图像清晰很多（按下方向键可以还原至“深层视图”）。

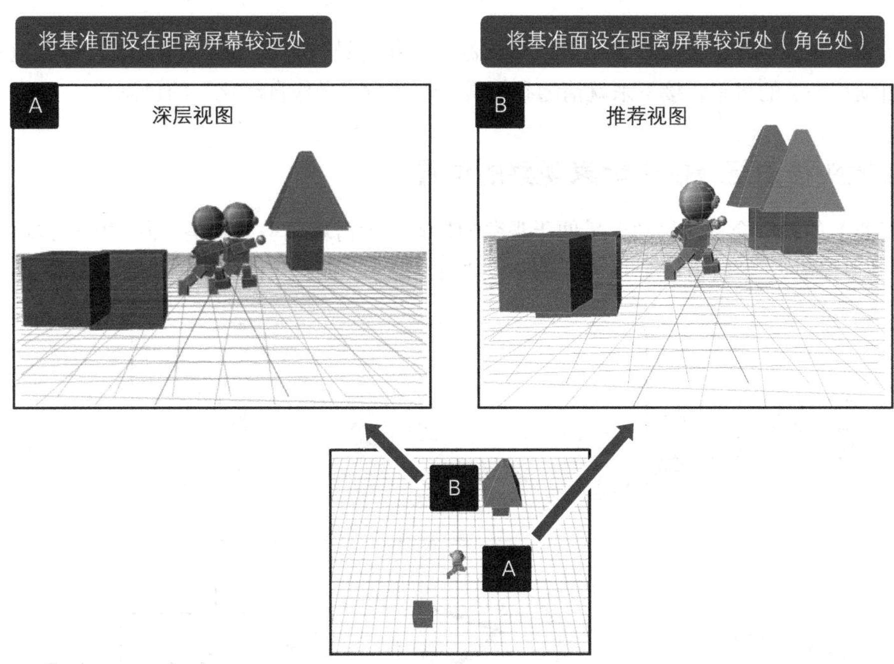

图 5.2.7　基准面距离带来的影像差异

从画面上方观察“推荐视图”我们会发现，马里奥所在的平面视差很小。横向移动时，缺口与障碍物砖块的显示也很稳定。正因为采用了这一机制，玩家即便在游戏过程中稍微移动了 Nintendo 3DS 也不会导致画面模糊，这就降低了游戏难度，同时也减轻了对眼睛的负担。

5.3

不需要镜头操作的镜头机制技巧

(《战神Ⅲ》)

《战神Ⅲ》是一款不需要操作镜头就可享受激烈动作场景的游戏，其中包含着许多“镜头操作自动化”（自动镜头）的机制。接下来就请随我们看一看“镜头操作自动化”的机制。

让镜头移动至最便于玩家观察的位置

《战神Ⅲ》的镜头会自动移动至最便于观察的位置，无需玩家手动调整。游戏中这种玩家镜头可分为“自动追踪镜头”“轨道镜头”“定点镜头”“战斗镜头”四种（图 5.3.1）。

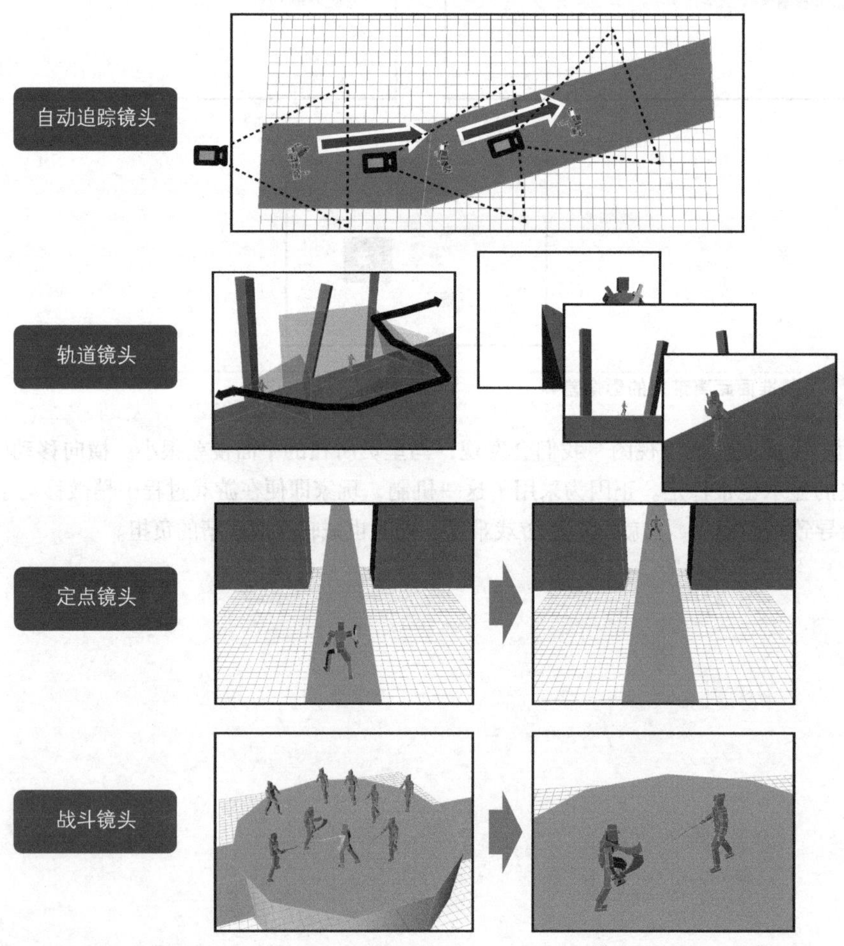

图 5.3.1　游戏镜头的种类

- **自动追踪镜头**

  与玩家保持最恰当距离并自动追随玩家的镜头，以在玩家背后追踪的形式最为常见。另外，这种镜头能拍摄出 FPS 一般的主观画面。特别是在镜头无法自由活动的洞窟等封闭空间中，从玩家背后进行拍摄的自动追踪镜头最能发挥其效果。

- **轨道镜头**

  根据关卡设计时事先安排的轨道信息追踪玩家的镜头。这种镜头在追踪玩家的同时会根据轨道上设置的镜头信息进行调整，从而在游戏过程中拍摄出如电影一般具有临场感的画面。

- **定点镜头**

  在固定位置通过转动和俯仰角度的调整追踪拍摄玩家的镜头。可以营造出电影中常见的“客观视角”。

- **战斗镜头**

  让玩家能享受流畅战斗的镜头。《战神》系列的战斗镜头从玩家角色斜上方进行拍摄，并且其视野能覆盖整个战斗区域。

《战神Ⅲ》将这些玩家镜头与关卡设计完美组合在一起，实现了自然而流畅的切换。比如图 5.3.2 所示的关卡设计中，系统会根据玩家所在位置自动切换三种镜头。这称为镜头“规划”。

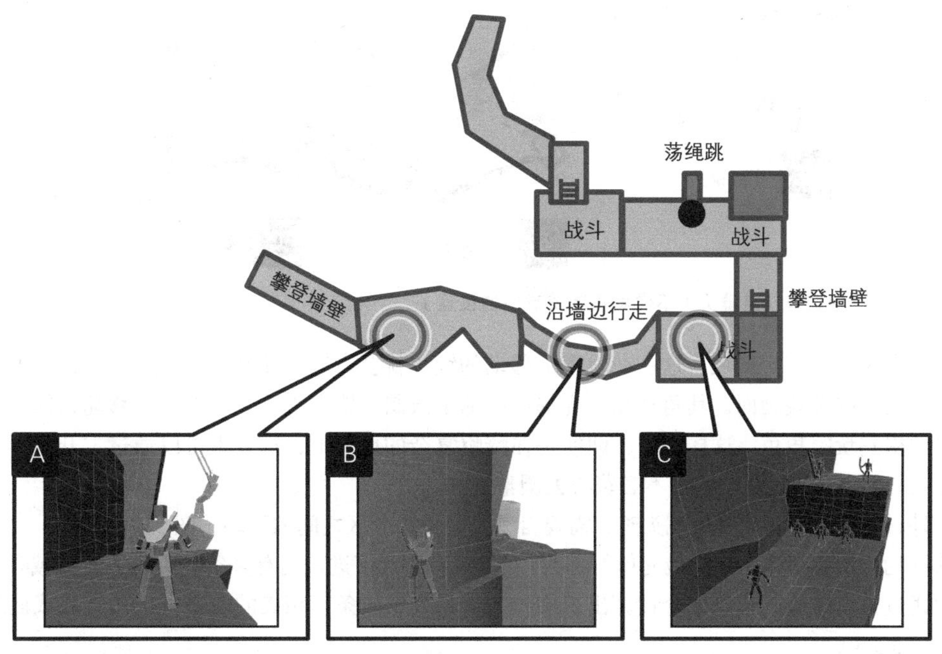

图 5.3.2　通过规划相互切换的游戏镜头

为完成镜头规划，地图上要事先设置“规划区域”。当玩家进入某个规划区域时，三种镜头之中与该区域联动的镜头就会被激活，然后配合玩家的移动进行拍摄（图 5.3.3）。

这三种镜头根据功能不同分别使用了不同的拍摄方法。比如 A 的镜头使用定点拍摄，而 B 与 C 的镜头则沿着“轨道”空间中设置的路径进行移动拍摄（图 5.3.4）。

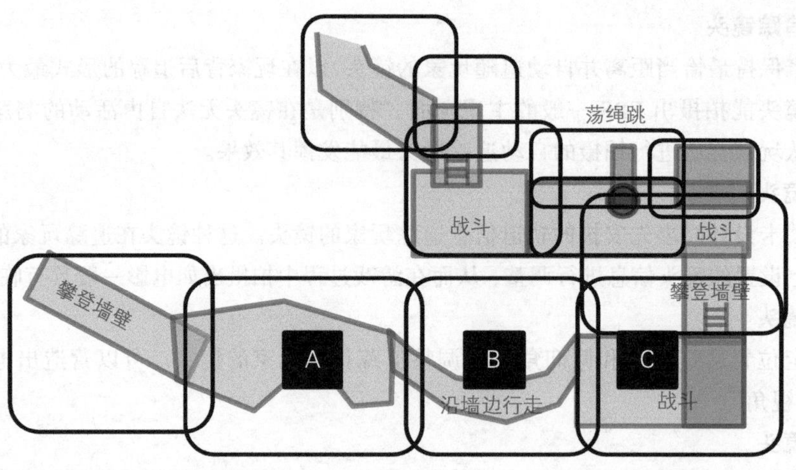

图 5.3.3 规划

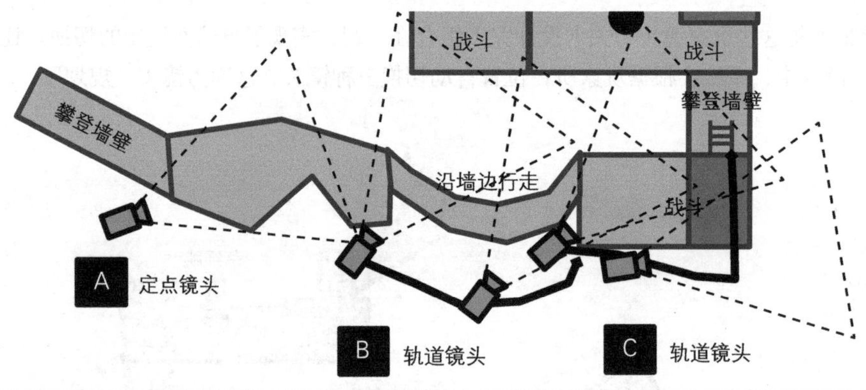

图 5.3.4 规划与轨道镜头（不代表实际游戏中的设置）

一旦玩家进入特定区域，这些在轨道上移动的镜头就会自动追踪玩家。而且为了让轨道镜头拍出最方便观察的游戏画面，其角度和距离都被添加了限制。轨道镜头则要沿轨道移动，保证在限制范围内拍摄到玩家角色。这样一来，即便是在崎岖复杂的地形上，玩家也可以通过“开发者推荐的最佳游戏画面”畅快地游戏，而不必费心去调整镜头。

另外，当场景中存在多个镜头时，需要自动修补镜头分区之间的移动（图 5.3.5）。

修补的方法有很多，其中最简单的称为“混合”。当玩家进入拥有多条镜头轨道的区域时，系统会自动通过每个镜头的信息混合计算出折中位置。另外，两条不相接的轨道可以用直线或曲线进行修补（图 5.3.6）。

另外，这些镜头的设置之中都包含了**注视**功能。注视功能是指镜头锁定玩家或其他角色进行转角追踪。比如让固定镜头注视玩家角色，镜头会在该位置持续调整镜头角度追踪拍摄玩家。反过来，如果设置不注视任何单位，那么即使玩家走出画面镜头也不会有半点反应。游戏的镜头基本上都设置为注视玩家角色，不过在需要电影般场景渲染的时候，我们可以将注视关闭，做出目送玩家过桥远去的“画面”。

综上所述，镜头操作的自动化机制能让玩家更流畅地享受游戏。

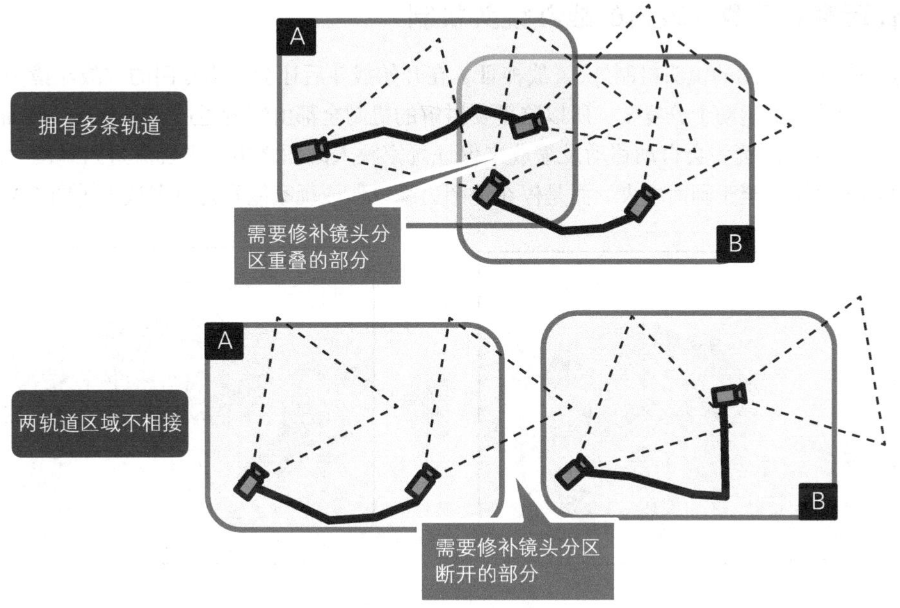

图 5.3.5 复数轨道镜头与修补（修补前）

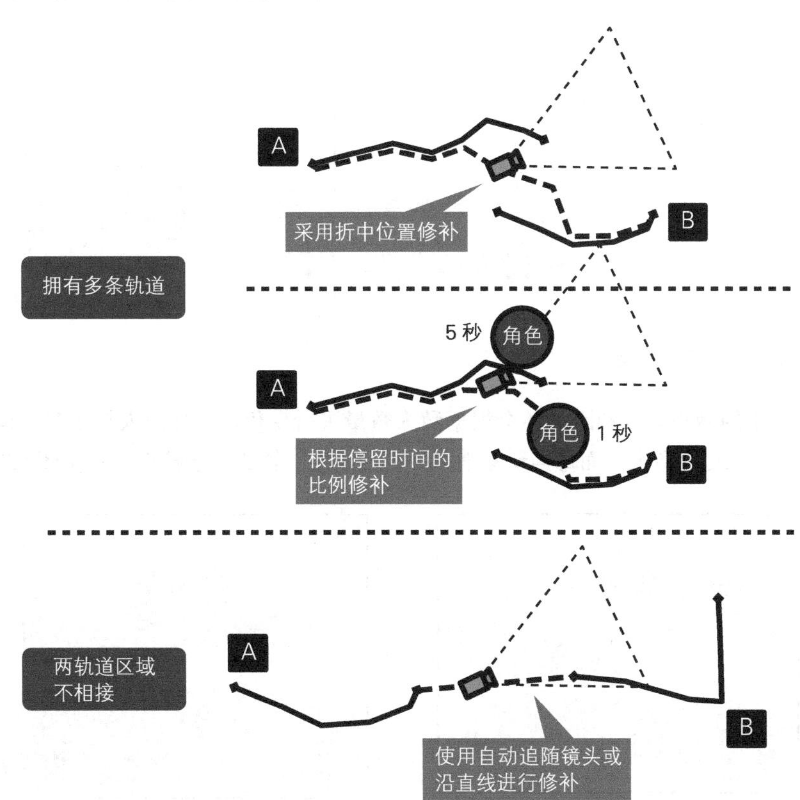

图 5.3.6 复数轨道镜头与修补（修补后）

让玩家看清敌人攻击的战斗镜头机制

除了我们前面介绍的镜头机制外，《战神Ⅲ》在开始战斗后还会启用专门的“战斗镜头”。《战神Ⅲ》的战斗中的镜头运动十分复杂，所以这里要讲解的机制全都由笔者通过实际游戏推测而来。

首先，战斗中的镜头会自动移动及缩放来保证玩家映入画面之中。当玩家进入地图一端时，镜头不会硬性地将玩家至于画面中央，而是停在地图边缘以保证玩家能看到更多敌人（图 5.3.7）。

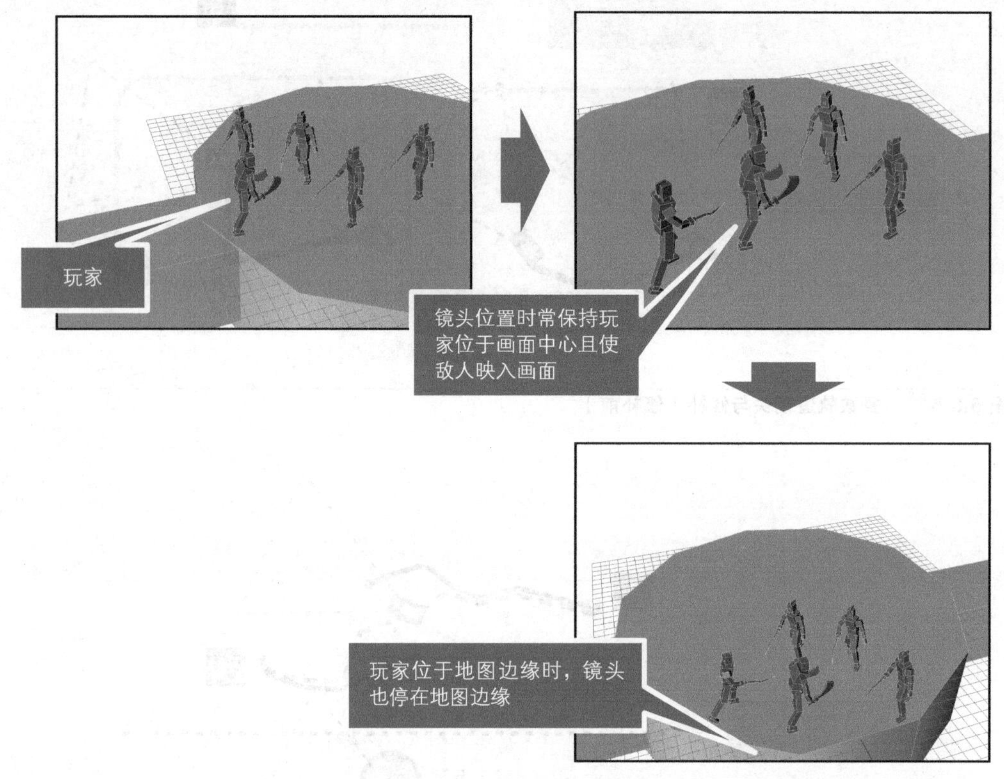

图 5.3.7 战斗镜头的基本运动

另外，战斗中的镜头角度和距离还会根据敌人数量进行变化。比如敌人较多时，镜头会自动拉远以保证画面中纳入更多敌人，而每当玩家消灭一名敌人时，镜头又会拉近一点（图 5.3.8）。

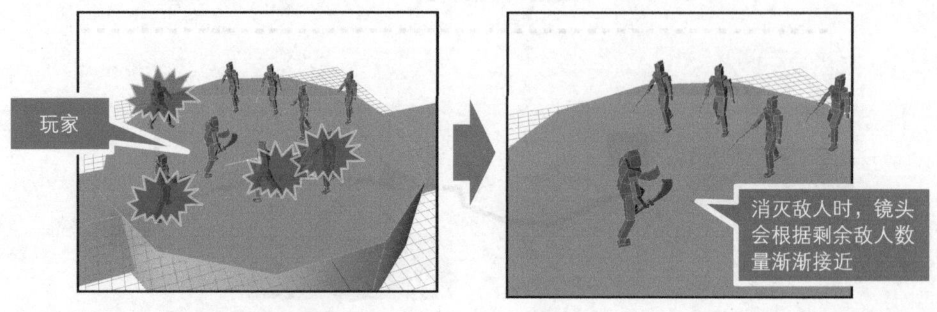

图 5.3.8 敌人较多时战斗镜头的运作

随着敌人数量减少，镜头会不断接近玩家，同时角度也会渐渐变浅。特别是玩家与敌人一对一时，镜头会一下子抬高起来（图 5.3.9）。

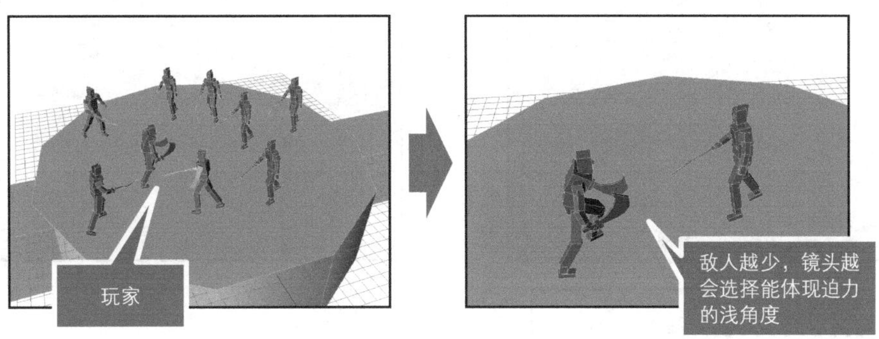

图 5.3.9　敌人减少时战斗镜头的运作

不过，一旦玩家与敌人拉开距离，镜头也会自动放远以明确显示出敌人位置（图 5.3.10）。

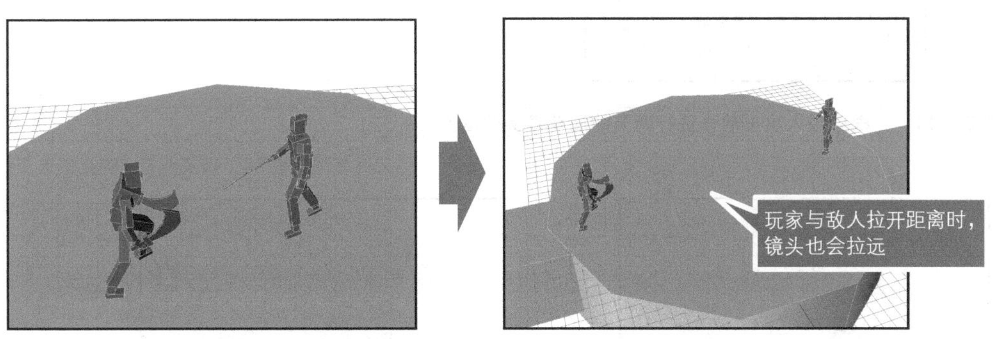

图 5.3.10　根据玩家与敌人的距离进行调整的战斗镜头的运作

顺便一提，在类似割草类游戏这种一对多的战斗中，源自屏幕之外的攻击会给玩家带来极大压力。这是因为玩家无法分辨屏幕之外的攻击来自哪个敌人。另外，由于玩家看不到用于判断闪避时机的“预备动作”（上摇等），因此无论近战攻击还是远程攻击都会带来一种“不可理喻”的感觉（这并不是说从屏幕外发动进攻的游戏就一定不有趣。只要让玩家事先知道这款游戏会有敌人从屏幕外发动攻击，然后再让摸索对策的过程足够有趣，相信玩家同样会认为这是一款好游戏。当然，这样做难度很高）。

为改善这一问题，《战神Ⅲ》中只要有远处的敌人准备冲锋，镜头就会自动拉远（图 5.3.11）。

据笔者推测，《战神Ⅲ》的镜头不但与玩家、敌人数量、敌人位置有关，还与敌人 AI 相挂钩。特别是敌人将要发动远程攻击时，应该会有一个机制通知镜头拉远。

与之类似，使用魔法飞弹的奥林匹斯杂兵在发动攻击时，其 AI 一定会指示其进入镜头范围内（图 5.3.12）。

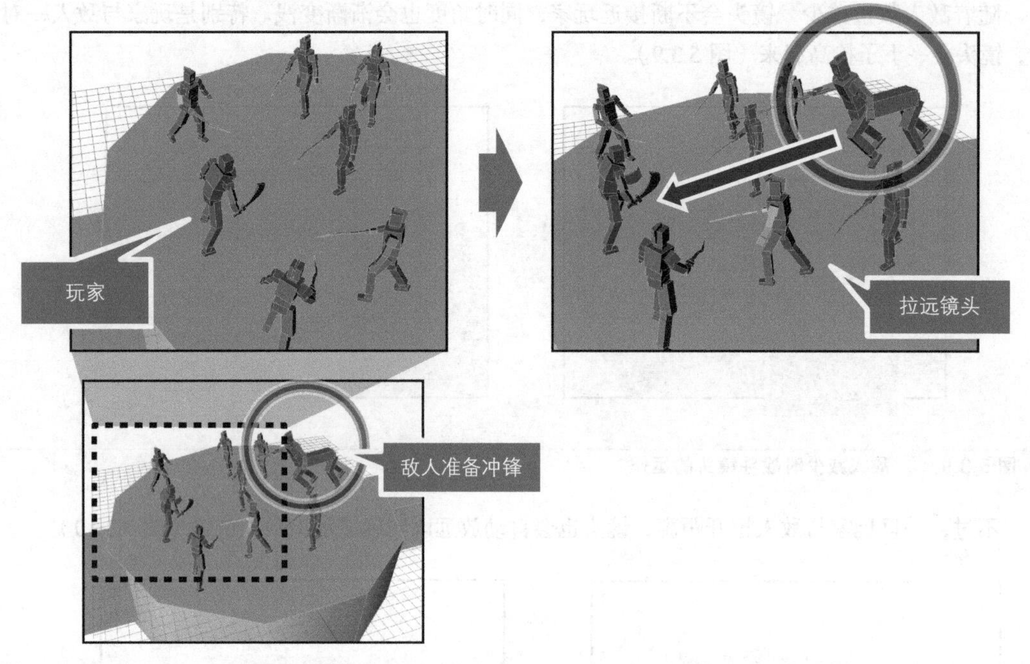

图 5.3.11 **根据敌人攻击动作进行调节的战斗镜头的运作**

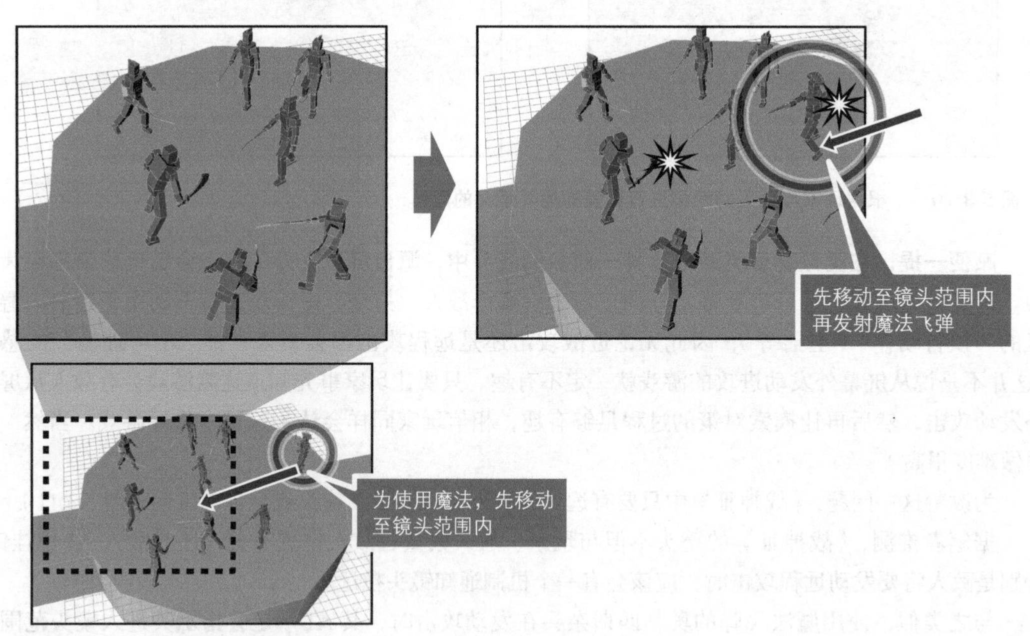

图 5.3.12 **魔法攻击与战斗镜头**

顺便一提，如果奥林匹斯杂兵在魔法咏念过程中被玩家拉出镜头，其会放弃发射魔法飞弹。这是一个对菜鸟玩家十分友好的系统。

另外，由于《战神Ⅲ》这种割草类游戏需要将大批敌人纳入镜头，其镜头位置往往需要抬得很高，因此关卡设计时必须提升天花板的高度（图 5.3.13）。如果再将浮空攻击考虑进去，那么天花板的高度要比一般动作游戏高出许多。

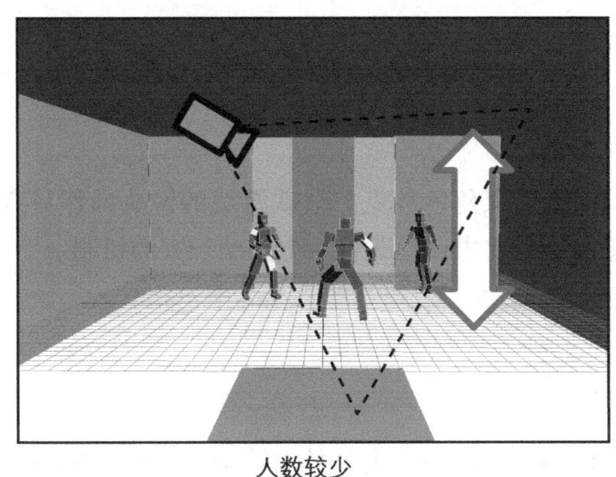

人数较少

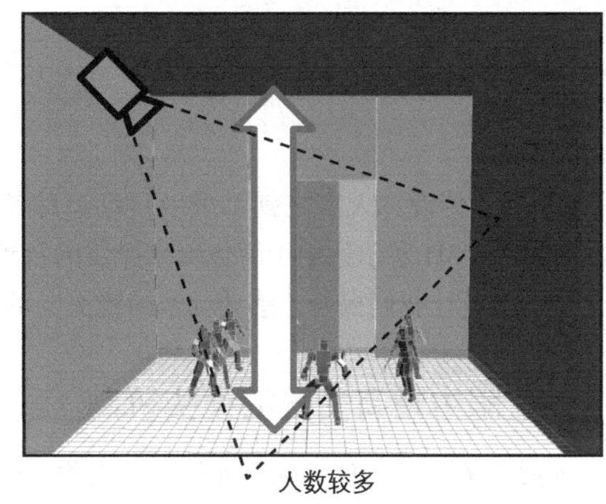

人数较多

图 5.3.13 战斗镜头与关卡设计

综上所述，割草类游戏的镜头既需要保证玩家能在大群敌人中准确闪避攻击，又需要营造出战斗的迫力，所以诞生出了“战斗镜头”这种细致周到的设计。

5.4

自然而然地映出大量信息的镜头技巧

(《塞尔达传说：天空之剑》)

《塞尔达传说：天空之剑》采用自动追踪镜头拍摄玩家角色林克，整款游戏的镜头操作只有Z键。实际上，3D塞尔达用于简化玩家操作的自动追踪镜头之中还隐藏着一个感动玩家的机制。

接下来就让我们揭开"感动玩家的镜头"的秘密。

让眼中常有美景的镜头机制

玩这款游戏时，只要玩家进行移动操作，镜头就会自动追随主人公林克移动。在简单的地形上移动时，玩家甚至不需要使用Z键。不过，这款游戏的镜头只会追踪林克的移动角度，并不会追踪其脸部朝向。因此我们必须按下Z键才能观察林克眼前的情况。

实际上，这种镜头机制是为了让玩家察觉不到镜头的俯仰调整（纵向旋转）。在如图5.4.1所示的场所中，镜头会自动调整俯仰角度，保证朝向一个最便于观察的方向。A是从悬崖下观察下一个目的地的情景。这里如果镜头不向上拍摄，玩家绝对无法注意到崖顶的目的地。反过来，B中所示的悬崖是否能安全爬下，那就只有镜头朝下拍摄时玩家才能知晓了。

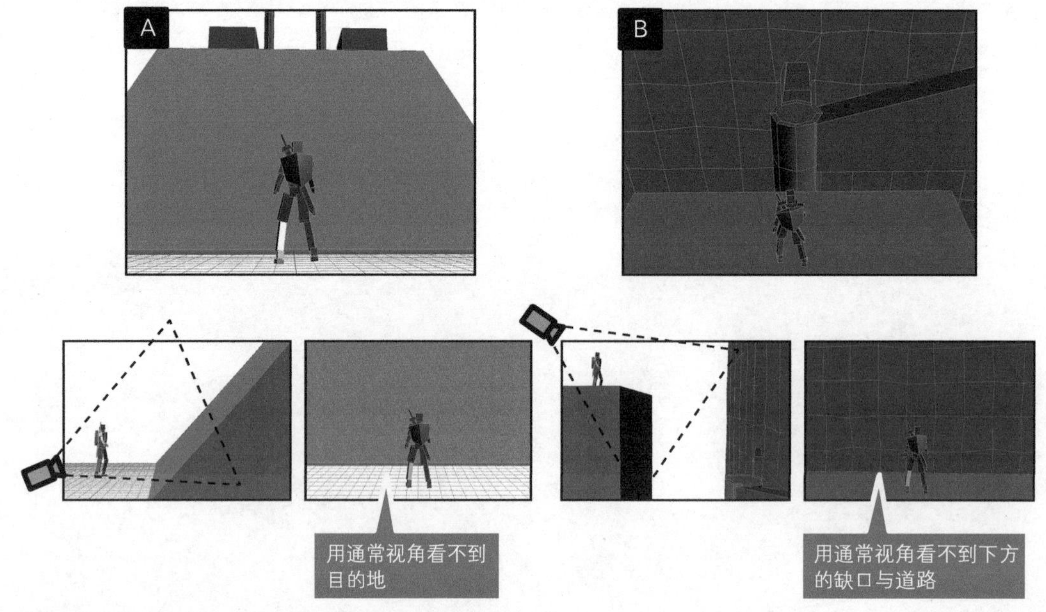
A
B
用通常视角看不到目的地
用通常视角看不到下方的缺口与道路

图 5.4.1　悬崖上下的镜头俯仰角度的自动调整

也就是说，3D塞尔达将镜头的纵朝向（俯仰）全部通过地图进行了设置，保证给玩家展现出最方便观察的镜头角度[①]。

在具备高低差的地图上实际操作一遍最能感受其镜头的精妙之处。比如封印之地的大坑，只要我们站到坑边，镜头就会自动向下俯视显示出坑底。另外，我们登上斜坡时镜头会自动向上，而走下斜坡时镜头会自动向下（图 5.4.2）。

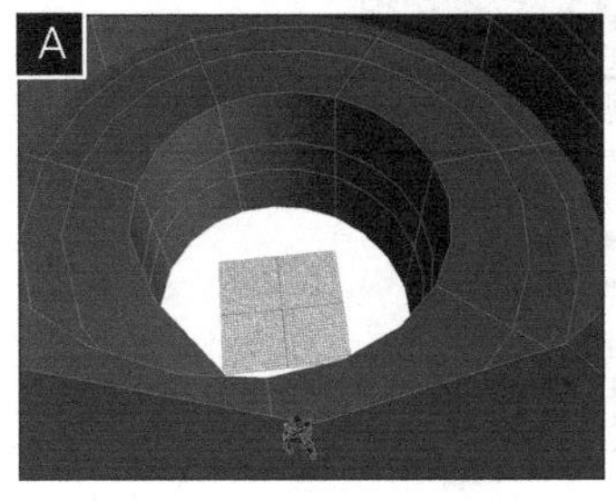

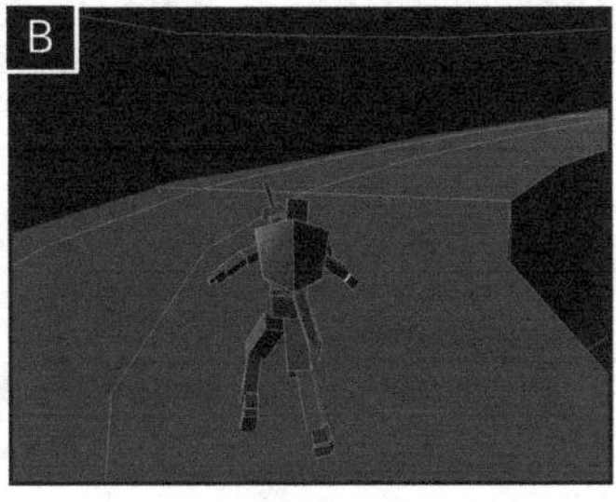

向上走（镜头向上拍摄）

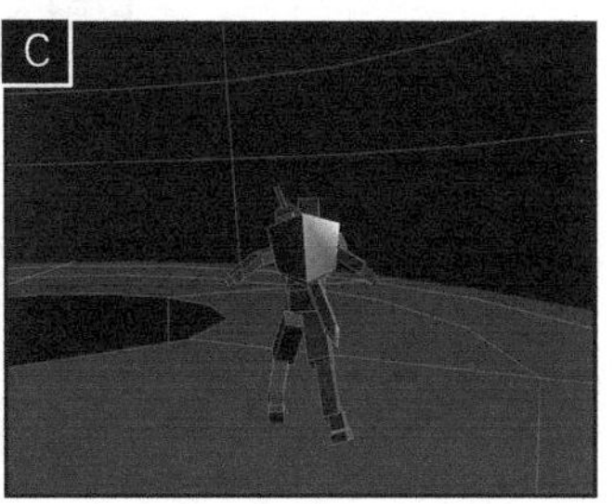

向下走（镜头向下拍摄）

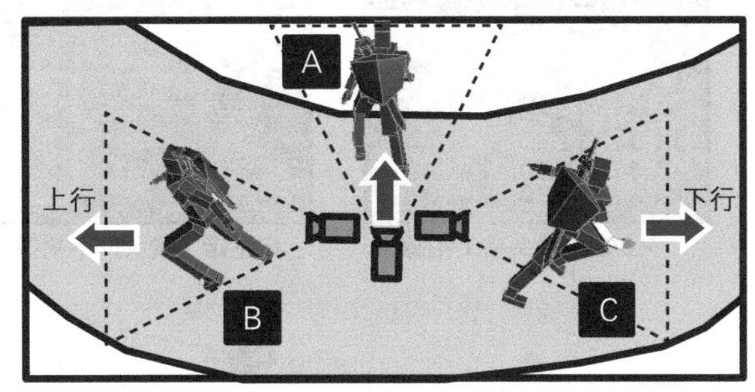

图 5.4.2　地形存在高低差时镜头的俯仰角度的自动调整

顺便一提，斜坡上的镜头是需要格外注意的。因为一旦镜头角度不好，玩家将搞不清自己是在上坡还是下坡（图 5.4.3）。

另外，当玩家需要从一个落脚点跳至另一个落脚点时，镜头会增大俯角以便看清着地处的小落脚点。而当需要玩家飞身抓绳索时，镜头又会增大仰角来清晰地拍摄出绳索（图 5.4.4）。

在如图 5.4.4 的 B 所示的场景中，玩家要用弹弓射下藤蔓球。如果完成这个事件后重新来到这个地方，会发现镜头不再上扬。也就是说，镜头在事件前·后也是有调整的。实际上很多玩家自认为是发现的东西也都是开发者亲手安排的。

顺便一提，玩家在平地向深处移动时镜头会逐渐趋于俯视，而向浅处移动时则会逐渐趋于水平，以方便玩家看到追兵（图 5.4.5）。

① 顺便一提，大概有两种方法可以像塞尔达这样控制镜头的俯仰角度。一种是检测镜头注视点中有没有地面，然后以此来计算俯仰角度。另一种是在关卡设计时添加大量的镜头信息触发器，为各个场所和朝向预先设置镜头的俯仰角度。塞尔达并没有公开其所采用的方法，但笔者推测其主要依靠在关卡设计中添加触发器来实现镜头调整，在关卡设计无法设置的部分则采用自动计算。

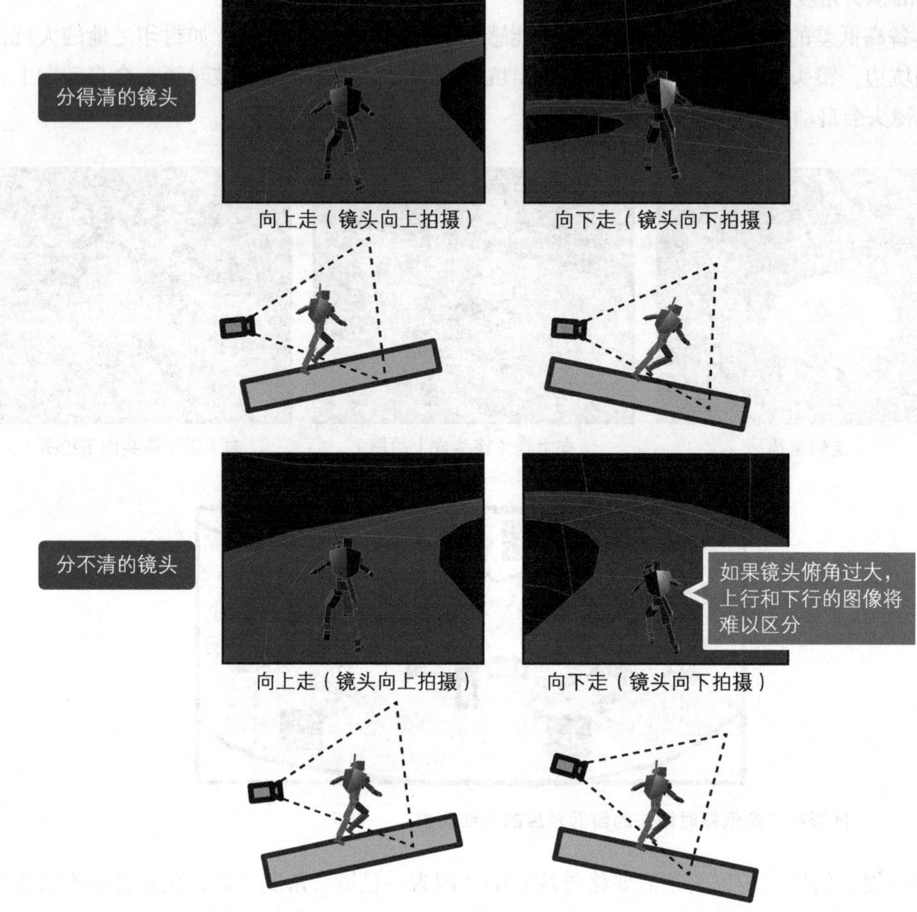

图 5.4.3　让人分清坡道方向的镜头俯仰角度的自动调整

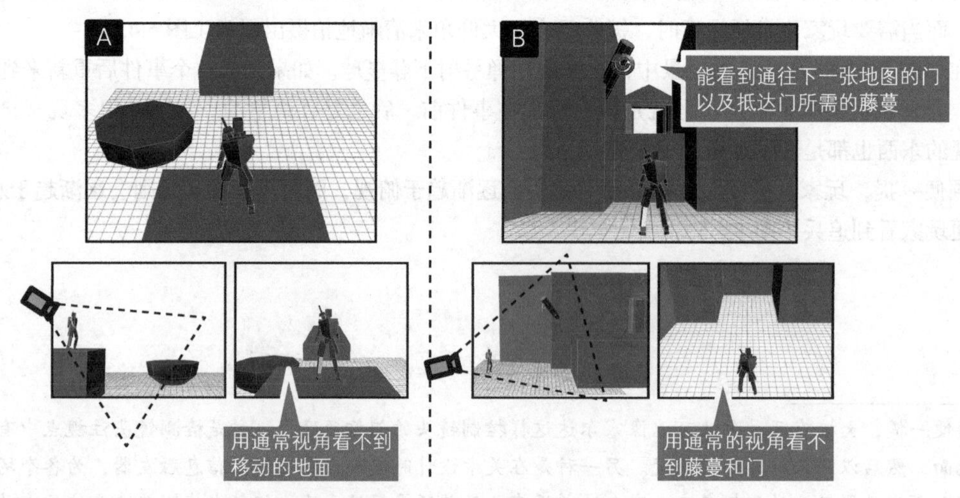

图 5.4.4　让机关和终点更易把握的镜头俯仰角度的自动调整

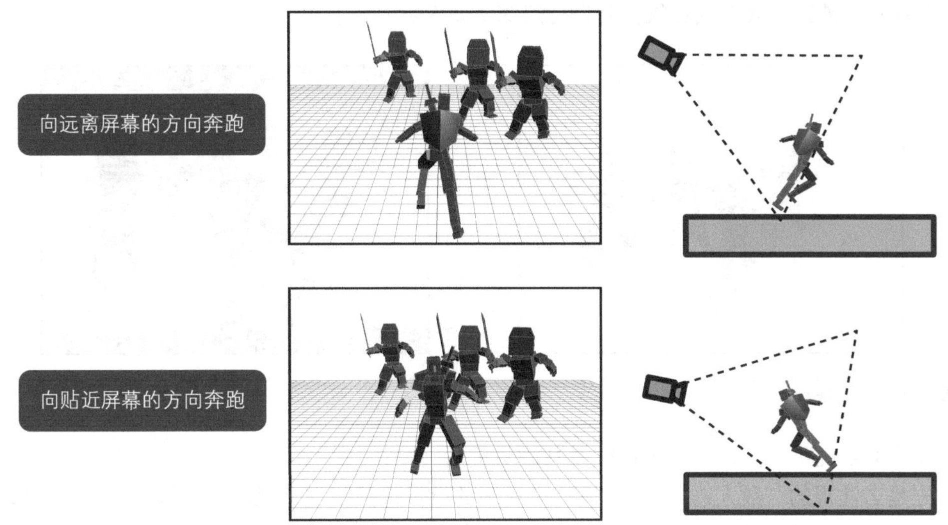

图 5.4.5　移动与镜头俯仰角度的自动调整

这些镜头俯仰角度的自动调整机制在《超级马里奥 64》和《塞尔达传说：时之笛》中就已经被采用。比如《塞尔达传说：时之笛》的时之神殿中，镜头会随着林克接近台座而慢慢升高，让三角力量纹章逐渐映入玩家眼帘（图 5.4.6）。

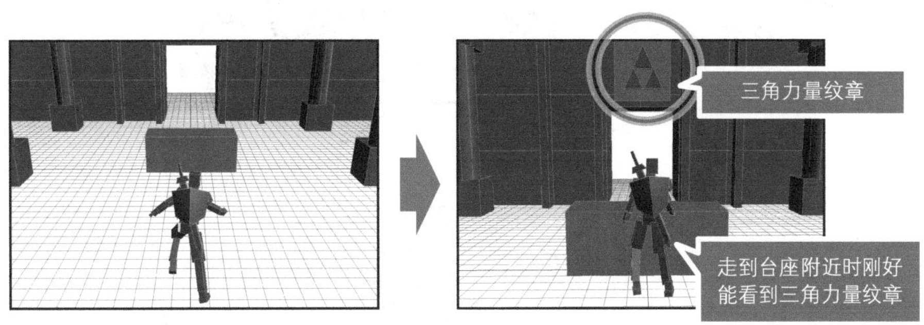

图 5.4.6　演出与镜头俯仰角度的自动调整

这种精妙的镜头设计让玩家切身体会到主人公林克看到三角力量纹章时的感动。相信绝大多数玩过 3D 塞尔达的人都曾被这一瞬间震撼。除此之外，这款游戏在地表开阔的场景中采用较大角度的俯视镜头，而在天花板较低的地下城中则采用低角度的镜头来烘托不安情绪。

上述镜头设置也称为“镜头摆动”。除上述用法外，镜头摆动还可以根据玩家移动速度制作出过吊桥时的晃动。顺便一提，地震等与玩家行动无关的小幅晃动效果称为“镜头抖动”。

综上所述，3D 塞尔达将其大师级的镜头调整技巧运用于背景优美的场景之中，让玩家在游戏过程中自然而然地体验到一张张感人的画面。

 让玩家能主动选择目标敌人的 Z 注视机制

3D 塞尔达最大的特征就是能用 Z 键让镜头追踪目标，即“Z 注视”。只要玩家按住 Z 键，镜头

就会自动注视（锁定）敌人或对象物并进行追踪（图 5.4.7）。

图 5.4.7　Z 注视

下面我们来说明 Z 注视的基本系统及其镜头机制。

首先是 Z 注视的“敌人选择”。游戏给 Z 注视的目标选择制定了规则，以保证玩家能够选到想选的敌人。当玩家按下 Z 键时，Z 注视范围内最靠前的敌人将被选中①（图 5.4.8）。

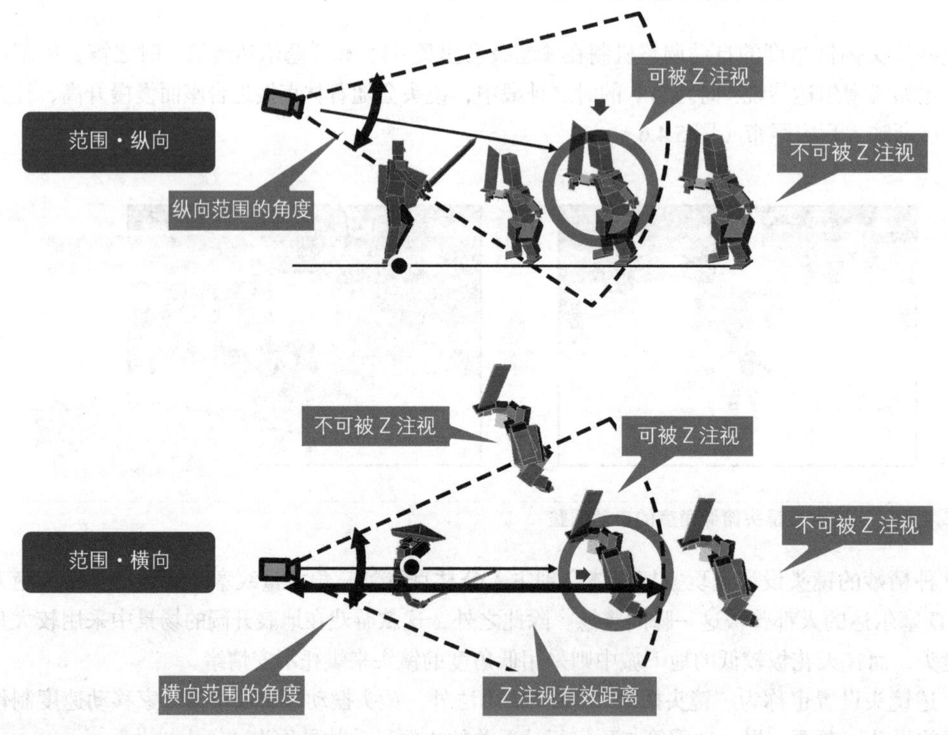

图 5.4.8　Z 注视范围

更有趣的是，这款游戏为每个敌人都设置了不同的 Z 注视有效距离。比如蓝哥布林在有效攻击距离外就可以被 Z 注视，而手持长枪大盾的莫布林则必须进入其攻击范围才能锁定。至于在天上飞

① 该规则源于笔者的推测。除在以玩家为圆心的扇形范围内搜索被注视目标外，还可以在敌人身上添加 Z 注视专用的碰撞检测，将镜头视线碰到的第一个敌人定为 Z 注视的目标。

的敌人，则比一般敌人的有效范围更大。也就是说，游戏通过改变每个敌人的 Z 注视有效距离来调整战斗的攻防内容及难度（图 5.4.9）。

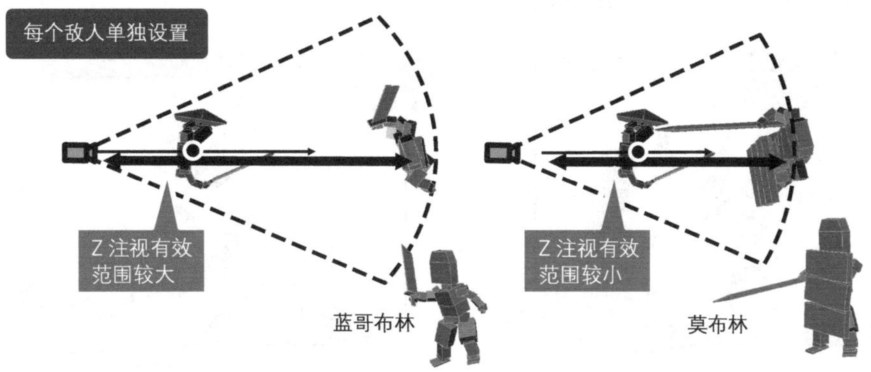

图 5.4.9　敌人各自不同的 Z 注视范围

"对象物朝向"的设置也决定了其能否被 Z 注视。比如敌人只要处于玩家的 Z 注视范围内，无论朝向 360 度哪个方向都可以被注视，而存盘点和 NPC 则只能在正面固定角度范围内被锁定。

另外，当多名敌人处于 Z 注视有效范围内时，玩家可以按 Z 键来切换被注视的目标（图 5.4.10）。

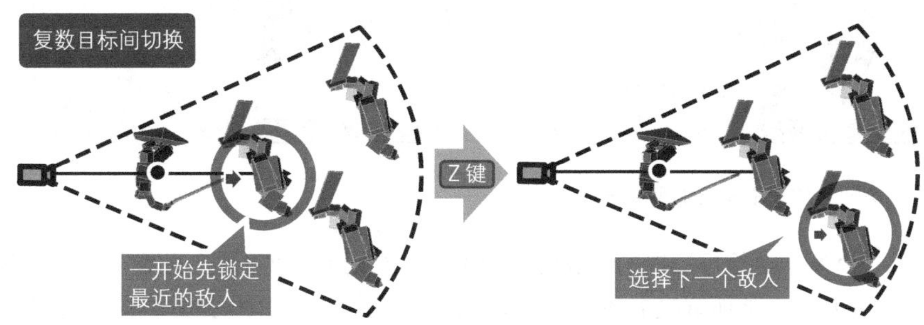

图 5.4.10　Z 注视的目标切换

游戏中玩家锁定的敌人有时并非自己想要的。玩家在想"我想锁定的是后面那个敌人!"的时候往往会下意识地连按 Z 键，该系统正利用了这种心理帮助玩家锁定想要的目标。

此外据笔者推测，Z 注视系统中应该设置了某种"优先级"（图 5.4.11）。比如为存盘点和 NPC 等设置较低的优先级来防止战斗中被误选，从而保证玩家能优先注视敌人。

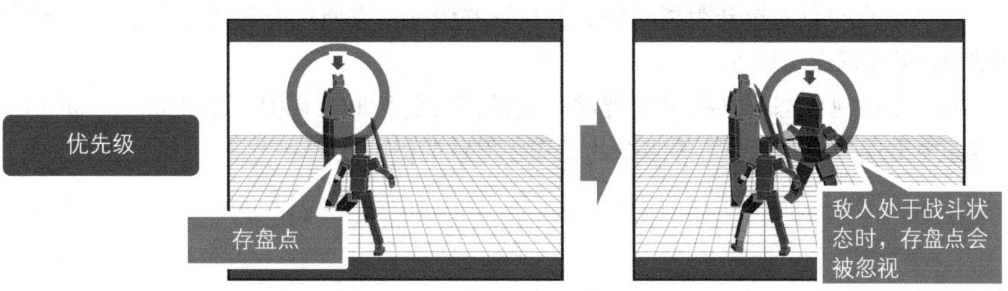

图 5.4.11　Z 注视的目标选择规则

实际上，我们在程序中实现 Z 注视时会遇到一个小问题——注视某些体型巨大的敌人时画面会变得非常难以观察。比如注视图 5.4.12 中那些不同体型及移动方式的敌人时，如果不对镜头做任何调整，玩家在战斗中将无法观察周围情况。

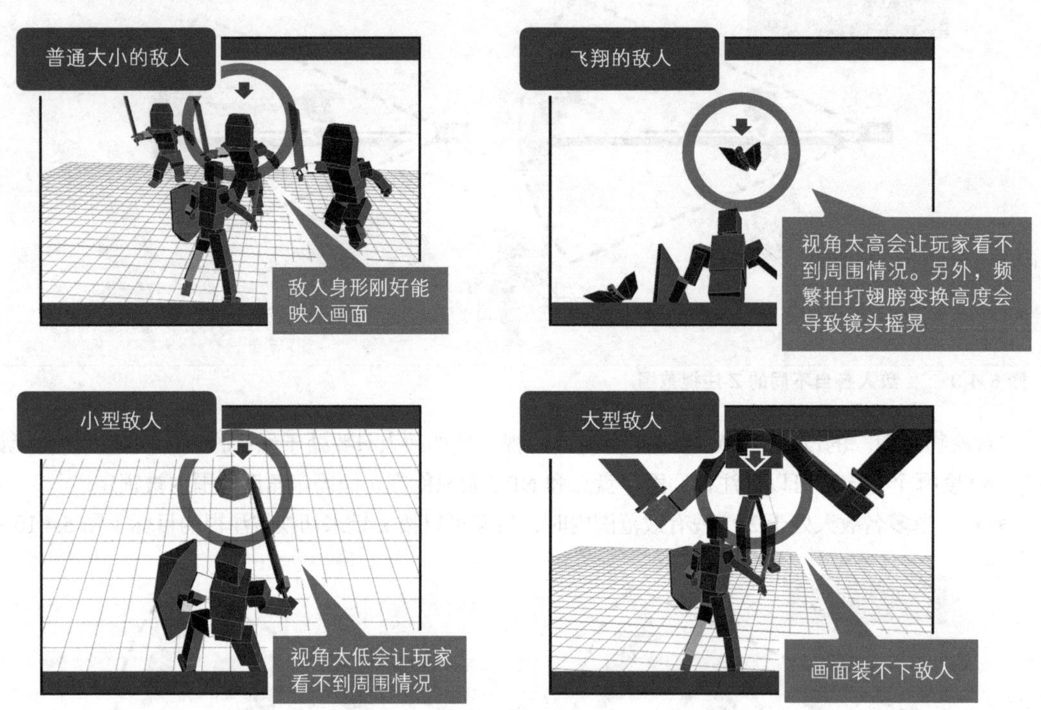
普通大小的敌人
敌人身形刚好能
映入画面
飞翔的敌人
视角太高会让玩家看不
到周围情况。另外，频
繁拍打翅膀变换高度会
导致镜头摇晃
小型敌人
视角太低会让玩家
看不到周围情况
大型敌人
画面装不下敌人

图 5.4.12 实现 Z 注视不能只依靠单一方法

笔者认为，3D 塞尔达给可注视的对象物添加了“Z 注视点”和“镜头设置”信息来调整其在 Z 注视状态下的显示形式，从而解决上述问题。比如注视小型单位时镜头拉近，注视大型单位时则镜头拉远（图 5.4.13）。

另外，Z 注视状态下的镜头会自动调整距离以保证玩家能准确判断与敌人间的距离。举个例子，主人公林克距离敌人很近时玩家镜头会贴近林克背后，从而构成一个方便战斗且迫力十足的画面。这款游戏的近身战斗要求玩家根据敌人的破绽选用“横斩”“纵劈”“斜砍”，所以接近水平的镜头能更清楚地分辨出挥剑角度。特别是对付需要一刀砍断三个头的骷髅三头蛇等敌人时，缺少这种镜头机制将让玩家无从下手。

反过来，当林克与敌人拉开距离时镜头会拉远并俯视，方便玩家观察敌人动作，同时让玩家更好地看到地形，防止跌落（图 5.4.14）。

顺便一提，Z 注视状态下某些平常能够登上的高台将暂时关闭其“登上高台”的功能可供性，从而防止战斗中出现“登上高台”等多余的动作（但跌落仍有效）。

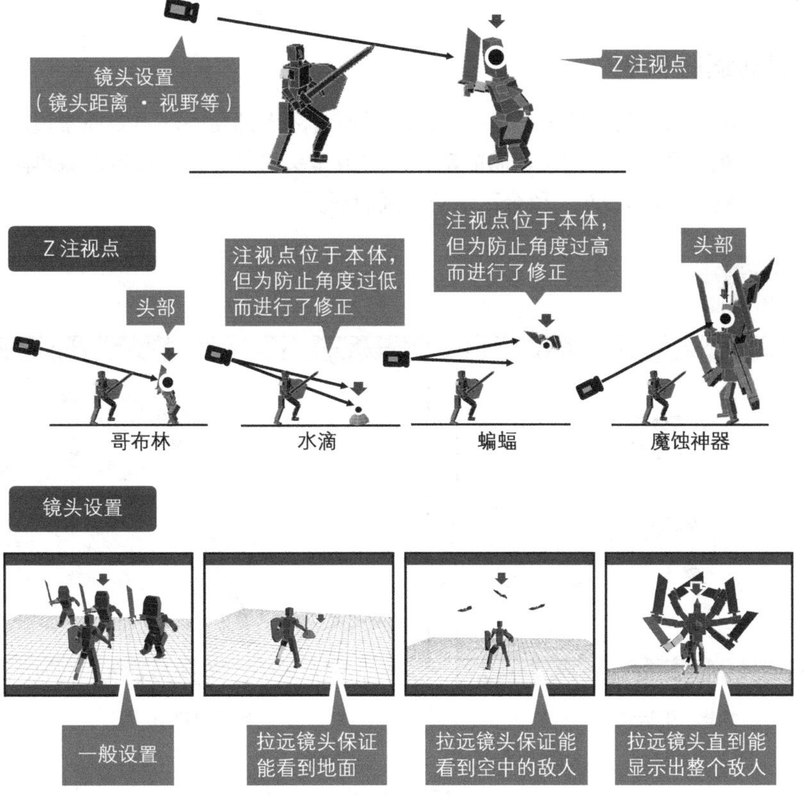

图 5.4.13　Z 注视的注视点 · 镜头设置

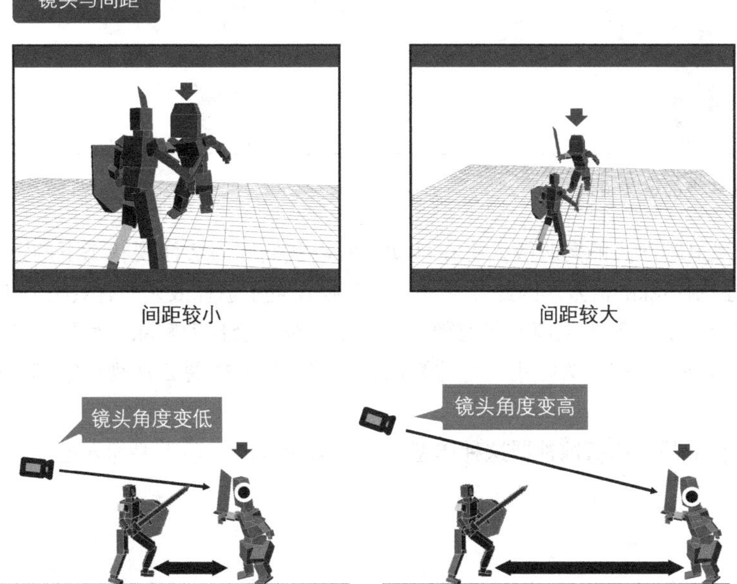

图 5.4.14　Z 注视的镜头与间距

Z 注视的追踪机制

话说回来，Z 注视虽然属于锁定，但并不是说对所有敌人都要一丝不差地紧追。举个例子，如果镜头严格追踪蝙蝠等敌人，它们拍翅膀的动作将造成镜头摇晃，不但使得玩家攻防两难，还会引起 3D 眩晕。因此我们需要给镜头“留余”来防止画面摇晃。

镜头留余

镜头不追踪拍打翅膀的上下运动（追踪会引起眩晕）

蝙蝠上下运动

蝙蝠攻击时，如果蝙蝠不在镜头内则镜头上扬，如果在镜头内则不追踪（追踪会引起眩晕）

蝙蝠的攻击

镜头没有留余就会出现这个幅度的晃动

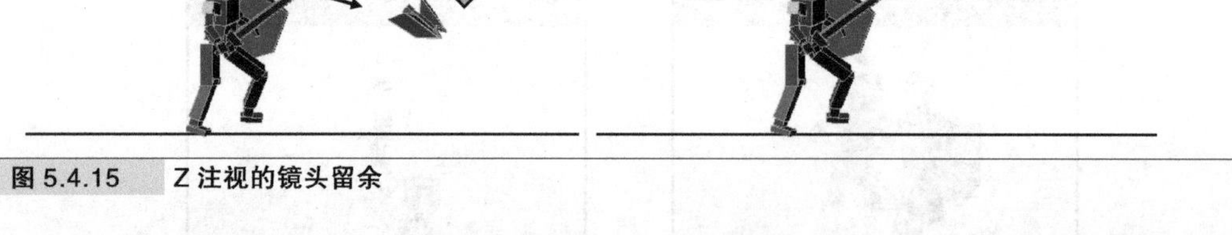
镜头没有留余就会出现这个幅度的晃动

图 5.4.15　Z 注视的镜头留余

另外，Z 注视追踪敌人的同时敌人也在移动，所以我们要为 Z 注视状态下的镜头添加一个追踪范围（强度）来控制追踪的极限。因此开发者为 Z 注视设置了追踪敌人的有效距离（图 5.4.16）。

在 Z 注视状态下，一旦敌人离开了有效距离，Z 注视便会自动解除。另外，高度超过一定值也会导致 Z 注视被解除。当然，为防止飞行的蝙蝠和咕嘎鸟轻易摆脱 Z 注视，它们的被追踪范围要略大于其他敌人①。

顺便一提，在对战类似魔蚀神器这种体型巨大的 BOSS 时，还需要加入进一步的特殊镜头调整（图 5.4.17）。

① 咕嘎鸟的移动距离很大，所以各位能通过它们明显地看出效果。

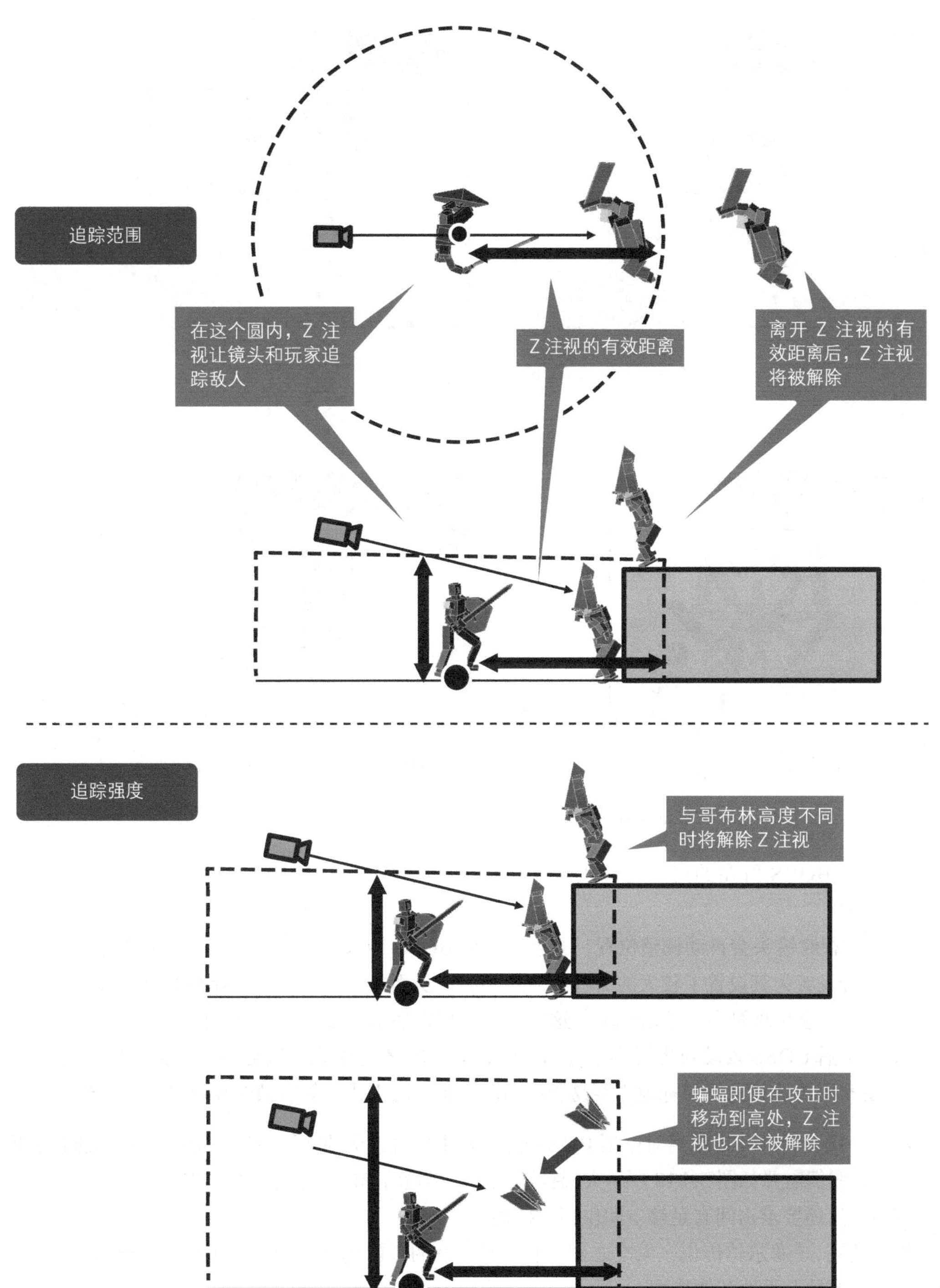

图 5.4.16　Z 注视的追踪性能

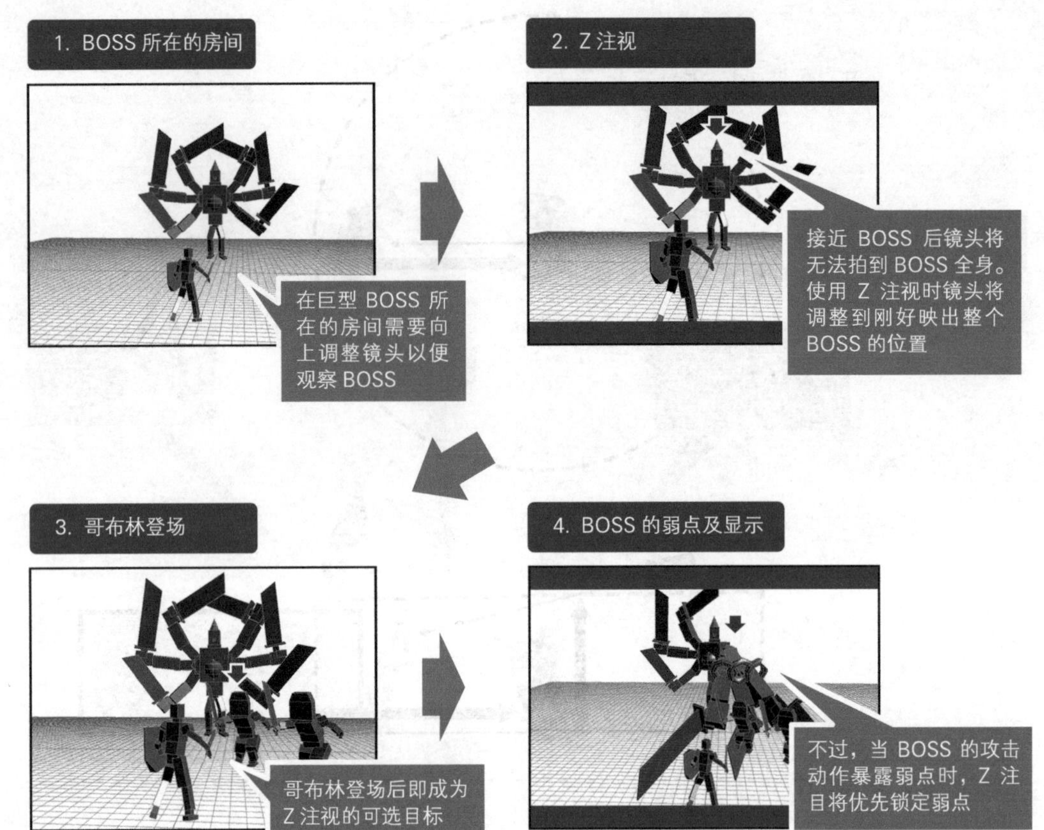

图 5.4.17　BOSS 与 Z 注视的调整

1. 进入 BOSS 所在的房间时镜头会自动上扬，让玩家不通过 Z 注视也能看到 BOSS 的整体形象。
2. Z 注视时镜头会自动调整位置，力求将整个 BOSS 纳入画面。由于 BOSS 攻击范围很大，所以开发者为其设置了较大的 Z 注视有效距离，从而方便玩家观察及躲避 BOSS 的攻击。
3. 战斗中会出现哥布林攻击玩家。这时 Z 注视可以在 BOSS 与哥布林之间切换。
4. 但随后 BOSS 发动攻击暴露手臂弱点时，弱点的 Z 注视优先级会高于其他目标。这样一来，玩家用 Z 注视选择目标就不容易受到周围哥布林的干扰，能有效避免错过攻击时机。

顺便一提，当林克近距离对巨型 BOSS 使用 Z 注视时，单纯将镜头转向 BOSS 并不能达到理想效果。所以我们需要如图 5.4.18 所示大幅拉远镜头，尽量将 BOSS 整体显示在画面上。

当然，这还要求房间有足够空间供镜头拉远。

综上所述，《塞尔达传说：天空之剑》利用其自然的目标选择机制帮助玩家顺利选到目标，从而提高了游戏的易上手性和趣味性。

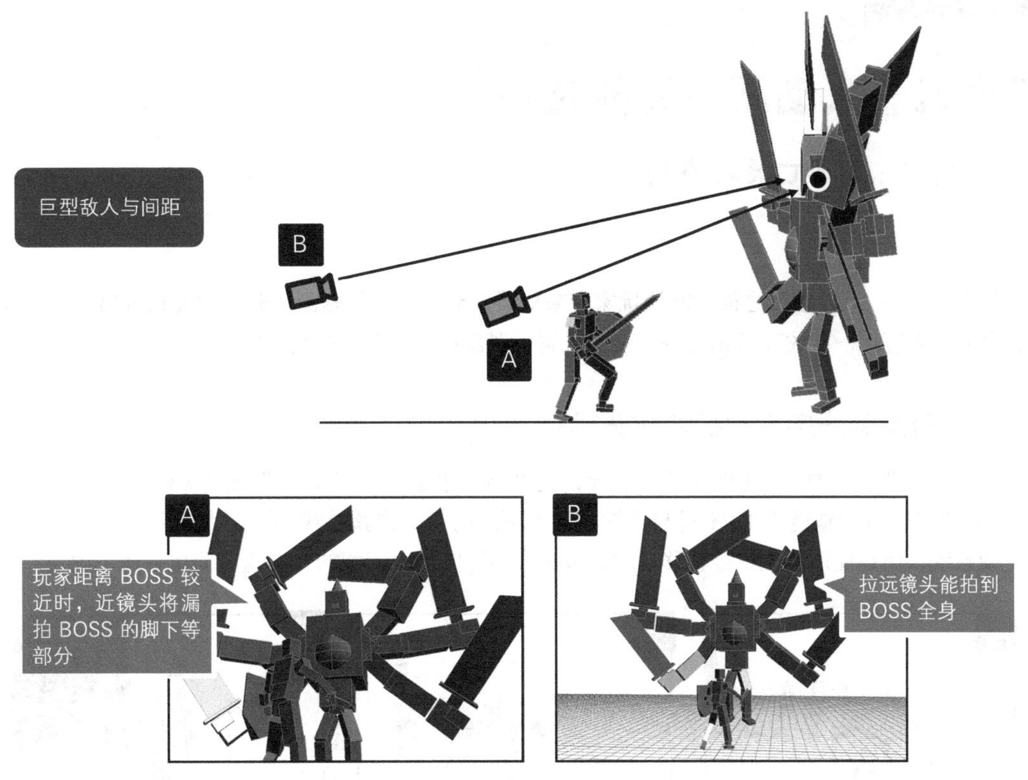
巨型敌人与间距
B
A
A
玩家距离 BOSS 较近时，近镜头将漏拍 BOSS 的脚下等部分
B
拉远镜头能拍到 BOSS 全身

图 5.4.18 BOSS 与 Z 注视的调整

5.5

还原机器人动画的镜头技巧

（《终极地带：引导亡灵之神》）

《终极地带：引导亡灵之神》能给玩家带来机器人动画一般的画面体验，而要想做出这样一种画面，我们需要应用一些脱离常识的游戏镜头机制。现在就让我们一探其中奥秘。

不需要镜头操作的移动镜头机制

与《战神Ⅲ》一样，《终极地带：引导亡灵之神》中也导入了不需要玩家操作的移动镜头机制（但是R摇杆仍可调整镜头）。不过与《战神Ⅲ》不同的是，这款游戏并没有大量采用复数轨道镜头等复杂系统，而是使用了玩家停止移动时，镜头自动转向玩家面朝的方向这一简单手法（图5.5.1）。

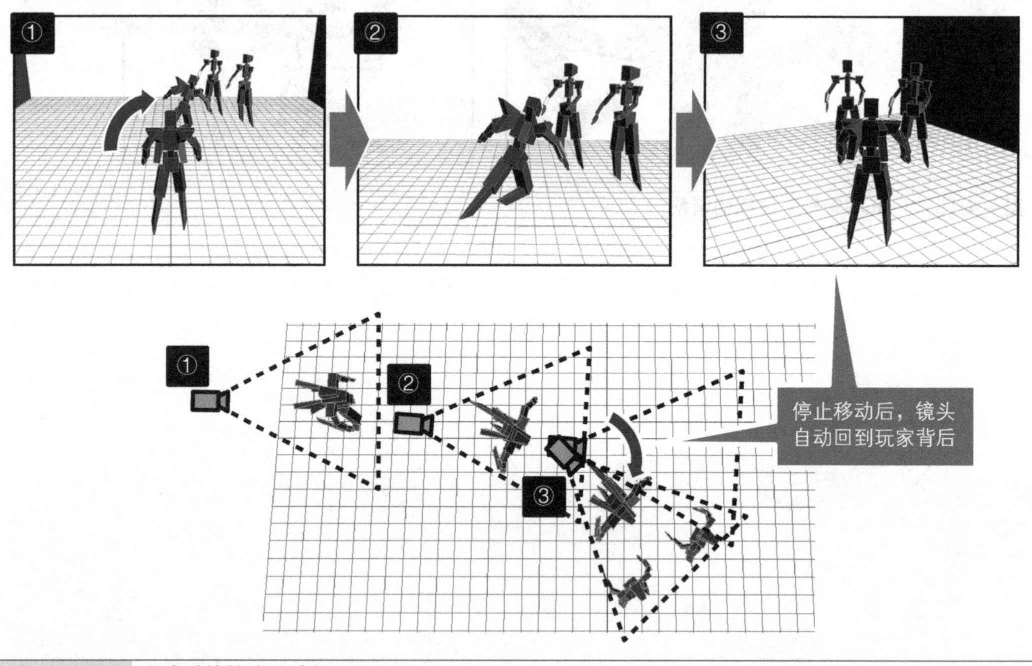

图 5.5.1 移动时的镜头运动

之所以要采用这种自动追尾镜头，是因为这款游戏的攻击、上升、下降要用到○・×・□・△四个键，而这些操作无法与R摇杆的镜头操作同时进行。

另外在玩家移动时，镜头会根据玩家的速度略向行进方向偏移（图5.5.2）。

这些机制虽然简单，但能让玩家仅通过移动操作来查看行进方向的情况。在能进行远距离攻击的游戏中，这种保证前方视野的机制尤其重要。

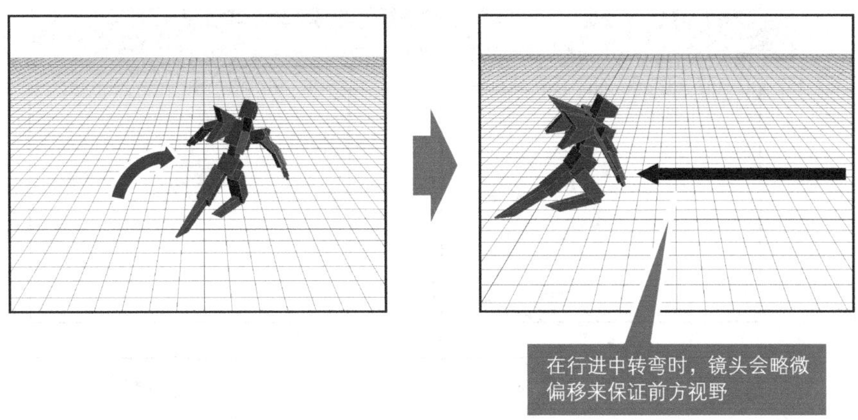

在行进中转弯时，镜头会略微偏移来保证前方视野

图 5.5.2 移动速度与镜头的关系

模拟机器人动画的战斗镜头机制

在这款游戏中，每逢与敌人发生战斗，玩家的攻击总能自然而然地构成如机器人动画一般的精彩战斗场面。然而要想实现这种构图，我们需要采用独特的玩家镜头机制。

首先是玩家与敌人远距离的情形，此时的玩家镜头是自动追踪镜头。然而一旦玩家与敌人达到近距离，系统将自动切换至专用的战斗镜头。

有趣的是，这款游戏的战斗镜头并不追踪玩家，而是用固定镜头拍摄玩家以及被锁定的敌人（图 5.5.3）。

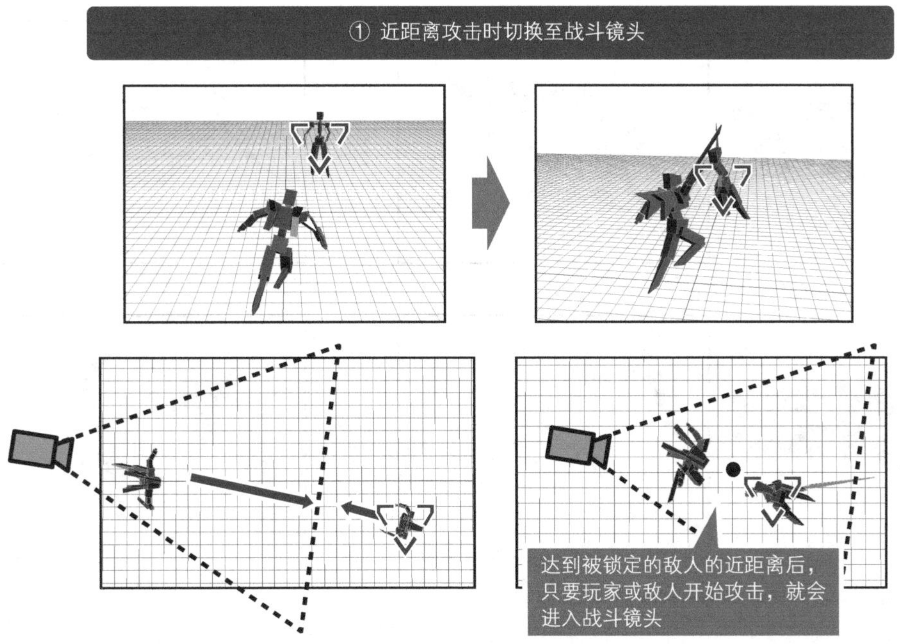

① 近距离攻击时切换至战斗镜头
达到被锁定的敌人的近距离后，只要玩家或敌人开始攻击，就会进入战斗镜头

图 5.5.3 战斗镜头的运动

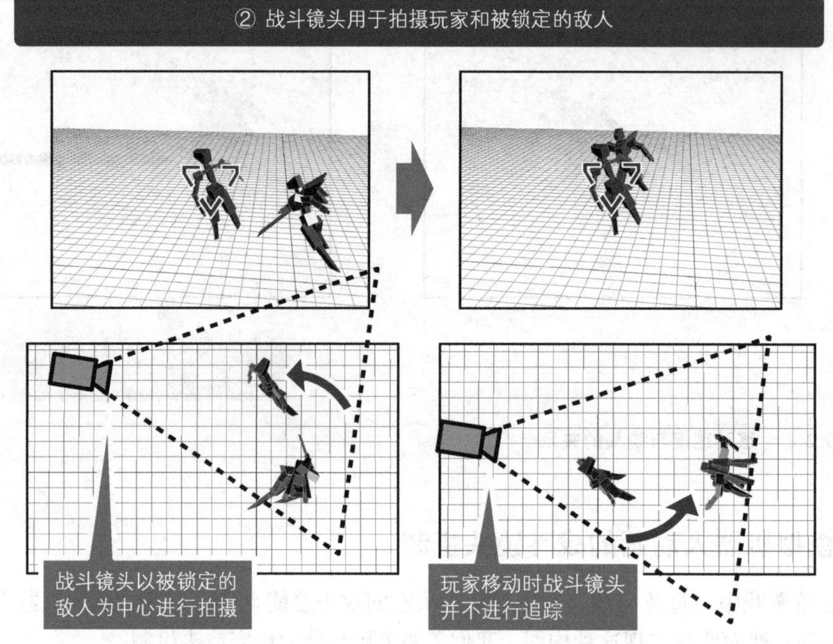
② 战斗镜头用于拍摄玩家和被锁定的敌人
战斗镜头以被锁定的
敌人为中心进行拍摄
玩家移动时战斗镜头
并不进行追踪

图 5.5.3 战斗镜头的运动（续图）

战斗中，敌人既会攻击正面也会攻击侧面，玩家也将经常绕到敌人侧面甚至背后发动攻击，所以整个画面看起来就像机器人动画中常见的战斗场景一样，搏斗双方不断相互绕行变换位置（图 5.5.4）。

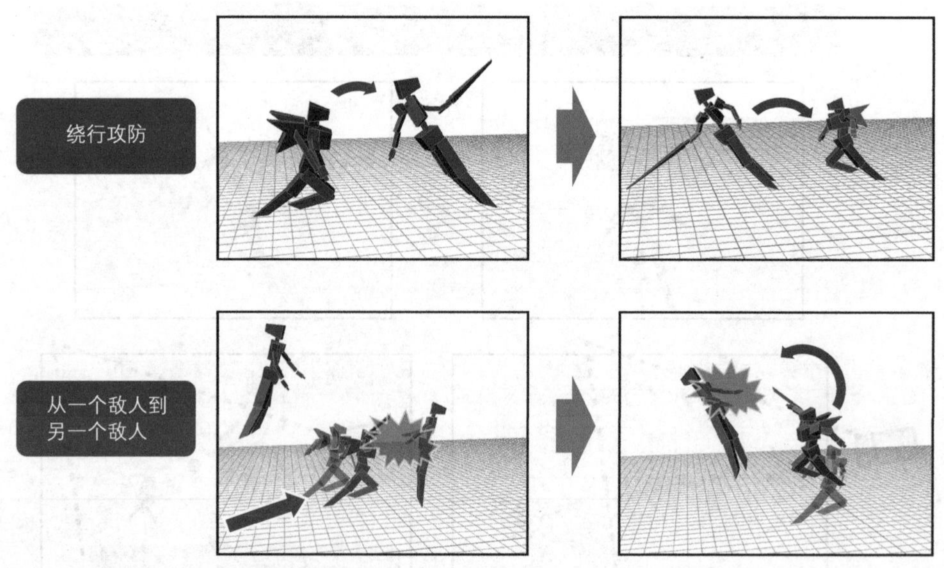
绕行攻防
从一个敌人到
另一个敌人

图 5.5.4 战斗镜头创造出的画面

另外，在连击过程中即使被锁定的敌人稍微远离玩家角色，玩家角色也会自动使用冲刺进行追击。这个时候镜头会一同跟上去，使得这次攻击速度感十足。

特别是使用连击连续消灭多名敌人时，游戏将为玩家展示出一个势不可挡的威风场面。如果采用一般 TPS 中那种追随在玩家背后的镜头，我们绝对看不到这些如机器人动画一般的画面。

《终极地带：引导亡灵之神》为模拟出机器人动画一般迫力十足的动作场景，特地让敌人和玩家采用了机器人动画中常见的运动方式，同时在近距离战斗中大胆地使用固定镜头进行拍摄。

5.6

自动追随在玩家身后的镜头技巧

（《黑暗之魂》）

《黑暗之魂》中，左摇杆控制移动，右摇杆控制镜头，算是一款采用 TPS · FPS 经典手柄操作方式的 RPG 游戏。经典的操作方式总会让人联想到经典的镜头机制，然而我们玩过《黑暗之魂》后会发现，其玩家镜头有着独特的“讲究”。

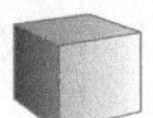

不需要镜头操作的移动镜头机制

我们先来讲讲一般 TPS 游戏的镜头操作。在 TPS 游戏中，静止状态下操作镜头能让镜头围着玩家角色旋转，而在移动状态下操作镜头时，玩家角色会随着镜头一同改变方向。这在 FPS 中也是一样的（图 5.6.1）。

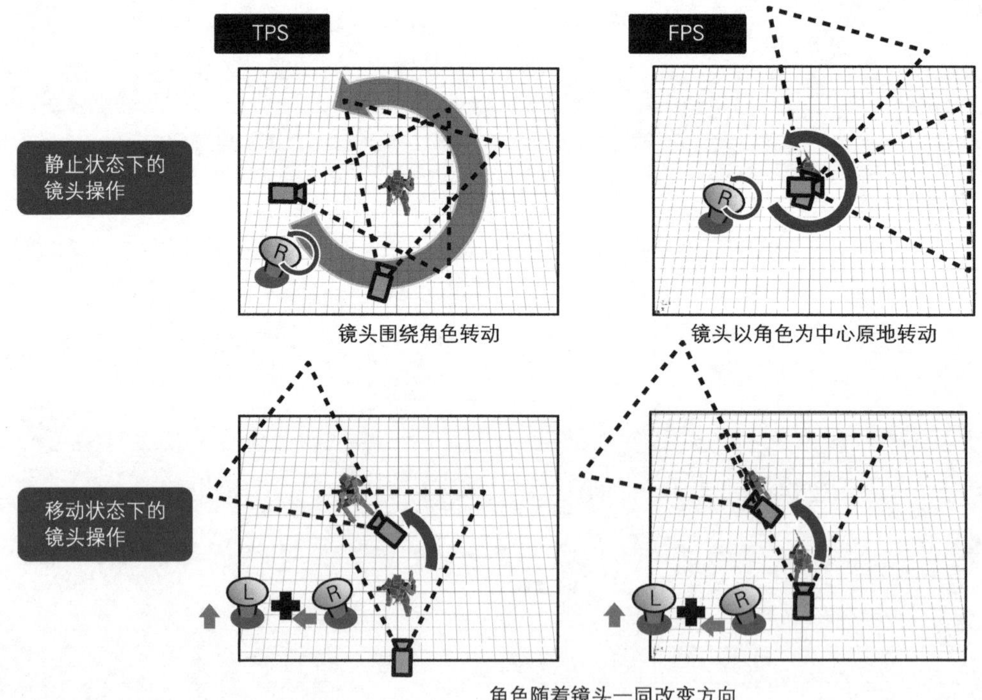

图 5.6.1　镜头操作与玩家角色动作

在如今的 TPS · FPS 游戏当中，这种镜头机制已经被视为一种标准机制，为众多游戏所采用。

另外，在《神秘海域》等射击类 TPS 游戏中，如果不对镜头进行操作而只移动玩家角色，那么镜头会自动选择与玩家移动方向相平行的方向进行移动（图 5.6.2）。

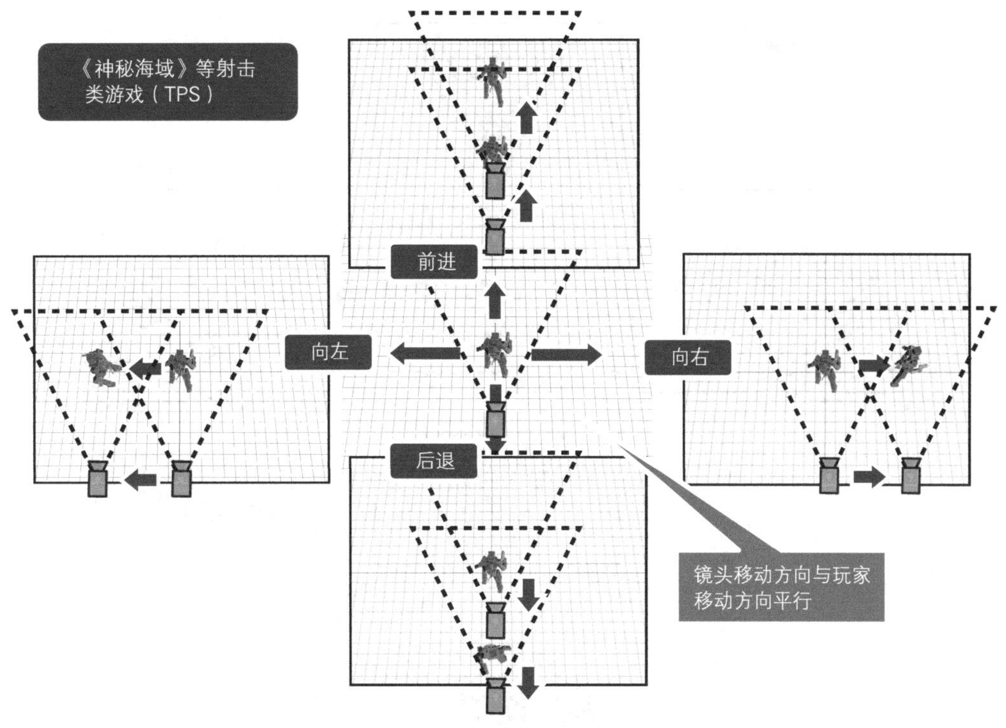

图 5.6.2 TPS 中不进行镜头操作时的玩家与镜头移动

在射击类游戏中，镜头操作与枪械瞄准操作有着直接关联。因此一旦让镜头自动调整至玩家的移动方向（玩家角色面朝的方向），玩家将无法进行瞄准。要想让玩家能够在转移隐蔽位置的同时瞬间瞄准并射击敌人，最好的办法就是将这种移动动作的镜头和我们前面介绍的镜头操作相结合。

但是这样做也有缺点。因为只要玩家不碰右摇杆，那么无论怎样用左摇杆操纵玩家角色都无法看到角色面朝的方向（移动的方向）。也就是说，这种 TPS 的操作方法在本质上与 FPS 非常近似。

那么同为 TPS 视角的《黑暗之魂》又是如何呢？不可思议的是，《黑暗之魂》中用左摇杆控制玩家角色移动时，镜头会自动转向玩家角色的移动方向。其实这个机制很简单，在不进行任何镜头操作的情况下，《黑暗之魂》的镜头仅在前进 · 后退时进行追踪，在左右转的时候则切换为原地静止的固定镜头（图 5.6.3）。

借助这一机制，玩家不必使用右摇杆调整镜头，仅凭左摇杆的移动操作就能自由探索地图。

这种镜头机制对于 × 键的“奔跑”“闪避”动作而言不可或缺。在《黑暗之魂》中，玩家探索广阔的地图或者与敌人保持距离时都离不开 × 键的“奔跑”“闪避”动作。特别是“奔跑”动作，这个动作需要玩家左手大拇指持续按住 × 键，而人类在这个状态下是无法同时操作右摇杆的（用食指按住 × 键可以解放大拇指来控制镜头，但这种操作姿势会很难受）。另外，由于这款游戏在战斗中经常要一边移动一边使用物品或切换武器，因此要求玩家时常操作镜头实在有些强人所难。

综上所述，虽然《神秘海域》与《黑暗之魂》同为 TPS 视角的游戏，但由于它们的玩家动作和操作方法不同，其所适合的镜头系统也大相径庭。顺便一提，这里介绍的两种镜头系统分别为“TPS 视角的射击游戏”与“TPS 视角的动作游戏”的基本镜头机制。

《黑暗之魂》
前进
向左
向右
后退
玩家前后移动时镜头平行移动，左右移动时镜头原地旋转追焦
① 左转时镜头原地左转追焦
② 与玩家角色超过一定距离后开始追踪
③ 最后结果就是镜头调整至玩家背后

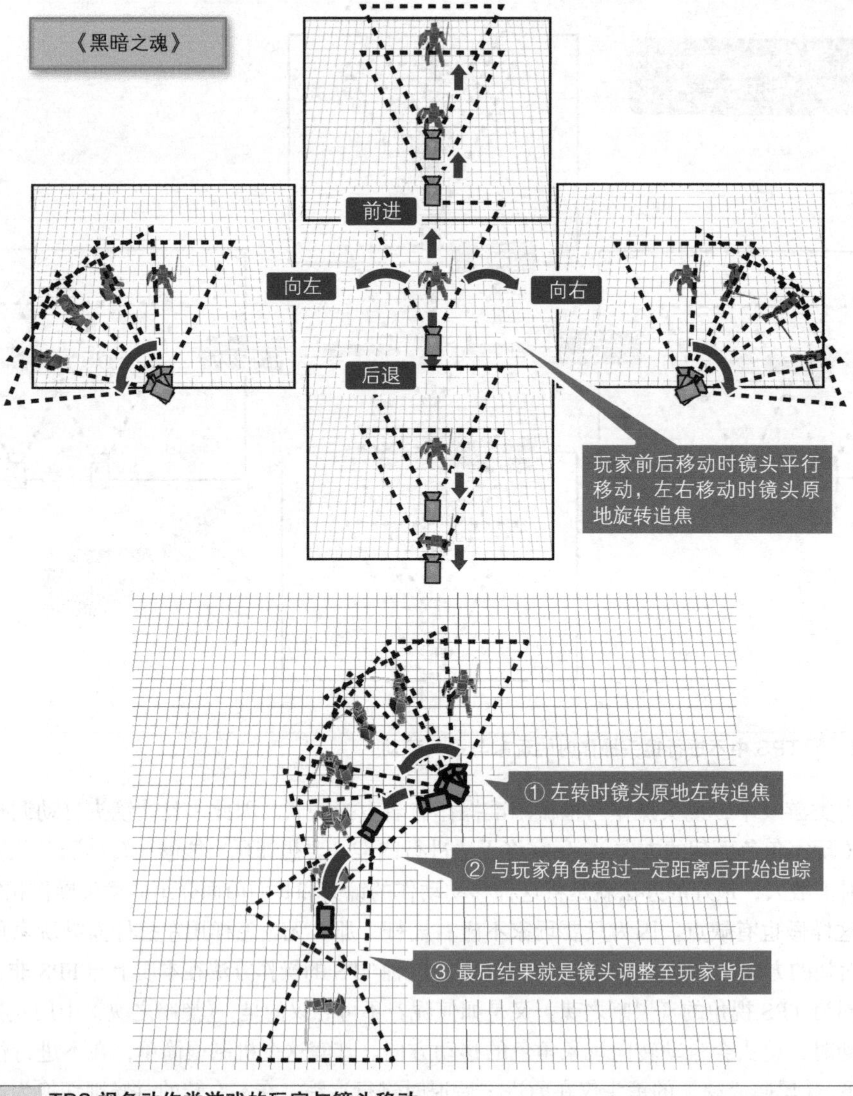

图 5.6.3　TPS 视角动作类游戏的玩家与镜头移动

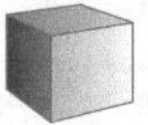

镜头距离与游戏的操作性

在 TPS 视角的动作游戏中，玩家与镜头的距离能大幅影响“操作手感”和“玩游戏的感觉”（图 5.6.4）。

比如《黑暗之魂》，这款游戏的镜头距离玩家角色较远，所以视角看上去较客观。由于玩家能够在画面上确认背后的情况，因此即便被敌人绕后也能迅速做出反应。另外，在这种跌落会造成瞬间死亡的游戏中，让玩家确认背后地形也显得格外重要。与之相对，镜头距离较近的游戏会根据玩家动作积极调整镜头方向，使得游戏手感更贴近 FPS。但是这种镜头让玩家无法看到背后情况，所以用在敌人经常绕后的游戏中会提升战斗难度。

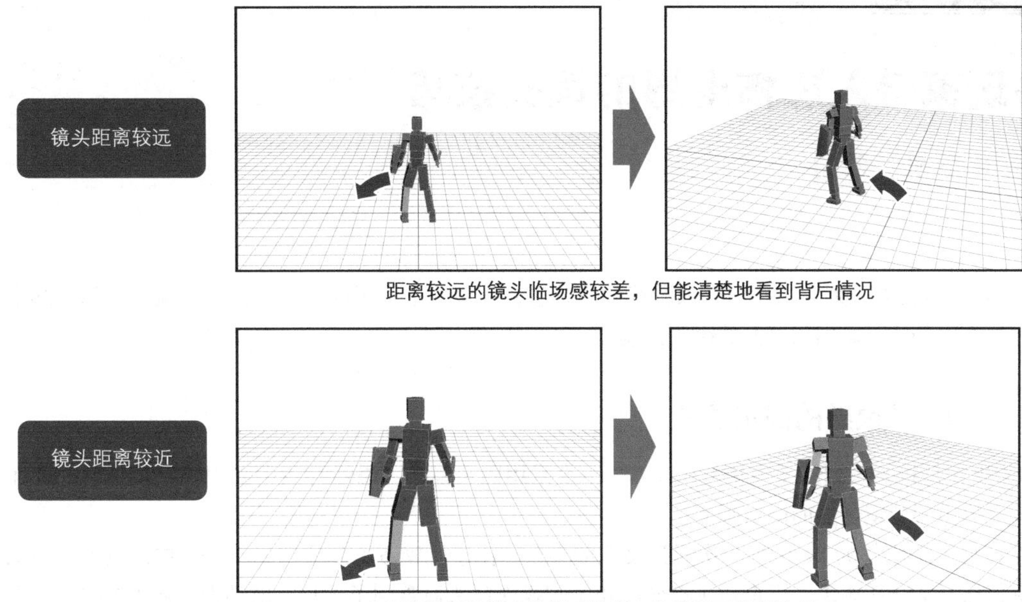
镜头距离较远
距离较远的镜头临场感较差，但能清楚地看到背后情况
镜头距离较近
距离较近的镜头临场感较强，但看不到背后情况

图 5.6.4 TPS 游戏中不进行镜头操作时玩家与镜头的距离

顺便一提，CAPCOM 出品的幻想动作游戏《龙之信条》在移动时将玩家与镜头的距离设置得很近，但进入战斗后镜头会自动拉远以便观察背后情况。这称得上是一种兼备了远近两种镜头优点的机制。

5.7

将玩家带入恐怖电影的镜头技巧

（《生化危机》系列）

《生化危机》系列为烘托出恐怖游戏的恐怖感，在镜头上下了许多工夫。这次就让我们一起来看看它都有哪些让玩家感到恐惧的镜头机制。

增强恐惧感的固定镜头

《生化危机》系列的《生化危机 1~3》一直采用固定镜头。恐怖游戏中采用固定镜头的好处在于能体现出电影分镜一般的固定画面。

比如《生化危机 1》中第一次遇到丧尸的场景，由于玩家看不到通道尽头房间中的丧尸，因此里面有什么只能全凭想象。固定镜头有效防止了“操作镜头后瞥到了丧尸”的情况（图 5.7.1）。

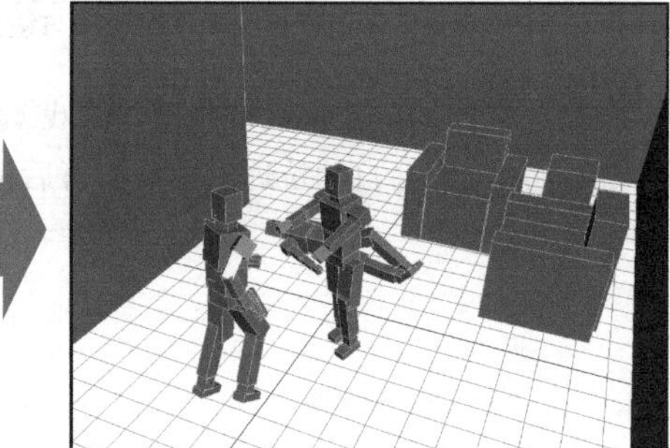

图 5.7.1　固定镜头特有的恐怖

另外，固定分镜让玩家在移动过程中能清楚地看到丧尸一步步逼近，同时由于看不到下一个分镜中的情况，使得玩家无法知道前方是否有丧尸在埋伏，从而体验到不安与恐惧（图 5.7.2）。

这种固定镜头的最大优点在于能原汁原味地再现恐怖电影的惊悚分镜（图 5.7.3）。

如今，这种固定镜头的手法只被用在有限的情况之中，不过仍不失为一种表现恐怖游戏特有的惊悚感的有效手法。相信将来还会有使用固定镜头机制的全新恐怖游戏问世①。

身后不知不觉出现敌人的镜头

进化为 TPS 的《生化危机 4》允许玩家自由操纵镜头。那么，是不是说《生化危机 4》已经抛弃了《生化危机》系列前作中用于渲染恐怖气氛的镜头机制呢？

---

① 顺便一提，《古堡迷踪》《汪达与巨像》《风之旅人》等追求画面美感的游戏经常会积极地运用这种固定镜头视角。近年来，重视画面美感的独立游戏中诞生了不少讲究固定镜头视角的作品。

被追击的恐怖
即将被追上的恐怖与
走投无路的恐怖
背后突然遭到
袭击的恐怖

图 5.7.2 固定镜头营造出逃跑时的恐怖

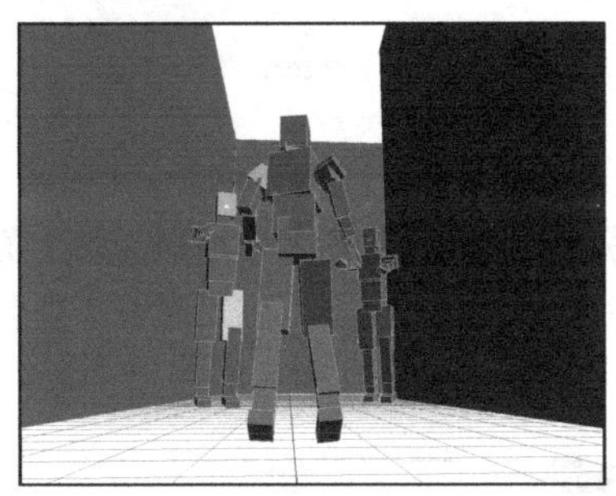
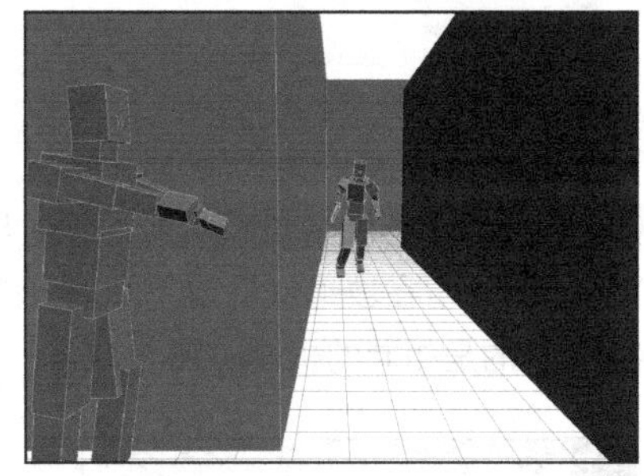

图 5.7.3 电影般的固定镜头技巧渲染出不安情绪

实际上，《生化危机 4》的镜头操作方式有着独特的地方。我们倾斜摇杆虽然可以调整镜头方向，但只要放开摇杆镜头就会回到玩家角色正面。也就是说，镜头不会一直朝向我们摇杆输入的方向。这种镜头系统看起来虽然不方便，但正是这种感觉不方便造就了恐怖气氛。游戏在限制玩家的镜头操作的同时偷偷调整着镜头的位置与角度，从而在玩家意识不到的层面渲染出恐怖画面。

以煤矿为例。玩家位于广场时，镜头在玩家角色里昂的右肩后方稍远位置，然而一旦玩家进入煤矿的狭窄通道，镜头就会大幅拉近，缩小玩家的视野范围（图 5.7.4）。

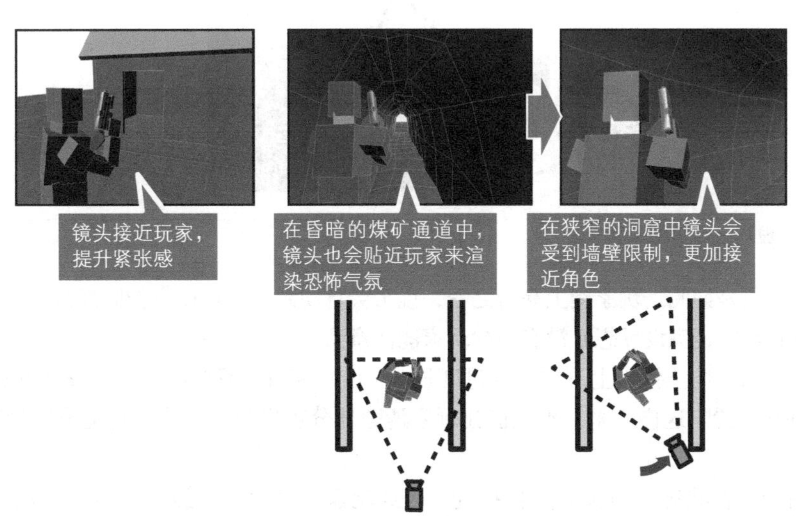
镜头接近玩家，
提升紧张感
在昏暗的煤矿通道中，
镜头也会贴近玩家来渲
染恐怖气氛
在狭窄的洞窟中镜头会
受到墙壁限制，更加接
近角色

图 5.7.4 贴近玩家角色的镜头

另外，游戏前期为了渲染恐怖气氛，在村庄等地图中多采用拉近的镜头，而从中期开始玩家要经常面对大批敌人，所以多用拉远的镜头来配合越发激烈的动作场景（图 5.7.5）。

渲染恐怖气氛时拉近
敌人较多时拉远

图 5.7.5 镜头的拉近拉远

这款游戏就是应用这些机制同时实现了恐怖与易上手性。我们几乎在地图的每个角落都能见到类似的镜头设置。比如站在坡道或台阶下端时镜头会向上，而站在下坡位置时镜头则会向下。这一点与 3D 塞尔达应用的是相同的机制（图 5.7.6）。

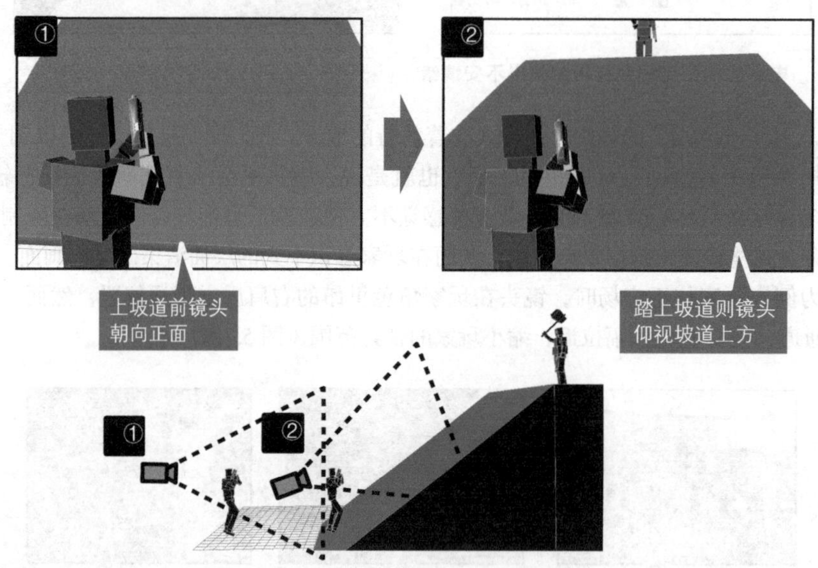
①
②
上坡道前镜头
朝向正面
踏上坡道则镜头
仰视坡道上方
①
②

图 5.7.6 坡道上的镜头设置

在煤矿内部更是如此。玩家爬上高台之后，镜头会自动向下俯视以方便瞄准敌人（图 5.7.7）。

这些极度自然的镜头设置想必没有多少玩家能注意到。

顺便一提，为了防止镜头上下摇晃和过度移动，游戏在玩家翻越栅栏或用拳脚攻击敌人时都对镜头进行了特殊设置。这样一来，不但能让玩家清楚地分辨出当前动作，还能有效地抑制 3D 眩晕（图 5.7.8）。

然而，由于举枪状态下镜头会大幅拉近，因此玩家有时会在不经意间被敌人从背后袭击（图 5.7.9）。

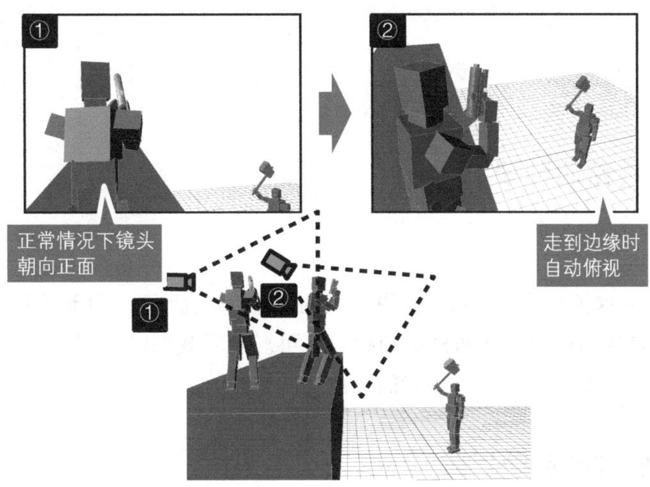

图 5.7.7 高处的镜头设置

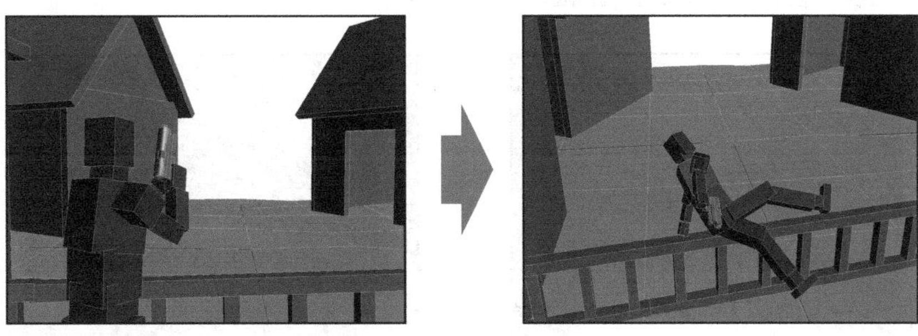

图 5.7.8 玩家动作与镜头

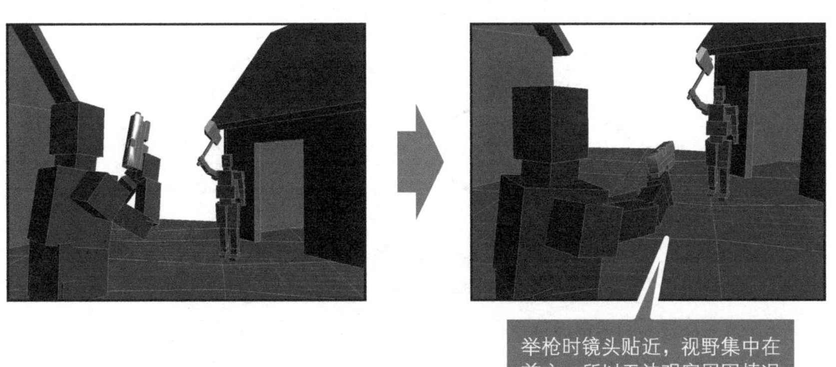

图 5.7.9 举枪时的镜头

综上所述，《生化危机 4》之后的作品利用镜头的限制同时实现了“恐怖”与“易上手性”[①]。

① 可手动控制镜头的 TPS 和 FPS 游戏也能在玩家意识不到的地方改变视野大小或者缓慢调整镜头角度。不过，手动调整镜头的优先级必须高于自动调整（即让玩家在任何时候都可以手动控制镜头）。

5.8

TPS的镜头技巧

(《神秘海域：德雷克的欺骗》)

对于《神秘海域》这种允许玩家自由操纵镜头的TPS游戏而言，“让玩家能看到想看的东西”和“让玩家看不到不该看到的东西”这两种机制缺一不可。前者我们已经以不少游戏为例进行过说明，所以现在我们来介绍“让玩家看不到不该看的东西”的机制。

TPS 镜头操作与自动规避

TPS镜头最大的问题就是“镜头出界”。这是指玩家自由操作镜头导致镜头进入“墙壁·地面·天花板”或者“箱子”等模型中的问题（图5.8.1）。

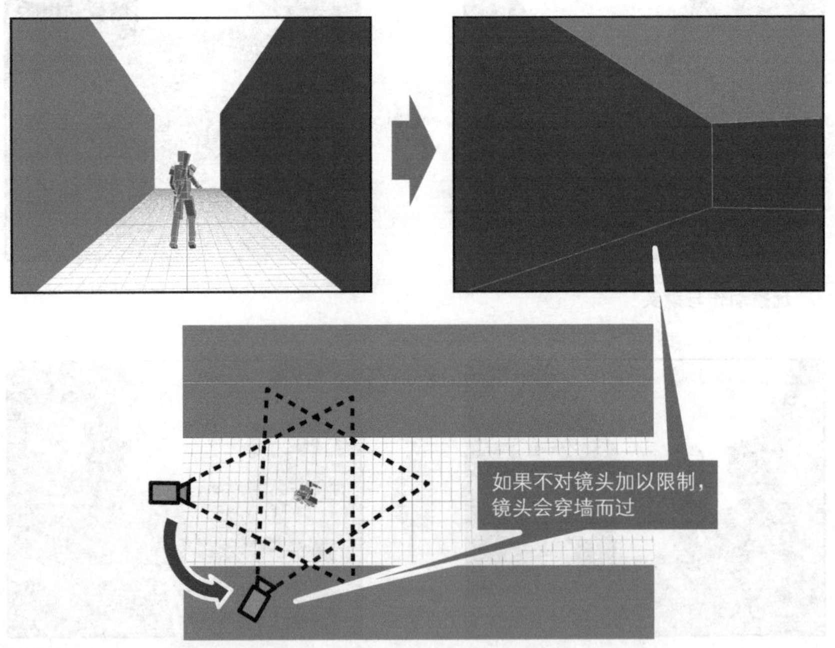

图 5.8.1　TPS 镜头的移动与穿墙问题

实际上，一旦镜头进入墙壁或者地面等模型之中，硬件的绘图系统就会出现问题导致墙壁、地面消失或者显示出一些莫名其妙的东西。另外，如果镜头进入箱子等模型，将会出现从箱子内侧观察外面的奇怪画面。无论一款游戏拥有多么精美的图像和故事，只要发生这种镜头出界的现象，整个游戏的真实性就会荡然无存。

要解决这一问题，可以像设置角色一样在镜头上设置碰撞检测，或者为镜头加入“躲避障碍物”的特殊处理来防止出界（图5.8.2）。

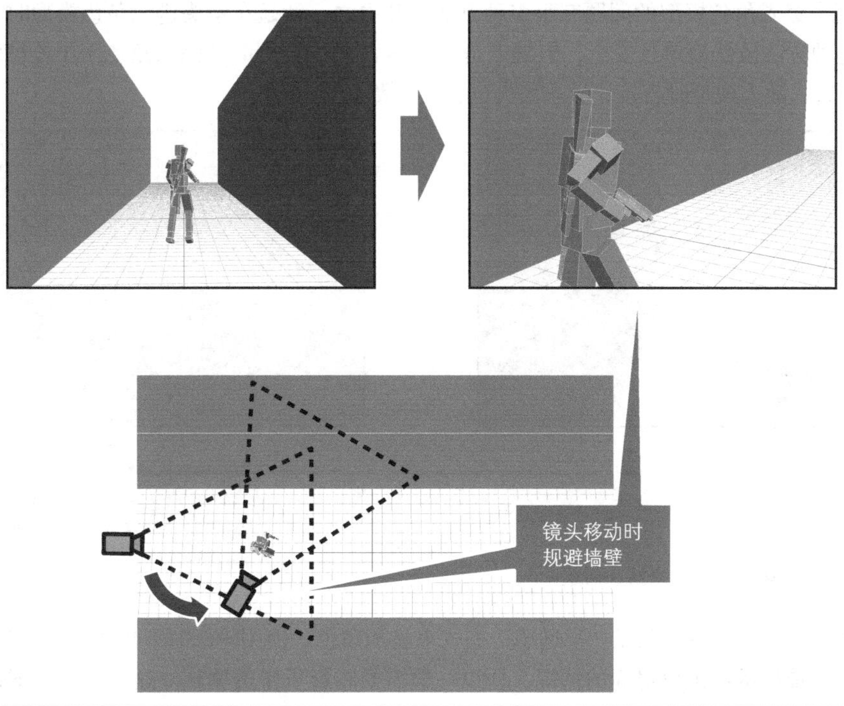

图 5.8.2　TPS 镜头自动规避墙壁

然而这样做还有一个问题，那就是镜头穿入玩家角色或敌人模型造成的问题。这个问题与箱子的情况一样，会导致画面显示出角色模型的内部结构（图 5.8.3）。

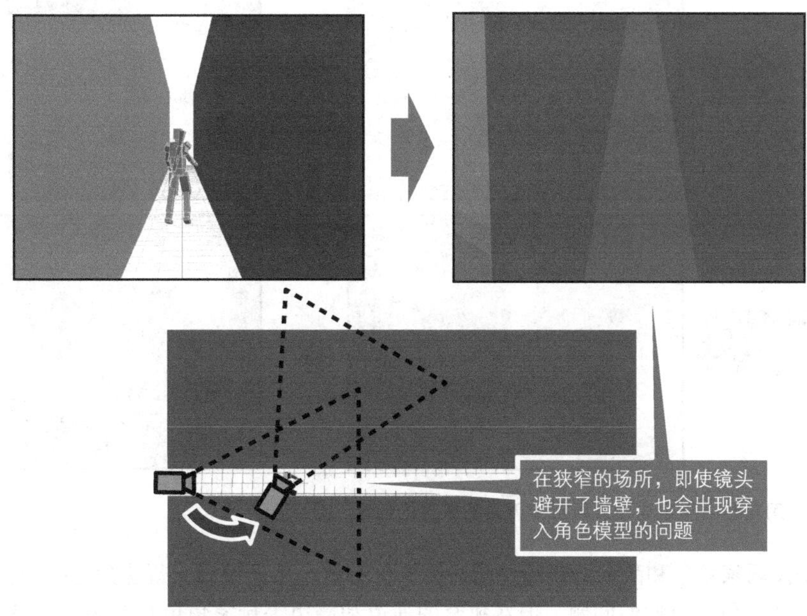

图 5.8.3　TPS 镜头的穿入角色模型问题

解决镜头穿入角色模型的问题有很多种方法，其中之一就是在镜头进入角色模型时关闭该角色的显示。这种方法虽然简单且安全，但缺点是在 TPS 游戏中会同时关闭该角色手中枪械的显示。另外，当镜头进入敌人模型时直接让敌人消失也实在不妥（图 5.8.4）。

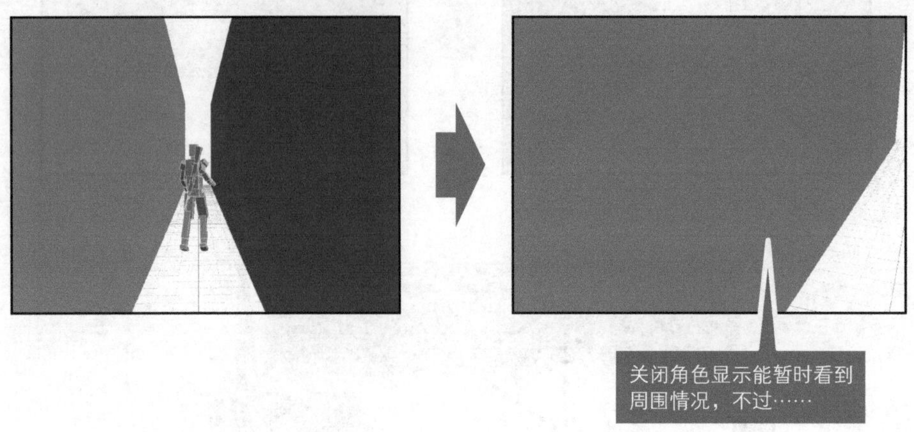
关闭角色显示能暂时看到
周围情况，不过……

图 5.8.4 关闭角色显示来解决问题

第二种手法是用“轮廓”或“半透明”模式来显示角色。使用轮廓时要用影子来代替角色模型。然而这样做很难显示出角色对面的情况，所以一般需要将影子半透明化。这样一来，即便镜头进入角色模型，我们也能保证玩家看得到对面的情况。不过，这种手法将大幅削减游戏的真实性，所以应用在《神秘海域》这类真实系 TPS 游戏中会或多或少地让玩家觉得不自然（图 5.8.5）。

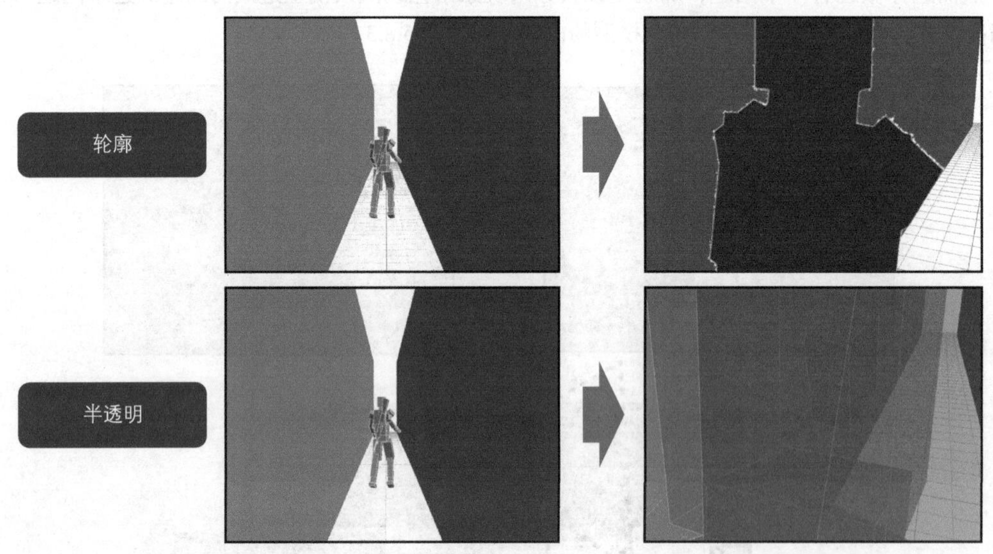
轮廓
半透明

图 5.8.5 用轮廓或半透明模式解决穿入角色模型的问题

第三种是让玩家角色和敌人的碰撞检测对镜头也有效，从而使镜头规避角色模型。这一手法虽然能解决镜头穿入角色模型的问题，但在狭窄的通道和墙边等玩家角色与镜头距离极近的位置时，画面视野将非常差（图 5.8.6）。

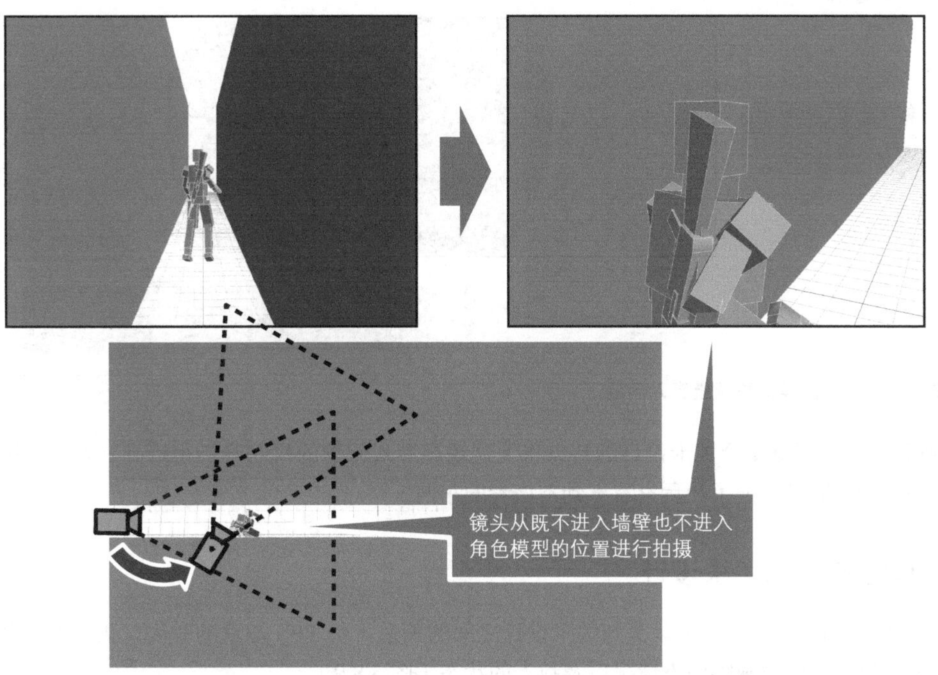
镜头从既不进入墙壁也不进入
角色模型的位置进行拍摄

图 5.8.6 对角色进行碰撞检测来规避

除此之外，还有“关闭墙壁显示”“切换镜头”等手法。

关闭墙壁显示是一种非常古典的手法，即镜头穿入墙壁时将墙壁的显示关闭以保证拍摄玩家角色。电影在拍摄狭窄洞窟时也经常会取下一部分布景来安置摄像机。这一手法使用得当能制作出十分自然的画面，然而一旦在原来有墙壁的地方显示出其他物体，整个游戏的真实性将荡然无存（图 5.8.7）。

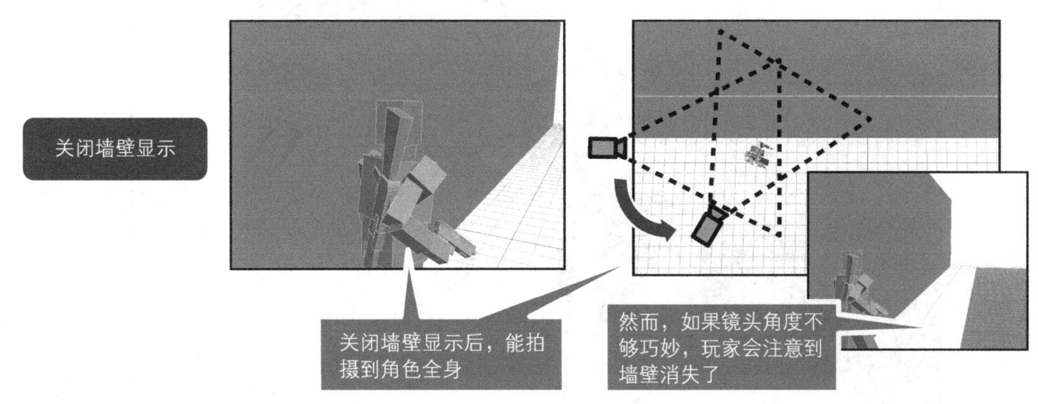
关闭墙壁显示
关闭墙壁显示后，能拍
摄到角色全身
然而，如果镜头角度不
够巧妙，玩家会注意到
墙壁消失了

图 5.8.7 关闭墙壁显示来规避穿入问题

再来说说“切换镜头”的手法。这一手法是在玩家进入狭窄通道的时候限制其镜头操作，只在玩家转身时切换镜头朝向。使用这个手法可以保证镜头在任何狭窄通道中都能追随玩家以及随玩家反转。只不过，瞬时切换镜头会产生少许不自然的感觉（图 5.8.8）。

切换镜头

角色不转身的情况下使用固定镜头，角色转身时瞬间切换到反向镜头

图 5.8.8　切换镜头来规避穿入问题

《神秘海域》根据每个关卡设计的特点将上述规避穿入问题的机制安插得恰到好处，使镜头拍摄到逼真画面的同时又保证了让玩家看不到不该看的东西。

TPS 镜头与关卡设计

接下来我们说明一下 TPS 镜头与关卡设计之间的关系。玩 TPS 游戏的时候，我们大多会在移动的同时操作镜头，以便观察前方情况以及敌人的状态（图 5.8.9）。

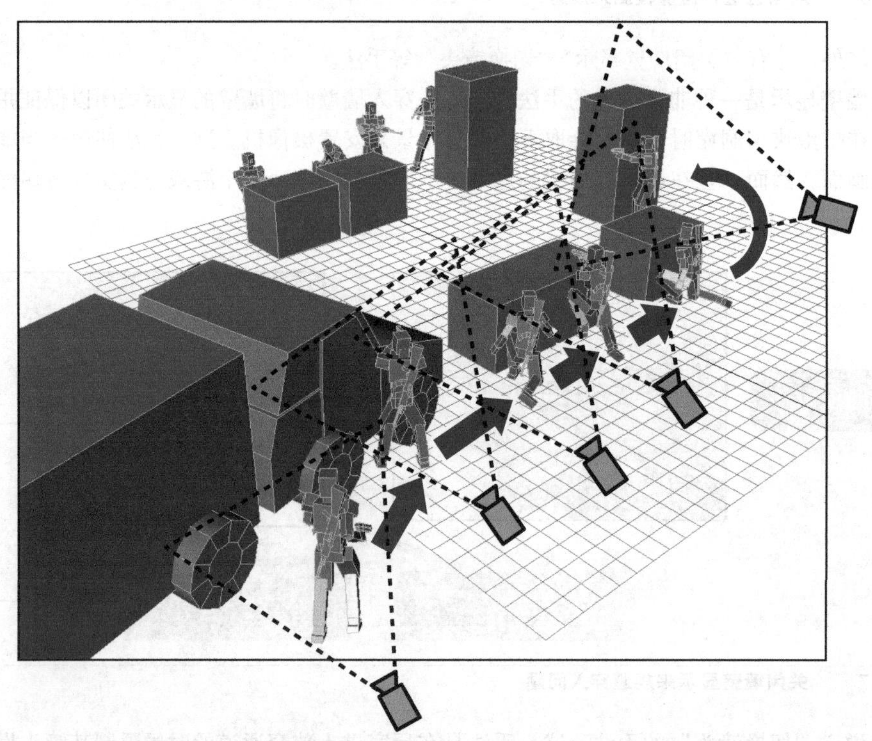

图 5.8.9　TPS 镜头与玩家角色的位置关系

在开阔场景中一边移动一边操作镜头基本不会有什么问题，然而一旦进入如图 5.8.10 所示的狭

窄曲折的通道，镜头操作往往会成为诱发 3D 眩晕的元凶。这是因为镜头运动总比玩家移动慢半拍，所以镜头在通道转弯处会碰到墙壁，进而产生摇晃。

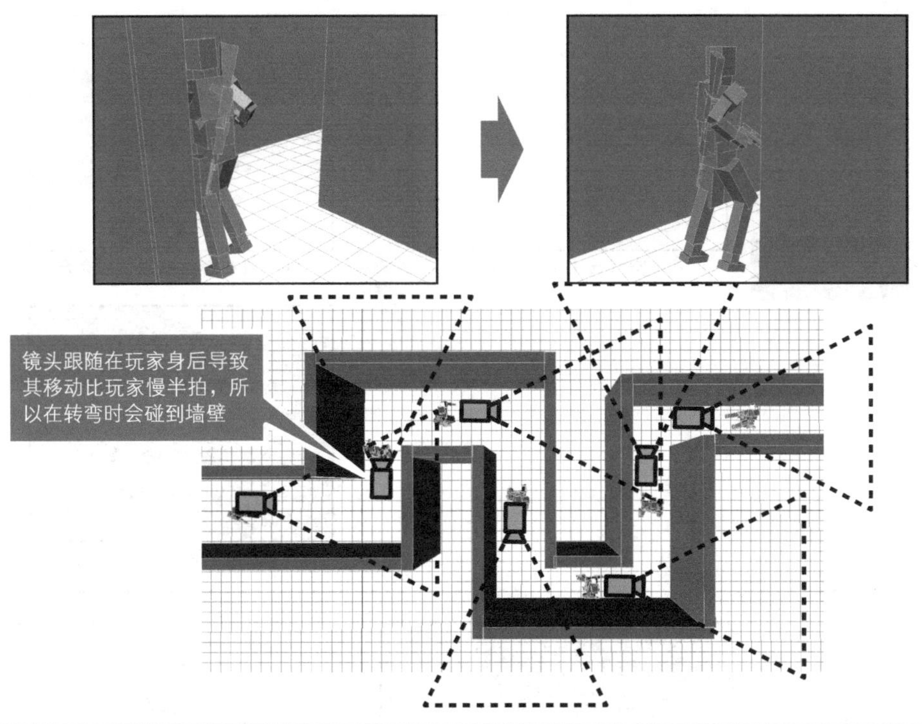
镜头跟随在玩家身后导致
其移动比玩家慢半拍，所
以在转弯时会碰到墙壁

图 5.8.10　关卡设计中 TPS 镜头的转角碰撞问题

另外，下面这类障碍物较多的通道中也会发生同样问题（图 5.8.11）。

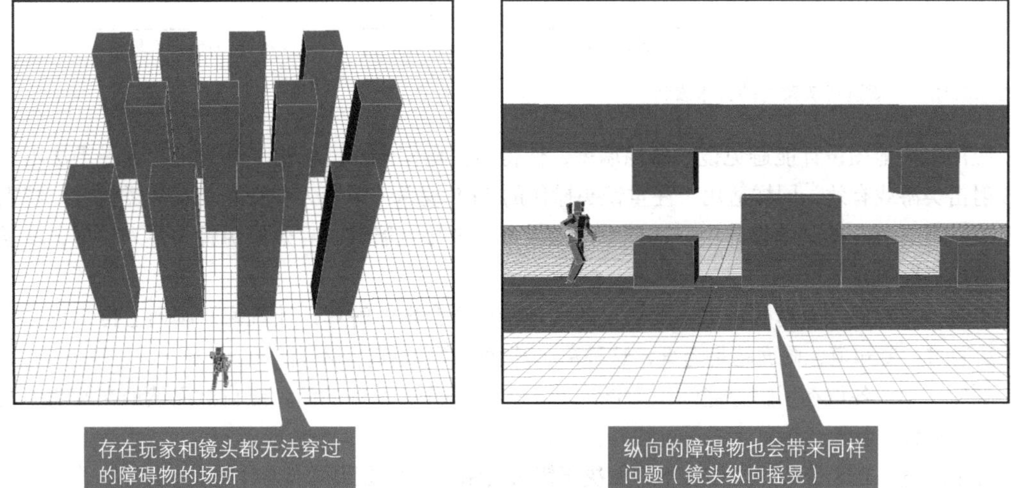
存在玩家和镜头都无法穿过
的障碍物的场所
纵向的障碍物也会带来同样
问题（镜头纵向摇晃）

图 5.8.11　容易出现镜头碰撞问题的关卡设计

实际上，只要安排一些玩家无法通过但镜头能通过的高台、边界、墙壁，即可大幅简化这类关卡设计的镜头操作（图 5.8.12）。

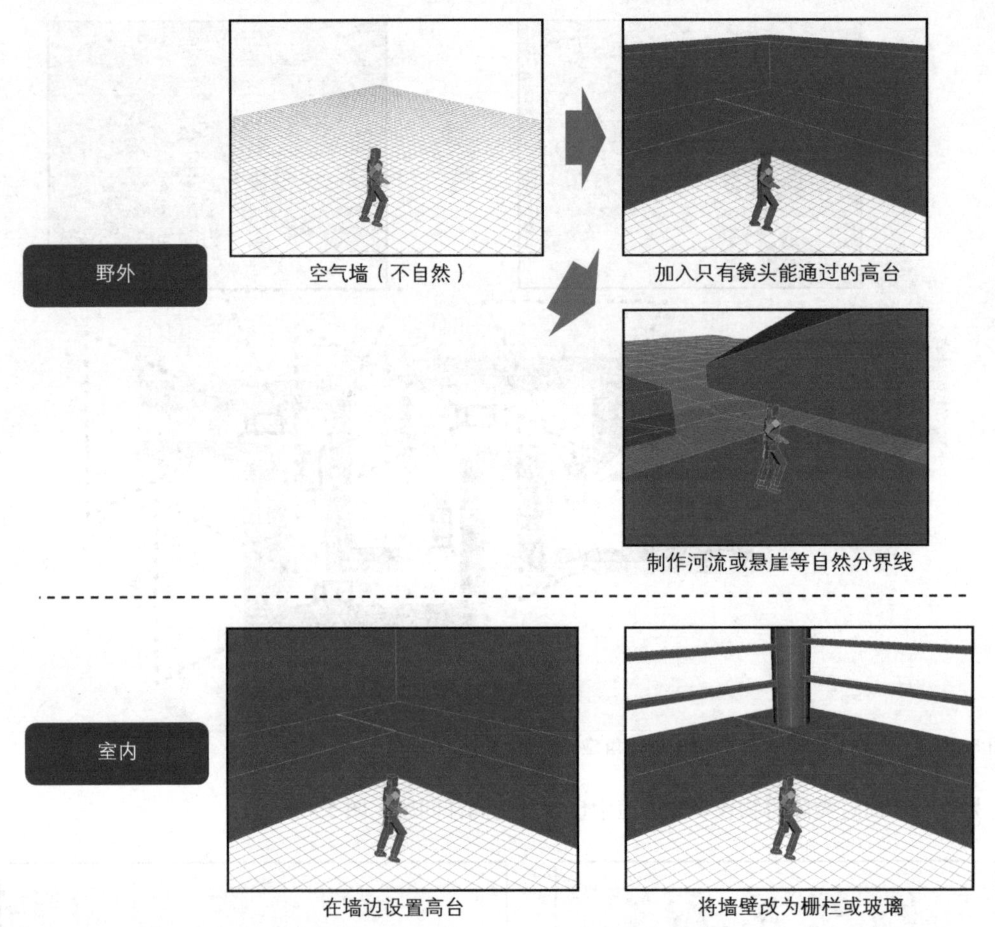

图 5.8.12 规避镜头碰撞的关卡设计

应用上述地图设计能避免镜头碰撞墙壁，使得镜头操作像在广场上一样自由。这一手法不但对 TPS 射击类游戏有效，同样适用于注重镜头操作的 TPS 视角（第三人称视角）动作类游戏。特别是在迎战巨型 BOSS 的关卡设计中，这种手法能在 BOSS 接近墙壁时有效避免镜头穿入模型，增强画面的易观察性。

不过，游戏必须对这些玩家不能通过的区域给一个合理的解释，让玩家从画面上得知自己为什么无法通过。要知道，画面越是逼真，这种莫名其妙的高台就越是不自然。

顺便一提，各位在了解上述知识后再去玩 TPS 或动作类游戏的话，能自然而然地在游戏中发现不少专为镜头准备的“玩家无法通过的高台”。

综上所述，TPS 镜头的操作性不但取决于镜头机制，还会受到关卡设计的大幅影响。

5.9 FPS 的镜头技巧

（《使命召唤：现代战争 3》）

《使命召唤：现代战争 3》这类 FPS 游戏的镜头为第一视角，所以玩家与镜头的动作是一体的。镜头动，则玩家也动。这种镜头动作看上去虽然简单，但其中也隐藏着使玩家沉浸于游戏之中的机制。

实现自然的镜头移动

《使命召唤：现代战争 3》的移动由左摇杆控制，方向（镜头）由右摇杆控制（图 5.9.1）。

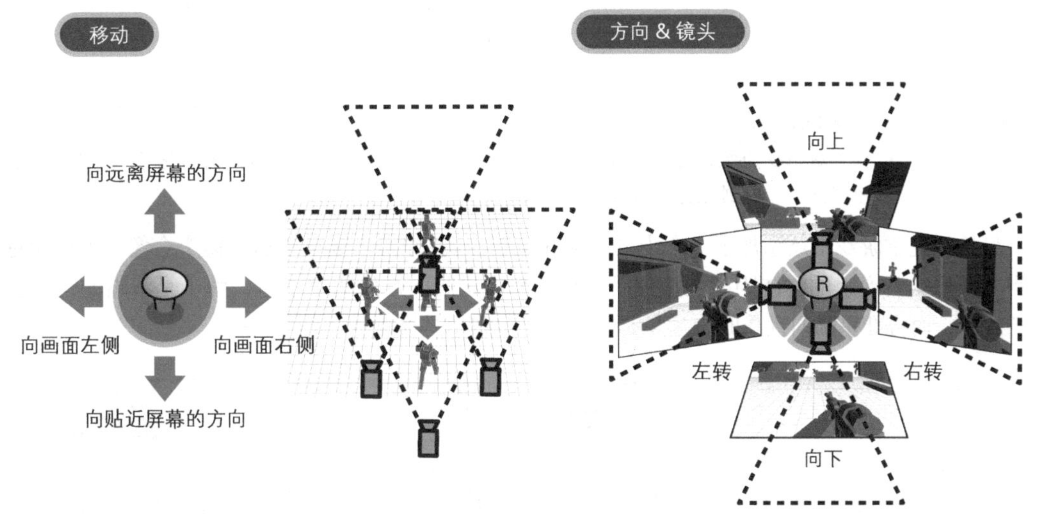

图 5.9.1　玩家与镜头操作的关系

负责控制方向的右摇杆的左右横向移动速度，要比上下纵向的移动速度稍快一些。不过，摇杆倾斜角度较小时横向和纵向的移动速度是相同的，只有倾斜角度较大时横向才会快速移动（图 5.9.2）。

相对于摇杆倾斜角度，如果横向和纵向以相同速率移动镜头，多数玩家会觉得横向镜头操作偏慢。这是因为人转动视线（脖子和脸）时，横向摆头要比纵向摆头速度更快。另外，由于敌人移动也大多与地面相平行（横向），因此加快镜头横向旋转速度有助于快速瞄准射击。综合上述原因，这款游戏中横纵向采用了不同的移动速率①。

这种基本操作机制自 FPS 登上家用机后不久便被应用到游戏之中，就连次时代机上发售的最新作《使命召唤：幽灵》也将其继承了下来。与日新月异的图像技术不同，这种与“手感”挂钩的机制并不容易过时。

① 关于类似这种模拟摇杆输入的修正计算各位可以在 HEXA DRIVE 的博客“编程 TIPS”上找到不少参考示例。

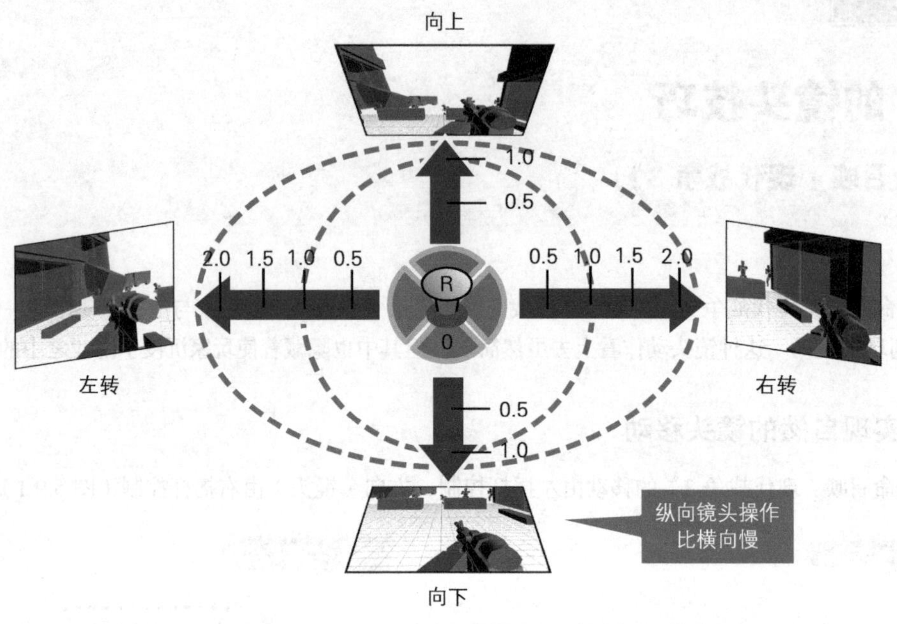

图 5.9.2 镜头操作的横纵速率差异

※图中数值仅为笔者进行游戏时估计出的速度。实际游戏中的横纵比例可能并不完全相同，其中可能包含着创造类似操作感的修正计算。

另外，这款游戏中还添加了一个十分有趣的机制。玩家按 L1 键举枪后，镜头会像装了自动对焦功能一样根据弹道上的物体距离调整焦距。比如将准星瞄向近处的牌子时，牌子是清晰的，但远景是模糊的，而将准星瞄向远景时，远景是清晰的，但牌子是模糊的（图 5.9.3）。

图 5.9.3 根据拍摄对象深度表现枪械瞄准

将一部分视野模糊化不但能突出显示玩家当前瞄准的位置，同时还能表现出游戏画面的纵深感与距离感。这样一来，就能有效减少“本来想打远处的士兵，结果打倒了近处的牌子”这类操作失误。

通过将现实人类的“视觉现象”加入游戏，不但能增强游戏的临场感，还能提升游戏的易上手性。

参考資料

参考文献

- ***Characteristics of Games*** ／ George Skaff Elias、Richard Garfield、K. Robert Gutschera ／ The MIT Press
- ***Fundamentals of Game Design 2nd Edition*** ／ Ernest Adams ／ New Riders
- ***Game Feel: A Game Designer's Guide to Virtual Sensation*** ／ Steve Swink ／ CRC Press
- ***Half-Real: Video Games between Real Rules and Fictional Worlds*** ／ Jesper Juul ／ The MIT Press
- ***The Art of Game Design: A book of lenses*** ／ Jesse Schell ／ CRC Press
- **『インタフェースデザインの心理学 —— ウェブやアプリに新たな視点をもたらす100の指針』** ／ Susan Weinschenk ／武舎広幸（訳）、武舎るみ（訳）、阿部和也（訳）／オライリージャパン
- **『映画を書くためにあなたがしなくてはならないこと シド・フィールドの脚本術』** ／ Syd Field ／安藤紘平（訳）、加藤正人（訳）、小林 美也子（訳）、山本俊亮（訳）／フィルムアート社
- **『遠藤雅伸のゲームデザイン講義実況中継』** ／遠藤雅伸／ SBクリエイティブ
- **『オンラインゲームを支える技術-壮大なプレイ空間の舞台裏』** ／中嶋謙互／技術評論社
- **『キャラクターメーカー 6つの理論とワークショップで学ぶ「つくり方」』** ／大塚英志／アスキー・メディアワークス
- **『ゲーミフィケーション <ゲーム>がビジネスを変える』** ／井上 明人／ NHK出版
- **『ゲームデザイナーのためのリアルタイムカメラ』** ／ Mark Haigh-Hutchinson ／中本浩（訳）／ボーンデジタル
- **『ゲームの流儀』** ／岩谷徹、遠藤雅伸、前川正人、海道賢仁、井上淳哉、安田朗、丸山茂雄、須田剛一、桝田省治、芝村裕吏、上田文人、奈須きのこ、坂口博信、糸井重里、仙波隆綱、仲村浩×森田典志×塚田みさき／コンティニュー編集部（編集）／太田出版
- **『ゲームメカニクス おもしろくするためのゲームデザイン』** ／ Ernest W. Adams、Joris Dormans ／バンダイナムコスタジオ（監修）、ホジソンますみ（訳）、田中幸（訳）／ SBクリエイティブ
- **『コンピュータゲームデザイン教本』** ／多摩豊／ビジネスアスキー
- **『桜井政博のゲームを作って思うこと』** ／桜井政博／エンターブレイン
- **『新ゲームデザイン —— TVゲーム制作のための発想法』** ／田尻智／エニックス
- **『神話の力』** ／ Joseph Campbell、Bill Moyers ／飛田茂雄（訳）／早川書房
- **『ストーリーメーカー 創作のための物語論』** ／大塚英志／アスキー・メディアワークス
- **『千の顔をもつ英雄（上・下）』** ／ Joseph Campbel ／平田武靖（訳）、浅輪幸夫（訳）／人文書院
- **『「タッチパネル」のゲームデザイン —— アプリやゲームをおもしろくするテクニック』** ／ Scott Rogers ／塩川洋介（監訳）、佐藤理絵子（訳）／オライリージャパン
- **『誰のためのデザイン？ —— 認知科学者のデザイン原論』** ／ Donald A. Norman ／野島久雄（訳）／新曜社
- **『弾幕 最強のシューティングゲームを作る!』** ／松浦健一郎、司ゆき／ SBクリエイティブ
- **『クロフォードのインタラクティブデザイン論』** ／ Chris Crawford ／安村通晃（監訳）／オーム社

● **『Design Rule Index［第2版］デザイン、新・25＋100の法則』**／William Lidwell、Kritina Holden、Jill Butler／小竹由加里（訳）、バベル（訳）、郷司陽子（訳）／ビー・エヌ・エヌ新社
● **『パックマンのゲーム学入門』**／岩谷徹／エンターブレイン
● **『ハリウッド・リライティング・バイブル』**／Linda Seger／フィルム＆メディア研究所（訳）、田中裕之（訳）／フィルムアンドメディア研究所
● **『美少女ゲームシナリオバイブル』**／鏡裕之／愛育社
● **『「ヒットする」のゲームデザイン —— ユーザーモデルによるマーケット主導型デザイン』**／Chris Bateman、Richard Boon／松原健二（監訳）、岡真由美（訳）／オライリージャパン
● **『複雑さと共に暮らす —— デザインの挑戦』**／Donald A. Norman／伊賀聡一郎（訳）、岡本明（訳）、安村通晃（訳）／新曜社
● **『虫眼とアニ眼』**／養老孟司、宮崎駿／新潮社
● **『ルールズ・オブ・プレイ（上）』**／Katie Salen、Eric Zimmerman／山本貴光（訳）／SBクリエイティブ
● **『ルールズ・オブ・プレイ（下）』**／Katie Salen、Eric Zimmerman／山本貴光（訳）／SBクリエイティブ
● **『「レベルアップ」のゲームデザイン —— 実戦で使えるゲーム作りのテクニック』**／Scott Rogers／塩川洋介（監訳）、佐藤理絵子（訳）／オライリージャパン
● **『レベルデザイナーになる本 夢中にさせるゲームシーンを作成する』**／Phil Co／Bスプラウト（訳）／ボーンデジタル
● **『WEB+DB PRESS Vol.68』「はじめてのゲームAI」**／技術評論社
● **『週刊ファミ通』2003年2月21日号 宮本茂インタビュー**／エンターブレイン

网络资料

● **3Dコンソーシアム（3DC）安全ガイドライン部会：「人に優しい3D普及のための3DC安全ガイドライン」**
● **4Gamer.net：プライドに懸けて死んでもらいます。「DARK SOULS」には「Demon's Souls」の魂が引き継がれているのかを宮崎ディレクターに聞いてきた**
● **4Gamer.net：なぜいまマゾゲーなの？ ゲーマーの間で評判の"即死ゲー"「Demon's Souls」（デモンズソウル）開発者インタビュー**
● **4Gamer.net：西川善司** 一般的な薄型テレビは6フレームも遅れている！？～続・ゲーマーの敵「ディスプレイ表示遅延」の正体に迫る
● **AiGameDev.com：Hive-Mind Combat Behaviors in UNCHARTED 2 for Better Positioning Decisions**
● **Behaviour Tree AI in Gentou Senki Griffon（幻塔戦記グリフォンでのBehaviour Treeの試み）**
● **CEDEC Digital Library（CEDiL）：［CEDEC］クロムハウンズにおける人工知能開発から見るゲームAIの展望**
● **GAMASTRA：A Deeper Look Into The Combat Design Of Uncharted 2**
● **GAMASTRA：The Secrets Of Enemy AI In Uncharted 2**

- Game Watch:Game Developers Conference 2004 レポート「星のカービィ」のディレクターである桜井政博氏 ゲームの面白さについて語る
- Game Watch:Game Developers Conference 2009 現地レポート Valve 語る、「Counter-Strike」から「Left 4 Dead」へ 協力プレイ、リプレイ性、AI ディレクターの秘密
- GDC Valut:2009 From COUNTER-STRIKE to LEFT 4 DEAD: Creating Replayable Cooperative Experiences
- GDC Vault:GDC 2010 Creating the Active Cinematic Exprerience of Uncharted2:Among Thieves（スライド）
- GDC Vault:GDC 2012 "Attention,Not Immersion" Making Your Games Better with Psychology and Playtesting the Uncharted Way（スライド）
- Gigazine:ゲーム制作未経験から世界的ヒット作「ダークソウル」を生んだ宮崎英高氏にインタビュー
- SEGA:BAYONETTA（ベヨネッタ）神谷英樹の実況動画 チャプター 0 その1
- VALVE Publications:The AI Systems of Left 4 Dead
- y_miyake のゲーム AI 千夜一夜:三宅陽一郎 講演資料・論文集

  KILLZONE 2、クロムハウンズ他、多くの AI 資料が掲載されています。
- インサイド:DEVELOPER'S TALK"プラチナ"クラスの作品が完成～渾身のクライマックスアクション『ベヨネッタ』を手掛けたプラチナゲームズを直撃
- 社長が訊く『スーパーマリオ 3D ランド』
- 社長が訊く『New スーパーマリオブラザーズ Wii』
- 社長が訊く『スーパーマリオギャラクシー』
- 社長が訊く『スーパーマリオギャラクシー 2』
- 社長が訊く『ゼルダの伝説　時のオカリナ 3D』
- ジブリ汗まみれ:2009/06/23 NHK ディレクター荒川格さんとゲームクリエーター宮本茂さんがれんが屋へ!
- ジブリ汗まみれ:2009/07/01 今夜も任天堂・宮本茂さんがれんが屋へ!とお知らせ
- 電撃オンライン:「まずはやってほしい!」プラチナゲームズの2人が『ベヨネッタ』について語る
- 電撃オンライン:『バイオハザード』シリーズがゲームキューブに独占供給!　生みの親であるカプコン・三上真司氏がその意図を語る!
- 東京工科大学　メディア学部:2014年度 メディアサイエンス専攻 大学院特別講義（第1回、第2回）の紹介

  三宅陽一郎氏の授業で使われた参考資料が掲載されています。
- 任天堂:『バイオハザード』開発スタッフ　ロングインタビュー
- 日本デジタルゲーム学会（DiGRA JAPAN）:両眼視差方式の原理に基づく「快適な立体視」をリアルタイムゲームへ適用するには —— バンダイナムコゲームス 開発スタジオアドバンストテクノロジディビジョン技術部開発サポート課　プログラマ 石井源久
- 馬場秀和のマスターリング講座:** 言葉ではなく、デザインのみが、ゲームを語ってくれる ** ----コスティキャンのゲーム論----

- ファミ通.COM:『Demon's Souls（デモンズソウル）』開発者インタビュー
- ファミ通.COM:『DARK SOULS（ダークソウル）』ディレクターインタビュー完全版
- ファミ通.COM:プラチナゲームズ最新作インタビュー全文掲載『BAYONETTA（ベヨネッタ）』

游戏名称列表

スーパーマリオブラザーズ ©1985-2005 Nintendo / スーパーマリオ 3Dランド ©2011 Nintendo / スーパーマリオ 3Dワールド ©2013 Nintendo / スーパーマリオ64 ©1996 Nintendo / スーパーマリオギャラクシー ©2007 Nintendo / スーパーマリオギャラクシー 2 ©2010 Nintendo / ニュー・スーパーマリオブラザーズ・U ©2012 Nintendo / ゼルダの伝説 ©1986-2004 Nintendo / ゼルダの伝説　スカイウォードソード ©2011 Nintendo / ゼルダの伝説　時のオカリナ ©1998-2011 Nintendo / 新・光神話　パルテナの鏡 ©2012 Nintendo ©2012 Sora Ltd. / 星のカービィ ©1992 HAL Laboratory, INC. Licensed to Nintendo / リズム天国 ©2006 Nintendo/J.P.ROOM / GOD OF WAR III ©2010 Sony Computer Entertainment America Inc / BAYONETTA ©SEGA / BATMAN: ARKHAM CITY © 2011 Warner Bros. Entertainment Inc. Developed by Rocksteady Studios Ltd. All rights reserved. DC LOGO, BATMAN and all characters, their distinctive likenesses, and related elements are trademarks of DC Comics © 2011. All Rights Reserved. WB GAMES LOGO, WB SHIELD: ™& © Warner Bros. Entertainment Inc. / Batman: Arkham Asylum © 2009 Eidos Interactive Ltd. Developed by Rocksteady Studios Ltd. Co-published by Eidos, Inc. and Warner Bros. Interactive Entertainment, a division of Warner Bros. Home Entertainment Inc. Rocksteady and the Rocksteady logo are trademarks of Rocksteady Studios Ltd. Eidos and the Eidos logo are trademarks of Eidos Interactive Ltd. All other trademarks and copyrights are the property of their respective owners. All rights reserved. BATMAN and all characters, their distinctive likenesses, and related elements are trademarks of DC Comics © 2009. All Rights Reserved. WBIE LOGO, WB SHIELD: ™ & © Warner Bros. Entertainment Inc. / ANUBIS ZONE OF THE ENDERS ©2001 2003 2005 KONAMI / ZONE OF THE ENDERS HD COLLECTION ©2012 Konami Digital Entertainment / METAL GEAR SOLID 4 ©2008 Konami Digital Entertainment / METAL GEAR SOLID V ©2014 Konami Digital Entertainment / K-1 WORLD GRAND PRIX 2003 ©2003 Konami & Konami Computer Entertainment Studios ©K-1 2003 / Demon's Souls ©2009 Sony Computer Entertainment Inc. / DARK SOULS ©2011 NBGI ©2011 FromSoftwares,Inc / DARK SOULS Ⅱ ©2014 NAMCO BANDAI Games Inc ©2011-2014 FromSoftwares,Inc. / BIOHAZARD ©CAPCOM CO., LTD. 1996, 2006 ALL RIGHTS RESERVED. / BIOHAZARD 2 ©CAPCOM CO., LTD. 1998, 2007 ALL RIGHTS RESERVED. / BIOHAZARD 3 ©CAPCOM CO., LTD. 1999, 2008 ALL RIGHTS RESERVED. / biohazard 4 ©CAPCOM CO., LTD. 2005, 2011 ALL RIGHTS RESERVED. / BIOHAZARD 5 ©CAPCOM CO., LTD. 2009, 2010 ALL RIGHTS RESERVED. / BIOHAZARD 6 ©CAPCOM CO., LTD. 2012 ALL RIGHTS RESERVED. / Devil May Cry ©CAPCOM CO., LTD. 2001-2013 ALL RIGHTS RESERVED. / MONSTER HUNTER 4 ©CAPCOM CO., LTD.2013 ALL RIGHTS RESERVED. / DEAD RISING ©CAPCOM CO., LTD. 2006 ALL RIGHTS RESERVED. / ストリートファイターⅡ ©CAPCOM CO.., LTD. / スーパーストリートファイターⅣ ©CAPCOM U.S.A., INC.2010 ALL RIGHTS RESERVED. / ドラゴンズドグマ ©CAPCOM CO., LTD. 2012 ALL RIGHTS RESERVED / アンチャーテッド　黄金刀と消えた船団 ©2009 Sony Computer Entertainment America LLC. Developed and Created by Naughty Dog, Inc. / アンチャーテッド - 砂漠に眠るアトランティス - ©2011 Sony Computer Entertainment America LLC. Published by Sony Computer Entertainment Inc. Created and develop by Naugthy Dog, Inc. / The Last of Us ©2013 Sony Computer Entertainment America LLC. Created and developed by Naughty Dog. Inc. / ICO ©2001-2011 Sony Computer Entertainment Inc. / ワンダと巨像 ©2005-2011 Sony Computer Entertainment Inc. / 風ノ旅ビト ©Sony Computer Entertainment America LLC. Developed by thatgamecompany / OMEGA BOOST ©1999 Sony Computer Entertainment Inc. / GRAVITY DAZE 重力的眩暈:上層への帰還において ©2012 Sony Computer Entertainment Inc. / KILLZONE 2 ©2009 Sony

（顺序不分先后）

后记

笔者在开发游戏的过程中了解到了玩游戏的乐趣、制作游戏的乐趣，以及观察成品游戏中各种机制的乐趣，于是决心撰写本书，旨在与各位读者共享这些乐趣。

然而，真要将“让游戏更有趣的技术”总结成语言并撰写成书时，突然发现这是一件非常消耗时间的事。希望这本一度难产的图书的内容足以回应各位读者的期待。

本书中虽然介绍了众多游戏机制，但笔者并不希望各位去将它们全部死记硬背下来。实际上，笔者只是想帮助各位练就一双能在玩游戏过程中“看穿其游戏机制的眼睛”，即“游戏眼”。

另外，这本书是笔者以二十岁时的自己为假想读者而撰写的。如果二十岁时的自己能拿到这本书，那么这些年来经自己的手创造出来的游戏想必能更加有趣且精妙。最关键的是，自己应该能为游戏开发出更多的力，为更多的人带来欢乐。笔者怀揣着这种期待与后悔的心情写下本书，希望能为即将或已经投身游戏开发的各位读者指点迷津。

本书在撰写过程中得到了许多人的支持，也给不少人添了麻烦。借这个机会，笔者要向各位表达诚挚的歉意，同时向各位自始至终支持笔者的人谨致以衷心的感谢。

通过阅读本书，希望想从游戏中获得更多乐趣的读者，以及准备投身游戏开发行业的读者都能或多或少地感受到在游戏中获得共鸣的乐趣、通过游戏激发并解放玩家内心的乐趣。

至此，“让 3D 游戏更有趣的技术”的旅程就全部结束了。然而，尚有许许多多的故事未能在这趟旅途中向各位讲述。希望有朝一日笔者还能与各位一同踏上旅程，携手探索崭新的故事。

于默默支持我执笔的爱媛（南宇和海）的海、山、川之间

版权声明